H AN DB OO K
OF
W OO D
ND US TR Y

HANDBOOK OF

Wood

INDUSTRY

木材工业手册

《木材工业手册》编著者

主 编

谭守侠 周定国

主编助理

朱剑刚

章	编著者
第 1 章	徐魁梧
	徐永吉
第 2 章	潘 彪
第 3 章	徐永吉
	潘 彪
第 4 章	顾炼百
	李大纲
第 5 章	石如庚
	杨焕蝶
第 6 章	曹平祥
第 7 章	郑雅各
	童雀菊
第 8 章	张彬渊
第 9 章	孙友富
第 10 章	陆肖宝
第 11 章	朱典想
第 12 章	华毓坤
第 13 章	徐咏兰
第 14 章	梅长彤
第 15 章	徐咏兰
第 16 章	王国超
第 17 章	卢晓宁
第 18 章	周定国
第 19 章	邓玉和
	古野毅
第 20 章	金菊婉
第 21 章	周晓燕
第 22 章	张 洋
第 23 章	刘启明
第 24 章	张勤丽
第 25 章	王卫东
第 26 章	朱一辛
	蒋身学
第 27 章	张晓东
	关明杰
第 28 章	许柏鸣
第 29 章	许柏鸣
第 30 章	张彬渊
第 31 章	李 军
第 32 章	周捍东
	徐长妍
第 33 章	倪正荣
第 34 章	孙霖芳
第 35 章	孙 军
	梅玉春
第 36 章	徐咏兰
	周定国
	梅长彤
	徐长妍
	赵 明
第 37 章	陆肖宝
第 38 章	申利明
第 39 章	承国义
第 40 章	林 晓

选题策划 陈 利 李 宙 特约编辑 韦亚红 责任编辑 李 宙 纪 亮 封面设计 曹 来

图书在版编目(CIP)数据 木材工业手册 / 谭守侠，周定国主编. 一北京：中国林业出版社，2007
ISBN 978-7-5038-4488-1 Ⅰ.木... Ⅱ.①谭… ②周… Ⅲ.木材加工工业一技术手册 Ⅳ.TS6-62 中国版本图书馆 CIP 数据核字(2007)第 148190 号

出 版 中国林业出版社 (100009 北京西城区刘海胡同 7 号) 电 话 (010) 66124051
发 行 新华书店北京发行所 印 刷 北京华联印刷有限公司 版 次 2006 年 12 月第 1 版
印 次 2007 年 1 月第 1 次 开 本 230mm × 300mm 印 张 146.5（全套） 字 数 3000 千字
定 价 480.00 元（全套）

谭守侠 周定国 主编

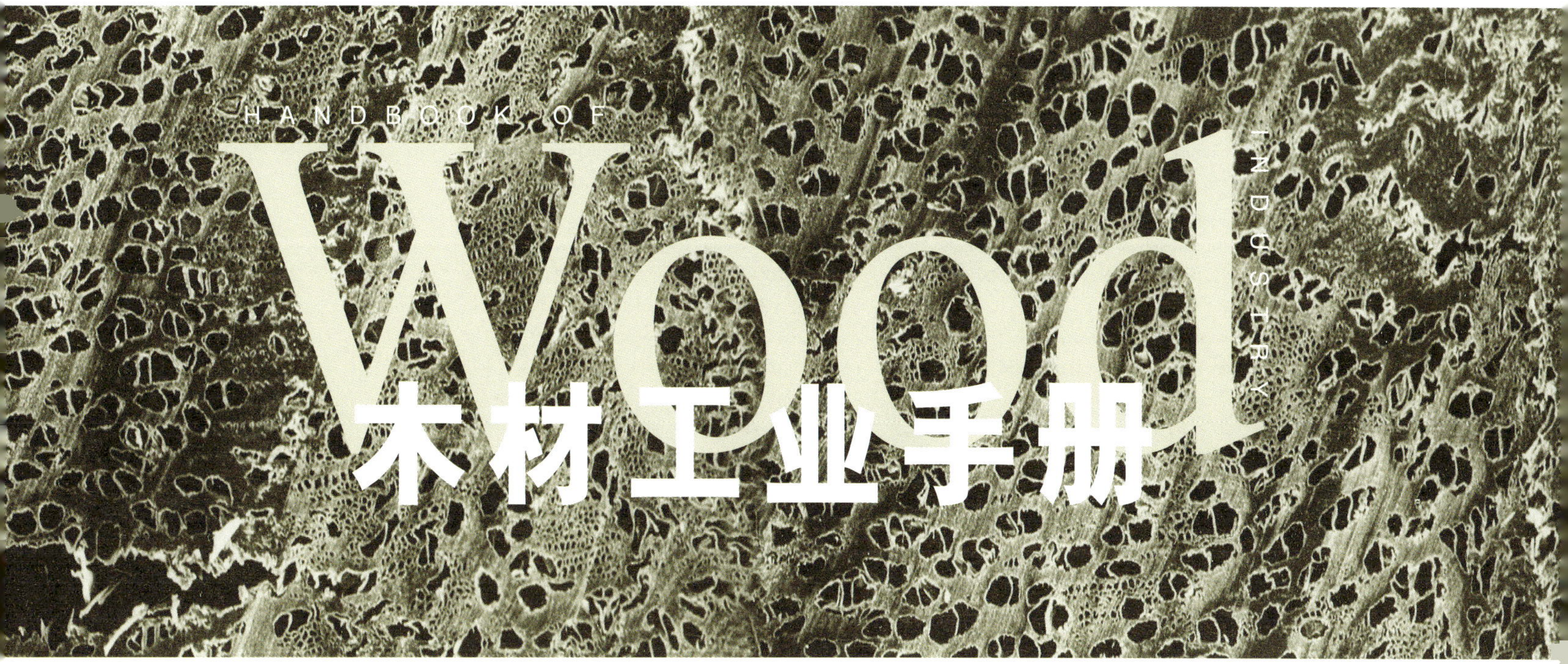

HANDBOOK OF Wood INDUSTRY

木材工业手册

I

中 国 林 业 出 版 社

In the long process of history, forests, as renewable resources, have always been beneficial to mankind not only in protection of ecological environment, but also in provision of wood and wood products available for all respects. Hence a technical system in wood industry covering other branches in wood processing has been set up in China. Since the 1950s, several handbooks on wood processing, i.e., *A Handbook for Forest Products Industry*; *Handbooks for Wood-based Panels*, and *Handbook of Wood Industry*, were published successively, which have played a positive role in the sustainable development of wood industry of China.

The arrival of the new century has witnessed the rapid development of social economy and the further involvement of Chinese economy into the globalization, and an unprecedented situation has arisen in information exchange, technical cooperation, products development and personnel training programs as well. In order to systematically sum up the development, manufacturing processes, processing machineries, innovation products and quality control of Chinese wood industry, *Handbook of Wood Industry* has been compiled and published by Nanjing Forestry University, this handbook is a product of the excellent input and intelligence contributed by many experts in Nanjing Forestry university together with the great support from China Forestry Publishing House. This significant event will surely help improve advances in science and technology and talent accomplishments in wood industry of China.

The newly-published handbook consists of 40 chapters, totally over 3 million words covering wood resources, wood properties, manufacturing processes, wood products, quality inspection, processing machineries and environmental protection, etc. which covers all the branches in wood industry. Being a specialized reference book, this handbook covers both theories and practical technologies, and can be used as book for wood industrial production, scientific researches, management, quality control and teaching materials for undergraduates and graduates in wood science and technology.

All the authors and compilers of this handbook are experts and scholars with many years of experiences not only in teaching but also in practical research of wood science and technology. What deserves to be mentioned here is that a group of young experts with doctoral degrees and overseas experiences participated in the compilation, which fully unfolds before us a scene of prosperity and qualified successors in wood industry of China. Based on the work of numerous former specialists in wood processing industry, therefore this handbook is also a crystallization of wisdom of all related experts, researchers, technicians and workers as well.

We do believe that the publishing of this handbook will propel wood industry of China forward and will surely play a positive role in the sustainable development in forestry and forestry production.

Zhang QiSheng

在人类发展的历史长河中，森林作为一种可以再生的资源，除了发挥维护环境，保护水土，涵养水源，防风固沙，净化大气及调节气候的生态效益外，还向人类社会提供了适用于各种不同场所和用途的木材和木材制品，从而形成了包括多种木材加工分支在内的木材工业技术体系。截止至上世纪末前后，国内曾先后编写出版了《林产工业手册》、《人造板生产手册》和《木材工业大全》等专业性工具书，对推动我国木材工业的可持续发展作出了积极的贡献。

新世纪的到来，加快了社会经济的全面发展，我国亦更迅速地溶入全球经济体系，信息互换、技术交流、产品开发乃至人员培训等各方面都呈现出前所未有的新的形势。为此，在中国林业出版社的大力支持下，南京林业大学组织一批老中青专家，编写了大型工具书《木材工业手册》。这是我国木材工业界的一件幸事，对于促进我国木材工业科技进步和人才培养具有重大的现实意义。

即将面世的《木材工业手册》共分40章，总字数300万，包括木材资源、材性、加工工艺、木材制品、质量检测、机械设备以及环境保护等，基本上涵盖了木材加工的所有技术分支。作为一部专业工具书，它可以为实际生产及其管理、质检提供科学的依据，也可以为本领域的技术研发、产品创新以及专业学科教学提供思路和参考。另外，这部手册全面系统地论述了本领域的技术理论、专业知识和实用技术，所以也不失为一部严谨的学术专著。

《木材工业手册》的作者都是从事木材工业教学与科研多年的专家学者，他们大多长期深入工厂，参加木材生产实践，积累了丰富的经验。尤其是一批年轻的拥有博士学位和国外留学经历的年轻专家参加了这部书的编写，充分展示了我国木材工业界的兴旺发达、后继有人。需要指出的是，这部手册的编写是在我国木材工业领域众多前辈们所做的大量工作的基础之上完成的。从这个意义上讲，它更是全业界的专家学者、技术人员以及工人师傅共同努力的结晶。

我相信，《木材工业手册》的出版发行对推动我国木材工业的科技进步、林业和林业产业的可持续发展将发挥积极作用。

張齐生

With the rapid development of science and technology, wood and wood products have become more closely related to human civilization, life, culture and environment. The variety of wood products has been more plentiful, hi-tech involvement in wood science and technology has been enhanced, and the new and expanding wood industry is just unfolding, therefore, thanks to the great help and supports from the press, academic circles and business circles, together with a great efforts contributed by all compilers for a long time, a new, original, practical, simple, scientific and advanced *Handbook of Wood Industry* comes into being as a first choice of reference book for those who undertake scientific research, management, production in wood industry.

The handbook falls into 40 chapters covering all relevantly fundamental, professional as well as integrated techniques in wood industry, in addition to some research achievements and practical experience of compilers, the handbook also includes advanced technologies, relevant literatures and books of other countries for references. In order to make the handbook more practical, while compiling the handbook, the compilers considered that the handbook should reflect the latest technology, techniques, equipment, but at the same time, they should also have their eyes on the actual conditions and the practical level of wood industry in China so as to show the purpose of practical uses.

More than forty experts have participated in this handbook's compilation including members of Academic Degrees Committee of the State Council (ADCSC), project leaders of national key disciplines, doctoral supervisors, professors and associate professors. Some young scientific researchers with doctoral and master degrees are also involved in this compilation. Therefore this handbook couldn't be successfully published without the joint efforts and cooperation of all the editorial staff. We are very much appreciative to those experts, scholars and enterprisers who gave us great supports and help. We, in particular, appreciate Professor Zhang Qisheng, Member of Chinese Academy of Engineering, who agreeably writes the preface for this handbook. Also we'd like to extend our special acknowledgements to Professor Takeshi Furuno, a famous scientist in Japan, Dr. Werner Neubaur, General Manager of German Association for Wood Processing Machineries for the work they attended and information and materials they provided.

This handbook can be used as a reference book for those who are actively undertaking manufacturing, technical production, scientific research, management and quality control in wood industry. It also can be a valuable reference book for college and university students. We do believe this handbook will be of help to improve the sustainable development of wood industry in China.

This handbook, despite the care exercised in compiling it, cannot in the nature of things be free from error, we are encouraging our readers, experts, and those concerned to provide us with their candid comments-both positive and negative-as well as good suggestions.

Tan Shouxia Zhou Dingguo

时代的发展、科技的进步，使得木材及其制品与人类的文明、生活、文化和环境的关系日趋紧密，随之而来的是木材制品的品种逐渐丰富，木材工业的科技含量不断提升，新兴的木材行业方兴未艾。为此，重新编写出版一部实用、简练、科学、先进的专业性工具书便成为业界同仁义不容辞的义务和任务。在有关出版界、学术界、企业界的支持与鼓励下，全体编写人员经过长时间的努力，完成了《木材工业手册》的编写任务。

本手册分40章，内容涉及木材工业中的基础、专业及综合技术等方方面面。在内容的把握上，除反映各作者在相关领域积累的科技成果及实践经验外，还着重借鉴和参考了国内外先进技术及相关文献、书籍；既考虑反映国际上先进的新技术、新工艺、新设备，更着力于结合我国当前木材工业的水平及国情，力求充分体现实用的目的。

本手册各章由40余位长期从事该行业的专家分别编写，其中有国务院学位委员会学科评议组成员、国家级重点学科学术带头人及学科建设负责人、博士生导师、教授、副教授，此外还吸收了部分具有博士、硕士学位的青年科技工作者。在编写出版过程中，我们得到了国内外木材工业界众多专家、学者、企业家的大力支持与帮助。值得一提的是，中国工程院院士张齐生教授欣然为本手册作序，日本知名教授古野毅先生和德国木工机械协会总经理维纳诺宜保博士（DR. Werner Neubaur）参与了部分工作或给予了帮助，在此一并致谢。

本手册可以作为从事木材工业技术的生产、教学、科研、管理和质检人员的工具性读物，也可以当作木材科学与技术学科本专科生和研究生的专业参考资料。我们相信，本手册的出版对于促进我国木材工业的可持续发展和行业人才的培养将发挥积极的作用。

由于编写时间、条件及编写人员的水平所限，本手册难免存在疏漏及不足之处，恭请读者惠予指正。

谭守侠　周定国

HANDBOOK OF Wood INDUSTRY

第I卷

1 木材资源 1/28

1.1 木材分类 1
1.2 木材宏观构造与识别 3
1.3 常用木材 8

2 木材保护 29/48

2.1 木材败坏的原因 29
2.2 木材物理保护 37
2.3 木材化学保护 38

3 木材改性 49/86

3.1 木材材色处理 49
3.2 木材尺寸稳定化处理 55
3.3 木材软化处理 65
3.4 木材强化处理 70
3.5 木塑复合材(WPC) 75
3.6 木材塑料化 81
3.7 木材脱脂处理 83

4 木材干燥 87/128

4.1 木材干燥介质及其规律 87
4.2 木材干燥窑及其主要设备 94
4.3 木材常规窑干工艺及其操作 114

5 木工机械 129/218

5.1 木工锯机 129
5.2 木工刨床 141
5.3 木工铣床 150
5.4 开榫机 160
5.5 木工钻床 164
5.6 木工榫槽机 170
5.7 木工多工序机床 173
5.8 旋切机 177
5.9 削片、刨片和打磨设备 179
5.10 纤维分离机 186
5.11 单板、刨花和纤维干燥机 188
5.12 施胶设备 194
5.13 铺装成型机 195
5.14 人造板热压机 200

5.15 宽带式砂光机 205
5.16 二次加工设备 208

6 木材切削刀具 219 / 260

6.1 名称及术语 219
6.2 木工刀具磨损及刀具材料 223
6.3 铣刀 228
6.4 锯子 241
6.5 钻头 246
6.6 旋切与旋刀 250
6.7 磨削与磨具 255
6.8 木工刀具的修磨 256

7 制　材 261 / 306

7.1 制材生产的原料和产品 261
7.2 原木锯解工艺 267
7.3 制材企业设计 290
7.4 制材企业面临的问题及其解决的办法 304

8 木质地板 307 / 336

8.1 榫接地板(企口地板) 307
8.2 集成地板 316
8.3 镶嵌地板块(俗称木质马赛克拼花地板，MP型) 318
8.4 竖木地板(俗称立木地板，VP型) 320
8.5 三层实木复合地板 324
8.6 单板层压实木复合地板（多层实木复合地板） 329
8.7 浸渍纸层压木地板（强化地板） 331

9 木质门窗 337 / 352

9.1 木质门窗的结构与种类 337
9.2 木质门窗的生产技术 343
9.3 木质门窗的技术要求 347
9.4 木质门窗附件及紧固件 347

10 胶合板 353 / 392

10.1 胶合板的种类和物理力学性能 353
10.2 胶合板生产工艺 354
10.3 特种胶合板 388

11 细木工板 393 / 404

11.1 细木工板的性能 393
11.2 细木工板的生产工艺 394
11.3 蜂窝结构夹芯板（蜂窝板） 401

12 集成材 405 / 414

12.1 集成材的性能 405
12.2 集成材生产工艺 408

13 单板层积材 415 / 434

13.1 单板层积材的性能 416
13.2 单板层积材生产工艺及设备 420
13.3 单板层积材技术定额 432

14 木材层积塑料 435 / 442

14.1 木材层积塑料的性能 436
14.2 木材层积塑料生产工艺及设备 437

15 干法纤维板 443 / 474

15.1 干法纤维板的原料 443
15.2 干法纤维板生产工艺 444
15.3 干法纤维板性质 466
15.4 干法纤维板的用途、贮存加工和施工方法 471

16 湿法纤维板 475 / 492

16.1 湿法纤维板的性能 475
16.2 原料及其选择 477
16.3 纤维制备 479
16.4 纤维处理 481
16.5 板坯成型 483
16.6 热压 486
16.7 后期处理 488
16.8 软质纤维板 490

17 刨花板 493/ 524

17.1 刨花板产品与性能 493
17.2 刨花制备 497

17.3 刨花干燥与分选 505
17.4 胶黏剂配制和刨花拌胶 506
17.5 板坯铺装及输送 513
17.6 板坯预压和刨花板热压 515
17.7 后期处理 520

18 定向刨花板 525 / 542

18.1 定向刨花板生产工艺 525
18.2 定向刨花板性能检测 539

19 石膏刨花板 543 / 570

19.1 石膏板的种类和特性 543
19.2 原料制造、贮存和运输 544
19.3 刨花和石膏分选 553
19.4 拌石膏 554
19.5 铺装 557
19.6 预压 560
19.7 加压 561
19.8 干燥和加工 563
19.9 石膏刨花板生产工艺 564
19.10 石膏纤维板 565
19.11 质量控制和质量检验 565

20 水泥刨花板 571 / 588

20.1 水泥刨花板的分类、性能和应用 571
20.2 生产工艺 573
20.3 原辅材料 574
20.4 备料 580
20.5 混合搅拌 581
20.6 成型 582
20.7 板坯堆垛 583
20.8 加压 583
20.9 干热养护 584
20.10 脱模（拆垛）、卸板 584
20.11 自然养护 584
20.12 干燥（调湿）处理 584
20.13 锯边 585
20.14 砂光 585
20.15 检验、分等、入库 585
20.16 其他水泥制品 586
20.17 技术进展 587

HANDBOOK OF Wood INDUSTRY

第II卷

21 刨花及纤维模压 589 / 600

22 农作物人造板 601 / 616

23 胶黏剂 617 / 682

24 人造板二次加工 683 / 734

25 木材及人造板阻燃处理 735 / 748

26 竹材人造板及竹木复合人造板 749 / 772

27 其他竹制品 773 / 780

28 木质家具 781 / 798

29 家具五金配件 799 / 804

30 木材涂装 805 / 848

31 其他木制品 849 / 864

32 物品输送与物料处理 865 / 888

33 木材加工自动化 889 / 942

34 计算机在木材工业中的应用 943 / 968

35 木材工业主要能源与节能 969 / 1002

36 木材工业环境保护 1003 / 1050

37 木材工业质量管理与控制 1051 / 1086

38 木材工业的劳动保护 1087 / 1098

39 木材工业项目工程设计 1099 / 1120

40 木材工业企业管理 1121 / 1152

Wood Resource 1 木材资源

木材是来自森林的自然产品，是一种木质化了的具有生物、物理和化学性质的天然材料。并非所有的森林植物都生产木材，狭义的木材仅指产自通常所说的树木(即乔木)，甚至只是把树木中树干的木质部称为木材；广义的木材是指木质材料,既包括森林采伐工业产品，如原木、原条，也包括木材机械加工半制成品，如胶合板、刨花板和纤维板等。

1.1 木材分类

木材分类的方法很多，可以从不同的角度，即采用不同的分类标志进行分门别类。为使分类适合特定的需要和发挥其应有的作用，必须根据木材的特点来选定分类标志，这样才能明确地表示木材各类别之间的区别，并在生产、贸易等方面具有实际作用。常用的分类方法有树种分类、商品材分类和材种分类。

1.1.1 树种分类

木材的树种分类，沿用了植物分类学的分类标准。

1.1.1.1 植物分类单位

植物分类是根据植物的花、果、叶、茎、根等外部形态和内部的组织结构、细胞染色体等的异同进行的。它依据植物间的亲缘关系及其演化过程，通过比较、分析和归纳的方法，使品目繁多的各种植物都可在其中找到自己的位置。

界、门、纲、目、科、属、种是植物分类学上的各级分类单位。有时根据实际需要还加入了亚门、亚纲、亚目、亚科、亚属等级别，种以下也有亚种、变种和变型等。种是植物分类学上的基本单位。所谓种，是指具有相似的形态特征，表现一定的生物学特性，要求一定的生存条件，能够产生遗传性相似的后代，并在自然界中占有一定分布区域的无数个体的总和。如银杏、杉木、水曲柳、毛白杨等，都是以一定的本质特性互相区别的不同的种。亲缘相近的种集合为属，相似的属组成科，合科为目，合目为纲，如此类推。

植物界可划分为藻菌植物、苔藓植物、蕨类植物和种子植物四大门。其中以种子植物的种最多，达20万种以上，我国约有3万种。木材来源于种子植物。

1.1.1.2 种子植物

种子植物与蕨类植物都有起输导和机械作用的维管组织，具明显的根、茎、叶的分化和直立，合称为高等植物。而种子植物具有更复杂的根、茎、叶的分化，并具有构造复杂的花，它利用种子进行繁殖。

种子植物按习性，可分为木本植物和草本植物。木本植物一般具有多年生的根和茎，维管系统发达，并由形成层形成次生木质部和次生韧皮部。次生木质部的细胞组织木质化。高大的木本植物是木材的来源。

木本植物又可分为乔木、灌木和木质藤本三种类型，但其间并无严格界线。有些木质藤本年久会变成乔木状，许多木本植物在寒冷或高海拔地带为矮小灌木，而在其他地区则可能生长成参天大树(乔木)。乔木通常是指具有单一主干，树高可达7 m以上的木本植物，即树木。而灌木较矮小，通常具多个茎，木质藤本植物则为攀缘的木质藤蔓，为许多热带雨林的特征。木材主要来源于乔木。

1.1.1.3 针叶树材和阔叶树材

按植物分类学，种子植物可分为裸子植物亚门和被子植物亚门。

裸子植物包括四类(目)，其中只有银杏和松杉类属于乔木。习惯上把银杏和松杉类称为针叶树，来自针叶树的木材，即所谓的针叶树材；因木材不具导管(即横切面不具管孔)，故又称为无孔材。由于针叶树材材质一般较轻软，国外通称软材。需要指出的是，并非所有针叶树材材质都轻软。

被子植物包括单子叶植物纲和双子叶植物纲，只有木本的双子叶植物中的乔木树种才能生产木材，习惯上称为阔叶树材、有孔材，国外通称硬材。由于阔叶材种类繁多，故亦统称为杂木。至于单子叶植物中的棕榈和竹子，虽然也是木本植物，且干高、用途广，但与木本双子叶植物有着本质的区别，其利用方式与木材也有显著的不同。

综上所述，木材是指针叶树材和阔叶树材，即来源于裸子植物和被子植物中双子叶植物的木本乔木(图 1-1)。

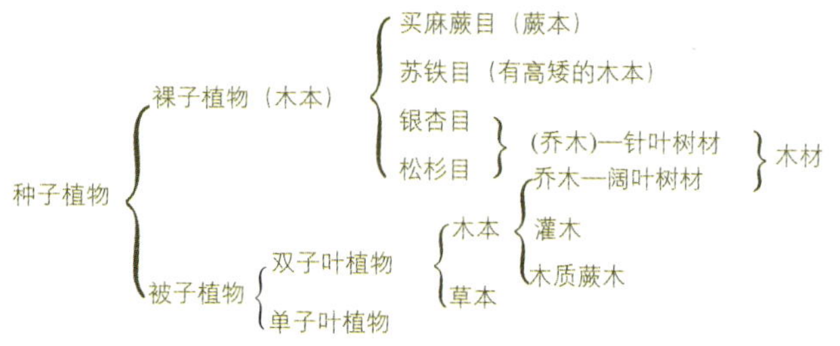

图 1-1 木材的来源

1.1.1.4 树种命名

每种植物在全世界通用的名称称为学名。学名由拉丁文或拉丁化的其他外文组成。每一学名包括属名和种名，即采用“双名法”，种名后附命名人姓氏。属名的首字母大写。为简便起见，常可略去命名人姓氏。如马尾松的学名为 *Pinus massoniana*。

1.1.2 商品材分类

供应市场，用于交换的木材称之为商品材。商品材类别的科学、合理的划分及统一、规范的命名，有利于深入研究木材的构造、性质和品质，更好地解决木材商品的流通、利用、鉴定和检验等问题。

1.1.2.1 木材名称

木材的名称大致可分为学名、俗名和商品名。同一树种的木材，常常因地区等的不同而有不同的叫法。如学名为 *Pinus massoniana* 的树种，其通用的中文名为马尾松，商品名为松木，而俗名有丛树、松柏和本松等。

俗名或别名为非正式名称，往往具有地方性，故又称地方名。如龙脑香科娑罗双属（*Shorea* spp.）的木材，在菲律宾称 *Lauan*(柳桉)；马来西亚、印度尼西亚和沙捞越称 *Meranti*(梅兰蒂)；沙巴称 *Seraya*(塞拉亚)。再如市场上所谓的“榉木”(红、白榉)，实际上指的是壳斗科水青冈(山毛榉)属(*Fagus* spp.)的木材；而真正的榉木则属于榆科榉属(*Zelkova* spp.)树种。可见，各种不统一、非规范的俗名的使用，势必造成同物异名或同名异物的混乱，给木材的生产、贸易和科学研究等带来了很多困难，阻碍了木材的市场流通和合理利用。

学名是每个树种的全世界统一的通用名称，或称拉丁名。各学名的树种有些具有相对应的通用中文名，有些则没有。学名固然具有科学性等优点，但由于语言文字上的障碍和木材树种过于繁杂，且在实际应用中仅凭肉眼不易确定到种，故在木材生产、贸易和使用等领域受到一定的限制。再者，就通常用途而言，外貌特征和材质相差不大的木材，其使用价值也近乎相同，区分到种也是不必要的。

木材的商品名（或商用名）是指在生产、贸易等领域较广泛使用的商品材名称。

1.1.2.2 商品材归类与命名

商品材主要依据木材的构造特征和材质的异同来进行归类和命名。通常以植物分类学的属为基础，以材质为主要依据，将原木外貌相似、木材材质相近、现场难以区别的商品材树种归为一类；并以树种的属名作为木材的商品名。

一种商品材是指特性相近的一类木材，有的包括全“属”的树种，如泡桐属的各树种，其商品名均为泡桐；有的则只是属内的部分树种，如松木（或硬松）就仅为松属中马尾松、樟子松等树种的商品名；有的还包括不同属的树种，如白青冈就包括青冈栎属中的青冈栎等和麻栎属中的乌冈栎。

我国国家标准《中国主要木材名称》(GB/T 16734-1997)收载了 380 类木材名称(商品名)，包括 970 个树种(拉丁名、中文名)。

商品材的分类仅适用于木材通常的用途。具有同一商品名的不同树种，其木材的构造和材质仍会存在某些差异，由于用途的特殊性或使用观念的不同，有时仍需确定木材的树种。此外，商品材的归类及名称，仅适用于一定的国家或地区。木材商品名，无论是某一地区的习惯俗成，还是某个国家的标准性规定，都具有不同程度上的地方性。因此，在木材贸易，尤其是在木材进出口业务中，买卖双方对木材的商品名的含义，应达成共识。对某些特殊用材或大宗货物，如有可能，采用木材的学名(拉丁名)是很有必要的。

1.1.3 材种分类

凡是属于森林采伐工业产品和木材机械加工半制成品的种类，都称为材种。材种的分类方法很多，如按木材产品的加工程度可分为原木、原条、锯材、人造板等；按木材商品的外观形态可分为圆木、方材、板材等；按用途分，如胶合板有航空胶合板、船舶胶合板、装饰胶合板等，原木有直接用原木、加工用原木等；按制造工艺分，如刨花板有平压刨花板、挤压刨花板等，纤维板有干法纤维板、湿法纤维板等；按材性分，如根据密度大小，纤维板可分为硬质纤维板、软质纤维板等；按产地分，如北美火炬松和智利(火炬)松；按品质分，如加工用原木根据其缺陷限度可分为一、二、三等和等外材。此外，还有按规格、胶种(人造板)等所作的分类。

1.2 木材宏观构造与识别

1.2.1 树干

树木由树根、树冠和树干三部分组成。乔木的树干是木材的主要来源。树干有4个主要部分，即树皮、形成层、木质部和髓。

1.2.1.1 树皮

树皮是形成层以外各种组织的总称，是贮藏养分的场所，是把树叶所制造的养分向下输送的渠道，同时它还是树干的保护层，可防止树木生活组织受外界温湿度剧烈变化或机械损伤的影响。

1.2.1.2 形成层

树木根、茎顶端分生细胞群(顶端分生组织)的分生作用引起树木的高生长(初生长)。而形成层(侧向分生组织)的分生活动导致了树干的直径生长(次生长)。形成层向内分生次生木质部，向外分生次生韧皮部，它是产生木材的源泉。形成层介于树皮和木质部之间，是一层很薄的组织，只有在显微镜下才可见到。

1.2.1.3 木质部

木质部位于形成层和髓之间。根据细胞组织的来源不同，木质部可分为初生木质部和次生木质部。初生木质部起源于顶端分生组织，围绕在髓的周围，量很少。次生木质部由形成层分生而来，常常简称木质部，它是木材利用的主要部分。

1.2.1.4 髓

髓位于树干的中心，为木质部所包围，通常直径很小。髓和初生木质部合称为髓心。

1.2.2 木材三切面

木材是指树木的次生木质部(简称木质部)。作为生物体，木材是由大小、形状和排列各异的细胞组成。构成木材的细胞大多数沿树干轴向(纵向)排列，显示出木材的“纹理”；也有少量的细胞构成组织带，沿树干半径方向排列(木射线)。从不同的方向锯切木材，可以得到不同的切面。利用各切面上细胞及组织所表现出来的特征，可识别木材和研究木材的性质、用途。木材的三个标准的切面是：横切面、径切面和弦切面。

1.2.2.1 横切面

与树干轴向或木材纹理方向垂直锯切的切面。在这个切面上，木材纵向细胞或组织的横断面形态及分布规律能反映出来；横向组织木射线的宽度、长度方向等特征，亦能清楚地反映出来。横切面较全面地反映了细胞间的相互联系，是识别木材最重要的切面，也称基准面。在原木特征中所谓的树干断面，实际上就是木质部(木材)的横切面。

1.2.2.2 径切面

与树干轴向相平行，沿树干半径方向(即通过髓心)所锯切的切面。在该切面上，能显露纵向细胞的长度方向和横向组织的长度和高度方向。

1.2.2.3 弦切面

与树干轴向相平行，不通过髓心所锯切的切面。在该切面上，能显露纵向细胞的长度方向及横向细胞或组织的高度和宽度方向。

径切面和弦切面统称为纵切面。

1.2.3 木材宏观构造特征

1.2.3.1 生长轮（年轮）

树木在一个生长周期内所产生的一层木质环轮，称为生长轮。在横切面上，生长轮呈同心圆的圈层。温、寒带地区的树木，一年仅有一度生长，形成层每年向内生长一层木质部，故亦称之为年轮。在热带或亚热带，因全年温差小，树木生长与雨季和旱季相关，一年之内可形成几圈木质层。因此，年轮应指温带或寒带的树木，称热带树木的生长轮为年轮是不恰当的。但在生产上常习惯以年轮概括生长轮。

每个生长季节早期形成的木材，其颜色较浅，组织较松，材质较软，称早材；生长季节后期所形成的木材，其颜色较深、组织较密，材质较硬，称为晚材。每个生长轮或年轮均由早材和晚材两部分组成。早材位于生长轮内侧，晚材位于外侧。在木材识别时，主要观察生长轮的下列特征。

1. 年轮的明显度

由于早、晚材的结构不同，相邻年轮交界处内、外侧的组织有差异，因此出现一个界限，称为轮界线。年轮明显度即轮界线的明显程度可分为：明显(如杉木、红松)、略明显(如银杏、女贞)和不明显(如枫香、杨梅)。

2. 早晚材转变度

在一个年轮内，从早材向晚材的过渡，其变化有缓有急，因树种而异。早晚材转变度可分为：急变（早材与晚材间界线明显，如马尾松、落叶松等）；缓变（早、晚材间无明显界限，过渡缓慢，如红松、银杏等）；稍急变（介于急变和缓变之间，如杉木、云杉等）。

年轮的明显度和早晚材转变度都是由早、晚材的结构差异所引起的。前者为年轮间特征，后者为年轮内特征，两者既有区别又有关联。如早晚材急变的树种，年轮必定明显，而年轮明显时，早晚材未必急变。

3. 年轮的形态

年轮在横切面上通常为同心圆圈；在径切面上沿纵向呈条状；在弦切面上呈抛物线状或“V”字形。

多数树种的年轮在横切面上近似圆圈，少数树种呈不规则波浪形(如米槠、栲树等)。

4. 年轮的宽度

年轮的宽窄随树种、树龄和生长条件而异。如泡桐、臭椿的年轮很宽，而黄杨木、紫杉的年轮通常窄。有些树种在同一横切面上的同一年轮的宽度也有差异。这种特性可用年轮均匀度来表示。如云杉年轮均匀，柏木年轮不均匀，而银杏年轮宽度略均匀。

5. 晚材率

依树种不同，早、晚材宽度的比例有很大差异，常以晚材率来表示，其计算公式如下：

$$P=\frac{b}{a}\times 100$$

式中：P——晚材率，%

a——年轮的宽度，mm

b——年轮中晚材的宽度，mm

针叶树材的晚材率是识别木材的依据之一，也是衡量木材强度大小的重要标志。

6. 假年轮

树木在生长季节内，由于遭受病虫、火灾、霜冻或干旱等危害，致使生长暂时中断，经短时期的恢复，又会重新生长。因此，在同一生长周期内，将形成两个或更多的年轮，其中界线不明显，同时也不显现完整的圈层，称为假年轮。常出现假年轮的树种有马尾松、杉木、柏木等。

1.2.3.2 心材、边材

有些树种树干断面中心部分的木质部颜色较深，称为心材；外围部分颜色较浅，称边材。边材由具有生理活动功能的细胞组成，而心材是由边材转化而来，其细胞已死亡，细胞腔内出现沉积物，从而形成多种颜色，又因渗透性减低，故含水量较少。

1. 心、边材明显度

心、边材在材色上有区分的树种，称为心材树种，或显心材树种；树干断面中心部分和外围部分材色和含水量无差别的树种，称为边材树种；材色无差别，但心部含水量比边部含水量少的树种，称隐心材树种，或熟材树种。

心材和边材之间颜色有明显界限者称为心边材明显；心材和边材颜色区别不甚明显，过渡缓慢者为心边材略明显；心部和边部材色无区别者称为心边材不明显。

有些边材树种(如桦木、杨木)，当遭受真菌侵害时，出现类似心材的颜色，称为假心材。假心材边缘不规则、色调不均匀。而有些心材树种，由于真菌危害，在心材部分偶尔出现材色较浅的环带，称为内含边材。假心材和内含边材均属木材缺陷，识别木材时要注意区别。

2. 边材宽度

心材形成的早晚因树种而异，因此心材树种心材的大小或边材的宽窄各有差异，边材宽者如马尾松、银杏等，边材窄者如刺槐、红豆杉等。边材转变为心材有一定的起点年限。因此在判定心边材明显度和边材宽度时，应考虑年轮数。

1.2.3.3 木射线

在木材横切面上，有许多由内向外呈辐射状的浅色线条，与年轮垂直。这些线条有的从髓心放射出来，称为髓射线；有的位于木质部，称为木射线；有的位于韧皮部，称为韧皮射线。

1. 木射线的形态

木射线在横切面上呈辐射状细线，显示其长度和宽度方向；在径切面上呈横行带状或片状，显露其高度和长度方向；在弦切面上则顺着木纹方向呈点状、细线状或纺锤状，反映其高度和宽度。

2. 木射线的宽度

在木材的宏观识别中，以观察木射线的宽度为主，并以横切面的射线宽度为分级标准。通常粗分为三级。

(1) 细木射线：宽度在0.05mm以下，肉眼下不见至可见。如所有的针叶树材和阔叶材中的杨木、柳树等。

(2) 中等木射线：宽度在0.05～0.2mm之间，肉眼下可见至明晰，弦切面呈细纱纹或网纹。如冬青、槭树等。

(3) 宽木射线：宽度在0.2mm以上，肉眼下明晰至极显著，有光泽，弦面呈纺锤形。如栎木、青冈栎等。

针叶树材木射线均细，阔叶材中有些树种仅有细或中等木射线，而有些树种具宽和细两类木射线，如栎木类。

1.2.3.4 管孔

1. 管孔的分布类型（图1-2）

(1) 环孔材：指在一个生长轮内，早材管孔明显大于晚

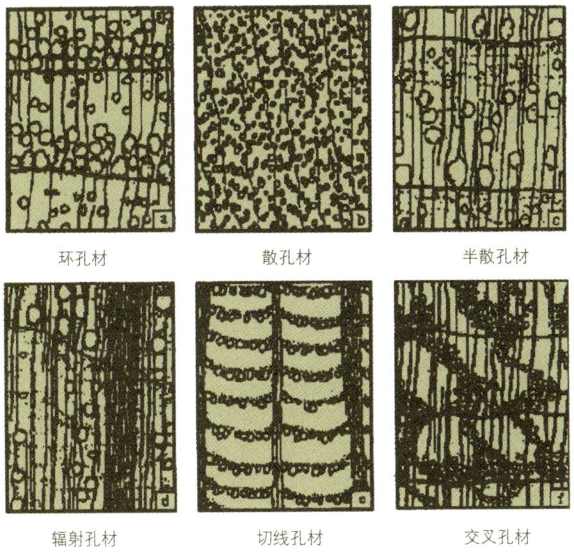

图 1-2 管孔的分布类型

材管孔，并沿年轮方向呈环状排列。如水曲柳、檫树、刺槐、栲树等。

(2) 散孔材：指在一个生长轮内，早材和晚材管孔大小无明显差异，分布均匀或比较均匀。如桦木、椴树、枫香等。

(3) 半散孔材：也称半环孔材。指在一个生长轮内，管孔分布介于环孔材和散孔材之间，即从早材至晚材的管孔逐渐变小，但早材开始部分的管孔比晚材末端的管孔明显大，而分布比较均匀。如枫杨、乌桕、香樟等。

(4) 辐射孔材：指早晚材管孔的大小无显著差别，分布不均匀，而呈辐射状(径向)排列，可穿过一个或数个生长轮。如青冈栎、薄叶栎、拟赤杨等。

(5) 切线孔材：指在一个生长轮内全部管孔呈数列切线状(弦向)排列，并在宽木射线间向髓心方向凸起。如银桦、大果山龙眼、红叶树等。

(6) 交叉孔材：指一个生长轮内的管孔有规律呈交叉状排列。如鼠李、桂花等。

2. 管孔的排列

这里所讲的管孔排列是指环孔材早材管孔和晚材管孔的排列方式。

环孔材早材管孔按径向列数的多少可分为：一列(如刺楸)至数列(如檫木2～4列)；按弦向疏密程度可分为：密集(如刺槐)、稀疏(如树参)、连续(如锥栗)、不连续(如米槠)等。

环孔材晚材管孔的排列有三种类型（图 1-3）：

(1) 星散型：晚材管孔多数单独散生，近均匀分布，如水曲柳等。

(2) 弦列型：晚材管孔呈弦向倾斜排列，与生长轮近平行或呈波浪型。如榆木、榉树等，亦称榆木状。

(3) 径列型：晚材管孔径向排列成一至数列。有的树种晚材管孔排列与木射线成一定角度，称斜列状，如化香、梓树等；有的管孔聚集径列，形似火焰状，如苦槠、槲栎等。

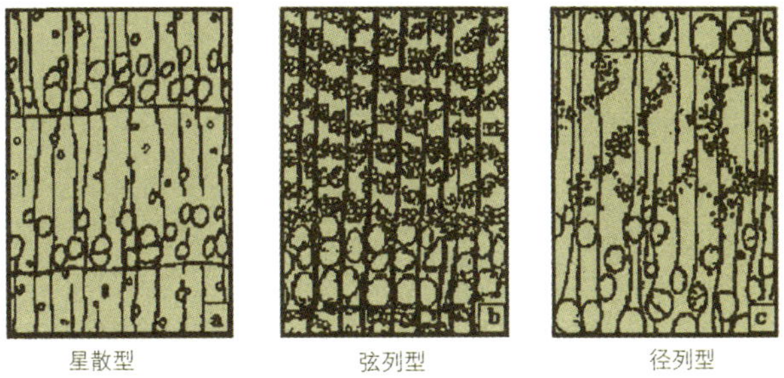

图 1-3 环孔材晚材管孔的排列

3. 管孔的大小

通常以管孔弦向直径来衡量管孔的大小。木材宏观识别中则根据肉眼能见度进行分级。

(1)小：指管孔弦向直径在 0.1mm 以下，肉眼下不见至可见。如石楠、枫香等。

(2)中：管孔弦向直径在 0.1～0.3mm，肉眼下易见至略明显。如黄檀、柿树等。

(3)大：管孔弦向直径在 0.3mm 以上，肉眼下明晰至极显著。如麻栎、水曲柳的早材管孔。

4. 管孔的内含物

管孔内含物常有侵填体、树胶和其他沉积物。侵填体是管孔中含有的一种泡沫状填充物，在强光下呈现亮晶晶的光泽。在纵切面的导管槽内也可见。常含侵填体的树种有麻栎、檫树、刺槐等。

某些阔叶材管孔中常具有树脂或其他沉积物。树胶呈褐色或红褐色胶块状，光泽弱或无光泽。如苦楝、红椿等。热带木材导管中常具白色沉积物，如桃花心木、柚木等。

1.2.3.5 轴向薄壁组织

轴向薄壁组织是指在横切面上所见的一部分材色较周围的材色浅，并能形成各种形态的组织。用水湿润则更为明显。针叶树材的轴向薄壁组织不发达或根本没有，宏观下一般不可见。多数阔叶材有较丰富的轴向薄壁组织。

根据木材中轴向薄壁组织的量的多少和明显程度，可分为：不发达（在扩大镜下不见或不明显，如针叶树材和桦木、木荷等部分阔叶材树种）；发达（在扩大镜下可见或明显，如枫杨、乌桕等）；很发达（在肉眼下可见或明显，如泡桐、黄檀等）。

根据轴向薄壁组织与管孔的连生关系，可分为离管型和傍管型两大类。

1. 离管型

指轴向薄壁组织不与管孔连生者。一般又可分为以下几种：

(1)星散状：轴向薄壁组织量少而分散，肉眼下一般不见。如枫香、木荷等。

(2)切线状：轴向薄壁组织弦向相连，呈浅色短线。根据弦线的长短、间距，可进一步细分为短切线状(如麻栎)和网状(如柿树)。

(3)轮界状：轴向薄壁组织呈浅色细线位于轮界线处。如木兰、杨木等。

(4)离管带状：轴向薄壁组织相连成与生长轮相平行的同心细线。如黄檀等。

2. 傍管型

指轴向薄壁组织围绕于管孔周围，即与管孔连生。又可分为：

(1)环管束状：轴向薄壁组织紧围管孔成一圆圈，宏观下在管孔周围呈一浅色环。如香樟、楠木等。

(2)翼状：轴向薄壁组织围绕管孔周围并向两侧延伸，形似眼睛。如泡桐等。

(3)聚翼状：翼状轴向薄壁组织相互连接在一起。如肥皂荚、毛叶红豆树等。

(4)傍管带状：聚翼状轴向薄壁组织呈弦向宽带状。如花榈木、榕树等。有些树种的轴向薄壁组织不易分清是傍管带状或是离管带状，或两者都有，则可统称为带状。

上述各类型轴向薄壁组织，有的树种仅具其中一种，有的树种则可具两种或两种以上。

1.2.3.6 胞间道

胞间道为分泌细胞围绕而成的长形孔道。它不是细胞，而是细胞间隙。胞间道是树脂道和树胶道的统称。

1. 树脂道

某些针叶树材的胞间道中充满树脂，故称树脂道。树脂道有轴向树脂道、径向树脂道；还有正常树脂道和创伤树脂道之分。

正常轴向树脂道在横切面上为浅色小点，大的似针眼，多见于晚材，一般星散状分布，间或也有切线状分布的，如云杉。在纵切面上，呈深色纵向的线条状。径向树脂道(也称横向树脂道)出现在纺锤形木射线中，非常细小，在木材弦切面上呈褐色小点，肉眼下不易见。

创伤树脂道(也称受伤树脂道或不正常树脂道)是在树木生长过程中，受机械损伤、菌类侵袭、干旱、火灾等影响而形成的树脂道。创伤树脂道也有轴向和径向之分。轴向创伤树脂道在横切面上呈弦向排列，常位于早材。

具正常树脂道的树种有松科中的松、落叶松、云杉、黄杉、银杉、油杉等属。一般松属的树脂道大而多，落叶松属次之，而油杉属无径向树脂道。创伤树脂道可能发生在具有正常树脂道的树种中，也可能发生在无正常树脂道的树种中。如冷杉、铁杉、雪松、红杉、水杉等属。

2. 树胶道

在某些阔叶材树种的木材中，贮藏树胶的胞间道，称为树胶道。树胶道也有轴向、径向及正常、创伤树胶道之分。

正常轴向树胶道为龙脑香科或豆科(即苏木科、含羞草科和蝶形花科)某些树种的特征。正常径向树胶道见于漆树科、橄榄科等木材中。创伤树胶道常存在于金缕梅科、楝科、桃金娘科、芸香科、杜英科、梧桐科等某些木材中。

1.2.4 辅助特征

识别木材除上述构造特征外，还可通过看、嗅、尝、触等方法，研究木材的其他特征。这些特征称为辅助特征。如颜色、光泽、质量、硬度、结构、纹理、花纹、气味、滋味、髓斑等。

1.2.4.1 颜色、光泽

木材的颜色称为材色。木材细胞本身无明显的颜色，但因木材的内含物，如色素、单宁、树脂、树胶等，致使木材呈现各种颜色。材色反映了树种特征，尤其是心材树种。如红豆杉心材红褐色，木蜡心材姜黄色，柿木心材黑色等。

材色作为木材识别特征时，必须考虑到其变化大的特点。如木材的干湿、空气中暴露时间长短、受菌类侵袭与否及树龄、部位等，都会导致材色不同。材色的变异，加上各人感觉不同，对材色的描述很难准确和一致。

木材的光泽是材面(纵切面)对光线吸收和反射的结果。凡对光线反射能力强的，材面就光亮悦目，反之则暗淡无光。如云杉光泽强，冷杉光泽弱。

木材表面的光泽会因长期暴露在空气中或真菌侵染的影响而减弱乃至消失，前者仅限于表面，后者可能会深入内部。因此，观察木材的光泽，应以新刨切的正常木材纵切面为准。

1.2.4.2 质量、硬度

木材的质量和硬度属于木材物理、力学性质的范畴，但通常情况下，也可用于鉴别某些外貌特征相似的木材。

严格地说，木材的质量应以密度来表示。按气干密度大小可分为：轻——气干密度小于 $0.4g/cm^3$，如泡桐；中——气干密度在 $0.4\sim0.8g/cm^3$ 之间，如枫桦；重——气干密度大于 $0.8g/cm^3$，如蚬木。

木材硬度的精确判断，需用力学试验机测定。也可分为软、中、硬三类：端面硬度在5000N以下的为软；5000～10000N之间为中；10000N以上为硬。

在木材识别中，对质量和硬度的要求通常较粗放，一般无需精确测定。质量可由手持的轻重感觉判断，而硬度则可用指甲刻划测试。木材的质量与硬度有一定的关系，通常重者硬，轻者软。

1.2.4.3 结构、纹理和花纹

木材结构系指组成木材的各种细胞的大小和差异程度。

细胞大者称结构粗糙(如泡桐)；小者则结构细致(如圆柏)。细胞大小一致者为结构均匀(如椴木)；差异明显者则结构不均匀(如麻栎)。

木材纹理简称木纹，指木材纵向组织排列的方向。可分为：直纹理——纵向组织与树干轴向平行，如杉木、山榆等；斜纹理——纵向组织与树干轴向成一定角度，如香樟、圆柏等。斜纹理又因纵向组织倾斜的方式、程度等可细分为螺旋纹理(如桉树)、交错纹理(如紫树)、波浪纹理(如樱桃)、皱状纹理(如杨梅)等。

木材花纹系指年轮、管孔、管线、木射线、轴向薄壁组织、材色、节子、纹理等构成的各种图案。花纹与木材构造有密切关系。

1.2.4.4 气味、滋味

木材本身无滋无味，但因木材细胞内含有树脂、树胶、单宁、挥发性油类及其他化学物质，故某些木材会有一种特殊的气味和滋味。如松木有松脂气味，香樟有樟脑气味，杉木有杉木香气；栎木有涩味，黄连木有苦味等。

1.2.5 木材识别的方法

不同科、属、种的木材，都有不同的构造；木材构造的不同，决定了其性质的差异；而木材的经济利用价值，多与木材的性质有关。因此，识别木材是合理利用木材的必要条件；而木材构造的差异，使得木材识别成为可能。

1.2.5.1 木材构造特征的观察

观察木材的各种特征，一般应由表及里，由原木到木材；由简及繁，由宏观特征到微观特征；由主要特征到次要特征，逐步识别。

1. **原木特征与木材特征**

应该说，在木材识别过程中，原木特征和木材特征之间没有绝对的界限。这里只是根据工作现场的识别对象(如原条、原木、板材、胶合板等)及其通常所表现出来的特征来划分的。

在伐区和贮木场，识别对象主要为原木、原条。由于受条件限制，一般以树皮、材表、树干断面、心边材等特征作为识别的重点。

树皮有外皮和内皮之分。外皮特征主要有：颜色，质地(松软或坚硬)，皮孔形状（圆形、菱形和线形），开裂与否及开裂方式（纵裂、横裂、纵横裂和不规则裂），外皮脱落形状（块状、条块状、环状、薄片状和不规则状）。内皮特征主要有：韧皮纤维发达与否及其质地，石细胞的排列类型(星散、层状和混合状)，以及内皮断面花纹等。

树干断面特征主要有：断面形状（圆形、椭圆形、多边形和梅花形），髓心的大小、形状（圆形、三角形、四边形等）和结构（实心、空心和分隔），以及心、边材和木材构造特征。

材表是指圆木去皮后裸露出来的木材表面。大多数针叶树材的材表较平滑，而阔叶材的材表可呈现出各种形态特征(图 1-4)。材表特征主要有：波痕、细纱纹、网纹、槽棱、棱条、枝刺等。

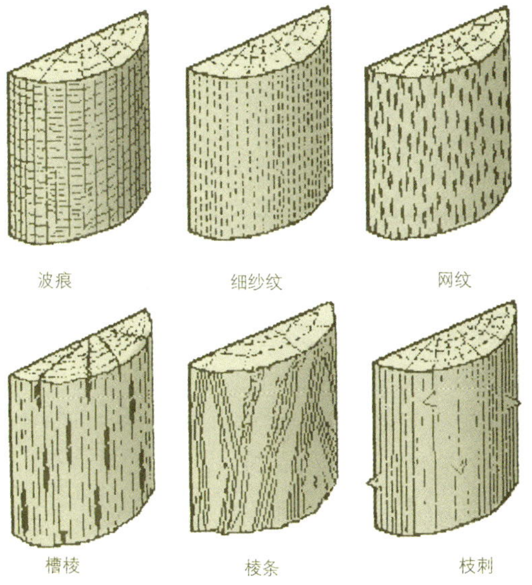

图 1-4 材表特征的类型

鉴定锯材或木制品时，一般见不到树皮、材表、树干断面，心边材也不易完全显示出来，因此，主要以木材的三切面所表现的特征等作为识别依据。

2. **宏观特征与显微特征**

木材识别通常以宏观特征，即以肉眼和放大镜能看到的特征为依据。这种方法具有简易、快速的优点，能满足一般要求，生产上有实用价值；但准确度较差，特别对有些外貌特征相似的木材难以区分，往往只能确定到属、类。有时，为进一步确定树种，需利用显微镜进行区别。在某些特殊的情况下，可能还需要应用电子显微镜，观察木材的超微构造特征。

3. **主要特征与次要特征**

木材种类很多，构造特征也相当复杂，识别时要善于观察和分析各种木材间的共同点和不同点。通常共同点决定它们同属于某一级别上的类(如科、属等)，不同点则决定各自独立的种。要抓住主要特征，不断进行分析、归类，并利用一些次要特征作为辅助依据，才能正确区分树种。例如在区分马尾松与檫树时，管孔的有无是主要特征，因为它们分属于无孔材(针叶树材)和有孔材(阔叶材)。而在区别马尾松和红松时，早晚材转变度则成为识别的主要特征。

4. **针叶树材与阔叶材的识别特征**

在识别木材的过程中，首先应区别针叶树材和阔叶材。针叶树材和阔叶材的主要宏观识别特征差别如表 1-1。

如已确定被鉴定的木材为针叶树材，则应进一步观察和记载下列特征：年轮明显度；早晚材转变度，树脂道的有无及明显度、大小、数量、分布等；心边材明显度及边材宽窄；

表 1-1 针、阔叶树材宏观识别特征比较

特征项目	针叶树材	阔叶树材
生长轮	明显或略明显	明显至不明显
管孔	无(无孔材)	有(有孔材)
木射线	很细,肉眼下不易见	很宽至很细
轴向薄壁组织	不见或不发达	发达或不发达
胞间道	松科部分树种有树脂道	部分树种具树胶道
质量和硬度	多数木材比较轻软	从很硬重至很轻软
材表	平滑或近平滑	类型多样

以及材色、气味、滋味、质量、结构及假年轮等。

如确定被鉴定的木材是阔叶材，则进一步观察下列主要特征：管孔分布类型；环孔材管孔排列；管孔大小、数量及内含物；木射线的宽度及木射线线在纵切面上的特征；轴向薄壁组织的发达与否及分布类型；以及心边材、材色、气味、滋味、结构、纹理、花纹、质量、硬度等。

1.2.5.2 木材树种检索

1. 对分检索表

木材对分检索表是在多种待鉴定木材特征中根据某个特征的有无，反复按顺序划分成相对称的二类特征，最后划分出每个树种的区别。对分检索表的优点是制法简单，应用方便。其缺点是检索表所用特征必须依一定次序检索，且检索表一经编制，除非重新修订，否则不可任意增减树种。

编制和使用检索表时，首先必须明确检索表的适用范围，包括木材产地、分类等级和木材特征范围。

不同地区，其树种分布不同，即使是同一树种，因产地不同，木材构造特征也可能有一定的差异。因此，无论哪一种检索表，都应就地取材，当地使用。

检索表可按门、纲、目、科、属、种各分类等级编制，也可按一般特征(如树皮、材表、木材宏观构造等)或显微特征编制，既可分别编制，也可综合编制。一般来说，将各分类等级以及一般特征与显微特征分别列表，更便于检索对照。

下面以杉木、红松、马尾松、银杏、水曲柳、麻栎、白榆、香樟、椴木和毛白杨等 10 种木材的宏观构造特征简易检索表来说明对分检索表的编制方法。

10 种木材宏观构造简易检索表

1 木材横切面不具管孔(无孔材、软材、针叶树材)......2

1 木材横切面具管孔(有孔材、硬材、阔叶材)..........5

2 具正常树脂道..............................3

2 不具正常树脂道.............................4

3 早材至晚材急变，年轮不够均匀............马尾松

3 早材至晚材缓变，年轮颇均匀.................红松

4 早材至晚材急变，有浓郁的杉木香味.........杉木

4 早材至晚材缓变，新切面有难闻气味.........银杏

5 环孔材，早晚材急变........................... 6

5 散孔材或半散孔材，早晚材缓变..................8

6 晚材管孔星散状.........................水曲柳

6 晚材管孔径列状或弦列状.......................7

7 晚材管孔径列状，轴向薄壁组织切线状..........麻栎木射线宽

7 晚材管孔弦列状(波浪状)，轴向薄壁组织傍管状，木射细傍管状，木射细线.............白榆

8 半散孔材，具浓厚樟脑气味................香樟

8 散孔材.....................................9

9 轴向薄壁组织轮界状，弦切面不具波痕........毛白杨

9 轴向薄壁组织不明显，弦切面可见波痕..........椴木

2. 穿孔卡片检索表

穿孔卡片检索表是把木材全部特征分列在卡片四周的圆孔里，每个树种制作一张卡片。每张卡片将该树种所具有的特征所在的圆孔剪成“V”形缺口。使用时，根据所鉴定木材的各种特征，用钢针穿取卡片，反复淘汰。

穿孔卡片检索表使用方便，克服了对分检索表的缺点。但它不便携带，不宜处理大量材料。

3. 木材识别的计算机化

从国内现有的软件来看，它主要是结合了对分检索表和穿孔卡片检索表两者的优点，利用微机数据库管理系统来编制软件。它具有处理信息能力强，运行效率高等特点。

1.2.5.3 模式标本

为了准确识别木材，在运用检索工具初步鉴定出木材的属、类或种后，需要对照更完整、准确的记载资料，尤其是有正确定名的木材标本(称之为模式标本)进行进一步的核对。

模式标本通常包括带皮的原木标本、木材三切面标本，若需要显微识别的，还应有标准定名的显微切片。模式标本的积累，是准确鉴定木材的有力保证，同时也有利于不断丰富实践经验，加深对木材特征的认识，提高木材识别能力。

1.3 常用木材

1.3.1 国产木材

1.3.1.1 针叶树材

1. 银杏 *Ginkgo biloba* **银杏科** Ginkgoaceae

别名：白果树、公孙树、鸭脚树。

产地：除新疆、青海、宁夏外，全国各地均有栽培，为子遗树种，仅存我国及日本。

识别特征：树皮灰白至灰褐色，质软，呈纵裂或龟裂；内皮黄白色，外皮和木质部间呈明显浅色的轮层。边材黄白

色，甚宽；心材黄褐色，日久转深。生长轮略明显，早晚材渐变，晚材带极窄。木射线数少，甚细，径面射线斑纹不明显。横切面扩大镜下可见白色结晶斑点，新鲜材具特殊气味。主要显微特征：交叉场纹孔杉型，具轴向分室异细胞，内含特大晶簇。

材性：纹理直，结构细而匀。质轻，木材气干密度0.44g/cm³。易干燥，无翘曲、开裂等缺陷，易切削，切面光滑，油漆和胶合性能良好。

用途：木模、雕刻、文具、玩具、砧板、高级家具和细木工等用材。

2. **红豆杉** *Taxus chinensis* **红豆杉科** Taxaceae

别名：血柏、赤柏松、紫杉、榧子树。

产地：鄂、甘、陕、湘、桂、皖。

识别特征：树皮带紫色，纤维质，韧而不易脱落，纵裂成薄片状。心边材区别明显，边材浅黄色，窄；心材红褐色，日久转深。生长轮明显，呈现波浪状，早晚材渐变。木射线极细，色浅。主要显微特征：交叉场纹孔柏型，管胞壁螺纹加厚明显。

材性：纹理直至斜，结构甚细。材质均匀略硬重，木材气干密度0.62g/cm³。干燥缓慢，干缩小。木材耐久性强。易加工，切面光滑，油漆和胶合性能好。

用途：高级家具、车辆、船舶、铅笔、乐器、文具和雕刻等。作为商品材红豆杉，还包括南方红豆杉、东北红豆杉和云南红豆杉等树种。

3. **杉木** *Cunninghamia lanceolata* **杉科** Taxodiceae

别名：杉树、杉条、江木、东湖木、西湖木。

产地：系我国特产，长江流域及以南各省，川、黔、滇、豫、陕。

识别特征：树皮灰褐色，浅纵裂，长条状剥落，内皮红褐色。心边材区别明显，边材浅黄褐色；心材浅栗褐色。生长轮极明显，早晚材急变，晚材带窄。径面射线斑纹略明显。具杉木味。主要显微特征：交叉场纹孔杉型，具星散及间位型轴向薄壁组织。

材性 纹理直而均匀。材质轻软，木材气干密度0.38g/cm³。干燥性能好，干后尺寸稳定。易加工，切面粗糙，油漆性差，胶合性能好。木材耐久性强。

用途：门窗、屋架、地板、船舶、桥梁、电杆、家具、农具和包装箱等。

4. **柳杉** *Cryptomeria fortunei* **杉科** Taxodiaceae

别名：天杉、孔雀杉、大杉。

产地：分布在我国长江流域以南至华南、西南。国外产日本。

识别特征：树皮红褐，纵裂呈长条状剥落。心边材区别明显，常以深紫色线为界；边材黄白色至浅黄褐色；心材浅红褐至红褐色带紫。生长轮极明显，早晚材急变，晚材带窄而色深。轴向薄壁组织在年轮外部呈褐色斑点，扩大镜下可见。木材具香气。主要显微特征：同杉木，两者难以区分。

材性：纹理直、结构粗。国产柳杉较杉木轻软，木材气干密度0.34g/cm³。易干燥，少开裂及翘曲。易加工，切面欠光滑，油漆、胶合性能好。日本柳杉与本种为同属异种，材质远优于本种，为日本主要用材树种。

用途：一般家具、包装用材、木模、盆桶、笼屉、室内装修材等。

5. **红松** *Pinus koraiensis* **松科** Pinaceae

别名：海松、果松、朝鲜松。

产地：黑、吉、辽。国外产朝鲜、俄罗斯远东沿海地区、日本。

识别特征：外皮灰红褐色，皮沟不深，鳞状开裂；内皮浅驼色。心边材区别明显，边材浅黄褐色，断面可见明显树脂圈；心材黄褐色，微带肉红色。生长轮明显，窄而均匀。早晚材缓变，树脂道多而明显，主要分布于晚材带内。主要显微特征：具纵横树脂道，具射线管胞，内壁平滑，交叉场纹孔窗格状。

材性：纹理直，结构均匀。材质略轻软，木材气干密度0.44g/cm³。易干燥，干缩小，不易开裂和变形。木材较耐腐。易加工，切面光滑，油漆、胶合性能好。

用途：建筑、车辆、船舶、桥梁、家具、雕刻、木模和乐器等。商品材属软松类。

6. **马尾松** *Pinus massoniana* **松科** Pinaceae

别名：本松、松树、青松。

产地：长江流域以南各省区、黔、豫、陕、台等。

识别特征：外皮深红褐微灰，纵裂呈长方形剥落；内皮枣红色微黄。心边材区别明显，边材甚宽，断面具明显油脂圈，浅黄褐色，有时具青变；心材深黄褐色微红。生长轮宽而明显，早晚材急变。树脂道大而多。主要显微特征：具纵、横树脂道；具射线管胞，内壁锯齿状；交叉场纹孔窗格状。

材性：纹理直或斜，结构略粗，不均匀。材质中，木材气干密度0.54g/cm³。干燥较易，斜纹理者易产生表面裂纹。切削略难，易夹锯。边材不耐腐，常青变。油漆、胶合性能欠佳，握钉力强。

用途：枕木、坑木、胶合板、火柴、包装箱、普通家具、造纸等。

7. **铁杉** *Tsuga chinensis* **松科** Pinaceae

别名：刺柏。

产地：川、黔、鄂、赣、陕、甘、豫。

识别特征：树皮深灰褐色，薄而软，鳞片状剥落。心边材区别不明显，木材浅褐略带红色。生长轮明显，宽窄不均匀，早晚材急变。扩大镜下有时可见白色小点，为管胞内含草酸钙结晶，生材有令人不愉快的气味。主要显微特征：交叉场纹孔柏型，具射线管胞和轮界状薄壁组织。

材性：纹理直，结构中，略均匀，材质略硬重，较脆，木材气干密度0.50g/cm³，强度中等。易干燥，干缩小至中。易切削，切面光滑，无树脂，油漆、胶合性能好。握钉力中等，不易劈裂。商品材铁杉类尚有南方铁杉、丽江铁杉和云南铁杉等，后者材质略轻软。

用途：建筑、枕木、电杆、车辆、家具、地板、墙裙、百页窗等。

8. **柏木** *Cupressus funebris* **柏科** Cupressaceae

别名：柏树、扫帚柏、垂柏。

产地：川、鄂、湘、赣、黔、粤、桂、闽、浙、甘、陕等。

识别特征：树皮深褐色，平滑、纤维质呈窄长条状剥落。心边材区别明显，边材黄白色，略宽；心材浅桔黄色带微红、生长轮略明显，早晚材缓变，常具假年轮和髓斑。木材具油质感，具柏木香气。主要显微特征：交叉场纹孔柏型，间位型薄壁组织。

材性：纹理直或斜，结构细，有光泽。材质略硬重，木材气干密度0.59g/cm³。干燥较慢，易裂，耐久性强。易加工，切面光滑。韧性强，耐磨损。油漆、胶合性能及握钉力均佳。

用途：高级家具、车辆、船舶、木模、文具、雕刻及细木工用材。

1.3.1.2 阔叶树材

1. **槭木** *Acer mono* **槭树科** Aceraceae

别名：色木(槭昔发音为色)、水色树、五角枫(目前市场误称枫木)。木材商品名硬槭类。

产地：东北、华北，以及陕、川、鄂、豫、鲁、皖、赣、苏、浙、黔。

识别特征：树皮灰褐色，浅纵裂，裂沟近于平行或交叉状，呈块状剥落。内皮浅橙黄色，质脆易折断。心边材区别不明显，木材浅红褐色，初腐材常呈现灰褐色斑点或条纹的假心材。生长轮略明显，散孔材，管孔多而小。木射线略细，较管孔大。轮界状薄壁组织和髓斑显著。主要显微特征：导管具螺纹加厚。同形射线，多列射线宽2～6个细胞。轮界状薄壁组织宽1～2列。

材性：本种商品材属硬槭类。纹理直，结构细致均匀，材质硬重，木材气干密度0.71g/cm³。力学强度较高，弹性和耐磨性好。加工性能好，切面光滑，不易胶合。油漆和着色性能佳。

用途：家具、地板、纺织、乐器、车旋材、室内装饰、运动器材及建筑等用材。

2. **酸枣** *Choerospondias axillaris* **漆树科** Anacardiaceae

别名：山枣、南酸枣、流鼻枣、五眼果。木材商品名山枣。

产地：闽、赣、粤、桂、湘、浙、鄂、皖及西南各省区。

识别特征：外皮深灰至紫褐色，片状剥落；内皮棕黄色。心边材区别明显，边材窄，浅黄褐色或灰白色；心材红褐色。生长轮明显，环孔材，早材带宽2～3列，心材侵填体明显；晚材管孔散生，短径列及斜列。轴向薄壁组织不见，木射线细而少。主要显微特征：异Ⅱ型射线，具径向树脂道。

材性：材质软硬适中，纹理直或斜，结构中，木材具光泽。木材气干密度0.57g/cm³。易加工，切面光滑，干燥不易开裂。心材耐久性强，油漆、胶合性能好。

用途：家具、地板、车辆、船舶、装饰胶合板及室内装饰材。

3. **野漆** *Toxicodendron succedanea* **漆树科** Anacardiaceae

别名：漆树、木腊、山漆树。木材商品名漆木。

产地：华南、华东、西南，以及冀、鄂、湘等省区。

识别特征：树皮薄，灰褐或灰褐带粉白色，不规则纵裂。心边材区别明显，边材黄白或浅黄褐色，极宽；心材深黄色。木材有光泽，味苦。生长轮略明显，散孔材，有半散孔趋势，心材管孔具侵填体。轴向薄壁组织轮界状及傍管束状。木射线少而细。主要显微特征：异Ⅱ型射线，单列射线极少，多列射线宽2～3个细胞。

材性：纹理斜或交错，结构细而均匀。质量适中，木材气干密度0.61g/cm³。木材干缩小，强度中等。心材耐腐。易切削及钉钉，易胶合，油漆后光亮性中等。

用途：家具、农具、雕刻及房屋建筑，叶含单宁，树皮可提染料。

4. **黄连木** *Pistacia chinensis* **漆树科** Anacardiceae

别名：黄连木、黄楝树、楷木。商品材名黄连木。

产地：长江流域及冀、豫、陕、甘、鲁、桂、粤、台、闽。

识别特征：树皮暗褐色，龟裂。心边材区别明显，边材宽，黄灰色；心材黄褐色，带灰，日久转深色。木材具光泽，味苦。生长轮明显，环孔材，早材带常2列，心材侵填体丰富；晚材管孔排列成人字，波浪形。轴向薄壁组织傍管状。木射线少而细。主要显微特征：小导管具螺纹加厚，异Ⅲ型射线，具径向胞间道。

材性：材质略硬重，多为斜纹理，结构中至粗，不均匀。木材气干密度0.71g/cm³。易干燥，天然耐久性强。加工不难，切面光滑，油漆和胶合性能良好。

5. **紫油木** *Pistacia weinmannifolia* **漆树科** Anacardiceae

别名：清香木、香叶树、细叶楷木、昆明乌木。商品材名紫油木。

产地：滇、川、黔、桂。

识别特征：树皮暗灰色，质硬，小矩形开裂，少剥落。心边材区别明显，边材黄褐色；心材紫褐色，含油脂，日久呈黑褐色，常夹杂有多数黑褐色纵间带状条纹，与条纹乌木相类似。生材具酸香味，味苦、生长轮不明显，散孔材，管孔小，大小略一致，分布均匀，心材管孔侵填体丰富。轴向薄壁组织环管状，木射线略细，小于管孔径。主要显微特征：小导管具螺纹加厚，异Ⅲ型射线，具径向胞间道，射线具含晶异细胞。

材性：木材色泽和花纹具极高装饰价值，材质极硬重；木材气干密度达1.19g/cm³，纹理交错，结构甚细而均匀。干缩中，强度高。加工困难，但切面极光滑。天然耐腐性极强。干燥困难，干后尺寸稳定。油漆及胶合性能优良。

用途：可代替红木、乌木等作家具、雕刻、乐器、工艺等高级用材。为我国特产的珍稀高级用材树种。

6. 冬青 *Ilex purpurea* 冬青科 Aquifoliaceae

别名：青头公、四季青、红冬青。木材商品名冬青。

产地：长江流域以南各省区。

识别特征：树皮青灰至灰白色，幼时平滑，老时细纹裂，皮孔多而不显著；内皮棕褐色。心边材区别不明显，材色灰白。生长轮略明显，宽而匀。散孔材，管孔小，管孔链状径列。轴向薄壁组织不见。木射线稀，细至略宽。具髓斑。主要显微特征：导管及木纤维具螺纹加厚，梯状穿孔。异Ⅱ，稀异Ⅰ型射线。

材性：木材色白，纹理直，结构细而均匀。木材硬重，气干密度0.78g/cm³，强度中等。不易干燥，有翘裂现象。木材易变色，不耐腐。易切削，切面光滑。油漆、胶合性能佳，握钉力中等。

用途：家具、建筑、雕刻、镶嵌、乐器、车旋、室内装饰等用材。

7. 刺楸 *Kalopana spetemlobus* 五加科 Araliceae

别名：刺枫木、鼓钉树、刺儿楸。木材商品名刺楸。

产地：华中、华南、西南、华东、华北、东北。

识别特征：树皮厚，外皮灰褐色，具深槽及横裂，内皮黄褐色，纤维质。心边材区别不明显，木材黄白色，日久呈浅黄褐色。生长轮明显，宽而匀。环孔材，早材管孔1列，有时含侵填体；晚材管孔集团状或波浪状。轴向薄壁组织环管状，与管孔连成波浪形。木射线少而细。髓心大而柔软。主要显微特征：具环管管胞，木纤维分隔，异Ⅱ型射线。

材性：纹理直，结构略粗。材质轻柔，木材气干密度0.45g/cm³，易干燥，不耐腐。易切削，切面光滑。油漆后光亮性一般，容易胶合，握钉力弱。

用途：家具、车辆、船舶、建筑、室内装饰、胶合板等。

8. 白桦 *Betula platyphylla* 桦木科 Betulaceae

别名：粉桦、兴安白桦、桦皮树。木材商品名桦木。

产地：东北、西北、西南、华北、中南。

识别特征：外皮平滑，粉白色，有横生纺锤形或线形皮孔，成横纹多层纸片状剥落；内皮浅褐色。心边材区别不明显，木材黄白色略带褐，假心材红褐色。生长轮略明显，宽窄不匀。散孔材，管孔小，略多。轮界状薄壁组织。木射线细，常具髓斑。主要显微特征：梯状穿孔，横隔数10～30条。轮界状薄壁组织，通常仅一个细胞宽。同形射线。

材性：纹理直，结构甚细而匀。质量、硬度及强度均中等，木材气干密度0.61g/cm³。干缩小，干燥过快易翘曲，立木心腐严重，木材不耐腐。易切削，切面光滑，油漆、胶合性能好。

用途：胶合板、木材层积材、家具、地板、纺织、车旋及包装箱等。

9. 西南桦 *Betula alnoides* 桦木科 Betulaceae

别名：化桃、桦皮树、蒙自桦树。木材商品名桦木。

产地：滇、川、粤。

识别特征：树皮青褐或红褐色，纸状横向反卷剥离。心边材区别不明显，木材红褐色。生长轮略明显，宽度略均匀，轮界以细线。散孔材，管孔略小至中，分布均匀，同光皮桦；区别于红桦的短径列。轮界状薄壁组织。木射线细，少至中，髓斑较少。主要显微特征：梯形穿孔，横隔数4～10，少于白桦。轮界状薄壁组织带宽于白桦，管孔数和单列射线数较少。

材性：木材气干密度0.64g/cm³，余同白桦。西南桦是国产桦木属中分布较南的一种，也是干形最好、径级最大的一种，心腐少，木材耐腐性优于白桦。目前我国家具和地板市场假冒樱桃木者，多数为西南桦和老皮桦(*B.cylindrostachya*)。后者木材密度和强度略高于西南桦。两者都偶具树瘤与乌眼花纹，具极高的装饰价值。

用途：同白桦。

10. 西南桤木 *Alnus nepalensis* 桦木科 Betulaceae

别名：冬瓜木、旱冬瓜、蒙自桤木。木材商品名桤木。

产地：滇、黔、川、藏、桂。

识别特征：树皮幼时暗绿色，老时深灰褐色，不规则深纵裂。心边材区别不明显，木材浅红褐色。生长轮略明显，遇宽射线处内凹，轮界成波浪形。散孔材，管孔略小，略多，单独及径列复管孔。轴向薄壁组织肉眼下不见，木射线分宽、窄两类。宽射线少，肉眼下极明显。髓心近三角形。主要显微特征：梯状穿孔，横隔数10～30，窄射线宽1～2列，宽射线为聚合射线极宽，同形射线。

材性：纹理直，结构略细；不均匀。材质轻软，木材气干密度0.50g/cm³，与江南桤木(*A.trabeculosa*)相似，强度略低，易干燥，干缩小。不耐腐。易切削，切面光滑。易胶合，油漆性能中等，握钉力弱。

用途：作为常见的速生材，用于家具、胶合板、铅笔、火柴、车木、雕刻箱盒、装饰线条、室内装饰材。

11. **滇楸** *Catalpa duclouxii* **紫葳科** Bignoniaceae

别名：楸木、老叶楸、紫花楸、云南楸树。木材商品名梓木。

产地：滇、川、鄂、黔、闽、陕。

识别特征：树皮暗灰色，不规则纵裂，片状剥落。心边材区别明显，边材灰黄褐色，窄；心材深灰褐色，木材具强烈光泽。生长轮明显，宽度不均。环孔材，早材管孔大，宽数列，管孔内侵填体常见；晚材管孔小，略少，斜列或弦列。轴向薄壁组织束状，在轮末与晚材管孔连成弦线。木射线少，略细。主要显微特征：小导管具螺纹加厚，同形与异Ⅲ型射线。

材性：纹理直，结构中至粗；不均匀。材质轻柔，木材气干密度0.47g/cm³。易干燥，干缩小，无干燥缺陷，干后尺寸稳定。天然耐腐性强。易切削，切面光滑。油漆和胶合性能极佳，握钉力中等。

用途：为速生珍贵用材树种。用作高级家具、室内装饰材、造船、车辆、乐器、木模等。马王堆汉墓四层棺木均用本属木材，经二千余年未见任何腐朽现象，天然耐久性极强。

12. **南华木** *Bretschneidera sinensis*
南华木科 Bretschneide

别名：伯乐树、冬桃、钟萼木。木材商品名南华木。

产地：滇、黔、湘、浙、桂、粤、赣、鄂、川。

识别特征：树皮略厚，质硬脆，横断面呈锯齿状；内皮呈层状，石细胞可见，槽棱均匀。心边材区别不明显，木材黄褐色，易蓝变呈灰黄褐色。生长轮略明显，轮界具深色纤维层。散孔材，管孔团常见，分布略均匀。轴向薄壁组织轮界状，傍管束状。木射线中至略宽，肉眼下明显，径切面射线斑纹明显。主要显微特征：单穿孔和梯状穿孔共存，具分隔木纤维，多列射线宽2～9列，异Ⅱ型射线。

材性：纹理直，结构细而均匀。木材质量、硬度中，木材气干密度0.60g/cm³。易干燥，干缩中，稍有翘裂。易切削，切面光滑。径面有射线斑纹构成花纹，油漆性能和握钉力中等，胶合性能良。

用途：家具、旋切及刨切单板，室内装饰及农器具等。

13. **黄杨** *Buxus sinica* **黄杨科** Buxaceae

别名：黄杨木、千年矮、瓜子黄杨。木材商品名黄杨木。

产地：我国中部、南部及北部。

识别特征：树皮灰色，栓皮质呈不规则剥落。心边材区别不明显，木材浅黄褐色，有光泽。生长轮略明显，甚窄。散孔材，管孔甚多，极小。轴向薄壁组织不见。木射线略密，极细，比管孔略大。主要显微特征：梯状穿孔，横隔数6～10。轴向薄壁组织星散及星散聚合状，多列射线宽2～3列，异Ⅱ型射线。

材性：斜纹理，结构甚细而均匀，略硬重。干燥缓慢，易劈裂。耐腐、耐虫。锯解不难，车旋及雕刻性能极佳，切面光洁。油漆、胶合性能好，握钉力高。

用途：本属木材我国有17种，种间无大的差别，结构细致，材色均匀雅淡悦目，切削无坚硬感。适宜作雕刻、车旋用材、乐器、工艺美术和家具装饰用材。

14. **柿树** *Diospyros kaki* **柿树科** Ebeneceae

别名：乌材、柿枣、柿子树。木材商品名柿木。

产地：全国各地均有栽培。

识别特征：树皮灰色，纵横裂，长方形槐状剥落，近韧皮部有黑色薄层；内皮暗褐色。心边材区别不明显，木材浅红褐色带灰，或灰褐色，时有黑色斑纹。生长轮略明显，散孔至半散孔材，管孔少，略小。轴向薄壁组织网状。木射线甚细，略少，弦面可见波痕。主要显微特征：网状薄壁组织常宽仅一个细胞，具菱晶。射线宽1～3列，叠生，异Ⅱ稀异Ⅲ型射线。

材性：纹理斜，结构略细。材质硬重，木材气干密度0.82g/cm³。干燥困难，干缩大。易加工，切面光滑，车旋性好，耐磨损。胶合性能不佳，油漆后光亮性好，握钉力强。

用途：家具、雕刻、纺织器材、车旋、工艺、工具柄、箱盒等用材。

15. **乌桕** *Sapium sebiferum* **大戟科** Euphorbiaceae

别名：木子树、柏子树、腊子树。木材商品名乌桕。

产地：赣、湘、浙、皖、川、苏、滇、闽、台、桂、鲁、粤、黔、甘、陕。

识别特征：外皮灰黄褐色，纵裂，块状剥落；内皮灰黄色。心边材区别不明显，木材浅灰褐色，常带青变。生长轮略明显，半散孔材，轮末管孔略少而略小。轴向薄壁组织切线状，细而密，扩大镜下可分辨。木射线细而不匀。主要显微构造：射线为同形单列与异形单列共存，偶见2列。轴向薄壁组织具菱形结晶。

材性：纹理斜，结构中。材质轻软，木材气干密度0.56g/cm³。干燥快，略有翘曲，不耐腐。不易锯解，易夹锯，材面易起毛。油漆性能欠佳，易胶合，握钉力弱。

用途：雕刻、玩具、砧板、木履、洗衣板、鞋楦、纱管、家具等。

16. **橡胶木** *Hevea brasiliensis* **大戟科** Euphorbiaceae

别名：三叶橡胶、三叶胶。木材商品名橡胶木。

产地：原产巴西。我国台、粤、琼、滇、桂、闽等少量栽培。

识别特征：树皮灰色、平滑、石细胞砂粒状及片状。心边材区别不明显，木材浅黄褐色。生长轮明显，轮界呈深色带。散孔材，管孔甚少，分布略均匀。轴向薄壁组织离管带状及傍管状。木射线细，径面具射线斑纹。主要显微特征：带状薄壁组织宽1～4个细胞，含菱晶。异Ⅰ、Ⅱ型射线，含菱晶。

材性：斜纹理，结构细至中，均匀。木材轻软，气干密度0.56g/cm^3。不耐腐，易干燥，不开裂。易加工，切面光滑，油漆性中等，易胶合，握钉力弱。

用途：家具、建筑、室内装修、包装箱、造纸等。部分厂商为了促销将橡胶木说成是橡木，属误导。橡木为壳斗科栎属树种，环孔材，木材硬重，有宽射线。两者在外观、材色、构造材质完全不同。

17. **红豆树** *Ormosia hosiei* **蝶形花科** Papilionaceae

别名：黑樟丝、乌樟丝、鸡翅木、红木。木材商品名红豆木。

产地：鄂、川、桂、闽、陕、苏。

识别特征：树皮幼时绿色，光滑；老时灰色，浅纵裂。心边材区别明显，边材略宽，浅黄褐色；心材栗褐色。生长轮略明显，散孔材，管孔中，分布均匀。轴向薄壁组织发达，聚翼状、带状及轮界状，弦面呈现鸡翅状花纹。木射线略稀，宽度中。主要显微特征：单列射线，甚少，多列射线宽多数3～4个细胞，异Ⅲ型射线，带状薄壁组织较宽，可达数至近10个细胞。

材性：纹理直或斜，结构细而匀。木材气干密度0.76g/cm^3，干燥缓慢，干缩小。加工不难，切面光滑，弦面鸡翅状花纹颇具装饰价值，油漆、胶合、握钉力佳。

用途：作高级家具、地板、装饰材、工艺美术、乐器、玩具等。

18. **小叶红豆** *Ormosia microphylla* **蝶形花科** Papilonaceae

别名：黄姜丝、鸭公青、红心红豆。木材商品名红心红豆。

产地：粤、桂、闽等省区。

识别特征：树皮硬，粗糙。心边材区别明显，边材浅黄褐色；心材生材时为鲜红色，久则呈深红色。生长轮不明显至略明显，宽度略均匀，散孔材，管孔大小中等，略一致。轴向薄壁组织翼状、聚翼状、带状、轮界状。木射线稀及略细。主要显微特征：单列射线少，多列射线宽常2～3列，异Ⅲ型射线。

材性：纹理直，结构细而匀。木材气干密度0.83g/cm^3，木材较红豆树硬重。干缩小，加工不难，切面光滑。心材材色艳丽，做高级家具及装饰用材较红豆树更好。

用途：高级家具、工艺美术及装饰用材。广西曾列为特类材，有紫檀之誉。真正紫檀为紫檀属中檀香紫檀(*Pterocarpus santalinus*)。

19. **降香黄檀** *Dalbergia odorifera* **蝶形花科** Papilionaceae

别名：降香、花黎母、花梨。木材商品名香红木。

产地：粤、琼，粤、桂有栽培。

识别特征：树皮灰色，浅纵裂。心边材区别明显，边材灰黄褐色或浅黄褐色；心材红褐至深红褐或紫红褐色，杂有黑色条纹，木材具香气。生长轮不明显，半环孔至散孔材，管孔少，散生或斜列，常含红褐或黑褐色树脂。轴向薄壁组织带状、翼状及轮界状。木射线细，略密，弦面具波痕。主要显微特征：各类组织叠生排列；多列射线宽2～3列，高5～10个细胞，同形射线。

材性：纹理斜和交错，结构细而匀。木材气干密度0.94g/cm^3，甚硬重，强度高。木材干燥缓慢，干缩大，心材耐腐。加工稍难，切面光滑，车旋、油漆、胶合性能均佳，握钉力强。

用途：红木家具、工艺美术、雕刻、乐器等用材。据称是明代黄花梨家具用材，是否属实，尚待考证。

20. **黑黄檀** *Dalbergia fusca* **蝶形花科** Papilonaceae

别名：牛角木。木材商品名黑檀木。柿科的乌木也有黑檀之称，而本种为蝶形花科，属酸枝中的黑酸枝类。

产地：滇产于西双版纳和思茅地区，越南、缅甸亦有分布。

识别特征：外皮灰褐色，老龄木呈薄条块状剥落。心边材区别明显，边材浅黄色或灰黄褐色；心材黑褐色，间有黑色条纹，具光泽。生长轮不明显，散孔材，管孔少，大小中等，星散分布，管孔内黑色树胶常见。轴向薄壁组织多傍管带状，同心层弦列。木射线细，略密，弦面具波痕。主要显微特征：各类组织叠生；单列射线偶见，多列射线宽2～4列，高4～11个细胞，同形射线。

材性：纹理斜或交错，结构细而匀。木材气干密度1g/cm^{3}以上，极硬重，强度大，耐久性好。木材干燥缓慢，干后尺寸稳定。锯解不难，刨削困难，切面光滑，车旋、胶合性能好，油漆性能局部欠佳。

用途：为红木中黑酸枝类用材，作红木家具、雕刻、乐器、工艺品等高档用材。

21. **槐树** *Sophora japonica* **蝶形花科** Papilionaceae

别名：国槐、中槐、豆青槐、细叶槐。木材商品名槐木。

产地：黄河流域以南，全国南北均有栽培。

识别特征：树皮灰褐色，木栓层质软，内皮浅黄色。心边材区别明显，边材窄，黄白色；心材深灰褐色。生长轮明显，环孔材，早材2～3列管孔，心材含褐色树胶；晚材管孔成团状或短切线。轴向薄壁组织翼状及聚翼状。木射线略细而少，色浅。主要显微特征：同形，偶异Ⅲ型射线。具分隔木纤维。多列射线宽多数为4～6列。

材性：纹理直，结构略粗。木材硬度、质量中等，气干密度0.72g/cm³。边材易虫蛀；心材极耐腐。易加工，切面光滑。干燥宜缓慢，油漆、胶合性能良好。

用途：农具、家具、车辆、运动器材等。

22. 刺槐 *Robinia pseudoacacia* 蝶形花科 Papilionaceae

别名：洋槐、刺儿槐。木材商品名刺槐。

产地：原产美洲，我国各地匀有栽培，北方生长良好。

识别特征：树皮暗褐色，有深裂，内皮纤维质。心边材区别明显，边材窄，浅黄色；心材暗褐色带绿。生长轮明显，环孔材，早材管孔2至数列，侵填体丰富；晚材管孔中部星散，轮末弦列。轴向薄壁组织傍管束状，翼状、聚翼状、木射线细至中。主要显微特征：小导管具螺纹加厚，射线与轴向薄壁细胞具菱形结晶，同形射线。

材性：纹理直，结构略粗。材质硬重，木材气干密度0.80g/cm³。切削困难，切面光滑，耐久性强。油漆、胶合性能良好，钉着力强。

用途：农器具、室外及水工用材，家具、车旋、车辆、运动器材等。

23. 米槠 *Castanopsis carlesii* 壳斗科 Fagaceae

别名：米锥、白锥、白栲。木材商品名白锥。

产地：台、闽、浙、赣、粤、琼、湘、鄂、黔。

识别特征：树皮暗灰色，皮薄，具小瘤状皮孔。心边材区别不明显，浅红褐或栗褐色微红。生长轮略明显，遇聚合射线处下凹成波浪形。环孔材，早材管孔略大，排列不连续；晚材管孔小，径列火焰状。轴向薄壁组织傍管状短切线及带状。木射线具宽窄两类，宽射线为聚合射线，径面射线斑纹明显。主要显微特征：小导管偶见梯状穿孔，具环管管胞，具链状结晶，异Ⅲ及同形射线。

材性：纹理直，结构粗，不均匀。木材略轻软，气干密度0.53g/cm³，强度弱至中。干燥宜缓慢，易裂、变形及皱缩。木材不耐腐。切削容易，胶合、油漆性能良好，握钉力不大。

用途：家具、建筑、各种农具、薪炭材等。

24. 苦槠 *Castanopsis sclerophylla* 壳斗科 Fagacea

别名：株树、槠树、苦槠子。木材商品名苦槠。

产地：除滇、粤、台、琼外，广布长江流域以南及陕。

识别特征：外皮暗灰色，纵裂；内皮浅黄色，细麻丝状。心边材区别明显，边材灰褐色；心材灰黄色微红。生长轮明显，略呈波浪形。环孔材，早材管孔大，单独；晚材管孔小，呈火焰状。轴向薄壁组织环管状及切线状。木射线极细。主要显微特征：木射线单列同形，偶异形，具环管管胞，木纤维壁具缘纹孔多而明显。

材性：纹理直或斜，结构略粗。木材气干密度0.60g/cm³，强度略低至中。不耐腐，边材常具橙黄色变色和杂色条纹。干燥时少开裂，干缩小。加工易，切面光滑，胶合、油漆性能良好，握钉力中。

用途：家具、车辆、室内装修、建筑、农具等。

25. 红锥 *Castanopsis hystrix* 壳斗科 Fagaceae

别名：红栲、红柯、栲树。木材商品名红锥。

产地：闽、粤、桂、湘、黔、滇、藏。

识别特征：外皮灰褐色，皮沟浅而窄；内皮棕褐色，纤维发达，质脆。心边材区别明显，边材灰褐色；心材暗红褐色至红褐色。生长轮明显，宽而不匀，呈波浪形。环孔材，早材管孔大小渐变，略少；晚材管孔甚小，呈斜径列。轴向薄壁组织离管细带状。木射线略密，具宽、窄两种，以窄射线为主，聚合射线偶见。主要显微特征：具环管管胞；链状结晶明显；同形偶异形单列射线，聚合射线宽5～20个细胞。

材性：纹理斜，结构中，不均匀。木材气干密度0.73g/cm³，质量中至略重，耐腐性强。干燥略难，干缩中，微裂。强度中，韧性高。加工易，切面光滑。油漆、胶合性能好，握钉力中至大。

用途：用于船舶、车辆、运动器械、雕刻、文具、建筑、农具、工具、鞋楦等，亦为优良的家具用材。

26. 青冈栎 *Cyclobalanopsis glauca* 壳斗科 Fagaceae

别名：大叶青冈、铁槠。木材商品名白青冈。

产地：长江流域及以南各省区，滇、台、藏。

识别特征：外皮深灰色，薄而光滑；内皮似菊花状。心边材区别不明显，木材灰褐至红褐色，边材略浅。生长轮不明显，轮界有时具深色纤维带。辐射孔材，管孔径列，穿越生长轮。轴向薄壁组织离管带状及环管状。木射线具宽、窄两类。主要显微特征：具环管管胞；射线与薄壁组织内含菱晶；同形单列及多列射线。

材性：纹理直，结构粗，略均匀。木材硬重，气干密度0.9g/cm³。木材加工困难，切面光滑。干燥时易裂和翘曲，干缩大，耐腐。油漆、胶合性能良好，握钉力高。

用途：家具、拼花地板、车辆、船舶、运动器材、楼梯及走廊扶手等。

27. 福建青冈 *Cyclobalanopsis chungii* 壳斗科 Fagaceae

别名：黄槠、黄楮、黄丝槠、红楮。木材商品名红青冈。

产地：闽、粤、桂、赣、湘。

识别特征：外表暗灰或灰黑色，纵裂；内皮黄褐色，质软呈棕刷状。心边材区别略明显，边材黄褐色；心材红褐或砖红色，较白青冈类色深而不匀。生长轮略明显，波浪形，辐射孔材。轴向薄壁组织离管窄带状及环管状。木射线具宽、窄两类。主要显微特征：轴向薄壁组织带窄，仅1～2个细胞宽，余同青冈栎。

材性：纹理直，结构粗而匀。木材气干密度0.95g/cm^3，红青冈类的木材硬度、强度、干缩、耐腐、耐磨性等均略高于白青冈类。干燥难，加工不易。油漆、胶合性能良好，握钉力强，有劈裂倾向。

用途：纺织器材、造船、车辆、水工建筑、嵌木地板、工具柄等。

28. **石栎** *Lithocarpus glaber* **壳斗科** Fagaceae

别名：柯树、红槠、白槠。木材商品名椆木。

产地：长江流域及以南各省区。

识别特征：树皮青灰色，常具粉白色块斑，平滑而不裂。心边材区别明显，边材浅红褐色；心材红褐带紫。生长轮略明显，略呈波浪形，辐射孔材。轴向薄壁组织离管带状及环管状。具宽窄两类射线。主要显微特征：具环管管胞；聚合射线明显；具异Ⅲ型射线。

材性：纹理直或斜，结构中，均匀。木材气干密度0.79g/cm^3，强度中，韧性高。干缩差异大，干燥易翘裂，耐腐性差。切削不难，切面光滑，油漆、胶合性能好，握钉力强。

用途：硬木家具、贴面单板、胶合板、地板、室内装修、乐器、船舶、车辆、运动器材和车旋用材等。

29. **柞木** *Quercus mongolica* **壳斗科** Fagaceae

别名：蒙古栎、柞栎、柞树、橡树。木材商品名槲栎。

产地：东北、蒙、晋、冀、鲁。

识别特征：树皮灰褐至暗灰褐色，深纵裂。心边材区别明显，边材浅黄褐色；心材黄褐至栗褐色。生长轮明显，略呈波浪状，宽度略均匀。环孔材，早材带宽1～3列管孔；晚材管孔火焰状，心材管孔侵填体明显。轴向薄壁组织多为离管细带状。木射线宽、窄两类，宽射线矮而宽，呈纺锤形。主要显微特征：宽射线全为复合射线，单列和多列同形射线；具环管管胞；射线和薄壁组织均含菱晶。

材性：纹理直，结构略粗而不均匀。木材硬重，气干密度0.78g/cm^3，强度和韧性高。木材不易干燥，易翘裂，干缩略大。耐水湿，耐腐，耐磨。加工困难，切面光滑，胶合略难，油漆性能好，握钉力高。

用途：硬木家具、地板、车辆、船舶、胶合板、建筑、室内装饰、纺织器材、酒桶等。

30. **麻栎** *Quercus acutissima* **壳斗科** Fagaceae

别名：橡树、青冈、细皮栎。木材商品名麻栎。

产地：华东、中南、西南、华北。

识别特征：树皮暗灰色，不规则深纵裂，质硬，石细胞丰富。心边材区别明显，边材浅黄褐色，心材浅红褐色。生长轮明显，略呈波浪形。环孔材，早材带宽2～5个管孔；晚材管孔圆形，径列，壁厚，可区别于槲栎类多角形，壁薄。心材管孔内侵填体不明显。轴向薄壁组织离管细带状，环管状。木射线宽、窄两类，宽射线较窄，高，呈线形。主要显微特征：同柞木，射线同形单列及多列，偶异Ⅲ型。

材性：纹理直，结构粗。木材硬重，气干密度0.92g/cm^3，强度大，耐腐、耐磨。干燥难，易径裂和翘曲。加工难，切面光滑。油漆、胶合性能好，握钉力强。

用途：家具、地板、车辆、船舶、建筑、室内装饰、纺织器材、工器具柄、运动器具等。

31. **水青冈** *Fagus longipetiolata* **壳斗科** Fagaceae

别名：长柄山毛榉、麻栎青冈、石灰木。木材商品名水青冈，又称山毛榉。市场误称红榉、白榉。而真正的榉树为榆科树种。

产地：鄂、川、滇、黔、湘、赣、桂、粤、闽、浙、皖、陕。

识别特征：树皮浅灰色，薄而光滑。心边材区别不明显，木材浅红褐色。生长轮明显，轮间呈深色带。散孔至半散孔材，晚材管孔小而少。轴向薄壁组织细弦线，扩大镜下可分辨。木射线有宽、窄两类，有中间类型的多列射线。主要显微特征：梯状穿孔，偶具网状；管间纹孔对列及梯状；异Ⅲ型射线。

材性：纹理直或斜，结构中，均匀。木材气干密度0.79g/cm^3，强度中，韧性高。干缩差异大，干燥易翘裂，耐腐性差。切削不难，切面光滑，油漆、胶合性能好，握钉力强。

用途：高级家具，贴面单板、胶合板、地板、室内装修、乐器、船舶、车辆、运动器材、车旋用材等。

32. **枫香** *Liquidambar formosana*
金缕梅科 Hamamelidacea

别名：枫木、枫树、三角枫、路路通。木材商品名枫香。

产地：长江流域以南，直至台湾。

识别特征：幼树皮灰色平滑，老树皮灰黑色，深纵裂。心边材区别不明显，木材灰褐至灰红色，边材易蓝变色。生长轮不明显，散孔材、管孔多而小，均匀分布。轴向薄壁组织不见。木射线细，略密。横切面有时可见轴向受伤树胶道，呈现长弦线，含白色沉积物。主要显微特征：梯状穿孔，管间纹孔梯状及对列。异Ⅱ型射线，有时含菱晶。

材性：纹理交错，结构甚细，均匀。木材气干密度0.60g/cm^3，质量、硬度、强度、干缩中等，干燥时易翘曲。易加工，切面欠光滑。油漆性能中，易胶合；握钉力较强，不易劈裂。

用途：家具、食品包装、纺织纱管、线轴、胶合板，昔日作房梁。

33. **核桃楸** *Juglaus mandshurica* **核桃科** Juglandaceae

别名：楸子木、胡桃楸、山核桃。木材商品名核桃木。

产地：东北各省及冀、陕。

识别特征：树皮暗灰色，交叉纵裂。心边材区别明显，边材较窄，浅黄褐色；心材浅褐至栗褐色。生长轮明显，半散孔材，管孔大小中等，管孔数由轮内侧向外侧减少，具侵填体。轴向薄壁组织离管切线状。木射线细。髓心分隔状。主要显微特征：网状薄壁组织宽1列；射线宽1～4列；同形单列及多列射线。

材性：纹理直或略斜，结构细，略均匀。木材略轻软，气干密度0.53g/cm^3，强度、韧性中。干燥不易翘曲，干缩中。易加工，切面光滑，性耐腐。胶合、油漆性能好。

用途：家具、雕刻、细木工、室内装修、枪托、装饰贴面、胶合板等。

34. **核桃木** *Juglans regia* **核桃科** Juglandaceae

别名：胡桃。木材商品名核桃木。

产地：华北、西北、华中、华南、西南栽培。

识别特征：树皮较厚，浅灰色，具深槽纵裂；内皮纤维质，柔韧。心边材区别明显，边材浅黄褐色带灰；心材红褐略带紫黑，间有深色条纹，日久呈巧克力色。生长轮明显，半散孔材，单独或径、斜列复管孔，呈之字形排列。轴向薄壁组织离管切线状、轮界状。木射线细而多，径面具射线斑纹，髓心隔膜状。主要显微特征：同形射线，宽1～4列；木纤维具分隔。

材性：纹理直或斜，结构细，略均匀。木材气干密度0.68g/cm^3，硬度、强度中，韧性高。干燥缓慢，干缩中，干后尺寸稳定。易加工，切面光滑，色泽美观。油漆、胶合性能良，握钉力佳。

用途：作枪托等军工用材；高级家具、乐器、雕刻、镶嵌、车旋及胶合板贴面等细木工用材。

35. **化香** *Platycarya strobilacea* **核桃科** Juglandaceae

别名：化果树、返香、山麻柳。木材商品名化香。

产地：华东、华中、华南、西南及陕、甘。

识别特征：树皮黄褐色至灰黑色，不规则浅纵裂。心边材区别明显，边材浅黄褐色至黄褐色；心材浅栗褐色至栗褐色。生长轮明显，环孔材。早材管孔数列，侵填体常见；晚材管孔斜列，略呈之字形。轴向薄壁组织离管带状、轮界状和傍管束状。木射线略细，小于管孔径。主要显微特征：具导管状管胞，螺纹加厚明显；异Ⅱ型稀异Ⅰ型射线，菱晶常见。

材性：纹理斜，结构细至中，不均匀。木材气干密度0.72g/cm^3，硬度、强度中。不易干燥，干缩大，耐久性不强。易加工，切面光滑。油漆、胶合性能良，握钉力强。

用途：家具、胶合板、车厢、农具，木材密度小者作火柴、纤维原料。

36. **枫杨** *Pterocarya stenoptera* **核桃科** Juglandaceae

别名：麻柳、溪沟树、氾柳、元宝枫。木材商品名枫杨。

产地：长江流域及以南各省区；陕、甘、豫、鲁等省；华北、东北栽培。

识别特征：外皮灰褐色，浅裂；内皮黄白色。心边材区别不明显，木材褐色至灰白色。生长轮明显，宽，不匀。半散孔至散孔材，单管孔及复管孔斜列，略呈之字形。轴向薄壁组织呈断续切线状、轮界状。髓心隔膜状。主要显微特征：多列射线宽2列，稀3列，同形射线；切线状薄壁组织宽通常仅1个细胞。

材性：纹理交错，结构略细，略均匀。木材气干密度0.39g/cm^3，材质轻软，强度低。干燥时易翘曲，干缩小，不耐久。切削容易、切面光滑，油漆、胶合性能良，握钉力弱。

用途：家具、胶合板、火柴、茶叶箱、包装箱、假肢、农用水车等。

37. **黄杞** *Engelhardtia roxburghiana* **核桃科** Juglandaceae

别名：山榉、黄久、黄皮皂、溪榉。木材商品名黄杞。

产地：粤、桂、台、湘、川、黔、滇。

识别特征：树皮暗灰褐色，纵裂。心边材区别不明显，木材浅灰褐色或浅灰红褐色，常具蓝变色杂斑。生长轮略明显，散孔至半散孔材，管孔略少，斜径列。轴向薄壁组织离管带状，呈断续弦线及傍管状。木射线细，略密。主要显微特征：单穿孔，稀梯状穿孔；多列射线宽2列，极少3列，异Ⅱ型射线。

材性：纹理斜，结构细，略均匀。木材气干密度0.57g/cm^3，硬度、强度、韧性中。木材干燥不难，略翘曲，干缩小，不耐腐。易加工，切面光滑，油漆性能中，胶合性能良，握钉力中。

用途：门、窗、家具、胶合板、车厢及漆器木胎或脱胎漆器木模。

38. **香樟** *Cinnamomum camphora* **樟科** Lauraceae

别名：小叶樟、细叶樟、红樟、乌樟、樟树。木材商品名香樟。

产地：赣、闽、台、桂、粤、湘、皖、浙、鄂。

识别特征：树皮灰黄褐色，纵裂，石细胞层状排列，有持久的樟脑气味。心边材区别略明显，边材宽黄褐至灰褐色；心材浅红褐色。生长轮明显，轮末具深色纤维层。散孔至半散材，早材至晚材管孔渐小，径斜列，具侵填体。轴向薄壁组织傍管束状，轮末翼状。木射线细，径面可见斑纹。主要显微特征：射线和轴向薄壁组织具油细胞；射线主为2列，异Ⅱ、稀异Ⅲ型；木纤维具分隔。

材性：纹理交错，结构细。木材气干密度0.54g/cm³，耐腐，抗虫。干燥时易翘裂，干缩小。易加工，切面光滑，油漆、胶合性能良，握钉力强。

用途：高级家具、衣箱、船舶、雕刻、木模、装饰薄木等。

39. **黄樟** *Cinnamomum porrectum* **樟科** Lauraceae

别名：大叶樟、油樟、香叶子树。木材商品名黄樟。

产地：粤、桂、赣、湘、黔、滇。

识别特征：外皮灰褐色，质软，裂沟宽而深，樟脑味强烈，但不持久。心边材区别略明显，边材窄；心材深红褐色。生长轮呈波浪形，散孔至半散孔材，管孔数少。轴向薄壁组织傍管束状明显。木射线细。主要显微特征：单穿孔兼有梯状穿孔；射线和轴间薄壁组织均具油细胞；主为2列的异Ⅱ型射线。

材性：本种较香樟质软，强度小，香气弱。纹理直，径面带状花纹不明显。木材气干密度0.51g/cm³。余同香樟。

用途：同香樟。

40. **广东钓樟** *Lindera kwangtungensis* **樟科** Lauraceae

别名：山苍树、广东山胡椒、黄浪木。木材商品名钓樟。

产地：粤、琼、桂、黔、川、闽、赣。

识别特征：树皮灰白色，浅纵裂。心边材略明显，心材草褐或草绿色；边材黄褐色微红或灰红褐色，木材有光泽，湿材具药味。生长轮明显，轮界有深色带。散孔材管孔小，分布略均匀，散生或斜列，管孔内有时含黄色内含物。轴向薄壁组织傍管束状。木射线略细。主要显微特征：单穿孔及少数梯状穿孔；具分隔木纤维；多列射线2～3列，异Ⅱ及异Ⅲ型射线；轴向薄壁组织油细胞明显。

材性：纹理直，结构细，均匀。木材气干密度0.68g/cm³，强度、硬度中。干燥易开裂，不变形，干缩中，耐久性强。易加工，切面光滑，油漆、胶合性能良，握钉力中。

用途：家具、室内装修、仪器箱盒、建筑、胶合板、车木、木雕等。

41. **大萼木姜子** *Litsea baviensis* **樟科** Lauraceae

别名：番椒槁、黄槁、毛丹。木材商品名木姜。

产地：粤、琼、桂、滇。

识别特征：树皮暗灰褐色，略粗糙。心边材区别不明显，木材黄绿、草绿或绿褐色，有光泽。生长轮略明显，轮界呈深色带。散孔材，管孔略少，大小一致，散生或斜列。轴向薄壁组织傍管束状、翼状。木射线细。主要显微特征：多为单穿孔，间或梯状穿孔。轴向薄壁组织油细胞常见。射线宽1～3列，异Ⅲ型。

材性：纹理直，结构细，均匀。木材轻软，气干密度0.49g/cm³，强度低，不耐腐。易干燥，易加工，切面光滑。油漆、胶合性能良，握钉力小。在本属中，心边材区别明显者及新木姜属树种Neolitsea两者均属乌心木姜类，密度材质均优于木姜类树种。

用途：胶合板、木模、包装、家具、农具等。

42. **润楠** *Machilus pingii* **樟科** Lauraceae

别名：毛楠、黑皮楠。木材商品名润楠。

产地：四川。

识别特征：树皮灰黑色，皮孔圆至椭圆形，树皮内石细胞多而明显，且有白色纤毛，可区别于桢楠属。心边材区别明显，边材灰褐或灰黄褐色；心材浅红褐色。生长轮明显，轮末具深色纤维层。散孔材，管孔略少，散生或斜列。轴向薄壁组织傍管束状。木射线细。主要显微特征：束状薄壁组织较厚可达5列，轴向薄壁细胞油细胞明显；单穿孔及少数梯状穿孔；多列射线宽2～3列，异Ⅱ及Ⅲ型射线。

材性：纹理斜或直，结构细而匀。木材略轻软，气干密度0.57g/cm³。易干燥，干缩中。余同桢楠。

用途：略同桢楠。

43. **桢楠** *Phoebe zhennan* **樟科** Lauraceae

别名：楠木。木材商品名楠木。

产地：川、黔、鄂、滇、藏。

识别特征：树皮浅灰黄或浅灰褐色，平滑，具有明显褐色皮孔；内皮与木质部交界处有黑色环。心边材区别不明显，木材黄褐色带绿，有光泽。生长轮明显，宽度均匀。散孔材，管孔小而少，散生或斜列，具侵填体。轴向薄壁组织傍管束状。木射线细而稀。主要显微特征：单穿孔，偶具梯状穿孔。多列射线宽2～3列，异Ⅲ及Ⅱ型。木纤维具分隔。油细胞明显。

材性：纹理斜或交错，结构甚细，均匀。木材气干密度0.61g/cm³，质量、硬度中。干缩小，干燥性良好。木材耐磨，易加工，切面光滑，油漆、胶合性能及握钉力均佳。该种为桢楠属中最佳树种，而桢楠属的树种一般优于润楠属树种。

用途：高级家具、雕刻、装饰等，适作造船、车辆、乐器、木模、箱盒、胶合板、车旋等用材。

44. **檫木** *Sassafras tzumu* **樟科** Lauraceae

别名：檫树、梓木、枫荷桂。木材商品名檫木。

产地：粤、滇、闽、赣、鄂、湘、黔、浙、川、皖、苏、桂、陕。

识别特征：树皮灰褐色，深纵裂，内皮红褐色，分层有香气。心边材区别明显，边材浅褐或浅黄褐色；心材栗褐色带红。生长轮明显，环孔材，早材带2～4列，侵填体丰富；晚材管孔斜弦列，呈短波浪状。轴向薄壁组织环管状和翼状。木射线细。髓心常呈空洞。主要显微特征：射线和轴向薄壁组织均具油细胞、射线宽 1～3 列，异Ⅲ及异Ⅱ型。

材性：纹理直，结构中至粗，不均匀。木材气干密度 0.53g/cm³，质轻软。易干燥，少翘裂，耐腐、耐水湿。易切削，切面光滑。油漆、胶合性能好，握钉力中。

用途：船舶、家具、车厢、室内装饰、建筑等。

45. **鹅掌楸** *Liriodendron chinense* **木兰科** Magnoliaceae

别名：马褂木、遮阳树、鹅脚板。木材商品名鹅掌楸。

产地：长江流域以南各省区及西南。

识别特征：树皮厚，浅灰褐色，深纵裂。心边材区别略明显，边材黄白或浅红褐色；心材灰黄褐微带绿色，木材有光泽。生长轮略明显，轮间呈浅色线。散孔材，管孔略多，略小，大小一致，分布均匀，散生或斜列。轴向薄壁组织轮界状。木射线细，略稀。主要显微特征：梯状穿孔，管间纹孔对列 - 梯状。单列射线少，多列射线宽 2～4 列，异Ⅲ型，具少量油细胞。

材性：纹理交错，结构甚细，均匀。木材气干密度 0.56g/cm³，强度低。干燥快而不开裂，干缩大，易变形，不耐腐。木材锯解易起毛，刨面光滑，径面带状花纹颇具装饰效果。油漆、胶合性能好，握钉力小。

用途：家具、室内装饰材料、胶合板、车厢材、包装材等。

46. **厚朴** *Magnolia officinalis* **木兰科** Magnoliceae

别名：油朴、赤朴。木材商品名木兰。

产地：鄂、桂、湘、赣、陕、黔、川、闽。

识别特征：树皮灰褐或灰紫褐色。心边材区别不明显，木材灰褐色，有光泽。生长轮略明显，轮界呈浅色细线，宽度略均匀。散孔材，管孔小而多。轴向薄壁组织轮界状，木射线细。主要显微特征：多为单穿孔，偶见梯状穿孔。本属其他种为梯状穿孔。管间纹孔对列和梯状。多列射线 2～3 列，异Ⅲ型射线，油细胞未见。

材性：纹理直，结构甚细，均匀。木材轻软，气干密度 0.48g/cm³。易干燥，略有翘曲开裂，不耐腐。易加工，切面光滑，油漆、胶合性能良，握钉力弱。

用途：家具、车厢、门窗、玩具、雕刻、包装材等。

47. **木莲** *Manglietia fordiana* **木兰科** Magnoliaceae

别名：绿楠、龙兰、黑杞木。木材商品名木莲。

产地：赣、桂、湘、滇、浙、皖、粤、闽、黔。

识别特征：外皮薄，浅褐色，微纵裂，有凸出略大皮孔。心边材区别明显，边材浅黄色；心材小，浅黄褐色微绿。生长轮明显，均匀。散孔材，管孔略多，甚小，分布均匀。轴向薄壁组织轮界状。木射线少，略细，分布不均匀。主要显微特征：梯状穿孔模隔数少于 10，管间纹孔梯形。射线宽 1～3 列，通常 2 列，异Ⅱ及Ⅲ型。

材性：纹理直，结构细而均匀。木材气干密度 0.44g/cm³，材质轻，强度低。易干燥，干缩小。心材耐腐，易加工，切面光滑。油漆、胶合性能良，握钉力中。

用途：家具、箱盒、室内装饰、文具、木模等。

48. **毛苦梓** *Michelia balansae* **木兰科** Magnoliaceae

别名：绿楠、苦梓含笑。木材商品名白兰。

产地：粤、滇、桂、闽。

识别特征：树皮浅灰色，通常具灰白色块斑，浅纵裂。心边材区别明显，边材浅黄褐色；心材浅黄绿色。生长轮略明显，宽窄不匀。散孔材，管孔小而少。轴向薄壁组织轮界状。木射线细。主要显微构造：梯状穿孔；木射线 1～3 列，异Ⅱ及Ⅲ型。油细胞少见，本属其他种为常见。

材性：纹理直，结构甚细，均匀。木材气干密度 0.63g/cm³，质量、硬度、强度中。干燥较难，速度缓慢，干缩大，心材耐腐。易加工，切面光滑，油漆、胶合性能好，握钉力强。

用途：家具、室内装修、车厢、建筑、胶合板、雕刻、车旋工艺等。

49. **苦楝** *Melia agedarach* **楝科** Meliaceae

别名：楝树、森木、楝枣。木材商品名楝木。

产地：华东、华北、华中、华南及川、滇、黔、甘等省。

识别特征：外皮薄，棕褐色，纵裂，锈色皮孔显著。髓心大，色白而柔软。心边材区别，边材浅黄色，甚窄；心材浅暗红褐色。生长轮明显，宽而不匀。环孔材，早材管孔带 2～5 列。含红褐色树胶；晚材管孔短径列或簇状，外部短斜列或弦列。轴向薄壁组织束状、翼状及聚翼状。木射线中。主要显微特征：小导管具螺纹加厚；链状结晶明显；木射线宽 4～6 列常见，异Ⅲ型。

材性：纹理斜，结构中，不均匀。木材气干密度 0.54g/cm³，硬度、强度略低。干缩小，干燥性好，不易翘裂，心材较耐腐。易加工，切面光滑，油漆、胶合性能良，握钉力中。

用途：家具、胶合板、室内装饰、箱盒、农具、文体用品、包装材。

50. **香椿** *Toona sinensis* **楝科** Meliaceae

别名：椿树、通木、椿芽、通枣。木材商品名香椿。

产地：黄河、长江流域及浙、闽、粤、桂、黔、川、滇。

识别特征：树皮灰褐色，呈不规则长片状剥落。心边材区别明显，边材灰红褐色；心材红褐色。木材有光泽，具芳香味。生长轮明显，环孔材。早材带宽 2～4 列，含红色树胶；晚材管孔略少，小，散生。轴向薄壁组织傍管束状、轮界状。木射线略少，略细。主要显微特征：小导管螺纹加厚，射线宽 1～5 列，异Ⅲ型。

材性：纹理直，结构中，不均匀。木材气干密度0.59g/cm³，硬度、强度中。干燥良，干缩小，尺寸稳定，无缺陷，耐腐、抗虫性好。易加工，切面光滑，油漆、胶合性能好。

用途：高级家具、木模、室内装修、乐器、雕刻，文体、雪茄烟盒。

51. **红椿** *Toona sureni* **楝科** Meliaceae

别名：红楝子、赤昨工、桃花森。木材商品名红椿。

产地：川、鄂、滇、黔、闽、桂、粤。

识别特征：树皮灰褐色，小片状剥落。心边材区别明显，边材灰红褐色；心材深红褐色，木材具光泽，具较浓芳香味。生长轮明显，宽度略均匀。半散孔材，管孔数少，中至大，散生，含树胶及侵填体。轴向薄壁组织傍管束状和轮界状。木射线略稀，略细。主要显微特征：合生纹孔口；具链状结晶；射线宽1～6列；异Ⅲ型；轴向创伤树胶道弦列。

材性：纹理直，结构较粗，略均匀。木材气干密度0.48g/cm³，质轻软，硬度、强度低，干燥性良。易加工。光洁性略差。材质不如香精，与小果香椿同属红椿类商品材。

用途：家具、文具、文体用品、室内装修等。

52. **合欢** *Albizia julibrissin* **含羞草科** Mimosaceae

别名：绒花树、马缨花、夜合槐。木材商品名合欢。

产地：华东、华南、西南及冀、豫、陕、辽、晋。

识别特征：外皮薄、棕褐色、微纵裂、长椭圆形皮孔。心边材区别极明显，边材浅黄褐色；心材栗褐或栗褐色带红。生长轮明显，宽窄不匀。环孔材、早材带宽3～6列；晚材管孔星散，轮末略呈弦列。轴间薄壁组织傍管束状、翼状及轮界状。木射线细。主要显微特征：管间纹孔附物型，常合生；具链状结晶；射线宽1～3列同形。

材性：纹理斜，结构粗，不均匀。木材气干密度0.57g/cm³，硬度、强度中，干缩小，耐腐。易加工，切面光滑，油漆、胶合性能良，握钉力强。本属商品材分三类，本种与小合欢归合欢类，木材密度和材质优于楹木类，而次于硬合欢类。硬合欢类更适于作家具材。

用途：农具、家具、日常用具、细木工、工具柄。

53. **水曲柳** *Fraxinus mandshurica* **木樨科** Oleaceae

别名：秦皮、水曲吕木。木材商品名水曲柳。

产地：东北、华北、陕。

识别特征：树皮灰白色微黄，皮沟纺锤形；内皮浅黄色，味苦，干后浅驼色，水溶液绿蓝色。心边材区别明显，边材窄，黄白色；心材褐色，略黄。生长轮明显，环孔材。早材带管孔数列，含侵填体；晚材管孔星散或略呈短斜线。轴向薄壁组织傍管束状，晚材部位聚翼状。木射线细。主要显微特征：木射线宽1～3列，单列少，同形射线。

材性：纹理直，结构粗。木材气干密度0.69g/cm³，材质略硬重，质坚韧。干燥不易，干缩性大，木材耐水，耐腐、耐磨。易加工，切面光滑，油漆、胶合性能好，握钉力强。

用途：胶合板、家具、室内装修、嵌木地板、运动器械、车辆、船舶、乐器等。

54. **女贞树** *Ligustrum lucidum* **木樨科** Oleaceae

别名：蜡树、大叶女贞、水蜡树、虫树。木材商品名女贞。

产地：长江流域以南及黔、甘、陕。

识别特征：树皮幼时灰绿色，老龄灰黑褐色，粗糙。心边材区别不明显，木材浅黄褐至黄褐色，有光泽。生长轮略明显，半散孔材管孔小而多。轴向薄壁组织肉眼下不见。木射线宽度中、多。主要显微特征：导管螺纹加厚明显；具环管管胞；分隔木纤维；多列射线宽2～3列，具菱形晶体，异Ⅱ型射线。

材性：纹理直或斜，结构甚细，略均匀。木材气干密度0.66g/cm³，硬度、强度中。木材干燥不难，干缩小，易切削，切面光滑，车旋、油漆、胶合性能好，握钉力中。

用途：车旋、雕刻、建筑、家具、车木、器具用材。

55. **白腊树** *Fraxinus Chinensis* **木樨科** Oleaceae

别名：白腊条、腊条、白荆树、梣，木材商品名白腊木。

产地：黄河、长江流域及桂、闽、粤、吉、陕、辽等省区。

识别特征：树皮灰黄色，细纹裂，具不明显的锈色皮孔。心边材区别不明显，木材黄褐色至浅褐色。生长轮明显，环孔材(四川)或半环孔材(广东)。早材带管孔1～2列；晚材管孔略少，散生或斜列。轴向薄壁组织傍管束状及轮界状。木射线细至中。主要显微构造：单列射线甚少，多列射线宽2～4列，同形射线。

材性：纹理直，结构略细，略均匀。木材气干密度0.66g/cm³，强度中，韧性高。干燥宜缓慢，易翘曲和内裂。易加工，切面光滑，耐磨损。油漆、胶合及握钉力佳。

用途：四川人工栽培，树枝放养白蜡虫，取白腊；枝条柔韧，用于编织器具。木材作胶合板、家具、门、楼梯扶手及弯曲部件、船舶、车厢、乐器和运动器具等。

56. **桂花树** *Osmanthus fragraus* **木樨科** Oleaceae

别名：木犀、桂花。木材商品名木犀。

产地：西南及黄河、长江流域以南各省区。

识别特征：树皮灰色至暗灰色，不规则纵裂。心边材不分，木材黄褐色或栗褐色微红。生长轮略明显，轮间常呈浅色线。交叉孔材，管孔小，大小一致，成斜之字形或树枝状分布。轴向薄壁组织轮界状、带状及傍管状。木射线极细。主要显微特征：导管螺纹加厚明显；具环管管胞；

单列射线少，多列射线宽2～3列，常2列，异Ⅱ、稀异Ⅲ型射线。

材性：纹理斜，结构甚细而均匀。木材气干密度0.97g/cm³，甚硬重，强度大，耐腐。干燥缓慢，干缩大。加工难，切面光滑，纵切面管孔呈浅色花纹甚美丽。油漆、胶合、握钉力均佳。

用途：高级家具、地板、装饰材、工艺美术、乐器、玩具等。

57. **山龙眼** *Helicia* spp. **山龙眼科** Proteaceae

别名：羊屎果、黑灰树、越南山龙眼、小叶山龙眼。木材商品名山龙眼。

产地：我国长江流域以南及滇、台、粤、琼等；国外越南、日本均有分布。

识别特征：树皮薄，质硬，灰褐色，微纵裂，皮底有棱。心边材区别略明显，边材灰黄褐色；心材灰红褐色。生长轮不明显，切线孔材。管孔呈花彩状弦列，宽1～2管孔。轴向薄壁组织远轴单侧环管带状，细而密。木射线具宽、细两类，细射线少，径面宽射线斑纹明显。主要显微特征：导管螺纹加厚明显；仅单列射线和宽射线，后者宽可达20列，异Ⅱ型射线。

材性：纹理直，结构略粗，略均匀。木材气干密度0.63g/cm³，木材不耐腐。干燥宜慢，干缩大，易开裂变形。易加工，切面略光滑，径面和弦面射线花纹均美观。油漆和胶合性能好，握钉力中。

用途：家具、细木工、室内装修材、农器具。

58. **银桦** *Gervillea robusta* **山龙眼科** Proteaceae

别名：银橡树。木材商品名银桦。

产地：原产大洋洲，我国粤、滇、川、闽、桂、浙、台栽培。

识别特征：树皮暗黑褐色，纵裂，皮底有棱。心边材欠明显，边材黄褐色；心材红褐色。生长轮不明显，切线孔材。管孔呈花彩状弦列。轴向薄壁组织为远轴单侧傍管带状。木射线具宽、细两类，细射线多。主要显微特征：细射线宽1～4列，宽射线极宽，异Ⅲ型射线；导管壁通常无螺纹加厚。

材性：纹理直，结构粗、均匀。木材气干密度0.54g/cm³，质略软。干燥宜慢，边材易蓝变和虫蛀。易加工，刨面欠光滑，径面似栎木般的射线斑纹非常美观，油漆、胶合性能好，握钉力低。

用途：胶合板、装饰贴面、家具、箱盒、室内装饰材等。

59. **大叶樱** *Prunus macrophylla* **蔷薇科** Rosaceae

别名：光皮树。木材商品名野樱，俗称樱桃木。

产地：粤、桂、闽、川、陕、台等。

识别特征：树皮红褐色，具灰白色斑纹，呈不规则片状剥落，有杏仁味。心边材区别不明显，木材红褐至浅紫红褐色。生长轮略明显，轮间呈深色带，散孔至半散孔材。管孔略小，由内向外有渐小趋势，斜列或径列。轴向薄壁组织傍管状、轮界状及短切线状。木射线略密。主要显微特征：导管螺纹加厚明显；射线宽1～7列，多列射线通常为3～5列，异Ⅱ型射线。

材性：纹理斜，结构细，均匀。木材气干密度0.63g/cm³，略硬重。干缩大，易翘裂。易加工，切面光滑，车旋、油漆、胶合性能均优，握钉力强。

用途：木材细致、材色高雅。家具、地板、雕刻、车旋、乐器、箱盒、工艺品、印刷木板等用材。

60. **药乌檀** *Nauclea officinalis* **茜草科** Rubiaceae

别名：乌檀、胆木、黄胆。木材商品名黄胆。

产地：粤、桂。

识别特征：外皮灰白色，内皮鲜黄色，味苦。心边材区别不明显，木材鲜黄色，久则转深黄色。生长轮略明显，轮间呈深色带。散孔材，管孔略少，分布不匀，斜列或径列。轴向薄壁组织稀少，短弦线。木射线细，略密。主要显微特征：导管具螺纹加厚，附物纹孔；多列射线宽2～3列，异Ⅰ型射线。

材性：纹理略交错，结构略细，均匀。木材气干密度0.52g/cm³，质轻软。易干燥，干缩小，尺寸稳定，心材耐腐。易加工，切面光滑，油漆、胶合性能好，握钉力弱。

用途：材色鲜黄美观，适宜作家具、胶合板、室内装饰、箱盒、雕刻、车旋等。

61. **楝叶吴茱萸** *Evodia meliaefolia* **芸香科** Rutaceae

别名：山苦楝、秤星材。木材商品名吴茱萸。

产地：滇、粤、桂、闽、台、陕。越南、菲律宾也产。

识别特征：树皮暗灰或灰褐色，皮孔扁圆形或横向裂开凸出。心边材区别明显，边材浅黄褐色，易蓝变；心材深黄褐或栗褐色，微具辛辣味。生长轮明显，半环孔材。管孔由轮内向外逐渐变小，在外部成簇集状。轴向薄壁组织轮界状、傍管状。木射线细，稀少。主要显微特征：小导管具螺纹加厚；链状结晶；同形至异Ⅲ型射线，多列射线多数宽3～7列。

材性：纹理直或斜，结构中，略均匀。木材气干密度0.47g/cm³，边材易变色。易干燥，少开裂，干缩小。易加工，切面光滑，油漆、胶合性能好，握钉力弱。

用途：家具、车厢、地板、胶合板、包装箱、木模、建筑用材等。

62. **黄波罗** *Phellodendron amurense* **芸香科** Rutaceae

别名：黄檗、黄柄南木、黄罗。木材商品名黄波罗。

产地：大小兴安岭、长白山及华北。

识别特征：树皮灰白至灰褐色，木栓层发达，内皮黄色味苦。心边材区别明显，边材浅黄褐色；心材栗褐色。生长轮明显，环孔材。早材带管孔宽1～3列，含树胶；晚材管孔甚小，簇集，分布不均匀，在外部呈斜列或波浪形。轴向薄壁组织傍管状、轮界状。木射线甚少、细。主要显微特征：导管具螺纹加厚；多列射线宽2～5列，同形、稀异Ⅲ型；具链状结晶。

材性：纹理直、结构中、不均匀。木材气干密度0.45g/cm^3，质轻。易干燥，干缩小，不易翘裂。易加工，加工面光滑，油漆、胶合性能好，钉钉不劈裂。

用途：家具、船舶、车厢、胶合板、枪托和室内装饰材。

63. 毛白杨 *Populus tomentosa* 杨柳科 Salicaceae

别名：大叶杨。木材商品名杨木。

产地：西北、华北、华东及辽宁。

识别特征：外皮青白至灰白色，光滑有白粉，老龄变暗，具菱形皮孔，质坚，内皮黄褐色。心边材区别不明显，木材浅黄褐色。生长轮略明显，散孔材，具轮界状薄壁组织构成浅色细线。管孔多而小，肉眼下不见。木射线甚细，肉眼下不见。主要显微特征：同形单列射线，常含胶质木纤维。

材性：纹理直，结构细而均匀。木材气干密度0.53g/cm^3，质轻软。易干燥，不翘曲，耐久性差。具应拉木胶质纤维，锯解时易夹锯，旋切、刨切困难，易起毛，胶合、油漆性能中。

用途：本种为杨属中木材力学强度最高的树种，可作建筑材、家具、胶合板、食品包装箱、火柴、造纸原料等。

64. 大青杨 *Populus ussuriensis* 杨柳科 Salicaceae

别名：幌测力南(朝语)。木材商品名杨木。

产地：小兴安岭、长白山。

识别特征：树皮暗灰褐色，内层橙黄色，交叉纵裂，沟深，皮层坚硬；内皮浅黄色至粉黄色。心边材区别不明显，木材奶黄色至浅驼色。生长轮略明显，轮界具浅色细线。散孔材，管孔小。具轮界状薄壁组织。木射线甚细，肉眼下不见。主要显微特征：同形单列射线，胶质木纤维明显。

材性：本种木材气干密度0.39g/cm^3，在东北林区与香杨(*P.koreana*)（木材气干密度0.42g/cm^3）在生产和使用上不分，统称为大青杨。木材密度和强度远低于毛白杨，材性略同杨属其他树种。

用途：除不能用作建筑材外，余同毛白杨。

65. 毛泡桐 *Paulownia tomentosa* 玄参科 Scrophularicee

别名：水桐树、紫花泡桐。木材商品名泡桐。

产地：豫、冀、鲁、皖、赣、苏、浙、辽。

识别特征：树皮暗灰色，平滑，皮孔显著。心边材区别不明显，木材浅灰褐色。生长轮明显，极宽，环孔材。早材带宽2～3列，侵填体明显；晚材管孔散生，轮末呈切线状。轴向薄壁组织翼状、聚翼状，木射线略细，髓心大而中空。主要显微特征：多列射线宽2～3列，同形射线。

材性：纹理直或斜，结构粗，不均匀。木材气干密度0.28g/cm^3，耐火、耐腐、耐水湿。易干燥，干燥后尺寸稳定，不翘裂。易加工，刨面光滑，油漆、胶合性能好，握钉力弱。

用途：家具、室内装饰、乐器、胶合板、贴面薄木、模型、箱柜、食品包装箱等。

66. 槭叶悬铃木 *Platanus acerifolia* 悬铃木科 Platana

别名：英国梧桐、二球悬铃木。木材商品名悬铃木。

产地：原产欧洲，我国各地城市栽培。

识别特征：树皮深灰或青灰白色(脱皮处)，纵横开裂成长方形或方形，呈不规则大片状脱落。心边材区别不明显，木材黄白至浅灰红褐色，有光泽。生长轮略明显，宽度不匀。散孔至半散孔材，管孔小。轴向薄壁组织不见。木射线稀，细至略宽。主要显微特征：梯状穿孔和单穿孔；多列射线宽2～12列，同形偶异Ⅲ型，含菱晶。

材性：纹理交错，结构中。木材气干密度0.70g/cm^3，略重。干燥较困难，速度缓慢，易翘裂，不耐腐。易锯解、旋切，切面光滑，径面有美丽的射线斑纹，油漆、胶合性能好，握钉力中。

用途：家具、胶合板、室内装饰、薄木贴面、箱盒及包装材料。

67. 荷木 *Schima superba* 山茶科 Theaceae

别名：荷树、木荷、拐木。木材商品名荷木。

产地：赣、闽、湘、粤、桂、台、浙、黔、皖。

识别特征：外皮灰褐色至黑褐色，不规则剥落；内皮棕红色，含草酸盐结晶，针状结晶使皮肤过敏。心边材区别不明显，木材浅黄褐至浅红褐色。生长轮明显，轮间具深色纤维层。散孔材，管孔甚多而小。轴向薄壁组织不见。木射线细，略密。主要显微特征：导管梯状穿孔，梯形纹孔；射线宽1～2列，异Ⅱ稀异Ⅰ型。轴向薄壁组织星散至短切线，具菱晶。

材性：纹理斜，结构甚细，均匀。木材气干密度0.61g/cm^3，易干燥，易翘裂，稍耐腐。易加工，切面光滑，油漆、胶合性能好，握钉力中。

用途：家具、胶合板、车旋材、茶叶箱、车辆、船舶、农具、文体、军工用材。

68. 厚皮香 *Ternstroemia gymnanthera* 山茶科 Theaceae

别名：秤杆木、秤杆红、猪血柴。木材商品名厚皮香。

产地：川、湘、鄂、赣、滇、黔、粤、琼、桂、闽、台。

识别特征：树皮暗灰褐色，光滑；内皮灰红色，块状脱落。心边材区别不明显至略明显，木材红褐色，边材略浅。生长轮不明显至略明显，散孔材。管孔甚多，小、均匀分布。轴向薄壁组织不见。木射线细，略密。主要显微特征：导管梯状穿孔，对列及梯状纹孔，尾部具螺纹加厚；多列射线2～4列，异Ⅱ型射线。

材性：纹理直，结构甚细，均匀。木材气干密度0.72g/cm³，质硬重。干燥易翘曲，干缩大。切削不难，切面光滑，油漆、胶合性能好，握钉力中。

用途：家具、地板、雕刻、车旋、装饰品、玩具、仪器箱盒、建筑、车辆、胶合板。

69. **紫椴** *Tilia armurensis* **椴树科** Tiliaceae

别名：籽椴、小叶椴、椴树。木材商品名椴木。

产地：小兴安岭、长白山、冀、晋、豫、鲁。

识别特征：树皮灰黄色，平滑，浅纵裂；因皮厚粉黄色。心边材区别不明显，木材浅黄褐色，有光泽，略具腻子味。生长轮略明显，散孔材，管孔小，数多，径斜列或散生。轴向薄壁组织轮界状。木射线稀，略细，弦面有时可见波痕。主要显微特征：导管具螺纹加厚；射线宽1～4列，同形，稀异Ⅱ型射线；星散—聚合型薄壁组织。

材性：纹理直，结构甚细，均匀。木材气干密度0.49g/cm³；质轻软，不耐腐。干燥快，干后尺寸稳定。易加工，切面光滑，油漆性能中，易胶合，握钉力弱。

用途：胶合板、铅笔、火柴、包装箱、雕刻、蜂箱等。

70. **春榆** *Ulmus davidiana* var. *japonica* **榆科** Ulmaceae

别名：白皮榆。木材商品名榆木。

产地：东北、华北、西北。

识别特征：树皮浅灰褐色，老时灰白色，因常披白粉故称白皮榆。心边材区别略明显，边材浅黄褐色，心材浅栗褐色。生长轮明显，环孔材。早材带宽1～3列管孔，晚材管孔小，呈弦向带或波浪状排列。轴向薄壁组织傍管状与管孔一起成弦向带。木射线略稀，宽度中，径面射线斑纹明显，主要显微特征：具导管状管胞；小导管具螺纹加厚；射线宽1～6列，同形。

材性：纹理直，结构中，不均匀。木材气干密度0.59g/cm³，干燥困难，易翘裂。易加工，切面光滑，弦面与水曲柳一样，具抛物线花纹，油漆性能良。

用途：家具、室内装饰、弯曲木、车辆、船舶、胶合板等。

71. **榔榆** *Ulmus parviflera* **榆科** Ulmaceae

别名：掉皮榆、秋榆、榔树、鸡公桐。木材商品名榔榆。

产地：华东、中南及冀、陕、川、黔。

识别特征：树皮褐色，不规则鳞片状剥落，水浸液具粘性。心边材区别明显，边材窄，浅褐色；心材红褐至暗红褐色。生长轮明显，环孔材。早材带宽1～4列管孔；晚材管孔呈弦向带或波浪形。轴向薄壁组织傍管状，与晚材管孔相连呈波浪形。木射线略稀，细至中。主要显微构造：具导管状管胞；与小导管一样具螺纹加厚；射线宽1～7列，同形；链状结晶较短。

材性：纹理直或斜，结构中，不均匀。木材气干密度0.90g/cm³，较榆木属其他树种硬重。干燥困难，易翘裂。加工略难，切面光滑，油漆、胶合性能好，握钉力强。

用途：农具、车辆、曲木家具、地板、工器具及建筑等。

72. **榉树** *Zelkova schneideriana* **榆科** Ulmaceae

别名：血榉、红榉、大叶榉。木材商品名榉木。

产地：秦岭、淮河流域、长江流域中下游及粤、闽、桂、滇、黔。

识别特征：树皮灰褐色带暗红，平滑而不裂，皮孔显著。心边材区别明显，边材宽，黄褐色；心材栗褐色或红褐色，后者俗名血榉。生长明显，环孔材。早材带宽常2～3列，多达5列；光叶榉（*Z.serrata*）常仅1列；晚材管孔呈弦向带或波浪形。轴向薄壁组织傍管状，与晚材管孔相连，呈波浪形。木射线稀，细至略宽。主要显微特征：具导管状管胞，与小导管一样，具螺纹加厚；多数射线宽8～12细胞，异Ⅲ型和同形；具鞘状细胞和菱晶。

材性：纹理直，结构中，不均匀。木材气干密度0.79g/cm³，质硬重，干缩大，花纹美丽，光泽性强。加工不难，切面光滑，油漆、胶合性能好，握钉力强。

用途：高级家具、装饰、船舶、车辆、纺织、乐器等。在江、浙一带为明清家具民间主要用材，在日本作为神树、宫殿建筑和日本大鼓的主要用材。

1.3.2 进口木材

1. **柚木** *Tectona grandis* **马鞭草科** Verbenceae

商品名：迪克（Teck）、梯克（Teak）、迪卡（Teca）。

产地：印度中部、南部、缅甸、泰国、越南等地分布。印尼、非洲西部、热带美洲及我国台、琼、粤、滇、桂等地均有栽培。

识别特征：心边材区别明显，心材新鲜时金黄色，日久转深呈浅褐、褐至暗褐色。生长轮明显，环孔至半环孔材，管孔内具白色或褐色沉积物。轴向薄壁组织环管状和轮界状。木射线细。木材有油性感，略有皮革气味。主要显微特征：具分隔木纤维；木射线宽1～5列，同形，稀异Ⅲ型射线。

材性：为世界装饰名材，花纹自然，色泽美观，切面光滑，木材含天然油质，胀缩性小，不变形。木材耐腐、抗虫、耐酸、耐磨等天然耐久性好。木材气干密度0.60g/cm³，强重比高。干燥性能良好，易加工，胶合、油漆和上蜡性能良好，握钉力佳。

用途：高级家具、地板、室内装饰、薄木贴面、木模、乐器、船舶。

假冒树种：国产树种有檫木(*Sassafras tzumu*)、山槐(*Maackia*)、桑木(*Morus*)。进口材有梢木(*Shorea*)、克隆(*Dipterocarpus*)；桉树(Eucalyptus)称澳洲柚；白蓝(*Michelia*)称金丝柚；蚬木(*Excentrodendror*)称越南柚；陆均松(*Dacrydium*)称金边柚；台湾相思木(*Acacia richij*)称相思柚。

2. **桃花心木** *Swietenia* spp. **楝科** Meliaceae

商品名：麦荷根（Mahogany）。

产地：原产热带美洲。菲律宾、印尼、斐济和越南先后引种栽培。我国南方各地也有栽培，生长良好。

识别特征：树皮红至褐色，呈鳞片状。心边材区别明显，边材白至浅黄色；心材浅红褐色至红褐色。生长轮略明显，散孔材。管孔单独，或2～3径向复管孔，管孔内含红色树胶及白色沉积物。环管状和轮界状薄壁组织。木射线略细，叠生，弦面能见波痕。主要显微特征：具轴向树胶道；分隔木纤维；木射线宽1～5列，异Ⅲ和异Ⅱ型射线。

材性：木材材色悦目，纹理交错，径面具带状花纹。材质适中，结构均匀，干缩小，尺寸稳定，为世界装饰名材。木材气干密度0.6～0.8g/cm^3，易加工，切面光滑、胶合、油漆和钉着性能均优。

用途：高级家具、室内装饰、镶嵌板、乐器、木模、车旋、雕刻、箱柜等。

假冒树种：真正桃花心木为桃花心木属树种，有7～8种，主要有桃花心木(*S.mahogani*)，大叶桃花心木(*S. macrophylla*)。广义的桃花心木可包括楝科卡雅楝属(Khaya)和非洲楝属(*Entandrophragma*)的树种。前者称非洲桃花心木，后者代表树种为色皮（*Saple*）和色比利（*Sapelli*）。市场名巴西桃花心木为玉蕊属(*Cariniana*)和加蓬桃花心木为粤堪美榄属(*Aucomea*)，菲律宾桃花心木是红柳桉(*Shorea*)，中国桃花心木是香椿属(*Toona*)的树种。

3. **黑核桃木** *Juglans nigra* **核桃科** Juglandaceae

商品名：美洲黑核桃（America black walnut）。

产地：美国、加拿大东部。

识别特征：心边材区别明显，边材宽，浅黄褐带灰；心材红褐至黑褐色，略带紫色，间有深色或浅色条纹，日久呈巧克力色。生长轮明显，半散孔材，管孔间轮末有渐少渐小的趋势。轴向薄壁组织离管切线状。木射线细至略细。主要显微特征：多列射线宽2～5列，同形，偶异Ⅲ型射线。

材性：木材浅黑褐色带紫，材色悦目、雅致；径面具黑褐色条纹；具树瘤等奇特花纹，装饰价值极高，为世界装饰名材。木材气干密度0.62g/cm^3，软硬适中，尺寸稳定，冲击韧性好，加工性质良。

用途：高级家具、装饰薄木、乐器、枪托、装饰箱盒等。

假冒树种：有称非洲核桃木的虎斑楝(*Lovoa trichilioides*)；澳洲核桃木的昆士蓝土楠(*Endinodra palmerstoni*)；巴西核桃木的巴西楠木(*Phoebe porosa*)；东印度核桃木的大叶合欢(*Albizzia lebbek*)；墨西哥核桃木的环果象耳豆(*Enterolobium cyclocarpum*)；菲律宾和几内亚核桃木的人面子属(*Dracontomelondao*)；洪都拉斯核桃木的黑毒漆木(*Metopium brownii*)；称红核桃和黄核桃的为琼楠属(*Beilschmiedia*)的树种。

核桃木应为核桃属的树种，该属约有15种，以黑核桃为最有名。我国有4种：核桃木(*J.regia*)、野核桃(*J. cathayensis*)、麻核桃(*J.sigillata*)和核桃楸(*J.mandshurica*)。其中核桃木的密度与强度最大，作为商品材核桃楸最常见。

4. **古夷苏木** *Guibourtia* spp. **苏木科** Caesalpiniaceae

商品名：卜宾佳（Bubinga）、凯娃津戈（Kevazingo）。

产地：热带非洲、热带美洲。

识别特征：树皮浅茶色至红褐色，外皮呈圆形小鳞片状脱落。心边材区别明显，边材白色，厚5～7cm，心材桃褐至红色，具紫色条纹。生长轮略明显，散孔材，单管孔和2～4径列复管孔，管孔内含红色树胶。束状、短翼状及轮界状薄壁组织。木射线细，径面能见射线斑纹。主要显微特征：射线宽1～4列，同形射线；具链状结晶。

材性：木材桃色至红褐色并带有紫色不规则条纹，材色高雅而富于变化。纹理直，结构细而均，木材气干密度0.80～0.95g/cm^3，材质致密硬重，强度大，并具相当弹性。干燥宜缓慢，干缩中等，干后尺寸稳定。加工不难，易刨削，切面光滑，并具良好光泽，涂装和胶合性能良好。

用途：高级家具、装饰薄木、地板、天花板、墙裙等室内装饰材，琴弓、台球棒、工艺雕刻、镜框、相架等细木工制品。在欧洲作为高档家具和装饰用材早已享有盛誉；在日本选作为唐木用材；在我国作为红木工艺用材，并称巴西花梨木。虽材质不逊于花梨木，但它不属于花梨。

本属美洲有4种，非洲有11种。产巴西的琴弓苏木(*G. echinata*)是举世公认制琴弓最好的材料。商品名卜宾佳者产非洲，主要有特氏古夷苏木(*G.tessmannii*)，佩尔古夷苏木(*G.pellegriniana*)和德米古夷苏木(*G.demeusei*)。本属尚有爱里古夷苏木(*G.ehie*)，心材为黑褐至灰黄色；阿诺古夷苏木(*G.arnoldiana*)，心材为黄褐至灰黄色，两者材色有别于卜宾佳。木材密度佩尔略高于特氏，两者一般均高于德米，德米木材密度变异较大。

5. **印茄** *Intsia* spp. **苏木科** Caesalpiniaceae

商品名：波罗格(中国)、梅包(Merbau)(印尼、马来西亚)。

产地：菲律宾、泰国、缅甸、马来西亚、印尼、新几内亚、索罗门、斐济。

识别特征：心边材区别明显，边材白色至浅黄色；心材褐色至暗红褐色。生长轮明显，散孔材、管孔数少，管孔内含黄色沉积物。轴向薄壁组织翼状，少数聚翼状及轮界状。木射细略稀，细。主要显微特征：具附物纹孔；链状结晶；射线宽1～3列，同形。

材性：纹理交错，径面具带状花纹，结构中，均匀。木材气干密度0.8～0.94g/cm³，材质硬重，木材耐腐。干燥性能良好，干燥速度慢，干缩小，锯刨困难，易沾树胶；车旋、油漆、胶合性能好，钉钉易裂。

用途：高级家具、车辆、造船、细木工、拼花地板、刨切薄木、室内装修、雕刻。

本属有9种，常见树种有帕利印茄(*I.Palembanica*)、印茄(*I.bijuga*)和微凹印茄(*I.retusa*)等。国内有进口用作红木工艺的高级家具及地板。

6. **缅茄** *Afzelia africana*. **苏木科** Caesalpinoideae

商品名：道塞（Doussia)(科特迪瓦、喀麦隆)、阿菲泽利亚（Afzelia)(利比里亚)、库克帕利克（Kukpalik)(加纳)、阿林嘎（Alinga)(尼日利亚)、博伦古（Bolengu)(扎伊尔、刚果)。

产地：主产西非至中非广大地区。本属有30种，热带亚洲地产。非洲常见商品材为该种。

识别特征：心边材区别明显，边材浅黄白色，心材红褐色。生长轮略明显，界以轮界状薄壁组织。散孔材，管孔大小中等，数少，斜列。轴向薄壁组织翼状、聚翼状及轮界状。木射线窄，略密。主要显微特征：具附物纹孔，链状结晶，射线宽1～3列，同形。

材性：木材纹理交错，结构细，略均匀。木材气干密度0.83g/cm³，硬重，强度大，耐腐性强，抗白蚁。干缩小，干燥性能良好，锯、刨等加工性能中等，加工面光滑，钉钉难，握钉力强，胶合性和耐候性强。

用途：高级家具、地板、室内装修、刨切单板、造船及房屋建筑。

7. **葱叶铁木豆** *Swartzia fistuloides*
苏木科 Caesalpiniaceae

商品名：潘罗萨（Pao Rosa)(刚果、扎伊尔)、博托（Boto)(科特迪瓦)、阿克特（Akite)(尼日利亚)、阿翁（Awong)(加蓬)、地纳（Dina)。

产地：本属有100种，产热带美洲和非洲。非洲常见商品材有马达加斯加铁木豆（*S.madagascariensis*）及本种。本种分布从科特迪瓦、加纳、尼日利亚、喀麦隆、加蓬到刚果等地的热带雨林中。

识别特征：心边材区别明显，边材浅褐色，心材红褐色，日久呈紫褐色，具深浅相间条纹。生长轮不明显，散孔材。管孔中等大小，数略少，管孔内具白色沉积物。傍管带状和环管状。木射线略密，甚窄。弦面波痕明显，主要显微特征：各类组织均叠生排列；多列射线宽2细胞，同形单列及多列；带状薄壁组织明显，具分枝。

材性：纹理交错，结构细，略均匀。木材气干密度1.04g/cm³，硬重，强度高。干燥易产生面裂和端裂，干缩中，木材耐腐、抗虫。加工困难，因交错纹理刨面欠光滑。胶合性能良，钉钉困难，握钉力强。

用途：高级家具、地板、雕刻、乐器、车旋制品、造船和房屋建筑。

8. **摘亚木** *Dialium* spp. **苏木科** Caesalpiniceae

商品名：左阿依（Xoay)(越)、克拉老（Kralanh)(柬)、克然吉（Keranji)(沙、印)。

产地：本属有40余种，分布于美洲热带、非洲热带、马达加斯加和东南亚地区。东南亚常见商品材有越南摘亚木（*D.cochinchinensis*）、摘亚木（*D.indum*）和阔萼摘亚木（*D. platysepalum*）等数种。

识别特征：心边材区别明显，边材浅黄色，心材浅红褐，褐色至紫红褐色。生长轮不明显，散孔材。管孔单独及稀径列复管孔，数少，内含白色或浅色沉积物。轴向薄壁组织规则带状和环管状。木射线窄，略密，弦面波痕可见。主要显微特征：各类组织叠生排列，轴向薄壁组织单侧傍管带状。射线宽1～3列，同形，长链状结晶明显。

材性：纹理交错，结构细而匀。木材气干密度0.92-1.10g/cm³。甚硬重，强度和韧性极高。干缩大，易出现面裂和端裂。木材耐腐、抗虫。生材锯解不难，加工面光滑，刨面欠光滑，旋切性能良好，胶合性能中。

用途：高级家具、室内装修、刨切装饰单板、农业机械、房屋建筑及造船用材。

9. **甘巴豆** *Koompassia* spp. **苏木科** Caesalpiniceae

商品名：门格里斯（Mengaris)(印、沙、沙捞)，康巴斯（Kempas)(沙)，通（Thong)(泰)。

产地：本属有4种，产马来半岛、婆罗洲及新几内亚等地。常见商品材有大甘巴豆（*K.excclsa*）和马来甘巴豆（*K. malaccensis*）。

识别特征：心边材区别明显。边材灰白至浅黄色；心材大甘巴豆为栗褐色，马来甘巴豆为桔红色。生长轮略明显，界以轮界状薄壁组织。散孔材，单独及径列复管孔，数少、略大。轴向薄壁组织大甘巴豆主为聚翼状、带状；马来甘巴豆主为翼状；此外尚具轮界状。木射线中，弦面可见波痕。有时可见同心式内含韧皮部。主要显微特征：各类组织叠生排列；单列射线少，多列射线宽2～5细胞，异Ⅱ、异Ⅲ型射线；链状结晶明显。

材性：纹理交错，结构粗，均匀。木材气干密度0.76～0.90g/cm³，质硬重，强度高。木材干燥性能良好，干缩小，略耐腐，易受虫害。锯、刨、车旋性能中，油漆、胶合、染色性能良好。木材微酸性，易腐蚀金属。

用途：家具、地板、车辆、造船及房屋建筑等。具带状纹理，可制旋切单板及胶合板。

10. **木荚豆** *Xylia* spp.**含羞草科** Mimosaceae

商品名：品卡托（Pyinkodo)(缅)，卡妞贼(Camxe)(柬、泰、越)，依茹尔（Irul)(印)，邓（Deng)(泰)。

产地：本属有12种，产热带亚洲、非洲及马达加斯加。亚洲常见商品材为木荚豆（*X.xylocarpa*）。

识别特征：心边材区别明显，边材浅红白色，心材红褐色，具深色带状条纹。生长轮明显，界以轮界状薄壁组织。散孔材，管孔大小中等略少，含红色树胶或白色沉积物。轮界状及环管状翼状薄壁组织。木射线略密，甚窄。主要显微特征：具分隔木纤维及链状结晶；同形单列及多列射线，多列射线宽主为2列。

材性：纹理不规则交错，结构细而匀，富有油性。木材气干密度1.05～1.18g/cm³，甚硬重，强度甚高。木材耐腐，干燥困难，易出现面裂和端裂。加工困难，切削面光滑，钉钉和胶合均困难。

用途：家具、地板、车辆、造船及重型结构材。

11. **孪叶苏木** *Hymenaea courbaril*

苏木科 Caesalpiniceae

商品名：惹托巴（Jatoba)(巴西)，洛库斯脱（Locust)(加勒比海岛和中美地区)。

产地：墨西哥南部、中美地区、巴西、玻利维亚和秘鲁。

识别特征：心边材区别明显，边材宽，浅灰色或浅玫瑰色；心材新鲜时橙褐色，日久红褐色，有时有深色条纹，生长轮略明显，散孔材。管孔单独及2～3径列，内含红色树胶。轴向薄壁组织轮界状及短翼状。木射线中等宽度，弦面未见波痕。主要显微特征：多列射线宽多为3～5列，同形偶异Ⅲ型射线。具链状结晶和受伤树胶道。

材性：纹理直或斜，结构中。木材气干密度0.75～1.05g/cm³，质硬重，强度大，有韧性。干缩中，易变形，心材耐腐。加工略难，旋切性能良，加工面光滑，抛光性差，耐磨性强，易胶合，握钉力差。

用途：家具、地板、纺织机械、体育用具、建筑和船舶用材。边材较宽的木材适于生产单板。

12. **卡雅楝** *Khaya* spp. **楝科** Meliaeac

商品名：非洲桃花心木（African Mahogany)。

产地：本属有8种，产热带非洲地区。常见商品材有白卡雅楝（*K.anthotheca*），红卡雅楝（*K.ivorensis*）等。

识别特征：心边材区别明显，边材黄褐色，窄，心材红褐色。生长轮不明显，散孔材。管孔大小中等，数少，常含树胶和白色沉积物。轴向薄壁组织环管束状。木射线稀，略宽，波痕无。有时横切口可见轴向受伤树胶道弦列。主要显微特征：具分隔木纤维；异Ⅱ型射线，多列射线宽2～6细胞，直立细胞常具菱晶。本属中大叶卡雅楝（*K.grandifola*）同形射线，多列射线宽2～3细胞，具单侧翼状和带状薄壁组织等，构造有明显差异。

材性：纹理交错，结构略细而均匀。木材气干密度0.5～0.6g/cm³(大叶卡雅楝为0.7～0.8g/cm³)，木材轻至中，强度中等；木材干燥易，干缩小，需防变形。木材耐腐性中等，易受虫害。木材加工易，旋刨性能良好。胶合、钉钉、染色、油漆性能良好。

用途：高级家具、船舶、车辆的装饰面板，以及室内装修、微薄木、胶合板、乐器、雕刻、玩具、家具等。

13. **筒状非洲楝** *Entandrophragma cylindricum*

楝科 Meliac

商品名：萨佩莱（Sapele)、塞比利（Sapelli)(喀麦隆)。

产地：从西非的科特迪瓦，经加纳、尼日利亚、喀麦隆到东非的乌干达和坦桑尼亚。

识别特征：心边材区别明显，边材浅黄色，心材新的切面粉红色，日久呈典型桃花心木的红褐色。生长轮不明，散孔材。管孔中等大小，散生，略少，内含红色树胶或白色沉积物。轴向薄壁组织环管束状、带状、稀翼状。木射线窄，略密，有波痕。主要显微特征：具分隔木纤维；异Ⅱ型射线，多列射线宽2～4细胞，具菱晶。

材性：纹理交错，径面具黑色条状花纹。结构略细至中，均匀。木材气干密度0.67g/cm³，强度略高。木材耐腐性中，心材抗白蚁，干燥快，干缩略大，易加工，胶合、握钉力、油漆、砂光、着色性能均好。

用途：高级装饰材、刨切单板、胶合板、高级家具、壁板和地板，以及船舶、门窗、乐器、雕刻、细木工、车旋制品。

1.3.3 红木

红木作为明清家具的特定用材，是目前国内高档家具用材约定俗成的一类木材的名称。国家标准中将红木分成：紫檀木、花梨木、黑酸枝、香枝木、红酸枝、乌木、条纹乌木和鸡翅木8类。隶属于紫檀属、黄檀属、柿属、崖豆属及铁刀木属。其中主要是紫檀属和黄檀属，除香枝木为产于我国海南的降香黄檀（*D.odarifera*）外，其余绝大多数是从东南亚、热带非洲和拉丁美洲进口。

1. **檀香紫檀** *Pterocarpus santalinus*

蝶形花科 Papilionaceae

商品名：紫檀（Red sanders)。

产地：印度南部。

识别特征：心边材区别明显，边材窄，白色；心材新鲜时橘红色，日久为紫黑色至黑色，常带浅色和深色条纹。划痕明显，水浸出液略具萤光反应。管孔肉眼下难分辨，极小，数少。轴向薄壁组织主为带状，同心层状或略带波浪形，早材部稀少。木射线极细，稍密，弦面波痕略明显。主要显微特征：同形单列射线；带状薄壁组织宽1～2细胞，常含菱晶。

材性：纹理交错，局部卷曲；结构甚细，均匀。木材气干密度1.05～1.266g/cm³，木材硬重、坚韧，强度甚大。心材对木腐菌及虫害有免疫力，耐久性极强。干燥困难，难以加工，加工后需表面处理，切面光滑，雕刻性和磨光性佳。

用途：材质坚硬，材色和光泽美观，为明清宫廷家具的主要用材，为红木类中最高级别的木材。用作贵重家具、工艺雕刻制品和镶嵌花纹图案等。

2. 大果紫檀 *Pterocarpus macrocarpus*
蝶型花科 Papilionaceae

商品名：花梨木（Burma padauk）。

产地：泰国、缅甸和老挝等。

识别特征：心边材区别明显，边材灰白色，窄；心材浅红到深砖红，带深色条纹。生长轮略明显，有半散孔材趋势。管孔略大，少至略少，管孔内具深色树胶。轴向薄壁组织多为傍管带状(晚材部位更明显)及翼状、聚翼状、木射线甚窄，中至略密，弦面波痕明显，水浸出液萤光反应明显。主要显微特征：轴向薄壁组织具菱晶；射线同形单列，叠生。

材性：纹理交错，结构中，略均匀。木材气干密度0.80～0.86g/cm³，硬度和强度高且耐腐。木材干燥性能良好，干燥速度宜慢。干后加工略难，切面光滑，油漆和胶合性能良。

用途：花梨木家具、细木工、镶嵌板、地板、工艺雕刻、室内装饰、薄木饰面等。

3. 阔叶黄檀 *Dalbergia latifolia* **蝶形花科** Papilionaceae

商品名：黑酸枝（Bombay black-wood）。

产地：主产印度、印尼的爪哇等。

识别特征：心边材区别明显，边材浅黄白色，常带紫色窄条纹；心材材色变异极大，从金黄褐色到深紫色，并带有深色条纹，日久变成黑色。生长轮略明显，散孔材。管孔中等大小，略少，部分管孔内含浅色沉积物。轴向薄壁组织断续带状、翼状及轮界状、木射线窄，较管孔小，中至略密。弦面具波痕。主要显微特征：各类组织均叠生；同形射线，多列射线宽2～4细胞；具链状结晶。

材性：纹理交错，结构细而匀。木材气干密度0.85g/cm³，材质硬重，强度高。木材干燥性能良好，干缩中，窑干易加速材色变深。木材耐腐、抗虫。锯解困难，易钝刀具，切削面光滑。胶合、油漆性能良。

用途：木材材色、花纹美观，强度大且耐腐。用于黑酸枝家具、装饰单板、胶合板、高极车厢、钢琴外壳、镶嵌板、护墙板、地板等。

4. 东非黑黄檀 *Dalbergia melanoxylon*
蝶形花科 Papilionaceae

商品名：黑酸枝（African blackwood）。

产地：非洲东部。

识别特征：心边材区别明显，边材黄白色；心材黑紫色至几乎黑色，有时具条纹。生长轮略明显，散孔材有半散孔趋势。管孔单独及短径向复管孔，略小，分布不匀，含深紫色内含物。轴向薄壁组织轮界状、环管状、翼状。木射线窄，弦面具波痕。主要显微特征：各类组织叠生排列；射线宽1～2列，同形至异Ⅲ型；具链状结晶。

材性：纹理直，结构细。木材气干密度1.21～1.33g/cm³，甚硬重，强度甚大，非常耐腐。干燥较慢，心材易裂。木材虽硬，加工容易，加工面光滑，锯解较困难，着钉时需先钻眼。油漆和胶合性能良。

用途：黑酸枝家具、装饰制品、雕刻用品、工艺手杖、木制镶饰品、木制马赛克、刀柄、棋子、木制管乐器等。

5. 交趾黄檀 *Dalbergia cochinchinensis*
蝶形花科 Papilionaceae

商品名：红酸枝（Siam rosewood）。

产地：散生于泰国东北部的落叶或常绿混交林中，越南和柬埔寨亦产。

识别特征：心边材区别明显，边材灰白色；心材从浅红紫色至葡萄酒色，具深褐或黑色条纹，久材色加深，有时近黑色。生长轮不明显，散孔材。管孔大小中等，略少，有时含树胶。轴向薄壁组织带状、环管状和翼状。木射线甚窄，密。弦面可见波痕。主要显微构造：各类组织叠生排列；射线宽1～2列，同形射线。链状结晶和纺锤形薄壁细胞可见。

材性：纹理直，结构细而匀。木材气干密度1.01～1.09g/cm³，材质硬重，强度甚高，耐腐性好。干燥性能良，极少翘曲变形，有时会产生轻微端裂。木材虽硬重，但锯、刨加工不难，刨面光洁，油漆、胶合性能良。

用途：红酸枝家具、装饰性单板、雕刻、乐器、拐杖、刀把、算盘珠和框、工艺制品等。

6. 榄色黄檀 *Dalbergia oliveri* **蝶形花科** Papilionaceae

商品名：红酸枝（Burma tulipwood）。

产地：泰国、缅甸和老挝。

识别特征：心边材区别明显，边材黄白色，窄；心材红褐色或浅红色。生长轮略明显，散孔至半散孔材。管孔中至略大，大小不一，分布不匀，数少，具树胶及沉积物。轴向薄壁组织多为同心层带状及翼状。木射线窄，中至略密，弦面波痕明显。主要显微特征：各类组织均叠生排列；多列射线宽2～3细胞，同形，稀异Ⅲ型射线。链状结晶长而明显。

材性：木材具香气，纹理交错，结构细而匀。木材气干密度1.04g/cm³，材质甚硬重，强度高，很耐腐，能抗白蚁，油性强，耐磨性良好。木材干燥有开裂、翘曲倾向，窑干宜缓慢，需采取适当措施。锯解略困难，加工后表面很光洁，油漆、胶合性能良。

用途：红酸枝家具、精密仪器、装饰单板、室内装修、车辆、运动器材、雕刻及车旋制品。

7. **厚瓣乌木** *Diospyros crassiflora* **柿树科** Ebenaceae

商品名：乌木（Ebene）。

产地：主产中非和西非地区，如尼日利亚、喀麦隆、赤道几内亚等。

识别特征：心边材区别明显，边材红褐色；心材黑褐色或漆黑色。生长轮不明显，散孔材。管孔小，扩大镜下略可见，数少，内含深色树胶。轴向薄壁组织网状。木射线密，甚窄，弦面未见波痕。主要显微特征：轴向薄壁组织断续离管带状，带宽多为1列，具星散聚合状及环管状，链状结晶明显；异形单列射线，非叠生。

材性：纹理直或略交错，结构甚细。木材气干密度1.05g/cm³，材质甚硬重，性脆，强度高。木材极耐腐；抗蚁性好。干燥速度中等，干燥性能良好，几乎无翘曲和开裂。易加工钝刀具，切面光洁。易弯曲、胶合和磨光性佳，钉钉宜先钻孔。

用途：乌木因无大料，主要用作工艺制品、乐器、车工制品、雕刻及刀柄、剑柄等。

8. **苏拉威西乌木** *Diospyros celebica* **柿树科** Ebenaceae

商品名：条纹乌木（Macassar ebony）。

产地：主产印度尼西亚的苏拉威西。

识别特征：心边材区别明显，边材红褐色；心材黑色或巧克力色，具深浅相间条纹。生长轮不明显，散孔材。管孔略小，略少，径列，树胶常见。轴向薄壁组织波浪形网状，扩大镜下可分辨。木射线甚窄、密，弦面未见波痕。主要显微特征：轴向薄壁组织带状宽1～2细胞，具星散聚合状；多为单列，稀2列，偶3列射线，异形单列射线为主，直立细胞内常含菱晶。

材性：纹理直或略交错；结构细而匀。木材气干密度1.09g/cm³，材质硬重，具韧性，强度高，木材耐腐，干燥慢，干缩甚大，易开裂。木材加工不易，车旋、刨切、胶合性能良好。

用途：条纹乌木家具、乐器用材、装饰单板、车旋制品、雕刻、艺术装饰等。

9. **白花崖豆木** *Millettia leucantha* **蝶形花科** Papilionaceae

商品名：鸡翅木（Thinwin）。

产地：缅甸和泰国。

识别特征：心边材区别明显，边材浅黄色；心材紫褐色或深巧克力褐色。生长轮略明显，轮界具深色纤维层。管孔中等大小，数少，分布不匀，散生，有时含浅色或褐色沉积物。轴向薄壁组织为同心带状、环管状及轮界状。木射线窄至略宽，弦面具波痕。主要显微特征：各类组织均叠生排列；带状薄壁组织宽2～8细胞，链状结晶长而明显；同形射线，宽1～6细胞。

材性：纹理直至略交错；结构中，略均匀。木材气干密度1.02g/cm³，甚硬重，强度高，木材很耐腐，心材不受菌、虫危害。干燥性能良好，表面有细裂纹。木材锯解困难，最好生材时就进行加工，刨面光滑；钉钉易劈裂，需预先钻孔。

用途：弦面具深浅相间的羽状条纹，用作鸡翅木家具、地板、墙裙、车旋制品、雕刻、刨切装饰单板、室内装饰。

10. **非洲崖豆木** *Millettia laurentii* **蝶形花科** Papilionaceae

商品名：鸡翅木（Wenge）。

产地：主产扎伊尔，其次喀麦隆、刚果、加蓬等中非地区。

识别特征：心边材区别明显，边材浅黄色；心材黑褐色，具黑色条纹。生长轮不明显，散孔材。管孔略大，数少，散生。轴向薄壁组织多为傍管带状，少数翼状及环管状。木射线密度中等，窄至中，弦面具波痕。主要显微特征：各类组织均叠生排列；带状薄壁组织极宽，具链状结晶；同形射线，宽1～5细胞。

材性：纹理直，结构中，不均匀。木材气干密度0.80g/cm³，材质硬重，强度高，木材耐腐、抗虫。木材锯刨并不困难，但锯齿易钝，刨面光滑，钉钉需先钻孔，油漆、胶合性能良。非洲崖豆木的密度略低于东南亚产崖豆木。

用途：鸡翅木家具、刨切装饰单板、室内装修、地板、车旋制品、雕刻、车辆、运动器材等。

11. **铁刀木** *Cassia siamea* **苏木科** Caesalpiniaceae

商品名：鸡翅木（Cassia siiamese）。

产地：印度、缅甸、斯里兰卡、越南、泰国、马来西亚、印度尼西亚及菲律宾等。我国云南有栽培。

识别特征：心边材明显，边材浅黄白色，易蓝变，生长轮不明显，散孔材。管孔略大，数少，散生，常具沉积物。轴向薄壁组织聚翼状带状，常与机械组织带等宽。木射线密度中，窄，弦面无波痕。主要显微特征：链状结晶长而明显；同形射线，多列射线宽2～3细胞。

材性：纹理斜或交错；结构中，略均匀。木材气干密度0.82～1.02g/cm³，木材硬重，强度高，心材耐腐，能抗白蚁。木材干燥困难，干缩大，易产生翘裂。刨削困难，刨面光滑；油漆及胶合性能良好；握钉力强。

用途：鸡翅木家具、工艺美术、房建及交通用材。

参考文献

[1] 张景良编著. 木材知识. 北京：中国林业出版社，1983
[2] 汪秉全编著. 木材识别. 西安：陕西科学技术出版社，1983
[3] 成俊卿主编. 木材学. 北京：中国林业出版社，1985
[4] 龚耀乾，王婉华编著. 常用木材识别手册. 南京：江苏科学技术出版社，1985
[5] 原田浩. 木材の构造. 文永堂株式会社，1985
[6] (美)潘欣等著. 张景良等译. 木材学. 北京：中国林业出版社，1987
[7] 徐永吉主编. 家具材料. 北京：中国轻工业出版社，2000

Wood Preservation 2 木材保护

木材是一种天然的有机材料，具有吸湿性、尺寸不稳定性，如果保护不善，会产生开裂、变形、腐朽、虫蛀、火灾等危害，导致木材败坏变质，降低以至丧失原有的利用价值。木材从立木伐倒到最终使用的全部过程，都存在着损害的问题。

所谓木材保护是指采取各种措施，使木材不受菌害、虫害、火灾危害、机械损害、气候风蚀等，保持其原有质量或提高其抵御灾害的能力。

尽管木材具有天然耐久性，对不同的侵蚀因子有一定程度的抵抗力，但很显然，没有一种木材可在任何情况下能令人满意地使用而最终不会损坏。通过木材保存处理，可延长木材的使用寿命。如经防腐油加压浸注处理的电杆可使用45～60年，而未经处理的只能用6～12年。另外，随着劳动力成本的不断提高，更换变质木材所花的劳动费用常常大于被替换材料本身的价值。所以经处理的木材，在使用期内不但安全，且能减少更换次数和延长使用时间，降低维修费用。

妥善的保管，及时干燥、正确的堆垛存放等，可控制木材的含水率，减少木材的开裂、变形、变色、腐朽、虫蛀等各种损害，防止木材降等，提高木材利用率。

经过防腐处理的次等木材，可提高其使用价值。随着速生材占用材比例的增加，与相同树种的天然林木材相比，边材比例也在增加。而边材含淀粉、糖类较多，易遭受菌害和虫害，因而对其进行保护处理就更显必要。

木材经过适当的保存处理，不但能延长使用寿命，而且可减少如建筑物因虫蛀而发生坍塌等意外损失。经阻燃滞火处理，还可减低木材遭受火灾的危险性。

2.1 木材败坏的原因

木材损害、败坏的原因主要有三个方面：生物败坏、物理破坏和化学降解。其中最主要的是生物败坏，即真菌变色、腐朽和虫害。它们不但侵害立木以及贮存和运输过程中的原木和锯材，还能破坏气干木材的制品。据统计，全世界每年因菌、虫害造成的木材损失相当于木材年采伐量的10%。物理破坏主要是指因水、热和火的作用而引起的开裂、变形和燃烧。化学降解则主要是指受酸、碱、盐的作用而引起的破坏。

木材遭受火灾危害也是木材败坏的重要原因之一，与有害生物以及气候风化对木材造成的相对缓慢的破坏相比，火灾的破坏则是迅速的，每年都有大量的木材在森林、贮木场、木材厂和建筑物中遭受火灾焚毁。有关木材在燃烧及高温作用时引起的变化，以及如何提高木材的阻燃滞火性能见本手册第25章，本章中不再叙述。

2.1.1 木材的菌害

木材的菌害是指由微生物引起的木材降解。通常将木材的微生物降解分为五类，即腐朽、软腐、变色（又称边材变色或蓝变）、霉变和细菌降解。腐朽、变色、霉变和大多数软腐都是由真菌引起的。

2.1.1.1 木材的腐朽

由于木腐菌的侵入，木材逐渐改变其颜色和结构，细胞壁受到了破坏，物理力学性质随之发生变化，最后变得松软易碎，呈筛孔状或粉末状等形态，此种状态即称为腐朽。

根据腐朽引起木材的物理、化学变化和外观上的差异，木材腐朽可分为褐腐、白腐和软腐。不同类别的腐朽由不同种类的真菌引起。木腐菌的酶可分解木质化的组织，不同真菌种类腐蚀细胞壁不同成分，如褐腐菌主要破坏细胞壁的碳水化合物，白腐菌对纤维素和木质素都有危害，以后者为主。

1. 木腐菌的繁殖和传播

危害木材的真菌以孢子进行大量繁殖。孢子犹如高等植物中的种子，但其构造要简单得多，且很微小。每个孢子能变成一个新的真菌个体，孢子发芽长成菌丝，而菌丝分裂也可产生新的真菌个体。

真菌孢子成熟后，通过内在的压力或环境因子的压力被释放出来。释放出来的孢子主要靠风、水分、昆虫及其他动物，以及人类的活动而传播，孢子又轻又小，可以被风吹得很远很远，使得有些真菌分布于全世界。孢子在适宜的温、湿度条件下，能够立即在木材中萌发，长成菌丝，菌丝能分泌多种酶以溶解和破坏木材，从中吸取生长繁殖所需营养。当潮湿的木材与已经感染真菌的木材接触时，真菌就会扩散到潮湿的木材上，通过这种方式，真菌得以蔓延。

2. 木腐菌的生长繁殖条件

木腐菌必须有适宜的生长繁殖条件，即需要营养物质、适当的水分、适宜的温度、氧气和pH值，否则或死亡，或保持休眠状态，直到条件适当而复苏。

(1) 营养：木材是真菌天然的营养物质，木材细胞壁由纤维素、半纤维素和木质素组成，这些物质在自然状态下虽不适于木腐菌的食用，但菌丝分泌的酶能把它们分解成简单的养料。如纤维素经过菌丝分泌的酶作用后，形成葡萄糖，葡萄糖是木腐菌最适宜的养料。但并非所有树种的木材都适合于木腐菌作为养料，有的木材很耐腐，有的木材却很容易被木腐菌所腐蚀。这主要是由于不同树种木材的组织构造、木材特性以及木材内含物的化学成分不同，如有些木材含有树脂、芳香油、生物碱、鞣质、脂肪酸、色素等，这些内含物对有些木腐菌有一定毒性或抑制能力，因而有些木材抗腐力强。

(2) 水分：水是构成木腐菌菌丝体的主要成分，而木腐菌酶分解木材时又必须以水作媒介。所以木腐菌能不能在木材内生活，水分是必要条件之一。一般来说，当木材的含水率为35%～60%或80%时，最适宜木腐菌的生长。含水率小于20%或大于150%时，即不利木腐菌的生长。木材最易腐朽的含水率上限随木材密度而异，因为这影响到木材细胞腔中能否有足够的空气通道供应腐朽菌生长所需的氧气。

有时，干燥的木材也会发生腐朽，这是由一类称干朽菌的木腐菌引起的。这类真菌具特别发达的菌丝束，有主干，又有分枝。水分通过菌丝的干、枝吸收由远处（如土壤）输送至木材上，使木材湿润而造成腐朽。

软腐菌对木材的危害能力随木材含水率的增高而增大。

真菌不仅在它们生长时需要水分，而且也能在气干的木材中生存，大多数腐朽菌能在气干的木材中生存2～3年。一旦木材重新受潮，它们又恢复降解木材的能力。

(3) 温度：各种木腐菌只在一定的温度范围内生长，并各有其最适、最高和最低生长温度。随温度升高，真菌生长速度随之加快，达到最适生长温度时生长速度最快，达到最高生长温度时，生长速度则显著下降。一般真菌生长的最适温度为20～30℃，当温度低于10℃或高于30℃时，降解木材的速度很慢；当温度低于0℃或高于38℃时，降解作用完全被抑制。所以在许多地区，春夏季节最易引起木材腐朽，而从晚秋至初春季节因温度低足以抑制真菌降解木材。

自然寒冷气候不可能致死真菌（表2-1），有的真菌在−175℃还能生存。低温只能抑制其生长，使其处于休眠状态。但是炎热气候下的日晒，或在木材加工过程中直接加热，高温可以杀死真菌。

表2-1 致死生材中腐朽菌的温度和时间关系

保持温度（℃）	持续时间（min）
66	75
77	30
82	20
93	10
100	5

(4) 氧气：木材腐朽菌是好氧菌，它们必须有氧气才能生长繁殖，但所需的氧气量很少，只需空气中存在1%的氧气（比空气中正常含氧量20%低得多）就能维持木腐菌的生长，木材中的孔隙率只要达到5%就能满足其最低氧气需要量。软腐菌生长所需氧的低限比木腐菌低得多。所以想用控制氧气量办法来控制真菌对木材的降解，比较实际的方法是将木材浸泡在水中，或用喷水的方法使木材中所有空隙都充满水，以排除木材中所有的空气，即木材的水存。

(5) pH值：木腐菌喜于在酸性环境中生长发育，其最适宜pH值为4.5～6.0。而大多数木材是呈微酸性的，pH值为4.0～6.5之间，正好适于木腐菌的需要。此外，酶在最适pH条件下才有活性，各种酶有不同的pH要求，大多数酶的最适pH值为4.0～8.0。软腐菌对弱碱有较大的忍受能力，其适宜的pH值为6.0～9.0。

3. 腐朽的类别

(1) 白腐：因受害木材多呈白色或浅黄白色而称之。白腐菌主要破坏木材细胞壁中的木素，同时也能破坏纤维素。腐朽材干燥时，表面保持不开裂，有的材质松软，状如海绵，称海绵状腐朽；有的腐朽部分呈筛孔状，孔中显露出白色纤维，称筛孔状腐朽；有的腐朽部分夹以褐色的条纹，如大理石纹彩或间有褐色斑点，称大理石状腐朽；还有的早材被腐蚀，随年轮呈层状剥落，称层状腐朽。白腐常发生于阔叶树材中。

(2) 褐腐：因受害木材呈褐色、红褐色或棕褐色而称之。褐腐菌破坏木材细胞壁中的碳水化合物（纤维素和半纤维素），腐朽材为残留变性木素和抗性较大的结晶纤维素构成的网络，材质脆，干燥后表面开裂呈特征性的立方块状，中间有纵横交错的细裂隙，并伴随着严重的收缩和崩溃。腐朽后期，腐朽材成褐色粉块，很容易用手捻成粉末，故又称粉末状腐朽，或叫破坏性腐朽。这是最危险的腐朽。褐腐以发生于针叶树材为常见。

(3) 软腐：因受害木材的表面典型特征是柔软，所以这种腐朽类型称软腐。针、阔叶树材都容易感染，但阔叶材遭受软腐后，分解更迅速、更广泛。这是因为针叶材细胞壁中木素含量较高，而木素对软腐菌酶作用的抵抗力大于纤维素、半纤维素。软腐菌属于子囊菌亚门和半知菌亚门的真菌，它们和一般木腐菌（引起白腐和褐腐的担子菌）有很大的区别，软腐菌对环境的适应性强，它对比较高的温度、湿度、pH值，对防腐化学药剂都有较强的耐力。在担子菌所不能忍受的长时间高含水率的木材表面，如水贮原木，都会受到软腐菌的侵蚀。

软腐菌的菌丝在细胞壁中沿着纹理方向开凿孔道，这与担子菌不同，后者是横着纹理通过细胞腔蔓延。软腐的菌丝常局限在木质化程度较低的次生壁 S_2 层，由它分泌的酶在细胞壁中沿平行于微纤丝方向形成空穴。软腐的深度较浅，在受湿时，腐朽材表面变软并脱落，流露出下面相对健全的木材。干时，腐朽材表面呈轻微烧焦状，且有许多细裂纹。含软腐的木材破坏时常脆断。

2.1.1.2 木材的真菌变色

木材真菌变色有三种：木腐菌造成的木材腐朽初期的变色，变色菌引起的变色以及霉菌引起的变色。初期腐朽变色与霉或变色菌引起的变色不同，表2-2所列特征有助于区分它们。

1. 变色菌变色

变色菌贯透木材，渗入木材表面，形成渗入性变色。因它差不多仅局限于边材，故又常称边材变色。变色由具暗色菌丝的真菌引起，少数分泌着色物质，引起胞壁染色。

变色菌对环境条件的适应比腐朽菌范围广。木材含水率在50%～90%，变色菌发育最好，在20%～25%以下，木材不容易被侵害；其最适宜的温度为20～25℃，当温度高于35℃时，就停止生长，但短时间可耐66～71℃温度。

变色菌作用于木材后，仅轻微损害木材，木材胞壁物质不降解。它们从边材贮藏营养物质的薄壁细胞中得到养分。所以，变色菌的菌丝，在针叶材中沿着木射线细胞、树脂道向木材内部和纵向延伸繁殖；在阔叶材中菌丝主要集中在纵向细胞中。典型的变色真菌的菌丝能深入到木材的较深处，所以一旦遭受真菌变色，很难脱色，除进行强漂白外，别无它法，但漂白也会使木材失去它的正常颜色。

变色真菌造成的边材变色有各种颜色，如蓝变、褐变、黄变、绿变或红变，这取决于木材和真菌的种类。从经济损失的观点来看，蓝变色影响最大，它也是最常见和最严重的一种变色。

蓝变色常见于针叶树材的边材，在有利于真菌生长的条件下，全部边材可变色。蓝变色沿顺纹和横纹延伸，其端部向着髓心。其着色自蓝灰至近黑，有时近于暗棕色。阔叶材中也见有蓝变色，如杨木、白蜡木和橡胶木等，且菌丝可穿入木材全部种类的细胞

新采伐的木材锯成板材后，如在非常潮湿条件下贮存或没有及时处理，则可能发生内部变色现象，这种情况下材表几乎无菌丝，即使有，也可能因菌丝无色，使材表看不到变色现象。内部变色是由于感染变色真菌的木材表面很快地干燥，干燥的木材表面没有足够的水分提供给真菌使其菌丝发展成有色菌丝，或使它不能再生长。但干燥的木材表面并不能阻止真菌菌丝向木材内部蔓延，如果木材内部是潮湿的，那么变色菌就能继续繁殖、发展成有色菌丝，造成木材内部变色。

2. 霉菌变色

霉菌变色是边材表面由霉菌的菌丝体和孢子侵染所形成，主要是有色孢子产生的，简称霉变或俗称发霉。变色木材呈绿色、黑色、蓝紫色等。

霉菌比木腐菌对环境条件的忍受力更强，对化学药剂也有较强的抵抗力。有些霉菌可在含水率为20%以下的气干木材上生长繁殖。

霉菌在温和、潮湿和通风不良环境下发展很快，在空气相对湿度约90%或以上时繁殖迅速。所以堆垛不当的气干锯材、运输中的生材以及潮湿气候条件下的室内木制品等均易遭受霉菌侵害。

许多霉菌对高温有特殊适应能力，这对低温窑干的木材不利，因木材长时间处于高湿下，易产生发霉，为防止这种现象的发生，最好在干燥前进行表面防霉处理。

霉菌在木材结构上造成的变化与变色菌相似，它们主要以木材表层细胞内的贮藏物作为养料，一般不浸染木材纤维的胞壁组织，但能侵蚀薄壁组织。霉菌造成的变色范围比变

表2-2 宏观下区分初期腐朽和霉或变色菌变色

	初期腐朽变色	霉或变色菌变色
分　布	边材虽常较严重，但并不总局限于边材，通常呈块状或条纹	通常限于边材，甚至全部在材表，一般呈延散分布，常在木射线中，横切面上常呈楔形
材　色	针叶材常暗或红褐，有时略带紫色；阔叶材呈白色或暗褐斑点或条纹	蓝灰、绿或黑，偶粉红、黄或桔黄
外　形	可呈现为黑色或暗色的条纹	绝不会呈现有明显分界的条纹
破　坏	用螺丝起子可感觉纤维脆弱	用螺丝起子感觉不出纤维变弱

色菌更浅，木材表面的变色常可用刨子刨去或用毛刷刷去霉孢子的方法除去。

2.1.1.3 木材的细菌降解

木材中常存在细菌，并常和真菌在一起，细菌的存在将有利于真菌侵入木材，促进木材的最终生物降解。除了在比较特殊的环境中，或经过很长的时间，否则细菌对木材的破坏作用并不大。

细菌生长所需要的水分要远高于真菌，危害木材的细菌大量存在于水和土壤中，由水传播，细菌的繁殖则由其营养细胞反复分裂进行。

高湿是细菌降解木材的重要条件，所以潮湿的木材，例如水贮原木、喷水保存的木材、在水下使用的木材，都易感染细菌。如果原木贮存在不流动的死水中，细菌生长所需营养物质积累愈多，就愈有利于细菌繁殖，细菌降解木材就愈严重，当原木表面聚集了大量细菌时，常会发出特殊的酸味。土壤中的细菌会侵害某些活树，如云杉、冷杉、榆木、桦木等，造成立木的湿心材。

细菌破坏木材的薄壁组织，常沿着木射线、树脂道进入木材内，同时它能够降解木材细胞间的纹孔膜，从一个细胞进入另一个细胞。因而受细菌侵害的木材，其渗透性会大大增加，但对木材的细胞壁实质影响甚微。

2.1.1.4 菌害对木材性质的影响

木材遭受菌害后，若干物理力学性质发生改变，如木材的外观、质量、渗透性、强度等都发生改变，其改变程度因菌种、败坏程度而异。

1. 木腐菌对木材性质的影响

木材腐朽是木材材性受影响最严重的一种微生物危害。

腐朽木材的颜色或多或少发生变化，影响程度随腐朽类型和程度而异，如褐腐使木材颜色变暗并失去光泽，白腐变浅，软腐变黑。在腐朽的初期，木材质量、强度、化学成分几乎没有发生变化，而木材自然材色已发生了变化。

腐朽木材的化学成分发生变化是因为木材腐朽是在木腐菌分泌各种酶的作用下形成，它们可降解纤维素、半纤维素和木素。含纤维素酶多的真菌分解破坏大量纤维素，剩下大多是木素，如褐腐；含木素酶多而纤维素酶少的真菌则大量破坏木素而几乎不溶解纤维素，这样的腐朽剩下的大多是纤维素，如白腐。

腐朽木材质量的变化常被看作是木材腐朽程度的表征，腐朽愈严重，木材密度降低愈大，腐朽后期，一般只有正常材的40%～65%。在某些情况下，初期腐朽材的密度还较正常材高，其原因是木材内聚集有菌丝分泌的色素，因此，如用密度来估计初期腐朽材的强度，将会导致错误。软腐菌对木材质量的影响很小，木材的质量损失只有3%～6.8%。

在腐朽初期腐朽材的吸水性与正常材相比，即有一定差异，并随腐朽程度的加重而差异显著，由于腐朽材的吸水性大，所以易于浸注无机盐类防腐剂，其原因是细胞壁由于酶的溶蚀而产生很多孔隙。

褐腐造成木材强度的降低比白腐更明显，即便在褐腐初期，木材的冲击韧性也显著降低，原因是纤维素受分解后材质变脆。冲击韧性是最易受影响的木材力学性质，其次分别是抗弯强度、抗压强度、硬度和弹性模量。在腐朽初期，除了冲击强度外，对其他力学性质影响甚微，因此，测定韧性指标是检查木材是否腐朽的最灵敏的方法。腐朽材力学强度的降低与腐朽时密度的减少有密切关系，但强度的降低比密度的减少要快得多，当密度还在一定数值时，强度已接近于零，这是因为腐朽材质量的损失还不很大时，木材的组织却已遭到严重破坏。

2. 其他菌害对木材性质的影响

变色菌、霉菌和细菌对木材材性的影响范围比木腐菌要小得多。主要改变木材的正常颜色，同时大大增加了木材的渗透性；对木材的力学性质，则主要影响木材冲击韧性，对其他力学强度影响很小。值得注意的是，遭受此类菌害的木材，常常伴随着木腐菌、软腐菌的侵害，所以还应考虑到腐朽对木材的影响。

2.1.2 木材的虫害

危害木材的害虫很多，可分为两大类：陆地生长的木材钻蛀性害虫，即危害木材的昆虫；浸没于海水中木材的害虫，即海生钻孔动物。

2.1.2.1 昆虫对木材的危害

危害木材的昆虫种类很多，对木材危害最普遍的有二类，即鞘翅目（Coleoptera）蛀虫类如天牛、蠹虫、吉丁虫等；等翅目（Isoptera）的如白蚁等。它们多以木材为生长场所进行繁殖，且繁殖力极强。木材害虫的传播除了靠其本身的爬行或飞翔外，还会随着木材或木制品的运输传播到世界各地。

依害虫对木材危害情况和危害习性，大致分为两类：第一类害虫危害使用前的木材，如未剥皮的贮存原木、矿柱、新伐倒木等，有的把它归属为湿原木害虫，这种害虫通常侵害高含水率（纤维饱和点以上）的原木，并在其中产卵，如小蠹科蛀木虫等；第二类害虫主要侵害锯材、堆放的气干原木、建筑构件或家具等，有的把它归属为干材害虫。这两类害虫的活动有重叠现象。

昆虫在整个生长发育过程中，形态会发生显著变化，称变态。昆虫变态可分为完全变态和不完全变态。完全变态的昆虫经由卵、幼虫、蛹最后变为成虫；不完全变态则缺少蛹期。绝大部分木材害虫是完全变态的，但白蚁则属于不完全变态，且其幼虫和成虫的体形没有显著变化，为渐变态昆虫。

昆虫对木材危害最严重的主要是幼虫造成的（有时成虫

也可危害木材），幼虫在木材中钻孔，常形成各种穴道或穿孔，称虫眼或虫孔。它不但破坏木材的完整性，降低力学强度，影响使用价值，而且为腐朽菌的传播、蔓延创造了条件。在虫害严重时，木材布满虫眼，或伴随着严重腐朽，使木材丧失其使用价值。房屋或其他工程由于受虫害还会危及到财产和生命的安全。

对木材或木制品危害最严重的昆虫主要有以下一些：

1. 鞘翅目昆虫及其对木材的危害

鞘翅目是动物界中最大的一目，占昆虫纲昆虫的40%，在已知的该目147科35万种中，有9科是主要危害木材的昆虫。鞘翅目昆虫体壁坚硬，故通称甲虫，具有两对翅膀，前翅较厚，呈角质，称为鞘翅，左右鞘翅在背侧中央相遇成直线形，后翅膜质，藏于鞘翅下，有时消失；头部发达，复眼显著。该目的昆虫变态完全，并且其口器发育良好，咀嚼式。

(1) 天牛科（Cerambycidea）：是鞘翅目中最大的一科，世界上已知该科有1000属约7500种，在我国已知约120属近600种，全世界危害木材的天牛有2000多种。

初孵化的幼虫一般先在树皮下蛀蚀，经过一定时期才深入到木质部，少数种类仅在皮下蛀蚀，也有的穿凿不深，仅在边材危害。幼虫蛀成的虫孔呈椭圆形，虫道大小变化很大，主要取决于虫体大小，大者可达3～6cm。幼虫蛀蚀时，有的在坑道内充满虫粪和纤维质木屑，有的从虫道中排出。天牛科中一些对木材危害较大的种类及其分布和危害树种列于表2-3中。

(2) 粉蠹科（Lyctidae）：成虫体微小，细长而扁，体长2～7mm，暗褐色至红褐色或黄褐色。体表平滑或微毛，头倾斜突出前方，触角短，足细。

粉蠹是对干材危害特别严重的害虫，幼虫主要蛀食阔叶树材的边材部分和新砍伐的竹材，针叶树材显然不易受其损害。因为这类害虫需要糖和淀粉作为其食料。栎木、杨木、山核桃和白蜡树等最易受其所害。幼虫在木材、竹材下面钻蛀纵向不规则的坑道，表面有许多圆形虫孔，直径1～2mm。危害严重时，因所蛀坑道相互紧密，边材部分化为细粉状，只剩下表面一薄层外壳，受害木材内部和周围堆积着粉状物。

我国粉蠹科害虫主要有褐粉蠹（*Lyctus brunneus*）、栎粉蠹（*Lyctus linearis*）、鳞毛粉蠹（*Minthea rugicollis*）和中华粉蠹（*Lyctus sinensis*），其中前两种分布于全世界，危害最为严重。

(3) 长蠹科（Bostrichidae）：成虫形体略小，种间大小差异略大，长3～15mm，呈长圆筒状，污暗而带赤褐或带黑色。头部下口式，背面不可见，触角短。

该科与粉蠹科生态上有近缘关系，对木材的破坏类型也相似。幼虫孵化后在木材内部形成纵向坑道，在竹材内部则横向蛀食。在受害材表面留下许多圆形小孔。长蠹害虫主要危害新砍伐的阔叶树材和竹材，同时也危害家具和木建筑构件。

我国长蠹科危害最严重的是竹长蠹(*Dinoderus minutus*)，主要分布于华南、西南、江浙等省区。此外还有双齿长蠹（*Sinoxylon* spp.）、日本长蠹（*Dinoderus japonicas*）、斑翅长蠹（*Lichenophanes carinipenni*）等。

(4) 小蠹科（Scolytidae）：昆虫体小，成虫长1～8mm，大多数为3～5mm。小卵形或圆筒形，黄褐色黑色。该科昆虫口吻很短而阔，触角短而有头状部。

小蠹虫分布于世界上所有有森林的地方。根据其侵害木材的部位不同，分树皮穿孔虫和养菌穿孔虫，前者仅危害韧皮部，后者的虫道可深入到边材甚至心材内部。小蠹虫主要危害贮木场带皮针叶材原木，也危害阔叶树材边材，建筑木构件和家具等。在虫道中培育的真菌常引起木材变色，促进木腐菌的感染，造成木材腐朽。

我国危害木材的小蠹科害虫主要种类及其分布和危害情况见表2-4。

(5) 窃蠹科（Anobiidae）：成虫体小，长约4mm，呈土黑褐色，密生灰色微毛。成虫的生活大部分在受害材的虫道中，但可以爬出转移到其他木材上，然后在木材缝中产卵，孵化后蛀入木材中继续生活。这类蛀虫喜欢蛀食干燥的陈旧木材，如家具、地板、木结构建筑等。其损害与粉蠹虫相似，幼虫在木材内部纵横穿孔，严重时，受害材仅残存一薄层表面，虫道里积满虫粉和蛀屑。

表2-3 常见天牛种类及其分布和危害情况

天牛种类	寄蛀情况	破坏情况	主要分布地区
家天牛 *Stromatium longicorne*	干燥针叶材和部分阔叶材的木构件	虫道深达3cm	广东湛江、海南等
云杉大黑天牛 *Monochamus urussovi*	干燥或新伐倒的针叶材	内皮或木材	东北、华北
刺槐天牛 *Megacyllen robiniae*	刺槐活树	大虫孔、蜂窝状	南、北各省
杨天牛 *Saperda calcarata*	杨树活树	树干	南方各省
黑杨天牛 *Plectrodera scalator*	黑杨活树	树干	南方各省
松皮天牛 *Stenocorus inguisitor*	红松、鱼鳞松的活树和死树	树皮下	东北各省
樱桃虎天牛 *Chlorophorus diadema*	刺槐、樱桃、桦木		长江流域及以北地区
松褐天牛 *Monochamus alternatus*	马尾松活树	韧皮及木质部	南方各省

表2-4 常见小蠹虫种类及其分布和危害情况

小蠹种类	危害情况	主要分布地区
松横坑切梢小蠹 *Blastophagus minor*	马尾松、油松的树干、树枝	浙江、湖南、陕西等省
松纵坑切梢小蠹 *Blastophagus piniperda*	松类树干及枝梢	全国各地
松六齿小蠹 *Ips acuminatus*	松、云杉、落叶松等针叶材	全国各地
落叶松八齿小蠹 *Ips supelongatus*	落叶松、红松、云杉等	东北、陕西、新疆等
黑条木小蠹 *Xyloterus lineatus*	松、杉均可危害	全国，以东北最为严重
材小蠹 *Xyleborus* spp.	阔叶材、家具和胶合板	以南方各省区为严重

表2-5 常见窃蠹虫种类及其分布和危害情况

窃蠹种类	危害情况	主要分布地区
浓毛窃蠹 *Nicobium castaenum*	松木、扁柏、樟木及其他旧的木制品和木建筑构件	世界各地
松窃蠹 *Ernobius mollis*	红松、黑松、落叶松、冷杉、云杉等针叶树的干材和枯木	东北地区
窃蠹 *Ptilinus pectinicornis*	水青冈、冷杉、云杉、柳杉、厚朴等树种及家具与建筑物	江西等省

表2-6 常见象虫种类及其分布和危害情况

象虫种类	危害树种	主要分布地区
松瘤象虫 *Sipatus hypocrta*	松类	淮河、秦岭以南
松大象虫 *Hylobius abietis*	松类	南方地区
松黑象虫 *Hyposipalis gigaus*	松类	南方地区
松白象虫 *Shirahoshizo patruelis*	松类	南方地区
绿鳞象虫 *Hypomeces squamosas*	乌桕、楠木、柏木、油桐、壳斗科树种	南方地区
栎象虫 *Curculio arakawai*	栎木类	南方地区

我国危害木材严重的窃蠹科害虫主要有三种，见表2-5。

(6) 吉丁虫科（Buprestidae）：成虫体小至大，差异大，常具鲜艳的金属光泽。触角短，生于额上，锯齿状。成虫生活于木本植物上，产卵于树皮缝内，幼虫先在树皮下形成层部分蛀木生长，然后蛀入木质部化蛹，虫孔一般呈扁圆形。吉丁虫种类分布广，危害木材的有200多种，一般危害干材或伐倒木，有些也侵害活树。我国常见的危害木材的有：金吉丁虫（*Chrysochroa fulgidissima*），能危害活树、新伐材及干燥木材；柳潜叶吉丁虫（*Trachys minuta*），其幼虫潜食柳类树木的叶子中，分布东北地区；杨十斑吉丁虫（*Melanophila decastigma*），严重危害杨树，分布于甘肃、新疆一带。

(7) 象虫科（Curculionidae）：体形小至大，体坚硬，体色变化大，多为暗色，有的具金属光泽，被鳞片或毛等。许多种尖的头部延长或呈管状，状如象鼻（因而又叫象鼻虫），长短不一，口器着生于头端，触角多为棒状，有时成肘状弯曲。

象虫多在伐倒木、枯木的树皮中产卵，幼虫孵化后即蛀入木质部，在边材部位穿凿圆形弯曲的孔道，从入口处排出虫粪、木屑，虫孔直径5～6mm，深可达10cm。我国主要象虫及其危害情况见表2-6。

2.等翅目昆虫（白蚁）及其对木材的危害

等翅目昆虫是群体生活的社会性昆虫，在每个群体里的白蚁具有不同的形态，不同的职能。白蚁有翅成虫的中胸和后胸背面各生翅一对，翅为膜质，狭长，前后翅形状、大小几乎相等，故称为等翅目。该目昆虫变态简单，口器咀嚼式。等翅目通常分为6个科：鼻白蚁科（Rhinotermitidae）、木白蚁科（Kalotermitidae）、白蚁科（Termitidae）、原白蚁科（Termopsidae）、澳白蚁科（Mastotermitidae）和草白蚁科（Hodotermitidae），它们均危害纤维质植物，全世界已知白蚁2000多种，我国约有150种。

白蚁的胃液里不含纤维素酶，但却以纤维质植物为食物，这是由于在其后肠中存在着细菌和原生动物，它们能分解纤维素和半纤维素作为营养物质吸收。所以白蚁几乎能危害所有的木材，但危害程度有别，这与木材的物理、化学因素有关，如白蚁更喜食软材、边材、早材，最喜食松类木材。

我国危害木材严重的白蚁种类及其分布和危害情况见表2-7。

表 2-7 主要白蚁种类、危害情况及分布

白蚁种类	危害情况	主要分布地区
铲头堆砂白蚁 *Cryptotermes declivis*	危害干燥木材（木结构和家具），在木材内部蛀食，外表仅见小型孔洞。虫道上可见砂粒状粪便	福建、广东、广西、海南等
家白蚁 *Coptotermes formosanus*	在建筑木材、墙壁或地下构筑大型巢穴，危害多从接触土壤的木材开始，向上蔓延，严重时，木材外表完整，内部为蜂窝状、隧道状	长江以南省区危害最严重的白蚁
散白蚁 *Reticulitermes* spp.	主要危害接近地面的木材，如枕木、电杆，及室内地板、木柱、门框、墙基楼梯，有时也达屋面	华北以南地区均有分布，长江以北更严重
黑翅土白蚁 *Odontotermes formosanus*	筑巢于地下 1～2m 处，危害与土壤接触的木材或树，常危害河堤或水坝的安全	南方地区
黄翅大白蚁 *Macrotermes barneyi*	筑巢于地下，危害树木、电杆、建筑基部与土壤接触的木材	南方地区

2.1.2.2 海生钻孔动物对木材的危害

浸没在海水中的码头桩木、护木、木船以及沿海木质建筑物等，常受一些海生钻孔动物的蛀蚀。这些动物主要是软体动物的船蛆和海笋，甲壳动物的蛀木海虱和团水虱。

1.软体类海生蛀木虫对木材的危害

(1)船蛆：船蛆是在海水中对木材破坏最严重的一类动物，是船蛆科（Teredinidae）钻木软体动物的总称，尤指船蛆属（*Teredo*）和节铠船蛆属（*Bankia*），它们主要分布于以热带为中心的近海区，我国沿海有节铠船蛆（*Bankia salli*）、长柄船蛆（*Teredo parki*）、列铠船蛆（*Teredo manni*），但分布最广、危害最严重的则是通常所称的船蛆（*Teredo navalia*）。船蛆身体细长、白色，外形如蛆，在其前端有一对贝壳，用以锉割或蛀咬木材，开掘孔洞。

船蛆在幼虫时期就钻入木材，以后随着身体的增长逐渐深入，终生不外出。被船蛆蛀蚀的木材表面只有很小的孔洞，而内部则是孔道纵横交错、千疮百孔。船蛆在木材内钻蛀的孔道随木材的大小和船蛆的数量而不同，若被害木材较大，而钻蛀的船蛆数量又较少，则船蛆能够长得较大（长可达50cm以上），孔道也较大；相反若在一块小的木材上，可能会有很多船蛆孔，但因船蛆的生长受到限制，船蛆长得很小（长近几厘米），蛀成的孔道也很小。

(2) 海笋：又称笋蛤，危害木材的主要是马特海笋属（*Martesia*）的软体蛀木虫。海笋形似蛤蚶，长仅3～4cm，整个身体都包含在两片贝壳内。海笋种类很多，但蛀蚀木材的种类并不多，在我国发现有两种能危害海水中的木材：马特海笋（*Martesia striata*）和江马特海笋属（*Martesia rivicola*），后者也能在江河中生活。

海笋钻入木材后，身体并不延长，所以虽然穿凿木材，深度不如船蛆，但蛀孔直径较大，对木船、桩木的危害也较严重。

2.甲壳类海生蛀木虫对木材的危害

(1) 蛀木海虱（*Limnoria*）：属于等足目（Isopoda）的甲壳动物，又称海虫，其个体很小，最长不过5mm，分布很广。

蛀木海虱开始侵入木材时孔道很小，不太深，孔呈圆形或卵圆形，由于不断穿凿，使洞穴逐渐加深，并在穴壁上又穿凿很多小孔道与木材表面相通，以便交换海水。在各孔道之间也凿孔相通，使整个木材表层呈海绵状，一旦受波浪冲击，木材表面即被冲蚀剥落，此时虫体又再继续深入穿凿，这样木材就被成层地破坏，久而久之，使桩木折断，建筑结构倒塌。蛀木海虱多危害浸于海水中桩木接近水面的部位。

(2) 团水虱（*Sphaeroma*）：也属等足目，与蛀木海虱形态相近，不过形体较大，体长 10mm 左右，因其身体能卷成一团，故称团水虱。该属中的有些种类能在盐度很低的海湾或河口活动，生活力很强，生活习性及危害木材的情况与蛀木海虱相似。在船底或距海湾很远的海中很少见到它们的危害。

2.1.3 木材的风化

木材未经油漆或其他涂层保护而暴露在室外，因日晒、风吹、雨打、冰冻和空气湿度的综合影响，使得表面发生粗糙和降解，这种作用称为风化。木材的风化过程使其表面产生物理、化学变化，观察到的现象是这些变化的累积结果。

木材风化首先是颜色的改变，最初，深色的木材变浅或浅色的木材变深，长期暴露后，材色由各种悦目的色泽变成了灰色并失去原有的光泽，灰色层厚约0.075～0.254mm。这一变色过程主要是由于木材受光氧化，特别是紫外光的作用，木素和抽提物发生降解，接着分解产物在大气水分中慢慢淋溶或沥出，木材细胞间的联结及其本身都会受到破坏，木材表面呈现出疏松、暗淡和粗糙的灰色纤维层，它们主要是抗雨水淋溶的纤维素部分。针、阔叶材相比，一般阔叶材的变化较大一些，因其半纤维素含量稍高，而半纤维素的性质多不稳定。

在潮湿气候条件下，风化木材的外观由于真菌孢子和菌

丝体在表面开始着生而又有变化，形成不明显的污浊色，木材表面常为深灰色。

因为木材具有天然的吸湿性，其未加保护的表面在潮湿和雨水作用下，吸收水分而膨胀；在干燥气候下，散失水分而收缩。这一过程随着气候的变化而频繁变化，在木材中由于水分扩散慢，木材含水率和尺寸的变化多限于表层，使得木材表层遭受压缩和拉伸应力的交替作用，最终在木材的暴露面上形成细微裂纹。

长期暴露于室外的木材，由于早、晚材的收缩差异及其风化速率不同，木材表面常粗糙不平、材面变软。

风化是上述各种因素作用的综合，最终因风、水及其冰冻和融解等的机械磨损，会逐渐消蚀已受降解和破坏的木材表面，木材厚度减少。在排除生物作用的情况下，整个过程是相当缓慢的，没有受防护处理和涂层保护的木材，其厚度风化消失的速率大约每百年 6.4mm。

2.1.4 木材的开裂与变形

木材的开裂与变形是木材固有的缺点，它是木材本身所具有的各向异性、吸湿和解吸性，以及生长特性决定的。它对木材的利用影响极大，但可通过人为控制来减少开裂和变形的产生或程度。

木材吸湿和解吸会引起木材干缩和湿胀。当木材含水率在纤维饱和点以下时，水分的变化，是细胞壁中吸着水的变化，木材含水量的增减，会引起木材细胞壁纤丝、微纤丝晶区间的靠拢和润胀，从而导致细胞壁乃至整个木材尺寸的收缩和膨胀。产生木材开裂与变形的原因是，木材在干燥过程中，由于表层水分失去过快，木材内外含水率差异很大，造成木材内外尺寸干缩不均匀，伴随着应力（外部受拉伸，内部受压缩）的产生和发展，当表层拉伸应力超过木材横纹抗拉强度时，引起木材开裂；各部位收缩不均匀引起变形。

当木材含水率在纤维饱和点以上时，水分量的变化只是细胞腔中水分的增减，对木材的形体不造成影响。但值得注意的是，虽然原木或锯材的整体平均含水率在纤维饱和点以上，但表层局部的含水率仍可能在纤维饱和点以下。

木材的各向异性，主要是木材径向和弦向的干缩不均匀，使得锯材中的弦切板和带髓心的大方材，因板厚的两侧或方材的内外收缩不一致，不可避免地将产生应力，从而导致开裂和变形。

树木生长过程中积蓄着生长应力，在伐倒后的锯解和干燥过程中，因生长应力的释放，也会导致木材的开裂和变形。

2.1.5 木材的化学损害

木材在加工过程中、木制品及木结构的连接等都免不了与金属相接触，此外由于木材具有一定的抗化学药品的腐蚀，常用于制造各种贮液罐、桶、管道和化学设备，金属、酸、碱和盐溶液等都会对木材有所影响，严重的会发生损害。

2.1.5.1 金属与木材的相互影响

木材与铁金属之间的作用，主要与木材含水率、树种和存放条件有关，它们之间的影响往往是相互的。木材含水率小于10%时，一般不会发生相互作用；如木材含水率较高或潮湿，与之接触的金属会遭到锈蚀。这种损害主要是稀酸作用的结果，因为大多数木材呈弱酸性，且大多木材的水溶性抽提物能使金属生锈。

不同树种与金属接触产生的相互作用差异很大，这主要是木材内含物和酸度差异所引起的。如枫香、栗木、橡木等木材极易使金属生锈；相反，杨木和桃花心木对金属损害较小。橡木等含鞣质较多的木材与金属接触使木材颜色变暗，特别是边材，严重时成泥沼状，呈暗绿状。同时，在长时间接触后，会使木材抗拉强度略有降低，但对抗压强度几乎没有影响。抗拉强度的降低是由于金属锈蚀产物使多糖（特别是木聚糖）分解造成的。

在没有空气的情况下，金属对木材的影响甚微，产生的一些变化实际上是细菌的作用。如海水中打捞上来的古旧木材，原铁钉部位很少受到严重损害。

2.1.5.2 酸、碱和盐溶液对木材的损害

1. 酸和碱溶液对木材的影响

酸和碱溶液对木材的影响与树种、酸碱的种类、浓度、pH 值、作用时间和温度有关。

酸溶液作用初期使木材润胀，进一步作用下使木材多糖水解，力学强度降低。在酸的长期作用下，木材的结构被完全破坏。

硫酸浓度为20%时，室温下即可使多糖水解，抗拉强度降低；浓度超过40%时，纤维素开始分解，木材抗弯强度大大降低；浓度为60%时，室温下，木材糖化；浓度达到72%时，温度在10℃以下，木材纤维素全部分解，同时生成硫酸木质素。硫酸浓度大于90%时，木材直接碳化。

盐酸浓度为5%时，室温下木材几乎不受影响；浓度大于15%时，作用20d，木材抗弯强度大大降低；盐酸浓度大于40%时，木材纤维素分解为葡萄糖，发烟盐酸作用下，碳水化合物分解，同时生成盐酸木质素。

高浓度硝酸在高温下使木材多糖和木质素分解，在其他条件下，还会生成蚁酸、醋酸和草酸。硝酸与木质素作用则会生成硝基木质素。

铬酸在低浓度时对木材强度不产生影响，一般作水溶性复合防腐剂的组成成分。

碱溶液首先使木材润胀，然后使木聚糖分解，在长时间（超过60d）作用下，会大大降低木材的机械强度和抵抗生物危害的能力。氢氧化钠在室温下，随浓度升高木材抗拉强度迅速降低。在5%浓度，160～170℃温度的溶液中，多糖和木质素分解。

2. **盐溶液对木材的影响**

许多无机盐在水溶液中水解为强酸或强碱，盐溶液对木材的影响实际上是酸碱的影响。溶液对木材影响的大小与盐溶液的浓度和水解程度有关。因此，盐溶液对木材的化学腐蚀程度可以通过测量溶液的pH值来判定。在高温、高压下，盐溶液使木材部分地出现离析。与碱性盐类作用，使木质素分解，而对多糖影响不大；中性盐在高温时可使多糖水解，对木质素无影响。盐类的氧化作用（如碱金属、次氯酸盐、过氧化物和高锰酸钾等）使木材变色。

在低浓度下，硫酸钠、碳酸钠和硫酸氢钠等在室温下即能浸蚀木材，使之遭受损害。氯化钠、钙盐和铵盐等能在细胞中聚集，会使木材产生膨胀，而对木材组成成分的影响很轻微。铬盐对木材没有损害，而且可以作为无机复合木材防腐剂的组成成分。

2.2 木材物理保护

造成木材败坏的因素多种多样，对于木材保护来说，要同时防止各种损害的发生是十分困难的。因为针对某一种木材损害的最有效防范措施，对其他木材危害的防止往往作用不大，甚至会加速其对木材的损害。所以木材保护是一项十分复杂的工作，需要根据不同的危害类型，采用不同的保护方法和措施。

木材各种危害的产生，都需要一定的条件。木材的物理保护，就是通过一定的措施来控制这些条件，以阻止各种损害的发生和发展。在木材的各种败坏中，变形、开裂、菌害、虫害是木材遭受损害的主要因素，而这些损害的发生与木材含水率有着密切的关系。因此，控制木材含水率是保护木材的主要物理方法。

物理保护方法很多，采用什么方法，决定因素很多，主要从木材的树种、材种、规格、质量、加工特征、用途、地理环境和保存时间等综合考虑。如对于原木，大多采用干存法、湿存法和水存法；对于锯材则采用干燥方法。

2.2.1 干存法

干存法是使木材含水率在短期内尽快降到25%以下，达到抑制菌、虫生长繁殖和侵害的目的。适于干存法的原木含水率一般在80%以下，且尽可能剥去树皮，或树皮损伤已超过三分之一。原木剥皮时尽量保留韧皮部，并在原木两端留存10～15cm的树皮圈，以及在端面涂防裂涂料，如10%石蜡乳剂、石灰水、煤焦油、聚醋酸乙烯乳液与脲醛树脂（30：70）混合液，或钉“S”形钉子等措施，以防止原木开裂。对有损伤和树节的木材，要涂刷防腐剂（如氯化锌、硫酸铜、硫酸锌、氟化钠、五氯酚钠等），以免菌、虫的侵入和蔓延。

干存法保管木材的场地应选地势较高、地位空旷、通风良好的地方；堆垛时要清除场地内的枯枝、树皮、木屑和腐木等杂物，保持清洁；场地以水泥地面为佳，或煤屑碎石铺平压实，防止潮湿或杂草丛生。

干存法堆楞的原则以利于垛内空气流通，使木材迅速干燥为目的，堆楞方法如不合理，将会引起木材的败坏和降等。归干燥楞的楞基高度在30～50cm为宜，在楞基上第一层原木彼此相距30～40cm排列，自第二层开始相互紧靠或距4cm左右空隙，楞中每层原木之间用健全剥皮原木作垫条隔开，垫条小头直径应不小于归楞原木的三分之一，楞堆不宜过高，自楞基以上算起在2m左右；每个楞堆之间的距离不小于2m。为了防止日晒和雨淋，在楞垛顶部应加盖遮棚，棚盖的材料可用树皮、草袋、草帘、芦席等，遮棚应向楞垛两侧各伸出30cm以上，与楞堆顶部间要留有空隙，以利通风。

干存原木归楞后，原则上不必进行消毒，如发现有白色菌丝则应进行适当消毒处理。在连雨、潮湿天气，为避免真菌侵蚀已剥皮原木，应该用防腐剂处理原木后再进行归楞。

2.2.2 湿存法

湿存法是使原木边材保持较高的含水率，以避免菌害、虫害和开裂的发生。此法适于新伐材和水运材，原木边材含水率通常高于80%。已气干和已受菌、虫害的原木以及易开裂、湿霉严重的阔叶树材原木不可采用此法，南方易遭白蚁危害的地区也不宜采用湿存法。

湿存保管的原木应具有完整的树皮，或树皮损伤不超过三分之一。楞堆的结构是要密集堆紧并尽量堆成大楞。新伐或新出河源木应立即归密集大楞，归楞前的原木不应在露天存放5d以上，归楞后的原木立即封楞，施行遮阴覆盖。密集大楞的高度应在5m以上，楞间的距离不超过1.5m，楞基高度20～30cm。楞腿应使用已剥皮且无菌、虫害的原木，楞垛顶端可用草帘、席子或板皮、木板等材料遮盖，每个楞的间隔处也要覆盖，楞垛的四周要遮阴。

为了防止霉变现象发生，针叶树材归楞后，楞垛每隔10～15d消毒一次，消毒时应达到全楞木材浸湿为止；消毒一般在5～8月进行，根据各地气温高低不同，菌、虫活动情况确定消毒时间长短。为了防止阔叶材原木断面失水而发生开裂或菌、虫感染，可用防腐护湿涂料涂刷端面；还可在涂料上面再涂一层石灰水，以避免日光照射使涂料熔化流失。如有水源条件或有喷雾装置的地方，可使用喷水法，施行喷水的木材，可不必覆盖和遮阴。喷水时要均匀地喷射在楞垛内，使每根原木都能浸湿，喷浇时间一般在4～9月。归楞后10d内开始喷水，第一次喷浇时间要长，以使楞垛全部浸湿，以后每次喷浇10～20min，每昼夜3～4次。

2.2.3 水存法

原木水存保管是将原木浸入水中，以保持木材最高含水率，防止菌、虫危害和避免木材开裂。水存法利用流速缓慢的河湾、湖泊、水库以及制材车间旁的贮木池等贮存原木，但海水中因有船蛆等，不适于贮存木材。

水存保管原木作法有水浸楞堆法和多存木排水浸法等，目的是尽可能使原木存入水中，层层堆垛或扎排，并注意捆扎牢固，用木桩、钢索等加固拴牢，以防被流水或风浪冲走。楞堆露出水面的部分，还应定期喷水，以保证原木湿度。

2.2.4 木材干燥

木材干燥是锯材保管的最重要和最有效的措施，这不仅可防止变色菌、腐朽菌和昆虫的危害，还可以减少开裂和变形，减轻木材质量，增强木材的韧性、机械强度、硬度和握钉力，改善木材表面涂饰性能。

2.3 木材化学保护

木材的化学保护是指用化学药剂对木材进行处理，使木材具有毒性，能防止菌、虫及海生钻孔动物对木材的破坏，或使木材具有耐火性，从而达到有效保护木材，延长木材使用寿命和节约木材资源的目的。

2.3.1 木材防腐剂

防腐剂是指那些能保护木材免受微生物危害的化学药剂，一般说来，能有效地防止木材腐朽的药剂，也能有效地防止木材害虫和海生钻孔动物的危害。木材防腐剂的种类繁多，但常用的有效防腐剂却不很多，有些防腐剂具有广谱性，对危害木材的生物都有毒效，但有些有选择性，应根据实际情况选用。

一种优良的防腐剂，一般应符合下列要求：①对危害木材的各种生物（菌类、昆虫和海生钻孔动物等）具有足够的毒性；②在木材中有很好的渗透性；③在木材中的毒性持久稳定，不易流失或挥发；④不影响木材的进一步加工（如胶黏、油漆、着色），对金属无腐蚀性，不降低木材物理力学性能；⑤使用安全，对人畜无毒或低毒，不污染环境；⑥原料来源丰富，价格经济合理。

事实上很难有一种药剂能同时满足上述全部要求，各种药剂都有自己的特点和适用范围，强求每种药剂都符合所有条件也会造成不必要的浪费。选用时要根据具体情况，如木材本身特性、处理材使用环境和年限、处理方法等，从实际出发，选用药剂，既能兼顾经济性，又能取得满意的效果。

常用的木材防腐剂大致可分为三类：油质防腐剂、有机溶剂型防腐剂和水溶性防腐剂。

2.3.1.1 油质防腐剂

指具有足够毒性和防腐性能的油类。木材防腐工业常用的油类防腐剂主要为煤杂酚油（克里苏油）和煤焦油，后者主要用于与前者混合使用以降低成本。

1. 煤杂酚油

习惯叫防腐油，它是一种最古老的木材防腐剂，它的发展历史与木材防腐工业的历史紧密地联系在一起，至今仍是世界上用量最大的木材防腐剂，全世界每年用量大约在150万t左右。广泛地用于枕木、电杆、横担、桥梁结构用材、桩木、海港工程用材、木船壳材等。

煤杂酚油是烟煤经高温（1350℃）或低温（450～650℃）热解得到的焦油，取其200～400℃之间的蒸馏产物（馏分），它是黑色油状液体，密度1.03g/cm^{3}以上。溶于有机溶剂，有特殊的刺鼻气味，会刺激皮肤引起损伤，会污染环境。

煤杂酚油的成分非常复杂，已被鉴定的化合物就达200多种。主要成分有四类：芳香烃化合物（如萘、甲基萘、蒽、甲基蒽等），约占80%～90%；含氧化合物，即焦油酸（如酚、甲酚、联苯酚、萘酚等），约5%～18%；含氮化合物，即焦油碱（吡啶、喹啉、吖啶和咔唑等），约占2%～3%；含硫化合物（如硫茚等），所占比例很小。

煤杂酚油对木腐菌、天牛、蠹虫、白蚁等都有很好的毒杀和防治作用，对海生钻孔动物中的船蛆有很好的预防效果，但对蛀木水虱、团水虱和海笋没有显著的预防效果。这类防腐油具有较好的稳定性和持久性，耐气候，抗雨水和海水冲刷能力强，如处理后的枕木可使用25～30年，为未处理材的3～5倍；对金属腐蚀性小，处理后木材吸湿性小，绝缘性能好；而且来源广，价格便宜。主要不足之处是颜色和气味令人不愉快，使其使用受到一定的限制；高温作用时，会发生溢油现象，处理材胶着和油漆性能不好。

煤杂酚油可用涂刷、喷射、浸泡、热冷槽法和加压法浸注。用涂刷、喷射或浸泡时多将防腐油加温到60～70℃，用量每次为0.2～0.4kg/m^3，若用热冷槽法或加压法浸注，用量80～150kg/m^3，高的达300kg/m^{3}以上。

2. 煤焦油

是高温炼焦时从煤气中冷却得到的黑色粘稠状液体。它的黏度大，杂质多，不易透入木材内部，且毒性亦低。粗煤焦油很少单独用作木材防腐剂，一般都与煤杂酚油混合使用，其混合比例可高达1∶1。混合使用不仅能降低成本，而且还可以增加防水性，减少处理材在使用期间的开裂程度。

2.3.1.2 有机溶剂型防腐剂

指一类具有杀菌、杀虫毒效的有机化合物，又称油溶性防腐剂。药剂以有机溶剂为浸注载体进入木材，然后有机溶剂挥发，药剂保留在木材内。常用的有机防腐剂有五氯苯酚、环烷酸铜、8-羟基喹啉铜、有机锡化合物、苯基苯酚等，有机溶剂则以石油产品为主。

1. 五氯苯酚（PCP）

分子式：C_6Cl_5OH，为无色至白色结晶，或颗粒状固体，工业品为灰褐色颗粒或粉末，熔点191℃，密度1.98g/cm^3。不溶于水，易溶于丙酮、苯、乙醚和醇类等有机溶剂中。

五氯苯酚对担子菌、细菌、子囊菌、藻类等微生物都有毒性，对白蚁和其他害虫也有毒效，是有机防腐剂中最重要、用途最广的一种杀菌防霉剂，其毒性比防腐油毒性大25倍，因此，常在防腐油中加入少量五氯苯酚以强化其防腐防虫效果。又因常温下不易挥发、不溶于水，所以处理木材时，性质稳定，抗流失性好；且木材不着色或着色很浅，无恶臭，可以油漆；处理材尺寸稳定，处理方法简单，可用涂刷、喷雾、浸渍或双真空法；对金属无腐蚀。被广泛用于电杆、枕木、建筑用材、细木工制品等的防腐，因毒性较大，不适于做室内用材的防腐处理。近年来，对五氯苯酚的使用呈下降趋势。

五氯苯酚的石油溶剂分重油和轻油两类，采用何种溶剂视用途而定，对于露天用材的防腐处理，宜采用重油溶解；用于处理需表面涂饰的细木工制品时，可采用轻油溶解，但轻油溶解能力差，需加丙酮、醇类等作辅助溶剂。

五氯苯酚对皮肤和粘膜有强烈刺激，通过皮肤吸入，对肝、肾有损害。操作时应做好劳动保护，避免与皮肤直接接触，操作后用植物油、水、肥皂彻底清洗。

2. 环烷酸铜

分子式：$[C_{10}H_{19}COO]_2Cu$，它是氧化铜或氢氧化铜溶解在热的环烷酸中制得。环烷酸是芳香族石油产品精制时得到的饱和脂肪酸的总称。为深绿色黏稠的蜡状物，具特殊气味。难溶于水，能溶于多数有机溶剂，如苯、甲苯、松节油和松香水等，25℃时能以任何比例与石油产品混溶，但微溶于乙醇。

环烷酸铜是一种重要的溶剂型木材防腐剂，对人畜毒性低，化学性质稳定。还可作电缆、布匹、皮革等的防腐、防霉剂。与煤杂酚油混合使用，对预防海生钻木动物的危害有特效。实验表明，环烷酸铜与防腐油以3∶7的比例混合，将混合物溶于柴油中，至含铜量为5%，用以涂刷木船（2～3遍），药剂透入5～8mm，则木船使用寿命可达2年以上，若采用加压浸注法，则寿命可达10～15年，而未处理的木船仅3个月就遭船蛆危害。

用环烷酸铜处理木材时，一般将含铜量为9%的原液在溶剂中稀释至含铜量1%～3%，一般用量为96～160kg/m³。

环烷酸的其他金属盐，如环烷酸锌、环烷酸钙和环烷酸钡等也可作木材防腐剂。

3. 8-羟基喹啉铜

分子式：$Cu[C_9H_6NO]_2$，为8-羟基喹啉与硫酸铜反应制得。它是近年来使用的一种溶剂型防腐剂，已逐渐替代了环烷酸铜。该药剂为黄棕色固体，无特殊气味，不溶于水和大多数溶剂，可溶于脂肪族和芳香族石油溶剂中，通常是用矿物油作载体配制成一种油溶性处理液。性质一般较稳定，在高温下易分解变色。对人畜毒性很低，可用于粮食仓库、畜棚以及食品包装用材的防腐处理，也可用作织物、皮革和乙烯基塑料的防霉剂。

8-羟基喹啉铜对木腐菌有良好的毒效，且有防蓝变功能，但对防治白蚁效果不佳。使用时载体溶剂可用轻油，也可用重油。使用重油溶剂时，同样的吸药量，则木材使用年限要比使用轻油作溶剂的长。

4. 有机锡化合物

有机锡化合物有数百种，但防腐防虫效果较好的仅有三丁基氧化锡和三丁基醋酸锡，前者在欧、美已用于工业防腐处理。三丁基氧化锡简称TBTO，分子式：$[(C_4H_9)_3Sn]_2O$，为无色或微黄色透明液体，沸点186～190℃，密度1.17g/cm³，溶于苯和溶剂汽油，pH值呈碱性，与酸性物质会起化学反应，故不能和酸性化学药剂混合使用。

三丁基氧化锡对危害木材的生物毒杀能力强，不仅能预防木腐菌和昆虫对木材的损害，而且抵抗海生钻孔动物的效果也很好。据测定，它的毒性比煤杂酚油大几百倍，比五氯苯酚大20倍，且毒效较长。三丁基氧化锡对防治褐腐有特效，试验表明，用0.1%三丁基氧化锡溶液完全浸注松木，木块不会腐朽，用较低浓度（0.1%～0.5%）来处理木材，保持量达到1kg/m³时，即能有效地防治家天牛和木材蠹虫的危害。工业上常用1%的溶液来处理，或当有其他杀菌剂存在时，可采用0.5%的浓度来处理。

三丁基氧化锡主要用作建筑木材的杀虫、防虫、防腐等处理，如用浸渍或涂刷来处理门窗；也可用于野外使用的木材，如可采用双真空法处理室外细木工制品。因它抗软腐效果不佳，不适合于处理与地面接触的木材。常与其他药剂，如五氯苯酚、邻苯基苯酚和硼酸盐等混合，作木构件的维修和木制品修复使用，效果很好。

三丁基氧化锡对人畜有害，2%以上的浓度属剧毒剂。在保管、运输和排放时须采取专门的保护措施。药剂会损伤皮肤，可引起喷嚏和流泪；避免直接接触皮肤和吸入蒸汽，做好劳动保护，注意及时清洗皮肤。

2.3.1.3 水溶性防腐剂

水溶性防腐剂一般由具毒性离子的盐类溶液组成。它是目前世界各国应用广泛、种类最多的一类防腐剂。这类防腐剂以水为溶剂，所以成本较低，处理材干后无特殊气味，表面整洁，不影响油漆、胶合，但处理后的木材会吸水膨胀，对安装尺寸要求较高的处理材，干后需进行再加工。

水溶性防腐剂分两类，即单一防腐剂和复合防腐剂。单一防腐剂是一种盐类作为毒杀菌、虫的有效成分，但其毒性和抗流失性能较差。复合防腐剂是二种或二种以上盐类按一定比例混合，除了有效的毒性成分外，一些非活性成分也起着重要作用，它们能促使盐类的溶解，提高盐类的渗透性和增加药剂在木材中的保持量。

1. 水溶性单一防腐剂

(1) 氟化物：氟在历史上曾经是最重要的木材防腐剂组成元素之一，至今在许多国家仍常用氟化物或与其他药剂混合作为木材防腐剂。主要的氟化物有氟化钠、氟化钾、氟硅酸盐（如氟硅酸钠、氟硅酸锌、氟硅酸镁、氟硅酸铵等）和一些双氟化物（如氟化氢钾、氟化氢铵）。主要氟化物的性质、特点和应用如表2-8所示。氟化物对人畜有毒，能腐蚀胃、肠等软组织，与皮肤长时间接触，会引起皮肤灼伤。

(2) 硼化物主要有以下三种：①硼酸（H_3BO_3），为无色半透明晶体或白色粉末，密度1.43g/cm^3，熔点185℃；稍溶于冷水，随水温升高溶解度迅速提高，易溶于含羟基的有机溶剂（乙醇、乙醚、甘油等）。对人畜无毒。②硼砂（$Na_2B_4O_7 \cdot 10H_2O$），为无色晶体或白色粉末，密度1.72g/cm^3，熔点75℃；稍溶于冷水，水温升高，溶解度迅速增加，溶于甘油，微溶于乙醇。对人畜无毒。③八硼酸二钠（$Na_2B_8O_{13} \cdot 4H_2O$），由硼砂和硼酸按1∶1.54比例混合，经熔融而成。对人畜无毒。

硼化物有很好的杀菌、杀虫（特别是木材蠹虫）效果，还具有阻燃滞火的性能。单独使用也是一种很好的防腐剂。硼酸的防菌效果较硼砂好，而硼砂在防治家天牛、蠹虫方面有很好的效果。硼酸对变色菌的防治也非常有效，特别是在pH值较高的情况下，但对防治表面霉菌（如木霉*Trichoderma* spp.、青霉*Penicillium* spp.）基本无效，此时必须和其他毒性剂（通常是五氯酚钠）混合使用。

硼酸对金属有强烈的腐蚀作用，故一般与硼砂混合使用，这样不但可消除对金属的腐蚀作用，而且对菌、虫的毒性也有提高。

八硼酸二钠是一种良好的扩散型防腐剂，以高浓度浸渍湿木材后密堆，用塑料薄膜覆盖2、3周后，药剂可渗透到木材深处100～250mm。处理时木材的含水率最好在50%～70%，药剂用量一般在1～1.5kg/m^3。

硼化物常用于建筑用材、食品包装材、生活住房和家具等防腐、防虫处理，木材保管也可采用。其主要缺点是易流失、易风化结霜；对白蚁的毒效较差。

(3) 铬化物：主要是重铬酸钠（$Na_2Cr_2O_7 \cdot 2H_2O$）和重铬酸钾（$K_2Cr_2O_7$）。重铬酸钠为红色结晶，密度2.52g/cm^3，熔点357℃；易溶于水和乙醇。重铬酸钾为桔红色结晶，密度2.68g/cm^3，熔点398℃；稍溶于冷水，易溶于热水，难溶于乙醇。铬化物对人畜有毒，灼伤皮肤后会引起溃疡，且难痊愈。操作工在操作时必须做好劳动保护，避免直接接触皮肤和吸入粉尘。

铬化物本身不具备防腐、防虫效果，一般都与其他药剂混合，制成抗流失的固定型防腐药剂。原理是：在酸性环境中，6价铬化物通过木素的作用生成3价铬，铜、氟、砷盐等与3价铬化物生成难溶于水的化合物，从而使防腐剂中的有效成分在木材中固定下来。一般木材用这一类防腐剂处理后，要防止雨淋，放置2～4周，以使药剂得以充分固定。期间药剂从桔红转变为橄榄绿色。重铬酸钠会刺激皮肤引起炎症，但经过药剂固定后，对人畜没有任何毒性。这类药剂最有名的如CCA（铜铬砷合剂）。

(4) 铜化物：主要有硫酸铜（$CuSO_4 \cdot 5H_2O$）、氢氧化铜[$Cu(OH)_2$]、氧化铜（CuO）以及碱式碳酸铜[$CuCO_3 \cdot Cu(OH)_2$]。它们的基本物理性质如表2-9。

铜盐对真菌有一定的毒性，特别是对软腐菌的毒性很

表2-8 氟化物的性质、特点和应用

氟化物	物理性质	溶解性	处理效果
氟化钠 NaF	外观：无色晶体 密度：2.79 熔点：992℃	微溶于水，最大溶解度3.8%，难溶于乙醇	杀菌能力强，但只对天牛等少数昆虫有毒杀作用时；单独使用，不抗水流失，且溶解度低，难于常压处理，一般用于复合防腐剂
氟化钾 KF	外观：无色晶体 密度：2.48 熔点：860℃	易溶于水，溶解度约48%，不溶于乙醇	对菌虫有毒杀作用；不抗水流失；有吸湿性；价格高，较少采用
氟硅酸钠 Na_2SiF_6	外观：白色晶体 密度：2.68	溶解度低，冷水中约0.7%，热水中约2.0%，难溶于乙醇	对菌虫有毒杀作用，但毒性较低；成本低，常与碱混合使用，或制成其他氟硅酸盐（锌、镁、铵盐）使用，以提高溶解度
氟化氢钾 KHF_2	外观：无色晶体 密度：2.37 熔点：225℃	易溶于水，常温下大于25%，不溶于乙醇	对菌虫毒效好，渗透性好，但不抗水流失；常用作防虫、防腐复合药剂的成分

表2-9 铜化物基本物理性质

铜化物	外观	比重	热学性	溶解性
硫酸铜	蓝色晶体	2.28	熔点200℃	溶于水与乙醇
氧化铜	黑色晶体	6.32	熔点1026℃	溶于稀酸、氰化钾和碳酸铵溶液，难溶于水与乙醇
氢氧化铜	天蓝色晶体	3.37	加热分解成氧化铜	溶于酸及氨水，不溶于水
碱式碳酸铜	浅绿色无定形粉末	4.0	在200℃分解成氧化铜	溶于稀酸及氨，不溶于水与乙醇

强，1% 的溶液即可有效地抑制软腐菌的生长，但对其他木腐菌和木材害虫毒性较差。此外，铜盐处理到木材内部后，不能在木材中固定，容易被水流失，对铁金属也有强烈的腐蚀性，会使木材变色，所以，现在已很少作单一防腐剂使用，而常与铬、砷、氟盐和硼酸配制成复合防腐剂，铜离子与复合防腐剂中其他成分能形成多种不溶性铜盐，如铬酸铜、亚砷酸铜、氟化铜和硼酸铜等，具有较高的抗菌杀虫效力和较大的持久性。

(5) 五氯酚钠（PCP-Na）：分子式 C_6Cl_5ONa，为白色针状或鳞片状结晶，工业品为灰色或淡红色鳞片状结晶。其熔点378℃，易溶于水、甲醇、乙醇和丙酮中，不溶于甲苯、二甲苯和石油溶剂。水溶液呈弱碱性，加酸酸化时析出五氯酚（PCP）。

五氯酚钠对木腐菌有较好的毒效，对防治木材、织物和皮革的霉菌有良好的效果，如板材或竹材经 2% 五氯酚钠溶液浸泡处理就可以不生霉。由于木材多呈酸性，所以当用五氯酚钠处理木材时，往往进入木材的浅层后便已生成了五氯酚，从而影响了药剂的透入度，因此，一般五氯酚钠都被用作木材表面处理的防霉、防腐剂。当需要进行深层浸注时，多与氟化钠、硼砂、碳酸钠等混用。五氯酚钠还具有防止变色的功效，若将 1 份五氯酚钠与 3 份硼砂组成防腐剂，在防变色方面有特效。

对室外用材作防腐处理时，可先用五氯酚钠溶液浸泡木材，然后用重金属盐（常用硫酸铜）浸泡，使两者在木材中反应，生成难溶于水的五氯酚铜而固着在木材中，可用作防治船蛆的药剂。

五氯酚钠对人畜毒性较低，对人的最小致死量约 13g，但长期接触也会发生中毒，此外，对粘膜及皮肤有刺激性，常引起皮炎，操作时仍应做好劳动保护。

(6) 烷基铵化物（AAC）：它是长链季铵盐和叔铵盐类化合物的总称，是 20 世纪 80 年代才开始应用的一类高效低毒的新型木材防腐剂。这类药剂可制成水溶性防腐剂，溶液性质稳定，在木材中固着良好，能抗流失；处理后木材保持本色，不影响油漆，对金属无腐蚀。

烷基铵化物是一种广谱木材防腐剂，有的对常见的木腐菌有出色的防治效能，如烷基二甲基苄基氯化铵、二烷基二甲基氯化铵、烷基二甲基乙酸铵，它们对木腐菌的毒性比铜铬砷防腐剂（CCA）高得多。一些烷基铵化物对蠹虫、白蚁也有很好的毒效，如烷基二氯苄基二甲基氯化铵、二烷基二甲基氯化铵、烷基苄基二甲基氯化铵、烷基二甲基乙酸铵等。但目前的应用主要局限于不与土壤接触的木材上。

烷基铵化物对人畜无毒害，它时常作灭菌剂、眼药水、烫发剂和其他化妆品等应用于人们的生活中，另外由于它不易挥发，对环境也无污染。

2. 水溶性复合防腐剂

(1) 氟酚（FP）、氟铬酚（FCP）和氟铬砷酚（FCAP）合剂：初期的氟酚合剂是氟化钠和二硝基酚的混合物，之后为增加抗流失性和减少二硝基酚的腐蚀性，加入了重铬酸盐，主要用于木材的防腐。国内常用五氯酚钠代替价格较贵的二硝基酚，配制成氟酚合剂：氟化钠 35% ＋五氯酚钠 60% ＋碳酸钠 5%。加碳酸钠可以增加溶液碱性，使五氯酚钠在接触木材后不致于产生沉淀。该合剂用于原木保管和建筑材防腐，使用浓度为 5%，用量 5～8kg/m^3，效果良好。

为了增加氟盐的固定作用，在氟酚合剂中加入适量的重铬酸钠，成为氟铬酚合剂：氟化钠 50% ＋五氯酚钠 30% ＋重铬酸钠 20%。一般使用浓度为 4%，用量为 4～8kg/m^3。可作室内建筑用材防腐剂，具有抗白蚁和不腐蚀金属的性能。

为了增加防白蚁功效，在氟铬酚合剂里加入砷的成分，成为氟铬砷酚合剂，国外常用的配方如表 2-10。

表 2-10 国外常用的 FCAP 配方

药剂成分	含量(%)	
	英 国	美 国
氟 化 钠（NaF）	25	22
砷酸氢二钠（Na_2HAsO_4）	25	25
重铬酸钠（Na_2CrO_7）	37.5	37
二硝基酚钠 [$C_6H_3(NO_2)_2$] ONa	12.5	16

FCAP 是常用于扩散法的防腐剂，可对湿材进行处理，防腐、防虫效果良好，由于二硝基酚钠对人畜毒性较大，且价格贵，可用五氯酚钠代替，则此时处理液的 pH 值要求大于 7.0，呈弱碱性。该药剂用于地面以上建筑材的处理量为 5.6 kg/m^3，与土壤接触木材的处理量为 8kg/m^3。

(2) 硼酚合剂（BP）：又叫硼硼酚（BBP）合剂，为硼酸、硼砂和五氯酚钠的复合剂。其中硼盐对木腐菌和变色菌有一定毒效，对木材蠹虫也有良好毒效，但对白蚁和霉菌毒效较差。与五氯酚钠混合使用可以起到增效作用。国外多以 1 份五氯酚钠与 2 或 3 份硼砂混合使用，有时为了增加药剂的透入性，加入少量的硼酸，但要求溶液的 pH 值必须在 8 以上。主要用于成品材的防霉防虫。

国内常用的 BBP 合剂配方为：硼砂 40%+ 硼酸 20%+ 五氯酚钠 40%。该配方既可用于原木保管，也可用于室内建筑材的防腐，国内有用于橡胶木的防霉、防虫处理，效果良好。它的优点是对人畜毒性小，对菌、虫毒效较高，处理材颜色浅，气味小；缺点是野外使用时抗流失性能差，同时，药剂透入不均匀，木材外层五氯酚钠含量高，中层几乎是外层的十分之一，内层则更少。原因是木材本身呈微酸性，药剂注入木材后与酸作用生成不溶于水的五氯酚，沉积于木材外层，从而阻碍了五氯酚钠向内层的渗透。

(3) 酸性铬酸铜（ACC）：是国际上常用的一种水溶性防腐剂，其主要配比是：硫酸铜 45%+ 重铬酸钠 50%+ 醋酸 5%。该药剂的特点是透入木材后醋酸挥发，铜与铬盐生成不溶于水的铬酸铜，沉积于木材细胞中，当真菌分泌微酸性酶液时，药剂又变成溶解状态而起杀菌作用。一般使用浓度为2%～3%，用药量为8～12kg/m³。

除了少数几种抗铜的真菌外，这种药剂对绝大多数真菌都有明显毒效，但对昆虫和海生钻孔动物无效，该药剂另一缺点是处理后木材呈褐色。为了增加杀虫能力而加入适量的砷盐，就成了在各方面都有优良性能、闻名世界的铜铬砷复合剂（CCA）。

(4) 氨溶砷酸铜（ACA）:这是一种不用铬盐固定的防腐剂，主要成分是氧化铜、氧化砷、醋酸和氨水。利用氨来缓冲砷酸铜的沉淀和防止铜对处理设备的腐蚀，药液渗入木材处理，氨液挥发，形成难溶的砷酸铜沉淀在木材细胞中。

按美国1960年标准，ACA中氧化物成分的配比为：氧化铜（CuO）49.8%～47.7%（最小量）+氧化砷（As_2O_5）50.2%～47.6%（最小量）+氨（NH_3，为CuO的1.5～2.0倍）+醋酸（CH_3COOH）1.7%（最大量）。

ACA复合剂对木腐菌、木材害虫（包括白蚁）及海生动物等均有很好的毒效，对金属腐蚀性小，不被水流失，无臭味，处理材呈蓝绿色。可用作室内和露天用材的防腐、防虫处理。药剂透入度好，可用于难浸注木材处理。缺点是药剂固定较慢。用药量通常为4～8kg/m³。

ACA对人畜的毒性比CCA低，处理材对人畜无毒，不过对于含砷防腐废材应掩埋处理而不要焚烧，以防砷的挥发，造成环境污染。

(5) 铜铬砷合剂（CCA）:是目前世界上最著名的水溶性复合防腐剂。已有60多年的应用历史，有30多个国家在使用。该药剂由含砷化合物（三氧化二砷、五氧化二砷、亚砷酸钠、砷酸氢二钠、砷酸）、含铬化合物（铬酸、铬酸钾、铬酸钠、重铬酸钾、重铬酸钠）及铜化合物（硫酸铜、氧化铜、氢氧化铜、碱式碳酸铜）等组成。其中砷是木腐菌和害虫的主要毒性物质；加入硫酸铜不但能增加毒效，而且能显著提高抗流失性；铬化物是氧化剂，能与其他金属盐作用，生成不溶于水的化合物，使药剂固定在木材组织中。

当CCA浸注到木材中后能很快地相互作用，生成如铬酸铜、砷酸铜、砷酸铬、铬酸铬等不溶于水的化合物，固着在木材细胞中，不被雨水或土壤水分所流失，是一种快速固定型药剂，具有较高的杀菌、杀虫（包括白蚁）和船蛆的毒性。处理后的木材为灰绿色，无臭味，能油漆。药剂本身属中等毒性，对人畜有毒，但充分固定后（一般需4周以上时间），因具抗流失强的特点，故处理材不会对人畜造成危害。

目前世界上广泛使用的CCA根据其成分配比不同可分为A、B、C型，如表2-11。

从表2-11中可以看出，A型中铬的含量最高，所以A型固定最好，抗流失能力强；B型砷含量最高，对菌、虫毒效最好；C型兼具A、B型优点,配比较恰当，目前应用较多的是CCA-C型。

CCA配方还有很多，表2-12所列的不同国家采用的配方供参考。

表2-11 各种CCA防腐剂的组成

组分及pH值	CCA－A	CCA－B	CCA－C
氧化铬（CrO_3）	65.5	35.3	47.5
氧化铜（CuO）	18.1	19.6	18.5
五氧化二砷（As_2O_5）	16.4	45.1	34.0
pH值	1.6～3.2	1.6～3.2	1.6～3.2

表2-12 CCA防腐剂的配比

国别	硫酸铜 $CuSO_4 \cdot 5H_2O$	重铬酸钠 $Na_2Cr_2O_7 \cdot 2H_2O$	五氧化二砷 $As_2O_5 \cdot 2H_2O$
中国	22	33	45
中国	33	56	11
中国	35	40	25
美国	23.4	34.5	42.1
英国	35	45	20
印度	37.5	50.0	12.5

CCA可广泛用于电杆、枕木、坑木、桥梁木结构、室内外建筑用材及冷却塔用材等防腐、防虫处理。一般用量为4.0kg/m³，当处理材用于地面以下时应达到6.4kg/m³，用于海水中时应达到40.0kg/m³。

(6) 铜铬硼合剂（CCB）：CCA防腐剂含砷，对人畜有毒，且固定速度太快,使得其在处理难渗透木材时透入性较差铜铬硼合剂是CCA的替代品。该防腐剂中有毒成分的浓度为：氧化铜（CuO）10.8%，氧化铬（CrO）26.4%，硼酸（H_3BO_3）25.5%。

CCB防腐剂也是当前各国通用的优良防腐剂之一，它的杀菌效果与CCA相同，对害虫，特别是白蚁的效果略低于CCA。CCB中的硼有很强的渗透性，而且在木材中的固定速度较慢，因此适于如云杉一类难浸注材的防腐处理。在国外，特别是北欧国家，普遍用于木结构的防腐处理，处理后的木材干净，无嗅，不影响油漆。

2.3.2 木材的防虫剂

木材防虫剂或称杀虫剂是指那些能毒杀或预防木材害虫的药剂。一般说来,常用的木材防腐剂多少都有一些防虫作用，有时为了增加防腐剂对某种害虫的毒杀能力，可在防腐剂中加入一些防虫剂。

防虫剂种类很多，按虫体对药剂的吸收部位不同，可分为以下三类：

触杀剂：药剂粘附在虫体表面，溶解于表皮脂肪中，从而进入体内组织使昆虫死亡。如氯丹、有机磷药剂。

胃毒剂：害虫蛀食用药剂处理过的木材后，通过害虫的消化系统中毒致死的药剂。如硼化物、氟化物等药剂。

熏蒸剂：药剂以气态通过害虫的呼吸系统进入虫体，使其中毒死亡，如溴甲烷等。

木材杀虫剂很多，有些已在防腐剂中涉及，下面主要介绍几种经试验和使用表明防虫效果较好的药剂。

2.3.2.1 氯丹

为黄色或褐色粘稠状液体，沸点175℃，密度1.56g/cm³（60℃）。不溶于水，溶于酯、酮、醚等有机溶剂，遇碱分解成无毒产物，高温下易分解，失去毒效。

氯丹可用浸渍、涂刷、喷涂法对木材进行表面处理，通常使用的方法是用2%浓度的氯丹油剂，将木材浸泡其中10～20min，或用该药剂涂刷、喷雾在木材表面，用量约200～300g/m²。

氯丹是目前使用的木材杀虫剂中比较经济有效的一种。它属于有机氯防虫剂，类似的还有六六六、滴滴涕（DDT）、艾氏剂、狄氏剂、毒杀芬等，这类杀虫剂虽具杀虫作用强、性质稳定残效期长、合成简单成本低等优点，但它们对人畜可积蓄中毒，对环境污染严重，有的已被淘汰，禁止生产使用，总的应用情况呈下降趋势。

2.3.2.2 辛硫磷

浅黄色，常温呈油状。熔点5～6℃，沸点102℃，密度1.18g/cm³（20℃）。难溶于水，易溶于醇、酮、芳香烃，较难溶于脂肪烃，对酸稳定，遇碱分解。

辛硫磷是一种新型、高效、低毒的广谱性有机磷杀虫剂，具有胃毒和强烈的触杀作用。在无阳光直射时降解速度缓慢，残效期长。辛硫磷对白蚁、蠹虫和天牛有很好的毒杀效果。实验表明，防治白蚁的最低剂量为500～700g/m³,囊虫为14g/m³，天牛为12g/m³。在日本，将辛硫磷加入胶合剂中制造防虫胶合板，用量为800g/m³,胶合板表面残效性极佳。

属于有机磷杀虫剂的还有氯化辛硫磷、倍硫磷、乙酰甲胺磷、溴硫磷、杀螟腈等，它们的药效高，对人畜无积累中毒，木材处理后，对热、光、水等降解因素的稳定性好，也具有较好的残效性。

2.3.2.3 硫酰氟（SO_2F_2）

无色、无嗅、无味、不燃、不爆的气体。熔点－122℃，沸点－55℃，液体密度1.34g/cm³，气体3.52g/cm³。微溶于水，在碱性溶液中水解快。

硫酰氟是一种优良的熏蒸剂，具有渗透力强、毒性低、不腐蚀、不变色、电绝缘性能好、使用温度范围广、用量小、吸附量少、解吸快等特点。－5℃时的蒸气压相当于40℃时溴甲烷的3倍。因此较溴甲烷更易扩散和渗透。对人畜毒性低，人长期接触的安全浓度应低于5mg/L，当浓度为5mg/L时，每天接触8h，或浓度为200mg/L时，每星期接触8h都是安全的。

硫酰氟广泛地用于仓库、港口船舶、木材、农产品、日用商品及文书档案等的熏蒸。对消灭白蚁也有效。使用浓度为300g/m³，熏蒸时间为48h。

2.3.2.4 合成除虫菊脂类

除虫菊脂类药物是一种植物性制剂，它是从除虫菊中提取出的有效杀虫成分的制剂。根据化合物的结构，人工合成的一系列杀虫剂，统称合成菊酯。自20世纪70年代以来，由于它的高效低毒，已成为发展迅速的一类杀虫剂。目前已有二氯苯醚菊酯、三氯杀虫菊酯、灭杀菊酯、氯菊酯、氟氢菊酯等合成药剂，它们具有杀虫能力强、击倒快、残效期长、对人畜毒性低的特点，对防治白蚁也有一定效果。

如二氯苯醚菊酯，常温下为油状液体，熔点35℃，沸点200～203℃，密度1.2g/cm³，不易挥发，难溶于水，能溶于丙酮、甲醇、乙醇、乙醚、氯代乙烷、二甲苯等有机溶剂中，对空气和日光较为稳定，遇碱会分解。对防治木材中囊虫很有效，据报道，它对昆虫的活性比狄氏剂高30倍，比DDT高100倍。

合成菊酯是一类高效、广谱的仿生杀虫剂，目前虽价格仍较高，生产工艺较复杂，但由于有机氯、有机磷杀虫剂的大量使用而引起环境污染日益严重，所以这类杀虫剂的应用会有广阔的前景。

2.3.3 木材的耐风化药剂

为了提高木材的耐候性能，改善木制品的涂饰效果，近年来，一些研究者采用无机化合物水溶液处理木材表面，它具有以下优点：①可以阻止由于紫外线辐射引起的木材表面先降解；②改善了透明有机涂料对紫外线的耐久性；③改善了油漆和染色剂的耐久性；④提高了木材表面的尺寸稳定性；⑤提高了木材表面和表面涂料的耐腐性；⑥固定木材中的水溶性抽提物，这样可以减少乳胶漆的变色；⑦兼作木材的表面涂料，勿需再行处理；⑧与某些有机处理剂相比，价格低廉，来源方便。

常用的无机处理剂有：三氧化铬、铬酸铜、氨溶铬酸铜和氨溶氧化锌等。其中以三氧化铬和氨溶铬酸铜效果最好。据研究资料报告，采用八种无机处理剂处理了美国侧柏木材的早材，并将处理后的木材置于耐候性试验机中进行人工模拟加速风化试验，得到如表2-13所示结果。

表2-13 木材处理后的耐候性试验结果

处理剂	不同风化时间（h）后的木材表面磨蚀尺寸（μm）			
	440（h）	840（h）	1240（h）	1700（h）
未处理材	20	80	155	310
铬酸铜	10	15	25	115
氨溶铬酸铜	5	10	15	90
铬酸氨	5	10	40	120
重铬酸钠	5	10	35	130
三氧化铬	0	0	5	20
二氧化锡	25	80	145	250
氨溶氧化锌	20	40	130	260

2.3.4 木材化学保护处理方法

木材化学保护的成功与否，有效的药剂和适当的处理方法是两个缺一不可的关键因素。处理方法的选择既要使药剂进入木材，并尽可能地使之分布均匀。因此处理效果的质量标准是木材的吸药量、药剂的透入深度与分布程度。

木材的吸药量是指木材经处理后，单位体积的木材中所保留的药剂数量，一般用kg/m³（木材）来表示。水溶性和有机溶剂型药剂由溶液换算成干药质量。采用涂刷、喷淋法作表面处理时，吸药量用单位面积木材吸收药剂的数量表示，记作kg/m²（木材）。

透入度和分布度是指药剂进入木材的深度及其分布状况。透入度可以用化学方法检测，也可在处理材的横切面上用染色的方法测定。分布程度要根据不同需要来确定，有些处理材要求药剂均匀地分布在整块木材中，有些则仅要求在木材浅层分布，还有的要求在边材全部浸透。

2.3.4.1 木材化学处理前的预处理

所要处理的木材不经过适当的预处理就不能获得满意的渗透效果。对大多数保存处理方法来说，都要求清理木材表面，圆木去树皮，木材要干燥，并进行适当的机械加工。对表面光滑程度要求不高的产品，如枕木、电杆、桩木等，用刻痕的方法也是比较普遍的。

1. 选材与剥皮

由于各种木材有不同的防腐要求，所以首先应作的预备工作就是根据不同树种、干燥程度等选材；然后必须将原木的树皮和板方材钝棱外残留的树皮全部剥净，以免影响药剂的透入，剥皮最好在干燥前进行，这样有利于加速木材干燥。

2. 木材干燥

木材的含水率与吸药量有密切关系。如木材含水率很高，木材细胞腔充满水分，即使在较高压力下浸注，木材对药剂的吸收量也受到很大的限制，影响了药剂的透入深度，因此木材处理前必须进行干燥。

处理前木材含水率一般要求在22%左右，采用压力浸注法，含水率可稍高于22%；但用扩散法处理木材，含水率可比较高，即40%～150%。

3. 刻痕

对于难浸注的木材（如心材及落叶松等树种），在室外使用而防腐质量要求较高时，可采用木材表面刻痕法，以提高防腐剂的吸收量和注入深度，同时也可减少素材、防腐材的开裂，并能增加气干速度，特别是采用减压干燥时，其效果更好，可使干燥速度大大提高。

刻痕是在木材表面用类似凿子形状的刃具，按适当的间距刻成一定大小的裂缝状凹穴，它是在刻痕机上完成的。有的木材只在一个表面刻痕，对于难浸注的枕木则要四面刻痕；电杆则在其接触地面部位附近刻痕。

2.3.4.2 常压处理法

常压处理方法就是对处理材不施加人为的压力。药剂浸注木材的理论基础是充分发挥木材的毛细管作用，在常压下通过木材本身的毛细管吸收透入木材内。常压处理法的效果要比加压法差，但这类方法比较简单，不需要复杂的、成套的工业设备，便于现场操作。若严格按规程操作，也能达到满意的效果。

1. 涂刷法

这是一种最简单的表面处理方法。其特点是简便，所需工具仅刷子和容器，但劳动强度大。该方法适用于手工处理少量木材、建筑上已被危害木材的现场处理，以及无法采用其他方法时的处理。为了使药液尽量从木材表面渗透到内部，木材必须充分干燥，表面要干净，涂刷的药量尽可能多，最好涂刷两次以上，而且第二遍涂刷要待上一遍涂刷的药液干燥后进行。粗糙表面的木材比光滑面可多吸收药剂，浸透深度也略可增加。用此法处理的木材，药剂透入的深度约2mm，因此在木材完成最后加工后再进行处理比较经济。

涂刷法常用于油溶性防腐、防虫剂，高浓度（8%～10%）水质防腐、防虫剂或低黏度油类防腐剂。对于注入深度要求较深的室外用材，以及与地面接触的用材，不适合采用此法。

2. 喷淋法

该方法是用喷淋设备将配制成一定浓度的药液直接喷洒（射）到处理材的表面，所以也是一种表面处理方法。与涂刷法相比，工效有较大提高，但因操作时药液飞散，在操作安全性、环境污染和药液损失方面带来一些问题。适用于新锯板方材、新伐原木的防腐、防虫、防霉等短期保管以及建筑工地、正在使用着的木材等现场处理。

为了提高效率和减少药液损失，可采用一种称为隧道喷淋法的机械化处理方法。处理过程是板材在运输机械上缓慢地（15～60m/min）通过一条短的隧道（1～1.5m）时，药液从木材周边喷淋出来。多余药剂从隧道底部排出，由泵送回贮槽，可重复利用。这种方法的优点是方便、快速、药液利用率高、无污染。

3. 浸渍法

该方法是将木材放在盛有药剂的敞口处理槽中浸泡，浸泡时间根据用材要求、树种、断面尺寸、药剂类型等决定，从几秒钟到几天不等。短时浸渍一般由数秒到数分钟，主要用于新锯板方材及木结构成品或部件的防霉、防腐和防虫；长期浸泡时间可为数小时到数天，主要适用于桩木、柱材、坑木等圆材的防腐、防虫处理。

在浸渍过程中，对升高温度能降低黏度或易于溶解的药剂（如防腐油、硼酸等），则在浸渍槽中配置加热装置，以提高浸泡效果。为防止木材浮起，可制铁框，将浸泡木材放入框中，加重物压住或用螺杆固定在药液中。

4. 热冷槽法

这是一种常压处理中十分有效的方法。其工艺原理是将木材置于药液中加热，随着木材内温度的上升，木材中的空气膨胀，内部水分蒸发，此时木材内部的压力高于大气压，空气和水蒸气从木材中排出，随后使之快速冷却，木材内的空气因冷却而收缩，未排出的水蒸汽也冷凝，这样木材内部就产生部分真空。由于在木材内和冷液之间存在着压力差，使得药剂被吸入木材。

热冷槽处理因设备不同有三种操作方式：一是单槽定置式，即木材在同一个处理槽内加热蒸煮，然后冷却至常温；一是单槽交流式，即木材在一个槽内蒸煮加热到一定程度后，很快地将热药液排至热液贮槽中，然后立即向热的木材注入冷的药剂；另一种是双槽交替式，即盛热药液的热槽和冷药液的冷槽各一个，木材先在热槽中加热到一定程度后，很快地转移至冷槽中冷却。这三种操作方式中，第一种设备简单，但作业时间长，后两种处理时间短，生产效率高，以第三种方式较为实用，处理质量也较好。

热冷槽法适用于各种用材，既可就地处理，也可设置车间处理，可用于建筑木构件、桩柱、坑木的防腐、防虫处理。热冷槽蒸煮浸渍的时间因树种、尺寸、药剂以及热冷系统的效能而定。一般热槽的时间6h以上，对于小尺寸、干而易注入的木材2～3h即可；冷槽的时间2～5h，而对于单槽定置式，冷浸时间可达15～20h。处理温度主要因药剂种类而定，采用防腐油，热槽温度90～110℃（干材取下限，湿材取上限），冷槽温度30～35℃；采用水溶性药液时，热槽温度80～90℃，冷槽温度以大气温度为准（但在冬季时不能低于4℃）；若用含铬盐防腐剂，热槽温度不超过78℃；含铵或醋酸成分的药剂，不超过45℃；有些水溶性药剂不适合采用热冷槽法。

5. **扩散法**

该方法利用水溶性药剂的分子从高浓度向低浓度扩散的作用达到药剂透入木材的目的。因此，它要求木材有相当高的含水率，一般要求在45%以上，有的木材可达60%～80%。处理溶液浓度一般在5%以上，有时可高达10%～20%。扩散法多用来处理云杉、冷杉等难浸注木材，它可以达到边材的全浸透，但需要较长的时间。处理圆材要先剥皮，对新锯解的板材，最好在锯解后立即处理，以保持板材的高含水率。处理药剂为水溶性盐类防腐剂，如八硼酸钠、氟铬砷酚、铜铬砷、硫酸铜、氯化锌、氟化物等。

扩散法的操作过程是把高浓度的药液涂刷在木材表面（或制成浆膏涂布），也可进行浸泡，使药液附着在木材上，然后把木材堆起来，用塑料薄膜包裹密封，至少放置4周以上（长的可达2～3个月以上），让药剂以木材中的水分为介质向内部渗透。这种方法适合于室内或室外涂刷油漆的木材，但不能用于经常水湿或接触地面的木材。

6. **熏蒸法**

在适当的温度、密闭的场所内，利用低沸点的药剂（可以为气体、液体或固体）挥发所产生的蒸汽扩散到木材中，毒杀木材菌虫的方法为熏蒸法。熏蒸的药剂称熏蒸剂，常用的有磷化铝、磷化氢、氯化苦、硫酰氟、溴甲烷、二硫化碳、四氯化碳等。

熏蒸法在木材保护中主要用于已受昆虫危害的木材的杀虫处理，如带虫原木、板方材、木器制品、木结构建筑等，处理时将虫害木材置于密闭场所，如密封容器、帐幕、房屋等，短期内使熏蒸剂蒸发的气体达到菌虫死亡的浓度。这种方法虽能同时杀虫灭菌，但大多只能暂时起到杀虫、灭菌作用，等这些药剂挥发后，如木材保存条件不当，仍将遭受虫害和菌腐。

2.3.4.3 加压处理法

加压浸注是将木材放入特制的密闭罐内，用压力将处理药剂注入木材内部。此方法能取得较好的注入深度，并能控制药剂的吸收量，生产效率高，适用于量大、质量要求高及难浸注木材的处理，是当前最有效、最重要的工业处理方法。

加压处理需要一些专门的设备，它包括一个能承受一定压力的圆筒形钢罐，在两端或一端具有能启闭的罐门，罐内有加热管、道轨和防浮装置等。必要时另设一个全封闭的机动罐，用以加压注液，还有贮药液罐、计量罐、药液调制罐等。并附有泵、空气压缩机、真空系统、控制仪表和其他装备。常见的木材加压处理装置原理如图2-1所示。

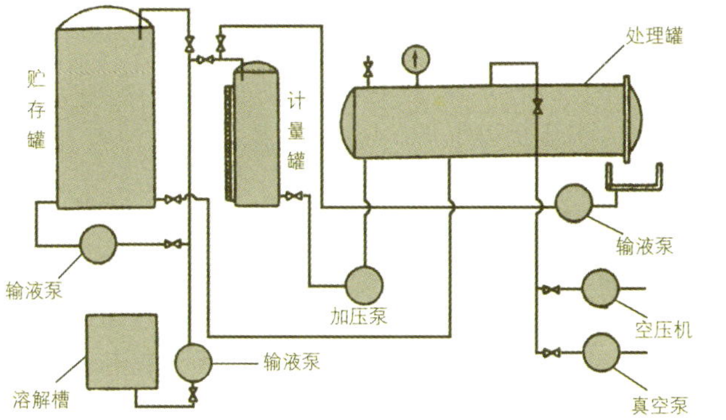

图2-1 加压处理装置原理图

常用的压力处理法有满细胞法、空细胞法和真空法三种形式：

1. **满细胞法**

又称全吸收法和真空—加压法。该法能使木材细胞最终全部被药液充满，所以木材内能保留最大数量的药剂。一般适用于水溶性药剂，使用条件恶劣（如海港桩木）的煤杂酚油处理的木材，而不用于有机溶剂型药剂。适于处理木建筑材、枕木、坑木、海水中的桩柱等。

满细胞法的处理过程如图2-2所示。整个处理过程可分为以下五个阶段：

(1) 前真空：木材装入处理罐，关闭罐门后，向处理罐抽真空，使木材内部空气逸出，便于药液注入后能很好地透入木材。一般真空度为－80～－85kPa，保持时间15～60 min或更长，决定于木材浸注的难易程度，难处理材需加长

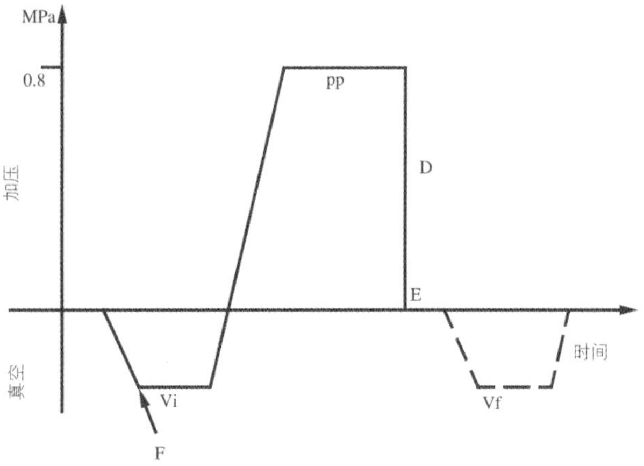

图 2-2 满细胞法操作曲线图

真空保持时间。

(2) 加入药液：在保持真空度不变的情况下加入药液，直到溶液注满处理罐为止。为了保证处理效果，有时还需加温，水溶性防腐剂不应超过50℃，防腐油温度为95～110℃。

(3) 加压：当处理罐全部被药液充满后，解除真空，开始升压，压力逐渐提高到0.8～1.6MPa，然后保持该压力至规定的药剂量注入木材为止。通常压力过程需保持至少90min，难浸注材可达数小时。

(4) 药液排出：加压阶段完成后，解除处理罐中的压力，排空罐中的防腐剂溶液，包括从处理材中冒出、滴落的防腐剂。从处理材中排出药液是不可避免的，大约占防腐剂总吸收量的10%左右，因为木材组织内部始终存在着压力的反作用，一旦卸压，已被木材吸收的部分药剂会被作用力排出木材。排出的药液被泵回贮存罐。

(5) 后真空：这一阶段在满细胞法处理时并非必须。仅当处理材要求表面干净和处理罐周围少滴落防腐液时，才需这一阶段。处理药液排空后，立即向处理罐抽真空，一般真空度－60～－80kPa，时间大约为15min。

2. 空细胞法

顾名思义，用该方法处理后，木材细胞腔内的药液基本被排出，是空的，仅使细胞壁浸透或涂上一层药剂。这种处理方法又称定量吸收法，有两种作业方式：劳莱（Lowry）法（半定量法）和李宾（Rueping）法（定量法）。

劳莱法是处理罐在大气压下输入药液，然后加压，最后抽真空。李宾法是在处理罐输入药液之前先加压，使一部分空气进入细胞腔，以阻止部分防腐剂的透入，同时能增加抽真空过程中药液的排出反应。引入药液后的加压和真空过程与劳莱法相同。

空细胞法的处理过程如图2-3所示。整个处理过程包括以下几个阶段：

(1) 前空压：木材装入处理罐后，将压缩空气引入密闭的处理罐中，压力约0.2～0.4MPa，目的是迫使一部分空气进入木材并压缩之。预压持续时间15～30min。压力的大小和持续时间的长短视树种浸注难度及对防腐剂吸收量的要求而定。如果是易浸注树种，又要求低的吸收量，则要求较高的压力和持续较长的空压时间。此阶段为李宾法专有。

(2) 加入药液：李宾法在加入防腐剂过程中要一直保持预压力。防腐剂可从罐底部压入，罐中的压缩空气以适当的速度从罐顶部排出，以保持罐内压力不变。如工厂装备良好，可在处理罐上方安装一个李宾罐，李宾罐内的压力与处理罐中一致，操作时，使防腐剂自李宾罐依靠重力向下流入处理罐，同时压缩空气回流入李宾罐。劳莱法是在常压下完成加药液过程。若处理药剂为防腐油，则入罐前应加热至95～110℃，并把这一温度保持到整个处理过程结束。

(3) 加压：当处理罐全部被防腐剂充满后，开始加压，压力逐渐提高到0.8～1.2MPa，保持该压力至规定的总吸收量达到为止。一般需3～5h，对于针叶材和较轻软的阔叶材，压力取低限。

(4)药液排出：加压阶段完成后，解除处理罐中的压力，此时木材细胞腔中被压缩的残留空气迅速膨胀，反冲出大量的防腐剂，有时可达总吸收量的60%。排出的药液被泵回贮存罐。

(5) 后真空：主要作用是部分地从木材中抽出过量的防腐剂，确保木材从处理罐中取出时无滴液现象。一般真空度－66～－80kPa，时间30～60min。

空细胞法适用于易浸注木材和边材宽的木材，而较少地用于难浸注树种的处理。如今该作业法常用于防腐油处理枕木、桩柱和电杆等，也能用于处理水溶性和有机溶剂型药剂。最大的优点是节约防腐剂，特别是使用成本较贵的防腐剂处理时，效果更明显；处理材表面较干净。

3. 真空法

真空法的原理是在真空下使木材中的空气排出，成为负压，然后，利用大气压与真空的压力梯度差使药剂进入木材细胞。有时为了增加透入度，也施以较低的间歇压力。双真空法是在第一次真空处理后再抽一次真空，使处理木材中多

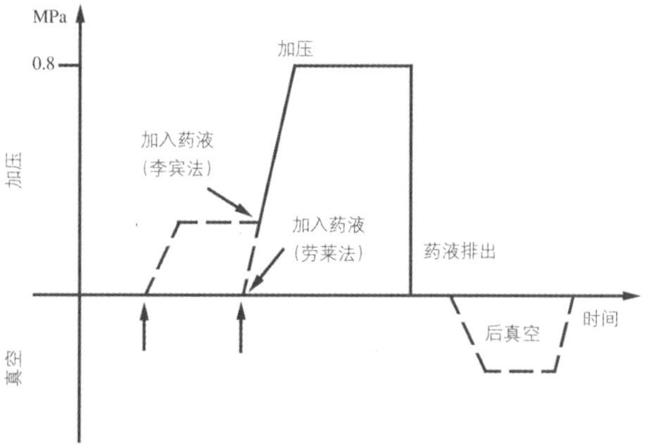

图 2-3 空细胞法操作曲线图

余的防腐剂被抽出。如果在真空处理中使用了极低的压力，则这种方法也称低压处理法。

真空法处理过程分几个阶段，如图2-4所示。单真空法和双真空法仅有很小的区别，双真空法只是在药液排出阶段之后再进行第二次抽真空。

(1) 前真空：木材放在处理罐中，用重物压住，向处理罐抽真空，使木材组织中空气逸出，一般真空度为－84kPa，时间10～15min。

(2) 加入药液：在输入药液过程中，处理罐中一直保持同样的真空度。在真空条件下，药液产生空气、蒸气或有机

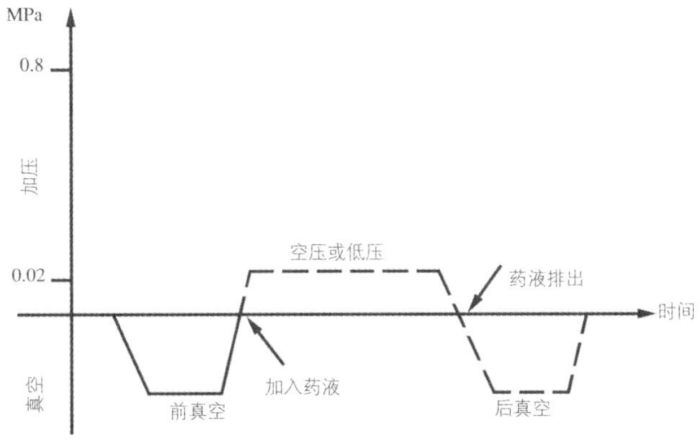

图2-4 真空法操作曲线图

溶剂挥发的气体，注意不要使它聚集在容器顶部，否则会使木材暴露在气体中，影响处理药剂的吸收。

(3) 空压或低压：只有当处理罐全部为溶液所充满，或木材全部为溶液浸没后，空气才能进入整个系统。空气压力（大气压）维持20～60min。对于难浸注树种，有时还需要附加10～30kPa的低压。在这一过程中，要注意使溶液没过木材，并保持足够的液面高度，以避免木材吸收药液后，液面下降而露出木材，影响处理效果。

(4) 药液排出：待所需的总吸收量达到后，处理罐中的药液全部排空，溶液被泵回贮存槽。

(5) 真空：真空度约－66kPa，时间约20min。后真空抽出木材中多余的药液，并使木材表面干净。待木材中多余药液滴落干净后，将罐中药液泵回贮存槽。

真空法处理效果好，设备比加压法简单。处理罐不一定是圆形的耐压罐，而可以是壁上焊有加强筋的方形槽罐，以提高有效装载容积。处理成本比加压法低。

真空法适用于有机溶剂型药剂的处理，处理材一般不用于与地面接触部位，而用于中等危害区域，如门、窗、结合件、屋架和椽子等，非常符合木材工业的要求。这类药剂处理的优点是避免了木材在水溶液中的膨胀，防腐剂不溶于水，避免了使用中防腐剂的流失，溶剂挥发快，木材处理后几天就可进行胶合、油漆和砂光等后续加工。

参考文献

[1] 周慧明主编. 木材防腐. 北京：中国林业出版社，1991

[2] 成俊卿主编. 木材学. 北京：中国林业出版社，1985

[3] 中国林学会主编. 木材防腐和防虫. 北京: 中国林业出版社，1983

[4] 尹思慈编著. 木材品质和缺陷. 北京：中国林业出版社，1990

[5] 陈允适，李武编著. 古建筑与木质文物维护指南. 北京：中国林业出版社，1995

[6] F.F.P. 科尔曼等著，江良游等译. 木材学与木材工艺学原理实体木材. 北京：中国林业出版社，1991

[7] 南京林产工业学院主编. 制材学. 北京：中国林业出版社，1981

[8] 陆继圣主编. 制材学. 北京：中国林业出版社，1998

[9] 王维章等编. 贮木场. 北京：中国林业出版社，1984

[10] 屋我嗣良等编. 木材科学讲座 12 保存. 耐久性. 日本：海青社，1997

[11] 日本木材保存协会. 木材保存学入门. 日本：平成 10 年

3 木材改性

木材是天然材料，本身有很多优点，但也存在许多缺点。主要缺点为具吸湿性，尺寸不稳定，各向异性，易腐、易燃、材色不均匀和强度不够高等。木材改性的目的就是通过一系列物理、化学处理使木材的优点得到进一步加强，使木材缺点得到不同程度的改进。我们将能改进木材性能的各种处理称为木材改性。木材工业范围内的木材改性主要包括以下几方面的内容：①材色处理；②尺寸稳定性处理；③软化处理；④强化处理；⑤木塑复合材；⑥木材塑料化；⑦木材脱脂处理；⑧防腐处理；⑨阻燃处理；⑩防风化处理等。

3.1 木材材色处理

3.1.1 木材的材色和变色

木材作为加工材料时，选择的标准通常从以下三方面来考虑：①材性好；②形体足够大；③材色好。在满足前两者条件下，考虑如何处理材色，这就是材色问题的出发点。

3.1.1.1 材色问题及其背景

木材是天然材料，就材色问题大致可归纳为三类：①即使在同一树种上也存在色差；②木材受光线照射后，材色变化过大，且不稳定；③因材色不好，想改变原有的材色。

木材的颜色是木材中化学成分吸收光所造成的，即光被木材吸收，残留的光再反射到人的眼睛里作为颜色而呈现的。此外，光的变色也是从木材中化学成分吸收光线开始，化学成分由于吸收了能量而改变了颜色。能吸收阳光和萤光灯的木材化学成分几乎都是抽提物，也与木素有点关系，而与纤维素和半纤维素无关。因而对于解决上述提出的三类材色问题的基本理念是采用何种方法来取出抽提物。

第一种方法是取尽全部抽提物。它应用于材面出现斑点的场合。但用现有的技术要把细胞壁中牢固吸着的抽提物全部除去是困难的，此外，在方材等内部的抽提物更难除尽。第二种方法是把抽提成分破坏。这是采用漂白的方法，用漂白剂处理后，抽提物被破坏，材色变白。这与欲保留一定颜色的要求并不一致，此外在现有漂白技术下，随时间的推移，被破坏了的抽提物尚有化学活性，而重新成为着色物质，即材色的回复仍不能完全避免。

第三种方法是采用化学反应，抽提物能变成稳定的聚合物质。采用这种方法可以防止光变色。化学着色的原理也是采用这种方法，抽提成分附着在细胞壁上，利用它来作化学着色，条件是只能在木材上着深颜色。此外抽提成分是随树种而异的，在某一树种上成功的方法，不能推广到所有树种上。

第四种方法是必须弄清抽提成分作用的限界，控制在限界之内。若超出限界的处理，会产生出所不希望的着色效果，例如材色发暗等。因此在处理材上如何能保持原有亮度的处理，是该方法的重要课题之一。

3.1.1.2 材色的组成和色散

向水桶中滴入一滴绘图墨水，水会着色。木材的色素也是同样，沾上极少的物质，就能使木材的材色变化。材色问题是与这极少的物质有关联，本段仅考虑色素是如何产生的，以及改变色素量方面的各种因子。

1. 由个体而引起的材色差异

木材的材色问题主要是指心材问题。如花榈木边材几乎是白色的，心材由赤色向咖啡色转变。木材中能产生树脂、色素等抽提成分的是薄壁细胞。树木在生长时，树皮内侧的形成层每年能生产出各类细胞，其多数当年即死亡，活细胞不足 20%，仅薄壁细胞能生存近 10 年。薄壁细胞在死亡前出于某种需要，开始制造出抽提成分，这时木材中就出现树脂和色素等抽提成分，薄壁细胞一死亡，该部分木材即成为心材，抽提成分即成为木材的着色物质，使心材染上颜色。

薄壁细胞制造抽提物的工作，随个体不同而不同。即使是同一树种所产生的色素量也不同。此外多数树种这种工作在一年中的秋季至冬季期间进行，因而木材的材色深浅不一是普遍的。确切地说薄壁细胞制造出的物质，在多数情况下是色素的前身，在心边材交界处的酚氧化酶等的作用下，将前身变成色素。氧化酶不仅在心边材交界处有，在心材中也存在。树木伐倒后相当长时间内心材继续变色可说明这问题。某些树种伐倒后如立即制材，酶接触空气后，由于发挥活力，使木材表面颜色变得显著。氧化酶在伐倒木内部慢慢丧失活力与多种因子有关，空气逐渐替代水分，抽出成分染进细胞壁的情况随个体的情况不同，因而所产生的颜色也不同。

2. 由树种引起的颜色不同

由树种引起材色的不同和由同一树种因个体引起的不同，两者是完全不同的原因。如把后者作为量的问题，而前者是质的问题，即是抽出成分种类不同的问题。该问题不仅是由树木的生长环境的不同而产生，而且由遗传因子所决定。抽出成分的种类大体上由包含该树种的属所决定的。为此必须正确确定木材的命名及其分类。所谓抽出物对针叶树来说常统称为树脂。如在松树上抽出的树脂，严格地说是近100种化合物的总称。树脂普通是无色的，而在这些中间也有沾上颜色者，因而对于针叶材来说树脂是材色的起因物。对于阔叶树材来说还没有像针叶材树脂作为抽出物那样代表的名称。如果说较多者则是单宁。单宁是有明确定义的词，普通作为酚类的代名词。酚类使用的最小单元是石炭酸，这类构造在化合物构造的一部分上存在时，把这种化合物称为酚类。单宁的构造上有酚类，其自身也常显示颜色，而且易变成着色者也是酚类的特征。因而在阔叶树中，单宁是颜色的起因物的说法，是相当正确的。

3.1.1.3 木材的光变色

1. 光变色、空气变色、酶变色

树干中与变色有关的化学成分很多，可统称为变色关联成分。此外树干中存在许多酶，与变色关联的酶也很多，其中之一是氧化酶。这些酶在树木伐倒后尚有一个月至一年的时间仍能在木材上显示活性。酶的作用如一接触氧就会变激烈起来。在酶具有活力时，原木材面一接触新鲜空气，就会急剧地变颜色。又如黑核桃、铁力木、榆木等树种，在不接触空气时，由酶而产生的变色似乎也在缓慢地进行。尽管与变色相关联成分的种类很多，而因酶的作用而变色的关联成分与光和空气的作用而变色的关联成分，在很多场合似乎是同样的。有以下几点可以证明：

(1) 铁力木等在酶的活性已丧失后，光照射后产生的颜色，与因酶和空气作用所产生的颜色非常相似；

(2) 采用立枯和叶枯等把酶的作用尽可能长期保持的那些伐木方法，自古以来在防止木材的光变色方面也被采用；

(3) 在酶的活性消失了的木材上，在空气中不见光的场所放置一年后，木材和一年前相比，光变色的程度减半。

2. 光变色的官能团

光变色是木材吸收光，从化学反应开始，进行到眼睛能见为止。木材所吸收的阳光是波长比290nm长的波，而人眼能见的光是波长比400nm更长的光。因而眼睛不能见到的化学成分，即不感受颜色的物质，它也能吸收光，反应形成光变色的化学键，产生了木材颜色的改变。眼睛不可见的光，如近紫外线，在光变色中似乎起重要的作用。当光线照射75种树种的木材时，试验结果表明：由近紫外光变色的占62%，可见光变色的占28%，结果不明确的占10%。

在化合物的构造中，能起化学反应键的部分称为官能团，在吸收近紫外光的官能团中间，在木材中含有最多的一种是羰基(>C=O)，而羰基在吸收光而赋予反应状态的时间，一般来说较长。另一方面如羰基组合在特殊的构造之中时，在其周围如不给予氢的物质，即使进行了光的吸收，也不能起化学反应，而又重新回到原来状态者也很多。处在木材之中的羰基的设置状况，如从木材使用环境等方面来考虑，羰基在木材变色中所起的作用，远比一般光反应中羰基的重要性要小，在由木素而引起的变色中起重要的作用。

酚羟基也是易引起光反应的官能团。酚是含酚羟基的最简单化合物，吸收约350nm为止的近紫外线。酚羟基组合于更复杂的构造之中时，那种化合物就能明显地吸收可见光，酚类容易发生光变色。木材是酚类的丰富库藏，酚羟基也是光变色的化学键。

对于光变色的有深色化和浅色化，前者称变色，后者称褪色。变色是由紫外光引起，褪色是由可见光引起，变色似乎是由酚(近紫外光吸收物)引起的为多，褪色是由醌(可见光吸收物)引起的为多。

3. 光变色进行的方式和原因物质

光变色可分成二类：

第一类是变色以非常快的速度进行的。光变色的快慢随树种而异。光变色快慢的测定是采用以一定时间的光照射下吸光度的增量△*E*(Lab)作为基准。通常的木材如柏木、椴木、水青冈等△*E*为0.3以下，而最容易变色的木材如桃花心木为1.2～1.5。光变色随树种而异是因为木材中所含与变色有关联的抽出成分不同。如菲律宾异翅香(阿必通的一种)等光变色严重的树种，用其木粉将有机溶剂抽提后的光变色，出现与普通木材同样程度的变色。故这类树种的变色可看作是由抽提成分而引起。而桃花心木、蚌壳树等的光变色与抽提处理与否关系较小(表3-1)。

第二类变色是向人们不喜欢的颜色方向变化。如南洋假漆树(*Gluto* ssp.)当光线照射后呈红色，因而失去了装饰价值，

表 3-1 素材和抽提处理木材的光变色

树　种	抽提前△*E*(Lab)	抽 提 后
扁　柏	0.34	0.39
日本大叶椴	0.10	0.12
棱 柱 木	0.26	0.30
菲律宾异翅香(阿必楝)	0.80	0.30
桃花心木	1.50	1.20
蚌 壳 树	1.30	1.50

注：表中数值是经 6h 光照后的吸光度的增量△*E*(Lab)

多数可采用预先染红。该木材光变色的大小用吸光度的增量△*E* 表示时为 0.5，用有机溶剂预先抽提木材的△*E* 为 0.3，所以认为抽出成分是光变色的主因物。南洋假漆树中有二种聚丙烯腈纤维(奥伦)，其含量约为0.5%。这种黄色的奥伦被光照射后，就会形成赤变，因此它是形成不良赤变的原因物。如预先破坏奥伦的羟基，由奥伦造成的赤变能得到防止。所以可以认为酚羟基在变色中起了重要的作用。作为不良变色的其他代表例子如非洲柚木等，往往由白色的木材褐变而带黑色，在木材中都含有反式二苯乙烯(芪)。

4. 光变色的机理

光变色因何种化学构造进行变化，目前尚不十分清楚，光异常变色大体可认为有以下两种形式：①是含酚类的聚合，如两个简单的酚分子结合起来。如花旗松、香肖楠等木材符合这类情况；②是起因于官能团的特殊配置。和花颜色变浓时的变色一样，例如查尔酮(苯丙烯酰苯)是属在同一分子内变化而形成的变色。

3.1.1.4 色斑

木材的颜色部分的改变是经常所见，也是很讨厌的。常以“斑点”“污点”“石灰点”“脂点”等形式出现，统称为色斑，产生原因是多种多样的。

1. 树木生理与色斑

树木生长时边材部受微生物侵蚀，为了保护自身，细胞活动按包裹伤痕的形状形成，并制造出多种抗菌物质，而其中之一是总称为酚类的着色物质，它在接触空气后形成颜色物质。化学物质从微生物侵入部位逐渐形成向周围扩大的形状，构成带状，在木材上就呈现断续的色斑。这种色斑在一种称为高含水率材(Wet wood)上是经常出现的，如冷杉、南洋杉、杨树等树木伐倒后，在其横断面部分木材呈黑色，且较周围木材更湿润。更湿润部分的木材是细菌(bacteria)侵入的部位，该部位除水分多外，抽出成分也多，而水分蒸发后，残存抽出成分，多数情况下经氧化都成浅黑色的条纹带。

此外树木边材部如果产生裂纹时，抽出成分与微生物侵入所形成的略有不同，与心材化过程中形成的几乎是一致的。而积存于裂隙中的抽出物的颜色可以是白、红、黑等多种多样的。这些在树木生长时，边材中所出现的色素，随心材化进入到心材中，这就是在利用过程中所见的色斑。

2. 木材加工与色斑

树木心材中具有抗菌物质，伐倒后随环境的改变逐渐失去抗菌能力，微生物能从木材横断面侵入，形成断面色斑。

加工中木材与铁接触，在接触面也能形成色斑。这种着色与木材中的单宁含量和木材含水率有关，这种色斑是木材中的单宁与铁结合成螯形物而生成的。在制材干燥时产生色斑的原因是抽出成分在表面集结而成。干燥时溶于水或溶于松节油的抽出物随水分和油类向材表移动，水分和油类挥发后，抽出成分残存表面。抽出成分如含有酚类等时，由于受空气的氧化，成为着色物。花旗松上的色斑就属于这类干燥色斑。此外，加工中如果木材处于酸或碱性状态时，木材也会形成酸变色或碱变色的色斑。

3. 由无机物造成的色斑

由无机物造成的斑点在热带材中是经常出现的。根据其程度和无机物种类，又可称为“全部色斑”、“石灰色斑”、“硅色斑”等。无机物积聚在细胞中被认为是树木生理异常现象。因而即使是同一树种，由于个体的不同，亦有含有者或不含有者之分。但根据树种的不同是明显不同的。出现率高的树种有南洋假漆树、小杧果、菲律宾娑罗双树、龙脑香树、柚木等。而无机物的种类是以硅(二氧化硅)、草酸钙、碳酸钙、琥珀酸铝等四种为主。其中硅和草酸钙占过半。可利用碳酸钙溶于醋酸，草酸钙溶于稀盐酸，硅仅能溶于氢氟酸之中等方法进行鉴别。

3.1.2 变色的防止

变色是材质劣化的最初状态。它和腐朽、开裂等相比，强度没很大降低，一般认为是表层的轻微变化，但变色使木材的纹理和色调的美观程度受到极大的损伤。变色的防止是在抑制木材劣化的同时，防止审美价值的降低，具有双重意义。

引起变色的要因有生物的、化学的和物理方面等多种原因。关于其出现的时期，有立木时已存在，也有伐木后和污染源接触立即发生，或经长时间接触才呈现等多种形式。关于变色的原因不仅是因为木材中固有的物质，也有从外面所给予的。

在考虑防止变色方面，首先考虑的是处理方法要简单、安全、价廉、有效。以下分别概述。

3.1.2.1 光变色的防止

光变色在日常生活中是常见的。诸如木质板壁上挂有日历，日后有痕迹残留等。光变色现象根据树种的不同是各色各样的，有光照后颜色变深的材，有褪色的材，也有深色和褪色反复进行的材等。表示颜色的指标如色相、彩度、明度等也会有各种各样的变化。这显示了与变色关联的成分和构造不是单一的，因而对光变色防止的方法也应作多样性的要求。

作为光变色之一的机理，木材吸收紫外光引起光化学反

表 3-2 光变色的原因和对策

原　因	对　策
紫外光的照射	紫外光的遮挡
存在有光的吸收构造	羰基(〉C=O)和碳碳双键(〉C=C〈)的变性
有氧的存在	氧的遮挡和臭氧的捕捉
反应基的生成	反应基的捕捉
着色物质的生成	分　解
有变色前驱物的存在	抽出去除

应，生成着色物质已为明确。在反应的过程中产生反应基，而空气中的氧像接受交联的催化剂那样发生作用。从这些出发作为光变色的防止方法，可考虑如表 3-2 那样的对策。

1. 紫外光遮挡

可用吸收紫外光的物质作表面覆盖。如2,4－二羟基二苯甲酮这类紫外光的吸收剂，可把400nm以下的光吸收，而可见光几乎不吸收。这类物质因吸收紫外光能改变构造，而把吸收的光能马上作为热能放出，恢复到原来形状。因为它是可溶解于有机溶剂的粉末材料，使用时可溶于甲苯和酒精中，再混入涂料中涂刷。此外木材本身也是一种紫外线的吸收剂，这种混入涂料法是遮挡紫外线的较好方法。另有利用白色颜料如氧化钛和氧化锌，不仅对紫外线有100%的遮盖率，对可见光也有60%的遮盖率，因而这种涂布也起到抑制变色的作用，又由于其本身是白色的，故对白色材有效果。而添加量过多时，会使木纹模糊，涂布量以固体成分为0.5g/m^{2}为限。再者如含有紫外光吸收剂或混入颜料的维尼龙薄膜也能作为木制品的包装和展示标本的覆盖材料。

2. 光吸收构造的变性

作为光吸收构造的羰基和碳—碳间双键，把这些改变成光不吸收构造的方法之一是添加氨基脲。使它和羰基反应，生成缩氨基脲。氨基脲是一种无色无臭的粉末，也不受剧毒物的限定，可制成30%的水溶液，用35g/m^{2}的用量涂布，在常温下放置一昼夜。这种方法对初期变色的抑制是特别有效的。见图 3-1，表 3-3。光变色度△E的数值在3以下的变色

表 3-3 氨基脲对光变色的抑制效果

树　种	光照射 10h 后的光变色度△E(Lab)	
	未 处 理	添加氨基脲处理
樱　树	15.55	0
胶　木	15.5	3.8
紫　杉	15.0	5.9
花 旗 松	12.0	3.2
库页冷杉	10.4	4.0
北美红杉	9.1	3.1
日本扁柏	7.9	2.3
北美云杉	7.5	2.1
榉　树	7.4	3.2
美国铁杉	6.2	2.5

注：照射源：碳电弧光衰减计，氨基脲添加量 11g/m^2

肉眼下不能识别。

此外利用氢硼化钠(NaHB)、维生素 C、亚硫酸钠、亚硫酸氢钠等还原剂，溶于水中涂布也有效果。氢硼化钠发生反应后，因产生碱性，有使材面变黑的情况。变性处理有时也会使材色稍微变白，这是由于变性构造也能吸收可见光的缘故。

3. 氧的隔绝和游离基的捕捉

引起变色的紫外光仅能进入到木材表面以下的0.075mm的深度，因而把最表层组织和氧隔绝就可以，后述的用塑料把木材表层细胞间隙填充的 WPC 处理能达到此目的。

作为捕捉游离基的物质，有如2，4，6－三甲基酚那类氧化防止剂，将它溶于有机溶剂之中，在材面上涂布。为了避免溶剂挥发后，该防止剂超出表面，添加量限于 5g/m^2 为止。

4. 着色物质的分解

涂布聚乙烯二醇后，经光照材面逐渐变白。图 3-2 是表示在菲律宾柳桉材上的应用结果。曲线起段白色度下降是光照初期的暂时着色。然后开始白色化，聚乙烯乙二醇因光分解生成过氧化物。经光照把木材中产生的着色物质逐渐分解。实验表明，涂布聚乙烯乙二醇对虾夷云杉等本来是材色浅的材是有效的，而对于原来材色深的材是没有效果的。为

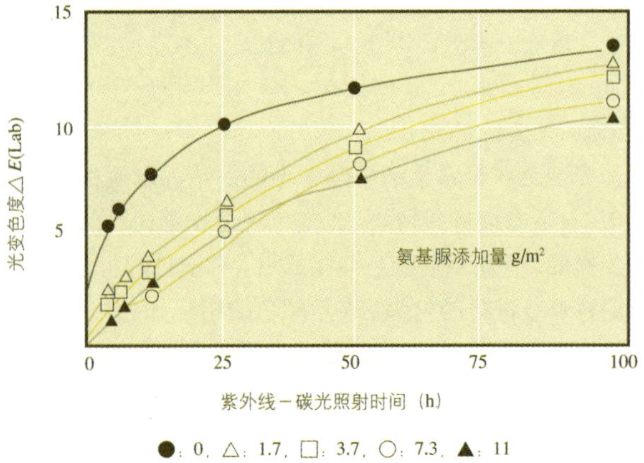

图 3-1 氨基脲对落叶松光变色的抑制效果

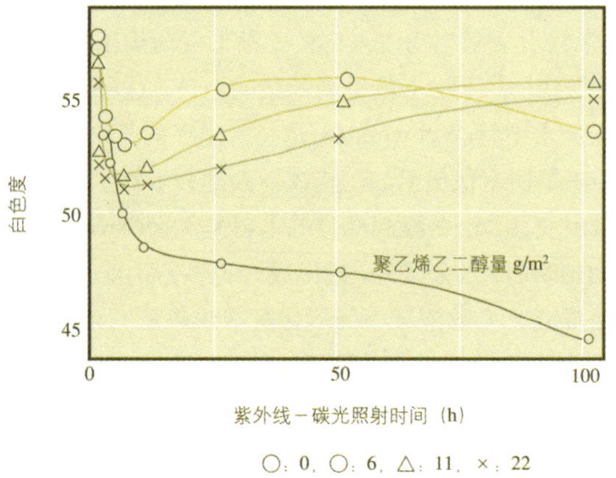

图 3-2 添加聚乙烯乙二醇的菲律宾柳桉材随光照后白色度的变化

了提高渗透性，避免产生湿润色，聚乙烯乙二醇用平均分子量4000者，在水和酒精(1∶9)的混合液中溶解成30%的浓度，使用35g/m^{2}的量作涂布。当涂布木材接受透过玻璃的光时，因具有浓色化影响的紫外光部分被切断，而具有浅色化作用的450nm左右的光相对地被突出，所以白色化的倾向能越发加强。

5. 变色前驱物质的抽出

引起变色的物质是属于溶剂可溶成分时，可采用预先在溶剂中浸渍去除的方法。如花旗松、铅笔柏可用酒精抽提使变色减少，抽提温度从抑制热变色的角度出发用50℃左右。用新的溶剂反复抽提，如果抽提不完全，使变色成分集积于表面，反而会引起大的变色。此外伴随抽提处理，往往会把该材原来的着色成分除去。如大洋洲蔷薇木用苯抽提后，不再具有特有的赤茶色。

3.1.2.2 微生物污染的防止

原木和制材后的生材中，因含有淀粉类的碳水化合物，也有适量的水和氧，在温暖的空气条件下，菌类能急剧地繁殖。其结果因菌自身的颜色、菌的分泌物和木材成分的反应等原因，在木材繁殖部分呈现特有的色调。在短期内能繁殖、而使木材着色的微生物，大致可区分为子囊菌类、担子菌类和不完全菌类。

子囊菌类：引起木材青变的青变菌是该类代表菌种，在边材内部繁殖，因不分解木材细胞壁物质，木材强度并不降低，侵入后木材呈青、红等颜色。

担子菌类：如伏果圆柱菌(干腐菌)等贮木时从横断面侵入风化木材的菌类，统称为木材腐朽菌，侵入后木材呈茶褐色及灰褐色等，强度也逐渐降低。

不完全菌类：被称为霉菌者是其中之一，并不侵入到木材内部，多在表面繁殖，呈黑、紫、赤等色彩鲜艳的颜色。

为了防止这些污染，在生理方面有以下几种方法：

1. 水分和温度的降低及氧气的隔断

可进行人工干燥来降低水分，或选择通风良好的堆积。菌类发育一般在10～50℃时盛行，故可在制材后采用低温保管。作为氧气的隔绝，对原木可采用水中贮木和喷水贮木等。

2. 添加菌类生长发育阻碍物质

采用防腐、防菌剂，使微生物体内的蛋白酶联结起来，使其代谢功能降低。这类药剂可分有机类和无机类。考虑到以多种微生物为对象，混合使用比单独使用效果更好。选择时还应优先考虑对人体毒性小，不使木材着色者。

作为无机系列的药剂有砷、铬、铜、氟的化合物，以水溶液使用。铬和铜的化合物因有颜色的缘故，被限定使用。有机系列的药剂有酚类、有机锡化合物、有机碘化合物，能溶于有机溶剂，渗透性高，无色者也多。添加的方法有涂布、喷雾、浸渍、扩散、加压注入等。

3. 减少和菌接触机会和杀菌处理

洁净作业环境，用紫外灯照射杀菌外，作为原木防止污染的方法还可有断面覆盖，洒水处理和防腐剂的涂布等，洒水处理效果最好。在防腐剂涂布时，为了防止涂布面的裂纹、光劣化和雨水溶脱，有的在涂布面上再加一层覆盖膜。覆盖膜有聚氨酯树脂、丙烯类乳液、乳胶漆等作涂布，特别是聚氨酯树脂其主要成分的异氰酸酯和水反应形成有弹性和耐候性高的覆盖膜。

3.1.2.3 加热和酶引起变色的防止

当生材进行人工干燥时，温度高，材面就变色。变色的原因是木材中含有酚类成分，因热和氧化酶的作用和空气中的氧起反应变成着色物质；以及因半纤维素的水解生成暗色物质；加上水分蒸发过程中，这些成分在木材表面移动和集积，也使这种变色变得更为严重。

产生变色的温度随树种而异，一般来说阔叶树比针叶树低。

赤变：槭 (t=50℃，ϕ=65℃以上)、泡桐

褐变：栎木 (t=80℃，ϕ=65%以上)；

核桃、赤杨叶 (蒸汽处理)；

云杉、冷杉 (90℃以上)；

糖松 (t=65℃，ϕ=65%以上)

黄变：椴木、库页冷杉

像柳杉等树种的木材作花板、装饰薄木、快餐筷等用途时，干燥是作为最终过程，木材表面变色将成为极大的问题。作为该类变色的防止法可由以下几方面来考虑。

1. 伐木后尽快干燥

伐木后随时间的推移，木材成分分解加剧，糖类的低分子化和氨基酸的增加，这些都是生成着色物质的原因，所以伐木后宜尽快进行干燥。

2. 低温、低湿度下的干燥

人工干燥时放置隔条，防止木材相互紧挨着。提高风速，不让湿气滞留，尽可能在低温、低湿度下进行。

3. 还原剂和酶去活剂的使用

用亚硫酸氢钠、亚硫酸钠、维生素C、乙硫尿素、尿素、半脲等化合物制成5%～20%浓度的水溶液涂布一次。添加半脲后樱桃木的热变色见图3-3。用氨、碳酸铵、氧化锌各5%浓度调制成的混合水溶液，或3%的硼酸钠水溶液，或硼酸钠+碳酸氢钠(5∶1)的3%水溶液，对北美乔(*Pinus strobus*)的褐色污染的防止都有效。

椴木在旋切单板时，刀刃溢出的液迹在单板上成橙色污斑，被认为是氧化酶和酚类物质的反应。作为防止法可将切削后的单板随即置于90℃的热水之中浸渍数秒，可使酶失去活性。这种热水浸渍还可提高胶着力，这是由于胶着阻碍成分的抽出和表面组织构造变化的缘故。此外也可切削后立即进干燥机干燥，或增加刀刃的锐利度等来减少这类变色。

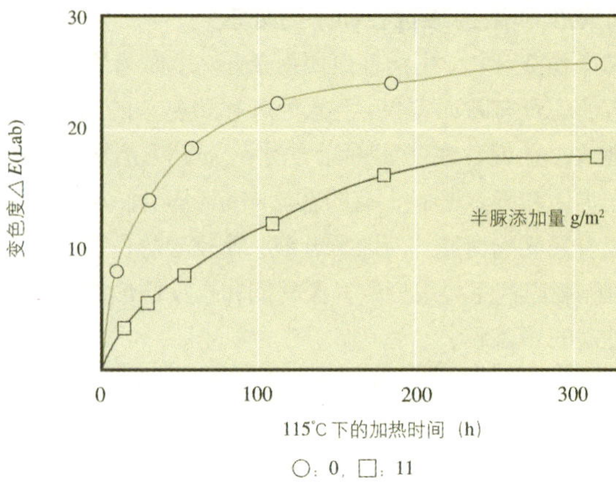

图 3-3 添加半脲的樱桃木的热变色

4. 变色成分的抽出和除去

如使用天然干燥不充分的毛泡桐材时，有时会产生赤变，这是由于雨水使着色前驱物质溶脱不完全的缘故。把溶脱过程在更短时期内进行完全的方法是把蒸发水分与减压工艺结合起来。具体实例见图 3-4。减压干燥如能再结合尿素水溶液的浸渍法，将使周期更短。

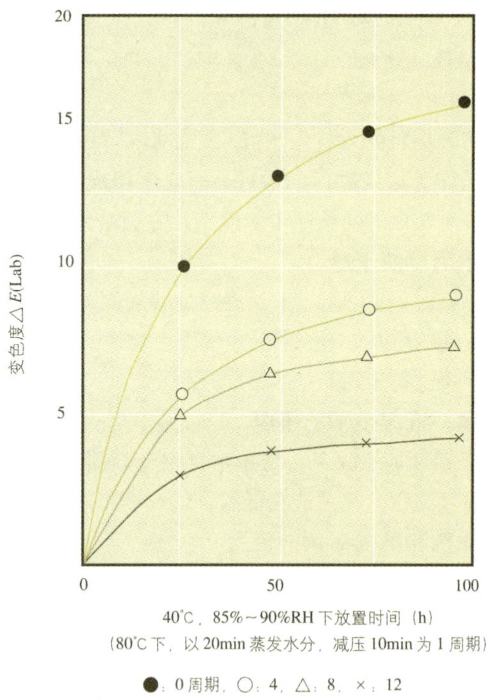

图 3-4 蒸发、减压给泡桐材赤变防止的效果

5. 作打枝处理

立木时产生的污染是由于打枝后处理不完全所致，往往见到从节的部分向下方沿着纤维方向呈筋状污染。这是打枝部位上产生的着色物质溶解在雨水中，沿着打枝时的裂缝向下方伸展的缘故。防止方法是作切断面不劈裂的修枝，和在树木生理活动休止期进行修枝等。

3.1.2.4 铁、酸和碱污染的防止

1. 铁污染的防止

铁钉打入木材的四周处会变黑，这是木材中的酚和铁离子起化学反应，生成黑色的络合物的原因。铁和木材干燥状态时即使接触也不产生污染。铁呈离子溶于水，和酚反应时才开始产生污染。产生污染的铁离子的量，随树种而异。在易出现污染的栎木上，以0.8mg/m²添加时，即能成为肉眼下能识别的污染。只要木材的含水率达纤维饱和点或超过30%时就会发生污染。

铁污染防止法可归纳为：①铁离子捕集剂的使用；②离子化的抑制；③与铁制品相隔离；④代替品的使用。

在铁污染中最成问题的是装饰薄木的污染。含有多量水分的原木或毛方在切片机上刨削时，在刃上的毛刺散落后，造成黑色斑点的情况较多。可将有可能产生污染的刨刀进行修正处理；采用亚磷酸钠和六甲基酸钠这类弱酸性的含磷化合物，或乙二胺四醋酸二钠的螯合剂的水溶液，进行涂布或浸渍处理。亚磷酸钠是价廉、安全的工业药品，每1g铁离子用30g的量大体能防止污染。在铁离子测定有困难时，约使用10%浓度的水溶液即可。有时根据树种的不同，使用时往往也可追加1%的草酸。使用螯合剂时，每1g铁离子约使用7g的量。在冬季蒸煮原木或毛方时水蒸气附着在刃具上，凝集的水滴沾在单板上，也可使用上述方法避免污染。从切削到干燥为止的输送皮带接缝的金属铁构件，可用油漆或维尼龙薄膜覆盖来避免污染。对蒸煮槽、蒸汽阀等尽可能不使用铁制品。对于水、泥土、混凝土中而来的铁离子，使用磷酸盐和螯合剂大体都能除去。关于水中铁离子处理，可采用离子交换树脂等处理法。这对于泡桐材用赤杨叶煮汁染色时尤为重要。对于铁钉等污染，可用低黏度的涂料作表面涂刷，或采用不锈钢、黄铜、铝制成的环形钉。

此外铜污染的防止法与铁污染大致相同。处理可用亚磷酸苏打、乙二胺四酸二钠等与铜离子易起反应的化合物。对于1g铜离子，前者约用4g，后者约用3g，就能得到良好的防止效果。

2. 酸和碱污染的防止

用氨基醇酸树脂涂料的材面，或用脲醛树脂胶合的胶合层有时会发生赤变。这是因在促进树脂硬化时，使用了强酸的缘故，这类酸污染是发生在pH值在2以下时。作为酸污染的防止法有将硬化剂的添加量抑制到最小限量；或采用热压和升温养护等促进硬化；也可采用预先热水抽出处理等方法。

碱污染主要发生在混凝土地基上采用沥青作胶合的木地板上，以及在水泥板上胶合装饰单板上。木材表面有时会产生暗褐色的碱污染。这类污染在碱附着后立即产生。作为防止方法，首先要使碱没有接触的机会。因碱难以溶于有机溶剂之中，可预先涂刷溶剂型的防碱保护层进行覆盖。在使用

碱性胶合剂时，为了使碱向材面的浸出尽量减少，可使用糊液增粘，或减少涂布量和压力的方法来实现。

3.2 木材尺寸稳定化处理

由于细胞壁中吸着水的增减，将使木材产生湿胀或干缩。由此而发生翘曲、变形、开裂等木材尺寸的不稳定。此外还伴随水分的增加，使木材强度降低和发生腐朽现象等。改善木材吸湿、吸水性，给予木材尺寸稳定化的同时，防止材质的劣化，在木材利用上是极其重要的，也是木材改性的主要内容之一。

3.2.1 尺寸稳定化的分类和评定指标

3.2.1.1 分类

根据帕尔卡(Palka)就木材尺寸稳定化的分类方法归纳列于表3-4。可概括为物理方法和化学方法两大类。表中所列尺寸稳定化处理属广义定义来考虑的。物理方法中所列的1～3点为木材学和木材加工工艺范畴内的问题，在本节中从略，4～6点在本节第二条叙述。化学方法限于与木材起化学反应的尺寸稳定处理，在本节第三条作叙述。物理方法和化学方法有时也很难严格区分，如WPC(塑合木)有在木材细胞腔内以均聚物充填，也有与细胞壁化学物质形成化学接枝的，在此归入物理方法栏。另WPC处理及化学方法中交联处理等不仅能使木材尺寸稳定，而且能使木材的主要强度等性质得到改善。故尺寸稳定化处理与木材强化等其他改性，在处理方法上也有相互交叉。

3.2.1.2 评定指标

尺寸稳定和与此有关的评定指标的定义如下所述。

1. 抗膨润(收缩)能(ASE)

表3-4 尺寸稳定化的方法

物理方法	1.选用尺寸稳定性好的木材 2.作适合于使用条件的调湿处理 3.作有均衡的纤维方向的组合 (1) 相互垂直配置——胶合板，定向刨花板 (2) 无定向配置——刨花板，纤维板 4.覆盖处理 (1) 外部表面覆盖——涂刷防水涂料，覆盖 (2) 内部表面覆盖——浸透性脱水剂处理，WPC 5.细胞内腔充填 (1) 非聚合性药剂充填——聚乙烯乙二醇处理 (2) 聚合性药剂充填——WPC 6.细胞壁的充胀 (1) 非聚合性药剂充胀——聚乙烯乙二醇，各类盐和糖液处理 (2) 聚合性药剂充胀—酚醛树脂	化学方法	1.亲水基的减少——加热 2.亲水基的置换——醚化(氰化基化) 酯化(乙酰化) 3.聚合物的接枝 (1) 附加反应——环氧树脂处理 (2) 游离基反应——采用乙烯单体的WPC 4.交联——γ 射线辐照，甲醛处理

$$ASE=\frac{V_c-V_T}{V_c}\times 100\%$$

式中：V_c——未处理材的体积膨润(收缩)率

V_T——处理材的体积膨润(收缩)率

V_T可由测定弦向或径向的膨润(收缩)率来算出

2. 抗吸湿能(MEE)

$$MEE=\frac{M_c-M_T}{M_c}\times 100\%$$

式中：M_c——未处理材的吸湿率

M_T——处理材的吸湿率

3. 抗吸水能(RWA)

$$RWA=\frac{W_c-W_T}{W_c}\times 100\%$$

W_c——未处理材的吸水率

式中：W_T——处理材的吸水率

4. 充胀效果(B)

$$B=\frac{V_T-V_c}{V_c}\times 100\%$$

式中：V_c——未处理材的绝干体积

V_T——处理材的绝干体积

5. 聚合物含量(PL)

$$PL=\frac{G_T-G_c}{G_c}\times 100\%$$

式中：G_c——未处理材的绝干质量

G_T——处理材的绝干质量

$$PL=\frac{(1+B)D_T-D_c}{D_c}\times 100\%$$

式中：D_c——未处理材的密度

D_T——处理材的密度

6. **相对效率**(RE)

$$RE = \frac{ASE}{PL}$$

单位聚合物含量抗膨润(收缩)能，是就ASE作为比较各种效果的一个指标。在能得到大的充胀效果处理时RE值变低，而在作交联处理时RE变高。

7. **理论的最大聚合量**(TML)

$$TML=(1-\frac{D_C}{D_W}\cdot\frac{D_M}{D_C})\times 100\%$$

式中：D_C——未处理材的密度

D_M——单体密度

D_W——木材实质密度1.40g/cm^3

8. **聚合物充填效率**(EPL)

$$EPL = \frac{PL}{TML}\times 100\%$$

9. **细胞壁中**(RW)**和细胞腔中**(RL)**的聚合物含量**

$$RW=\frac{B\cdot D_M}{PL\cdot D_C};\ RL=PL-RW$$

10. **聚合物填充空隙容积分率**(VEP)**和聚合物质量分率**(WFP)

$$VFP = \frac{D_W\cdot D_C\cdot PL}{D_M[D_W(1+B)-D_C]}$$

$$WFP = \frac{PL\cdot D_C}{(1+B)\cdot D_T}$$

3.2.2 物理方法的尺寸稳定处理

3.2.2.1 防水处理

所谓防水处理是包括赋于对水抗湿润、抗浸透性能的耐水处理和仅抵抗湿润性能的憎水处理两个部分。对于木材来说，至今为止把防水和憎水严格地区分研究者甚少，主要是进行憎水处理。

憎水现象是固体表面和水滴之间产生的相对界面现象，是和湿润相反的现象。其性质和程度受固体表面的化学性、吸着分子的存在与否、光洁度和空隙性等因子的影响。根据用各种憎水剂处理后的木材经一年室外暴露试验的结果，含有石蜡成分的憎水剂显示了最大耐久性。此外亚麻仁油类(和石蜡的混合溶液是良好的)、清漆和硅树脂类的憎水剂，由于暴露室外，憎水效果会渐减；另外有效的憎水剂因吸着大气中的污染物，透明度会减低。

采用各种憎水剂的处理材，就防水率和ASE的结果来看，硅油、蜂蜡、链烷烃石蜡油等防水率可达75%～90%，ASE为70%～85%。

使用憎水剂处理时，①混合憎水剂比单一憎水剂有效；②链烷烃石蜡油浓度越高，防水率越大；③憎水剂处理材使用于室外时含水率变化很小，因而用于门、窗框有很好的效果。

采用辐射松、黑松、赤松和荆树的树皮的苯抽出物时，这种抽出物的憎水性很高，且与木材能有亲合性，见图3-5。产生这种憎水性的原因是由于脂肪酸和含氧酸(羟基酸)的分子定向排列的缘故。据报导，将扁柏材于5%浓度的赤松树皮的苯抽出物溶液中浸渍3min，气干后，取得良好的防水效果。

防水处理在木材工业上的几个应用实例，如将胶合板表面作憎水处理，能减少表面的裂纹；刨花板为了防水，常常

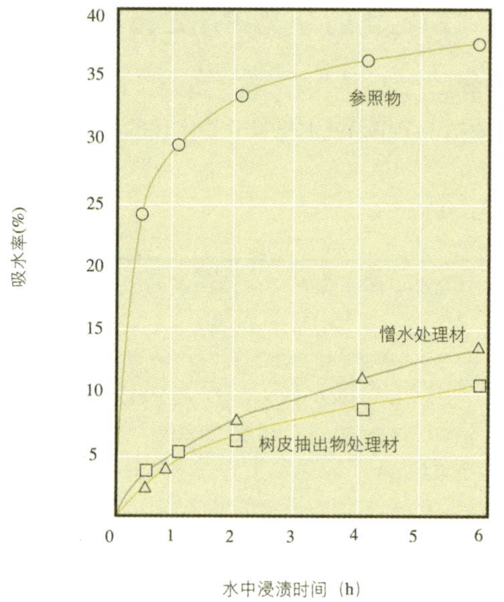

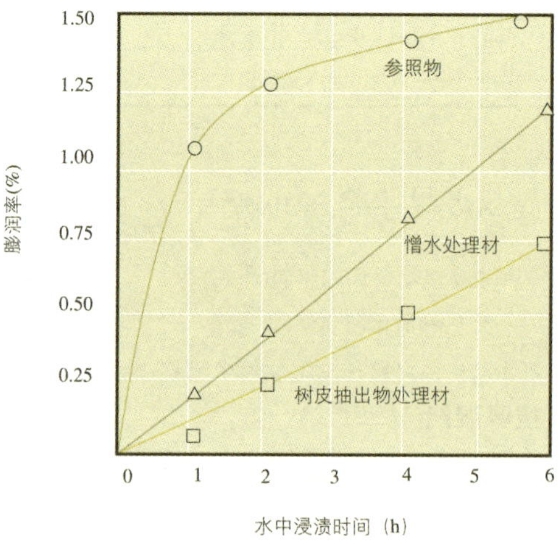

抽出物：辐射松树皮的苯抽出物，
处理材：20%苯溶液中浸渍3min，气干，
试材：25.4 × 25.4 × 6.4（mm），横断面试片

图3-5 树皮抽出物处理材的水浸情况

添加石蜡乳化剂或熔融石蜡防水剂。作为石蜡防水剂添加量过多，将使胶合性和力学性都降低。另把憎水性防腐剂在上胶板的背面作处理后，因下雨而引起板背面的湿润现象几乎没有再发生。

3.2.2.2 防湿处理

防湿处理方法有：①把湿气向木材中扩散速度延缓的涂布和加覆盖层等覆盖的方法；②采用将木材中亲水基封闭、置换和交联等化学的方法。第一种覆盖法因不能解决木材自身的吸湿性问题，仅在短时间湿度变化的情况下有效。可分为外部表面覆盖和内部表面覆盖两种形式。而前者仅有简单效果，不如用铝板涂刷底漆的防湿效果好。此外还有用合成树脂清漆或透明漆等涂刷，可用薄层多次反复涂刷，涂膜厚度越大，防湿效果越好。

由于表层涂刷，使水分移动受到抑制，故与树种和板厚关系不大。用硝基纤维素腊克作涂刷，防湿效果约为素材的2～3倍。用氨基醇酸树脂涂刷，约为1.2～1.8倍。但这种表面涂刷在受机械摩损后，或恶劣暴露的条件下，防湿效果会逐渐减少。

如仅在木材表层乙酰化，或用烯烃类树脂薄膜覆盖，或用链烷烃石蜡涂刷，都能达到阻止水分透过的不同效果。详见表3-5。链烷烃石蜡涂刷效果最为明显。试验表明，用硅树脂等憎水处理，不能获得好的防水效果。

关于防湿处理的第二种化学法将在下一节中介绍。

3.2.2.3 酚醛树脂处理

将低缩合的可溶性酚醛树脂注入到木材之中后，如加热，会进行缩聚反应，成为不溶性树脂。在给予木材尺寸稳定性的同时，还能改良其他特性。

1. 尺寸稳定性

脲醛树脂和酚醛树脂处理时，如图3-6所示，木材中的含脂率至30%～40%，尺寸稳定性*ASE*随含脂率的增大而升

表3-5 乙酰化材和合成树脂处理的水分透过速度比较

材　料	厚度 (mm)	水分透过速度K (g/hr/cm²/mmHg)	透过阻力比值
未处理材①	0.114	270×10^{-6}	0.25
乙酰化材①	0.114	65×10^{-6}	1
聚乙烯对苯二甲酸酯②(密度1.35)	0.114	1×10^{-6}	65
聚乙烯(密度0.98)	0.114	0.25×10^{-6}	260
链烷烃石蜡油③(融点72℃)	0.013	0.04×10^{-6}	1600

注：1.未处理材和乙酰化材是黄桦单板；
2.相对湿度范围：①为58%～90%，②为0～100%，③为0～50%

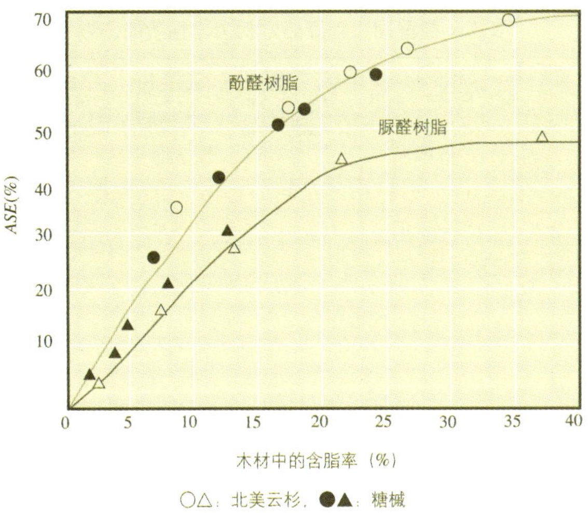

图3-6 脲醛树脂和酚醛树脂处理材的含脂率和*ASE*的关系

高，当含脂率继续升高时，*ASE*几乎仍维持一定。

根据戈德斯坦(Goldstein)等对酚醛树脂的研究表明，羟甲基酚的数目对尺寸稳定的影响极大。即树脂缩合度低，羟甲基酚的量就多，*ASE*就越高。随树脂调制后的天数的延长，因逐渐缩合的缘故，*ASE*会渐减。如用低分子量的树脂处理，也能产生比水大的膨润，即是所谓的充胀效果的缘故，使所得的*ASE*高。此外低分子量树脂因含有较多成分的羟甲基酚的缘故，受高温而硬化，木材中羟基和低分子量的树脂形成氢键等化学键。从上述事实出发，低分子量树脂的尺寸稳定化是由于充胀效果和与木材组成分形成氢键而造成－OH基的封闭所形成。高分子量树脂在木材细胞内腔上有很多的沉积，和内部涂刷同样，在尺寸变化速度的抑止上有效果，而在尺寸稳定性上没大的效果。处理后树脂的硬化度和*ASE*有关系，当硬化状态处于A和B状态能时，对尺寸稳定性不起作用，在未达C状态之前，有必要进一步提高硬化度。此外由于进行酚醛树脂的处理，表面裂缝和透湿性会显著地减少。

2. 力学性质

根据所用树脂的分子量、缩合度和硬化状态等的不同，力学性质也不同。采用低分子树脂来处理木材*ASE*的原因是细胞次生壁中层的非结晶部分，能被硬化后的树脂所强化。细胞壁中有聚合物存在，充胀比未处理材单位断面上纤维素纤丝数变少，因此拉伸强度是随处理的充胀度越大而降低。再者硬化了的酚醛树脂自身有着高的弹性模量，因而对应力集中有高感受性的聚合物，拉伸强度不会有较大地提高，见表3-6。

另一方面由于细胞壁中存在聚合物，当受压缩载荷时，抑制了纤维素纤丝系挫屈现象的发生，因而压缩强度为未处理材的2倍以上；弯曲强度和弯曲弹性模量增大1.3倍以上；冲击弯曲比能量因过早产生拉伸破坏和脆性破坏的缘故仅为素材的1/2；横向拉伸和横压强度由于壁中聚

表 3-6 酚醛树脂处理对木材力学性质的影响

性 质	未处理材	高分子量树脂	低分子量树脂
弯曲比例极限应力(MPa)	27.4	52.5	55.3
弯曲破坏强度(MPa)	45.5	65.1	57.8
弯曲弹性模量 1000(MPa)	5.3	7.5	7.2
冲击弯曲比能量 (kg · cm/cm³)	0.49	0.34	0.26
顺纹压缩强度(MPA)	23.9	48.9	55.3
韧性(悬臂梁附凹口) (kg · cm/cm)	19.3	15.7	7.8
顺拉强度(MPa)	94.5	85.4	82.6
拉伸弹性模量 1000(MPa)	8.5	9.9	10.4

注：杨木(1.3cm × 1.3cm × 20.3cm)；试验时试件含水率：12%

合物的存在，横向荷重下细胞壁变形变小；同样硬度和耐磨性也增大；但是韧性和未处理材相比为1/2以下，在冲击载荷下显示出明显的脆性破坏。

用高分子量的树脂处理比低分子量树脂处理韧性降低较少，弯曲强度、冲击弯曲比能量和拉伸强度是良好的。

对提高各种力学性质绝对值方面，有必要与压缩处理并用，采用高温高压处理时木材中的树脂能起可塑剂的作用，压缩性是良好的，木材中的空隙几乎没有，比重接近于实质比重。

一般来说，酚醛树脂处理适用于单板方面，作层积材和高温高压下层积压缩的所谓硬化层积材。

3. 电学性质

酚醛树脂处理材因吸湿性小，加之树脂本身电绝缘好，故电气绝缘性得到改良。与未处理材相比，在相对湿度为30%和90%时，固有的体电阻分别增大10倍和100～1000倍。

4. 耐腐、防虫性

*ASE*为60%～70%的处理材，不产生腐朽现象，此外也具有防蚁和防虫性。

5. 其他

用羟甲基酚处理后再用THPC(四羟甲基氯化磷)和溴化铵作后处理，另在树脂中添加磷酸铵可成为难燃性材料，且具耐酸性，但对强碱的抵抗性低，热传导率比未处理材略有提高。

酚醛树脂与胶合刨花的树脂合并使用，能使刨花板的回弹量变小，尺寸稳定性增加。对纤维板进行树脂处理能使尺寸稳定性增加，并使湿润时强度的降低减少。

3.2.2.4 乙烯类树脂处理

就尺寸稳定性方面，WPC与其他处理材相比较是不太经济的。它是以较多药剂量使材料的比重增加，而在尺寸稳定化中起重要作用的充胀效应较少，相反在聚合时还产生体积收缩，所得中等水准的*ASE*，在相对湿度较高情况下还有所降低。从图3-7可见，乙烯类WPC的尺寸稳定性比聚乙二醇处理材要低，另在聚合物含量增加时，在膨胀压力方面，前者增加，而后者减小。

用乙烯类单体——溶剂与乙烯类纯单体处理相比，前者聚合物量少，所得尺寸稳定性高。此外细胞壁中的聚合物也能赋于WPC较大的体积稳定性。

在用甲基丙烯酸甲酯(MMA)处理刨片时，经射线使之在刨花板中聚合而使板的物理性能得到改良。此外用MMA和木纤维接合的纤维板的尺寸稳定性得到改善。

3.2.2.5 聚乙二醇(PEG)处理

用PEG浸渍或涂刷木材后，减少了干缩和湿胀，因而也防止由此而引起的开裂、弯曲和翘曲。聚乙二醇在处理被水膨胀的古老木质遗物方面是卓有成效的。

1. PEG的性质

PEG是由环氧乙烷对水或乙二醇的附加反应所得的链状聚合物。在PEG上把CH_2OCH_2的总数称为聚合度，例如PEG-1000，就意味着PEG的平均分子量为1000。PEG各种分子量的性质见表3-7。吸湿性见图3-8。

2. 尺寸稳定性

PEG是浸透于膨润的细胞壁中，在低的相对湿度下取决于胞壁中的PEG；在高的相对湿度下，胞壁中的PEG和其成为的水溶液，保持膨润状态，由于单位质量的PEG比单位质量水对木材的体积增加更大，所以在相当于木材纤维饱和点含水率的70%～80%PEG含量时，就能给予高的木材尺寸稳定性。PEG处理木材的尺寸稳定化认为是以充胀效应为主。即一定分子量的聚乙二醇溶于水，但其蒸汽压低。当聚乙二醇进入到细胞壁中，去掉水分，它仍以蜡状物质留在细胞壁，使细胞壁处于膨胀状态，维持木材的尺寸稳定性，但

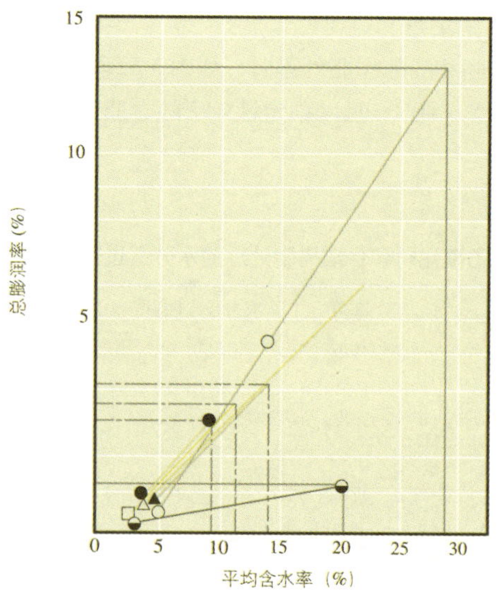

类别	○：未处理	□：MMA	△：St	▲：AN	●：PF	◒：PEG
ESP	29.0	22.0	11.2	13.3	9.0	20.0
斜率	0.56	0.36	0.38	0.41	0.39	0.06

图 3-7 尺寸稳定性为参数的膨润率相对于含水率的斜率

表 3-7 PEG 的各种性质

分子量		密　度	凝固点(°C)	黏度(cst),(100°C)	水溶性(%),(20°C)	外　观
平　均	分　布					
200	190～210	1.13(20/4°C)	过冷液	4.2	可　溶	无色透明液体
300	285～315	1.13(20/4°C)	-18～-3	5.9	可　溶	无色透明液体
400	380～420	1.13(20/4°C)	2～14	7.3	可　溶	无色透明液体
600	570～630	1.10(50/4°C)	20～25	10	可　溶	无色透明液体
1000	950～1050	1.10(50/4°C)	35～39	17	80	白色固体
1500	1500～1600	1.10(50/4°C)	37～41	13～18	-	白色固体
1540	1300～1600	1.10(60/60°C)	42～46	25～30	70	白色固体
4000	3000～3700	1.09(70/4°C)	58～61	120～160	60	白色薄片
8000	7800～9000	1.09(70/4°C)	61～64	600～900	50	白色薄片
300/1500*	-	1.10(50/4°C)	39～42	14～18	75	-

注：*PEG-300/1500 是各自分子量的 PEG 的等量混合物，pH：4.5～7.0(5% 水溶液)

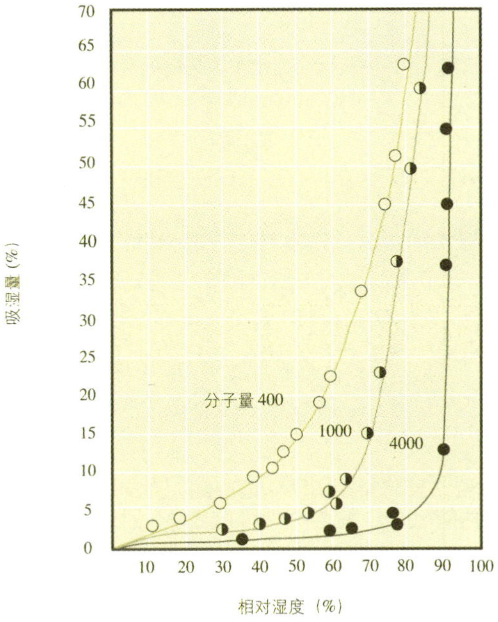

图 3-8　分子量不同的 PEG 的吸湿等温线，20°C

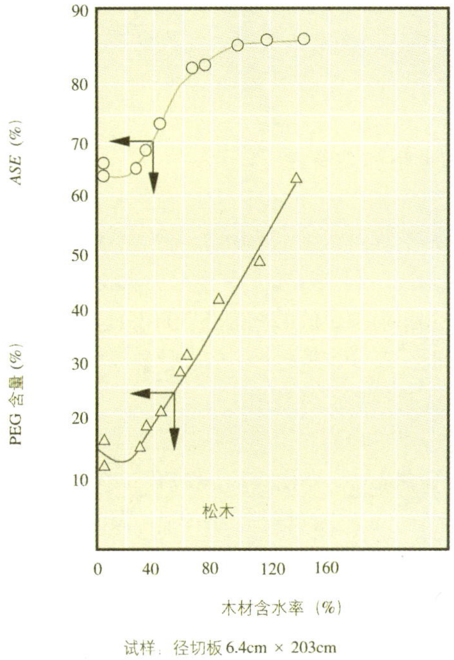

图 3-9　47%PEG1000 时，木材含水率和 PEG 含量、*ASE* 的关系

材性与未处理的生材相仿。

PEG和酚醛树脂是不挥发性的膨胀剂，能给予比乙烯类单体处理获得更良好的体积稳定性。

不同分子量 PEG 处理效果不一，低分子量者在同一相对湿度下吸湿量会增多，另一方面随分子量变高，水溶性会降低，所得的尺寸稳定性也降低，因此一般使用最多的分子量是 1000 和 1500，水溶液的浓度为 25%～30%。

处理时木材含水率越高，如图 3-9 所示，PEG 的含有率越多，而 *ASE* 也就变高，即在生材上浸渍或涂刷 PEG 能得到比干燥材更良好的尺寸稳定性。

PEG 处理材不论其相对湿度如何，都有较高的*ASE*，但相对湿度大于 35% 时，抗吸湿能 MEE 会成负值，为了解决这一问题，可使用变性的 PEG，即用磷酸三苯交联 PEG 来作改良。这种变性PEG能得到稳定的*ASE*，即使在较高的相对湿度下，也能得到高的抗吸湿能 MEE。

PEG 处理主要是液相处理，如采用环氧乙烷也可作气相处理，即由环氧乙烷－三甲胺催化系处理时，环氧乙烷在木材中聚合，在细胞壁中形成乙二醇和PEG，能得到 22%～26% 的质量增加率和 65% 的 *ASE*。遗留的问题是未反应的三甲胺会使材质劣化。马恩斯(Barnes)采用加压增减方法比加压、减压后维持一定加压状态的处理方法相比，减少未反应三甲胺的量，从而减少材质劣化，并在低的单体量下能得到高的 *ASE*。

3. 力学性质

观察伴随吸湿的应力松驰，应力是通过相对于未处理材上的极大值，在处理材上作单调的减少。PEG处理和酚醛树脂处理一样具有充胀效应。因为不强化细胞壁，使纤丝的移动比未处理材更为容易，滑移现象在拉伸、压缩两应力作用下很易产生。再者细胞壁由于横向的荷重很容易变形的原因，使泊松比变高。

木材的压缩强度、弯曲强度和抗磨损随PEG含有量的增加而增加，此外如相对湿度变高，则强度、抗磨损略有降低，而韧性稍有上升。再者PEG-1000中加热处理材与熔融金属加热处理材相比，伴随*ASE*提高的韧性和抗磨损的降低，前者比后者更少。用变性PEG(商品名Modomel)处理的胶合板硬度比用聚氨酯涂刷胶合板要高。

4. 干燥性

PEG处理材易吸湿，脱湿困难。膨润压在PEG处理材上，单体量越多将越降低，这与PMMA的WPC的上升成了鲜明的对照。因此在PEG处理材上，即使快速或高温干燥时裂纹也很少发生。此外干燥时体积干缩小，单板干燥后，成品合格率大大提高。再者在PEG溶液中进行生材干燥，由于热扩散系数比空气中大，所以含水率降低也快。

5. 胶合性和附着性

根据斯坦姆(Stamm)的研究，各种浓度的PEG-1000水溶液处理的黄桦单板上，采用各种胶合剂胶合，结果表明：用酪素胶、脲醛树脂胶(汽压)和酚醛树脂胶(热压)时，常态时的胶着力和木材部位的破坏率不受PEG含量的影响，而用其他胶合剂时，PEG含量越多，胶合性能越坏。Moren在欧洲赤松木材上也得到同样结果。

分子量低的PEG和水溶性树脂类胶合剂有着相溶性，在水溶性酚醛树脂中，即使添加30%PEG-200，硬化过程和单纯的酚醛树脂几乎是同样的。添加后因湿润性好，能防止在干燥时就胶合的危险。采用PEG处理后，由于充胀效应，木材自身的凝集力变小，加在材面上水分吸着量变多的缘故，即使是反应性高的胶合剂，在冷水或沸水中浸渍后的胶着力，以及木材部位的破断率都变低。

用PEG-300和PEG-500处理过的木材，对于油性涂料和醇酸涂料的附着性，与未处理材相比，稍变坏。

6. 耐腐性、难燃性

用各种浓度的PEG-1000水溶液处理的北美云杉，用密粘革裥菌(Lenziles trabea)进行三个月标准块培养试验，当PEG的含有量在18%以上时，由于PEG的水分吸着，菌生长时所必须的细胞壁中的生理水分变少的缘故，不发生腐朽现象。此外用磷酸三苯酯交联的PEG处理木材，能提高耐菌、耐虫和难燃性。

7. 在木质材料方面的应用

PEG应用于防止光变色；提高漂白材耐光性；防止室外用胶合板表面裂纹；提高WPC的尺寸稳定性和硬度、耐磨性；木质门板的尺寸稳定化以及刨花板贴面装饰单板裂纹防止等方面都是卓有成效的。

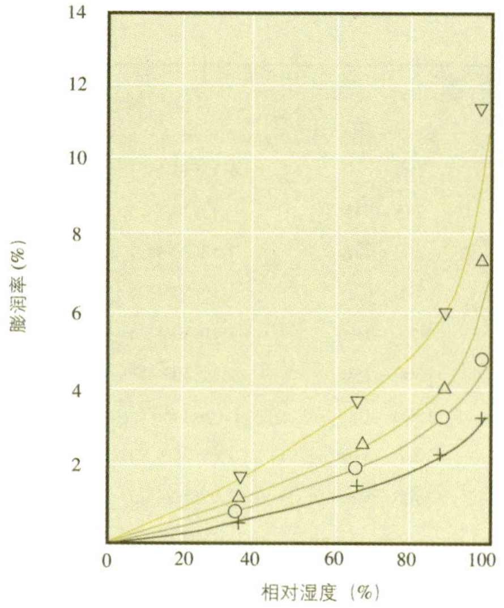

树种	▽：水青冈	△：栎木	+：栎木160℃加热15h	○：柚木
加水易分解半纤维素(%)	22.8	19.5	6.4	5.9

图3-10 加热材和柚木未处理材的尺寸稳定性

3.2.3 化学方法的尺寸稳定处理

所谓化学方法是指木材中的成分能产生化学反应的方法。因此本节中使用的方法都限于通过处理木材，生成另一种生成物，来达到木材尺寸稳定的目的。由于木材中发生化学反应与否，常并不十分明确，故前述的物理方法，也不可能说完全不带有化学反应，两者常很难严格区别。

3.2.3.1 加热处理

加热能赋予纤维素类材料尺寸稳定性。其机理有多种说法，但起主要作用的是半纤维素，特别是多糖醛酸苷发生了化学变化，变成为吸湿性弱的单体；以及由于产生氢键使纤维素分子链相互结合等。

1. 加热处理的尺寸稳定性

伯梅斯特(Burmester)等发现柚木尺寸稳定性高的主要原因是加热后易分解的半纤维素含量少。其他木材采用加热处理使半纤维素含量减少，吸湿性和膨润性能比柚木更小(图3-10)。乔乌(Chow)等将白云杉单板在大气中进行加热处理，使材面色差变大的同时，发现羟基数量减少，此外产生纤维素的解聚和结晶度的降低。

由加热处理所得的尺寸稳定性，随处理时气体介质的不同而不同，如质量减少率降到20%以上时，*ASE*在大气介质中就降低，在氮气介质中不变，在密闭容器中还提高。加热处理时气体介质从优至劣的顺序为真空、大气、蒸煮排列的。在熔融金属中处理得到与在真空中相近的结果。

加热处理材的*ASE*和*MEE*，在低的相对湿度范围内显示达45%～55%的较高值，而在高的相对湿度下都是降低的。

在采用短时间加热想得到尺寸稳定方面，可预先在低浓度的金属盐中浸渍或喷涂。

2. **加热处理材的性质**

加热处理是伴随质量的减少和暗色化的同时，改善了吸湿性，提高了尺寸稳定性。而其他性质的变化如下：

(1) 力学性质：在利用加热处理达到尺寸稳定化的条件下，力学性质会降低。把厚度为3.2mm的白云杉单板在熔融金属之中加热，获得40%*ASE*时，各类强度的降低与未处理材相比，弯曲强度为17%，硬度为21%，韧性是40%和耐磨性约为60%。一般来说，阔叶材的强度降低比针叶材还要多。

木材中的木素是成为可塑化的条件。即在高温高压(t=165~175℃，P=10~11MPa，M=6%～10%)下，如将木材加压，压缩后的平衡膨润和弹性回复少。特别是与酚醛树脂浸渍的硬化层积材相比，能得到具有良好韧性的材料。

(2) 耐腐性：白云杉材在180℃的热板之间加热处理，若*ASE*能达到40%时，该材就不会发生腐朽现象。其原因之一为由于吸湿性的降低，使菌生长所需的生理水分不足而成。

(3) 胶合性：当单板在高温干燥机中干燥时，由于加热处理的影响，材面成为疏水性，特别是在天然树脂多的木材上，这种现象能明显看到，这将使胶合困难，胶合性能下降。

3. **木质材料和加热处理**

在刨花板制造中，把接近纤维饱和点水分的刨花，采用在密闭中加热处理，能制出具有良好体积稳定性的板。此外将板材在约175℃的饱和蒸汽中处理10min，板材的厚度膨润和反向回弹会变小。在湿法和干法制造硬质纤维板时采用加热处理或油处理能提高尺寸稳定性。

3.2.3.2 乙酰化

1. **概述**

木材乙酰化是采用乙酰剂中疏水性乙酰基(CH_3CO-)，去置换木材中亲水性羟基(-OH)，从而不仅减少了羟基，而且由于乙酰基的导入，产生酯的增容，形成充胀效应，来达到木材的尺寸稳定。羟基减少和乙酰基充胀，两者之中后者起决定作用(表3-8)。

表3-8 白云杉乙酰化材的容积变化

性　质	未处理材	乙 酰 化
处理前的绝干容积(CC)	5.71	5.73
乙酰化量(%)	0	28.6
乙酰化后的绝干容积(CC)	5.71	6.23
在水中的容积膨润(CC)	6.45	6.47
水浸渍的容积变化量(CC)	0.74	0.24
ASE(%)	0	70
总容积变化量	0.74	0.74

乙酰化不仅用于木材上，而且在刨花板、硬质纤维板的尺寸稳定化上也能应用。乙酰化反应气相、液相都能进行。如在乙酰化处理前，增加前膨胀工序，能使处理均一化。在木材处理方面，如乙酰量少，仅在纤丝表面进行；如量多，纤丝内部也能乙酰化。在低乙酰量时随相对湿度的增加，抗吸湿能(*MEE*)减少；在高乙酰量时相反，抗吸湿能增加。

2. **处理药剂**

可分乙酰剂和催化剂两大类，前者有醋酸酐、硫代醋酸和乙酰氯等；后者有吡啶、二甲替甲酰胺和无水高氯酸镁等。

(1) 乙酰剂：①醋酸酐［$(CH_3CO)_2O$］，为无色液体，有强醋酸味，熔点－73℃，沸点139℃。与木材化学反应式为：

$$\text{Wood}-\text{OH}+(CH_3CO)_2O\rightarrow \text{Wood}-\text{O}-\text{COCH}_3+CH_3COOH$$

反应产生醋酸残存于木材中，会使木质受损，并会腐蚀金属。且乙酰基利用率仅50%，如用吡啶催化，以后分离吡啶很困难。

②硫代醋酸(CH_3COSH)，反应式为：

$$\text{Wood}-\text{OH}+HSCOCH_3\rightarrow \text{Wood}-\text{O}-\text{COCH}_3+H_2S$$

③乙酰氯(CH_3COCl)，在空气中发烟的无色液体，有窒息性刺鼻气味，溶点－112℃，沸点51～52℃。反应式为：

$$\text{Wood}-\text{OH}+CH_3COCl\rightarrow \text{Wood}-\text{O}-\text{COCH}_3+HCl$$

反应生成HCl，对木材腐蚀性较大。

(2) 催化剂：①吡啶(C_5H_5N)，又称氮杂苯，是许多有机化合物的优良溶剂。蒸汽与空气混合会形成爆炸，爆炸体积极限1.8%～12.4%。

②二甲替甲酰胺(DMF)［$HCON(CH_3)_2$］，无色液体，有氨的气味。熔点－61℃，沸点15.3℃。

③高氯酸镁［$Mg(ClO_4)_2$］，白色易潮解的颗粒或粉末。

3. **处理方法**

处理方法可分液相法、气相法和综合应用法。

(1) 液相法：①用吡啶作催化剂，将木材浸入醋酸酐和吡啶的混合液中，置于密闭的处理缸中，加热到90～100℃，保持几小时(按木材厚度而定)，然后排出未反应的处理液，最后对木材进行干燥处理。

处理效果与树种有很大关系，对针叶材来说，乙酰增重率*PL* =25%，抗缩率*ASE* =70%，而阔叶材达同样的*ASE*，其*PL*=18%～20%，就足够了。处理后的木材尺寸稳定性很好，经测试，在t=27℃，ϕ =30%～90%的环境中周期性变化，每周期为4个月，经10个周期后，试样的*ASE*未变。又如浸在9%的硫酸水溶液中，t=25℃，T=18小时，*ASE*值也未受影响。当温度上升至40℃时，*ASE*从75%下降到65%，通过处理后的木材，不受海洋钻孔动物的侵蚀。

上述处理后要从木材中排除所吸取过量的处理液，及回

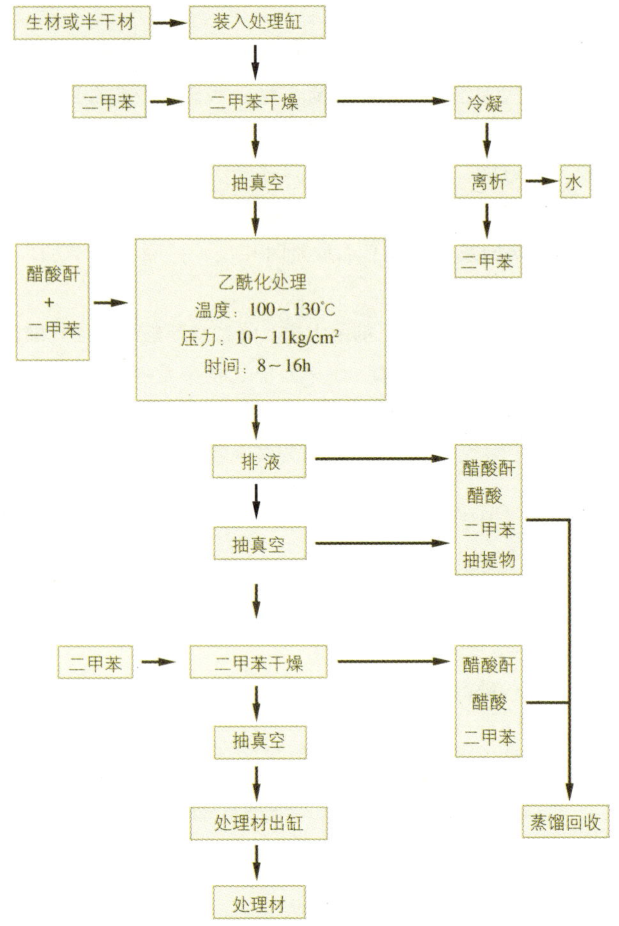

图 3-11 醋酸酐加二甲苯使木材乙酰化的流程示意图

收催化剂吡啶有一定困难。以下液相法解决了这些问题。

②不用催化剂，用二甲苯或氯化烃等溶剂作稀释剂，将醋酸酐稀释成25%浓度的稀释液作处理液。在温度为100～130℃时能使木材很好地乙酰化。因芳香烃不会使木材膨胀，所以木材吸收处理液能减少，此外回收二甲苯的过程比分离催化剂要简单得多。二甲苯与醋酸酐乙酸化木材的方法是液相法中较好的方法。其工艺流程示意图见图 3-11。

(2) 气相法：气相法适宜于单板及厚度较小(小于 3mm)的材料。乙酰化速度取决于木材样品的大小、形状、渗透性、混合蒸汽的成分和温度等。

①吡啶前处理→80%醋酸酐和20%吡啶混合汽(或两者等量混合汽)中，0.16mm厚的桦木单板在90℃下处理6h，*PL*可达 20%，*ASE* 可达 70%；白云杉需处理 10h，*PL* 达 26%，*ASE* 也可达70%；②用尿素和硫酸铵的混合液前处理→干燥→醋酸酐蒸汽中气相处理；③用醋酸钾溶液前处理→干燥→等量的二甲替甲酰(DMF)和醋酸酐混合、蒸汽处理。

(3) 综合应用法：①在电场频率21～25MHz的高频电场下，进行液相乙酰化，可大大缩短处理时间；②乙酰化与热处理联合应用，无论是乙酰化后热处理，还是热处理后乙酰

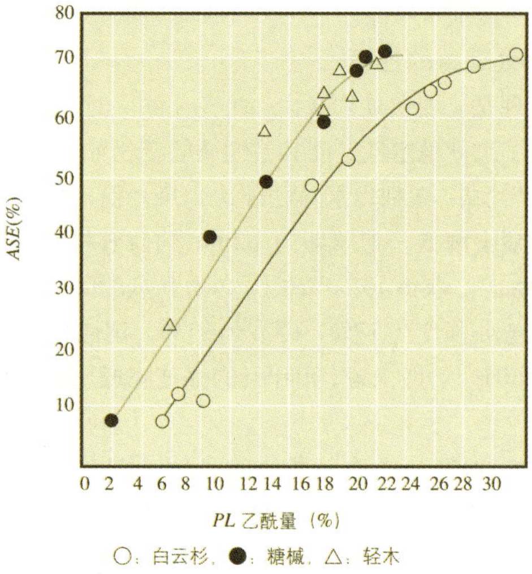

图 3-12 乙酰化单板的乙酰量和 *ASE* 的关系

化，均可提高耐水性和尺寸稳定性；③乙酰化后再作环氧(交联)处理，如再在真空下，*t*=100～120℃，用环氧乙烷处理2～4h，可进一步提高尺寸稳定性；④磨木浆乙酰化处理后制纤维板。

木材含水率对乙酰化有很大影响，一般认为含水率 2%～5% 为好。含水率过高，醋酸酐会水解成醋酸，增加 1%，醋酸酐要损剪断强度。乙酰化对应力松弛的影响明显，在短时间内，由于温度上升造成松弛模量的降低，随乙酰化程度的提高而变小。

图3-12显示白云杉、糖槭、轻木的乙酰化单板的乙酰量与 *ASE* 的关系。

4. 乙酰化材的性质

(1) 物理性质：① *MEE* 比 *ASE* 小一些。此外在一定相对湿度的范围内两者几乎都不变；②透气性和水分的扩散速度减少；③在有机溶液中的膨润量变小；④热膨胀系数变大；⑤紫外光线照射后稍被漂白，而亮度几乎不变；⑥由干燥所引起的纹孔闭锁变少；⑦孔隙径的分布几乎不变，而空隙量减少；⑧乙酰量(*PL*)和处理材密度的增加率大致成比例，而在高度密度材的处理上，因容积增加率变大的缘故，比重的增加反而变小。

(2) 力学性质：根据所用的膨润剂、催化剂的有无和种类，反应条件以及树种的不同，力学性质稍有不同。一般横压强度、硬度和韧性等稍有增加，增重率 *PL* 和抗缩率 *ASE* 的关系曲线，在达到同样的 *ASE* 时，阔叶材所需的乙酰化率（%）比针叶材要低。

(3) 化学性质：根据吡啶前处理后，用醋酸酐和吡啶的等量混合液进行气相处理的结果如下：①乙醚、乙醇、苯和热水的抽出物是和综纤维素、木素同样的，随处理时间而减少，在处理 8～12h 后，大致稳定；②碱的抽出物随处理时间

而增加，但聚戊糖和灰分不变。

(4) 胶合性：采用热固性树脂作胶合剂胶合时，因-OH基的减少，而胶合性降低，界面破坏变多。

(5) 耐腐性：用1%的氯化锌溶液作前处理，再用醋酸酐在120℃下进行气相处理的白云杉材上，*ASE*（乙酰量30%以上)达70%时，不产生腐朽，且具有防蚁防虫性。

3.2.3.3 异氰酸化

1.异氰酸化反应

异氰酸化是利用木材中的羟基和异氰酸酯反应，生成含氮的酯来达到木材胶合和尺寸稳定化的目的。

$$\text{Wood-OH+R-N=C(=O)} \xrightarrow{\text{催化剂}} \text{Wood-O-C(=O)-NHR}$$

反应所用的催化剂是挥发性的有机胺，如二甲基甲酰胺(DMF)等。所谓异氰酸酯为各种酯的统称，有一异氰酸酯(R-N=C=O)，和二异氰酸酯(O=C=N-R-N=C=O)，通常均为具难闻气味的液体。

在胶合方面，使用氨基甲酸酯，水性乙烯氨基甲酸酯等作为新的胶黏剂已被实用化。其优点是与水、酒精、胺、酸等容易反应，缺点是有毒性。

在木材尺寸稳定化方面，使用异氰酸苯酯(TDI)，4，4-二苯甲烷二异氰酸酯(MDI)，异氰酸甲酯，异氰酸丁酯，氨基甲酸酯的预聚合物或异氰酸甲酯—MMA的混合相，处理方法可用气相法或液相法进行。由于这些化合物对木材的膨胀作用较小，所以常常先用催化剂，如二甲基甲酰胺(DMF)膨胀木材，然后再用异氰酸酯类浸透处理。具体方法为：

(1)全干木材样品放在DMF中浸泡，然后放到130℃的异氰酸酯中浸泡2h，*PL*=20%～30%，*ASE*=50%～70%，但当*PL*＞35%时，所增加的化学试剂导致细胞壁结构的破坏，反而丧失尺寸稳定性。在电子显微镜下观察*PL*＞35%时，在细胞壁上出现了裂纹，木材新破裂的细胞壁暴露出的羟基将和水结合，引起了木材的超膨胀。

(2)用二异氰酸酯和二氯甲烷的等量混合液处理。

(3)用异氰酸丁酯—DMF混合相在130℃下气相处理。木材含水率越高，*PL*减少；若*PL*增加，则*ASE*也增加。

(4)用异氰酸苯酯(TDI)为处理剂，氮气为介质，在20℃下气相处理。该方法处理，越是木材表面层，反应越容易，所生成的氨基甲酸酯几乎全部和木材成分的表观结合，并在反应初期很快产生结合。再者*MEE*和*ASE*随氮气量的增加而变高。通常处理材在低相对湿度下，表现出高的*MEE*和*ASE*；在高相对湿度下，则有较大的降低。

(5)用乙二醇(EG)—MDI—二噁烷的液相处理，生成的氨基甲酸酯和游离乙二醇共存。而处理材的*MEE*和*ASE*在MDI的摩尔分率为0.5时出现最大值。有可能不损坏吸湿性

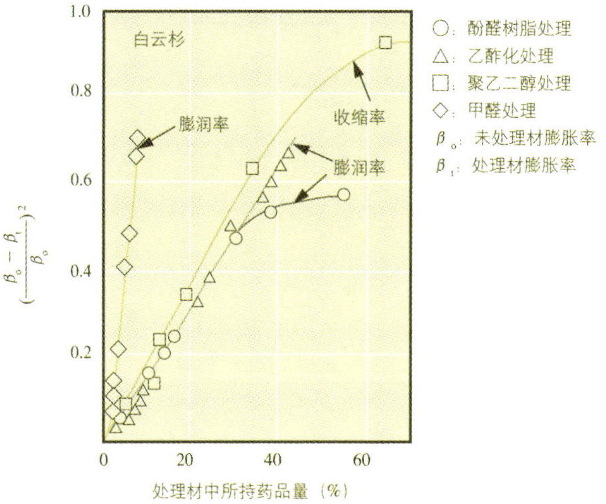

图3-13 各种处理材中所持药品量和尺寸稳定性

的尺寸稳定化。

2.异氰酸化处理材的性质

(1)异氰酸脂处理材*PL*=20%～30%时，具有很好的尺寸稳定性外，还有很好的抗生物侵害的能力。处理材在海洋环境中也有很好的性能。试验表明，大部分异氰酸酯都能进入到细胞壁，和木材中的羟基起反应，而不是填充在细胞腔内。因改变了木材中碳水化合物的成分，所以增加了木材抗生物降解的能力。

(2)二异氰酸酯处理材的压缩和弯曲强度都有所提高，并随聚合物含量的增加而增加。未见到像用酚醛树脂处理后韧性下降现象，相反还稍有增加。但在异氰酸丁酯——DMF处理材上，韧性和耐磨性约降低25%。二异氰酸酯处理材上耐腐性未见到明显改善。

3.2.3.4 甲醛处理

采用强酸或无机盐催化，在甲醛(FA)蒸汽中把纤维素材料处理，进行甲缩醛化反应，很早就已应用。对于木材的尺寸稳定化作甲醛处理的报告也很多。处理成功者*PL*=2%～4%，能得到*ASE*=60%～70%。见图3-13。

1.甲醛(FA)的膨润

伯姆斯特(Burmester)采用甲醛和水对木材不同的膨润结果，见表3-9。

据表可知，木材吸着FA蒸汽后，在径向和弦向的膨润

表3-9 欧洲赤松水和甲醛的膨润

膨润剂	剂量(g)	膨润量(mm)			
		膨润量		膨润量/g	
		径向	弦向	径向	弦向
水	2.58	0.18	0.07	0.070	0.027
甲醛	4.52	0.60	0.24	0.133	0.053

注：多聚甲醛的蒸汽在真空下吸收

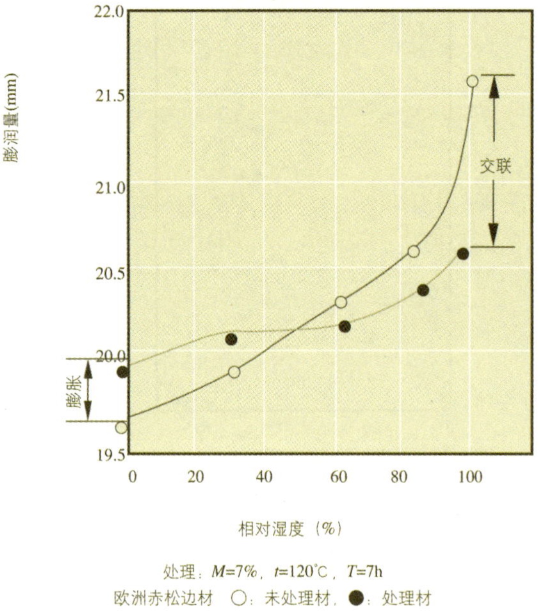

图 3-14 甲醛处理材的膨润

量均为吸着同量水蒸气的2倍。处理温度在95～120℃以下时，随着温度的升高和时间的加长，材内持有量将不断增加，膨润量也随之加大。

2. 甲醛交联反应

FA(HCHO)一般是取水溶液或固态聚合体使用。多聚甲醛是FA聚合体的一种，用$HO(CH_2O)_nH$表示。n为聚合度，10～100。FA一般是和具有活性氢的化合物反应，生成羟甲基化合物。在有酸催化时，生成甲基(甲撑)化合物。荒木曾以氯化氢为催化剂，将棉花纤维素在95℃下，使它和FA的蒸汽反应7～12h。就其生成物进行构造确定，生成物以亚甲基醚为主，Cell-O-CH_2-O-Cell。一般在分子间的交联是在(1)6-6′，(2)6-2′，或(3)2-2′之间进行，而有时部分处如(4)环状的FA在同一吡喃葡萄糖残基上形成交联。结合在2、3、6位上羟基之间FA的结合克分子比为C_6-OH：C_3-OH：C_2-OH=43：2：14。即FA和C_6-OH起反应者为最多，C_2-OH次之，C_3-OH最少。

木材中的纤维素和FA的反应结果明确地产生了上述交联结合。对于FA处理材的*ASE*如图3-14所示。主要由未反应的FA的充填，仅少量有充胀效应的作用，而亚甲基醚的交联结合起了大作用。

3. 甲醛处理条件

(1)催化：FA处理即使无催化也能进行，以氯化氢(气相)和氯化锌(1%～2%浓度)作为催化剂是有效的。催化一般是采用前处理，而和FA蒸汽同时处理(氯化氢)，或者作后处理将FA固定有时也采用。使用氯化铝和氯化铵催化和FA同时作用时，能得到较高的*ASE*，析出的FA也少。*ASE*约为40%时，木材稍有劣化。

(2) 反应温度和时间：以氯化氢作为催化时，反应温度在95℃，处理2h以上，能得到较好的*ASE*。扁柏心材用浓度为0.15g/l的氯化氢前处理3h，FA处理10h，在温度为70℃时，*ASE*=55%；而温度95～100℃时，*ASE*=60%～70%。当以浓度为1%～2%的氯化锌催化时，最适应的反应温度是120℃。利用氯化锌作催化剂要比氯化氢需要更高的反应温度和更长的时间，才能达到预期的目的。

(3) 处理时木材含水率：氯化氢催化(0.25g/l，2h)，FA处理(95℃，8h)的条件下，扁柏和岳桦含水率为8%时出现最高的*ASE*。

(4) 木材树种：伯姆斯特就8种针阔叶材的心边材，用氯化氢催化(60℃，15h)，FA处理(120℃，5h)，结果由于树种的不同，所结合的FA量和*ASE*也不同。柚木对FA处理的效果不明显，欧洲水青冈处理效果大，甚至比未处理的柚木的膨润量还要小。

(5) 醛化物：二元乙二醛、戊二醛和α-羟基醛由强酸催化能充分反应，但木材不能得到高的*ASE*。三氯乙醛水合物处理能得良好的尺寸稳定性，但由于水的原因这种效果会迅速丧失。

(6) 与蒸煮处理并用：伯姆斯特认为FA处理前将木材蒸煮，或FA处理后蒸煮的方法，都是有实用性的处理方法。这种方法加大FA处理充胀效应的同时，和单宁等次要成分的交联也变多。此外对于FA蒸汽浸透困难的心材，也容易做到化学结合。结果表示见图3-15。图中3是由于蒸煮，木材变得活性化，使FA的保持量增加。充胀效应和交联相结合，在尺寸稳定化方面起了巨大的作用。*ASE*可高达80%。

(7) 复合FA处理：一般FA处理材韧性有较大的降低，为了使这一现象有所改善，在FA处理时用单宁、蔗糖和PEG等用前处理，而使木材充胀变大的同时，有助于交联结合减少，来达到减少韧性降低的目的。

单宁前处理材的*ASE*和*MEE*在低的相对湿度区域显示出低的值，而在高的相对湿度区域分别显示出其高的值。

(8) FA-γ线辐照并用处理：本方法是无催化的FA处理方法，可分前辐照，同时辐照和后辐照。绝干的欧洲赤松边材在FA处理后，减压下γ辐照的效果见表3-10。辐照总剂量达10^7rad才见成效。与未照射材相比结合的FA量约增加1.6倍，吸湿性得到改良，韧性的降低也减少。

4. 物理性质

甲醛处理材的*ASE*和*MEE*，在整个相对湿度范围是较稳定的。相对湿度变高，*ASE*和*MEE*各自有些提高。其原因是：①结晶区的增加；②由于链状分子间的交联结合，使初期吸着点减少；③防止了二次吸着点的新生。

FA处理材即便在干湿交互反复的环境中，也有永久的

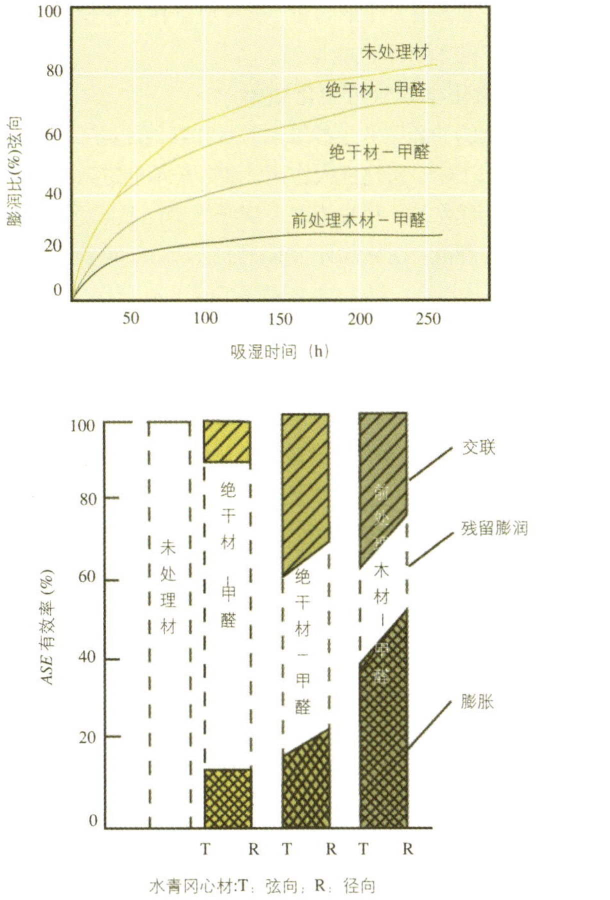

图 3-15 各种甲醛处理材膨胀状态和 ASE 的构成比例

表 3-10 由 γ 辐照所结合的甲醛量

照射总剂量(rad)	结合甲醛量(mg/cm^3)木材
0	2.752
10^3	2.669
10^5	2.431
10^7	4.393

注：用 OXim 法测定。减压下 100℃，70h 多聚甲醛气体中处理后 γ 射辐照

稳定性，能看到具有疏水性，纤维饱和点比未处理材要低 12～13，对于膨润和收缩的异向性未见到有意义的变化，处理质量和比重略有增加。

5. 力学性质

FA 处理材的压缩和弯曲强度的绝对值没有很大的提高。因为处理材即使在相对湿度升高时，含水率的增加很少，所以在未处理材上所见的随含水率增加强度降低的现象，在处理材上不明显。就日本扁柏 FA 处理材压缩强度在干湿两状态下，特别是饱水状态，比未处理材约高 2.6 倍。弯曲强度在气干状态下几乎是同样的，破坏挠度约为未处理材的 60%，处理后刚性增加了。

在饱水状态下，处理材和未处理材相比，强度为 1.6 倍，弹性模量为 1.3 倍。硬度也由于处理而增大，硬度随含水率的增加而减少。

FA 处理材的韧性和耐磨性，随 *ASE* 的增加呈指数函数关系急剧地减少。这主要是 FA 处理时加热造成的影响，另处理采用强酸性的催化剂与游离的水分子作用，使木材水解，也能产生木材材质的劣化。克服 FA 处理脆性的主要方法是采用和 γ 线辐照并用的方法。就高分子的分子构造和物性的关系而言，产生交联结合时，拉伸强度、弹性模量、硬度、耐水、耐膨润、耐酸、耐碱等性能得到改善。而相反耐冲击、伸长和胶合等性能有所劣化。在木材 FA 处理材上所见的现象是以构成成分间产生交联结合为依据的。

6. 耐腐性

在用氯化锌催化的 FA 处理材上，*ASE* 达 50% 以上时，未见到密粘革裥菌(Lenziles trabea)的腐朽现象。此外如图 3-16 所示，FA 处理材比 WPC 有更大的耐朽性。

FA 处理材优点有：①能气相处理；②用少量药剂能得到大的尺寸稳定性；③尺寸稳定性有永久性；④质量增加少；⑤耐久性好。

FA 处理材缺点有：①未反应的 FA 除去困难；②在有酸性催化剂的处理材上韧性和耐磨性有较大的降低。

从以上事实出发，FA 处理至今尚未能见到实用化。但在对尺寸稳定和耐腐性有要求的特殊用途材的开发，及 FA 处理方法等方面，今后仍是要研究的课题。

3.3 木材软化处理

木材由于缺乏塑性，所以在加工成形时，以切削和胶合的组合为主。这与塑性加工容易的金属、陶瓷、塑料等有很大的不同。

但在某种特定的条件下，木材的塑性有时也相当明显。利用这种性质可将木材进行某种程度的塑性加工。本节主要介绍木材的塑性在何种条件下出现，能利用于何处，如何利

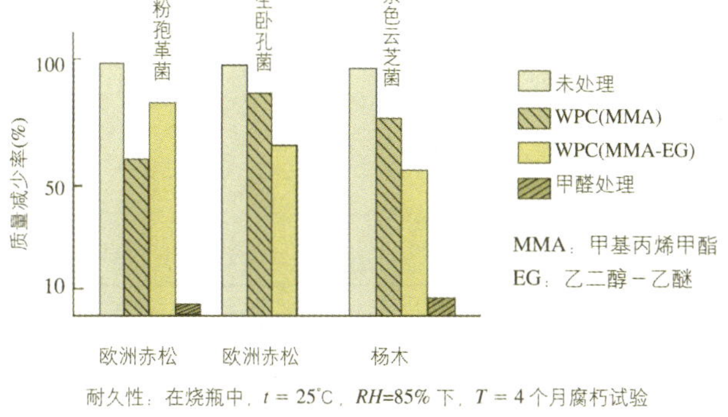

图 3-16 WPC 和甲醛处理材的耐腐性

用等问题。

3.3.1 软化的机理和处理

3.3.1.1 软化的机理

1. 塑性和可塑性

在表示材料力学性质的应力应变图上，对于许多材料在应力小的区段，应变对应于应力成比例的增大，但是到达某一应力(比例极限应力)以上时，应变变化的比例变大，随后如超出该应力数值以上，即使不再加大应力，应变也能增加，通常把这点叫做屈服点，把即使不增加力，变形也继续进行的性质称为塑性。

即使本来是弹性材料，由于条件的改变能够呈现塑性，称做可塑化。材料由于可塑化会出现以下几个特征：

(1) 弹性模量(刚性)的降低——变柔软；

(2) 弹性区域的减少或消失——变形之后难以恢复；

(3) 破坏应变的增大——大的变形成为可能；

(4) 破坏能的增大——脆性材料出现发黏。

木材由于力作用的方向、施加力的种类不同，能得到各种形状的应力－应变图，在通常的温、湿度条件下的破坏，不能清楚地看到屈服点。此外干木材的应力应变线随温度的不同，不太有变化，因为木材的软化点在热分解温度以上，所以认为木材是缺乏塑性的材料。

2. 由膨润而引起的变形性能的变化

木材由吸着水、氨或低分子醇、酚、胺等极性气体或液体作用，会产生膨润。这些膨润剂进入到构成木材的高分子的分子链之间时，因分子间的结合变弱，在施加外力时，由于分子链相互移动，容易成为变形。在这种状态下如升高温度，变形变得更加容易。即木材由于膨润，弹性模量变小，转化的起始温度也降低。其程度根据膨润剂的种类、膨润率的不同而异(图3-17)。

给予这种变形性能的，除膨润效果之外，在施加一定外力的状态下，如湿润了的木材，边干燥，边升高温度，要比木材含水率和温度为一定时，能得到更显著的变形性能。其量可达初期变形量的3倍以上。但这种变形量大部分在除去

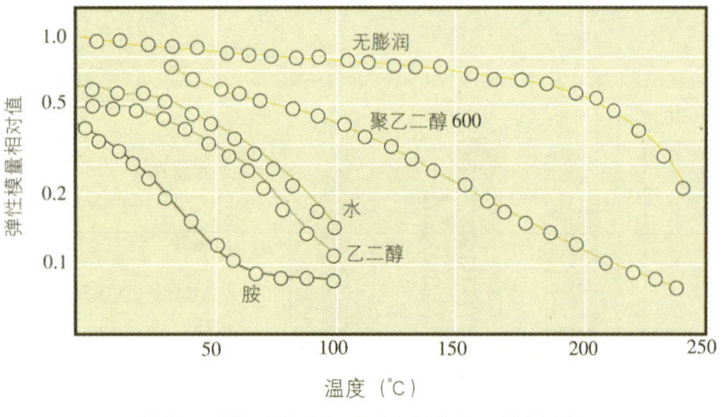

纵轴：无膨润木材在0℃的剪切模量为1.0的相对值

图3-17 用各种膨润剂饱和了的木材上，剪切模量和温度的关系

外力之后，作为永久变形残留。该种现象在用水之外而用膨润剂膨润了的木材上也能见到。

3. 木材化学成分可塑化效果

纤维素的非晶区和半纤维素对水和其他膨润剂具有强的亲合性，所以对膨润起巨大作用。水分子不能进入到纤维素的结晶区，而液态氨和胺能进入到纤维素结晶区之中，能引起微晶内的膨润，在施加外力时，纤维素分子相互移动将变得容易。但是用乙二胺水溶液膨润了的木材，因乙二胺浓度增加而膨润率增加，与此同时刚性将变低。但是破坏应变在不产生微晶内膨润的范围内，随膨润率的增加而增大，产生微晶内膨润后的膨润量比水的膨润量还要小。因而在实用可塑化方面微晶内的膨润尽量避免为好。

木素是与木材可塑化相关联的极其重要的成分。纤维素的软化点是不论水分子吸着的有无，约为230℃，而木素的软化点由于水的存在，从190℃起降低到70～116℃为止。氨对于木素也具有强的亲合能力。木素的溶解性、膨润性随溶剂的氢键能力的增大而增大，其最大值是在凝聚能密度为10～12时，氨比水更接近于最佳值。

综上所述，木材用膨润剂处理时，其塑性变形也许是纤维素的非晶区、半纤维素和木素分子相互间的移动；还有从这些成分在细胞壁中的分布出发，在胞间层内细胞间的相互移动也是一重要的因子。

4. 形状的固定

在木材的塑性加工中，使木材变形的同时，形状固定工艺也是极为重要的。木材一发生变形，内部就会产生应力，一旦解除变形约束，就会产生回弹，用外力按变形木材形状进行约束时，所需的约束力随时间的延长而慢慢减小，这种现象称应力松弛。

含水率一定时，经约几个小时的时间应力松弛在10%以内，而最初所加的力，大部分仍残留着。为此湿润的木材保持着所要求的变形状态下进行干燥，至干燥终了为止，保持原变形所需的约束力，减少到最初约束力的5%以下。解除变形后反向回弹的大小，是决定于解除约束时的残留力和木材此时的弹性模量。所以在采用一边变形约束一边干燥的工艺处理后的木材上，反向回弹可以降低到2%～3%以下，即最初所给予的变形，几乎可以全部作为残留变形固定。在干燥时这样形状被固定的现象被称为干燥硬化。用干燥硬化所固定的形状，含水率限定保持在10%以下时，才大致是稳定的。含水率超过10%，由于吸湿将部分回复到原状，由于吸水将大部分回复到原来形状。在干燥过程中变形量的显著增加和产生应力松弛，其结果而产生的干燥硬化是一种塑性变形。此时的变形量和松弛速度受应力的大小、含水率及变化速度所支配。

把成形工艺中力和变形的基本关系表示在图3-18中。

干燥材产生OA'的变形，需要外力A；按原状约束时间为T内的变形，所需的力是B，仅稍有松弛。在这时如解

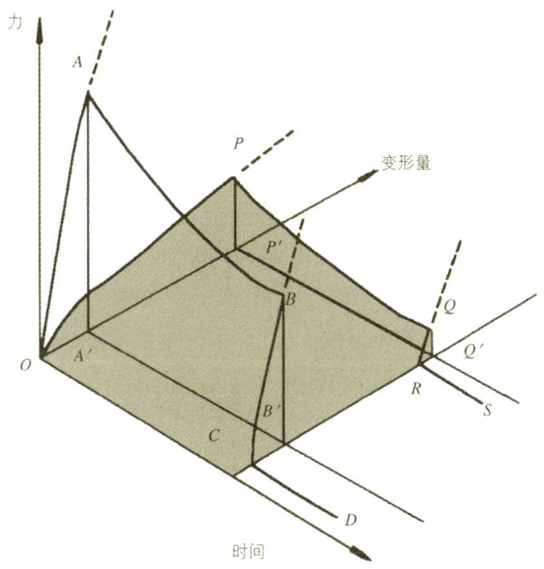

图 3-18 成形工艺中的力和变形的关系

除约束，变形将沿 OA 的平行线 BC 作弹性回复，在这以后也仅残留微量残余变形 D。

高温下湿润木材变形时，为了将变形量达到 OP' 的程度时，必须要有一外力 P，因为是在高温和高含水状态，仅需较小的力就能得到较大的变形，按原状约束变形的时间 T 内，进行干燥的话，外力大部分得到松弛，约束所需的力仅为 Q，在这时如解除约束，变形将沿 QR 线进行弹性回复，而 QR 线是平行于干燥材开始线 OA 的。变形的反向回弹是极小的，大的残留变形 S 被硬化下来。

用水之外挥发性的膨润剂，膨润后的木材在外力或变形下进行干燥时，也能看到类似的过程，此外用比水膨润能力大的膨润剂膨润过的木材进行约束变形，按原样用水溶脱膨润剂后，也产生类似的硬化。

3.3.1.2 软化处理

1. 木材软化的目的

(1) 成形加工：将木材暂时软化，按所要求的形状成形，然后在成形状态下重新回复到木材原有的刚性，为达此目的有自古以来就采用的蒸煮后的曲木，有将饱水木材应用现代科学技术微波加热成形，也有采用液体氨和气态氨处理等种种方法。这些方法和切削、胶合、接合等成形有所不同，是一种不损木材纤维连续性的成形加工的方法。

(2) 压密化：为了提高木材的强度和弹性模量，采用将木材加压，用压缩的方法使其密度增大。在压缩过程中将木材暂时软化，目的是使木材容易做到压密化，如将木材表面层压密化可提高抗磨性能；此外利用刻花的模具将木材表面压密化能对木材进行特殊的压花加工。对于这些方法使木材暂时软化，可使用含水状态下的加热处理，也可用氨水浸渍等方法。

(3) 碎料成型：将木材刨花等碎料或纸浆、纤维等在一定形状下加工成形，也有软化的过程，与此同时进行了表层压密化，刨花板、纤维板制造等正是如此。

(4) 永久性软化：在木材中适当地添加可塑剂，能把木材的软化点降低到常温以下，就是想在常温附近就能得到柔软性的木材。已知将胺作为基体的不挥发性膨润剂有这种功能。但真正做到实用，尚有几个具体问题需解决。

2. 使用水和热的软化

(1) 特征：水作为木材的可塑剂在生材中就普遍存在，且无臭、无害，此外即使排出也不会成为公害。水作为木材的可塑剂，加热之后，可达到同样的软化效果，即使从外部热到木材内部，所需的时间也比用可塑剂浸透或使其扩散到木材之中要短。如采用微波加热时在极短的时间内就能完成。采用水和热的可塑化往往仅限于木材实质中的含湿区域，所以硬化后往往产生由水分引起的反向回弹。

(2) 蒸煮曲木：采用热水的浸渍，或是在高温下气蒸，均能使木材具有柔软性，曲木加工即是利用了这种性质。木材的刚性随着水的膨润而降低，与此同时最大变形量将会增大，这种作用由于加热会变得更明显。水和热给予木材的变形性能的效果对压缩和拉伸是大不相同的。压缩较敏感，稍微施加一点压缩力，就能得到极大的压缩变形；而拉伸破坏变形相对地减少。当弯曲半径小于 30 倍材厚时，采用Thonet法，即在曲木凸侧(拉伸侧)上使用金属带，移动中心轴，拉伸力让金属带承担，在木材上仅承受压缩应力。

曲木的树种一般选择温带产的阔叶材，如白腊树属、枫香属、桦木属、山毛榉属、刺槐属等树种易弯曲，且破损较少。

采用蒸煮软化的木材，易于成形(主要指弯曲)，成形后有必要恢复木材原有的高刚性状态，为此用成形时的原样进行干燥。成形后的干燥是极为重要的工艺，它不仅是为了除去木材中的水分，也为了防止反向回弹。为此有必要在成形的原样下，使含水率下降到10%以下。蒸煮曲木是采用干燥硬化的方法，由于强烈的干湿反复和吸水，有必要注意由此而形成的反向回弹问题。

(3) 微波曲木：这是 20 世纪 80 年代才开发的曲木新工艺。采用饱水材，在弯曲变形过程中用 2450MHz 的微波照射，材温在短时间内急剧上升，水分通常保持在非平衡状态，在弯曲加工时，最大应力作用在材表层部，而含水率在表层部要比内部高等木材塑性变形容易的条件，全部能得到满足。微波曲木与传统的蒸煮曲木法相比，它能在短时间内完成，且能作较小弯曲半径的弯曲。

如把厚度1cm饱水材用微波照射，加热1～2min后取出，沿着用金属带做的模具弯曲。刺槐和火炬松(*Pinus taeda*)通过一次操作，曲率半径能弯至3cm。对于多数树种，采用顺次减小曲率半径的多次反复操作，能将曲率半径弯至3～7cm，并能达到在压缩侧几乎不出现折皱的现象。

(4) 刨花板：刨花板是将胶料喷涂到刨花上，通过热压制成板的一种板状材料。制造过程中刨花在板坯中的受压过程，即是木材塑性变形的过程。它是干燥中载荷引起的塑性变形和干燥硬化结合的结果。因而在原料刨花中必须含有一定程度的水分，作为胶合剂的溶剂也要根据所含的水分而添加。在工艺过程中，压缩初期刨花在铺装板坯中，由于滑动、再排列、弯曲等首先填没了刨花相互间的空隙，其次在温度、含水率、干燥速率等条件齐备的情况下，以刨花为主进行由横压塑性变形的压密化，最终在各自状态下由干燥硬化和胶合剂硬化而被固定。刨花板制造时，根据压缩的不同时期压力是变化的，在板坯厚度方向上刨花的温度、含水率也不同，所以板坯中的各部分在不同的时间点上要作出相应的变形，在近热压板的两表层，在压力高的阶段中，因含水率和温度都高，且干燥速率也大，所以急剧地产生显著的塑性变形，在刨花板的表层出现高密度层。相反在中心层，由于塑性变形的条件不齐全，而没有压密化。刨花板厚度方向密度分布和材质，除取决于原料的种类(树种、形状等)和性质外，根据上述理由，还取决于板坯的含水率分布、加压速度、压力和温度。

从刨花板形成的机理出发，了解到刨花板吸水后，在厚度方向比木材有更明显膨胀的原因，使得干燥硬化后的刨花由于水分而引起的回复。

3. 氨的软化作用

1955年斯担姆(Stamm)首先提出用液氨来使木材软化。它与使用水和热的软化相比有以下优点：①几乎所有阔叶材用氨法均能得到充分软化；②成型时所需的力小，时间短，破损少；③成型后制品恢复原状的趋向较小，是一种受商界重视，极有前途的可塑化方法。但因刺激性和臭气较强，操作必须在封闭系统中进行。

(1) 氨对木材的溶剂作用：氨塑化木材有良好效果是氨与木材中主要成分的溶剂特性有关。液氨的塑化作用表现在它对木素和多聚糖类都是很好的膨胀剂。木素在木材中是具有分枝状交联的球形高聚物。氨塑化时，木素分子发生扭曲变形，但分子链不溶解或不完全分离，并松懈木素与多聚糖类的化学联结，呈现软化状态。而水虽能进入木素结构的一定范围内，在同样的温度和压力下，木素分子不产生明显的变形。

巴里(Barry)、潘欣(Peterson)等论证了液氨膨胀纤维素的非结晶结构。纤维素非结晶区形成溶剂化合物的能力和纤维素晶格的扩大和疏松能力无疑对木材的塑化是十分重要的。液氨能与纤维素的羧基发生强烈的酸—碱反应，由于它的分子太小，难于溶解纤维素。而水仅能进入到纤维素的非晶区，故塑化能力远不如氨。半纤维素在液氨中类似于低分子量的纤维素，半纤维素在25℃用液氨处理5h，也有脱乙酰作用和形成乙酰胺，糖醛酸基也可变成铵盐或氨化物。这些变化对木材大分子来说比较小。在低温下这些变化将会减小，半纤维素在液氨中的溶解性可能导致它们在细胞壁中的重新定向。

(2) 液态氨的软化：用液态氨使木材软化是可塑化加工方面较为普遍的方法。氨的液化温度为－33℃，在该温度以下氨成为液态氨。处理方法为：将气干或绝干的木材放置于盛有液态氨的冷却槽中浸渍，或先将木材放入处理缸中冷却，抽真空后将液态氨注入。待液态氨充分浸透木材之后，然后取出，进行成型加工。

为了促进液态氨的渗透，也有采用预先将木材细胞腔中的空气用气态氨或二氧化碳气等置换的方法。厚度为3mm的单板，在液态氨中浸渍4h，在弯曲加工方面就能得到足够的可塑性。当然如果浸渍24h，可塑性能够得到更大地提高。从液态氨中取出的木材宜立即成型加工，在常温下木材易于变形的时间仅8～30min。

该方法与采用蒸煮软化相比较其优点是：①曲率半径能更小；②对于变形所需的力，在较小情况下就能完成；③木材破损率小；④受反复干湿时的反向回弹几乎没有；⑤几乎所有的树种都能适用等。一般蒸煮曲木加工适用的树种，采用液态氨曲木加工也适用。液态氨处理桦木的物理力学性见表3-11。

在液氨处理中，因细胞壁极度软化，在氨挥发时易产生细胞的溃陷。有时这种收缩可为原尺寸的百分之几至30%左右。为了防止这种收缩，可考虑在液态氨中添加不挥发性的膨润剂，如以聚乙二醇为添加剂是有效的，不影响可塑性的效果而防止收缩。

(3) 气态氨的软化：液态氨必须在低温下处理，而气态氨常温下就能处理，也能得到同样的软化效果。

向木材中进行气态氨的扩散、渗透时，气干材比全干材要来得快。所以木材含水率为10%～20%处理效果较好。把0.3～2cm厚的气干材放入处理缸中，排气后导入饱和气态氨(26℃时约10个大气压，5℃时约5个大气压)，对应于不同的板厚如作2～4h处理，能进行曲率半径与板厚之比为4的弯曲。气态氨与液态氨处理的不同之处为气态氨没有在细胞腔中滞留，所以用量较少即能完成。

(4) 氨水的压密化：压密化是将木材作垂直于纤维方向

表3-11 液态氨处理桦木的物理力学性能

物理力学性能	处理前	处理后	
		处理2h	处理16h
体积收缩	－17.0	17.8	
从绝干至温度24.5℃相对湿度70%的膨润(%)	5.1	8.1	8.6
动弹模量(10^4GPa)	1.52	1.25	1.22
动成损耗(tgδ)	0.08	0.15	0.16

的热压，以达到提高密度，改良材质的目的。进行压密化前，如将木材放入氨水中预先浸渍，可增加软化的效果。当施加一定载荷时，氨水的浓度越高，用较短的浸渍时间即能达到预定的压缩率。将密度为0.63 g/cm³的木材，放置在浓度为25%的氨水之中，根据板厚决定浸渍时间，经浸渍、软化，在8.0MPa的压力下经3min压缩，除去压力后能得到密度为1.2～1.3 g/cm³的压缩木材(图3-19)。如使用曲面模具也能曲面成形。这种处理材顺纹弹性模量约为处理前的2.6倍，横向弹性模量约为4倍，各类强度有很大提高。如拉伸强度可达428MPa，压缩强度为173MPa，弯曲强度为281.9MPa。

此外还有把木材纤维、锯屑用20%氨水中浸渍后，在190～200℃，4～5MPa的条件下热压10min，能制成密度为0.9～1.1的板材等诸如此类的报导。

3.3.2 影响氨软化木材的因素及性质

3.3.2.1 影响氨软化木材的因素

影响氨软化木材的主要因素有时间、温度、压力、后处理和树种等。

1. 时间

氨软化时溶剂和聚合物间的反应为氢键反应，也是酸碱反应。因此氨分子一靠近羟基反应马上发生，木材的大分子结构重新排列，以能容纳溶剂的体积。对于木材来说软化木材所需要的时间不仅仅取决于反应过程的时间，而更主要是决定于氨扩散到木材中的速率，也就是取决于木材的渗透性。厚度为1.6mm的木片，15～30min内可完全软化，尺寸为3.2mm × 10mm × 1100mm的木材试样，需4～5h才能软化至适合弯曲的程度。如在加入氨之前先向木材抽真空，或用加压浸注的方法，可大大减少软化所需的时间。软化速度很大程度上还受到有效的液体通路结构的影响，为了用最短的时间达到软化目的，应该避免太大程度的大分子重新排列，细胞壁的崩溃，以及纤维素的脱乙酰化作用等。

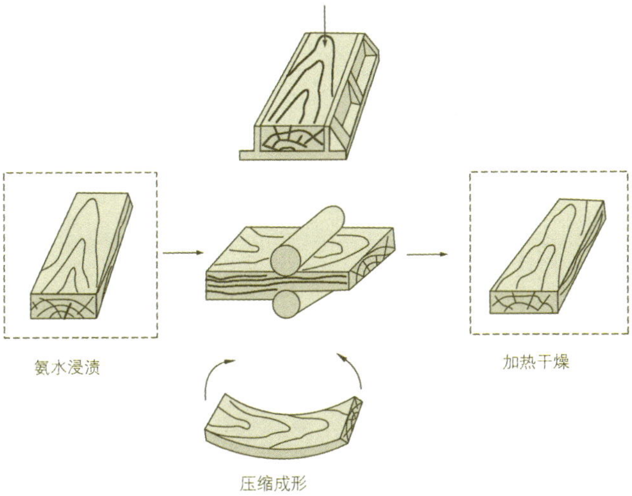

图3-19 用氨水处理的压缩成形加工

2. 温度

温度对软化的影响，反映了两个相反的作用。一方面降低温度能促进氢键连接，并有利于纤维的膨胀和软化。另一方面，降低温度会严重抑制分子的运动，增加刚性。例如当氨处理的木材在−50℃情况下，它是非常坚硬的，只有当温度升高后其塑性才能展现出来，但当温度升高后，氨将释放出来，纤维素分子间的氢键又会出现产生木材的刚性结构。所以考虑到这两个相反作用，必须选择木材成形最适合的温度范围，一般以室温和液氨沸点(−33℃)之间的温度最为合适。

3. 压力

如果软化操作是在较高的压力下进行，那么在较高的温度下有可能得到最佳柔韧性。但是压力最重要的影响是增加了浸注速度。对于处理厚的木材最佳的方案是对木材抽一次以上的真空，用氨气来清除细胞腔中的空气，然后在氨本身的蒸汽压下进行浸注。在常温下液氨的蒸汽压力1.05MPa。可在标准的设备中进行处理。

4. 后处理

可塑化木材的力学性质主要取决于软化的方法和后处理。取厚度为1.6mm，宽度为19mm，长度为150mm的桦木试片，经汽蒸几h，弯曲成直径为19mm的双圆形，然后用木夹固定其形状。另外用同样2个木片都用液氨软化半小时后，作同样的弯曲。其中一个用蒸汽扩散法除去氨，而另一个将它放入水中，用水将氨滤出。将这三种处理后的样品进行气干，并和大气平衡几天后，都放到温度为80±2℃的水中，结果汽蒸方法软化的样品展开角度为163°；液处理蒸发扩散的样品展开角度为74°，再干燥后角度减小到54°，有20°的变化是可逆的。液氨处理后水滤的样品表面有些变质，但在热水中展开角度很小。很明显用后一种方法使重新结晶作用延长到足够长的时间，以致将所产生的应变几乎完全释放，故仍保持双圆形。

从潮湿和干燥木材上所观察的角度差别，表示处于压缩状态的内表面要比处于拉伸状态的外表面对水分的敏感性要大。说明机械处理已改变了木材重新吸收水分的性能，证实了软化后的木材比软化前有较多的无定形区。

5. 树种

所有木材的细胞壁都能发生软化。木材化学组成上微小差别不会导致塑性溶剂—聚合物相互作用有很大改变。但是弯曲某些树种确实比另一些要容易一些。低密度的树种比高密度的树种易受压缩破坏。栎木等树种的环孔部位最可能发生损坏，且变形范围也很有限。用直纹理美国白腊树、山毛榉、桦木、核桃木、樱桃木等都能弯曲做成较复杂的形状。

3.3.2.2 氨软化处理木材的性质

1. **膨胀和收缩**

各种木材在氨中膨胀速率都比水中快，这是因为氨在木材中的扩散速率超过水的缘故。在达到平衡时，用氨浸泡，几乎所有木材都出现弦向超膨胀现象，少数树种出现径向超膨胀现象。超膨胀是与木材结构疏松，以及细胞壁滑移区有关。当氨从饱和蒸汽压中除去时，所有树种的木材都严重地收缩，这将造成细胞结构的瓦解。用氨处理的木材重新放在水中浸泡，将促进这种尺寸的下降。

氨处理木材的水中膨胀和收缩要比未处理的木材明显。但是水渗透到用氨处理后的木材中的速率却比未处理材要慢。

氨处理材和未处理材吸湿试验表明，开始氨处理材吸收水分稍多，但达平衡状态时，处理材吸收水分反而少些。膨胀与吸湿具有相似的现象，这可能与木材中纤维重新结晶现象有关。氨处理材对水蒸气的敏感程度可认为与未处理材基本是一样的。

2. **密度**

一次较长时间氨处理的结果，能使密度上升10%～40%，多次重复处理将促进其密度的增加。

3. **颜色**

木材颜色变化程度随处理时间和温度的不同而不同。通常可通过控制处理时间和温度来控制处理材的变色问题。

4. **力学性质**

用无水液氨处理后，木材绝大多数的力学性质都有所提高，但韧性都下降30%～40%。氨处理木材干燥后抗压、抗拉强度提高10%～40%，弯曲强度提高3%～30%，两者提高幅度都与树种有关，弯曲弹性模量约降低10%～20%。

氨对木材力学性质的不同影响还取决于处理的过程，有些降低了强度，有些则提高了木材的强度。引起力学性质降低的原因是：①氨处理在木材中引入了较弱的次价键，降低了结晶度；②细胞壁中成分的位移使木材实质变得较为疏松；③卷曲和细胞壁的微小破裂破坏了主价键和次价键的结合等。

引起力学性质增加的原因是：①由于细胞和细胞壁的压扁，增加了木材的密度；②由于组织的疏松和蠕变，使组织内的应力得到最大限度的消除及径、弦向异向程度的减少等，其中以密度的增加影响为最大，如在相对蒸汽压较高，延长处理时间，那么最大的影响作用将会被突出出来。

5. **流变性质**

氨对抗压强度的影响明显高于抗拉强度的影响，因抗压强度主要取决于木素的含量，这表明氨塑化时首先是从木素开始的。

用氨处理的木材呈线性，还是呈非线性型的粘弹性的问题至今尚未完全解决。在软化状态下载荷作用后的应变恢复较小，载荷作用时间越长，弹性应变越小。这就提出了在载荷作用下的塑性流动和延缓的弹性应变转换成不可逆的变形。

3.4 木材强化处理

木材经物理的或化学的方法，也可两者并用，提高木材的密度，使木材强度得到增加的处理称为木材强化处理。强化处理的产品有压缩木(Staypak)、浸渍木(Impreg)、胶压木(Compreg)、强化木(Densified)和塑合木(WPC)等。本节就前四种作简单介绍，塑合木由下节作重点介绍。

3.4.1 压缩木

木材是天然弹塑性材料，在一定条件下可不破坏其结构，而塑化压缩密实，以提高其密度。木材的强度和密度有着极其密切的关系，强度随密度的增加而增加。在19世纪30年代初德国就生产压缩木，并以Lignostone为商标在市场销售。压缩木最大缺点是尺寸不稳定，当将压缩木浸入水中，或放在潮湿的空气中，会吸收水分，有恢复原来尺寸的趋势。借助于各种处理工艺可减少这种趋势，但并不能完全消除这种趋势。

3.4.1.1 压缩木的制造方法

水分和热量可以看作是木材压缩时的增塑剂，所以木材在湿热的情况下会增加可塑性，使材质软化。在这种条件下不仅便于压缩，而且不会在木材压缩时造成细胞壁的破坏。经过压缩的木材当冷却和干燥后，就能使其形状得到固定。

木材压缩的永久恢复率与加压温度、水分含量、压力大小、压缩时间有密切关系，见图3-20。如果压缩前板坯的初始厚度为t，压缩后的厚度为t_c，压缩木浸入水中至压缩方向完全润胀为止，从润胀后的试件上锯下2mm厚的薄片，气

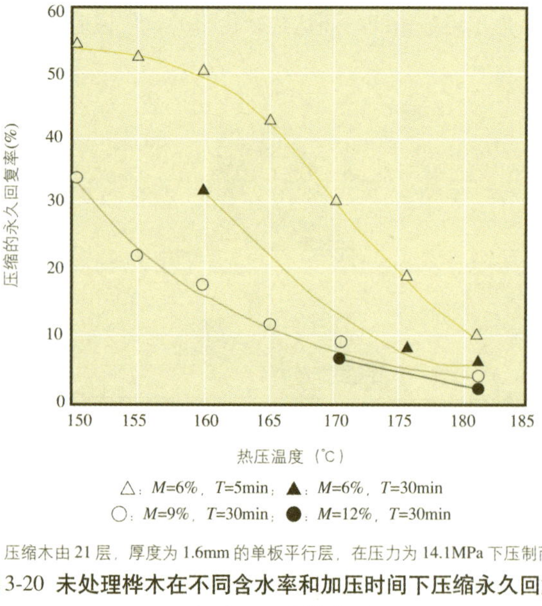

注：压缩木由21层，厚度为1.6mm的单板平行层，在压力为14.1MPa下压制而成

图3-20 未处理桦木在不同含水率和加压时间下压缩永久回复率与热压温度的关系

干、烘干后测得最大回复后压缩木的厚度为t_r，则压缩的永久回复率r可按下式计算。

$$r=\frac{t_r-t_c}{t_c}\times 100\%$$

图中曲线都是在14.1MPa的压力下进行的。由此可见，回复并不是压缩程度的函数，而是压缩木的内残余应力的函数。

图中表明回复主要受温度的影响，温度越高，则压缩的永久回复率越小。而压缩时水分含量越高，回复率也越小。当温度升高时，含水率和热压时间对回复率的影响将逐渐减小。

图中还可看到当温度升到180℃时，压缩永久回复率极小，这是由于木材中的木素在该温度下，产生轻微的塑性流动，减轻了由压缩而产生的内应力，木材润胀时的回复趋势变小，因而干燥后压缩永久回复率也变小。分离木素的塑性流动温度为125℃以上，木素含量高的水解木材约为170～180℃。实践表明在180℃下制成的压缩木表面会出现开裂。实际制造压缩木的温度常采用175～180℃之间，当压制厚度为2.5cm以上的板时，热压温度下降到165～170℃之间，时间为1h，板中心能得到充分加热。能允许木材中木素有塑性流动，以此来消除压缩而引起内应力的压缩木材叫稳态压缩木(staypak)。意思能保持压缩状态。这种稳态压缩木尺寸稳定性较好，外观上颜色变深，呈金黄色至深褐色，可根据颜色概略判断压缩永久回复率的大小。

压缩木树种以选择材质均匀、纹理直、水不溶性提取物含量低的木材如桦木等为好。提取物含量高的木材如松木、花旗松等并不适宜制作压缩木，因树脂状物质对木素的流动和充分压缩有干扰作用，不易得到稳定的产品。坯料可用实木或单板，最好是用锯制的平板来制造。通常压力为10.5～17.6MPa，制得压缩木的干容积比重为1.3～1.35，当小于该比重时产品膨胀快，且回复率也高。

热压时木材细胞壁中应含有不少于6%的水分，水分可减少在压缩变形过程中的内摩擦系数，而温度起着特殊的催化作用。图3-20还表明，当对尺寸稳定有一定要求时，未处理压缩木应尽可能在靠近使用含水率的条件下，以及在与允许韧性相适应的高温下压制。板坯热压时间需30min以上，为了使塑化木材所需的水分不会很快地逸出，可将板坯在压缩前先经常压蒸汽处理1～1.5h，使板坯中心温度提高到85℃以上，沸点以下。在制厚的压缩木时，加热时水分是从板边缘，特别是纵向边缘散失，当温度上升到木素能发生塑性流动时，水分含量可能已降到木素塑性流动所必须的最小含水量6%以下，造成从端部向内2.5～8cm，从边缘向内0.3～0.6cm区域内木素没有塑性流动区域，该区域木材颜色未见变深，要产生膨胀，会像未压缩的木材一样的反弹，因此制作应留有余量，使用前裁去。

压缩木制作是在很高压力下进行的，使木材存在向周边延伸的现象，为了防止木材延伸，可将板坯放入压模中，或用厚度稍厚，长度为6～15cm的废木材用端部顶住板坯侧边的方法进行压缩，以达到定位和防延伸的目的。

制作压缩木另一重要的问题是在热压过程结束后，在保持压力的情况下冷却，冷却后解除压力，取出压缩制品。木素与酚醛树脂不同点是其热塑性，如不在冷却后卸压，被压缩的木材将产生反弹的趋势。薄单板在制成压缩单板时，可不需冷却就卸压，不产生反弹现象。压缩单板可用作制造桌面和拼花用。

制造压缩木的具体步骤是：先将含水率为12%～17%的木材，在常压下汽蒸1～1.5h，使木材的含水率增加到17%～20%左右，木材中心温度达85℃左右，然后立即装入热压机的压板上。热压板的温度升高到120～125℃，使木材中心温度达105℃左右。接着以每分钟3～4mm的速度加压，压力通常14MPa，温度为160℃左右。保温、保压40～60min，以达到规定的压缩率。然后冷却热压板，使木材中心的温度下降到30～40℃(约需60min)，解除压力，取出压缩制品。制成的压缩木毛坯放在室内一周以上，以解除木材内可能存在的内应力，以免以后使用时发生变形。

3.4.1.2 压缩木的性质

木材经压缩密实所制成的压缩木，不仅解剖构造起很大变化，而且物理、力学性质也完全不同于原来天然木。压缩木的力学强度比天然木材要大得多，其增加值与压缩的程度成比例，三种木材压缩与未经压缩的物理力学性质的比较见表3-12。

压缩木不用树脂处理，其压缩密度、韧性为素材的1.5～

表3-12 未处理压缩木与素材的物理力学性质

项　目		桦　木		杨　木		松　木	
		素材	压缩木	素材	压缩木	素材	压缩木
密度(g/cm^3)		0.61	1.4	0.50	1.4	0.44	1.4
含水率(%)		8	8	8	8	8	8
顺压强度(MPa)		76.5	146.5	53.5	111	63	123
横压强度(MPa)	弦向	4.8	45	2.7	52	4.9	28
	径向	7.2	102	3.6	72	4	98
抗弯强度(MPa)	弦向	100	216	67	175	67	197
	径向	107	230	80	200	63	185
冲击韧性(KJ/m^2)	弦向	39	75	30	65	24	35
	径向	42	85	33	70	32	60
硬度(KN)	端向	5.35	15.5	4.05	13	4.1	12.3
	弦向	1.9	13.2	1.5	11.6	1.9	11.8
	径向	2.25	14.2	1.75	12.2	1.5	12.3
磨损量(cm^3)	端向	0.84	0.05	2.06	0.08	1.57	0.19
	弦向	—	0.30	—	0.35	—	0.35
	径向	—	0.30	—	0.45	—	0.50

2倍，是其他化学改性材无可比拟的。压缩木本身抗腐力并没增加，但由于密实化能减缓微生物侵害的速度。

压缩木较难克服的缺点是吸湿后的膨胀和回复，目前大规格制造的未处理压缩木，几乎都是在比制造稳态未处理压缩木低得多的温度下压制的，因此这些压缩木不适宜在会引起显著回复的条件下使用，如有调湿设备的纺织厂内使用，表面加防水层后能取得满意的效果。

稳态未处理压缩木主要缺点是需要留出相当大的端部和边部余量，以便除去不稳定的浅色部分。对于层压制品，只要将各层单板用低达5%的能形成酚醛树脂的混合物溶液浸渍，就能避免这种缺点。

压缩木吸湿膨胀回复过程中释放出的能量所产生的强大压力可用于挤紧材料。

3.4.2 浸渍木

当木材在水溶性的低分子量的酚醛树脂的水溶液中浸渍，树脂就进入木材细胞壁并充胀木材。树脂扩散到木材中后，水分可借低温干燥作用蒸发掉，树脂则由加热作用而固化，生成不溶于水的聚合物，这样的处理木材叫做浸渍木(Impreg)。

3.4.2.1 浸渍木的制造方法

目前已有许多不同类型的树脂能成功地在木材细胞壁内聚合，即酚醛树脂、间苯二酚树脂、三聚氰胺甲醛树脂、脲醛树脂、苯酚糠醛树脂、糠醛苯胺树脂、糠醇树脂等。这些树脂中使用最成功的是酚醛树脂。它比间苯二酚树脂和三聚氰胺甲醛树脂价格便宜；比脲醛树脂抗缩率和耐老化性能要好；比糠醛苯胺和糠醇树脂在干燥过程中化学药剂损失小等优点。因此作为浸渍木使用的树脂，目前基本上仅采用市售的A阶段酚醛树脂，这种树脂的固体含量为33%～70%，pH值为6.9～8.7。当固体含量为33%时，其相对黏度为3.5～4.7。

用A阶段树脂处理相当大的木材试件时，树脂在木材内很难达到均匀分布，以往仅用易于浸渍的美国西部黄松和椴木的边材制成浸渍木。目前大量的浸渍木均是由单板浸渍层压制成的。

单板可采用多种不同的方法，使用A阶段酚醛树脂处理。制造家具用的厚度为0.8mm的湿单板，或小于此厚度的单板，在30%～60%的固体含量树脂溶液中浸渍1～2h，由扩散所吸收的树脂量为单板干质量25%～30%，对于厚单板，其浸渍时间需特别长，因扩散时间和厚度的平方成正比。湿材扩散的问题是化学药剂扩散进去时，水分将被析出，常需用新鲜药剂增浓浸泡溶液。薄而干的单板有较多的横断纹理，毛细管容量吸收溶液，可使用60%～70%的树脂溶液，一次或二次通过涂胶机达到所需树脂量。

较厚的直纹理单板，通常需要强力处理，中、低密度的单板厚度为3mm时，单板含水率最好控制在20%～30%左右，可以用压缩辊装置进行压缩处理。处理时，单板在处理液面之下的压缩辊之间通过，在压缩辊处单板被压缩到原来厚度的一半。当单板离开压缩辊时，即有回复它原来厚度的趋向，此时就吸收处理溶液。

处理1.6mm以上的单板，其主要方法是采用处理罐加压浸渍。标准处理方法是将单板浸渍在灌满30%～35%的树脂溶液的槽内，每次加一片，单板两面被浸湿之后，通长紧密堆成一叠，然后在单板堆顶上加压，并浇淋处理溶液，使单板堆在浸渍后仍浸在溶液中，然后用辊筒将装有单板堆的托架送入处理罐内。根据单板渗透性的不同，施加0.15～1.5MPa的空气压。保压时间为10min至6h。厚度为1.6mm的椴木或杨木的心材单板在0.2～0.3MPa压力下处理15min，其吸收溶液量为其本身质量的30%，桦木心材单板在0.53MPa压力下需处理2～6h。

处理过的单板应密实堆垛并覆盖，存放1～2d，以使树脂通过扩散，在整个木材内均匀分布。然后单板在连续式干燥机内或干燥窑内进行干燥。干燥时干燥速率不宜过高，以防树脂过多转移到单板表面。合理的工艺规程应在60℃温度下干燥8h或在72℃温度下干燥3h。干燥的目的只是去除水分，而不是使树脂聚合。为了确保树脂聚合固化，窑干温度应当上升到95℃，干燥一天，或者将单板干燥机升温至150℃，干燥1.5h，以免后续的层压阶段中，单板在热压机中被压缩。

3.4.2.2 浸渍木的性质和用途

1. 浸渍木的材性

浸渍木抗缩率*ASE*，随木材细胞壁内酚醛树脂含量的增加而增加，最高*ASE*可达70%。该原理在“木材尺寸稳定化处理”这节中已阐述过。

胶合板和平行纹理层压板的面板用25%～30%的树脂处理后，在室内使用能基本消除面板的裂纹，室外使用能使面板裂纹和风化显著减少。酚醛树脂浸渍木的耐腐、耐酸、电阻抗等性能均获得很大提高。虽然酚醛树脂处理不能使木材获得真正的耐火性，但是它改善了炭的集结度，从而隔断了火势的蔓延。浸渍木和普通木材相比，其耐热性显著增加。将处理过的试件在205℃的温度下加热，随之冷却，反复循环超过50次，不会出现损伤，而未处理的对照试件，在相同条件下仅数次循环之后，就发生炭化和严重剥离。

由酚醛树脂浸渍平行纹理层压桦木板和未处理对照材的强度性能见表3-13。处理后抗拉强度略有下降，而抗压强度有所提高，弯曲强度没多大变动。处理后的剪切性能略有下降，韧性和悬臂梁式冲击性能显著下降，而后者尤甚。因此浸渍木不能用于对冲击强度有严格要求的场合。

2. 浸渍木的用途

浸渍木主要用作汽车模具。模具的面板需整张浸渍木制作，并需要在任何相对湿度下能紧密吻合。用酚醛树脂处理过纹理平行的豆科树种的单板被层积热压成厚为25.4mm的板子，这些板用冷固性胶组装到所需的厚度，然后刻制成模具。如制成汽

表 3-13 平行纹理的层压桦木和由厚度为 1.6mm 的 17 层桦木旋切单板制成的浸渍木的力学性①

性 能		未处理对照材②	浸 渍 木③
	比 重	0.67	0.9
顺纹抗拉	比例极限(MPa)	104	97
	极限强度(MPa)	156	119.5
	弹性模量(GPa)	16.2	17.6
顺纹抗压	比例极限(MPa)	45	55.5
	极限强度(MPa)	68.9	109.7
	弹性模量(GPa)	16.2	18.3
静曲强度	比例极限(MPa)	80.9	102.5
	断裂模量(MPa)	143.4	145.5
	弹性模量(GPa)	16.2	17.6
	顺纹剪切(MPa)	19.7	18.1
韧性(kg/cm)		248	174
悬臂式冲击性能(英尺磅/每英寸切口)		10～12	1～3

注：①全部数值为 12 次试验的平均值；
②用酚醛树脂胶在 1.2MPa 压力下组坯，含水率为 9%～10%；
③树脂含量以未处理木材绝干质量 50% 计

车顶模，经若干次相对湿度变化的循环试验，尺寸没有明显的改变，表面亦没有变粗糙。由于浸渍木具有良好的耐久性能，亦可以用来制作各种壳体压模。加热过的模具被埋在含有热固性树脂的砂中，在固化和冷却后，从砂床中除去模具，然后在砂床型腔中浇注金属。处理过的模具能够重复使用达 50 次。

3.4.3 胶压木

利用预聚合的酚醛树脂能渗透至木材细胞壁中，对木材起增塑效应，在不使树脂固化的条件下干燥，经这类处理后的木材在压力低于 7.0MPa，温度为 120～150℃条件下，很容易地压缩到比重为 1.2～1.35 的制品，当加热和加压同时进行时，木材的压缩反应比树脂的固化更为迅速，所以在压缩过程中不会破坏树脂。将这种材料称胶压木(Compreg)，它既被树脂浸注，又进行压缩处理。

3.4.3.1 胶压木的制造方法

关于浸注树脂也曾试用过其他热固性的树脂，但都不比酚醛树脂好。可以用两种酚醛树脂制造胶压木。一种是水溶性的，能充分渗透木材纤维，制品尺寸稳定性好，但抗冲击强度较低。另一种是聚合度稍大的酚醛树脂，使用时将它溶解于乙醇之中，这种树脂充胀木材纤维不如水溶性树脂那么完全，因此尺寸稳定性较差，但抗冲击强度较好。可根据不同需求选择树脂。

从实木制造胶压木很困难，这不仅是实木树脂浸注困难，而且在后续干燥工序中难以保证树脂在加压前不过早固化。所以实际上胶压木都是由单板制造的。单板树脂含量高于35%时，平行层压的各层单板间不需再施胶，因各层中渗出树脂已足够供胶合之用。当垂直层压，或树脂含量小于30%时，需涂胶，胶量为73g/m^2，略低于正常值。涂胶后在配坯前应将各层浸渍单板干燥至2%～4%的含水率。该措施特别重要，因胶压木使用中平衡含水率在该范围，含水率过高，表层失水收缩，外表面受拉伸应力会造成胶压木表面开裂。浸渍单板预干时的干燥温度和时间必须控制在使树脂不固化的前提下。在烘箱内于55℃温度过夜，在单板干燥机内于85℃温度下干燥45min左右。压缩和热固化的过程，在制较薄的胶压木时，在 150℃温度下加压 10～20min 就能完成压缩和固化。对于厚板，温度应低到 125℃，以免超过树脂放热反应温度，否则热量得不到散失，树脂会自然地到达炭化点，为此胶压木厚度一般不应超过 2cm，当需要制作较厚的胶压木时，可以将几块胶压木再胶合在一起。

胶压木还可以利用"扩张模压"进行工艺模压成型。将干燥而未固化的酚醛树脂处理单板，在热压机中迅速加热到120～150℃，或利用高频加热，而不使树脂有明显的进一步固化。将热单板转送入冷压机中，在3.5～7.0MPa的压力下，各层单板迅速压缩到它原来厚度的1/2～1/3。各层单板一经冷却到室温，就从压机中卸下，热固性树脂此时还处于热塑性状态，因此不会出现回复。压缩单板若保持干燥状态，可以在室温下贮存数月，不会出现回复。成型模压时，将压缩单板截成模型规格，然后装入金属压模中，至装满为止，将压模固定并加热，在持压缩状态下使各层单板中的树脂软化。因此各层单板往往会回复原来的厚度，但是各层单板由于受压模的限制，于是形成一个内部回复压力，其值约等于原来压缩力的一半。当温度、时间共同作用，达到适合于热固性树脂固化时，将压模冷却，取出模压制品。

3.4.3.2 胶压木的性质和用途

胶压木的尺寸稳定性显著优于未处理压缩木。它在纵向的尺寸稳定性接近于浸渍木，而厚度方向的润胀却比浸渍木大 2～3 倍。因它在厚度方向被压缩，而这时的尺寸改变是以压缩程度为依据的。

胶压木具有天然光泽的表面，可用砂光、抛光修饰表面。使用金属切削刀具易于切削和车旋，切削速度小于木材加工的正常速度。胶压木之间或和木材能进行胶合，用酚醛树脂热压和间苯二酚树脂室温胶合均可。当厚的胶压木表面胶合时，表面应微量加工，以确保良好的接触，因胶料溶剂渗入木材较慢，开式存放时间应长些。

胶压木可抗腐朽、白蚁、海生钻孔动物的侵蚀。它的电阻与浸渍木一样，比普通木材为大。因木材渗透性减少了，耐酸性比浸渍木好；由于它具有较大密度，所以耐火性也比浸渍木好。

对浸渍木来说，只有横纹抗压强度和硬度有较大增加，而胶压木的大部分强度性能均大于木材，其增大程度与比重的增加约成正比。对于桦木和槭木来说，绝大多数的力学强度约增加1倍；对于鹅掌楸和加拿大杨来说，约增加2倍。横纹理的抗压强度的增加超出比重的增加。表3-14列出比重为

表 3-14 醇溶性和水溶性酚醛树脂处理，1.6mm 桦木单板制得平行纹理的半胶压木、胶压木与素材的强度比较

性 质	素 材	醇溶性树脂		水溶性树脂		稳态压缩木
		胶 压 木	半胶压木	胶 压 木	半胶压木	
树脂含量(%)	0	285	28.0	29.7	30.2	0
比 重	0.67	1.36	1.22	1.36	1.24	1.4
顺拉强度(MPa)	156.1	377.5	306.5	371.9	321.3	307.2
拉伸弹性模量(GPa)	16.2	29.0	26.1	29.6	27.4	32.3
顺压强度(MPa)	68.9	170.1	160.0	180.0	168.7	155.4
压缩弹性模量(GPa)	16.2	29.0	26.8	29.9	28.1	32.3
顺剪强度(MPa)	19.7	34.1	25.6	30.9	27.6	39.9
悬臂梁式冲击(m·kg/cm)槽口	10～12	10	8.3	8.6	6.3	11～14
膨 胀(%)①	–	14.2	13.9	10.6	11.0	–
回 复(%)②	–	2.90	2.97	2.02	2.11	–

注：① 厚为 3.2mm 横切面试片在水中浸泡 48h 后，压缩方向的膨胀 %；
② 润胀试件干燥后，横切面厚度超过原来绝干厚度的 %

1.2 半胶压木和比重为 1.36 全胶压木的强度性质。从表中的数据可看出全胶压木强度都大于半胶压木。悬臂梁式冲击强度，水溶性酚醛树脂制成胶压木低于半渗透的醇液性树脂制成胶压木，胶压木低于压缩木。

由于胶压木硬度太高，用钢球压痕测硬度的方法已无法实现，可采用测量不同压力下标准钢球陷入胶压木中的深度，用陷入深度(变形)—荷重曲线中的直线部分的斜率，即硬度模量来作为硬度指标。该方法适应范围较大，对松软和致密的木材，胶压木都适用。试验结果见表 3-15。由表中数据可见，浸渍木其硬度模量的增加比其比重的增加要多。胶压木的硬度模量的增加很多，约为原始木材硬度模量的 10～20 倍，而压缩木的硬度模量也有很大增加。表中还列出用硫磺和低熔点金属浸注的木材硬度模量的增加，但均远不如胶压木和压缩木。

胶压木的用途，在第二次世界大战期间，就被大量用作飞机木制螺旋桨的根部和船的螺旋桨的各种轴承。二次大战后，它的用途就大大受到限制，在用作成型模、夹具、编织梭子、刀具柄、玻璃门拉手，以及在自动控制信息系统中需高度绝缘的铁轨自动控制接线盒时，成本都很高。

3.4.4 强化木材

强化木材是采用低熔点合金以熔融状态渗入到木材细胞腔中，冷却后固化，与木材共同组成复合材。它提高了木材强度和硬度，并使软金属的蠕变减小到最小值。

3.4.4.1 强化木材的制造方法

强化木材是德国 H.Schmidt 提出，1930 年作专利公开。该方法最适宜的木材是壳斗科栎木那样环孔材的边材。导管浸渍处理最迅速，射线细胞浸渍较困难。例如核桃木正常绝干比重为 0.6 或 0.6 以下，处理后比重增加到 0.95～3.83 之间，比重的增加取决于处理条件和试件规格；松木比重可增加达 4.83，硬度可增加 2～3 倍，某些情况下可以超过纯金属的硬度。

使用合金的配方有：① 50%(Bi)铋，31.2%(Pb)铅，18.8%(Sn)锡，这种合金在 97℃熔融；②伍德合金，50%铋，25%铅，12.5 锡，12.5%(Cd)镉，在 65.5℃熔融。

上述合金在各自熔融温度以上时，可以对木材小型试件

表 3-15 四种素材和其各类改性材硬度模量的比较

树 种	处理情况	比 重	相对硬度模量
北美黄杉	素 材	0.60	1.0
	浸渍木①	0.67	1.3
	胶压木①	1.35	19.8
	稳态未处理压缩木	1.32	11.5
	熔化硫浸渍	1.30	3.5
	低熔点合金浸渍②	6.14	7.4
红 桦	素 材	0.61	1.0
	浸渍木	0.79	2.0
	胶压木	1.30	10.0
	稳态未处理压缩木	1.36	11.6
	熔化硫浸渍	0.98	2.6
	低熔点合金浸渍	4.31	2.9
火 炬 松	素 材	0.60	1.0
	甲基丙烯酸甲酯浸渍		7.0
	苯乙烯—丙烯腈③浸渍		4.0
美 国 鹅掌楸	素 材	0.57	1.0
	甲基丙烯酸甲酯浸渍		6.9
	苯乙烯—丙烯腈浸渍		6.0

注： ①浸渍木、胶压木均为 30% 酚醛树脂；
②低熔点合金：50% 铋，31.2% 铅，18.8% 锡；
③ 60% 苯乙烯，40% 丙烯腈

的高度浸渍充填。使用这类特殊的合金，因为它从熔融状态凝固时将会有2%左右的膨胀，Stamm在研究结合水的扩散时曾用它来封闭木材的空隙。在5cm × 5cm × 0.3cm的试件中，90%以上的空隙可以通过下列方法被充填：将绝干试件放入能加压的容器内，其位置放在用来固化处理的合金之上，试件上压一非熔化的金属重物，保证试件能没入熔融合金之中。密闭压力容器抽高度真空，加热到130～150℃，使金属熔化。解除真空，施加4.2～17.6MPa的气压，保持20min至1h。然后卸压，打开压力容器，冷却到一定程度。恰好在熔化金属凝固之前取出试件，倒掉粘附在表面的残余金属。

3.4.4.2 强化木材的性质和用途

由于熔融合金进入木材细胞腔中，强化木材比重有很大提高，如北美黄杉比重可达6.14，随着比重的提高，各类强度都有相应的提高，硬度尤为明显，北美黄杉表面硬度模量可比素材提高7.4倍。

强化木材放至火中会炭化，但是大部分金属被熔化，并由于所含空气的膨胀而将其从木材结构中排出之前，它不会燃烧发生火焰。在最初阶段由于金属熔化吸热以及它的导热系数高等原因，降低了它的温度。

当木材只是部分被合金浸渍充填下，强化木材的各向异性性能即有显著增加。如在纤维方向的导热系数比横向的增加明显，纵向与横向导热系数之比，由一般木材的2：1增加到10：1。对电导率的影响也与上述相似。

目前强化木材的使用范围还是极有限的，但是对于特殊用途方面具有极大的发展可能性。

3.5 木塑复合材(WPC)

木塑复合材(WPC)是木材和塑料复合材料的简称。它一方面仍有效地利用了木材的特色，另一方面改良其缺点，使木材具有塑料的性质。WPC是英名Wood-plastic Combination或Wood-palymer Composite等的简称。WPC广义来说像前章所述把树脂注入到木材中制成浸渍木、胶压木等木材和合成树脂所组成的复合体均属此范围。狭义来说在木材中用乙烯类单体(或低聚体、预聚物)为主体的树脂液注入，使其在材内聚合所得的新材料。本章就狭义的WPC作介绍。

3.5.1 木塑复合材的制造方法

3.5.1.1 原材料

WPC是木材和塑料(树脂)为主体的复合材。作为原料，选择什么样的树种和树脂液，必然会影响到WPC的特性和产品价格。此外根据产品用途的不同，制造中还要使用着色剂、交联剂、阻燃剂等不同的添加剂。

1. 木材

应选择树脂液容易注入的树种作原料，通常以桦木属、槭木属、水青冈等阔叶散孔材较为适宜。除此之外栎木、水曲柳、桤木、杨木等也能使用。椴木的注入性为最好，作为研究用是非常合适的树种，但由于木材纹理不突出，在实用性方面受到限制。针叶树材一般由于心材的注入性较低，要做到向材内均匀的浸渍有困难，多数情况仅作为薄的单板使用，而整块木材处理时，针叶材并不适用。

除树种之外，由于边材、心材、早材、晚材的部位及形状不同，浸注的情况有差异，所以材种的选择也很重要。供浸注用的木材通常含水率小于10%，而且希望含水率尽可能的低。

2. 树脂液

作为浸注的树脂液可使用苯乙烯(St)、甲基丙烯酸甲酯酸(MMA)、醋酸乙烯(VAc)、丙烯腈(AN)等乙烯类单体，不饱和聚酯(UPE)，丙烯类低聚体等，上述树脂液单独使用或混合液使用都可以。WPC用的主要树脂液的特性见表3-16。

St是WPC在开发初期作研究时经常使用的单体。经试验，尚存在聚合所需的能量较大，聚合不够完全等缺点，故目前已不单独使用，而是和其他树脂液组成混合液来使用。作为代表的混合液有和UPE的混合液称UPS和AN的混合液称SAN等。这两种和MMA一起作为WPC通用的三大树脂。

MMA是在WPC中应用最多的树脂液，具有许多特征，

表3-16 WPC用的主要树脂液的特性

树脂液	优 点	缺 点
苯乙烯(St)	沸点较高，黏度适当，比较便宜	聚合须较多的能量，难以完全聚合。单体气味易残留
不饱和聚脂——苯乙烯(UPS)	聚合热小，聚合所需能量少，制品力学性优良	黏度高，向材中注入量稍低。聚合材有收缩，尺寸稳定性较低
苯乙烯——丙烯腈(SAN)	制品尺寸稳定性高，聚合物强度大，聚合热稍大	丙烯腈有毒，操作需特别注意
甲基丙烯酸甲酯(MMA)	聚合所需能量少，聚合完全，隔断单体气味容易，毒性低，使用染料的染着性好，向材料浸注性好，其沸点、蒸汽压和水一样，操作容易	由于聚合造成聚合物收缩较大，制品被固定于膨润时，故材内空隙稍多
丙烯类低聚体	无气味，不挥发，作业性好，在聚合过程中不需留有余量，聚合速度大	价格在现阶段较高。黏度高，为了能做到均一的浸渍，有必要用分散剂和溶剂

除单独使用外，与其他单体混用的共聚合的性能也很好。例如采用是同族酯的甲基丙烯酸=羧基乙酯(HEMA)或甲基丙烯酸缩水甘油酯(GMA)那样的极性单体和MMA共聚合，也能期望得到WPC的改性。近年来各种类型的低聚体被开发，在WPC方面讨论了苯基缩水甘油酯和丙烯酸(或甲基丙烯酸)，二氧酸无水化合物和乙二醇、丙烯酸反应所生成的低聚酯丙烯酸酯类。除以上所述之外，还有用氯化乙烯、偏二氯乙烯、丁基苯乙烯、甲基苯乙烯等的研究例子。

3. 添加剂

(1) 着色剂：在树脂液中预先把着色剂作调和后添加进去，能使WPC着上符合目的的色调，作为着色剂通常是使用偶氮类、蒽醌类油溶性染料。油溶性染料在树脂液中的溶解性好，着色鲜明；其缺点是有些在聚合中出现阻聚作用，且缺乏耐光性，为了避免这类现象的发生，常使用着色鲜明性稍差，而耐光性较好的醇溶性染料。

(2) 交联剂：为了加快聚合反应的速度，并能提高WPC的力学性质，常添加交联剂。作为交联剂可使用过氧化类化合物和二甲基丙烯酸1，3-丁烯，三甲基丙烯酸三羧甲基丙烷等交联性单体。

(3) 阻燃剂：WPC作为建材使用时，根据使用场所的特殊要求，必须进行阻燃性处理。作为阻燃剂可使用含卤的有机磷化合物(如三氯乙基磷酸酯)和偏二氯乙烯，含磷单体等阻燃性单体类。

3.5.1.2 注入法

树脂液向木材中的注入遵循常规的防腐药液的注入方法。

1. 注入操作顺序

(1) 把原材料木材放入浸注罐之中；

(2) 用真空泵尽可能抽真空，排除材内的空气；

(3) 保持真空状态下导入树脂液，用处理液将木材完全浸没；

(4) 将空气或氮气引入浸注罐，使罐内恢复到大气压(减压法)；

(5) 根据材料注入的难易程度，选择空气加压或氮气加压，并保持压力；

(6) 加压终了后，缓慢地解除压力 (减压—加压法)。

减压、加压的压力和压力保持时间，对应于树种，材料的形状、尺寸，目标含浸量等作适当的选定。一般减压用1～20mm Hg，0.5～2h；加压用0.1～2.0MPa，2～20h的范围。

2. 注入装置

在实验室内的注入用真空贮存器和真空泵连结的简单装置就能够进行。在工业应用方面，为了使木材和树脂液能在较大的范围内操作，要求能自由地进行加压、减压操作的装置如图3-21。它是WPC用的注入处理的管路图。

3. 注入性的评定指标

(1) 单体率ML为注入木材的单体(树脂液)的质量相对于木材的质量百分率。可用下式计算：

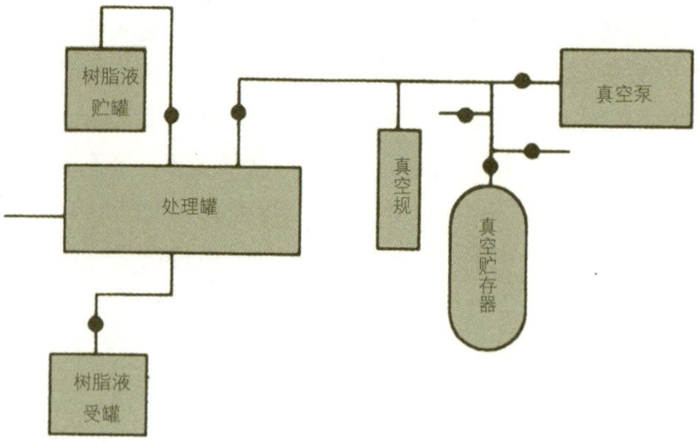

图3-21 WPC用注入处理装置

$$ML = \frac{\text{注入材的质量} - \text{未处理材的质量}}{\text{未处理材的质量}} \times 100\%$$

(2) 理论最高单体率$TMML$即把木材中空隙容积全部被单体注满时的单体率。用下式计算：

$$TMML = (1 - \frac{r}{D}) \times \frac{dm}{r} \times 100\%$$

式中：r——木材比重

D——木材的实质比重($D \approx 1.5$)

dm——单体比重

(3) 相对单体率PTM是ML相对于$TMML$的百分率。表示单体充填木材空隙的百分率。作为注入性的指标。

$$PTM = \frac{ML}{TMML} \times 100\%$$

图3-22是表示主要阔叶材的甲基丙烯酸甲酯(MMA)和不饱和聚酯——苯乙烯(UPS)的注入性。

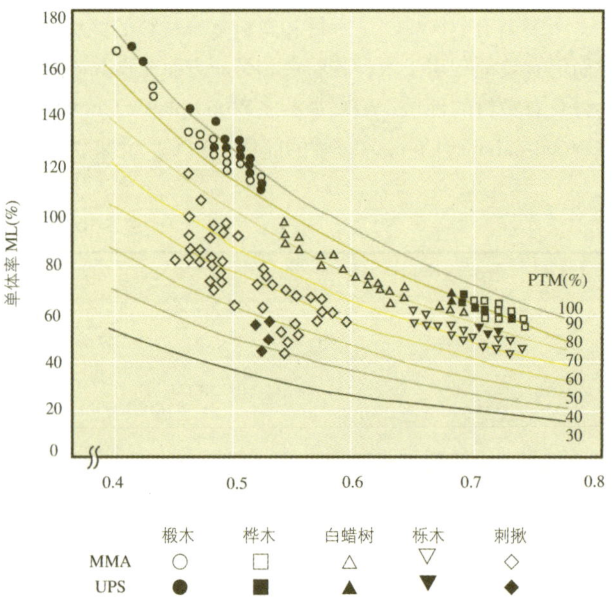

试片：0.5 × 6 × 6(cm)，减压法注入

图3-22 MMA、UPS对木材的注入性

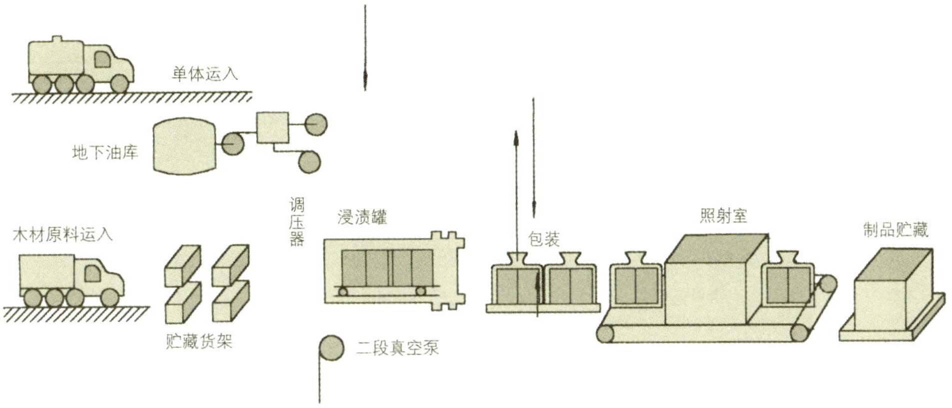

图 3-23 采用 γ 射线照射法的 WPC 制造工艺

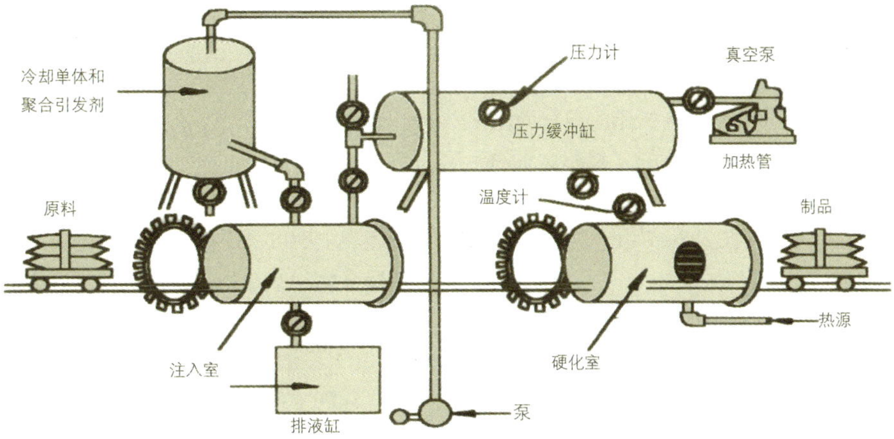

图 3-24 采用催化加热法 WPC 的制造设备

3.5.1.3 聚合方法

向木材中注入树脂液，使其聚合的方法大致可分射线照射法和催化剂加热法。

1. 射线照射法

以美国原子能委员会为中心对该方法进行了详尽的研究和探讨。照射用线源有^{60}Co、^{137}Cs、^{24}N、电子加速器和原子反应堆使用过的燃料。从输出恒定、供给稳定、价廉、安全性高、操作容易等要求出发，现阶段主要使用^{60}Co发射出的γ线和电子加速器发射的β线。

^{60}Co是放射半衰期为5.27年γ线的同位素。通常用的所谓剂量率是10.3～10.6rad/hr。为了使木材内的树脂液完全聚合所要的总剂量如图3-22所示。总剂量是根据树脂液、剂量率而变动的。例如在标准剂量率0.1Mrad/hr下，对于MMA，总剂量为1M rad，对于St-AN(SAN)为2.7M rad。

γ线的穿透性非常大，如注入木材的密度为1.0g/cm^3，其半价厚(能量减半的距离)是11.5cm，能有10%能量透过的试料厚度约为38cm，因而γ线照射法适于断面尺寸较大的块材的处理。

另一方面，电子射线和γ射线相比穿透性较小，使用0.5Mer的电子射线照射法仅适用于单板的WPC化和涂料的硬化方面，图3-23是表示采用γ射线照射法的WPC的制造工艺。

2. 催化加热法

该方法是在树脂液中预先添加溶解的催化剂(聚合引发剂)，注入后加热，用聚合硬化的方法。该方法比射线照射法后起，由美国首先提出。图3-24是采用催化加热法的WPC制造设备的例子。

聚合引发剂常采用过氧化苯甲酰(BPO)、过氧化甲乙酮(MEKPO)那类有机过氧化物，和偶氮二异丁腈(AIBN)等。对于MMA常用BPO和AIBN。而AIBN分解速度大，使用着色剂时，不像过氧化物那样会影响着色性，所以比较多的使用。对于UPS，多数使用MEKPO。在这种情况下与聚合促进剂(环烷酸钴)并用，多数能进行低温聚合。

聚合引发剂的添加率一般是0.2%～1%(相对于树脂液)，其添加量根据木材中抽提成分对聚合的阻碍程度而定。着色时的染料对聚合也有影响，因此必须考虑反应后残液的保存和稳定性等问题。

对注入材进行加热时，必须考虑防止树脂液挥发的措施。使用射线照射法时也是同样的。在处理块材时可密封在金属制的容器之中，也可用铝箔或聚乙烯薄膜包裹。对于薄

表 3-17 射线照射法和催化加热法的比较

项　目	射线照射法		催化加热法	
	γ 线 法	电子线法	聚合引发剂法	引发剂—促进剂法
聚合时加热	不要	不要	必要	稍加热为好
树脂液可使用时间	长	长	短	用一液法时极短
对象材料	断面大的材可均一处理	薄单板	断面大的材易处理不均匀	同左
材内部效果	透过度大	透过度小	热在材内易滞留	同左
技术要求	射线操作有特殊技术	同左	不要特殊技术	同左
设备要求	照射防御的设备需大而多的投资	同左，能连续化进行	不需多大设备	同左
对人体危险程度	大	稍有	无	无

单板，多数不作包裹，直接插入热压机中加热。加热在50～80℃的温度范围中，进行1～20h聚合反应。反应一开始，材内温度由于放热反应而急剧上升。材内温度根据材料的大小和聚合速度的不同而不同。反应最激烈时，比加热温度高出40～50℃。这种材内温度的上升，常成为树脂液向材面溢出的原因。在温度超过100℃时，会引起材的开裂和材质的劣化，为此有控制聚合速度的必要。

以上各种聚合方法的比较列在表 3-17 中。

3. 聚合工艺的改进

作为其他的聚合方法还有射线照射和催化加热并用的方法，微波加热和超声波照射等方法。在采用射线照射法时，为了取得较快的聚合速度，在树脂液中往往添加四氯化碳(CCl_4)等增感剂。这时如加入氯化锌($ZnCl_2$)，氯化镍($NiCl_2$)等有进一步促进聚合的效果。作为催化加热法的改进方法有采用聚乙烯醇、聚酰胺类溶液或醋酸乙烯乳化液，在注入材的表面形成皮膜，用皮膜来防止树脂液挥发。也有采用熔融金属和聚乙二醇中浸渍加热来替代包裹密封，并抑制材内升温的方法。

4. 聚合性的评定指标

(1) 聚合物含量PL以质量增加率表示。所谓聚合物是指树脂液在材内聚合硬化物，而聚合物含量是指聚合处理后的WPC内聚合物的质量与未处理材的质量的比值。

$$PL = \frac{\text{聚合材质量}+\text{未处理材质量}}{\text{未处理材质量}} \times 100\%$$

(2) 转化率(聚合率)以CL表示。即聚合硬化的聚合物量相对于注入的树脂量的百分率。亦可表示为聚合物含量与单体量的比值。转化率在实用上极为重要。

$$CL = \frac{\text{聚合材质量}+\text{未处理材质量}}{\text{注入材质量}+\text{未处理材质量}} \times 100\% = \frac{PL}{ML} \times 100\%$$

3.5.2 木塑复合材的性质

WPC的性质宏观上取决于树种、聚合物种类和含浸量，而微观上则取决于材内聚合物的分布状态，以及木材细胞壁和聚合物相互作用性。关于后者在下一节中叙述。

3.5.2.1 吸湿、吸水性和尺寸稳定性

WPC的性质中首先期望的是减少吸湿和吸水性，提高尺寸稳定性，表3-18表示采用催化加热法MMA、UPS系的椴木WPC，在吸湿、吸水的初期和达到平衡时的吸湿率、吸水率和体积膨胀率，由表中可见WPC对水的抵抗性比素材要大，在吸水、吸湿初期这一倾向更明显。

对吸湿性、尺寸稳定性的评定指标一般用未处理材的值作基准的改善度来表示。即如第二节所述抗吸湿能*MEE*和抗膨润能*ASE*。图3-25表示各种WPC吸湿平衡时的*MEE*和聚合物含量*PL*的关系。*MEE*是随*PL*的增加，由急剧增加至渐增，取决于*PL*。总之WPC吸湿性减少的原因主要是由于聚合物在材内对水蒸气扩散起巨大的防湿作用。另一方面尺寸稳定性根据所用的树种、树脂液、聚合条件等的不同而不同，除聚合物含量*PL*之外，由于WPC材的充胀，体积增加，充胀量越大，尺寸稳定性越高，即尺寸稳定性取决于充胀程度。图3-26至图3-28表示在各种WPC上的*ASE*和*PL*的关系。图3-26可得出单体溶剂系比单独St单体有高的*ASE*。图3-28是MMA、UPS系的WPC

表 3-18 椴木 WPC 及素材的吸湿（水）率ΔW，体积膨润率ΔV的比较

材　料	吸湿(20℃，94%RH)				吸水(20℃水中)			
	ΔW(%)		ΔV(%)		ΔW(%)		ΔV(%)	
	第1日	57日	第1日	57日	第1日	72日	第1日	72日
MMA系WPC(*PL*=104.6%)	1.88	6.27	0.48	5.27	7.8	28.4	3.74	9.52
UPS系WPC(*PL*=135.2%)	0.20	5.25	0.10	5.42	2.6	11.7	1.65	11.71
椴木素材	4.45	18.01	1.52	9.54	66.4	169.2	15.34	16.70

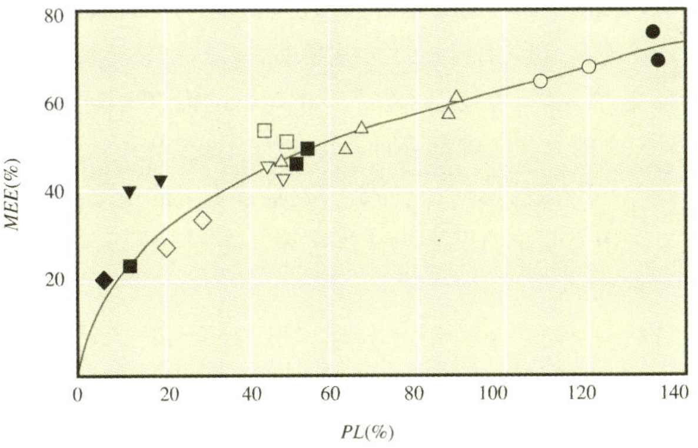

催化加热法 WPC 的吸湿：t=20℃，RH=94%，T=57d

	椴	桦	白蜡树	栎	刺楸
MMA	○	□	△	▽	◇
UPS	●	■	▲	▼	◆

图 3-25 各种 WPC 的 MEE 和 PL 的关系

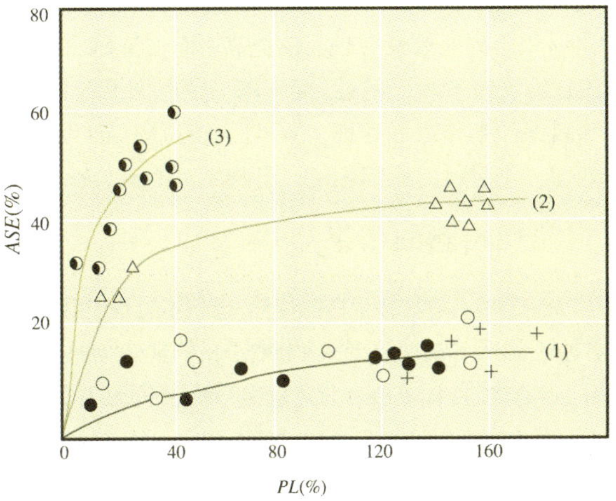

(1)St 系；(2)St：乙醇：水 =95：5：0；(3)St：乙醇：水 =76.2：24.5：0.485

图 3-26 St 系和 St- 溶剂系的 *ASE* 的差异
（杨木催化加热法 WPC）

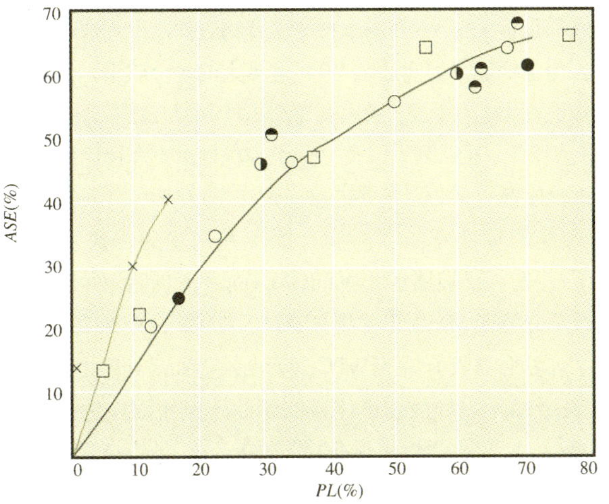

×：电子线，St，低真空；○：γ 线，St，低真空
◓●◐：γ 线，St，高真空；□：γ 线，St-EA，低真空

图 3-27 电子线法和 γ 线法的 *ASE* 的差异
（St- 水饱和二恶烷系）

的例子。在该图中可看到*ASE*和*PL*为30%～70%这一范围内出现极大值。比这高的*PL*区域有降低的倾向。这种*ASE*相对*PL*的极大值现象是基于前述的充胀现象，即在WPC化过程中由于有树脂液的膨润作用和随聚合受到收缩作用是两种不同的作用。而在高的*PL*情况下，聚合物的收缩量变得更大，使木材也有较大的收缩。充胀量在*PL*的中间区域显示极大。这种倾向在如MMA那样的树脂中是显著的。因为这类树脂液对木材膨润作用为中等程度，而聚合物则收缩较大。此外这种现象出现在催化加热法中比射线法更为明显。在前面表3-18中UPS系的WPC，吸湿(水)后的膨润率在初期较低，而在平衡时比MMA系高的原因，也是充胀效应的缘故。一般来说UPS系的WPC比MMA系的充胀量低，而*ASE*也低。如从吸湿性、尺寸稳定性出发，WPC在*PL*为20%～50%范围内能给予有效的改善。

3.5.2.2 力学性质

木材用3～4Mrad γ线照射和用温度为80℃加热处理时，因未产生明显的劣化，所以WPC的力学性质和附加聚合物的体积百分率(或*PL*、比重)几乎是平行增大的。图3-29表示弯曲强度、硬度、剪断强度等都是按照比重或*PL*的增加而直线增加。而其增加的程度，随树种、聚合物种类而异。表3-19是桦木类材和WPC的力学性质的比较。力学性质有很大提高的是横压强度和硬度。其他性质的提高率，大致为素材的1.5～2倍左右。

表 3-19 WPC 和素材力学性质的比较

力学性质	桦木素材	桦木 WPC*	WPC/素材
弯曲强度 MPa	115	150～200	1.3～1.7
弯曲模量 GPa	9.2	14～15	1.5～1.7
顺压强度 MPa	48	70～100	1.5～2.5
横压强度 MPa	16	70～100	4.4～6.3
剪断强度 MPa	11	15～40	1.4～3.6
硬度 KN	1.5	4～15	2.7～10
冲击韧性 kJ/m²	37.5	30～62	0.8～1.7

注：*MMA 系 PL=40%～60% 采用射线照射法

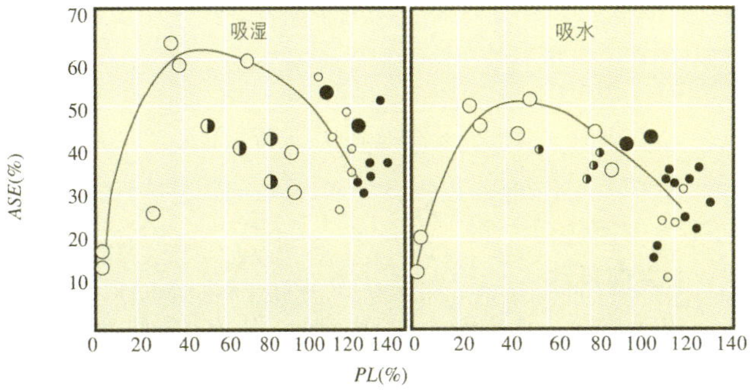

	树脂	电子线法	催化加热法	使用法
MMA	○	●		◨
UPS	●	○		◨

图 3-28 MMA、UPS 系椴木 WPC 的 *ASE* 和 *PL* 的关系

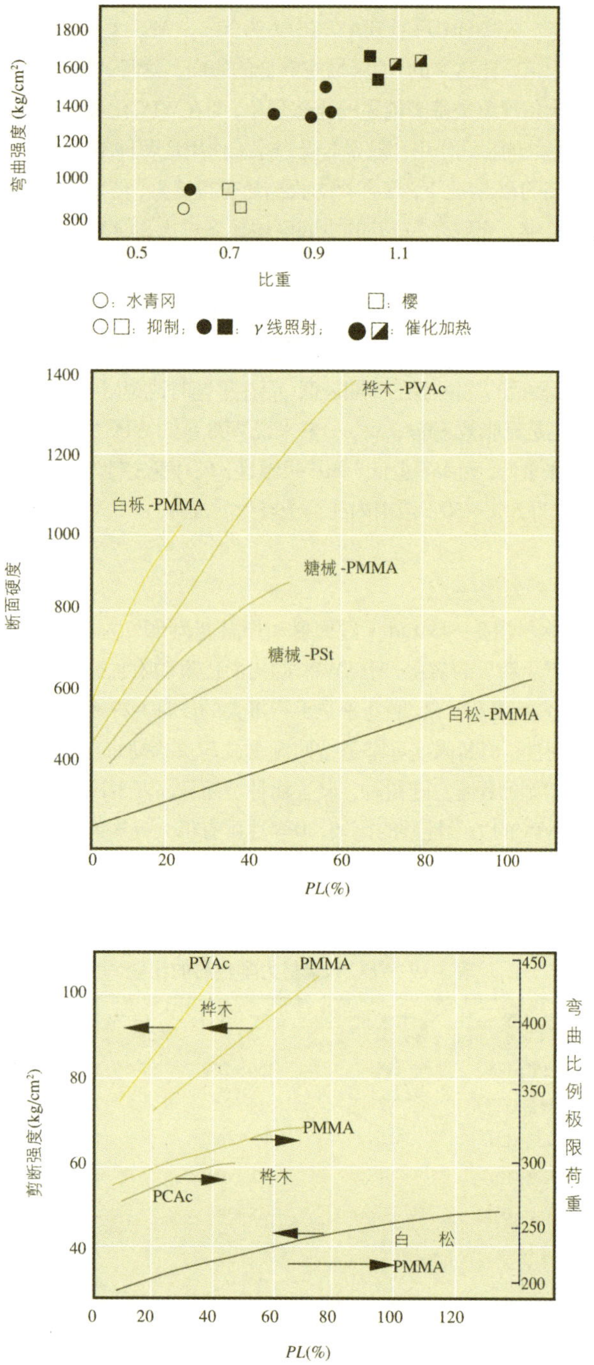

图 3-29 WPC 的力学性质

3.5.2.3 实用性质

1.表面性能

WPC即使不作表面涂刷，由磨光、抛光也能得到独特的有光泽的表面。此外采用着色能得到高级的色调。在硬度增加的同时使耐磨性也得到显著的提高。

2.加工性

与素材相比，加工性相对变坏。就切削性而言，由于*PL*的增加，切削阻力增加，使刀具的使用寿命大大减短。进刀量、进给速度和前角有必要考虑变小。钉的钉着随*PL*的增加逐渐变得困难，可使用木螺钉，木螺钉的握钉力比素材提高1.3～1.5倍。磨光或锯削时，聚合物因摩擦热被软化，磨具的孔隙和锯口被填塞，此外聚合物附着锯上的现象也时而发生。采用交联剂将聚合物立体化等，能解决上述问题。

3. 胶合性

胶料对WPC的浸润比木材小，所以胶合性比木材要差。应将WPC的胶合面预先磨光能提高其胶合力。作为WPC的胶合剂推荐酚醛树脂和环氧树脂，此外水性乙烯聚氨基甲酸酯树脂也能给予良好的胶合性。

4. 耐腐性

伴随WPC吸湿(水)性的减少，耐腐性也提高了，采用白腐和褐腐的腐朽性试验结果可以看出，随着WPC的比重的增加，褐腐和白腐其质量减少率都直线地减少。

5. 耐气候性

和素材相比耐气候性有较大的提高，而按WPC的原样还不能说已有充分的耐气候性。而WPC作为室外用途时，有必要用涂料保护剂作表面处理。WPC －聚氨酯涂装材的涂膜与未处理—涂装材的涂膜相比，有特别高的耐久性。

3.5.3 官能性树脂的效果

WPC如前所述具有许多优良的特性，但从不同角度出发，仍有许多需进一步研讨的问题。天然木材和合成的聚合物原来两者是难以相互溶合的材料，在复合化过程中，两者间的相互作用大为加强了，是否有必要进一步考虑期望得到更大复合效果的方法，在本节中对此作一尝试，叙述官能性树脂的适用问题。

3.5.3.1 高含浸 WPC 的改良

通常所用St、MMA、UPS等树脂液是疏水性的，它和亲水性的木材缺乏亲合性。此外树脂液在成聚合物时有体积收缩。这两种特性都暗示了在WPC内木材—聚合物之间难以形成理想的复合系。为了期望得到比通常WPC有更大的复合效果，想给予树脂液极性，以此为手段，来达到提高木材和聚合物亲合性的目的，从该点出发，把乙醇，以及二噁烷等极性溶剂和树脂液并用方面的试验逐渐变多。以最终能被固定在WPC中，并直接有助于构造形成的极性官能型树脂，如甲基丙烯酸二羧基乙酯(HEMA)、甲基丙烯酸缩水甘油酯(GMA)那样的树脂相并用更为实用。以下介绍在MMA系并用HEMA、GMA的WPC的例子。表3-20表示这种共聚合系的WPC其弯曲性能和尺寸稳定性。

从表所知，添加极性单体系的弯曲比例极限应力(σ_{bp})、弯曲强度(σ_b)、弯曲弹性模量(*E*)都是提高的。另外抗吸湿(水)能*ASE*，在添加极性单体系中也是相对提高的。*ASE*的差异不大，即使在MMA单独系中充胀量也在4%以上，而WPC的尺寸稳定性与充胀效应有着极大的关系。无论采用什么样的极性单体作少量添加，MMA系WPC的物理力学性能都得到

表 3-20 极性单体并用的 MMA 系 WPC 的弯曲性能和尺寸稳定性

极性单体添加浓度		*PL*(%)	比 重	σ_{bp}(MPa)	σ_b(MPa)	EGPa	*PL* (%)	充胀(%)	吸湿 *ASE*(%)	吸水 *ASE*(%)
HEMA	5%	130	0.901	62.0	108.5	9.9	126	6.08	69.9	73.5
	10%	127	0.894	62.2	105.7	9.7	130	5.13	66.3	71.5
	15%	127	0.883	57.4	98.7	9.3	129	5.48	58.3	59.8
GMA	5%	141	0.938	54.5	97.2	9.1	130	4.60	58.1	66.0
	10%	130	0.933	57.8	103.1	9.5	124	5.44	59.9	64.9
	15%	138	0.963	58.8	100.4	9.4	123	5.42	65.4	71.6
MMA 单独	*B*	141	0.965	53.3	91.5	8.0	133	4.39	64.0	63.2

注：椴木偶氮＝异丁腈(AIBN)0.3%，63℃，24h

提高，这一点是明确的。这种提高可认为是木材和聚合物有更紧密的联系有关。从MMA单独系和10%HEMA添加系的WPC聚合物存在状态的扫描电子显微镜照片中可以看到，在MMA单独系的WPC上，细胞壁和聚合物的界面上存在相当大的间隙，两者之间不是紧密联系着的。而在HEMA添加系的WPC中，由聚合物所产生的空隙，并不在和细胞壁的界面上形成，而在聚合物自体的内部，以孔间的形式存在。从现实到HEMA添加系其细胞壁和聚合物密着性良好，证明了添加极性单体的MMA系比MMA单独系的复合效果更好。

3.5.3.2 低含浸 WPC 的应用

把PL降低到5%～30%的程度，选择价廉且改性效果好的树脂，低含浸处理也是WPC今后发展的一个方向。对于低含浸用树脂液，从含浸的手法来看，可以认为低聚体型比单体更有利。具体在本章第一节中所述的具有极性基的丙烯类低聚体。低聚体的分子量不那么高，向木材中注入有这种可能。此外一般无气味，不挥发，作业环境也好，聚合后没有必要作抛光等，具有操作方便的优点。作为低含浸的方法可采用低聚体和水的乳液或水、有机溶剂的溶液，用浸渍法、减压法、减压—加压法注入木材。采用预热，除去分散剂和溶剂，用后加热使之聚合。这种低含浸WPC化是以木材尺寸稳定化作为主要着眼点的，就是采用少量的极性树脂，期望得到良好的复合效果。低含浸WPC有不改变素材原来质感，在实用方面，这种性能在油漆处理和组合加工时能充分显示出其优越性。含浸的极性树脂在低的*PL*时，对于木材耐湿性和尺寸稳定性方面有改进价值。此外尚能起到木材和涂料两者之间的桥梁作用，由于它使木材和涂膜物理性的间隙趋于缓和，所以含浸材的油漆涂膜的耐久性显著的增加了。这种技术，特别是作为面向外部装饰的耐久性技术期望能得到广泛应用。

WPC经几十年的研制，目前机理和工艺已基本成熟并日趋完善，某些国家已形成小规模工业生产能力，以装饰地板、家具、纺织器材为主，各国的研究的方向和侧重有所不同。

3.5.4 WPC 的利用

WPC的利用有着极为广泛的范围，由于WPC的尺寸稳定性、力学性质、耐磨性、耐腐性等都有提高，所以在建筑材料、工业材料、家具、工艺材料、运动用品等方面应用的例子不断增加。

1. 建筑材料

目前WPC作为工业化制品的主体是地板和护板。它有各种色彩，不需油漆，尺寸稳定好，耐磨、耐腐等优点，因而颇受人们喜爱。应用在体育馆、商店、机场休息室等公共设施中的板材，及住宅大门的护侧板上。除板材之外，窗扇、门、楼梯、扶手等也是很适宜利用的范围。

2. 工业材料

要求耐腐蚀、耐药性，而金属材料不适宜的部件材料上，WPC的利用得到较大发展。可以用于纺织用木梭、线轴、铁道枕木、成型窗材、体育馆看台等。

3. 家具、工艺材料

应用于制家具、橱柜的顶端、面板、器具柄、门把手等。着色的WPC也应用于工艺雕刻制品、笔杆、打火机、纸刀等。

4. 运动用品

有弓箭、轮体、高尔夫的夹板、台球用的球杆等。

5. 乐器用材及其他

用于音响的箱体、二胡杆、板胡杆、扬琴滚板、琵琶背板等乐器用材，也可作电视机箱体、算盘、钮扣、戒指和别针等装饰品等用材。

3.6 木材塑料化

木材塑料化是通过酯化、醚化和衍生物化等化学改性的方法，将木材转化成热流动性材料，用模铸、挤压加工成各种形状的木材产品。

木材塑料化在采伐、造材、加工剩余物，间伐材和小径木等低值原料开发利用方面有深远意义及巨大经济价值。木材塑料化的研究近年来尽管已取得了长足的进展，但离工业化生产尚有不少距离。

3.6.1 木材塑料化机理

3.6.1.1 木材的热塑性

木材的热塑性取决于木材的主要成分纤维素、半纤维素和木素，不同的主要成分热塑性不一。木材中的纤维素是部分结晶化的高聚物，而木素和半纤维素是热塑性比纤维素大得多的无定形高聚物。干燥状态下三种主要成分的热软化点：木素为127～235℃；半纤维素为167～217℃；纤维素为231～253℃。在湿润状态下，木素和半纤维素的热软化点下降幅度较大，木素为72～128℃；半纤维素为54～142℃；纤维素的软化温度仅下降6～9℃。上述软化温度降低程度不同，表明水对木素和半纤维素有强烈增塑作用，对纤维素增塑有限，其原因在于水不能进入到纤维素的结晶区，由此看出结晶化纤维素的热塑性不大。

整体木材与单一成分的热软化不相同，木材的热塑性，并不取决于单个主要成分性质的叠加。木材加热到180℃开始热软化，至380℃时达最大值。尽管木素和半纤维素热塑性较大，但由于受纤维素大分子间的次价键力的相互作用，它们对整体木材热塑性的影响有限。影响木材热塑性的主要因素是纤维素，水对木材热软化的影响受纤维素结晶度的限制，因此可以认为纤维素结晶度很大程度上限制了木材的热塑性，因此木材为热塑性极低的材料。

3.6.1.2 木材塑料化的机理

木材热塑性低，无热流动性，难于塑料化，其主要原因是纤维素热塑性低，此外纤维素、半纤维素、木素之间形成相互交叉渗透的高分子网状结构。而纤维素的衍生物与纤维素性质不同，它具有高的热塑性，如硝酸纤维素、醋酸纤维素、苄基纤维素等都是众所周知的纤维素塑料，如果将木材中的纤维素，变成纤维素衍生物，就能将木材变成具熔融性的材料。因此，木材塑料化是将木材细胞壁三种主要成分全部衍生物化，破坏原细胞壁的结构，将木材变成新的材料，使其具有塑料的性能和特点。

为了使木材具有热流动性，必须改变细胞壁微纤丝的结晶构造，破坏基质的网状结构。为此，可将木粉经非水溶性纤维素溶剂，如四氧化二氮—二甲替甲酰胺(DMF)处理后，引入高级脂肪酸，如月桂酸，经酯化处理后的木粉显示出热流动性。这种处理可使纤维素大分子的羧基被体积大的取代基置换，纤维素大分子间的氢键被破坏和消失；基质的网状结构被切断，使木材具有热流动性。

另如采用引入如乙烯基、烯丙基等小取代基，去置换羧基，松散和破坏基质的网状结构，并添加增塑剂、合成高分子或热塑性分子的接枝共聚；或氯水处理使木素活化，使基质的网状结构进一步破坏等辅助处理手段，可制得热流动性极好的材料，完成木材塑料化。

3.6.2 木材塑料化

木材通过化学改性，使木材内部产生增塑作用，包括热塑性在内的基本性质的改变。这种木材向塑料化转化程度的高低，决定于取代基分子大小，取代程度和反应方式。

3.6.2.1 大取代基改性

1. 高级脂肪酸酰基的引入

该方法是利用一系列高级脂肪酸在非水溶性溶剂DMF中，与木材发生酰化反应而实现。木材中的羧基只要有1/3以上被酰化，改性木材即可具热流动性。木材塑料化早期研究多数是从大取代基改性开始的。脂含量为92%的月桂酰化后的桦木改性材，经扫描电镜观察其木材的组织和细胞均已消失并融合，若酰化处理后，再经完全皂化的试样，由于取代基得而复失，处理材的胞壁构造基本恢复原状，热软化性则同未处理的木粉。

大取代基热塑化木材通常由三氟酯酸—脂肪酸混合物(TFAA)为取代基，在反应温度30～50℃，时间0.5～24h条件下制得。也可以DMF为溶剂，用脂肪酸氯化—吡啶(氯化法)反应制备，反应温度100℃，时间2～6h。上述两种方法均可制备具热流动性的酰化木材。

由TFAA法制备的月桂酰化木材、丙酰化木材和乙酰化木材都具有完全流动状态，而月桂酰化木粉的玻璃化转变温度Tg为195℃；丙酰化木粉为272℃；乙酰化木粉为316℃。经过验证用TFAA酰化木材的热流动性为所有主成分的热流动引起。高级脂肪酸酯化的木材为无定型的高聚物，它与结晶型高聚物不同，无确定的熔融点，只有表观熔融点，即热流动温度，熔融点根据测试条件而变化，不同取代基引入，木材热流动温度不同，即使同种取代基也会因反应方法和条件不同而异。

2. 苄基引入

苄基取代基引入的醚化木材，在醚含量小于40%时，并不呈完全流动。当醚含量在40%～50%范围内，300℃是出现热流动的温度。随醚含量进一步增加，热流动温度不断降低。当醚含量超过60%时，热流动温度可降至200℃左右。

3.6.2.2 小取代基改性

1. 乙酰基的引入及转化

乙酰化木材的热塑性因乙酰化的方法及取代程度而异。只有用TFAA法制备的乙酰化木材具有较高的热塑性，其他常规方法制得乙酰化木材不显示热流动性。对缺乏热流动性的乙酰化木材转化成塑化材料的方法如下：

(1) 部分皂化处理：通过部分皂化处理，提高木材内部纤维素醋酸脂的塑化程度。

(2) 混合酰化处理：将乙酰基与其他酰基，如丙酰、丁酰，按不同比例混合酰化木材。混合可赋于木材热塑性，混合酯可减缓结晶性，并提高纤维素的塑性。

(3) TFA乙酰化处理：在预处理阶段用三氟酯酸TFA代替醋酸。预处理条件为温度50℃，处理时间2～6h，药剂用量每g木材TFA4.6mg，醋酸酐0.28mg。乙酰化条件：温度50℃，处理时间3h。这种乙酰化木材表观熔融温度210℃，比纤维素三醋酸酯的表观熔融温度降低了90℃，温度骤降的原因为乙酰化木材细胞壁内乙酰化木素和纤维素醋酸酯塑化的共同作用造成的。

在三氟醋酸TFA作用下，木素大分子内出现苄—醚键的裂解和酯键连接的减少，而TFAA虽起同样作用，而乙酰化或部分裂解的木素在纯化阶段被除去，故用TFAA法制备乙酰化木材表观熔融温度高达300℃左右。

(4) 爆破预处理：用爆破木材作为乙酰化的预处理，爆破预处理可活化木素。为了防止乙酰化过程中在酸性介质作用下，活化木素间发生自身缩聚，添加亲核剂，如β-萘脂乙醚。具体条件为爆破预处理温度179℃，时间10min。乙酰化处理条件：温度50℃，处理时间3～6h，β-萘酸乙醚为木材中每mol苯丙烯添加0.1mol。

(5) 外部增塑辅助处理：该方法系用外部添加增塑剂、合成高聚物或两者的混合物，使乙酰化木材具热流动性。如用高氯酸催化制备的乙酰化木浆，不具热流动性，不能模压成薄片，但通过添加等量的聚甲基丙烯酸甲酯(PMMA)可以模压成薄片。同样乙酰化木浆与PMMA和邻苯二甲酸二甲酯(DMP)按5∶3∶2混合，能模压成薄片，其效果较前者更好。

又如羧甲基化处理木粉(CM)，与间苯二酚混合，可变成热流动性材料。

(6) 接枝共聚辅助处理：乙酰化处理材再导入乙烯单体，进行接枝共聚处理，由乙烯单体形成聚合物在木材内部起增塑作用。如高氯酸催化法制得乙酰化木材，经苯乙烯接枝共聚反应后呈热流动性。这种内部增塑处理与外部增塑处理相似，高聚物增塑剂应与乙酰化木材高聚物组分，在分子水平上具有良好的兼容性。接枝共聚法较外部增塑法更优越，外部增塑产品有多个玻璃化转变温度Tg，接枝共聚产品只有一个玻璃化转变温度，说明接枝共聚是在分子水平上的作用，而达到真正兼容。

2. 氰乙基化木材的氯化改性

氯化对氰乙基化改性木材的热流动性有极大影响，能使热流动温度降低100～120℃。温度降低的原因有：①氯化导致木素结构的松弛；②在改性木材内部氯化木素起到氰乙基纤维素外部增塑剂的作用；③氯化反应产生纤维素解晶。此外氯化对其他化学改性材也有类似的结果，氯化可降低苄基化木材的热流动温度，使羟乙基化木材具有热流动性。

3.6.3 木材塑料化的研究方向及应用

3.6.3.1 研究方向

木材塑料化初始阶段研究是导入高级脂肪酸或苯甲基等大的取代基，与木材中纤维素大分子发生酯化反应，变成具热塑性的纤维素衍生物，从而使改性木材具有热流动性。随后改性研究的重点转为导入成本低，来源丰富的乙酰基或羟甲基等小取代基。从初始增加改性木材热流动性，到以能模压薄膜成型的热可塑性为目标。单纯导入小取代基已难以达到塑化的目的，为此采用改性木材外部增塑处理，适当添加PMMA、DMP等增塑剂，间苯二酚等合成树脂，创造增强改性木材塑料化的外部环境。以后采用改性木材内部增塑处理，用TFA预处理、氯化、爆破预处理等使木素活化，使木素分子内部分的键断裂，或氯在苯环上取代，从而增加木材内部塑料化。此外，注入乙烯类单体与处理材发生接枝共聚，形成具增塑作用的高聚物。这两类增塑处理注入或生成的高聚物，必须与改性木材中原有高聚物具有良好的兼容性。

总之，探求高热塑性，低热流动温度，小取代基，低导入度的优质改性木材的制备方法是木材塑料化能走向工业化应用的当务之急。

3.6.3.2 热塑化木材的应用

1. 制备立体成型曲面塑料状木质板

使用羧基—酯化木材为基料，如马来酸半酯化木材，邻苯二甲酰半脂化木材与增塑剂—双酚A双甘油脂混合，在热压成型过程中，不仅发生木材热塑化，还进行交联反应，制得表面光滑，具光泽和塑料状外观的各种模压板。板材颜色随不同酯化而异。马来酸酯化木材为红褐色，琥珀酸酯化木材为黄褐色，酞酸酯化木材为黑褐色。当木粉含量高达60%～70%时，板材具高耐水性，物理力学性也优于纤维板和刨花板。

2. 制备热熔胶

将热塑化木材与合成高聚物混合共溶，可制备膜类热熔胶。将丁酰基热塑化木材与聚酯酸乙烯脂(PVAC)以不同的比例混合，可制备木材胶黏剂。

3.7 木材脱脂处理

木材脱脂主要是针对针叶树材松科松属、落叶松属、黄杉属和云杉属的木材进行脱脂处理。因为这类木材的构造上含有正常树脂道，木材中含有树脂成分，特别是松属的硬松类木材，国内商品材名称为松木，其树脂含量丰富，部分树种生长的立木为采集松脂的来源。

我国硬松类木材主要树种有马尾松、樟子松、云南松、思茅松、黄山松、赤松、高山松，以及国外引种的湿地松、火炬松等。

松木类木材资源丰富，但因木材树脂含量高，颜色深，影响了木材加工，气温高时，树脂还会渗至木材表面，污染木材制品，应用受到限制，通过脱脂处理，不仅可以提高木材的加工性能、表面质量，还可提高木材的尺寸稳定性，从而扩大该类木材的使用范围。

3.7.1 树脂的组成及其对木材加工的影响

松木类的树脂又称松脂，因树种不同，树脂含量变化在0.8%～25%之间，同一树株不同部位，含脂量也有很大差异，通常心材含脂量远高于边材，如马尾松材平均含脂量约为7%，边材树脂含量约1%～3%，而心材树脂含量约7%～10%，近根株部分的心材则可高达15%～20%。

树脂是固体树脂酸(松香)溶解在萜烯类(松节油)中所形成的溶液。除松香和松节油外，还有少量水分和杂质。表3-21为马尾松树脂的平均组成。

松脂的比重在0.997～1.038之间，具有一种特殊香气，纯松脂无色，但因含一定量杂质以及与空气接触氧化，颜色变深，常呈淡黄、黄褐和褐色等。不溶于水，能溶于乙醚、酒精、甲苯和松节油等溶剂中。

松香是一种硬脆的、折断面似贝壳且有玻璃光泽的固体物质，颜色从微透明的黑褐色到完全透明的淡黄色，或几乎无色；比重为1.05～1.10，软化点70～85℃；不溶于水，微溶于热水，溶于酒精、乙醚、苯、松节油、汽油和煤油中，遇碱溶液可产生皂化反应。松香会产生结晶，且因结晶而变得混浊，结晶松香熔点较高，难于皂化。松香是一种复杂的混合物，主要由各种同分异构树脂酸(分子式为$C_{19}H_{29}COOH$)组成，还有少量脂肪酸和中性物。如天然马尾松树脂的松香主要由85%～90%的枞酸型和海松酸型树脂酸、3%～6%的脂肪酸、5%～8%的中性高沸点萜烯化合物组成。

松节油是一种透明、无色、流动的液体，易挥发、干燥，具有特殊的芳香气味；比重0.850～0.875；不溶于水，能溶于酒精、苯、乙醚、二硫化碳、四氯化碳等，还能溶于有机物的树脂和汽油中，是一种优良的溶剂。松节油本身无酸性，受到氧化作用会生成游离酸，因其含水含酸，致使颜色加深，黏度增大。松节油由许多不同沸点的萜类混合物组成，主要是单萜烯($C_{10}H_{19}$的α-蒎烯和β-蒎烯)，约占90%左右，此外还有少量的长叶烯、香叶烯和β-水芹烯等。松节油化学性质活泼，能进行异构化、氧化、酯化、聚合等化学反应，α-蒎烯和β-蒎烯是工业上合成樟脑和多种香料的原料。

表3-21 马尾松树脂的平均组成

组　分	比例(%)
树脂酸(包括脂肪酸)	62～70
松节油	16～22
中性物质(二萜醛、二萜醇等)	6～12
水　分	2～4
杂　质	0.5～1

松木树脂主要是液体的松节油和在常温下呈固体的松香组成，虽然在温度低时很粘稠不易流动，但因松香软化点低(70～85℃)，且松节油能溶解固体的松香，因而具有流动性，如马尾松等高含脂的木材，在60～80℃温度下即会出现树脂渗出现象，在锯、刨或砂光过程中，因机械热，树脂渗出会堵塞刀口和砂带；即使经过人工干燥的木材制品，在日光直射烤晒下(温度可达70℃以上)，或在采暖设备附近，树脂也会渗出污染木材表面，使木材颜色加深或在漆膜下产生色斑，因松节油溶解涂层而引起漆膜的鼓泡和剥落，对于含锌或铅的涂料，木材中的树脂酸还能与氧化锌作用，致使涂膜早期破坏。

3.7.2 脱脂方法的机理

脱脂处理有多种方法，最常见的是洗涤法，其原理是选择能与树脂酸进行化学反应的化学药剂，使松香反应后生成能溶于水的化合物，排出木材；同时利用松节油易挥发的特性，使之蒸发排出木材。第二类是溶剂萃取法，以能溶解树脂的有机溶剂，如丙酮、酒精、苯、甲氯化碳、石油醚等处理木材，将木材中的树脂浸提出来；该方法由于溶剂价格高，又易着火或具毒性，且溶剂回收成本高，所以除对少量、特殊用材作处理外，工厂很少采用。第三类，采用高温湿热处理，使松香软化从木材中溢出，松节油挥发。第四类，不属于脱脂，而是降低树脂对木材涂饰的不良作用，在涂饰处理前，采用催化剂对木材进行预处理，与树脂作用生成一种粘性和不易流动的聚合物，固定或结合在木材内，以减轻对涂饰处理的影响。

既能与松香反应并生成可溶于水的化合物的化学药剂很多，如氨液或氨盐溶液(氨水、碳酸氢氨)，含氮杂环化合物及其盐(六次甲基四胺)，碱液(纯碱、苛性钠、碳酸甲)等。从经济性、对材质的影响、毒性和污染方面考虑，通常选用碱液处理效果较好。以氢氧化钠水溶液作处理剂为例，当板材中的树脂酸与水溶液的氢氧化钠反应，生成可溶于水的树脂酸钠而排出板材，反应机理如下：

$$C_{19}H_{29}COOH+NaOH=C_{19}H_{29}COONa+H_2O$$

松节油各组分的沸点在150～250℃之间，其中占主要的α-蒎烯和β-蒎烯的沸点分别为155℃和162℃，但如果松节油与水共存，则其沸点可降低到100℃以下(约95.2℃)。利用松节油、水的共沸现象，从木材中排除松节油，既不要化学药剂，也不要特殊设备。

3.7.3 脱脂处理工艺

3.7.3.1 碱液皂化处理

树脂与碱可以反应，生成可溶性皂化物，用水洗涤清除。常用的碱有碳酸钠、碳酸钾和苛性钠等。根据被处理板材的具体情况(板材厚度、树脂含量、处理要求等)，选择一定的工艺条件，对其进行药液煮沸处理。

药液(碱液)浓度直接影响碱液的扩散速度，浓度高，进入板材的碱含量也多，有利于与板材中的松香进行反应。在选择碱液浓度时，宜适当加大浓度值，药液的扩散速率和深度也能增大，能够较好地提高脱脂效果，同时也有利于消除脱脂不均匀现象。但浓度太高会破坏木材纤维素，降低木材力学强度。根据木材的渗透性和含脂量，所选碱液的浓度在0.5%～1.5% 为佳。

蒸煮的温度会影响松脂的软化、松节油的蒸发，以及碱液的注入速率和均匀性。由于松香的软化点温度为70～85℃，松节油与水共存时其沸点在95℃左右，所以处理温度通常控制在95～120℃之间。随着处理过程进行，碱液温度逐步上升，板材中的松香逐渐软化，容易与碱液产生皂化反应，同时随着温度进一步上升，松节油也会从板材中蒸发出来。在较高温度作用下，有利于药液的注入速率。但木材在高温碱液作用下，半纤维素易分解，会降低木材的强度。

蒸煮处理时间则取决于多种因素：处理材的树种构造，板材厚度，含脂量，脱脂率，药液的温度、浓度和有无表面活性剂，以及处理过程中有无施加压力及压力大小等等。处理时间可在 8～24h 之间，根据具体情况，试验确定。

在条件许可的情况下，采用加压蒸煮处理，可以大大缩短处理时间和改善脱脂效果。因为加压可增加药液进入板材的速度和深度。压力大小可依据板材情况(厚度、密度、心边材情况等)选取，通常在120～200kPa之间，可满足脱脂要求。加压处理对设备要求较高，需要有耐碱液腐蚀的压力蒸煮容器，加压设备等。

药液中可添加少量表面活性剂，有十二烷基磺酸钠、十二烷基苯磺酸钠、六次甲基四胺等，用量 0.5%～1.2%，能起到加速药液向木材内部渗透的作用。

木材在高温高压碱液浸渍下，由于多糖类被溶解，减少了木材的羟基，木素比例相应增加，纤维之间更加紧密，木材的变形会减小，有利于提高木材的尺寸稳定性，但木材的强度有所下降，木材的颜色会有所加深(泛黄)，光泽减弱。

3.7.3.2 汽蒸干燥处理

在松木板材窑干过程中，辅以汽蒸处理，达到一定的脱脂效果。汽蒸干燥处理脱脂效果略差于碱液蒸煮处理，适于对树脂含量较低，或脱脂要求稍低的松木进行脱脂处理。该方法适于工厂中原具有干燥窑，则只要作工艺改进，即可达到要求，因此投资少，易被部分企业所采用。

汽蒸干燥处理采用高温饱和水蒸气(100～160℃)，在干燥初期即对窑内板材进行加热、喷蒸处理。在汽蒸过程中，板材逐步升温，且因水蒸气凝结含大量自由水，部分松脂软化溢出，松节油在与水共存下因沸点降低而能够有效地蒸发。失去了松节油的部分树脂便是固体松香，保留在木材内部，不会向外渗出。

汽蒸时间越长，脱脂效果越好，但高温汽蒸时间过长，材色变深严重。根据板材厚、树种、蒸汽温度，控制在 2～8h，也可依每 cm 板厚汽蒸 0.5～1h 估算。

汽蒸结束后，让窑内板材缓慢冷却，这样在温度梯度作用下，板材内水分向外移动剧烈，松节油随水蒸气继续蒸发。当窑内温度降至50℃左右，即可进入板材窑干的连续升温的干燥过程。

3.7.3.3 催化聚合处理

通过催化剂的作用，使松节油中的主要成分 α- 和 β- 蒎烯产生聚合，形成一种具粘性而不易流动的物质，使其固定或缔合在木材内。能产生催化作用的有氯化铝、氯化血红素、三氟化硼等。据报道，用三氟化硼处理含脂木材，可有效地降低树脂渗出。方法是将三氟化硼调制成浓度为26%的酒精溶液，然后涂刷在含脂木材表面。三氟化硼酒精溶液能改变树脂中萜的组成，使之形成不易挥发、不易流动的聚合物。

由于这种方法只对木材表面进行处理，内部的松节油成分未受到催化剂的作用，没有产生变化；木材细胞壁成分未受影响，不会降低木材的强度。但处理材在遇热或较高温度下，树脂依然会向表层移动。该方法的处理对象为干燥后含水率较低的木材，在木材涂饰前进行。

参考文献

[1] 成俊卿主编. 木材学. 北京：中国林业出版社，1985
[2] 胡淑宜. 马尾松含脂及改性研究. 林业科学，1999，35(1)：90～93
[3] 苗平等. 松木脱脂技术研究进展. 林业科技开发，1999(4)：7～9
[4] 陆文达等.落叶松脱指技术及效果分析. 林产化工，1988(5)：18～20
[5] 李宝权.木材抽提物与涂饰质量. 家具，1990，5(57)：13～14
[6] 奈良直哉，沙绮霞译. 脱脂干燥. 林产工业，1985(2)：10～12
[7] 郭幼丹. 马尾松脱脂技术研究. 林产工业，1987(5)：26～28
[8] (日)今村博之. 木材利用の化学. 共立出版株式会社，1983
[9] 葛明裕. 木材加工化学. 哈尔滨：东北林业大学出版社，1985

4 木材干燥

木材干燥这个学科是木材学的一个分支，在应用方面，这个学科关系到充分利用森林资源、选择造林树种、综合利用木材和提高木制品质量等问题；在理论方面，它须从木材学的若干基本概念出发，探讨木材由湿变干的内在规律，以便在保证质量的前提下，运用适当的干燥技术与设备，提高干燥速度。

4.1 木材干燥介质及其规律

4.1.1 干燥介质

4.1.1.1 湿空气

木材干燥过程是典型的传热传质过程。在干燥过程中，能在干燥室内不断循环流动，在经过加热器表面时吸收热能，在经过木材表面时把热能传给木材，同时吸入从木材表面蒸发出来的水分并把此水分带往别处的媒介物质称作干燥介质。在常规窑干中，干燥介质为湿空气；在过热蒸气干燥中，干燥介质为过热蒸气；在炉气直接加热干燥中，干燥介质为炉气。

1. 湿空气的状态参数

由干空气和水蒸气所组成的湿空气，其状态参数之间的关系，可用理想气体状态方程式来描述。即

$$pv = RT$$

气体常数R与气体的性质有关，对于干空气，R = 287J/kg · k；对于水蒸气，R = 461J/kg · k。

2. 总压力与分压力

按照道尔顿定律，湿空气的总压力应等于干空气的分压力与水蒸气的分压力之和。

在木材干燥中，作为干燥介质的湿空气就是大气，湿空气的总压力即为大气压力。在一定温度条件下，空气中水蒸气的含量越多，空气就越潮湿，水蒸气的分压力也越大。如果空气中水蒸气的含量超过某一限度时，空气中就有水珠析出。这说明，在一定温度条件下，湿空气中容纳水蒸气的数量是有一定限度的，也就是说，湿空气中水蒸气的分压力有一个极限值。达此极限值时，水蒸气处于饱和状态，湿空气就是干空气和饱和水蒸气的混合物，称为饱和空气，相应的水蒸气的分压力称为该温度时的饱和分压力。一般说来，在湿空气中水蒸气的分压力都低于其温度下的饱和分压力，或是说，在一定的水蒸气分压力下，湿空气的温度高于其饱和温度时，水蒸气处于过热状态。在这种状态下湿空气是干空气和过热水蒸气的混合物，称为未饱和空气。

由以上分析可以看出，在一定温度条件下，湿空气中水蒸气分压力的大小，是衡量水蒸气含量即湿空气干燥与潮湿的基本指标。

3. 湿度

(1) 绝对湿度：每 1m^3 湿空气中所含水蒸气的质量，称为空气的绝对湿度。其数值等于水蒸气在其分压力与温度下的密度。绝对湿度只能说明湿空气中实际所含水蒸气的多少，而不能用它直接说明湿空气的干、湿程度。因此，还必须引入相对湿度的概念。

(2) 相对湿度：空气中水蒸气的实际含量对最大可能含量的接近程度称为相对湿度。相对湿度用未饱和空气的绝对湿度与同温度下饱和湿空气的绝对湿度之比来表示，符号 φ 为即

$$\varphi = \frac{\text{未饱和空气的绝对湿度}}{\text{同温度下饱和湿空气的绝对湿度}}$$

显然，相对湿度反映了湿空气中所含水蒸气的分量接近饱和的程度，故也称为饱和度。φ 值小，表示空气干燥，吸收水分的能力强；φ 值大，表示空气潮湿，吸收水分的能力弱。当 φ 为 0 时，则为干空气，φ 为 100% 时，则为饱和空气。所以不论空气的温度如何，由 φ 值的大小，就可直接看

出它的干、湿程度。

4.1.1.2 水蒸气

水蒸气在状态上可分为湿饱和蒸气、干饱和蒸气和过热蒸气。湿饱和蒸气和干饱和蒸气都是饱和状态的蒸气，无蒸发水分的能力，因此不可能作为干燥介质。只有水蒸气中的过热蒸气是未饱和蒸气，在空间中还可容纳更多的蒸气分子而不致引起凝结。因此，能作为干燥介质的只是水蒸气中的过热蒸气。

1. 湿饱和蒸气

湿饱和蒸气简称湿蒸气，是在汽化过程中形成的汽、水两相混合物，亦即含有浮悬沸腾水滴的蒸气，白色、雾状。湿蒸气状态的确定，需知道其中汽、水的成分比例，通常用干度表示。干度是指1kg湿蒸气中干蒸气的相对质量，用符号x表示，即：

$$x=\frac{\text{干饱和蒸气质量}}{\text{湿蒸气质量}}=\frac{\text{干饱和蒸气质量}}{\text{饱和水质量}+\text{饱和蒸气质量}}$$

显然，饱和水的干度$x=0$，干饱和蒸气的干度$x=1$，而湿蒸气的干度介于0和1之间。干饱和蒸气简称干蒸气，是与沸腾水处于相平衡的蒸气，无色、透明。饱和蒸气的压力叫做饱和压力，相应的温度叫做饱和温度，二者有对应关系。蒸气的饱和温度等于在该压力下水的沸点温度。

2. 过热蒸气

过热蒸气是温度高于相同压力下饱和蒸气温度的蒸气，无色、透明。过热蒸气的温度与同压力下饱和蒸气温度的差值称为过热度，它的大小说明蒸气过热的程度。

过热蒸气是未饱和蒸气。压力为一个大气压的过热蒸气称常压过热蒸气。用作干燥介质的过热蒸气一般为常压过热蒸气。木材干燥室内的过热蒸气在开始时的极短时间内来自锅炉供给的蒸气，以后则由于木材中的水分经汽化、过热而成。干燥室内的过热蒸气因经过排气道和室外大气相通，其压力和大气压力基本相等，因而它是常压过热蒸气。常压饱和蒸气的温度约为100℃，常压过热蒸气的温度则高于100℃。

4.1.2 木材与水分

4.1.2.1 木材中水分的状态

一棵活树，其须根不间断地把土壤中的水分通过树干输送到树叶，所以树干里含有大量的水分。活树被伐倒并锯制成各种规格的锯材后，水分的一部分或大部分仍然保留在木材内部，这就是木材中水分的由来。用新采伐的树木制成的板材和方材叫生材。

木材可按干湿程度分为6级：

湿材：长期放在水内，含水率大于生材的木材；

生材：和新采伐的木材含水率基本一致的木材；

半干材：含水率小于生材的木材；

气干材：长期在大气中干燥，基本上停止蒸发水分的木材；此类木材含水率因各地气候干湿条件的不同，变化范围一般在8%～18%之间；

窑干材：经过窑干处理，含水率约为7%～15%的木材；

全干材：含水率等于0的木材。

木材是由为数极多的各种细胞组成的。每一个细胞都具有细胞壁和细胞腔。细胞壁上的纹孔与导管末端的穿孔使多数细胞的细胞腔并联或串联地相互沟通，构成大毛细管系统。细胞壁的主要组成分是纤维素，其次是半纤维素和木素。在组成细胞壁的纤维素链、基本纤丝、微纤丝及纤丝等之间，都有极为细微的间隙。它们相互连通，构成多级的微毛细管系统。木材中的水分就包含在这两大类毛细管系统之内，并可沿着系统的通路向纵横方向移动。由细胞腔与纹孔等组成的大毛细管对水分的束缚力不大，其中水分的蒸发比较容易。因之，大毛细管系统内的水叫做自由水。细胞腔不能从空气中吸取水分。若不把木材浸泡在河、池之中，其自由水的含量不会增多，只会由于向外界蒸发而减少。细胞壁内的各级微毛细管系统具有从空气中吸取水分(即吸湿)的能力。微毛细管系统中的水分叫做吸着水。吸着水的改变会影响木材体积和尺寸的变化；而自由水的减少只会影响木材的质量。

4.1.2.2 木材平衡含水率

木材平衡含水率是制定干燥基准，控制和调节干燥过程，控制仓库中已干材和成品的尺寸，拟定各种木制品用材所需干到的终含水率标准等所必须考虑的问题。

当细胞腔中不含有或极少含有自由水时，每逢周围气候状态(温度，相对湿度或水蒸气相对压力)发生变化，木材细胞壁中的吸着水含量也相应地变化。若细胞壁中微毛细管系统内的水蒸气分压力比空气中的大，则水蒸气从细胞壁内向木材外部移动，并向大气中蒸发，使得吸着水含量减少。此现象叫做解吸。相反地，若微毛细管系统内的水蒸气分压力比空气中的小，则水蒸气从空气往细胞壁中渗透，即木材从空气中吸湿，使得吸着水含量增大。此现象叫做吸湿。木材含水率在解吸过程中达到的稳定值叫做解吸稳定含水率，在吸湿过程中达到的稳定值叫做吸湿稳定含水率。细薄木料在一定空气状态下，最后达到的吸湿稳定含水率或解吸稳定含水率，叫做平衡含水率。一块木材不可能沿着全厚度同时受到气候条件变化的影响，因之，木材表面比内部先达到平衡含水率。在指定的温度下，木材的吸湿量随着空气相对湿度(即空气中水蒸气相对压力)的升高而加大。当相对湿度升高到接近于100%时，吸湿量达到最大值，此时的平衡含水率叫做纤维饱和点。纤维饱和点随着温度的升高而降低。例如，纤维饱和点在温度为0℃时约为30%，在70℃时降低为26%，在100℃时降低为22%。一般认为，我国多种木材在20℃时的平均纤维饱和点为30%。干木材在吸湿时达到的稳定含水率，低于在同样气候条件下湿木材在解吸时的稳定含水率。此现象叫做吸湿滞后，或吸收滞后。在相对湿度变异范围为60%～90%时，多种木材的吸湿滞后的平均值约为2.5%。细薄木料及气干材的吸湿滞后很小，生产上可忽略。高温窑干材吸湿滞后较大。

4.1.3 木材在气体介质中的对流干燥过程

4.1.3.1 木材干燥曲线

当木材在一定的温度和湿度的气态介质中干燥时，若每隔一定时间测定木材含水率的变化，并且以时间为横座标，以含水率为纵座标画出的曲线图，叫做干燥曲线（图4-1）。

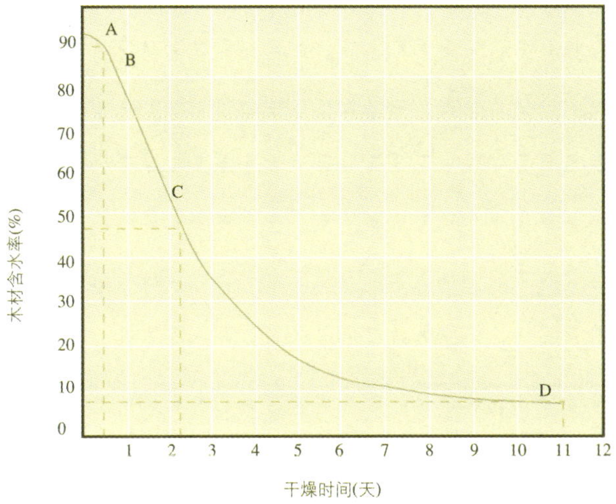

图4-1 木材干燥曲线

在干燥曲线图上可以分析干燥过程。木材干燥的全过程可以分为三个阶段。

1. 预热阶段

曲线图上的AB阶段是木材的预热阶段。在此阶段内一方面提高干燥窑内介质温度，同时要把它的湿度提高到90%～100%。目的是暂时不让木材中的水分向空气中蒸发，从表层到中心均匀地把温度提高到干燥基准要求的值。预热所需要的时间依树种和锯材的厚度而异。

经过预热以后，木材的温度和含水率沿断面分布均匀一致，此时就可以按照预定的干燥基准降低介质的温度和湿度，开始进行干燥过程。

2. 等速干燥阶段

曲线图上向下倾斜的直线BC表示等速干燥阶段。此阶段是自由水蒸发时期。只要介质的温度、湿度和循环速度保持不变，含水率的降低速度也保持不变。由于木材表层的自由水蒸发完毕后，内部还有自由水，所以，曲线图上向下倾斜直线线段的终了，并不等于说木材内的自由水已经完全排除干净了。

在等速干燥阶段内，空气温度越高，湿度越低，自由水蒸发越强烈，若气流以较大的速度吹散并破坏木材表面上的饱和蒸气边界层，则蒸发速度将相应得到提高。

3. 减速干燥阶段

自由水蒸发干净以后，吸着水开始蒸发，随着吸着水的蒸发，蒸发过程逐渐向微毛细管部分深入，微毛细管系统对吸着水吸附力越大，水分蒸发时所需吸收的热量越多，干燥过程的时间越长，含水率降低的速度也越慢。因此，纤维饱和点以下的干燥阶段叫减速干燥阶段，曲线图上的CD线段即表示该阶段。

在减速干燥阶段，要提高水分蒸发速度必须提高介质温度，降低湿度并保持较高的气流循环速度。但是水分蒸发速度受木材内部水分传导速度的制约，而且内部水分传导速度决定了总的木材干燥速度。

4.1.3.2 木材内部水分的移动

木材中的水分在一定条件下可在木材内部移动，这称为木材的水分传导性。就大多数板材而言，长度远大于厚度、宽度；侧面积远大于端面积。因此尽管水分顺纤维传导比横跨纤维的传导为易，但对木材干燥起决定作用的是横跨纤维的传导。

木材干燥过程中，木材内部水分移动的动力主要是含水率梯度和温度梯度。

4.1.3.3 木材表面水分的蒸发

木材表面水分的蒸发总是在一定的温度、湿度和气流速度下进行。在一般情况下，干燥窑内空气的湿度总是小于100%，而空气的温度则大大高于常温。因此空气的平衡含水率低于木材表面的含水率。木材表面的水分就会向空气中蒸发。木材表面水分蒸发的快慢取决于空气的温度和湿度。当空气温度升高或湿度降低时，木材表面水分蒸发速度就加快。反之，空气温度越低，湿度越大，表面水分蒸发的速度就慢。

木材表面的循环气流速度对木材表面水分蒸发也有重要影响。如果木材表面空气不是流动的，则随着水分的蒸发，很快会在木材表面出现一个不流动的饱和水蒸气薄膜，称为界层，其相对湿度为100%。它把木材表面包围着，木材表面水分要继续蒸发只能靠缓慢的扩散作用穿过界层才能进入空气中。同时界层也阻碍了热的传递，从而使干燥速度减慢。为此需要加大木材表面的气流循环速度，吹散木材表面的水蒸气饱和层，减少其厚度，使木材表面的水分蒸发速度能继续保持在适当的范围内。

木材表面水分蒸发还与木材的含水率有关，当木材含水率在纤维饱和点以上时，即以蒸发自由水为主的期间，蒸发面位于木材表面及稍下的各层，在此期间若空气的温度、湿度不变，则水分蒸发强度不变。当自由水蒸发完毕，吸着水开始蒸发时，表面的水分蒸发强度便逐渐由木材表面移入木材内部，转变为以吸着水的蒸发为主，单位质量水分蒸发所需要热量越来越多，而蒸发强度则趋于减少。

表 4-1 干燥介质湿度表（ψ，%）

干燥介质温度 t(℃)	干、湿球温度差																														干燥介质温度 t(℃)
	0	1	2	3	4	5	6	7	8	9	10	11	12	13	14	15	16	17	18	19	20	22	24	26	28	30	32	34	36	38	
30	100	93	87	79	73	66	60	55	50	44	39	34	30	25	20	16	—	—	—	—	—	—	—	—	—	—	—	—	—	—	30
32	100	93	87	80	73	67	62	57	52	46	41	36	32	28	23	19	16	—	—	—	—	—	—	—	—	—	—	—	—	—	32
34	100	94	87	81	74	68	63	58	54	48	43	38	34	30	26	22	19	15	—	—	—	—	—	—	—	—	—	—	—	—	34
36	100	94	88	81	75	69	64	59	55	50	45	40	36	32	28	25	21	18	14	—	—	—	—	—	—	—	—	—	—	—	36
38	100	94	88	82	76	70	65	60	56	51	46	42	38	34	30	27	24	20	17	14	—	—	—	—	—	—	—	—	—	—	38
40	100	94	88	82	76	71	66	61	57	53	48	44	40	36	32	29	26	23	20	16	—	—	—	—	—	—	—	—	—	—	40
42	100	94	89	83	77	72	67	62	58	54	49	46	42	38	34	31	28	25	22	19	16	—	—	—	—	—	—	—	—	—	42
44	100	94	89	83	78	73	68	63	59	55	50	47	43	40	36	33	20	27	24	21	18	—	—	—	—	—	—	—	—	—	44
46	100	94	89	84	79	74	69	64	60	56	51	48	44	41	38	34	31	28	25	22	20	16	—	—	—	—	—	—	—	—	46
48	100	95	90	84	79	74	70	65	61	57	52	49	46	42	39	36	33	30	27	24	22	17	—	—	—	—	—	—	—	—	48
50	100	95	90	84	79	75	70	66	62	58	54	50	47	44	41	37	34	31	29	26	24	19	14	—	—	—	—	—	—	—	50
52	100	95	90	84	80	75	71	67	63	69	55	51	48	45	42	38	36	33	30	27	25	20	16	—	—	—	—	—	—	—	52
54	100	95	90	84	80	76	72	68	64	60	56	52	49	46	43	39	37	34	32	29	27	22	18	14	—	—	—	—	—	—	54
56	100	95	90	85	81	76	72	68	64	60	57	53	50	47	44	41	38	35	33	30	28	23	19	15	—	—	—	—	—	—	56
58	100	95	90	85	81	77	73	69	65	61	58	54	51	48	45	42	39	36	34	31	29	25	20	17	—	—	—	-	—	—	58
60	100	95	90	86	81	77	73	69	65	61	58	55	52	49	46	43	40	37	35	32	30	26	22	18	14	—	-	—	-	—	60
62	100	95	91	86	82	78	74	70	66	62	69	56	53	50	47	44	41	38	36	33	31	27	23	19	16	—	—	-	—	—	62
64	100	95	91	86	82	78	74	70	67	63	60	57	54	51	48	45	42	39	37	34	32	28	24	20	17	—	—	—	—	—	64
66	100	95	91	86	82	78	75	71	67	63	60	57	54	51	49	46	43	40	38	35	33	29	25	22	18	15	—	—	—	—	66
68	100	95	91	87	82	78	75	71	68	64	61	58	55	52	49	46	44	41	39	36	34	30	26	23	19	16	—	—	—	—	68
70	100	96	91	87	83	79	76	72	68	64	61	58	55	52	50	47	44	41	39	37	35	31	27	24	20	17	—	—	—	—	70
72	100	96	91	87	83	79	76	72	69	65	62	59	56	53	50	47	45	42	40	38	36	32	28	25	21	18	—	—	—	—	72
74	100	96	92	87	84	80	76	72	69	65	63	60	56	53	51	48	46	43	41	39	37	33	29	26	22	19	14	—	—	—	74
76	100	96	92	87	84	80	77	73	70	66	64	61	57	54	52	49	47	44	42	40	38	34	30	27	23	20	15	—	—	—	76
78	100	96	92	88	84	80	77	73	70	66	64	61	58	55	53	50	48	45	42	40	38	34	31	27	24	21	16	—	—	—	78
80	100	96	92	88	84	80	77	73	70	66	64	61	58	55	53	50	48	45	43	41	39	35	31	28	25	22	17	—	—	—	80
82	100	96	92	88	84	80	77	74	71	67	65	62	59	56	54	51	49	46	44	42	40	36	32	29	26	23	18	—	—	—	82
84	100	96	92	88	84	80	77	74	71	68	65	62	59	56	54	51	49	46	44	42	40	36	32	29	26	23	19	14	—	—	84
86	100	96	92	88	84	80	78	75	72	69	66	63	60	57	55	52	50	47	45	43	41	37	33	30	27	24	20	15	-	-	86
88	100	96	92	89	85	81	78	75	72	69	66	63	60	57	55	52	50	48	46	44	42	38	34	31	28	25	21	16	—	—	88
90	100	97	93	89	85	81	79	75	72	69	66	63	61	58	56	53	51	49	47	45	43	39	35	32	29	26	22	18	—	—	90
92	100	97	93	90	86	82	79	76	73	70	67	64	62	59	57	54	52	50	47	45	43	39	36	33	30	26	22	19	16	—	92
94	100	97	93	90	86	82	79	76	73	70	67	65	62	60	57	54	52	50	48	46	44	40	37	33	30	27	23	20	17	—	94
96	100	97	93	90	87	83	80	76	73	70	68	65	62	60	58	55	53	51	48	46	44	41	37	34	31	28	24	21	18	—	96
98	100	97	93	90	87	83	80	77	74	71	68	65	63	60	58	55	53	51	49	47	45	41	38	34	31	28	25	22	19	16	98
100	100	97	93	90	87	83	80	77	74	71	68	66	63	61	59	56	54	52	49	47	45	42	38	35	32	29	26	23	20	17	100
102	—	—	94	91	88	84	81	78	75	72	69	67	64	62	59	56	54	52	50	48	46	42	38	35	32	29	26	23	21	18	102
104	—	—	—	—	88	84	81	78	75	72	69	67	64	62	60	57	55	53	50	48	46	42	39	35	32	30	27	24	22	19	104
106	—	—	—	—	—	—	81	78	75	72	69	67	64	62	60	57	55	53	50	48	46	43	39	36	33	30	27	24	22	20	106
108	—	—	—	—	—	—	—	—	75	72	69	67	64	62	60	57	55	54	51	49	46	43	40	36	33	31	28	25	23	21	108
110	—	—	—	—	—	—	—	—	—	—	69	67	65	63	61	58	56	54	51	49	46	43	41	37	34	31	25	28	24	21	110
112	—	—	—	—	—	—	—	—	—	—	—	—	65	63	61	58	56	54	52	50	47	44	42	38	35	33	30	27	24	22	112
114	—	—	—	—	—	—	—	—	—	—	—	—	—	—	61	58	56	54	52	50	48	45	42	38	35	33	30	27	25	22	114
116	—	—	—	—	—	—	—	—	—	—	—	—	—	—	—	—	57	55	53	51	49	46	43	39	36	34	31	28	25	23	116
118	—	—	—	—	—	—	—	—	—	—	—	—	—	—	—	—	—	—	53	51	50	46	43	40	37	34	32	29	26	23	118
120	—	—	—	—	—	—	—	—	—	—	—	—	—	—	—	—	—	—	—	—	50	47	44	41	38	35	32	29	26	24	120
125	—	—	—	—	—	—	—	—	—	—	—	—	—	—	—	—	—	—	—	—	—	—	—	41	38	35	33	30	27	25	125
130	—	—	—	—	—	—	—	—	—	—	—	—	—	—	—	—	—	—	—	—	—	—	—	—	—	35	33	31	28	26	130

表 4-2 木材平衡含水率表

例：
干球温度＝82℃
温度计差＝11℃
平衡含水率＝8%

干球温度(℃) \ 温度计差(℃)	0	1	2	3	4	5	6	7	8	9	10	11	12	13	14	15	16	17	18	19	20	21	22	23	24	25
120																					4.5	4	4	4	3.5	3.5
118																			4.5	4.5	4.5	4	4	4	4	3.5
116																	5	5	5	4.5	4.5	4	4	4	4	3.5
114															5.5	5.5	5.5	5	5	4.5	4.5	4	4	4	4	3.5
112													6.5	6.5	6	5.5	5.5	5	5	4.5	4.5	4.5	4.5	4	4	3.5
110											7.5	7	6.5	6.5	6	5.5	5.5	5	5	5	4.5	4.5	4.5	4	4	4
108									8.5	8	7.5	7	6.5	6.5	6	5.5	5.5	5	5	5	4.5	4.5	4.5	4	4	4
106							10	9.5	8.5	8	7.5	7	6.5	6.5	6	5.5	5.5	5	5	5	4.5	4.5	4.5	4	4	4
104					11.5	11	10	9.5	8.5	8	7.5	7	6.5	6.5	6	5.5	5.5	5.5	5	5	4.5	4.5	4.5	4	4	4
102			14.5	13	11.5	11	10	9.5	9	8.5	7.5	7	6.5	6.5	6	6	5.5	5.5	5	5	4.5	4.5	4.5	4	4	4
100	22	16.5	15	13	12	11	10	9.5	9	8.5	7.5	7	6.5	6.5	6	6	5.5	5.5	5	5	4.5	4.5	4.5	4	4	4
98	22.5	17	15	13.5	12	11	10	9.5	9	8.5	8	7.5	7	6.5	6	6	5.5	5.5	5	5	4.5	4.5	4.5	4	4	4
96	23	17	15	13.5	12	11.5	10	10	9	8.5	8	7.5	7	6.5	6	6	5.5	5.5	5	5	4.5	4.5	4.5	4	4	4
94	23	17.5	15.5	14	12	11.5	10.5	10	9	8.5	8	7.5	7	6.5	6.5	6	5.5	5.5	5	5	4.5	4.5	4.5	4	4	4
92	23.5	18	15.5	14	12	11.5	10.5	10	9	8.5	8	7.5	7	6.5	6.5	6	5.5	5.5	5	5	4.5	4.5	4.5	4	4	3.5
90	24	18	1.5	14	12.5	11.5	10.5	10	9.5	8.5	8	7.5	7.5	6.5	6.5	6	6	5.5	5.5	5	4.5	4.5	4.5	4	4	3.5
88	24	18.5	15.5	14	12.5	11.5	10.5	10	9.5	8.5	8	7.5	7.5	6.5	6.5	6	6	5.5	5.5	5	4.5	4.5	4.5	4	4	3.5
86	24.5	18.5	15.5	14.5	12.5	11.5	11	10	9.5	8.5	8	8	7.5	6.5	6.5	6	6	5.5	5.5	5	4.5	4.5	4.5	4	4	3.5
84	24.5	19	16	14.5	12.5	11.5	11	10	9.5	9	8.5	8	7.5	7	6.5	6	6	5.5	5.5	5	4.5	4.5	4.5	4	4	3.5
82	24.5	19	16	14.5	13	12	11	10	9.5	9	8.5	8	7.5	7	6.5	6	6	5.5	5.5	5	4.5	4.5	4.5	4	4	3.5
80	25	19	16	14.5	13	12	11	10	9.5	9	8.5	8	7.5	7	6.5	6.5	6	5.5	5.5	5	5	4.5	4.5	4	4	3.5
78	25	19	16	15	13	12	11	10	9.5	9	8.5	8	7.5	7	6.5	6.5	6	5.5	5.5	5	5	4.5	4	4	4	3.5
76	25	19.5	16.5	1	13	12	11	10	9.5	9	8.5	8	7.5	7	6.5	6.5	6	5.5	5.5	5	5	4.5	4	4	4	3.5
74	25.5	19.5	16.5	15	13	12	11	10	9.5	9	8.5	8	7.5	7	6.5	6.5	6	5.5	5.5	5	5	4.5	4	4	4	3.5
72	25.5	20	17	15	13.5	12.5	11	10	9.5	9	8.5	8	7.5	7	6.5	6.5	6	5.5	5.5	5	5	4.5	4	4	4	3.5
70	26	20	17	15.5	13.5	12.5	11	10.5	9.5	9	8.5	8	7.5	7	6.5	6.5	6	5.5	5.5	5	5	4.5	4	4	4	3.5
68	26	20	17.5	15.5	13.5	12.5	11.5	10.5	9.5	9	8.5	8	7.5	7	6.5	6.5	6	5.5	5.5	5	5	4.5	4	4	4	3.5
66	26.5	20.5	17.5	15.5	13.5	12.5	11.5	10.5	10	9	8.5	8	7.5	7	6.5	6.5	6	5.5	5.5	5	5	4.5	4	4	4	3.5
64	26.5	20.5	17.5	15.5	13.5	12.5	11.5	10.5	10	9	8.5	8	7.5	7	6.5	6.5	6	5.5	5.5	5	5	4.5	4	4	4	3.5
62	27	21	17.5	15.5	13.5	12.5	11.5	10.5	10	9	8.5	8	7.5	7	6.5	6.5	6	5.5	5.5	5	5	4.5	4	4	4	3.5
60	27	21	18	15.5	14	12.5	11.5	10.5	10	9.5	8.5	8	7.5	7	6.5	6.5	6	5.5	5	5	4.5	4.5	4	4	3.5	3.5
58	27	21	18	15.5	14	12.5	11.5	10.5	10	9.5	8.5	8	7.5	7	6.5	6.5	6	5.5	5	5	4.5	4.5	4	3.5	3.5	3.5
56	27.5	21	18	15.5	14	13	11.5	10.5	10	9.5	8.5	8	7.5	7	6.5	6.5	6	5.5	5	5	4.5	4	4	3.5	3.5	3.5
54	27.5	21.5	18	16	14	13	11.5	10.5	10	9.5	8.5	8	7.5	7	6.5	6.5	6	5.5	5	4.5	4.5	4	3.5	3.5	3	3
52	28	21.5	18	16	14	12.5	11.5	10.5	10	9	8.5	8	7.5	7	6.5	6	5.5	5.5	5	4.5	4.5	4	3.5	3.5	3	2.5
50	28	21.5	18.5	16	14	12.5	11.5	10.5	10	9	8.5	8	7.5	7	6.5	6	5.5	5.5	5	4.5	4	4	3.5	3	3	2.5
48	28	21.5	18.5	16	14	12.5	11.5	10.5	10	9	8.5	8	7.5	7	6.5	6	5.5	5	4.5	4.5	4	3.5	3.5	3	2.5	2
46	28.5	21.5	18.5	16	14	12.5	11.5	10.5	9.5	9	8.5	8	7.5	7	6.5	6	5.5	5	4.5	4	4	3.5	3	2.5	2.5	2
44	28.5	22	18.5	16	14	12.5	11.5	10.5	9.5	9	8.5	7.5	7	6.5	6	5.5	5.5	4.5	4.5	4	3.5	3	2.5	2.5	2	
42	28.5	22	18.5	16	14	12.5	11.5	10.5	9.5	9	8	7.5	7	6.5	6	5.5	5	4.5	4	4	3.5	3	2.5	2		
40	29	22	18.5	16	14	12.5	11.5	10.5	9.5	9	8	7.5	7	6.5	6	5.5	4.5	4.4	4	3.5	3	2.5	2			

4.1.3.4 影响木材干燥速度的因素

1. 介质温度

介质温度是决定木材干燥速度的主要外因。当木材被高温空气包围时，通过对流传热，提高木材及其内部水分温度和水分蒸发所需的热量。介质温度越高，木材及其内部水分的温度也越高，这就加快了水分子的热运动，提高了水分蒸发的速度和强度。

因此介质温度的升高可以加快木材干燥的速度，但温度太高会造成木材强度和性能的降低。

2. 介质湿度(表 4-1)

当温度不变时，介质湿度的降低会使木材的水分更容易向空气中蒸发，干燥速度也就加快；反之，介质湿度增加，干燥速度减慢，如果介质湿度达 100%，水分停止蒸发，干燥速度为零。

3. 气流循环速度

干燥介质气流速度的大小，直接影响木材表面水分的蒸发，气流速度过小会降低干燥速度，过大则会消耗能源过多。经验表明：通过木材表面的气流速度超过 1m/s时，气流呈紊流状态，空气对木材传热和从木材表面吸收水蒸气的能力提高，但一般不超过 3 m/s。

表 4-2 为木材平衡含水率表。

4.1.4 木材干燥过程中的应力与变形

4.1.4.1 木材的干缩

木材干燥时，其尺寸和体积随着水分的散失而减少称为干缩。

木材之所以发生干缩是由于木材干燥时水分向外蒸发，细胞壁纤维之间的吸着水减少，水层减薄，纤维之间互相靠拢致使细胞壁以至整个木材尺寸缩小。

木材干缩不是发生在木材干燥的整个过程。当含水率在纤维饱和点以上时，自由水蒸发，木材尺寸无变化。而只是在纤维饱和点以下，即自由水蒸发完毕，吸着水开始蒸发时木材才发生收缩。在纤维饱和点以下，木材干缩随含水率减少而增大。当含水率达到零时，干缩也达到最大。我们把木材干缩前后的尺寸差值与生材尺寸的比值的百分数称为干缩率。把木材纤维饱和点以下，含水率每减少 1% 所引起的干缩率称干缩系数。

干缩系数是衡量木材干缩大小的重要参数。干缩系数越大则干燥时收缩越大，反之则越小。不同树种的木材干缩系数是不同的。同一树种的各个方向的干缩系数也是不同的。一般来说，纵向干缩率极小，平均为 0.1%～0.3%,在应用上可以忽略不计。弦向干缩率最大，约6%～12%。径向干缩率为弦向干缩率的 1/3～2/3。体积干缩率一般为 9%～14%。

由于木材在干燥后会发生干缩，所以湿板尺寸必须留有干缩余量才能保证干板有足够的尺寸。干缩数值可由下列公式计算：

$$\text{干缩数值} = \frac{\text{干缩系数} \times (30 - \text{含水率}) \times \text{生材尺寸}}{100}$$

4.1.4.2 木材干燥的内应力及其产生原因

在外力作用下，木材断面上出现的应力叫外应力，而在没有外力作用下木材内部的应力叫内应力。木材在没有任何外力的作用下会发生开裂变形就证实了木材内部确有内应力存在。例如木材的开裂就是由于木材内部的拉应力超过了木材的抗拉强度极限而使木材组织受到破坏而引起的。

刚砍伐下来的湿木材的内部水分分布均匀，没有含水率梯度，也不存在内应力。但是木材在大气中自然干燥，就会发生不均匀的干缩而产生内应力。例如木材表面水分蒸发得快，其含水率首先降到纤维饱和点以下，表面开始干缩。但是内层含水率仍在纤维饱和点以上，不发生干缩，这样外层要收缩，内层不收缩就产生了外部受拉、内部受压的内应力。木材的弦向干缩与径向干缩不同造成的差异干缩也会发生内应力。

干燥过程中木材产生内应力的原因是由于在纤维饱和点以下木材细胞腔和细胞壁的变形而引起的。干燥过程中，木材产生弯曲、开裂等缺陷是内应力存在的具体表现。

木材的内应力是由于木材内部含水率不均匀以及由此而引起的不均匀干缩所造成的。木材由于含水率分布不均匀会引起暂时的应力和变形，等到含水率均匀后应力与变形也随着消失，这种应力叫做含水率应力或弹性应力，这种变形叫做含水率变形或弹性变形。木材除了有弹性以外，还有塑性。在含水率应力与变形的继续期间，由于热湿空气的作用，木材外层或内层会发生塑性变形。在含水率分布均匀之后，塑性变形的部分会固定下来，不能恢复原来的尺寸，也不能减少到应当干缩的尺寸，并且保持一部分应力，这种变形也叫残余变形，这种应力也叫残余应力。

木材内部的含水率应力和残余应力之和等于木材的全应力。

在木材干燥过程中影响木材干燥质量的是全应力。在干燥过程结束后，继续影响木材质量的是残余应力，为了保证木材质量，两种应力都是越小越好。

4.1.4.3 不同干燥阶段的木材内应力

木材干燥过程中的内部变化可分为四个阶段（图 4-2）。

1. 干燥开始阶段

这时木材还未产生应力，木材内部各部分的含水率都在纤维饱和点以上，如果从材料的中间截取试验片，试验片锯成梳齿形，每个齿的高度和锯开之前原来的尺寸一样，如果把试验片剖成两个半片，每片都保持直形状，这表明，木材内不存在含水率应力，也没有残余应力。

2. 干燥初期阶段

在这个阶段，木材表层的自由水已蒸发完毕，开始排出吸着水并开始干缩，但木材内部水分移动远远跟不上表面水分的蒸发，内层的含水率仍高于纤维饱和点，因此外部已干缩，而内部不干缩，内层受到外层的压缩，表层受到拉伸。

所以，木材干燥初期阶段的内应力是外层受拉应力，内层受压应力，如果这时在木料中间截取试验片并刻成梳齿形，可以看到表面几层齿由于干缩尺寸减少，内部各层的齿仍保持干燥前的尺寸而没有发生干缩。如果把从木料上锯下的试验片剖成两片，刚刚剖开后它们各自向外弯曲，说明外部尺寸比内部短。如果把这两片放入恒温箱内或放在通风处使含水率降低并变均匀，由于木材的塑性使木材在刚一产生内应力就同时出现塑性变形，原来在表面的木材已经在一定程度上塑化固定，而原来靠内层的木材在含水率降低时，还可以自由干缩，因此两半片的含水率降低并分布均匀后，两片的形状就转化成和原来的相反，由向外弯变为向内弯。

这种应力在干燥中是允许存在的，因为木材内部水分的移动要借助于含水率的梯度，而含水率梯度必然造成内应力，但是这种应力不宜过大，时间不应过长，否则会引起木材表面开裂。

在这个阶段既要利用含水率梯度，又不能使木材的应力过大，这就需要采取定期的喷蒸处理，并维持一段时间的高

图 4-2 干燥过程中含水率和应力的变化

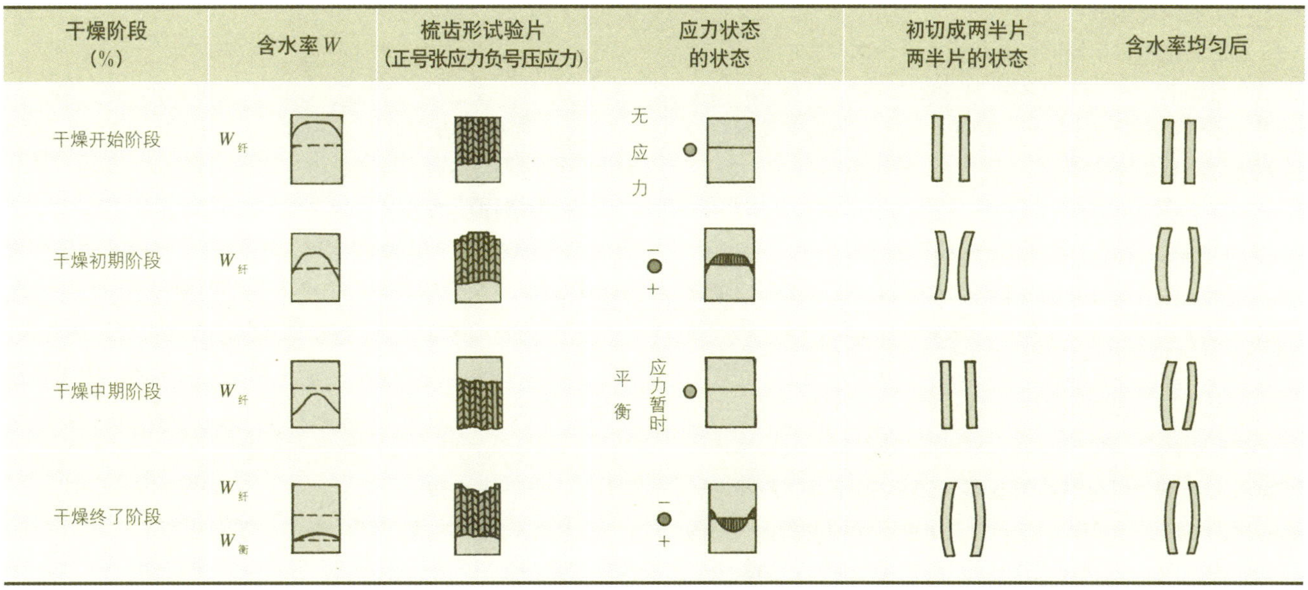

注：$W_{纤}$——纤维饱和点；
$W_{衡}$——平衡含水率

湿度来提高木材表层的含水率，使已固定的塑性变形的部分重新软化并湿胀伸长，从而消除或减小表层的拉应力及内层的压应力。

总的来说，干燥初期阶段是干燥过程中比较易产生表裂的阶段。

3. **干燥中期阶段**

在这个阶段，木材内部的含水率已低于纤维饱和点。

如果在上阶段没有进行喷蒸处理，则外层木材早已失去正常的干缩条件，而固定于伸张状态，这时尽管内部含水率还高于外层的含水率，但是内部木材干缩的程度就像外层木材的塑化固定以前所产生的不完全干缩，内部尺寸与外层尺寸暂时平衡，因此木材的内应力也暂时处于平衡状态。这时如果把试验片锯成梳齿状，各个齿的长度暂时是一样的，但在放置以后含水率下降，试验片中的一些齿会因干缩而变短。

如果把试验片剖为两片，两片在当时会保持平直，但在含水率降低并分布均匀后，原来的内边的木材由于干缩而变短，使两片向内弯曲。这说明在这个阶段内尽管暂时观察不到木材中的应力，但在干燥终了后，木材内的残余应力仍将表现出来。

在这个阶段，木材内部水分向表面移动的距离更长，木材干燥更缓慢。

如果外层干燥过快，内部水分来不及移到表层，会造成外部很干、内部很湿的所谓“湿心”，表层由于含水率极低又处于固定的拉伸应变状态，成为一层硬壳，它不仅使木材内部水分难以通过木材表面进入空气，而且还影响内部木材的干缩，这种现象称为“表面硬化”。如不及时解除表面硬化，则干燥难以继续进行并将导致严重的干燥缺陷，因此在这一干燥阶段必须采用喷蒸处理，用高温高湿空气把已塑化固定的木材表面重新吸湿软化来解除表面硬化。

4. **干燥终了阶段**

这时木材含水率沿着木材断面各层已分布得相当均匀，由内到外的含水率梯度较小，如果在上个阶段没有进行喷蒸处理，由于外层木材塑化变形的固定并早已停止收缩，而内层木材随着吸着水的排除应当干缩，这样内层木材的收缩受到外层木材的限制，就产生了内层受拉伸，外层受压缩的应力，这个内应力的情形和干燥初期正好相反，这时如果把试验片锯成梳齿形，试验片中间的一些齿脱离了外层的束缚后得到自由干缩，它们的尺寸比外层短些。

如果把试验片剖为两片，刚剖开时两片向内弯曲，说明内边尺寸比外边短，内部受拉，外部受压，当它们的含水率降低并分布均匀后两片向内弯曲的程度更大，说明存在相当大的残余应力。

这个阶段的含水率梯度虽然不大，但是随着干燥的继续进行，内应力随之增加，如不及时消除，当内应力超过木材的强度极限时就会出现内裂，即木材内层的拉应力超过内层的抗拉强度极限使内层木材破坏，内裂的木材将失去使用价值，造成严重浪费，因此这阶段的应力非常危险，要及时消除。

通常采用的方法仍是喷蒸处理，使表层木材在窑内高温高湿空气的作用下重新湿润软化并得到补充的干缩，从而使表层木材能与内层木材一起收缩，减少了内层受拉，外层受压的应力，在整个木材干燥过程结束后，木材内部还可能有残余应力，为了消除这些残余应力，使木材在以后的加工和使用过程中不会发生变形、开裂等缺陷还必须进行一次喷蒸处理，才能保证最终的干燥质量。

总之，在木材干燥的过程中，各阶段都存在内应力，这是无法避免的，它是造成各种干燥缺陷的原因，因此，为了保证干燥质量应随时掌握木材内应力的变化情况并采用有效措施使之降到安全程度。

4.1.4.4 木材各向异性引起的应力变形

实际上，木材是各向异性体。干燥时，除含水率梯度会引起应力外，因径弦向干缩不一致，也会引起应力，这就是附加应力。它的大小只与木材断面上年轮分布有关，和含水率梯度无关。一般来说，径切板几乎不产生附加应力，因为虽然径切板的径向干缩与弦向干缩也不同，但在木料厚度的不同层次上不会引起不均匀变形。而弦切板正面（距髓心较远的材面）接近于弦向，它干缩大于接近径向的背面（距髓心较近的材面），结果板子向正面翘曲（图 4-3），如果板材受外加载荷（如材堆质量和顶部压块）作用，则板材会产生附加应力，板材正面为拉应力，背面为压应力，板材正面的这种拉应力与木材含水率不均匀引起的拉应力相叠加，这样弦切板的正面受的拉应力更大，很容易超过木材的横纹抗拉强度而引起表面开裂。

在干燥原木或带髓心的方材时，因圆周方向（弦向）的干缩大于径向干缩，结果在表层区域产生附加拉应力，在中心区域产生附加压应力（这种应力与含水率应力无关），在干燥过程第一阶段，表层的这种附加拉应力与含水率不均匀引起的拉应力相叠加，超过木材横纹抗拉强度时，就会引起径裂（图 4-4）。所以干燥原木或带髓心方材时要特别小心。

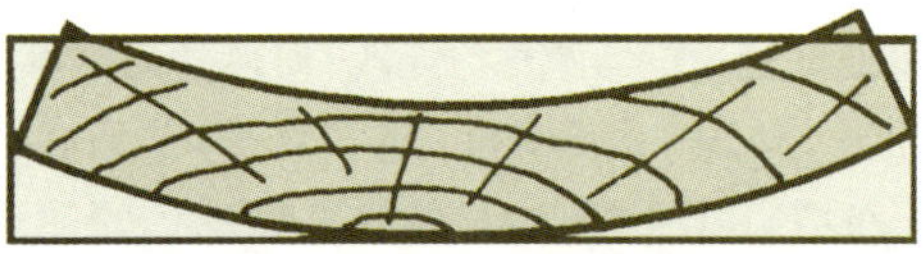

图 4-3 木材各向异性引起的变形

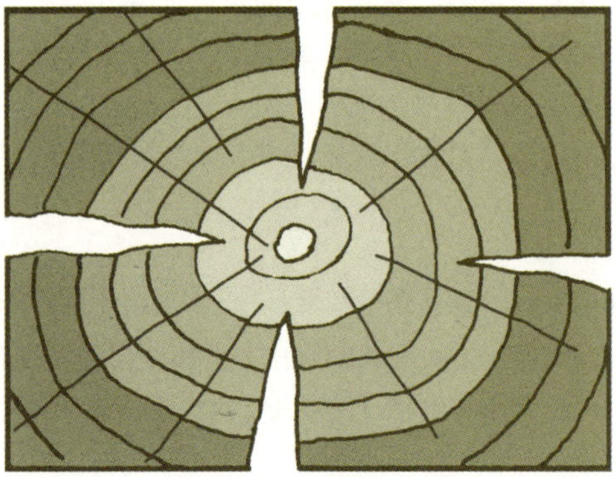

图 4-4 方材径裂

4.2 木材干燥窑及其主要设备

4.2.1 木材干燥窑的分类

木材干燥窑有许多不同类型，适用于不同的生产条件。可按照下列主要特征来分类。

1. 按照作业方式

分为周期式干燥窑和连续式干燥窑。周期式窑呈分室状，因此，也叫分室式窑。干燥作业系周期式进行，即材堆一次性装窑，干燥结束后一次性出窑。连续式窑呈隧道状，窑体较长，两端都设有窑门。湿木料由一端装入，干燥过程中材堆定时前移，干木料由另一端卸出。干燥作业定向连续进行，故称为连续式或前进式干燥窑。

2. 按干燥热源

木材干燥的热源主要有蒸气加热、炉气加热、电加热和热水加热等。

蒸气加热干燥窑是采用低压饱和水蒸气作载热体（热源），通过蒸气加热器来加热窑内的湿空气或常压过热蒸气，再由这些热湿气体，加热干燥木材。炉气加热干燥窑，主要是燃烧木废料或煤，生成炉气体，再以炉气体直接或间接加热干燥木材，前者是以炉气体为干燥介质，后者以炉气体为载热体，以湿空气为干燥介质。电加热干燥窑主要指除湿干燥窑。热水加热干燥窑是以热水或高温热水（100℃以上亦有称 120℃以上）为载热体，其余同蒸气干燥窑。

3. 按气流循环方式

分为自然循环干燥窑和强制循环干燥窑。自然循环靠冷热空气密度的差异，产生窑内材堆内气流的垂直运动。强制循环靠通风机鼓动窑内气体强制流过材堆。

强制循环干燥窑又依通风机配置方式不同分为顶部风机短（横）轴型窑、顶部风机长（纵）轴型窑、侧风机型窑、端风机型窑及喷气式窑等。

干燥窑的类型是按其主要特征组合起来称谓的：如周期式强制循环蒸气加热干燥窑，连续式强制循环干燥窑等。目前，国内外普遍采用的是周期式强制循环干燥窑，周期式自然循环窑和连续式干燥窑使用较少。

4.2.2 常用木材干燥窑

4.2.2.1 周期式强制循环干燥窑

周期式窑与连续式窑相比，它灵活性大，适应性广，温、湿度容易调节；而强制循环窑又比自然循环窑干燥均匀，且装载量大，干燥周期大幅度缩短。因此，生产上多采用周期式强制循环窑。这类窑有多种结构类型，下面分别介绍国内外常用的几种。

1. 顶部风机短（横）轴型窑

结构特征是窑内空间由“假天棚”分成上部风机间和下部干燥间两部分。风机、加热器、喷蒸管和进排气道都布置在上部风机间内，下部干燥间主要装材堆及设置温、湿度计和含水率检测装置。电动机安装在窑外，用横轴传动窑内风机，如图4-5所示。加热器和进排气道设置在风机的前后。风机为可逆循环的，当风机转向改变时，进排气道的功能也随之互换。这类窑内气流循环较均匀，木料干燥也较均匀，能满足高质量的干燥要求。但需要侧向操作夹间，建筑面积利用率不高。且横轴和皮带轮的加工和安装也较麻烦。针对以上问题，新建的顶部风机窑多为电动机置于窑内，风机直接传动式窑 。图4-6所示为顶部风机直接传动轨道车装材式窑；图4-7所示为叉车装材式窑。这两种窑结构特征相似，都不需要侧向操作夹间，节约占地面积。但由于装材方式不同，窑内木材的堆积方向和气流循环方向也不同：前者木料纵向堆积，气流横向循环；后者木料横向堆积，气流纵向循环。工厂可根据场地情况及装载设备情况选择窑型。

2. **侧风机型窑**

结构特征是风机、加热器、喷蒸管及进排气道都装在窑内侧边。由于风机靠近材堆一侧（通常位于侧下方），故只能用吸风式单向循环。因此，材堆宽度不能太宽，否则木料干燥不均匀。图4-8所示为南京林业大学设计的侧下风机型窑。12号铸铝风机安装在一侧下部，铸铁肋形管加热器水平布置，气流为吸风式垂直横向循环，不可逆。近来新建的侧下风机窑多采用双金属轧片式加热器，且倾斜安装在材堆两侧，如图4-9所示。这种加热器散热面积大，且安装方便，得到越来越广泛的应用。

3. **端风机型窑**

这类窑的风机和加热器通常位于窑内一端，并有挡风板与材堆隔开，只留下两侧的循环气道。为使气流沿材堆长度方向均匀流过，通常窑壁沿窑长方向作成倾斜的，即一头宽，一头窄。这类窑既可建成单轨的，如图4-10，也可建成双轨的，如图4-11。端风机型窑结构简单，风机可逆循环，干燥均匀性较好，在中、小型企业广为采用。但这类窑的材堆长度一般不超过6m，否则沿长度方向干燥的均匀性较差。因此，窑的容量通常不大。

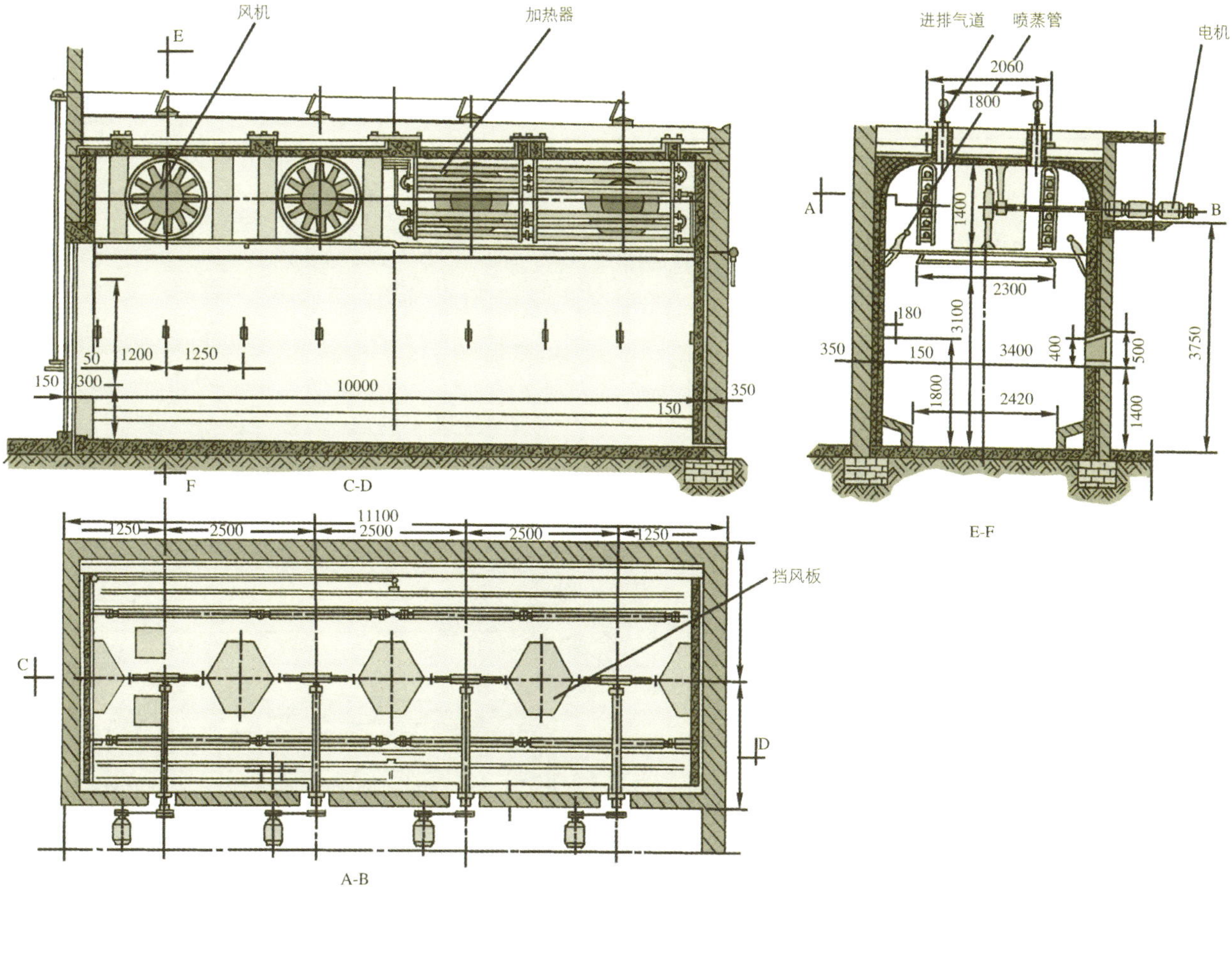

图4-5 顶部风机横轴型窑（单位：mm）

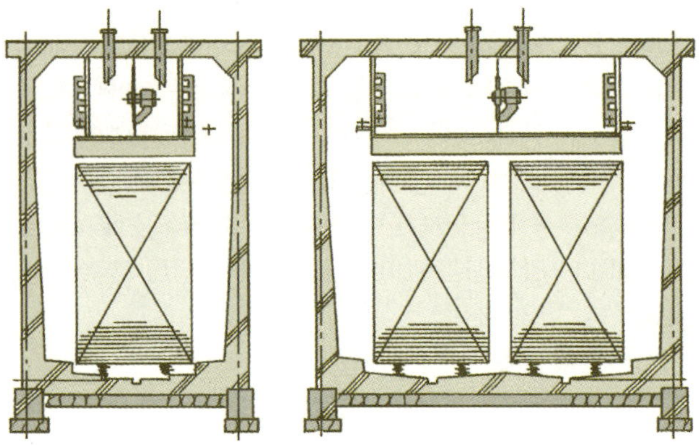

图 4-6 顶部风机直接传动轨道车装材式窑

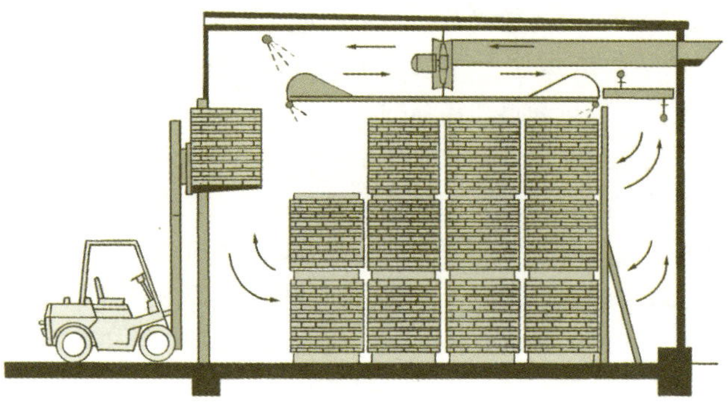

图 4-7 顶部风机直接传动叉车装材式窑

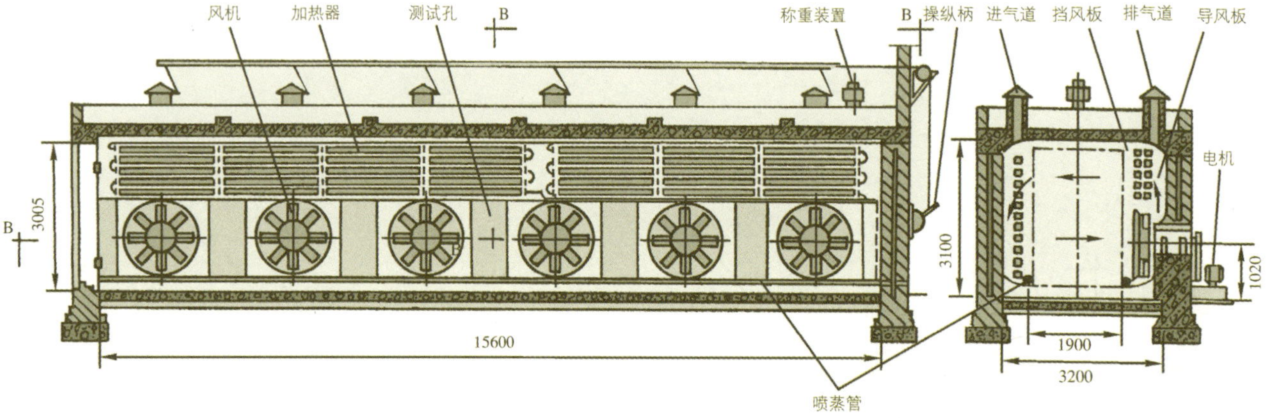

图 4-8 侧下风机型窑（单位：mm）

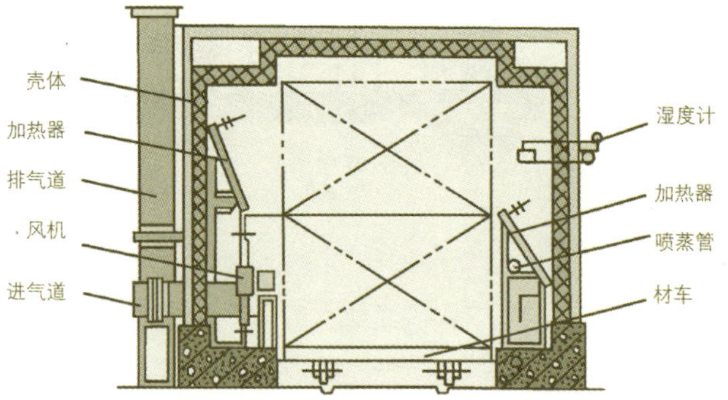

图 4-9 散热器斜装的侧下风机窑

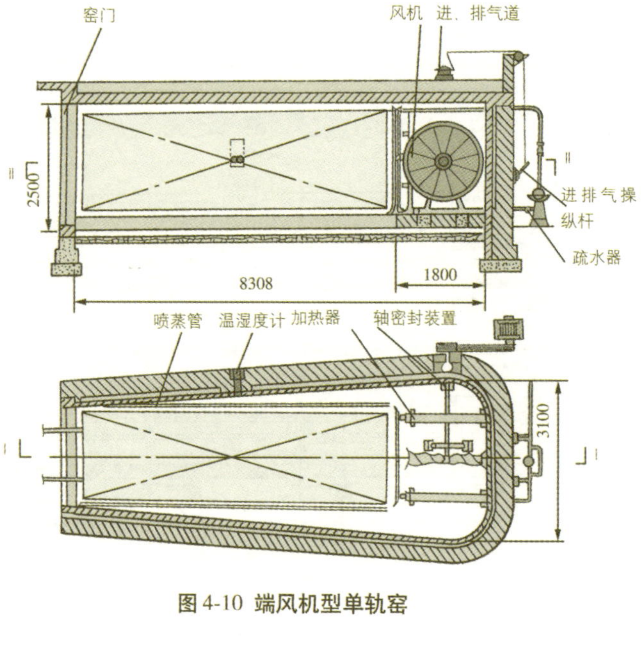

图 4-10 端风机型单轨窑

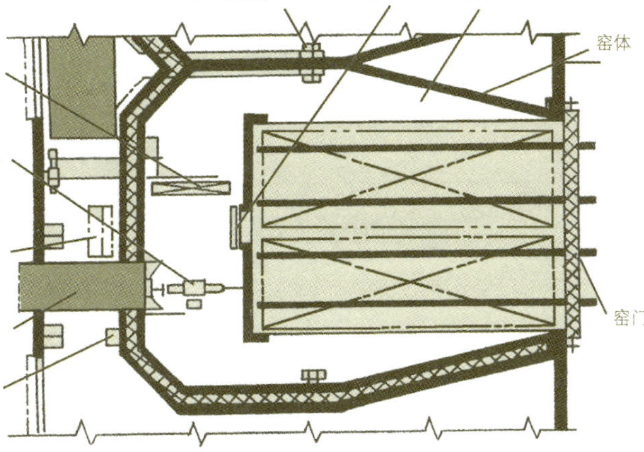

图 4-11 端风机型双轨窑

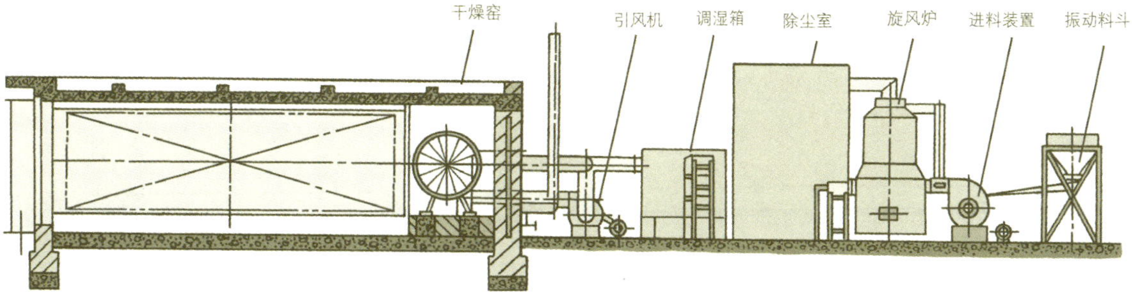

图 4-12 端风机炉气干燥窑

上述几类干燥窑通常以蒸气为热源（载热体），也可用热水或高温热水作热源。窑的结构及窑内设备没有什么改变，只要将加热器的管径及加热面积适当增大即可。壳体结构目前常用砖和混凝土混合结构，也有用全金属装配式结构的，虽然全金属装配式窑造价较高，但这是干燥窑的发展方向。

4. 端风机炉气干燥窑

炉气干燥窑不需要蒸气锅炉，且利用本厂的木废料作燃料，做到能源自给，大大降低设备投资和干燥成本。为中、小型企业较普遍地采用。图4-12为南京林业大学设计的一种炉气窑——旋风燃烧法干燥窑。细碎的木废料通过振动料斗和鼓风进料风机，被送入旋风炉中，燃尽后生成的炉气经除尘和多次增湿后，送入端风机窑内直接加热干燥木材。窑内结构很简单，无需加热器，只有一台至两台轴流风机。前者窑的容量达 $10m^3$ 木料，后者容量可达 $25m^3$。

5. 端风机炉气间接加热干燥窑

这类窑（图4-13）与炉气干燥窑不同的是燃烧炉产生的炉气，经除尘后，送入窑内的炉气加热管中，加热窑内的湿空气，再用湿空气加热干燥木材。这类窑内虽然增设了炉气加热管，稍增加了设备投资，但由于炉气与木材不直接接触，消除了木料表面的烟尘污染。若工艺操作适当，木材干燥质量可赶上蒸气干燥窑。

图4-14为南京林业大学研制的炉气间接加热联合干燥窑。这一组窑由容量 $40m^3$ 的预干窑和容量 $20m^3$ 的二次干燥窑组成。前者为6台轴流风机置于两列材堆之间的侧向通风双轨窑，气流为垂直横向循环。材堆之间及两侧都装有炉气加热管，对木料间接加热。后者为3台轴流风机置于材堆一侧下部的侧向通风单轨窑。联合干燥窑很适合于人工林速生材的干燥。即木料先在预干窑中采用较低的温度干燥至30%的含水率，再送入二次窑中，用较高的温度，干燥到指定的终含水率。当然，木料也可分别在两窑中进行从头到尾的干燥。

4.2.2.2 连续式干燥窑

图4-15为一种典型的强制循环连续式干燥窑。窑内上部风机间内，布置有3台轴流风机（用耐高温电机直接驱动），及加热器、进排气装置等。可以利用排气余热加热吸入的新鲜空气。下部为干燥间，可装10个材堆。材堆由湿端定时装入，不断推进，由干端卸出。气流为逆向循环，即经加热器加热后的湿空气由干端流入材堆，由湿端流出材堆。材堆中温、湿度的变化靠各区段自然位置调节，即干端温度最高，湿度最低，而湿端温度最低，湿度最高。

连续式干燥窑内介质温、湿度的调节不方便，适用于批

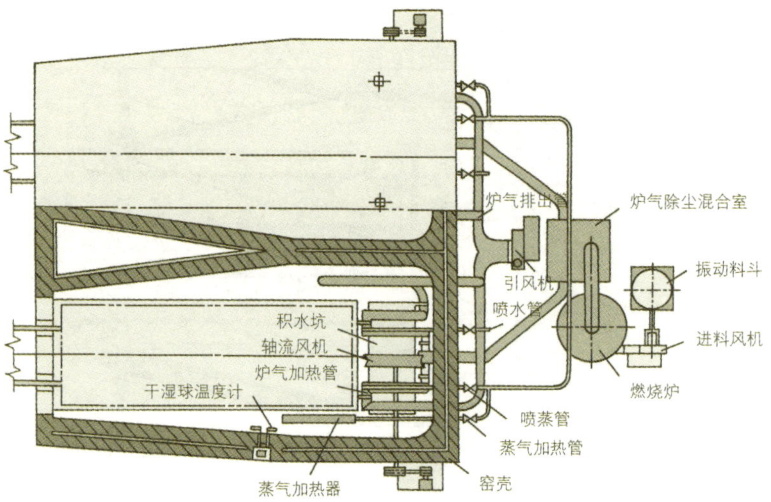

图 4-13 端风机炉气间接加热干燥窑

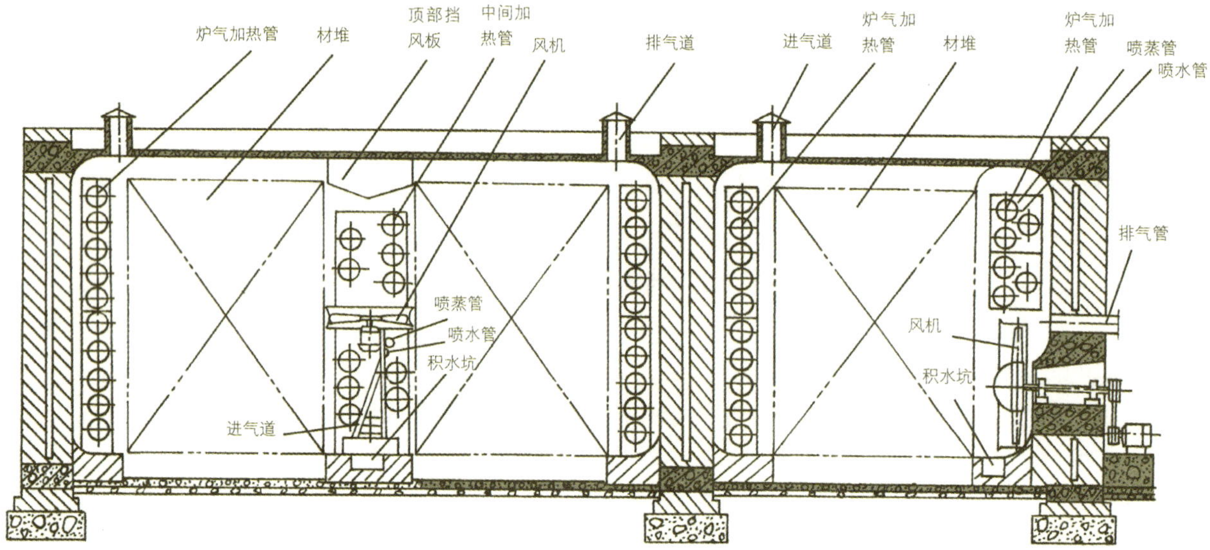

图 4-14 炉气间接加热联合干燥窑

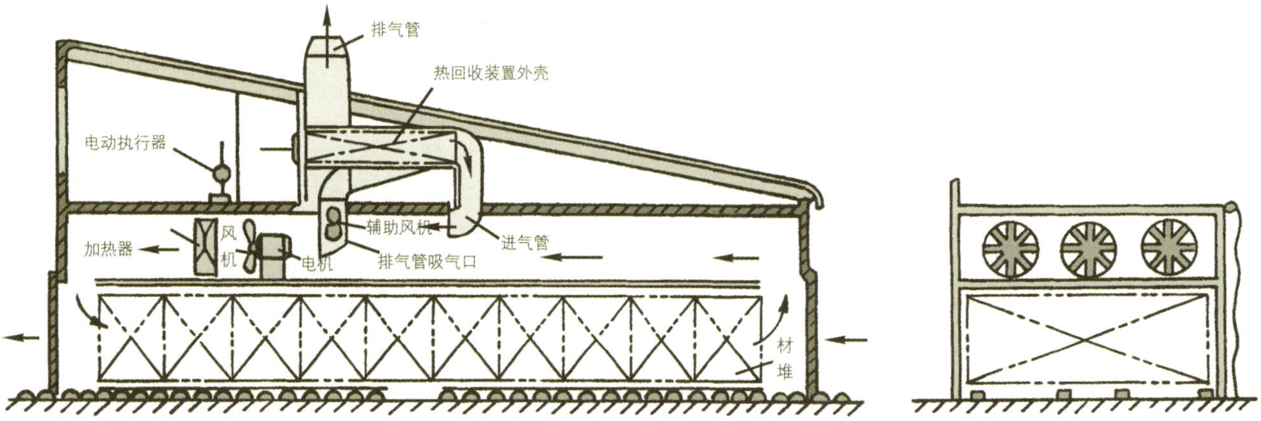

图 4-15 连续式干燥窑

量大，且树种、规格比较单一的针叶树材的干燥。在我国很少采用，在前苏联和北欧国家应用较多。

4.2.3 木材干燥窑的主要设备

木材干燥窑的主要设备有窑壳，供热和调湿设备，气流循环设备等。为了正确选用或制造这些设备，必须了解它们的类型、结构特点及性能。

4.2.3.1 窑壳

干燥窑的壳体通常有两种主要结构类型，即砖混结构的土建壳体及全金属装配式壳体。前者造价较低，施工容易，是最常用的窑壳结构。后者构件先在机械厂加工预制，再到现场组装，施工期短，便于规格化、系列化，但造价较高。

1. 砖混结构窑壳

干燥窑内气体介质的温度在室温至100℃范围内变化，高温干燥温度可达120℃甚至更高。相对湿度最高达100%。窑内介质中还含有从木材中蒸发出来的酸性气体，并以一定的速度在窑内循环。因此，要求窑壳应有较好的保温、气密和耐腐蚀性能。

(1) 窑壁：为加强窑壁的整体坚固性，大、中型窑最好采用框架式结构，即窑的四角用钢筋混凝土柱与基础圈梁、顶棚圈梁及窑门框浇连成一体。窑壁采用带保温层的复合结构，即外墙一砖(204mm)，内墙一砖（240mm），中间夹60～100mm的膨胀珍珠岩保温层。墙内表面抹1∶2水泥砂浆加1%防水剂，粉层厚20mm。干透后刷黑色酚醛烟囱漆两度。

(2) 顶棚：必须采用现浇钢筋混凝土板，厚100mm，视窑的跨度在顶板上设反梁。顶板上刷高温沥青隔气层一度，再铺膨胀珍珠岩保温层厚120～160mm（高寒地区适当加厚），上抹1∶3水泥砂浆找平层20mm，再铺细石混凝土层50mm，最上是两布三油及绿豆砂表层。顶棚应与顶部圈梁连成一体。窑顶的保温层须在侧面留出气孔。

(3) 基础：必须稳定，不许有不均匀沉降。通常采用刚性条形基础。最下是素混凝土垫层，然后砖砌放大脚，并在室内地坪以下5cm处做一道钢筋圈梁，圈梁上设防潮层，再往上砌砖墙。基础深度南方取0.8～1.2m，北方取冻结线以下10cm，若是虚土地层，则基础应特殊处理。

2. 全金属装配式窑壳

这类窑壳多数用铝合金材料建成，也有用不锈钢或彩色钢板的。

通常建造方法是先捣制混凝土基础和地坪，然后在基础上安装铝合金预制框架，框架的连接可用焊接或用螺栓连接。再用螺栓把复合保温板紧固到框架上。复合保温板内壁通常为铝板，外壁为波纹铝板或彩色钢板，中间填超细玻璃棉毡或耐高温泡沫塑料。窑壳内表面的拼缝都用硅橡胶密封。

3. 窑门

干燥窑门是窑壳的薄弱环节，通常高度为2.4～5m，宽度为2～13m，要求保温、平整、气密、耐腐且有一定刚性。而且要开启灵活、安全、可靠。

窑门型式主要有4种类型：铰链门、吊挂门、折叠门和升降门，如图4-16所示，以前两种使用较多。

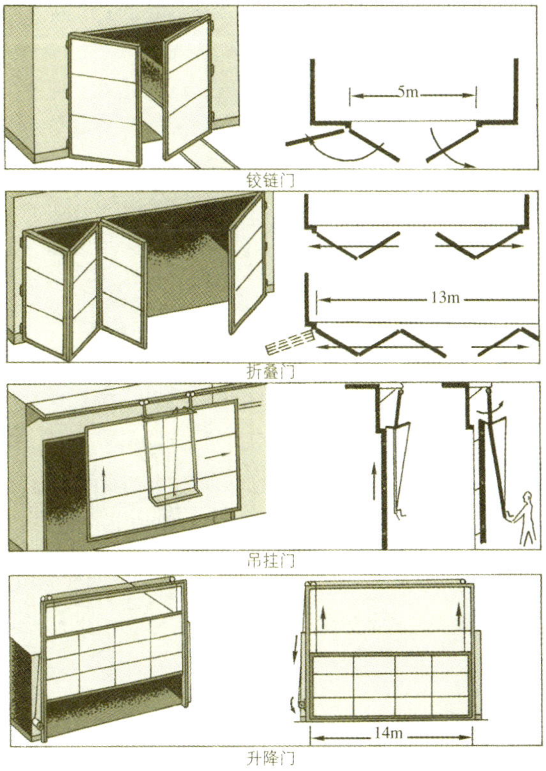

图4-16 各种窑门型式

窑门的材料多为铝合金：用特种铝型材作骨架，用铝合金板作内表板，瓦楞铝板或彩色钢板作外面板，内填超细玻璃棉或泡沫塑料保温层。门的厚度通常为120mm。有“Ω”型空心氯丁橡胶圈作门四边的密封。为保证门的气密，对铰链门常用螺旋或凸轮紧门器把门扇紧固在门框上；吊挂门当门放下时，靠门的自重贴紧在门框上。

4.2.3.2 供热和调湿设备

按载热体（热媒）的种类，木材干燥的供热设备分为蒸气散热器（载热体为蒸气）和火力散热器（载热体为炉气）。

散热器应满足下列要求：①应能均匀地放出足够的热量，以保证窑内温度合乎干燥基准的要求；②应能灵活可靠地调节被传递的热量；③在热、湿干燥介质的作用下，应有足够的坚固性。

调湿设备的作用是向干燥窑内补充水蒸气，或排除窑内过多的水蒸气，以调节窑内干燥介质的湿度。在蒸气加热的窑内，调湿设备是喷蒸管和进排气道。炉气窑中调湿设备是水管水箱、蒸气发生器及与之相配合的进排气道。

1. 蒸气供热和调湿设备

蒸气供热设备主要有：片式散热器、肋形管散热器和平滑管散热器

(1) 片式散热器：片式散热器分为螺旋绕片散热器、套（串）片散热器及双金属轧片式翅片管三类。

螺旋绕片式散热器由一至两排螺旋翅片管组装而成，见图4-17。这类散热器在我国各地暖风机厂已有定型产品。按使用的金属材料分，有钢管绕钢翅片，然后镀锌的SRZ型；钢管绕铝翅片的SRL型；钢管绕镶铝翅片的SXL型及铜管绕铜翅片然后镀锡的S型、B型和U型等，见表4-3。

散热面积的大小依型号和规格而异。散热器的传热系数K值及对气流的阻力H值，不仅与散热器的型号有关，而且与流过散热器表面的干燥介质的质量流速(介质的密度与流速的乘积）有关。在一定范围内，质量流速越大，则传热系数以及对气流的阻力也越大。各种型号的散热器的规格、性能、传热系数及对气流的阻力见表4-4至表4-7。

套（串）片式散热器（又称板状散热器），由直径20～30mm的平行排列的钢管束紧密套上许多薄钢片或薄铝片，然后组装而成（图4-18），薄钢片的厚度一般为0.75～1mm，片距为5mm左右。钢管束两端各与一集管箱（连箱）相通。一端进蒸气，另一端排水。

我国也有工厂生产单根的套（串）片式散热管。由用户根据需要自己组装。这种散热管有单联箱和双联箱两类（图4-19），规格及技术数据见表4-8和表4-10。

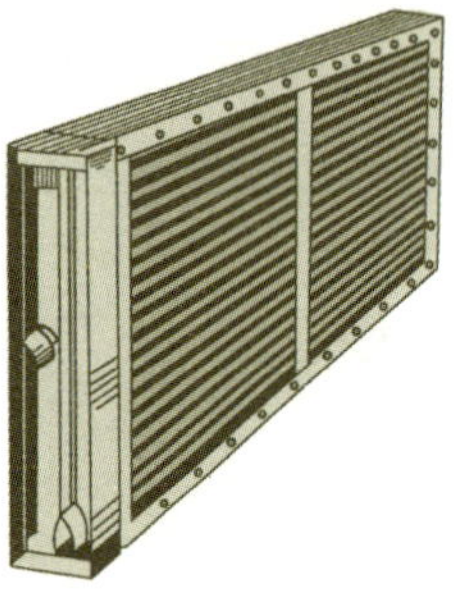

图4-17 螺旋绕片式散热器

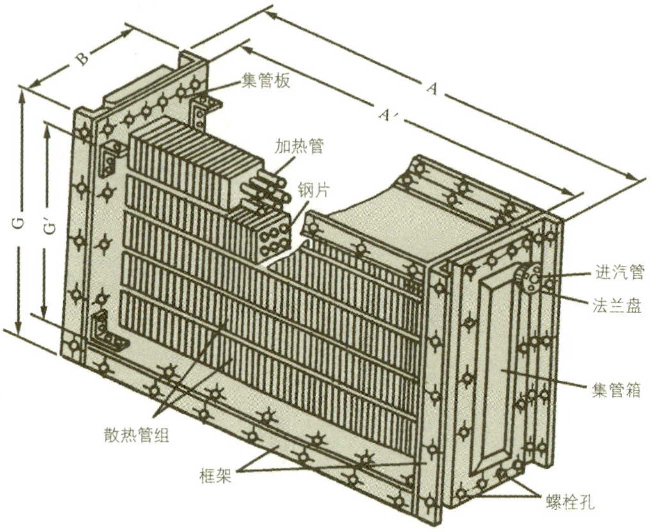

图4-18 套片式散热器

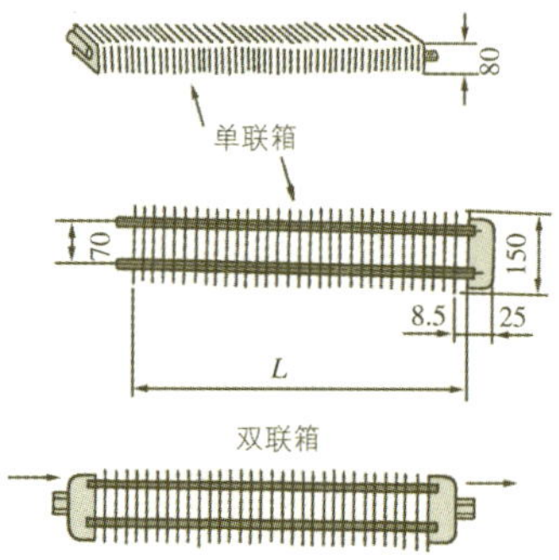

图4-19 钢串片散热管

表4-3 螺旋绕片式散热器性能范围

序号	散热器型号	散热面积(m^2)	通风净截面积(m^2)	结构特点	适用范围
1	SRZ型	6.23～81.27	0.154～1.226	钢管绕钢翅片	蒸气或热水系统
2	SRL型	11.0～127.5	0.11～0.85	钢管绕铝翅片	蒸气或热水系统
3	A型	4.4～115.0	0.144～1.944	钢管绕铝翅片	蒸气系统
	SXL B型	8.0～115.0	0.144～1.944		热水系统
	C型	7.3～112.0	0.132～1.890		蒸气、热水系统
4	S型	9.0～90.0	0.144～1.44	紫铜管绕紫铜翅片	蒸气系统
5	B型	1.5～13.13	0.029～0.22		
6	U型	9.0～90.0	0.144～1.44		
7	I型	6.32～63.2	0.152～1.52	钢管绕钢翅片	蒸气或热水系统
8	GL型	1.35～46.2	0.048～1.53	钢管绕钢翅片	

表 4-4 SRZ 型散热器主要技术参数

规格 型号（长×宽）(10^{-1}m)	散热面积 (m^2)	通风净截面积 (m^2)	热介质通过截面积 (m^2)	管排数	螺旋翅片管根数	连接管接头尺寸 (in)	外形尺寸（mm）			质量 (kg)
							长	宽	厚	
5 × 5*D*	10.13	0.154								54
5 × 5*Z*	8.78	0.155					573			48
5 × 5*X*	6.23	0.158								45
10 × 5*D*	19.92	0.302	0.0043	3	23	1.25		562	460	93
10 × 5*Z*	17.26	0.306					1067			84
10 × 5*X*	12.22	0.312								76
12 × 5*D*	24.86	0.378					1316			113
6 × 6*D*	15.33	0.231					675			77
6 × 6*Z*	13.29	0.234								69
6 × 6*X*	9.43	0.239					1067			63
10 × 6*D*	25.13	0.381								115
10 × 6*Z*	21.77	0.385	0.0055	3	29	1.5		688	160	103
10 × 6*X*	15.42	0.393					1316			93
12 × 6*D*	31.35	0.475								139
15 × 6*D*	37.73	0.572					1571			164
15 × 6*Z*	32.67	0.579								146
15 × 6*X*	23.13	0.591								139
7 × 7*D*	20.31	0.320					776			97
7 × 7*Z*	17.60	0.324								87
7 × 7*X*	12.48	0.329								79
10 × 7*D*	28.59	0.450					1067			129
10 × 7*Z*	24.77	0.456	0.0063	3	33	2				115
10 × 7*X*	17.55	0.464					1316			104
12 × 7*D*	35.67	0.564						772	160	156
15 × 7*D*	42.93	0.678					1571			183
15 × 7*Z*	37.18	0.685								164
15 × 7*X*	26.32	0.698								145
17 × 7*D*	94.90	0.788								210
17 × 7*Z*	43.21	0.797					1816			187
17 × 7*X*	30. 58	0. 812								169
22 × 7*D*	62.75	0.991	0.0063	3	33	2.5	2268			260
15 × 10*D*	62.14	0.921					1571			255
15 × 10*Z*	52.95	0.932								227
15 × 10*X*	37.48	0.951								203
17 × 10*D*	71.06	1.072	0.0089	3	47	2.5	1816	1066	160	293
17 × 10*Z*	61.54	1.085								260
17 × 10*X*	43.56	1.106								232
20 × 10*D*	81.27	1.226					2068			331

注：*D* 为大型，*Z* 为中型，*X* 为小型；
in 为英寸，1 in=25.4mm

表 4-5(a) SRZ 型散热器技术性能

型号 \ $\omega_j \cdot \gamma$ (kg/m²s)		2	4	6	8	10	12	14	16	18	20
SRZ5、6、10	D	16.9	23.2	27.3	32.5	36.3	39.7	42.9	45.7	48.5	51.0
	Z X	18.0	26.0	32.4	37.8	42.5	47.1	51.0	55.0	58.4	62.0
SRZ7	D	17.5	25.0	30.5	35.5	39.8	43.7	47.3	50.6	53.7	56.6
	Z X	19.3	28.7	36.0	42.6	48.4	53.7	58.7	63.4	58.0	72.0

注：热介质为蒸气时，在不同空气质量流速下的传热系数 K 值(1.163W/m² · ℃)

表 4-5(b) 在不同空气质量流速下的空气通过阻力 h（9.81Pa）

型号 \ $\omega_j \cdot \gamma$ (kg/m²s)		2	4	6	8	10	12	14	16	18	20
SRZ5、6、10	D	0.72	2.86	6.42	11.15	17.80	25.62	34.90	44.50	61.20	69.75
	Z	0.59	2.32	5.18	9.15	14.25	20.55	27.70	36.30	45.35	56.20
	X	0.39	1.72	4.03	7.38	11.90	12.00	34.30	32.40	41.40	51.80
SRZ7	D	0.82	3.15	7.16	12.65	19.80	27.00	37.00	46.70	58.50	73.00
	Z	0.86	2.46	4.57	7.08	10.00	13.05	36.75	20.10	24.30	28.50
	X	0.53	2.02	4.36	7.56	11.60	14.45	22.15	28.60	35.70	43.20

注：SRZ 型号里的 5、6、7、10 是表示规格尺寸的净宽系列

表 4-6 SRL 型散热器

型号	通风净截面积 (m²)	热介质通过面积(m²)	散热面积 (m²)	管根数	热媒	受热面积 (m²)	外形尺寸 (长×宽×高)(mm)	重量	参考价格 (kg/元)
SRL-5 × 5/3	0.11	0.0070	16.7	35	蒸气或热水	0.88	605 × 570 × 200	51	509
SRL-5 × 5/2	0.11	0.0064	11.0	23		0.58	605 × 570 × 160	38	394
SRL-10 × 5/3	0.22	0.0070	34.0	35		1.76	1070 × 605 × 200	83	826
SRL-10 × 5/2	0.22	0.0064	22.3	23		1.16	1070 × 605 × 160	50	614
SRL-12 × 5/3	0.27	0.0070	42.6	35		2.20	1320 × 605 × 200	99	979
SRL-12 × 5/2	0.27	0.0064	28.0	23		1.45	1320 × 605 × 160	71	720
SRL-6 × 6/3	0.15	0.0082	23.6	41		1.24	695 × 675 × 200	86	662
SRL-6 × 6/2	0.15	0.0054	15.6	27		0.82	695 × 675 × 160	43	509
SRL-10 × 6/3	0.26	0.0082	39.8	41		2.06	1070 × 695 × 200	95	960
SRL-10 × 6/2	0.26	0.0054	26.2	27		1.36	1070 × 695 × 160	59	710
SRL-12 × 6/3	0.32	0.0082	49.9	41		2.58	1320 × 695 × 200	113	1133
SRL-12 × 6/2	0.32	0.0054	32.9	27		1.70	1320 × 695 × 160	81	800
SRL-15 × 6/3	0.39	0.0082	60.0	41		3.09	1570 × 695 × 200	131	1310
SRL-15 × 6/2	0.39	0.0054	39.5	27		2.04	1570 × 695 × 160	94	970
SRL-24 × 6/3	0.60	0.0082	95.8	41		4.89	2470 × 695 × 200	197	2004
SRL-24 × 6/2	0.60	0.0054	63.1	27		3.23	2470 × 695 × 160	138	1610
SRL-7 × 7/3	0.21	0.0094	31.7	47		1.65	785 × 770 × 200	83	816
SRL-7 × 7/2	0.21	0.0062	20.9	31		1.09	785 × 770 × 120	60	634

表 4-7 S 型散热器

表面管数	B (mm)	基本参数	排数 \ 表面管长	24	30	36	42	48	54	60	66	72	78	84	90	96	102	108	114	120
			A(mm)	830	980	1130	1280	1430	1580	1730	1880	2030	2180	2330	2480	2630	2780	2930	3080	3230
		散热面积(m^2)	2	6.6	11.9	14.3	16.65	19	21.36	23.75	26.11	28.45	30.81	31.5	33.75	36	38.25	40.5	42.75	45
		受风表面积(m)	1,2	0.277	0.345	0.413	0.481	0.549	0.617	0.686	0.754	0.822	0.890	0.91	0.975	1.04	1.105	1.17	1.234	1.3
		通风净截面积(m^2)	1,2	0.153	0.191	0.266	0.229	0.304	0.342	0.380	0.418	0.455	0.493	0.504	0.54	0.576	0.812	0.648	0.684	0.72
12	53	进气接头(in)	1	2	2	2	2	2	2	2	2	2	2	2	2	2	2	2.5	2.5	2.5
		进气接头(in)	2	2	2	2	2	2	2	2	2.5	2.5	2.5	2.5	2.5	2.5	2.5	2.5	2.5	2.5
		净重(kg)	1	29	33	40	37	44	48	51	55	59	62	66.1	69.8	73.5	77.2	80.9	84.6	88.3
		净重(kg)	2	37	43	48	54	59	65	70	76	81	87	92	98	103	109	114	120	125
		散热面积(m^2)	2	11.84	14.75	17.65	20.56	23.47	26.38	29.18	32.19	34.96	38.08	39.38	42.19	45	47.81	50.63	53.44	56.25
		受风表面积(m^2)	1,2	0.324	0.426	0.510	0.594	0.678	0.762	0.846	0.930	1.01	1.1	1.137	1.219	1.3	1.381	1.462	1.544	1.625
		通风净截面积(m^2)	1,2	0.189	0.236	0.282	0.329	0.376	0.422	0.469	0.515	0.559	0.609	0.63	0.675	0.72	0.765	0.81	0.855	0.9
		进气接头(in)	1	2	2	2	2	2	2	2	2	2	2	2	2.5	2.5	2.5	2.5	2.5	2.5
		进气接头(in)	2	2	2	2	2	2	2	2.5	2.5	2.5	2.5	2.5	2.5	2.5	2.5	2.5	2.5	2.5
		净重(kg)	1	34	38	43	47	51	56	60	64	68	73	77	81	86	90	94	9	102.89
		净重(kg)	2	43	50	57	64	71	78	85	92	99	106	113	120	127	134	141	148	155
16	636																			
		散热面积(m^2)	2	14.5	17.52	20.98	24.44	27.9	31.36	34.96	38.42	41.89	45.35	47.25	50.63	54	57.38	60.75	64.13	67.5
		受风表面积(m^2)	1,2	0.406	0.506	0.606	0.700	0.806	0.906	1.01	1.11	1.21	1.31	1.37	1.068	1.566	1.664	1.762	1.86	1.958
		通风净截面积(m^2)	1,2	0.225	0.28	0.336	0.391	0.446	0.502	0.559	0.615	0.67	0.726	0.756	0.81	0.576	0.918	0.972	1.026	1.08
		进气接头(in)	1	2	2	2	2	2	2	2	2	2.5	2.5	2.5	2.5	2.5	2.5	2.5	2.5	2.5
		进气接头(in)	2	2	2	2	2	2	2.5	2.5	2.5	2.5	2.5	2.5	2.5	2.5	2.5	2.5	2.5	2.5
		净重(kg)	1	39	44	49	54	59	64	69	74	79	84	89	94	99	104	109	114	119
		净重(kg)	2	50	57.8	66	74	81	89	97	105	112	120	128	135.8	143.6	151.4	159.2	167	174.8

注：1 in = 25.4mm

表 4-8 钢串片散热管规格型号表

型号	联箱数	钢串片式散热管的长度 L（m）										
Ⅰ	单联箱	0.4	0.6	0.7	0.8	0.9	1.0	1.1	1.2	1.3	1.6	1.8
Ⅱ	双联箱	0.4	0.6	0.7	0.8	0.9	1.0	1.1	1.2	1.3	1.6	1.8

表 4-9 钢串片散热管结构尺寸及技术参数

串片材料	钢片尺寸(mm)	片厚(mm)	片距(mm)	管子材料	子外径(mm)	管壁厚(mm)	散热面积(m^2/m)	质量(kg/m)	工作压力(Pa)	试验压力(Pa)	表面处理
薄钢板	150 × 80	0.5	8～8.5	无缝钢管	25	2.5	2.576	9～9.2	81×10^5 至 11.77×10^6	72×10^5 至 17.66×10^5	电镀锌

注：这种散热管的传热系数 K 可按表 4-10 的公式计算

表 4-10 钢串片散热管的传热系数 K

热媒种类	散热管的安装形式		传热系数 K（W/m²·℃）
蒸气	单排	平放	$K=3.20\triangle t^{0.156}$
		竖放	$K=2.38\triangle t^{0.175}$
	双排	平放	$K=2.38\triangle t^{0.183}$
		竖放	$K=1.33\triangle t^{0.285}$

注：1.表中的 K 值计算式适用于空气自然循环的情况；
2.$\triangle t$= 管中蒸气温度——管外空气温度（℃）

螺旋绕片式散热器和套（串）片式散热器的主要优点是散热面积大，结构紧凑，质量轻，安装方便。缺点是对气流的阻力大；翅片间容易被灰尘堵塞；钢质翅片（或套片）很容易腐蚀，铜质翅片耐腐蚀性及传热性能都好，但材料紧缺，造价高；铝质翅片较耐腐且经济。

双金属轧片管是将铝管紧套在基管（通常为钢管）上，然后在铝管上经粗轧、精轧等多道工序，轧出翅片。两层管壁间结合牢固，传热性能很好。此外双金属轧片管防腐蚀性能好，强度高，是一种性能理想的散热管。在国外木材干燥窑中普遍采用。国内现在也已定型生产，目前国内的木材干燥行业使用渐多，主要技术特性见表 4-11，其结构示意图见图 4-20。

(2) 肋形管散热器：木材干燥中使用的肋形管散热器的材料大都为铸铁，有圆翼管（圆形肋片）和方翼管（方形肋片）两种。铸铁肋形管散热器的优点是坚固、耐腐蚀；散热面积较大，与平滑管相比，当管径和长度相同时，散热面积比平滑管大 6～7 倍，总散热量大 3 倍。缺点是质量大，耗用金属多；另外，受管长限制需分段连接，法兰接头多，安装和维修不便。

铸铁肋形管散热器的规格见表 4-12。

安装肋形管时，应使管子的长度方向与气流方向垂直，冷凝水管应装在法兰盘的下侧，以免冷凝水淤积在管内，见图 4-21。

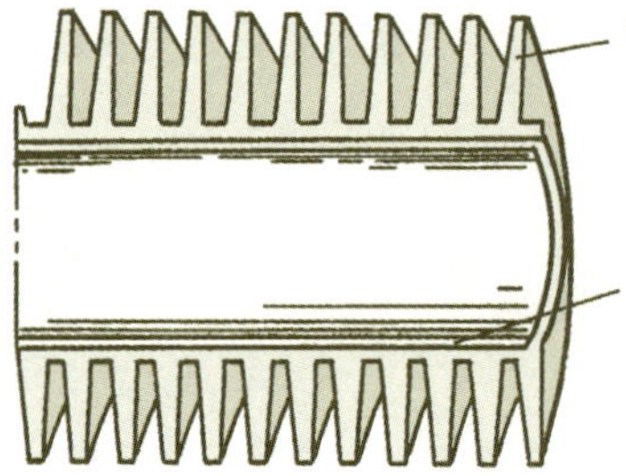

图 4-20 双金属轧片管

(3)平滑钢管散热器：平滑钢管散热器构造简单，接合可靠，制造与检修方便；承受压力的能力较大；传热系数较大；不易积灰。缺点是散热面积小；易生锈，使用寿命不长。其规格见表 4-13、表 4-14。

散热器的散热面积可按下式计算：

$$F=\frac{Q\cdot C}{3.6K(t_{汽}-t_{介})}$$

式中：F——散热器的表面积，m^2

$t_{介}$——干燥介质的平均温度，℃

Q——散热器应放出的热量，kJ/h

C——后备系数，取为 1.1～1.3

$t_{汽}$——管道内蒸气的平均温度，℃

K——散热器的传热系数，W/m²·℃

表 4-11 双金属轧片管的主要技术特性

序 号	衬管外径 (mm)	翅片片距 (mm)	翅片外径 (mm)	翅片根径 (mm)	翅片片厚 (mm)	单位长度换热面积（m^2/m）	最高工作温度 (℃)
1	16	5.1	34	17.2	0.64	0.332	250
2	16	3.2	34	17.2	0.33	0.506	250
3	16	2.3	34	17.2	0.31	0.676	250
4	16	1.8	34	17.2	0.31	0.844	250
5	19	2.8	44	20.4	0.38	0.926	250
6	19	2.3	44	20.4	0.43	1.125	250
7	22	2.3	44	23.5	0.43	0.855	250
8	22	2.8	44	23.5	0.38	1.015	250
9	25	5.1	50	26.4	0.56	0.625	250
10	25	2.8	50	26.4	0.43	1.112	250
11	25	2.3	50	26.4	0.38	1.341	250
12	25	2.5	57	26.4	0.41	1.648	250
13	25	2.3	57	26.4	0.38	1.791	250

表 4-12 铸铁肋形管散热器的规格

名 称	长度 (mm)	肋片数	肋片外径 (mm)	法兰盘直径 (mm)	管内径 (mm)	肋片间距 (mm)	从法兰到第一个肋的距离（mm）	片散热面积（m^2）	质 量 (kg)
圆翼管	1	44	170	150	70	20	53.5	1.81	36
	1	44	175	160	70			2	37.5
	1	43	167	146	51			1.81	36.5
	1	43	165	135	50			1.81	32.5
	1.5	69	175	160	70			3	59.5
	2	93	175	160	70		63.5	4	73.5
方翼管	2	74	146	146	76	25	75	3	/
	2.5	94	146	146	76			3.7	

表 4-13 平滑管（无缝钢管）的规格

外径(mm)	16	22	28	34	42	48	60	75	90
壁厚(mm)	2.2	2.8	2.8	3.2	3.2	3.5	3.5	3.5	4.0
理论质量(kg/m)	0.747	1.33	1.74	2.43	3.07	3.84	4.83	6.17	8.47
1m 长管子的表面积(m^2)	0.0502	0.0692	0.0880	0.107	0.132	0.151	0.188	0.236	0.272

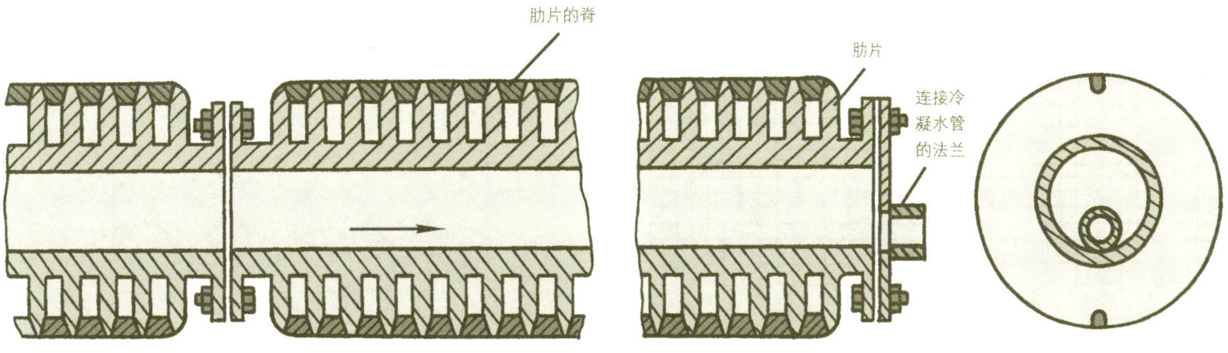

图 4-21 圆翼管的结构及其与冷凝水管的连结

表 4-14 平滑管（水、煤气钢管）的规格

公称管径 (mm)	外径 (mm)	钢管				1m 长管子的表面积 (m^2)
		普通		加厚		
		管壁厚度 (mm)	质量（不含管接头） (kg/m)	管壁厚度 (mm)	质量（不含管接头） (kg/m)	
8	13.5	2.25	0.62	2.75	0.73	-
10	17.0	2.25	0.85	2.75	0.97	0.0534
15	21.25	2.75	1.25	3.25	1.44	0.0667
20	26.75	2.75	1.63	3.50	2.01	0.0840
25	33.50	3.25	2.43	4.00	2.91	0.1050
32	42.25	3.25	3.13	4.00	3.77	0.1330
40	48.00	3.50	3.83	4.25	4.58	0.1510
50	60.00	3.50	4.88	4.50	6.18	0.1880
70	75.5	3.75	6.64	4.50	7.88	0.2370
80	88.5	4.00	8.34	4.75	9.81	0.2780
100	114.00	4.00	10.85	5.00	13.44	0.3580
125	140.00	4.50	15.04	5.50	18.24	0.4400
150	165.00	4.50	17.81	5.50	21.63	0.5180

传热系数*K*和许多因素有关，如管内蒸气的温度、散热器的几何形状和结构、散热器与系统管路的连接方式、窑内干燥介质的温度及流动情况、散热器的安装位置等。为方便使用，通常将各种散热器的传热系数用曲线图或表格表示。肋形管散热器的传热系数见图4-22和图4-23，平滑钢管的见表 4-15。

以上三种散热器以片式散热器使用较广。平滑钢管因其散热面积小，只见于老式的干燥窑中，新建窑中很少使用。

(4)喷蒸管：喷蒸管是干燥窑内喷射蒸气提高窑内介质湿度的设备。喷蒸管是两端封闭（从中间进汽）或一端封闭（从另一端进汽）的钢管。管上钻有直径2～4mm、孔间距为150～250mm的小孔。喷蒸管的直径通常为40～50mm，安装喷蒸管时要注意不把蒸气直接喷射到木材上，以免使木材产生污染或开裂。

炉气干燥窑内也应安装喷蒸管或喷水管，此时可在炉灶上安装水箱或蒸气发生器。

操作时要注意，当打开喷蒸阀门，向窑内喷射蒸气时，窑的进、排气道上的风门一定要关闭，以免蒸气流失，浪费热能。

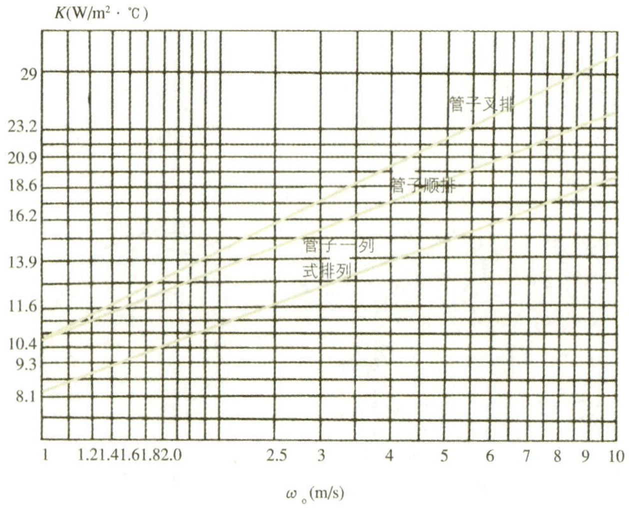

（流过的介质为空气时）

图 4-22 圆翼铸铁肋形管的传热系数

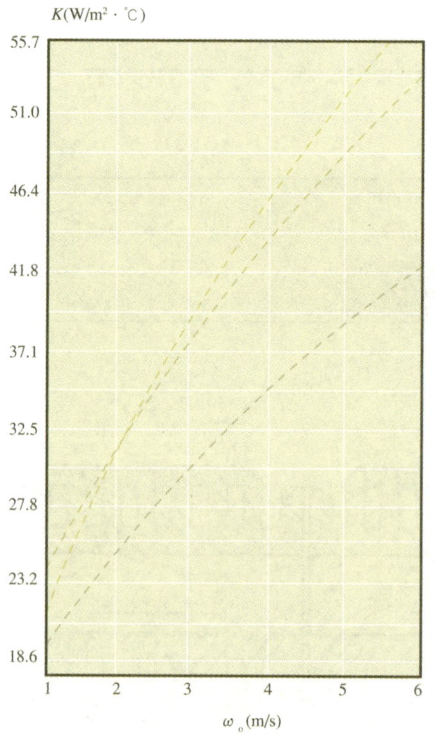

（流过的介质为过热蒸气时）

图 4-23 铸铁肋形管的传热系数图

表 4-15 平滑钢管的传热系数($W/m^2 \cdot ℃$)(流过的介质为空气时)

管子公称直径 (mm)	空气速度(m/s)								
	1	2	4	6	8	10	12	16	20
25	16.3	24.4	37.2	48.8	55.8	65.1	75.6	86.1	98.9
40	15.1	22.1	31.4	41.9	47.7	55.8	64.0	74.4	84.9
50	14.0	19.8	29.1	38.4	44.2	52.3	59.3	68.6	77.9
70	12.8	17.4	26.4	34.9	40.7	48.8	54.7	62.8	72.1
100	11.6	15.1	24.4	31.4	37.2	45.4	50.0	57.0	66.3

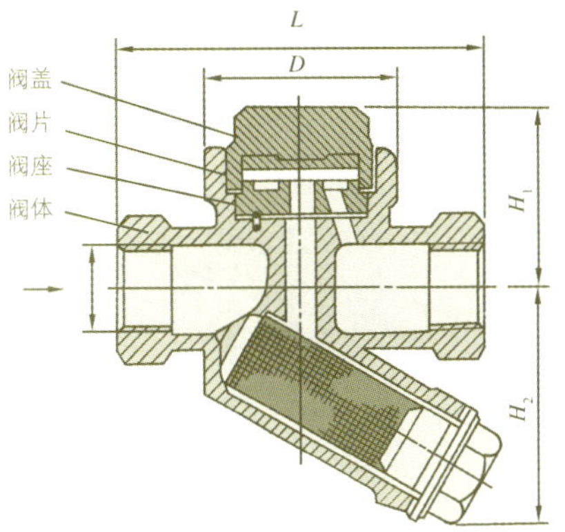

图 4-24 热动力式疏水器结构

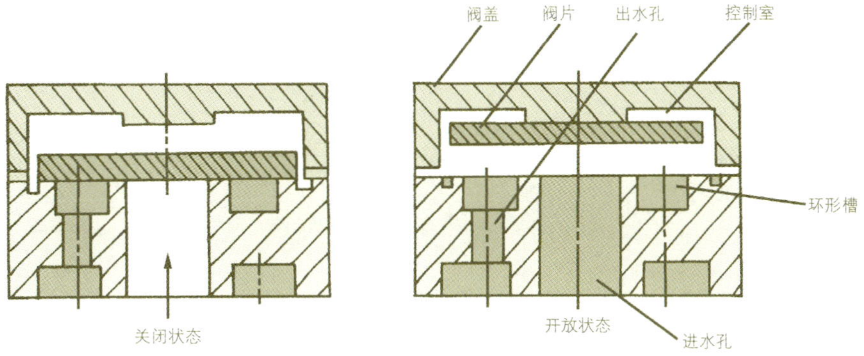

图 4-25 热动力式疏水器工作原理

(5) 疏水器：又叫疏水阀，其作用是排水阻汽，即排除散热器及蒸气管道中的凝结水，同时阻止蒸气的漏失，从而提高加热设备的传热效率，节省蒸气消耗。疏水器的类型较多，木材干燥中常用的有热动力式和静水力式两类。

热动力式疏水器是一种体积小排水量大的自动排水阀门。常用的有S19H-16C型，适用于蒸气压力不大于1570kPa，温度不大于200℃的蒸气管路及蒸气设备上。安装位置一般在室外，其结构见图 4-24。工作原理见图 4-25。

当进口压力升高时，通过进水孔使阀片抬起，凝结水经过环形槽从出水孔排出，随后由于蒸气通过阀片与阀盖间的缝隙进入阀片上部的控制室，控制室的气压因而升高，使阀片上部所受的压力大于进水孔压力，于是阀片下降，关闭进水孔，阻止蒸气向外漏逸；随后又由于疏水器向外散热，控制室内的汽压因冷却而下降，进口压力又大于控制室内的压力，阀片又被抬起，凝结水又从疏水器排出。

此种疏水器的性能曲线见图4-26。疏水器的选用主要根据疏水器的进出口压力差$P=P_1-P_2$，及最大排水量而定。进口压力P_1采用比蒸气压力小1/10～1/20表压力的数值。出口压力P_2采用如下数值：若从疏水器流出的凝结水直接排入大气，则$P_2=0$；如排入回水系统，则$P_2=(0.2～0.5)$表压。疏水器的最大排水量：因蒸气设备开始使用时，管道中积存有大量的凝结水和冷空气，需要在较短时间内排出，因此按凝结水常量的2～3倍选用。

静水力式疏水器有自由浮球式、倒吊桶式、钟形浮子式等。它们的工作原理都是利用凝结水液位的变化而成引起浮子（球状或桶状）的升降，从而控制启闭件工作。

S41H-16C 型自由浮球式疏水器的结构见图 4-27，其在不同压力差下的最大连续排水量度见表4-16。这种疏水器适用于工作压力 不大于1570 kPa、工作温度不大于350℃的蒸气供热设备及蒸气管路上，它结构简单，灵敏度高，能连续排水，漏汽量小但抗水击能力差。

CS15H-16 型钟形浮子式疏水器（图 4-28）的性能曲线见图 4-29。它适用于工作压力小于1570kPa，工作温度不大于200℃的蒸气管路及设备上。

疏水器应安装在室外低于凝结水管的地方。地点要宽敞，以便维修。疏水器进出口的位置要水平，不可倾斜，以免影响疏水器的阻汽排水动作。为了使疏水器检修期间不停止散热器的工作，须在疏水器的管路上装设旁通管（图 4-30），且装在疏水器的同一平面内。正常使用时，关闭阀门2，打开阀门1，使疏水器正常工作。检修时，关闭阀门1，打开阀门2，使加热系统不停止工作。开始通汽时，管道中积存的大量凝结水也通过旁通管排除，以免疏水器堵塞。定期检查疏水器的严密性。定期清洗滤网和壳体内污物。冬季要做好防冻工作。

2. 炉气供热和调湿设备

(1)炉灶：炉气加热的干燥窑须配有炉灶，以煤或木材加工剩余物作燃料，产生炉气体，作为传热、传湿的介质，加热

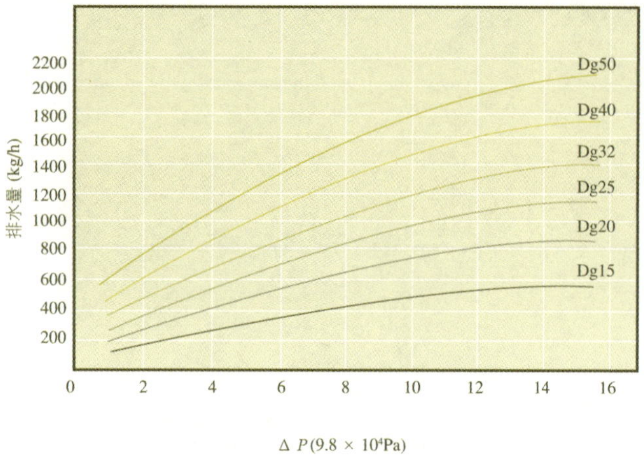

图 4-26 S19H-16 热动力式疏水器的性能曲线

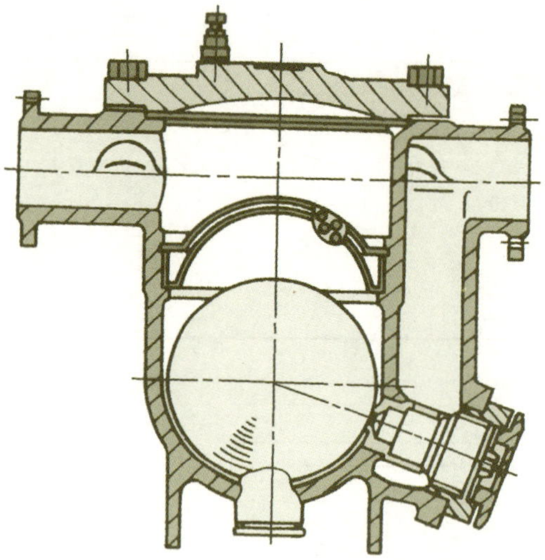

图 4-27 S41H-16C 型自由浮球式疏水器的结构

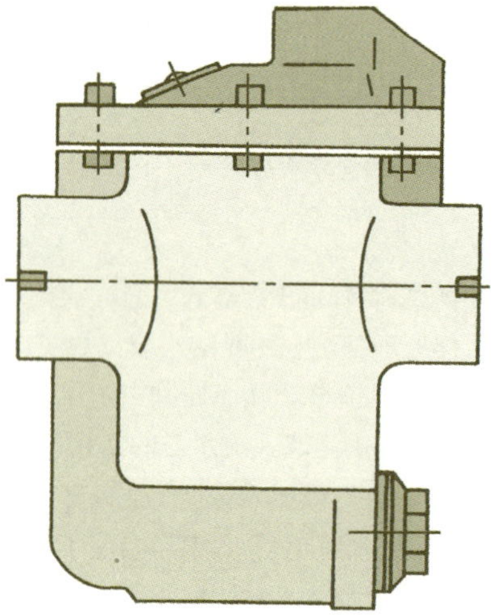

图 4-28 CS15H-16 型钟形浮子式疏水器

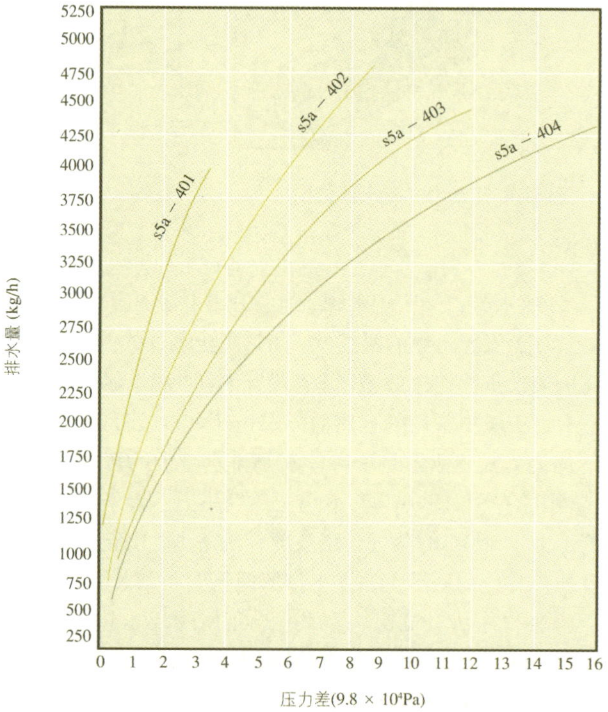

图 4-29 CS15H-16 型钟形浮子式疏水器性能曲线

表 4-16 不同压差的最大连续排水量

通径（mm）		最大排水量(kg/h)			
		B	D	F	G
		15、20、25	25、40、50	50、80	80、100
最高工作压力差（kPa）	150	1110	5640	19500	27600
	250	1000	5350	18000	25100
	400	950	4700	17000	22700
	640	810	3590	14300	18200
	1000	660	3190	11870	16600
	1600	550	2740	9180	12900

注：B、D、F、G 为球体的类型

并干燥木材。

炉灶为砖砌体（外层为普通砖，内层为耐火砖），由燃烧室、沉降室、火星分离器及炉气道等部分组成，见图4-31。对炉气的要求是无烟、无火星、无燃烧不完全物质。

燃料由装料斗定期装在倾斜炉篦及水平炉篦上，燃烧生成的炉气和半炉气上升并和由二次进风口来的空气相遇，以保证完全燃烧。炉气在一上一下的曲折流动中，夹杂着的灰尘逐渐沉降。然后在离心风机的吸引下，炉气沿火星分离器的外壁高速环流而下。使火星和烟尘沉降于底部，清洁的炉气由矩形气孔流入火星分离器内部，并经过炉气道流至混合室。炉气道上有总闸控制炉气流量。在炉灶生火期间，应关闭总闸，使烟气由位于火星分离器顶部的烟囱排出。烟囱上装有闸板，可调节排烟的数量。

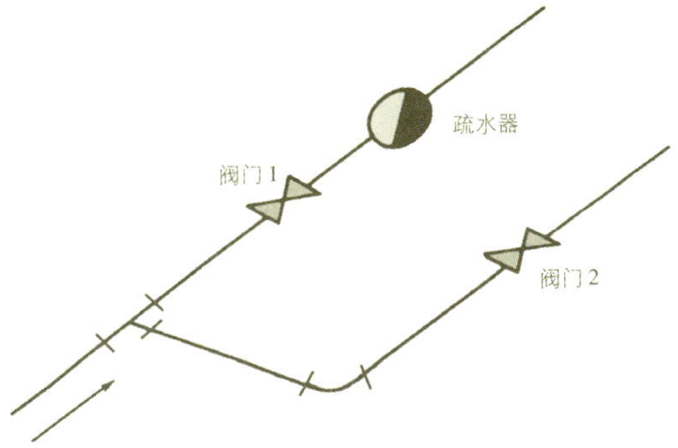

图 4-30 装有旁通管的疏水器管路

炉灶应能长期连续使用，建造必须严密，避免漏气。炉灶在使用前须用文火烘干；停烧或重新使用时，应当缓慢冷却或加热，以免炉灶的开裂和剥落。

木燃料完全燃烧时，炉灶燃烧室的温度应达到900℃，总闸前温度应达到600～700℃。过剩空气系数应为2左右。

为了保持燃烧室的正常工作条件，延长使用寿命，每年需要检修一次。检修的主要工作是清灰去渣、检查炉体、校正仪表、修复或革新设备等。

(2) 卧式旋风炉：卧式旋风炉以木材加工剩余物木碎料（尺寸不大于3mm的木屑、木粉等）作燃料，且木碎料的相对含水率不能大于15%。水平安装的卧式旋风炉（见图4-32）一端封闭，一端开口，以排出炉气体。木碎料经过计量装置定量地沿切向喷入炉膛。燃烧所需的新鲜空气由离心风机鼓入集风管，再分三路沿切向鼓入环形的空气预热室。空气流量的大小由三只蝶形阀分别控制。空气被炉壁预热后，沿炉壁上的许多矩形孔吹入炉膛，并与木碎料相遇，使木碎料在旋转和悬浮的状态下充分燃烧。生成的炉气体由炉子的一端排出，经过沉降除尘后由离心风机鼓入窑内。

炉子生火时，需要通过辅助燃烧器向炉膛喷射辅助燃料（如丁烷、天然气等），把炉膛烧热，然后才能转入正常燃烧。

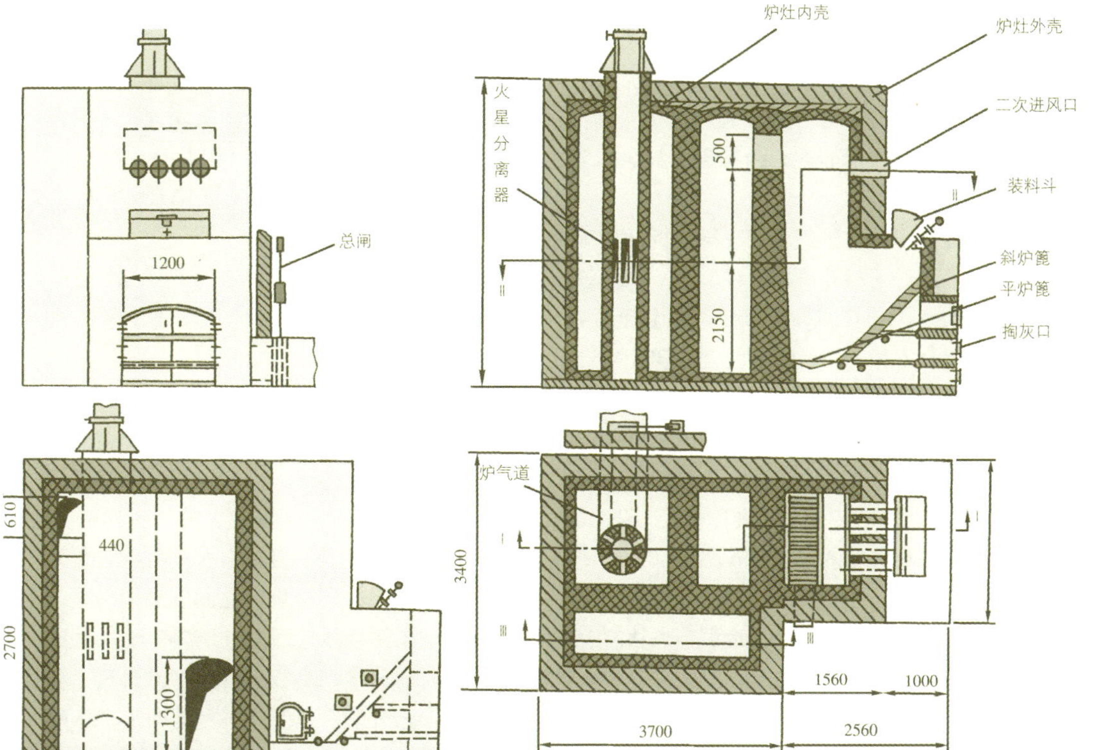

图 4-31 炉灶的结构（单位：mm）

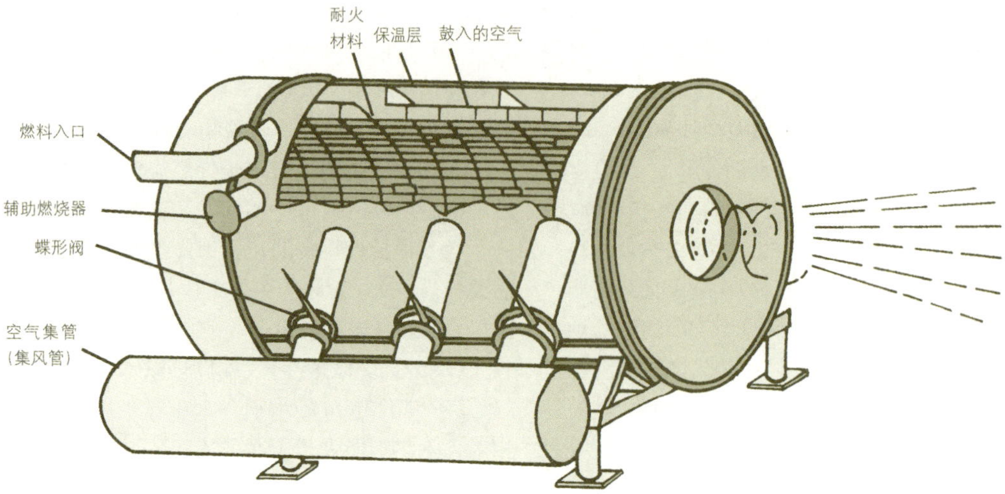

图 4-32 卧式旋风炉

(3)可烧多种木废料的立式旋风炉：由南京林业大学设计的这种旋风炉，由主燃烧室、二次燃烧室、顶部蒸发器、螺旋进料管和二次进风管等部分组成（图 4-33）。

木碎料（刨花、木屑等）与空气一道通过离心风机送入螺旋进料管，绕炉膛旋转，木碎料和空气都被预热干燥。然后沿切向吹入炉膛，在旋转和浮动的状态下燃烧。少数没有烧完的木碎料，与炉气一道向上流入二次燃烧室，与切向鼓入的二次进风（空气）相遇，使之充分燃烧。旋风炉上端有水箱（蒸发器），产生的蒸气沿管道流入除尘室。与炉气相混合，提高炉气湿度（炉气直接加热型）；或蒸气直接喷入干燥窑，提高窑内空气湿度（炉气间接加热型）。炉壁由耐热钢板卷焊而成，内衬耐火砖，以延长使用寿命。

边皮等大块木废料可通过炉门手工进料，也可用打碎机粉碎与刨花，锯屑一道送入料斗机械进料。

这种旋风炉现有 A、B、C、D 四种系列，发热量分别为 19.7 万、34.4 万、83.9 万和 167.9 万 kJ/h；木废料消耗量分别为 17kg/h、30kg/h、65kg/h、124kg/h。这种旋风炉适合于没有蒸气锅炉的中小型木材加工企业干燥木材之用。

(4)炉气窑的调湿设备：炉气窑中介质湿度的调节没有蒸气加热窑方便，因此常被忽视，从而产生各种干燥缺陷。其实，只要设计人员认真考虑、炉气窑的湿度调节，还是不难实现的。常用的几种方法如下：

窑内设喷水管——这是最简单的湿度调节方法。在窑内通风机的前后，或材堆两侧各装一根一端封闭的自来水管，管径 15～25mm，沿管长每间隔 200～300mm 钻有直径 3mm 左右的小孔。当窑内湿度太低或温度过高时，把喷水管上的阀门（装在窑外）打开，向窑内喷水，可提高湿度。若在喷水管上加雾化喷头，自来水以 294～490kPa 的压力喷出呈雾

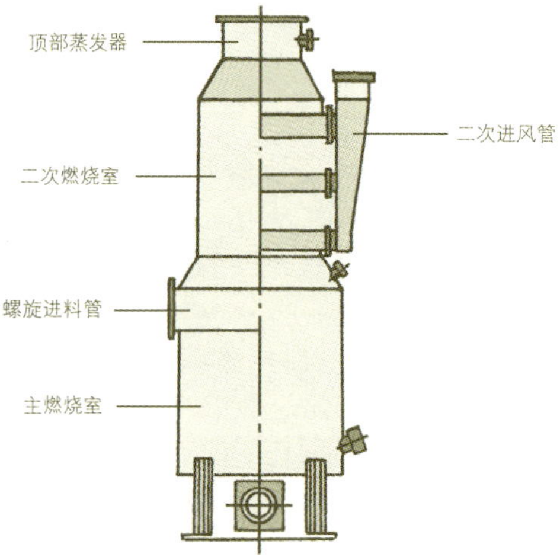

图 4-33 立式旋风炉

状，增湿效果更好。

安装时要注意，喷水孔不要直接对着材堆，以免弄湿和污染木材。

这种调湿方法操作很简便，但冷水喷入窑内后，为了使水分蒸发，需要吸收大量热能，引起窑内温度降低，使干燥时间延长。

在炉上方或一侧设置水箱——利用炉灶的热量将水箱内的水加热成蒸气，通入窑内提高介质的湿度。

在旋风炉与干燥窑之间安装调湿箱（图 4-34）——旋风炉生成的炉气体迂回流过调湿箱中三层敞口水槽，使水加热蒸发，水蒸气与炉气一道流入干燥窑。水槽中的水位高度，靠调湿箱外的三只浮球阀自动调节。三层水槽分别装有进、排水管，由阀门分别控制，从而较灵活地调节产生水蒸气的多少。此法调湿若与窑内喷水调湿相结合，可使窑内介质达到 95% 以上的相对湿度。

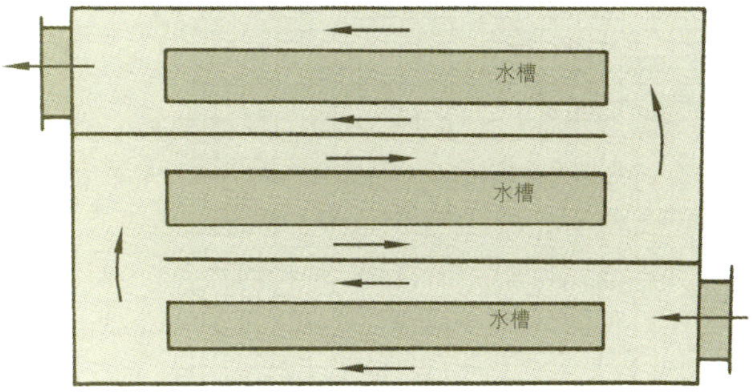

图 4-34 调湿箱

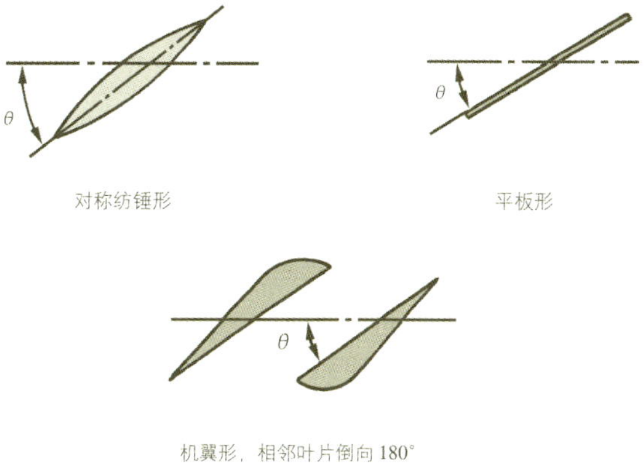

图 4-35 可逆风机叶片横断面的几种类型

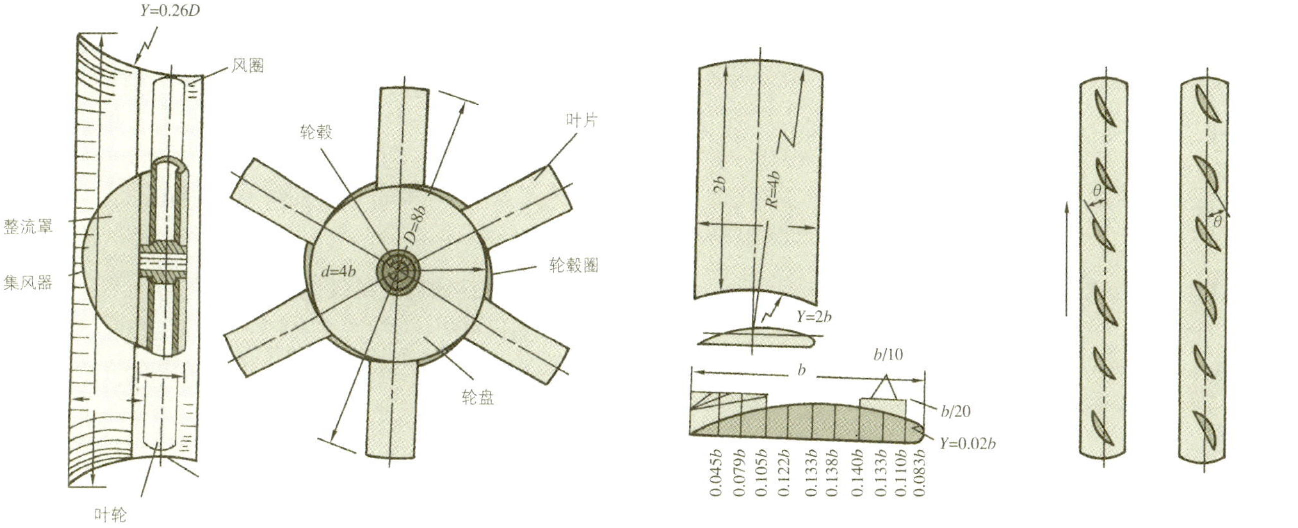

(a) 轴流通风机的组成　(b) 叶轮的组成　(c) 叶片放大图　(d)不可逆风机叶片的安装　(e)可逆风机叶片的安装

图 4-36 Y 型轴流通风机

4.2.3.3 气流循环设备

木材干燥中，通常采用通风机驱动窑内气流循环，以加速干燥介质与散热器之间及介质与木材之间的热交换，加速木材表面的水分蒸发。实际生产中，多用轴流式风机，离心式风机使用较少。

轴流通风机中，气流方向和旋转轴平行。此类风机风量大，风压较低，可以直接装在干燥窑内，驱动气流循环。在木材干燥业务中使用较广。

轴流风机有可逆转的与不可逆转的。可逆转的又有叶片横断面形状对称的（对称纺锤形和平板型）；或叶片横断面形状不对称，但相邻叶片安装时倒向180°（图4-35）。可逆转风机无论正转或反转时，都产生相同的风量和风压。不可逆转的风机叶片横断面的形状是不对称的，它的效率比同号的可逆风机高。设计时要根据干燥窑的类型选择可逆或不可逆的风机。

木材干燥生产上采用的轴流风机多为各工厂自行设计或仿制，也有些定型产品。使用较广的轴流风机有下面几种：

1. 机翼形叶片的轴流风机（仿 Y 型或 50B 型）

这类风机由叶轮、集风器、风圈和整流罩等几部分组成，见图 4-36(a)。叶轮又由叶片、轮毂、轮盘和轮毂圈等组成，见图4-36(b)。这种风机的毂比（轮毂圈直径与叶轮直径之比）为 0.4～0.5。干燥窑中采用 0.5。

叶轮上的叶片数为6～12片。叶片数越多，风压越高。叶片可用 2mm 厚的铝板敲成中空的机翼形状，铆接到销轴上与轮盘相连接；也可用铝合金整体浇铸。叶片应当以大头和平面向前旋转，见图4-36(d)中的箭头方向。叶片相对于叶轮旋转平面的安装角度越大，则风压和风量越大，但功率消耗也越大。

叶轮的外围加风圈，吸入口加集风器和整流罩以提高风压和效率。叶轮与风圈之间的径向余隙S一般不超过叶片长度的1.5%。

Y型风机有可逆转或不可逆转两种，前者风量和风压比同号后者的约小10%。设计时可根据窑型选用。

Y型12叶片的轴流通风机的外形见图4-37。其规格尺寸见表4-17。

叶片安装角θ为20°的12叶片Y型通风机的性能曲线见图4-38。

图中粗斜线表示通风机的机号（No10、12、20），图中的风压H是根据密度为1.2kg/m³的标准空气来确定的。若介质的密度不是1.2kg/m³，则需要按下式将实际风压H_c换算成规格风压H，然后才能按图4-38选择风机。

换算公式：

$$H = H_c \cdot \frac{1.2}{\gamma_c}$$

[例] 介质密度γ_c=0.6kg/m³，需要的风量为30000m³/h，风压为200Pa，试选用风机。

[解]先换算风压，$H = H_c \cdot \frac{1.2}{\gamma_c} = 200 \cdot \frac{1.2}{0.6} = 400$ (Pa)。

在图4-38的下部横坐标上，从风量为30000m³/h处向上作垂线，和风压400Pa的水平线相交，即可查出No12风机，叶轮转数n=1000r/min。

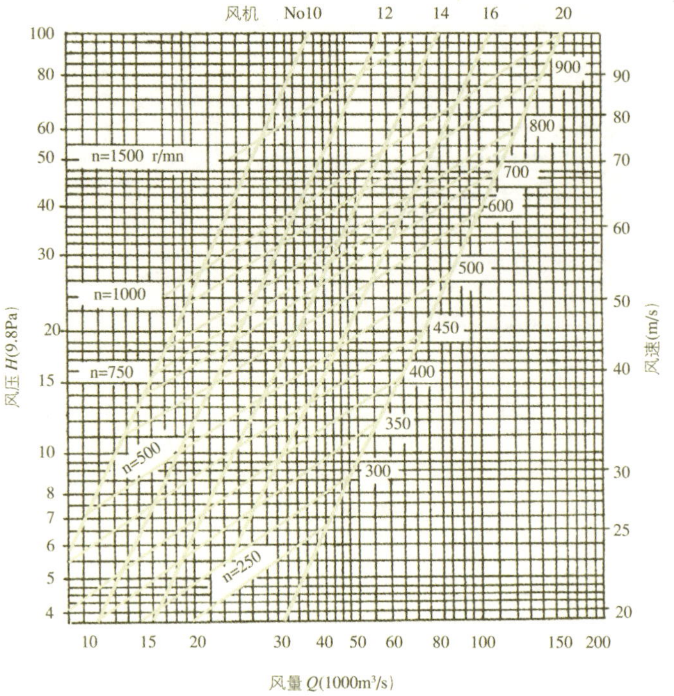

图4-38 Y型12叶片轴流通风机性能曲线

2. 机翼型扭曲叶片的轴流风机(50A型)

这类通风机的结构（图4-39）与Y型风机相似，但叶片为扭曲机翼型，故效率高，噪音小。叶片采用高强度低合金钢制成。叶片角度15°～35°，毂比0.5。

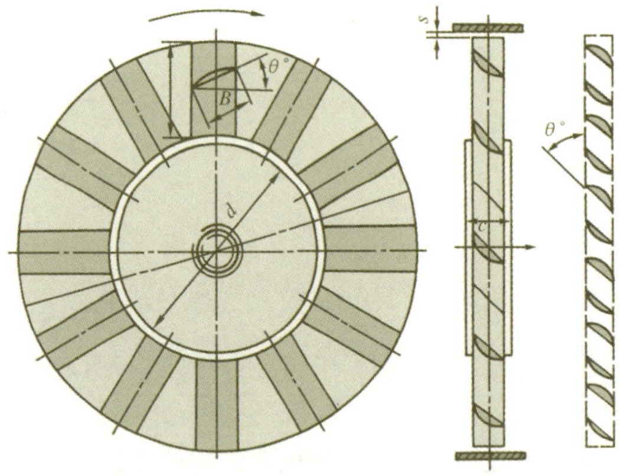

图4-37 Y型12叶片轴流通风机外形

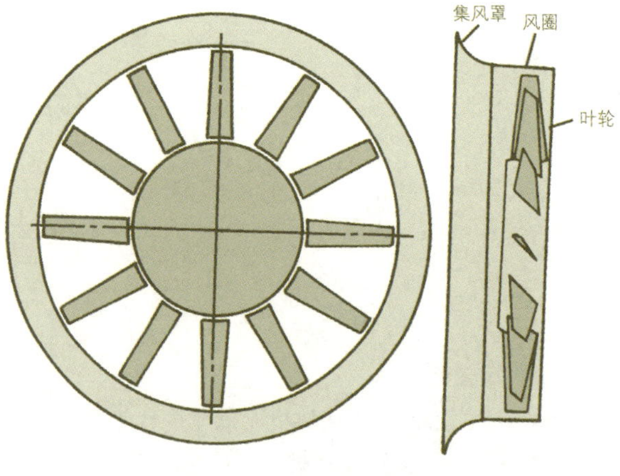

图4-39 50A型轴流通风机

表4-17 Y型12叶片轴流通风机的规格

机号 No	6	8	9	10	12	
通风机直径 D(mm)	600	800	900	1000	1200	d=0.5D
轮毂直径 d(mm)	300	400	450	500	600	l=0.5d
轮毂宽度 C(mm)	60	80	90	100	120	b=0.5l
叶片长度 l(mm)	150	200	225	250	300	s=0.015l
叶片宽度 b(mm)	75	100	112.5	125	150	c=0.1D

注：s为叶轮与风圈之间的间隙

此类风机的性能曲线见图4-40。No12风机的性能参数见表4-18。

3. **平板型扭曲叶片的轴流风机（T30型）**

这类风机是一种结构简单，噪音较小的低压轴流风机(图4-41)。叶轮直径250～1000mm，依叶轮直径的大小分为No 2.5、3、3.5、4、5、6、7、8、9、10等10种机号。干燥窑常用No 8～10。叶片安装角度有10°、15°、20°、25°、30°、35°等6种。叶片数3～8片。

风机由叶轮、风圈、集风器组成。叶轮又由叶片、轮盘和轮毂组成。毂比为0.3，见图4-41。这类风机在我国已有定型产品，可根据性能规范表来选用。

4. **对称纺锤形轴流风机**

这类风机在我国尚无定型产品。木材干燥生产中使用的这类风机，材料通常为铸铝。叶轮直径常为1200mm（No12），轮毂直径600mm（毂比0.5）。

叶片数8～12，以8叶片使用较多，叶片安装角度通常为

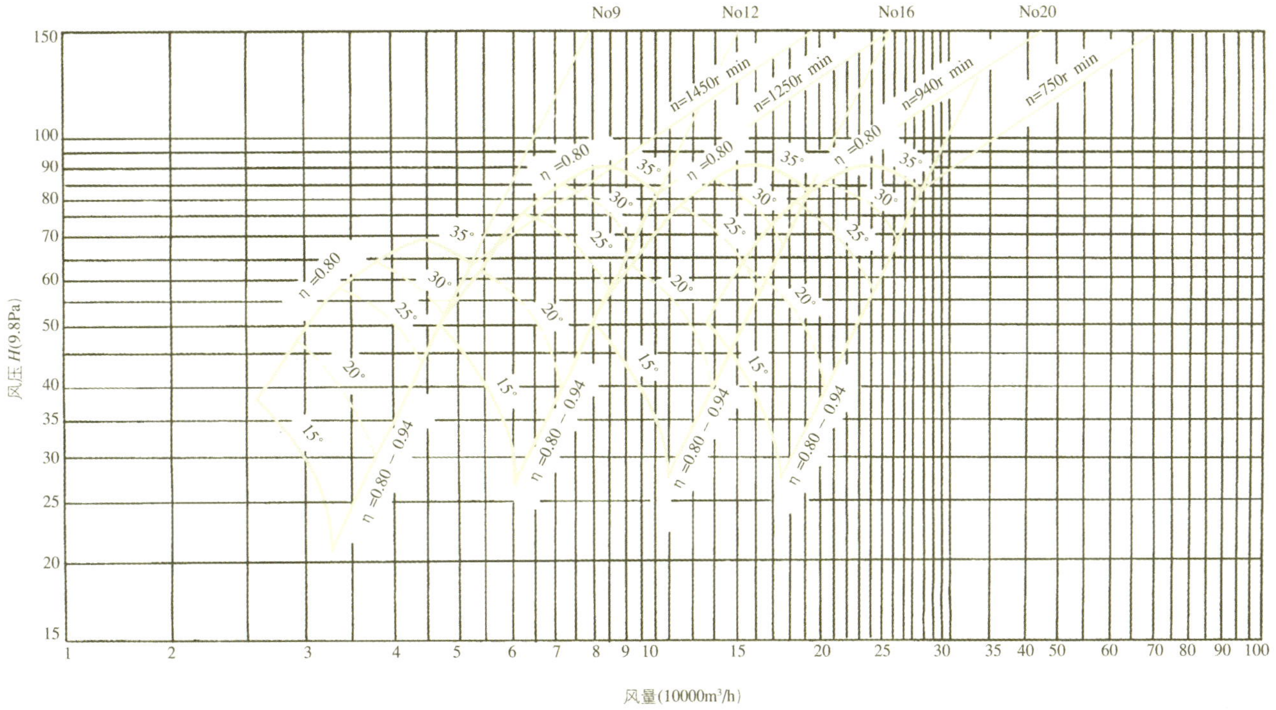

图4-40 50A11型轴流通风机性能曲线

表4-18 50A2-12型No12轴流风机性能（n=910r/min）

叶片安装角	序号	风压 (Pa)	风量 (m³/h)	风压效率 (η,%)	理论功率 (kW)	所需功率 (kW)	选用电动机	
							型号	功率（kW）
15°	1	217.8	36700	81.0	2.7	3.0	Y100L2-4	3.0
	2	285.0	33600	77.5	3.3	3.6	Y112M-4	4.0
	3	330.0	31300	73.0	3.95	4.35		
20°	1	233.0	54500	82.0	4.3	4.9	Y132S-4	5.5
	2	295.3	49500	78.0	5.0	5.75	Y132M-4	7.5
	3	333.0	45700	74.0	5.6	6.44		
25°	1	321.8	66900	83.0	7.2	8.3	Y160M-4	11
	2	347.3	59000	79.0	7.3	8.4		
	3	387.5	56000	74.5	8.1	9.3		
30°	1	423.8	72600	84.7	10.1	11.6	Y160L-4	15
	2	459.1	67800	79.5	10.9	12.5		
	3	475.8	59700	75.0	10.5	12.1		
35°	1	483.6	80500	84.5	12.8	14.7	Y180M-4	18.5
	2	492.5	72600	78.5	12.6	14.5		
	3	500.3	66400	74.5	12.5	14.4		

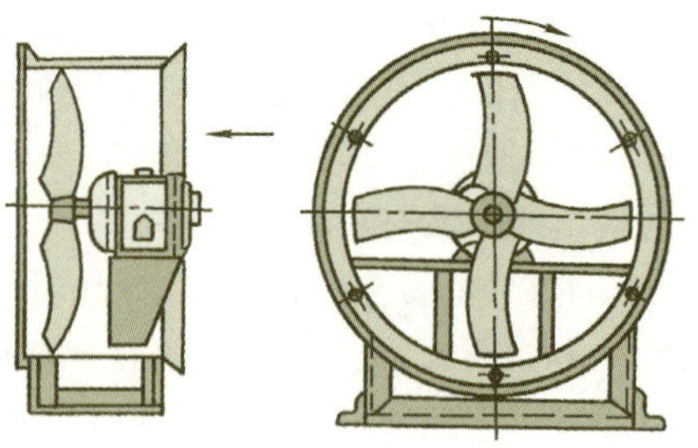

图 4-41 T30 型轴流风机

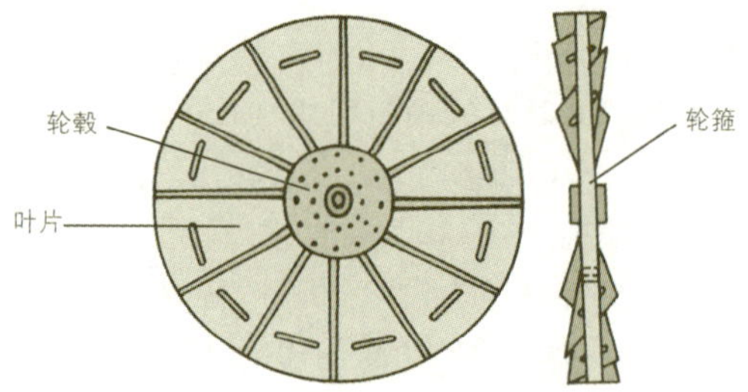

图 4-43 扇形平板叶片的轴流风机

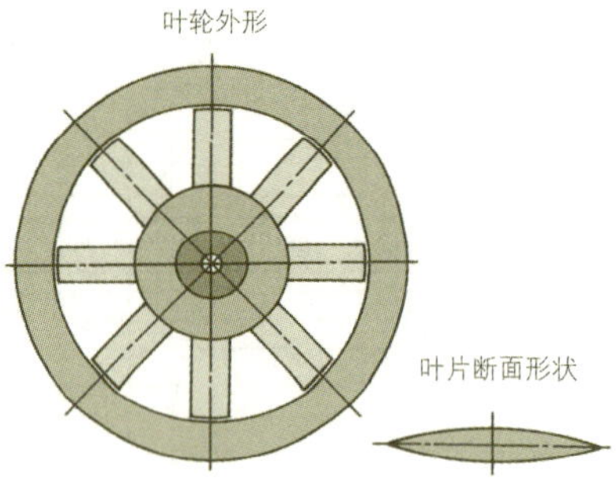

图 4-42 对称纺锤形轴流风机

20°和25°。这类风机的形状见图4-42，其性能参数（实测）见表4-19。

以上实测数据表明：这类风机叶片角度为20°，叶轮转数800r/min时风机效率最高，而叶片角度为25°，则叶轮转数600r/min时风机效率最高。

5. 扇形平板叶片的轴流风机

这类风机多为使用工厂自行制造。叶轮直径为1000～1680mm，常用的为12叶片直径1680mm及1400mm的大风机。叶片安装角为35°，叶轮转速较低：叶轮直径1680mm的，为300r/min，风量约为36000m^3/h，采用的电动机功率为4kW；直径1400mm的，转速为550r/min，风量为40000 m^3/h，采用的电动机功率为7.5kW。

叶轮结构是装配式的，由轮毂、叶片和轮箍三部分组成（图4-43）。轮毂的材料为铸铁；叶片的材料可为2mm厚的钢板，也可用3.5mm厚的铝合金板。叶片呈扇形，并在大头处冲成弧形突起，以增加刚性。叶片用螺栓紧固在轮毂上。轮箍由3～4mm厚的扁钢制成，紧固在叶片的外圈。这类风机结构简单，制作方便，可以逆转。这类风机宜采用大直径、低转数，叶轮转数最好不超过550r/min，否则风机效率会降低。

4.3 木材常规窑干工艺及其操作

木材常规窑干，是指干燥温度不超过100℃的传统窑干法。就其干燥原理而言，它是一种对流干燥。即被干木料按一定要求垛成具有水平气道（用于强制循环干燥）或竖直气道（用于自然循环干燥）的材堆，置于干燥窑内。干燥介质（热、湿空气或炉气体）在窑内有规律地流动，先通过加热器吸收热量后，以一定的流速穿过材堆，将热量传给木材，并把木材中蒸发出来的水分带走，然后进、排气道排出部分废气，同时吸入一些新鲜空气补充，使相对湿度维持在一定的水平。如此周而复始地进行热、湿交换，使木材变干。常规窑干的干燥介质通常保持常压，气流可以是单向循环，也可以是可逆循环，可为恒速，也可变速（当木材含水率低于30%以后，可逐渐减低气流速度，以便节省电能消耗，而对干燥速率几乎没有影响）。干燥工艺主要根据特定的干燥基

表 4-19 对称纺锤形轴流风机的性能（实测）

叶片角度	叶轮转速 (r/min)	效率范围 (%)	功率范围 (kW)	最高效率时的各基项数值			
				最高效率（%）	风量（m^3/h）	风压（9.81Pa）	功率（kW）
20°	300	10.41～23.24	0.172～0.365	23.24	10184	1.595	0.185
	500	13.34～31.40	0.61～1.78	31.40	20639	4.059	0.726
	600	11.25～35.70	0.864～2.32	35.70	21485	7.775	1.224
	700	10.97～35.29	1.42～3.482	35.29	24865	11.808	2.366
	800	28.80～38.95	1.94～3.53	38.95	37260	7.563	2.00
	900	26.23～23.75	2.981～3.686	33.75	32357	14.113	3.686
25°	400	14.53～35.73	0.598～1.108	41.47	25376	3.584	0.598
	600	21.63～39.00	1.273～2.219	39.00	25916	9.311	1.672
	700	20.85～37.50	1.822～3.497	37.5	32965	8.321	1.992

注：叶轮直径1200mm，8叶片

准，调节和控制干燥介质的温度和相对湿度，使之与木材表面水分蒸发和内部水分扩散相适应，达到控制木材干燥速度和干燥质量的目的。

4.3.1 木材干燥基准

窑干基准就是规定对应于被干木料各不同含水率阶段的介质状态参数－温度和相对湿度的窑干操作程序表。由于窑内介质相对湿度通常是用干、湿球温度计测量的，因此，常见的干燥基准主要规定对应于各含水率阶段的介质干球温度和湿球温度，或干球温度和干、湿球温度差（或称湿球温度降）。有些比较完善的基准还列出对应的相对湿度及平衡含水率值，以便于分析比较，也便于在其他场合应用。

4.3.1.1 木材干燥基准的种类和内容

目前生产上使用的干燥基准有三大类：按含水率变化阶段操作的含水率干燥基准(其中包括按含水率阶段操作的波动式干燥基准、半波动式干燥基准)；按时间阶段操作的时间干燥基准；连续升温干燥基准。

1. 含水率基准

按含水率划分阶段的窑干基准，称为含水率基准，是应用最普遍的常规窑干基准。表4-20是我国的部颁窑干基准示例。中华人民共和国林业行业标准LY/T1068-92《锯材窑干工艺规程》设定有17组共41个窑干含水率基准，前7组共14个基准适用于针叶树锯材，见表4-21，基准的选用见表4-22。后10组共27个基准适用于阔叶树锯材，见表4-23，而表4-24为阔叶树锯材基准表的选用。

采用该系列基准时应注意以下问题：

(1) 凡是第一阶段的含水率为40%以上的基准，如锯材的实际初含水率高于80%，则基准第1、2阶段的含水率应分别改为50%以上和50%～30%；若锯材初含水率高于120%，基准第1、2、3阶段含水率应分别改为60%以上，60%～40%，40%～25%。

(2) 选用表中有＊号者，表示需要进行中间调湿处理。

(3) 若锯材的厚度不是选用表中规定的厚度，可采用相近厚度的基准，例如当材厚为20mm时，如对干燥质量要求较高时，可用材厚25mm的基准，若干燥质量要求不太高，可用材厚15mm的基准。锯材较薄的，干燥基准较硬，锯材较厚的，干燥基准较软。如被干锯材不是选用表中的树种，可初选材性相近的树种且偏软的基准试用，再根据试用结果进行修正，或另行制订。判别基准的软、硬程度，可比较相同含水率阶段的平衡含水率和温度水平，平衡含水率高和温度低者，干燥较缓慢，便是相对较软的基准，反之，便是相对较硬的基准。

(4) 对于风速1m/s以下的强制循环干燥窑及自然循环干燥窑，采用该系列基准时，干湿球温度差均应增加1℃。

(5) 干燥半干材时，可在相应含水率阶段干球温度的基础上，进行充分预热处理后，再缓慢地过渡到相应含水率的干燥阶段。过渡阶段的介质状态可取相应含水率阶段的干球温度，和比相应含水率低1阶段的干湿球温度差。过渡时间不小于12～24h，锯材较厚的，过渡时间应长一些。

(6) 没有喷蒸设备的干燥窑，应适当降低干球温度，以保证规定的干湿球温度差。

(7) 表列基准多数均以材堆进风侧的介质状态参数为准。若干、湿球温度计不是装在材堆进风侧，干燥基准必须根据具体情况进行修正。介质进出材堆的温度差一般为2～8℃，干湿球温度差将会降低1～4℃，与材堆宽度、气流速度大小和木材含水率高低等因素有关。若材堆较宽、气流速度较小，木材含水率较高，介质穿过材堆后的温度将有较大的下降，湿度将有较大的提高。

(8) 由于木材干燥性能的复杂性和干燥设备的多样性，对干燥工艺都有影响。因此，干燥基准不能生搬硬套。首次选用时，操作要多加小心，并注意总结经验加以修正。

波动式干燥基准——这种干燥基准不像其他基准那样随着木材含水率的降低而升高介质的温度、降低介质的湿度，它是利用木材的热湿传导性，在总的升温降湿趋势中，周期地用高温高湿（超过基准正常阶段的温度、相对湿度）多次处理木材，使之热透，然后降低温度，促使木材内的水分由内部温度较高处向表面温度较低处移动。

半波动式干燥基准——在生产实践中，对于厚板或特厚板的阔叶材，当含水率在35%以上时常用含水率基准，当含

表4-20 4.8～6.7cm水曲柳含水率干燥基准（示例）

干燥阶段	干球温度（℃）	湿球温度（℃）	相对湿度（%）	干燥时间系数
40以上	65	61	82	
40～35	67	61	75	8
35～30	69	61	68	9
30～25	72	62	62	10
25～20	75	62	54	11
20～15	78	61	45	12
15～10	82	61	38	14
10以下	87	62	32	

表 4-21 针叶树锯材窑干基准表

1-1				1-2				1-3				2-1			
W	*T*	△*t*	*EMC*	*W*	*T*	△*t*	*EMC*	*W*	*T*	△*t*	*EMC*	*W*	*T*	△*t*	*EMC*
40 以上	80	4	12.8	40 以上	80	6	10.7	40 以上	80	8	9.3	40 以上	75	4	13.1
40～30	85	6	10.7	40～30	85	11	7.5	40～30	85	12	7.1	40～30	80	5	11.6
30～25	90	9	8.4	30～25	90	15	8.0	30～25	90	16	5.7	30～25	85	7	9.7
25～20	95	12	6.9	25～20	95	20	4.8	25～20	95	20	4.8	25～20	90	10	7.9
20～15	100	15	5.8	20～15	100	25	3.2	20～15	100	25	3.8	20～15	95	17	5.3
15 以下	110	25	3.7	15 以下	110	35	2.4	15 以下	110	35	2.4	15 以下	100	22	4.3
2-2				3-1				3-2				4-1			
W	*T*	△*t*	*EMC*	*W*	*T*	△*t*	*EMC*	*W*	*T*	△*t*	*EMC*	*W*	*T*	△*t*	*EMC*
40 以上	75	6	11.0	40 以上	70	3	14.7	40 以上	70	5	12.1	40 以上	65	3	15.0
40～30	80	7	9.9	40～30	72	4	13.3	40～30	72	6	11.1	40～30	67	4	13.5
30～25	85	9	8.5	30～25	75	6	11.0	30～25	75	8	9.5	30～25	70	6	11.1
25～20	90	12	7.0	25～20	80	10	8.2	25～20	80	12	7.2	25～20	75	8	9.5
20～15	95	17	5.3	20～15	85	15	6.1	20～15	85	17	5.5	20～15	80	14	6.5
15 以下	100	22	4.3	15 以下	95	25	3.8	15 以下	95	25	3.8	15 以下	90	25	3.8
4-2				5-1				5-2				6-1			
W	*T*	△*t*	*EMC*	*W*	*T*	△*t*	*EMC*	*W*	*T*	△*t*	*EMC*	*W*	*T*	△*t*	*EMC*
40 以上	65	5	12.3	40 以上	60	3	15.3	40 以上	60	5	12.5	40 以上	55	3	15.6
40～30	67	6	11.2	40～30	65	5	12.3	40～30	65	6	11.3	40～30	60	4	13.8
30～25	70	8	9.6	30～25	70	7	10.3	30～25	70	8	9.6	30～25	65	6	11.3
25～20	75	10	8.3	25～20	75	9	8.8	25～20	75	10	8.3	25～20	70	8	9.6
20～15	80	14	6.5	20～15	80	12	7.2	20～15	80	14	6.5	20～15	80	12	7.2
15 以下	90	25	3.8	15 以下	90	20	4.8	15 以下	90	20	4.8	15 以下	90	20	4.8
6-2				7-1											
W	*T*	△*t*	*EMC*	*W*	*T*	△*t*	*EMC*								
40 以上	55	4	14.0	40 以上	50	3	15.8								
40～30	60	5	12.5	40～30	55	4	14.0								
30～25	65	7	10.5	30～25	60	5	12.5								
25～20	70	9	9.0	25～20	65	7	10.5								
20～15	80	12	7.2	20～15	70	11	8.0								
15 以下	90	20	4.8	15 以下	80	20	4.9								

注：*W* 为木材含水率（%）；
T 为介质干球温度（℃）；
△*t* 为介质干、湿球温度差（℃）；
EMC 为表征介质状态的木材平衡含水率（%）

表 4-22 针叶树锯材基准表的选用

树 种	材厚（mm）				
	15	25，30	40，50	60	70，80
红松	1-3	1-3	1-2	1-2*	2-1*
马尾松、云南松	1-2	1-1	1-1	2-1*	
樟子松、红皮云杉、鱼鳞云杉	1-3	1-2	1-1	2-1*	2-1*
东陵冷杉、沙松、冷杉、杉木、柳杉	1-3	1-1	1-1	2-1	3-1
兴安落叶松、长白落叶松		3-1	4-1*	5-1*	
长苞铁杉		2-1	3-1*		
陆均松、竹叶松		6-1	7-1		

注：1. 初含水率高于 80% 的锯材，基准第 1、2 阶段含水率改为 50% 以上及 50%～30%；
2. 有 * 号者表示需进行中间调湿处理；
3. 其他厚度的锯材参照表列相近厚度的基准

表 4-23 阔叶树锯材窑干基准表

11-1				11-2				11-3				12-1			
W	*T*	△*t*	*EMC*	*W*	*T*	△*t*	*EMC*	*W*	*T*	△*t*	*EMC*	*W*	*T*	△*t*	*EMC*
60 以上	80	4	12.8	60 以上	80	5	11.6	60 以上	80	7	9.9	60 以上	70	4	13.3
60～40	85	6	10.5	60～40	85	7	9.7	60～40	85	8	9.1	60～40	72	5	12.1
40～30	90	9	8.4	40～30	90	10	7.9	40～30	90	11	7.4	40～30	75	8	9.5
30～20	95	13	6.5	30～20	95	14	6.4	30～20	95	16	5.6	30～20	80	12	7.2
20～15	100	20	4.7	20～15	100	20	4.7	20～15	100	22	4.4	20～15	85	16	5.8
15 以下	110	28	3.3	15 以下	110	28	3.3	15 以下	110	28	3.3	15 以下	95	20	4.8

12-2				12-3				13-1				13-2			
W	*T*	△*t*	*EMC*	*W*	*T*	△*t*	*EMC*	*W*	*T*	△*t*	*EMC*	*W*	*T*	△*t*	*EMC*
60 以上	70	5	12.1	60 以上	70	6	11.1	40 以上	65	3	15.0	40 以上	65	4	13.6
60～40	72	6	11.1	60～40	72	7	10.3	40～30	67	4	13.6	40～30	67	5	12.3
40～30	75	9	8.8	40～30	75	10	8.3	30～25	70	7	10.3	30～25	70	8	9.6
30～20	80	13	6.8	30～20	80	14	6.5	25～20	75	10	8.3	25～20	75	12	7.3
20～15	85	16	5.8	20～15	85	18	5.2	20～15	80	15	6.2	20～15	80	15	6.2
15 以下	95	20	4.8	15 以下	95	20	4.8	15 以下	90	20	4.8	15 以下	90	20	4.8

13-3				14-1				14-2				14-3			
W	*T*	△*t*	*EMC*	*W*	*T*	△*t*	*EMC*	*W*	*T*	△*t*	*EMC*	*W*	*T*	△*t*	*EMC*
40 以上	65	6	11.3	40 以上	60	3	15.3	40 以上	60	4	13.8	40 以上	60	6	11.4
40～30	67	7	10.5	40～30	62	4	13.8	40～30	62	5	12.5	40～30	62	7	10.6
30～25	70	9	8.8	30～25	65	7	10.5	30～25	65	8	9.8	30～25	65	9	9.1
25～20	75	12	7.3	25～20	70	10	8.5	25～20	70	12	7.5	25～20	70	12	7.5
20～15	80	15	6.2	20～15	75	15	6.3	20～15	75	15	6.3	20～15	65	15	6.3
15 以下	90	20	4.8	15 以下	85	20	4.9	15 以下	85	20	4.9	15 以下	75	20	4.9

15-1				15-2				15-3				16-1			
W	*T*	△*t*	*EMC*	*W*	*T*	△*t*	*EMC*	*W*	*T*	△*t*	*EMC*	*W*	*T*	△*t*	*EMC*
40 以上	55	3	15.6	40 以上	55	4	14.0	40 以上	55	6	11.5	40 以上	50	3	15.8
40～30	57	4	14.0	40～30	57	5	12.7	40～30	57	7	10.7	40～30	52	4	14.1
30～25	60	6	11.4	30～25	60	8	9.8	30～25	60	9	9.3	30～25	55	6	11.5
25～20	65	10	8.5	25～20	65	12	7.5	25～20	65	12	7.7	25～20	60	10	8.7
20～15	70	15	6.3	20～15	70	15	6.4	20～15	70	15	6.4	20～15	65	15	6.4
15 以下	80	20	4.9	15 以下	80	20	4.9	15 以下	80	20	4.9	15 以下	75	20	4.9

16-2				16-3				17-1				17-2			
W	*T*	△*t*	*EMC*	*W*	*T*	△*t*	*EMC*	*W*	*T*	△*t*	*EMC*	*W*	*T*	△*t*	*EMC*
40 以上	50	4	14.1	40 以上	50	5	12.7	40 以上	45	2	18.2	40 以上	45	3	15.9
40～30	52	5	12.7	40～30	52	6	11.5	40～30	47	3	15.9	40～30	47	4	12.6
30～25	55	7	10.7	30～25	55	9	9.3	30～25	50	5	12.7	30～25	50	6	10.7
25～20	60	10	8.7	25～20	60	12	7.7	25～20	55	9	9.3	25～20	55	10	8.7
20～15	65	15	6.4	20～15	65	15	6.4	20～15	60	15	6.4	20～15	60	15	6.4
15 以下	75	20	4.9	15 以下	75	20	4.9	15 以下	70	20	4.9	15 以下	70	20	4.9

17-4				18-1				18-2				18-3			
W	*T*	△*t*	*EMC*	*W*	*T*	△*t*	*EMC*	*W*	*T*	△*t*	*EMC*	*W*	*T*	△*t*	*EMC*
40 以上	45	7	10.6	40 以上	40	2	18.1	40 以上	40	3	16.0	40 以上	40	4	14.0
40～30	47	9	9.1	40～30	42	3	16.0	40～30	42	4	14.0	40～30	42	6	11.2
30～25	50	13	7.0	30～25	45	5	12.6	30～25	45	6	11.4	30～25	45	8	9.7
25～20	55	18	5.2	25～20	50	8	9.8	25～20	50	9	9.2	25～20	50	10	8.6
20～15	60	24	3.7	20～15	55	12	7.6	20～15	55	12	7.6	20～15	55	12	7.6
15 以下	70	30	2.7	15～12	60	15	6.4	15～12	60	15	6.4	15～12	60	15	6.4
				12 以下	70	20	4.9	12 以下	70	20	4.9	12 以下	70	20	4.9

表4-23（续）

19-1				20-1			
W	*T*	△*t*	*EMC*	*W*	*T*	△*t*	*EMC*
40以上	35	2	18.0	60以上	35	6	11.0
40～30	37	3	15.8	60～40	35	8	9.2
30～25	40	5	12.4	40～20	35	10	7.2
25～20	45	8	9.7	20～15	40	15	5.3
20～15	50	12	7.8	15以下	50	20	2.5
15～12	55	15	6.3				
12以下	60	20	4.8				

注：*W*为木材含水率（%）；
*T*为介质干球温度（℃）；
△*t*为介质干、湿球温度差（℃）；
*EMC*为表征介质状态的木材平衡含水率（%）

水率降低到35%～25%以下时，采用波动式基准。这种基准表叫做半波动式干燥基准，生产中这样做是因为在木材干燥的前期，由于含水率在纤维饱和点以上，使用木材的含水率作为水分移动的动力是安全的，而且可以加快干燥速度。当含水率降低到35%～25%或以下时，对阔叶树材的厚板或特厚板，容易发生严重的表面硬化，木材中间的水分很难移动到表面，这时采用半波动基准，借助于温度梯度，促进木材中间的水分向外表移动。表4-25是半波动式干燥基准的示例。

2. 时间基准

按时间来划分干燥阶段的干燥基准，称为时间基准。可以按自然时间，例如每8h，或12h，或24h甚至更长的时间为一阶段。也可按干燥时间的比例系数来划分，例如，规定各干燥时间的比例，再由全干燥过程的总干燥时间来确定各干燥阶段的具体时间。时间基准是在含水率基准的基础上总结出来的。即对于某种特定的干燥设备，当干燥同一树种同一规格的锯材，采取含水率基准干燥已取得丰富的经验，操作者对各个含水率阶段分别干燥多少时间已心中有数，只要干燥窑性能稳定、控制可靠，只根据时间来掌握，不需要测定木材在窑干过程中的含水率变化，同样可获得满意的干燥结果，从而将含水率基准演变成时间基准。用时间基准，窑

表4-24 阔叶树锯材基准表的选用

树种	材厚（mm）				
	15	25,30	40,50	60	70,80
椴　木	11-3	12-3	13-3	14-3*	
沙兰杨	11-3	12-3(11-2)	12-3		
石梓、木莲	11-2	12-2(11-2)	13-2		
白桦、枫桦	13-3	13-2	14-2*		
水曲柳	13-3	13-2*	13-1*	14-1*	15-1*
黄波罗	13-3	13-2	13-1	14-1*	
柞　木	13-2	14-2*	14-1	15-1*	
核桃楸	13-3	13-2*	14-2*	15-1*	
色木、白牛槭		13-2*	14-2*	15-1*	
甜锥、荷木、灰木、枫香、拟赤杨、桂樟		14-1*	15-1*		
樟叶槭、光皮桦、野柿、金叶白兰、天目紫茎		14-1*	15-1*		
樟木、苦楝、毛丹、油丹		14-2*	15-1*		
野　漆		14-2	15-2*		
橡胶木		14-2	15-2	16-2*	
水青冈、厚皮香、英国梧桐		16-1*	17-2*		
马蹄荷		17-1*			
米老排		18-1*			
麻栎、白青冈、红青冈		18-1*			
高山栎		18-1*			
裂叶榆、春榆	14-3	15-3*	16-2*		
毛白杨、山杨	14-3	16-3	17-3		
毛泡桐	17-4	17-4	17-4		
兰考泡桐	20-1	20-1	20-1		

注：1. 选用13号至18号基准时，初含水率高于80%的锯材，基准第1、2阶段含水率分别改为50%以上和50%～30%；初含水率高于120%的锯材，基准第1、2、3阶段含水率分别改为60%以上，60%～40%，40%～25%；
2. 有*号者表示需进行中间处理；
3. 其他厚度的锯材参照表列相近厚度的基准；
4. 毛泡桐、兰考泡桐窑干前冷水浸泡10～15d，气干5～7d。不进行调湿处理

表 4-25 半波动式干燥基准示例（厚 6.8～7.7cm 桦木、色木、水曲柳）

干燥阶段		干球温度（℃）	湿球温度（℃）	相对湿度（%）	干燥时间系数
50 以上		65	61	82	
50-45		67	61	75	8
45-40		69	61	68	9
40-35		72	62	62	10
35-30		75	62	54	11
30-25		78	61	45	12
	周期	干球温度（℃）	湿球温度（℃）	相对湿度（%）	延续时间（h）
	升温	85	81	85	16
25-20	冷却	60	47	48	20
	常温	78	67	60	60
	升温	87	82	83	18
20-15	冷却	60	44	39	20
	常温	78	65	55	60
	升温	90	83	76	18
15-10	冷却	65	47	37	24
	常温	80	62	38	60
	升温	90	83	76	18
10 以下	冷却	65	47	37	24
	常温	83	62	38	60
终了		90	85	82	16

表 4-26 4.7cm 以下水曲柳时间系数干燥基准（示例）

干燥阶段	干球温度（℃）	湿球温度（℃）	相对湿度（%）	干燥时间系数
1	68	63	79	30
2	75	66	66	20
3	82	67	51	20
4	90	69	41	30

内无须放置含水率检验板，窑干过程中不测量木材的含水率变化。在一些树种和规格比较单一的老企业中，时间基准的应用也是比较普遍。只要操作人员经验丰富，干燥窑性能稳定，尤其是干燥易干树种，或对干燥质量要求不太高时，采用时间基准是可行的。表 4-26 为时间干燥基准的示例。

3. 连续升温和连续变化工艺

工艺要点是干球温度从接近于环境实际温度开始，在干燥过程中等速上升（上升的速率取决于树种、锯材厚皮和干燥质重要求等），无须控制相对湿度，但要求介质以层流状态通过材堆（气流速度为 0.5～lm/s）。这种工艺的原理是：

(1) 干球温度等速上升，使窑内空气（干燥介质）与木材表面之间保持明显的温度梯度，从而确保介质源源不断地供给木材蒸发水分所需的热量，并尽量使热量消耗于蒸发水分而不是提高木材本身的温度。

(2) 介质以层流状态通过材堆，使木材表面具有饱和程度较高的气流稳定层，因此，无须控制相对湿度，就能维持木材表面相对湿度较高的状态。

4.3.1.2 干燥基准的制订

对于新建的干燥窑，或当要干燥新树种、新材种时，都需要制订窑干基准。首先可由表 4-22 至表 4-25 中选用。若不能选到合适的基准，可参照以下办法制订。拟定试验基准时要注意以下原则。

(1) 前期阶段干燥温度应偏低，湿度应偏高，尤其是对那些容易发生表面裂纹的木材（如栎木等硬阔叶树材），开始时应避免高温。在含水率未降至 2/3 以前，不可使湿度急剧下降。

(2) 当含水率降至2/3左右时，表面张应力一般可达到最大值。这时，如果木材没有发生表裂，随着纤维饱和点“湿线”的内移，表面张应力开始逐渐递减。因此，这时可适当提高温度、降低湿度而不会影响木材干燥质量。

(3) 当平均含水率降到 35%～25% 附近时，木材内应力处于暂时平衡的相对稳定阶段，提高温度和降低湿度的幅度可大一些，这时一般不会发生开裂。但随后要注意解除表面硬化（通过中间调湿处理）。

(4) 当平均含水率降到 25%～20% 以下时，如果表面硬化已解除，可以较大幅度地提高干燥温度和降低湿度。对于不容易发生内裂的树种，如针叶材和软阔叶材，后期可用较硬的干燥条件，并以提高温度为主。但对容易发生内裂的树种，如栎木、水曲柳等，后期温度不能太高，主要以降低湿度来提高基准的硬度。

4.3.2 窑干木材的选择和堆垛

4.3.2.1 选材

不同树种和厚度的锯材应分别干燥，木材数量不足一窑时，允许将干燥特性且初含水率相近的树种同窑干燥。初含水率不同的锯材应分别干燥。除易表裂的树种（如落叶松等）外，应创造条件实行气干预干。不同材长的锯材应合理搭配，使材堆总长与窑长一致。

4.3.2.2 装堆方式与材堆尺寸

装堆方式主要有两种，一种是材堆内部既留水平气道，又留竖直气道，即用隔条将每一层板隔开，留出水平气道，同时在每一层板中，每块板之间保留一定的侧向间隔，留出竖直气道。这种装堆方式适用于自然循环窑干和气干，空气干燥介质可借材堆内外温差造成的密度变化，形成“小气候”的自然对流循环，流动穿过材堆中的竖直气道和水平气道。另一种装堆方式是留水平气道，不留竖直气道。即每一块板相互紧靠，只由隔条将每一层板相互隔开，留出水平横向气道。这种装堆方式适用于各种强制循环干燥。即干燥介质在通风装置的驱动下，以一定的气流速度从材堆的一侧进入穿过材堆中的水平气道，与每块锯材的上、下板面进行充分热湿交换，即进行对流干燥。

材堆的尺寸大小是根据干燥窑的型号规格决定的，是在设计干燥窑时就确定下来的技术参数之一。装堆时一定要符合干燥窑的这一具体要求。对于轨车式窑，材堆的宽度与材车等宽，长度与材车等长，若材车较短的，也可两部车连接起来装垛较长木料的材堆。

单线车（只有纵向车轮梁，没有横梁的两轮车）装堆时需要配用方木（100mm × 100mm）做横梁，横梁的长度即为材堆宽度，须确保材堆侧边与门框柱的距离为100mm。材堆的高度也由门框决定，应使堆顶距离门框梁也为100mm。若材堆不太高，可以将锯材直接装在材车上，如材堆较高，则可先将锯材装在专用的垫板上，将材堆分成2～3叠单元小堆然后再用叉车叠装在材车上。后一种装堆方法装、卸速度快，劳动强度低，而且安全，并不受场地限制，灵活机动，在现代木材干燥作业中应用越来越多。对于叉车装窑式窑，不用轨车，将被干木料在垫板上装成单元小材堆后，直接将材堆装入窑内。叉车装窑式窑的材堆横向装窑，干燥窑的内部宽度即为大材堆的总长度，而窑的纵深方向上“假天棚”下方部分，即假天棚的宽度，便是大材堆的总宽度。堆顶至假天棚的距离为200mm。通常单元小堆的尺寸是长2m或3m，宽1.2m或1.5m，高1.2m或1.5m。窑内宽度方向通常装2～4节，纵深方向装3～4列，高度方向装3叠。采用单元小材堆的叉车装窑式窑适用于锯材长度一致的整边板，若锯材长度不一致，最好采用轨车式窑，以便装成材堆两端齐平的尺寸较大的材堆。

被干木料靠与其垂直放置的隔条装垛成材堆。隔条的作用是：①将每层锯材隔开，留出水平气道；②使材堆在宽度方向上稳定；③使材堆中的各层锯材互相挟持，以防止或减轻木材翘曲变形。隔条的长度等于材堆的宽度。隔条的厚度，对于强制循环窑，取25mm，对于自然循环窑或用于气干，当锯材板宽在200mm以内时，隔条厚度可为25mm，若板宽超过200mm，隔条厚度应为40mm。隔条的宽度可为25mm或40mm。若被干木料的宽度不超过50mm时，也可用被干木料作隔条。

隔条在材堆中的间距，与树种及锯材的厚度有关，阔叶材一般为板厚的15～18倍左右，针叶材为板厚的20～22倍左右，宜小不宜大。若隔条间距太大，锯材未被挟持部分太长将容易变形。但在实际操作中，隔条的间距常常与小车的横梁保持一致。因材车的横梁间距通常是以最小厚度的被干木料作为设计依据的，一般为400～500mm。若材车横梁间距太大，应加放方木横梁。对于窑干来说，锯材是装成材堆进行干燥的，木料在材堆中层层受压。在窑内温、湿度的作用下，会使木材的塑性提高。因此，在均匀受压的情况下，具有塑性性质的木材发生各向异性收缩时便不可能自由变形，而是保持受压时的形状并发生塑性变形而固定下来。因此，窑干材是否翘曲变形，主要取决于装堆的好坏。

装堆时应注意以下事项：①同窑被干木料应为同一树种或材性相近的树种，并厚度相同，初含水率基本一致。如不得不混装时，干燥工艺应以难干的树种，或较厚的锯材，或含水率较高的为准；②当锯材厚度有明显偏差时，应确保同一层板，尤其是相毗邻的锯材厚度必须严格一致，以确保每块板都能被隔条压住；③隔条应上下对齐，并落在材车横梁上，或垫板的方木支承上，材堆两端的隔条应向端头靠齐；隔条两端不应伸出材堆之外；④材堆端头应齐平，两侧不伸出材车或垫板边缘，并不歪不斜，成一正六面体。若木料较短，相邻板应彼此向两端靠齐，将空档留在堆内；⑤装堆时还要考虑含水率的检测，如采用窑用含水率测定仪或用电测含水率法的自动控制时，应在窑内至少布置3个以上的含水率测量点，即先选3块含水率检验板，分别装好电极探针和引出导线后，按编号将检验板装入材堆中设定的位置。若是通过检验窗放取含水率检验板的手动操作，装堆时应在对着检验窗的位置，预留放取检验板的孔洞，即将该位置上的一层隔条断开两块板的距离，在该宽度上少放两层板，作为放置含水率检验板和应力检验板的位置；⑥装好材堆后，应在堆顶加压重物或压紧装置，防止堆顶的锯材翘曲变形。可用钢筋混凝土做成断面尺寸为100mm × 100mm，长度为隔条同长或为其一半或1/3，并带有提手筋的专用压块，压在堆顶对着隔条的位置。如无压顶，最上面的2～3层应堆放质量较差的木料。

4.3.3 木材含水率的测定

含水率检验板是用于观察、测定干燥过程中木材含水率变化情况的。由于它的长度比被干材短，为使检验尽量接近所代表的木材的实际情况，生产上把检验的两个端头，清除干净后，涂上高温沥青、白蜡、铅油等不透水的涂料，防止从端头蒸发水分。

经过处理后的检验板，用天平或普通台秤称出其最初质量，然后放在材堆中预先留好的位置，使含水率检验板与被干木材经受同样的干燥条件，如放置几块检验板，应分别放在干燥窑内干燥最快、适中和缓慢位置处；如放置一块检验板，应放在干燥速度适中的位置，以提高其代表性，这样，干燥过程中木材含水率的变化情况就可以通过测定含水率检验板的含水率变化情况来了解 。

1. 木材初含水率的测定

锯取检验板时，在其两端各锯取厚度为10～12mm的含水率试片，清除附着的杂物，迅速、准确地分别在感应量1/100g的天平上称量并记录初重，用$G_{初}$代表。然后把试验片放在恒温烘箱中烘干，烘箱温度控制在（103 ± 2）℃，直至试验片烘到绝干状态（全干状态），再迅速、准确地称出质量并记录绝干质量，用$G_{干}$代表。根据下面公式计算木料的最初含水率。

$$W_{当}=\frac{G_{初}-G_{干}}{G_{干}}\times 100\%$$

上面计算出来的含水率，叫绝对含水率。为了更正确地反映检验板的最初含水率情况，一般是取两块试验片的含水率平均值。由于是抽样检验，就认为该含水率代表该批木材的初含水率。

2. **木材干燥过程中的含水率测定**

木材干燥过程的含水率可通过含水率检验板来测定。其方法如下：根据检验板已知的$W_{初}$和$G_{初}$，按下列公式算出检验板的全干质量，用$G_{干}$代表。

$$G_{干}=\frac{100\times G_{初}}{100+W_{初}}$$

推算出检验板全干质量的目的，是为了计算干燥过程任何时刻检验板的含水率。此含水率就是检验板当时的含水率。假设$W_{当}$为测定当时的检验板含水率，则当时含水率可用下面公式计算：

$$W_{当}=\left(\frac{G_{当}-G_{干}}{G_{干}}\right)\times 100\%$$

若要了解干燥过程中任何时刻被干木材的含水率情况，只须把含水率检验板从干燥窑中取出，迅速、准确地称其当时的质量$G_{当}$，把$G_{当}$的数值代入公式，就可称出检验板当时含水率$W_{当}$。$W_{当}$的数值可以认为大约代表被干木材当时的含水率。

4.3.4 木材窑干过程的实际操作

1. **干燥窑的启动程序**

(1) 关闭进、排气道；

(2) 启动风机，对有多台风机的可循环干燥窑，应逐台启动风机正转，不能数台风机同时启动，以免启动电流（是正常工作电流的4～6倍）叠加使电路过载；

(3) 打开疏水器旁通管的阀门，然后缓慢打开加热器阀门，使加热管路系统缓慢升温，并排出管系内的空气、积水和锈污，待旁通管有大量蒸气喷出时，再关闭旁通管阀门，打开疏水器阀门，使疏水器正常工作；

(4) 当窑内干球温度升到40～50℃时，须保温0.5h，使窑内壁和木材表面预热，然后再逐渐开大加热器阀门，并适当喷蒸，使干、湿球温度同时上升到预热处理要求的介质状态。处理结束后进入干燥阶段时，须打开进、排气道。然后按工艺要求进行操作。

2. **窑干操作及其注意事项**

(1) 干燥窑要求供汽表压力为0.4MPa，应尽量使供汽压力稳定。

(2) 干球温度由加热阀门调节，相对湿度或干湿球温度差由进、排气道和喷蒸管调节。即通过关闭进排气道或打开喷蒸管来提高湿度（降低干湿球温度差），降低温度也可提高湿度。反之，停喷蒸，开进排气或升温，则湿度降低。

(3) 要求基准的控制精度为：干球温度不超过±2℃，干湿球温度差不超过±1℃。

(4) 为使介质状态控制稳定，并减少热重损失，操作时应注意加热、喷蒸、进排气三种执行器互锁。即在干燥阶段，加热时不喷蒸；喷蒸时不加热，喷蒸时进排气道必须关闭，进排气道开着时不喷蒸。

(5) 应尽量减少喷蒸，充分利用木材中蒸发的水分来提高窑内相对湿度。当干湿球温度差大于基准设定值1℃时，就应关闭进排气道，大于2℃时再进行喷蒸，若大于3℃，除采取上述措施外，还应在停止加热的同时打开疏水器旁通阀，排净加热器内的余汽，用紧急降温的办法来提高相对湿度（降低干湿球温度差）。

(6) 如果干、湿球温度一时难以达到基准要求的数值，应首先控制干球温度不超过基准要求的误差范围，然后再调节干湿球温度差在要求的范围内。

(7) 注意风机运行情况，如发现声音异常或有撞击声时，应立即停机检查，排除故障后再工作。如电流表读数偏离正常值太大时也应检查原因。工作电压若超出380V ± 10%范围，也应暂停工作，以保护电机。

(8) 注意每4h改变一次风向，先“总停”3min以上让风机完全停定后，再逐台反向启动风机。风机改变风向后，温、湿度采样应跟着改变，即始终以材堆进风侧的温、湿度作为执行干燥基准的依据，老窑内只装一对温湿度计，应注意改变风向后引起的温、湿度读数的变化，在执行基准时注意修正。因为气流穿过材堆后，干球温度一般会降低2～8℃，干湿球温度差会降低1～4℃，与材堆宽度、含水率高低和气流速度的大小有关。

(9) 如遇中途停电或因故停机，应立即停止加热或喷蒸，并关闭进排气道，防止木材损伤降等。

(10) 若在供汽压力正常的情况下，操作也正常，但却升温、控温不正常，这有可能是疏水器工作不正常所致。若疏水器的排水量较小，可通过旁通阀辅助排水，或更换疏水器。如疏水器出故障，如疏水器后面的管段温度较低，可能是因疏水器堵塞，一般可通过清除过滤网的污垢或内部污垢即可恢复正常工作；如疏水器漏汽严重，则需修理或更换。

(11) 采用干湿球温度计的干燥窑，应注意保持湿球温度计水杯的水位，定时加水。

(12) 根据记录情况注意及时改变基准阶段和实施调湿处理。

(13) 对于自动控制干燥窑，除应正确设定输入参数外，还应注意经常检测各含水率测量点的读数，如出现异常读数（因电极探针与木材接触不良造成个别读数远低于其他测量点的读数），应立即将其取消，待以后检测如恢复正常时再重新输入。还要注意当出现报警时的应急处理。并注意监测控制装置和执行机构的正确运行。

(14) 对于半自动控制的干燥窑，应注意基准改变阶段时立即调整控温仪表的控温控湿范围。

在实施干燥过程之前，应做的最重要工作是检查设备，重点是检查窑体、加热系统、通风系统和测量仪表系统，以确保窑体密封，门能灵活开启，控制阀能灵活控制，加热器、喷蒸管和管道不堵塞，风机运转平稳以及测量仪表能准确测量。

当做好干燥设备检查、窑内装好待干木材、选择好干燥基准工作后，就可实施干燥过程了。木材干燥过程一般可分为四个阶段，即预热阶段、干燥阶段、终了阶段和冷却阶段。

4.3.4.1 预热阶段

木材进窑后不能立即干燥，而必须进行喷蒸处理，使木材在不蒸发水分的情况下进行预热，称之为初期处理或预热处理。

预热的目的如下：①让木材在不失水的条件下热透，使木材在下面的干燥阶段中形成表面温度低，内部温度高的温度梯度，使木材整体热透、温度均匀，促使木材内部水分重新分布，提高木材的可塑性，防止木材开裂。②消除木材在气干阶段已经形成的表面硬化和残余应力，减少干燥缺陷。

开始预热时，应把窑门排气口关紧，使窑内处于封闭状态。然后慢慢打开加热器和喷蒸阀门，同时打开疏水器的旁通管，排除存留在管路系统中的凝结水，经10min左右，再关闭旁通管。

刚锯开的生材，各层含水率均在纤维饱和点以上，木材内无应力，此时宜选用相对湿度为100%的介质预热。经短期气干的木材，外层含水率低于纤维饱和点，内层含水率高于纤维饱和点，应力呈外张内压状态，此时宜用相对湿度为100%介质预热。若木材的初含水率接近纤维饱和点时，选定的相对湿度可大于96%，允许木材表面少量的吸湿，以降低木材表面的含水率梯度，恢复塑性变形能力，改善木材中已存在的应力状态。

温度：应略高于基准开始阶段温度。硬阔叶树材可高出5℃，软阔叶树材及厚度60mm以上的针叶树材可高出8℃。

湿度：新锯材，干湿球温度差为0.5～1.0℃，经过气干的木材，干湿球温度差以使窑内木材平衡含水率略大于气干时的木材平衡含水率为准。

处理时间：应以木材中心温度不低于规定的介质温度3℃为准，也可按下列规定估算：

针叶树材及阔叶树材夏季材厚每1cm约1h；冬季木材初始温度低于−5℃时，增加20%～30%。硬阔叶树材及落叶松，按上述时间增加工20%～30%。

预热处理后，应使温度逐渐降低到相应阶段基准规定值。

经较长时刻气干的木材，各层含水率均低于纤维饱和点，应力呈暂时平衡状态，宜用相对湿度100%并和木材含水率相平衡的介质预热，表层有限度的吸湿。

经长期气干的木材，各层含水率均低于纤维饱和点，应力呈外压内张状态，此时如使表层吸湿，则会加剧内层所受张应力，因此宜用相对湿度与木材表层含水率相平衡的介质预热，尽量不使表层吸湿。

预热阶段又由升温和维持两个阶段组成，升温阶段应紧闭进气，起初只开加热器，待窑温升至约35℃时可同时开喷蒸管和加热器使湿球尽可能接近干球温度，如二者相差较大，可适当关小加热器阀门。加热升温阶段只要能使湿球温度十分接近或等于干球温度，升温速度可不受限制。维持阶段进排气门仍要始终紧闭，反复调节喷蒸管和加热管，使干球温度和湿球温度维持在要求的水平。

预热阶段所消耗的蒸气量和热量是干燥阶段的1.5～2倍，因此需注意，当有几个干燥窑时，应尽量相互错开，不要同时进行预热。

从开始预热时，就应开动风机，直至干燥结束。如系可逆循环，风机应定时反转。因为反转能使木材预热均匀，也能提高干燥阶段木材干燥的均匀性。

4.3.4.2 干燥阶段

预热阶段结束后，关闭喷蒸管，使干湿球温度缓缓降至干燥基准第一阶段所要求的温度。

在干燥过程中，干燥窑内的温度和相对湿度应按干燥基准规定进行调节和控制，基准阶段转换时应缓慢过渡，不允许急剧升高温度和降低湿度。否则，会使木材表面水分强烈蒸发，产生木材开裂等干燥缺陷。

干燥过程中，对表层残余伸张应力显著的锯材应进行中间处理，防止后期发生内裂或断面凹陷。

温度：高于该干燥阶段温度8～10℃，但最高温度不超过100℃。

湿度：按窑内木材平衡含水率比该阶段基准规定值高5%～6%确定。

处理时间：参照表4-27。

处理后，温、湿度逐渐降低至干燥阶段基准规定值。

干燥窑内温度调节误差不得超过±2℃，相对湿度调节误差不得超过±5%。

在调节和控制干燥窑内的温度和相对湿度时，要适时适量地开启和关闭进气道和排气道。

操作时，不适量地使用进、排气道，既浪费热量，又使工艺过程偏离干燥基准，故在任何情况下，都不允许敞开进、排气道，而打开喷蒸管的阀门，向干燥窑内喷蒸。干燥过程中，如不需要进行中间处理，喷蒸管应始终关闭。只需要调节加热器和开关排气门可满足基准所要求的干球温度和湿球温度。当基准由一个含水率阶段向另一个含水率阶段转变时，同样应缓慢进行，任何时候都应避免干、湿球温度的大起大落。

干燥过程中，应定时通过含水率检验板测定木材含水率的变化情况。测定时，将检验板从材堆中取出，称重后再放回材堆中干燥。由所称质量和入窑前推算出的全干重即可算出检验板当时的含水率。此时认为是整窑的木材含水率。

对难干材或厚板，当干燥到木材纤维饱和点阶段，木材内产生的应力和应变会很大，此时应暂时停止执行干燥基准，对木材进行喷蒸处理，也即中间处理。在干燥过程中所进行的处理可统称为中间处理。中间处理的根本目的是及时消除木材的表面硬化及在木材内部形成的过大的含水量梯度及内应力，减少干燥缺陷，加速干燥过程。

中间处理次数依具体情况而定，处理时介质的状态是：温度略高于干燥基准上相应含水率阶段规定温度或相当，相对湿度应和木材当时含水率相平衡，这既能防止木材处理时蒸发水分，也能防止干燥到这种程度的木材过分吸湿回潮。

中间处理的主要参数是介质的温湿度和处理时间，它们根据被干材的树种、规格和干燥阶段而不同，根据干燥阶段可将中间处理分为三个时期。

1. **前期的中间处理**

一般将木材含水率为35%以上的阶段称为干燥前期。此时木材含水率状态相当于短期气干的木材。中间处理的主要目的是解除木材的表面硬化，消除表面张力，防止表面开裂。由于木材很湿，水分蒸发能力很强，所以必须用高湿使木材表面水分尽量不蒸发，因此宜用相对湿度为100%的湿度处理，处理温度不必太高，一般比处理前的干燥阶段高5～8℃即可，喷汽和维持时间也不必过长，根据经验，一般仍以板材厚度每1cm喷汽和维持时间总共2h计算。

2. **中期的中间处理**

一般将木材含水率为25%左右的阶段称为干燥中期。这时的木材分层含水率和应力状态与经过较长时期气干、应力暂时平衡的木材相近。此时木材已有湿心，处理的温度要求高一些，一般比处理前干燥阶段的温度高8～10℃，介质状态应和木材含水率相平衡，相对湿度不宜过大，可取95%左右。由于此时表面硬化层较厚，所以处理时间应适当加长。

3. **后期的中间处理**

一般将木材含水率为20%以下的阶段称为干燥后期。此时木材的分层含水率状况和应力状态与前述经过长期气干且已越过应力暂时平衡阶段的木材相似。如不及时处理，可能发展到内部开裂的严重程度。处理的温度一般比处理前干燥阶段的温度高10℃。由于此时木材表层含水率已很低，为避免表层过分吸湿，所以介质的相对温度不能太高，一般为90%～95%即可，处理时间应有更大增加。

中间处理的过程是先喷蒸气升温升湿，达到要求后保持高温高湿一段时间，然后降温降湿恢复原来干燥阶段的温湿度继续进行干燥。也就是喷蒸、维持、冷却三个阶段。

在中间处理过程前后，要用应力检验板检验应力状态。处理前检验的目的是为了确定处理时所用介质的状态和所需处理时间；处理后检验的目的是判断处理效果。

严格地说，终了处理可分为两个阶段，一是终了平衡处理阶段，另一是终了调湿处理阶段。由于被干木材的初含水率不尽相同，干燥窑内各处的干燥速度不同，以及心边材的差别，都会引起整批被干木材含水率不均匀。通过终了平衡处理，可以消除这种干燥不均匀现象。木材在干燥过程中，会产生残余应力，同时木材厚度上也存在含水率偏差，通过终了调湿处理，可消除或减轻残余应力和木材厚度上的含水率偏差。

平衡处理应从窑内最干检验板的含水率比要求终了含水率低2%时开始，处理时介质的温度与干燥最后阶段的温度相当；湿度与最干木材的含水率相平衡，处理到最湿木材的含水率达到要求的终含水率为止。

平衡处理后紧接着进行调湿处理。处理时介质温度与干燥最后阶段的温度相当；湿度视木材的种类而定，如为针叶材，则应与比终含水率高3%的含水率相平衡。处理时间应根据木材厚度而定，一般说来，每厚1cm，处理2h左右；如为阔叶材，则应与比终含水率高4%的含水率相平衡，每厚1cm处理3～4h。当然还应视被干木材的最终用途而定，用途较重要的木材，处理时间可略长些，否则时间可短些（表4-27）。

4.3.4.3 冷却阶段

终了处理结束后即木材干燥结束。但此时木材还不能出窑，因为此时木材温度很高，和窑外温度相差很大，如立即出窑会引起木材炸裂。因此干燥过程结束以后，应关闭加热器和喷蒸管的阀门，让风机继续运转，进、排气道呈微开状态，以加速木材冷却。冬季待木材冷却到30℃左右，夏季待到木材冷却到60℃左右才能出窑。

4.3.4.4 应力的检验

含水率应力及残余应力之和等于全应力。在干燥过程中，应力的发展会使木材发生不同程度的干缩，结果会影响木材质量（开裂、翘曲等），应力的大小和方向可根据刚刚锯制的应力试验片的齿形变化来分析。

在干燥刚开始阶段，因木材内外层含水率均很高，木

表4-27 终了调湿处理时间（h）

树 种	材厚（mm）			
	25、30	40、50	60	70、80
红松、樟子松、马尾松、云南松、云杉、冷杉、杉木、柳杉、铁杉、陆均松、竹叶松、毛白杨、山杨、沙兰杨、椴木、石梓、木莲	2	3～6	6～9*	10～15*
拟赤杨、白桦、枫桦、橡胶木、黄波罗、枫香、白兰、野漆、毛丹、油丹、檫木、苦楝、米老排、马蹄荷	3	6～12*	12～18*	
落叶松	3	8～15*	15～20*	
水曲柳、核桃楸、色木、白牛槭、樟叶槭、老皮桦、甜锥、荷木、灰木、挂樟、紫茎、野柿、裂叶榆、春榆、水青冈、厚皮香、英国梧桐、柞木	6*	10～15*	15～25	25～40*
白青冈、红青冈、稠木、高山栎、麻栎	8*			

注：1. 表列值为一、二级干燥质量锯材的处理时间，三级干燥质量锯材处理时间为表列值的1/2；
2. * 号者表示需要进行中间调湿处理，中间调湿处理时间为表列值的1/3

材的外层还未产生收缩，木材内无应力存在；干燥终了时，若前面干燥过程操作合理，则木材内水分分布均匀，存在的应力就很小而不足以使试验片齿形发生弯曲，试验片齿形保持不变。

木材干燥时，表层的水分最先蒸发，外层含水率较内层先降到纤维饱和点以下，外层的木材先收缩。随着含水率梯度的增加，木材收缩产生的应力就更大，木材外层受内层的拉伸作用而产生拉应力，内层受到外层的压缩作用而产生压应力，此时应力齿形向外弯曲。这种情况一般发生在干燥的初期阶段。应力很大时，木材会产生外裂和翘曲。

当木材内外层含水率均降到纤维饱和点以下时，因外层木材长期处于受拉状态，失去了部分塑性变形的能力，而内层木材发生干缩，此时，木材内应力分布正好与第二种情况相反，齿形向内弯曲。这种情况一般发生在干燥后期。应力很大时，木材内会产生内裂。

4.3.5 干燥质量及缺陷防止方法

4.3.5.1 干燥质量的检验

木材出窑后，应按中华人民共和国锯材干燥质量国家标准GB6491-1999的有关规定进行干燥质量检验。该标准根据我国具体情报况对窑干材进行了干燥质量分级，适用于仪器、模型、乐器、航空、纺织、家具、车辆、船舶、建筑、鞋楦、钟表壳、包装箱、文体用品及其他用途的干燥锯材。

干燥锯材含水率即锯材经过干燥后的最终含水率，按用途和地区考虑确定。以用途为主，地区为辅。干燥锯材含水率按用途确定，见表4-28。干燥锯材含水率按地区确定，应比使用地区或处所的木材平衡含水率低2%～3%。该值可作为确定干燥锯材含水率的依据。

干燥锯材的干燥质量规定为四个等级：

一级——指获得一级干燥质量指标的锯材，基本保持锯材固有的力学强度。适用于仪器、模型、乐器、航空、纺织、精密机械制造、鞋楦、钟表壳等生产。

二级——指获得二级干燥质量指标的干燥锯材，允许部分力学强度有所降低（抗剪强度及冲击韧性降低不超过5%）。适用于家具、建筑门窗、车辆、船舶、农业机械、军工、文体用品等生产。

三级——指获得三级干燥质量的干燥锯材，允许力学强度有一定程度的降低，适用于室外建筑用料、普通包装箱等生产。

四级——指气干或室干至运输含水率（20%）的锯材，完全保持木材的力学强度和天然色泽。适用于远道运输锯材，出口锯材等。

含水率及应力质量指标见表4-29。

干燥锯材的干燥质量指标见表4-30。

干燥锯材的干燥质量指标，包括平均最终含水率（$\overline{W}_z$）、干燥均匀度（即木堆内不同部位木材的含水率偏差）、锯材厚度上的含水率偏差（$\triangle W_h$）、应力和可见干燥缺陷(弯曲、干裂、皱缩、炭化、变色等)。

测定每批干燥锯材的平均最终含水率及其偏差、厚度上的含水率偏差及应力等干燥质量指标，对于材种规格、干燥设备及干燥工艺等条件基本固定并掌握了干燥规律等情况，采用5块含水率试验板。对于新材种规格、新建干燥设备、探索新的工艺，检查对比或科研试验等情况，采用9块含水率试验板进行1～3次检验测定。

含水率试验板由被干锯材选取，于两端锯制两块最初含水率试片，用以测定试验板的最初含水率。含水率试验板干燥后，锯制最终含水率试片、分层含水率试片及应力试片。

含水率试验片的平均最终含水率（$\overline{W}_Z$）及其标准差（σ）用下式和计算：

$$\overline{W}_Z = \frac{\sum W_{zi}}{n}$$

$$\sigma = \sqrt{\frac{\sum_{i=1}^{n}(W_{zi} - \overline{W}_z)^2}{n-1}}$$

式中：W_{zi}——每块试片最终含水率，%

n——试片数量

干燥锯材厚度上的含水率偏差（$\triangle W_h$）按下式计算：

$$W_h = W_s - W_b$$

式中：W_s 及 W_b——心层及表层含水率，%

干燥锯材的应力指标（Y）按下式计算：

$$Y(\%) = \frac{S - S_1}{2L} \times 100$$

式中：S 及 S_1——应力试片在锯解前及含水率平衡后的齿宽

L——齿的长度

4.3.5.2 干燥缺陷产生的原因和纠正方法（表 4-31）

表 4-28 我国不同用途的干燥锯材含水率

单位：%

锯材用途	平均	范围	锯材用途	平均	范围
飞机内饰	7	5~10	木材精密仪器盒	7	5~10
农业机械零件	11	9~14	客车内饰	10	8~13
农　具	11	9~15	货　车	12	10~15
枪托用材	8	6~12	客　车	10	8~13
箱　壁	11	9~14	框架滑枕	14	11~18
船　舶	11	9~15	普通包装箱	14	11~18
乐器包装箱	10	9~11	胶拼部件	8	6~11
文　具	7	5~10	玩　具	8	6~11
实木地板	10	8~13	体育用品	8	6~11
缝纫机台板车	9	7~12	运动场用具	10	8~13
建筑门窗	10	8~14	电气器具及机械装置	6	5~10
室外建筑用料	14	12-17	铅笔板	6	3~9
采暖室内用料	7	5-10	鞋　楦	6	4~9
机械制造用料	7	5~10	火　柴	10	8~13
木　桶	6	5~8	梭　子	7	5~10
电缆盘	14	12~18	纱　管	8	6~11
铺装道路用木料	20	18~30	织机木构件	10	8~13
远道运送锯材	20	16~22	乐　器	7	5~10
钟表壳	7	5~10			

表 4-29 含水率及应力质量指标

干燥质量等级	平均最终含水率 $\overline{W_z}$(%)	干燥均匀 $\triangle W_z$(%)	均方差 σ(%)	厚度上含水率偏差 $\triangle W_h$(%) 锯材厚度(mm)				残余应力指示（叉齿相对变形）Y (%)	平衡处理
				20 以下	20~40	41~60	61~90		
一级	6~8	± 3	± 1.5	2.0	2.5	3.5	4.0	不超过 2.5	必须有
二级	8~12	± 4	± 2.0	2.5	3.5	4.5	5.0	不超过 3.5	必须有
三级	12~15	± 5	± 2.5	3.0	4.0	5.5	6.0	不检查	按技术要求
四级	20	+ 2.5 − 4.0	不检查	不检查				不检查	不要求

表 4-30 干燥缺陷质量指标

干燥质量等级	弯曲（%）								干裂		
	针叶树材				阔叶树材				纵裂（%）		内裂
	顺弯	横弯	翘弯	扭曲	顺弯	横弯	翘弯	扭曲	针叶树材	阔叶树材	
一级	1.0	0.3	1.0	1.0	1.0	0.5	2.0	1.0	2	4	不许有
二级	2.0	0.5	2.0	2.0	2.0	1.0	4.0	2.0	4	6	不许有
三级	3.0	2.0	5.0	3.0	3.0	2.0	6.0	3.0	6	10	不许有
四级	1.0	0.3	0.5	1.0	1.0	0.5	2.0	1.0	2	4	不许有

表 4-31 干裂产生的原因和预防纠正方法

缺陷名称		产生原因	预防、纠正方法
表面裂纹	外裂	1.多发生在干燥过程的初期阶段，基准太硬，水分蒸发过于强烈； 2.基准升级太快，操作不当。干燥室内温度和相对湿度波动大； 3.被干木材的内应力未及时消除或者中间处理不当； 4.平衡处理不当，被干木材有残余应力； 5.平衡处理后,被干木材在较热的情况下，卸出干燥窑； 6.干燥前原有的裂纹在干燥过程中扩大	1.选用较软基准，或者采用湿度较高的基准； 2.改进工艺操作，减小温度和相对湿度的波动； 3.及时进行正确的中间处理，消除内应力； 4.进行正确的平衡处理； 5.被干木材冷却至工艺要求后，卸出干燥窑； 6.作好预热处理
表面裂纹	端裂	1.基准较硬,木材水分蒸发强烈； 2.被干木材，顺纹理的端头蒸发水分强烈； 3.堆积不当，隔条离木材端头太远； 4.原有的端裂在干燥过程中扩大	1.选择较软的基准进行干燥； 2.被干木材端头涂上涂料； 3.正确堆积材堆； 4.材堆端部的二行隔条，一部分突出在材堆之外，以减弱端部气流的速度； 5.严格按照工艺操作
表面裂纹	径裂	这种缺陷发生在髓心板上，主要为弦向收缩和径向收缩的差异	对于大髓心板材，无论在气干还是在窑干过程中都会产生这种缺陷。而这种缺陷只能防止，主要是在锯材时，将髓心部分去除或者使髓心位于木材的表面，方可预防这种缺陷的产生
内部裂纹	蜂窝裂	1.发生这在干燥后期，当木材内部的拉伸应力超过了它的横纹抗拉强度，木材内部形成内裂； 2.基准太硬，干燥前期过快，表面塑化固定； 3.被干木材的材质构造，较易开裂	1. 做好被干木材的中间处理； 2.选择较软的基准，控制前期干燥速度。及时进行前期处理； 3.对于易产生内裂木材，采用较软的基准，干燥时加强检查，及时调节好温度和相对湿度
内部裂纹	弯曲	1.主要由于径向和弦向干缩不一致而产生，尤其是弦面板易发生弯曲； 2.被干木材的材堆，堆积不正确，隔条厚度不均匀，隔条上下位置不在同一条直线上； 3.被干木材厚度不均匀； 4.终含水率不均匀，有残余应力； 5.材堆上部弯曲	1.按堆装工艺要求，严格配置隔条； 2.使用厚度一致的隔条，按工艺要求堆积木材； 3.改进锯材，使被干木材厚度一致； 4.做好平衡处理； 5.在材堆上部加压重块
内部裂纹	翘曲	1.主要由于木材之间干缩不一致造成的板面扭翘不平； 2.干燥窑的温度、相对湿度波动大	1.在材堆上部，加压重块； 2.按基准操作，在干燥后可采用高温，高湿空气使木材的塑性变形能够恢复原形
内部裂纹	生霉	干燥窑温度低，相对湿度高，干燥介质循环速度缓慢	1.对已生霉的木材，可用在较高湿度的情况下，把空气加热到 60℃，并将木材热透若干小时，可以消除生霉现象； 2.加快介质循环速度
内部裂纹	皱缩	主要是木材受高温的作用，微毛细管排除水分后处于真空状态，在毛细管压力的作用下，细胞被压扁而造成	对于易产生皱缩的木材，一般采用低温缓慢的干燥。对已经发生皱缩的木材，可用 82～95℃的温度和 100% 的相对湿度进行长期（约一昼夜）喷蒸处理，使木材含水率重新湿润到纤维饱和点，然后进行低温干燥。 在被干木材含水率没有降到 30% 以前,不采用超过 70℃的温度干燥

表 4-31(续)

缺陷名称		产生原因	预防、纠正方法
干燥不均匀	沿木材长度方向	主要是因为加热系统,沿干燥窑长度方向对气流加热不均匀	检查加热管的安装坡度，排除加热管中的冷凝水和空气，检查疏水器是否失灵，回水管是否堵塞。使加热管能够正常工作
	沿木材宽度方向	主要是由于通过材堆的气流速度太慢	在强制循环干燥窑内，通过材堆内的气流速度应保持保持在 1m/s 以上。 对于干燥较慢的木材，可适当地堆积稀疏些或者增加隔条的厚度
	沿木材高度方向	主要原因是气流沿材堆高度不均匀	要做好气流的导向，在自然循环干燥窑内，材堆高度不均匀是因为垂直气道不合理，或者没留垂直气道。对自然循环干燥窑来说，加热管最好放在材堆底部，在强制循环干燥窑内，要注意使空气沿材堆高度方向均匀分布，如设置挡风板，干燥窑做成斜壁等
	沿材堆整个断面上	1.材堆内木材的规格，厚度不统一； 2.干燥薄板时，二块木材重叠堆积或者是多块木材重叠堆积； 3.宽木材在自然循环干燥窑干燥时往往会产生干燥不均匀	1.在制材时统一规格，使厚度一致； 2.合理堆积； 3.对于有条件的单位来说，可将宽木材改用强制循环干燥窑来干燥

参考文献

[1] 梁世镇. 木材干燥. 北京：中国林业出版社，1981
[2] 朱政贤主编. 木材干燥. 北京：中国林业出版社，1992
[3] 王恺、梁世镇、顾炼百主编. 木材工业实用大全木材干燥卷. 北京：中国林业出版社，1998
[4] 林梦兰编. 木材干燥. 北京：中国林业出版社，1985
[5] 杜国兴编. 木材干燥质量控制. 北京：中国林业出版社，1997

5 Woodworking Machinery 木工机械

本章全面地介绍了各类木工机械设备的结构与工作原理、性能、用途和维护等知识。主要介绍的设备有木工锯机、木工刨床、木工铣床、开榫机、木工钻床、木工榫槽机、木工多工序机床、旋切机等 。

5.1 木工锯机

木工机床按照国家标准GB12448-90《木工机床型号编制方法》规定，共分13类；人造板机械按林业部标准LY521-81《人造板机械设备型号编制方法》规定共分48类。该两项标准规定，通用木工机床和人造板机械型号分别以M(木)和B(板)开头，具体的表示方法如下：

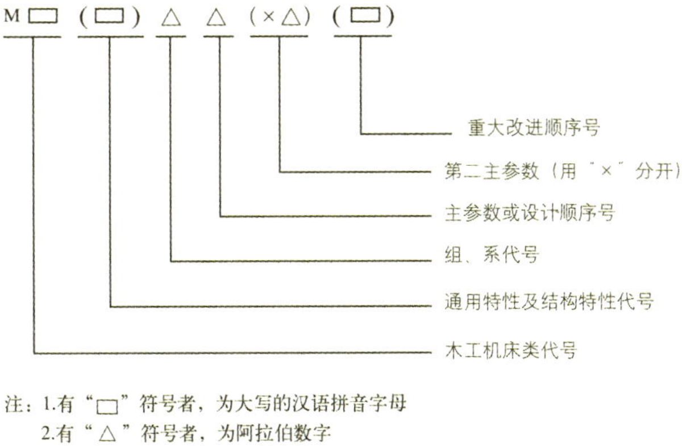

注：1.有“□”符号者，为大写的汉语拼音字母

2.有“△”符号者，为阿拉伯数字

3.有“( )”的代号或数字，当无内容时，则不表示。若有内容时，应不带括号

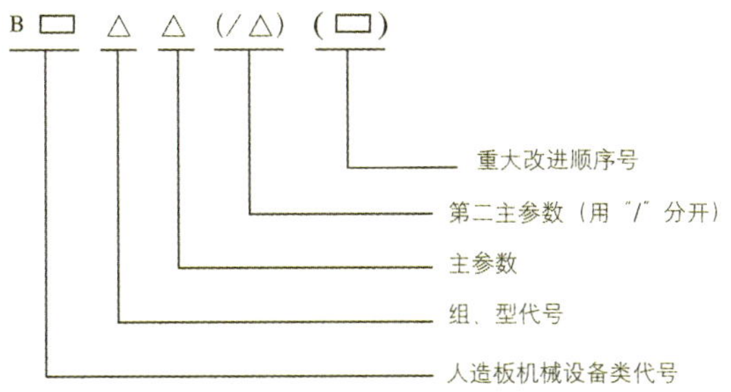

13类木工机床及代号为：木工锯机MJ，木工刨床MB，木工铣床MX，木工钻床MZ，木工榫槽机MS，木工车床MC，木工磨光机MM，木工联合机ML，木工接合组装和涂布机MH，木工辅机MF，木工手提机MT，木工多工序机床MD，其他木工机床MQ。

人造板机械的主要类型及其代号如下：削片机BX，铺装成型机BP，干燥机BG，压机BY，裁边机BC，砂光机BSG，施胶机BS，旋切机BQ，刨切机BB，纤维分离机BW，装卸机BZX，胶膜纸机BJM等。

锯机在木工机械中所占比重甚大，制材、木制品、家具、建筑、装修、车辆车厢、造船等行业中均有广泛应用。

锯机按锯具的不同，主要分为带锯机、框(排)锯机和圆锯机。

5.1.1 带锯机

带锯机的主参数是锯轮直径，其大小决定着带锯机的用途、主要结构和加工能力，它是选用带锯机时首先应考虑的参数。

带锯机按工艺用途的不同可以分为原木带锯机，如图5-1(a)所示，主要用于将原木锯解成方、板材；再剖带锯机，如图5-1(b)、(d)所示，用于将毛方、厚板材、厚板皮等再剖成薄板材；细木工带锯机，如图5-1(c)所示，主要用于较小零件或外形为曲线的零件加工。

通常带锯机两轮中心连线是垂直布置的称为立式；也可水平布置，如图5-1(d)，称为卧式。一般锯机为“右式”——站在进锯处观察，锯轮按顺时针方向回转；反之为“左式”，并在型号中加结构特性代号(z)。选用时应注意，右式还是左式要与工艺布置相配合。

传统使用的带锯机是单锯带锯机。近年来，为提高生产率，开始实行在一个进给机构条件下，用多台锯机同时

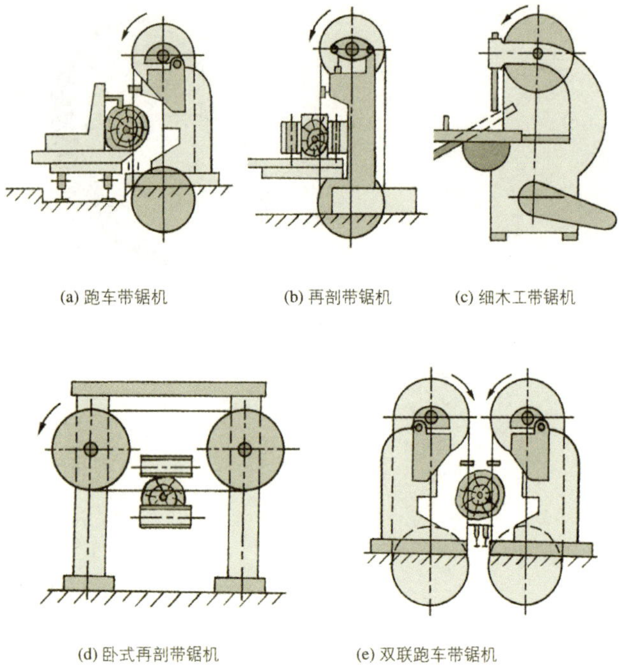

图 5-1 木工带锯机分类

锯剖木材，称为多联带锯机，其中多数呈对称布置的，称为多联对列带锯机，也有顺序布置前后偏位的，称多联纵列带锯机。图 5-1(e)为双联跑车带锯机。

带锯机组系的划分如表 5-1 所示。

表 5-1 带锯机组系名称及其代号

组 名称	组 代号	系代号	木工锯机名称
带锯机	3	1	普通木工带锯机
		2	跑车木工带锯机
		4	细木工带锯机
		5	自动进给木工带锯机
		7	卧式木工带锯机
		8	（多）联对列木工带锯机
		9	台式木工带锯机

5.1.1.1 原木带锯机

国内锯解原木应用最广泛的是跑车木工带锯机。其特点是与圆锯机、框锯机相比所用锯条较薄，锯路损失较小，成材出材率较高；锯解中便于观察，易实现“看材下锯”，得材等级率较高。

跑车带锯机通常由两大部分组成：完成主运动的锯机主体(或称锯机本身)和夹持原木并完成进给运动的跑车。在一些更为完善的锯机上还设有上木、翻木以及锯材、板皮的运输等装置。国外有时还扩大到包括原木测量等附属设备。

1. 锯机本身

图 5-2 为跑车木工带锯机锯机主体的外形简图。它主要由床身，上、下锯轮装置，锯轮升降装置，锯条张紧装置，锯卡装置，传动机构以及其他辅助装置等组成。现择主要装置的功用简介如下。

(1) 锯轮：锯轮是安装带锯条的一对轮子，是实现主运动的主要部件。下锯轮由主电机，经三角皮带传动。一般线速度在 45～60m/s。下锯轮通过带锯条带动上锯轮转动。

(2) 上锯轮升降及倾斜装置：上锯轮升降，可调节上下锯轮间的中心距，以便更换和张紧锯条；上锯轮向进料方向适当倾斜，有利于锯条抗衡锯切木材时的压力，使其稳定在锯轮的一定位置上，防止它从锯轮上滑落。目前，该装置大多具有机动操纵装置。

(3) 带锯条张紧装置：带锯条必须保持适当的张紧度，才能保证锯解工作顺利进行。多数带锯机都设有灵敏可靠、能自动调节锯条张紧力的张紧装置，保证锯条在工作过程中能自动维持合理的张紧力。

目前国内最常用的是杠杆重锤式张紧装置。它结构简单，使用方便，但灵敏度稍低。气动张紧的摩擦阻力小，反

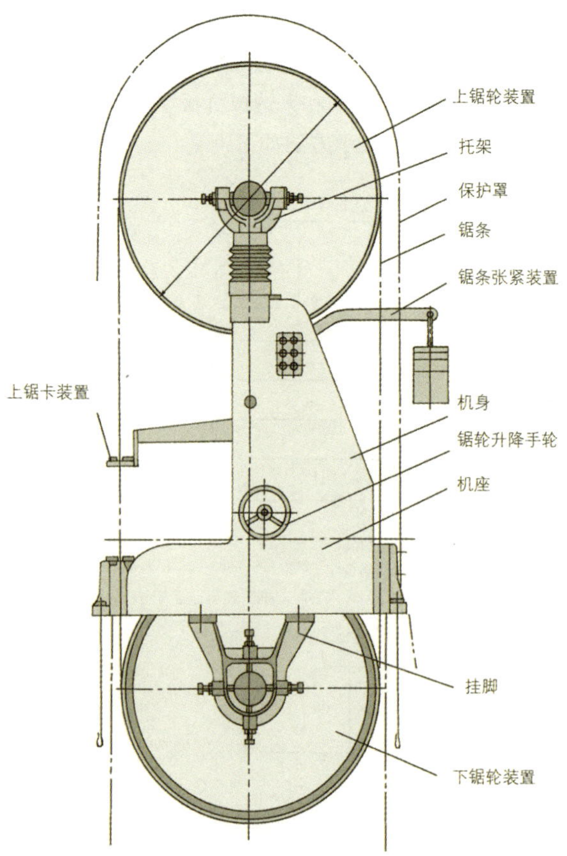

图 5-2 跑车木工带锯机主机外形

应迅速，尤其适合于应用薄锯条、高张力的带锯机，国外已广泛采用。

(4) 锯卡装置：锯卡是锯条的导向装置，安装位置应接近锯割的木材，其作用可提高锯条本身的刚度，保持锯路平直。锯卡有上、下之分。下锯卡固定于机座；上锯卡装于机身专设的导轨上，可随锯路高度不同而随时调节。上锯卡升降频繁，要求调整灵活，操作方便。通常普通锯卡内衬端面与锯条侧面的缝隙应控制在0.1～0.15mm，过紧则摩擦过大，锯条发热易产生弯曲；过松则会失去锯卡的作用。

随着带锯机张紧力和进料速度的提高，对锯条锯切时的平直度和刚度提出了更高要求，出现了压力锯卡。

压力锯卡用机械接触的方式，以一定的压力将锯条的切削边沿侧向向外推出一距离(一般为6～15mm)。这可提高锯条的刚度，增强锯条抵抗侧向摆动的张力，保证锯条位置不受上锯轮侧向移动的影响，使锯条在切削区内成一垂直线并保持平直度，这些因素都有利于提高锯切精度和成材质量。但另一方面压力锯卡调整要求高，上、下锯卡使锯条切削边推出的距离必须相等，衬垫摩擦系数要小，且耐磨，这在选择应用时均应注意。

2. 跑车

图5-3为国产MJ3215型锯机的数控液压机械化跑车的侧面视图。它主要由车轮、车架、车桩部件、侧向进给及其控制装置(图中未标)、自动退避装置、跑车纵向行走拖动装置(图中未标)、车上翻料装置、卸料装置以及数控和液压系统等组成。

(1) 车桩：车桩又称卡木桩，由原木夹紧和为适应原木尖削度而设的立桩微调等机构组成，用于原木的定位和夹紧，同时也是原木侧向进给的执行机构。原木夹紧和立桩微调可以采用手工、机械、气动和液压等多种方式。车桩数量根据需锯解原木的长度而定，一般有3～5组。如为锯解2～8m规格的原木，跑车可设4组车桩，车身长度约为6m。

(2) 侧向进给装置：又称“摇尺”，用于控制立桩进退，是跑车的关键机构之一。锯解尺寸精度在很大程度上是由它决定的。它可以采用机械、液压(如步进油缸)、气动等多种方式驱动。目前国内应用最广的是采用双速电机，经减速器带动齿轮齿条机构，驱动立桩和原木实现侧向进给。进给量即立桩位移的控制主要有三种形式：①用标尺和行程开关直接控制。它结构简单制造方

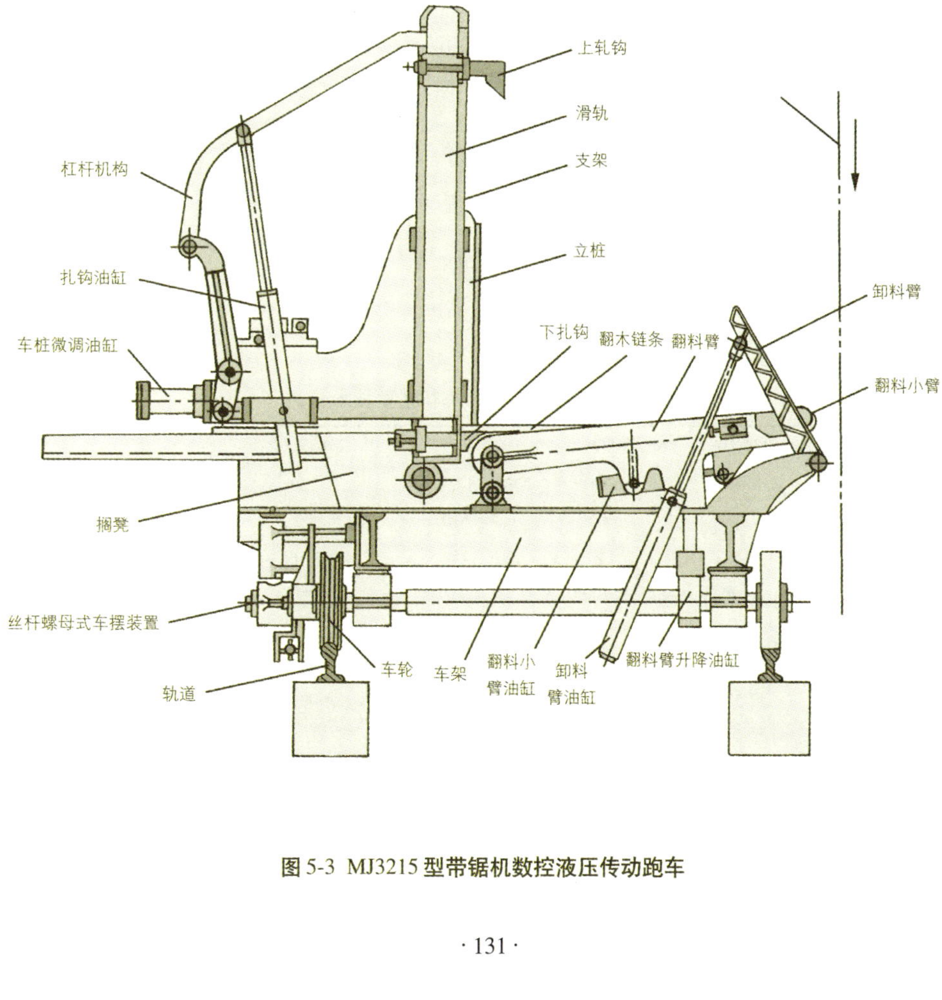

图5-3 MJ3215型带锯机数控液压传动跑车

便，但精度差，工人需在跑车上操纵，不甚安全，宜少用；②自整角机同步传动系统控制。这在目前国内应用十分普遍。它制造、维修比数控方式简单，但它包括一定视差，且机械升速、降速等环节较多，也会造成一定的误差；③简易数控方式通常可采用光栅或回转光码盘作为机—电转换装置，精度较高。但锯机工作环境恶劣，应有很好的防震、密封措施，维修要求也较高。上述②、③控制精度虽较高，但若驱动采用立桩到规定尺寸再制动的方式，往往仍得不到满意的进尺精度。这主要是受惯性的影响。目前拉开高、低速差（低速/高速可取1/6～1/10）的侧进系统，能保证获得较满意的锯解精度。这在选购时应注意。国外采用步进油缸或步进马达驱动立桩，可获高的侧进精度。

(3) 自动退避装置：又称“车摆”。其作用在于当跑车刚开始返程时，能使车架和原木相对于锯条横向移动（退避）一个小距离（一般在10～15mm），避免带锯条因和原木锯解表面摩擦、碰撞而造成损坏或脱落等事故。而当跑车重新进入工作行程时，该装置又可以使车架自动反向横移，以补偿上述退避的距离。因此，车摆装置是跑车上重要的特殊装置，它常被安装在跑车下面两端的车轮轴上，并有适当机构保证该两组车摆同步动作。

常见的车摆的结构形式有：斜齿啮合式、平面摩擦式、丝杠螺母式以及液压、气动等方式。

车摆装置必须设有“停摆”机构，以防锯解过程中发生故障，需停车并让跑车沿原锯路退回时使用。

(4) 跑车纵向行走传动装置：这是使跑车沿轨道纵向进给和快速返回的传动装置。常用的形式有摩擦轮式，通过摩擦轮的正反转，以及正压力的变化来改变跑车行走的方向和速度。通常需人工操纵，也可用油马达驱动钢丝绳轮，由钢丝绳拖动跑车，还可采用可控硅控制的直流电机驱动。后两种方式提高了跑车的自动化程度，并可设置自动定程装置（该装置能保证跑车在设定的行程范围内自动往返），与侧进装置联动，组成简单的程序控制系统。能自动完成以下动作顺序：跑车在规定的起始位置进锯，锯解木材至规定位置后自动快速返回，到起始位置停止；立桩由侧进装置驱动按一定的尺寸（即需锯解板材的厚度）侧移；到位后跑车又自动进锯。如此循环，直至将一根原木全部锯解。这种自动循环，对于毛板下锯法中的薄板锯解是非常实用的。

为减少进锯时的冲击，有些跑车还设有光电减速装置。在原木将进锯前可使纵进速度降至5m/min；锯条切入工件20cm后，再恢复正常进给速度。

(5) 车上翻料装置：因原木形状和加工工艺的要求，原木需在跑车上作一定的翻转。故在有些跑车上设有车上翻料装置。其形式有链条式、滚轮式和象牙式等。选用时应注意实用、可靠且不损伤加工材的棱边。如图5-3为具有大小翻料臂的链条式翻料装置。可用按钮控制电机转向，使得翻木链条作正反向运动翻转原木；小臂可上摆60°，保证方材顺利翻转，而不损伤其棱边。

(6) 卸料装置：用于锯解结束、卡钩放松后，能顺利地从跑车上推下最后一块板皮（或板材）。

(7) 抱料装置：在有些大型跑车上设置抱料装置。在锯解大直径原木时起扶抱作用。

3. 上料装置

采用上料装置可大大减轻工人的劳动强度，使跑车锯机的机械化、自动化程度进一步提高。上料装置主要有止料、抬料和上料三部分组成。其驱动方式有机械、气动和液压等形式。

4. 下料台

锯解的锯材经下料台运出。下料台大多采用辊筒输送形式。

表5-2列出了一些国产跑车木工带锯机的主要技术参数。

表5-2 国产跑车木工带锯机主要技术参数

型 号		MJ3210	MJ3212	MJ3212F	MJB3212	MJ3215	MJ3215C	MJ3218A
锯轮直径（mm）		1060	1250	1250	1250	1500	1500	1800
锯轮转速（r/min）		720	600	610	600	600	498	410
锯轮宽度（mm）		115	140	150	140	180	180	254
锯木最大直径（mm）		约850	约1000	1200	1060	1500	1500	1800
锯木最大长度（m）		8	8	8	8	8	8	9
跑车最大速度（m/min）	前进	约46	约60	50	60	60	50	50
	后退	约55	约100	100	90	90	100	100
电动机总功率（kW）		约40	约55	92.2	72.75	117.5	116.7	156.6
机床总质量（t）		3	约7	12.4	8	20.5	22.8	34.7

注：表中技术参数随各生产厂不同而略有出入

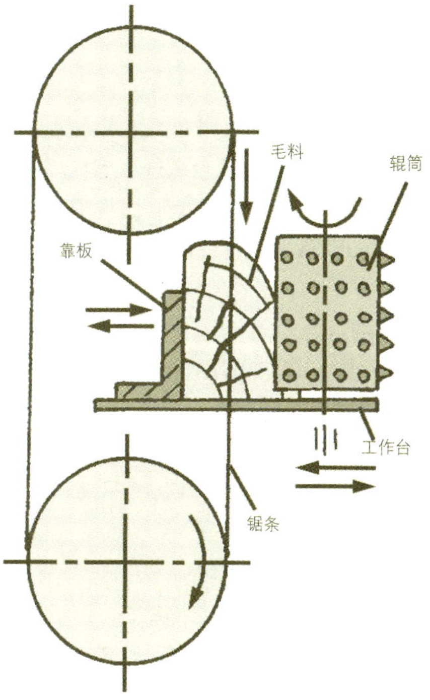

平面靠板整体进给辊筒

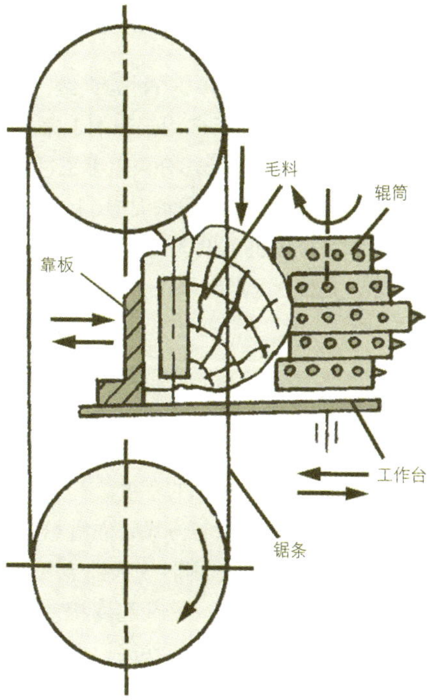

辊筒靠板分段式进给辊筒

图 5-4 立式辊筒进给再剖带锯机

表 5-3 国产再剖木工带锯机主要技术参数

型　号	MJ319	MJ3110	MJ3110A	MJ3110B	MJ3510	MJ3512	MJ3710	MJ3712
锯轮直径（mm）	900	1070	1067	1067	1060	1200	1060	1250
锯轮宽度（mm）	115	115	115	115	110	140	110	140
锯轮转速（r/min）	850	720	750	850	850	700	800	750
最大锯切高度（mm）	450	450	450	450	560	250	250	240
锯条最大长度（mm）	6220	7150	7000	6990	7150		6800	7930
工作台尺寸（mm）		825 × 805	825 × 750	825 × 750	1070 × 960	–	–	–
电机功率（kW）	10	22	24	33	33.2	35.5	33	47
机床质量（t）	1200	1950	2250	2150	2850	3750	3800	10500

5.1.1.2 再剖带锯机

1. 立式再剖带锯机

立式再剖带锯机的主要切削机构与原木带锯机相近似。区别较大的是其进给装置。目前，国产的再剖带锯机中，采用手工方式进给者仍占相当比例。手工进给对加工工艺变化的适应性强；但工人的劳动强度高，易得职业病，故应尽可能采用机械进给的方式。机械进给的类型很多，有辊筒式、履带式和小型跑车等方式，国内均有应用。图 5-4 所示为立式辊筒进给，它利用带尖刺的辊筒（俗称"菠萝密"）的回转，带动毛料实现纵向进给。这对处理板皮较为方便，结构又较简单，故应用广泛。

2. 卧式再剖带锯机

卧式带锯机既有用于原木锯解，也有用于再剖锯解。其中后者应用较多。特别是在板皮加工中，它以已锯解平面作基准面，锯解平稳，加工质量较好。通常机床能实现自动进料、锯解、分板，把锯下的毛边板从卸料台送出，需再锯剖的板皮，经分板器、横向运输链、由回料台返回，再经横向运输链送至上料台继续锯剖。这种卧式带锯机的主要缺点是占地面积稍大。国外应用小规格卧式带锯机锯剖小径级材，效果颇好。

表5-3列出了部分国产再剖木工带锯机的主要技术参数。

5.1.1.3 细木工带锯机

细木工带锯机主要用于板、方材的直线、曲线以及小于30°～40°的斜面锯切，广泛应用于细木工家具及木模等车间。这类锯机结构较简单，大部分采用手工进料。但随实木家具的发展，各种曲线配料的需求大增，目前已有数字控制的曲线锯切细木工带锯机可供选用。

表 5-4 列出了部分国产细木工带锯机的主要技术参数。

5.1.1.4 带锯机选用提示

跑车木工带锯机选用可根据加工原木的直径和长度，选定锯机的锯轮直径和跑车长度；依据生产率及投资额的大小选择机床机械化、自动化的程度。其中尤其要注意原木侧向进给机构的驱动与控制方式，它直接关系到今后锯材的精度和成材的得率。选用时还应注意不能光看型号，因跑车带锯机组成部分较多，繁简程度相差甚远，有的还带装料机构，所以有时型号虽然相同，但内容、质量、功率等却相差很大，价格也相去甚远。如MJ3215、MJ3218A分别为气动和液压，且都带有装料机构，机床的质量、功率相差也就特别大。

再剖带锯机主要考虑生产率、功能及机械化程度，同时应注意侧向导板的驱动方式和定位精度。

细木工带锯机主要考虑加工对象的大小和加工曲线的最小曲率半径，选用合适的锯轮直径。

在验收带锯机时，有关带锯机精度和结构安全方面的现行国标和行业标准主要有：JB／T8088-95木工带锯机和跑车精度；JB／T3555-93木工带锯机和跑车技术条件；JB／T6552-92 细木工带锯机技术条件；ZBJ6501-89 卧式木工带锯机精度：JB6108-92 普通木工带锯机结构安全；JB5721-91 细木工带锯机结构安全；JB5722-91跑车木工带锯机结构安全等。其中结构安全标准是属强制性标准。

5.1.1.5 带锯机常见故障分析

1. 锯条窜动或掉条

这可能是张紧重锤过轻、张紧力不足或锯条自动张紧装置动作不灵敏；也可能是锯轮轮缘过度磨损；还可能是锯条修整不符合要求，与锯轮接触不良；操作不当，如进料速度过快，或被锯切的木材完全越过锯背并立即返程时也可能造成掉条。

2. 锯机晃动

这主要是平衡度超差和各结合面不严所造成。具体原因可能是上下锯轮静平衡度超差；机座与机身、挂脚与机座、机座与基础等结合面不严密、连接螺栓松动；锯轮轴弯曲或锯轮轴承损坏。若上述原因都排除仍然晃动则应考虑基础不够稳固。

3. 立桩侧向进给量不均匀

原因可能是立桩齿条与传动齿轮磨损不匀造成间隙不匀，或齿轮与齿条啮合间隙中进入异物，或立桩与搁凳导轨结合面磨损造成间隙不匀；通轴上扭力弹簧失效，不能有效地消除齿轮和齿条之间的间隙；制动器制动块磨损或调整不当。

4. 木材锯割面不平或弯曲

原因包括：使用锯条齿形不规则、锯料不均匀(一侧大、一侧小)、锯条适张度不均或不足、锯卡衬板装偏或间隙过大、张紧机构失灵或重锤过轻、跑车的导向用梯形轨道弯曲或高低不平或磨损超限、或梯形槽轮过度磨损等。

5. 自整角机接收机电磁铁动作不灵敏

这可能是磁铁和衔铁接触面间有污物；也可能磁铁有剩磁或衔铁表面不平或有锈蚀；还可能是衔铁定位销磨损或变形，造成衔铁移动困难。

5.1.2 框(排)锯机

框锯机亦称排锯机，主要用于将原木或毛方锯解成方材或板材，是框锯制材的主要设备。

表 5-4 国产细木工带锯机主要技术参数

型 号	MJ343	MJ344	MJ346	MJ346A	MJ346B	MJ346C	MJ348A
锯轮直径（mm）	300	400	610	600	630	630	800
锯轮宽度（mm）	25	30	34				55
锯轮转速（r/min)	1100	900	870	800	875	870	800
最大锯切高度（mm）	150	230	220	220	230	230	600
锯条最大长度（mm）	2450	2950	4100	4130	4100	4100	5900
工作台尺寸（mm）	400 × 400	825 × 480	660 × 660	700 × 700	660 × 680	610 × 680	660 × 783
电机功率（kW）	1.5	1.1	2.2	3	2.2	2.2	5.5
机床质量（t）	250	220	650	900	550	550	950

框锯机的主要优点是：生产率较高，锯框上可安装多片锯条，在一次进给中能锯得较多的锯材；现代框锯机自动化程度较高，所用锯条刚性好，锯得的板面质量亦较好；对操作工的要求低于带锯机。

框锯机的主要缺点是：所用锯条较厚，锯路损失较大，出材率不及带锯机；其次，框锯机主运动是直线往复运动，有空行程损失，且换向时惯性较大，这限制着切削速度的提高；由于框锯机是群锯法制材，故在尽可能减少原木缺陷对锯材质量的影响方面，不如带锯机灵活。

框锯机按锯框运动方向可分成立式和卧式两类，立式应用较多。“立式”是指锯框在垂直方向作往复运动。按其结构又可以分为双层和单层。前者生产率高，适用于大型机械化制材企业；后者生产率较低，适用于小型制材厂。

图5-5为立式双层框锯机的示意图。电动机通过皮带传动，带动曲轴，由连杆使装有若干片锯条的框架沿着机架导轨 作往复运动——主运动。被锯切原木的进给由前后两对带槽纹的辊筒来带动。可以沿轨道进退的前后支承小车对原木起导向和支承作用。

框锯机的主参数是锯框的开档，一般在500~750mm，宽者可至1000mm，可按加工原木的最大直径选定。通常加工原木直径范围14~60cm，长度为3.5~7m。

国外有些先进的框锯机，如瑞典柯肯(Kockums)生产的261RV-20A型，使锯框按“8”字形轨迹运动，可避免限制框锯进给速度的“回程刮锯”现象，使框锯进给速度和生产率大为提高。

表5-5列出了国内外部分框锯机的主要技术参数。

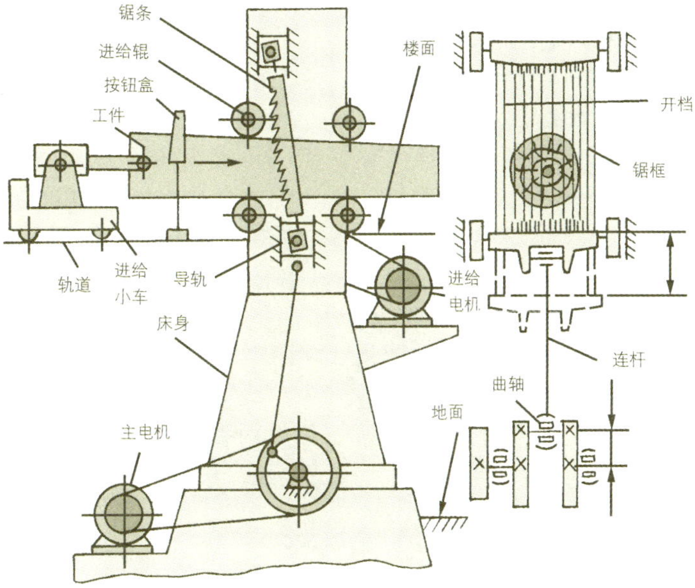

图5-5 立式双层框锯机

表5-5 部分框锯机主要技术参数

厂商	型号	镜框开档(mm)	锯框行程(mm)	主轴转速(r/min)	进给速度(m/min)	电机功率(kW)	结构特点
国产	MJ425	550	350	250	0~30	50.1	连续进给
	MJ427	750	600	250	0~30	81.2	连续进给
前苏联	2P80-1	800	700	320	3.2~22.4	138	
前苏联	2P100-2	1000	700	250	1~10	168	双层、连续进给、锯框倾斜
芬兰 Alhstrom 公司	OTSO700	500	700	360	~28.8	95	
		700		320	~25.6	125	
德 Esterer 公司	HDS600/SV	660	700	300	~18	110~115	重型、锯框倾斜度能自动调节
	HDS700/SV	700	600	310	~18.6	110~115	
德 Braun 公司	DHGB71/75/70	750	700	310	~21		
瑞典 Kockums 公司	261RV-20A	700	500	380	~52.5	110~132	锯框按8字形轨迹运动

5.1.3 圆锯机

圆锯机结构简单，效率较高，类型众多，应用广泛，是木材机械加工中最基本的设备之一。

按照切削刀具的加工特征，圆锯可分为：纵锯圆锯机、横截圆锯机和万能圆锯机。若按工艺用途分则有：锯解原木、再剖板材、裁边裁板等形式。按照安装锯片数量又有单锯片、双锯片及多锯片之分。

5.1.3.1 纵剖圆锯机

纵剖（或称纵锯）圆锯机主要用于对木材进行纵向锯解。有单锯片、多锯片，手工进给和机械进给等不同类型。如裁边圆锯机，再剖圆锯机和原木圆锯机等都是不同工艺用途的纵剖圆锯机。

1. 手工进给纵剖圆锯机

它结构简单，制造方便，有时也可作横截，适用于小型企业或小批量的生产，应用颇广。图 5-6 所示为国产 MJ104 型手工进给木工圆锯机。圆锯片由主电机经传动带驱动，手工推送工件，沿纵向导板进给可作纵剖；工件由横向导板推进，则可作横截。工作台还可作适当倾斜调节。

2. 机械进给纵剖圆锯机

在大量生产中应尽量采用机械进给圆锯机。根据工艺用途的不同，有多种类型。纵剖板、方材时，以履带进给和辊筒进给应用最为普遍。国产 MJ154 型为单锯片履带进给纵剖圆锯机，设有可靠的压紧和防护机构，能保证工件顺利进给，防止工件反弹伤人。国产 MJ143 型为多锯片履带进给纵剖圆锯机，其生产效率高，加工质量好，应用广泛。

当多锯片纵锯机用作再剖毛方或厚板材时，国外常常设计成双锯轴的型式。两根主轴上、下排列，两轴上的锯片相应对准，各承担每条锯口锯路高度的一半。其明显的优点是在锯切同样厚度工件时所需锯片直径大为减小，锯切中与工件的摩擦面积缩小，功率消耗降低，通常生产率可提高一倍，锯路损失可下降 30%。

3. 裁边圆锯机

裁边机专门用于将毛边板裁成整边板。有单和双锯片、手动和机械进给等形式。在大型的机械化流水作业制材厂内常用双锯片裁边机，放置在大带锯或框锯机的后面。通常要求裁边机操作方便，调整迅速。具有较大（50～100m/min）的进给速度，以适应各种宽度毛边板的处理和生产率的要求。

现代裁边圆锯机上常设置激光对线装置，以提高出材率。

5.1.3.2 横截圆锯机

横截圆锯机用于对工件进行横向截断。有单或多锯片，手动或机动进给、工件或刀架进给等多种类型。它们的结构在很大程度上取决于加工件的尺寸和对机床生产率、自动化程度等方面的要求。例如 对小批量、小而轻的工件可采用手动进给；对大批量则应考虑采用机械进料；而对批量不大的笨重大件，可采用工件固定，由刀架实现进给运动；但如批量很大则又应考虑采用具有专门运输带进给的多锯片截断锯等等。

5.1.3.3 摇臂式万能木工圆锯机

摇臂式万能木工圆锯机工艺用途广泛。它既可以装圆锯片用于纵锯、横截或斜截各种板方材，又可以安装其他木工刀具完成铣槽、开榫和钻孔等多项作业。图 5-7 为这类机床

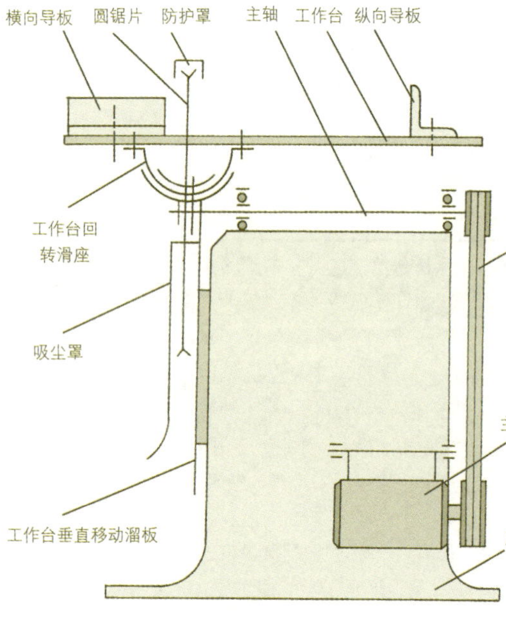

图 5-6 MJ104 型手工进给木工圆锯机

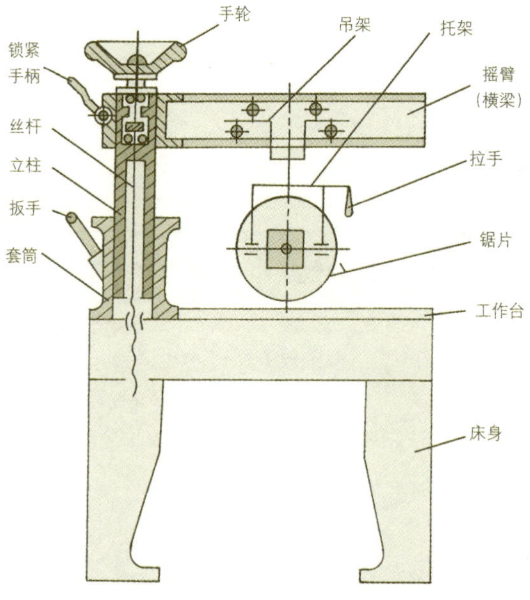

图 5-7 摇臂式万能木工圆锯机

的示意图。横梁装于立柱的上部，并可绕立柱在水平面内按需要调整为与工作台导板成30°、45°、90°或（有的机床）可在360°范围内任意调节。吊架与托架组成特殊的复式刀架。托架可绕轴线相对于吊架作0°、45°、90°或任意角度的调整。吊装在托架上的专用电机与其轴上的锯片还可绕轴线相对于水平面作0°、45°、或90°的调整。拉动手柄，刀架锯片沿摇臂内的导轨移动，加工工件。国产MJ223，MJ224型圆锯机均属此类。

表5-6、表5-7分别列出了部分国产手工进给及机械进给圆锯机的主要技术参数。

5.1.3.4 锯板机

用于板材开料的圆锯机称为木工锯板机或称裁板机，它品种规格繁多，广泛地应用于家具、建筑内装修、电视机壳、音箱等加工业。

木工锯板机按结构特点分成带移动工作台木工锯板机(MJ61)，锯片往复木工锯板机(MJ62)和立式木工锯板机(MJ63)。这几种系列是目前生产中最常用的机型。此外，还有多锯片纵横锯板机，以及由两台或数台锯板机组成的纵横锯板系统或板件自动生产线。

1. 带移动工作台木工锯板机

它应用广泛，除作裁板加工外，有些机床还附设有铣削装置，可进行宽度在30～50mm之内的沟槽和企口等加工。这类机床的回转件都经过平衡，大多不需要地基。加工时，工件放在移动工作台上，手工推送工作台，使工件实现进给运动，十分方便，机动灵活。机床规格已成系列，图5-8所示是这类锯板机的典型布局。机床主要由床身、固定工作台、移动工作台、切削机构、导向装置、防护和吸尘装置等组成。

锯板机的切削机构大多设有主副锯片。其中副锯片仅作预裁口用，通常仅露出工作台面1～3mm，并采用顺向锯切，在主锯片锯切之前，先在工件底部锯出一口子，以免在主锯片锯切（用逆向锯切）处造成工件底面起毛，有些锯片可作0°～45°的倾斜调节。

表5-6 国产手工进给木工圆锯机主要技术参数

型 号	MJ104A	MJ106	MJ223A	MJ224	MJ263	MJ264A	MJ283	MJW904
锯片直径（mm）	400	600	315	400	275	400	300	400
最大锯切宽度（mm）	280	280	530	630	220	600	220	500
最大锯切厚度（mm）	100	220	80	100	40	140	65	100
工作台尺寸（cm）	77 × 61	100 × 66	110 × 88	97 × 63	65 × 52	90 × 70	70 × 62	100 × 54
锯片转速（r/min）	3000	1500	2860	2930	5700	4142	5100	300
主电机功率（kW）	3	4	3	3	2.2	3	2.2	3
机床质量（kg）	330	400	296	475	300	1800	510	490
结构特点	手工进给		摇臂式		移动工作台		移动靠板	移动工作台

表5-7 国产机械进给圆锯机主要技术参数

型 号	MJ143A	MJ144	MJX123A	MJ144-2A	MJ154	BC459	MJ274	MJB294A
锯片直径（mm）	355	400	315	450	400	300	400	450
最大锯切宽度（mm）	280		380	900	300		550	300
最大锯切厚度（mm）	110	130	40	75	120	60	80	100
进给速度（m/min）	5.5～30	6～30	25/33/50	10～70	8～35	9～35	0～30	
主电机功率（kW）	22	47	7.5 × 2	7.5 × 2	11	5.5	3	3.5
进给电机功率（kW）	0.85	3	3	2.2	1.5	0.85/1.5	气动	气动
机床质量（kg）	1900	3100	3800	2500	1500	1163	905	250
机床外形尺寸（cm）	192 × 152 × 154	221 × 165 × 168	163 × 233 × 200	551 × 166 × 154	184 × 150 × 182	164 × 120 × 150	400 × 276 × 130	90 × 84 × 118
结构特点	多锯片履带进给纵锯		数显裁边	双锯片裁边	单锯片履带进给纵锯		气动横截	气动横截

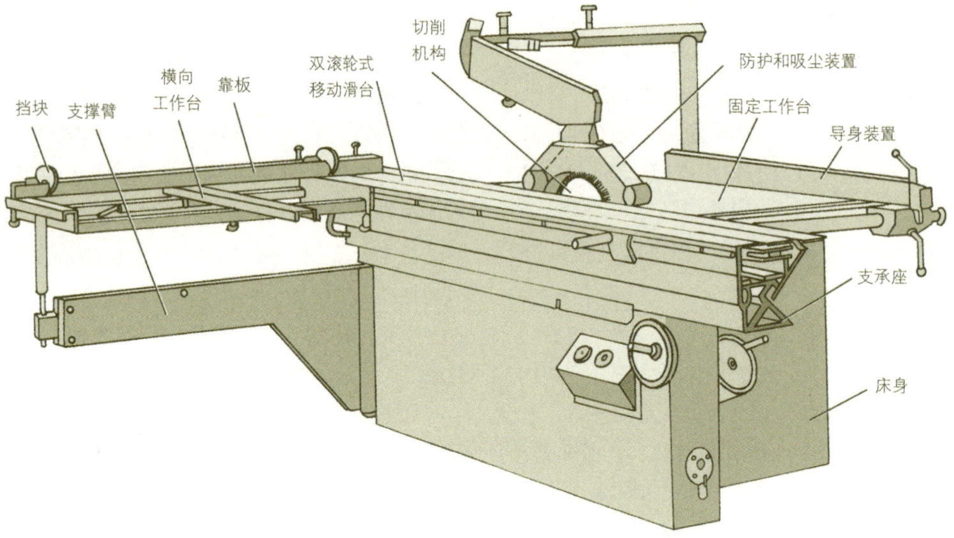

图 5-8 带移动工作台木工锯板机

表 5-8 部分带移动工作台木工锯板机主要技术参数

型 号		MJ612	MJ613	MJ164	BC4124	BJC1125	F90 或 F45
最大锯切长度（mm）		2500	2500	3200	2500	2500	2500～5000 任选
最大锯切宽度（mm）		800	800	1100		800	800～1250
最大锯切深度（mm）		80	40	120	60	60	55～155 任选
主锯片直径（mm）		305	350	400	350	300	250～400
电机功率（kW）	主锯片	3	4	4	4	4	4～11
	副锯片	0.75	0.75	0.75	0.75	0.75	0.75
机床外形（cm）		280 × 250 × 100	280 × 234 × 91	304 × 319 × 105	300 × 258 × 152	285 × 261 × 103	
质量（kg）		1200	1000	1800	1000	1000	960～1080

这类锯板机根据需要可以装上一些附件，以改善加工或工作条件。①可装辊筒式自动进料器，使工件在固定工作台上获得机械进给，以减轻劳动强度；②对加工成叠的单板或薄工件，可在移动工作台上设手工或气动压紧装置，以改善加工质量；③遇需加工很长的工件，双滚轮滑台很长时，可在其支承座的两端增设附加支撑，以防止床身、支承座和滑台等在加工中产生变形；④对于基材幅面过大、质量过重（但长度不超过3200mm、质量不超过250kg）的板材，机床可以增设第二个横向滑台，与机床原有的横向滑台共同支承工件。

表5-8列出了国内外部分带移动工作台木工锯板机的主要技术参数。

2. 锯片往复式木工锯板机

这种锯板机具有通用性强，生产率高，原材料省，锯切质量好，精度高，易于实现自动化和电脑控制，可实现两台或数台机床的组合，能纳入板件自动生产线等特点。机床最大加工长度(主参数)通常为1500～6500mm，机床的操作和控制，包括装卸和推送工件等，有手工、机械以及应用电子程序装置和微机控制等多种方式。机床实行预裁口，具有较高的锯切精度。一般锯切面的直线度为0.1～0.5mm，锯切面平行度为0.2mm。机床允许多块板材叠合锯切，单机使用时常可同时对多叠板材进行锯切，进给速度也较高，故其生产效率比带移动工作台锯板机要高得多。

图5-9所示为手工装卸和推送工件的锯片往复式木工锯

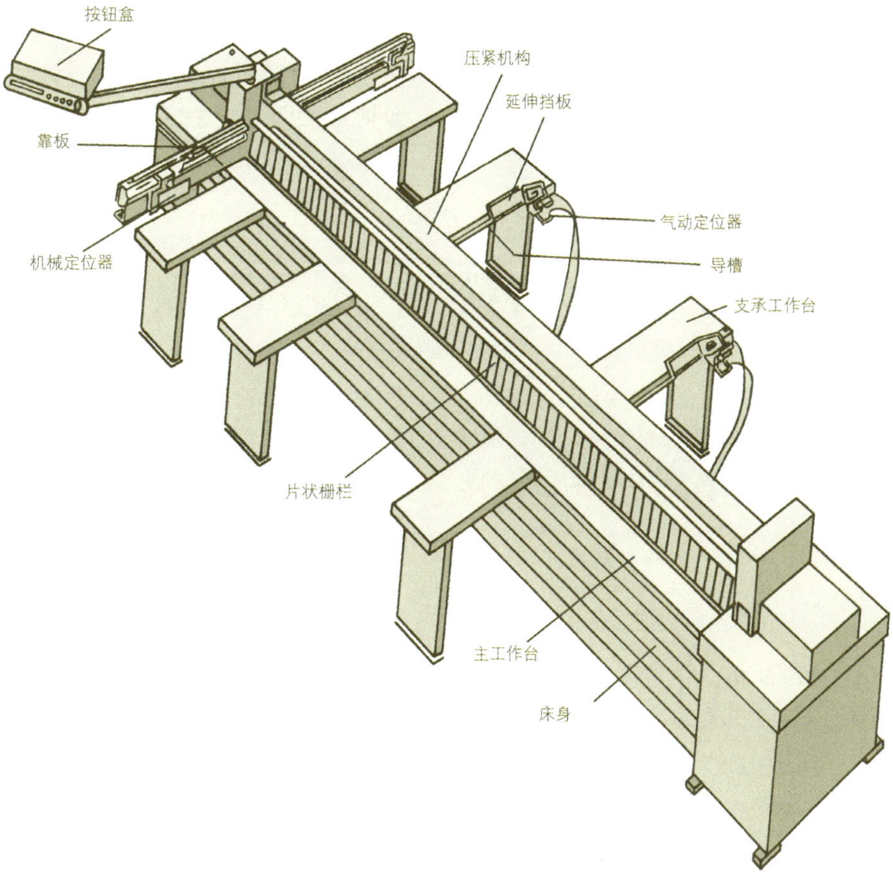

图 5-9 锯片往复式木工锯板机

板机，它由床身、工作台、切削机构和进给机构(均在床身内，图中未标出)、压紧机构、定位器以及气电控制系统等组成。

选购机床时应注意其电气控制系统的功能以及安全防护方面的措施。

锯板机的电气控制系统随机型不同而异，但通常都能保证机床具有如图5-10所示的基本工作循环：压梁下降压紧工件；起动装于小车和锯架上的主副锯片，提升锯架；小车进给实现锯切，至规定或末端位置，停止进给；锯架下降；小车返回；同时压梁上升、复位。

为保障人身和设备安全，较完善的锯片往复锯板机除具有常规的电气过载及短路保护外，还常设置以下一些机电连锁保护：

(1) 压缩空气工作压力小于规定数值时(如 0.4MPa)，机床电机不能启动。

(2) 进给电机作进给运转时，压紧机构气缸不能放松，即使误按压紧缸放松按钮也不应放开。

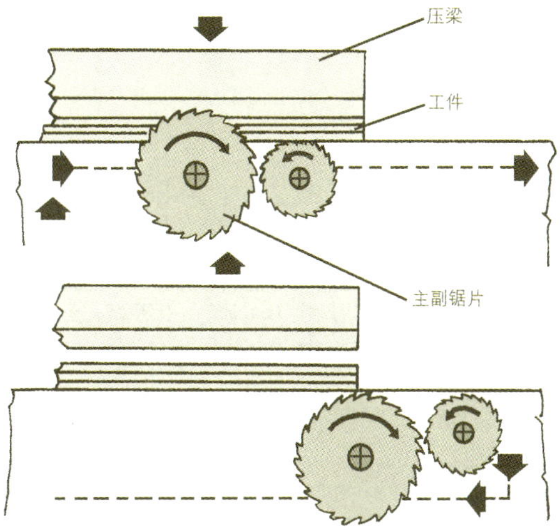

图 5-10 锯片往复式木工锯板机工作循环简图

(3) 进给电机使切削机构小车返回时，锯架只能处下位，保证锯片切削圆在工作台面之下。

(4) 压梁两侧应装有安全挡杆。停机时压梁处上位，手可伸入锯切区。这时若意外启动机床，压梁下降，安全挡杆首先触及人手，触动安全开关，使机床立即停止运行，压梁升至上位，可避免发生事故。

(5) 控制板应设急停按钮，遇事故，按下急停按钮，锯机立即停止工作，锯架下降、压梁上升。

此外从安全出发，机床应设置一些机械防护装置：

(1) 在压梁架的两侧悬挂片状栅栏，它可在锯切过程中护围切割区域，覆盖未被工件占用的切割线部分，防止手意外伸入而造成伤害事故；

(2) 设有锯轴固定装置，以便安全地更换锯片；

(3) 沿工作台锯切通道的两侧应镶嵌有塑料条板，以防锯片碰到工作台造成损伤，同时可避免产生危险的火花，利于防火。

锯片往复式锯板机还可常配备一些标准装备，以提高机床的机械化和自动化程度。

(1) 推料器

它常用于机械化程度较高、生产能力较大的锯板机。其中自动推料器常具有快、慢两档进给速度，送料时对锯切线具有良好的平行度，一般能保证 ± 0.15mm 的定位精度。

(2) 数控装置

锯片往复锯板机常采用各种电子程序装置。它可以数字形式预先设定锯路宽度，所需板件的尺寸规格及其数量，并以此发出指令控制自动推料器和机床动作，实现自动锯切。一般可储存 200～500 个锯切尺寸。有的还可以用微机按基材尺寸、所需板件尺寸和数量对裁切方案进行优化处理，并按优化方案控制机床工作。

锯片往复式锯板机可以由两台或多台与一些辅机组成纵横锯板生产线(生产系统)。

表5-9列出了国内外几种锯片往复式木工锯板机的主要技术参数。

(3) 多锯片纵横联合锯板机

这种锯板机是由多个纵切锯片与一个横切锯片组合而成，主要用于裁板和齐边。纵、横锯的布局，可以都安置在工作台的上方，也可都安置在工作台的下部，或横锯在上、纵锯在下。可以是工作台移动式；也有工作台固定，全由锯片移动。国内信阳木工机械厂，国外日本平安、菊川等公司有此类产品。

(4) 立式木工锯板机

按锯片位于工作台前(上)或后(下)，可分为下锯式和上锯式。其中下锯式的工作原理与锯片往复式锯板机相同，区别仅在于工作台由卧式改为立式。加工时，工件贴靠在稍后倾的立式工作台上，锯片沿着垂直布置的导轨作进给运动。上锯式的锯片则通常可在垂直和水平两个方向进行锯切。这类锯板机最主要的优点是占地面积小，其次是工件的装卸、放置比较方便，调节、操作也较简便灵活，尤其适用于生产能力要求不大，现场装修等场合。

(5) 锯板机选用提示

锯板机类型的选定主要考虑生产力要求，生产规模不大可选用移动工作台式，现场装修可选用立式，大规模生产选用锯片往复式或由其组成的锯板生产线。各类锯板机的主参数都是最大加工长度，选用时一定要符合加工工艺的要求；在机床精度方面尤其要注意锯切面的直线度要求。现行有关标准有：GB/T10953-89带移动工作台木工锯板机精度；GB/T10960-97 锯片往复木工锯板机精度等。

5.1.3.5 圆锯机常见故障分析

1. 振动大、噪声高

这可能是锯轴轴承座与床身结合面不严密；也可能是锯轴弯曲或锯片轴径处径跳和锯片夹盘端面跳动超差或轴承损坏；锯片夹盘过小，造成锯片振动，影响机床的振动；锯片转速过高，切削速度过快也会造成机床振动和噪声增大。

表 5-9 部分锯片往复式木工锯板机主要技术参数

型 号	最大锯切尺寸（mm）		锯片直径（mm）		电机功率（kW）		进锯速度 (m/min)	进板方式	生产厂
	长度	深度	主锯	副锯	主锯	副锯			
BJC2125	2500	60,70	350	150	4,5.5	0.55	7,14	手工	
Z30	3050	90	350	150	7.5	1.1	13.5～27	自动	意 SCM
Z45	4540								
LNA	1000～7500	95	350	180	7.5～11	0.75	12,24,48	自动	德 Anthon
LNB		150	500		11～12.5	1.1	9,18,36		
锯板系统 17/19	X 向～6000 Y 向～2200	115	400	125	7.5～15	1.1	进 7～21 返 10～31	自动	意 Giben

2. 锯齿磨损、锯齿开裂、锯切面起毛刺或发生烧焦现象

这些故障常与锯片的处理有密切关系。锯料过小，则锯齿与被切木材之间的摩擦加剧，甚至会发生夹锯现象；齿刃过钝，锯齿磨损加剧，锯切面起毛，甚至烧焦；锯片不平整、适张度过大也易造成锯齿磨损，甚至产生开裂。

3. 锯切面不直

可能是工作台面不水平或导板不垂直；锯片两侧锯料不对称；进料速度过快。

4. 进料困难、进给履带或进给辊筒运行不平稳

对履带进给可能是支承履带的导轨磨损或变形；也可能是履带的连接销轴或与之相配的孔磨损、或销轴弯曲、锈蚀、或履板变形；对辊筒进给，可能是辊筒的压紧弹簧过度变形或折断，也可能是辊筒过度磨损。

5.1.4 新型制材机械

为提高制材生产的效率，提高成材出材率和木材的综合利用率，出现了双联带锯机、多联带锯机和削片制材联合机等现代化新型高效制材机械，并已成为现代化制材厂的主要生产设备。

5.1.4.1 双联，多联带锯机

多联木工带锯机根据组合在一起的锯条数，可分为双联、三联、四联、五联和六联带锯机等多种组合形式，各锯条之间的距离可根据所需板、方材的宽度，按指令自动、快速和准确地调整，它既具有锯条薄、锯路窄、出材率较高的优点，又具有可以连续进料，一次能完成多道锯口，生产率较高且锯切精度好的优点。常配置在机械化、自动化程度较高的制材车间。它可以作为主锯机把原木剖成毛方和毛边板；或起主力再剖锯的作用，将毛方、方材、厚板锯剖成较薄的板材。

双联带锯机是多联带锯机中应用最为普遍的一种机型。图5-11所示为典型的双联带锯机。该机型由两台单锯条锯机组合而成。利用步进油缸（或用其他能准确定位的机构）将两单锯条锯机在底座的导轨上按锯剖规格快速、准确、对称地（或一个固定，一个移动）进行调整。两单锯的锯轮锯条分别由各自的主电机驱动。锯轮部件采用悬臂式静轴结构，上锯轮可进行水平（左右）、垂直（上下）和倾斜调整。采用高张力液压或气动张紧装置，反应灵敏迅速，并具有良好的吸振作用。锯机采用压力锯卡。原木由进料机构送进。

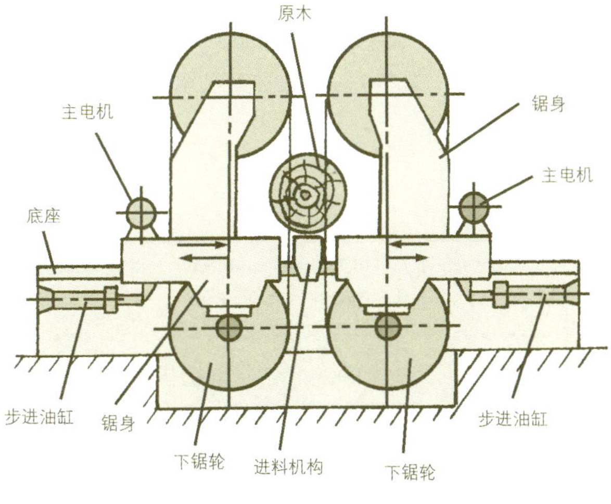

图 5-11 双联带锯机

双联带锯机常可与其辅助装置组成一个自动化制材系统。系统设有摄像、数据处理、优化锯剖、预定位装载等机构，自动化程度高，能保证原木按理想的锯剖图进行锯解。国产MJK3812数控双联带锯机，锯轮直径1200mm，两锯条间距103～500mm，进给速度10～90m/min，总功率120kW。

四联带锯机可以作主锯机，也可作再剖锯。在锯剖原木时常采取对称布置；在作再剖时常取顺序布置。

5.1.4.2 削片制材机和削片锯切制材联合机

这是一种新型的制材机械，以削片代替锯切或将削片与锯切组合在一起进行制材。它可以将经剥皮的原木外围不适宜于制成成材的部分，即在一般制材中成为板皮板条(包括部分锯屑)的部分，削制成有用的工艺木片，供造纸或人造板生产使用；而原木中间的主料可锯成成材，从而使木材的综合利用率大为提高。

以削片代替锯切的削片制材机主要有四面削片制方机、三面削片裁边机和双面削片裁边机等形式；削片与锯切组合形式主要有四面削片与圆锯机或四联带锯机组合，双面削片与双联带锯机或四联带锯机组合，单面削片与跑车带锯机或原木圆锯机组合等。

5.2 木工刨床

木工刨床按工艺用途分为平刨床（MB5）、压刨床（MB1）、双面刨床（MB2）、三面刨床（MB3）、四面刨床（MB4）和精光刨床（MB6）等。各种类型刨床的主参数均为最大刨削宽度。

5.2.1 平刨床

木工平刨床最主要的功能是对工件进行平面刨削，使其成为后继工序所要求的平整的基准面；也可用于加工与基准平面成90°～135°的邻面；还可用作实木拼缝、组件修正等加工。有些新型平刨床还具有裁口、刨槽等附加功能。

平刨床按结构可分为(普通)木工平刨床、裁口木工平刨床和斜口木工平刨床等；按进给方式可分为手工进给和机械进给。其中手工进给的普通木工平刨床数量最多（图5-12）。机床主要由床身、刀轴及其传动机构、前后工作台及其典型升降机构、导向板和防护装置等组成。

选购时，前工作台宜稍长些，这在刨削长木料时能获较

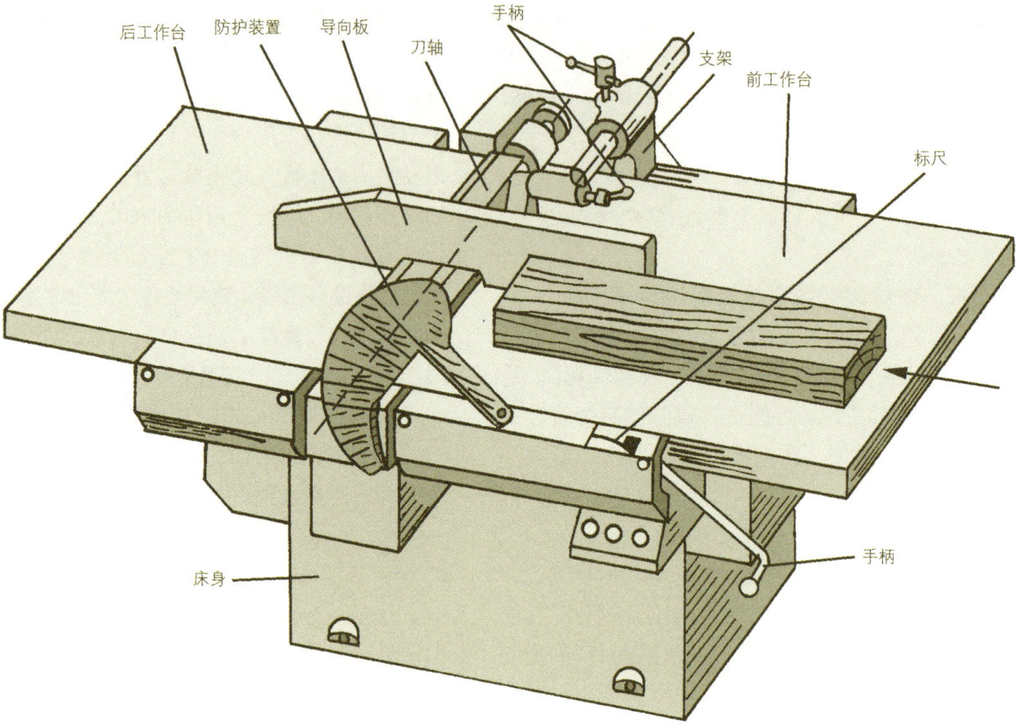

图 5-12 平刨床

好的稳定性，有利于工件获得准确、平直的加工表面。前工作台随刨削深度的变化，需经常作升降调节。常用的调节机构有斜导轨、偏心轮和四连杆等多种形式。当所需刨削深度<5mm，可选用偏心轮式；当刨削深度>5mm，尤其是需具有裁口功能时，宜选购四连杆式。刀轴出厂前都经动平衡试验，在使用中压刀条、压刀螺钉切勿随便更动，刀片刃磨后装刀前应经秤重，一般刀片间质量误差不应超过2g。这些措施有利于保证刀轴平衡，减小机床噪声，延长轴承寿命，有利于安全生产。

手工进给平刨床在加工工件时，操作工的手经常频繁地通过高速旋转着的刀口区，尤其在加工短斜、薄料或带有节疤、腐朽等缺陷的工件时，稍不慎极易产生事故，造成手指被切等严重工伤。因此，一方面操作工要严格遵守操作规程，实行持证上岗；另一方面选购时应注意安全防护装置的可靠，工作台零切削位置的开口量要尽可能小，尽可能配置机械进料机构。

为节省辅助时间，减轻劳动强度，不少平刨床附设有对刀装置，使装刀准确而快速；有的机床还设有装在专用立柱横梁上的刨刀刃磨装置，这特别适用于使用螺旋刨刀轴的平刨床，既方便又准确。此外，还有一些平刨床设有开榫槽和磨刀片的附件，以扩大平刨床的功能。

表 5-10 列出了国产平刨床的主要技术参数。

表 5-10 国产平刨床的主要技术参数

型　号	MB502A	MB503A	MB504B	MB504C	MB506B	MB573A
最大刨削宽度（mm）	200	300	400	400	630	300
最大刨削深度（mm）	5	5	5	20（可裁口）	5	5
前后工作台总长度（mm）	1400	1600	2100	2500	2400	
刀轴切削圆直径（mm）	90	115	115		128	96
刀轴转速（r/min）	6000	5000	6000	5000	6000	4500
电动机功率（kW）	1.5	3	3	3	4	1.5
机床质量（kg）	200	300	800	600	910	175

5.2.2 单面压刨床

单面木工压刨床主要用于刨削板材和方材，使其获得精确的厚度。机床最大加工宽度在250～350mm称为窄型，适用于小批量生产，加工较窄的工件；400～700mm为中型，适用于中批量生产，它基本上能满足各种宽度工件的加工，应用最为广泛；800～1800mm者为宽型，适用于各种宽板件或框型零件等专门化大批量生产。

单面木工压刨床，主要由床身、切削机构、压紧装置、进给机构、工作台及其升降机构，以及操作和传动等机构所组成，如图5-13所示。

工作台是工件加工时的基面，设有两个托辊，分列于刀轴中心线的两侧，它通常是空转辊，作用可减小工件进给时的摩擦阻力。在与托辊位置相对应的上方设有前、后进给辊，它们带有动力，在弹簧的作用下压向工件，并可带动工件实现进给运动。通常前进料辊做成分段弹性式，外表面带有沟槽。分段弹性式允许同时通过数块厚度略有差异的工件，以充分发挥机床的生产效率；表面沟槽可以增加其对工件的咬合系数，从而增大牵引能力。后进料辊则与已加工面接触，故要求表面光滑，且都为整体式。刀轴是切削机构，其前后设有前、后压紧器，靠弹簧和自重作用向工件施加一定的压紧力，抵消切削力的垂直分力，保证工件在切削过程中不产生跳动。前压紧器还具有断屑作用，可使刨花迅速折断，防止木材切削时产生超前裂缝。同时，它与排屑罩一起能引导刨花朝预定的后上方排出。止逆器可防止工件在切削过程中产生反弹伤人。挡板起限制切削深度h的作用，防止加工余量过大的工件进入机床。为适应所需工件厚度H的变化，机床一般用调节工作台高度的方法来改变工作台面至刀轴切削圆下母线的间距。可用标尺或应用数显技术(如国产MBX105型压刨床)显示刨得工件之厚度。

传统单面压刨床都是单工作台形式。MBS106型为双工作台单面木工压刨床。机床具有主、副两个工作台；当主、副工作台面调成同一水平面时，就相当于单个工作台；而当副工作台相对于主工作台下降一定的距离时，工件可以主工作台的侧面作为导向靠板在副工作台上进给加工，这就特别适宜宽、薄板材的侧面加工。有的机床还在右立柱的内侧设有侧向辅助导板，更可增加较窄侧面工件加工时的稳定性。这种机床还可用于基面为台阶形的工件加工；以及方便地实现同批内两种规格相差较大工件的加工。

与平刨床一样，目前不少压刨床都带有对刀器。有些还附带有刃磨装置。

表5-11列出了国产单面木工压刨床的主要技术参数。

5.2.3 双面刨床

双面刨床可在一次进给中完成对工件两个面的刨削加工。它由两个刀轴组合而成。根据组合形式的不同，双面刨床主要有三种类型：平刨－压刨组合，称为平压双面木工刨床；平刨－侧面刨组合，称为直角二面木工刨床；压刨－侧面刨组合，称为压刨侧面刨二面木工刨床。其中，第一种类型应用较多。

图5-14所示为国产MB2045型平压双面木工刨床。机床主要分上下两大部分，上部机架固定在四个立柱上，机架上

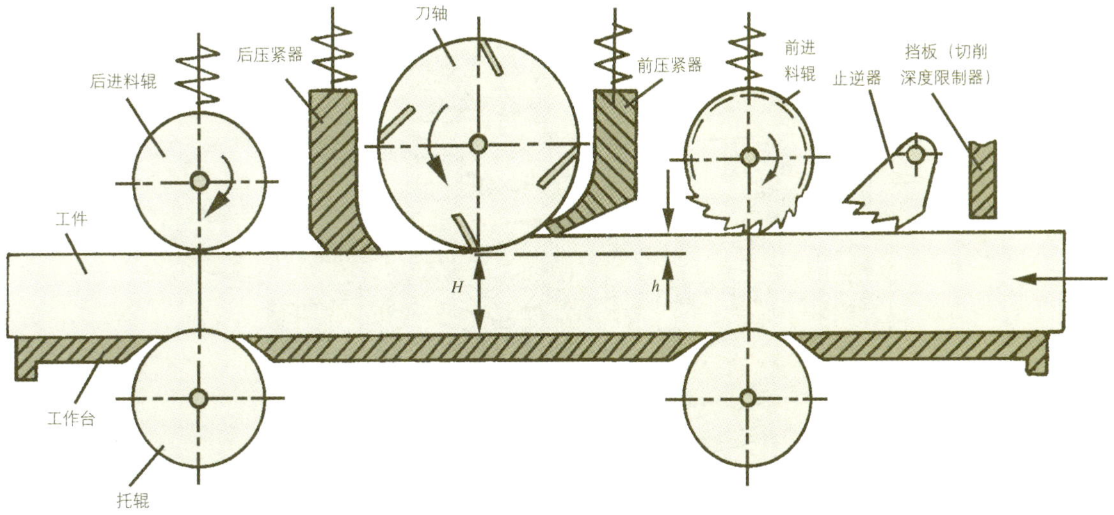

图5-13 单面木工压刨床

表 5-11 国产单面木工压刨床主要技术参数

型号		MB103A	MB103B	MB104	MB104A	MBX105（数显）	MB106	MB106A
最大刨削宽度（mm）		350	300	400	400	500	600	630
加工厚度（mm）		5～230	5～120	10～120	5～200	10～200	10～200	10～200
最小工件长度（mm）		250	235	210	210	250	330	290
最大刨削量（mm）		10	8	8	10	7	5	7
进给速度（m/min）		6，18	8，18	8～16	9～18	10，20	10，20	7～32
刀轴切削圆直径（mm）		115	115	90	100	110	125	128
刀轴转速（r/min）		5500	5000	5000	5000	4500	4000	5000
电机功率（kW）	主	4	4	4	4	5.5	7.5	7.5
	进给	0.8						0.85/1.5
机床外形尺寸（cm）		85 × 75 × 128	72 × 69 × 110	79 × 74 × 107	92 × 79 × 108	113 × 110 × 130	131 × 127 × 119	120 × 136 × 147
机床质量（kg）		600	450	550	590	730	950	1450
型号		MB106D	MBS106（双工作台）	MB108	MB1010A	MB1013	MB1310（螺旋刀轴）	MB1313（螺旋刀轴）
最大刨削宽度（mm）		630	630	800	1000	1300	1000	1300
加工厚度（mm）		10～200	～300	～200	10～200	10～200	10～200	
最小工件长度（mm）		300			400	400	400	400
最大刨削量（mm）		10		10	8	8	1	3
进给速度（m/min）		7～32	6～26.6	8，12，16，18	8，12，16	7.9，10.5，15.8	6，8，12	6，8，12
刀轴切削圆直径（mm）		128	110	140		140	138	148
刀轴转速（r/min）		5000	5070	5000	4500	4100	4700	4760
电机功率（kW）	主	7.5	5.5	7.5	11	11	11	11
	进给	1.5	0.65/0.7	1.5	3	2/2.6/3	1.8/2.6/3	
机床外形尺寸（cm）		137 × 134 × 147	119 × 120 × 119	131 × 151 × 147	131 × 186 × 143	141 × 220 × 125	168 × 131 × 148	220 × 130 × 148
机床质量（kg）		1430	1200	1550		2265	1911	2200

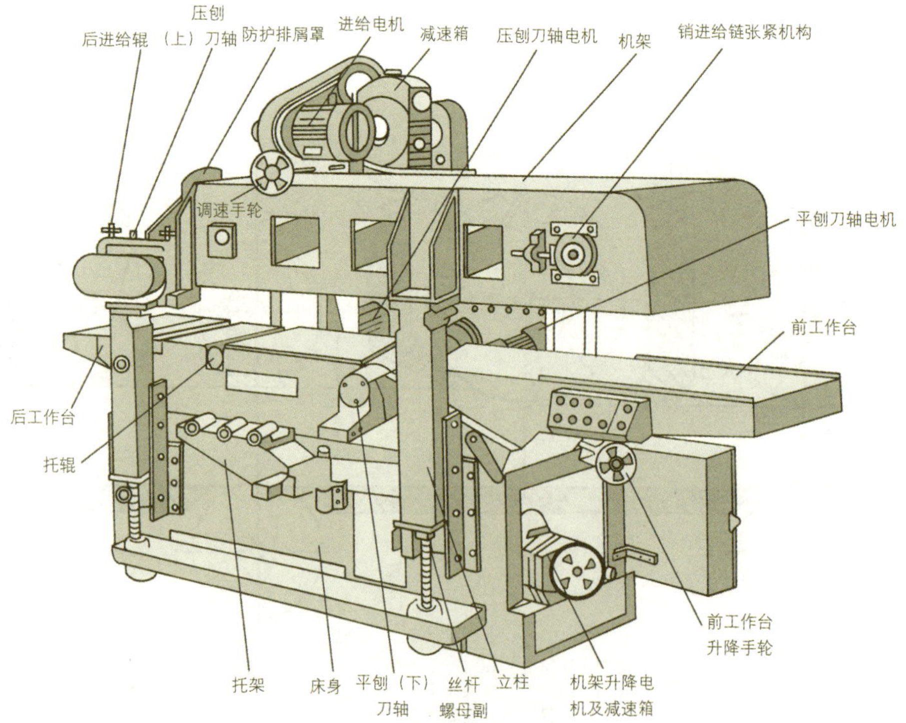

图 5-14 平压双面木工刨床

设置有上刀轴、进给辊、销进给链以及它们的传动机构；机床下部是床身，其上设有固定的后工作台 和可调的前工作台，两工作台间为下刀轴。机架立柱与床身之间通过丝杆副联系起来。下刀轴传动以及机架升降等传动均设置于床身内。托架可以摆动，下刀轴需换刀时，托架可以向右摆至适当位置，把下刀轴拉出搁置在托架的滑轨上进行换刀。

日本庄田DSP-311D型双面刨床机架的升降应用了步进电机和数控系统，调节更为简便快速和准确。

表5-12所列为部分平压双面木工刨床的主要技术参数。

5.2.4 四面刨床

四面刨床在一次进给中可以加工工件的四个表面，其刀轴数至少为四根——上下左右各一根。如图5-15所示，上下两根为水平刀轴，左右两根为垂直刀轴。通常先由刀轴分别加工出工件的两个相互垂直的基准平面，再由刀轴使工件获得适当的宽度与厚度。但立刀轴也可用于槽和企口等简单型

表5-12 部分平压双面木工刨床的主要技术参数

型号 / 厂商		MB2045	（日）庄田DSP系列 121	132G	141G	（日）菊川PW-18	MB206C	MB206D	（前苏联）C2P12-2
最大加工宽度（mm）		450	450	600	890	450	630		1250
加工厚度（mm）		8～180	6～100	12～150		～200	6～200	10～200	10～125
刀轴切削圆直径（mm）		124	111	127	165		125	128	160，165
刀轴转速（r/min）		5000		5000		5000	5300	4500	4050
进给速度（m/min）		7.5～1.5		6～15		7.5～15	8，12.5，25	7～32	5～25
电机功率（kW）	上刀轴	7.5	5.5	7.5	30	7.5或11	5.5	7.5	22
	下刀轴	5.5	3.7	5.5	22	5.5或7.5	4	4	17
	进给	2.2	1.5	2.2	5.5	1.5或2.2	1/1.3/1.7	1.5	3
	升降	0.75	0.4	0.75	1.5	0.75	0.37	0.37	0.6
机床外形尺寸（cm）		318 × 170 × 170	252 × 116 × 154	295 × 1453 × 160	14 × 270 × 187	273 × 170 × 180	125 × 132 × 124	144 × 134 × 147	280 × 185 × 170
机床质量（kg）		3300	2500	3700	7900	2500	1800	1670	6000
结构特点				销—辊进给				辊筒进给	

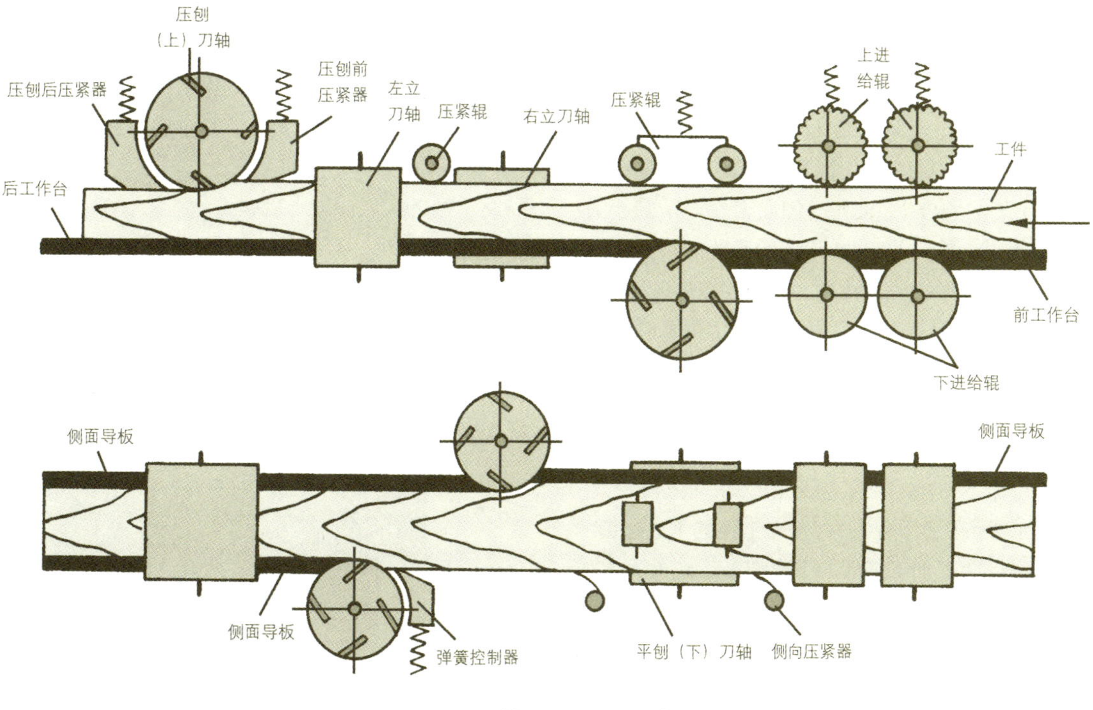

图5-15 4轴四面刨床刀轴布置

面的加工。

大多数四面刨床不仅用于平面工件的加工，更主要的是用于各种型面工件的加工，其刀轴数通常也多于四个。根据刀轴多少，结构繁简以及最大加工宽度范围，四面刨床常可分为轻、中、重等类型。轻型四面刨加工宽度一般在150mm以下，有4～5个刀轴，对5刀轴者，其最后一个常为“万能”刀轴，用于成型面的加工。中型四面刨加工宽度一般为150～300mm，具有5个刀头。重型四面刨的最大加工宽度超过200～300mm，具6个或更多个刀头，常采用贯穿式（或称全程）进给，具有较大的功率，生产率高、加工精度好，但调整环节多、调整较费时，适用于大批量生产。

四面刨床用途广泛、发展迅速，尤其是在诸如门窗、地板、拼板、车辆、建筑内装修、家具、玩具等需采用成型木条的木制品生产行业中。

下面着重介绍与加工工艺密切相关、使用和选购时应着重考虑的，四面木工刨床的刀轴形式及常见的布局方式。图5-16所示为现代四面刨床常用刀轴的基本形式及其布局的一些典型例子，可供用户选购时参考。图中表明，四面刨床除图（a）4轴式所采用的最基本的平刨（下）刀轴、压刨（上）刀轴以及左右立刀轴之外，常用的还有以下一些基本形式的刀轴：

1. 万能刀轴

图5-16（b）所示为5轴四面刨床的典型布局形式，实际上是在图（a）4轴式的基础上增设了万能刀轴。该刀轴常设置在四面刨床的最后，安装成型刀片，加工各种成型表面。为满足工艺需要它不仅可作上下、左右移动调整，而且它还可作90°或180°范围内的回转调整，故称为万能刀轴。在轴数更多的四面刨床上，该刀轴还常装上锯片用于最初的锯分，使一次加工可获得两根成型木条。

2. 可倾立刀轴

如图5-16（c）所示，这是在图（b）基础上又增加了可倾立刀轴，该刀轴常作为右侧第二立刀轴，用于解决某些复杂型面的加工。在某些场合下，使用可倾立刀轴对于减小刀具切削圆直径能起很大的作用。图5-17所示为两种立刀轴加工同一型面所需刀具形状的对比图。图中实线所示为使用不可倾立刀轴所需刀片形态；双点划线则表示用可倾立刀轴加工时所需刀片形态，两者切削圆直径相差甚大。

3. 平压刨两用刀轴

图5-16（d）又在图（c）方案中增加了上下位置可调整，既可作上刀轴又可作下刀轴的平压刨两用刀轴。根据工艺需要，可以将该刀轴调整在工作台上方，加工工件的上成型面；也可以调节到工作台之下加工工件的下成型面，甚为灵活。

4. 预平刨槽刀轴

在毛料的基准面弯曲较大时，经过一道平刨往往不能获得理想的基准平面，而采用预平刨槽刀轴在工件底部开出导槽，可以获得较好的加工基准，减少毛料弯曲的影响。如

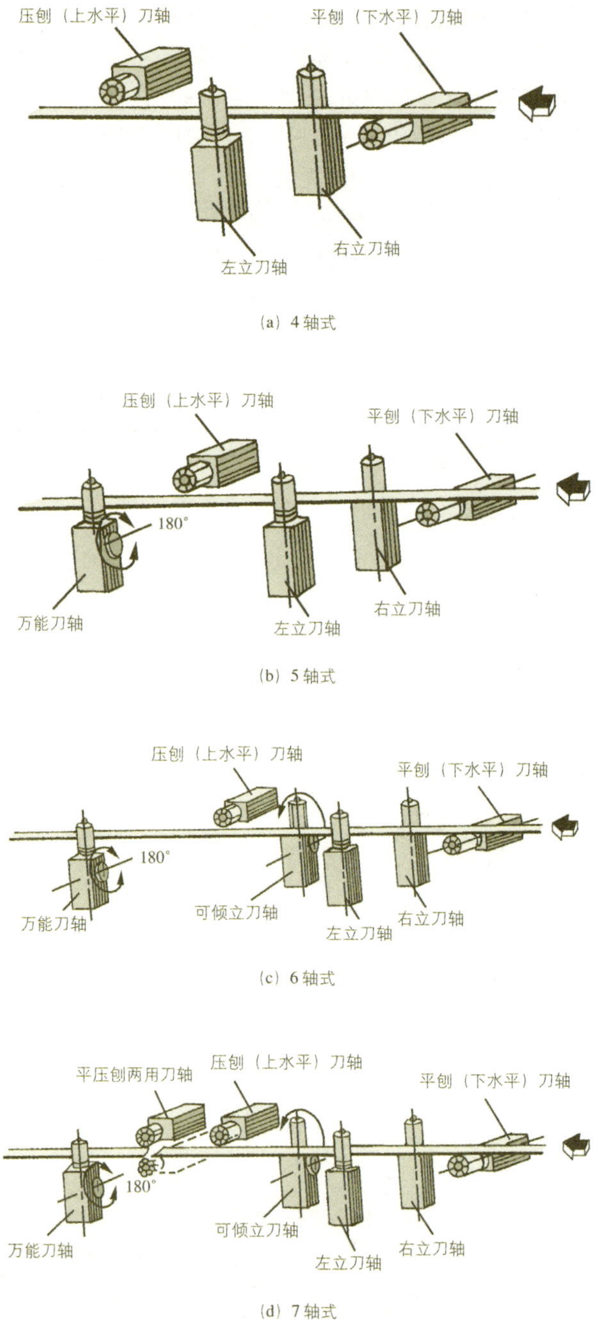

图5-16 四面刨床刀轴的基本形式及其典型布局

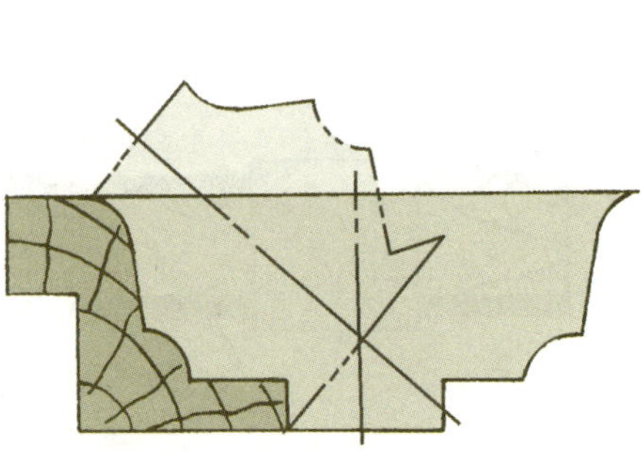

图5-17 不可倾与可倾立刀轴刀具切削圆直径对比

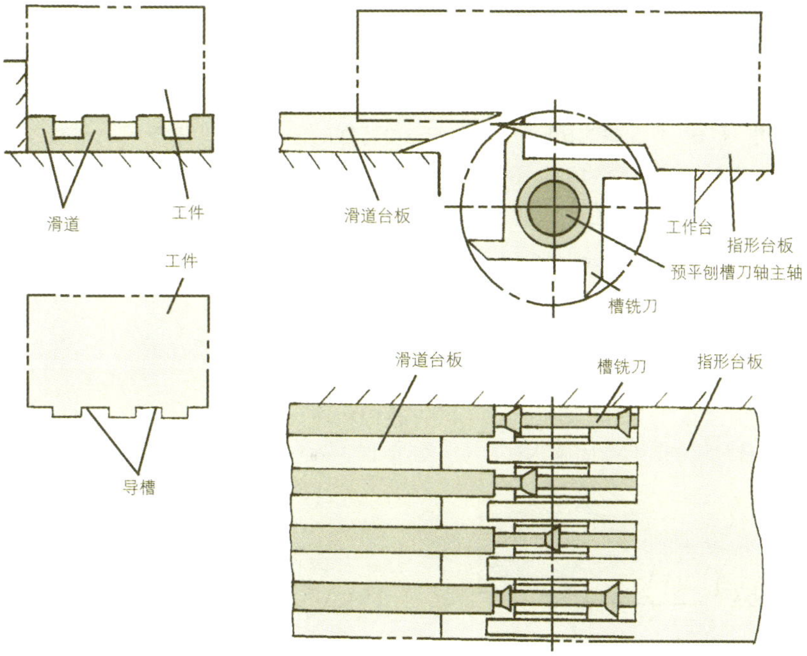

图 5-18 预平刨槽刀轴与滑道工作台

图5-18所示，预平刨槽刀轴主轴上装有一组镶硬质合金的槽铣刀，各槽铣刀间有隔圈定位，其位置及刃口宽度与刀轴后面的滑道工作台台板上的滑道的位置和宽度相对应。刀轴前面的工作台上固定有指形台板，且其指形部分通过主轴上各槽铣刀的间隔部分嵌入滑道台板的槽口中。通常工件由上、下辊送进，通过预平刨槽刀轴后，其底部就加工出一排导槽，之后，工件以导槽作为基准进行各个面的加工，至最后一根下刀轴再切去导槽，而使工件获得准确的尺寸和形状。

5. 可沉式立刀轴

这种刀轴大多设置在左立刀轴位置上，能使整个左立刀轴下降到工作台面以下，这就扩大了机床工作台宽度方向的空间，以适应有些窗框需在装配后进行某些加工的需求。

除图5-16所列的典型布局外，利用上述各种基本刀轴还可以根据工艺要求进行更多样的组合。一些生产四面刨床的公司都有自己的标准刀轴以及由其组成的系列产品，可供用户选用。

刀轴的调整运动，目前大多为手工。但在一些先进的现代化四面刨床上已采用机动方式或配有电子数字显示装置，能快速准确地表明各刀轴的位置以及加工工件的宽度和厚度。更先进的机床所有调整均可由微机控制，采用步进电机驱动，快速简便而准确，大大节省了机床调整所需的辅助时间，为高生产率四面刨床在小批量多品种加工方面的应用铺平了道路。

6. 可编程多刀盘叠合型长主轴的立刀轴

控制手段的发展，促使各刀轴在结构上的进一步发展。如在某些现代化的四面刨床上，设有可编程的多刀盘叠合型长主轴的立刀轴。如图5-19所示，它相当于一个很小的刀具库，把多个加工不同形状成型面用的刀盘叠合安装在同一主轴上，应用数控技术，可在数秒钟内自动准确地变换立刀轴的轴向位置，把需要用的某个成型刀盘调至工作位置。

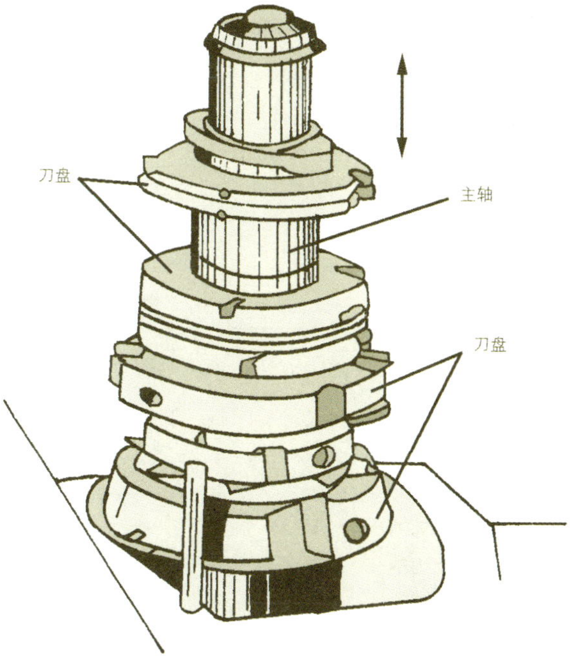

图 5-19 可编程多刀盘叠合型长主轴的立刀轴

7.“跃动式”上水平刀轴

该刀轴由微机控制，能自动作断续的刨削加工。它只在需要时才下降到工作位置，参与规定的切削，之后又立即升起，离开加工面。这在加工某些倒角或不贯通的槽时，特别方便。

四面刨床各刀轴的刀体大多做成圆柱形可拆式，以便从主轴上取下，作修磨处理。较先进的四面刨床各刀轴还设有刀具修磨器，对刀轴上各刀片进行同心研磨，并可遥控进行。

表5-13列出了国内外部分四面木工刨床的主要技术参数。

5.2.5 精光刨床

精光刨床是按刨切原理进行加工的，刀片固定，由工件作直线运动来完成切削。其切削量甚小，主要作用是刨去工件表面由前道精加工所留下的波纹，以进一步提高表面光洁度，为油漆饰面作准备。它特别适用于各种宽度不大的板材和杆件的修整加工，不仅可以替代手工刨，而且可以部分替代砂光。

图5-20所示为国产MB602型木工精光刨床。机床主要由床身、工作台、刀床、进给和调整机构等组成。底座上设有工作台升降机构，摇动手轮，可使工作台沿立柱上的导轨作升降调节，以适应工件厚度变化的要求。工作台中部有一圆形凹槽，内装刀座，刀座上装有刨刀并可随刀座一起在凹槽内作回转运动，调整刀刃与进料方向之间的夹角，一般可在0°～60°范围内任意调节。立柱顶部设有工件进给机构。

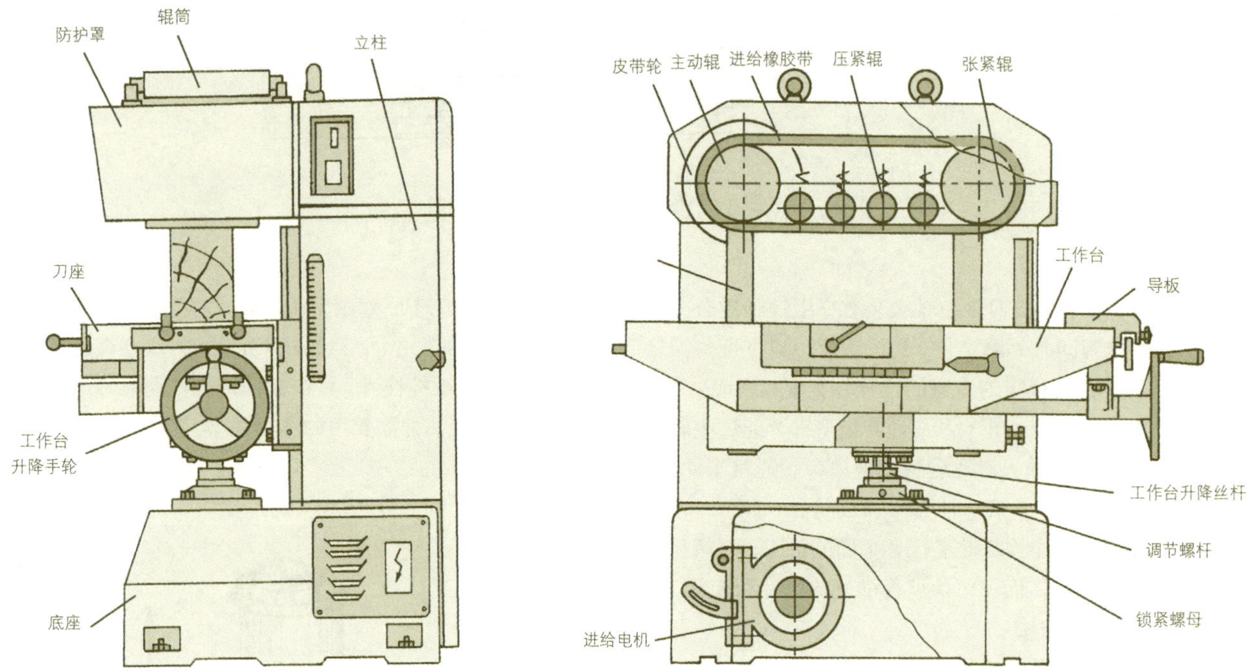

图5-20 MB602型木工精光刨床

表5-13 部分四面木工刨床的主要技术参数

厂商 \ 型号		MB402E	MB404	MB402D	（德）Weinig			（德）Gubisch BS系列		（意）SCM P系列		（英）Wadkin GA系列	
					23E	25N/R	30N/R	170	230	170	230	170	220
最大加工宽度（mm）		200	400	200	230	250	300	170	230	170	230	170	220
最大加工厚度（mm）		80	120	120	120	140		115		120		120	
进给速度（m/min）		6～30	8～24	7～3.5	5～24	6～60		5～30		5～50		6～28或选6～36	
电机功率（kW）	下刀轴	4	4	4	5.5	5.5		3	3	各4		各4或可选5.5，7.5，11	
	上刀轴	5.5，4	7.5	5.5	7.5	5.5		3	3				
	立刀轴	4	3	5.5，4	7.5	5.5		3	3				
	进给	4	1.5	4	2.2	15		2.2		3		2.2或选4	
结构特点		5～8轴	4轴	6轴	5轴，液压型，轴数按需而定			4～7轴		4～12轴		4～8轴	
		贯穿式进给	推进式进给	贯穿式进给	贯穿式进给			贯穿式进给		贯穿式进给		贯穿式进给	

进给元件是采用宽橡胶带形式。在与工件接触的橡胶带内侧设有多个压紧辊，给工件施加一定的正压力，保证工件顺利地进给和刨切。工件一次通过不再返回，一次只切一个面，属单面刀座下置通过式精光刨床。

精光刨床发展迅速，形式甚多。除单刀座式外，还有双刀座式。它具有顺序排列的粗、细精光两个刀座，工件一次通过机床即可完成粗细两道精光刨削，从而可获得更好的表面质量。刀座除下置外，亦可上置。上置的优点是加工表面朝上，操作者易于观察，发现问题可及时处理；但排屑不如下置式畅快。工件进给除通过式外，还有自动返回式。其优点是工件自动返回可节省操作人员。但返程不切削会影响生产效率。所以，常做成往程作粗光刨；返程作细精光刨。这时，刀座必须作相应的运动，以保证工件往返时能实现粗、细精光加工。

精光刨还可以与平刨床或压刨床等组合。工件在经过平刨床或压刨加工后，直接进行精光刨加工。

以上所述各种类型的精光刨床每次进给都只加工一个表面。有些精光刨床设计成一次进给可加工两个相对的面，称为双面精光刨床。两个面可以上、下相对，也可以两侧相对。两者组合可以成为四面精光刨床。

表 5-14 列出了部分精光刨床的主要技术参数。

5.2.6 选购与验收木工刨床时可供参考的主要标准

现行木工刨床的主要标准有：GB/T13569-92 木工平刨床精度；GB/TB572-92 二、三、四面木工刨床精度；GB/T14384-93 单面木工压刨床精度；JB3291-83 木工精光刨床精度；JB5727-91 单面木工压刨床结构安全；JB6112-92 二、三、四面木工刨床和铣床结构安全；JB/T6548-93 二、三、四面木工刨床和铣床技术条件；JB/T6550-93 木工平刨床技术条件等。

5.2.7 刨床常见故障分析

1. 振动大、噪声高

这大多是由于刀轴平衡问题或其轴承损坏造成的。平衡问题主要有两方面原因，一是刀体(包括皮带轮)动平衡超差；二是装刀时各组刀片、压刀楔铁和压力螺钉不等重。

2. 刨削表面有明显的波形刀痕

造成原因可能是切削速度过低，各刀片装刀高度不一致。

3. 平刨床加工难以获得平直的基准面

除操作原因外，可能是前后工作台面平面度超差，前工作台不够长，加工长料时，毛料伸在前工作台面外过多；此外还可能是调整不当，毛料前端被切量过多，说明后工作台过低；若末端被切过多，则后工作台过高。

4. 压刨加工后工件厚度不均匀

这大多是调整不当所致。两下支承辊位置过高，工件易出现中凹现象；前下支承辊调得过高，断屑器位置调得过低，则易产生“啃头”(工件前端切除过多)；后下支承辊过高，后压紧器调位过低，则易产生“啃尾”现象。此外工作台升降丝杆磨损、间隙过大也影响工件厚度的均匀性。

5. 断屑器、压紧器不起作用或调节困难

这可能是相应的调压弹簧折断或太软，导轨磨损，调位螺钉滑丝，断屑器销轴弯曲或断屑器压紧器磨损不匀或局部碎裂。

表 5-14 部分精光刨床的主要技术参数

厂商 \ 型号			（日）丸仲Royal系列			（日）丸仲	（日）竹川			
		MB602	14FX	18FX	Kaytain 25- Ⅲ	Slider-25 Ⅲ	GS · 20A	MT · 25W	MZB · 25W · Ⅲ	MZS · BW
最大工作尺寸（mm）	宽度	250	350	450	250	250	200	250	250	140
	厚度	180	180			180	160	160	180	140
进给速度		47，84	25，50	38，75	55	55	100	82	60	58.1
刀座旋转角度		60°	60°		60°	固定 42°	固定 35°		固定 40°	
电机功率（kW）		2.2	3.7	5.5	2.2	2.2	1.5	2.2	2.2 × 2	2.2 × 4
机床外形尺寸（cm）		110 × 70 × 110	133 × 103 × 140	160 × 130 × 173	133 × 87 × 135	133 × 123 × 144	125 × 70 × 105	107 × 88 × 114	435 × 87 × 132	347 × 121 × 130
机床质量（kg）		800	630	1100	465	530	380	400	1250	2260
结构特点		工作台升降	进给机构升降		回转型	移动型	往返型	下置双刀座	上下面精光	四面精光
		单刀座下直			往返切削					

5.3 木工铣床

木工铣床是应用十分广泛的万能性设备，能完成各种不同的加工，其中最主要的是用于各种型面的加工。加工的型面可以是直线也可以是曲线，可以是内封闭曲线也可以是外封闭曲线，可以贯通也可以不贯通。此外，还常可作裁口、起线、企口、开榫、锯割等用。因而木工铣床是各种木制品加工企业不可缺少的主要设备之一。

木工铣床形式很多，按主轴数可以分为单轴、双轴和多轴。按主轴的布局可以分为立式和卧式。立式中又可分为上轴和下轴。按进给方式分有手工进给和机械进给。机械进给中按进给元件的不同又可以分为辊筒、履带、链条、滚轮及转台等形式。按照仿形维数可分为模板仿形（二维）和模型仿形（三维）等形式。按控制方式可分为手控和数控等等。

木工铣床下分四组：接口铣床（MX3），这实际上是指以铣削方式加工的某些开榫机（见后）；立式铣床；双面、三面、四面铣床和仿形铣床。具体分类如表5-15所示。

表 5-15 铣床分类（按GB/T12448-99）

组 名称	组 代号	系代号	木工锯机名称
立式铣床	5	0	镂铣机
		1	单轴木工铣床
		2	立式万能木模铣床
		3	双轴木工铣床
双面、三面、四面、铣床	6	1	双面可调双轴铣床
		2	双面仿形铣床
		5	三面铣床
		7	四面铣床
仿形铣床	7	3	转台式单轴仿形木工铣床
		4	转台式（多）轴仿形木工铣床
		6	仿形雕刻机
		7	直列式（多）轴仿形木工铣床

5.3.1 单轴木工铣床

单轴木工铣床，即MX51组系是指木工下轴铣床，机床主轴从工作台下部伸出工作台面，是铣床最常用的布局形式。根据主轴具有的调整运动，它又可分为主轴可倾斜式与不可倾斜式两种。主轴可倾者，其工艺用途就更为广泛。

图5-21所示为主轴不可倾立式下轴木工铣床。机床主要由床身、工作台、主轴部件、导板、主轴升降机构、主轴传动机构以及防护装置等组成。铣刀轴由防护板、止逆器、前后导板等护围。工件以工作台和导板为基面，手工推送通过铣刀切削区进行加工。

铣床工作台是加工时的重要基准面。根据工艺的需要，工作台可以与辅助工作台和移(活)动工作台进行组合，派生出多种工作台形式的铣床，选购时应予以注意。手工进给的下轴铣床常可利用靠模夹具进行仿形加工。

表5-16列出了国内外部分手工进给单轴(下轴)木工铣床的主要技术参数。

5.3.2 镂铣机

MX50组系镂铣机，是立式上轴铣床，其主轴置于工作台上方，通常使用直径2～30mm带柄端铣刀，可对工件进行各种花纹铣刻、浮雕、内外曲线的仿形加工、钻孔、扩孔以及各种槽形等加工。机床一般由床身、工作台、切削机构、操纵机构以及传动系统等组成。按刀具工件相互趋近时运动元件的不同可分为刀架升降和工作台升降两种形式。

表 5-16 部分手工进给下轴木工铣床的主要技术参数

厂商 \ 型号	MX518	MX5110	MX5112	MX5112A	（美）Delta RS10	（美）Delta RS12	（意）SCM T120C	（意）SCM T160	（前苏联）Φ C-1	（前苏联）Φ C Ⅲ -1	（前苏联）Φ C Ⅲ -2
最大铣削厚度（mm）	80	100	120	120					100		
工作台尺寸（cm）	100 × 80	106 × 80	112 × 90		70 × 70	100 × 95	110 × 90	100 × 100	100 × 80		
主轴转速（r/min）	4200，6000	2000 ～10000	6000，10000		4200，5100	4000，6000	2900，4400，6000，7800，10000		3500，4800，7100，9000		
主电机功率（kW）	4	5.5	4		1.5	4	4	5.5 或 7.5	4.7/5.5		3.3/4.1
外形尺寸（cm）	168 × 132 × 125	113 × 88 × 158	218 × 108 × 141	112 × 90 × 120			112 × 90 × 85		108 × 115 × 125	155 × 155 × 132	132 × 150 × 132
机床质量（kg）	550	800	1200	950	174	500	730	790	800	870	980
结构特点	带托架工作台	带辊筒式进料器	主轴可倾45° 带托架工作台	主轴可倾45° 无移动工作台	无移动工作台 主轴不可倾		工作台带滑槽，可开榫	主轴可倾45°，带托架工作台	无滑台	带移动滑台，可开榫	带机械进给滑台

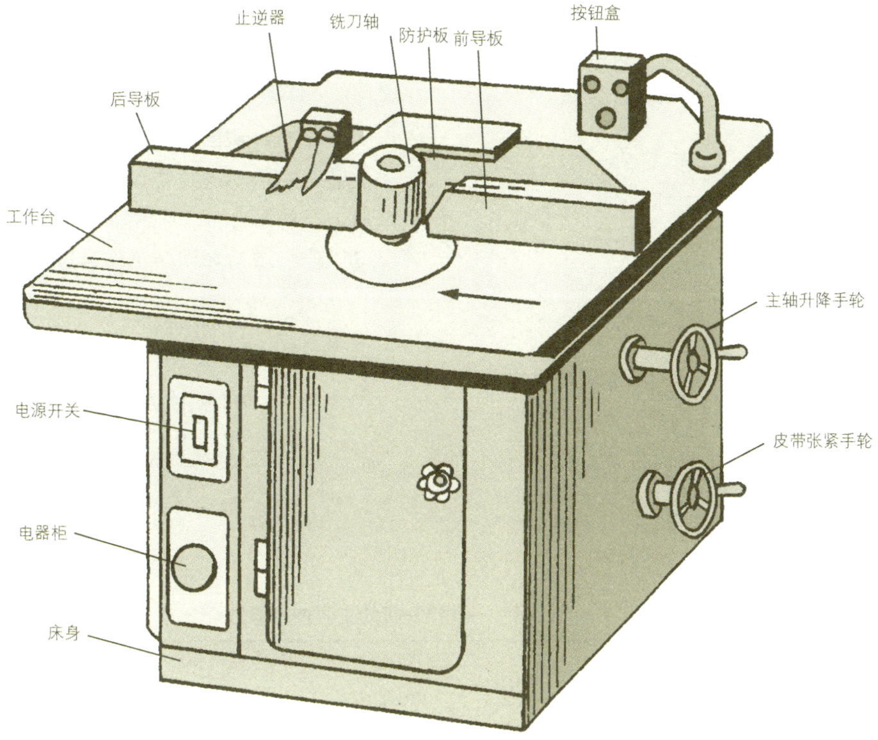

图 5-21　主轴不可倾立式下轴木工铣床

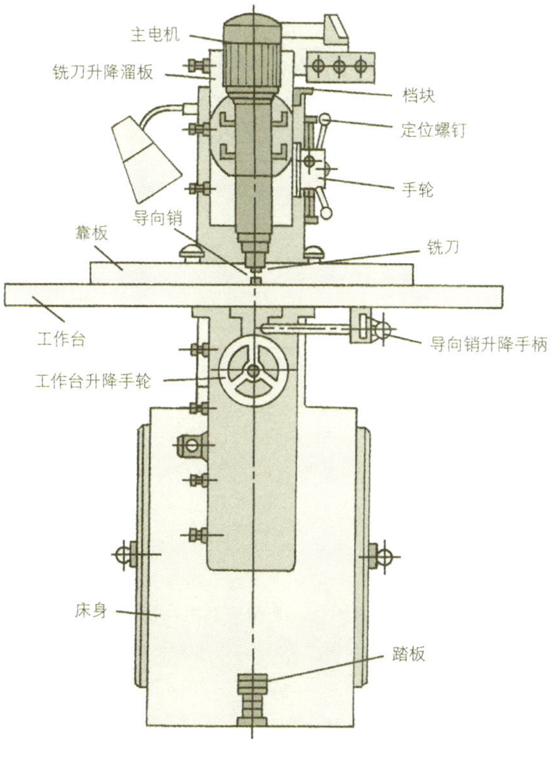

图 5-22　刀架升降式镂铣机

图5-22所示为刀架升降式镂铣机。铣刀由高频电机直接带动，一般转速在12000～18000r/min。整个切削机构装在溜板上，由气动系统使刀架上下移动，铣刀下降位置可由可调档块定位。刀架升降速度可由节流阀调节。工作台置于床身上，通过手轮可调节升降。工作台上设有靠板，在作沟槽、直线型花边加工时可作为工件进给的导向元件。工作台上还设有导向销，通过手轮可使其升降，需要时伸出工作台面，在仿形加工时作为靠模移动的导向元件。

图 5-23 所示为在镂铣机上利用靠模夹具作模板仿形加工的典型示例。工件利用挡块定位，由带偏心弧的手柄通过

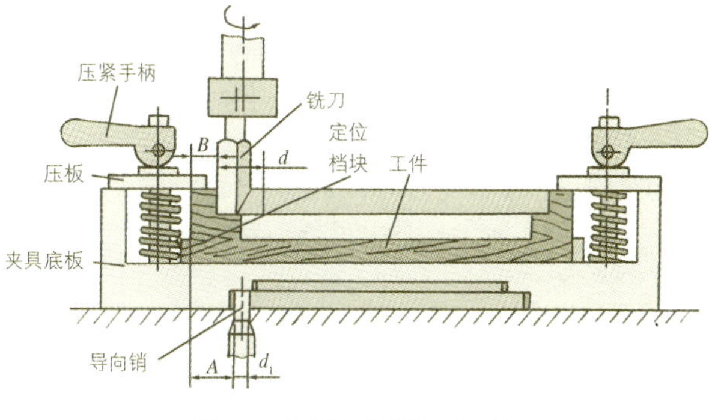

图 5-23　镂铣机作模板仿形加工

压板压紧。夹具底部设有靠模曲线。工作时，夹具置于机床工作台面上，手工使夹具的靠模曲线紧贴导向销，铣刀即可在工件上加工出与靠模曲线相对应的所需曲线。机床调整时，导向销至定位档块和至切削圆周面的距离A和B应符合以下关系：

$$A = B + \frac{d - d_1}{2}$$

式中：d——铣刀切削圆直径，mm

d_1——导向销直径，mm

有些镂铣机导向销伸出工作台的高度做成逐级可调的形式，可使工件在不同深度处按不同形状进行仿形加工。

一些表面经过精加工或作过表面装饰处理，外表不允许损坏以及某些难以装夹的工件，可以采用真空吸附方式进行夹持。它具有不损坏工件，安全可靠以及速度快捷等特点。

表 5-17 列出了国内外一些镂铣机的主要技术参数。

5.3.3 单轴铣床的机械进给

单轴铣床的机械进给方式很多。最简便的是在下轴铣床上装辊式自动进给装置。除此之外，铣床的机械进给大多是服务于仿形加工。通常所采用的有链条进给、辊轮进给、移动工作台进给和回转工作台进给等方式。

表 5-18 列出了国内外一些机械进给单轴铣床的主要技术参数。

5.3.4 单面双轴铣床

具有二根(或二根以上)主轴的铣床有单面和双面之分。

表 5-17 一些镂铣机的主要技术参数

厂商＼型号	BQ5114B	MX505	MX509A	（日）庄田	（日）庄田 ROA 系列		（意）SAOM	（前苏联）	
				RO-116	113	151	P5	P6	B ϕ K-2
工作台尺寸（cm）	81 × 50	80 × 50	100 × 90	81 × 51	90 × 60	90 × 60	80 × 80	100 × 85	118 × 80
工作台或主轴升降距离（mm）	140	90	90	95	70	120	120	140	130
主轴转速（r/min）	18000	20000	~18000	20000	20000	~20000	~18000	~18000	18000
主电机功率（kW）	2.2	2.2	3	1.5	2.2	2.2	3	3.3/4.4	2.2
机床外形尺寸（cm）	104 × 94 × 134	134 × 176 × 150	145 × 100 × 166	145 × 79 × 145	156 × 90 × 147	175 × 90 × 150	135 × 93 × 192	167 × 100 × 195	118 × 145 × 160
机床质量（kg）	600	750	600	750	750	920	590	980	910
结构特点	主轴升降可倾45°	工作台升降式	工作台升降式	工作台机动升降	主轴升降	主轴升降可倾±45°	主轴升降	主轴升降可倾90°	气动主轴升降

表 5-18 一些机械进给单轴铣床的主要技术参数

厂商＼型号	（意）SCM		MX7612	（德）Knoevenagel	（意）Sipest	（日）饭田	（日）协荣
	R9	R10		FO 300	1200V/S	RSC-1500SO	KCS-603
工作台尺寸（mm）	1510 × 1170	2600 × 1250	ϕ 1100	ϕ 300	ϕ 600	ϕ 1500	ϕ 600
主轴转速（r/min）	10000,20000	8000~20000	6000	10000	7000	6500	7600
进给速度（m/min）	1.5~1.2	0.85~8.5	3.5~17	3.7~11.3		1.4~8.5	1.8~13.2
主电机功率（kW）	4	4	总 7	4 或 5.5	5.5	3.7 或 5	5.5
进给电机功率（kW）	0.14/0.51	0.55/0.9		0.38		0.75 或 1	1.5
机床外形尺寸（cm）	114 × 163 × 166	270 × 235 × 175	150 × 150 × 165			300 × 236 × 179	
机床质量（kg）	700	1600	1800			3500	1100
结构特点	辊轮进给	移动工作台进给	回转工作台进给				

木材工业手册

其区别在于在一次进给中机床各铣刀是否加工工件的同一个加工表面。加工同一面者称为单面铣床；加工不同的两个面者则称双面铣床。一般不特别说明则常指单面铣床。

单面双轴铣床主要有主轴固定式和主轴可移(或摆)动式两种。

主轴固定式双轴铣床相当于两台下轴铣床拼合，但两主轴转向相反。如图5-24所示，由于机床具有两个转向相反的左右刀轴，操作人员便可根据工作曲线和木纹走向选择加工刀轴，使各段曲线均能实现顺纹铣削，达到有效地防止木材纤维劈裂的目的。该特点在制作某些高档实木家具时尤为明显，常被大量采用。

主轴可移(或摆)动式单面双轴铣床的两主轴可作前后伸缩移动或绕定轴摆动，以适应靠模样板及工件形状变化的需要。两主轴常依次作粗铣和精铣加工。图5-25所示为回转工作台双轴铣床加工靠背椅的实例。粗铣刀轴用于粗铣，精铣刀轴用于精铣。工位Ⅰ和Ⅲ的靠模样板符合椅背部曲线；Ⅱ、Ⅳ工位样板符合椅面曲线。工件转至工位时，压紧器自动压紧工件，可进行铣削加工；转出后，压紧器自动放松，可装卸工件。

主轴摆动型与伸缩型相比，机床更易布局，占地面积亦省。

表5-19列出了国内外部分单面双(多)轴木工铣床的主要技术参数。

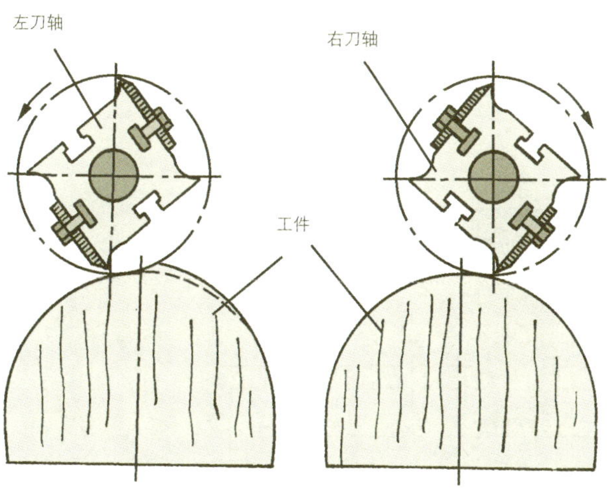

图5-24 主轴固定式双轴铣床

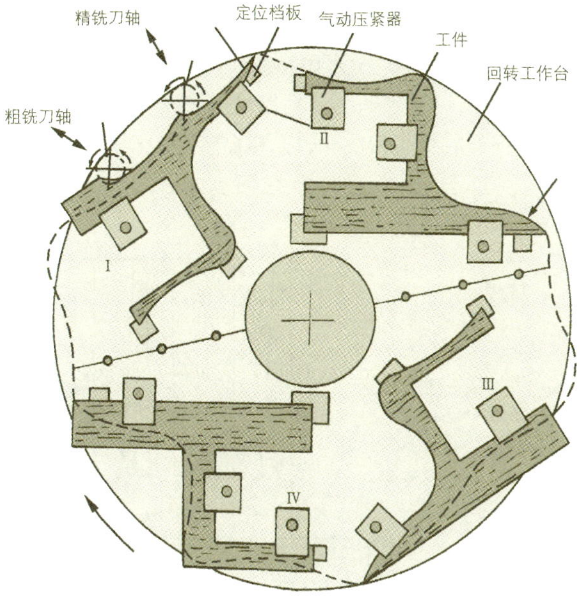

图5-25 回转工作台双轴铣床

表5-19 一些单面双（多）轴木工铣床的主要技术参数

厂商 \ 型号	（日）庄田 WM-112	MX7520	（意）Sipest 3500VV	（德）Konevenagel FO600	FO800	FO1100	FSO1850	（日）饭田RCS系列 800DO	1500DM
工作台尺寸（mm）	1270 × 1080	φ 1500	φ 2350	φ 600	φ 800	φ 1100	φ 1850	φ 800	φ 1500
主轴数	2	2	2	2	2	3	5	2	2
铣刀最大直径（mm）	60～145			60，75	60，75	70，125	75，125	140	140
主轴转速（r/min）	～10000	7000	7000	8000	8000	～12000	～9000	5400	5400
进给速度（m/min）		2.4～16.5		0.5～8	0.5～8	1～4	0.5～2.5	0.4～1.25	0.25～1.5
主电功率（kW）	2.2 × 2	总14.5	5.6 × 2	5.5 × 2或7.5/11		5.5/7.5或11/15		3.7 × 2	3.7 × 2
进给电机功率（kW）				0.2	0.2	0.2	2.2	0.4	0.4
机床质量（kg）	1200	3200						1100	4000
结构特点	双轴固定转向相反	回转工作台进给、主轴摆动型							

5.3.5 双面铣床

双面铣床具有两个或多个铣刀轴，可同时对工件相对应的两个面进行仿形加工。按进给方式分，主要有辊筒进给和工作台进给两种方式。前者一般仅有两个刀轴；后者则常可设置两个或更多个铣刀轴，并还可与横截圆锯、带式磨削头等组合，使机床具有更多的功能和获得更好的表面加工质量。

图5-26为辊筒进给式双面双轴铣床作仿形加工的典型图例。毛坯固定在样板上，由前后进给辊推送样板和工件通过铣刀轴，工件的左右两侧可按样板侧面形状获得仿形加工。若应用特殊样板还可对某些上下面为弧形零件作仿形加工。

图 5-27 为典型工作台进给式双面仿形铣床原理简图。机床主要由床身、工作台、前后铣削头、磨削头、横截圆锯、气动定位、夹紧以及液压进给系统等组成。

工件装在靠模样板上，可由横截圆锯按所需长度自动截断，两侧面经前后铣削头与前后磨削机构作仿形铣削和磨削，可获得很好的加工精度和表面粗糙度。机床采用行程开

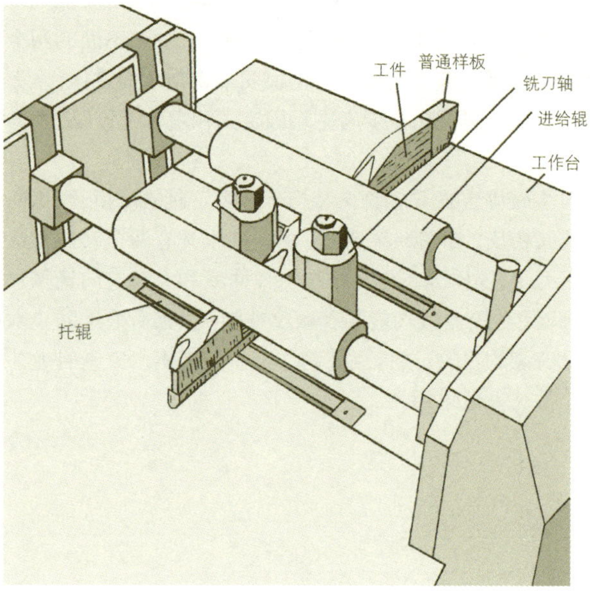

图 5-26 辊筒进给式双面铣床

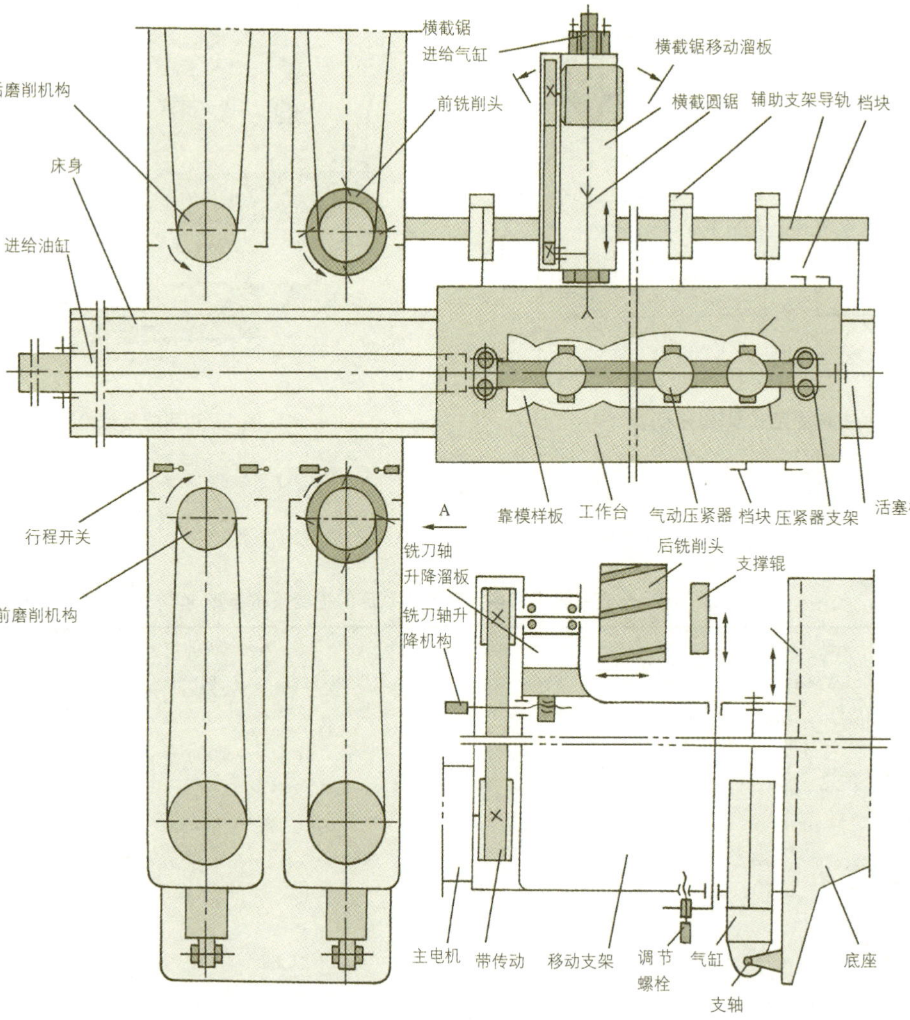

图 5-27 工作台进给式双面仿形铣床

关控制，加工结束，工作台能自动返回起始位置。工人只需装卸工件。

表5-20列出了国外部分双面铣床的主要技术参数。

5.3.6 多轴模型仿形铣床

前面所讲述的铣床大多只能用于模板仿形，即样板曲线只能限制一个平面内的两个自由度。而模型仿形则允许靠模曲面在三维空间内变化。对工件作立体仿形加工。它在家具及木制品的各类橱柜型脚、异形椅腿椅背、工艺雕刻以及军工枪托、假肢、鞋楦等生产中得到广泛应用。模型仿形铣床大多做成多轴形式，主轴布局方式有立式，主轴中心线垂直布置；也有卧式，主轴水平布置。卧式中又有各主轴水平左右布置和各主轴水平上下布置等形式。

图5-28所示为卧式四轴模型仿形铣床。各主轴与铣刀轴均为水平上下布置。每次可同时加工4个同样的工件。尾架尾部的压紧油缸驱动顶针可与主轴一起夹持工件，并由电机经齿轮箱减速驱动各主轴带动工件作慢速回转，一般转速在20～60r/ min范围内。由夹紧油缸驱动靠模夹紧轴，与位于尾架的靠模顶针一起夹持靠模，并与工件同步回转。

铣刀轴由电机通过平皮带驱动，转速约8000～9000r/ min，机床常采用装配式仿形铣刀。4根铣刀轴和靠模滚轮可在油缸作用下紧贴靠模，并随靠模各处径向尺寸的变化而作

表5-20 国外部分双面铣床的主要技术参数

型号 厂商	最大加工宽度（mm）	最大加工高度（mm）	加工长度（mm）	主轴数	主轴转速（r/min）	进给速度（m/min）	主电机功率（kW）	进给电机功率（kW）	外形尺寸（cm）	机床质量（kg）	结构特点
(意)Balestrini C70/N	360	120	最小240	2	8000	1～8	5.5	0.73	135 × 125 × 110	1050	双辊筒进给
(德)Digo 1092	300	150.200	最大2450	6	7500	0.5～16	4，5.5，7.5 或11	4			4铣2磨工作台进给
(奥) Z.M. SNR super 44	200	130	最大1250	4	6000，9000	0～14 返回60	75，5.5		550 × 230 × 180	1800	2铣2磨工作台进给
(前苏联) ϕКД	170	100	最大1000	5	6000	0.25～16	5.5	1	440 × 187 × 170	3500	5铣工作台进给

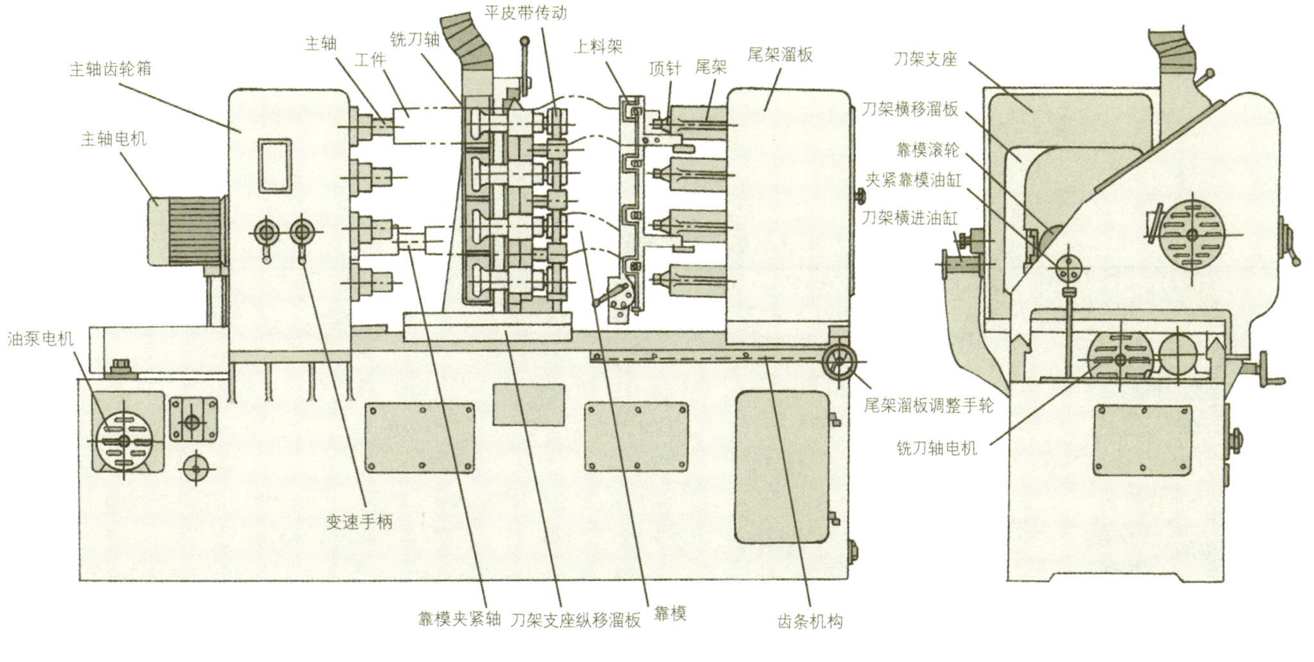

图5-28 卧式四轴模型仿形铣床

横向进退移动，实现横向进给运动。同时它们又置于纵移溜板上，并由油缸驱动可作纵向进给。综合靠模滚轮和铣刀轴的纵、横向移动，靠模和工件的慢速回转，以及铣刀本身的高速旋转运动即可完成模型仿形铣削加工。

各轴水平左右布置用杯形刀加工的多轴模型铣床的运动和工作原理与上述主轴上下布置铣床基本相同，应用亦很广泛，而且它还常与带式磨削机构组合在一起。可以铣削头在上、磨削头在下；也可以磨在上铣在下。通常刀架前进时，由铣削头作粗铣；刀架返回时铣削头作精铣，同时磨削头加入，跟随在铣削头之后对工件进行磨光。机床的生产效率和加工质量均佳。

采用柄铣刀加工的模型铣床主要用于对扁平和圆形零件作工艺雕刻。通常有2～16根主轴，大多为水平平行布置。

表5-21列出了国内外部分多轴模型仿形铣床的主要技术参数。

5.3.7 数控木工铣床

数控木工铣床主要是指数控镂铣机，是应用数控技术最为广泛的木工机床。

5.3.7.1 数字控制机床

数字控制机床简称数控机床(NC，Numerical Control)。它把零件加工的要求、步骤与尺寸用代码化的数字表示，通过信息载体(如穿孔纸带)输入专用电子计算机。经过处理与计算，发出各种控制信号，控制机床的动作，按图纸要求的形状与尺寸，自动地将零件加工出来。它不仅能进行程序控制和辅助功能控制，而且能进行坐标控制，是四十多年来综合应用计算技术、自动控制、精密测量和机床设计等先进技术发展起来的一种新型机床。

数控机床使用的是数字信号，当被加工零件改变时，只要改用一条“描写”该零件加工的纸带即可，而不需要对机床作其他调整。因而它较好地解决了复杂、精密、小批、多变的零件加工问题，是一种灵活、高效的自动化机床，很适合家具等木制品造型别致、批量小、更新变化快的要求，是实现自动化、乃至革新整个生产过程的一个重要发展方向。

数控机床一般由四个基本部分组成：程序编制、数控装置、伺服系统和机床(图5-29)。程序编制就是根据图纸作成穿孔带、穿孔卡片或磁带等信息载体。它虽不是数控机床的一个具体部件，但却有很重要的作用，它是人—机之间联系的媒介。尤其对于复杂零件的加工，程序编制往往是能否有效地使用数控机床的关键。数控装置是数控机床的运算和控制系统。它接受信息载体带来的信息，经处理计算去控制机床的动作：将程序控制和功能控制的指令传递给机床的有关操纵系统，而将坐标控制的指令经伺服系统传递给机床执行部分。伺服系统是数控机床在机床结构方面有别于一般机床的一个特殊部分，是坐标控制的执行机构，能将数控装置输出的位移指令迅速、准确地转换为坐标运动。它不仅能控制机床执行的速度，而且能精确地控制其位置和一系列位置所形成的轨迹。由上述几部分组成的系统即所谓开环控制系统。如果要进一步提高机床的加工精度和生产率，可以在上述系统中再增加一套位移测量装置，将机床运动部件的实际

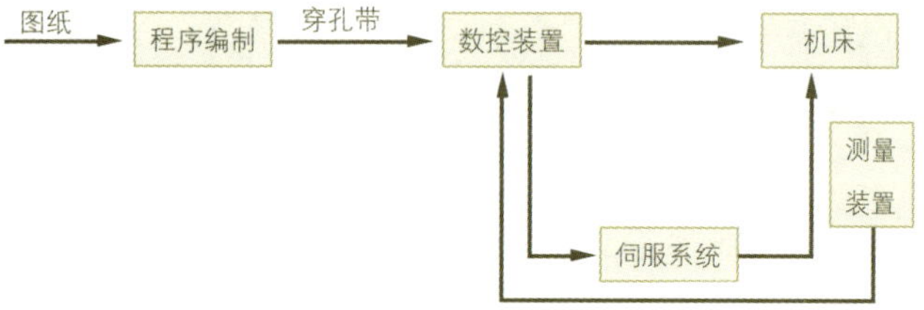

图5-29 数控机床的组成

表5-21 多轴模型仿形铣床的主要技术参数

厂商 \ 型号	(中国台湾) Win Shine			(奥)	(德) Reichenbacher			(德) Schleicher	
	MX7416 × 10	CSM8/1000	CSM4/1000	ZM Optima 8/1500S	RT-225	R-632	R-Profi230	50/25	80/35
最大加工直径（mm）	160	200		200	250	～1000	300	250	350
最大加工长度（mm）	1000	1000		1500	500	～6000	900	500	800
主轴数	4	8	4	8	2	2～16	2	2	2
刀轴转速（r/min）	5000			6000	12000,18000		18000	18000	
电机功率（kW） 铣刀轴	7.5	1.5		4	0.5	0.5～1.5	0.5	0.5	
电机功率（kW） 砂带	2.5	2.2		2.2	–	–	–	–	–
机床质量（kg）	1200	7000	5800	6000	850				
结构特点	卧式，杯形铣刀，带砂削装置，气动夹紧；轴上下布置	卧式，杯形铣刀，带砂削装置，气动夹紧；主轴左右布置			采用柄铣刀，主轴水平平行布置				

位移量测量出来，反馈给数控装置，即组成闭环控制系统。测量装置一般可视为伺服系统的一部分。

数控机床与一般机床在结构上是有原则区别的。数控机床结构的主要特点表现为以下几个方面：

(1) 采用刚性和抗振性较好的机床新结构。主要是改进床身、立柱和横梁等机床基础件的刚性和抗振性，以及提高主轴的刚度和精度。

(2) 采用高质量的伺服系统。主要是包括选用合适的伺服马达；采用无间隙传动的伺服传动链，提高各传动元件的刚度，消除传动装置反向时的空程死区；采用高精度、高效率的精密滚珠丝杠—螺母副；采用摩擦系数很低的滚动导轨或其他形式导轨，提高机床运动的灵敏性等。

(3) 提高机床生产率。通常采用较大功率的电动机和先进的标准刀具，以提高切削质量；采用多主轴多刀架的结构，以提高切削效率，减少停工时间等。

(4) 提高机床自动化程度，减少辅助时间。主要是合理安排刀具和工件的装夹，并采用自动换刀和自动更换工件装置，以减少停机时间；采用自动排屑、自动润滑等措施，以保证数控机床自动操作的顺利实现。

木工机床中应用数控技术最典型最广泛的是数控木工铣床。

5.3.7.2 数控木工铣床的分类

数控木工铣床有多种不同的分类方法。从伺服系统的原理不同可分为开环、闭环和半闭环控制系统；按同时控制的坐标数，可分为两、三、四、五坐标等；按刀架结构可分为并列式和转塔式；按刀轴工作位置可分立式(垂直布置)和卧式(水平布置)；按主轴数分单、双、多轴等；按机架结构分单臂(单立柱)式和门式等。按功能分又有单纯铣削和以铣为主，并组合有圆锯、排钻、刨削等加工头的数控复合(又称多功能)铣床等等。

5.3.7.3 数控木工铣床的运动分配与机床布局

这里的运动分配是指坐标运动的分配，即如何把数控木工铣床所需要的坐标运动分配到刀具系统和工件系统，运动分配不同也就影响到机床总体布局的不同。

1. 两坐标数控木工铣床

它所具有的两个相互垂直的直线坐标运动一般由工作台完成。工作台在水平面内沿 X、Y 两个方向作平面运动。

2. 三坐标数控木工铣床

这是最常见、应用最广的一类数控木工铣床。三个直线坐标运动可以由刀具系统单独完成，也可由刀具系统与工件系统共同完成。最常见的运动分配方式有以下几种：

(1) 工作台固定，三个直线运动均由刀具系统完成，如图 5-30(a)和(b)所示。这种运动分配方式欧美应用较多。图(a)中固定工作台上装有工件，横梁上装有刀架，它由 Y 向、Z 向移动溜板和转塔以及铣削头所组成，能完成 Y、Z 向坐标运动；转塔一般可装 4～8 个铣削头，根据各加工工序所需刀具形式的不同可作自动回转调整。横梁与左右立柱组成门式(或称桥式)结构，可沿床身导轨完成X方向的坐标运动。图(b)所示为单立柱式。

(2) 工作台完成 X 向运动，刀架完成 Y、Z 向运动，这种

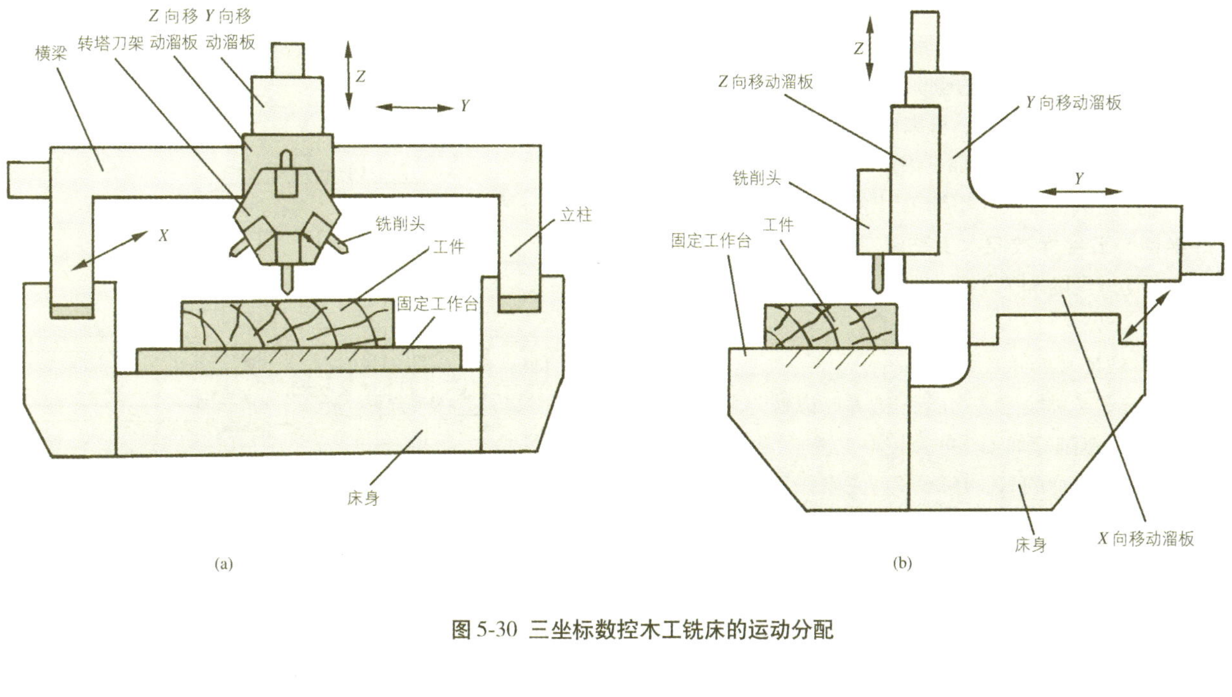

图 5-30 三坐标数控木工铣床的运动分配

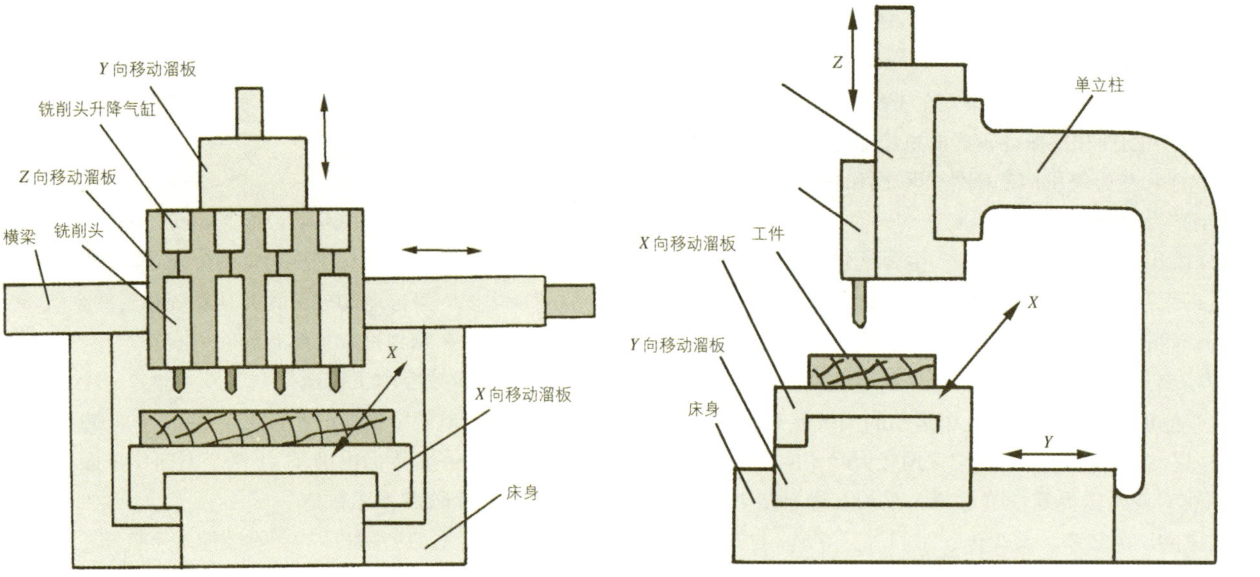

图5-30 三坐标数控木工铣床运动分配

分配方式机架大多采用门式结构。如图5-30(c)所示，刀架在横梁 上能完成Y、Z方向的坐标运动，在升降溜板上设有4个并列布置的铣削头，它们可以由各自的气缸控制单独作升降调节，以便适应各工序对变换刀具的需要。铣削头并列的优点是可实现多工件同时加工。如工件仅需作镂铣加工，工作过程中不必换刀，则可以实现4个工件同时装夹，同时加工，以充分发挥机床的生产效率。但与转塔式相比其结构稍大，且轴数受到一定的限制。图中工件装在工作台上，可完成X方向的坐标运动。

(3) 工作台完成X、Y方向的坐标运动，刀架仅完成Z方向升降运动，如图5-30(d)所示，机床大多采用单立柱结构。

后两种运动分配方式各国都有采用，日本庄田、平安等厂家所生产的数控木工铣床几乎都采用这两种方式。

3. 四坐标、五坐标数控木工铣床

它们的运动分配随加工零件和具体机床而异。

5.3.7.4 三坐标数控复合木工铣床

数控复合铣床又称数控多功能铣床，是指以铣为主并组合有圆锯、排钻或刨削等加工头的数控木工铣床。图5-31所示为日本庄田公司生产的NC-163C-1型三坐标复合木工铣床。机床为门式结构，各主轴并列布置，由气动装置驱动按需要自动升降。应用庄田富士通微机数控装置可同时控制X、Y、Z三个坐标运动；工作台完成X向、刀架完成Y和Z向运动。

机床除有铣削头可作镂铣、成型铣、开槽打孔等加工外，还设置了20轴排钻动力头和可作90° 回转调整的锯切动力头 ，可分别用于加工孔间距以30mm为模数的成排圆榫孔和对工件作长、宽方向的锯切。这种机床特别适用于各种柜类的板件加工，工件一次装夹就可以按数控装置指令自动完成纵横锯切、成形铣边、镂刻花纹、锯铣沟槽以及加工榫孔等所有工序。从而可减少中间运输环节和所占用车间的面积，避免工件因工序间的运输而损伤和污染，且加工精度高，尺寸准，试切调整方便，操作简单，生产能力极高。这些特点对多品种小批量生产十分有利。

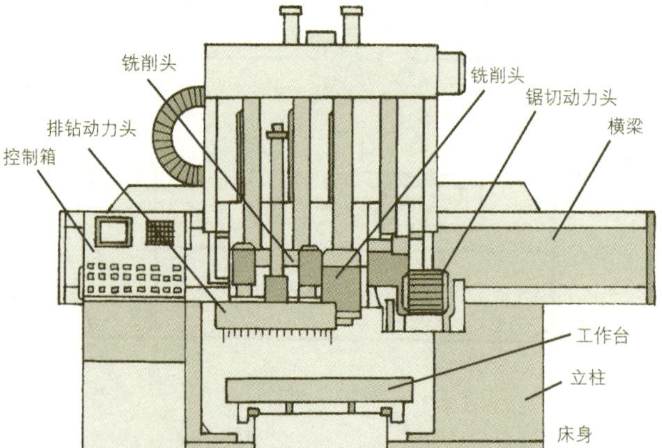

图5-31 数控复合铣床

5.3.7.5 数控木工铣床的主要技术参数

表5-22列出了部分数控木工铣床的主要技术参数。

表5-22 数控木工铣床的主要技术参数

厂商	型号	工作台尺寸（cm）	坐标运动行程（mm） X	Y	Z	A	主轴转速（r/min）	进给速度（m/min）	主电机功率（kW）	结构特点
(美)EC公司	444MC-1	180 × 60	1800	600	200	–	11500		5.5/10	单轴 单柱式，工作台固定
	444MC-2	270 × 90	2700	900			23000			多轴
	333	315 × 162	3150	1625			10800 18000	X、Y：0~3 Z：0~5	7/10	桥式，工作台固定，4轴并列
(美)PH公司	CFC1	122 × 61	660	1270	127	–	10000 20000	X、Y：0~15 Z：0~5	5.5	单臂式，工作台完成X、Y，刀架完成Z
	CFC2	244 × 122	1270	2490	152		10000 18000		11	桥式，工作台完成X，刀架完成Y、Z
(意)BG.MEC.公司	PN200	244 × 96	2050	1050	150	–	9000 15000	0~10	4/7.5	桥式单轴，工作台完成X，刀架完成Y、Z
	NP300		2400	1400	250		12000 18000	0~12	4，11	
(意)SCM集团Routomat系列（单柱式）	1	170 × 90	1600	800	250	–	8000 12000 16000 20000	0~8	5.5	单头工作台完成X、Y，刀架完成Z
	2						12000 18000		7.5	转塔刀架自动换刀
	2/CU				250	–	2000			工作台X、Y；刀架完成Z
	2/CUTilting	260 × 130	2500	1250	320	± 45°		0~10快速20	7.5	4坐标，工作台完成X、Y，刀架Z，A
	2P，3P，4P				180	–	18000			工作台完成X、Y；刀架：Z
(意)SCM集团Routomic系列（门式）	1	350 × 125	3500	1250	330	± 45°	12000 18000	0~15快速20	7.5	4坐标，多轴并列式，工作台X；刀架Y、Z、A
	2	170 × 125（双工作台）								
	2S									
(日)庄田	NC 163S-20	220 × 142	2000	1200	250	–	9000	0.1~15	5	门式，4轴并列，工作台X；刀架Y、Z
	NC163S-24		2450							
	NC526SP	260 × 130（双工作）	1300	2600			18000	0.1~15快24		
	NC-163C-1	200 × 100	2450	1700	250	–	锯、钻3000		总21.7	5主轴铣、锯、钻复合
	NC-163-2	265 × 142	2450	2450	250	–	刨4000	0.1~15	总29.7	6主轴铣、锯、钻复合
	NC-361L	130 × 200	1300	2000	400	360° B ± 30°	铣9000， 18000		总29.7	5坐标铣刨复合
(日)平安	NR-431T	180 × 80	1800	800	250	–	18000		4.5，5.6	单转塔 单柱式，工作台完成X、Y；刀架完成Z
	NR-842T	360 × 80			300					
	NR-1242T	300 × 80	1500		250					双转塔

表 5-22（续）

厂商	型号	工作台尺寸 (cm)	坐标运动行程（mm）			A	主轴转速 (r/min)	进给速度 (m/min)	主电机功率 (kW)	结构特点
			X	Y	Z					
(中国台湾)如隆公司	HPC-362	180 × 95	1800	950	250	–		12 快速 20	5.5 或 7.5	双轴并列，桥式，工作台固定
	HPC-482	245 × 125	2460	1300						双轴并列，单臂式，工作台 X；刀架 Y、Z
	HPC-584	250 × 150	2460	1350						4 轴并列，门式，工作台 X；刀架 Y、Z
牡丹江	MXK5821	210 × 110	2100	1100	200	–	18000		35	门式，4 轴并列，工作台完成 X，刀架 Y、Z
上家机	MXK108	140 × 80	1400	800	200	–	18000	8	5.5	门式单轴，工作台完成 X，刀架 Y、Z
佳纳	MXH2513B	250 × 130	2500	1300	350	–	24000	50	7.5	单臂单轴有刀具库，属加工中心

5.3.7.6 木材切削加工中心机床

加工中心机床是指具有自动换刀装置的数控机床。自动换刀装置的形式有多种，最简单的自动换刀装置是多主轴的转塔刀架。如一般转塔有6个工位，但只有处于水平(或垂直)工作位置上的主轴其运动链才接通，等该工序加工完毕，转塔按照数控装置的指令转过一个或几个位置，完成自动换刀程序，转入下一工序的加工。其优点是结构较简单、换刀时间短，仅需1～2s左右。主轴并列式数控铣床实际上也可以自动换刀。但目前各国大多仍把它们(包括转塔式和主轴并列式)称为数控木工铣床，它们换刀数一般不超过6把；而把设有专用刀具库，可自动更换更多数量(通常在10～20把)刀具的数控木工机床称为木材切削加工中心机床。最常见的刀库形式主要有径向盘形刀库和单排链式刀库。如意大利SCM公司生产的ROUTRONIC HPC型机床所用刀库属前者；日本庄田生产的NCV-211型机床刀库形式属后者。该两加工中心机床均可自动更换20把刀具。

5.3.8 铣床的选用及适用的标准

选购铣床时特别要注意工艺适应性，所选类型与其生产中的作用必须相配。类型选择之后主要看铣削高度是否满足要求；其次要注意工作台面尺寸大小或主轴离立柱距离等适应加工件的尺寸范围。选购数控木工铣床时，除考虑应满足工艺要求外，还应考虑加工时的工时成本是否经济合算。

目前国内有关木工铣床的现行标准主要有GB/T13570-90 单轴木工铣床精度，JB/T6359-92 木工镂铣机精度；JB6109-92 单轴木工铣床结构安全；JB5724-91 木工镂铣机结构安全；JB6112-92 二、三、四面刨床和铣床结构安全；JB/T6549-93 二、三、四面木工刨床和铣床技术条件等。

5.3.9 铣床常见故障分析

1. 主轴升降不灵活或抖动

可能是各配合间隙中进入了污物或导向键变形；也可能是各相对运动件磨损，包括升降用丝杆、齿轮、轴套与轴套座之间、传动轴与轴套之间的磨损等。

2. 主轴倾斜动作不灵活，定位复位不准确

除可能是各配合间隙中有污物外，主要是机件磨损引起的。可能磨损的机件包括三角形圆弧导轨、调主轴倾斜用丝杆、与其相配的螺母铰销轴、定位销、垂直位置挡块等。

3. 活动工作台移动阻力增大，移动不灵活

主要是导轨或与之相配的滚轮磨损或圆导轨弯曲所致，再可能是导轨与滚轮接触面存污过多。

4. 活动工作台相对于固定工作台不平行

这可能是圆导轨支架松动，造成圆导轨倾斜；托架铰接处结合件和支承导轨磨损，可引起活动工作台朝另一个方向倾斜。

5. 铣削面起毛或产生撕裂

通常是进给速度过快或刀片过钝所致，此外与铣削方向亦有关。

5.4 开榫机

在各种木制品生产中，广泛地采用各种榫结合。其主要形式有：木框榫，主要用于门窗、家具柜橱等框架结合；箱结榫，包括直角箱结榫和燕尾形箱结榫，主要用于箱板、抽屉板等结合；长圆榫，主要用于实木桌、椅的接口；梳齿榫，主要用于短材接长，还常与圆榫联合应用于实木桌椅等接口处；圆榫，主要用于板式家具板件间的连接，由于它结构简单、使用方便，在不少场合还可以部分地取代其他形式的榫结合。这些榫的加工大多采用铣削的方法，但也有一部分开榫机，如直榫开榫机，它采用多工序方式加工，不但有铣削，还有其他如锯切等工序。因而，我国《木工机床型号编制方法》根据榫头形状和加工方式的不同，把采用单工序铣削方式加工的开榫机归入铣床类第3组“接口铣床”；把采用多工序加工的开榫机归入多工序机床类，其中第2组为直榫开榫机，第3组为圆榫加工机。详见表5-23。

5.4.1 直榫开榫机

直榫又称木框榫。加工木框榫有多种方法，如图5-32所示。其中图(a)表示多工序加工法。首先对工件进行截头，以确保加工出榫长度的一致性；然后，可由水平圆柱形铣刀作横向铣削来完成直角形的榫颊榫肩。若榫肩成一定角度，则需再通过垂直布置的端向铣削刀头来获得。如果还需开榫沟，则可用端向铣削的圆盘铣刀 来完成。这是在大批量加工木框榫时常用的方法。第二种方法如图(b)所示，采用端向铣削的圆盘铣刀进行加工，这在现代双面开榫机上常常采用。第三种方法如图(c)所示，均由锯切来完成，一般多用于要求不太高的框架结构中。

5.4.1.1 单头直榫开榫机

MD2116A型单头直榫开榫机是一种采用多工序加工法的典型的木框榫开榫机，其外形如图5-33所示，它主要由床身、工作台、压紧机构、六个切削机构和电气装置等组成。工件压紧在工作台上，由手工推动依次通过截头圆锯、上下水平刀头、上下垂直刀头，以及中槽刀盘完成直榫加工。

这类开榫机刀头众多，调整环节也多，工作台还可倾斜。使用时若能灵活掌握，则可节省调整时间。

5.4.1.2 双头直榫开榫机

双头直榫开榫机大多为工件通过链条挡块进给或履带进给。其一侧的各刀头布置在床身固定支架上，与单头直榫开榫机相似；而另一侧的各刀头则安置在移动支架上，且按照加工件长度或板件宽度的需要，可进行调整。

随着家具制造业发展的需要，现代双头开榫机的功能大为扩大。除作常规截头开榫之外，更多地应用于板件的定尺寸齐边或铣边、倒棱，加工各种企口，开槽、切割并可作指接榫、斜榫和斜榫槽、燕尾槽和燕尾棱边等加工，具有更为广泛的工艺应用范围。为满足这些工艺要求，其刀架刀头的设置具有一系列特点：

①截头或锯边用圆锯常采用主、副(又称划线)锯片的形式，以确保锯边时工件不产生任何劈裂现象；②主锯片常采用粉碎组合型锯片，以利于排屑和吸尘；③除截头外，大多采用端向铣削的圆盘铣刀进行各种加工，具有较好的适应性；④ 圆盘铣刀除可上下左右调整外，增加回转溜板，以扩大工艺适应性；⑤根据工艺需要，生产机床的厂家可按用

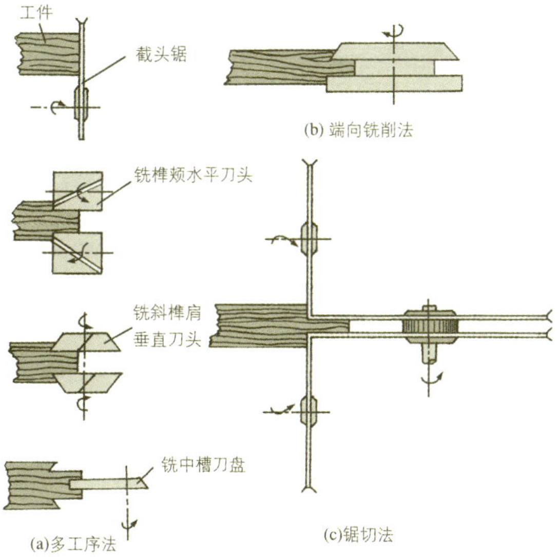

图5-32 木框榫主要加工方法

表5-23 开榫机分类（按GB/T12248-90）

铣床类（MX）				多工序机床类（MD）			
组 名称	组 代号	系代号	木工锯机名称	组 名称	组 代号	系代号	木工锯机名称
接口铣床	3	1	立式单轴燕尾榫开榫机	直榫开榫机	2	1	单头直榫开榫机
		2	立式多轴燕尾榫开榫机			2	双头直榫机开榫机
		4	卧式单轴燕尾榫开榫机	圆榫加工机	3	1	圆榫制榫机
		5	梳齿榫开榫机			3	多工序圆榫钻床
		6	直角榫开榫机			4	单面多工序圆榫连接机
						5	双面多工序圆榫连接机
		7	长圆榫开榫机			6	圆榫制榫装榫机

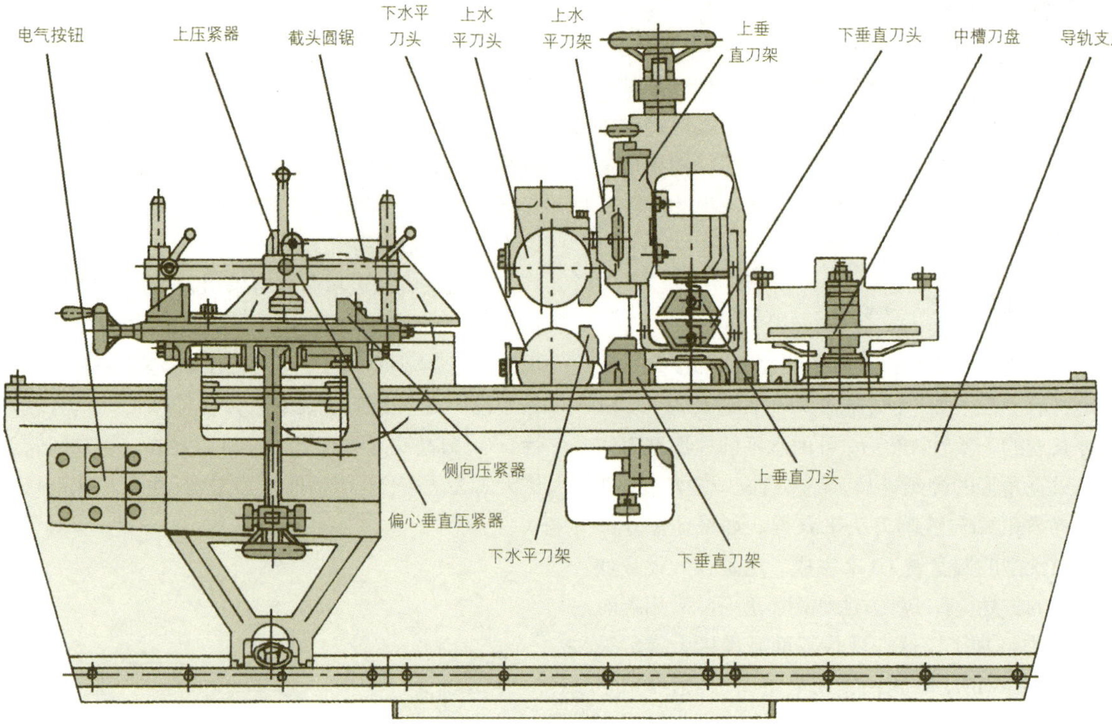

图 5-33 MD2116A 型单头直榫开榫机

户要求调整刀头的数量和布置形式；⑥根据需要可增设某些特殊刀头，以满足特殊的工艺要求。

最新的数控双面开榫机，对于活动支架的移动，各刀头上下、左右位置的调节，工件压紧装置以及导板位置等都可以由储存在微机中的数据进行控制，根据指令使上述各种位置调整同时完成。这可使调整操作时间减少9/10，操作效率可提高3～10倍，且调整精度高，移动距离可以0.01mm计。此外，某些数控开榫机还可以设置可编程多刀盘叠合型长主轴立刀轴，并与数控四面刨床、运输系统以及数控系统组成"柔性制造系统"。该系统所有各项调整、定位均由计算机控制，保证整个加工系统精确高效地运行，极适合于小批量工件的自动化生产。

表 5-24 列出了部分国产直榫开榫机的主要技术参数。

表 5-24 部分直榫开榫机的主要技术参数

型　号	MD2109	MD2116A	MD2116B	MD2210	MDZ315A	MDB3814
最大榫头长度（mm）	90	160	160	100		
榫头厚度（mm）		6～100	6～100	5～80		
最大榫槽深度（mm）	90	125	125	80		
最大榫槽宽度（mm）	30	20	20	20		
工件最大厚度（mm）	120	150	125	80		
工件最大宽度（mm）	400	350	350	600	600	500
工件长度（mm）	–	–	–	260～2500	500～1500	300～1400
刀轴数	5	6	6	8	6	6
工作台最大行程（mm）		1900	1900	–	–	–
进给速度（m/min）	–	–	–	4～14	6.4，7.8	6
活动支架移动速度（m/min）	–	–	–	0.5		
截头锯片直径（mm）	300	420	400	350		
电机总功率（kW）	7	9.8	11.2	23.25	9.98	12.25
结构特点	单头、手工进给			双头、机械进给		

5.4.2 梳齿榫开榫机

梳齿榫可以在直榫开榫机上加工。但对于短料接长等大批量加工时，常用专门设计的梳齿榫开榫机。其基本构造与直榫开榫机相似，只是刀头设置除截头锯外就是一个装有梳齿榫铣刀的立刀头。图5-34为典型的手工进给梳齿榫开榫机。工件置于工作台上紧靠靠板，由侧向压紧器和上压紧器压紧。手工推动工作台，使工件依次通过截锯和铣榫刀头，即完成一端的梳齿榫加工。工作台往返运动也可以采用机械或液压方式。

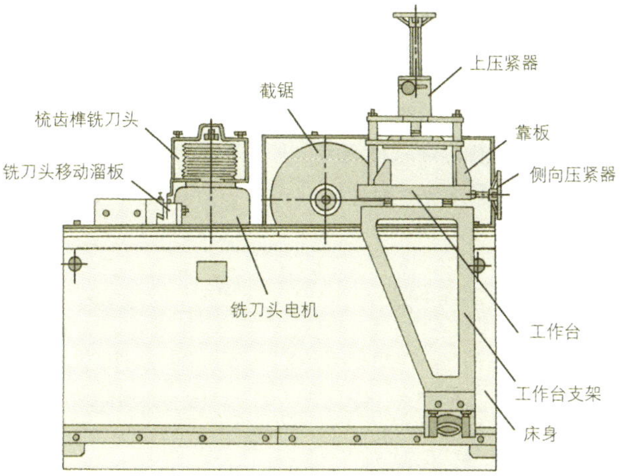

图5-34 手工进给梳齿榫开榫机

表5-25所列为部分国产短材接长用梳齿榫开榫机的主要技术参数。另还可参阅5.7.3表5-43。

5.4.3 长圆榫开榫机

图5-35所示为长圆榫的主要形式。一般长圆榫开榫机能加工长圆榫的尺寸范围：榫宽 $B+D=4\sim130$mm；榫长 $E=10\sim90$mm；榫厚 $A=4\sim30$mm。图(b)表示榫头绕 Y 轴线转过了 α 角，通常 α 角可在0°～90°范围内调节。图(a)所示 $\alpha=0°$；图(c)所示 $\alpha=90°$。图(d)所示的榫称为圆柱榫。图(f)所示的榫头绕 X 轴线转过 β 角，通常 $\beta=0°\sim30°$。图(g)所示为榫头绕 X、Y、Z 轴都过了一定角度，常被称之为立体斜位榫，而图(b)、(f)所示则通常称为平面斜位榫。

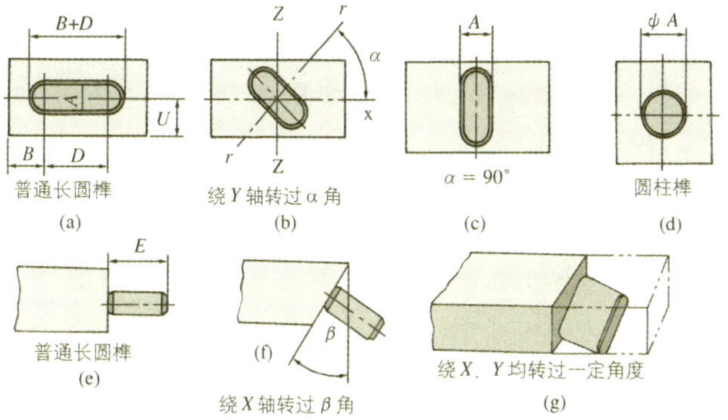

图5-35 长圆榫的主要形式

表5-25 部分国产梳齿榫开榫机主要技术参数

型 号	加工厚度 (mm)	最大加工宽度 (mm)	镜片直径 (mm)	铣刀直径 (mm)	电机功率（kW）		机床外形寸 (cm)
					截锯	铣刀	
MX3510	100	350～400	350	160	2.2	7.5	
MX3512	120	200～400	350	180	1.1	7.5	138 × 140 × 140
MX3515	150	400	300	160	2.2	11	220 × 121 × 148

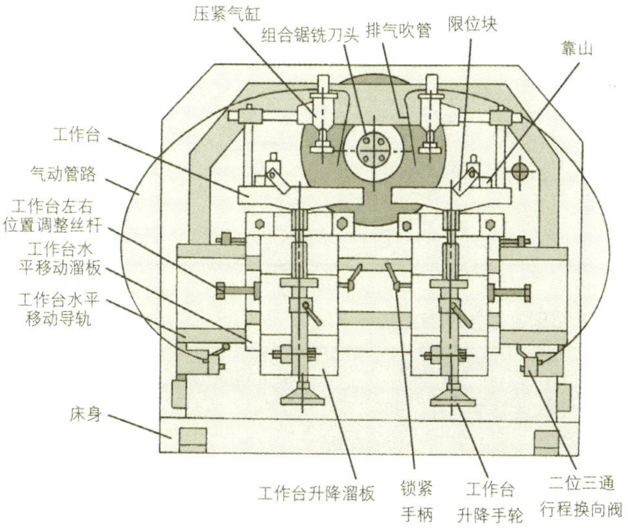

图5-36 MX378型长圆榫开榫机

长圆榫开榫机大多为半自动形式。图5-36所示为国产MX378型长圆榫开榫机的外形简图。它主要由床身、双工作台、组合铣刀头、气动系统及压紧机构、靠模(在机床内部)以及传动装置等组成。机床的主运动，受靠模制约的进给运动，以及压紧、工作台工位转换等辅助运动，三者依靠机械电气系统协调动作，能自动完成所需工作循环，操作工只需装卸工件。

长圆榫开榫机所用刀具都为锯铣组合型，其中锯片用于截头，铣刀片分别用于切榫颊和为榫的头部和根部倒角。

表5-26所列为部分长圆榫开榫机的主要技术参数。

5.4.4 开榫机的选用及有关标准

开榫机的选用取决于榫头的形状。对于木框榫批量大时应选用木框榫开榫机，量少时也可用铣床代替；若为一般直榫选四刀头(截锯、两水平刀头、中槽刀盘)，若需开有斜榫

表 5-26 部分长圆榫开榫机的主要技术参数

型　号	MX378	2-TAO	SCD	型　号		MX378	2-TAO	SCD
榫长（mm）	6~80	6~80	10~120	电机功率（kW）	主运动	3	3	2.2
榫宽（mm）	~100	~100	~55		进给	0.75	0.75	0.75
榫厚（mm）	6~30	4~30	4~30		工作台移动	0.75	0.75	0.75
工作台倾角（°）	0~20	0~20	0~30	机床外形尺寸（cm）		140 × 143 × 125	140 × 125 × 125	
靠山倾角（°）	0~45	0~45	0~45	机床质量（kg）		900	900	
靠模可调角度（°）	0~90	0~90	0~90	生产厂商			意 Baleslrini	意 Pade

肩制宜选用六刀头（增加两垂直立刀轴）。对要求不高的，可采用以锯代刨的形式。

梳齿榫开榫机常用于短材接长，应注意这时对机床和刀具有较高的要求。

对长圆榫开榫机选用时一定要与长圆形榫槽机相匹配。

可供参考的标准有JB/T3105-92木工单头直榫开榫机精度；JB/T3292-83燕尾开榫机精度等。

5.4.5 开榫机常见故障分析

1. 各切削刀头调整费力、不灵活、定位不准确

其原因除相对滑动面间有污物外，大多可能是导轨磨损、调整用丝杆磨损或弯曲、镶条变形等引起。

2. 工作台倾斜调整不灵活

这可能是调倾斜用丝杆磨损或弯曲；或丝杆端部与工作台铰接处销子弯曲变形或锈蚀。

3. 加工出榫颊面凹凸不平

主要原因可能是上下水平铣刀刃磨弧度不均，造成刀刃各点不在同一切削圆上。工作台的上压紧器松动，切削中工件跳动。

4. 加工出的榫肩不对称

除调整不当的原因外，水平和垂直刀头的调整机构磨损，使对称移动的调整变得不对称。

5. 加工出的榫颊面起毛

这通常是进给速度过快或刀具刃口过钝所致。

5.5 木工钻床

木工钻床主要按单轴多轴或立式卧式来分。其中多轴排钻床应用广泛，品种较多，故另列一组。具体分类如表5-27所示。

5.5.1 单轴木工钻床

立式单轴木工钻床结构简单，通用性强，大多为手工操作，生产率及加工精度较低。图5-37为国产MZ515立式单轴木工钻床。机床主要由床身、切削机构、工作台、压紧机构和操纵机械等组成。

表5-28列出了国产的MZ515型立式单轴木工钻床的主

表 5-27 木工钻床分类（按GB/T12448-90）

组 名称	组 代号	系代号	木工机床名称	组 名称	组 代号	系代号	木工机床名称
立式多轴钻床	4	1	立式多轴木工钻床	多轴排钻床	7	1	单排多轴木工钻床
		2	立式多轴可调木工钻床			2	多排多轴木工钻床
立式单轴钻床	5	1	立式单轴木工钻床			3	多排多轴木工钻床
		9	台式木工钻床	专用钻床	8	0	节疤钻床
卧式钻床	6	0	卧式单轴木工钻床			1	单轴圆榫孔钻床
		4	卧式多轴木工钻床				

表 5-28 国产 MZ515 立式单轴木工钻床主要技术参数

最大钻孔直径（mm）	50	工作台垂直移动量（mm）	400
最大钻削深度（mm）	120	工作台尺寸（mm）	600 × 400
最大铣槽长度（mm）	200	工作台绕立柱中心旋转角度	360°
最大铣槽深度（mm）	60	机床外形尺寸（cm）	135 × 60 × 90
主轴转速（r/min）	2900，4350	机床质量（kg）	420
主电机功率（kW）	1.5		

要技术参数。

卧式单轴木工钻床，其钻轴轴线为水平布置，主要用于工件侧面或端面的孔加工。为扩大工艺用途，国外常把这种产品设计成主轴可作附加的摆动运动。这样，它不仅可用于钻孔，还可用于钻铣长圆孔。

5.5.2 多轴木工钻床

多轴木工钻床分主轴中心距固定和可调两类。主轴中心距可调多轴钻床有立式和卧式之分。这类钻床的主运动大多采用一个电机，通过皮带传动带动多个钻轴。根据需要，这些轴间距可以在一定的范围内进行调节。调节的方式主要有螺栓调节式、丝杆调节式和导板式等类型。台湾丰钧、日本东洋等厂商这方面产品较多。

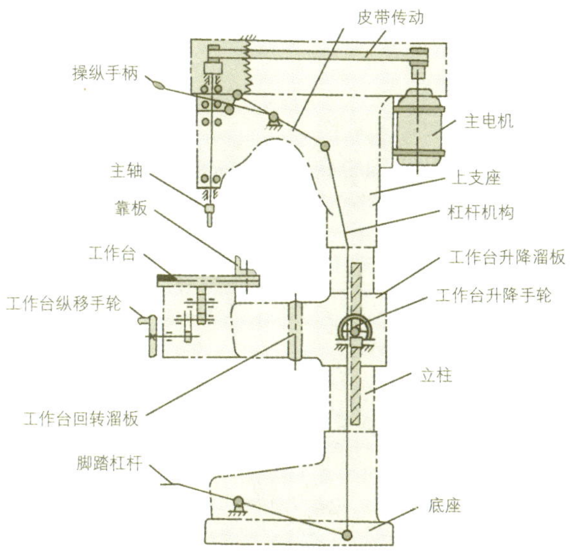

图 5-37 立式单轴木工钻床

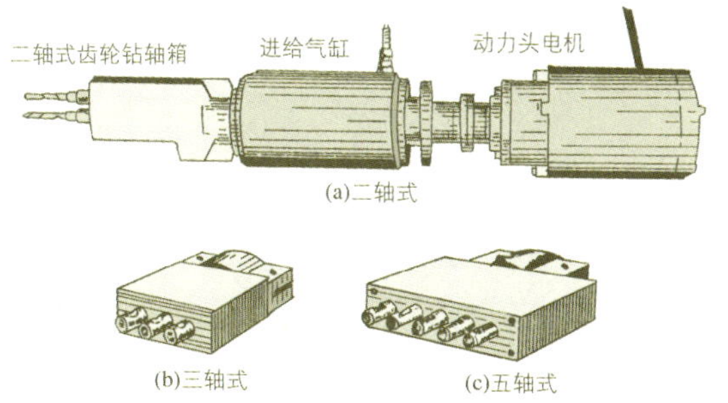

图 5-38 小型钻削动力头

这里介绍的“小型钻削动力头式”木工钻床属主轴中心距固定的多轴钻床。

主轴中心距固定，但并不排成一列，或虽排成一列但轴数较少的钻削动力头称为“小型钻削动力头”，由这些动力头组成的钻床称为“小型钻削动力头式木工钻床”，以区别于5.5.3要介绍的多轴排钻床。这种由小型动力头所组成的钻床可以根据需要进行组合，机动灵活，使用十分方便。

图5-38所示为一种标准化的小型钻削动力头。它主要由三部分组成：电机，进给气缸 和齿轮钻轴箱，而钻轴箱可根据工艺需要选用二轴式、三轴式或五轴式。日本庄田、台湾丰钧等公司有此类产品。

欧洲一些公司所采用的小型钻削动力头的钻轴箱常做成圆形结构，如图5-39所示。这种钻削头的特点是结构紧凑，调整方便，只要转过相应的角度就能满足孔间距的尺寸变化要求，加工出两个或数个中心距不同的孔。尤其适合于各种孔间距不按一定模数要求，而由桌椅本身尺寸要求所决定的圆榫孔加工。意大利Pade公司生产的250型单动力头多轴木工钻床、500/N型锯钻组合机、1000/N型锯钻铣组合机以及Balestrini公司生产的FTA型锯钻铣组合机都使用这种钻削动力头。

5.5.3 多轴排钻床

随着圆榫在各种木制品，尤其是在板式家具生产中被大量采用，各式多轴木工排钻应运而生，并得到了快速发展。

所谓“多轴排钻床”是指由多主轴的钻削动力头所构成的各种木工钻床，这些钻削头主轴的中心距固定不变，按一定的模数均匀地一字排开，主轴的数目一般在6～8根以上。我国和世界大多数国家取主轴中心距标准模数为32mm，仅日本有30mm和32mm两种规格。因此板式家具或其他板件

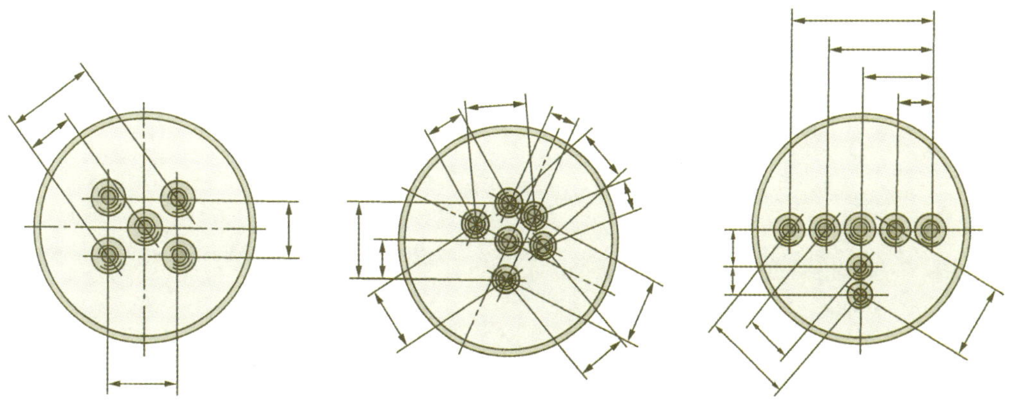

图 5-39 五轴、六轴、、七轴圆形钻轴箱

间采用圆榫结合或需作孔加工时，只要孔间距取32mm的整倍数，就很容易在这些排钻床上进行加工并能获得良好的加工质量。

5.5.3.1 单排多轴木工钻床

单排多轴木工钻床通常具有一个钻削动力头，其钻轴处于垂直位置，对水平位置的工件进行钻削加工。钻削头相对于工作台的布局位置常有两种方式：钻削头在上称为上置式，如国产MZ7121型和日本东洋SB-600型等单排多轴木工钻床均属此类。其优点是便于观察加工情况，缺点是排屑条件稍差；另一种为下置式，钻削头置于工作台之下，如国产MZ7139型、意大利SCM公司FM系列等单排多轴木工钻床。其优点是机床结构紧凑、排屑条件较好。但对加工情况的观察无前者方便。目前后一种方式占多数，欧洲各主要厂商的单排钻大多属下置式。

为扩大单排钻的应用范围，钻削动力头常常设计成可以使钻轴由垂直位置翻转至水平位置或这两者间的任意(通常是45°)位置，对工件进行钻削加工。如图5-40所示，单排多轴木工钻床主要由床身、切削机构——钻削动力头、钻削头回转装置、气动进给装置、工作台、压紧机构以及气、电控制系统等组成。

单排钻结构紧凑，体积小，人工上料，操作方便灵活，主要用于生产批量较小和加工件较小的场合。

单排钻以排的最多轴数作为主参数，且已形成系列。我国行业标准规定主轴数的系列为21、29和39。

表5-29所列为国内外部分单排多轴木工钻床的主要技术参数。

5.5.3.2 双排多轴木工钻床

双排多轴木工钻床具有两排钻轴，一般由2个钻削动力头

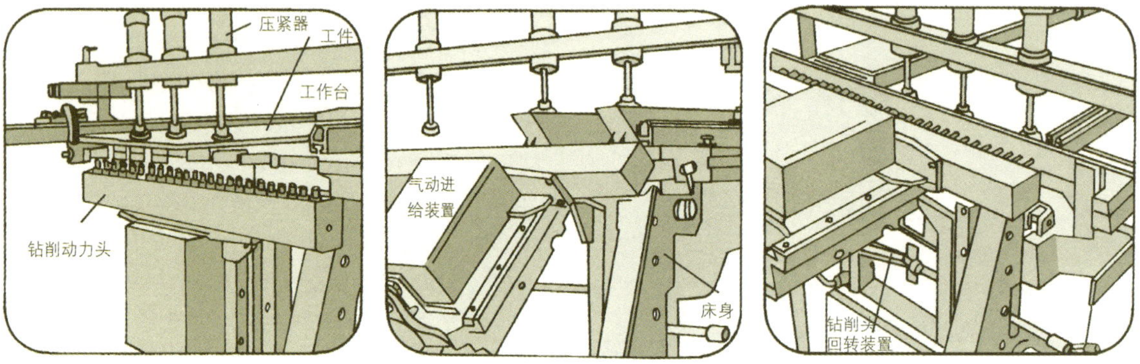

(a)钻轴处垂直位置　(b)倾45°　(c)水平位置

图5-40 单排多轴木工钻床常用的三种加工位置

表5-29 部分单排多轴木工钻床主要技术参数

厂商	型号	主轴数	最大孔间距(mm)	最大钻深(mm)	主轴功率(kW)	机床外形尺寸(cm)	机床质量(kg)
中国	MZ27121	21	640	65	0.75 × 2	140 × 87 × 152	
	JBK21	21	640	70	2.2	101 × 85 × 150	
	JBD1021	21	640	80	1.5	97 × 82 × 122	300
	MZ27121	21	640	65	1.5	122 × 85 × 137	450
	MZ27121	21	640	60	1.5	102 × 127 × 125	480
	MZ7139	23	704	60	2.5	131 × 90 × 149	550
	MZ7139	39	1216	50	2.2	170 × 140 × 100	770
意SCM FM系列	25	25	786	60	3	138 × 78 × 135	620
	29	29	896				
	35S	35	1088	100	3	172 × 98 × 140	750
	39S	39	1216				
意Morbidelli	M20A	20	608	70	2.2	80 × 105 × 135	500
	M35A	35	1088	70	2.2 × 2	130 × 125 × 135	650
意LM V-2000		21	60	70	1.84	120 × 103 × 94	430
日　东洋SB-600D		21	620		1.5	155 × 320 × 120	550

表 5-30 部分双排多轴木工钻床主要技术参数

型 号	BK423	MZ7221	(日)东洋 BHB 系列 600	(日)东洋 BHB 系列 900	(日)东洋 BHB 系列 1200w	(日)东洋 BPM-21	(德)Scheer DB22
主轴数	26 × 2	21 × 2	21 × 2	31 × 2	21 × 4	15 × 8	21 × 2
动力头个数	2	2	2	2	4	8	2
主轴间距（mm）	32	32	30	30	30	30	32
最大孔间距（mm）	800	640	600	900	1200	1800	640
最大排间距（mm）	700		450	450	450	600	
主电机功率（kW）	1.5 × 2	1.5 × 2	1.5 × 2	1.5 × 2	1.5 × 4	1.5 × 8	1.8 × 2
主轴转速（r/min）	2800	2800	2800	2800	2800	2800	2800
结构特点	下置式	左下式		上置式		上置式	上置式

所组成，大多为垂直布置，亦可分为上置和下置等形式。对于工件尺寸较大，要求每排孔数较多则可采用多个钻削头共同组成两排的形式。通常钻削头不能作倾斜调节。主要适用于需同时加工两排孔的板材，生产率高，加工精度好。

表 5-30 列出了国内外一些双排多轴木工钻床的主要技术参数。

5.5.3.3 多排多轴木工钻床

多排多轴钻床的布局主要有两种方式：一为“左下组合型”，这类钻床左置一排水平钻轴，下置数排(通常 2～3 排)垂直钻轴，工件在一次装夹中可以完成板件表(或底)面和一侧(或端)面的孔加工。另一类可称为“大型门式排钻”。机架大多做成门式，主轴数可多至上百个。通常机床左、右侧各设置一排水平钻轴，数排下置或上置的垂直钻轴，个别机床在后侧还设有一排水平钻轴。工件在一次装夹中可以完成对板件的表(或底)面以及 2 或 3 个侧(端)面的钻削加工。常用于各种板件生产的流水线或自动线中，生产效率极高。

1. 左下组合型多排多轴木工钻床

图 5-41 所示为三排多轴木工钻床。“[”形床身由立柱、底座导轨和横梁等组成。左侧立柱上装有一水平钻削动力头；底座导轨上装有两排垂直钻轴，每排钻轴是一个动力头，它由 2 个分动力头组成，称“二列组合式”。各列均可绕自身的动力输入轴回转，变换成多种组合形式。如垂直排钻轴的轴心连线可以排成方形，可与水平排钻轴心连线相垂直，也可以相平行，以适应板件表面各种孔加工的需要。机床钻削头进给、工件定位夹紧等大多由气动系统完成。

表 5-31 所列为国产的三排多轴木工钻床的主要技术参数。

表 5-32 所列为国外一些公司生产的三排多轴木工钻床的主要技术参数。

2. 大型门式多轴木工钻床

大型门式多排多轴木工钻床型号众多，但基本组成相似，仅在某些功能、具体结构以及控制方式等方面有所不同。

图5-42所示为典型的手工进给多排多轴木工钻床。它主要由床身，左、右水平钻削机构，下置两组垂直钻削机构，压紧器以及气动、电气系统等组成。各钻削机构的位置、钻削头的进给速度、行程以及压紧器的位置等均可以按加工要

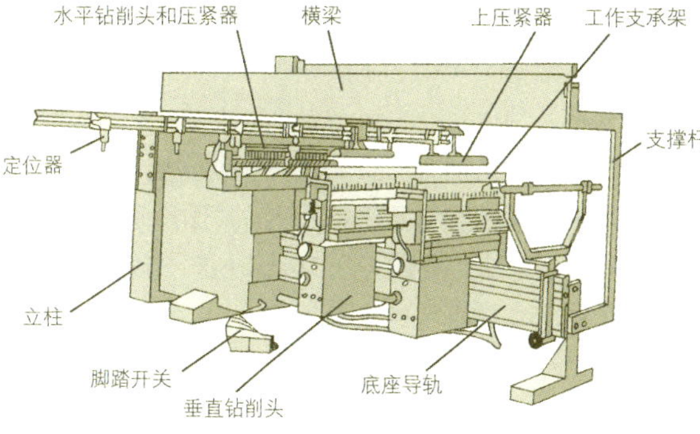

图 5-41 三排多轴木工钻床

表 5-31 国产三排多轴木工钻床主要技术参数

型 号		MZ7321 × 3	MZ7321 × 3	MZ7321 × 3	MZ7321 × 3	MZ7321 × 3	MZ7321 × 3	MZ7321 × 3
水平钻削头轴数		21	21	21	21	21	21	21
垂直钻轴轴数×排数		21 × 2	21 × 2	20 × 2	21 × 2	21 × 2	21 × 2	21 × 2
电机功率 (kW)	水平钻削头	1.5	2.2	1.1	1.5	2.2	1.5	1.1
	垂直钻削头	2.2 × 2	2.2 × 2	1.1 × 2 × 2	1.5 × 2	2.2 × 2	1.5 × 2	1.1 × 2
主轴转速（r/min）		2800	2800	2700	2800	2840	2800	2800
机床外形尺寸（cm）		252×320×145	210×103×143	216×300×157	215×130×153	220×190×142	200×125×129	190×300×130
机床质量（kg）		900		1000			750	750

表 5-32 国外一些公司生产的三排多轴木工钻床主要技术参数

型号	意 BS Forecon51	意 BS Beaver	意 Vitap SIGMA 系列	意 LB Jolly – 2000	意 SCM MB51	意 SCM FMA3T	意 Morbidelli 60/32	意 ZB MP3	德 Koch OMEGA
排数	3	3	3 或选 2	3	3		3	3 或 4	3
水平钻轴数	21	21	21	21	21		20	21	21
垂直钻削头 轴数×排数×列数	15 × 2	20 × 2	21 × 2 或 21 × 1	21 × 2 或 11 × 2 × 2	15 × 2	21 × 2 或 9 × 2 × 2	20 × 2 或 9 × 2 × 2	21 × 2（或 3）9 × 2 × 2	15 × 2
垂直钻排间距（mm）	150～750	150～1600	150～1040	160～800	150～750		160～950	150～850	
最大钻削深度（mm）			80	70	75	85		85	
电机功率（kW） 水平钻头	2.2	1.5	2.5	1.84	1.5	1.8	1.84	1.84	2.2
电机功率（kW） 垂直钻头	1.5 × 2	1.5 × 2	2.5 × 2	1.84 × 2	1.5 × 2	1.8 × 2	1.84 × 2	1.84 × 2	1.5 × 2
机床外形尺寸（cm）	314 × 150 × 150	284 × 97 × 151	165/215/265 × 130 × 155	160 × 162 × 135	150 × 314 × 143	193 × 284 × 143	200 × 110 × 145		150 × 314 × 150
机床质量（kg）	590	890	1000	620	550	900	900	900	590

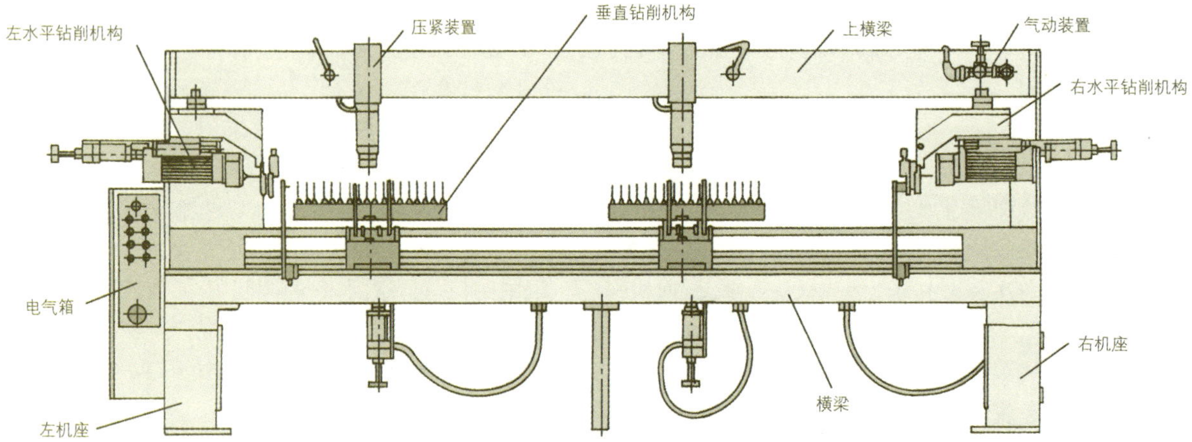

图 5-42 国产 PE2000 型多排多轴木工钻床

求进行调节，垂直钻削头的组数还可根据需要增加。

现代多轴排钻床均采用快换钻夹。其作用是：一消除钻头制造或刃磨造成的长度误差；二装卸快捷，节省辅助时间。

大型排钻床各钻削头的进给运动，以及各定位和夹紧等机构大多采用气动方式；而其电气系统随具体型号不同而异，繁简程度相差甚远。通常电气系统应满足各钻削头的进给运动，至少有两种组合可供选择：水平钻组与垂直钻组顺序进给，以及两者同时进给。同时进给时，要求垂直钻组钻头的中心线离工件边缘的距离应大于45mm，以免造成水平与垂直钻组间的钻头相碰。

大型门式多轴排钻床生产厂家众多，尤其是意大利，机型甚多，有半自动型、自动型，有配有程序转换器，可任意

表 5-33 部分大型门式多排多轴木工钻床主要技术参数

型　号	(意)BS 公司 PE2000	Compact 系列 R-6	Compact 系列 E-7	Compact 系列 T-8	Logic 系列 Logic	Logic 系列 Logic Contral	(意)Vitap Elite 系列 133	(意)Vitap Elite 系列 132	(意)Vitap Multipr-gram131	(意)Morbidelli Extra′ 80 标准型	(意)Morbidelli Extra′ 80 高速型
总排数	4	6	6	7 或 8	8	9	6	10	6～10	12	
水平钻削头*	20 × 2	20 × 2			20 × 2		20 × 2		20 × 2	20 × 2	
垂直下置钻削头*	20 × 2	10 × 2 × 4	10 × 2 × 4	10 × 2 ×（4 或 5）	10 × 2 × 4	10 × 2 × 7	9 × 2 × 4		9 × 2 ×（4～6）	9 × 2 × 6 或 20 × 6	
垂直上置钻头*	–	–	–	0～2	10 × 2 × 7	–	–	9 × 2 × 4	9 × 2 ×（1～2）	9 × 2 × 4 或 20 × 4	

表 5-33（续）

型 号		(意)BS 公司						(意)Vitap			(意)Morbidelli	
		PE2000	Compact 系列			Logic 系列		Elite 系列		Multipr-	Extra´ 80	
			R-6	E-7	T-8	Logic	Logic Contral	133	132	gram131	标准型	高速型
加工能力（p/min）		5	20～30			20～30		20～30		25～30	20	30
两水平钻头间加工宽度（mm）		160～25000	180～32000			180～3200		240～3200		240～3200	200～3000	320～3100
垂直钻削头加工宽度（mm）			150～3200			150～3200		150～3200		150～3200	160～3200	
相邻两钻轴中心距（mm）		32	32			32		32		32	32	
电机功率（kW）	各水平钻削头	1.5	2.2			2.2		1.84		2.2	2.2 或 3	
	各垂直钻削头	1.5	2.2			2.2		1.84		2.2	2.2 或 3	
	运输装置	–	0.25			0.25		0.26		0.36	0.37	0.55/0.73
	右支架移动	–	0.25			0.37		0.37		0.36		
运输速度（m/min）		–	57			57		57		50	43	43/70
压缩空气工作压力（MPa）		0.6	0.6～0.7			0.6～0.7		0.6～0.7		0.6～0.7	0.6	
机床外形尺寸（cm）		410 × 200 × 145	516 × 136 × 156	516 × 162 × 156	517 × 162 × 165	530 × 164 × 180		484 × 170 × 155	470 × 170 × 182	535 × 190 × 205	495 × 321 × 175	495 × 341 × 175
机床质量（kg）		1800	2250	2340	1950	3600		2800	4100	6000	3900	4400

注：* 无乘号表示排数；1 个乘号表示每排轴数 × 排数；2 个乘号表示每列轴数 × 列数 × 排数

选择各钻削头的工作顺序，或采用微机可自动调节各部件的工作位置，能自动显示工作循环，以及在出现故障时表明故障发生的部位等。选用时，应充分了解所选设备的功能。

表 5-33 列出一些公司生产的大型门式多排多轴木工钻床的主要技术参数。

5.5.4 专用木工钻床

在家具生产中，桌、椅、抽屉等由于结构及数量等原因，常常采用专用的木工钻床或钻削与其他加工方式，如锯、铣等组合的专用机床来进行加工。下面举两个常见实例。

5.5.4.1 抽屉专用钻床

常见的抽屉专用钻床设有水平和垂直各 2 组 5 轴钻削头，可以对抽屉面板和旁板的表面以及两个端面同时进行孔加工，生产率高；相配精度好。各钻削头的位置可以任意调节，加工工件长度范围一般为 180～1280mm，工件压紧、钻头进给均采用气动。工件装上工作台后，只要脚踏开关，机床就能自动完成压紧工件－钻孔－钻头返回－松开工件的工作循环。日本东洋公司有此类品。

5.5.4.2 锯、钻，铣组合桌椅加工专用机床

这类机床主要用于桌椅零件连接处的加工，桌椅零件连接采用圆榫，但为增加接合强度，还常在这些部位铣出梳齿状榫，因而该机床组合有锯切、钻孔和铣削三个动力头。工件置于工作台上，由靠板定位，压紧器压紧。工作台送进，首先由圆锯按要求锯截，以保证加工件定长；然后由钻削头钻出所需的圆榫孔；最后由铣削头加工出梳齿状榫。机床所用钻削头的钻轴箱可作 360° 调整，能完成多种孔间距加工的需要，机床工作台还可作倾斜调整。有的公司在此机床上再增设上置的垂直钻削动力头，以扩大机床的功能，使某些桌椅零件的加工更加方便。如意大利 Balestrini，台湾建承等公司的产品。

5.5.5 钻床选用及可供参考的主要标准

木工钻床，特别是多轴排钻床的选用，应特别注意机床的工作精度，即孔间距的公差，它影响到家具组件的装配和互换性。其次，由于排钻床机型众多，功能、自动化程度、生产能力以及投资额相差甚远，因此，选择机型一定要适合自身工艺及生产率的要求。

国内现行标准主要有 GB/T13571-92 立式单轴木工钻床精度，JB/T5729-91 单排多轴木工钻床精度等。

5.5.6 钻床常见故障分析

1. 排钻床钻削头进给有卡阻或不均

这可能是压缩空气气压不足，通常要求气压在 0.4MPa 以上；也可能是换向阀阀口有污物堵塞造成气流不畅或阀芯受污物等影响移动不到位，还可能是钻削头移动溜板与导

轨的间隙调整不当，或导轨磨损不均匀，或过度磨损。

2. 钻孔尺寸偏大、孔间距超差

这可能是快速钻夹头的定位孔磨损，也可能是主轴轴承间隙过大或轴承损坏，这通常可以采用电脑轴承分析仪或机械故障检查仪等机械设备状态监测仪器进行检查。

5.6 木工榫槽机

木工榫槽机是木家具制造的基本设备之一，其基本功能是在工件上加工出各种长方形、长圆形等非圆柱形的榫孔。

榫槽加工的形式较多，所用刀具也不尽相同，故榫槽机类型较多，分3组，具体如表5-34所示。

5.6.1 普通木工榫槽机

国内的普通榫槽机主要是指方凿榫槽机，是采用木凿来开长方形榫槽的机床。机用木凿是一种复合榫槽切削工具，如图5-43所示。它由方壳(又称方凿)和钻芯(即钻头)两部分组成。钻芯装在方壳内。主壳端部为圆锥形表面，具有短棱边的刃口。开榫槽时，钻芯先钻出孔；由方壳端部刃口凿出四周方角。钻削时切屑由方壳侧面长圆形排屑口中排出。钻芯的旋转运动可由电机直接带动或通过皮带传动。钻芯与方凿的轴向进给运动可采用手动、机动或液压等方式实现。

普通榫槽机大多做成立式单轴的形式。图5-43为国产MS362A(即原MK362A)型立式单轴榫槽机。钻芯的旋转运动由2极电机直接带动，工作台纵、横向的移动由手工转动手轮实现。机床具有水平压紧油缸、2个垂直压紧缸以及刀架往复运动油缸。工件的压紧和刀架的往复运动均由液压系统完成。

我国生产的普通立式榫槽机厂家甚多，主要型号及技术参数列于表5-35。

5.6.2 长圆槽榫槽机

长圆槽榫槽机采用柄铣刀作榫槽切削刀具，其铣刀大多具有摆动运动，故可得到长圆形榫槽。根据刀具摆动形式的不同，主要有柄铣刀绕定点摆动和作平行摆动两种形式，后者应用较多。

采用柄铣刀作平行摆动开榫槽时，所得榫槽各面都较平整，这种形式的榫槽机在欧洲和目前国内的实木家具生产中应用颇广。机床常设计成双出轴的形式。图5-44所示为国产MK428型双出轴半自动榫槽机。主轴的两端均装有柄铣刀，两边均设有工作台和压紧器，采用交替进给的方式，使装卸工件的辅助时间与机工时间重合，以提高机床生产效率。每

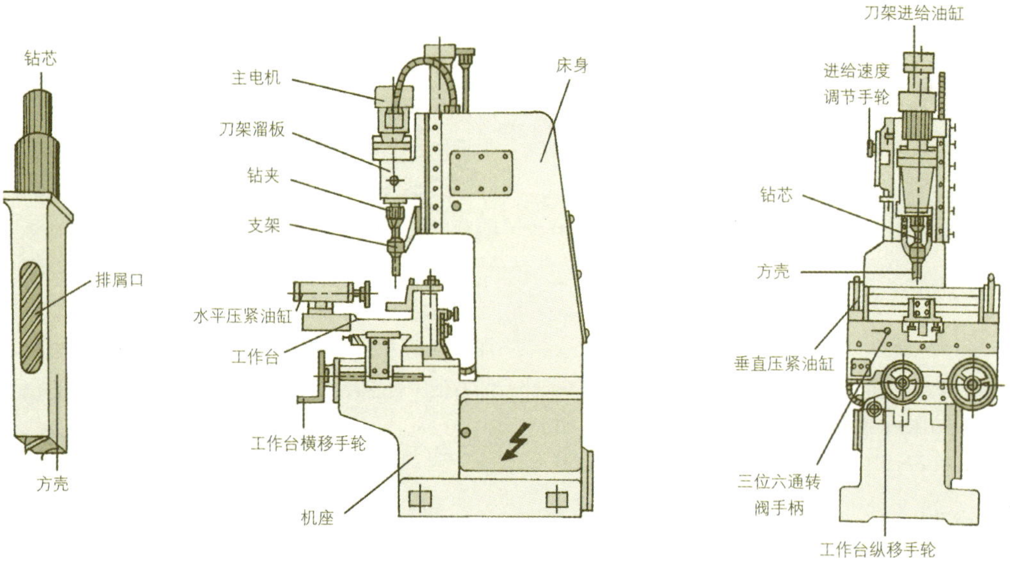

图5-43 立式单轴榫槽机及机用木凿

表5-34 木工榫槽机分类（按GB/T12448-90）

组		系列号	木工机床名称	组		系代号	木工机床名称
名 称	代号			名称	代号		
摆动式榫槽机	1	7	卧式摆动榫槽机	普通榫槽机	3	0	卧式单轴榫槽机
链式榫槽机	2	0	立式单轴链式榫槽机			1	卧式多轴榫槽机
						2	长圆槽榫槽机
		1	立式多轴链式榫槽机			6	立式单轴榫槽机
						7	立式多轴榫槽机
		6	卧式多轴链式榫槽机			9	台式单轴榫槽机

表 5-35 部分普通立式单轴榫槽机主要技术参数

型号		MS312	MS361A	MS362	MS362A	MS362-1	FHC-26	
最大榫槽尺寸（mm）		20 × 20	16 × 16	22 × 22	22 × 22	22 × 22	25 × 25	19 × 19
最大榫槽深度（mm）		100	100	80	120	120	100	
工作台移动最大距离（mm）	纵向	400		200	400	300	450	
	横向	100		80	200	100	125	
	垂直	250				300	300	
电机总功率（kW）		2.7	1.5	1.5	3	3	1.5	
机床外形尺寸（cm）		115 × 60 × 165	92 × 64 × 163	94 × 42 × 170	124 × 70 × 190	102 × 128 × 152	91 × 63 × 162	89 × 81 × 178
机床质量（kg）		650	250	500	900	1500	240	260
刀具进给方式		机动	手动	手动	液压	机动	手动	气动
生产厂商							(中国台湾)丰钧	

表 5-36 部分长圆槽榫槽机的主要技术参数

型号		MS428	2CAP	SM	2/CAP	CRПГ-2	CRПГ-3	MDO	MSO	COM8	COM12/HF	COM14
最大榫槽尺寸（mm）	深度	80	80		80	80		55～90		50	50	50
	长度	120	120		150	125		120		100	100	100
工作台可倾角度		20°	20°		20°		15°	25°				
主轴转速（r/min）		9100	9000		9000	10000		10000		10000	12000	1000
主电机功率（kW）		2.2	2.2		2.2	2.2		2.2		2.2 4个	1.5 2个 0.55 8个	1.1，1.5 2.2各2个
摆动电机功率（kW）		0.75	0.75		0.9			0.73		0.75,1.1	1.75	2.2
机床外形尺寸（cm）		126 × 133 × 130	100 × 130 × 125	80 × 85 × 125	130 × 110 × 130	132 × 81 × 150	97 × 75 × 150	141 × 110 × 130	150 × 190 × 135	160 × 200 × 170	200 × 200 × 180	
机床质量（kg）		500	500	400	500	875	680	520		850	1900	2150
结构特点		卧式双出轴	卧式双出轴	卧式单出轴	卧式双出轴	卧式双出轴	卧式双出轴	卧式双出轴	卧式双出轴	卧式8轴	水平4个轴 垂直8轴	水平6轴 垂直8轴
生产厂商			(意)Balestrini		(日)庄田	(前苏联)					(意)Pade	

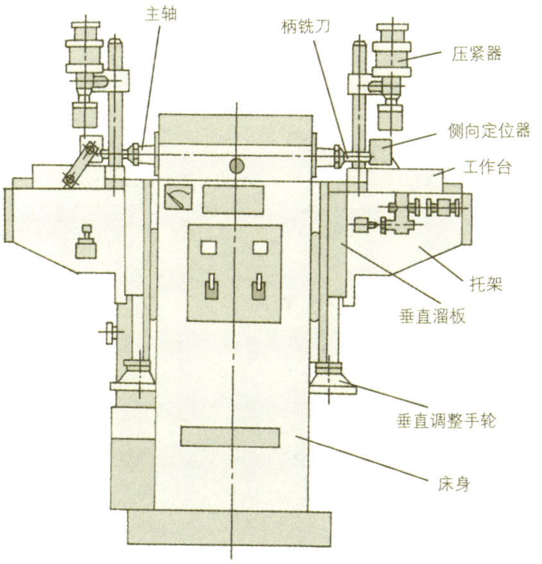

图 5-44 MK428 型双出轴半自动长圆槽榫槽机

分钟约可加工8～18个榫槽。调整工作台的进给行程可控制榫槽的深度，调节主轴的摆幅可控制榫槽的长度；榫槽宽度则由柄铣刀直径决定，一般在16～20mm，大的可达35mm。

表5-36所列为国内外部分长圆槽(铣刀平行摆动)榫槽机主要技术参数。

5.6.3 L 型摆动切刀榫槽机

L 型摆动切刀榫槽机采取专用L形榫槽切刀(又称榫铣刀或榫槽锯子)进行榫槽加工。切刀的端部和一个侧面有齿，但切削木材的仅是端齿，而侧面的辅助齿仅起把切屑从槽底送出槽外的作用。榫槽切刀通常由曲柄机构带动，其主运动轨迹为一封闭的椭圆曲线。可完成刀齿切入、切削木材以及切屑的输送等运动。切刀本身刃部的厚度即为榫槽宽度；榫槽长度为切刀水平摆动的摆幅和切刀刃部宽度之和；榫槽深度则由切刀相对于工件在槽深方向的位移决定。

L形摆动切刀榫槽机的加工精度好，精度可达0.01mm，

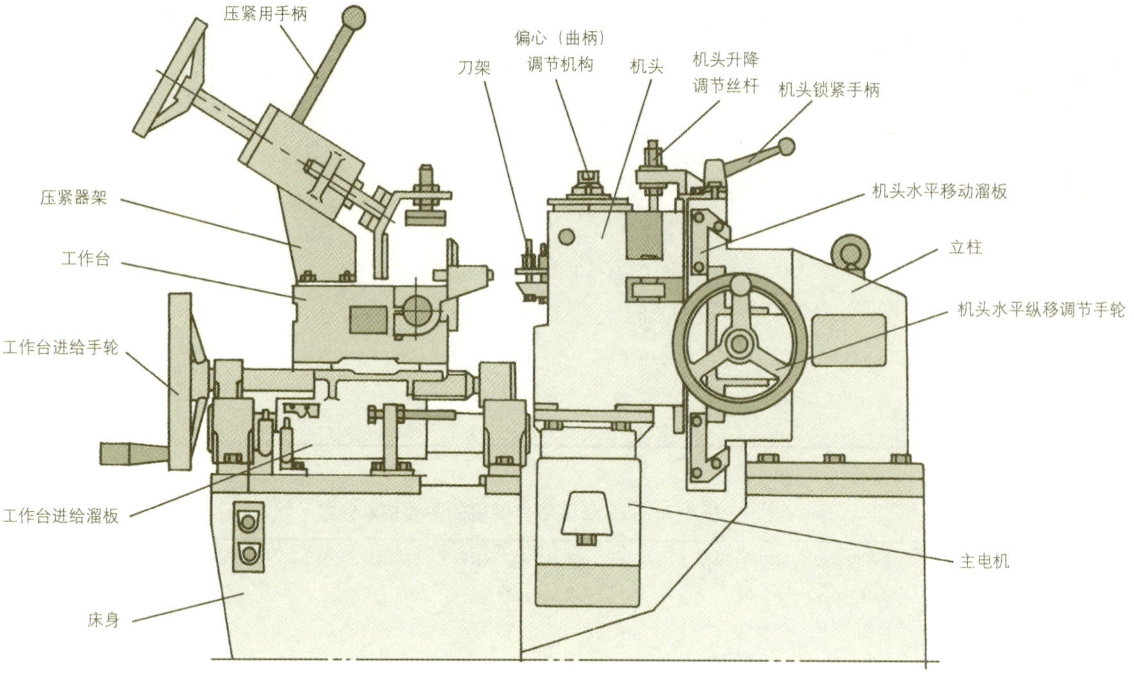

图 5-45 MS172 型单头 L 形摆动切刀榫槽机

能保证加工质量，槽底接近于平面；生产效率较高，能组成多刀多头切削，易于实现机械化、自动化和程序控制。这类机床发展迅速，应用广泛，它不仅能加工长方形榫槽，还可以加工梯形榫槽，台阶形榫槽，尤其适用于需加工双排榫槽以及一个工件上有多处需加工榫槽的场合。

这类榫槽机可以设计成单切削头或多切削头，切削头可以上置也可以下置。

图 5-45 所示为国产 MSl72 型单头 L 形摆动切刀榫槽机。该机主轴下置，切削机构安置在机头内，由主电机，经可调曲柄摆杆机构，使刀架连同其上的 L 形榫槽切刀(图中未显示)获得主运动。机头根据加工件榫槽位置要求，通过手轮可在工件长度方向调整；通过调节螺杆可在垂直方向作调整；机构可调节曲柄摆杆机构中曲柄的大小，亦即调整了 L 形切刀的摆幅。手轮用于使工作台沿导轨作工作进给，并由挡块控制其行程。工作台上设有凸轮压紧机构。

较新型的意大利MUTI公司生产的OM · B3型三头榫槽机，刀头下置使其布局更趋合理，各部件配置恰当，外形美观，调整方便。机床设有可靠的挡块和液压驱动的水平、垂直两个方向的压紧器，使工件的定位和压紧更为可靠。机床操作简便，工人只需装卸工件，机床能自动完成工作循环，生产率较高。

表 5-37 所示为国内外一些 L 形摆动切刀榫槽机的主要技术参数。

表 5-37 部分 L 形摆动切刀榫槽机主要技术参数

型　号		MS172	OM · B1	OMB1 · ECOS	OM · B3
加工榫槽尺寸（mm）	最大长度	80		180	
	最小长度	25		25	
	最大深度	100		130	
机头垂直调整行程（mm）		130		100	
主电机功率（kW）		2.2	2.2	2.2	2.2（3个）
油泵电机功率（kW）		–	0.75		1.5
主轴转速（r/min）		2840		2840	
工作台尺寸		920 × 24	1000 × 310	1000 × 250	3200 × 350
机床外形尺寸（cm）		313 × 127 × 117			
机床质量（kg）		500	70	550	2200
结构特点		偏心夹紧，手动进给	液压夹紧，半自动	气动夹紧，半自动	3机头，液压，半自动
生产厂商				(意)MUTI 公司	

5.6.4 榫槽机选用及可供参考的有关标准

选用榫槽机取决于使用榫结合的类型，即所需榫槽的形状，并应注意与所选用的开榫机相匹配。对于木框榫，可选用普通木工榫槽机或L形摆动切刀榫槽机，要求不高时，还可以选用链式榫槽机。其机械化、自动化程度应取决于产量和投资额；对长圆榫则必须选用长圆槽榫槽机。

除普通木工榫槽机外，目前国内对榫槽机的标准尚不够完善。可供参考的有JB3290.2-82 立式单轴榫槽机精度等。

5.6.5 榫槽机常见故障分析

该处以MS362A 型液压榫槽机为例说明其常见故障。

1. **刀架不能换向**

这可能是先导阀没动作，也可能是换向阀没动作，则应检查驱动油压是否达到规定压力；如达到，可检查换向阀两端通道是否有脏物堵塞；再不然可能是换向阀咬死，应检查阀芯头部有无起毛。

2. **刀架换向冲击大**

这可能使刀架往复移动油缸内混入空气，可使刀架全程快速往复多次，使缸内空气从回油管中排除；如还不见效，则可能换向速度太快，可调节换向主阀上的节流螺钉，控制换向速度，减小冲击。

3. **刀架快速行程达不到速度要求**

应检查油箱中液面高度，油箱中油量不足，油泵会吸不上油而造成系统中有大量空气；再检查油液黏度，过稠也会影响吸油；若均无问题，则可检查溢流阀，有无污物停留在阀内影响阀芯运动，溢流阀弹簧是否失灵，阀芯与阀体或阀座接触是否良好，主阀芯与阀体间隙是否过大，针对问题逐一解决；若仍不能达到速度要求，则可能泵的泄漏过大，应检查齿轮泵有关端面和径向的磨损情况，并按齿轮泵修理办法重配间隙。

5.7 木工多工序机床

木工多工序机床是指工件在一次装夹和进给中，能够完成多种不同的加工工序的木工机床。在5.4.1节中已介绍过的直榫开榫机，以及有些圆榫加工机等均属此类。本小节主要介绍家具生产中常用的封边机以及目前应用广泛的指接材用的指形接合机。

5.7.1 封边机

封边机属多工序机床第5组(MD5)，其功用是将板件(通常是人造板)的各边缘用单板条、实木条、浸渍纸封边条、塑料封边条等封边材料封贴起来，以提高产品外观质量，达到美观、耐用的目的，是板式家具生产中不可缺少的主要设备之一。通常，工件在一次进给中能完成涂胶、封边胶合、前后截头、上下齐边、倒棱、刮胶以及砂光等工序。封边机的分类如表5-38所示。其中单面直线、双面直线及曲直线封边机所封的表面均为“直面”，即被封表面的断面是个平面。曲面封边机则常用于直线成型曲面的封边。

5.7.1.1 直线封边机

直线封边机有单面和双面之分。单面直线封边机每次进给对板件的一个直线形平侧面进行封边。图5-46为典型的单面直线封边机的外形图。它主要由床身、涂胶系统、封边材料输送与剪切装置、压合系统、前后截头刀架、上下粗精修边刀架、磨削系统和工件进给系统等组成。

工件常采用履带进给，进给速度一般可在8～30m/min范围内无级调速。涂胶系统的作用是向工件封边面均匀涂胶，一般包括胶罐、胶辊、涂胶量调节以及加热等装置。常应用电加热，并设有连锁装置，保证热熔胶达一定温度后才允许机床进入运行状态。封边材输送大多采用辊筒式，并应用气动方式夹紧封边材实现送材。当使用成卷塑料封边带时，气动剪切装置能保证定长切断。压合系统的主要作用是

表5-38 封边机分类（按GB/T12448-90）

组		系代号	木工机名称
名称	代号		
封边机	5	1	单面直线封边机
		2	双面直线封边机
		3	曲直线封边机
		4	曲面封边机

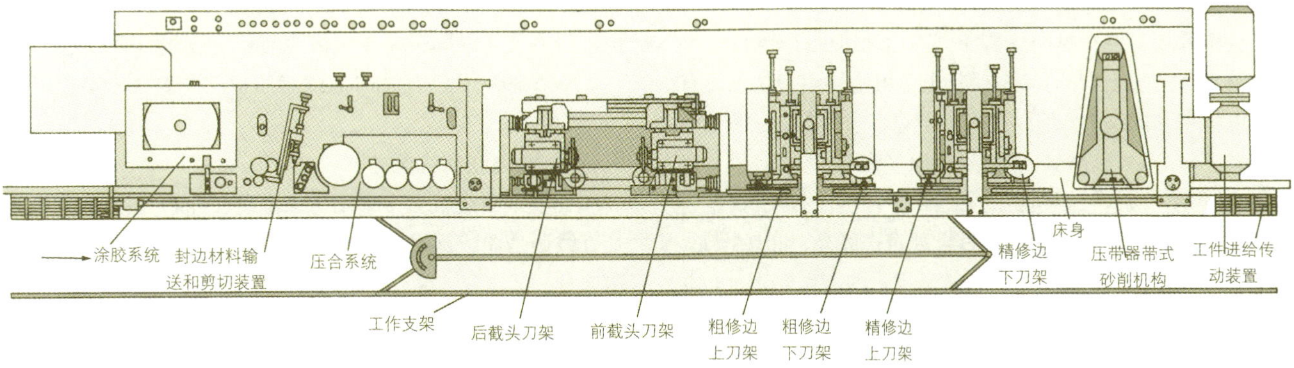

图5-46 单面直线封边机

表 5-39 部分直线封边机主要技术参数

型　号	牡丹江 KS23	信阳 BQB416	青岛木机 MF114	青岛千川 EB50	青岛华盛昌 MD514B	南通国全 ZHF-1435	(德)Hong HAC83	(意)OLMPIC N300
最小工件宽度（mm）		50	65	100	150		65	80
最小工件长度（mm）	60	250	250		160	180	160	120
工件厚度（mm）	8～55	10～60		9～50	10～40	10～50	8～55	10～60
封边条厚度（mm）	0.4～20	～5	0.4～1.5	1.5	0.5～3	0.45～3	0.4～12	0.3～12
进给速度（m/min）	16	4.4，8.7	7	7	～11.5	5	13	12～18
电机总功率（kW）	11	6	3	1.01	6.2	4.5	9	15
机床外形尺寸（mm）	450 × 175 × 130	245 × 108 × 146	186 × 100 × 123	175 × 80 × 150	380 × 90 × 148	268 × 110 × 120	长 500	长 474
机床质量（kg）	1600	600	450	200	1500			

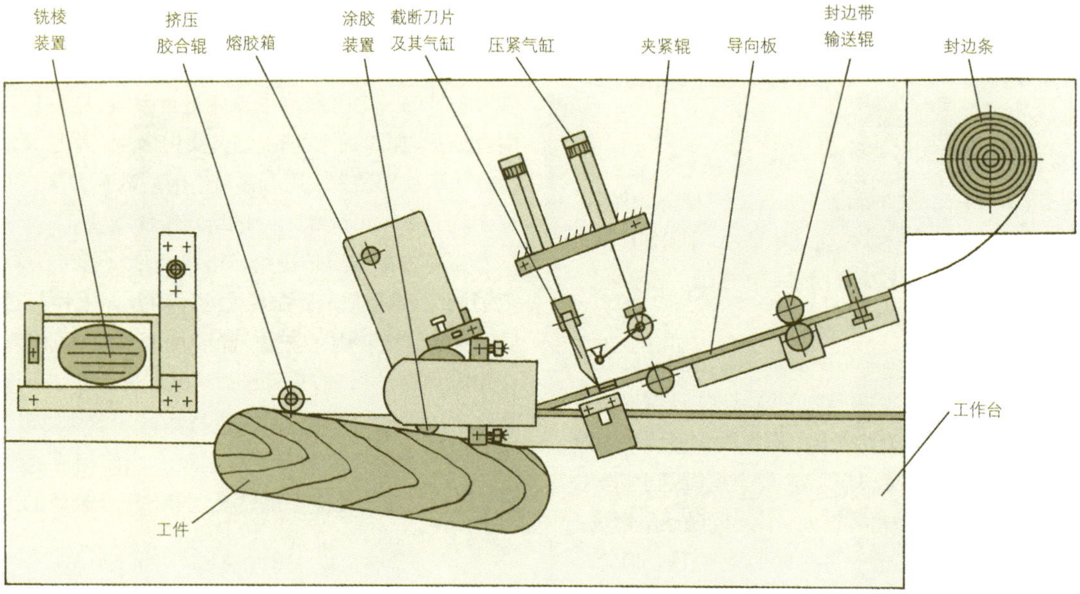

图 5-47 曲直线封边机的组成和工作过程示意图

利用主压力辊和辅助压力辊把封边材料压向工件涂胶面，进行加压胶合，实现封边。其中主压力辊有动力，并保证与履带进给同步。各压辊的加压均由气动实现。前、后截头刀架上装有由高频电机带动截头锯片，并设有同步跟踪装置，可使截头锯片和工件在纵向保持相同的运动速度，以保证正确地截去工件两端多余的封边材料。上下粗精修边刀架上设有高频电机带动的铣刀，用以铣去上下边多余的封边材料。机构设有上导轮和侧导轮，保证封边面平整。

以上是一般直线封边机的必备部分。此外封边机根据需要通常还有一些可供选择的项目，如带式砂光、布轮抛光、精细修边刮光、多用铣头等，以满足用户的特殊要求。如本例就有带式磨光机构。该磨光部分用于封边后的侧表面砂光，以提高其表面光洁程度。通常采用具有压带器的带式砂削机构，砂带可作轴向窜动，整个砂架根据需要还可作适当的倾斜调整。砂带的张紧、轴窜运动等都由气动实现。

双面直线封边机实际上可以看作是由两台单面直线封边机组合而成。其中一台固定在一边，另一台装在另一边可移动的机架上，根据需封边的工件的宽度，可相对于固定边一台进行调节，以同时完成对板件两相对应侧面的封边。

表 5-39 列出了国内外直线封边机的主要技术参数。

5.7.1.2 曲直线封边机

曲直线封边机大多采用手工进给，因而无论板件的侧边是直线还是曲线都可以在这机械上实现封边作业。机床主要由床身、工作台、封边条输送和切断装置、熔涂胶和胶合装置、铣削倒棱机构以及气动系统等组成。图 5-47 是曲直线封边机的组成和工作过程(俯视)。封边条输送辊，涂胶辊和胶合辊是由同一电机带动。熔胶箱内装有电热器，热熔胶通过

表 5-40 部分曲直线封边机主要技术参数

型 号	MF50	MDJ536	JBH165	ZHF-350 Ⅱ	（中国台湾）建承 YMC	(日)丸仲 KCB-888	(日)樱华 MFB-503	(意)Manea BCM/2
工件宽度（mm）	50～600	75～600		≥ 65				40～600
封边条厚度（mm）	0.5～5	0.4～6	0.4～3	0.45～3	0.4～3	0.45～3	0.3～3	0.4～2
工件最小曲半径（mm）	20	20	20	20	20	20	20	20
进料电机功率（kW）	0.75	0.75	0.75	0.12	0.75	0.1	0.12	0.73
倒棱电机率（kW）	0.25	–	–	–	–	–	–	0.25
进给速度（m/min）	3，6，12	2.5～13	5.5，10，20		5，10，20	15	12	3，6，12
外形尺寸（cm）	165 × 130 × 111	128 × 76 × 87	152 × 80 × 100	100 × 73 × 105	122 × 91 × 119	100 × 73 × 105	100 × 73 × 105	
机床质量（kg）	900	400	350		350	230	210	

涂胶辊涂到工件上，经辊挤压，实现胶合。封边条由截断刀按规定长度截断，封边后工件的倒棱由倒棱装置实现。倒棱装置是由上、下对应的两台高频电机带动铣刀组成，转速高达 12000r/min 保证倒棱光洁。

通常曲直线封边机是用于曲直线直面封边，但有些封边机的挤压辊可以根据需要进行更换。若采用与工件侧表面形状相适应的成型挤压胶合辊，则可实现曲直线曲面封边。如意大利 Manea 生产的 BCM/2 型曲直线封边机即有此功能。

还有些曲直线封边机的胶合封边与铣棱机构是分开的，即胶合封边是一台机，铣棱为另一台机，如表5-40中的丸仲、樱华、建承等产品属此类。

表5- 40列出了国内外一些曲直线封边机的主要技术参数。

5.7.1.3 曲面成型封边机

曲面成型封边机或称曲面封边机或直线曲缘封边机，也有单面与双面之分。其所封之边的断面可以是各种形状的成型面(图 5-48)。曲面封边机的基本组成与直线封边机相似，主要差异在压合系统。它设有专用的压轮架，压轮架上设置数组压轮，每组压轮都可以根据所封边成型面的形状，在相关方向任意调节，并使该组压轮的排列所得轮廓曲线与所封边成型面曲线形状相适应，保证封边条能与板件封边成型曲面很牢固地压合。

还有些封边机是铣成型边与封边结合在一起的，它结构紧凑，使用更为方便。

表 5-41 所列是曲面封边机的主要技术参数。

表 5-41 CFSP 曲面封边机主要技术参数

型 号		CFSP 单面	CFSP 双面
板材最大宽度（mm）		2500	2200～3200
板材最小宽度（mm）	单面	70+ 成型面宽	130+ 成型面宽
	双面		280+ 成型面宽
板材厚度（mm）		10～60	10～60
封边材厚度（mm）		0.6～1	0.6～1
进给速度（m/min）		8～24	8～24

5.7.1.4 贴面后延续式曲面成型封边机

贴面后延续式曲面成型封边机简称后成型封边机或称边缘包覆封边机。主要用于人造板表面的已包覆贴材料向预先铣削成型的边缘(板的侧面)进行包折，造成一个无缝口的连结面。其工艺过程如图5-49所示，铣削头为覆贴材料按规定尺寸作修整加工→喷胶装置为覆贴材料和板件侧边施胶→由红外线加热装置为覆贴材料表面作软化处理，保证其包覆覆贴材料时能紧贴在经成型加工的板侧面→红外线加热使胶活化→折叠包覆材料并加压实现胶合→除去覆贴材料的余量并作精细修正。

也有一些后成型封边机仅有折叠包覆加压胶合部分，使用也很广泛。

表5-42列出了部分国内外后成型封边机的主要技术参数。

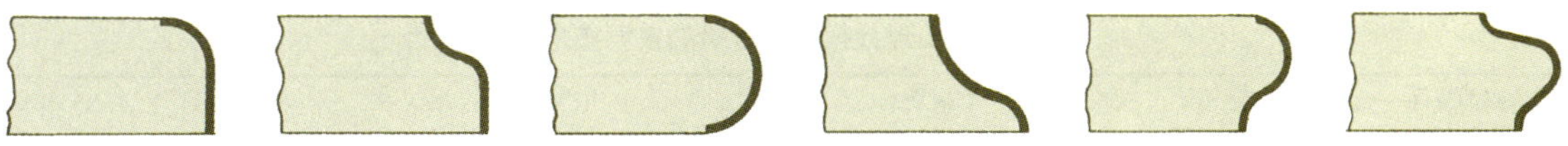

图 5-48 曲面封边机封边面的断面形状

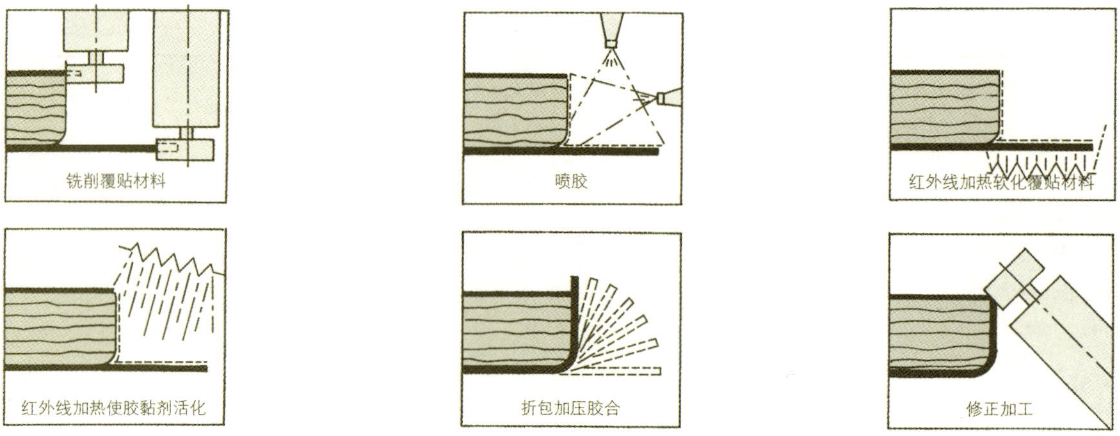

图 5-49 贴面后延续式曲面成型封边机包折工艺过程

表 5-42 部分后成型封边机主要技术参数

型 号	上海步精 JBH4125	上海木工所 BJF1820	南通国全 HF-2600	青岛正仁 RL2600	青岛长江 HB-260	(日)丸仲 MPF-2430
板材厚度（mm）	~70	16~200	~120	12~100	~60	~76
最大板长（mm）	约 2500	2600，3100	2600	2600,3100	2500	2430
最大加热温度（℃）	220	250	300	290		200
加热器功率（kW）	5	6.5		6	总 7	4.5
机床外形尺寸（cm）	400 × 110 × 170	570 × 256 × 200	360 × 122 × 175	350 × 80 × 136	340 × 140 × 170	350 × 110 × 170
机床质量（kg）	750		1300	750	1500	

5.7.1.5 封边机选购

选购封边机时，首先封边机的类型应满足工艺要求。此外，由于同类型封边机中繁简程度、贴合质量、控制方式、可靠性等相差甚远，因此，选购时一定要考虑其价格性能比，适合自身经济实力，同时可靠、实用。

5.7.2 指形接合机

指形接合机在国标GB/T12448-90中属多工序机床第6组第0系(MD60)。指形接合机常利用数台单机及运输设备组成指接材生产线，以充分利用小径材和加工剩余的小料，生产线通常需2台梳齿榫开榫机，分别为短材的两头加工出梳齿榫；其中第二台带有涂胶装置，便于以后的胶接；再经高速运输机送到指接机加压接合，然后由该机设置的圆截锯按一定长度自动截断。各机间有适当的运输装置连结。简单的也可以把铣榫、涂胶、接长和截断等分开，用手工进给的方法在单机上生产。

指接机最常见的形式是由气动系统在接长材上方加一定的压力，在纵向用液压力使各短材的梳齿榫获得紧密的胶合，达到一定长后由气动截锯进行定长截断。

指形接合机的选择主要考虑规格、参数是否能满足接长材的要求；其次是考虑生产规模，若组成生产线则应注意铣榫机、接长机以及中间运输机构的配套性。

表5-43列出了一些指形接合机(包括配套的梳齿榫开榫机)的主要技术参数。

表 5-43 部分指形接合机的主要技术参数

铣榫机型号		MD6010	MX3810	MX3512	MXB3512	MX3560	JMX528	MX3560	MX3510	MX3508
铣齿范围（mm）	高度	100	100	120		80	80	100，150	100	80
	宽度	150	400	400	380	600	450	400		300
总功率（kW）		–	13.29	7.7	15.75	8.5	6.6	11.2~14.7	9.7	79

表 5-43(续)

铣榫机型号	MD6010	MX3810	MX3512	MXB3512	MX3560	JMX528	MX3560	MX3510	MX3508
外形尺寸（cm）	–	165 × 180 × 145	178 × 101 × 141	175 × 160 × 150	220 × 120 × 130	150 × 80 × 120	220 × 121 × 148		152 × 110 × 130
机床质量（kg）	–	790			1200	500	1280		
结构特点	与指接机组成整线	与 MH1650 配套使用	分别与 MH1545、MHB1545 配套		与 MH1645 配套	与 JBHG9112 配套	与 HFJ-4500 配套要	可与 MHB 1500 或 1525 配套	与 MH1525 配套
指接机型号	(MD6010)	MH1650	MH1545		MHB1545	MH1645	JBHG9112	HFJ-4500	MHB 1550/1525.
最大加工范围（mm） 长度	6000	5000	4500		4500	5000	4500	5000/2500	2250
最大加工范围（mm） 高度	150	120	150	120	170	120	150	150/120	150
最大指接压力（Pa）		77300			70000		55000	75400/40000	
总功率（kW）	49.6	3.7	5.5	6.2	7.75	1.5	6.35	5.25/1.5	1.5
外形尺寸（cm）	2100 × 345 × 170	605 × 124 × 142	593 × 115 × 136	610 × 210 × 147	586 × 75 × 165	575 × 78 × 150	690 × 95 × 170		280 × 85 × 151
机床质量（kg）	8500	1400			1500	850	1600		
特点说明	程控自动	半自动	液压拼接	半自动	液压拼接	液压拼接	半自动	半自动/液压拼接	液压拼接

5.8 旋切机

旋切机是将一定长度和直径的木段加工成连续单板带的设备，是胶合板生产线上的主要设备之一。

旋切机按木段的尺寸可分为大型、中型和小型,其旋切木段最大长度分别为2m以上（最大直径可达1.6m）、1～2m和1m以下（直径在0.5m以下）。

旋切机在结构上可分为有卡轴旋切机和无卡轴旋切机。有卡轴旋切机按卡轴对木段的夹紧方法可分为机械夹紧和液压夹紧旋切机；按每端的卡轴数，又可分为单卡轴和双卡轴旋切机。

5.8.1 旋切机的结构

有卡轴旋切机主要由机座，左、右卡轴箱，刀床，进给机构，主传动系统及操纵控制系统等部分组成，如图5-50所示。左、右卡轴箱夹持木段，并带动木段旋转。刀床上装有旋刀和压尺，通过进给机构相对于旋转的木段作进给运动，以旋出连续的单板带。微调刀门间隙(压尺相对于旋刀的位置)及调节进给机构中进给箱的传动比，就可改变单板的旋切厚度。

现代先进的数控旋切机（图5-51)，取消了机械的进给机构和旋刀后角调整机构,采用了伺服液压机构控制刀床的进给和旋刀的后角，可实现单板无级调速，也可根据木材树种和单板厚度任意选择后角曲线，提高单板质量。在有的旋切机上使用（动力）滚动压尺替代了斜棱压尺，并加设了动力压辊，减小了木段的弯曲和木芯旋切时的刀门堵塞，更适于软材、速生材的旋切。

无卡轴旋切机采用一对摩擦辊驱动木段旋转，并带动其向旋刀进给，如图5-52所示。因省去了卡轴，故旋切后剩余的木芯很小，主要用于普通旋切机剩余木芯的旋切或小径木经旋圆以后的旋切，还可以旋切腐心材、空心材及环裂材等劣质材，以提高木材的利用率。

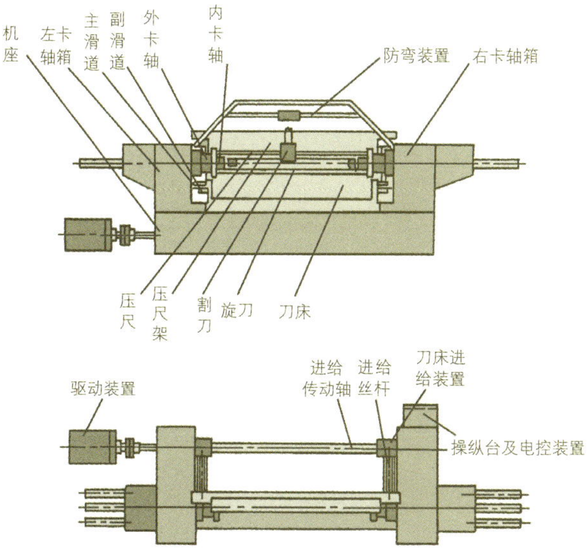

图 5-50 有卡轴旋切机

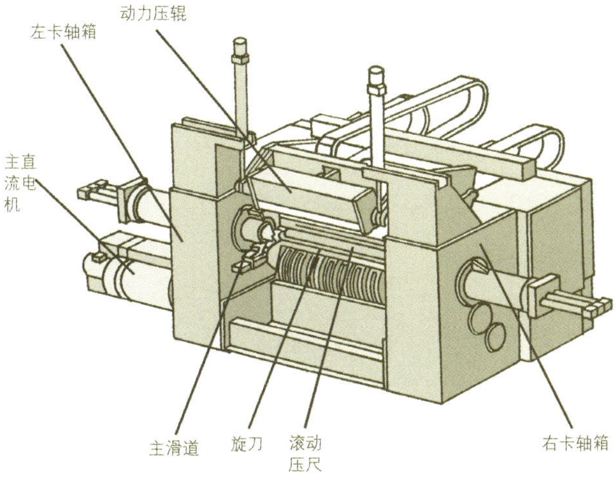

图 5-51 芬兰 Raute 公司的 VH 型数控旋切机

5 木工机械

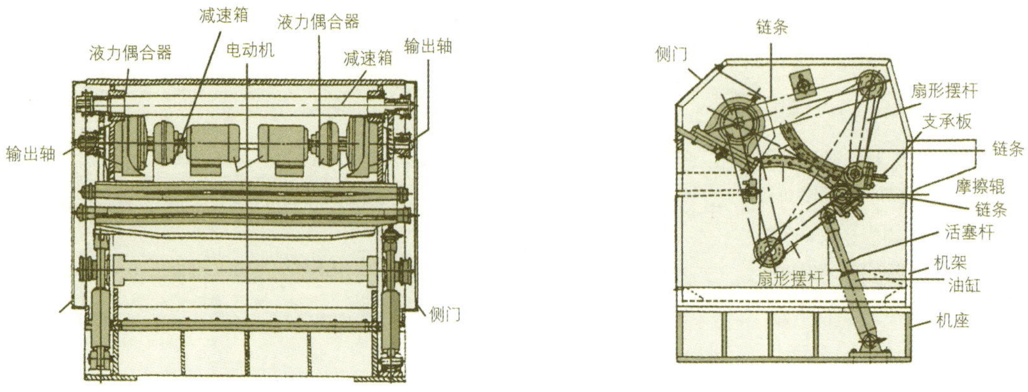

图 5-52 无卡轴旋切机

表 5-44 旋切机旋切过程中常见的缺陷及可能的原因（以有卡轴旋切机为例）

常见的缺陷	可能的原因	改进方法
单板厚度变化大，超出允许误差范围	1.装刀高度过高，造成外圈单板厚，里圈单板变薄； 2.后角过大，刀刃"切入"木段； 3.辅助滑道倾斜度不适当； 4.主滑道严重磨损； 5.进刀丝杆与螺母机构间隙过大	1.调整装刀高度，一般 h=0～1mm； 2.稍稍减小后角，使刀刃与木段产生摩擦的明亮部分宽度保持3～4mm； 3.辅助滑道应前倾，倾斜度适当调整； 4.检修主滑道，使之恢复水平； 5.调整双螺母机构，减小间隙
旋出单板产生松紧边产生紧边	1.刀门间隙不一致，中间小、两端大，单板产生松边；中间大、两端小，单板产生紧边； 2.压尺棱不直，或刀刃不平直； 3.卡轴夹紧力过大，外圈单板产生松边，内圈单板产生紧边； 4.刀刃对卡轴中心线不平行，旋出单板出现扇形； 5.刀架偏斜，进刀丝杆单边磨损，或伞齿轮磨损，造成单板出现扇形； 6.卡轴轴套磨损，两卡轴中心线不一致，使单板出现扇形	1.调整刀门的间隙，使之大小一致； 2.重新研磨旋刀或压尺，使之平直； 3.略微减小卡轴对木段的夹紧力； 4.调整刀刃，使之与卡轴中心线平行； 5.维修磨损部分，必要时更换； 6.检修卡轴箱，使左、右卡轴中心线一致
旋出的单板两头厚中间薄	1.刀门大小不一致，两端大、中间小，造成中间压榨力过大； 2.压榨力过大，木段受推力弯曲； 3.木段温度高，使刀刃中间膨胀	1.调整刀门的大小； 2.适当减小压榨力； 3.控制蒸煮温度，待冷却至50℃以下再进行旋切
旋切过程中"跳刀"，单板表面波浪形	1.后角过大，旋切时旋刀在木段压力下产生颤振，即刀刃循环地变形与恢复； 2.后角过小，旋切时旋刀挤压木段，产生弯曲，并恢复，循环进行，使板面成波浪形； 3.木段蒸煮不充分，近木芯处出现振动，引起板面成波浪形	1.减少后角，调整辅助滑道的倾斜度； 2.适当加大后角，调整辅助滑道的倾斜度； 3.对于硬材，宜增加蒸煮时间，使木段芯部温度提高，里外基本一致
单板表面毛刺沟痕明显	1.旋刀刃口有崩刃或卷口； 2.压尺安装位置不当，压榨率不够； 3.木段蒸煮软化不够	1.油刀，或重新研磨旋刀； 2.调整压尺位置及刀门大小； 3.增加蒸煮时间，或提高蒸煮温度
单板表面起毛	旋刀刃口不锋利，研磨角过大	适当减小研磨角，软材旋切可小至18°，并仔细进行
单板表面粗糙，背面裂隙大	1.压尺安装不正确，未起到压尺作用； 2.硬材木段软化不充分； 3.刀门过大，起不到压榨作用； 4.旋刀研磨角过大，刀刃不锋利； 5.刀门间有碎屑	1.调整压尺位置，使压榨线通过刀尖； 2.延长蒸煮时间，使芯部温度提高； 3.调整刀门大小，使之符合工艺要求； 4.选择合适的研磨角度，勤换刀和油刀； 5.操作中应及时清理

5.8.2 常见的缺陷与可能的原因

旋切机旋切过程中常见的缺陷及可能的原因见表5-44。

5.8.3 旋切机的精度标准

据GB5050-85，旋切机的几何精度和工作精度的检验项目与公差应符合表5-45、表5-46中的规定。

据GB5049-85，国产有卡轴旋切机的规格尺寸如表5-47。国产无卡轴旋切机的主要型号与技术参数如表5-48。

5.9 削片、刨片和打磨设备

削片机、刨片机和打磨机是生产各种纤维板、刨花板的主要设备,这些设备处于纤维板、刨花板生产线上的备料工段，其结构、性能和制造质量直接影响到成品板的质量、动力消耗和生产成本。

5.9.1 削片机

削片机是将原木、采伐与抚育剩余物（如枝桠、梢头木、树根、小径木等）以及木材加工剩余物（如板皮、枝条、碎单板、木芯等）加工成一定规格长度木片的设备。其切削特征为纵端向切削，主要工艺参数为削出木片的长度。

削片机按切削机构的形状可分为鼓式削片机和盘式削片机。其中，鼓式削片机按其刀鼓的形状分为圆柱形鼓式削片机和圆锥形鼓式削片机，前者又有轴型和筒型之分。盘式削

表5-45 有卡轴旋切机的几何精度标准

序号	检验项目	公差（mm）
1	左右卡轴的径向跳动：A.外卡轴（卡轴）； B.内卡轴	A.0.1 B.0.25
2	左右卡轴轴线与主滑道的等距误差	0.15
3	左右卡轴轴线的同轴度：A.水平度； B.铅垂度	0.20
4	左右卡轴公共轴线与装刀平面的平行度	0.15
5	左右卡轴公共轴线与装刀平面平行度的变化量	0.10
6	装压尺面与左右卡轴公共轴线的平行度	0.15
7	装压尺面与左右卡轴公共轴线的平行度	0.20

表5-46 有卡轴旋切机的工作精度

序号	检测项目	公差（mm）
	单板厚度的精确度	板厚小于2为0.05　板厚2～4为0.10

表5-47 国产有卡轴旋切机产品的规格尺寸

单位：mm

旋切木段最大长度	旋切木段最大直径	旋切刀片		卡轴直径			左右卡轴顶尖距离变化范围	旋切单板厚度范围
		长度	宽度	单卡轴	双卡轴 外卡轴	双卡轴 内卡轴		
1060	500	1250	200	70	–	–	650～1200	0.25～5
	650			85	150	75		
1320	500	1500		70	–	–	900～1450	
	650			85	150	75		
	800、1000			110	200	95		
	1250、1600			–	220	120		
2000	650	2150		85	150	75	1500～2100	
	800、1000			130	200	100		
	1250、1600			–	220	120		
2300	800、1000	2450		130	200	100	1800～2400	
	1250、1600			–	220	120		
2600	800、1000	2750		130	200	100	2100～2700	
	1250、1600			–	220	120		

表 5-48 国产无卡轴旋切机的主要型号与技术参数

型号	BQ1806A	BQ1813B	BQ1820	BQ1821A	BQ1827A
最大旋切长度(mm)	650	1320	2050	2100	2650
额定旋切直径（mm）	ϕ 210	ϕ 240	ϕ 240	ϕ 250	ϕ 250
最大旋切直径（mm）	ϕ 230	ϕ 240	ϕ 240	ϕ 360	ϕ 320
旋切单板厚度（无级 mm）	0.5～3	0.5～3.5	0.6～2.2	0.6～4	0.6～4
剩余木芯直径（mm）	<40	<50	<50	<50	<50
旋切速度（m/min）	20	20	18.6,28	18～35（无级）	20～35（无级）
振动刀床频率（r/s）	4	4	6.9	4	4.7,6.4
电机总功率（kW）	5.5	13.95， 14.75（出口）	20.4	25.7	49.4
净重（t）	2.5	5.8	13.4	10	14.5
外形尺寸(长×宽×高)(cm)	185 × 105 × 118	204 × 140 × 142	316 × 221 × 187	509 × 140 × 155	380 × 210 × 176

片机按其刀盘工作端面的形状分为平盘式盘式削片机和螺旋面式盘式削片机；按在刀盘面上安装飞刀的多少有少刀盘式削片机和多刀盘式削片机；按刀盘的布置方式又有立式、倾斜式和卧式之分。

另外，削片机按其进料的方式有强制进料的削片机和非强制进料的削片机；按其进料槽的布置有倾斜进料的削片机和水平进料的削片机；按其安装方式还有固定式的削片机和移动式的削片机。

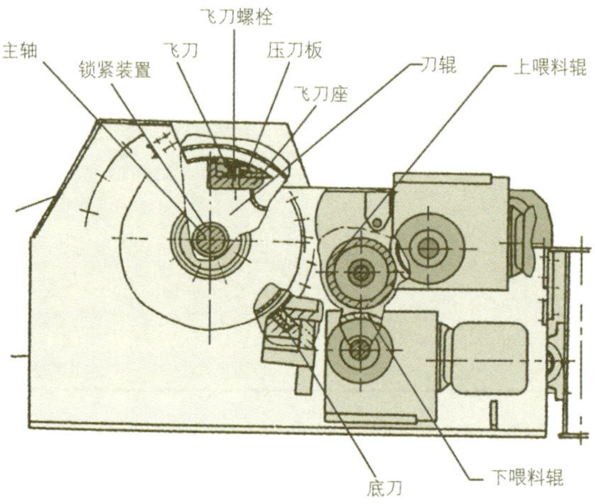

图 5-53 BX218 型鼓式削片机

5.9.1.1 削片机的结构

鼓式削片机主要由机座、进料机构、切削机构、底刀座、送料部分和液压系统等组成(图5-53)。进料机构夹持物料并带动其作均匀进给，刀鼓上的飞刀与底刀座上的底刀形成剪切机构，将送进的物料剪切成一定长度规格的木片。切削木片的理论长度由每刀进给量和飞刀的伸出量确定。

盘式削片机主要由刀盘、进料槽、制动器、传动装置和机壳等部分组成，如图5-54所示。飞刀安装于刀盘的端面(通常普通盘式削片机为3～5把，多刀盘式削片机为8～12把)。料槽内有底刀和旁底刀。高速回转的刀盘使飞刀与底刀形成剪切机构，将料槽内的物料自动牵引进料切削成木片。普通盘式削片机切削木片的长度主要取决于飞刀的伸出量。

盘式削片机与鼓式削片机相比校，通常盘式削片机切出的木片质量较好，生产率较高，但对原料要求也较高，适宜加工原木、劈木、木芯、较厚的板皮和成捆的枝桠材，主要用于生产规模较大的人造板企业和造纸企业;而鼓式削片机适于加工板皮、板条、碎单板、小径木、枝桠材等厚度较小、径级不大的木材和竹材，对原料的要求相对较低。因目前鼓式削片机的削片质量完全能满足人造板生产的工艺要求，因此鼓式削片机得到中小型人造板企业的广泛应用。

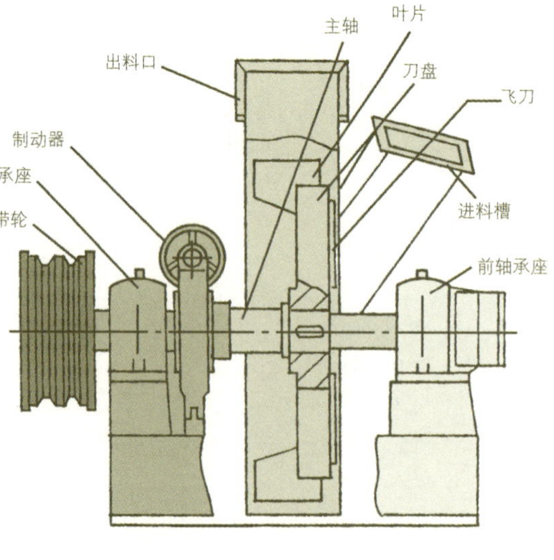

图 5-54 盘式削片机

5.9.1.2 常见的故障与可能的原因

(1) 鼓式削片机的常见故障和原因以及排除方法见表5-49。

(2) 盘式削片机常见的故障和原因以及排除方法见表5-50。

5.9.1.3 国产削片机的主要技术参数

据GB6196-86、GB10011-88，国产鼓式削片机、盘式削片机的主要技术参数如表 5-51、表 5-52。

5.9.2 刨片机

刨片机是将小径级的长材（如原木、木芯、枝桠材、采

表 5-49 鼓式削片机的常见故障和原因以及排除方法

故障	可能的原因	排除方法
木片规格不符合要求	1.飞刀与底刀间隙过大； 2.飞刀磨损变钝或刃口崩裂过多； 3.底刀磨损； 4.筛网破损	1.调整间隙； 2.更换飞刀（成套更换）； 3.变换底刀刃口或刃磨底刀； 4.修理或更换筛网；
飞刀飞出	1.金属物进入削片机，飞刀螺栓断裂； 2.飞刀螺栓材料或制造不符合要求； 3.飞刀螺栓未拧紧或预紧力过大； 4.底刀松动与飞刀相碰； 5.筛网筋板与飞刀相碰	1.尽量避免金属进入，最好设金属探测器； 2.必须使用制造厂提供的高强度螺栓； 3.用力要均匀，对BX218、216型削片机应用专门工具； 4.检查底刀螺栓是否松动； 5.检查筋板与飞刀间距
主轴弯曲或断裂	1.切削直径过大的硬木或金属； 2.刀辊偏重； 3.主轴内部伤痕扩展	1.木料直径不得超过削片机规定的喂料高度； 2.刀辊检修后，应作静平衡试验； 3.更换主轴
空转振动大，轴承跳动	1.主轴弯曲； 2.刀轴偏重	1.校直主轴或更换之； 2.校静平衡
轴承发热	1.轴承磨损或缺油； 2.轴承座安装不同心	1.加润滑油，或更换； 2.校正轴承座的同心度
电机发热	1.电机受潮或灰尘进入； 2.机械运转不正常； 3.进料量过大	1.检修电机； 2.检查机械运行情况； 3.喂料应力求均匀
喂料辊轴断裂	1.进料量过大； 2.轴的强度不够； 3.轴的内部伤痕扩展	1.喂料应力求均匀； 2.采用更好的材料代之； 3.更换轴

表 5-50 盘式削片机常见的故障和原因以及排除方法

故障	可能原因	排除方法
飞刀脱开飞出	1.金属物进入削片机，紧固螺栓断裂； 2.飞刀螺栓材料不符合要求或紧固时用力不均，螺栓松开； 3.底刀螺栓松动与飞刀相碰	1.操作人员注意，喂料处堵塞不能用金属棍捅； 2.要用制造厂提供的专用螺栓及专用工具紧固螺栓； 3.要经常检查底刀螺栓是否松动
风翼脱落	1.风翼螺栓松动； 2.削片机外壳焊缝脱开	1.经常检查风翼螺栓是否松动； 2.及时修复外壳
削片机主轴弯曲或损坏	1.切削大块硬木或金属，冲击过猛； 2.刀盘偏重	1.防止金属进入削片机，大块木需劈开； 2.检查刀盘静平衡
空转时振动大，轴承跳动	1.主轴弯曲； 2.刀盘偏重或装刀后偏重	1.检查主轴，如不能校正应更换； 2.检查刀盘摆动量，校静平衡
轴承发热	1.轴承缺油或磨损； 2.两侧轴承座不同心	1.检查轴承，添油或更换轴承； 2.检查同心度
电机发热	1.电机受潮或灰尘多； 2.运行超负荷； 3.电机接线脱开	1.检查和清理电机； 2.检查机械运行情况和进料情况； 3.检查接线，及时修复

表5-51 国产鼓式削片机的主要技术参数

刀辊直径(mm)	喂料口尺寸(高×宽)(mm)	飞刀数量(把)	生产能力(m^3/h)	主电机功率(kW)	削片长度(mm)
315	100 × 300	2	4～5	11～30	15～35
	100 × 400		6～7	11～37	
	100 × 500		7～8	11～45	
500	140 × 400	2	7～8	15～37	
	140 × 500		8～10	15～45	
	140 × 650		10～12	18.5～55	
650	180 × 400	2	8～10	30～75	
	180 × 500		10～12	30～90	
	180 × 650		14～16	45～110	
800	225 × 400	2	10～12	45～90	
	225 × 500		12～15	45～110	
	225 × 680		16～20	55～132	
1000	270 × 680	3～4	21～26	90～160	
	270 × 800		26～32	90～160	
1250	350 × 800	3～4	34～42	132～50	
	350 × 1000		42～52	160～315	

表5-52 国产盘式削片机的技术参数

刀盘直径（mm）	950	1600(1670)	2650(2600)	3350
生产能力（m^3/h）	5.5～8	30～50	70～100	180～240
最大切削原木直径（mm）	150	300	500	70
飞刀数（把）	6	6	8	10
主电机功率（kW）	55	310	500	800
理论削片长度（mm）	22	25	25	25

伐与加工剩余物）、截成一定长度的短料、削片机削出的木片或木材加工剩余物中的小块碎料等原料加工成一定厚度规格的刨花的设备。其切削特征为横向或纵向切削，主要工艺参数：刨花的厚度一般为0.1～0.8mm。

刨片机按其切削机构的结构可分为鼓式刨片机、盘式刨片机和环式刨片机；按其加工原料的不同，可分为短料刨片机、长材刨片机和木片刨片机，如图5-55所示。

图5-55 刨片机的类型

5.9.2.1 刨片机的结构

鼓式短料刨片机主要由进料机构、刀鼓、底刀、机座及其传动系统等部分组成，如图5-56所示。

链式（也有油缸式的）进料机构夹住物料向刀鼓进给。刀鼓周面上间隔开有装刀槽和排料槽，飞刀装于装刀槽中（一般飞刀数有6～16把），与底刀座中的底刀保持约0.4～0.5mm的间隙。刨切下的刨花存于排料槽后落下。刨花的厚度由物料的进给速度和飞刀伸出量确定。

鼓式长材刨片机按布置方式有水平布置和倾斜布置两种方式。水平布置的鼓式长材刨片机主要由送料机构、重压装置、侧压装置、室压装置、刀轴部件及其传动装置、换刀装置、电控及液压系统等部件组成，如图5-57所示。送料装置按要求的节拍向切削室送料，重压、侧压及室压装置在切削室内外把送入的物料夹紧，确保刨切时不致产生窜动。刀轴周面上倾斜（与轴心线成14°左右的夹角）装有一组飞刀，与底刀座上的底刀构成切削机构。刀轴部件及其传动系统、室压装置和换刀装置均固定在滑座上，由油缸推动实现刨切进给（也有刀轴不动、物料与料槽作刨切进给运动的）。

倾斜布置的鼓式长材刨片机，刀鼓与进料槽倾斜布置（图5-58），物料靠自重作纵向进给，通过油缸使料槽绕上端

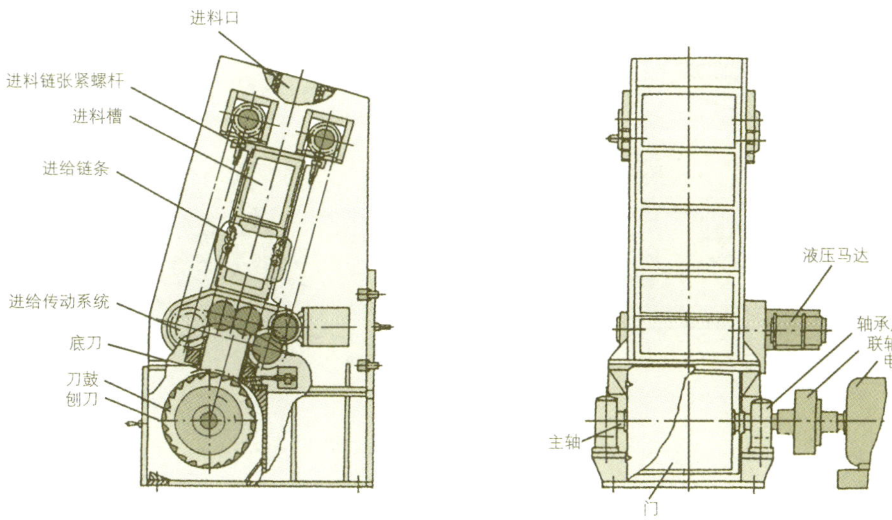

图5-56 BX456型鼓式刨片机

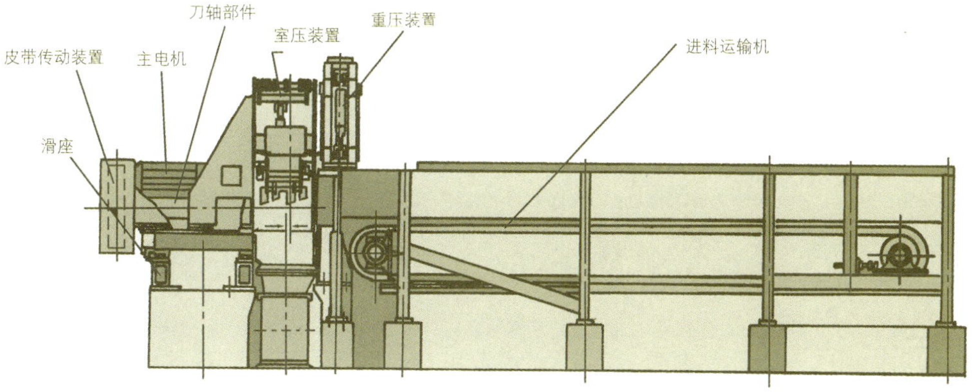

图5-57 BX446型鼓式长材刨片机

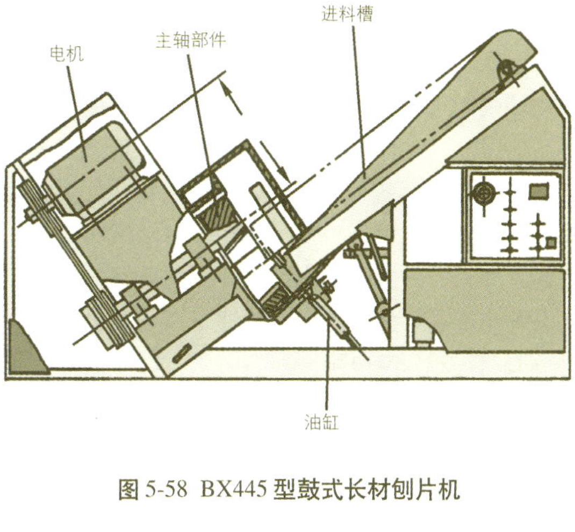

图5-58 BX445型鼓式长材刨片机

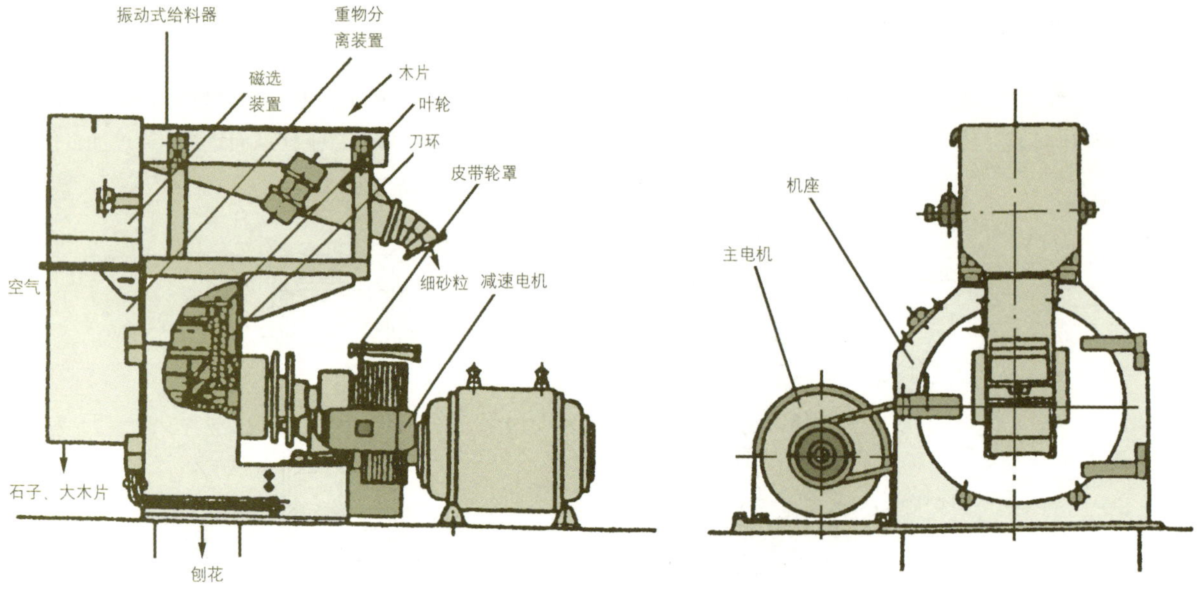

图 5-59 BX468 型环式刨片机

表 5-53 国产鼓式长材刨片机的型号与技术参数

序号	主要技术参数	BX444	BX445	BX445	BX446	BX446	BX448
1	刀轴直径×长度（mm）	ϕ 350 × 53	ϕ 548 × 320	ϕ 500 × 251.8	ϕ 620 × 370	ϕ 620 × 370	ϕ 750 × 370
2	刀数（把）	6	12	8	14	2 × 16	16
3	刀轴转速（r/min）	~1300	1300	1315.5/775	1330	1116	761.5
4	刨花长度（mm）	18 或 36	26.5	18	38	–	–
5	刨花厚度（mm）	0.2~0.7	0.2~0.7	0.2~0.45	0.2~0.7	–	0.2~0.6
6	平均生产能力（kg/h）（中等密度木材，理论刨花厚度 0.4~0.5mm）	400（绝干）	1500（绝干）	2500（绝干）	–	–	–
7	布置方式	水平	水平	倾斜	水平	水平	倾斜
8	主电机功率（kW）	30	90	55	132	176.5	–
9	机重（含运输机）（t）	–	13	4.3	22	21.4	6.4
10	外形尺寸（长×宽×高)(cm)	346 × 99 × 205	694 × 593 × 197	446 × 134 × 271	830 × 595 × 251	934 × 737 × 299	435 × 247 × 288

支点摆动（8° 左右），推动物料进行刨切。倾斜布置式的鼓式长材刨片机结构相对比较简单，但其刨切性能不如水平布置式的。

环式刨片机（或称双鼓轮刨片机）主要由进料系统、刨切机构、机座、传动系统及液压系统等部分组成，如图 5-59 所示。进料系统包括振动给料器、磁选装置和重力分离器三部分组成，以保证均匀进料，并清除木片中的杂质。刨切机构主要包括刀环和叶轮两部分，其上分别装有飞刀和叶片，工作时相向转动进行刨切。刨花的厚度主要由飞刀的伸出量确定。另外，刀门间隙，径向间隙，飞刀、叶片、耐磨垫板等的磨损程度都对刨花厚度和质量有一定的影响。

由于森林资源质与量的下降和林区木片工业的发展，以木片为原料的环式刨片机目前应用得较为普遍，但其切削出的刨花形态较差；原料需先截短的短料刨片机虽切出的刨花质量较好，但因生产率低，对原料的要求较高，因此用户日趋减少；而长材刨片机因其具有切出的刨花形态好，原料的适应性广的优点，逐步受到人造板生产企业的欢迎。

5.9.2.2 国产刨片机的主要技术参数

国产鼓式长材刨片机、环式刨片机的主要型号与技术参数如表 5-53、表 5-54。

表 5-54 国产环式刨片机的型号与技术参数

型号	BX466	BX468	BX4612
刀环直径(mm)	600	800	1200
飞刀数(把)	21	28	42
刀片长度或刨切室宽度(mm)	225	300	375
刀环转速(r/min)	50	50	50
叶轮转速(r/min)	1960	1500	840
刀环电机功率(kW)	7.5	10	18.5
叶轮电机功率(kW)	75	135	200
刨花厚度(mm)	0.4～0.7	0.4～0.7	0.4～0.7
生产率(t/h)	0.7～0.9	1.5～3	3
机重(t)	～3.0	～5.8	～7.8
外形尺寸(cm)	280 × 226 × 211	313 × 251 × 238	215 × 240 × 279

5.9.3 打磨机

打磨机是将刨花宽度上再分的设备，用以制作表层刨花。

打磨机按其结构和工作原理可分为锤击式、鼓轮式、筛环式、研磨式和涡轮式等多种形式。在刨花板生产中采用较多的是筛环式打磨机。

5.9.3.1 筛环式打磨机的结构

筛环式打磨机主要由进料装置、打磨机构和机壳等部分组成，如图 5-60 所示。进料装置包括振动给料器、磁选装置和重力分离器三部分，起均匀进料和清除杂质的作用。打磨机构包括叶轮和磨筛环两部分，其上分别装有叶片和磨片与筛网。物料在叶片与磨片之间磨碎后从筛网网孔落下。获得的刨花粗细程度和生产率与磨齿的形状和磨片的安装方向有关。

5.9.3.2 国产筛环式打磨机的主要技术参数

国产筛环式打磨机的型号与技术参数如表 5-55。

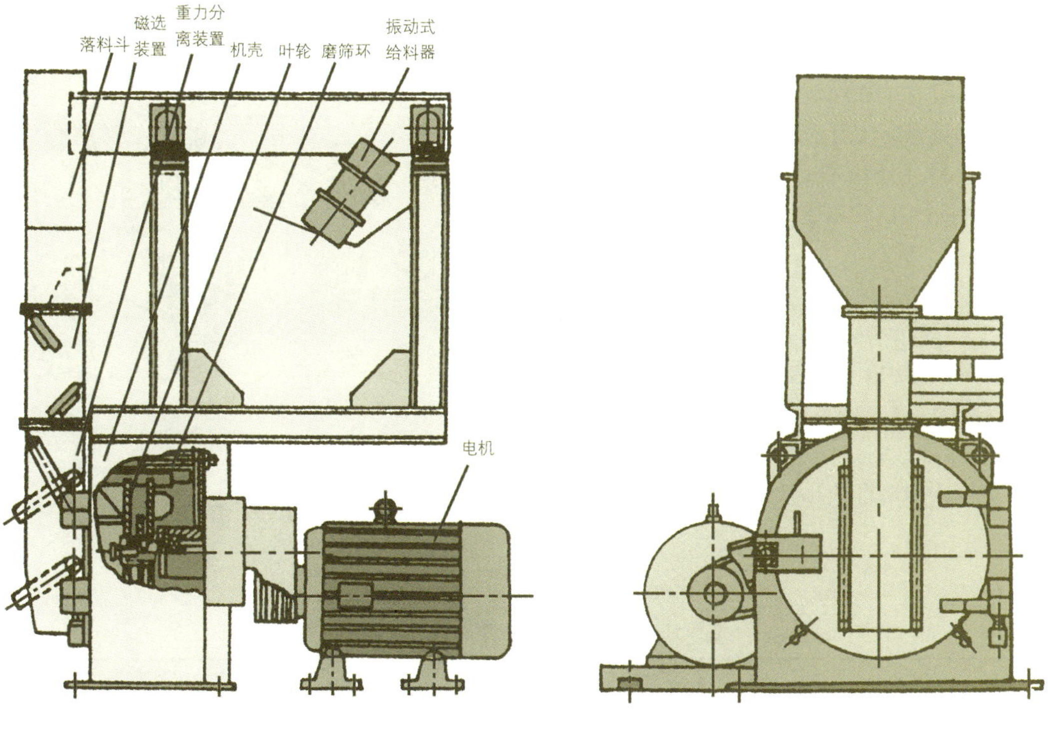

图 5-60 BX568 型筛环式打磨机

表 5-55 国产筛环式打磨机的型号与技术参数

型号	磨环直径(mm)	磨环宽度(mm)	筛环宽度(mm)	叶轮转速(r/min)	主电机功率(kW)	生产能力(kg/h)	质量(kg)	外形尺寸(长×宽×高)(cm)
BX566	600	150	100 × 2	2970	55	300～800	～1500	177 × 150 × 215
BX568	800	175	90 × 2	2320	90	1200	～2050	129 × 58 × 203

5.10 纤维分离机

纤维分离机是纤维板生产线上的关键设备之一，其技术性能的好坏直接影响到产品的质量和产量。

目前采用的纤维分离机主要有热磨机、精磨机和高速磨浆机。

热磨机是在高温高压的条件下将木片等植物原料分离成纤维的一种连续式分离设备。它具有加工出的纤维结构完整、损伤少、纤维得率高及耗电量低等优点，因此获得广泛的应用。

精磨机主要用于粗纤维的进一步分离和精整，以改善纤维的性质，提高成品的质量。其结构与热磨机的主体部分基本相同。

高速磨浆机（又称盘磨机）是将预先经软化处理的原料，在（较）低温低压的条件下分离成纤维的一种纤维分离设备。它有单磨盘、双磨盘和三磨盘等类型。因其动力消耗较高及其他一些原因，目前国内应用得不普遍。

5.10.1 热磨机的结构

热磨机主要由进料装置、预热蒸煮装置、研磨装置和排料装置等四部分组成（图5-61），分别起均匀进料、预热蒸煮、纤维分离和排料的作用。蒸煮时间可通过料位计设定料位的高度来控制。研磨室内设有固定、转动两磨盘（图5-62），物料在进料翼轮的作用下，甩入两磨盘之间，分离成纤维。

5.10.2 常见的故障与可能的原因

热磨机常见的故障和原因以及排除方法见表5-56。

5.10.3 热磨机的技术精度标准

据GB6923-86，热磨机的几何精度和工作精度的检验

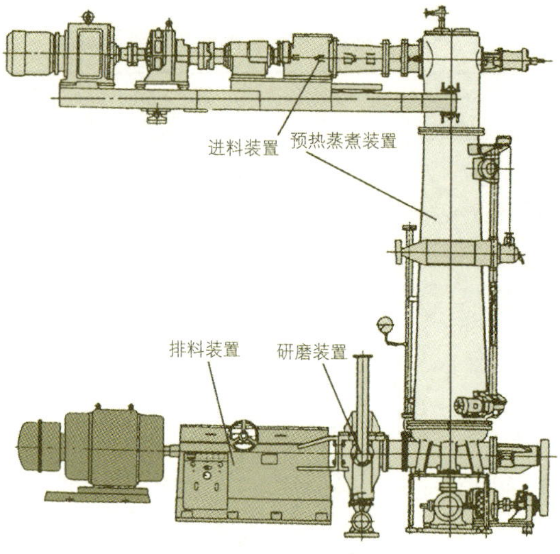

图5-61 BW119/10D型热磨机

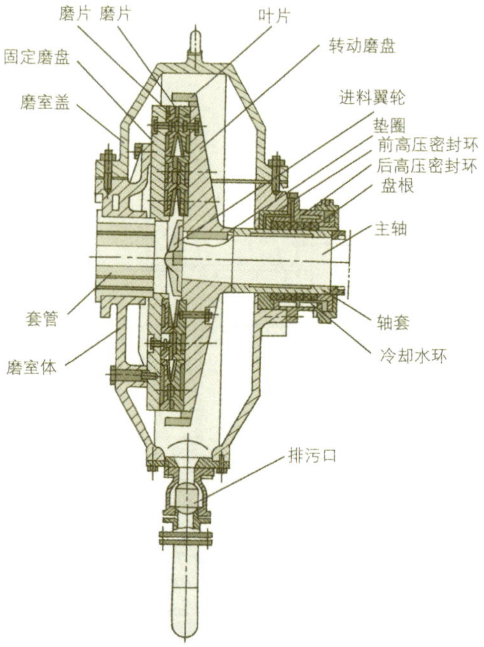

图5-62 热磨机的研磨室部分

表5-56 热磨机常见的故障和原因以及排除方法

故障	可能的原因	排除方法
纤维质量不符要求	1.原料树种没有合理搭配好； 2.木片质量差，粉尘或碎单板含量多； 3.木片含水率过低； 4.木片蒸煮不充分（或过分）； 5.磨片不锋利； 6.因主轴部件未达到动平衡，或温升过高，或径向余隙消除装置失效或漏装等原因使主轴部件的径向和轴向振摆超差； 7.磨盘间隙或研磨压力调节不当； 8.排料口开度调节不当	1.针、阔叶树材（软、硬材）按工艺要求合理搭配； 2.降低粉尘或碎单板的含量； 3.调节木片的含水率在40%～50%范围内； 4.提高（或降低）蒸煮温度或时间； 5.更换磨片； 6.采取校正动平衡，检查并排除主轴的温升，更换或加设余隙消除装置等措施使主轴部件的径向和轴向振摆控制在允许的范围内； 7.适当地调节磨盘间隙或研磨压力； 8.适当地调节排料口开度

表 5-56（续）

故障	可能的原因	排除方法
进料口蒸气反喷	1.振动器失灵，造成振动槽下料中断，进料不均匀； 2.防反喷装置失灵，不能封闭预热罐的进料口； 3.进料螺旋或螺旋管（或纵向筋条）磨损； 4.蒸气压力过高； 5.冬季木片冻冰； 6.大块木片含量过多	1.检查振动器，是否正常工作； 2.检查防反喷装置有无故障，气压是否正常； 3.及时更换进料螺旋或螺旋管（或纵向筋条）； 4.降低蒸气压力； 5.用温水洗木片，融化冻冰； 6.清除过多的大块木片
进料螺旋打滑	1.木片容重小或太湿； 2.进料不均匀； 3.螺旋管排水孔堵塞； 4.螺旋或螺旋管（或纵向筋条）磨损	1.合理搭配使用木片，降低含水率； 2.保持均匀下料； 3.及时排除堵塞； 4.及时更换
进料螺旋堵塞	1.木片容重大或太干； 2.进料量太大； 3.螺旋磨损	1.合理搭配使用木片，提高含水率； 2.调整进料量； 3.更换螺旋
输送内螺旋超负荷	1.预热罐料位计控制失灵，木片堆积过高； 2.输送内螺旋磨损	1.检查料位计，并暂时停止进料； 2.更换螺旋
研磨室堵塞	1.上次停车时留有未排净的木片或纤维； 2.进料量过大； 3.排料阀失灵； 4.蒸气压力过低； 5.开动热磨机时未及时闭合磨盘	1.分开磨盘，辅以人工排料； 2.减少进料量； 3.检查排料阀，调整开度； 4.提高蒸气压力； 5.加大磨盘间隙，辅以人工排料
金属物进入磨盘	1.水洗机或磁选装置失灵； 2.工具或零件落入料仓	1.检查或修复水洗机或磁选装置； 2.小的金属块可随浆料排出，大的金属块需打开研磨室取出
热磨机主轴超负荷	1.进料量过大； 2.蒸气压力过低； 3.磨盘磨损或沟槽堵塞； 4.排料阀开度太小	1.减少进料量； 2.提高蒸气压力； 3.更换磨盘或清理沟槽； 4.调整排料阀开度
主轴填料盒发热	1.填料太紧或位置不正； 2.耐磨套磨损； 3.蒸气或水密封有问题，纤维进入填料盒； 4.冷却水不足； 5.蒸气压力太高	1.检查或调整填料； 2.更换耐磨套； 3.检查密封水及蒸气压力； 4.检查冷却水泵； 5.调整蒸气压力
轴承烧毁	1.循环油泵（或冷却水泵）有故障； 2.循环油管（或冷却水管）堵塞或失灵； 3.油（或冷却水）流量阀失灵，不能起保护作用； 4.未开油泵（或冷却水泵）先开电机或先停油泵（或冷却水泵）后停电机	1.检查油泵（或冷却水泵）； 2.检查油管（或冷却水管）； 3.检查油（或冷却水）流量阀开关； 4.按规程操作
磨盘间隙不能正确调整	1.油压系统故障或调整不正确； 2.磨盘间隙指示器有故障	1.检查并正确调整； 2.检查并正确调整
油缸漏油	1.密封圈失效； 2.油管接头泄露	1.更换密封圈； 2.更换密封圈
设备振动过大	1.轴承有故障； 2.转子及磨盘的动平衡有问题； 3.电机与主轴的联轴节安装不正确	1.检查并更换； 2.检查并调整； 3.检查并调整
排料阀堵塞	1.排料阀失灵； 2.排料阀开度太小； 3.蒸气压力太低	1.检查修整； 2.调整开度； 3.提高蒸气压力

项目与公差应符合表5-57、表5-58中的规定。

5.10.4 国产热磨机的规格尺寸

热磨机以转动磨盘直径为主参数，转动盘转速（主轴转速）为第二主参数。据GB6922-86，国产热磨机规格如表5-59。

表5-57 热磨机的几何精度与公差

序号	检验项目	公差(mm)
1	主轴锥面斜向圆跳动	0.02
2	转动盘平面对主轴轴线的端面圆跳动	0.05（转动盘直径小于800） 0.07（转动盘直径等于、大于800）
3	固定盘平面对主轴轴线的端面圆跳动	0.08（固定盘直径小于100） 0.10（固定盘直径等于、大于800）

表5-58 热磨机的工作精度

检验项目	检验方法	滤水度（s）
纤维分离质量	用滤水度测定仪测定	≥16

注：工作精度应在符合制造厂规定的有关热磨机调整、工艺、原材料、产量等条件下测定

表5-59 国产热磨机的规格尺寸

转动盘直径(mm)	800	900	1010	1120	1250
转动盘转速(r/min)	1000,1500				

5.11 单板、刨花和纤维干燥机

人造板生产中使用的干燥机按用途可分为单板干燥机、刨花干燥机和纤维干燥机等。干燥的目的是降低组坯单元（单板、刨花或纤维等）的含水率，使其控制在一定的范围内，以利均匀施胶，稳定产品的产量和质量。干燥机所消耗的热量在人造板生产中占很大的比例。因此干燥机的结构和技术性能直接影响到人造板生产的产量、质量和成本。它是人造板生产线上的主要设备之一。

5.11.1 单板干燥机

单板干燥的方法很多，但目前用于工业化生产的主要方式仍是采用热风循环的干燥方式。此外，还有热压式、红外线、微波和高频等干燥方法，但目前这些方法的实际应用尚不普遍。

单板干燥机按单板的传送方式可分为辊筒式和网带式两种。按传热方式分，单板干燥机又有对流式、接触式、辐射式和复合式等之分。其中，对流式干燥机常用的干燥介质有热空气和燃气两种；干燥介质在干燥机内的循环方式又有纵向循环和横向循环两种方式。

5.11.1.1 单板干燥机的结构

喷气式辊筒或网带单板干燥机是目前国内外普遍采用的单板干燥机，它主要由干燥室、冷却室、单板进出传送装置及其传动系统和控制装置等部分组成，如图5-63，图5-64所示。单板由单板进出传送装置（辊筒或网带）输送，经各干燥分室加热干燥，再经冷却分室冷却后出板。每节干燥分室都由散热器、风机及其传动系统、喷箱、传送辊筒或网带、排湿装置、机架等部件组成。干燥机上的测湿仪及其控制系统可根据机内热空气的实际湿度大小自动控制排湿量。设在出板端的含水率测定仪连续测取含水率，自动控制风机转速（高、低档）或用手动调整网速，确保干燥质量。

喷气式干燥机由于同时对单板上下表面喷射均匀的热气流，干燥效率高，单板干燥均匀，减少了因含水率偏差而引起的翘曲和开裂，提高了单板质量；对单板进行高温快速干燥，可减少单板的干缩率，因而可提高出材率。除此之外，喷气辊筒式单板干燥机还具有以下特点：

①由于辊筒能对单板起烫平作用，因而干燥的单板平整。当单板位于两组辊筒之间时，横向可以自由收缩，减

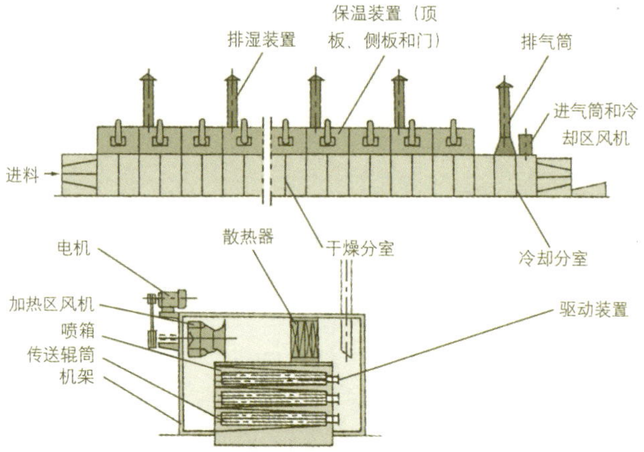

图5-63 喷气辊筒式单板干燥机

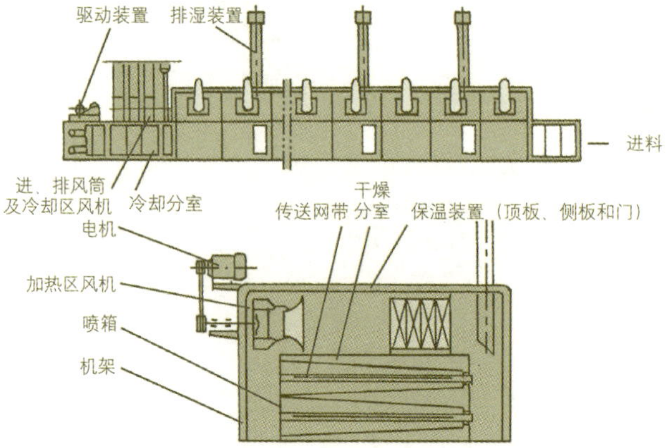

图5-64 喷气网带式单板干燥机

表 5-60 单板干燥机常见的故障与可能的原因

故 障	可能的原因	排除方法
全机空气温度下降	1.蒸气压力降低； 2.蒸气管中的水量增多； 3.保温不严，门未关紧； 4.风机或保温层损坏； 5.散热器或蒸气回水阀故障	1.恢复正常气压，检查蒸气管道； 2.打开回水管，排除冷凝水，并检查送汽管的保温层和汽水分离情况 3.严闭加热分室门和排汽阀门； 4.修理风机，或保温层； 5.检查散热器与蒸气回水阀，并加以排除
从上层向下空气温度显著降低	1.散热器或回水阀故障； 2.机内检查通道被打开； 3.风量不足	1.检查散热器是否被木屑堵塞，检查回水阀的工作情况； 2.关闭机内的检查通道； 3.检查风机转速及风机工况
机内相对湿度较高	1.机内空气温度下降； 2.通风不足尤其是单板初含水率很高时； 3.机内蒸气散热器或蒸气管接头漏汽	1.检查干燥机各部分情况； 2.开放排湿孔； 3.修理散热器或蒸气管接头
网带跑偏，磨损严重	1.调网装置有故障； 2.网带使用过久严重变形和磨损	1.检查调网装置； 2.修补或更换网带
单板冷却不够	1.冷却通风机的风量下降； 2.冷却空气温度偏高	1.检查风机工作状况； 2.检修冷却系统，使冷风温度不超过25℃

少了裂纹的产生。因而干燥质量较网带式的好；②辊筒式单板干燥机采用的是纵向进料，旋切后的湿单板要经过裁剪后才能进行干燥，对湿单板的裁剪会增大单板损失，因而降低了出材率又难以实现旋切、干燥工艺的连续化生产；③辊筒式单板干燥机不适合干燥过薄的单板，单板过薄容易被辊筒挤碎；另外，薄单板前端下垂也不易于顺利通过辊筒，因此一般多用于干燥厚度为1mm以上的单板；④清理机内碎单板屑比较麻烦，特别是当松脂污染干燥机辊筒时，清洗更为困难；⑤辊筒式单板干燥机的钢材用量大、造价高。

喷气网带式单板干燥机具有以下特点：

①可以采用横向进板方式，实现单板卷向干燥机连续进料；采用先干后剪工艺可减少对单板的剪切损失；同时由于原棵搭配，拼缝的色泽、木纹基本上可以取得一致；②由于单板的干燥速度大大加快，可实现“旋—干—剪”工序的连续化生产，为进而实现胶合板生产的全部连续化创造了条件；③整机动力消耗大，结构比较复杂，造价高。

5.11.1.2 常见的故障与可能的原因

单板干燥机常见的故障和原因以及排除方法见表5-60。

5.11.1.3 单板干燥机的精度检测标准

据GB6198-86、GB6260-86，辊筒式和网带式单板干燥机的精度检测项目和公差应符合表5-61、表5-62的规定。

表 5-61 辊筒式单板干燥机的精度检测项目和公差

序号	检验项目	公差（mm）	
1	辊筒长度相互差	5.0	
2	辊筒的径向圆跳动	辊筒长度	
		≤ 3400	>3400
		1.0	1.5
3	各层下辊筒的平面度	1.5	2.0
4	相邻辊筒的平行度	1.0	
5	相邻干燥节之间辊筒的平行度	3.0	
6	机架对干燥机纵向中心线垂直度	2.0	
7	机架对干燥机纵向中心线对称度	3.0	
8	整机机架对角线差	干燥节数	
		≤ 10	>10
		15	20
9	辊筒对干燥机纵向中心线的垂直度	1000 : 1.0	

表 5-62 网带式单板干燥机的精度检测项目和公差

序号	检验项目	公差（mm）	
1	辊筒长度相互差	5.0	
2	辊筒的径向圆跳动	辊筒长度	
		≤ 2900	>2900
		1.5	2.0
3	全机各工作层辊筒平行度	≤ 10 节	>10 节
		3.0	4.0
4	辊筒水平度	1000 : 0.4	
5	机架对干燥机纵向中心线垂直度	2.0	
6	机架对干燥机纵向中心线对称度	3.0	
7	机架安装铅垂度	1000 : 0.8	
8	整机机架对角线差	干燥节数	
		≤ 10	>10
		15	20
9	辊筒对干燥机纵向中心线的垂直度	1000 : 1.0	

表 5-63 国产干燥机的主要规格

		辊筒式单板干燥机						网带式单板干燥机			
最大工作宽度(mm)		2000	2500	2800	3150	4000	4500	1400	2000	2600	3800*
辊筒长度(mm)	基本尺寸	2200	2750	3050	3400	4250	4750	—			
	公差	± 10		± 20		± 30					
层数		热气流循环辊筒式 3，4，5，6			横向循环喷气辊筒式 2，3，4			横向循环网带式 4，5		横向循环喷气网带式 1，2，3	
干燥节数目		3 以上			4 以上			4，5，6		4 以上	

注：* 仅用于循环网带式单板干燥机

5.11.1.4 国产单板干燥机的规格尺寸

据标准 GB6197-8 和 GB6199-86，国产单板干燥机的主要规格如表 5-63。

5.11.2 刨花干燥机

刨花干燥机的种类很多，按干燥机使用的介质分有蒸气、热水和燃气等。我国多数采用蒸气的加热方式。

按传热和刨花运动方式分，刨花干燥机有间接传热为主的机械传动干燥方式、直接传热为主的机械传动干燥方式和直接传热为主的气流传动干燥方式。

按设备的结构和工作原理分，主要有回转圆筒式、转子式、喷气式、气流式等。

目前国内外常用的刨花干燥机有以下几种形式。

5.11.2.1 转子式刨花干燥机

转子式刨花干燥机主要由机壳、转子及其传动系统、蒸气管路、预热器、排湿装置、回转阀式供料器、排料装置和灭火装置等部分组成，如图 5-65 所示。工作时转子不断回转，其上的料铲翻起刨花与加热管接触加热，并推动刨花前移。刨花在热传导、辐射和对流的作用下被干燥，从出料口出料。测定排湿口的温度，自动调节进汽管路上的调节阀，可控制干燥机内的温度。转子式刨花干燥机有以下特点：

①刨花干燥质量较好，生产能力较高（与辊筒式干燥机相比）；②干燥温度较低，不易发生火灾；③结构简单，易损件少，管束可拆卸，便于维修；④由于转子上的管束一端固定，另一端浮动，因此焊缝不易开裂；⑤刨花在机内摩擦

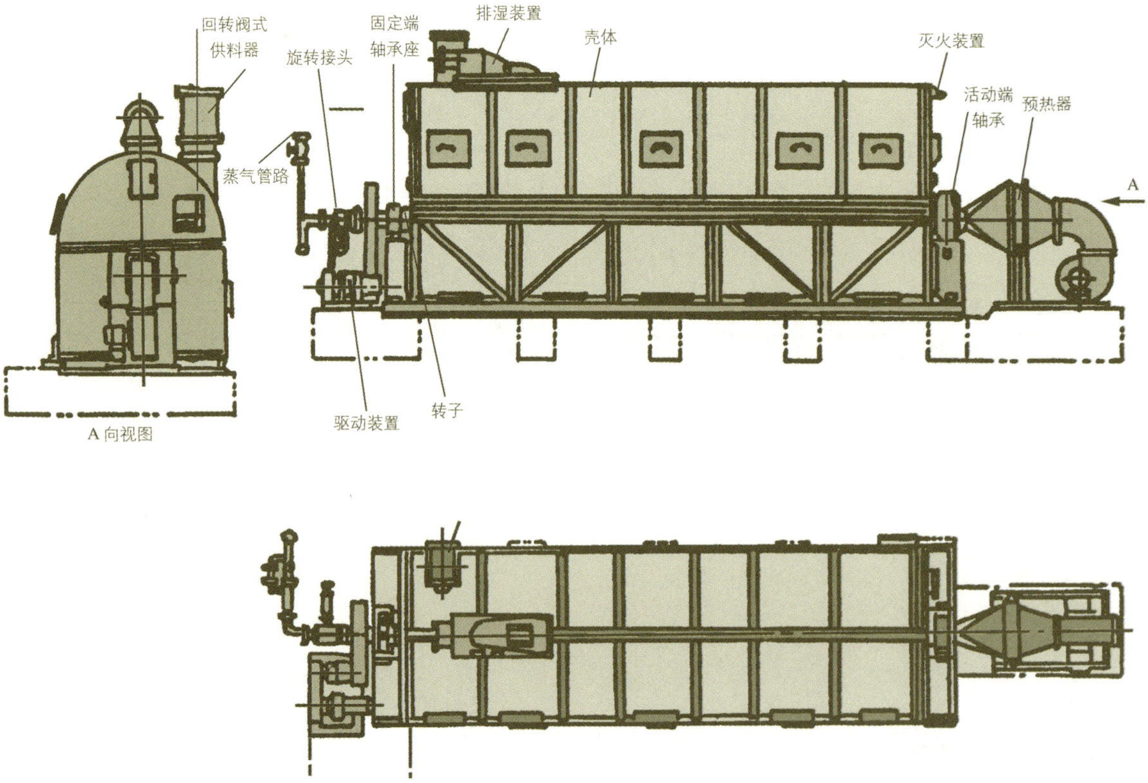

图 5-65 转子式刨花干燥机

厉害，刨花破损严重。

国产转子式干燥机的主要技术参数见表5-64。

转子式干燥机目前在国内应用较普遍。

5.11.2.2 辊筒式刨花干燥机

辊筒式刨花干燥机主要由干燥筒及其传动系统、蒸气管道、出料器和排湿系统等部分组成，如图5-66所示。干燥时刨花的加热、移动方式与转子式的相似，只是干燥辊筒与蒸气管道一起回转。尾部的吸风系统将湿空气吸出，少量碎屑从旋风分离器清除。筒内的气流促使轻小刨花快速移动，使干燥出的刨花含水率均匀一致。辊筒式刨花干燥机的特点有：

①刨花的干燥质量较好，工作可靠，不易发生火灾；②刨花在干燥机内摩擦厉害，刨花破损严重；③筒内蒸气管道较多，且两端焊缝多，容易开裂，一旦漏汽，维修很困难；④由于进、出汽总管在两端，很难保证同心，致使密封困难，容易漏汽；⑤干燥机的生产能力相对较低，热效率也很低。

国产辊筒式刨花干燥机的主要技术参数如表5-65。

5.11.2.3 三套筒式刨花干燥机

三套筒式刨花干燥机主要由燃烧室、干燥筒及其传动系统、气流输送系统等部分组成，如图5-67所示。大、中、小三个同心筒套装在一起组成干燥筒。中心筒与燃烧室固定炉气管相连，大、中筒回转。干燥时，根据刨花的干湿、轻重不同，干燥时间也不同。较微小的刨花很快地随气流排出，而较湿、重的刨花在干燥筒内停留的时间较

表5-64 国产转子式干燥机的主要技术参数

转子直径(mm)	1600	1900	2350	2700	2800	2900
生产能力(m³/d)	18	36	55	72	110	180
蒸发能力(t/h)	0.5	1.0	1.5	2.0	3.0	5.0

表5-65 国产辊筒式刨花干燥机的主要技术参数

辊筒直径(mm)	1600	1900	2100	2350	3000
辊筒长度(mm)	7500	8500	8800	10000	12500
生产能力(m³/d)	18	27	36	55	110
蒸发能力(t/h)	0.30～0.45	0.5～0.7	0.8～1.0	1.5～1.8	2.0～3.0
蒸气工作压力(MPa)	1.2		1.3		

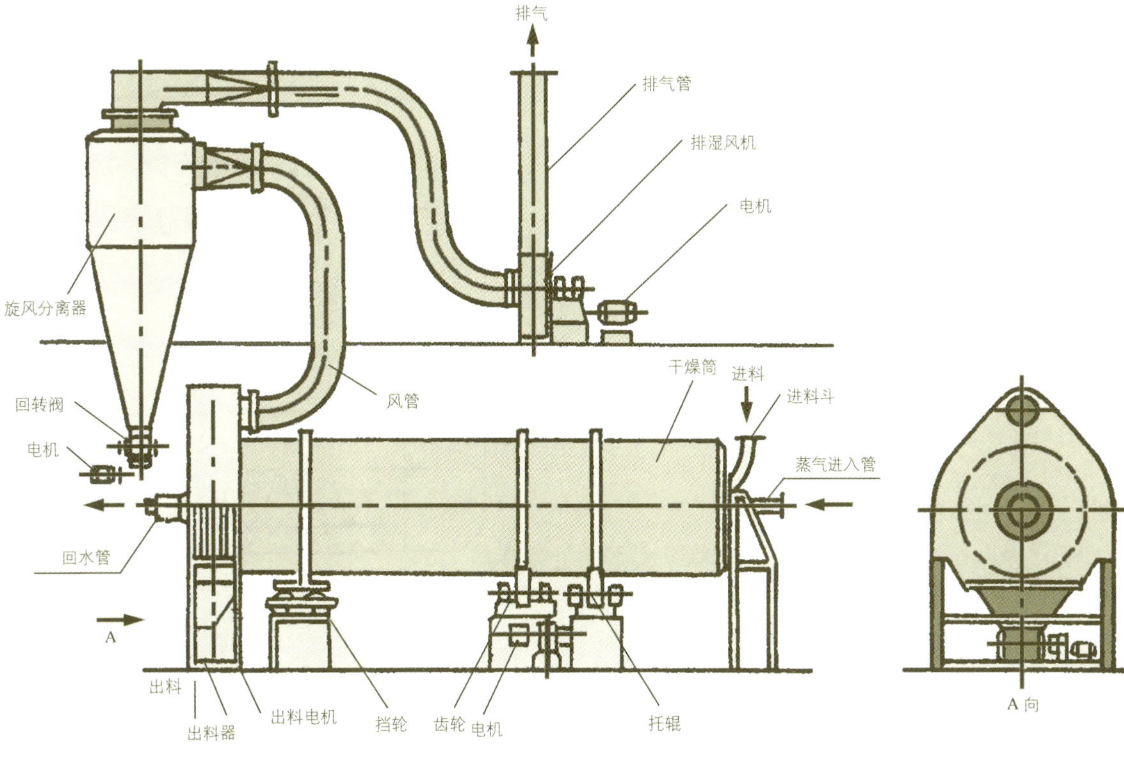

图5-66 辊筒式刨花干燥机

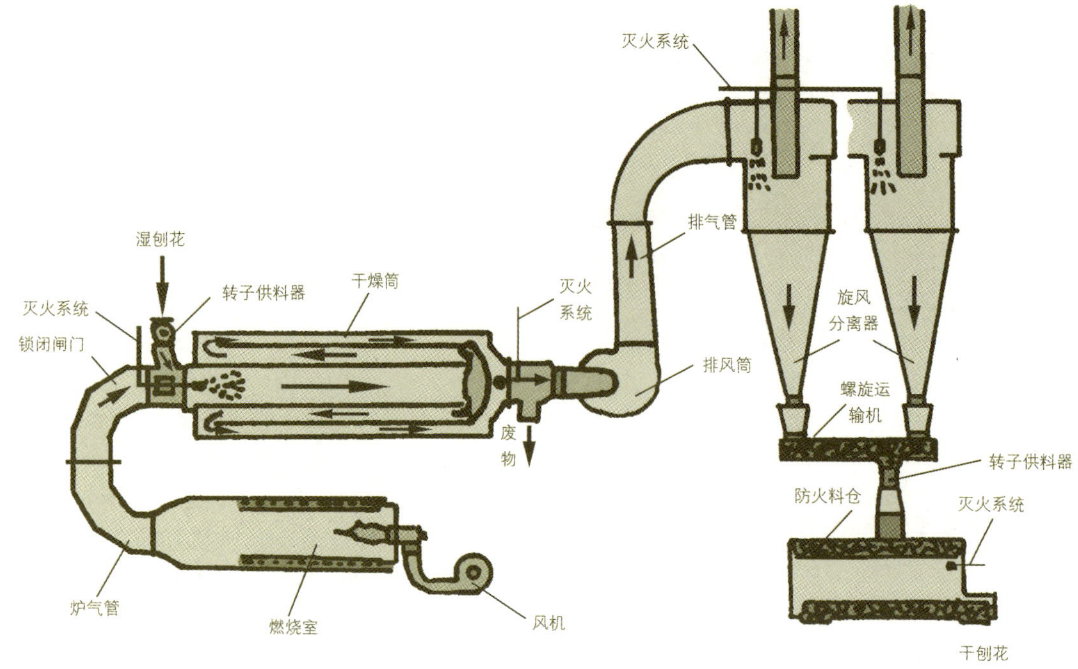

图 5-67 三套筒式刨花干燥机

长，使刨花的干燥更为均匀。三套筒式刨花干燥机的特点如下：

①结构紧凑，占地面积小；②充分利用干燥机内的辐射热，热效率和干燥能力较高；③由于这种干燥机中热气流多次转向，气流阻力大，因此动力消耗大；④干燥温度高，易引起火灾，因此必须设置有效的放火系统。

“比松”80 型三套筒式刨花干燥机主要技术参数：

生产能力 8000kg/h　　($W_{初}$=100%，$W_{终}$=3%)

蒸发水分 7760kg/h　　干燥筒转速 5.5r/min

干燥筒直径 3.4m　　总装机容量 148kW

干燥筒长度 10m　　机组质量 68.6t

炉气空气混合气流温度：

干燥筒入口 430～550℃　干燥筒出口 110～125℃

三套筒式刨花干燥机在国外应用较广泛，国内也研制了这种形式的干燥机，只是干燥介质采用的是热空气。

5.11.2.4 喷气式刨花干燥机

喷气式刨花干燥机主要由燃烧室（或空气加热器）、干燥圆筒、搅拌机轴、导向叶片及气流系统等部分组成，如图 5-68 所示。湿刨花由转阀加入筒体的一端，燃气（或热空气）从干燥筒底部的导向叶片切向喷入，随后携同刨花一起一面旋转，一面前移，使刨花干燥。导向叶片的倾角可调，以控制刨花在干燥筒内的干燥时间，确保刨花终含水率的均匀一致。

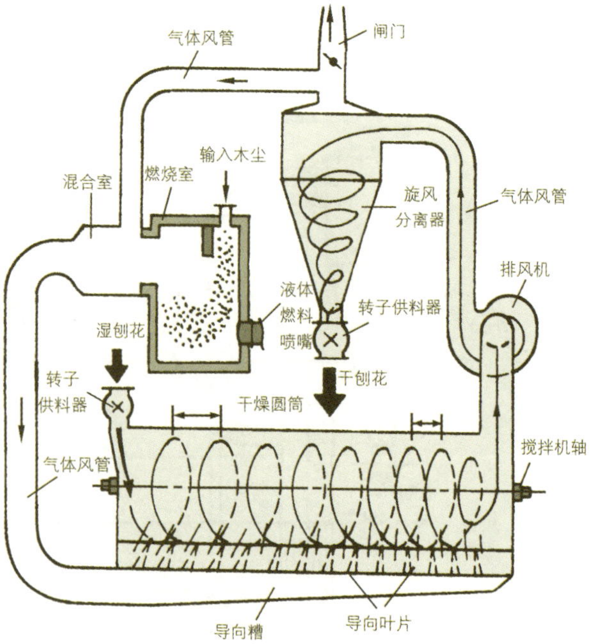

图 5-68 喷气式刨花干燥机

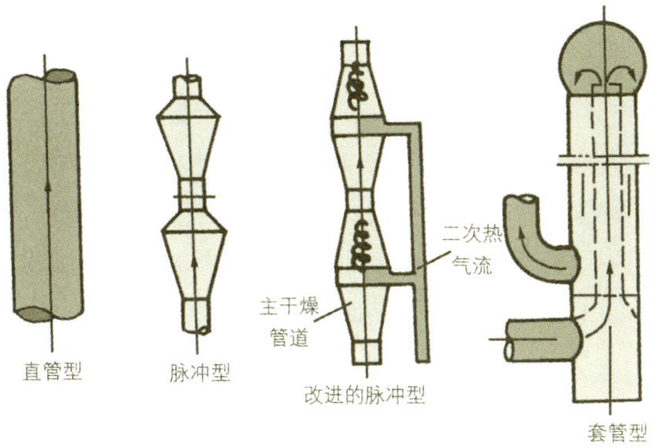

图 5-69 气流干燥管道的类型

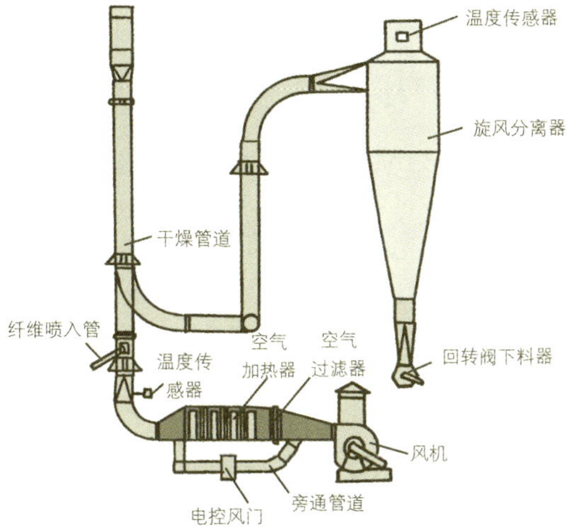

图 5-70 气流式一级纤维干燥机

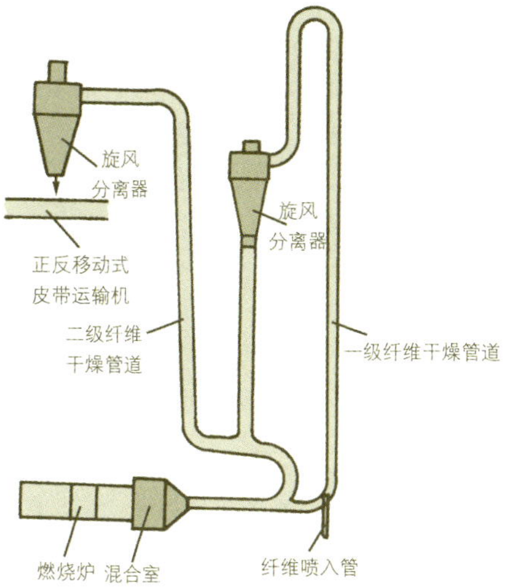

图 5-71 气流式两级纤维干燥机

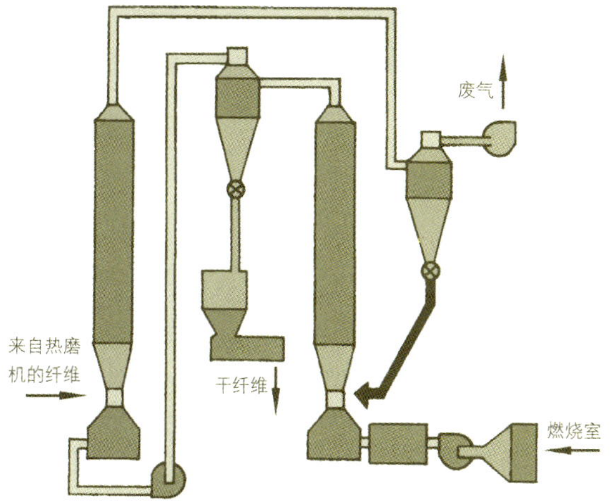

图 5-72 节能型气流式两级纤维干燥机

“比特涅尔”喷气式刨花干燥机的主要技术参数：

生产能力 6400kg/h	（$W_{初}$=100%,$W_{终}$=3%）
圆筒直径 3.2m	总装机容量 178.1kW
重油需要量 600kg/h	（热值 4 × 10^7J/kg）
圆筒长度 12m	总重 49t

喷气式刨花干燥机在国外使用较普遍，主要用于干燥刨花，近年来也用于干燥纤维。

5.11.3 纤维干燥机

纤维的干燥一般采用气流干燥，其结构型式主要有管道式和喷气式两种。管道式气流干燥机干燥系统的级数有一级和两级之分；干燥管道的型式有直管型、脉冲型和套管型之分（见图 5-69）；风压的型式有压出型和吸入型之分。

图 5-70 所示为气流式一级纤维干燥机，主要由风机、加热装置、干燥管道、旋风分离器、自动控制装置和灭火系统等部分组成。风机产生的高压气流经空气过滤器过滤后由加热器加热进入干燥管道，施过胶的湿纤维从纤维喷入管喷入与热气流混合，并随气流边高速运行边干燥。干纤维从旋风分离器的转阀下料器排出。控制旁通管道上的电控风门的开度，来调节干燥管道内热空气的温度，使纤维干燥均匀一致。调节风机风口的导流叶片的风门，可调节干燥管道内的气流速度，即以调节纤维在干燥管道内预定的停留时间，以获得良好的干燥效果。

上海人造板机器厂制造的用于年产 3 万 m³ 中密度纤维板生产线的气流式一级纤维干燥机的主要技术性能和工艺参数为：干燥能力 4.3t/h；干燥管道总长 98m，直径 1.25m，气流速度 21.5m/s；风机的风量 26.4m³/s，风压 4700Pa；旋风分离器的直径 4.5m，高 17m，干燥机进口温度 170℃，出口温度约 70～80℃；纤维含水率从 60% 降至 5%～10% 的时间不超过 12s。

图5-71所示为气流式两级纤维干燥机，可用于国产1.5万t/a 中密度纤维板生产线。该干燥系统利用宽带式砂光机产生的大量木粉尘为燃料，燃烧后产生的气体与空气混合作为干燥介质。经一级纤维干燥后，纤维的含水率从 80% 降到 18% 左右；经二级纤维干燥后，纤维的含水率由 18% 降到 6% 左右。

图5-72所示为节能型气流式两级纤维干燥机。湿纤维在此系统内由第二级干燥系统排出的废气进行第一级预干燥，

而第二级才用新鲜的热气。这种干燥机热能消耗少、热效率高，可显著减少干燥系统的着火机率，并结合回收系统，可减少废气中纤维和甲醛的含量。欧洲一些新投产的中密度纤维板生产线的纤维干燥机已采用这种方案。

喷气式纤维干燥机的结构与工作原理见5.11.2.4喷气式刨花干燥机。

5.12 施胶设备

施胶设备是将一定数量的胶黏剂均匀施加在单板或刨花板表面上的设备。它对成品板的质量和生产成本有着重要的影响。

5.12.1 单板施胶机

单板施胶的方法可分为干状施胶和液态施胶两大类。其中干状施胶又分为胶膜法和粉状法两种，而液态施胶又分为喷胶、淋胶、挤胶和接触式辊筒涂胶等几种。目前，在胶合板生产中接触式辊筒涂胶仍是单板主要的施胶方法。

5.12.1.1 单板施胶机的结构

图5-73所示为“Z”型排列的四辊涂胶机的结构，其主要由机架、上涂胶辊、下涂胶辊、上挤胶辊、下挤胶辊及调整机构、传动装置、清洗槽和供胶系统等组成。

上、下涂胶辊表面包覆两层硬质橡胶，并根据使用的胶种在其表面加工出一定形状和尺寸的沟槽。涂胶辊的一端装有链轮由电机驱动旋转，使单板通过上、下涂胶辊进行双面涂胶；另一端通过齿轮带动挤胶辊运动。挤胶辊的线速度低于涂胶辊的线速度，起到刮胶作用。调整挤胶辊和涂胶辊间的间隙可以控制涂胶量。上、下涂胶辊间的间隙根据单板厚度进行调整。

图5-74所示为我国研制的“C”型排列的四辊涂胶机。其基本结构与前述的相同，但与前述的涂胶机相比，具有结构紧凑，传动平稳，操作调整方便，不但适用于单板双面涂胶，而且也能用于单板贴面的单面涂胶等优点。

5.12.1.2 国产单板涂胶机的主要技术参数

单板涂胶机以最大加工宽度为主参数，其部分型号与技术参数如表5-66所示。

江西第三机床厂、信阳木工机械厂、牡丹江木工机床厂、上海人造板机器厂等单位生产单板涂胶机。

5.12.2 刨花拌胶机

刨花拌胶机按拌胶方法分有涂布法拌胶机、摩擦法拌胶机和喷雾法拌胶机；按拌胶过程分有连续式拌胶机和周期式拌胶机；按刨花在拌胶机内的流向分有卧式拌胶机和立式拌胶机，卧式拌胶机按刨花在拌胶机内的运动状态不同又可分为重力式拌胶机、抛料式拌胶机和环式拌胶机。

5.12.2.1 刨花拌胶机的结构

目前，国内外刨花板生产线上应用最为广泛的是环式拌胶机，其主要由机体、拌胶轴体、供胶装置、水冷却系统、传动系统和安全开关等部分组成，如图5-75所示。

拌胶轴体上装有拌胶桨叶，通过传动系统高速回转。进

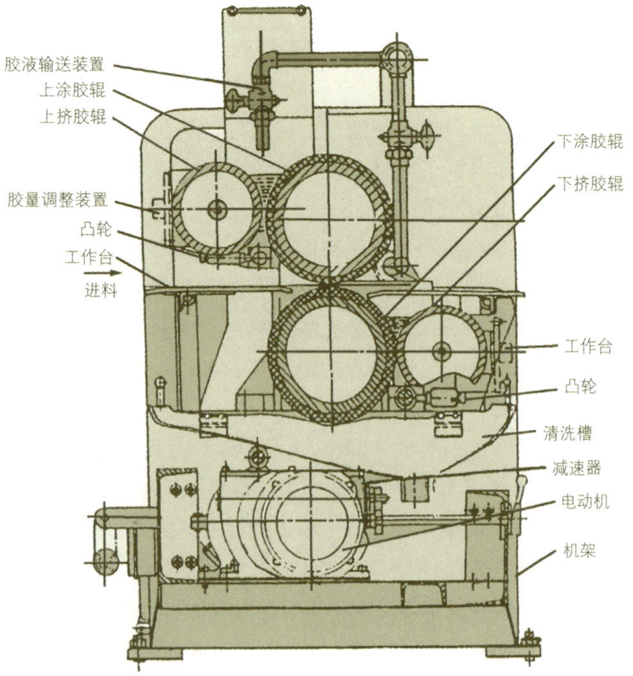

图5-73 “Z”型排列的四辊涂胶机

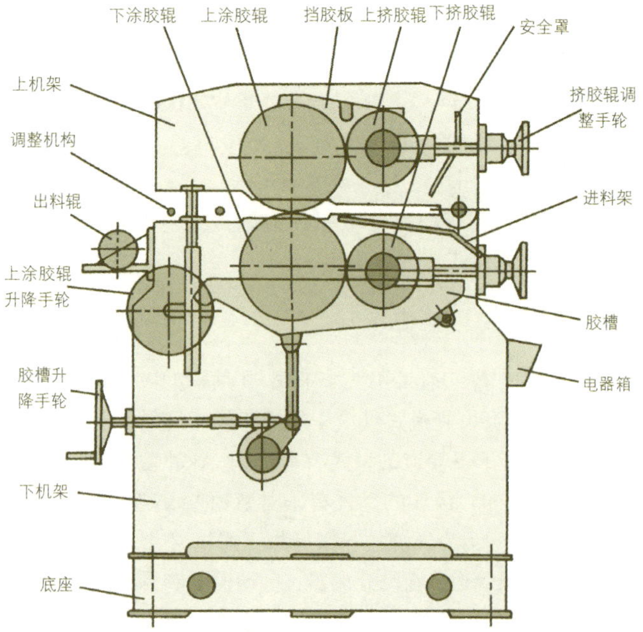

图5-74 “C”型排列的四辊涂胶机

表 5-66 国产单板涂胶机的部分型号与技术参数

项目	BS3213	BS3415	BS3415A	BS3420	BS3427	BS3427A	BS3428
涂胶辊直径（mm）	φ 300	φ 195	φ 300	φ 300	φ 300	φ 300	φ 290
工作面长度(mm)	1330	1530	1500	2000	2700	2700	2836
上、下胶辊开放最大间距(mm)	70	70	60	70	70	70	–
进料速度(m/min)	30，61	26，51	41，64	26，51	26，51	41，64	16～28
机床总功率（kW）	0.85/1.5	0.85/1.5	2.5	1.5/2.4	1.5/2.4	2.5	5.5/3.7
净重（kg）	1300	1650	1305	2050	2550	1700	3255
外形尺寸（长×宽×高)(cm)	201 × 102 × 143	241 × 115 × 163	243 × 101 × 145	288 × 115 × 163	358 × 115 × 163	363 × 101 × 145	456 × 130 × 168

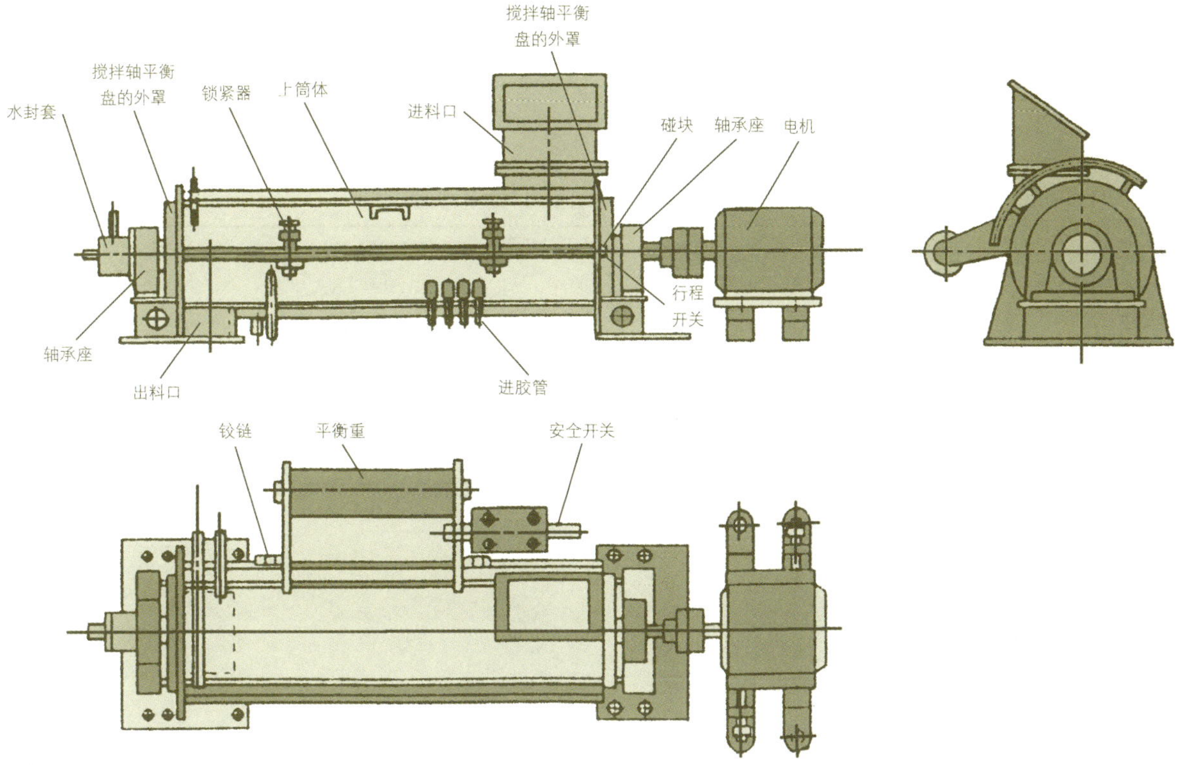

图 5-75 BS121 型环式拌胶机

入机体内的刨花由拌胶桨叶带动在机体内周形成环流并逐渐前移。胶黏剂通过进胶管（或甩胶管）从机体上（或轴体内）加入，均匀散布在刨花环流上，并通过刨花之间的摩擦进一步分布均匀。拌胶桨叶据轴向所处区段的不同，其倾斜角度、与机体内壁间的间隙也不同，确保刨花均匀施胶和进、出料。机体和轴体均为夹套式结构，内通循环冷却水冷却。

近年来，国内外又出现了一些较为先进的新型拌胶机，如锥鼓式拌胶机、高速双轴拌胶机和意大利PAL公司研制的新型环式拌胶机等，这些拌胶机在提高拌胶质量、节省胶料和减少刨花破损率方面有很大程度上的改进。

5.12.2.2 常见的故障与可能的原因

刨花拌胶机常见的故障和原因以及排除方法见表5-67。

5.12.2.3 国产刨花拌胶机的主要技术参数

刨花拌胶机以生产能力为主要技术参数，国产刨花拌胶机的部分型号与技术参数见下表 5-68。

5.13 铺装成型机

铺装成型设备是将施过胶的刨花或纤维按规定的容重均匀地铺装成一定厚度和宽度的连续板坯的设备，是刨花板或纤维板生产线上的最重要设备之一。

铺装成型机按铺装产品的不同，有刨花铺装机和纤维成型机两大类。刨花铺装机据铺装板坯的结构不同，有单层结构板、多层结构板、渐变结构板和定向结构板等铺装机；据

表 5-67 拌胶机常见的故障与可能的原因（以环式拌胶机为例）

故障类型	故 障	排除方法
刨花供料方面的故障	1.刨花进料槽堵塞； 2.拌胶筒内刨花过量造成堵塞； 3.施胶效果不规则；刨花供料不连续； 4.由于漏水造成刨花过湿	1.调整进料段搅拌桨叶的倾斜角度和伸出量，使之有利于进料； 2.微小地调整全部搅拌桨叶与搅拌筒内壁的间隙，使刨花顺畅地流动； 3.调整刨花的供料量，使刨花的进料均匀连续； 4.更换冷却水O形密封圈
胶黏剂供料方面的故障	1.胶泵工作不正常造成施胶效果不规则； 2.因喷胶管组装置不当造成施胶区有残存胶黏剂； 3.供胶管道堵塞造成供胶故障	1.检修胶泵； 2.微小地调整喷胶管组的装配，或调整施胶段的搅拌桨叶； 3.疏通胶管，并用水或压缩空气冲洗、吹通
水冷却系统方面的故障	1.冷却水系统泄漏； 2.拌胶筒内壁有残存胶黏剂或胶结物	1.更换O形密封圈； 2.调节冷却水开关，保证足够的冷却水量

表 5-68 国产刨花拌胶机的部分型号与技术参数

型号	BS121	BS122	BS123	BS125A
拌胶能力（kg/h）	1200	200～1800	3000	1700～3000
拌胶轴转速（r/min）	1470	–	1470	–
冷却水用量（kg/h）	1500	1600	2500	–
电机功率（kW）	18.5	22	22	30
外形尺寸（长×宽×高）（mm）	2495 × 730 × 835	2090 × 1470 × 980	2794 × 810 × 935	–
质量（kg）	1000	1060	1200	1800

铺装头铺放型式的不同，有机械式、气流式和辊筛式等铺装机，其中气流式铺装机又有无管式和排管（风栅）式之分。纤维成型机据加工工艺的不同，有湿法（长网）成型机和干法成型机，后者又有机械式和气流式之分。

5.13.1 刨花铺装机

5.13.1.1 刨花铺装机的结构

机械式铺装机一般有两至四个铺装头组成，每个铺装头的结构基本相同，均有料仓、计量系统和铺放装置（铺装辊）等部分组成，如图5-76所示。为确保均衡铺装，计量系统通常采用一次体积计量—质量计量—二次体积计量的综合计量办法。计量后的刨花由铺装辊铺放。

气流式刨花铺装机常用的是排管式气流铺装机，主要由水平计量料仓和气流分选铺装室两大部分组成，如图5-77所示。水平计量料仓主要起缓冲作用，并对出料的刨花进行体积—质量综合计量。对称布置的风栅对下落的刨花吹散并进行分选，使其均匀地铺放在成型带上，形成对称的渐变结构板。排管式气流铺装机铺装的板坯表层比较细腻，结构比较

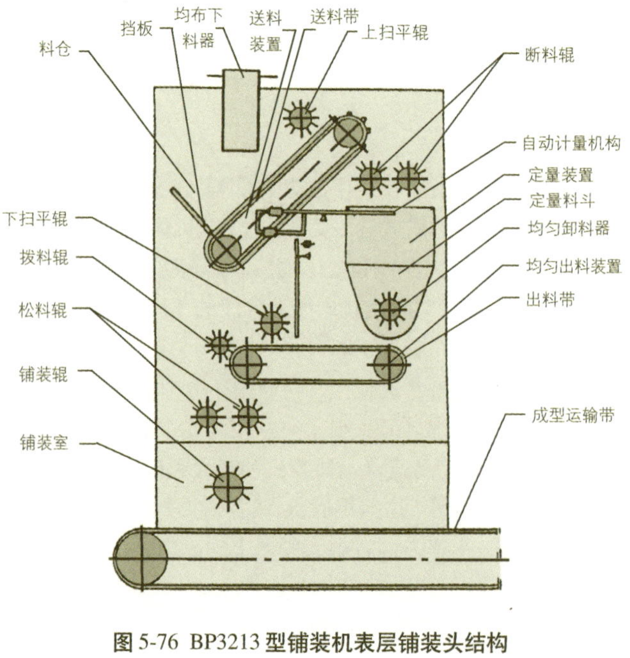

图 5-76 BP3213 型铺装机表层铺装头结构

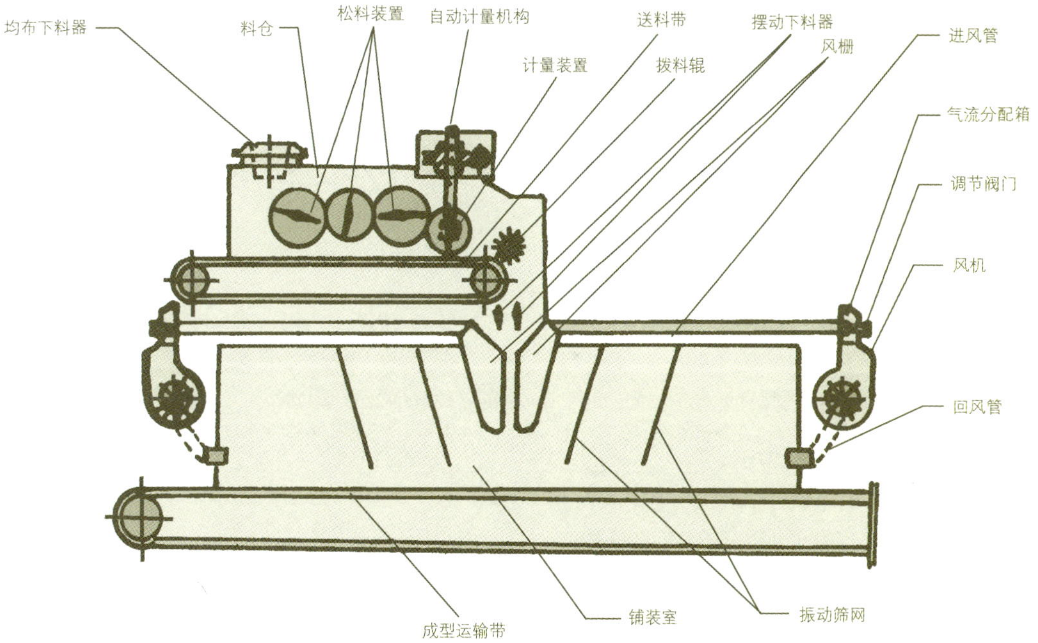

图 5-77 **排管式气流铺装机**

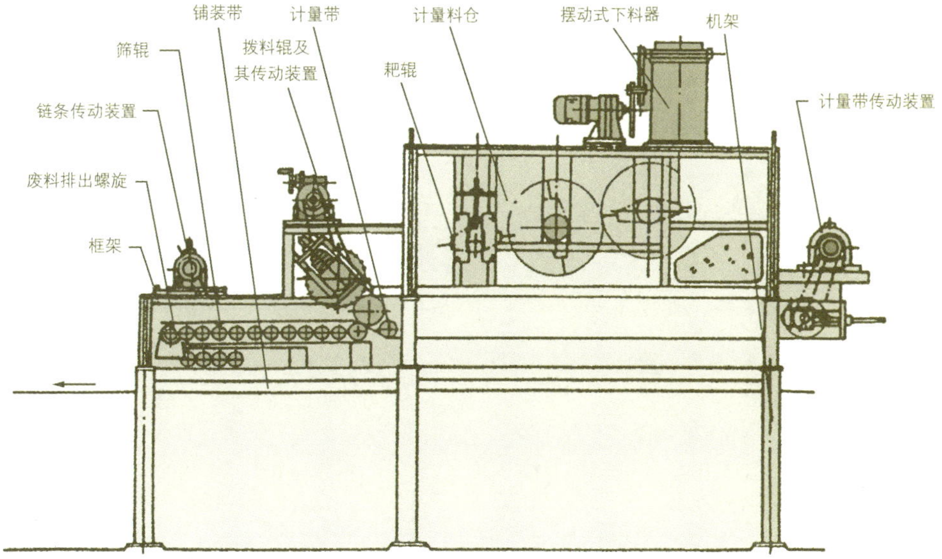

图 5-78 **辊筛式铺装机**

均匀，但动力消耗大，需昂贵的过滤系统控制粉尘的外扬，而且工艺上控制和调整比较困难。它是目前用得比较普遍的一种铺装机。

辊筛式铺装机是最新研制的刨花铺装机，主要由计量料仓、辊筛式铺装头和真空系统等部分组成（图 5-78）。它利用辊筒式筛选机分选物料的基本原理，铺装时对刨花进行精确分选，使得细小刨花在头部辊间间隙较小处就落下，而较大的刨花至末端辊间间隙较大处再落下，过大的刨花和胶团被分离出来后排除，因此铺装出的板坯表层光滑、均匀性好。另外，真空系统既确保细小刨花有效地铺撒在板坯的表面，又可将铺装室的粉尘吸走，有效地防止粉尘的外扬。这种铺装机目前在国内外逐渐被广泛采用。

5.13.1.2 常见的故障与可能的原因

刨花铺装机常见的故障和原因以及排除方法见表 5-69、表 5-70。

表 5-69 机械式铺装机常见的故障和可能的原因（以 BP3213B、P31113 型为例）

故障	可能的原因	排除方法
板坯纵向凹凸不平	1.下扫平辊针刺间缠绕了棉纱等物； 2.下扫平辊尼龙刺折断； 3.下扫平辊带料严重； 4.铺装辊上方的导流板凹凸不平，刨花经拨料辊下来碰在导流板上的反射角度不一致	1.清理缠绕物； 2.修理下扫平辊； 3.调整下扫平辊高度或检查信号板灵敏度，使扫平辊处的刨花堆减小； 4.修理导流板，调整导流板或拨料辊的位置、角度
板坯纵向出现规则波纹状	1.铺装辊端面与侧板间的间隙被刨花堵塞； 2.下扫平辊严重带料	1.清除铺装辊与侧板间隙中的刨花并张紧传动皮带； 2.调整下扫平辊高度和信号板
板坯表面有粗刨花	1.铺装辊上方的导流板角度不对； 2.缓冲料仓与出料带的密封不好； 3.铺装辊尼龙刺折断	1.调整导流板的角度； 2.采取相应措施加强其密封性能； 3.修理铺装辊筒
自动秤开关不灵	1.机械故障； 2.气路中的油雾器不良或气水分离器工作不正常；压缩空气水分过高，造成换向阀阀芯锈蚀而导致卡死或动作失灵	1.检查并消除之； 2.修理有关元件并使压缩空气中含油适中
自动秤重不准确	1.秤斗与外部零件相碰； 2.刀刃、刀承接触不良； 3.秤门开启量过小，秤斗内刨花未能卸完	1.采取相应措施排除； 2.采取相应措施修理或更换之； 3.清除秤门、秤斗中的刨花

表 5-70 气流式铺装成型机常见的故障与可能的原因（以排管式气流铺装机为例）

故障	可能的原因	排除方法
横向分配螺旋不工作	1.电机不工作，链条断开或滑脱； 2.螺旋槽底不移动：电机或传动系统故障；螺旋槽滑道堵塞	1.检查电气，修理更换或张紧链条； 2.检查电机线路，修复传动系统；清理滑道
供料中断	供料设备出现故障	检查供料设备并清除之
料仓空（空仓灯亮）	料位计可能出现故障或灵敏度降低	空仓灯亮，自动停止铺装，如料仓仍有料，应检查料位计并提高其灵敏度
满仓	1.料位计失灵； 2.出料带因驱动部分故障或本身滑脱而不工作	1.供料应自动停止，检查料位计； 2.检查并修复之
板坯断裂或破裂	1.料仓出料不均匀； 2.卸料辊因传动部分故障或辊刺折断或折断而不转； 3.清扫刺辊因传动故障或出料带积污太多而不转	1.调高计量耙，清理堵塞物或侧壁上的粘附物； 2.检查或修理传动部分，修复卸料辊筒； 3.检查修复传动部分，检查修理刺辊和出料带
出料带跑偏或滑脱	出料带与传动辊间夹进杂物	放松出料带，清理辊筒表面后张紧出料带
料位计不反应或部分不起作用	料位计和观察窗口堵塞，灵敏度下降或损坏，电气故障	清理料位计和观察窗口，调整灵敏度，检查电气，更换损坏的元件
耙运转不稳定	传动链条太松、滑脱或损坏	检查并修理传动部分。更换链条时要注意保持耙的正确位置，以免互相相碰
摆动下料器不动作	1.电机不工作； 2.传动链滑脱或断了； 3.偏心轮或连杆损坏； 4.调节法兰螺钉松动	1.检查修复电气； 2.张紧或修复链条； 3.修理或更换之； 4.调节并重新紧固
风机不能启动	1.电机不工作； 2.三角皮带损坏	1.检查并修复电气； 2.修理更换皮带

5.13.1.3 刨花铺装机的精度检测标准

据GB5052-85，刨花铺装机的几何精度和工作精度应符合表5-71、表5-72、表5-73中的规定。

5.13.1.4 国产刨花铺装机的规格尺寸

刨花铺装机以铺装宽度为主参数，生产能力为第二主参数，据GB5051-85，刨花铺装机的规格尺寸如表5-74、表5-75。

5.13.2 纤维铺装成型机

5.13.2.1 纤维铺装机的结构

多辊式铺装机是目前中小型中密度生产线上常用的一种机械式铺装机，它由计量料仓、成型室和扫平装置等部分组成，如图5-79所示。成型头为10个不同方向旋转（右侧5个顺时针旋转，左侧5个逆时针旋转）的铺装辊。从料仓排料口散落下的纤维落到成型头的中间，由铺装辊纤维前、后抛散洒落在成型带上进行铺装。铺装的板坯无分选能力。这种成型机结构简单，铺装长度大，铺装角小，成型质量和生产能力比以往的机械式铺装机要高。

脉冲式真空气流成型机是目前中密度纤维板生产中应用较广泛的一种真空气流成型机，它由成型头、扫平装置、成型网带及其传动系统、真空系统、机架和自动控制系统等部分组成，如图5-80所示。该机的特点是在成型室两侧设有脉

表5-71 机械式刨花铺装机几何精度

序号	检验项目	精度
1	铺装辊轴线对出料带传动辊轴线在水平和垂直方向的平行度	1000：1
2	上扫平辊轴线对送料带传动辊轴线在水平和垂直方向的平行度	1000：1
3	下扫平辊轴线对出料带传动辊轴线在水平和垂直方向的平行度	1000：1
4	铺装辊轴线对铺装室内壁纵向中心线的垂直度	1000：2
5	铺装辊轴线对成型运输带托板平面的平行度	1000：2

表5-72 气流式刨花铺装机几何精度

序号	检验项目	精度
1	拨料辊轴线对送料带传动轴轴线在水平和垂直方向的平行度	1000：2
2	风栅口对称平面平行度	2
3	风栅口平行间隔差	2
4	风栅口平面对成型运输带托板平面的垂直度	1000：2

表5-73 刨花铺装机的工作精度

序号	检验项目	公差
1	横向均匀度公差	± 5%
2	纵向均匀度公差	± 4%
3	表面平整度公差	10%

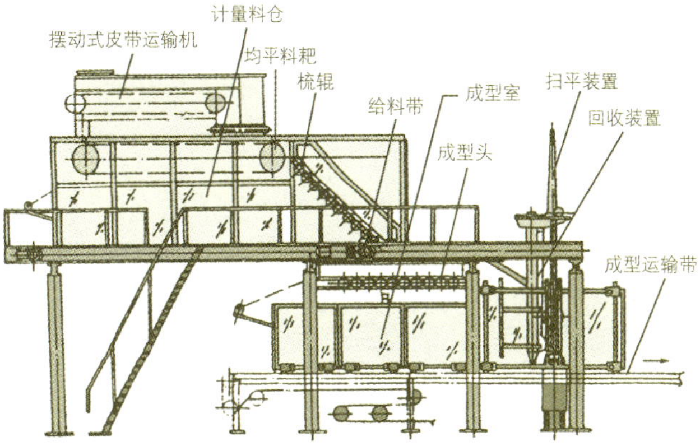

图5-79 多辊式铺装机

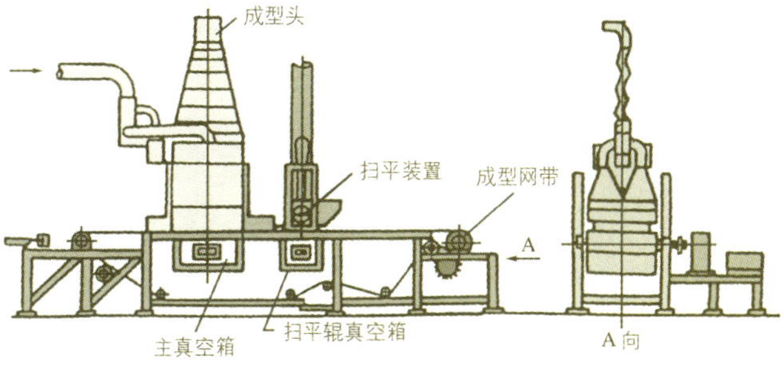

图5-80 脉冲式真空气流成型机

表5-74 刨花铺装机铺装宽度

刨花板幅面尺寸		915	1000	1220	1830	2000	2135	2440
铺装宽度	第一系列	945	1030	1250	1860	(2030)	(2165)	2470
	第二系列	965	1050	1270	1880	(2050)	(2185)	2490

表5-75 刨花铺装机生产能力

序号	1	2	3	4	5	6
生产能力（m^3）	18	27	36	55	110	180

注：生产能力的计算，按刨花板的厚度为19 mm,每天工作三班（22h）计

冲气流箱，使从“之”字形布料器下落的纤维在成型室内形成振幅逐渐扩大的正弦波形，均匀地撒在成型网带上。两侧脉冲气流的大小可据板坯宽度上的厚度均匀性调整。这种成型机铺撒的纤维量大，生产率高；成型后的板坯密实，成型质量好。

国产的真空气流成型机，通过气流摆嘴在成型宽度上左右摆动，使纤维均匀地铺撒在成型带上进行成型。

5.13.2.2 常见的故障与可能的原因

纤维板铺装机常见的故障和原因见表5-76。

表5-76 纤维铺装机常见的故障与可能的原因

常见的故障	可能的原因
板坯纤维不足	1.料仓中的料位是否过低； 2.料仓排料机构的排料速度是否过慢； 3.均平辊高度不合适
纤维流量过大，刷平辊刮出的纤维量大	纤维料仓的排料速度过快
板坯表面不平整，板坯一侧高于另一侧	1.脉冲式真空气流式的成型机调整总阀和平衡阀的开启度； 2.气流摆嘴式真空气流式的成型机的摆嘴行程不合适
板坯刷平后的表面上有抛出的纤维	1.刷平辊的纤维吸口形成木塞； 2.气流输送系统有堵塞； 3.纤维的含水率过高
板坯表面形成纵向的条纹	刷平辊针刺折断或堵塞
刷平辊振动	1.刷平辊弯曲变形； 2.刷平辊轴承紧固螺栓松动或轴承损坏

5.14 人造板热压机

人造板热压机是人造板生产中的关键设备，其生产能力和技术性能直接制约或影响到企业的生产规模及产品质量。

人造板压机的种类较多，按压机的工作方式，可分为周期式压机和连续式压机。周期式压机按其层数又有单层压机和多层压机之分；连续式压机按其结构形式也有连续平压式压机和连续辊压式压机之分。

按压制产品的种类，可分为胶合板压机、纤维板压机、刨花板压机、装饰板（塑料贴面板、覆贴板等）压机等。

按压制产品的形状可分为普通平压机和成型压机。

按加工工艺的不同，可分为预压机、冷压机、热压机等。

按压机机架的结构型式，可分为柱式、框式和箱式压机。

按压机板面单位压力的大小，可分为低压、中压和高压压机。

按压机的压板幅面和总压力的大小，可分为大、中、小型压机。

5.14.1 人造板热压机的结构

多层热压机成套设备由装、卸板系统和压机主机组成。压机主机主要由机架，上、下顶板，热压板，加压油缸及液压系统，蒸气管道及加热系统，同时闭合机构、平衡机构等部分组成，如图5-81所示。多层压机通常加压油缸设在压机的下侧，为上顶式结构，热压周期一结束，加压油缸放油，压机便张开。

单层压机板坯的装卸由钢带或网带进行。加压油缸通常设在压机的上侧，为下顶式结构。压机需另设有提升缸，使

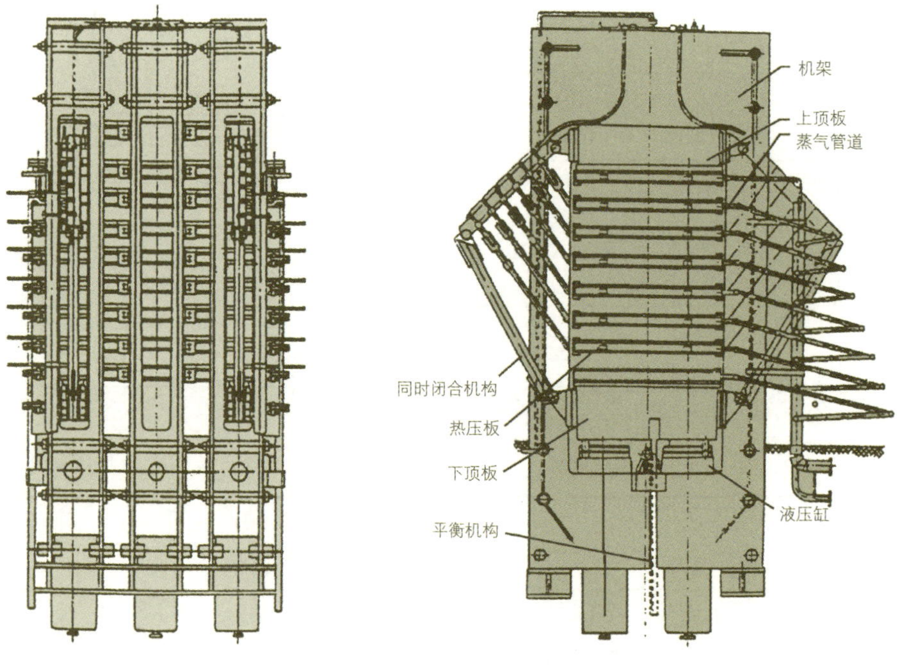

图5-81 多层热压机

其张开，如图5-82所示。单层热压机与多层压机相比，压出板子的质量较好、裁边损失小、总体设施较为简单，因此，得到了越来越广泛的应用。

平压连续式热压机设有上、下钢带，工作时拖动板坯连续通过压机，如图5-83、图5-84所示。加压油缸有的设在压机的上侧，有的设在压机的下侧，也有的压机上下侧均设有加压油缸。通过改变压机全长上的油缸分布或油压的大小来调整板坯在一热压周期内所受的压力的变化。钢

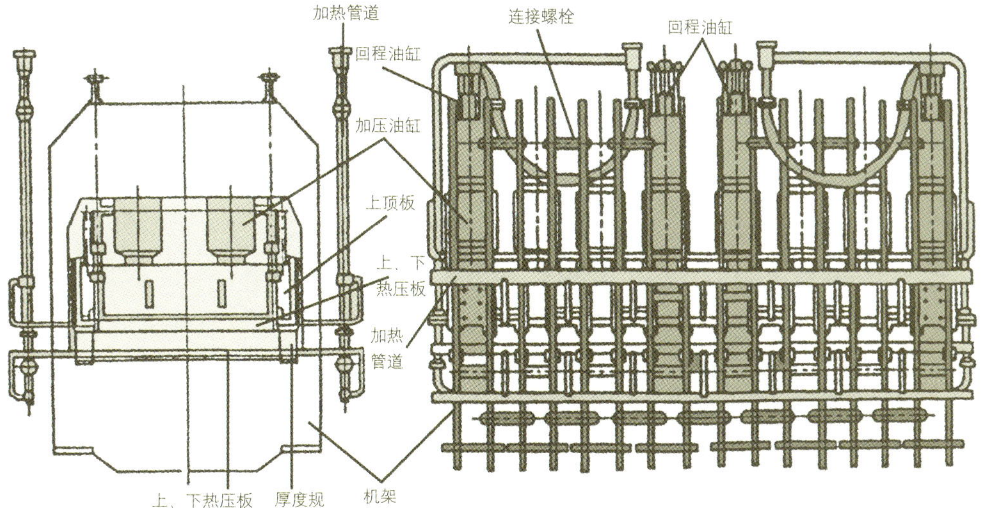

图5-82 BY168×24型单层热压机

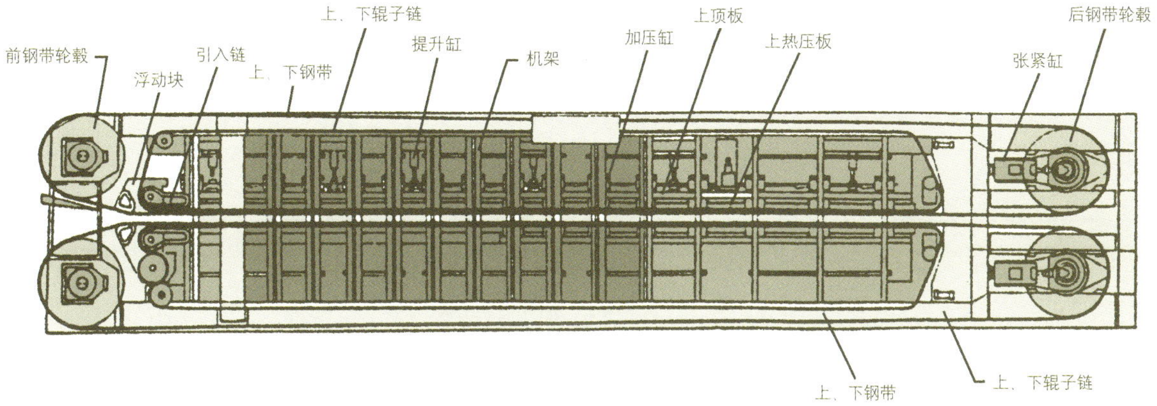

图5-83 Contiroll连续式热压机

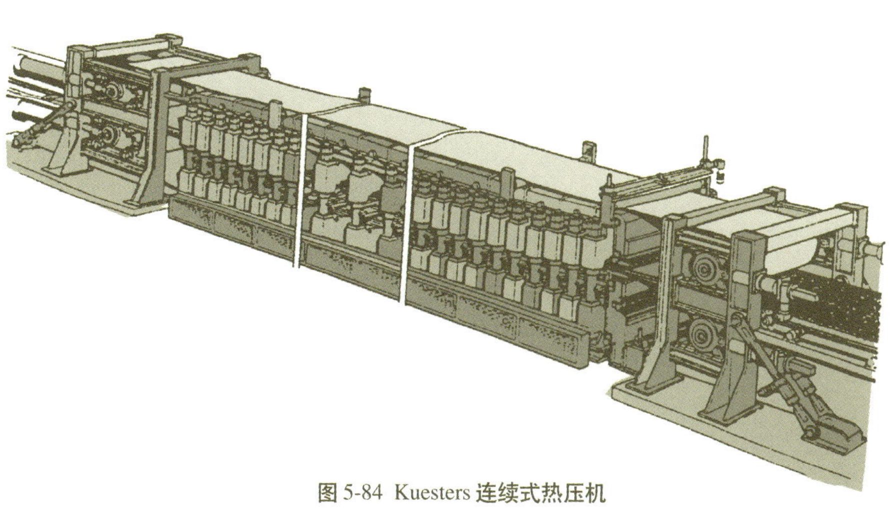

图5-84 Kuesters连续式热压机

带与热压板之间通过加设辊子链或润滑油来减少摩擦和钢带的拖动阻力。

因生产的产品质量好、规格多，生产率高，原材料消耗率低，节电、省热，连续化、自动化程度高等优点，故平压连续式热压机被越来越广泛的采用，成为人造板企业先进性的标志。但平压连续式热压机价格昂贵，零、部件的制造精度及安装都要求很高，保养、维修也比较困难。

辊压连续式热压机（图5-85）主要用于生产2～12mm的刨花板或中密度纤维板的薄板。

5.14.2 常见的故障与可能的原因

热压机常见的故障与可能的原因以及排除方法见表5-77。

5.14.3 热压机的精度检测标准

据GB5856-86，热压机的工作精度和几何精度应符合表5-78、表5-79中的规定。

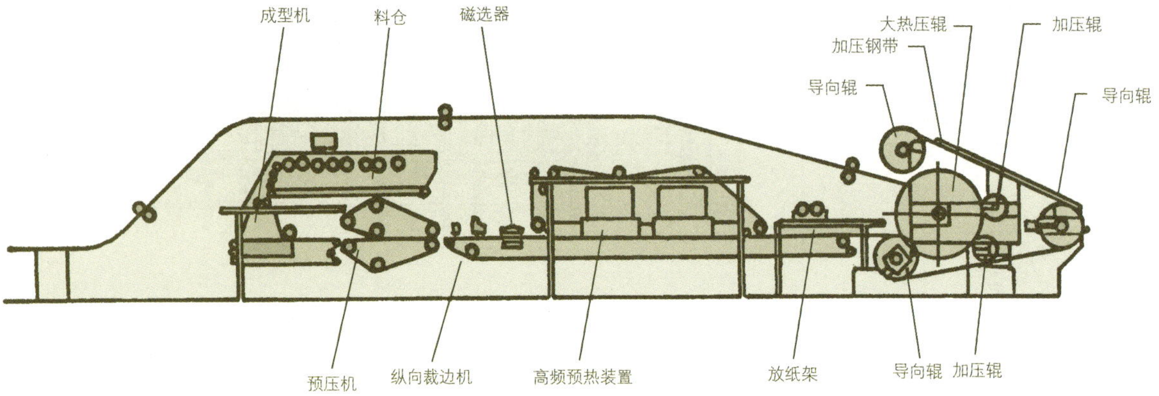

图5-85 辊压连续式热压生产线

表5-77 热压机常见的故障与可能的原因（以间隙式压机为例）

故障	可能的原因	排除方法
各种管道的法兰漏油	1.法兰固定螺栓松动； 2.密封垫损坏	1.紧固螺栓； 2.更换垫片
无缝钢管焊接处漏油	焊接有砂眼和气孔	焊接泄露处
热压机不能按预定速度闭合	1.总阀失灵，引起自动回油； 2.低压泵不送油；蓄压器送油阀未打开或气压太低； 3.管路破裂或接头脱开； 单层热压机： 4.高位水箱里的水位太低； 5.预充阀不能打开	1.检查总阀回油情况，进行检修； 2.检查低压泵，蓄压器阀门和气压，进行检修； 3.检查管路，进行检修； 4.水箱里增添乳化液，到溢流口流液为止； 5.找出预充阀打不开的原因
工作缸漏油	1.密封圈密封不严或损坏； 2.活塞表面腐蚀，特别是在密封圈部位	1.调整或更换密封圈； 2.检查活塞表面，腐蚀严重的要更换
热压机不能达到预定的高压	1.总阀、高压单向阀或管路单向阀密封不严，产生漏油； 2.高压泵失灵，压力上不去； 3.高压安全阀弹簧压力低，自动回油； 4.管道漏油； 单层热压机： 5.预充阀没有打开； 6.压力油进口的换向阀S_1、S_2没打开或压力油出口的换向S_3、S_4没有闭合； 7.大闸阀没有打开； 8.流量调节阀D_1、D_2没有打开	1.检查各阀门，进行检修； 2.检查高压泵的活塞与阀门； 3.检查高压安全阀，调整压力； 4.检查管路，进行检修； 5.找出没有关闭的原因； 6.检查换向阀S_1、S_2或S_3、S_4以及控制它们的先导阀； 7.打开闸阀； 8.调整D_1、D_2到合适的升压速度

表 5-77（续）

故障	可能的原因	排除方法
不能在预定的时间内保持一定范围内的压力	1.高压泵失灵，压力上不去； 2.油缸密封圈漏油； 3.活塞（中空的）或油缸有砂眼，渗漏油液； 单层热压机： 4.换向阀泄漏； 5.预充阀泄漏	1.进行检修； 2.调整或更换密封圈，检查活塞表面腐蚀情况和压环是否压紧； 3.检查活塞（中空的）的上端是否渗漏出来油，检查油缸外面是否有渗漏，进行修补或更换； 4.先导阀关闭是否灵活；换向阀阀口是否保压； 5.检查预充阀
升压较慢或上升时间歇跳动	1.油缸内有空气； 2.低压或高压泵吸入空气； 3.蓄压器气压不足或存气量不足	1.打开油缸的放气螺栓，放出油缸内空气； 2.检查油泵的吸油情况，加以纠正； 3.检查蓄压器的气压和存气量
几个油缸柱塞上升不一致	1.上升迟缓的活塞的密封圈压得太紧； 2.密封圈的尺寸不对 单层热压机： 3.气控单向阀失灵； 4.等量缸有泄漏	1.松开该活塞的密封圈压环； 2.更换尺寸不对的密封圈； 3.检查气控单向阀； 4.检查等量缸
压板不能上，也不能下	1.油缸活塞粘坏了； 2.油缸（或提升缸）中压力不合适	1.修理缸和活塞； 2.调整缸内压力
热压板温度达不到预定值	1.热压板内积水； 2.热压板蒸气管道堵塞	1.检查蒸气疏水阀，排出冷凝水； 2.检查温度上不去的热压板

表 5-78 热压机的工作精度

序号	检验项目	0 级	1 级	2 级	3 级
1	加压厚度均匀度公差(mm)	0.04+(0.10/1000)L_2	0.05+(0.15/1000)L_2	0.06+(0.20/1000)L_2	0.06+(0.30/1000)L_2

注：条状人造板厚度差应不大于0.1mm，若加压后铅条厚度最大差大于加压前条状人造板厚度最大差，按表中公差要求，若小于则为合格（L_2为热压板长度）

表 5-79 热压机的几何精度

序号	检验项目	0 级	1 级	2 级	3 级
1	热压板的平面度公差(mm)	0.02+(0.03/1000)L	0.03+(0.04/1000)L	0.05+(0.05/1000)L	0.05+(0.07/1000)L
2	热压板的平行度公差(mm)	0.03+(0.03/1000)L	0.03+(0.05/1000)L	0.05+(0.06/1000)L	0.05+(0.08/1000)Z
3	热压板表面温度的均匀度公差(℃)	2	3	3	5
4	各热压板表面温度的均匀度公差(℃)	3	5	5	7
5	热压板的表面粗糙度 Ra(μm)	3.2	3.2	3.2	6.3
6	各热压板间的开度均匀度公差(mm)	2	2	2	2
	带有同时闭合机构的热压机，热压板处于任意位置时的开度均匀度公差(mm)	3	3	4	4
7	活动横梁台面的平面度公差(mm)	0.02+(0.03/1000)L	0.03+(0.04/1000)L	0.05+(0.05/1000)L	0.05+(0.07/1000)L
8	固定横梁台面的平面度公差(mm)	0.02+(0.03/1000)L	0.03+(0.04/1000)L	0.05+(0.05/1000)L	0.05+(0.07/1000)L
9	活动横梁台面对固定横梁台面的平行度公差(mm)	0.5+(0.50/1000)L	1+(0.50/1000)L	1+(0.80/1000)L	1+(1.00/1000)L
10	活动横梁的运动轨迹对固定横梁台面的垂直度公差(mm)	1+(0.05/100)L	1+(0.08/100)L	1.5+(0.80/100)L	2+(0.08/100)L
11	立柱对柱塞缸上平面的垂直度公差(mm)	1000：0.20	1000：0.20	1000：0.20	1000：0.20

注：L 为实际测量长度

5.14.4 热压机的主要技术参数

据GB1571-88，国产多层热压机的主要技术参数如表5-80。国产刨花板单层热压机的主要技术参数如表5-81。部分连续式热压机的主要技术参数如表5-82。

表5-80 国产多层热压机的主要技术参数

类型			热压板尺寸(mm)		总压力(MN)	层数
			长度	宽度		
纤维板热压机	湿法	1	2250	1150	12.5	10、15、20、25
		2	2650	1360	20	
		3	3250		25	
		4	5150		40	
		5	5700		42.5	
	干法	6	2720	1400	26.5	10、15
	中密度	7	2720	1650	12.5	6、8、10、12、14
		8	4000		20	
		9	5300		25	
刨花板热压机		10	2650	1500	12.5	5、(7)、10、15
胶合板热压机		11	2100	1370	5	5、(7)、10、15、20、25、30、40、50
		12	2400	1070	4.5	
		13	2700	1370	6.7	
塑料贴面板、绝缘材料板、玻璃钢板热压机		14	2240	1120	20	5、10、15、20
		15	2650	1360	30	
贴面热压机		16	2650	1360	1.4，10	5、10、15

注：胶合板热压机参数只适用于生产普通胶合板

表5-81 国产刨花板单层热压机的主要技术参数

热压板尺寸(mm)			总压力(MN)	面压(MPa)
长度	宽度	厚度		
12395	2610	(90)	107	(3.5)
7495			64.5	
7500	1400	(80~90)	33	
5000			22	
2650			11	

表5-82 部分连续式热压机的主要技术参数

序号	参数	压机型号		
		Kuesters	Contiroll	Hydro-Dyn
1	生产规模(m^3/a)	50000	100000	100000
2	产品	MDF	MDF	MDF
3	加热时间(s/mm)	10	11.5	11
4	板材规格①(b × h,mm)	2457 × 3~32	2600 × 3~35	2490 × 3~30
5	热压板(l × h,mm)	12574 × 62	23000 × 95	23390 ×
6	各压力区段压力(MPa)	5、3.5、2.5	5、4、3、2、1.5	4.0、2.5、1.5
7	钢带运行速度(m/min)	1.0~36	1.8~363~4	
8	钢带最大开度(mm)		100	

表 5-82(续)

序号	参数	压机型号		
		Kuesters	Contiroll	Hydro-Dyn
9	热压板温度(℃)	220	225	200
10	加热回路(段)	3	6	
11	驱动辊直径(mm)	1640	2250	
12	辊子链辊子直径(mm)	12.4	18	油膜
13	钢带厚度(mm)	2	2.2	2
14	钢带长度(mm)	39500	67000	61000
15	系统压力(MPa)	30	30	30
16	机架单元（付）	30	23	
17	油缸数（付）	210	115	
18	热耗量(kJ/m^3)	5.65×10^5	5.02×10^5	5.86×10^5
19	电机容量(kW)	450	745	750
21	冷却水耗量(l/h,25℃)	5000		
22	润滑油耗量②(l/h)	20	24	
23	抽除废气量(m^3/h)	$5x10^4 \sim 1 \times 10^5$	3×10^4	
24	总质量(t)	400		700
25	总体尺寸(l × b × h,mm)	28520 × 7300 × 6000		
26	总压力(kN)	~91700	~182000	

注：①板材长度不限；②辊子链用润滑油

5.15 宽带式砂光机

宽带式砂光机是指砂带宽度大于600mm以上的带式砂光机，用于人造板、板式家具零件等大幅面板子的表面砂光，以提高板子的厚度精度和（或）表面光洁度。

宽带式砂光机的砂架，有辊式砂架、压带式砂架和组合式砂架三种形式，如图5-86。将砂架按不同的方式进行配置，可组合成不同形式的宽带式砂光机，以满足不同砂削工艺的要求。图5-87所示为几种典型的砂架配置形式。

宽带式砂光机有单面砂和双面砂两种形式。单面砂光机又有上砂式和下砂式之分。通常，上砂式单面砂光机用于胶合板或板式家具零部件的表面光整磨削，或与下砂式单面砂光机组合成一条双面砂光生产线。单独的下砂式单面砂光机一般用于塑料贴面板的背面砂光。双面砂光机一般用于刨花板或中密度纤维板的定厚砂削和表面光整。

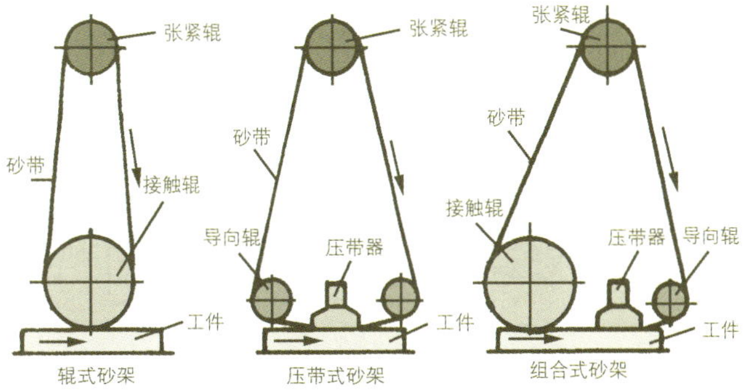

图 5-86 宽带式砂光机砂架形式

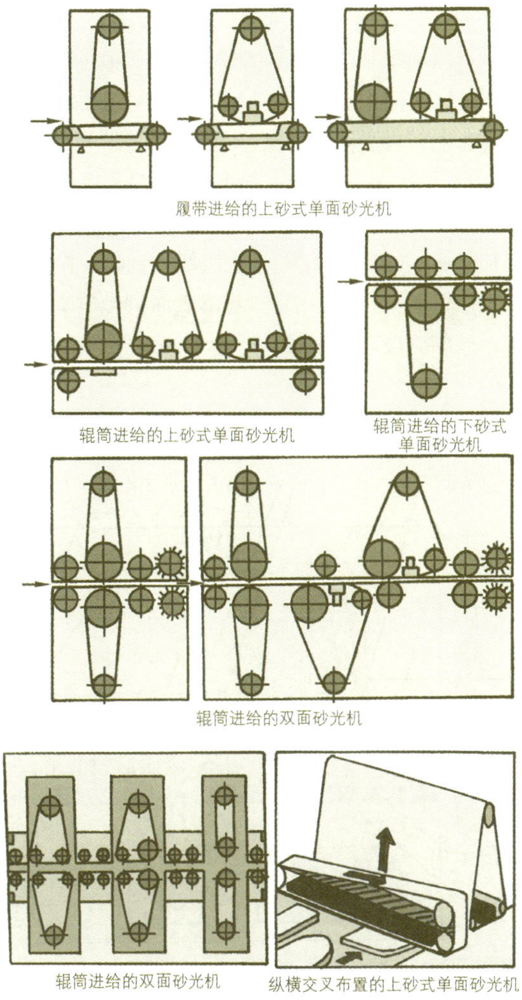

图 5-87 几种典型的砂架配置形式

双面砂光机的上下砂架有对置式布置的和偏置式布置的。辊式砂架一般按对置式布置，以防止砂削时的板材变形，有利于实现对称砂削，保证板子的厚度精度。压带式砂架或组合式砂架有采用对置式的，也有采用偏置式的。偏置式的布置有利于板面的散热，并可满足板件上下表面不同砂削量的要求；对置式的布置可减小机床的结构尺寸。

宽带式砂光机的进给机构有辊筒进给的和履带进给的。除上砂式单面砂光机有采用履带进给的以外，其他一般采用辊筒进给。

纵横交叉布置的砂架，它可使有横向木纹、纵向木纹或年轮之间有明显硬度差的工件均能获得均匀的表面砂削精度。

在考虑砂光机选型时，除了注意不同砂削板材的特点外，还应注意砂光工艺所应遵循的规则。

(1) 前后砂光之间的砂带粒度级差不应超过两级，否则前道砂光的痕迹很难被后道彻底清除。

(2) 在粗、精砂光的余量分配上，为保证精砂的板面光洁度，粗砂应首先削除 80% 的总砂量。

(3) 受砂粒容屑空间的限制，砂光量大小应与砂带粒度相适应，不应以细粒度的砂带去作大余量砂光，否则将使砂带堵塞从而严重影响砂带的使用寿命。美国 Kimwood 公司所提供的资料表明，在相同的进给速度下，80 目砂带砂光深度仅为 40 目砂带的 1/4。另一方面对相同粒度的砂带，进给速度提高 1 倍，砂光深度则减小一半。

(4) 以接触辊为主进行砂光时，由于砂带和工件的接触面积小，故砂削能力大，适用于以去除余量为主的定厚砂光。以压带器 （或称磨垫）为主进行砂光时，由于砂带和工件的接触面积大，仅适用于以提高表面砂光质量为主的精细砂光，砂削深度以不超过 0.15mm 为宜。这两种砂光部件必须相辅相成，不可偏废。

5.15.1 宽带式砂光机的结构

宽带式砂光机主要由机架、砂架、进给机构、控制机构、传动机构及除尘装置等部分组成。

图 5-88 所示为 BSG2713Q 型双面宽带式砂光机。被砂削的工件经限板装置由上、下输送辊送入。对置式布置的上、下辊式砂架首先同时对工件的两面定厚粗砂，然后依次通过偏置式布置的组合式砂架，完成工件两面的精砂或联合砂光。最后通过出料端的一对清扫辊清除工件表面的残余粉尘。砂削或清扫下的木粉由设在砂架或清扫辊侧边的强力吸尘口吸除。砂带在作主运动的同时还由摆动气缸控制其沿轴向左右窜动，以提高砂削表面的质量，并防止砂带的跑偏。上、下砂架横梁内侧的两端设有张紧气囊，下砂架横梁外侧的两端还设有放松气囊，控制张紧气囊和放松气囊的充排气，可使张紧辊张紧或放松（也有的砂光机采用气缸来张紧或放松张紧辊），实现砂带的更换。

上、下机架的开距可根据砂削工件的厚度和砂削量调整。调整时，机床四个角上的油缸抬起上机架，然后将厚度调整尺拉到所需规格，降下上机架即可。

履带进给的上砂式单面砂光机，工作台和前压力规尺有固定和浮动两种状态，可根据不同的砂削工艺来调整：当作定厚砂削时，工作台固定，前压力规尺浮动；当作表面磨光时，工作台调成浮动，前压力规尺固定。

辊筒进给的上砂式单面砂光机，工作台一般不能浮动。表面砂光用的这种形式的砂光机，为了保证工件表面的磨光质量，在工作台内与接触辊和压带器所对应的位置上，分别装有如气压分段底垫和分段板形底垫的弹性机构，并将压带

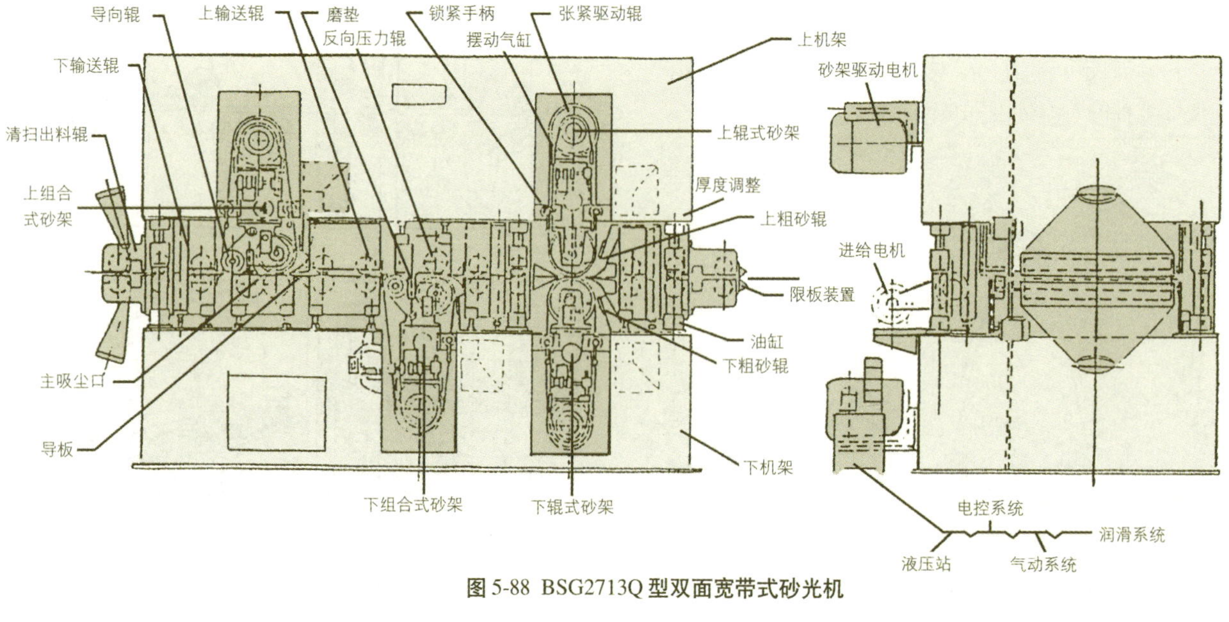

图 5-88 BSG2713Q 型双面宽带式砂光机

器制成具有弹性的结构，以消除工件厚度不均对砂削压力的影响，确保工件表面各处均匀磨削，提高表面质量。

上砂式单面砂光机，一般通过调节工作台的高度来满足工件不同厚度的要求。

5.15.2 常见的故障与可能的原因

宽带式砂光机常见的故障和原因及排除方法见表5-83。

5.15.3 宽带式砂光机的精度检测标准

据GB6203-86，宽带式砂光机的几何精度和工作精度应符合表5-84、表5-85中的规定。

5.15.4 国产宽带式砂光机的主要技术参数

宽带式砂光机以最大加工宽度为主参数，其系列为：

表5-83 宽带式砂光机常见的故障及可能的原因

故障	可能的原因	排除方法
砂带超出正常的窜动行程	窜动气缸行程调节不当或联接件松动	调节窜动气缸行程或紧固松动件
机器停转	砂带超出正常的窜动行程	调节窜动气缸行程
工件进给时快时慢速度不均	1.进料压紧辊筒的压力不足或位置不当； 2.传动件磨损或松动	1.调整压紧辊筒的压力或位置； 2.修复或紧固传动件
工件宽度方向上厚度不均匀（呈楔形）	1.接触辊下母线或压带器工作面与进给履带工作面与进给履带工作面不平行； 2.上、下砂架平行度超差	1.测量和调整接触辊下母线或压带器工作面与进给履带工作面的平行度； 2.测量和调整上、下砂架的平行度
工件表面出现横向波纹	1.压力规尺、导向板位置不当； 2.进给传动链的张紧装置松动	1.调整压力规尺、导向板的位置； 2.调紧张紧装置
工件某一部位突然变厚或变薄	进给履带与工作台之间木粉积聚过多	清除木粉并检查除尘系统的效果
工件某一部位经常地过厚或过薄	进给履带或进给辊筒局部严重磨损	检查并修复磨损处
工件表面产生周期性波纹	张紧辊或驱动辊磨损不平衡，运转振动大	分别检测每个辊子的振动情况并予以排除
工件表面突然产生周期性波纹	某个辊子受到意外损伤或轴承损坏	修复损伤的辊子或更换轴承

表5-84 宽带式砂光机的几何精度

序号	检验项目		公差（mm）	
			最大加工宽度	
			≤1000	>1000
1	辊筒的径向跳动	接触辊、驱动辊、张紧辊、导辊、承压辊	0.03	0.04
		进料辊	0.04	0.06
2		接触辊、驱动辊、张紧辊、导辊、承压辊	0.03	0.04
		进料辊	0.04	0.06
3	基准板工作面的直线度		1000：0.03	
4	刚性压磨板工作面的直线度		1000：003	
5	工作台上升运动时不同位置的平行度（纵、横向）		1000：0.03	

注：1.进行第四项检验时,刚性压磨板工作面外不包覆石墨布；
2.按机种类别,不具备表中某一性能者,可不进行检验

表5-85 宽带式砂光机的工作精度

序号	检验项目	公差（mm）	
		最大加工宽度	
		≤1000	>1000
1	厚度精度	0.08	0.10
2	厚度的均匀性	≥0	
3	砂光面的表面状态	要求：表面砂光的机种：表面应光滑、无明显波纹；定厚砂光的机种：表面应无明显波纹； 背面砂光的机种：表面粗糙程度应均匀	

注：1.非定厚砂光的机种，可不进行1项检验；定厚砂光的机种，可不进行2项检验；
2.木质试件应是含水率不超过12%，表面平整的优质板材；在进行厚度精度检验时，如试件的基准有局部缺陷时，应先砂光基准面

表 5-86 国产宽带式砂光机的其他基本参数

最小加工厚度，mm ≥		2.5
最大加工厚度，mm ≥		50
辊式砂架	砂带宽度，m/min ≥	20
压带式砂架		15
组合式砂架		18
最大进给速度，m/min ≥		20

630mm、800mm、1000mm、1250mm、1300mm、1600mm。国产宽带式砂光机的其他基本参数见表 5-86。

5.16 二次加工设备

5.16.1 刨切机

刨切机是将一些珍贵树种的毛方，经蒸煮处理后，在径向刨切成一定厚度的薄木（单板）的设备。因刨切的单板花纹美观、纹理清晰、具有较高的装饰价值，并能扩大珍贵树种的使用范围，故广泛用作人造板表面的覆贴材料。

根据刨切机据刨刀与木纹相对运动方向的不同，可分为横向刨切机和纵向刨切机。前者又可分为立式、卧式和倾斜式，其中卧式又有仰卧和俯卧之分。

5.16.1.1 刨切机的结构

立式横向刨切机主要由机身、刀床、滑床、进刀机构和传动系统及液压系统等部分组成，如图5-89所示。刀架和压尺架组成刀床（其结构与旋切机的刀床类似），安装在滑座上，沿水平导轨作进给运动。滑床上设有卡紧装置，沿机身上的两条立式轨道作上下往复运动。工作时，卡紧装置夹紧毛方进行刨切。

图5-90所示为仰卧式横向刨切机，主要由机架、升降横梁、刀床及传动机构等部分组成。刀床由摆动机构或曲柄连

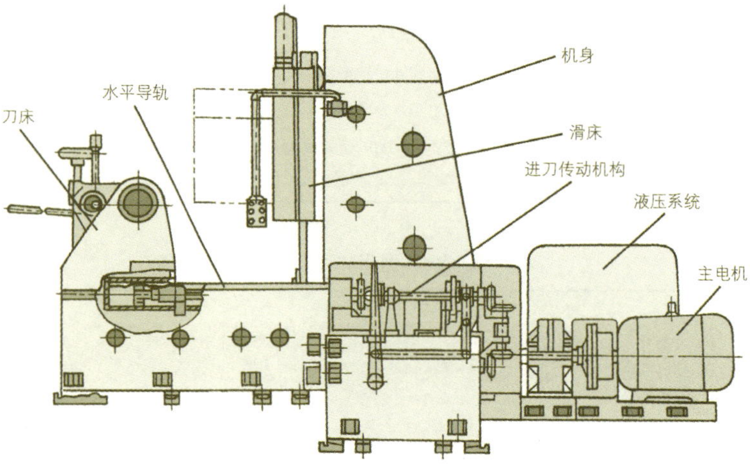

图 5-89 BB1320 型立式横向刨切机

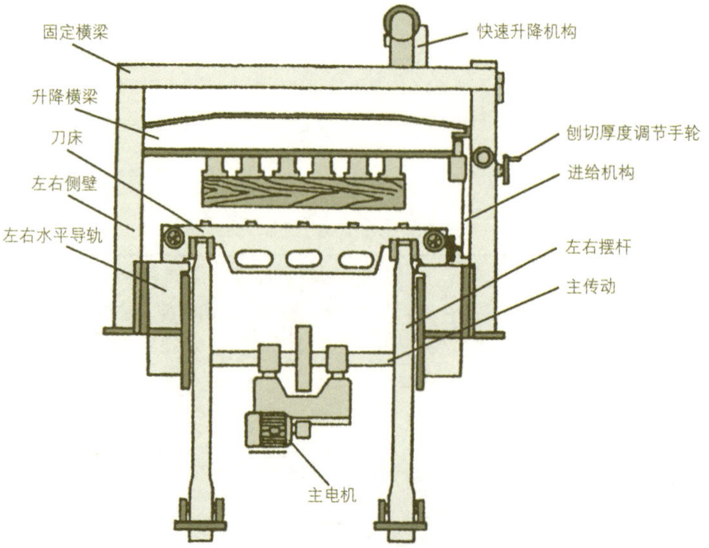

图 5-90 仰卧式横向刨切机

杆机构带动，沿左右水平导轨往复运动。装有卡木装置的升降机构，可沿侧壁上的垂直导轨向下作进给运动。刀床每往复运动一次，横梁带着毛方下降一个薄木厚度的距离。

卧式刨切机与立式刨切机相比较，工作运动比较平稳，刨切薄木质量较好，毛方固定比较容易，并可以把多个毛方固定在一起同时刨切。但卧式刨切机占地面积大，刨刀和压尺安装、更换以及接取刨切薄木均不方便，也不容易实现与后工序的连续化生产。

纵向刨切机的刨刀和压尺分别装在前、后工作台上，由皮带进料机头压住并驱动置于工作台上的毛方，进行刨切（图5-91）。刨切单板的厚度由刨刀与压尺的高度差确定。

5.16.1.2 国产刨切机的主要技术参数

国产刨切机的主要技术参数见表5-87。

5.16.2 浸渍纸生产设备

浸渍纸生产设备是将装饰纸、牛皮纸和绝缘纸等纸张连续地浸以合成树脂（酚醛、三聚氰胺等类树脂），然后经过干燥，再剪切成所要求的尺寸（或收卷）的成套设备。

根据干燥部分浸渍纸是水平运行的还是垂直运行的，浸渍纸生产设备有卧式和立式之分，前者又有单层和双层之分。

5.16.2.1 浸渍生产设备的结构

单层卧式浸渍纸生产设备有送纸机、松纸机、接纸机、蓄纸机、浸渍纸机、干燥机、调偏装置、水冷装置、剪纸机、运输机、堆纸机（或收卷机）等单机组成。这些单机的布置方式可根据用户的具体要求，组成一次浸渍（适用于做塑料贴面板）或二次浸渍（一次浸渍干燥后加二次浸渍干燥机，适用于做直接覆贴用胶膜纸）的方式，以满足不同工艺、不同行业的用户使用要求。图5-92所示为BJM2214B型单层卧式浸渍纸生产设备。

工作时，送纸台将纸卷升至松纸机的装夹位置，由松纸机夹住纸卷，并调节纸张松卷时的张力。松纸机同时可装夹两筒纸卷，当一筒纸卷用完时，由接纸机将其末端与另一筒

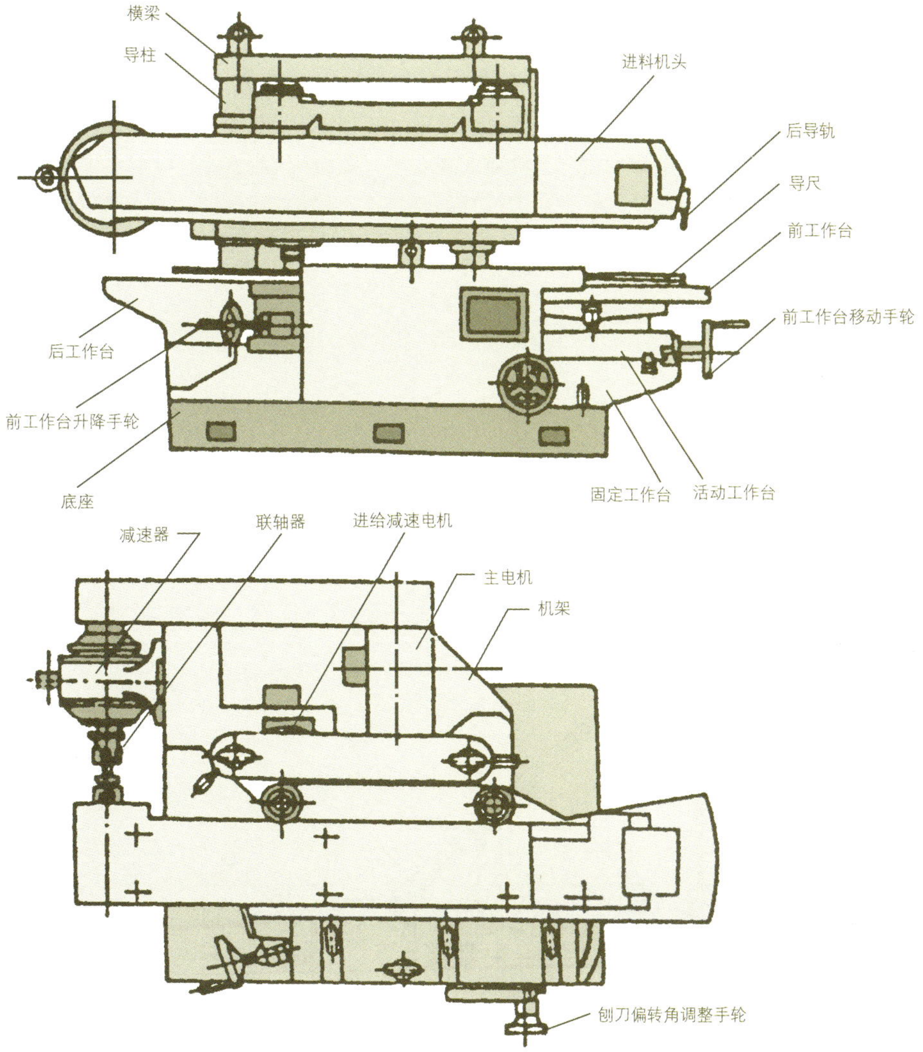

图5-91 纵向刨切机

表 5-87 国产刨切机的技术参数

型号	最大加工尺寸 (mm)	最大加工厚度 (mm)	压缩空气需要量 (kg/cm^3)	进料速度 (m/min)	总功率 (kW)	机床外形尺寸 (L × W × H,mm)	质量 (kg)
BB1127	2700 × 650	400	0.2～2.2	13～25	15	778 × 387 × 244	15100

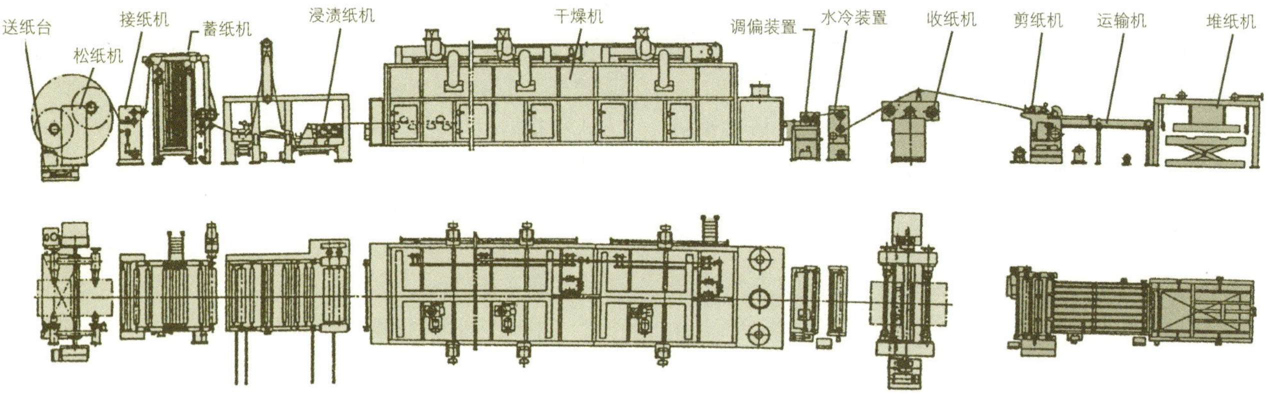

图 5-92 BJM2214B 型单层卧式浸渍纸生产设备

备用纸卷的始端对接。接纸过程中，送纸略有停顿，此时生产线完全靠蓄纸机供纸，并由蓄纸机调节纸张的张力大小，以实现不停机接纸。纸张经浸胶机均匀浸胶、干燥机悬浮干燥后，由冷却装置冷却并消除静电，最后由剪纸机剪切成一定长度规格后至堆纸机堆放（或收卷）。纸张在运行时由调偏装置确保纸张不跑偏。

立式浸渍纸生产设备的干燥部分按垂直布置，如图5-93所示。原纸纸筒放在送纸装置上，传动装置牵引纸张通过浸渍槽浸胶。胶槽上方的刮胶辊控制浸胶量。浸渍纸垂直地通过干燥室干燥后，经顶部的排风装置进行冷却、排湿，再由

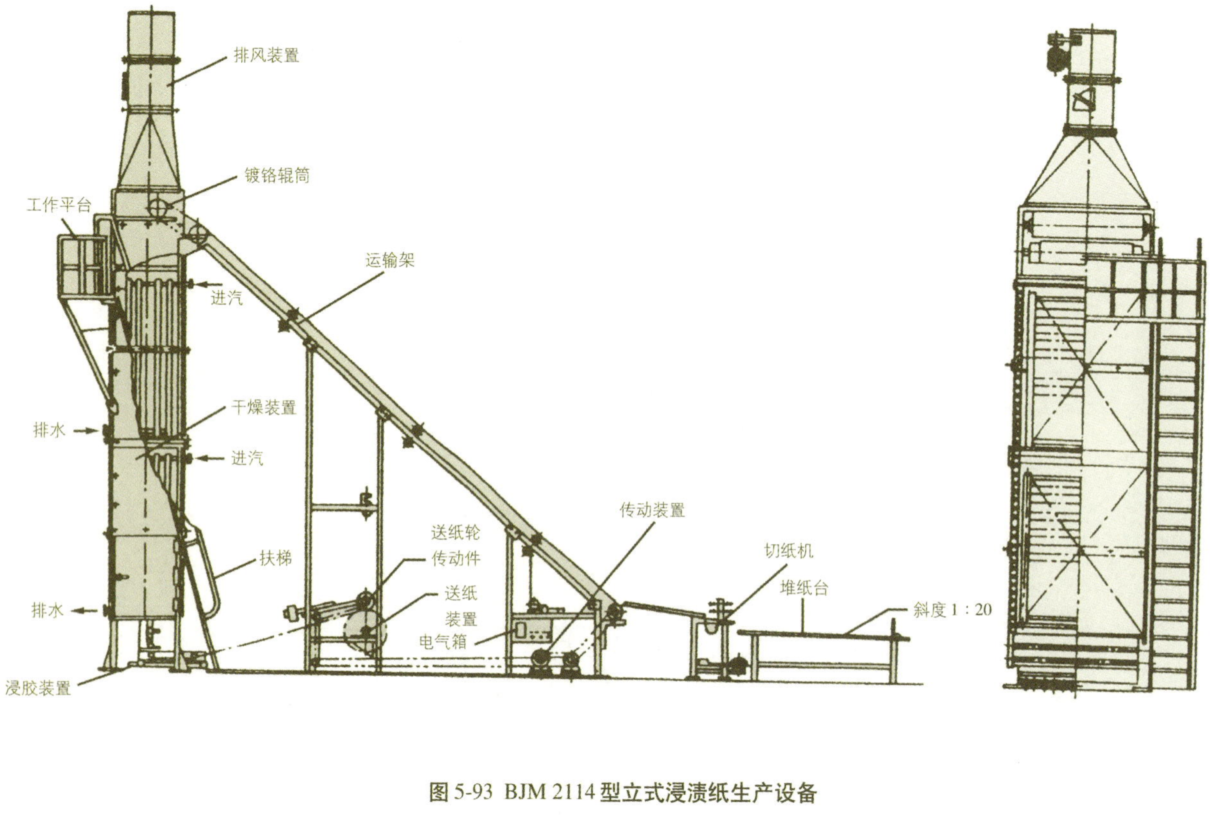

图 5-93 BJM 2114 型立式浸渍纸生产设备

帆布传送带传送到裁剪台剪切成一定的长度规格。立式浸渍纸生产设备与卧式浸渍纸生产设备的比较见表5-88。

5.16.2.2 常见的故障与可能的原因

浸渍纸生产设备常见的故障和原因以及排除方法见表5-89。

5.16.2.3 国产浸渍纸生产设备的主要技术参数

BJM2214B型浸渍纸生产设备的主要技术参数：

工作宽度	1400mm
工作介质温度	110～160℃
运行速度	3～30m/min（无级可调）
电机总容量	～76kW
工作层数	1
外形尺寸（长×宽×高）	4800 × 455 × 382cm
蒸气压力	8×10^{5}～12×10^{5}Pa
总质量	约60000kg

表5-88 立式浸渍纸生产设备与卧式浸渍纸生产设备的比较

比较项目	BJM2114型立式浸渍纸生产设备	BJM2214B型卧式浸渍纸生产设备
工作速度	1～5m/min	3～30m/min。
干燥室温度	110～150℃	110～160℃
开卷机构	固定单轴开卷机构每次上一卷纸	卡轴翻转机构同时上两卷纸。
纸张接头	用电熨斗加热	在接纸机上进行
蓄纸机构	无	最大蓄纸量为30m
树脂垂流现象	严重，因胶膜纸处于垂直工作状态	无此现象，胶膜纸处于水平工作状态
热损失	较大，干燥室顶部和下部不易密闭	较小，干燥室密闭保温性能较好
干燥形式	胶膜纸由顶部导向辊支持，利用热空气对流干燥	胶膜纸借助高速气流产生的气垫托起胶膜纸带进行干燥
干燥室排湿方法	靠空气对流，自然排湿	用离心风机排入大气
冷却方式	靠外界空气自然冷却	强制冷却
裁纸机构	手工裁纸或机构裁纸	自动裁剪
成品质量	较差	好
对建筑物要求	要有一定的平面面积和建筑高度	要有一定的平面面积
其他	结构简单，操纵维护要求较低，价格便宜	结构复杂，操纵维护要求较高，价格昂贵

表5-89 浸渍纸生产设备的常见故障与可能的原因（以单层卧式浸渍纸生产设备为例）

设备名称	故障部位	故障现象	故障原因	排除方法
送纸台		1.噪声异常，无法正常升降，液压部分严重渗油； 2.噪声增大，起升速度慢	1.电磁阀动作错误； 2.液压站缺油或油压太低	1.交换阀接线 2.按规定加油或调高油压
松纸机	气动夹紧及阻尼装置	不动作	气压太低；气管脱落；旋转接头漏气	检查管路、转阀，增大气压
接纸机	拉纸辊加热部分	1.接纸不能制动； 2.不发热； 3.温控失灵	1.制动离合器不通电或损坏； 2.电热管或接线不通，或电热管内部烧坏； 3.温控表失灵或测温元件松脱	1.检查离合器及电路，必要时更换； 2.检查接线及电热管，必要时更换； 3.检查仪表及温控元件
接纸机	蓄纸辊张力调节浮动架	1.不起作用； 2.只升不降或只降不升	1.传感电位器开路或调速电路故障； 2.浮动架配重不合适	1.检查电路及电位器传感机构； 2.按情况增减配重块
浸渍纸机	胶槽升降装置	1.升降不到位； 2.胶槽无法拉出清洗； 3.刮胶不干净；	1.限位开关或挡块位置变化或松动； 2.升降吊臂初始位置不合适； 3.刮刀片与辊接触不均匀，刀片磨损；	1.调整行程开关位置，固定牢； 2.调整行程开关位置或挡块位置，调整吊臂位置； 3.调整刀片位置或取下重磨刃口；
	计量装置	4.计量辊跳动明显； 5.计量辊转动不平稳，有顿挫	4.两端精密轴承磨损； 5.万向节不灵活，齿轮箱有故障	4.更换轴承； 5.万向节加油，检查齿轮箱
干燥机	干燥段	1.横断面各点温度不均匀； 2.干燥能力下降； 3.机内断纸； 4.风机噪声明显增大	1.两侧风机风量不等，保温密封不好； 2.喷嘴堵塞，排湿口开度太大； 3.同步性能变坏，调偏不起作用； 4.轴承无油，损坏或安装错位	1.调整两侧风机进风量使其相同，搞好密封； 2.清除喷嘴污物，减小排湿口开度； 3.校正速度同步及微调，检查调偏性能

表 5-89（续）

设备名称	故障部位	故障现象	故障原因	排除方法
干燥机	进、出口部分温控系统	5.机内热气外溢； 6.温控失灵； 7.温度升不上去	5.风帘及冷却风机未开，排湿蝶阀完全关闭； 6.仪表故障，阀门定位器不灵活，气动阀卡死； 7.蒸气管道积水太多，管道有堵塞，蒸气质量不高	4.按规定加油，更换轴承或进行调整； 5.启动风帘及冷却风机，保持排湿蝶阀以一定开度； 6.检查控制仪表，阀门定位器，气动阀并加注润滑油； 7.打开旁通阀清除积水，疏通管道减少蒸气中的水分
调偏装置		1.遮挡探头时，油缸不 动作； 2.调偏无效果	1.电机转向反了； 2.油缸动作反了	1.电源接线反相； 2.对调油缸进出油管
水冷装置	引纸动力 除静电装备 水冷辊	1.引纸链轮不转； 2.不除静电或产生负静电； 3.旋转接头漏水	1.离合器断线或损坏，链条卡死； 2.静电消除器输出电压过低或过高； 3.接口螺纹松开，接头外壳别劲	1.检查离合器，引纸链条，适当给链条加油； 2.调节输出电压 3.旋紧密封接头使接头外壳呈自由状态
剪纸机	甩刀 拉纸辊		1.离合器零件磨损； 2.气动系统失灵，电控失灵，气缸憋劲； 3.切刀严重磨损，刀门间隙变动； 4.小压辊单边拉纸	1.取出零件修整或更换； 2.检查电路、气路，调整气缸位置； 3.重新刃磨，调整刀门间隙； 4.使两只小压辊平均压住下辊
运输机	皮带轮轴	1.皮带跑偏； 2.轴断裂或变形	1.张紧轮位置不合适，张力不合适； 2.皮带张紧力太大	1.调节张紧轮位置及张力； 2.减小张紧力
堆纸机	排纸机构 升降台部分	1.不拍纸； 2.频率太慢	1.气路故障，时间继电器损坏； 2.气压不够，延时太长	1.检查气路及气动元件，调整或更换时间继电器； 2.增加气压，缩短延时时间 见送纸台部分
收卷机	收卷部分	1.收卷太松或太紧； 2.电机正常，但收卷轴不转	1.控制转钮调节不当； 2.离合器有气动或机械故障	1.重新调到适当位置太松时可将旋钮比例调大，反之调小； 2.检查调整气动离合器结构及气动系统

BJM2214 型立式浸渍纸生产设备的主要技术参数：

浸渍纸最大宽度	1400mm
工作速度	1～5m/min
生产率	(按 V=2.5m/min 工作 7h 计)1200m/班
蒸气工作压力	5～7 × 10^5Pa
干燥温度	110～150℃
蒸气耗用量	250kg/h
翅片散热器	2 组
电力耗用量	
YCT132-4A 型电磁调速电机	1.1kW
T301 型 6 号轴流通风机	0.8kW
外形尺寸（长 × 宽 × 高）	1140 × 290 × 834 (cm)

5.16.3 贴面设备

贴面设备是将装饰材料（三聚氰胺浸渍纸、装饰纸、微薄木或PVC薄膜等）覆贴于胶合板、刨花板、中密度纤维板等人造板表面的一种设备。近几年来，国内外人造板表面装饰技术发展较快，方式多种多样。从贴面部位来看，有板子表面的贴面和板子边缘的封边。板子表面的贴面，就其贴面板的表面形状，有普通平面贴面和异形柔性贴面之分。普通平面贴面据贴面压机的结构和工作原理又有辊压式贴面和平压式贴面两种。其中，辊压式贴面根据胶黏剂固化的方式，分冷压式和热压式；平压式贴面根据贴面压机的工作方式，分间隙式和连续式。

5.16.3.1 辊压式贴面压机

图5-94为辊压式贴面热压机，主要由机架、上机架、辊筒、加压气缸、传动系统及热油循环系统等部分组成。前面两对为橡胶辊筒，起预压作用，后六对辊筒的上辊筒为加热辊筒（热油加热），下辊筒为支撑辊筒。两只气缸对上加热辊两端施加压力。板坯一边由辊筒输送前移，一边受热受压，使装饰材料稳固覆贴于基材表面。

辊压式贴面冷压机的结构略为简单（图5-95），只设两对加压辊筒。工作时，卷筒装饰材料放在储纸架上，拉出后经张紧机构贴于涂好胶的基材表面，然后同时进入辊筒间，使装饰材料贴于基材上。

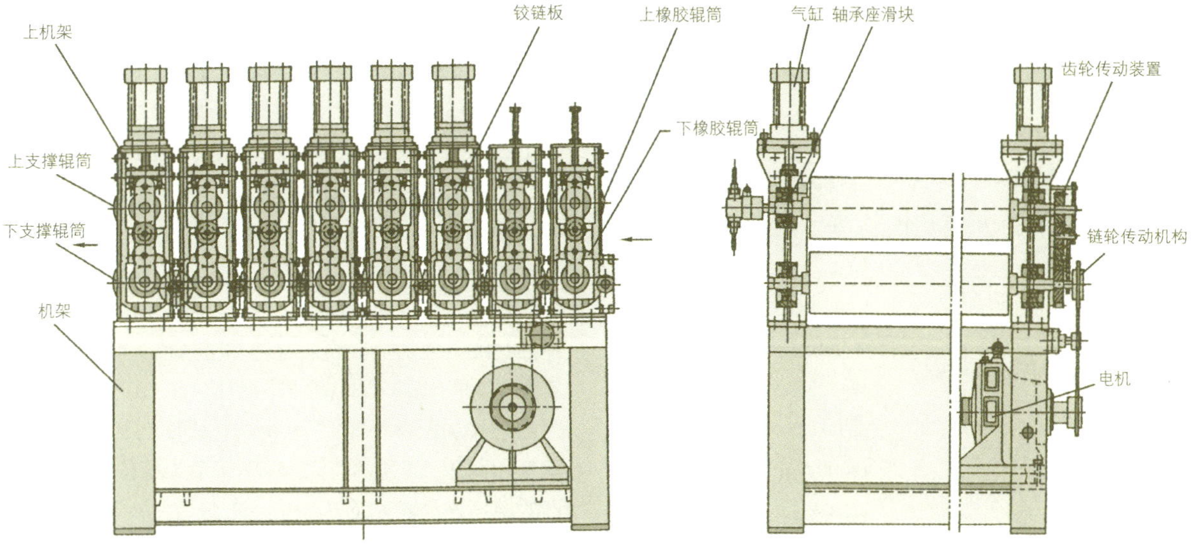

图 5-94 JC703A 型辊压式贴面热压机

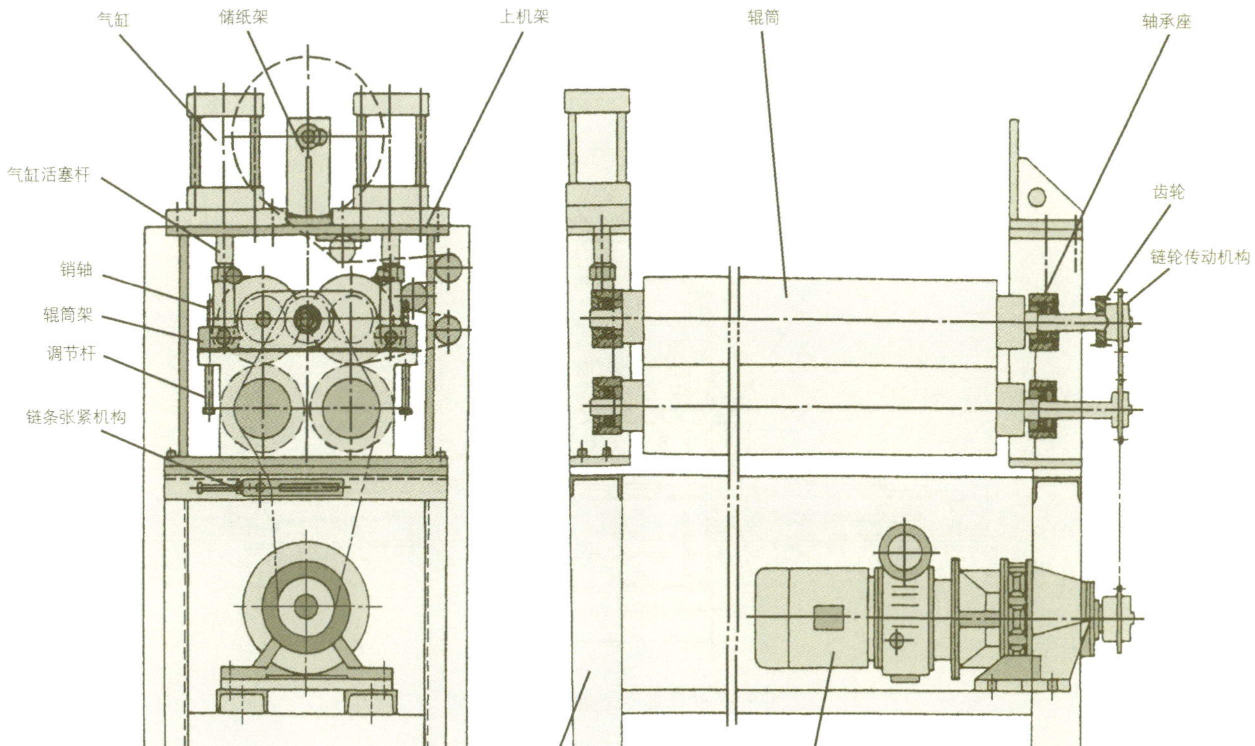

图 5-95 JC704 型辊压式贴面冷压机

辊压式贴面压机的特点是可连续化生产、劳动强度低、投资小。

上海捷成白鹤木工机械有限公司生产的JC703A型辊压式贴面热压机主要技术参数：

板坯最大加工宽度	1220 mm
板坯最大加工厚度	40mm
板坯最小加工长度	250 mm
压辊直径	200 mm
贴面进板速度	0.8～24 m/min
压辊最大线压力	12 kg/cm

气路最大工作压力	0.7 MPa
加热系统工作温度	≤ 180℃
主电机功率	5.5kW
最大加热功率	30kW
循环泵功率	1.5kW
质量	～7500kg

上海捷成白鹤木工机械有限公司生产的JC704型辊压式贴面压机的主要技术参数：

贴面板最大尺寸（长×宽×高）	2440 × 1220 × 40 (mm)
辊筒直径	ϕ 200 mm
进板速度	12～28 m/min
外形尺寸（长×宽×高）	220 × 85 × 155(cm)
压辊最大线压力	18000 N/m
主电机功率	2.2 kW
整机质量	2000 kg

5.16.3.2 平压式贴面压机

1. 单层贴面压机

图5-96所示为快速装卸贴面单层热压机组。表5-90为热压机的主要技术参数。压机上、下热压板的内侧各设置了一块抛光垫板，用以增加贴面板表面的平整度与光泽度，并在下热压板与下垫板之间设有缓冲衬垫，确保板坯表面均匀加温加压。板子的装卸由安装在运输小车上的装卸板机构来完成。进口的单层贴面压机采用涤纶薄膜来替代抛光垫板，可循环回转的下压板上的涤纶薄膜同时兼作单层热压机的进、出料机构。

2. 平压连续式贴面压机

平压连续式贴面压机的钢带与压板之间有一框形特种塑料密封垫，密封垫所包围的密封空间内充有压缩空气，构成加压气垫，对板坯表面均匀加压。在热压板内，通有循环导热油，使压板加热。热量通过加压气垫、钢带传至板坯（夹套式结构的辊筒也对钢带补充加热）。由于钢带刚性较低，因此与被加压材料能完全接触，使板坯在加压区内各点均能承受相同压力与热量。图5-97所示为德国Hymmen公司生产的平压连续式贴面热压机生产线。

该机除用作人造板贴面外，也可用于连续生产塑料贴面板。

5.16.3.3 柔性贴面热压机

柔性贴面热压机（或称膜片压机）可将装饰材料（如PVC薄膜、低压三聚氰胺装饰纸、薄木等）有效地覆贴于基

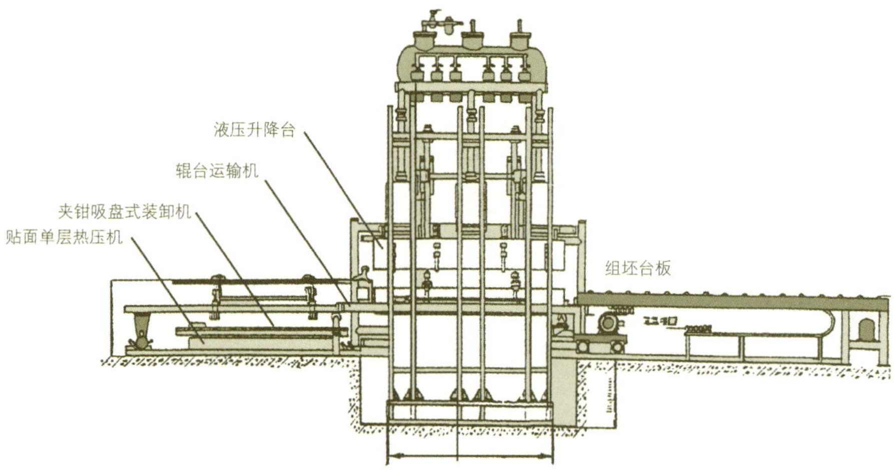

图5-96 快速装卸贴面单层热压机组

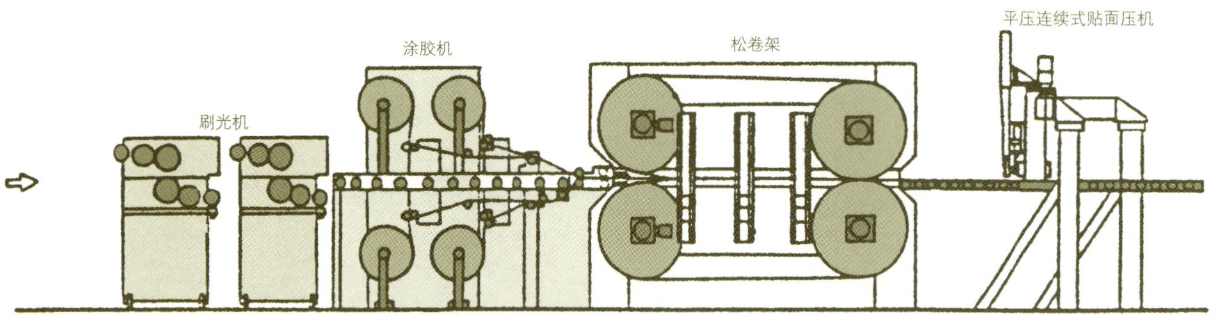

图5-97 Hymmen 平压连续式贴面热压机生产线

表 5-90 BY614x8/9 型单层贴面热压机的主要技术参数

公称总压力(kg)	900000	900000
热压板尺寸(mm)	2600 × 1320 × 100	2850 × 2520
热压板间距(mm)	250	300
压制板面规格(mm)	2400 × 1220	2400 × 1220
压机电机功率(kW)	37	
压机外形尺寸(mm)	3860 × 2800 × 5410	2800 × 2520 × 3870
压机质量(kg)	~47000	27000

材的凹凸表面和异形边缘，经装饰后的板材可用以制作异形的木门、卧室家具的门面、抽屉面等。柔性贴面技术是国内外近几年发展起来的一种新型贴面技术。

下面介绍两种典型的柔性贴面热压机。

1. 水床式柔性贴面压机

水床式柔性贴面压机是最早出现的柔性加压系统，它以水作为传递压力和热量的介质，如图5-98所示。它属于上顶式压机（其他贴面压机一般都为下顶式）。下顶板与可移动的槽壁组成水床。在水床内设有盘管，内通循环热油，对水床进行加热。水床式柔性贴面压机是靠压力将贴面材料被动覆贴于基材的表面，其工作压力较高约 1.8MPa。

水床式贴面压机因水床加热时要求有规律地放掉一些蒸气，以减少蒸气压力，因而它的升温受到一定的限制。在胶合面上只能达到65～70℃，而聚胺树脂胶反应温度最低为75℃，正常为90℃。也可用油床替代水床，但安全性较差。

2. 充气式柔性贴面压机

充气式柔性贴面压机是由热压缩空气将塑化后的薄膜压贴在工件表面的。如图5-99所示，压机内设有一膜片，贴面时，首先将膜片贴向上热板加热，然后使其降到中间位置紧贴于热塑性贴面薄膜，使贴面薄膜受热塑化，再将热压缩空气引入膜片室，压贴薄膜至工件表面。

柔性压机所使用的膜片材料有天然橡胶，也有含硅橡胶。天然橡胶经济实惠，但它只能耐 120℃的持续高温，使用寿命有限，有时可使PVC贴面变黄；硅橡胶使用寿命较长，裂纹容易修复，能耐受大约 180℃的持续高温，但很贵。因此，有的压机上索性取消了价格昂贵的膜片，直接用热塑性贴面材料有选择地替代膜片，即为无膜片充气式柔性压机。但这种柔性压机在贴面时容易将基材上很细小的微粒在贴面表面反应出来，且薄膜塑化时因产生纵横向延伸，贴面时容易形成皱纹。

德国的Friz充气式柔性贴面压机（或称膜片成型压机），可据压贴材料的不同在有膜片和无膜片之间变换，转换时间只需几秒钟。

也有采用红外线辐射加热（或热网加热）膜片的柔性贴面压机，这种柔性压机不需要上热板，取而代之的是一块红外线辐射板（或热网）。

当工件要求一道工序饰贴两面，或背面必须要支撑以防止压坏时，可使用双面柔性贴面压机，大多数柔性贴面压机都可以改变为双面贴面压机。

5.16.3.4 后成型封边机

后成型封边机是把适于成型的装饰材料（装饰纸、PVC薄膜等）根据基材边缘形状包覆压贴在边缘表面上的一种封边设备。它由机架、工件夹紧装置、热压板部件及主传动系统等部分组成，如图 5-100 所示。工作时，工件夹紧装置夹紧工件，热压板紧贴在工件表面，由主传动系统带动在回转的同时对工件加热加压进行封边。

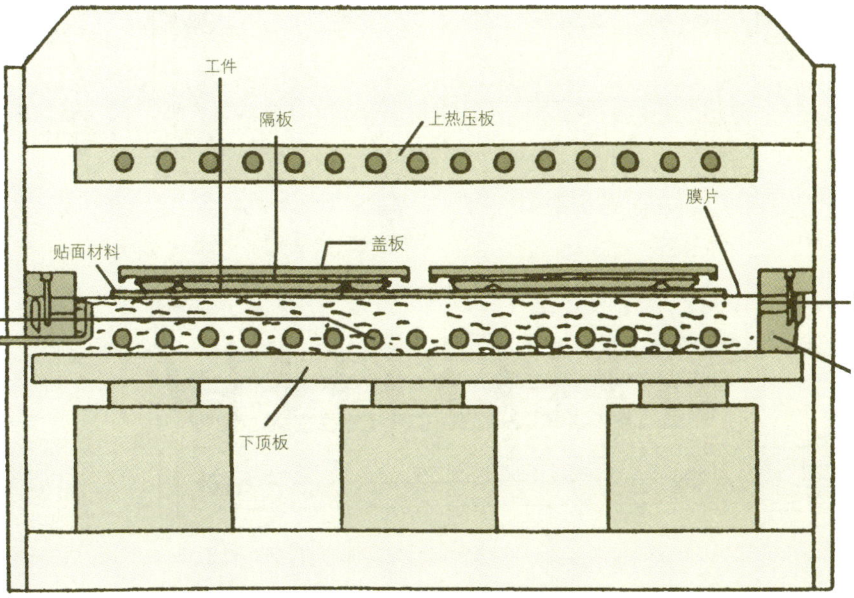

图 5-98 水床式柔性贴面压机的结构原理

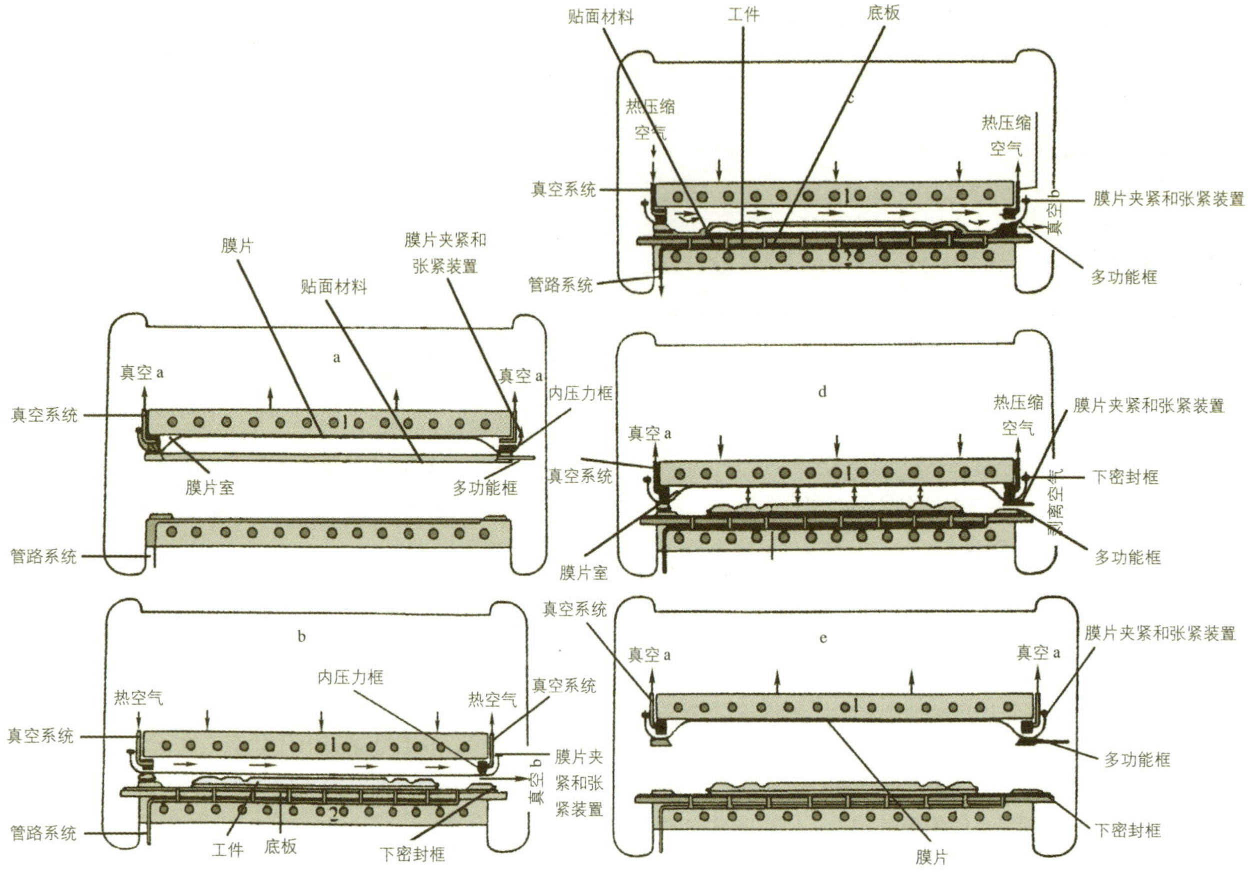

图 5-99 充气式柔性贴面压机

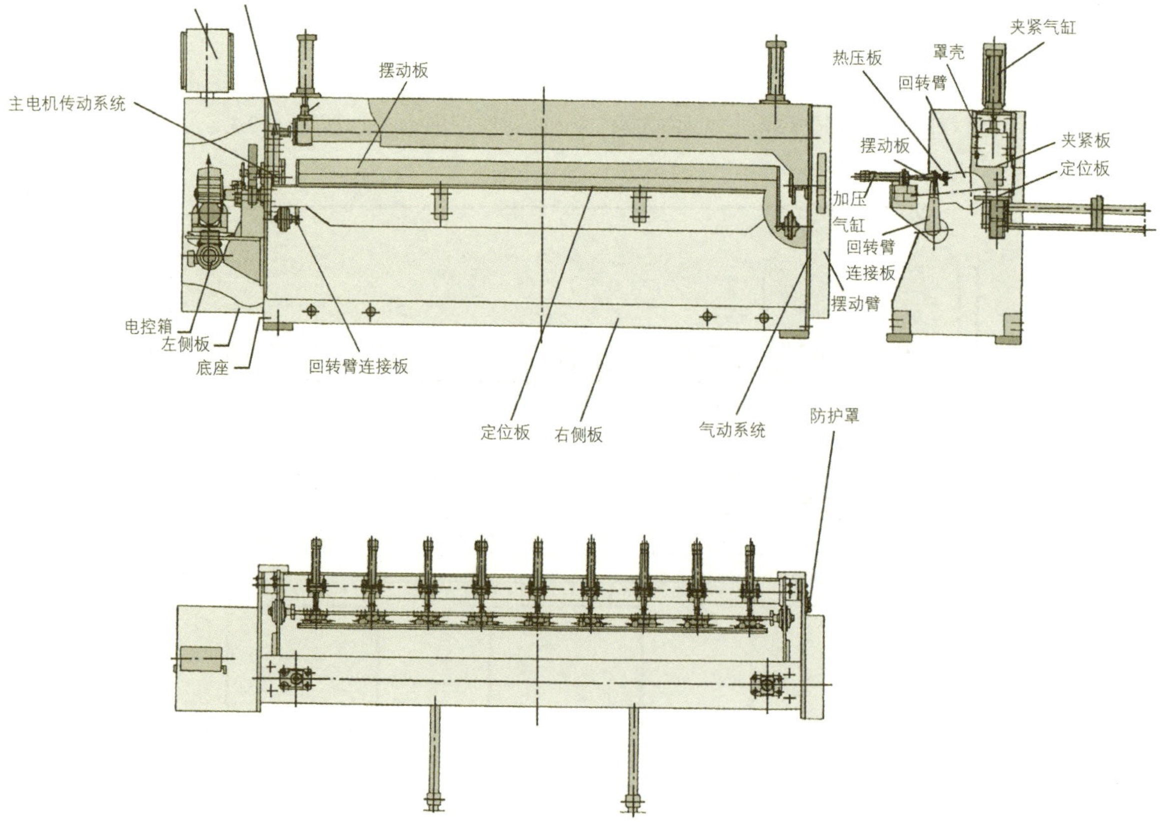

图 5-100 BJF1820/31 型后成型封边机

后成型封边技术可适应多种复杂的异形边缘，且无接缝。因此，经后成型封边的家具具有装饰效果好，线条柔和，不易渗水脱胶，易于清洁保养等优点。它是目前较受国内家具（如办公家具、厨房家具等）生产厂及装饰行业欢迎的一种二次加工新工艺。

上海木材工业研究所生产的BJF1820/31型后成型封边机的主要技术参数：

成型长度	~3100mm
生产能力	40次/h
电　源	380V，50Hz
总功率	6.1kW
成型高度	16200mm
气　源	0.7MPa
外形尺寸	4495 × 2045 × 1957(mm)

参考文献

[1] 姚秉辉, 石如庚. 木材加工机械. 北京：中国林业出版社, 1998

[2] 曹志超, 俞一鸣. 乡镇企业机电实用技术手册(下册). 北京: 化学工业出版社, 1997

[3] 石如庚. 柄铣刀榫槽机. 木工机床, 1992 No.2

[4] 石如庚. L形摆动切刀榫槽机. 木工机床, 1993 No.1

[5] 石如庚. 数控木工铣床的运动分配和加工中心简介 木工机床, 1996 No.1

[6] 石如庚. 现代四面刨床结构原理剖析, 木工机床 1998 No.2

[7] 石如庚, 潘宇琪. 国外锯板机综述. 木工机床, 1998 No.4

[8] GB 12448-90 木工机床型号编制方法. 北京：中国标准出版社, 1991

[9] Technical Guide to Japanese Wood Working Machinery JWMA 1989

[10] 福州木工机床研究所. 全国木工机床产品样本大全. 福州, 1995

[11] 林业部科技司编. 林业标准汇编. 北京: 中国林业出版社, 1960

[12] 庞庆海主编. 人造板机械设备. 哈尔滨: 东北林业大学出版社, 2000

[13] 谭守侠编.德国木材加工机械工业. 北京：中国林业出版社, 1995

[14] 姚秉辉, 那振鹏主编. 人造板机械与二次加工. 北京: 中国林业出版社, 1998

木材切削刀具

Wood Cucytting Tools

6

刀具沿着预定的工件表面，切开木材之间的联系，从而获得要求的尺寸、形状和粗糙度的制品，该工艺过程，称为木材切削。在实际生产中，会遇到各种木材切削的方式，如车削、铣削、刨削、锯切、旋切和钻削等，无论采用哪种切削方式，都需要刀具和切削运动来完成。因此，工件、刀具和切削运动是木材切削的三要素。从切削运动和刀具几何形状的基本组成来看，大多数木材切削都可以看成一把楔形切刀和一个直线运动所构成的直角自由切削。直角自由切削是指刀刃和主运动方向垂直，刀刃上参加切削各点的切屑移动方向相同的切削方式，它是最简单、最基本的切削方式，能反映各种复杂的切削方式和切削机理的共同规律。木材切削过程实质上是切削区木材在刀具作用下的破坏过程，因而切削区木材变形是研究木材切削的基本手段。

6.1 名称及术语

6.1.1 工件上的表面（表 6-1）

6.1.2 切削运动

欲从工件上切除一层木材，刀具或工件必须作直线运动（如刨削）或回转运动（如铣削）。切削运动是指刀具切削木材过程中刀具和工件之间的相对运动，可分为主运动和进给运动。有关切削运动的名称及术语见表 6-2。

当主运动为回转运动时，主运动速度为：

$$v = \frac{\pi D n}{6 \times 10^4}$$

当主运动为往复运动时，主运动速度为：

$$v = \frac{k(\varepsilon+1)l}{6 \times 10^4}$$

表 6-1 工件上的表面

示 图	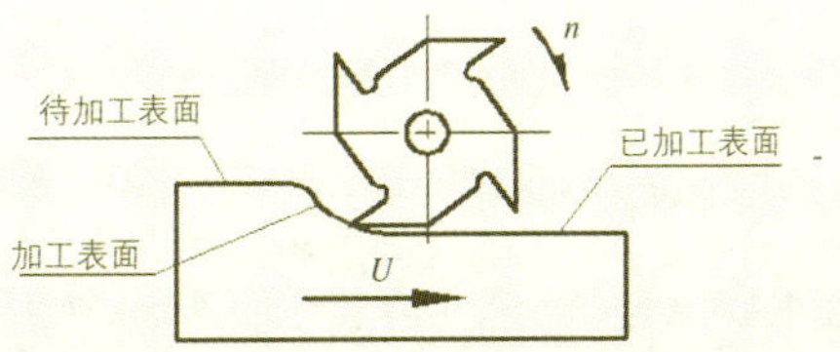 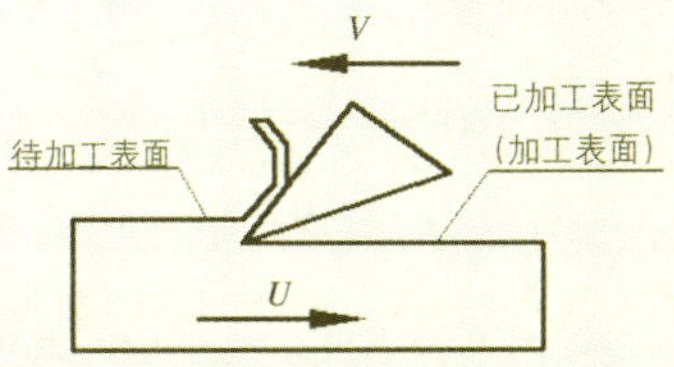
名 称	**定 义**
待加工表面	工件上将被切去切屑的表面
已加工表面	工件上已经切去切屑而形成的所要求的表面
加工表面	刀刃正在切削的表面。当用单刃刀具切削时，它将在刀具或工件的下一转、或下一次切削行程中被切削；而用多刃刀具切削 时，它将被随后一个刀齿切削
备 注	这三个表面随刀具相对工件的运动而改变。某些切削方式的已加工表面和加工表面重合，如刨削

式中：n——刀具或工件的转速，r/min

d——刀具切削圆或工件的直径，mm

k——每分钟刀具或工件往复行程的次数，str/min

ε——工作行程、空行程平均速度之比

l——行程长度，mm

每转进给量U_n、每齿进给量U_z和进给速度U的关系为：

$$U=\frac{U_z nZ}{1000}=\frac{U_n n}{1000}$$

式中：n——刀具或工件的转速，r/min

Z——每转参加切削的刀齿数

典型木材加工方式的切削运动见表6-3。

表6-2 切削运动

示 图

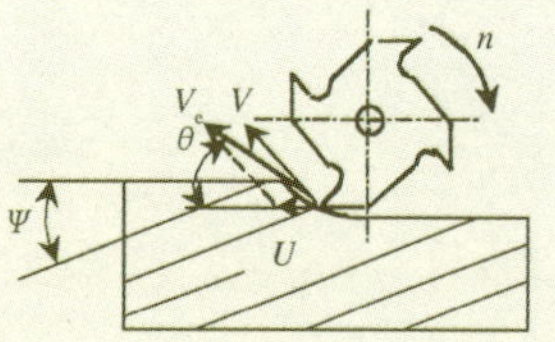

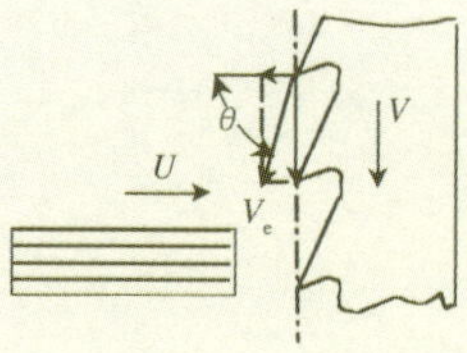

名称		符号	定义	
主运动		V	使刀具前刀面切入工件而产生切屑所需要的最基本运动。通常主运动是切削运动中速度高、消耗功率大的运动。如圆锯片的旋转运动、刨刀的直线运动、旋切中木段旋转运动	
主运动方向			完成主运动的刀具或工件在切削刃上选定点的运动方向	
进给运动	每转进给量	U　U_n	从工件上连续或逐步切除切削区的木材，从而形成已加工表面的运动。进给运动可以和主运动同时进行，如铣削；也可以和主运动间隙交替进行，如单板刨切	每转一周，刀具或工件沿进给方向上的相对位移，单位为mm/min
	每齿进给量	U_z		每转过一个刀齿，刀具或工件沿进给方向上的相对位移，单位为mm/z
	每双行程进给量	U_{str}		刀具或工件往返一次，沿进给方向上的相对位移，单位为mm/str
进给运动方向			完成进给运动的刀具或工件在切削刃上选定点的运动方向	
切削运动		V_e	同时进行的主运动和进给运动的合成运动	
切削运动方向			切削刃选定点相对于工件的合成切削运动的瞬时方向	
运动遇角		θ	切削运动方向和进给运动方向之间的夹角	
动力遇角		Ψ	切削运动方向和木材纤维方向之间的夹角	

表6-3 典型木材加工方式的切削运动

加工方法		主运动	进给运动	备注
锯切	圆锯	圆锯片的连续回转运动	工件的直线运动	
	带锯	带锯条的直线运动	工件的直线运动或曲线运动	锯轮回转运动,驱动带锯条作直线运动
	排锯	排锯条的往复直线运动	工件的直线运动	
铣削		铣刀的连续回转运动	工件的直线运动或回转运动	仿形铣削的工件作回转运动。
刨削		刨刀或工件的往复直线运动与主运动交替进行的直线运动	刨刀或工件垂直于主运动方向	主运动可由刨刀完成,如单板刨切；也可由工件完成,如精光刨
钻削		钻头的连续回转运动	对于单轴钻床，钻头还作轴向直线进给运动	对于多轴钻床，工件作轴向直线进给运动。
旋切		木段的连续回转运动	旋刀的直线移动	
磨削	砂轮	砂轮的连续回转运动	工件的直线或曲线运动	
	砂带	砂带的连续直线运动	垂直于主运动方向,与主运动交替进行的直线运动	
	砂辊	砂辊的连续回转运动	工件的连续直线运动	

度；另一类是在工作参考系中，正在切削的刀具的切削刃、刀面相对于工件几何位置的角度，是实际的切削角度，即刀具的工作角度。表6-5列出了静态参考系的各平面和刀具的标注角度。

在实际切削木材过程中，刀具的角度将受到进给运动的影响而偏离刀具的标注角度。如带锯锯切时，带锯齿的工作后角将小于锯齿的标注后角，工作前角将大于锯齿的标注前

6.1.3 刀具的角度

6.1.3.1 刀具的各组成部分（表6-4）

6.1.3.2 参考系及定义

刀具角度分为两类：一类是在静态参考系下，刀具在制造、刃磨及测量时的定位角度，即刀具生产图纸上的标注角

表6-4 刀具的各组成部分

示 图

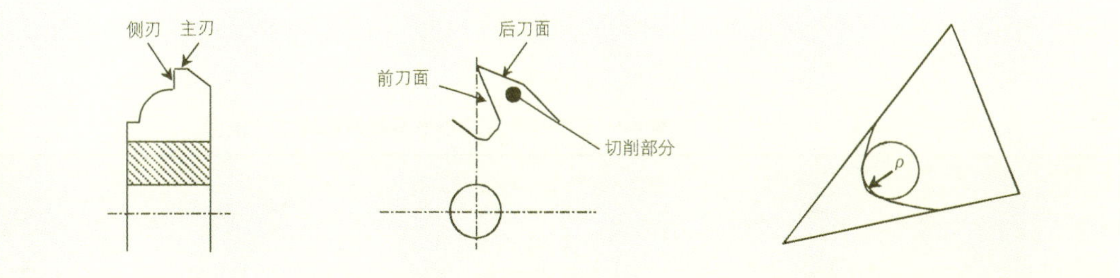

名 称	符号	定 义
切削部分		由切削刃和刀面所构成的刀具的工作部分。多刃刀具的每一个刀齿都有一个切削部分
前刀面	A_γ	刀具切削部分上，切屑直接接触的、并沿其排出的表面
后刀面	A_α	刀具切削部分与工件上被切成的表面相对的表面
切削刃	E	刀具前刀面上起切削作用的边缘
主切削刃（主刃）	E_m	前刀面和后刀面的相交部分
副切削刃（侧刃）	E_s	前刀面和侧面的相交部分
切削刃圆弧半径	ρ	在垂直于切削刃的法平面内，前、后刀面之间的过渡圆弧的半径
刃尖		主切削刃和副切削刃相交的微小部分

表6-5 静态参考系的各平面和刀具的标注角度

示 图

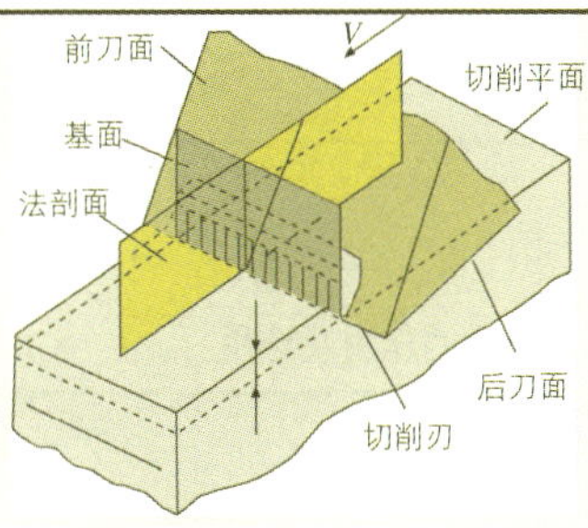

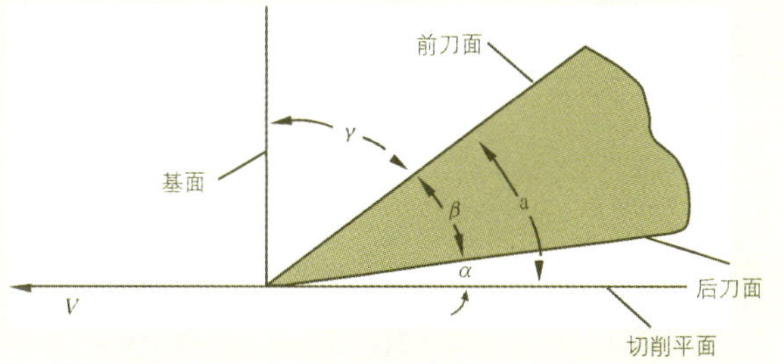

基面	P_r	通过切削刃选定点并垂直于主运动速度方向的平面。主运动为直线运动且切削刃为直线时，基面和（已）加工表面垂直；主运动为回转运动时，基面通过刀具或工件的旋转中心，并随刀具在工件中的位置而改变
切削平面	P_s	通过切削刃选定点并平行于主运动方向的平面。主运动为直线运动且切削刃为直线时，切削平面和（已）加工表面重合；主运动为回转运动时，切削平面的位置随刀具在工件中的位置而改变
法平面	P_n	通过切削刃选定点并垂直于切削刃的平面
正交平面	P_o	通过切削刃选定点，与基面和切削平面都垂直的平面。当主运动方向和切削刃垂直时，正交平面与法面重叠
前角	γ	刀具前刀面和基面之间的夹角
后角	α	刀具后刀面和切削平面之间的夹角
楔角	β	刀具前刀面和后刀面之间的夹角
切削角	δ	刀具前刀面和切削平面之间的夹角
角度间关系		$\alpha+\beta+\gamma=90°$，$\delta=\alpha+\beta=90°-\gamma$

角。表6-6列出了工作参考系的各平面和刀具的工作角度。

6.1.3.3 刀具几何角度的作用及选用(表6-7)

6.1.4 切削层尺寸参数

在工件上，正在切削的刀齿的切削轨迹和上一个刀齿（或上一次切削）切削轨迹之间的木材，称为切削层。切削厚度和切削宽度是切削层的两个基本尺寸参数，见表6-8。主运动为直线运动时，切削厚度在刀具切削木材过程中为一常数，等于相邻两加工表面之间的垂直距离；主运动为回转运动（旋切和车削除外）时，切削厚度随着刀齿在工件中位置的不同而变化。当主切削刃垂直于主速度方向时，切削宽度等于工件宽度；当主切削刃不垂直于主速度方向时，切削宽度大于工件宽度。

6.1.5 木材主要切削方向

根据刀刃及刀刃运动方向相对于木材纤维方向的不同，木材直角自由切削分为纵向、横向和端向三个主要方向及它

表6-6 工作参考系的各平面和刀具的工作角度

示 图		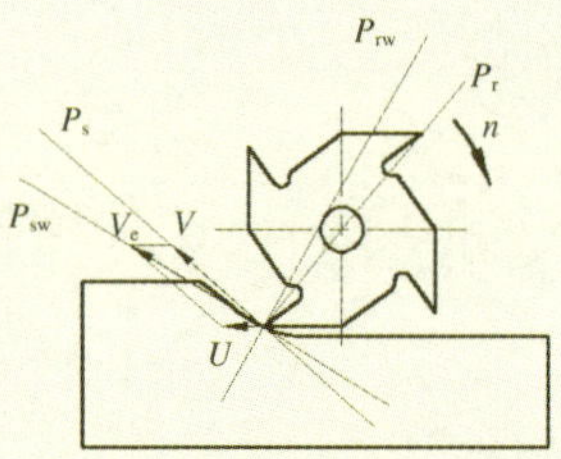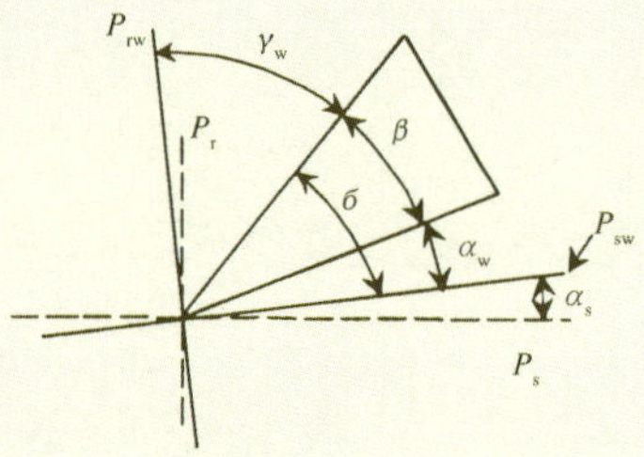
工作基面	P_{rw}	通过切削刃选定点并垂直于切削运动速度方向的平面
工作切削平面	P_{sw}	通过切削刃选定点平行于切削运动方向的平面
工作法平面	P_{nw}	通过切削刃选定点垂直于切削刃的平面。与静态参考系中法平面相同
工作正交平面	P_{ow}	通过切削刃选定点，与工作基面和工作切削平面都垂直的平面。当主运动方向和切削刃垂直时，工作正交平面与工作法面重叠
工作前角	γ_w	刀具前刀面和工作基面之间的夹角
工作后角	a_w	刀具后刀面和工作切削平面之间的夹角
运动后角	α_w	切削运动方向和主运动方向之间的夹角
工作切削角	$б_w$	刀具前刀面和工作切削平面之间的夹角
标注角度和工作角度间关系		$a_w = a - a_m$，$\gamma_w = \gamma + a_m$，$б_w = б - a_m$

表6-7 木工刀具几何角度的作用及选用

角度名称	作 用	选用原则
前角 γ	前角大，切削层的木材变形小，前刀面上摩擦力变小，切削力、切削温度和刀具磨损也因此变小，有利于产生连续的螺旋状切屑。前角小，切屑变形和破坏程度增大，切削力变大，易形成间隙的多角形（有超越裂缝）或皱折的切屑。在后角一定时，前角不宜过大或过小。前角过大，刀具切削部分强度降低，易产生卷刃或崩刃；前角过小，切屑变形和切削力增大	1.加工硬阔叶材（如黄檀等）时，应取较小的前角(15°～20°)。加工软材（如杉木）时，可选较大的前角（30°～40°）； 2.刀具材料的抗弯强度及冲击韧性高，可选取较大的前角（如高速钢刀具），反之前角较小（如金刚石刀具）； 3.若切屑为制品，如单板旋切、刨切，宜采用很大的前角（63°～70°），以获得光滑连续状的单板； 4.成形铣刀的前角应根据具体的加工要求来选择
后角 α	减小刀具的后刀面和工件加工平面上的木材层的摩擦	铣刀的后角一般为8°～15°。当加工硬阔叶材，后角宜取小值；当加工软材尤其是树脂含量较高的木材时，后角宜取大值。因考虑锯子齿室的容屑能力，锯齿的后角比铣刀大，为15°～30°
楔角 β	决定了刀具切削部分的强度	刀具材料冲击韧性好，楔角可小一些；反之楔角大一些。通常钢质刀具的楔角小于硬质合金刀具，硬质合金刀具的楔角小于金刚石刀具

表 6-8 切削层的尺寸参数

尺寸参数	符号	定义	计算公式
切削厚度	a	相邻两切削轨迹之间的垂直距离	$a = U_z \cdot \sin\theta$
切削宽度	b	沿主切削刃测量的切削层的尺寸，也就是主切削刃的工作长度	
切削面积	A	切削层在基面内的截面积	$A=a \cdot b$

表 6-9 三个主要切削方向及其过渡方向

切削方向	代号	示图	切削力	定义纵向
纵向	∥ 90～0	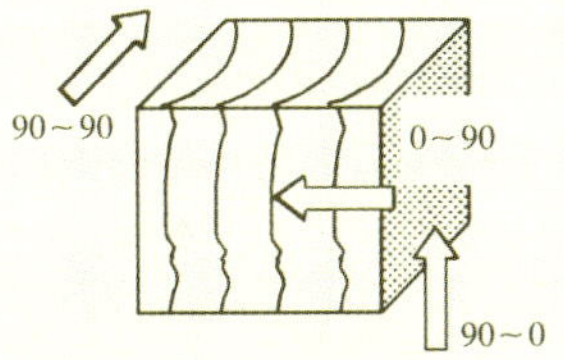	中	刀具在纤维平面内，刀刃和主运动速度分别垂直和平行于纤维方向的切削
横向	# 0～90		小	刀具在纤维平面内，刀刃和主运动速度分别平行和垂直于纤维方向的切削
端向	⊥ 90～90		大	刀具在垂直于纤维平面内，刀刃和主运动速度都垂直于纤维方向的切削
纵横向	∥～#	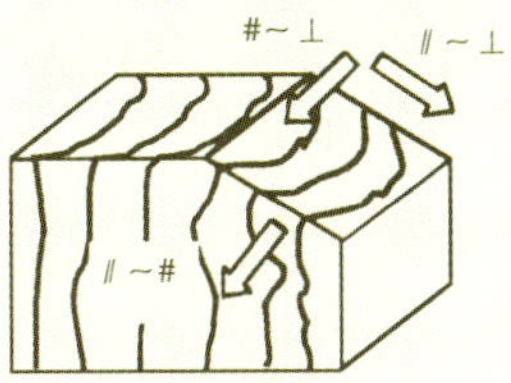	介于#和∥之间	刀具在纤维平面内，刀刃和主运动速度方向与纤维方向倾斜的切削
纵端向	∥～⊥		介于∥和⊥之间	刀具不在纤维平面内，刀刃和纤维方向垂直而主运动速度和纤维方向倾斜的切削
横端向	#～⊥		介于#和⊥之间	刀具不在纤维平面内，刀刃和纤维方向倾斜而主运动速度垂直于纤维方向的切削

们的过渡切削方向。木材是各向异性材料，在不同的切削方向下，切削层木材的变形、切削力、刀具磨损和工件表面加工质量等各种物理现象都有差异。三个主要切削方向及其过渡方向见表 6-9。

因木材有径切面和弦切面之分，因此三个主要的及其过渡的切削方向都存在径切面切削和弦切面切削。在木材径切面上，因早晚材在刀刃长度方向上相间分布，切削力波动小，切削平稳。因而，工件表面加工质量好。在木材弦切面上，早晚材在主运动方向上相间分布，刀具时而遇到早材，时而遇到晚材，切削力波动大，切削平面以下的木材有时会发生破坏。因而，工件表面质量较差。

6.2 木工刀具磨损及刀具材料

6.2.1 刃口参数

刀具磨损是指刀具与工件材料发生机械、热和化学腐蚀作用，刀具前后面金属材料的消失。刀具磨损后，改变了原有的刀刃微观几何形状，刀具必然钝化。刀具钝化到一定程度后，如果继续使用，切削力和切削温度就会急剧上升，那么工件表面加工精度迅速下降，这时必须重磨刀具或更换刀片（转位刀具）。

在研究刀具磨损时，通常在垂直于刀具刃口的平面（刀刃的横截面）内观察和测量刃口磨损。微观几何形状的参数（称为刃口参数）较多，不同的研究者选择不同的刃口参数，如图 6-1 所示。包括前刀面刃口缩短量f、后刀面刃口缩短量b、分角线刃口缩短量d、前刀面磨损带宽度w_f、后刀面磨损带宽度w_b、前刀面刃口高度h_f、后刀面刃口高度h_b、负间隙量C、刃口钝半径ρ和磨损面积F等。其中常用的是后刀面刃口缩短量b、负间隙量C和刃口钝半径ρ。用后刀面刃口缩短量b表示刀具磨损；用负间隙量C或刃口钝半径ρ衡量刃口钝化。

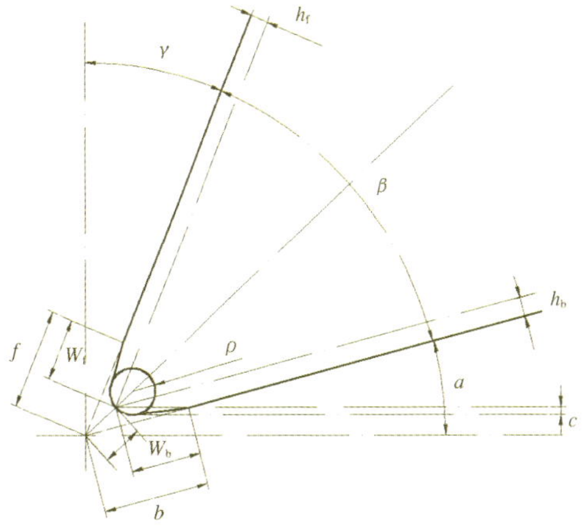

图 6-1 表示刀具磨损和刃口钝化的几何参数

木工刀具在正常磨损时，分为两种情况：

1. 前、后刀面同时磨损

后刀面磨损量大于前刀面，刃口呈圆弧形，前刀面可能出现月洼。这是木工刀具磨损的典型情况。如铣刀在切削厚度小时，后刀面磨损大于前刀面；若切削厚度大时，前、后刀面一起磨损。铣刀断屑器的限制作用，往往在前刀面形成月洼。

2. 后刀面磨损为主，刃口钝半径变化较小

在加工人造板时，往往会出现这类磨损情况。由于后刀面磨损严重，因此后角不断变小，甚至负后角切削。

6.2.2 刀具磨损原因

刀具磨损实际上是机械、热和化学三种作用的综合结果。刀具磨损原因见表6-10。

木工刀具磨损与一般机械零件磨损相比，具有以下特点：

①由于切屑和切削的木材平面对前后刀面摩擦，因此前后面经常是新形成的、活性很高的新表面；

②刀具前后面上的接触压力很大；

③刀具的转速很高，摩擦发热造成的刃口温度也很高，有的高达800℃。

6.2.3 刀具磨损阶段及耐用度

6.2.3.1 刀具磨损阶段

刀具磨损分为正常磨损和异常磨损。在刀具正常磨损情况下，刀具刃口由锋利状态逐渐磨损变钝；但在异常磨损情况下，刀具刃口是突然破损的，如刀刃折断、崩刃、卷刃等。异常磨损使刀具切削性能过早丧失，应尽可能避免。典型的刀具磨损曲线如图6-2所示，磨损过程可分为三个磨损阶段。

初期磨损阶段——磨损曲线的OA段。在这一阶段内，刀具磨损较快，刃口几何形状变化迅速。这是因为刀具刚刃磨后，表面微观不平度较大，并且刃口锋利，刃口上易产生应力集中，刀具前后面很快出现磨损带。随着磨损的扩展，磨损将会逐渐减慢而进入正常磨损阶段。初期磨损量和刀具刃磨质量有很大的关系，刃磨好的刀具经油石研磨后，可以降低刀具的初期磨损量。

正常磨损阶段——磨损曲线AB段。刀具经过初期磨损后，表面微观不平及不耐磨组织已被磨耗，前后刀面也出现了磨损带。因此，在这个阶段内，刀具磨损已进入了稳定状态，磨损量基本上随切削时间成正比增加。这是刀具磨损的基本阶段，刀具使用应该控制在这阶段内。

急剧磨损阶段——磨损曲线的BC段。经过正常磨损阶段后，刀具磨损量已达到一定的数值，刃口已经钝化。若继

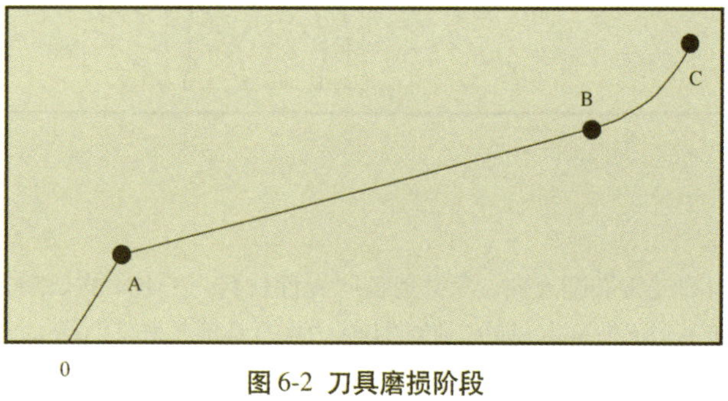

图6-2 刀具磨损阶段

表6-10 刀具磨损原因

磨损原因	说明
磨料磨损	磨料磨损是工件中的硬质点在外力作用下，擦伤或磨损切削刀具而在前后面留下垄沟或擦痕，所造成的刀具磨损。磨料磨损在很大程度上取决于工件中硬质点的硬度H_a和刀具材料的硬度H_m之比。当$H_a/H_m>0.8$时，就会形成明显的磨料磨损。以磨料磨损机理为主的刀具磨损量与下列因子有关： ①切削长度：刀具磨损量随着切削长度而线性增加； ②刀具材料的屈服强度：刀具磨损量与刀具材料的屈服强度成反正比例关系； ③切削力：刀具磨损量随着正压力的增大而线性提高
氯、氧化腐蚀磨损	木工刀具在切削人造板时，当温度分别高达400℃或650℃时，工具钢或硬质合金中的某些元素就会与氯气（来源于人造板中的固化剂）和空气中的氧发生化学反应，生成易挥发的氯化物（$FeCl_2$、$FeCl_3$、$CoCl_2$和$CoCl_3$）和疏松的氧化物（WO_3、TiO_2、CoO和Co_3O_4）。当这些反应物被机械作用擦去后，就造成了刀具的磨损
化学腐蚀磨损	工具钢或硬质合金中的某些元素能和木材中的有机弱酸及多元酚化合物发生化学反应，被酸中氢离子夺去电子，形成金属离子。然后进一步在空气中氧化成更高价离子如Fe^{3+}，多元酚化合物和Fe^{3+}发生螯合反应，生成疏松的螯合物覆盖在刀具表面而被机械作用带走，从而加快刀具磨损
电化学腐蚀磨损	当刀具切削木材时，刀具材料各组分与木材中的水溶液、有机弱酸、多元酚化合物接触，除了会发生化学反应外，还会构成许多微小的原电池，发生电化学反应，电极电位高的元素失去电子，造成刀具的电化学腐蚀。化学腐蚀、电化学腐蚀磨损和氯氧化腐蚀，都属腐蚀机理范畴，统称腐蚀磨损机理。以腐蚀磨损为主的刀具磨损量和切削时间有关，切削时间长，刀具磨损就越大

续使用，则磨损速度很快地增加，切削力和切削温度均显著上升，工件表面加工质量严重恶化。

显然，在刀具磨损进入急剧磨损阶段之前，就应及时换刀。通常对粗加工的刀具，以正常磨损阶段的终点B处的刃口缩短量作为合理的磨损限度；对于精加工的刀具，往往以满足工件的加工精度或表面粗糙度而规定磨损限度，因而磨损限度小于B处的刃口缩短量。

6.2.3.2 刀具耐用度

刀具耐用度是指新刃磨过的刀具从开始使用至磨损量达到磨损限度为止的总的实际切削时间。刀具使用寿命和刀具耐用度含义不同，它是指一把新刀具从开始使用起，经过若干次刃磨到报废为止的总的实际切削时间。在磨损限度确定之后，耐用度和磨损速度有关。磨损速度越慢，耐用度就越高。因此，影响刀具磨损的因素均影响刀具的耐用度。表6-11列出了影响刀具耐用度的因素。

6.2.4 木工刀具抗磨技术

根据木工刀具磨损原因，要提高刀具的耐磨性，主要有两条途径：一是提高刀具耐磨料磨损（机械擦伤磨损）的能力；二是提高刀具抗腐蚀磨损的能力。常用的木工刀具抗磨技术见表6-12。

6.2.5 刀具材料

在木材切削过程中，直接担负切削工作的是刀具的切削部分。刀具材料在很大程度上决定了刀具的耐用度、刀具消

表6-11 刀具耐用度影响因素

因素名称		作　用
刀具	材料	刀具材料对耐用度影响很大。在刀具具有足够强度和韧性条件下，通常刀具硬度愈高、耐热性愈好，则耐磨性愈好，耐用度也就愈高
	角度	在后角相同时，小楔角(能降低前刀面的磨损，从而提高刀具耐用度。当楔角不变时，大后角能降低后刀面的磨损，从而提高刀具耐用度。因此，对于以后刀面磨损为主的情况，可选择较大的后角
加工条件	切削速度（V_c）	在刀具达到耐用度时的切削长度为切削速度和耐用度的乘积。切削长度增大，通常刀具磨损也相应变大。因此，切削速度提高会降低刀具耐用度
	进给速度（U）	当刀具转速不变时，进给速度提高，一般情况下刀具耐用度都会降低
	切削厚度（a）	因为切削厚度增加，切削力相应提高，加大了切削区木材对刀具摩擦。因此，刀具耐用度也相应降低
	工件材料	木材纤维方向、木材中硬质点（如节子、树脂和石英砂等）、木材中酸性的浸提物（如醋酸、单宁和多酚类化合物等）和人造板中胶合材料及其他添加剂都会影响刀具的耐用度

表6-12 木工刀具抗磨技术

磨损原因	说　明
表面热处理	金相组织对工具钢刀具的耐磨性有一定的影响。通过恰当的表面热处理方法，可以使金属组织转变，使刀具表面硬度提高，增加耐磨性。常用的表面热处理方法包括：①激光淬火；②高频淬火；③电接触淬火。刀具表面经以上方法热处理之后，淬火层的硬度可提高HRC2-4，耐用度可提高一倍左右
渗层技术	渗层技术是改变刀具表面的化学成分，提高刀具耐磨性和耐腐蚀性的一种化学热处理方法。木工刀具表面常渗入硼、钒等元素。渗硼是元素渗入到刀具的表层，形成硬度高、化学稳定性好的保护层。渗硼层的硬度为HV1200～1800，渗硼的深度为0.1～0.3mm。渗硼具有硬度高、摩擦系数低、耐腐蚀性好等优点。 在熔融的硼砂浴中，加入钒粉或钒的氧化物及还原剂，刀具加热到850～1000℃，保温3～5h，可获得厚12～14μm，硬度为HV1560～3380极硬的碳化钒层。据研究介绍，渗钒刀具磨损最小，其次是渗铬刀具，未渗层刀具磨损最大。切削云杉（容积重为0.42g/cm³）的试验表明，在切削长度为500m时，渗钒刀具磨损量比渗铬刀具小20%，比未渗层刀具小三倍
镀层技术	电镀是一种传统的材料保护方法。研究人员曾在合金工具钢刀具表面镀铬，进行切削研究。 刀片的尺寸为30mm×12mm×1.5mm，硬度为HRC60。磨损形貌分析表明镀层均有程度不同的龟裂，19μm厚的镀层有剥落现象。和未镀刀具相比，镀层刀具改进了耐磨性，并且8μm厚的镀层刀具具有最长的使用寿命
涂层技术	化学气相沉积法(CVD)和物理气相沉积法(PVD)是将较硬的材料涂到硬质合金、高速钢刀具表面，以提高刀具耐磨性和化学稳定性等性能的一种方法。在刀具表面上通常涂覆TiN、TiC、TiCN、TiAlN、$TiAlN_2$和Al_2O_3—TiC等，刀具耐磨性都有不同程度的提高。硬质合金刀具经过涂层后，耐磨性提高幅度不如高速钢刀具，这是因为基体和涂层之间形成脆性的粘结相，造成刃口附近的涂层材料过早地剥落

耗、加工成本、工件尺寸精度和表面粗糙度。因此，了解和合理选用刀具材料，对于降低生产成本、提高机床利用率和生产效率，都具有十分重要的意义。

6.2.5.1 刀具材料应具备的性能

和金工刀具相比，木工刀具具有以下特点：

① 旋转速度高，铣刀转速一般3000～8000r/min，某些铣刀，如柄铣刀，转速可达20000r/min。

② 加工对象质地不均匀性和各向异性，如木材中有节子、树脂和矿物质如SiO_2等；纵向、径向和弦向之分；人造板厚度方向的密度差异和胶层。

③ 加工对象的多样性，木工刀具除了切削不同种类的木材之外，还要切削各种人造板和复合地板。

可见，木工刀具在切削过程中，要承受的振动和冲击要比金工刀具大。此外，在切削过程中还要承受摩擦、切削力和切削温度的作用。因此，木工刀具切削部分的材料应具备表6-13中的性能。

6.2.5.2 常用的刀具材料

各种刀具材料的物理机械性能见表6-14。

1. 碳素工具钢

含碳量为0.65%～1.36%的优质碳素钢。这类材

表6-13 木工刀具切削部分的材料应具备的性能

名称	说　明
硬度和耐磨性	一般刀具的常温硬度应在HRC44-62。硬度越高，耐磨性（主要是抗磨料磨损的能力）也越好。此外，刀具材料组织中的化学成分、显微组织及碳化物的硬度、数量、颗粒尺寸和分布也影响耐磨性
热硬性	刀具材料在高温下应保持其硬度、耐磨性、强度和韧性。热硬性越好，所允许的切削速度就越高
强度和韧性	木工刀具冲击较大，要求刀具具有足够的强度和韧性。这样，刀具在大的机械冲击下，不致崩刀
化学稳定性	木材中水分、浸提物等能使刀具发生腐蚀磨损。因此，要求刀具材料化学性能稳定
工艺性	刀具材料应具有较好的工艺性，使刀具制造容易、成本低；刀刃能磨锋利，砂轮消耗少

表6-14 各种刀具材料的物理机械性能及应用范围

种类	碳素工具钢	合金工具钢	高速工具钢	硬质合金（钨钴类）	陶瓷材料（包括Si_3N_4）	立方氮化硼（CBN）	金刚石
密度(g/cm³)			8.7～8.8	14～15	3.2～4.3	3.48	3.52
硬度	HRC60～64（HRA81～83）	HRC60～65（HRA81～83.5）	HRC62～69（HRA82～87）	HRA89.5～91	HRA91～94	HV8000～9000	HV10000
维持切削性能的最高温度(℃)	<250	300～400	540～650	800～900	1200～1300	1000～1300	700～800
抗弯强度(MPa)			2000～4000	1500～2000	400～900	500～800	600～1100
冲击韧性(MJ/m)			18～30	10～15	3.0～7	6.5～8.5	6.89
导热系数(W/m·K)			20～30	80～110	17～35	130	210
弹性模量(GPa)			210	610～640	280～420	710	1020
常用牌号	T8A、T10A、T12A	9SiCr、CrWMn、$6CrW_2Si$	W18Cr4V W6Mo5Cr4V2 W6Mo5Cr4V2Al	YG6、YG8、Yg11、YG15 YG6X	Al_2O_3-TiC Si_3N_4		
适用范围	一般用于手动刀具和切削速度慢的机动刀具如刨刀片等	一般用于手动或切削速度较低的机动刀具，如刨刀片、圆锯片和带锯条。还用于刀刃形状较复杂的刀具	一般用于制造切削速度较高的刀具，如平刨床、压刨床上的刀片、各种成形铣刀、是应用较广泛的木工刀具材料之一	用来制造圆锯片、铣刀、柄铣刀、钻头、转位刀片等，也是应用较广泛的木工刀具材料之一	尚在试验研究阶段	尚在试验研究阶段。在铣削刨花板时，立方氮化硼铣刀的耐磨性比硬质合金高20倍	用来制造刀刃形状简单的柄铣刀、地板铣刀

料热处理变形大、淬透性差、热硬性差，但刀刃容易磨锋利。

2. **合金工具钢**

含有铬、钨、镍、硅、钒、锰等合金元素的低合金钢。这类材料的热处理变形、淬透性和热硬性都比碳素工具钢好。有些木工刀具，如带锯条，还采用弹簧钢65Mn制造。

3. **高速钢**

钨、钼、铬、钒等合金元素含量较高的高合金钢。这些合金元素和碳形成高硬度的合金碳化物，故高速钢具有较高的硬度和耐磨性。钨和钒等合金元素和碳的结合能力很强，提高了钢的热稳定性，在500～600℃下仍能维持较高的硬度，故能在较高的切削速度下使用。高速钢的抗弯强度是硬质合金的2～3倍，冲击韧性是硬质合金的2倍左右，并且具有制造工艺简单、易磨成锋利的刀刃和热处理变形小等特点。因此，可用来制作各类木工刀具。

高速钢按切削性能分为通用高速钢和高性能高速钢；按化学成分分为钨系（W=18%或12%）、钨钼系（W=8%或6%）和钼系（W<2%）。几种典型高速钢的物理机械性能见表6-15。

4. **硬质合金**

硬质合金是由难熔的金属碳化物（WC、TiC、TaC等）和金属粘接剂（Co、Ni等）烧结而成的粉末冶金。硬质合金含有大量的碳化物，这些碳化物熔点高、硬度高、化学性能稳定和热稳定性好，因此硬质合金具有硬度高、耐磨性好和热硬性好等优点。硬质合金中碳化物含量越高，硬度越高，但抗弯强度和冲击韧性就降低了；粘接剂含量高，则抗弯强度和冲击韧性较高，但硬度降低。和高速钢相比，常用硬质合金的硬度比高速钢高得多，并且在600℃时的硬度还超过了高速钢的常温硬度。因此，硬质合金刀具耐用度为高速钢的几倍到几十倍。然而硬质合金的抗弯强度和冲击韧性远不如高速钢，在切削振动和冲击大的场合，不宜选用硬质合金。

硬质合金种类较多，我国常用的有三类：钨钴类（WC-Co）、钨钛钴类（WC-TiC-Co）和钨钛钽（铌）钴类（WC-TiC-TaC(NbC)-Co）。其代号分别为YG、YT和YW。因木工刀具转速高、振动冲击大，所以使用钨钴类硬质合金（YG）。常用的牌号为YG6、YG8、YG11、YG15和YG6X等，牌号中数字大致表示粘接剂（钴）的含量，X表示细颗粒。

5. **陶瓷**

以氧化铝为主要成分，加入TiC、ZrO_2、SiC等，在高温下烧结而成的材料就是陶瓷材料。陶瓷材料的硬度、耐磨性、耐热性和化学稳定性都比普通的硬质合金好，但抗弯强度很低，冲击韧性很差。冷压制成的纯Al_2O_3陶瓷的抗弯强度约500MPa。随着陶瓷制造工艺和方法的改进，在Al_2O_3中加入TiC等碳化物、ZrO_2等氧化物和SiC晶须等，使陶瓷材料的抗弯强度提高到800～1000MPa。陶瓷材料的木工刀具还在试验研究阶段，随着高韧性、高抗弯强度的新型陶瓷材料的开发、研制，如Si_3N_4基陶瓷，不久将会应用于实际生产中。

6. **金刚石**

金刚石分为天然单晶金刚石和人造金刚石。因天然金刚石价格昂贵等原因，所以采用人造金刚石制造木工刀具。人造金刚石分为两种，一种是高温高压下合成的单晶（MCD）、聚晶（PCD）金刚石；另一种是气相沉积的金刚石薄膜。人造聚晶金刚石是在高温高压下通过合金的触媒作用由石墨转化而成；金刚石薄膜是在低真空状态下，加热含有碳的反应气体(如烷类、酮类、醇类),使之分解,碳原子或甲基基团相互结合，生成金刚石结构并抑制和刻蚀石墨等其他碳结构的生长，在基体上析出纯净的多晶态的金刚石膜。

金刚石刀具具有下述特点：

①有极高的硬度和耐磨性，是目前最硬的物质，耐磨性是硬质合金的100～250倍；

②摩擦系数低于其他刀具材料；

③有很高的导热系数和很低的热膨胀系数；

④刀具刃口非常锋利，能切下很薄的切屑。

表6-15 几种典型高速钢的物理机械性能

类型		牌号	硬度(HRC)	抗弯强度(MPa)	冲击韧性(kJ/m^2)	高温硬度(600℃)
通用高速钢		W18Cr4V	63～66	3000～3400	180～320	48.5
		W6Mo5Cr4V2	63～66	3500～4000	300～400	47～48
高性能高速钢	高钒	W6Mo5Cr4V3	65～67	3200	250	51.7
	高碳	CW6Mo5Cr4V2	67～68	3500	130～260	52.1
	含钴	W6Mo5Cr4V2Co8	66～68	3000	300	54
	超硬	W2Mo9Cr4V2Co8	67～69	2700～3800	230～300	55
		W6Mo5Cr4V2Al	67～69	2900～3900	230～300	55

注：牌号中元素符号后面的数字表示该元素含量

金刚石刀具的主要缺点是冲击韧性低和热稳定性差。切削温度不宜超过700～800℃，否则就会碳化而失去硬度。

7. 立方氮化硼

立方氮化硼是由软的六方氮化硼在高温高压下加入催化剂制成的高硬度刀具材料，硬度仅低于金刚石。它具有硬度高、耐磨性好、热稳定性好、化学稳定性好和低摩擦系数等优点。

6.3 铣刀

铣刀是一种在回转体的圆周上或端面上拥有多把刀齿的回转刀具，在木材加工中种类最多、应用最广泛。它安装在以铣削方式工作的各类机床上，如平刨、压刨、铣床、镂铣机、木线形机、四面刨等。

6.3.1 铣削

6.3.1.1 铣削的加工范围及特点

铣削是木材加工中应用很广的一种切削方式，其加工范围见表6-16。

表6-16 铣削加工范围

名称	平面	侧面	榫槽	线形	仿形
实例	平刨、压刨	镂铣机、封边机	开榫机、四面刨的企口	线形机、铣床的成形铣	仿形铣

6.3.1.2 铣削的分类（表6-17）

6.3.1.3 铣削的特点

和其他木材切削方式相比，铣削具有下述特点：

① 木工铣刀的旋转速度高，柄铣刀可达20000r/min，套装铣刀也可达2000～6000r/min。

② 铣削时，切削厚度随着刀齿在工件中的位置不同而变化。逆铣时，切削厚度由零增加到最大值；顺铣时，切削厚度由最大减小到零。

③ 铣削是个断续切削过程，在工件表面留下有规律的波纹（运动不平度）。在一个切削层内，切削力起伏大，刀齿受到的机械冲击也大。

④ 在不完全铣削情况下，某一瞬间通常是一个刀齿在切削木材。刀齿切削时间短，在空气中冷却时间长，故散热较好。

表6-17 铣削分类

(1) 按刀齿相对于铣刀的旋转轴线来分			
名称	圆柱铣削	锥形铣削	端面铣削
示图	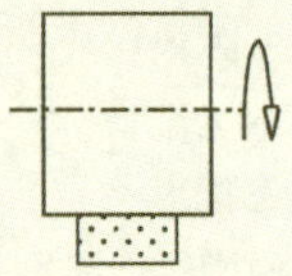	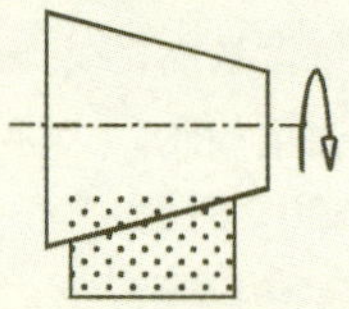	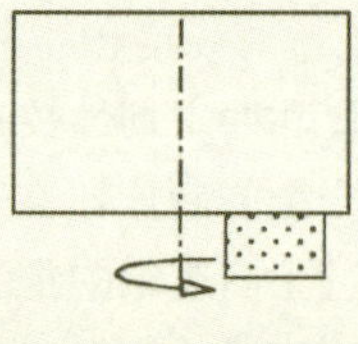
(2) 按刀齿接触木材时的主运动方向和进给运动方向			
名称	顺铣	逆铣	
示图	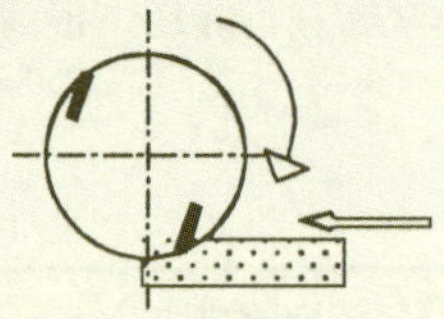		
(3) 按刀齿和工件的接触角来分			
名称	完全铣削	不完全铣削	
示图	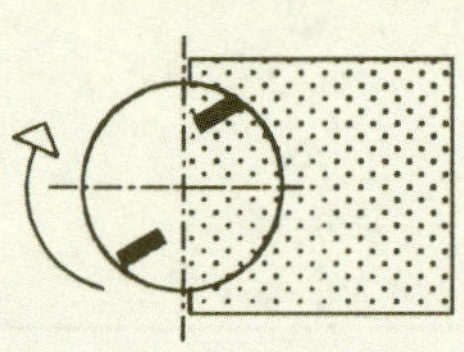	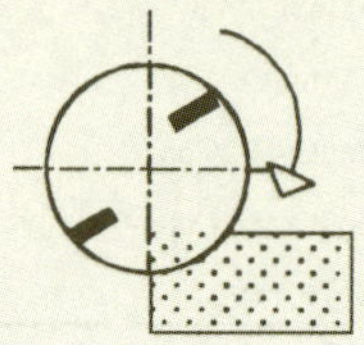	

6.3.1.4 影响工件表面粗糙度的主要因素

铣削时，工件表面粗糙度主要由下列因素构成：由运动轨迹产生的运动波纹；工件表面的木材被撕裂、崩掉、劈裂、搓起和刀刃不平整而引起的破坏不平度；因刀具—工件—机床系统的振动所引起的震动不平度；因加工表面木材材质差异造成的组织结构不平度。

1. 运动波纹

当铣刀各刀齿在同一铣削圆上时，运动波纹高度y由下式计算：

$$y=\frac{U^2_Z}{4D}=2.5\times10^5\quad\frac{U^2}{Dn^2Z^2}$$

式中：U——进给速度，m/min

U_z——每齿进给量，mm

D——铣刀铣削圆直径，mm

n——铣刀转速，r/min

Z——铣刀的齿数

由上式可知，当D、n和Z一定时，降低U可减小运动波纹；当U一定时，增大D、n或Z也可降低运动波纹。

刀轴、铣刀的制造精度和装备精度下降，会增加铣刀的径向跳动，波纹间距和高度也随之发生变化。在极端情况下，只有一把刀齿参加切削。这时波纹间距等于每转进给量，波纹深度y增加了Z^2倍，并和Z无关。

2. 破坏不平度

在纵向逆铣时（动力遇角Ψ<90°），U_z在0.3～1.6mm/Z范围变大，工件表面破坏不平度也变大。Ψ=30°左右时，在不同的U_z下，工件表面破坏不平度达到最大。前角γ=10°时，工件表面破坏不平度达到最小。

在端向铣削时，若没有末端压紧器，工件末端的劈裂是最主要的破坏不平度（开裂深度）。工件末端开裂深度随着U_z增加而增大，随着前角的增加而降低。

在横向铣削时，工件表面破坏不平度随着刀齿的倾斜角增加而降低。在纵向铣削时，刀齿倾斜能够降低振动引起的不平度。

工件表面不平度都会因刀具磨损变钝而增加。当刀具磨损变钝时，造成工件加工表面的木材被搓起、撕裂、挖切，从而增加表面不平度。

纵向铣削时，钝刀切削不平度大约是锐刀的10倍；横向铣削时，钝刀切削不平度大约是锐刀的1.5～2倍；端向铣削时，钝刀切削不平度大约是锐刀的2～3倍。

6.3.2 木工铣刀分类

按装夹方式，铣刀分为套装铣刀和柄铣刀。套装铣刀的中央有安装用的中心孔，直接或通过装刀轴套装在机床主轴上。柄铣刀一端具有多把刀齿，另一端为安装用的尾部。尾部形状根据机床主轴上的装夹方式不同而不同，常有圆柱形、圆锥形或带螺纹的。

按结构形式，铣刀分为整体铣刀、装配铣刀和组合铣刀。整体铣刀的切削部分和刀体的材料可以相同，也可以不同（切削部分焊在刀体上），但两者为一体，不可拆卸。装配铣刀是指切削部分（刀片）通过机械夹固方法安装在刀体上，刀片是可以拆装的。组合铣刀是由两把或两把以上的刀具（整体铣刀或装配铣刀）用机械方法装夹在一起的复合刀具。

按刀齿的后刀面，铣刀分为铲齿铣刀、尖齿铣刀和非铲齿铣刀。铲齿铣刀刃口上选定点的后刀面为阿基米德螺旋线或轴线与铣刀轴线偏移的圆弧曲线；尖齿铣刀刃口上选定点的后刀面为直线；非铲齿铣刀刃口上选定点的后刀面为圆弧曲线，靠适当的装刀来调整后角。非铲齿铣刀一般为装配铣刀。

按加工的工件形状，铣刀分为平面铣刀、成形铣刀、槽铣刀、开榫铣刀等。

6.3.3 刀齿廓形和工件截形

成形工件横断面的剖面图形称为工件截形，它是设计成形铣刀廓形的依据。工件截形分为单面截形和双面截形。单面截形是指工件截形各点高度向一侧依次降低或增高，如图6-3(a)、(b)所示；双面截形是指工件截形较高点或较低点位于截形的中部或两侧，如图6-3(c)、(d)。

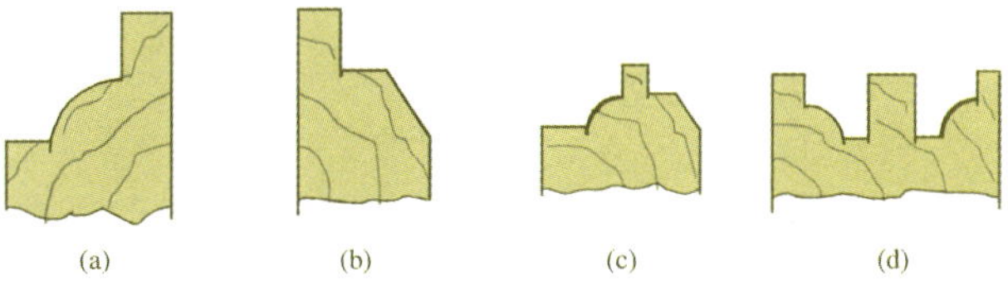

图6-3 工件截形

刀齿刃口曲线在前刀面的形状称为刀齿前刀面廓形，在制造和修磨铣刀时，它通常用来检验铣刀的准确性。铣刀轴向平面（通过铣刀的轴线）剖切整个刀齿实体所得的图形称为刀齿轴向剖面截形。木工铣刀都有较大的前角，因此成形铣刀前刀面的廓形高度、工件的截形高度和刀齿轴向剖面的截形高度存在一定的差异。假设要加工如图6-4所示形状的工件，则刀齿前刀面的廓形高度h_f、工件截形高度h_w和刀齿轴向剖面的截形高度h_r分别为：

$$h_w=R_A-R_C$$

$$h_f=R_A\cos\gamma_A-R_C\cos\gamma_C$$

$$h_r=h_w-\triangle k$$

式中：R_A——刀齿廓形最高点A的回转半径，mm

R_C——刀齿廓形最低点C的回转半径，mm

γ_A——刀齿廓形最高点的前角，(°)

γ_C——刀齿廓形最低点的前角，(°)

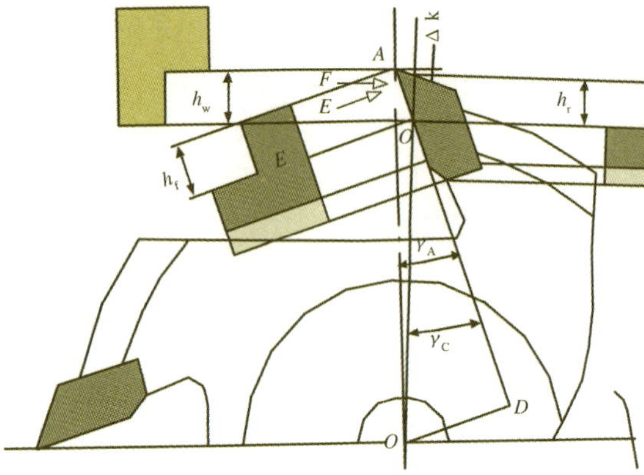

图 6-4 刀齿廓形、工件截形及角度关系

$\triangle k$——在 OA 与 OC 所夹中心角内，后刀面的下降量，mm

可按下式计算：

铲齿铣刀：

$$\triangle k = h_w \frac{K\varepsilon_c Z}{360}$$

尖齿铣刀：

$$\triangle k = \frac{R_A \mathrm{tg}(\gamma_c - \gamma_A)\sin\alpha_A}{\cos(\gamma_c - \gamma_A + \alpha_A)}$$

式中：K——铲齿铣刀的铲齿量，mm

ε_c——OA 与 OC 之间的夹角，(°)

Z——铣刀的刀齿数

α_A——刀齿廓形最高点的后角，(°)

由上式可知：$h_f > h_w > h_r$。因此，刀齿前刀面的廓形不同于工件的截形。在刀具修磨时，刀齿前刀面必须满足上述关系，否则工件加工形状会发生变化。此外，在制造铲齿铣刀时，成形铲刀的廓形应符合刀齿轴向剖面的截形高度，以保证刀齿前刀面的廓形高度。

刀齿廓形上不同点的前、后角随着其半径的不同而不同。刀齿廓形不同点（如最高点A和最低点C）的前、后角可由下式计算：

前角：

$$\sin\gamma_c = \frac{R_A}{R_c}\sin\gamma_A$$

后角：

$$\mathrm{tg}\alpha_c = \frac{R_A}{R_c}\mathrm{tg}\alpha_A$$

对尖齿铣刀而言，上式仅近似计算α_c。

可见，刀齿廓形上不同点的前、后角随着半径的减小而增大，楔角随着半径减小而减小。因此，刀齿廓形最低点的楔角最小。

6.3.4 铣刀主要几何参数及选择

6.3.4.1 铣刀直径 *D* 和孔径 *d*

铣刀直径越大，运动波纹越小，但切削力矩增大，易造成切削振动，而且刀齿和工件的接触弧长增加，使铣削效率降低。因此，尽可能选用小直径规格的铣刀。一般根据机床动力、刀轴转速、工件、刀具材料、铣削深度、铣削宽度和工件表面质量确定铣刀直径。铣刀切削速度和工件、刀具材料的关系见表6-18。通常情况下，机床动力、刀轴转速已定，是在现有的机床上设计或选用铣刀。所以，根据工件和刀具材料选择切削速度，然后可用下式计算铣刀直径：

$$D = \frac{6 \times 10^4 V}{\pi \cdot n}$$

式中：D——铣刀直径，mm

V——切削速度，m/s

n——铣刀转速，r/min

表 6-18 切削速度 m/s

工件	高速钢铣刀	硬质合金铣刀
针叶树材	50～80	60～90
阔叶树材	40～60	50～80
刨花板	–	60～80
硬质纤维板	–	60～80
塑料贴面板	–	60～120

铣刀直径也可根据下列经验值选取：

轻型铣床：60，80，100，120(mm)

中型铣床：120，140，160(mm)

重型铣床：180，200，220，250(mm)

铣刀孔径d根据铣刀直径来确定，铣刀直径越大，孔径也越大，常选用30、40、50mm。

6.3.4.2 铣刀齿数 *Z*

铣刀齿数可按下式计算：

$$Z = \frac{1000U}{n \cdot U_Z}$$

式中：U——进给速度，m/min；

n——铣刀转速，r/min；

U_z——每齿进给量，mm/z

每齿进给量U_z大小决定了工件表面的运动不平度。当0.3mm< U_z<0.8mm时，工件表面光滑；当0.8mm< U_z<2.5mm时，工件表面质量中等；当U_z>2.5mm时，工件表面粗糙。因此，当进给速度和刀具转速一定时，铣刀齿数可以根据上式算出。一般情况下，手工进料时，铣刀齿数宜少；机械进料时，齿数宜多。常用铣刀齿数为：2，3，4，6，8，10，12。

6.3.4.3 角度参数

铣刀后角α的主要功用是减小后刀面和切削平面木材的摩擦，通常在8°～15°范围内选取。铣刀前角γ根据工件材性和工件截形高度决定。当切削硬阔叶材时，要求刀具刃口强度高，在后角α一定条件下，应适当降低前角以增大楔角β。当工件截形较大时，应该验算刀齿廓形最低点的楔角β。对于碳钢（碳素工具钢、合金工具钢和高速钢）铣刀，βmin >30°；对于硬质合金铣刀，βmin >45°。通常情况下，铣刀前角可根据表6-19中值选取。在最低点楔角不满足要求时，可降低选定的前角和后角，以增大最低点的楔角。

6.3.5 整体套装铣刀

6.3.5.1 铲齿铣刀

铲齿平面铣刀的后刀面为阿基米德螺旋面或轴线与铣刀轴线偏移的圆柱面，铲齿成形铣刀刃口上选定点的后刀面为阿基米德螺旋线或轴线与铣刀轴线偏移的圆弧曲线，如图6-5所示。因铲齿铣刀后刀面为曲线，因此铲齿铣刀刃磨前刀面。根据阿基米德螺旋线特点，当铣刀多次刃磨前刀面后，后角会稍微增大，但增大量很小。到铣刀正常报废时，后角增大量不大于1.5°，这是其他类型铣刀无法达到的。铲齿铣刀是在铲齿车床上铲削后刀面而形成的。故铲齿铣刀通常采用碳素工具钢和合金工具钢。当加工特别硬的木材时，切削部分也使用高速钢或硬质合金。但刀体部分仍为碳钢或低质量的合金材料。

通常任何复杂的单面截形工件都可以用铲齿铣刀来加工。但当工件截形存在与铣刀轴线垂直的边或圆弧时，为了增大这些刃口的法面后角α_n，铲齿方向要与径向偏斜一个斜铲角τ。否则，法面后角α_n为零，摩擦很大，使铣刀无法正常切削。斜铲角τ一般为2°～4°，也可取得再大一些，以提高α_n，然而刃磨前刀面后刀刃宽度变化较大。当加工双面截形工件时，单把铲齿铣刀无法加工，必须选用两把或两把以上的铲齿铣刀装夹成组合铣刀，如加工榫槽和榫簧的地板企口铣刀。

6.3.5.2 尖齿铣刀

尖齿铣刀刃口上选定点的后刀面为直线，是在磨床上磨出的。整体尖齿铣刀切削部分材料可以和刀体相同，也可以选用高速钢、硬质合金或金刚石，镶焊在刀体上。和铲齿

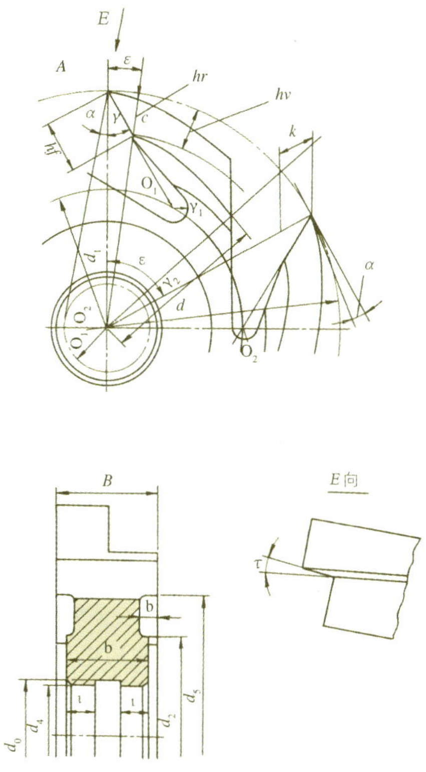

图6-5 铲齿铣刀

表6-19 铣刀常用前角

铣刀材料	工件材料	前角(γ)					
		纵向铣削		横向铣削		端向铣削	
		软材	硬材	软材	硬材	软材	硬材
碳钢	木材	20°～30°	10°～25°	35°～40°	30°～35°	30°～35°	25°～30°
硬质合金	木材	20°～30°	10°～25°	30°	25°	30°	25°
	刨花板		密度>0.7g/cm³			20°～25°	
			密度<0.7g/cm³			15°～20°	
	硬质纤维板			15°～20°			

成形铣刀相比，尖齿成形铣刀刃磨前刀面后，后角改变（减小）幅度较大，但尖齿铣刀制造方便，并且硬质合金和金刚石整体铣刀重磨次数少，因此硬质合金和金刚石铣刀多为尖齿铣刀。根据工件截形，尖齿铣刀分为平面铣刀、榫槽铣刀和成形铣刀。

尖齿平面铣刀，如图6-6所示，刃磨后刀面并保证后角不变，那么前角因切削圆变小而变大。设刃磨前的前角为 γ_{A}，刃磨后的前角为 $\gamma_{A'}$ 则 γ_{A} 和 $\gamma_{A'}$ 之间的关系为：

$$\sin\gamma_{A'}=\frac{R_{A}}{R_{A'}}\sin\gamma_{A}$$

式中：R_{A}——刃磨前铣刀半径，mm

$R_{A'}$——刃磨后铣刀半径，mm

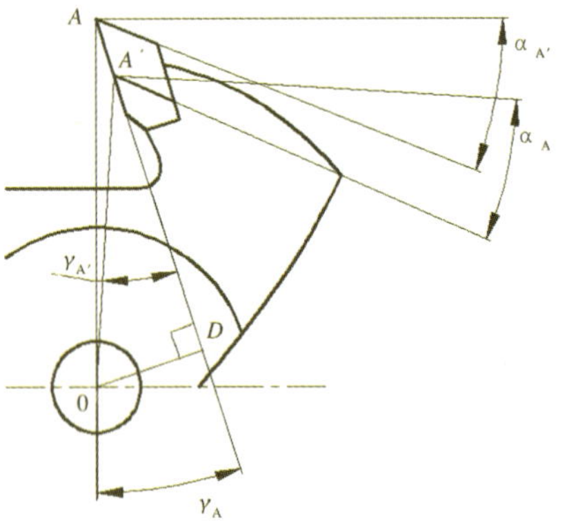

图6-6 尖齿平面铣刀刀齿

图6-7为尖齿成形铣刀刀齿。尖齿成形铣刀刃口磨损钝化后，为了保证刀具重磨后加工的工件截形不变，需要刃磨前刀面并保持刀齿廓形最高点A的前角 γ_{A} 不变，但后角会变小。刃磨前、后刃口最高点后角之间的关系为：

$$\cos\alpha_{A'}=\frac{R_{A}}{R_{A'}}\cos\alpha_{A}$$

式中：α_{A}——刃磨前刃口最高点A的后角，(°)

$\alpha_{A'}$——刃磨后刃口最高点A′的后角，(°)

R_{A}——刃磨前铣刀半径，mm

$R_{A'}$——刃磨后铣刀半径，mm

由上式可知，$\alpha_{A'}$ 取决于铣刀直径、刃磨量和初始后角 α_{A}。为了使 $\alpha_{A'}$ 不低于最小值8°，当铣刀经过多次刃磨之后，应该验算后角，小于8°时，铣刀应报废。

6.3.6 装配铣刀

装配铣刀的刀体和切削部分（刀片）分开，刀片用机械方法夹固在刀体上。

在平刨床、压刨床、削片机、刨片机等重型木工机床上均采用装配式铣刀。平刨床、压刨床上装配铣刀的轴向尺寸较大，有的兼做机床的主轴。因此，常称为刀轴。刀体采用碳钢或低质量的合金钢制造，刀片则采用高速钢或硬质合金。刀体结构常有方刀头和圆刀头。因方刀头噪声大、装刀调刀麻烦、不安全，因此很少使用。圆刀头噪声小、调刀方便、安全性好，并可带限料齿限制每齿进给量，切削平稳，现广泛使用。圆刀头刀片装夹结构形式较多，根据刀片结构分为普通刀片装夹和转位刀片装夹。

普通刀片常见的装夹方式如图6-8(a)所示。普通刀片磨损钝化后，可以刃磨后刀面。在装刀时，使用调刀螺钉、弹簧或其他调刀方法，保持刀片水平并使每把刀片在同一切削圆上，维持原有的切削圆直径。通常情况下普通刀片廓形最低点高出刀体不得超过2mm。普通刀片采用高速钢或硬质合金制造，因硬质合金材料较贵，故在刀片切削部分镶焊硬质合金。普通刀片分为平刨、压刨床上使用的直刃刀片和铣床上使用的成形刀片。前者结构简单，刀片较长；后者刃口形状复杂，刀片较短，用来加工工件上各种形状的线形。直刃刀片的规格和参数见表6-20。成形刀片具有各种形状，可以配备在同一个铣刀头上，因此该铣刀头称为多功能铣刀头。多功能铣刀头有几种不同的结构形式，图

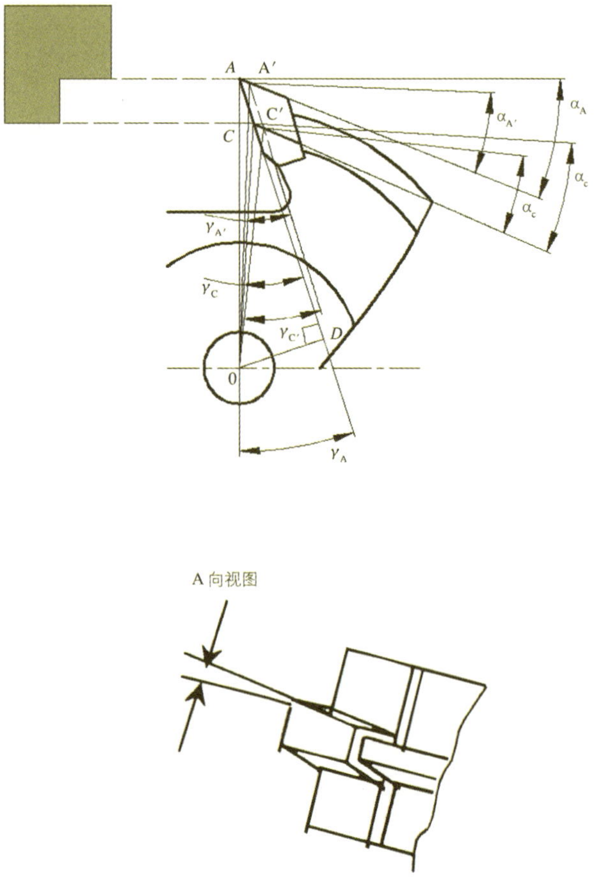

图6-7 尖齿成形铣刀刀齿

表 6-20 刀具切削部分的材料应具备的性能

示图			
刀片材料	刀片厚度 S(mm)	刀片宽度 H(mm)	刀片长度 B(mm)
合金工具钢	3	30	60,100,130,150,160, 180,210,230,260,310,320
		35	60,100,160,230,320
高速钢	3	30	60,80,100,110,120,130,150,170,180,190,210,230,240,250,260,270,310,360,400,410,460,500, 510,600,610,630,640,710,810,840
		35	60,100,160,230,320
司太立合金	3	30	60,80,100,110,120,130,150,170,180,210,230,240,260
硬质合金	3	30	60,80,100,110,120,130,150,170,180,210,230,260,310,320,330,360,410,450,460,510,610,630, 640,710,740,810,1010
		35	310,320,330,360,400,410,450,460,500,510,600,610,630,635,640,700,710,740,810,1010

6-8（b）为其中一种，有两个刀槽，安装两把完全一样的刀片。根据要求，一个刀头可以配带12对、24对、36对形状各异的刀片，刀片材料为合金工具钢或高速钢。常用多功能刀头的技术参数见表6-21。

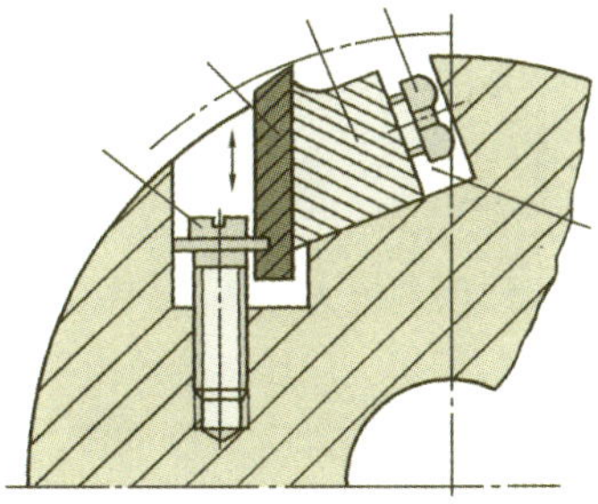

（a）刀轴

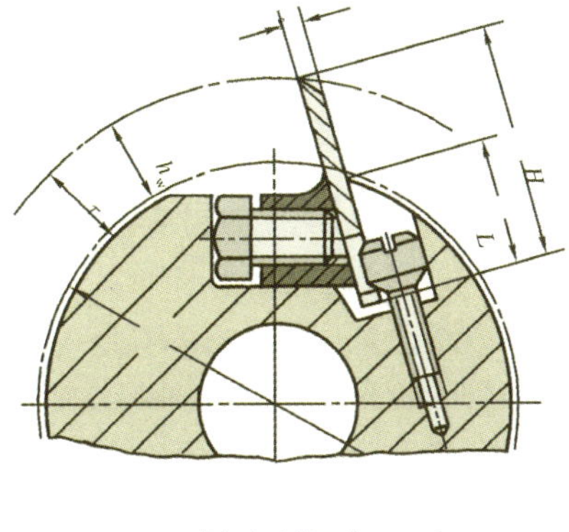

（b）多功能刀头

图 6-8 普通刀体装配铣刀

表 6-21 多功能刀头的技术参数

	刀片厚度 S（mm）		
	4	5	8
刀头直径 D（mm）	92	100	120
	100	120	140
刀片最大伸出量 t（mm）	15	20	25
最大工件截形高度 h_w（mm）	14	19	24
刀片最小宽度 H（mm）	33	40	50
最小夹紧长度 L（mm）	20	20	20

转位刀片，见表6-22中示图，分为圆孔定位（a）和沟槽定位（b）（c）两种结构，圆孔定位转位刀片磨损钝化之后，不需要重磨，而是将刀片旋转90°（四边带刃口）或180°（两边带刃口）。这就要求转位刀片拥有很高的耐磨性。因而，圆孔定位转位刀片采用硬质合金制造。沟槽定位转位刀片分为不重磨（b）和重磨刀片（c）。不重磨刀片材料为硬质合金，厚为1.5mm；重磨刀片材料为高速钢或硬质合金，厚为3mm左右，刃磨前刀面，当刀片达到2mm时，刀片不可再磨。当沟槽定位重磨转位刀片一个刃口磨损钝化之后，首先转位180°，使用另一个刃口。只有两个刃口钝化之后，方可重磨。圆孔定位转位刀片和沟槽定位转位刀片常见装配方式如图6-9(a)、(b)和（c）所示。和圆孔定位刀片相比，沟槽定位刀片装卸方便。转位刀片的规格和参数见表6-22。

6.3.7 组合铣刀

木制品加工中经常遇到地板、墙板、门框、门板和装饰

表 6-22 转位刀片规格及参数

示图：

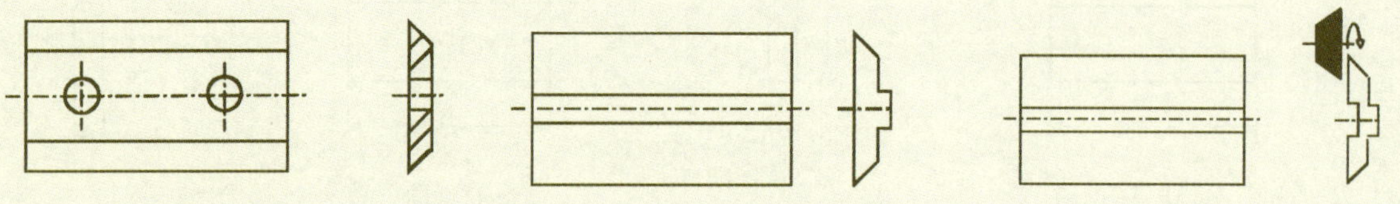

(a) 圆孔定位　(b) 沟槽定位（不重磨）　(c) 沟槽定位（重磨）

刀片类型			刀片厚度 S (mm)	定位孔直径 d (mm)	刀片宽度 H (mm)	刀片长度 B (mm)
沟槽定位转位刀片		不重磨	1.5		8	7.7,9.7,11.7,14.7,19.7,25,30,35,40,45,50,60,70,80,100,120
		重磨	2.7		12	50,60,80,100,120,130,136,150,180,190,210,230,240,400,410,420,500
圆孔定位刀片	单孔刀片	双刃刀片	1.5	4	12	7.5,9.6,10.5,11,13,15,15.7,17,18,19,20
		四刃刀片	1.5	4	12	9,10,12
	双孔刀片	双刃刀片	1.5	4	12	30,40,50,60
			1.5	4	13	80,100,120
		四刃刀片	1.5	4	12	29,39.5

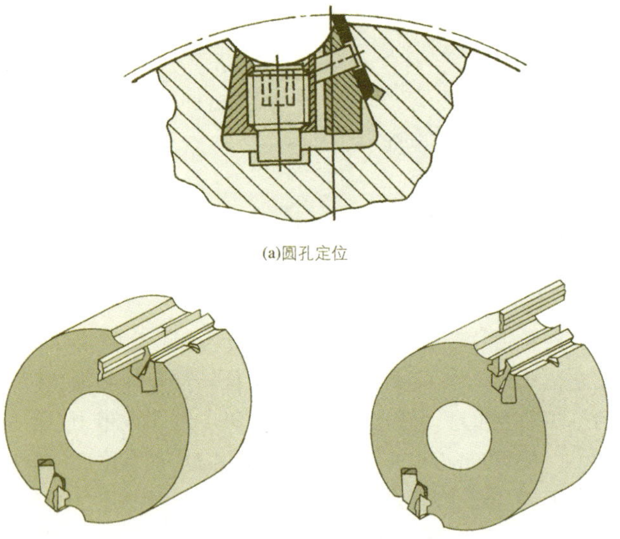

(a)圆孔定位

(b)沟槽定位(轴向装卸)　(c)沟槽定位(径向装卸)

图 6-9 转位刀片装配铣刀

木线等复杂工件截形。当工件为单面截形，可以采用铲齿铣刀或尖齿铣刀；当工件为双面截形且存在与铣刀轴线垂直的边或圆弧时，如地板的榫槽和榫簧，为了保证铣刀修磨后满足工件的尺寸精度和配合精度，必须用组合铣刀加工。根据工件截形，组合铣刀分为地板企口组合铣刀、墙板企口组合铣刀、门框企口组合铣刀和木线形组合铣刀等。

组合铣刀由两把或两把以上的铣刀组成，单片铣刀可以是铲齿铣刀，也可以是尖齿铣刀；可以是整体铣刀，也可以装配铣刀。为了保证组合铣刀重磨后工件截形不变，组合铣刀一般设计成可以调节铣削宽度，以补偿刀齿重磨后廓形的变化。常用的调节方法为：①自身并拢调节；②螺纹套筒调节；③垫圈调节。

图 6-10（a）为自身并拢调节的榫槽组合铣刀，两片铲齿铣刀由三个销钉连接在一起。左右两片铲齿铣刀交错配制高低齿，高齿切削槽底，低齿切削槽的两肩。榫槽存在垂直于铣刀轴线的两面，两片铣刀需要斜向铲齿，左铣刀为左向斜铲；右铣刀为右向斜铲，并且斜铲角相等。两片铣刀仅在前刀面接触，在后刀面上观察，存在间隙。间隙形似楔形，顶角为斜铲角的2倍。铣刀重磨前刀面后，刀齿沿前刀面的接触部分将存在间隙。并拢左右铣刀后，因两铣刀斜向铲齿的角度相等，因此铣刀总铣削宽度尽管变小，榫槽宽度却保持不变，见图 6-11。

螺纹套筒调节的企口组合铣刀，见图 6-10（b），由左铣刀、右铣刀、套筒、分度盘和定位销钉组成。左右两片铣刀交错配制高低齿。两片铣刀的高齿均要斜铲，斜铲方向相反。和自身并拢组合企口铣刀不同的是高齿斜铲部位不在两片铣刀贴合处，因此贴合处没有楔形间隙。左铣刀中心孔有内螺纹，套筒一端有外螺纹，另一端有轴肩。右铣刀从套筒轴肩端装在套筒上，再套上分度盘，用紧定螺钉将分度盘和套筒固定为一体，转动分度盘带动套筒旋入左铣刀，直到两片铣刀贴合在一起。铣刀重磨前刀面后，高齿刃口宽度变小。为了满足榫槽宽度的尺寸要求，旋转分度盘使左、右铣刀的高齿沿宽度方向的总尺寸不变。

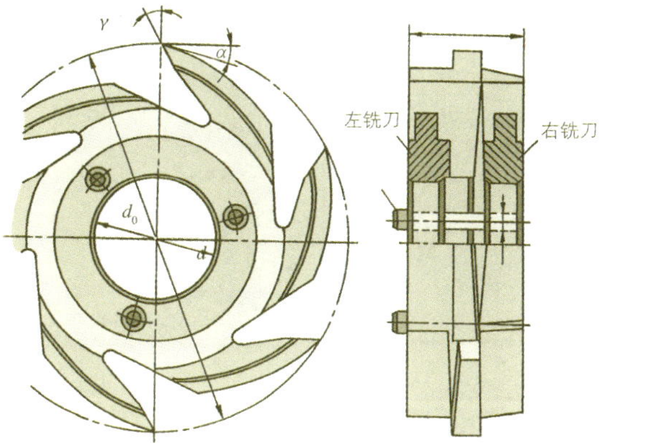

(a)自身并拢调节

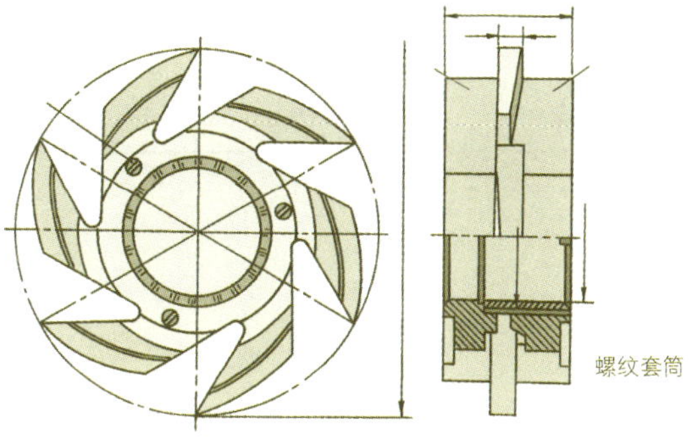

(b)螺纹套筒调节

图 6-10 组合企口铣刀

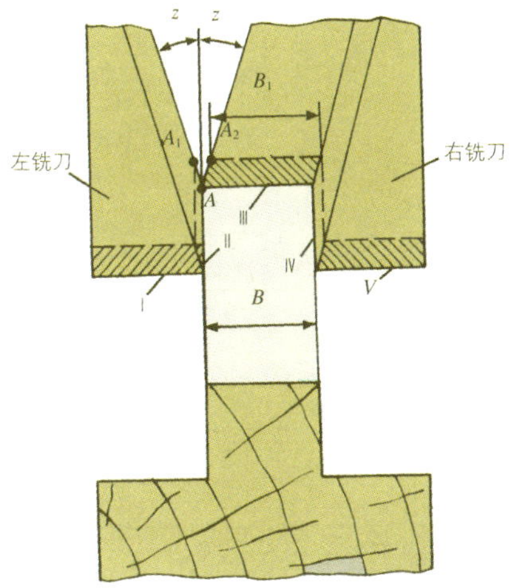

图 6-11 组合铣刀刃磨后廓形尺寸变化

垫圈调节企口组合铣刀高低齿的配制和斜铲方法同螺纹套筒调节的榫槽组合铣刀，不同的是用垫圈取代螺纹套筒来调整铣刀重磨前刀面后，左、右铣刀的高齿沿宽度方向的总尺寸。垫圈孔径同铣刀孔径，常用垫圈直径为 ϕ 45、ϕ 60、ϕ 70、ϕ 90、ϕ 100mm 等，厚度为 0.1、0.3、0.5、1.0、3.0、4.0、5.0mm 等。

常见地板和墙板的榫槽组合铣刀的规格和参数见表 6-23。

6.3.8 典型套装铣刀介绍

6.3.8.1 指接榫铣刀

指接榫接合是目前采用最多的拼板和短材接长方式，指接榫分为横向拼板的小型指接榫和纵向接长的大指接榫，对应的铣刀为拼板指接榫铣刀和接长指接榫铣刀，分别见图 6-12（a）和（b）。指接榫铣刀有整体的也有装配的，接长指接榫铣刀还有组合的。拼板指接榫铣刀一般配置两把刀齿，材料为高速钢或硬质合金。直径为 ϕ 120、ϕ 140mm，刀齿齿距一般为 8mm，刀齿长为 5mm。拼板指接榫铣刀刀齿“短”而“胖”；接长指接榫铣刀刀齿“长”而“瘦”。铣刀宽度取决于指接榫数量，指接榫越多，铣刀宽度也越大，一般为 18～84mm。

接长指接榫尺寸较大，榫长为 10～22mm，齿距为 3.8～6.2mm。根据榫肩形式，接长指接榫分为无榫肩榫、单面榫肩榫和双面榫肩榫，对应的指接榫铣刀刀齿也有三种形式。指接榫铣刀的规格和参数见表 6-24，切削部分的材料为高速钢或硬质合金。当板材厚度大于铣刀宽度时，可以将两把或两把以上的铣刀叠加在一起。指接榫装配铣刀分为安装单刃刀片的和安装双刃转位刀片的。组合指接榫铣刀是由数把单片指接刀或（和）两把边刀组成，每把刀片只能加工一个指接榫，边刀刃口宽度大于单片指接刀，用来加工榫肩。单片组合指接榫铣刀的规格和参数见表 6-25。

6.3.8.2 硬质合金整体成形铣刀

硬质合金整体成形铣刀是指在切削部分镶焊了硬质合金成形刀片的铣刀，其刀体选用了与硬质合金热膨胀系数相近

表 6-23 常用企口铣刀的规格和参数

铣刀直径 D (mm)	铣刀孔径 d (mm)	最大转速 n (r/min)	齿数 Z	切削部分材料	榫槽深 (mm)	榫簧长 (mm)
160	40	9000	6	高速钢、硬质合金	8.5，7	8，6
180	40，60	9000	6	高速钢、硬质合金	8.5，7	8，6
200	60	8000	6，8	高速钢、硬质合金	8.5，10.5	8，10
220	60	7000	8，10	高速钢、硬质合金	8.5，10.5	8，10
240	60	6000	10，12	高速钢、硬质合金	8.5，10.5	8，10
250	60	6000	12	高速钢、硬质合金	8.5，10.5	8，10

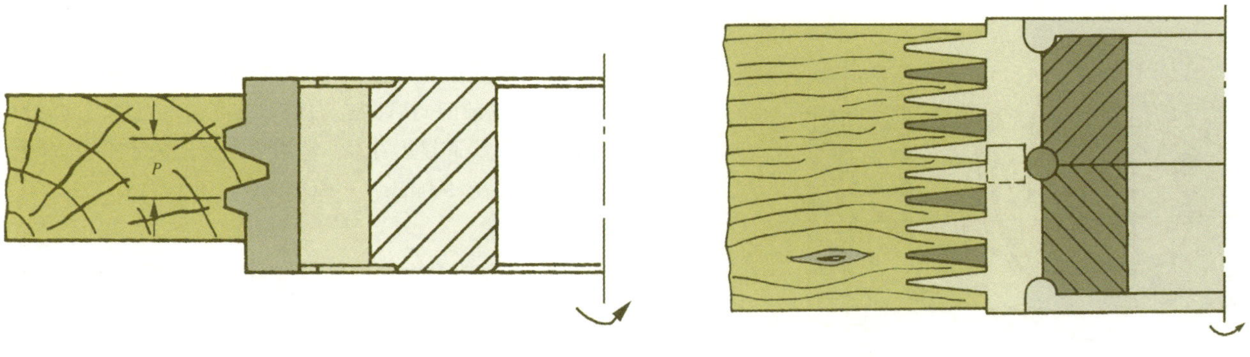

(a) 拼板指接榫铣刀　　(b)接长指接榫铣刀

图 6-12 指接榫铣刀

表 6-24 常用接长指接榫铣刀的规格和参数

示图

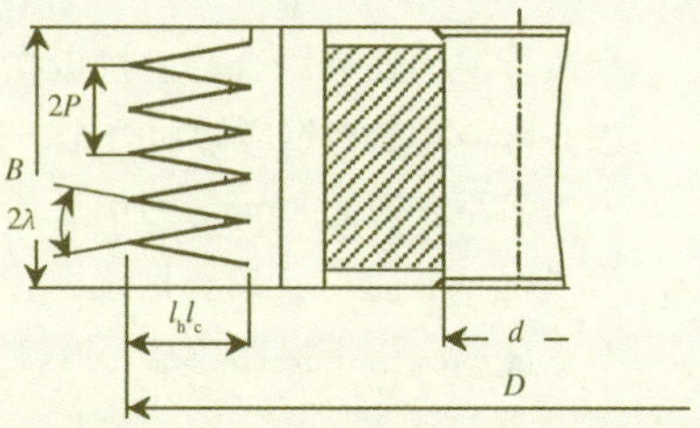

铣刀直径 D (mm)	铣刀孔径 d (mm)	铣刀宽度 B (mm)	铣刀齿数 Z	齿距 P (mm)	指接齿数量	榫簧长 l_b/ 榫槽长 l (mm)
160	50	28.6	4	3.8	7	10/10，10/11
170	50	28.6	4	3.8	7	15/15，15/16.5
180	50	33	4	6.2	7	20/20，20/22
250	50	28.6	6	3.8	7	10/10，10/11
260	50	28.6	6	3.8	7	15/15，15/16.5
260	50	33	6	6.2	7	20/20，20/22

表 6-25 常用单片组合接长指接榫铣刀的规格和参数

示图

(a) 指接刀　　(b) 边刀

铣刀直径 D (mm)		铣刀孔径 d (mm)	铣刀宽度 B (mm)	铣刀齿数 Z	齿距 P (mm)	指接齿数量	榫簧长 / 榫槽长 (mm)
指接刀	160	70	3.7 或 3.8	2，4	3.7 或 3.8	1	9/10 或 10/11.5 或 13/14.5
边刀	159.8	70	14.8	2，4			
指接刀	210	70	3.7	4	3.7 或 4.0	1	9/10，10/11.5
边刀	209.8	70	14.8	4			
指接刀	250	70	3.8	6	3.8	1	10/11
边刀	249.7	70	15.2	6			

的钢材。因硬质合金耐磨性好，耐用度高，因此刀具通常做成尖齿铣刀，刀体的齿背也无需铲齿而是做成圆弧线或直线。硬质合金整体铣刀具有两种结构，如图6-13所示。图(a)铣刀具有限料齿，它是刀体的一部分，其轴向剖面的形状和刀齿廓形相似，但低0.8～1.1mm，用来限制工件的进给量。若工件进给速度大，限料齿就会碰到工件，故进给速度均匀、切削力变化小和操作安全，适用于手工进给的铣床。图(b)铣刀无限料齿，适合于机械进料的铣床。

刀片厚度和工件截形高度有关，通常在2.5～7mm范围内选取。刀片后刀面最低点在半径方向高出刀体相应点1～2mm，前刀面突出刀体尺寸取决于刀片厚度，一般为2～4mm。为了保证刀具重磨后加工的工件截形不变，硬质合金整体铣刀规定按原有的前角刃磨前刀面，铣刀报废时刀片厚度不得小于1mm。

这类铣刀多数用来加工各种直线木线形和曲线木线形，刀齿廓形复杂。因目前国内尚无木线形标准，因此刀齿廓形也无相应的标准。刀具制造单位除了生产常用木线形刀具之外，特殊木线形刀具需要根据工件截形定做。铣刀直径一般为120、140、160、180mm等，孔径为30、35、40mm，铣刀宽度为40、60、80mm等。若铣刀在立铣床上使用，并且刀轴上还安装导向用的滚轮，工件进给时，工件基准面应紧靠在滚轮。在这种情况下，铣刀直径应由导向滚轮和工件截形来确定。例如若导向滚轮直径为ϕ112mm，工件截形高度为6mm，则铣刀直径为118mm。该类铣刀常用的直径有118、122、128、132、142、152、162、172mm。

6.3.8.3 开槽铣刀

根据木材纤维方向，开槽铣刀分为顺纤维开槽铣刀（进给方向和纤维方向平行）和横纤维开槽铣刀（进给方向和纤维方向垂直）。为了改善槽壁加工质量，横纤维开槽铣刀两侧面要配置数把沉割刀，沉割刀高出主刃0.5～0.8mm，先将木材纤维割断，然后主刃切削槽底木材。

1. 开槽锯片

开槽锯片[图6-14(a)]是一种专门用于在工件上切割沟槽的硬质合金圆锯片。锯齿形状不同于圆锯片的锯齿，前齿面没有内凹而是矩形。为减少锯齿侧面和槽壁的摩擦，锯齿侧面需要斜磨，斜磨角τ为2°。可将数把开槽锯片装在同一根锯轴，锯片之间用垫圈隔开，从而满足多条沟槽加工的需要。为了保证槽宽不变，开槽锯片刃磨锯齿的后齿面。

开槽锯片锯齿的前角γ为15°，后角α为15°。常用的直径为150、180、200mm，齿数Z为12和18，孔径为30mm，加工的沟槽宽度为4.0，4.5，5.0，6.0，7.0，8.0，9.0，10.0mm等系列。

除此之外，还有摆动锯片。摆动锯片是将锯片倾斜安装在锯轴上的一种锯片铣刀[图6-14(b)]。摆动锯片的开槽宽度取决于锯片的倾斜角和锯片直径。调节锯片的倾斜角，就能改变沟槽的宽度，因锯片受侧向力较大，锯身变形较大，因此加工质量较差。

2. 尖齿槽铣刀

尖齿槽铣刀常在切削部分镶焊硬质合金片，后刀面做成平面（图6-15），刀齿侧面斜磨1°～2°以减小侧面和槽壁的摩擦。横纤维槽铣刀刀齿侧面交错镶焊了一把沉割刀，沉割刀除了先于主刃把木纤维割断外，还能起到修整槽壁的作用。常用尖齿槽铣刀的直径为120、140、150、200、220mm，齿数Z为4、6，孔径为30、35、50mm，加工的槽宽为4、5、6、8、10mm。

3. 组合开槽铣刀

组合开槽铣刀由两片刀片组成，通过两个定位销钉连接在一起。借助垫圈，可以调节切削宽度，但加工的最大宽度不得大于主刃宽度的两倍。每片刀片配有两片主刀和两片沉

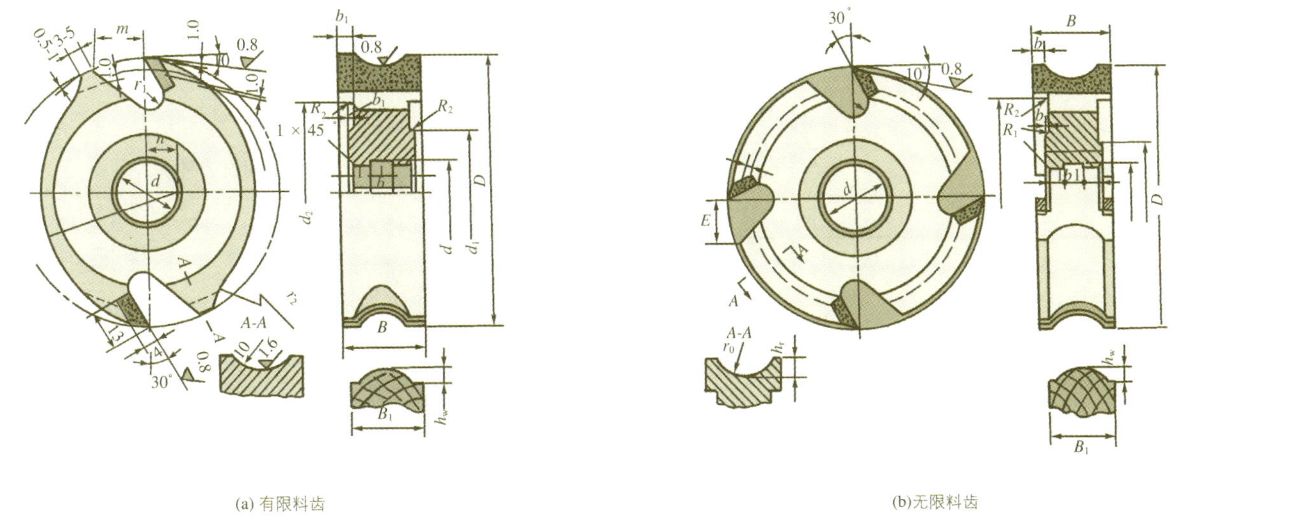

(a) 有限料齿　　(b)无限料齿

图6-13 硬质合金整体铣刀

割刀，同一片刀片上沉割刀配制在同一面。常用组合开槽铣刀的规格和参数见表6-26。组合开槽铣刀的刀片还可以机械方式安装在刀体上，即装配式开槽铣刀。主刀片一般是双刃转位的，沉割刀为四刃转位。

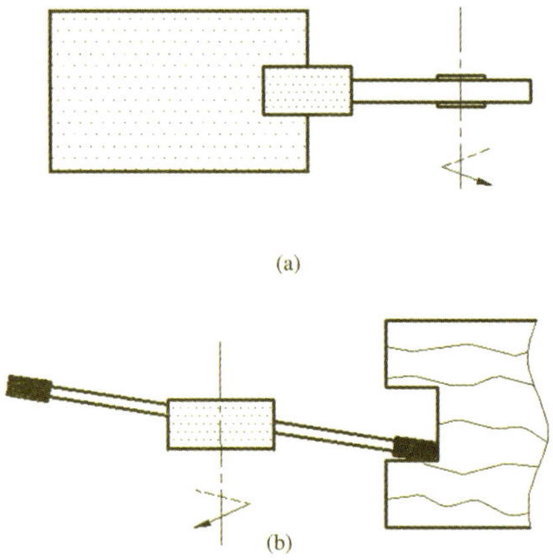

图6-14 开槽锯片

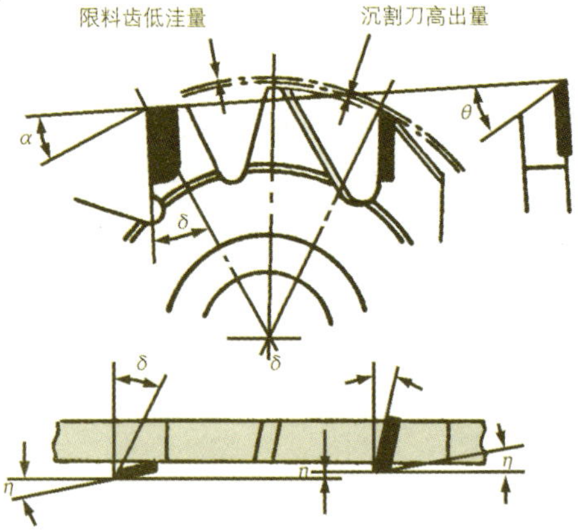

图6-15 尖齿槽铣刀

表6-26 常用组合开槽铣刀的规格和参数

铣刀直径 D (mm)	槽宽 B (mm)	铣刀孔径 d (mm)	槽深 H (mm)
140	1.8/3.4	30,40	20
	2.2/4.0	30,40	20
150	4.0/7.5	30	37.5
	7.5/14.5	30	37.5
	12.0/23.5	30	40

6.3.9 柄铣刀

6.3.9.1 概述

柄铣刀主要用来开槽和加工榫眼（含盲榫眼），仿形铣削、雕刻和加工工件的周边。用柄铣刀加工线槽或榫眼时，工作过程包括铣刀沿铣刀轴线方向的钻进和垂直于铣刀轴线的进给，因此这类柄铣刀的端面和侧面都有刃口；而加工工件侧面或周边的柄铣刀无钻进过程，故该类柄铣刀端面无刃口。CNC加工中心一般都采用柄铣刀。

柄铣刀常由柄部、颈部和切削部分组成。柄铣刀主要类型如图6-16所示。根据后刀面形状，柄铣刀分为铲齿的、尖齿的和非铲齿的三大类；按切削部分形状，柄铣刀分为圆柱柄铣刀、燕尾柄铣刀和成形柄铣刀；按刃口配置，柄铣刀分为直刃和螺旋刃；根据刃口数量，柄铣刀分为单刃、双刃和三刃柄铣刀；根据结构形式，柄铣刀分为整体柄铣刀和装配柄铣刀。

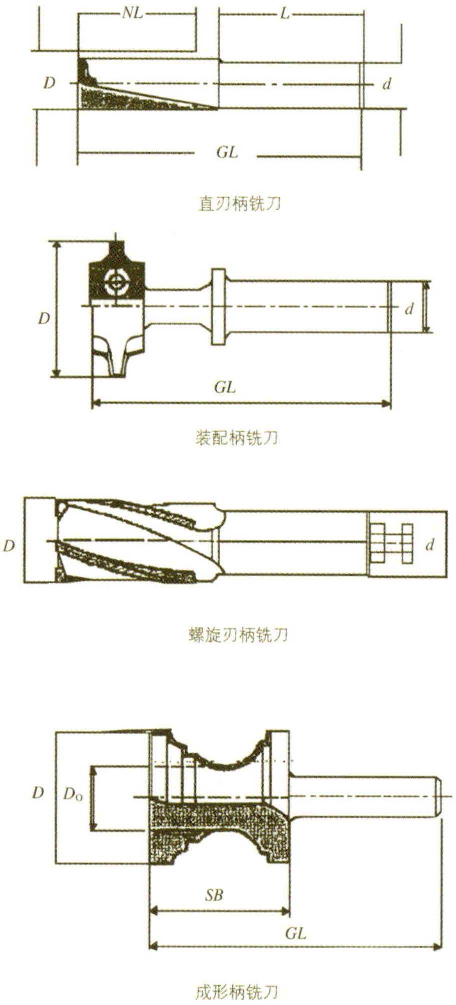

图6-16 柄铣刀种类

和套装铣刀相比，柄铣刀直径小。为了满足切削速度的要求，柄铣刀转速较高。一般都在10000r/min以上，高的可达20000r/min。即使如此，柄铣刀的切削速度也比套装铣刀小得多。例如，柄铣刀直径为18mm，转速n为18000r/min；另一套装铣刀直径为180mm，转速为6000r/min。套装铣刀的切削速度是柄铣刀的3.33倍。因此，柄铣刀的运动后角（2°～8°）要比套装铣刀的大得多，从减小后刀面和切削平面木材的摩擦考虑，柄铣刀主刃后角α应选大一些，为15°～20°。柄铣刀主刃的其他角度参数为：前角 γ =15°～25°，楔角 β =45°～60°。柄铣刀端刃从外缘向中心内凹 1°～2°，后角 α 为 20°～25°，端刃前角 γ 根据刀齿配置的不同而不同。柄铣刀主刃有四种结构形式：①直刀刃（含带缺口的直刀刃），刀刃平行于柄铣刀的轴线，端刃前角 γ 为零；②螺旋刃，刀刃和柄铣刀轴线倾斜，端刃前角取决于刀刃螺旋角；③斜刀刃，刀刃和柄铣刀轴线倾斜；端刃前角取决于刀刃倾斜角；④主刃和端刃单独配置（装配柄铣刀），端刃前角为 10°～15°，和主刃无关。

6.3.9.2 偏心装夹柄铣刀

这类柄铣刀的后刀面，如图 6-17 所示，为圆弧曲线，铣刀以一定的装刀角偏心固定在装刀卡头上，以获得适当的后角。该柄铣刀只有单个刀齿，制造方便。主要用于镂铣机上铣槽或加工工件的周边。因铣刀回转轴线和铣刀轴线偏移，切削圆直径 D_c 大于柄铣刀直径 D。因此，不仅增大了容屑空间还调节刀具后角。在铣刀刃磨之后，可以通过调节偏心距来保持切削圆直径不变。

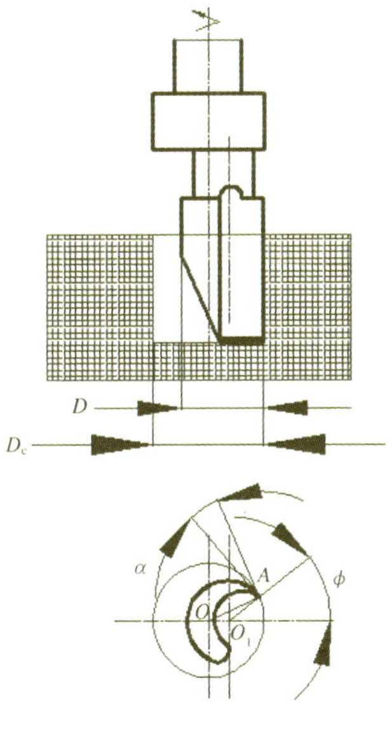

图 6-17 偏心装夹柄铣刀

切削圆直径 D_c 和铣刀后角 α 由偏心距 e 和安装角 ϕ（铣刀切削圆中心 O 和铣刀中心 O_1 的连线 OO_1 和过铣刀刃尖 A 的半径线 O_1A 之间的夹角）决定。它们之间的关系如下：

$$\sin\alpha = \frac{2e}{D_c}\sin\phi$$

$$\sin(\phi-\alpha) = \frac{D}{2e}\sin\alpha$$

$$D_c = \sqrt{D^2 + 4e^2 + 4De\cos\phi}$$

可见在 ϕ =0°～180(范围内，D_c 随着 ϕ 的增加而变小。当 D_c=D 时，ϕ =180° -arccos(e/4D)；当 ϕ =90° 时，α 达到最大。因此，安装角 ϕ 至少应在 0°～[180° -arccos(e/2R)]范围之内，但 D_c 必须大于 D，故安装角一般 ϕ 为 30°～50°。在实际使用过程中，对于一定铣刀直径 D 和偏心距 e，在保证后角 α 的前提下，安装角 ϕ 和切削圆直径 D_c 之间的关系见表 6-27。后角 α 越大，D_c 和 ϕ 也越大。

偏心装夹柄铣刀各参数间的关系见表 6-27。

6.3.9.3 整体柄铣刀

常见的整体柄铣刀有双直刃、斜刃和螺旋刃柄铣刀。刀体和切削部分的材料可以相同如碳素工具钢、合金工具钢和高速钢，也可以在刀体上镶焊硬质合金和金刚石刀片。

1. 直刃柄铣刀

一般配制两个刀齿，有主刃和端刃，主刃平行于柄铣刀的轴线；端刃有两部分，一是主刃端部形成的前角为零的端刃，另一是位于直径线上的两主刃之间的部分，见图 6-18。

$$\sin\gamma = \frac{2k}{D}$$

表 6-27 偏心装夹柄铣刀各参数间的关系

柄铣刀直径 D（mm）		3	3.5	4	4.5	5	5	5.5	6	6.5	7	7	8	8	8.5	9
偏心距 e（mm）		1.5	1.5	1.5	1.5	1.5	2	2	2	2	2	2.5	2.5	3	3	3
切削圆直径 D_c（mm）	α =15°	5.6	6.0	6.4	6.8	7.2	8.3	8.7	9.1	9.4	9.8	11.0	11.7	12.9	13.2	13.6
	α =20°	5.8	6.2	6.7	7.1	7.5	8.6	9.1	9.5	9.9	10.3	11.4	12.3	13.4	13.8	14.2
安装角 ϕ	α =15°	30	33	35	38	41	34	36	38	40	42	36	39	35	37	38
	α =20°	40	44	47	51	55	45	48	51	54	57	49	53	47	49	51
柄铣刀直径 D（mm）			9.5	10	10.5	11	11	12	13	13	14	15	15	16	17	17
偏心距 e（mm）			3	3	3	3	4	4	4	5	5	5	6	6	6	7
切削圆直径 D_c（mm）	α =15°		14.0	14.3	14.7	15.0	17.4	18.1	18.9	21.2	21.9	22.7	24.9	25.7	26.5	28.7
	α =20°		14.7	15.1	15.5	15.9	18.1	19.0	19.8	22.0	22.8	23.7	25.8	26.7	27.6	29.7
安装角 ϕ	α =15°		39	41	42	43	36	38	40	35	36	38	34	35	37	33
	α =20°		53	55	57	59	48	51	54	46	49	51	45	47	49	45

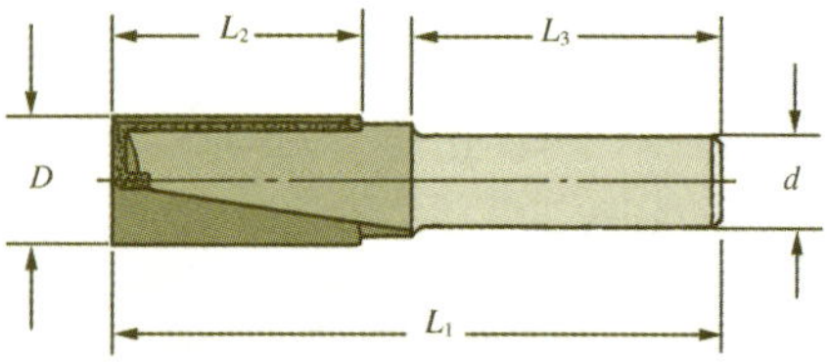

图 6-18 双刃直刃柄铣刀

式中：γ——主刃的前角，(°)

$2k$——两刀片之间的垂直距离，mm

D——柄铣刀直径，mm

在铣刀直径一定情况下，要提高铣刀前角，必须增大$2k$。但$2k$值受到刀体尺寸和强度的限制，$2k$值不宜过大。通常 $2k/D$ 为 0.25～0.3，对应的前角前角 γ 为 14.5°～17.5°。此外，镶焊柄铣刀刀片厚度S与铣刀直径D之比约为 0.13。

这类铣刀的切削力比螺旋刃大，铣削宽度受到了限制，不宜超过铣刀的直径D。当铣削宽度较大时，应降低进给速度，否则会引起铣刀变形甚至折断。常用直径为3～30mm，切削部分长度L_2为5～42mm，柄铣刀全长L_1为34～94mm。柄部尺寸(直径×装夹长度)为8mm × 30mm、9.5mm × 20mm、12mm × 40mm。

2. **成形柄铣刀**

成形柄铣刀(图6-19)装在镂铣机或数控机床上，加工木线形、曲线木线形和零件周边的圆弧曲面。成形柄铣刀配制两把刀齿，一般都没有端刃。为了减小刃口最高点的前角 γ_A和最低点 γ_C前角的差异，刀刃和铣刀轴线倾斜。倾斜角的大小由工件截形高度和截形宽度确定。若$\gamma_A = \gamma_C$，则：

$$\frac{k_1}{k_2} = \frac{D-2h_w}{D}$$

式中：$2k_1$——两刀片刃口最低点之间的垂直距离，mm

$2k_2$——两刀片刃口最高点之间的垂直距离，mm

D——柄铣刀直径（刃口最高点切削圆直径），mm

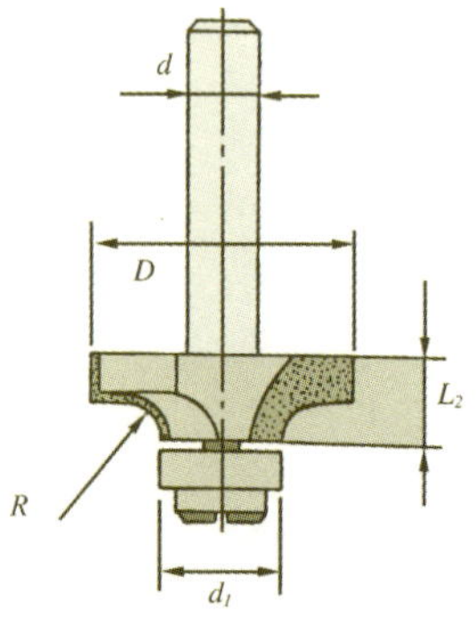

图 6-19 成形柄铣刀

h_w——工件截形高度，mm

因受刀体尺寸限制，成形柄铣刀的前角都比较小，一般为10°～15°。

有些装在镂铣机上使用的柄铣刀，端部还安装了导向用的滚轮。加工时，工件紧靠在滚轮上用手工进给。因而，可加工曲线木线形或曲线边框。导向滚轮直径d_1和刀齿廓形最低点的直径相同，故铣刀直径D就由导向滚轮直径d_1和工件截形高度 h_w 来确定，常用导向滚轮的直径为12、14、16等系列。柄部直径一般为6，6.35，8mm等系列。

3. **螺旋刃柄铣刀**

铣刀通常有三把刀齿，刀刃为螺旋形，工作时相当于螺旋圆柱铣削，切削力均匀，切削平稳，并且端刃有一定的前角，改善了加工条件。因此，铣刀弯曲变形小，加工精度高，进给速度高，铣削宽度比直刃柄铣刀大。但制造和刃磨都比较麻烦。

螺旋刃柄铣刀（图6-20）有两种结构形式，图（a）刃口光滑，图（b）刃口为锯齿形。前者切削质量好，用来精加工；后者切削效率高，用来粗加工。

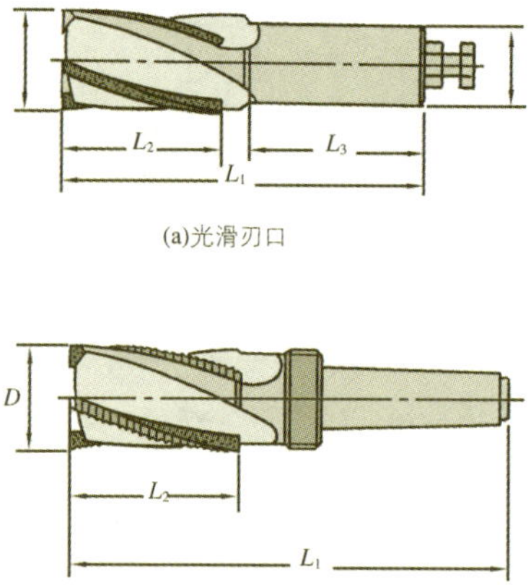

(a)光滑刃口

(b)锯齿刃口

图 6-20 螺旋刃柄铣刀

6.3.9.4 装配柄铣刀

套装铣刀有装配式，柄铣刀也可以做成装配式的。刀片可为单刃重磨刀片，也可为多刃转位刀片。和套装铣刀一样，柄铣刀刀片装夹方式也较多。常见的为螺钉夹紧和螺钉楔块夹紧。螺钉夹紧的刀片多为转位不重磨刀片，根据使用要求，有两种结构：

(1) 两把转位刀片均为主切削刃，只能用来加工工件的周边；

(2) 一把主切削转位刀片，另一把钻削用的端刃，主要用来加工孔眼和榫槽。

螺钉楔块夹紧柄铣刀装夹部分的结构和套装铣刀类似。因刀体上需要加工安装槽，因此柄铣刀尺寸较大，铣刀直径一般都大于 ϕ 40mm，大的可达 ϕ 145mm。能够满足铣刀前角的要求，主要用于加工工件的成形边。

6.4 锯子

6.4.1 锯子的种类

根据锯子形状，锯子分为带锯条、圆锯片和排锯（框锯）。带锯条根据宽度，分为宽带锯条和窄带锯条。宽带锯条用于原木锯解和板方材再剖，窄带锯条用于板材再剖和细木工。此外，带锯条还有单边和双边开齿、普通张紧和高张紧之分。

圆锯片的种类较多。按锯身截面形状，圆锯片分为平面锯身、内凹锯身和锥形锯身；按锯切方向相对于木材纤维方向，分为纵锯圆锯片、横锯圆锯片和纵横圆锯片；按锯子结构，分为整体圆锯片和装配圆锯片；按切削部分材料，分为普通圆锯片、硬质合金圆锯片和金刚石圆锯片。因碳钢锯齿的耐磨性较差，在加工纤维板、塑料贴面板等人造板时，耐磨性显得明显不足，甚至无法正常加工。硬质合金是一种耐磨性高、热硬性好的刀具材料，用它制造的圆锯片在锯切人造板时，耐磨性可以近百倍地提高。因此，硬质合金圆锯片广泛用于木质人造板加工中。硬质合金圆锯片均为平面锯身。

排锯条使用较少，不作介绍。

为了避免锯子在锯切时锯身平面和锯路壁木材的摩擦，产生夹锯，锯路宽度必须大于锯身厚度。为了满足这一点，锯子的锯齿都需要锯料。通常采取压料、拨料或内凹等方法获得锯料。压料是用压料机构将锯齿齿尖压扁成“青蛙嘴”状，然后磨成等腰梯形；拨料是用拨料机构将锯齿交错向两侧拨弯，以获取锯料；内凹是指锯身内凹（如内凹锯身圆锯片）或锯齿内凹（如硬质合金圆锯片）。

根据进料方向相对于木材纤维方向，锯齿分为纵锯齿和横锯齿；根据锯齿刃磨方式，锯齿分为直磨齿和斜磨齿。纵锯时，主刃接近端向切削木材，侧刃接近横向切削木材。主刃应先于侧刃将木材纤维切断，才能使锯切顺利进行。所以纵锯齿的前角大于零。横锯时，主刃接近横向切削，侧刃接近端向切削。侧刃应先于主刃将木材纤维切断，木材纤维才不致于被拉断。因而横锯齿的前角小于零。纵锯齿多数为直磨齿，横锯齿都是斜磨齿。直磨齿以压料为主，斜磨齿只能拨料。锯切特征及术语见表 6-28。

6.4.2 锯子的结构及参数

6.4.2.1 带锯条

带锯条坯料为一定宽度和厚度的薄钢带。其长度取决于带锯机规格型号。在薄钢带边缘开出一定形状规格的锯齿，然后采用银焊、气焊（氧气乙炔焊）或闪光对焊等焊接方法，把薄钢带两端焊接在一起，就形成了无端带状的锯条。带锯条需要经过粗磨齿形、整料（压料或拨料）、锯身修整、辊压适张度和精磨齿形等工序，才能用于锯切。带锯条由锯身和锯齿两部分组成，见图 6-21。

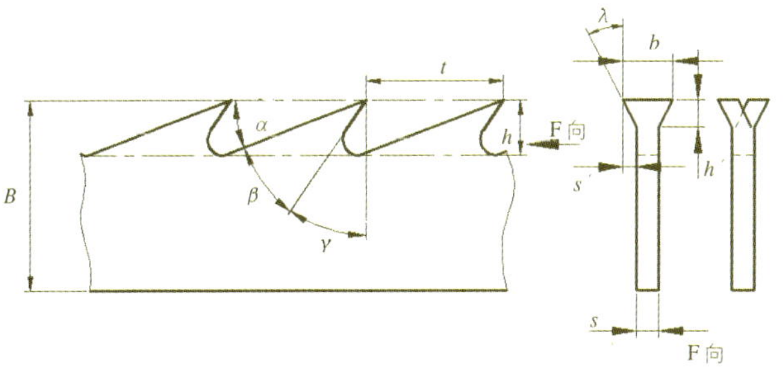

图 6-21 带锯条锯身和锯齿参数

表 6-28 锯切特征及术语

	带锯条	圆锯片
特征	呈无端带状，其边缘开有锯齿。锯条张紧在上、下锯轮；下锯轮驱动带锯条而切削木材	呈圆板状，其周边开有锯齿。圆锯片依靠左、右法兰盘夹紧在锯轴上，作匀速回转运动而切削木材
齿顶线	连接各齿尖所得的直线（带锯条）或圆（圆锯片）	
齿底线	连接各齿底（锯齿的最低部分）所得的直线（带锯条）或圆（圆锯片）	
齿距(t)	相邻两齿对应位置沿齿顶线之间的距离，单位为 mm	
齿高(h)	齿顶线和齿根线之间的距离，单位为 mm	
锯料	为了消除锯切木材时的夹锯现象，通常把锯齿的切削部分压宽（称为压料齿）或交错拨向两侧（称为拨料齿），从而使锯子有效地完成切削过程，该工艺过程称为锯料	
锯料量(s')	锯齿刃尖到锯身平面的距离，单位为 mm	
锯料宽度(b)	压料锯齿为单一锯齿两刃尖之间的距离；拨料锯齿为相邻两锯齿的外刃尖沿锯身厚度方向的之间距离，单位为 mm。因锯路壁木材有一定的弹性恢复，所以锯料宽度略大于锯路宽度。$b=S+2S'$ ，S 为锯身厚度	
切削厚度(a)	若进给速度不变，切削厚度为常数。每转参加锯切的齿数为：$Z_n=\pi D/t$，D 为锯轮的直径，t 为齿距。在计算 U_z 时，应代入 Z_n	即使进给速度不变，切削厚度也随着锯齿在切削层木材中的位置而改变

1. 锯身

锯身的尺寸参数为长度L、宽度B和厚度S，其大小和锯机型号有关。通常锯轮直径D为914～1524mm，相应的锯条长度为6～9m。锯身初始宽度B为锯轮宽度、齿高h和余量（5～10mm）之和。国产带锯条宽度规格为6.3、10、12.5、16、20、25、32、40、50、63、75、90、100、125、150、180、200mm。带锯条使用后，宽度会变小。报废时的尺寸一般为初始宽度的1/2～1/3。

锯身厚度S一般根据锯轮直径D，凭经验选取。当$S \leqslant$ 1.45mm时，$S \leqslant D/1000$；当$S \geqslant$ 1.45mm时，$S \leqslant D/1200$。带锯条厚度有两种表示方法:“mm”和英国伯明翰铁丝规格“B. W. G.”。两者对比值见表6-29。我国常用制材带锯条的厚度规格为0. 9～1.25mm（B. W. G.，18～20）。

表6-29 “B. W. G.”和“mm”对照

B. W. G.	mm	B. W. G	mm
13	2.40	20	0.90
14	2.10	21	0.80
15	1.85	22	0.70
16	1.65	23	0.65
17	1.45	24	0.55
18	1.25	25	0.50
19	1.05	26	0.45

表6-30 带锯条齿距t和齿高h

锯厚S (mm)	齿距t (mm)		齿高/齿距 h/t	
	压料齿	拨料齿	硬材	软材
1.25	38	32	0.35	0.4
1.05	35	28	~	~
0.89	32	25	0.32	0.37
0.81	28	23	0.30	0.35
0.71	25	22	~	~
0.64	22	20	0.27	0.32

图6-22 带锯条齿形

2. 锯齿

带锯条锯切时木材进给方向和木材纤维方向平行，锯齿的前角必须大于零度，并且都采用直磨齿（前齿面和后齿面均与锯身平面垂直），锯齿结构简单。其参数分为尺寸参数和角度参数。尺寸参数，如图6-21所示，主要是齿距t和齿高h。角度参数主要是前角γ、后角α和楔角β。此外，还有有关锯料的一些参数，如锯料宽度b（或锯料量s'）、锯料高度h'（或锯料角λ）。

齿距是相邻两齿尖之间的直线距离，是锯齿最基本的尺寸参数。根据锯条厚度S、锯料形式和加工的材种，按表6-30中数据选取。具体选择时，还应考虑锯路高度、锯切速度和进给速度的作用。通常锯路高度小、锯切速度大、进给速度低，宜采用小齿距。

齿形主要是指后齿面、前齿面和齿底所包纳范围的形状。常用的齿形有直背齿、曲背齿、凹背齿和截背齿等齿形，见图6-22。直背齿的齿背为直线，其他齿形是这种齿形演变而来的。这种齿形较为合理，适合锯切一般的软硬材。曲背齿的后齿面为弧形突起，增加了锯齿的抗弯强度，可用于锯切大直径的原木和硬材。凹背齿和曲背齿相反，后齿面弧形凹洼，排屑流畅。但锯齿强度低，适宜锯切杨木、泡桐、杉木等软材。截背齿齿高比标准齿高稍低，锯齿后角小，锯齿强度提高。适合锯切山毛榉等硬材。

在齿形一定的情况下，齿高和齿距决定了齿室的面积A ($A=ht/1.75$)，而齿室面积和齿室容屑能力有关。通常锯屑在齿室占有率不超过60%～75%，否则会造成齿底开裂。因此，齿高和齿距密切相关。

带锯条锯齿采用压料或拨料获取锯料。制材用的锯条多选用压料，细木工用的多为拨料。在选择锯料量或锯料宽度（若不考虑锯路壁木材的弹性恢复，锯料宽度等于锯路宽度）时，锯路宽度不宜超过2S，锯料量在（0.25～0.45S）范围内变化，参考表6-31中数据选取。

锯料高度h'通常为齿高h的1/3～1/4。为了减小锯齿侧面与锯路壁的摩擦，前齿面的锯料角λ_f应该小于后齿面的λ_b。一般$\lambda_f=10°\sim15°$，$\lambda_b=15°\sim25°$。

表6-31 带锯条锯料量S

锯厚S (mm)	压料齿		拨料齿	
	软材	硬材	软材	硬材
1.25	/	/	0.31	0.28
1.05	0.33	0.30	0.30	0.27
0.89	0.32	0.29	0.29	0.26
0.81	0.32	0.28	0.28	0.26
0.71	0.31	0.27	0.27	0.25
0.64	0.30	0.26	0.26	0.24

6.4.2.2 圆锯片

圆锯片为一定直径和厚度的圆钢盘，中心开有安装孔，外缘开有锯齿或镶焊硬质合金锯齿。锯身需修整和辊压适张度，锯齿要整料或镶焊合金块和修磨。

圆锯片也由锯身和锯齿组成。

1. 锯身

圆锯片锯身的尺寸参数为直径D、厚度S和孔径d。

圆锯片直径D根据锯机的型号和最大锯路高度来确定。由于在同一锯切条件下，小直径的圆锯片具有木材损失小、能量消耗低和稳定性好等优点，因而在满足锯切要求的前提下，尽量选用小直径的圆锯片。平面锯身的圆锯片直径为150～1500mm；内凹锯身的圆锯片直径为200～500mm。制材用的圆锯片直径较大，为700～1200mm；人造板锯切用的圆锯片直径较小，为200～450mm。

圆锯片厚度S和圆锯片的直径、锯身材料和加工对象有关。同一直径的圆锯片有3～5种不同的厚度规格。根据圆锯片旋转速度、锯切质量、锯切对象和锯钢性能来选择圆锯片厚度。尽管薄锯片可以降低锯路损失，但锯片稳定性下降，适得其反。因此，选择锯片厚度时，应在保证锯切质量前提下选用薄圆锯片，以降低锯路损失。常用的锯片厚度在0.9～4.2mm范围内变化。

理论上锯片中心孔的孔径d取决于锯片的直径，锯片直径越大，孔径也越大。但实际上，锯片孔径由锯轴直径来确定。因而，先根据锯轴确定孔径，然后选择锯片直径。孔径d=25mm，则D=100～300mm；d=30mm，则D=350～550mm；d=40mm，则D=600～750mm；d=50mm，则D=800～1100mm；d=60mm，则D=1150～1500mm。有些圆锯片的中心孔单面或双面开有键槽，如多锯片圆锯机上的圆锯片，那么孔径较大。

2. 锯齿

圆锯片既可以纵锯，又可以横锯或纵横锯，对应的锯齿为纵锯齿、横锯齿和组合齿，如图6-23所示。圆锯片的纵锯齿和带锯条的锯齿结构类似，既可压料又可拨料。但圆锯片的纵锯齿常采用拨料，有时还斜磨后齿面。横锯齿一定要斜磨，并只能采用拨料。用斜磨角ε（前齿面或后齿面和锯身平面之间所夹的锐角的余角）表示锯齿的斜磨程度。横锯齿的斜磨角ε为25°～35°；纵锯齿锯切软材时的斜磨角为15°～20°，锯切硬材时的斜磨角为10°～15°。

（1）齿数Z：圆锯片修磨后，直径变小，若按原来齿数刃磨锯齿，齿距也相应减小。可见齿距t不能作为圆锯片锯齿的基本尺寸参数，而用齿数Z表示锯齿的基本尺寸。在锯片直径一定的情况下，齿数增加，则每齿进给量降低，锯切表面光滑。然而，齿距减小，齿室容屑能力降低。在选择齿数时，应考虑：①横锯片齿数大于纵锯片齿数；②拨料齿齿数大于压料齿齿数；③锯路高度大，锯片齿数少；④锯切硬材的锯片齿数大于锯切软材的锯片齿数。

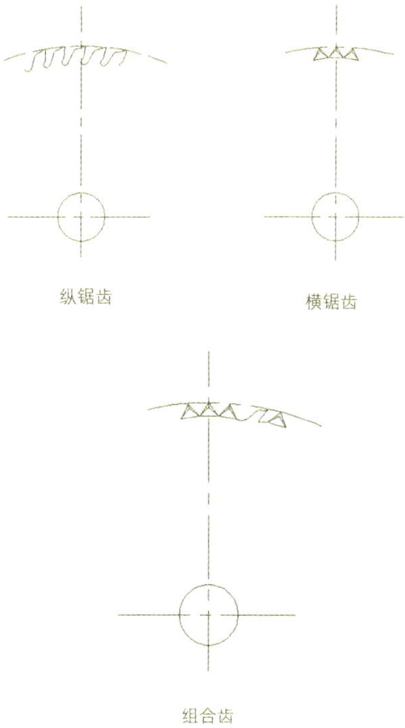

图6-23 普通圆锯片锯齿类型

（2）齿高h：在锯片直径和齿数一定的条件下，纵锯齿的齿高和后齿面的形状决定了齿室的容屑能力；横锯齿的前角γ和楔角β决定了齿高和齿室的容屑能力。纵锯齿的齿高h和齿距t之间的关系见表6-32。

（3）角度参数：圆锯片角度参数比带锯条复杂，锯切木材时的锯齿角度可参照表6-33中值选取。

（4）锯料：木工圆锯片通常采用拨料加宽锯路，平面锯身的圆锯片，有时也使用压料增大锯路。在截断、再剖硬材时，锯料量为0.35～0.50mm；在截断、再剖软材时，锯料量取大一些。

表6-32 圆锯片纵锯齿齿高h与齿距t的比值

锯厚S（mm）	软材	硬材
2.10～1.85	0.50～0.44	0.45～0.40
1.65～1.45	0.40～0.35	0.35～0.30
1.25～1.05	0.32～0.30	0.27～0.25

6.4.3 锯子修整

锯子需要经过开齿、接锯、锯身修整和适张度处理等修整工序。

6.4.3.1 开齿

带锯条用冲齿法开齿。在锯身带毛刺、锈斑、龟裂和不平的一边开齿。圆锯片用冲齿法或磨齿法开齿。开齿前，先

表6-33 圆锯齿角度参数

	齿 名	直背齿	截背齿	截背斜磨齿	曲背齿	
纵锯齿	示图			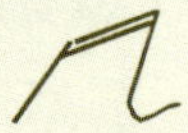		
	前齿角	20°~26°	20°~35°	25°	30°~35°	
	楔角	40°~42°	40°~45°	45°	40°~45°	
	用途	锯边	粗锯	再锯	粗锯	
横锯齿	齿 名	等腰三角斜磨齿	不等腰三角斜磨齿	直背斜磨齿	截背斜磨齿	
	示图		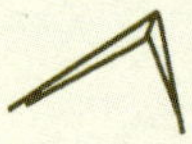		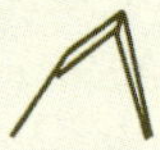	
	前齿角	−25°~−35°	−15°	0°	−10°~−20°	0°
	楔角	50°~60°	45°	40°	80°~85°	70°
	用途	软材原木截断	横锯	板材横锯	硬材原木截断	板材横锯

除去圆盘边缘上的锈斑，并保证圆盘的圆度。齿距由开齿决定，其他锯齿参数可用磨锯机调整。因此，开齿时应该确保齿距均等。

6.4.3.2 接锯

带锯条需要接锯。接锯方法有银焊、气焊（氧气—乙炔火焰）、低压短路焊、惰性气体保护焊和闪光对焊。无论何种方法，都应确保焊缝的强度、硬度和韧性。

银焊是传统的接锯方法，但操作麻烦，不易掌握，并且需要贵重金属—银作为焊料，现使用不多。目前，气焊和CO_2气体保护电弧焊应用较为广泛。

气焊所采用的设备比较简单，操作方便，成本较低，焊缝强度（85~100kg/mm^2）和硬度（HRC17-21）都较高。

气焊使用的设备和工具主要有：氧气瓶和减压器；乙炔发生器或乙炔瓶；微型焊枪（H0Z-1，3号焊嘴）；焊接平台和手锤等。

焊接时采用中性焰或轻微的碳化焰。焊丝（焊料）是从被焊锯条上剪下的，其宽度约等于锯条厚度的1.5倍。焊缝应选择在两齿尖间的中部。对接处应留微小间隙（锯齿留0.5S，锯背留1.5S）。焊接时，一般先在锯条背部和齿部点焊固定，然后从背部向齿部移动进行焊接。焊枪倾角为25°~45°，为了防止烧穿锯条，焊接开始和结束时，倾角宜小一些。焊接速度以溶池（溶池为半流状态）宽度来判断：20号锯条，溶池宽度为3.5~4mm；19号锯条为4~4.5mm；18号锯条为4.5~5mm。

因焊缝凹凸不平，金相结构也有破坏。所以对焊缝要进行加热锤打和整平，温度约700~750℃。接头部位经过焊接和加热锤打，会产生淬火组织和内应力。因此，焊缝需要回火处理，消除内应力和提高韧性。回火温度为400~500℃，使用5~6倍的碳化焰。

CO_2气体保护电弧焊是利用CO_2气体作为保护介质，使熔化的锯条焊缝与空气隔开。焊接时，电弧在CO_2气流作用下，热量集中，锯条变形小，焊缝质量较高。但所用的设备较复杂。焊接的设备和工具主要有：CO_2气体保护电弧焊机；焊枪和送焊丝机构；CO_2贮气瓶和减压器；焊接平台和手锤等。

焊接电流根据焊丝直径和锯条厚度确定，约为(50~60)dA（d为焊丝的直径，mm）。电弧电压应与焊接电流配合恰当，一般为20V左右。焊丝接正极，锯条接负极。CO_2气流压力为1.5~2.2kg/cm^2。焊接时，焊枪倾角为45°~60°，焊枪移动速度为5~10mm/s。

6.4.3.3 锯身修整

带锯条和圆锯片在制造和使用过程中，其表面产生不平，包括小块突出、凹洼和扭曲。此外，带锯条锯背还会内凹和突起。因此，在修整适张度之前，要对锯身进行锯背校直、锯身整曲和锯面修平，见图6-24。

6.4.3.4 适张度修整

1. 带锯条

带锯条在工作时，受到以下应力的作用：

(1) 张紧应力：带锯条通过上锯轮张紧在上下两锯轮上。尽管锯齿部位的张紧应力和锯腰的张紧应力相同，均为拉应力，但锯齿抵抗侧向力的能力比锯腰差。因此，锯齿稳定性较锯腰差。普通带锯条的张紧应力为78~118N/mm^2，高张紧带锯条的张紧应力为196MPa。

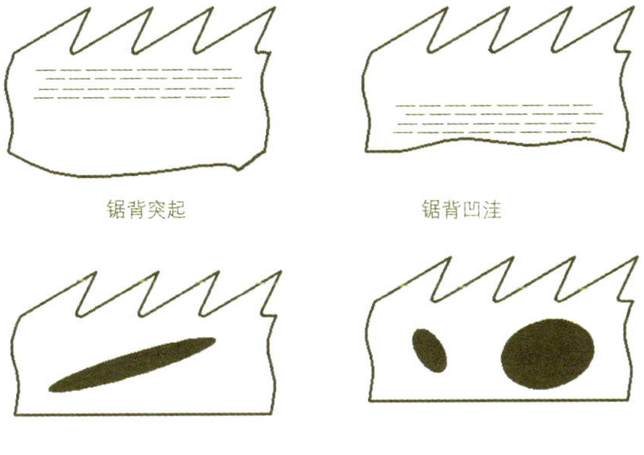

图 6-24 **锯身修整**

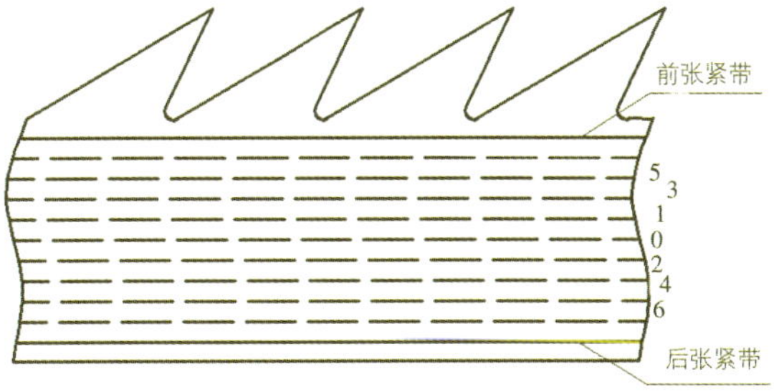

图 6-25 **带锯条适张度辊压线**

(2) 切削应力：在切削力和法向力作用下，锯齿部位受到压应力，锯背受到拉应力。一般工作条件下，锯齿的压应力为 12N/mm²，锯背的拉应力为 14MPa。

(3) 温度应力：锯齿温度高于锯腰和锯背，因而锯齿温度应力大于锯腰和锯背。通常温度应力为 21～65MPa。

(4) 上锯轮前倾应力：上锯轮前倾角一般为 30′，造成锯齿受压，锯背受拉。应力约为 5MPa。

以上各应力的作用结果是锯齿所受的拉应力小于锯腰和锯背，使得锯齿稳定性进一步降低。为了提高锯齿的稳定性，可以通过提高带锯条的张紧力或其他措施，但受到锯身强度和尺寸限制。目前，行之有效的办法是辊压锯身即适张度修整，使得锯齿部位预先有一定的残余拉应力，以补偿工作时拉应力的不足。

辊压适张度时，先在锯齿和锯背附近留出带锯条的前张紧带和后张紧带，然后从两张紧带之间的中心向两边辊压，见图 6-25。压力中间较大，并朝两边逐渐降低。带锯条一面辊压完之后，辊压带锯条的另一面。辊压线在前两辊压线之间。修整好的带锯条应该是“口紧、腰软和背弓”，即锯齿部位张紧，锯腰伸长松弛，锯背拱起。锯腰伸长的程度用圆势表示；锯背拱起的程度用弯势表示。圆势的大小用一端抬起法检查。带锯条抬高 150mm 左右，用直圆势尺在 650mm 处紧贴锯身平面，则直圆势尺和锯身平面之间有月洼形间隙，最大间隙就是圆势。弯势的大小用三爪式弯势尺来检查。一定长度的弯势尺，如 900mm，有三爪：两端各一个，在一条直线上；中间一个，凹入。检查时，若三爪和锯背吻合，则弯势恰当。反之，弯势不足或弯势过大。适张度修整好的带锯条，张紧在锯轮上，锯腰能很好地和锯轮表面贴合，锯齿和锯背受到张紧，保证锯切时不跑锯。带锯条圆势和弯势推荐值见表 6-34。

表 6-34 **带锯条适张度辊压线**

带锯条宽度（mm）	圆势值（mm）	弯势值（mm）（弯势尺：900mm）
50	0.10～0.12	
75	0.21～0.26	0.7～0.75
100	0.35～0.42	
125	0.50～0.59	
150	0.67～0.78	0.5～0.6
180	0.86～1.00	

2. 圆锯片

圆锯片依靠法兰盘固定在锯轴上，锯齿部分没有外加的张紧力而是靠材料自身的结合力。因此，圆锯片刚性不如带锯条（这也是圆锯片比带锯条厚的原因）。当圆锯片高速旋转时，因离心力的作用，锯身半径上各点的应力和变形，都弦向大于径向。锯切时，锯齿的温度高于锯子其他部位的温度，并且温度造成的弦向变形比径向变形大。这就进一步加大了弦、径向变形的不协调。也就是说锯齿部分的金属材料在产生较大的弦向变形时，却无法沿径向产生相应的变形。因此，锯切时锯齿部分松弛，向两侧游动，导致锯材表面波浪不平。解决的办法是锤打或辊压锯身腰部，即适张度处理。圆锯片的圆势大小用半径尺或直径尺在锯身平面上检查，其推荐值见表 6-35。在锯身厚度小或锯片转速高或锯切硬材或进给速度高等情况下，圆锯片适张度宜大一些。

6.4.4 硬质合金圆锯片

锯齿上的合金片为圆锯片的切削部分，是硬质合金圆锯片的心脏。锯齿的角度指的是这块硬质合金片的角度。这些角度除了普通锯齿的前角 γ、后角 α、楔角 β 和内凹角 λ 之外，还有前、后齿面斜磨角 ε_γ、ε_α。后齿面斜磨还分主斜和次斜磨。合金齿的类型、斜磨角和用途见表 6-36。

硬质合金纵锯齿后角 α 一般为 10°～15°，横锯齿后角 α 一般为20°，但前角 γ 随着锯切对象的不同而有不同的取值，楔角 β 也随之改变，可参见表 6-37。

硬质合金圆锯片的直径 D、孔径 d 和齿数 Z 根据应用场合和锯切对象而定，可参见表6-38。硬质合金圆锯片的切削速度比普通圆锯片高，其推荐值见表6-39。硬质合金圆锯片锯身上还有热胀槽、降声槽和侧面刨齿等特殊结构，见图 6-26。

表 6-35 圆锯片适张度值

圆锯片直径（mm）	半径尺检测（mm）			直径尺检测（mm）		
300	0.22	0.18	0.15	0.9	0.72	0.60
450	0.35	0.28	0.23	1.40	1.12	0.92
600	0.63	0.50	0.42	2.54	2.03	1.70
750	0.98	0.79	0.65	3.94	3.15	2.63
900	1.40	1.12	0.91	5.65	4.52	3.77
1050	1.95	1.55	1.29	7.82	6.25	5.21

6.5 钻头

6.5.1 概述

利用旋转的钻头，在工件上加工圆孔的工艺过程，称为钻削。不同类型的钻头可以在工件上加工各种规格的通孔、盲孔和阶梯孔；还可用于钻圈或钻去木材中节子等缺陷，实现嵌补。

表 6-36 合金齿的类型和用途

类型		示图	斜磨角度	说明及主要用途
内凹齿	直磨齿	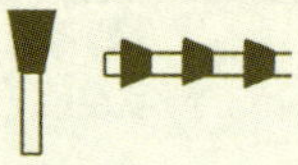	前、后齿面与锯身平面垂直	软硬木材的纵锯和横锯，锯切表面粗糙
内凹齿	后齿面斜磨齿	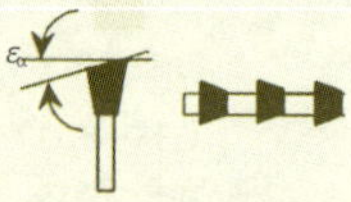	ε_α=10° ～20° 相邻两齿交错斜磨	软硬木材的纵锯和横锯，软质纤维板和刨花板粗加工锯切表面质量中等
内凹齿	前、后齿面斜磨齿	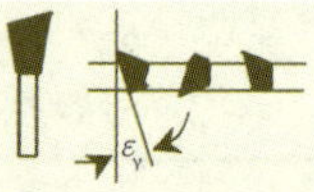	ε_γ=10° 、ε_α=10° ～20° 相邻两齿交错斜磨	实木、胶合板、细木工板、中密度纤维板和高压层积木,锯切质量高
梯形齿	直磨齿		前、后齿面与锯身平面垂直	起线锯。先于主锯片在各种贴面板、层积材、纤维板（MDF,HF和WF),石膏板和矿渣板等材料表面加工1.50～2mm的线槽，防止加工表面撕裂和起毛刺
梯形齿	后齿面斜磨		ε_α=10° 相邻两齿交错斜磨	
梯形内凹齿		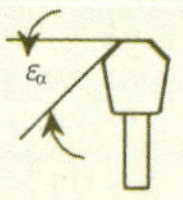	单齿的后齿面双向斜磨。斜磨角为44°	和内凹齿交错配置，并在径向突出0.3mm，先于内凹齿切削。用于薄木贴面板、塑料贴面板和中密度纤维板的加工。锯切质量好
三角齿	等腰		单齿的后齿面双向斜磨，ε_α为25°	再碎锯。人造板生产线上板坯的齐边，两头开榫机截断圆锯片和其他裁边用圆锯片。还可以精加工板材、刨花板、中密度纤维板和三聚氰胺树脂贴面板
三角齿	不等腰		斜磨角一边为15° ，另一边为44°	
三角齿	圆弧齿		前齿面和（或）后齿面磨成圆弧	与等腰三角齿交错配置，并在径向低凹0.3mm。可纵、横向锯切单板层积材、细木工板、胶合板和纤维板等板材。锯切质量好

表 6-37 硬质合金圆锯片锯齿的前角 γ 和后角 α

序号	主要应用场合	锯切对象	α参考值	γ参考值	锯切质量
1	多锯片圆锯机	纵锯木材、软质纤维板和刨花板	12° ～15°	12° ～20°	粗糙
2	手提锯机、多功能锯机	纵、横锯切木材和软质纤维板和刨花板	15°	10°	粗糙
3	截断圆锯机	横向截断木材	20°	－6°	中等
4	手提锯机、纵锯圆	板材下料：包括单板贴面、塑料贴面、细木工板、纤维板、胶合板和层压板等	15°	10° 或 15°	依锯齿类型而定
5	锯机、多功能锯机裁边锯机	板材、单板层积材、塑料贴面板等	15°	8°	好
6	起线锯片	贴面板层积材、纤维板（MDF、HF和WF),石膏板和矿渣板	15°	0°	好

表 6-38 硬质合金圆锯片直径、齿数和孔径

圆锯片类型	直径 D (mm)	齿数 Z	孔径 d (mm)
起线锯	120,125,150,180,200,215	16,20,24,28,32,36,40,44,48	20,22,30,45,50,55,65
粉碎锯	200,220,250	24,28,30,32,36,40,44,48,54,60	80,100
多锯片圆锯机上锯片	180,190,200,210,220,225,250,300,315.320,350,380,400,420	16,20,24,28,34,36,48	30,40,60,70,75,80
横锯片	450,500,550	54,60,72,120	30
纵横锯片	180,190,200,210,240,250,280 300,315,350,400,450,500	12,14,16,18,20,24,28,32,36,40 44,48,54	30,60
人造板加工用锯片	220,250,300,350,400,450	36,40,48,54,60,64,72,80,84,96,108,120,132	30,35,50,60

表 6-39 硬质合金圆锯片锯切速度 v(m/s)

锯切对象	实木、软质纤维板	单板	高压木石膏板	细木工板	单板贴面	胶合板、碎料板、硬质纤维板	刨花板、MDF、塑料层积板
速度 m/s	60～100	70～100	40～65	50～90	60～90	50～80	60～80

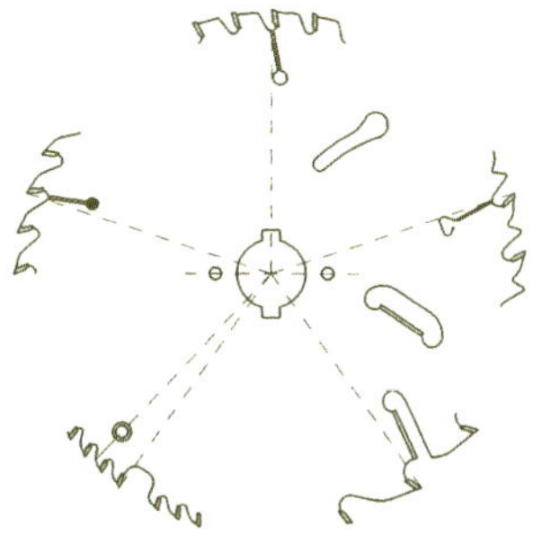

图 6-26 硬质合金圆锯片的特殊结构

根据进给方向相对于木材纤维方向，钻削分为纵向钻削和横向钻削（图6-27）。进给方向和木材纤维一致的钻削称为纵向钻削；进给方向和木材纤维方向垂直的钻削称为横向钻削。纵向钻头的切削部分为锥形，两主刃作横端向切削而不是纯端向切削。横向钻头具有导向中心、沉割刀和锋角为180° 三个主要结构特点。导向中心保证钻削方向；沉割刀先于主刃把木材纤维割断，提高孔壁的质量；两主刃作纵横向切削切除孔内的木材，从而保证孔的加工精度。

按工作部分的形状，钻头分为直杆钻、螺旋钻和空心圆柱钻。直杆钻，如圆柱头中心钻，没有导屑槽，排屑和容屑较差。适合加工直径大而浅的孔，如锁孔、铰链孔等。螺旋钻，如麻花钻，有导屑槽，排屑和容屑较好。宜加工直径小而深的孔，如销孔。按切削部分材料，钻头分为碳钢钻头、硬质合金钻头和金刚石钻头。此外，钻头还有左旋和右旋之分。根据钻头工作部分的形状，钻头分为圆柱体钻头和螺旋体钻头。

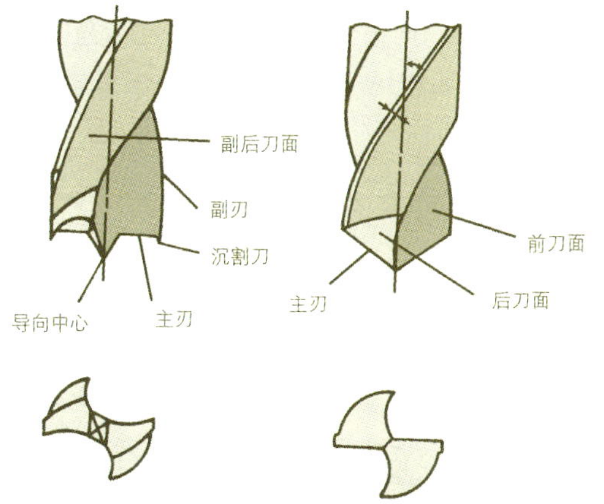

图 6-27 钻头切削部分形状

根据钻头各部分的功能，钻头由尾部、颈部和工作部分组成。钻头各部分组成和术语参见表 6-40。

6.5.2 钻削运动特点

钻削时主运动 V 和进给运动 U 同时进行，切削运动为两者的向量和，主切削刃各点的运动轨迹为螺距相同但升

表 6-40 钻头的组成及术语

名 称		说 明
组成	尾部	包括钻柄和钻舌。除了供装夹外，还用来传递钻孔所需要的扭矩。钻柄形状有圆柱形或圆锥形之分
	颈部	位于钻头尾部和工作部分之间，供磨削钻头尾部时退砂轮
	工作部分	包括切削部分和导向部分。切削部分担负主要的切削工作；导向部分起引导钻头切削和补充切削部分的作用。导向部分外缘的棱边称为螺旋刃带
螺旋角（ω）		螺旋刃带展开线和钻头轴线之间的夹角
前刀面		切屑沿其流出的表面。当工作部分为螺旋体时，前刀面为螺旋槽表面
后刀面		位于钻头的切削部分，与工件加工表面（孔底）相对的表面
锋角(2ϕ)		钻头两条主切削刃之间的夹角。纵向钻削时，锋角<180°；横向钻削时，锋角=180°
横刃		钻头两后刀面的交线，位于切削部分的前端
沉割刀		横向钻头周边切削部分的刀刃。横向钻削时先于主刃将木材纤维割断
导向中心		钻头切削部分中心的锥形凸起，用以保证横向钻削时的钻削方向

角不同的螺旋线。因为钻头的直径较小，并且主切削刃上各点回转半径从钻头周边向中心逐渐减小，因此主切削刃的运动后角 α_m 较大并且钻头中心处的运动后角 α_m 最大。运动后角 α_m 可由下式计算：

$$\alpha_m = \mathrm{arctg}\frac{U}{V} = \mathrm{arctg}\frac{U_n}{2\pi R}$$

式中：U——进给速度，m/s

V——主切削刃某点的线速度，m/s

U_n——每转进给量，mm/转

R——主切削刃某点的回转半径，mm

因工作后角 $\alpha_w = \alpha - \alpha_m$，在 α 不变情况下，靠近钻头中心处的工作后角 α_w 最小。为了保证钻头中心处刃口有正常的切削条件，钻头主切削刃必须有足够大的标注后角 α。纵向钻头后刀面采用锥形刃磨，使标注后角 α 从钻头周边向中心处逐渐增加。横向钻头选用较大的标注后角（α=15°～20°），以满足切削要求。

6.5.3 钻头的典型结构

6.5.3.1 工具钢销孔钻

销孔钻是螺旋钻的一种，与其他螺旋钻相比，螺旋棱带较宽，螺旋角较小。根据尾部结构，销孔钻分为三种形式：结构Ⅰ钻头尾部直径和工作部分的直径相等，结构Ⅱ尾部有装夹平面；结构Ⅲ尾部有装夹螺纹。其结构形式和规格尺寸见表 6-41。

工具钢销孔钻通常用合金工具钢（如Cr12V等）或高速钢（如W6Mo5Cr4V2和W18Cr4V等）制造。工作部分热处理后的硬度为HRC62～65。适合在软材或中硬材上钻削各种规格的孔。

6.5.3.2 硬质合金销孔钻

硬质合金销孔钻是在切削部分镶焊一块硬质合金。硬质

表 6-41 销孔钻结构和规格尺寸

示 图	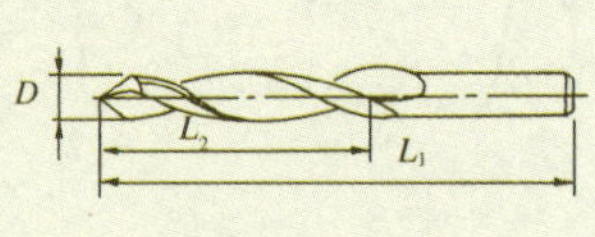	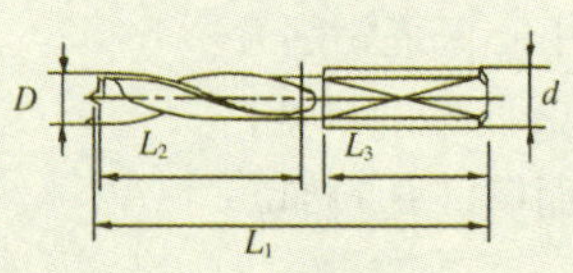	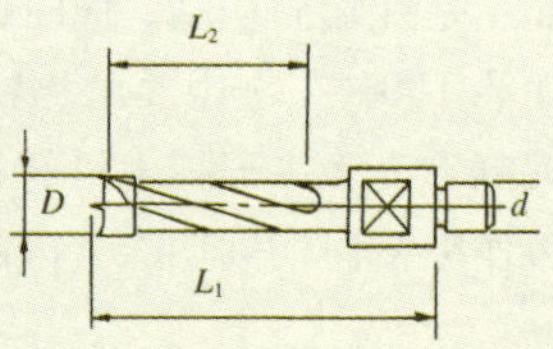
尾部结构形式	结构Ⅰ	结构Ⅱ	结构Ⅲ
切削部分直径 D（mm）	2,2.5,3,3.5,4,,4.5,5,5.5,6,6.5,7,7.5,8,8.5,9,10,11,12	6,7,8,9,10,12,13,14,15,16,18,20	5,6,8,10,12,14
尾部直径 d（mm）	同 D	8,10,13,16	8,10,
总长 L_1（mm）	49,57,61,70,75,80,83,90,98,105,113,120,130,140,150,155	140,145,150,155,160,165,170,175,180,185,190,200,210	60,61,63
工作部分长度 L_2（mm）	22,25,30,35,40,45,50,55,60,70,75,80	75,80,85,90,95,100,105,110,120,125,130,140	40,43
尾部长度 L_3（mm）		20,25,30,50	

合金可锥形修磨成纵向钻头，也可磨出导向中心和沉割刀，成为横向钻头。钻杆由40Cr或40号钢制造；切削部分采用钨钴类硬质合金（如YG8、YG10X等）制造，宜用于钻削硬材或木质人造板。按其尾部分类，结构也有三种形式，其结构和规格尺寸见表6-42。

6.5.3.3 硬质合金中心钻

硬质合金中心钻是在圆柱头中心钻（工具钢横向钻头）基础上发展起来的，工作部分除了两条主刃之外，具有导向中心和沉割刀，用于横向钻削不深的通孔和盲孔如铰链孔和锁孔等。沉割刀高出主刃0.5～0.9mm，导向中心高出主刃2～2.5mm。主刃的后角α为15°～20°，楔角γ为50°，对应的前角γ为20°～25°。

中心钻切削部分的硬质合金块可以镶焊在钻杆上，也可以通过螺钉夹固在钻杆上，成为装配式钻头。后者优越性在于导向中心伸出量可通过螺钉调整，并可更换因异常磨损损坏的单个刀片。但其排屑不如镶焊钻头流畅。

根据尾部结构，中心钻也有三种形式，其结构和规格尺寸见表6-43。

6.5.3.4 扩孔钻和扩孔套

扩孔有两种情况：一是在已有的孔上加工锥形孔；二是钻孔和扩孔同时进行，一道工序完成钻孔和扩孔。与此对应的钻头有锥形扩孔钻和复合扩孔钻。锥形扩孔钻的锥角为90°，如图6-28（a）所示。复合扩孔钻有整体和组合两种。整体复合钻，见图（b），其钻头和扩孔钻做成一体，加工一定尺寸规格圆柱阶梯孔。组合扩孔钻的钻头和扩孔套各为一体，见图（c），通过螺钉把扩孔套装夹钻头上。扩孔套有锥形和圆柱形两种，可实现锥形扩孔和阶梯圆柱扩孔。

锥形扩孔钻和复合扩孔钻可参照表6-44选用。

表6-42 硬质合金麻花钻结构和规格尺寸

单位：mm

示图	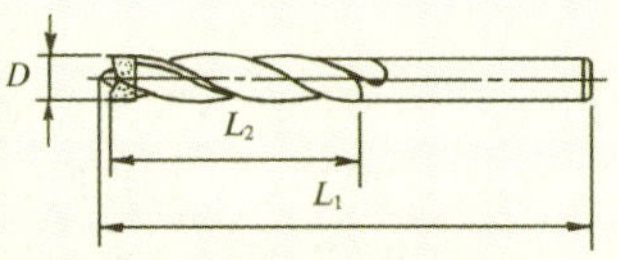	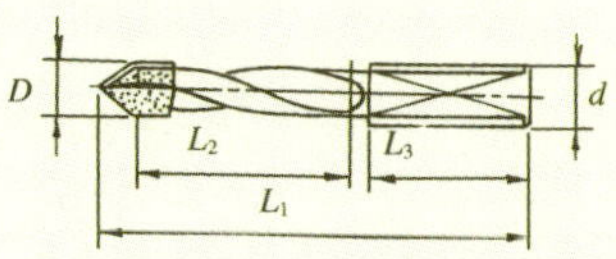	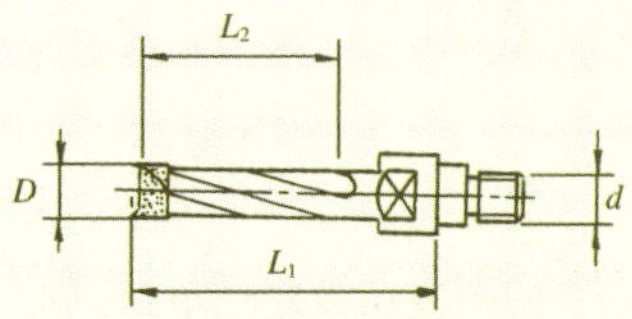
尾部结构形式	结构Ⅰ	结构Ⅱ	结构Ⅲ
切削部分直径 D	4,,4.5,5,5.5,6,6.5,7,8,8.5,9,10,11,12	6,8,10,12,13,14,15,16,18,20	5,6,7,8,10,12,13,14,15,16
尾部直径 d	同D	13,16	8,10
总长 L_1	70,80,85,90,100,110,120,130,140,150,155	140,150,160,170,175,180 185,190,200,210	57.5,70
工作部分长度 L_2	35,55,60,65,70,75,80,90,95 100	75,85,95,105,110,120,125,130,140	25,30,35,40,43,45,65
尾部长度 L_3		50	20,25,30,43

表6-43 硬质合金麻花钻结构和规格尺寸

单位：mm

示图	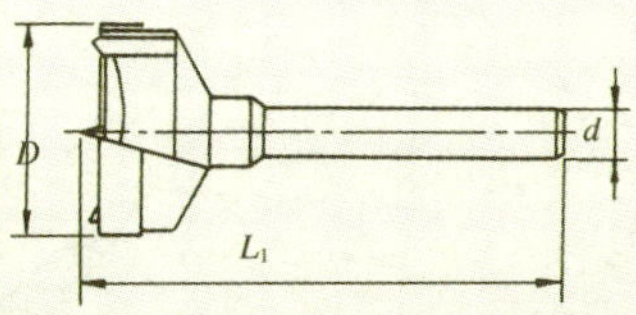	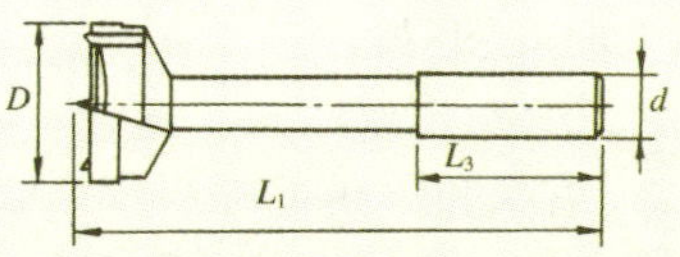	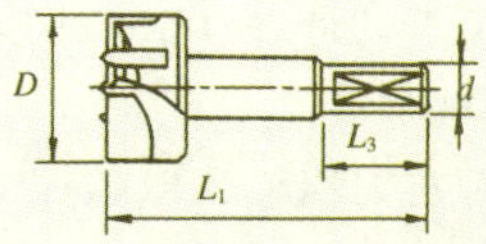
尾部结构形式	结构Ⅰ	结构Ⅱ	结构Ⅲ
切削部分直径 D	15,16,17,18,19,20,22,24,25,26,28,30,32,34,35,36,38,40	15,16,18,20,22,24,25,26,28,30,32,34,35,36,38,40,42,44,45,46,48,50,52,54,55,56	15,16,18,20,22,25,26 30,35,40
尾部直径 d	10	13,16	10
总长 L_1	90	140	57.5,70
尾部长度 L_3		50	26

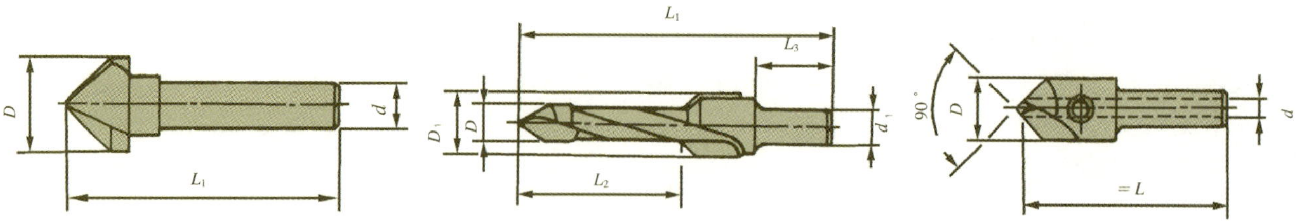

(a) 锥形扩孔钻　(b) 整体复合钻　(c) 组合扩孔钻的扩孔套

图 6-28 扩孔钻

表 6-44 锥形扩孔钻和复合扩孔钻结构和规格尺寸

单位：mm

参数	锥形扩孔钻	整体复合钻	锥形扩孔套	圆柱形扩孔套
钻头直径 d		5.5,6.2,7.5	3,4,5,6	5,6,8,10,12
扩孔直径 D	16,20	7.1,7.7,8.8	16	15,16,20,25,30
钻头总长 L_1	58,75	120		
扩孔套长 L			55	22,25,28,

6.6 旋切与旋刀

6.6.1 概述

旋切是应用最广泛单板制造方式，能够从木段上生产连续带状的弦切单板。旋切时，旋刀刀刃平行于木材纤维方向作横向切削，以木段的等角速度旋转运动为主运动，旋刀匀速直线运动为进给运动。

单板旋切时，切屑为制品（单板）。为此，应尽量降低单板反向弯曲产生的背面裂隙，形成光滑螺旋状单板。为了获得厚度均匀、表面平整和背面无裂隙的单板，和其他木材切削方式相比，单板旋切具有下列特点：

(1) 主运动和进给运动必须严格协调，使得单板厚度等于每转进给量 U_n；

(2) 旋切前木段需要蒸煮处理，提高木材的韧性和降低切削力；

(3) 旋刀切削角 δ(19°～27°) 小，则楔角（18°～23°）和后角（1°～4°）也小；

(4) 旋切时，压尺压紧切屑，使切屑外表面预先压缩，内表面预先伸展；

(5) 旋刀相对于卡轴有严格的安装关系，压尺和旋刀的相对位置也严格要求。

6.6.2 旋切运动关系

因单板名义厚度 s 和每转进给量 U_n 相等，所以：

$$s = U_n = \frac{6 \times 10^4 U}{n}$$

式中：s——单板名义厚度，mm

U——旋刀进给速度，m/s

n——木段旋转速度，r/min

旋切过程中，旋刀刃口在木段横截面上移动的轨迹线称为旋切曲线，如图 6-29 所示。旋切时，旋刀刃口由 A 点移动到 A′ 点，木段同时作顺时针方向等角速度回转。为了便于分析，假设刀刃由 A′ 点移到 A 点，而木段作逆时针方向等角速度回转。则可推导出旋切轨迹曲线的极坐标方程为：

$$R^2 = \alpha^2 \phi^2 + h^2$$

式中：R——木段的瞬时半径，mm

ϕ——极角，rad

h——旋刀装刀高度（mm），即旋刀刀刃距卡轴轴线水平面的距离。低于卡轴轴线的水平面时 h 为负值，高于水平面时 h 为

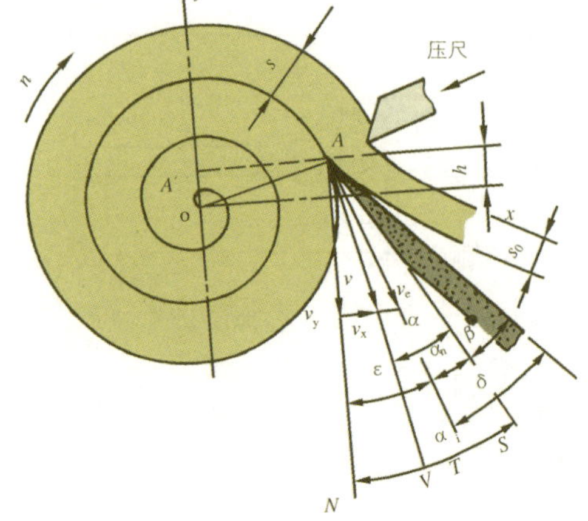

图 6-29 旋刀切削角度参数

正值

a——常数，$a=s/2\pi$，s 为旋切单板的名义厚度（mm），π 为圆周率

由上式可知：

（1）当装刀高度 $h=0$ 时，$R=a\psi$。则旋切曲线为阿基米德螺旋线，a 是阿基米德螺旋线的极次法距；

（2）当装刀高度 $h=\pm a$ 时，$R^2=a^2(\psi^2+1)$。则旋切曲线为圆的渐开线，a 是渐开线的基圆半径；

（3）当装刀高度 $h\neq0$ 和 $\neq\pm a$ 时。则旋切曲线为广义渐开线。

因此，旋切曲线随着旋刀装刀高度 h 的不同而不同。但单板的名义厚度 s 为 $2\pi a$。不随 h 变化而改变。

6.6.3 旋切角度

6.6.3.1 角度术语

旋切时，旋刀有楔角 β、切削角 δ、后角 α 和工作后角 α_w）和补充角 ε 等角度，见图 6-29。

1. 楔角 β（又称研磨角）

楔角是指旋刀前刀面和后刀面之间的夹角。为了获得优质单板，在满足旋刀强度的前提下，尽可能选用小楔角。通常 $\beta=18°\sim23°$。旋切厚单板和硬木材时，β 应取大值。我国常用树种旋切时的 β 见表 6-45。

表 6-45 常用树种旋切时的楔角 β *

树种	松木	椴木	水曲柳	杨木	桦木
楔角 β（℃）	18～21	18～19	20～22	17～18	19～20

注：* 旋刀硬度>HRC63 时，β 取下限值

2. 后角 α 和工作后角 α_w

旋刀后角 α 是指旋刀的标注后角，它是木段在刃口 A 点处的主运动速度方向 AV 与旋刀后刀面 AS 之间的夹角。在旋切过程中，因主运动速度方向随着木段半径的变化而改变。因此，当 $h>0$ 时，随着木段直径变小，旋刀标注后角 α 逐渐降低；当 $h<0$ 时，α 变化则相反。工作后角 α_w 是指旋切曲线上刃口 A 点的切线 AT 与后刀面 AS 之间的夹角。因此，影响旋刀后刀面与木段接触及摩擦的是工作后角 α_w 而不是 α。为了保证旋刀后刀面与木段必要的接触面积，工作后角应随木段直径的减小而减小。

3. 切削角 δ

旋切时，旋刀的切削角 δ 为楔角 β 和工作后角 α_w 之和。因此，切削角影响到单板的反向弯曲程度。旋切时，切削角越大，单板反向弯曲的程度就愈大，单板背面出现裂隙的可能性也就愈大。因而减小切削角就可以降低单板背面裂隙。这就是旋切时采用小楔角和小后角的缘故。此外，随着旋切过程的深入，木段直径逐渐减小，单板反向弯曲的程度就越来越大。所以，切削角应随着木段直径的减小而减小。由于旋刀的楔角 β 在刃磨后就为定值，因而只有通过降低工作后角来实现减小切削角的目的。

可见，在旋切过程中，要求 α_w 随着木段直径的减小而减小，一是为了保证旋刀后刀面与木段必要的接触面积；二是降低单板的反向弯曲。通常工作后角推荐值见表 6-46。

表 6-46 木段径级 D 与工作后角 α_w 的关系

D (mm)	260～300	320～420	440～600	620～800
α_w(°)	0.5～1	1～2	2～3	3～4

（1）补充角 ε：补充角是切线 AT 和铅垂线 AN 之间的夹角。

（2）装刀后角 α_i：装刀后角是铅垂线 AN 和后刀面 AS 之间的夹角。

6.6.3.2 工作后角的变化规律

1. 装刀高度 $h=0$

旋切曲线为阿基米德螺旋线，其极坐标方程为：$R=a\psi$，则在直角坐标系内的参数方程为：

$$\begin{cases} x=a\psi\cos\psi \\ y=a\psi\sin\psi \end{cases}$$

因为 $h=0$，即 $y=0$。所以：　$a\psi\sin\psi=0$

则：

$\psi=n\pi$，n 为 1，2，3，4，……

在刃口 A 点的切线斜率 K_A 为：

$$K_A=\mathrm{tg}\zeta\left.\frac{dy}{dx}\right|_{y=0}=\left.\frac{tg\psi+\psi}{1-\psi tg\psi}\right|_{\psi=n\pi}=n\pi$$

表 6-47 列出了根据上式的计算结果。可见，切线 AT 随着木段直径的增大而逐渐接近垂直于 OX 轴，即与后刀面 AS 之间的夹角逐渐变大。因此，当按阿基米德螺旋线旋切时，工作后角 α_w 随着木段直径的增大而变大，满足单板旋切时工作后角变化的要求。

表 6-47 切线 AT 斜率

n	2	10	25	50	100	500
K_A	2π	10π	25π	50π	200π	1000π
ξ(°)	80.95	89.09	89.64	89.82	89.91	89.98

2. 装刀高度 $h=\pm a$

旋刀刃口高出卡轴中心线，则 h 为正；反之 h 为负。旋切曲线为圆的渐开线，其极坐标方程为：$R^2=a^2(\psi^2+1)$。当 $h=+a$ 时，圆的渐开线展开方向和单板旋切曲线相反。故只讨论 $h=-a$ 的情况。其在直角坐标系内的参数方程为：

$$\begin{cases} x=\alpha\phi\cos\phi \\ y=\alpha\phi\sin\phi \end{cases}$$

当 $y=h=-a$ 时，则：

$\phi=2n\pi+3\pi/2$，n 为 1，2，3，4，……

在刃口 A 点的切线 AT 斜率 K_A 为：

$$K_A=\mathrm{tg}\zeta\left.\frac{dy}{dx}\right|_{y=\pm\alpha}=tg\phi\Big|_{\phi}=2n\pi+\frac{3\pi}{2}=\infty$$

所以，刃口 A 点的切线 AT 始终是一条铅垂线。工作后角 α_w 不随木段直径的变化而改变。从 $a=s/2\pi$ 式中可以看出，a 随着旋切单板名义厚度的变化而变化，则 h 也随之变化。此外，希望旋刀工作后角（或切削角）应随木段旋切直径的减小而自动减小。这样使问题变得复杂了。所以，在设计旋切机时，若用圆的渐开线作为旋刀与木段相互间的运动关系是不合适的。

与此相反，阿基米德螺旋线的特性是较理想的。不管单板的名义厚度如何变化，h 值总是零，并且工作后角 α_w 随着木段直径的减小而减小。因此，它被作为设计旋切机时旋刀与木段之间的运动关系的理论基础。

3. 装刀高度 $h\neq0$ 和 $h\neq-a$

木段在 A 点的主运动方向 AV 和半径线 OA 垂直，速度计算公式为：

$$V=\frac{2\pi Rn}{6\times10^4}$$

主运动速度 V 分别沿着 OX 方向和 OY 方向分解，得分量 V_X 和 V_Y。如图 6-29 所示。

则：

$$V_X=V\sin\sigma=V\frac{h}{R}=\frac{2\pi hn}{6\times10^4}$$

$$V_Y=V\cos\sigma=V\frac{\sqrt{R^2-h^2}}{R}=\frac{2\pi n\sqrt{R^2-h^2}}{R}$$

旋刀进给速度 U 为：

$$U=\frac{sn}{6\times10^4}$$

式中：n——木段转速，r/min

R——木段在 A 点的半径，mm

h——装刀高度，mm

s——单板名义厚度，mm

假设旋刀不动，木段应沿着旋刀进给的反方向进给。这样，木段在A点的主运动速度和木段沿旋刀进给的反方向进给速度的合成，就是 A 点切削运动。其方向也就是旋切曲线在 A 点的切线 AT。则补充角 ε 可由下式计算：

$$tg\varepsilon=\frac{U+V_X}{V_Y}=\frac{a+h}{\sqrt{R^2-h^2}}$$

式中：$a=s/2\pi$，当旋刀刃口高出卡轴中心线时，h 为“+”；反之 h 为“－”。由图 6-29 可知，工作后角 α_w、补充角 ε 和装刀后角 α_i 三者关系如下：

$$\alpha_w=\alpha_i\pm\varepsilon$$

当 $h<0$ 且 $|U|>|V_X|$ 或 $h>0$ 时，α_w 为：

$$\alpha_w=\alpha_i-\alpha rctg\frac{\alpha+h}{\sqrt{R^2-h^2}}$$

当 $h<0$ 且 $|U|<|V_X|$ 时，α_w 为：

$$\alpha_w=\alpha_i+\alpha rctg\frac{\alpha+h}{\sqrt{R^2-h^2}}$$

对上面式中的 R 求偏导数，得：

$$\frac{\delta\alpha_w}{\delta R}=\pm\frac{(\alpha+h)R}{(R^2+2ha+\alpha^2)\sqrt{R^2-h^2}}$$

令 $\delta\alpha_w/\delta R=0$，得 $h=-a$。可见，当 $h>-a$ 时，$\delta\alpha_w/\delta R>0$；当 $h<-a$ 时，$\delta\alpha_w/\delta R<0$。因此，可归纳下面三个结论：

(1) 当 $h=-a$ 时，旋切削曲线为阿基米德螺旋线。工作后角(w 不随木段直径的变化而改变；

(2) 当 $h>-a$ 时，工作后角 α_w 随着木段直径的增大而变大；

(3) 当 $h<-a$ 时，工作后角 α_w 随着木段直径的增大而变小，这不能满足单板旋切要求。

6.6.3.3 旋切机刀架与工作后角

生产中使用的旋切机刀架基本上可分为两种类型。旋刀和压尺装在刀架上，刀架带着旋刀和压尺只作直线进给运动，这类刀架称为第一类刀架。具有这种刀架的旋切机，旋刀工作后角仅依靠旋切曲线特性而自然改变。工作后角变化范围较小，故只适合旋切直径较小的木段。

当旋切的木段直径较大时，为了提高单板的表面质量，要求工作后角的改变范围较大，靠自然改变工作后角的方法不能满足生产需要。因此，必须采用机械方法，使工作后角能在较大范围内变化。要达到这一点，旋刀和压尺在旋切过程中不仅做水平的进给运动，而且能通过卡轴轴心线的水平面与旋刀前刀面的延伸面相交的直线作转动。具有这种结构的刀架称为第二类刀架，如图6-30所示。

第二类刀架有两条滑道：水平的主滑道和倾斜的辅助滑道。刀架装在主滑块的半圆环的凹槽内。刀架的尾部通过偏心轴和辅助滑块相连。当旋刀向卡轴移动时，刀架尾部沿着辅助滑道作下坡运动，则旋刀就会顺时针转动，从而达到工作后角均匀改变的目的。

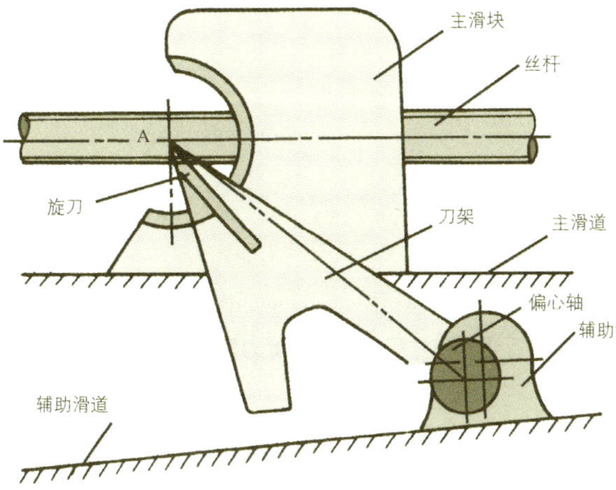

图 6-30 第二类刀架

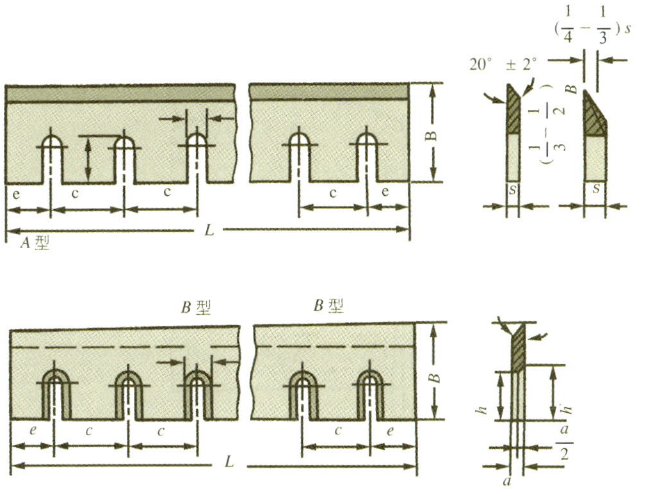

图 6-31 旋刀结构

表 6-48 推荐的装刀高度

刀架类型	装刀高度 h (mm)	
	$D<300$	$300<D<800$
第一类	0～0.5	0.5～1
第二类 $\mu=1.5°$ $\mu=3°$	0～-0.5	0～-1

注：D 为木段直径(mm)

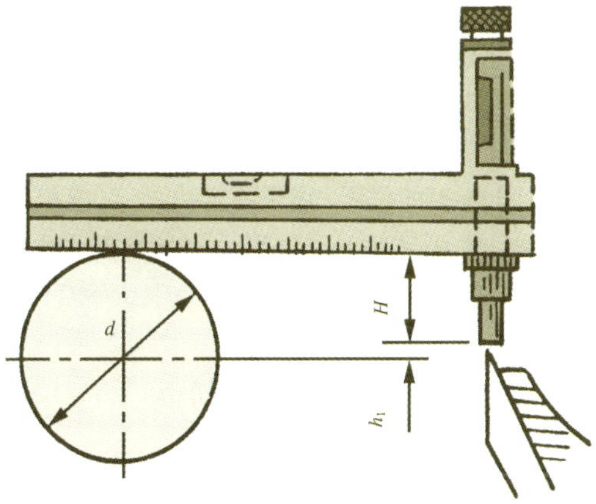

图 6-32 高度计

6.6.4 旋刀及安装

6.6.4.1 旋刀结构

旋刀有两种基本结构：一是刀体上开有安装槽；二是刀体没有开安装槽。安装槽有两种形式，见图 6-31，一种是平面槽；另一种是阶梯槽。旋刀材料通常由两种钢材制造：刀体由 10 号或 15 号优质碳素结构钢制造，切削部分采用合金工具钢如 CrWMn、6CrW2Si 等材料。旋刀切削部分热处理后的硬度为 HRC57-62，同一把旋刀在切削部分的硬度差不超过 HRC3。

旋刀长度为 1050～2800mm，共有 12 种规格。旋刀长度不超过被旋木段长度的 50～70mm。旋刀宽度有 150，160，180mm，厚度有 15，17mm。切削部分的厚度是旋刀厚度的 1/4～1/3，宽度是旋刀宽度的 1/3～1/2。旋刀刃口直线度，每 100mm 长度不应大于 0.1mm。

6.6.4.2 旋刀安装

旋刀在安装过程中，要测量装刀高度 h 和装刀后角 α_i。根据旋切机刀架的结构，旋刀安装高度 h 见表 6-48。装刀高度 h 是否符合要求，要用图 6-32 所示的高度计进行检测。测量 h 时，尽量做到旋刀和卡轴之间的距离等于所旋木段的平均直径。除两端测量外，中部还可测 3～4 点。

旋刀安装后角 α_i 可采用图 6-33 所示的倾斜计测量。根据公式，可分别算出旋刀补充角 ε 和旋刀工作后角 α_w。若算出的 α_w 和要求的 α_w 不符，就需要调整装刀后角 α_i。

6.6.5 单板压紧

旋切时，为了提高单板表面质量，在旋刀的前面要用压尺压紧木段。

6.6.5.1 压紧程度

压紧程度可用下式表示：

$$\Delta=\frac{S-S_0}{S}\times 100\%$$

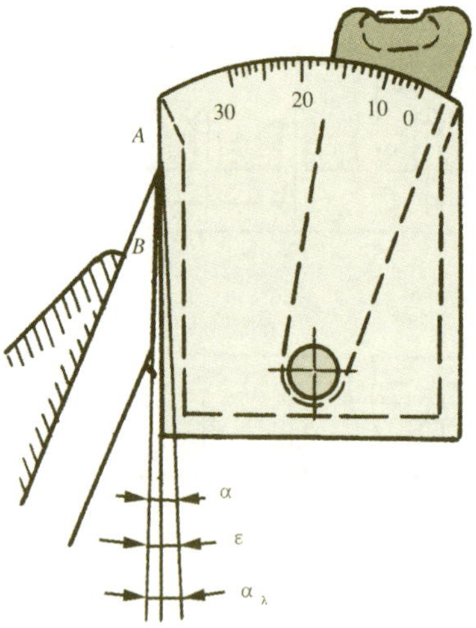

图 6-33 倾斜计

(3) 压尺前刀面与旋刀前刀面之间的夹角((压尺安装角)。通常 σ =70°～90°，当压尺棱高度 h_0 等于零或接近于零时，σ 取小值；反之取大值。

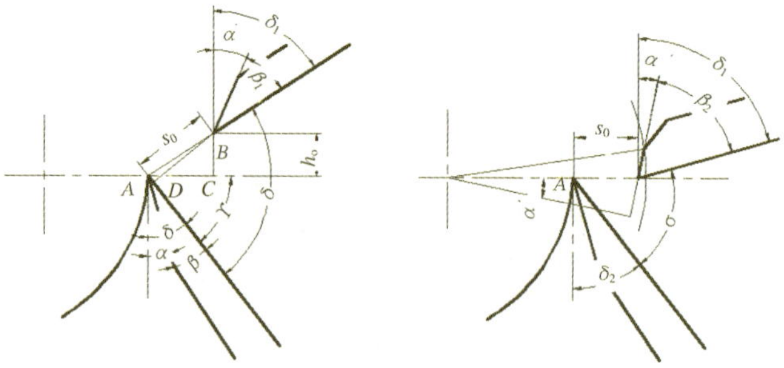

(a) 圆棱压尺　　(b) 斜棱压尺

图 6-34 压尺相对于旋刀的位置

单板的压紧程度与单板的厚度、树种和木材蒸煮的温度有关。

6.6.5.2 压尺种类和结构(表 6-49)

压尺的结构有三种：①没有槽口的压尺；②具有埋头螺栓沟槽压尺；③特殊形状沟槽的压尺。压尺用碳素工具钢如T8A、T9A或合金工具钢如6CrW2Si、9SiCr等制造，热处理后压尺棱附近的硬度为HRC28-48。压尺长度和旋刀相当，宽度为50～80mm，厚度为12～15mm。

6.6.5.3 压尺安装

压尺相对于旋刀的位置，应该满足两点：①单板具有合适的压紧程度；②压尺对木段作用力的合力通过旋刀的刃口。圆棱压尺和斜棱压尺相对于旋刀的位置，如图6-34 (a)(b) 所示，由下列三个参数确定：

(1) 压尺棱与旋刀刀刃平行，并用塞尺沿刃口按一定间隔测定若干点，使之等于 s_0；

(2) 压尺棱相对于旋刀刃口的高度 h_0（压尺棱高度）；

斜棱压尺的压尺棱高度 h_0=0。圆棱压尺的 h_0 可根据下式来计算：

$$h_0 = s\left(1-\frac{\triangle}{100}\right)\left(\sin\delta_i - \frac{\cos\delta_i}{tg\sigma}\right)$$

式中：s——单板名义厚度

$\triangle$——单板压紧程度

σ——压尺安装角

δ_i——旋刀安装切削角（旋刀前刀面和铅垂线之间的夹角，$\delta_i = \alpha_i + \beta$）

辊柱压尺相对于旋刀的位置(图6-35)取决于两个参数：①辊柱压尺表面到刃口的水平距离X；②压尺中心到旋刀刃口的垂直距离 Y。其计算公式为：

$$X = \left(s_0 + \frac{D}{2}\right)\cos\delta_i - \frac{D}{2}$$

$$Y = \left(s_0 + \frac{D}{2}\right)\sin\delta_i$$

表 6-49 压尺种类和应用范围

示 图	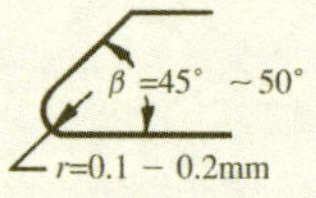	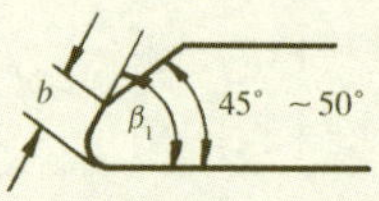	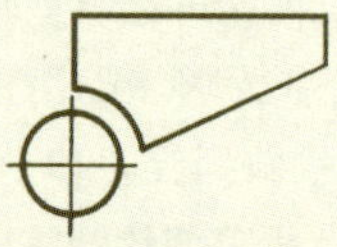
	圆棱压尺	斜棱压尺	辊柱压尺
应用范围	硬阔叶材、横纤维抗拉强度较大的树种和1mm以下单板	软阔叶材（如杨木、椴木及横纤维抗拉强度较小的树种）和松木及厚单板	软材和厚单板

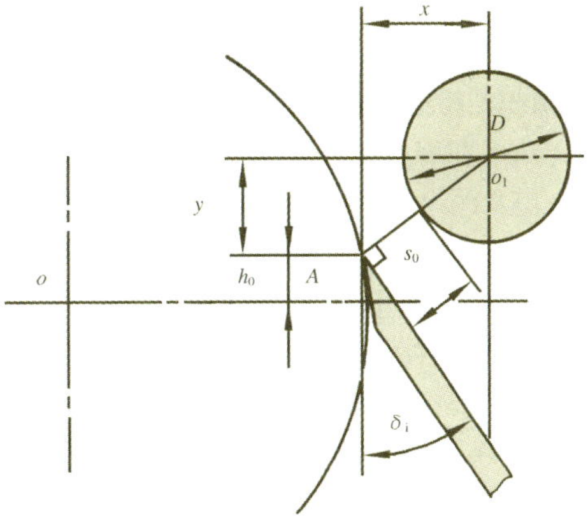

图 6-35 辊柱压尺相对于旋刀的位置

6.7 磨削与磨具

6.7.1 磨削的种类(表 6−50)

6.7.2 磨具

木材磨削用的磨具分为砂布（或砂纸）和砂轮，前者使用更为广泛。砂布由基体、磨料、结合剂和气孔四部分组成；砂轮由磨料、结合剂和气孔三部分组成，如图 6-36 所示。

图 6-36 磨具的组成

6.7.2.1 磨料

木材磨削用的磨料分为刚玉类、碳化物类和玻璃砂（SB）三种类型。刚玉磨料的主要成分为 Al_2O_3。根据添加物类型和含量，刚玉磨料又分为棕刚玉（GZ）、白刚玉（GB）、单晶刚玉（GD）、微晶刚玉（GW）和铬刚玉（GG）等。根据碳化物类型和成分，碳化物磨料分为黑碳化硅（TH）、绿碳化硅（TL）、和碳化硼（TP）。

刚玉类磨料硬度和锋利度不如碳化硅，但韧性大，抗弯强度高，适合于磨削量大的场合，如宽带砂光机的粗磨。碳化硅磨料硬度和锋利度都高，且韧性小，适合于磨削量小的场合，如宽带砂光机的精磨。玻璃砂韧性差，易碎裂但锋利，适合于制造砂轮。

6.7.2.2 粒度

粒度是指磨料的尺寸。用筛选法获取的磨料，其粒度号是用 1 英寸（25.4mm）长度上有多少个孔眼的筛网来确

表 6-50 木材主要磨削种类

类型	示 图	说 明	用途和特点
砂盘	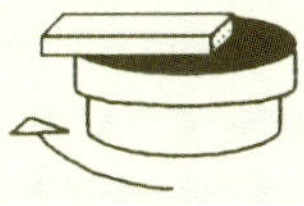	把砂布或砂纸固定在旋转的圆盘上对工件进行砂光	平面砂光、角砂光。结构简单、砂盘刚性强。砂盘中央和周边的磨削速度不同，工件表面磨削不均匀
砂带	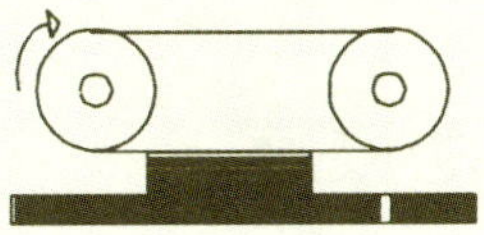	将一根无端砂带张紧在两个带轮上，通过带轮驱动砂带作直线运动，磨削工件。分为窄砂带磨削和宽砂带磨削	窄砂带用于磨光曲面、小幅面的平面。宽砂带用于砂光大幅面木板和人造板定厚强力磨削等。磨削幅面大、磨削速度高（可达 25m/s），故生产效率高。砂带长，散热较好，使用寿命长
砂辊	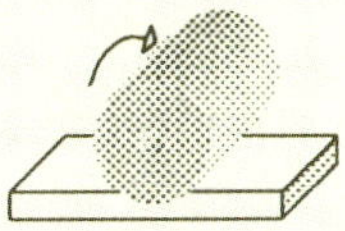	把砂布包裹在辊筒上构成磨削砂辊。砂辊作回转运动，磨削工件。分为单辊磨削和多辊磨削	单辊磨削可砂光平面和曲面。多辊磨削可磨削拼板、框架及人造板。磨削幅面大、磨削速度高，生产效率高。单位时间磨料参加切削的次数多，散热较差，使用寿命较短
砂轮	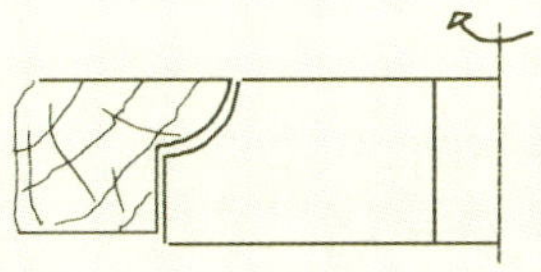	砂轮是用粘结剂把磨料粘结成一定形状的回转体。根据工件截面形状，修整砂轮形状	可磨削木线型及木框等。工件磨削精度高，磨具使用寿命长，更换方便。但散热条件差，不宜大面积的磨削和大的磨削量
磨刷	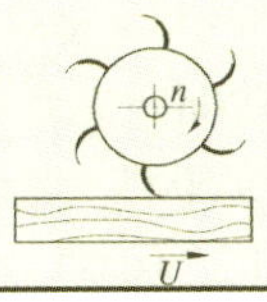	将砂布剪成窄条状并固定在磨刷头上，磨刷头上的弹性毛束把砂布抵压在工件表面	能磨削门框、镜框等复杂的木线形

定；用W表示的磨料称为微粉，它的粒度以微粉的实际尺寸表示。常用的磨料粒度见表6-51。粒度的选择通常根据待磨工件表面的粗糙度、工件要求的表面粗糙度和木材材性来确定。为了提高生产率和满足工件表面质量，可以采用多头砂光机，分几次磨削。各头砂带应隔号选用，粗砂的粒度最低，细砂的中等，精砂的最高。如粗砂用30号、36号、60号，则细砂用80号、100号，精砂用120号、150号、180号。

表6-51 磨料粒度及颗粒尺寸

粒度（号）	磨料尺寸（μm）	粒度（号）	磨料尺寸（μm）	粒度（W）	磨料尺寸（μm）
8	3150～2500	70	250～200	W40	40～28
10	2500～2000	80	200～160	W28	28～20
12	2000～1600	100	160～125	W20	20～14
14	1600～1250	120	125～100	W14	14～10
16	1250～1000	150	100～80	W10	10～7
20	1000～800	180	80～63	W7	7～5
24	800～630	240	63～50	W5	5～3.5
30	630～500	280	50～40	W3.5	3.5～2.5
36	500～400			W2.5	2.5～1.5
46	400～315			W1.5	1.5～1.0
60	315～250			W1	1.0～0.5

6.7.2.3 结合剂

结合剂是把磨料粘合在一起而构成磨具的材料。磨具的强度、耐热性和耐用度等性能很大程度上取决于结合剂的性能。木材磨削用的磨具结合剂习惯采用动物胶和树脂胶。动物胶柔软性好，工件磨削表面质量高，但耐热、耐水差。适合于磨削温度低、工件含水率低的场合。树脂胶价格尽管较贵，但热固性、防水性均优于动物胶，适合于磨削温度高和工件含水率高的场合。

6.7.2.4 磨具的硬度

磨具硬度和磨粒本身硬度是两个不同的概念，磨具硬度是指磨具工作表面的磨粒在外力作用下脱落的难易程度。磨粒易脱落，则磨具的硬度就低，反之硬度就高。磨具硬度分为超软（CR）、软（R）、中软（ZR）、中（Z）、中硬（ZY）、硬（Y）和超硬（CY）。其中R还细分为R1、R2和R3，ZR细分为ZR1和ZR2，Z细分为Z1和Z2，ZY细分为ZY1、ZY2和ZY3，Y细分为Y1和Y2。

选用磨具硬度时，应视具体情况而定。通常磨削软材要选用硬度高的磨具，磨削硬材要选用硬度低的磨具。磨削人造板时，因胶合材料、添充材料易于堵塞磨具表面，应选用硬度更低的磨具。精磨时的磨具硬度应高于粗磨时的磨具硬度。

6.7.2.5 磨具的组织

磨具组织是指磨具中的磨粒、结合剂和气孔三者体积的比例关系。磨粒在磨具中所占比例越大，则磨具的组织越紧密；反之，磨具的组织越松。磨具的组织对磨削生产率和表面质量有直接影响。磨具组织一般分为紧密、中等和疏松三种。组织疏松的磨具，因有较多的气孔可容纳磨屑，离开磨削区后，磨屑又易排出，磨具不易堵塞，散热也好。因此，适合磨削软材、含树脂多的木材或磨削面积大的场合，但磨具使用寿命较低。组织紧密的磨具，其气孔易堵塞，但单位体积的磨粒多，磨削质量高。因而，适合磨削硬材或磨削表面不平度要求低的场合。为了保持砂轮的形状和磨削表面光洁度，砂轮组织要求中等或紧密。

6.7.3 磨削过程的特点

磨粒在磨具表面上的分布很不规则，各磨粒的高度和间距差异较大。此外，磨粒形状各异。磨粒顶角约为90°～120°；切削刃及前刀面形状不规则，通常是不规则的曲线和空间曲线；切削刃有一定的圆弧半径。

因此，磨具在磨削过程中，表现出下述特点：

(1) 磨粒往往以负前角和（或）负后角切削。因此，磨粒对磨削表面会产生刮削、挤压作用，使磨削区木材发生强烈的变形。

(2) 各磨粒切削情况不尽相同。其中比较凸出和锋利的磨粒，切削厚度较大；有些磨粒的切削厚度较小；有些磨粒只在工件表面擦滑。

(3) 磨削区发热大，而木材导热性较差。故温度高，工件表面时有烧焦现象。

(4) 磨削过程的能量消耗大。

6.7.4 影响磨削表面质量的因素(表6-52)

6.8 木工刀具的修磨

6.8.1 砂轮特性和选择

砂轮特性是指磨料、粒度、硬度、结合剂、组织、砂轮形状和尺寸等。砂轮特性的标记顺序为：

磨料—粒度—硬度—结合剂—砂轮形状—尺寸(外径×厚度×孔径)

例如：GB60#ZR_2AD125 × 20 × 20，其含义分别是：磨料GB —白刚玉，粒度— 60号，硬度ZR_2—中软2，结合剂A —陶瓷结合剂，砂轮形状D —碟形砂轮，尺寸—外径125mm、厚度20mm、孔径20mm。

木工刀具修磨用的砂轮的磨料主要根据刃磨的刀具材料而定，白刚玉（GB）和铬刚玉（GG）常用于合金工具钢和

表6-52 影响磨削表面质量的因素

因素	说明
粒度	粒度号越大，工件表面粗糙度越小。此外，还应考虑磨具的硬度和组织，以免磨粒变钝不易脱落或气孔堵塞，造成磨削温度升高，工件表面质量降低
磨削压力	磨削压力大，磨削深度增加，工件表面质量下降。对湿木材尤为明显
磨削速度	磨削速度提高，单个磨粒的切削厚度变小，作用在单个磨粒上的力也变小，磨粒变钝减慢。另外，单位时间内参加切削的磨粒数量增多，磨削表面的擦痕数增加，相邻两擦痕间的残留面积减小。因此，磨削表面质量提高
进给速度	进给速度越大，单位时间内参加切削的磨粒数量减小，磨削表面的擦痕数降低，相邻两擦痕间的残留面积增加。因此，磨削表面质量降低
木材材性	同一树种的工件，含水率越高，磨削表面质量降低。软材表面绒毛较多
振动	砂带或砂辊的轴向振动，使磨粒运动方向频繁改变，从而单个磨粒不在预定的轨迹上切削，擦痕分布趋于均匀。因此，磨削表面质量提高

高速钢刀具的刃磨。单晶刚玉（GD）砂轮可用于刃磨高钒高速钢和含钨高速钢。金刚石（JR）绿色和碳化硅（TL）砂轮主要用于刃磨硬质合金刀具。

砂轮粒度主要依据刀具的刃磨精度和粗糙度来选择。刀具前、后刀面的粗糙度一般要求$Ra \leqslant 0.8\ \mu m$。刀具粗磨时，砂轮粒度号小一些，常选用46号～60号；精磨时，为了使刀具表面光洁，砂轮粒度号大一些，常选用$80^{\#}$～$120^{\#}$。

结合剂的种类较多，有陶瓷结合剂（A）、树脂结合剂（S）和橡胶结合剂（X）等。砂轮的硬度主要与结合剂粘结磨粒的强度有关。结合剂的粘结强度高，数量多时，磨粒不易脱落，砂轮的硬度就高，反之，砂轮的硬度就低。砂轮表面上的磨粒在钝化后应能及时脱落，以保持砂轮始终具有良好的磨削性能。因此，砂轮硬度应该适中。刃磨高速钢和合金工具钢刀具的砂轮，常用陶瓷结合剂（A），砂轮硬度多为软2（R2）—中软1（ZR1）范围内。

砂轮的强度是指砂轮在高速旋转时抵抗破坏的能力。习惯以安全使用的旋转线速度的极限值表示。如刀具刃磨常用的碟形砂轮和碗形砂轮的安全线速度为30m/s。

砂轮的形状和尺寸主要根据所用机床和刀具形状来选择。刀具刃磨用的砂轮形状见表6-53。其中碟形、碗形、平形和单斜边砂轮使用较多。

6.8.2 常用木工刀具的刃磨

6.8.2.1 铣刀的刃磨面及选用的砂轮

各种木工铣刀的刃磨面见表6-54。装配铣刀的刀片通常都是刃磨后刀面，成形刀片需要用靠模实现刃磨。有一种装在方刀头上的成形刀片，刃磨前刀面。

6.8.2.2 直刃平刀片

直刃平刀片在木材加工中应用较多。如平刨床和压刨床刀轴上的刀片、旋刀、刨刀、削片机飞刀及刨片机刀片等都是直刃平刀片。这类刀片均是刃磨后刀面，只是刀片要求的楔角β不同。根据磨床结构，通常采用杯形砂轮或平形砂轮刃磨这类刀片。

用杯形砂轮刃磨时，如图6-37所示，砂轮轴线应与刀片后刀面略微倾斜（2°～5°），使得砂轮端面的圆环面一边磨

表6-53 刀具刃磨常用的砂轮形状和代号

名称	平形	小角度单斜边	双斜边	单面内凹	双面内凹
代号	P	PX	PSX	PDA	PSA
简图	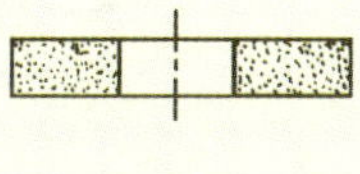	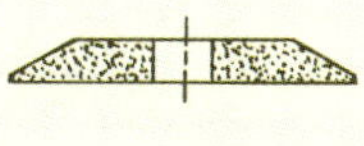	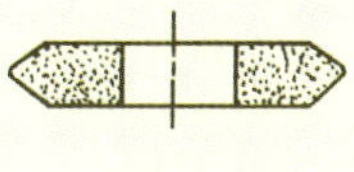	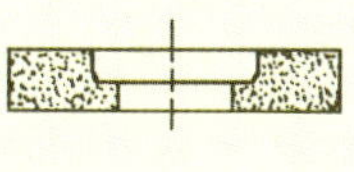	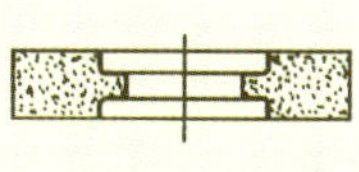
名称	碟形	杯形	碗形	单斜边	薄形
代号	D	B	BW	PDX	PB
简图	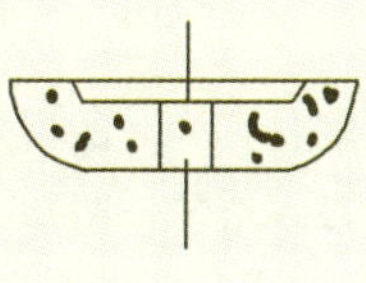	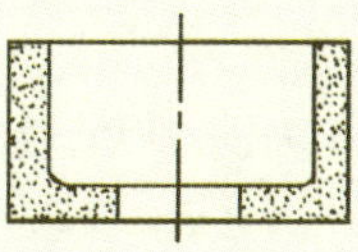	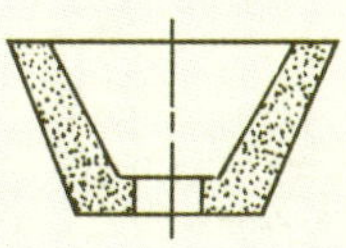	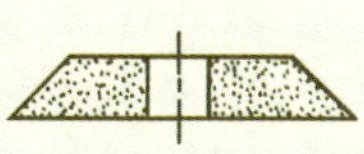	

表 6-54 木工铣刀的刃磨面及砂轮

铣刀名称		刃磨面	砂轮形状
直刃平刀片		后刀面	杯形或平形砂轮
铲齿铣刀		前刀面	小角度单斜边或碟形砂轮
尖齿铣刀	成形	前刀面	小角度单斜边或碟形砂轮
	平面	后刀面	碟形、杯形或平形砂轮
装配铣刀刀片		后刀面	薄形砂轮或薄的双斜边砂轮
柄铣刀		前刀面	碟形砂轮或平形砂轮

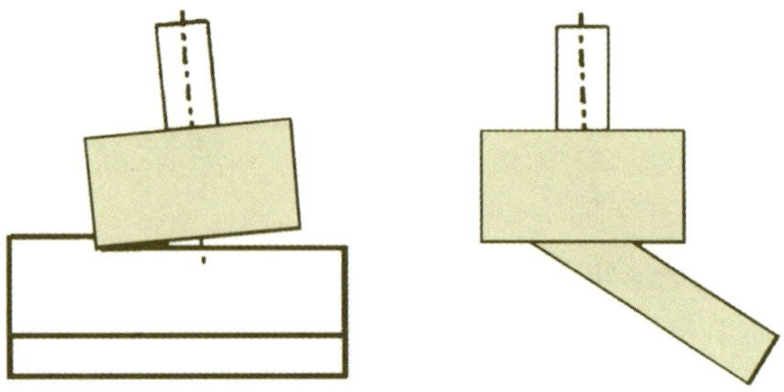

图 6-37 杯形砂轮刃磨直刃平刀片

削。否则圆环面同时有两边在磨削，磨削面因两磨削点线速度方向相反，导致刀片刃磨质量下降。刀片刃磨面会因砂轮轴线略微倾斜而略呈凹弧形，实际楔角稍小一些，但利于用油石研磨，使得刃口更显微锋利。

用平形砂轮刃磨刀片时，见图 6-38（a）和（b），有两种情况：①砂轮回转轴线平行于刀刃，此时刃磨好的后刀面略微呈凹弧形；②砂轮回转轴线和刀刃异面正交。

刀片经砂轮刃磨之后，表面会留下细小擦痕和毛刺，刃口有时出现卷刃。因此，需要用油石研磨刀片表面，增加刀

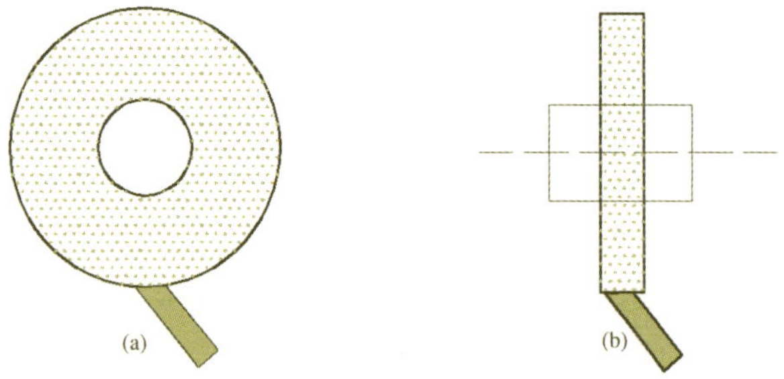

图 6-38 平形砂轮刃磨刀片

片锋利度和降低表面粗糙度。首先研磨后刀面。对于旋刀和刨刀，后刀面刃口应磨出 0.5～1mm 棱带，这有利于延长刀片的耐用度。然后，轻微研磨前刀面。

6.2.8.3 铲齿铣刀

由于铲齿铣刀的后刀面为阿基米德螺旋线或圆弧曲线，因此铲齿铣刀无论是成形的还是平面的都要刃磨前刀面。为了保证铣刀修磨后加工的工件截形不变，应维持原有的前角。铣刀中心 O 到前刀面的垂直距离 a 可用下式计算：

$$a=\frac{D}{2}\sin\gamma$$

$$a_h=\frac{D_h}{2}\sin\gamma_h$$

式中：D，D_h——铣刀刃磨前、后的直径，mm

γ，γ_H——铣刀刃磨前、后前角，（°）

a，a_h——刃磨前、后铣刀中心 O 到前刀面的垂直距离

因为 $\gamma=\gamma_H$，所以：

$$a_h=\frac{a}{D}D_h$$

铣刀刃磨后的铣刀直径 D_h 可根据铣刀耐用度来计算，从而算出 a_h。把铣刀套在磨刀机上的心轴上并予以夹紧。刃磨时，首先调整砂轮，使砂轮工作面为铅垂面（图 6-39）。然后，移动水平拖板，调节铣刀轴线水平位置，使铣刀中心到砂轮工作面的垂直距离等于 a_h 并记下水平移动刻度值。转动磨刀机心轴，使要刃磨的前刀面和砂轮工作面略微偏斜，如图 6-39（a）所示。刀刃紧贴砂轮工作面并记下分度盘刻度值，固定磨刀机心轴。反向移动水平拖板，使铣刀前刀面和砂轮工作面分开。启动砂轮，移动水平拖板，让铣刀慢慢接近砂轮工作面。开始时，磨削量可大一些，当快接近 a_h 的刻度值时，磨削量减小，以提高刃磨质量。一个刀齿刃磨完之后，转动磨刀机心轴，转过的角度等于铣刀的中心角，刃磨第二个刀齿。重复上述过程，直到所有刀齿刃磨好。可见，成形铲齿铣刀刃磨时，刃磨前的前刀面和刃磨后的前刀面不平行，见图 6-39（b）的虚线。

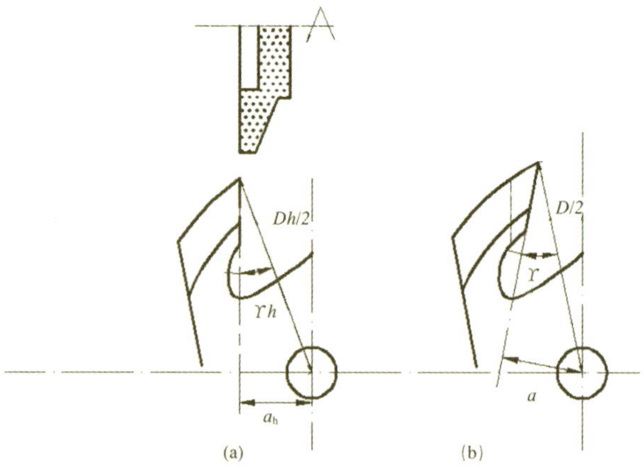

图 6-39 铲齿铣刀前刀面的刃磨

6.8.2.4 尖齿铣刀

尖齿平面铣刀刃磨后刀面并保持后角 α 的规定大小。多次修磨后刀面之后，要以大于铣刀后角 6°～8° 的角度磨去刀体部分，使硬质合金裸露在外。在用碗形或碟形砂轮刃磨

时，如图6-40，砂轮轴线低于铣刀轴线一定距离h，这是铣刀后刀面为铅垂面。h可用下式计算：

$$h=\frac{D}{2}\sin\alpha$$

式中：D——铣刀直径，mm

α——铣刀后角，(°)

调整h就可改变铣刀的后角α。

图6-40 尖齿铣刀前刀面的刃磨

6.8.2.5 装配铣刀刀片

装配铣刀刀片刃磨有两种情况：一是刀片装在刀体上进行刃磨；二是刀片从刀体取下来单独刃磨。

第一种情况为装配铣刀的整体刃磨，省去了卸刀、装刀和调刀的麻烦，并且易保证所有刀片在同一切削圆上。刃磨直刃平刀片时，采用碗形或碟形砂轮，可参考尖齿平面铣刀的刃磨。刃磨成形装配铣刀，需要专门的靠模磨床。图6-41所示的为成形装配铣刀的刃磨简图。因刀片伸出量较大，当刃磨后刀面时，要顶板支撑前刀面以增加刀片稳定性。靠模廓形是正确刃磨刀片的前提，故靠模制作至关重要。根据工件截形和铣刀前角，先画出刀齿前刀面廓形，然后求出刀齿在垂直于后刀面的平面上投影。该投影即为靠模的廓形。

刃磨时，应选用较大直径的薄形砂轮或薄双斜边砂轮。砂轮水平轴线低于铣刀水平轴线一定距离h，h值由铣刀后角α和切削圆半径R决定，即$h=R\sin\alpha$。因刀片伸出量较大，刀片可重磨5～6次而不调节刀片伸出量。这样重磨后的铣刀前角略微变大，工件截形高度也有微小的改变。因此，需要定期调节刀片伸出量，维持原有的切削圆直径。

第二种情况为装配铣刀刀片的单独刃磨。刃磨后刀面的成形刀片（多为刃磨后刀面）也需要在靠模磨床上刃磨。刃磨时，保证原有的后角不变。刃磨后，装刀和调刀比较麻烦，

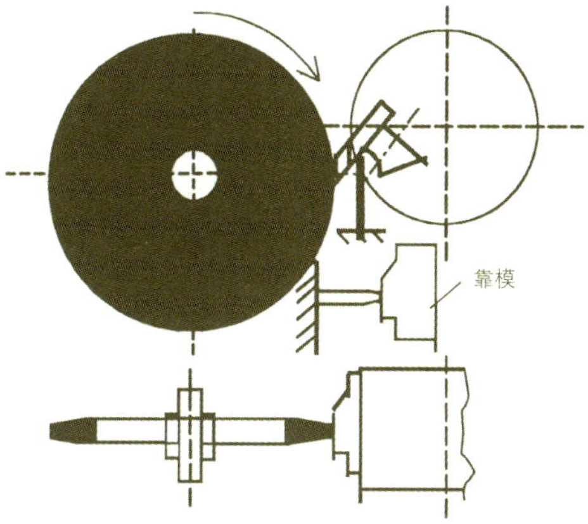

图6-41 装配铣刀整体刃磨刀片

各刀刃的对应点在径向应在同一切削圆上，端向应在同一平面上。其优点是切削圆直径和前角没有变化，因此工件截形不会改变。

6.8.2.6 硬质合金锯片

硬质合金锯齿可在专门的硬质合金锯齿刃磨机或多功能磨刀机上采用碟形砂轮修磨。硬质合金锯齿的后齿面面积较小，并斜铲角较大。刃磨前齿面之后，锯料宽度很快变小，增加锯身平面和锯路壁木材的摩擦。因此，硬质合金锯齿刃磨时以修磨后齿面为主，前齿面为辅。一般后齿面重磨2～3次，前齿面才重磨1次（图6-42）。锯齿两侧一般不磨。当锯身材料影响刀锯齿后齿面刃磨时，要刚玉或碳化硅砂轮磨去锯身。

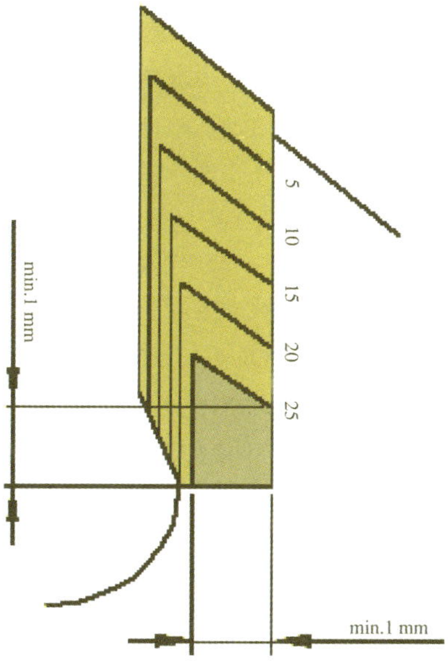

图6-42 硬质合金锯齿刃磨

参考文献

[1] 南京林业大学主编. 木材切削原理与刀具. 北京：中国林业出版社, 1983

[2] 肖正福. 刘淑琴. 胡宜萱. 木材切削刀具学. 哈尔滨：东北林业大学出版社, 1992

[3] 周之江. 木工修锯技术. 北京：中国林业出版社, 1981

[4] 傅朝臣. 制材修锯技术. 哈尔滨: 黑龙江省科学技术出版社, 1983

[5] 上海市金属切削技术协会编. 金属切削手册. 上海：上海科学技术出版社, 1982

[6] 习宝田. 木工刀具的磨损与变钝. 木材加工机械. 1989（1）、（2）

[7] 宋增平. 刀具制造工艺. 北京：机械工业出版社, 1987

[8] 王文华、吴永清. 气焊接锯最佳工艺条件探讨. 南京林产工业学院学报, 1983（1）

[9] 曹平祥. 木工刀具材料新发展. 木工机床, 1989（1）

[10] 曹平祥. 木工刀具的腐蚀磨损. 木工机床, 1990（2）

[11] 曹平祥. 低速切削时的木工刀具磨损机理. 木工机床, 1990（3）

[12] 曹平祥. 木工成形铣刀设计计算. 木工机床, 1992（2）

[13] 曹平祥.木工刀具抗磨技术进展. 林业科技开发, 1997（6）

[14] 田中千秋，喜多山繁. 切削加工.海青社, 1992

[15] PETER KOCH. WOODMACHINING PROCESSES. 1964

[16] LEUCO OERTLI. HANDBOOK. 1995

[17] LEITZ. HANDBOOK. 1997

[18] FREUD. HANDBOOK. 1997

7 制材 Wood Sawing

制材是把原木锯解成板材、方材等的工艺过程。本章所介绍的内容包括制材生产的原料和产品、原木锯解工艺、制材企业设计、制材企业面临的问题及其解决方法。

7.1 制材生产的原料和产品

7.1.1 原木

原条经过量材，截成符合要求的木段称为原木。

7.1.1.1 原木种类

原木按树种分针叶树材和阔叶树材；按用途分直接用原木、加工用原木和特级原木。

1. 特级原木

适用于高级建筑装修、装饰及各种特殊需要的优质原木。

(1) 树种：红松、云杉、樟子松、华山松、柏木、杉木，长4～8m，检尺径自26cm以上，柏木、杉木自20cm以上，长4～8m。

水曲柳、核桃楸、檫木、樟木、楠木、榉木，长4～6m，检尺径自26cm以上。

(2)尺寸、公差(表7-1)

(3) 缺陷限度(表7-2)

表7-1 特级原木尺寸、公差

树　种	检尺径(mm)	检尺长(m)	长级公差
红松、云杉、樟子松	26以上	5, 6, 8	$^{+6}_{0}$cm
水曲柳、核桃楸 樟木、楠木		4, 5, 6	
杉木	20以上	4, 5, 6, 8	

注：原木两端断面截齐，不留下楂

表7-2 特级原木缺陷限度

缺陷名称	检量方法		限　度
活节、死节	在全材长范围内、尺寸不超过检尺径15%的只允许	针叶树种	4个
		阔叶树种	2个
裂纹	纵裂长度不得超过该检尺长的	杉木	15%
		其他树种	5%
	弧裂拱高或环裂半径不得超过检尺径的		20%
弯曲	最大拱高不得超过弯曲内曲水平长的	针叶树种	1%
		阔叶树种	1.5%
扭转纹	小头1m长范围内的纹理倾斜高(宽度)不得超过检尺径的		10%
偏心	小头断面偏心位置不得超过该断面中心		5cm
外伤	在全材长范围内的任意一处，深度不得超过		3cm

注：上表以外，除大头断面允许有不超过检尺径断面面积1%的心腐外；其他缺点如：漏节、边腐、偏枯、贯通断面开裂、风折、抽心、双心、树瘤及足计算起点的虫眼、外夹皮均不许有；劈裂面宽度超过6cm或劈裂长度超过20cm的不许有；节子打平

2. 加工用原木

适用于建筑、枕木、车辆、船舶、家具、乐器、体育器具、包装箱、胶合板、机台木等。

(1) 加工原木树种、主要用途可参阅 GB/T143.1-1995。

(2) 针叶树加工用原木尺寸、公差、分等可参阅 GB/T143.2-1995。

(3) 阔叶树加工用原木尺寸、公差、分等可参阅 GB/T4813-1995。

3. 小径原木

(1) 尺寸检量，可参阅 GB/144.2。

(2) 材质评定可参阅 GB144-3。

4. 直接用原木

用于坑木、桁架、脚手杆架及其他柱、架等。

5. 原木材积表

可参阅GB4814-84。本标准适用于所有树种的原木材积计算。

(1) 检尺径自 4～12cm 的小径原木材积计算为：

$$V=0.7854L(D+0.45L+0.2)^2 \div 10$$

(2) 检尺径自 14cm 以上的原木材积计算为：

$$V=0.7854L\ [D+0.5L+0.005L^2+0.000125L\ (14-L)^2 \cdot (D-10)]^2+10$$

两式中：V——材积，m^3

L——检尺长，m

D——检尺径，cm

(3) 原木的检尺长、检尺径按 GB144.2-84 的规定检量。

(4) 检尺径4～6cm的原木材积数字，保留四位小数，检尺径自 8cm 以上的原木材积数字保留三位小数。

常用原木材积表，见表 7-3。

7.1.1.2 原木断面形状

原木断面形状可归纳为近似椭圆形、蛋圆形、三角形、四边形、五边形和圆形 6 种，见表 7-4。表中圆形最少；具

表 7-3 常用原木材积表

小头直径	材　长(m)												
(mm)	1.0	1.5	2.0	2.5	3.0	3.5	4.0	4.5	5.0	6.0	7.0	7.5	8.0
14	0.017	0.026	0.036	0.047	0.058	0.070	0.083	0.097	0.111	0.142	0.176	0.195	0.214
16	0.022	0.034	0.047	0.060	0.075	0.090	0.106	0.123	0.139	0.179	0.220	0.242	0.265
18	0.027	0.043	0.059	0.074	0.093	0.112	0.132	0.152	0.174	0.219	0.268	0.294	0.321
20	0.034	0.052	0.072	0.092	0.114	0.137	0.160	0.185	0.210	0.264	0.321	0.351	0.383
22	0.041	0.063	0.086	0.111	0.137	0.164	0.191	0.220	0.250	0.313	0.379	0.414	0.450
24	0.048	0.075	0.1102	0.131	0.161	0.193	0.225	0.259	0.293	0.366	0.442	0.481	0.522
26	0.057	0.087	0.120	0.153	0.188	0.225	0.262	0.301	0.340	0.423	0.509	0.554	0.600
28	0.066	0.101	0.138	0.177	0.217	9.259	0.302	0.345	0.391	0.484	0.581	0.632	0.683
30	0.075	0.1116	0.158	0.202	0.248	0.295	0.344	0.393	0.444	0.559	0.658	0.714	0.771
32	0.085	0.131	0.180	0.230	0.281	0.334	0.389	0.445	0.502	0.619	0.740	0.802	0.865
34	0.096	0.146	0.202	0.258	0.316	0.376	0.437	0.449	0.562	0.692	0.827	0.895	0.965
36	0.108	0.166	0.226	0.289	0.353	0.420	0.487	0.556	0.626	0.770	0.918	0.993	1.069
38	0.120	0.185	0.252	0.321	0.393	0.466	0.541	0.617	0.694	0.852	1.014	1.096	1.180
40	1.133	0.204	0.278	0.355	0.434	0.514	0.597	0.680	0.765	0.938	1.115	1.204	1.295
42	0.146	0.225	0.306	0.391	0.477	0.565	0.656	0.747	0.840	1.028	1.221	1.318	1.416
44	0.161	0.247	0.336	0.428	0.522	0.649	0.717	0.817	0.918	1.123	1.331	1.436	1.542
46	0.175	0.269	0.367	0.467	0.570	0.675	0.782	0.890	0.999	1.221	1.446	1.560	1.674
48	0.191	0.293	0.399	0.508	0.619	0.733	0.849	0.966	1.084	1.324	1.566	1.688	1.811
50	0.207	0.318	0.432	0.550	0.671	0.794	0.919	1.045	1.173	1.431	1.691	1.822	1.954
52	0.224	0.343	0.467	0.594	0.724	0.857	0.992	1.128	1.265	1.542	1.821	1.961	2.101
54	0.241	0.370	0.503	0.640	0.780	0.923	1.067	1.213	1.360	1.657	1.955	2.105	2.255
56	0.259	0.398	0.541	0.688	0.838	0.991	1.145	1.302	1.459	1.776	2.094	2.254	2.413
58	0.278	0.426	0.580	0.737	0.898	1.061	1.226	1.393	1.561	1.899	2.238	2.408	2.577
60	0.298	0.456	0.620	0.788	0.959	1.134	1.310	1.488	1.667	2.027	2.387	2.567	2.747

表 7-3 (续)

小头直径 (mm)	材长(m) 1.0	1.5	2.0	2.5	3.0	3.5	4.0	4.5	5.0	6.0	7.0	7.5	8.0
62	0.318	0.487	0.661	0.841	1.023	1.209	1.396	1.586	1.776	2.158	2.540	2.731	2.922
64	0.338	0.519	0.704	0.895	1.089	1.287	1.486	1.687	1.889	2.194	2.699	2.900	3.102
66	0.360	0.551	0.749	0.951	1.157	1.367	1.578	1.791	2.005	2.434	2.362	3.075	3.288
68	0.382	0.585	0.794	1.009	1.227	1.449	1.637	1.899	2.125	2.578	3.029	3.254	3.479
70	0.405	0.620	0.841	1.068	1.300	1.534	1.771	2.009	2.248	2.726	3.202	3.439	3.675
72	0.428	0.655	0.890	1.129	1.374	1.621	1.871	2.123	2.375	2.879	3.380	3.629	3.877
74	0.452	0.692	0.939	1.192	1.450	1.771	1.975	2.239	2.505	3.305	3.562	3.823	4.084
76	0.477	0.730	0.990	1.257	1.528	1.803	2.081	2.359	2.638	3.196	3.749	4.023	4.297
78	0.502	0.768	1.043	1.323	1.609	1.898	2.189	2.482	2.775	3.360	3.940	4.228	4.515
80	0.528	0.808	1.096	1.391	0.691	1.995	1.301	2.608	2.916	3.529	4.137	4.438	4.738
82	0.555	0.849	1.151	1.461	1.776	2.094	2.415	2.737	3.060	3.702	4.338	4.654	4.967
84	0.582	0.890	1.208	1.532	1.862	2.196	2.532	2.870	3.207	3.879	4.545	4.874	5.201
86	0.610	0.933	1.265	1.605	1.951	2.300	2.652	3.005	3.358	4.061	4.755	5.099	5.441
88	0.638	0.977	1.325	1.680	2.042	2.407	2.775	3.144	3.512	4.264	4.971	5.330	5.686
90	0.668	1.021	1.385	1.757	2.134	2.516	2.900	3.285	3.670	4.436	5.192	5.565	5.936
92	0.697	1.067	1.447	1.835	2.229	2.627	3.028	3.430	3.831	4.629	5.417	5.806	6.192
94	0.725	1.114	1.510	1.915	2.326	2.741	3.159	3.578	3.996	4.827	5.647	66052	6.453
96	0.759	1.161	1.574	1.996	2.425	2.858	3.293	3.729	4.146	5.029	5.882	6.302	6.720
98	0.791	1.210	1.640	2.080	2.526	2.976	3.429	3.883	4.336	5.235	6.121	6.558	6.992
100	0.824	1.260	1.707	2.165	2.629	3.098	3.569	4.040	4.511	5.446	6.366	6.819	7.269
102	0.857	1.310	1.776	2.252	2.734	3.221	3.711	4.201	4.690	5.660	6.615	7.085	7.552
10	0.891	1.362	1.846	2.340	2.841	3.347	3.855	4.364	4.872	5.879	6.869	7.357	7.840
106	0.925	1.414	1.917	2.430	2.950	3.475	4.003	4.531	5.058	6.101	7.128	7.633	8.134
108	0.960	1.468	1.990	2.522	3.062	3.606	4.153	4.701	5.247	6.328	7.391	7.914	8.483
110	0.990	1.523	2.064	2.615	3.175	3.740	4.306	4.874	5.439	6.559	7.699	8.201	8.737
112	1.033	1.578	2.139	2.711	3.290	3.875	4.462	5.050	5.635	6.794	7.932	8.492	9.047
114	1.070	1.635	2.216	2.808	3.408	4.031	4.621	5.229	5.834	7.034	8.210	8.789	9.362
116	1.107	1.693	2.294	2.906	3.527	4.154	4.782	5.411	6.037	7.277	8.493	9.091	9.682
118	1.146	1.751	2.373	3.007	3.649	4.297	4.947	5.596	6.244	7.525	8.780	9.398	10.008
120	1.185	1.811	2.454	3.109	3.773	4.442	5.113	5.785	6.453	7.776	9.073	9.710	10.339

表 7-4 原木断面形状的比率（%）

树种	断面形状						注
	椭圆形	蛋圆形	三角形	四边形	五边形	圆形	
红松	59.7	13.0	11.7	10.2	2.6	2.8	黑龙江木工所实测带岭地区原木
红松	55.66	9.5	1.88	23.3	4.78	5.08	绥化木材厂实测桃山原木
榆木	47.57	10.68	2.84	2.88	11.2	2.84	绥化木材厂实测铁力地区原木

有长、短径的近似椭圆形的占50%，在下锯时可利用其长短径多出宽材，提高出材率。

7.1.1.3 常见原木缺陷

常见的有节子、腐朽、裂纹、扭转纹等，对木材强度和质量都有影响。次要缺陷如虫眼、夹皮、树脂囊、偏枯，对木材强度影响不大，但在某种用途上受到一定限制。

原木在锯解时，应掌握合理下锯和原木缺陷的分布情况，可将缺陷剔除或集中在少数锯材上或使缺陷缩小并分散在多数锯材中，以利获得部分优质锯材和提高锯材等级。

各种缺陷在原木断面上的分布规律：

(1) 从原木中心到外材面逐渐减少的缺陷，是大多数树种的根段和中段原木的节子；

(2) 从原木中心到外材面逐渐增加的缺陷，是扭转纹、青变、干裂等；

(3) 限制在原木外部的一定深度的缺陷，是外腐、青变、虫眼、外夹皮等；

(4) 限制在原木中心部分的缺陷，是心腐、心裂、轮裂、红斑、内夹皮等；

(5) 沿着原木断面均匀分布的缺陷，是梢段原木的节子。

掌握各种缺陷在原木断面上的分布情况，锯解时可采取不同的下锯法来提高锯材的等级。特级原木、加工用原木、枕资、次加工原木的缺陷限度汇总表，见表 7-5。

表 7-5 制材原料特级原木、加工用原木、枕资、次加工原木缺陷限度、规格汇总表

类别	缺陷名称	检量方法	特级原木	针阔叶材加工用原木			枕资	东北次加工原木
				一等原木	二等原木	三等原木		
缺陷	活节、死节	最大尺寸不得超过检尺径的	15%	针叶 15%；阔叶 20%；	40%	不限	不限	不限
		在全材长内的个数只允许	针叶 4 个；阔叶 2 个	针叶 5 个；阔叶 2 个	针叶 10 个；阔叶 4 个	不限	不限	不限
		任意材长 1m 范围内的个数不得超过						
	漏节	在全材范围内的个数不得超过	不许有	不许有	1 个	2 个	不许有	不计
	边材腐朽	厚度不得超过检尺径的	不许有	不许有	10%	20%	检尺径 26～28cm：不许有；检尺径：30～38cm：5%；检尺径 40cm 以上 ：10%	任意一处优质部分直径不得小于：检尺径 18～38cm：10%；检尺径 40～58cm：15%；检尺径 60cm 以上：20%
	心材腐朽	面积不得超过检尺径断面面积的	大头允许 1%；小头不许有	大头允许 1%；小头不许有	16%	36%	检尺径 26～38cm：不许有；检尺径自 40cm 以上：1%	与腐朽边缘相切优良部分拱高不小于：检尺径 18～38cm：5(6)cm；检尺径 40～58cm：6(9) cm；检尺径 60cm 以上：7(12)cm
	虫眼	任意材长 1m 内的个数不得超过	不许有	不许有	针叶 20 个 阔叶 5 个	不限	不计	不计
	纵裂、外夹皮	纵裂、外夹皮长度不得超过检尺长的	纵裂不得超过检尺长的：杉木 15%，其他树种 5%；弧裂拱高或环裂半径不超过检尺径的 20%，外夹皮：不许有	纵裂、外夹皮：杉木 20%，其他针叶 10%，阔叶 20%	纵裂、外夹皮：针叶 40%；阔叶 40%	不限	不计	不许
	弯曲	最大拱高不得超过该弯曲内曲水平长的	针叶 1%；阔叶 1.5%	针阔叶 1.5%	针阔叶 3%	针阔叶 6%	针阔叶 5%	不计
	扭转纹	小头 1m 长范围内的纹理倾斜高(宽度)不得超过检尺径的	10%	20%	50%	不限	不计	
	偏心	小头断面偏心位置不得超过该断面中心	5cm	不计	不计	不计	不计	不计

表 7-5（续）

类别	缺陷名称	检量方法	特级原木	针阔叶材加工用原木			枕资	东北次加工原木
				一等原木	二等原木	三等原木		
缺陷	外伤偏枯	深度不得超过检尺径的	外伤深度不超过 3cm；偏枯不许有	20%	40%	不限	不计	不计
			1.树种、尺寸 树种 / 检尺长(m) / 检尺径(cm) 红松、云杉、樟子松 / 5，6，8 / 26以上 水曲柳、核桃楸、樟木、楠木 / 4，5，6 / 26以上 杉木 / 4，5，6，8 / 20以上 2.检尺径 2cm 进级 3.长级公差允许 $^{+6}_{-0}$ cm 4.原木两端须切齐	1. 树种、尺寸 树种:所有针、阔叶树种 尺寸：针叶：检尺长 2～8 m； 阔叶：检尺长 2～6m 2. 进级公差 检尺长：按 2cm 进级，同时有 2.5cm 长级； 检尺径：按 2cm 进级； 长级公差：允许 $^{+6}_{-2}$ cm			目前，但红松不做枕资；检尺长:2.5、5、7.5m	与针、阔叶加工用原木同，检尺长：2～6m 大小头已贯通成空洞的优良部分拱高执行括弧内数

7.1.1.4 原木平均尺寸计算

原木和锯材的平均尺寸是设计制材厂(车间)的依据；原木平均直径直接影响锯机的锯解速度和锯材平均宽度，原木和锯材的平均长度是计算厂内外运输设备生产率的依据；原木平均材积是计算原木楞场面积，运输机械生产率和装卸设备的依据。

1. **原木平均材积 Q_P**

$$Q_P=\frac{q_1n_1+q_2n_2+\ldots+q_nn_n}{n_1+n_2+\cdots+n_n}=\frac{\sum q_n}{\sum n}$$

式中：q_1，$q_2\cdots q_n$——单根原木的材积，m^3

n_1，$n_2\cdots n_n$——相同材积的原木根数

2. **原木的平均长度 L_P**

$$L_P=\frac{L_1n_1+L_2n_2+\ldots L_nn_n}{n_1+n_2+\cdots+n_n}=\frac{\sum L_n}{\sum n}$$

3. **原木的平均直径 d_P**

$$d_P=\sqrt{\frac{d_1^2n_1+d_2^2n_2+\cdots+d_n^2n_n}{n_1+n_2+\cdots+n_n}}$$

式中：L_1，$L_2\cdots L_n$——单根原木的长度，m

n_1，$n_2\cdots n_n$——相同长度原木根数

d_1，$d_2\cdots d_n$——单根原木的直径，cm

n_1，$n_2\cdots n_n$——相同直径的原木根数

7.1.2 锯材

7.1.2.1 锯材分类

(1) 按树种分针叶材和阔叶材；

(2) 按锯材的断面形状和锯解程度分为等边毛方、不等边毛方(两面加工的Ⅱ类型枕木)、毛边板、整边板、梯形板等；

(3) 按锯材在原木断面上的位置分为：

髓心板——板材位于原木髓心区，髓心落在该板上；

中心板——通过原木髓心下锯，所锯出的两块各带部分髓心的板材；

边板——除髓心板和中心板以外所锯得的板材。

(4) 按加工特征和程度分为：

整边板——板材两侧经过裁边，并且两侧毛边全长都着锯；

毛边板——未经裁边的板材；

缺棱板——毛边板裁边时，板边的一部分未着锯(不足板边一半)，这部分称缺棱。缺棱按板边的着锯程度又分为钝棱和锐棱。

(5) 按板材断面年轮走向与板面所成角度不同分为径切板、弦切板。

径切板其特点是板材端面上的年轮切线与材面之夹角 $\alpha>45°$。

锯材尺寸检量和等级评定参阅 GB4822。

锯材材积表参阅 GB449。

表 7-6 针叶树锯材材质等级

缺陷名称	检量与计算方法	允许限度			
		特等锯材	普通锯材		
			一等	二等	三等
活节	最大尺寸不得超过材宽的	15%	25%	40%	不限
死节	任意材长 1m 范围内的个数不得超过	4	6	10	
腐朽	面积不得超过所在材面面积的	不许有	2%	10%	30%
裂纹夹皮	长度不得超过材长的	5%	10%	30%	不限
虫眼	任意材长 1m 范围内的个数不得超过	1	4	15	不限
钝棱	最严重缺角尺寸，不得超过材宽的	5%	20%	40%	60%
弯曲	横弯最大拱高不得超过水平长的	0.3%	05%	2%	3%
	顺弯最大拱高不得超过水平长的	1%	2%	3%	不限
斜纹	斜纹倾斜高不得超过水平长的	5%	10%	20%	不限

注：1.长度不足 2m 的不分等级，其缺陷允许不低于三等材
2.摘自 GB/T153-1995

表 7-7 阔叶树锯材材质等级

缺陷名称	检量与计算方法	允许限度			
		特等	普通锯材		
			一等	二等	三等
死节	最大尺寸不得超过材宽的	15%	25%	40%	不限
	任意材长 1m 范围内的个数不得超过	3	5	6	
腐朽	面积不得超过所在材面面积的	不许有	5%	10%	30%
裂纹夹皮	长度不得超过材长的	10%	15%	40%	不限
虫眼	任意材长 1m 范围内的个数不得超过	1	2	8	不限
钝棱	最严重缺角尺寸，不得超过材宽的	10%	20%	40%	60%
弯曲	横弯最大拱高不得超过水平长的	0.5%	1%	2%	4%
	顺弯最大拱高不得超过水平长的	1%	2%	3%	不限
斜纹	斜纹倾斜高不得超过水平长的	5%	10%	20%	不限

注：1.长不足 2m 的不分等级，其缺陷允许不低于三等材
2.南方裂纹在表中允许限度基础上，各等均放宽 5 个百分点
3.摘自 GB/T4817-1995

7.1.2.2 锯材缺陷

国家标准中锯材常见缺陷有节子、腐朽、夹皮、虫眼、弯曲、斜纹、钝棱等。

针、阔叶树锯材材质分等表，见表 7-6、表 7-7。

7.1.2.3 锯材平均尺寸计算

1. 锯材的平均材积 V_P

$$V_P=\frac{V}{N}$$

式中：V——锯材总材积，m^3

N——锯材块数

2. 锯材的平均厚度 A_P

$$A_P=\frac{V}{\frac{V_1}{a_1}+\frac{V_2}{a_2}+\cdots+\frac{V_n}{a_n}}=\frac{V}{\sum\frac{V_n}{a_n}}$$

式中：V——锯材总材积；m^3

a_1，$a_2 \cdots a_n$——锯材不同厚度；cm

V_1，$V_2 \cdots V_n$——相同厚度锯材积；m^3

3. 锯材平均宽度 B_P

$$B_P=\frac{V}{\frac{V'_1}{b_1}+\frac{V'_2}{b_2}+\cdots+\frac{V'_n}{b_n}}=\frac{V}{\sum\frac{V_n}{b_n}}$$

式中：V——锯材总材积，m^3

b_1，$b_2 \cdots b_n$——锯材的不同宽度，cm

V'_1，$V'_2 \cdots V'_n$——相同宽度的锯材材积，m^3

4. 整边板、方材材积计算

$$V=B\times H\times L\,\frac{1}{1000000}$$

式中：B——锯材宽，mm

H——锯材厚，mm

L——锯材长，m

$\frac{1}{1000000}$——单位换算系数

5. **毛边板材积计算**

毛边板的宽度是检量材长中央部位外材面和内材面的宽度，相加后除以2，但此宽度为实际尺寸，还需按一定进位尺寸进舍后算得其标准宽的尺寸。材积按整边板公式求之。

6. **枕木材积的计算**

枕木一般是以根数计算的。如需计算材积可按枕木标准宽、厚、长尺寸相乘而得。

一般每立方米原木折算Ⅰ型枕木(0.22m × 0.16m × 2.5m)11.4根；Ⅱ型枕木(0.2m × 0.145m × 2.5m)13.8根。

7. **板皮材积计算**

板皮材积一般按层积立方米计算，如计算单块板皮材积可按下式计算：

$$V=\frac{2}{3}\times B\times H\times L\ \frac{1}{1000000}$$

式中：B——离大头4/10材长处的宽度，mm

H——离大头4/10材长处的厚度，mm

L——材长，m

$\frac{1}{1000000}$——单位换算系数

7.2 原木锯解工艺

7.2.1 原木准备

原木在锯解前的工艺准备工作包括：原木分选；原木冲洗和金属探测；原木截断；原木剥皮和整形；原木调头(使小头朝向锯机)，原木小头进锯。做好原木锯解前的准备工作，对提高出材率和锯材质量具有很大意义。

7.2.1.1 原木分类

原木在锯解前根据定制锯材的用途和规格，按原木径级、材长、等级和树种进行分选，对于“按产供料”、“材尽其用”以及提高出材率、提高锯材质量有很大关系。

陆运到材的原木分类，主要在原木楞场进行，一般采用原木纵向运输机并设有自动卸载装置通过电控系统，使原木自动卸载落入楞垛。

在水上进行原木分选时，先将已拆散的原木运到区分网，然后在区分网进行原木的区分。

区分网的形式，主要根据水流速度、河流地形、河流宽度、水位涨落差和原木在区分网中是纵向移动还是横向移动等情况而定。

在水流速度不超过0.4m/s时，常采用通廊式区分网。先将原木由停排场进行拆排，然后将散置的原木送入区分网，按树种、径级、长级和等级进行分类，然后分别出河去贮木池和车间进行加工。综合式区分网见图7-1。

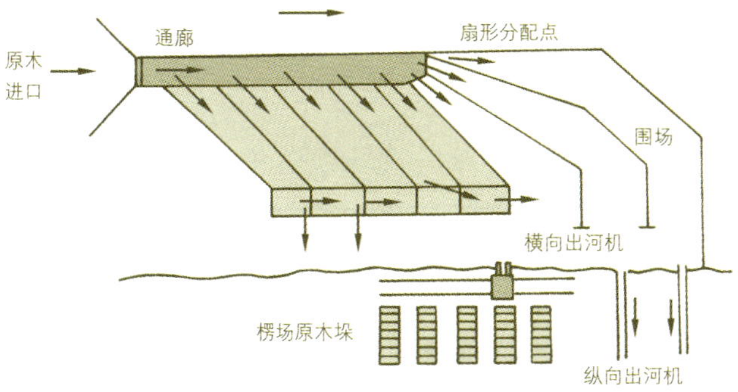

图7-1 综合式区分网

7.2.1.2 原木调头

运到制材厂的原木，在原木楞场堆放过程中，一般没有按大小头分别归楞，而在实行小头进锯时，必须将大头调转方向后，使小头朝向锯机。原木90° 调头设备见图7-2。

7.2.1.3 原木截断

为了多出长材，在锯解前，原木一般不进行截断。但为了提高出材率、合理使用原木和完成订制任务，对下列原木需在截断后再进锯，一般原木截断可使用电动链锯。

一般弯曲在大于2%时必需截断，因f > 2%以上每增加1%，出材率要降低10%。对弯曲原木截断，可见表7-8。

7.2.1.4 原木冲洗和金属探测

1. **原木冲洗**

在原木锯解前，应将原木表面的泥砂冲洗掉，冲洗的方法是在原木纵向运输链上安装一排喷水龙头，对准原木进行喷射。水流方向应与原木前进方向相反，并与原木轴线成45°夹角，效果较好。

表7-8 弯曲原木截断

原木材长(m)	径级(cm)	弯曲高(cm)	一般截断长度(m)	特殊截断长度(m)
4	18～28	3	2+2	2.5+1.5
4	30～38	4	2+2	2.5+1.5
4	40以上	5	2+2	2.5+1.5
6	18～28	4	2+4	3+3
6	30～38	5	2+4	3+3
6	40以上	6	2+4	3+3
8	18～28	5	4+4	6+2
8	30～38	6	4+4	6+2
8	40以上	7	4+4	6+2
5枕资	26以上	5	2.5+2.5	2+3
7.5枕资	26以上	6	2.5+5.0	2.5+2.5+2.5

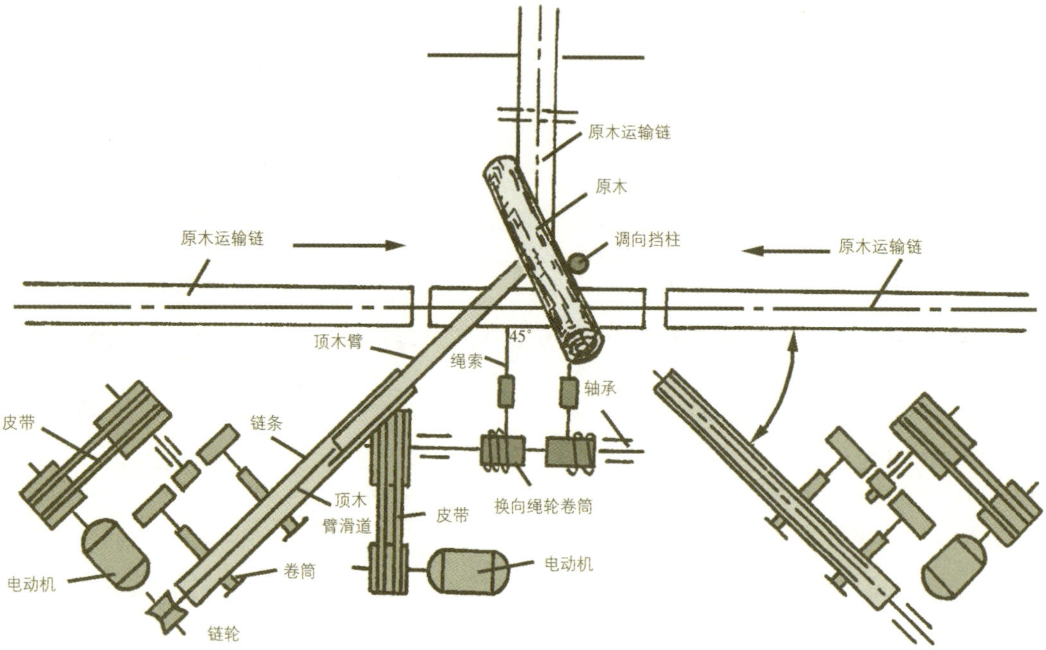

图 7-2 原木 90° 调头设备示意图

2. **金属探测**

水运到厂的原木，在锯解过程中经常碰到铁钉，易使锯条撕裂，并会发生工伤事故，因此，在锯解前必须将铁钉排除。

为防止锯条锯解带有铁钉的原木，可采用金属探测仪。该仪器应安装于分段驱动的两段纵向原木运输链端部间隙之中，以防运输链对它的干扰。在原木被清除金属物后，再由运输链送入车间锯解，见图 7-3。

7.2.1.5 原木剥皮和整形

制材剩余物用作于削片、造纸纸浆和人造板原料。

剥皮机可选用瑞典制造的 Cambio 型剥皮机，见图 7-4。加拿大采用的高压水力喷射剥皮，水压在 8～10MPa，见图 7-5。这种剥皮机效果较好，完全没有砂石树皮的痕迹，木材损失小，缺点是动力消耗很大，约在 500kW 以上，剥皮能力为 200～400m³/a。

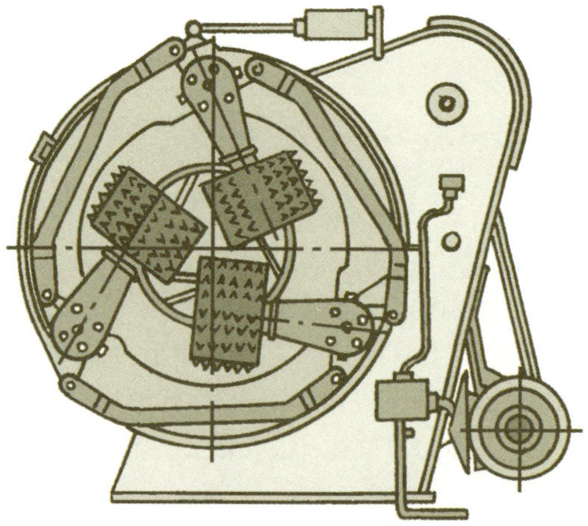

图 7-4 轮环式剥皮机

图 7-3 原木金属探测器

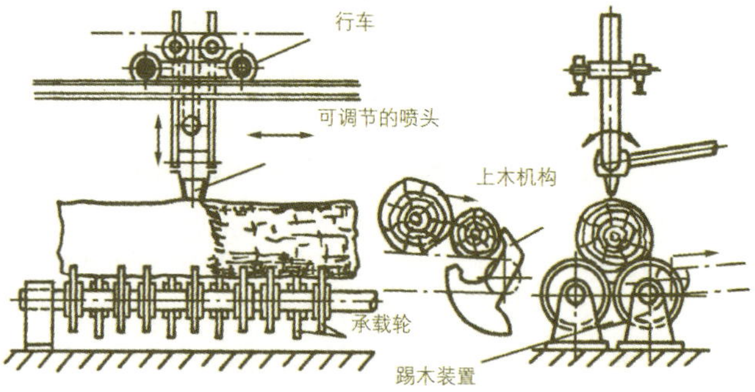

图 7-5 高压水力喷射剥皮机

7.2.1.6 原木尺寸和外部几何形状以及原木内部质量的检测

国外用电子扫描器测量原木直径；用电子计数装置记录输送机上脉冲数，测量原木长度。在原木外部几何形状扫描方面，我国于20世纪70年代末也曾研制抛物镜式原木激光扫描装置的试验样机，测量原木几何尺寸。至于原木内部缺陷检测及其装置，仍然是当前制材生产中的一项重要课题。

7.2.2 原木锯解基础

制材是将原木加工成板材、方材、枕材及其他锯材。从一根原木中可锯得主产品、连产品、短材和小规格材。

主产品是指在原木中部锯得的厚板、方材、枕木等。

连产品是指在原木边部锯得的与原木同长的锯材。

短材是指在原木边部锯得的，长度小于原木长度但大于1m的锯材。

小规格材是指长度在0.5～1m之间的短小锯材。

7.2.2.1 原木出材率和锯材质量指标

1. 原木出材率的计算

原木出材率是指锯材材积与所耗用的原木材积的百分比，用公式表示为：

$$P=\times\frac{V}{Q}100\%$$

式中：P——原木出材率，%

V——锯材材积，m^3

Q——所耗用原木的材积，m^3

在我国制材生产中，原木出材率分主产出材率、综合出材率、调运出材率以及毛边板出材率。

上述各种出材率的锯材材积依次是指：主产品的材积；全部锯材材积(包括主产品、连产品、小规格材、成套包装箱板材在内)；材长1m以上的锯材材积；毛边板的材积。其中，毛边板出材率系指企业内部的生产指标，一般较少使用。

若为削片制材，还可用原木综合利用率来衡量原木的出材情况。

2. 锯材质量指标

锯材质量指标包括锯材合格率和锯材质量系数。

(1) 锯材合格率：

$$锯材合格率=\frac{符合国家标准尺寸公差和材质的锯材材积}{被抽查的100块锯材材积}$$

其中，被抽查的锯材是指在板院堆垛待调拨的锯材，其中50块为随机抽查，其余一半为指定材种若干块。

国家林业局规定，锯材合格率应达到95%。

(2) 锯材质量系数：锯材质量系数表示所锯锯材质量的优劣，它反映所锯锯材与所用原木的质量关系，用国家规定的锯材等级价格差率表示。现行的锯材质量系数见表7-9。

表7-9 锯材质量系数

锯材等级	特等	一等	二等	三等
针、阔叶锯材质量系数	1.5	1.3	1.0	0.8

根据我国制材生产中混合进锯的情况下，用锯材平均质量系数来衡量锯材质量的高低。锯材平均质量系数为各等级锯材质量系数的加权平均。

平均质量系数可用来衡量工人的技术水平，评定锯材质量指标完成的好坏。

7.2.2.2 原木下锯法

原木制材时，按锯材种类、规格，确定锯口部位和锯解顺序进行下锯，这种锯解方法称为下锯法。

合理下锯就是根据原木大小、形状、质量等条件和锯材规格、质量等要求，按工艺设计和使用的锯解设备，在获得最大出材率和最高经济效益的前提下，合理安排锯口位置和尺寸进行下锯。

1. 合理下锯的目的和要求

合理下锯的目的：提高出材率，以一定数量的原木，得数量最多的锯材；提高锯材质量，以一定等级的原木，锯出最多高等级锯材；锯材规格尺寸符合锯材明细表或订制任务的要求。

合理下锯的要求：原木锯解前作好下锯计划，即根据原木条件和生产锯材任务，在原木小头端面上合理设计锯口位置，实行合理用料、合理配制、套裁下锯、合理裁边截断，以达到提高出材率、质量和经济效益的目的。设计锯口位置时，第一个锯口位置必须正确无误，同时合理确定其他锯口的位置。

2. 下锯法的分类和特点(表7-10)

3. 原木下锯图的编制

原木锯割前，按锯材规格在原木小头端面上划出的锯口排列图式称下锯图。下锯图有以下各种类型：

(1) 按下锯方法，可分为四面下锯图、三面下锯图和两面下锯图，见图7-6。

(2) 按锯口在端面排列的位置，有对称下锯图、不对称下锯图，见图7-7。

(3) 按材种对年轮、木纹的要求，可分为一般材下锯图和特殊材下锯图，见图7-8。

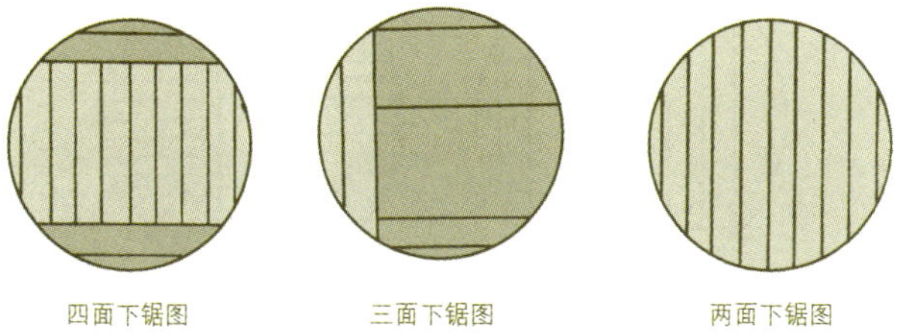

图7-6 四面、三面和两面下锯图

表 7-10 下锯法的分类和特点

分类		工艺方法	优缺点及适用范围
按锯数分类	单锯法	用单锯片圆锯机、单锯条带锯机，一次锯一个锯口，依次一块一块地锯解板、方材	优点：可以翻转下锯，集中剔除缺陷，提高质量和出材率，能套裁下料，用一根原木生产几种不规格锯材，带锯条锯路小，木材损耗少。适用于有缺陷原木、大径原木、珍贵材和特殊用材的生产 缺点：锯材规格较差，要求有较高技术，生产效率低
	组锯法	用多锯片圆锯机、多联带锯、排锯机，一次锯出数块板材或毛方	优点：锯材规格较好，生产效率高，工艺流程短，易于机械化、自动化，产品规格少，简化分选堆积工作。适用于人工林原木质量均一，专业化制材厂 缺点：不能看材下锯，套裁下料，锯路较大，出材率低
按下锯顺序分类	四面下锯法	在带锯机上先锯解成毛方或依次翻转下锯，在锯取4块完整板皮的同时，有选择地锯取	优点：利用边材优质部分生产优质材，得到4块完整板皮，消灭三角子，出材率高，板宽一致，裁边工作量减少，生产效率高。适用于大中径各种质量的原木，生产大方，厚板，枕木订制材 缺点：要求有较高的技巧快速计算，不适于奇数方材小径木生产
按下锯顺序分类	三面下锯法	在带锯机上先锯去一块板皮或带一块板材，然后90°翻转扣下，依次平行下料或锯板材	优点：翻转次数少，生产效率高，剔除缺陷较好，板宽较宽，裁边量居中，出材率居中，适用于大中径级各种质量原木、生产奇数枕木、中方、门窗及家具材 缺点：与四面下锯比较，三角板皮多,增加裁边工作量,减少边材部优质材的产量
按下锯顺序分类	毛板下锯法	也称两面下锯法，原木上跑车后，依次平行锯取毛边板	优点：工艺简单，可得到最宽的板材，便于机械化、自动化。适用于小径原木、生产家具材、箱板材、木芯板、毛边板，利用率较高 缺点：不能剔除缺陷，材质差，生产整边板出材率低，裁边工作量大，三角板皮多
	翻转下锯法	原木在带锯机上依次翻转90°下锯	优点：充分利用边材优质部分生产优质材，且以不易透水的弦切板居多，有时也叫弦切下锯法。依次翻转能剔除缺陷。适用于生产弦切板及有心材缺陷或其他缺陷的原木的锯割 缺点：翻转次数多，不能保证每块锯材的质量

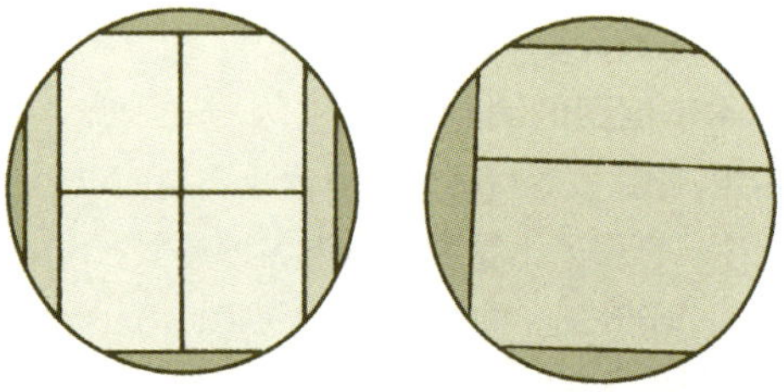

图 7-7 对称和不对称下锯图

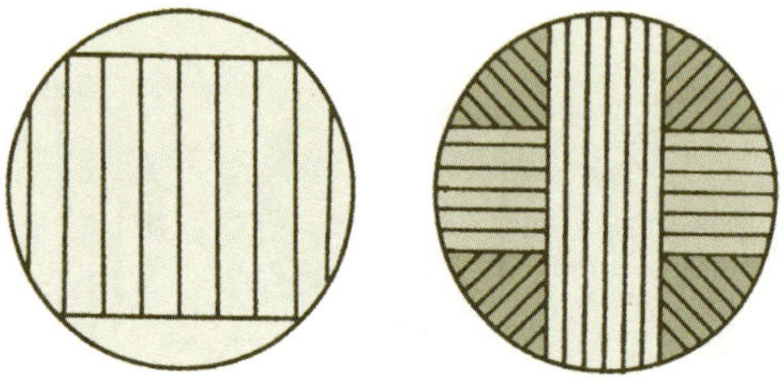

图 7-8 一般材和特殊材下锯图

(4) 按生产的规格品种，可分为专制下锯图和套制下锯图，见图 7-9。

下锯图的表示方法有两种：图示法和数字表示法，见表 7-11。

4. 特殊用材下锯法

特殊用材是指航空、造船、车辆、乐器等生产上需用的一些加工较细、材质较好的一些专业用材。由于特殊用材要求木材年轮在材面上分布位置和木材纹理被割断程度有一定的规定，必须采用不同的下锯法。

根据木材年轮在材面上的分布位置，特殊用材下锯法中分为弦切材下锯法、径切材下锯法和集成材下锯法。

(1) 弦切材下锯法：板材端面宽、厚中心线交点所在年轮的切线与板面所成的夹角。小于45°的为弦切材，如图 7-10 (b)所示。

弦切材是沿着原木的边材部分与原木直径平行或接近平行锯割而成的，可用作桶板材、船甲板等，不易透水，年轮在材面上呈峰状花纹。

弦切材下锯法常采用带制弦切下锯和完全弦切下锯见图 7-11。

表 7-11 下锯图的表示

	图示法	数字表示法
四面下锯法	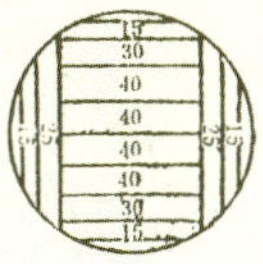	15-25-180-25-15 15-30-40-40-40-40-30-15 (第一行数字表示在厚度为180mm 的毛方两边锯得 15、25mm 毛边板各 2 块。第二行表示毛方的锯解状况)
	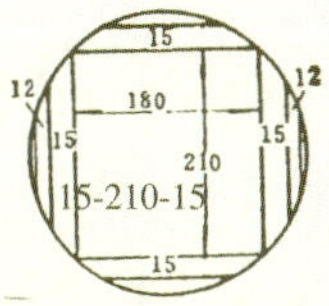	12-15-180-15-12
三面下锯法	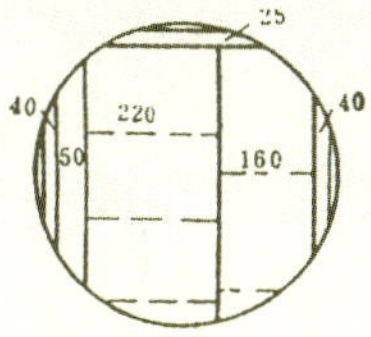	25-250 40-50-220-160-40
	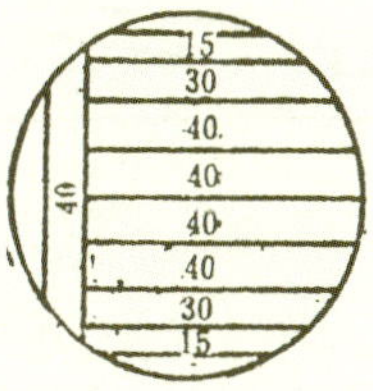	[30] -40-210 15-30-40-40-40-40-30-15 (方括号内数字表示板皮厚度，接着又表示在锯下一块 40mm 的板后，将余料 210mm 翻转 90°，第二行数字表示 90°翻转后锯解一边毛边板的状况)
毛板下锯法	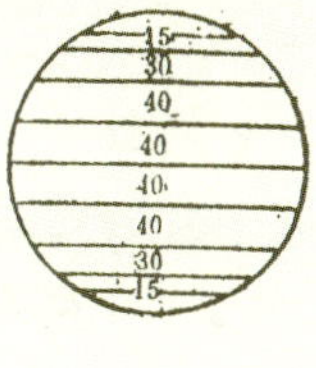	$\frac{40}{2}-\frac{30}{2}-\frac{15(5.5)}{2}$ (圆括号内数字表示该板截断后的长度，分子表示锯材厚度，分母表示该厚度锯材的块数)

(2) 径切材下锯法：径切材是板材端面中心处年轮的切线与板面垂直或接近垂直的锯材，其径向角大于45°，年轮在板面上呈平行的直线条纹理，如图 7-10 (a)。

通过或接近通过木材髓心，沿半径或直径方向下锯，可锯得径切材。径切材可用大径原木的边材部分带制见图 7-12(a)或用完全径切下锯法专制，见图 7-12(b)(c)(d)。

(3) 集成材下锯法：集成材是通过特殊下锯法，把小径木锯得的长度较短，宽度较窄，厚度为10～30mm的锯制板材，在端部或侧面用胶黏剂拼接起来的胶合成材，用集成材下锯法，可将小径木的出材率由普通下锯法的30%～50%提高到 55%～60%，并能提高使用价值。见表 7-12。

(4) 缺陷原木下锯法：影响锯材质量等级的主要缺陷是：节子、腐朽、裂纹、虫害、钝棱、弯曲、斜纹等。

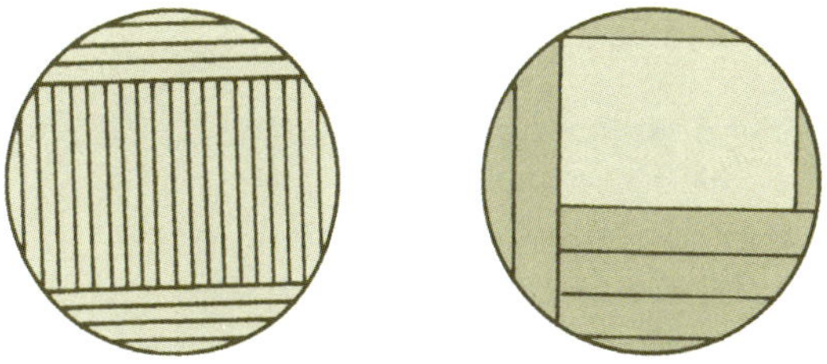

专制下锯图　　套制下锯图

图 7-9 专制下锯图和套制下锯图

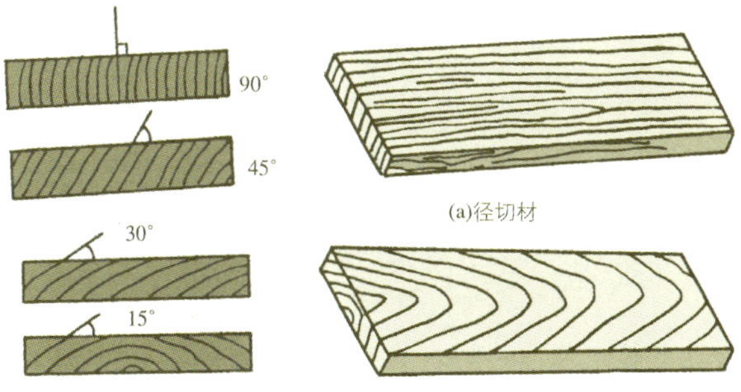

(a)径切材

(b)弦切材

图 7-10 径切材与弦切材木纹特征

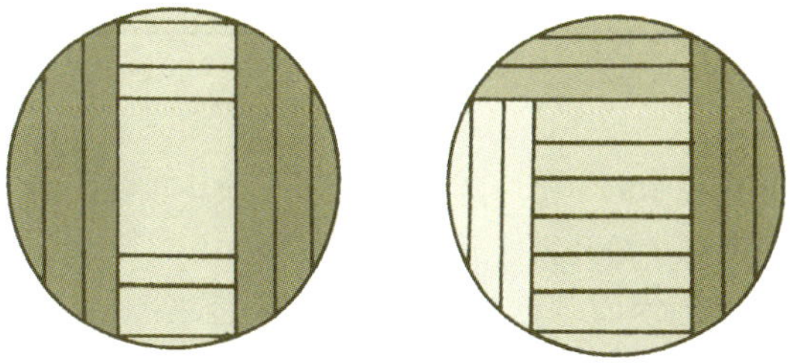

(a)带制弦切下锯　　(b)完全弦切下锯

图 7-11 弦切材下锯法

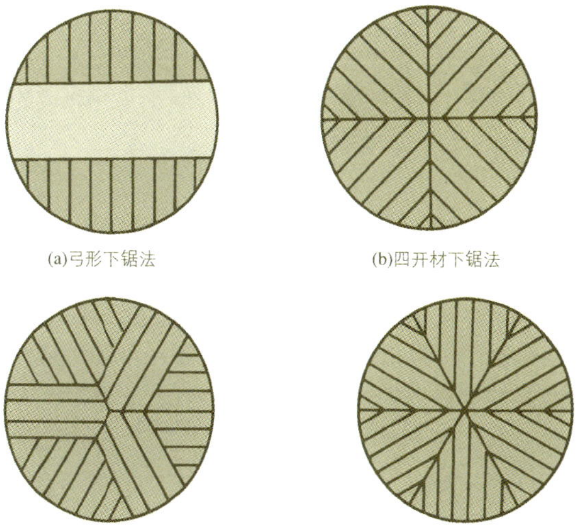

(a)弓形下锯法　　(b)四开材下锯法

(c)三开材径向下锯法　　(d)六开材径向下锯法

图 7-12 径切材下锯法

表 7-12 集成材下锯法

下锯方法		下锯图
桔瓣形下锯法	将小径木截成普通长度，旋成圆柱体，锯成四开材，再剖成桔瓣形材。将桔瓣形材彼此颠倒，沿长度方向面与面胶拼在一起，拼成任意宽度的板材。将桔瓣形端头与端头采用指接法，可制成任意长度的板材。所得拼板材面上不露节子和其他缺陷，结构强度大	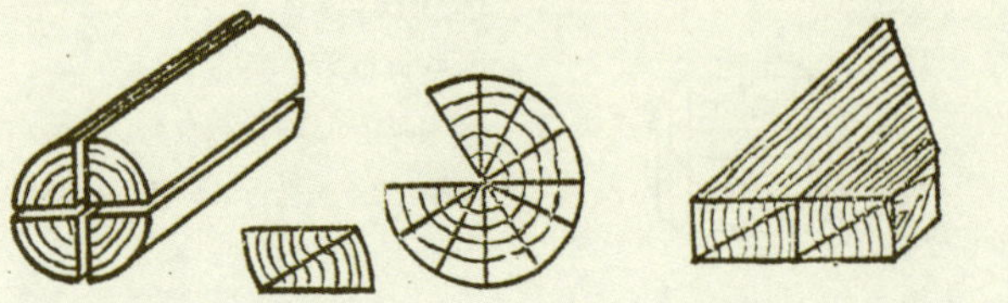
梯形材下锯法(1)	将小径原木(约 10～14cm)锯成短木段(2，4m 长)，旋成直径相同的圆柱体，用带锯机剖分三个锯口，得到边侧呈弧形的毛方。如右图，毛方上下两面刨平，边侧弧形铣削成斜面，使材端呈现等腰梯形。直径稍大的锯 5 个锯口。将梯形材上下底颠倒对齐，侧边胶拼在一起	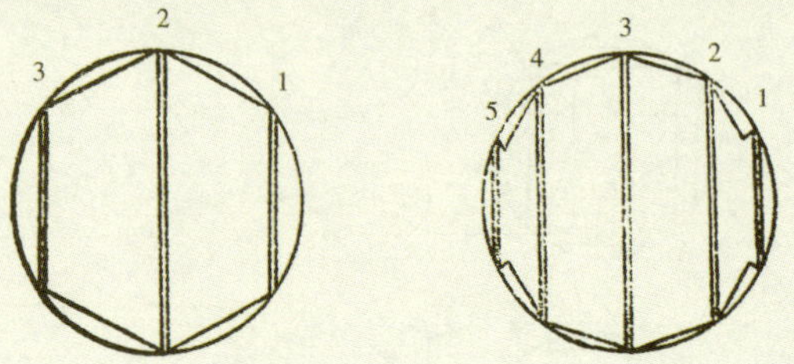
梯形材下锯法(2)	将原木两侧锯成等厚毛边板，顺着毛边板的削度成斜角裁边(或铣边)成斜面梯形，材端为等腰梯形，将板材宽端与窄端，上下材面调转胶拼成斜面梯形材	

缺陷原木的下锯原则是：严重缺陷集中剔除，一般缺陷适当分散到少数几块板上。

缺陷原木的下锯要求：根据原木径级和缺陷分布及程度，特别要找准第一锯口，提高出材率和质量；根据材质缺陷情况，正确判断锯材等级，合理带钝棱。见表 7-13。

7.2.2.3 原木锯割优化理论

原木锯割优化，也叫最大出材率理论，即在原木小头端面上设计下锯图，使出材率达到最大。在理想状态下，原木是抛物线回转体，且沿原木纵轴剖开，材面呈抛物线的情况下，按照表 7-14 可获得最大出材率。

7.2.2.4 四分圆图

四分圆也叫象限图，是按 1/4 原木断面形状绘制的图。横坐标表示材宽，纵坐标表示材厚，按正常尖削(1cm/m)计算。实际生产中常用四分圆图进行下锯图设计，是设计下锯图的简便工具，可用于制材划线设计、套裁下料各项设计计算 。

根据四分圆图，可以从已知原木直径，求出方材、板材宽度的最大尺寸，同时确定方材、板材有无缺棱，以及缺棱尺寸，据此，便可以进行下锯设计，见图 7-13。

利用四分圆图，还可以根据方材、板材断面尺寸和在下锯图中的位置，求出所需原木的直径，也可以根据原木的削度值，求出削度区域内所能锯出的短材和小规格材的板材尺寸和出材块数。

7.2.3 带锯制材

7.2.3.1 带锯制材的特点

带锯机属单锯制材，其特点是下锯灵活，可任意翻转达到看材下料的目的；按料下锯，便于集中剔除原木中的缺

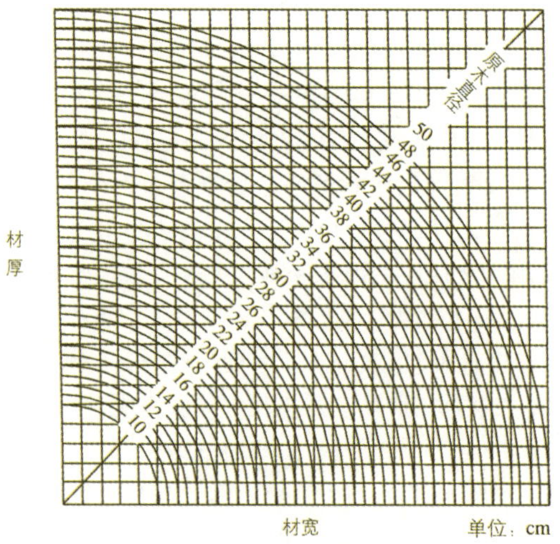

图 7-13 四分圆图

陷，提高锯材质量；加工精度较高；能充分利用原木外围部分锯制质量高的薄板，锯条薄从而减少锯屑量，可生产特种用材，如径切板和弦切板；出材率较高。

我国带锯机直径系列为36″、42″、48″、54″、60″、66″、72″。一般为6″进级。但个别锯机也有38″、44″。42″以下的为小带锯；42″～60″为跑车大带锯；66″、72″为重型跑车大带锯。目前，带锯制造厂已改为公制系列，大多生产1000，1200和1500mm跑车大带锯。锯轮直径是带锯机的主要参数，它决定带锯机的性能。

由于锯轮直径和锯轮中心距决定着所能锯解的原木最大直径，所以一般在选用带锯机规格时，可应用如下的经验公式，即：锯轮直径$D=(1.2\sim1.4)d_{max}$。

表7-13 缺陷原木下锯法

原木缺陷	下锯方法	下锯图
节子	1. 原木无节区与有节或多节区分开锯割； 2. 大节子原木平行于节子下锯，将大节子集中在一块板材上，并尽量使宽材面不露节子； 3. 节子小而多的原木，应垂直于多数节子下锯，使材面上节子呈现圆形； 4. 节子大、个数多的原木，宜锯成枕木或方材	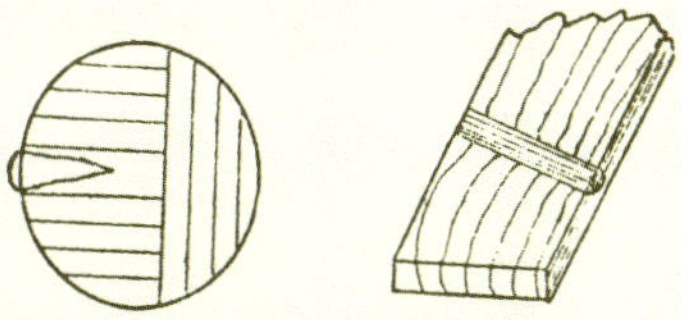
腐朽	具有"铁眼"或心腐的原木，采用抽心下锯法或楔形剔除法将腐朽部分全部剔除。 心腐原木第一块板皮下小些，取料时尽量取厚料，将优良部分一次取出。 边腐原木下料时将腐朽部分按厚度下板皮，不使锯材中部带腐朽	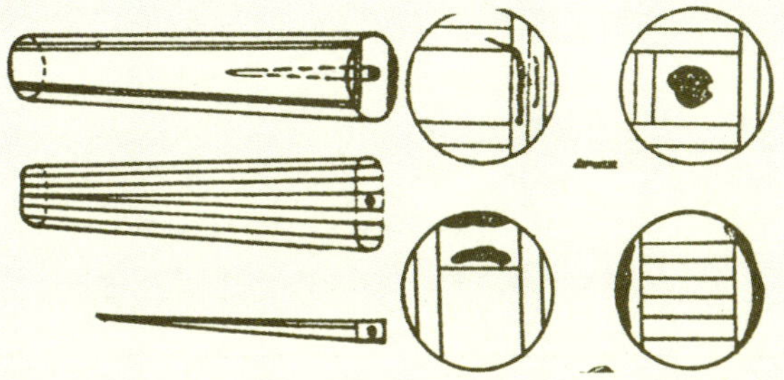
裂纹(夹皮)	裂纹包括纵裂和环裂，下锯时应平行于裂纹下锯，使裂纹集中在一两块锯材上，避免每块板材都带裂纹	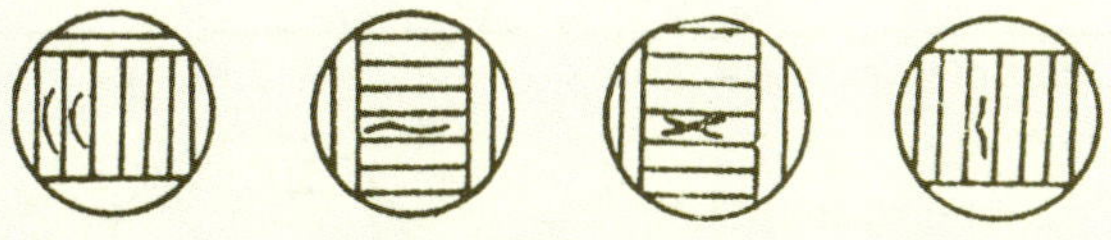
偏心或双心	偏心原木年轮一边密集，一边疏散，木质较硬，其疏散的一边硬度更大，此种原木宜锯割成方材。锯割板材以长径为准，把年轮疏密部分分别锯割。双心原木与偏心原木下锯相同，沿长径方向下料，小带锯沿短径方向锯割板材	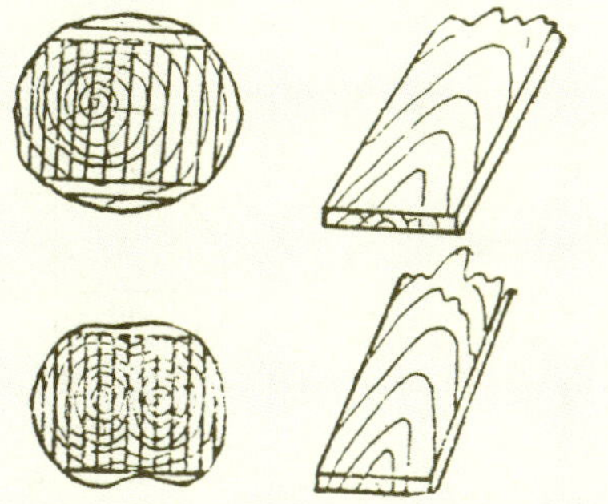
尖削	1. 偏心下锯法，俗称"一边挤"下锯法：沿原木外缘一侧平行纹理依次锯割，充分利用削度肥大部分，多生产各种长度薄板，综合出材率可提高3%左右。缺点是半数板材具有斜纹； 2. 平行纹理下锯法：从两面或四面平行原木外缘纹理下锯，把心材锯成短材。优点是可得平行木纹锯材。缺点是常常需搬垫，效率低，不常用； 3. 平行原木轴心下锯法：沿原木长轴心从两侧平行锯割，产品质量较好，使用价值较高，出材率较"一边挤"下锯法稍低	 偏心下锯法 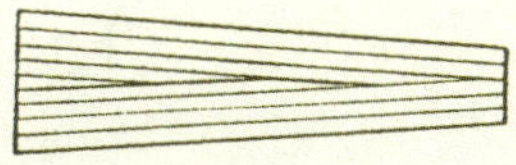 平行纹理下锯法  平行原木轴心下锯法

表 7-13（续）

原木缺陷	锯方法	下锯图
弯曲	原木弯曲度严重影响出材率。弯曲度较大的原木必须截断后进锯。 1. 侧面下锯法：使原木弯曲方向上下垂直，在弯曲的两侧先锯掉两块板皮，然后90°翻转，与弯曲方向垂直锯割板材。适用于一般无腐朽的一般弯曲原木，也适用于锯割毛边板； 2. 腹背下锯法：使原木弯曲方向水平，从弯曲腹面和背面先锯掉两块板皮，然后90°翻转锯割板材。锯出的板材稍窄，但长材多，适用于有腐朽的弯曲原木	 侧面下锯法 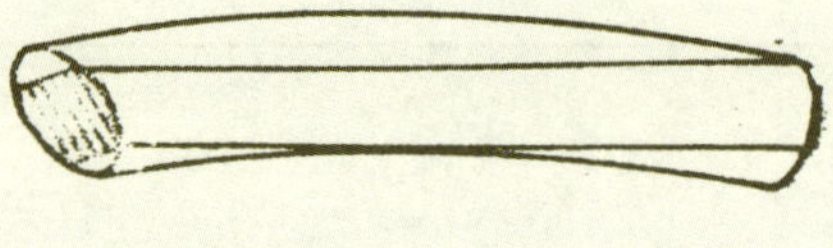 腹背下锯法
扭转纹	扭转纹是原木的严重缺陷，锯出的板材均为斜纹，木材强度低。 扭转纹原木宜锯割枕木大方材，尽量不用于生产板材	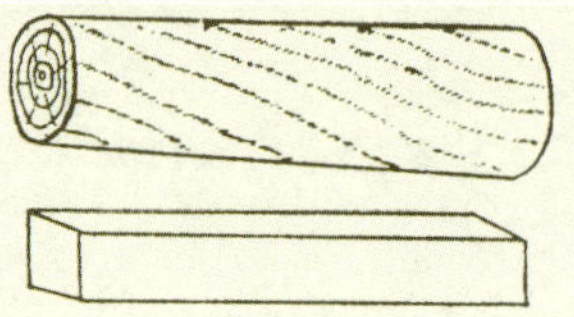 扭转纹下锯法
虫害	虫蛀原木一般是边材严重，下锯时按虫眼的深浅锯去边材制成一般材，心材优良部分制成高质量用材。 虫眼大、数量多的原木，宜锯割成枕木。 虫眼分散的原木，宜锯成材面较窄的板材，以提高等级	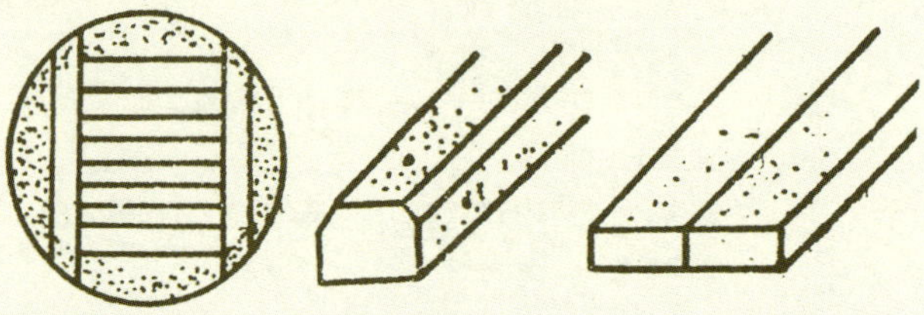

表 7-14 原木锯割优化理论计算公式及适用范围

最大出材率计算内容	图示及计算公式		公式符号及适用范围
小头直径 d 与最大方材一边 a 的计算	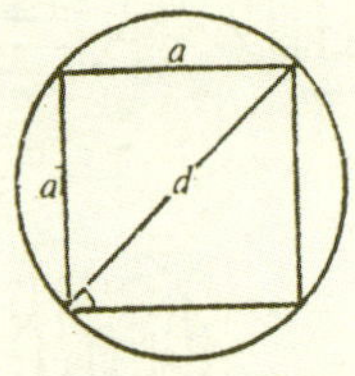	$a=0.707d$	d——小头原木直径按圆形计算； a——内接最大方材的一边； 适用于主产出材率的计算
椭圆形断面与最大扁方出材量的计算	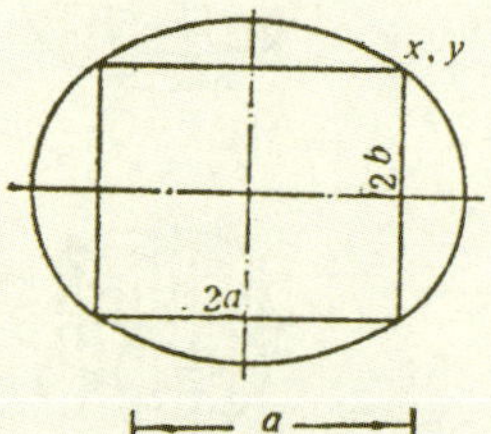	$s=4xy$ $2x=0.707\times 2a$ $2y=0.707\times 2b$	$2a$——长轴； $2b$——短轴； s——最大扁方断面积； 适用于椭圆形断面最大出材宽、厚的计算
小头直径 d 与带钝棱正方材一边 a 即最大出材宽度计算	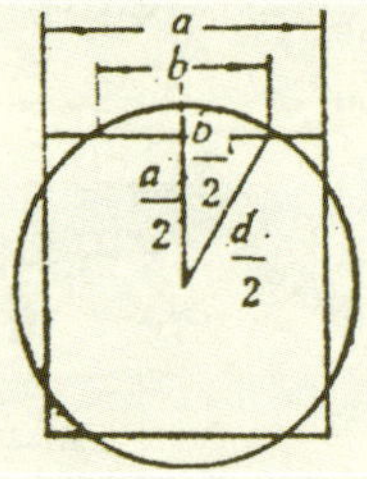	$\frac{a-b}{a}\leqslant k$ $a=\frac{1}{\sqrt{1+(1-k)^2}}k$	a——带钝棱正方材的材宽； b——着锯面的宽度； K——国标各等锯材允许的钝棱限度； 适用于圆形断面最大带钝棱正方材的计算
椭圆形原木与带钝棱扁方材材厚 h 即最大出材厚度计算	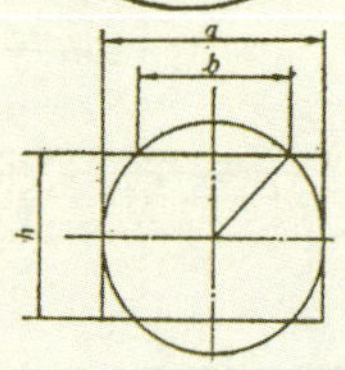	$\frac{a-b}{a}\leqslant k$ $h=\sqrt{1-(1-k)^2}d$	a——带钝棱扁方材的材宽； b——着锯面的宽度； K——国标各等锯材允许的钝棱限度； 适用于最大带钝棱扁方材厚度计算，材宽 $a<d$，即窄材面着锯为限

最大出材率计算内容	图示及计算公式	公式符号及适用范围
小头直径 *d* 的断面方材厚度与最大出材宽度的计算	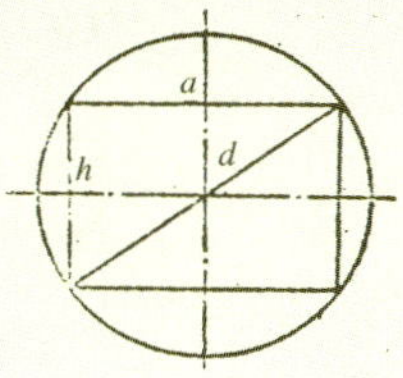 $a=\sqrt{d^2-h^2}$	*a*——不带钝棱方材或方料的材宽； *h*——不带钝棱方材或方料的材厚； 适用于板、方材、枕木下锯时，方料的宽度与厚度关系的计算
板皮厚度与材面宽度计算	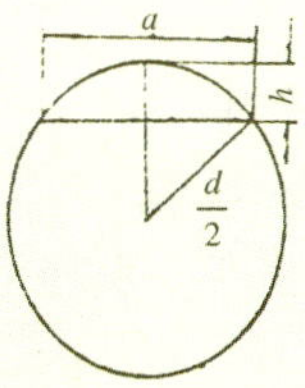 $a=2\sqrt{h(d-h)}$	*a*——板皮的宽度； *h*——板皮的厚度； *d*——小头直径； 适用于下锯图计算板皮宽厚关系，方料宽厚关系，以及板方材钝棱尺寸大小，出材数量等的计算
板材最大的出材块数的计算	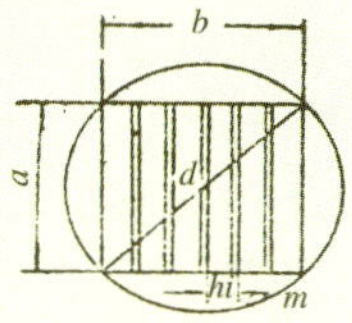 $n=\frac{\sqrt{d^2-a^2}+m}{h+m}=\frac{h+m}{h+m}$	*a*——板材宽度； *h*——板材厚度； *b*——板材下料总厚度； *m*——锯口(大带锯 3mm，小带锯 2mm)； *n*——出材块数； 适用于板材下锯图的计算
原木边部最大出材率计算	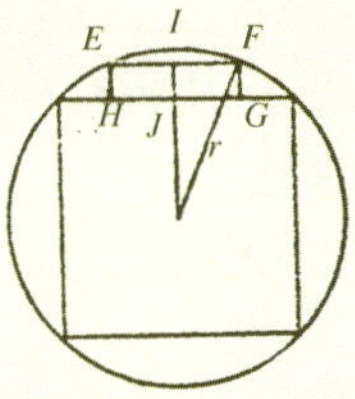 $IJ=0.2r=0.1d$ $FE=0.87r=0.43d$	□*FEHG*——边部最大内接板材面积； *IJ*——最大板材的厚度； *FE*——最大板材的宽度； 适用于副产出材量的计算
椭圆形原木边部最大出的材率计算	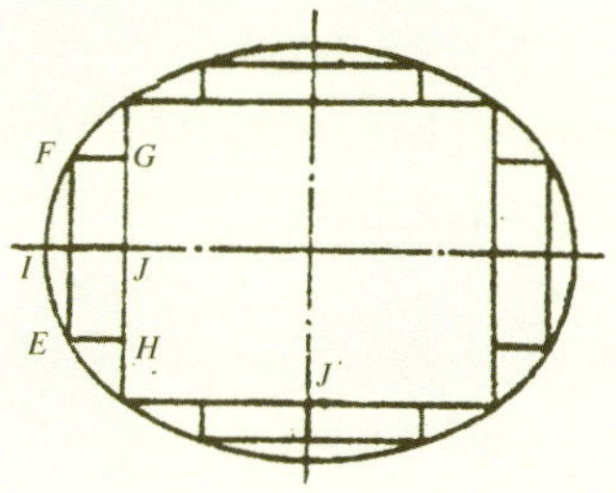 $IJ=0.2a$ $IJ'=0.2b$	□*FEHG*——椭圆边部最大内接板材面积； *IJ*——长径方向最大板材的厚度(mm)； *IJ'*——短径方向最大板材的厚度（mm）； 适用于椭圆形原木副产出材量的计算
两面下锯法理论上最大出材率的计算	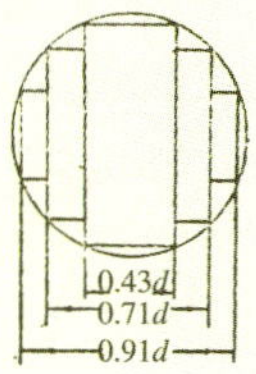	$(0.71d)^2$——主产最大出材量； $(0.43d\times0.1d\times4)$——副产最大出材量； 适用于两面下锯，四面下锯最大出材量计算
毛边板截头最大出材率的计算	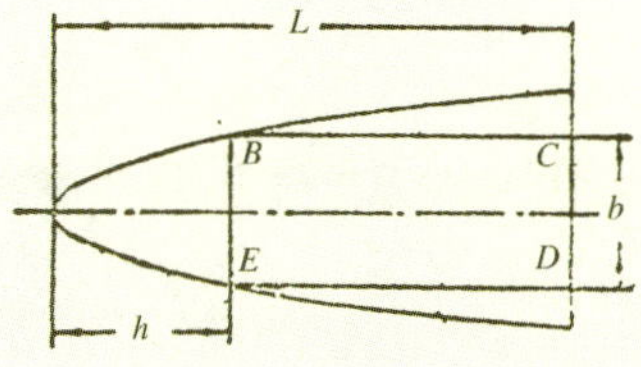	□*BECD*——抛物线面内接矩形面积； *L*——材长； *h*——截头高度，*h*=1/3； 适用于毛头的毛边板截头时，以截去抛物线高度 1/3 后裁边，所得到的内接矩形为最大

式中：d_{max}——原木最大直径，mm

通过锯轮直径还可选择锯机型号、锯轮转数及跑车的规格等。

7.2.3.2 制材带锯机技术特性

带锯机的技术特性包括锯轮直径；锯轮中心距与轮径的比例；轮缘宽度；锯条切削速度；跑车进料速度；锯条的尺寸；锯机功率以及锯机外形尺寸和锯机质量等。

1. 锯轮直径 D

一般情况下，增大锯轮直径则锯轮转速减小，而锯条的尺寸、传动功率和机床的进料速度则相应的增加。

2. 锯轮的中心距与轮径的比值 $\frac{L}{D}$

锯机锯轮轴之间的距离 L 与轮径之比，一般 $\frac{L}{D}$=1.4～1.9。锯轮轴间距越小，带锯机振动也小，但如要锯解大原木，轮轴之间距离就要大。目前国外大带锯，尽量增加锯轮直径，而 $\frac{L}{D}$ 保持在 1.5 左右，这就保证锯条工作平稳，不产生跑锯现象。最大原木直径 d 大体上由轮轴间距离 L 和锯轮直径之间的关系来决定的。可用下式表示：

$$\frac{d}{D}=\sqrt{1+\left(\frac{L}{D}\right)^2-1}$$

由上式可看出，要提高锯机锯解大直径原木的能力，应保持 $\frac{L}{D}$ 值不变，增加 D 值。

由于 $\frac{L}{D}$ 值是决定带锯机形状的重要依据，同时又是和机械振动、刚性密切相关，因而在设计带锯机时应予以充分考虑。

3. 锯轮轮缘宽度 B

锯轮轮缘宽度和锯轮直径的关系可用下式表示：

$$B=(0.1\sim0.15)D$$

4. 锯条的切削速度 $V_{切}$

$$V_{切}=\frac{\pi\cdot D\cdot n}{60\times1000}$$

式中：D——锯轮直径，mm

n——锯轮转速，r/min

带锯条欲提高产量，必须提高切削速度，以便在使用同样锯条厚度的情况下可提高进给速度。切削速度与锯条的厚度有关，可按表 7-15 选用。

表 7-15 锯条厚度与切削速度

锯条厚 (B.W.G)	切削速度（m/min）	
	软材	硬材
10 以下	2400	1650
20	2550	1800
21	2700	1950
22	3000	2100
23	3300	2250

在选择进料速度时，要既能达到最大的生产率，又不影响锯材加工质量。

原木直径和跑车进料速度之间的关系在正常情况下原木直径越大，则进料速度越低。

另外，在同一作业条件下，硬材比软材的进料速度约降低30%；节子多的木材比节子少的进料速度降低，一般近似地呈直线下降；树脂多的或纹理复杂以及冻结的木材，进料速度要慢，含水量较大的木材比含水量少的木材进料速度大，但对冻结的木材，恰好相反。

5. 跑车的进料速度 V

跑车的进料速度根据原木的规格、材质、树种、锯条尺寸、修锯技术、锯机的切削速度而不同。进料速度过大易产生跑锯现象，过小又影响锯机的生产率。在选择进料速度时，要既能达到最大的生产率，又不影响锯材加工质量。

6. 修锯技术

修锯技术不好进料速度也降低。欲提高进料速度必须有易于排除锯屑的齿形，即齿的高度和前角皆应增大。动力不足也会降低进料速度。

如果其他条件良好，对原木直径为 30cm 的软材，进料速度可达 50m/min，而硬材可达 40m/min。

7. 跑车回程速度

跑车的回程速度通常比进料速度高80%左右，新型跑车可达 100m/min 左右。

8. 带锯条尺寸

带锯条的尺寸与锯轮的尺寸、线速度、所锯解木材的材质和尺寸、锯条锉修质量等因素有关。

带锯条的长度：

$$l=\pi D+2L+h$$

式中：D——锯轮直径，mm

L——上下两锯轮之间的距离，一般为 1500～2000mm

h——带锯条焊接部分的搭头长度，一般取 30～50mm

带锯条的宽度 b 取决于锯轮轮缘宽度，如果锯条过宽，则易使木材发生摩擦；如果锯条过窄，则又影响锯条本身的强度，既容易断裂，又容易脱离锯轮，造成事故。

一般带锯条最初使用的宽度可按下式选取：

$$b>B+25\text{mm}$$

式中：B——锯轮轮缘宽度，mm

通常大带锯所用的锯条厚度：

$$\delta\leqslant\frac{D}{1250}$$

对中、小型带锯所用的锯条厚度：

$$\delta\leqslant\frac{D}{1000}$$

从上式可看出，锯条适当薄些，不但可以提高出材率，也可减少锯条的龟裂。

9. **锯条的许用扭转力矩** M

$$M=\frac{\sigma\ \beta\ tb^3}{\sigma\ L}$$

式中：σ——在直线段内带锯条的许用应力(包括进给应力、锯条张紧时的张应力和初期整锯时的压应力等)，MPa

β——带锯轮上锯条的包角

b——带锯条的宽度，cm

t——带锯条的厚度，cm

L——直线段内带锯条的长度，m

从上式可看出，许用扭曲力矩与锯齿齿形、齿数、锯条的厚度与宽度、锯轮轴之间的距离、张紧力的大小、修锯技术以及锯轮直径有关。如果进给力过大以及进给力方向不正确而超过了锯条许用扭曲力矩，就迫使带锯条不能在固定的直线上运行，势必产生扭曲现象。

10. **锯机所需动力** W（**表 7-16**）

7.2.4 排(框)锯制材

7.2.4.1 排锯制材的特点

排锯也是大型制材设备之一，它主要用来将原木锯解成方材或板材。

按工艺上的用途可分为通用排锯和专用排锯。通用排锯用来锯解长度2m以上，直径14～60cm的原木，其型式见图7-14。专用排锯机：有锯短原木的排锯机、剖分用排锯机、单锯框双开档排锯机、移动式排锯机和双锯框双开档排锯机，见图7-15。

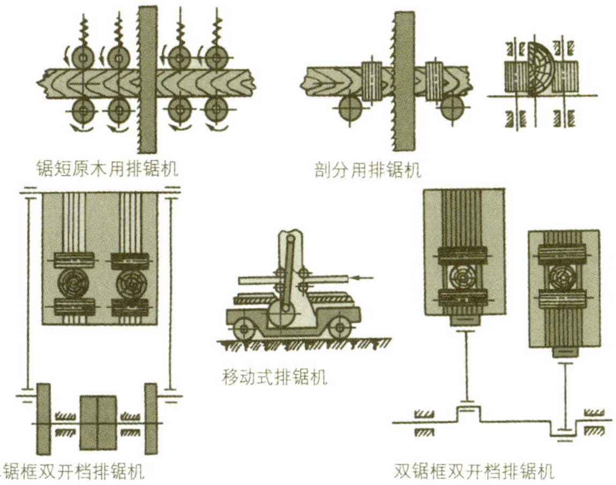

图 7-15 专用排锯机

排锯机的优点是生产率高，在原木外形较正规、削度正常、等级高，且在原木缺陷较少的情况下，锯解质量好，适合四面下锯即毛方下锯。其缺点是不能看材下料，不能锯解特种锯材，如完全径向下锯和弦向下锯。由于排锯路较宽，出材率低，国内用得很少。

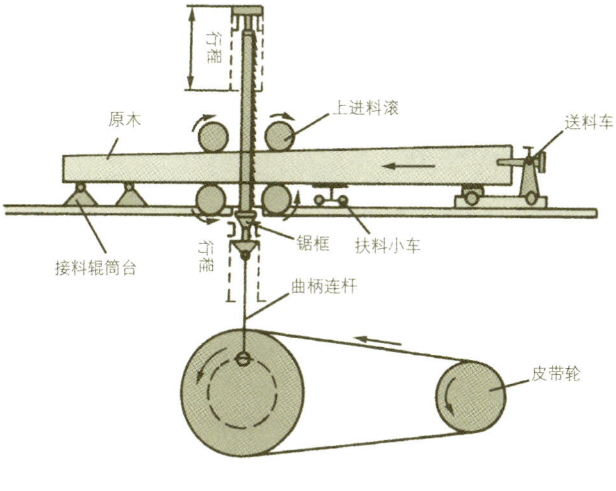

图 7-14 通用排锯机

国外有些排锯机械化程度很高，在排锯前后采用了下列辅助设备，如：

(1) 激光瞄准器：为了使木料对准锯条，保证合理下锯；

(2) 排锯后的导向装置：锯解原木时起导向作用，防止原木横向移动或扭转，同时可提高锯材的材面质量；

(3) 毛方调整进料器：用在第二道排锯上，调整毛方对准锯条以便进行合理下锯；

(4) 排锯后的分板器：用来把锯解后的板皮和锯材自动分开；

(5) 液压或弹簧销的锯条张紧装置：它能保证均匀地张紧锯条，液压张紧装置能在锯条工作时有松动的情况下自动校正拉紧程度，而由现在的B.W.G.16、17、18号锯条改用B.W.G.20或21号锯条，在保证锯材加工质量的情况下减少了锯路的损耗；

(6) 锯条开档调节系统：为了改进旧式排锯机不能适应毛方高度需要经常变化的缺陷，可设置液压式或机械式开档调节系统。采用这种调节系统的排锯机通常在锯框上安装左、右对称的两组排锯条，其中一组固定，一组可以通过油缸或丝杆螺母作相对于固定锯条组的侧向移动，以便调整开档的大小(即毛方的高度)，也有的采用两组锯条都可以移动的形式。在采用这种机构的同时，必须使出料端的分板装置作与开档大小的同步变化，这一技术要求也可由液压系统来实现。

表 7-16 带锯机所需动力

锯轮直径(mm)	800	1000	1100	1200	1300	1500	1800
锯轮每分钟转数	1000～1600	900～1500	800～1300	700～1100	650～900	600～850	500～700
所需动力(kW)	7.5～15	11～22	15～22	22～37	30～37	37～56	56～75

7.2.4.2 排锯机的技术特性

排锯机的技术特性是指它的型式、开档、锯机曲柄转速、锯框行程的高度、切削速度、安装的最多锯条数和锯条尺寸、进料机构的型式、锯轴每转的进料量和进料速度、传动功率、机床外形尺寸和机床总质量等。

1. 型式

通用的或专用的；固定的或移动的；单层的、一层半的或双层的；单连杆或双连杆的。

2. 开档

开档的宽度决定了锯解原木的最大直径。

$$S=d+aL+2C$$

式中：S——开档宽度，mm

d——原木最大直径，mm

L——原木最大长度，m

a——原木尖削度，通常为 1cm/m

C——原木根端与锯框立柱间的后备量，cm

一般 C 值取 5cm。排锯开档一般为 50～70cm，最大可达 150cm。

3. 锯机曲柄的转速

一般为 250～350r/min。

4. 排锯行程的高度

一般为 450～700mm。

5. 切削速度

现代排锯切削速度为 390～420m/min。

6. 允许安装的最多锯条数

一般可装 12～16 根，中、小功率的排锯可装 6～8 根。

7. 锯条的尺寸

排锯条的长宽，见表 7-17。

锯条的宽度可按下式计算：

$$B=(0.10\sim0.15)L$$

表 7-17 排锯条长度表

原木大头直径或方材最大高度 (cm)	带有夹板锯条长度 (mm)	不带夹板锯条长度 (mm)	锯框高度 (mm)
行程 500mm 的排锯			
24	1100	1043	1525
39	1250	1193	1675
54	1450	1343	1825
64	1500	1500	1925
行程 600mm 的排锯			
29	1250	1193	1675
44	1400	1343	1825
54	1500	1443	1925
64	1600	1543	2025

式中：L——锯条的长度（连夹紧板），mm

锯条厚度，对锯解硬木和切削速度高时，可取 2～2.4mm，而锯路高度不大和传动功率小时，可取 1.6～2mm。

8. 进料机构的形式和进料量

进料机构的形式有连续的和间隙的两种，它决定了排锯机的结构和锯条的安装形式。

$$实际进料量\triangle_0=\frac{H\cdot t}{2(d_0+30)}$$

式中：H——排锯锯框行程，mm

t——锯条的齿距，mm

d_0——原木小头直径，mm

9. 进料速度

$$V=\frac{\triangle\cdot n}{1000}$$

式中：$\triangle$——主轴每转进料量，mm/r

n——排锯每分钟锯轴的转数，r/min

高速排锯进料速度可达 15～21m/min。

10. 传动功率

$$N=0.00256\cdot m\cdot d\cdot n$$

式中：0.0025——皮带轮的直径为 1m，每分钟一转时，每层皮带在宽度为 1cm 时所需的最大功率

b——皮带的宽度，cm

m——皮带的层数

d——皮带轮的直径，m

n——皮带轮的每分钟转数，r/min

7.2.5 圆锯制材

7.2.5.1 圆锯制材的特点

国内圆锯机大多用在小料剖分、毛边板裁边和横截等工序上。林区简易制材厂也有用单圆锯机作为主锯机进行制材生产的，所以圆锯机也可按工艺要求分为锯原木用的圆锯机、剖分圆锯机、裁边圆锯机和截断圆锯机。

7.2.5.2 圆锯机技术特性

1. 锯原木用的单锯片圆锯机的技术特性

锯原木用的圆锯机的技术特性包括：能锯解原木的最大直径、圆锯片直径和厚度、锯片的转数、切削速度、进料速度、机床所需的功率、机床外形尺寸和质量等。

(1) 锯解原木的最大直径 d

$$d=\frac{D_j-D-40}{2}$$

式中：D_j——锯片的直径，mm

D——锯片垫圈的直径，mm；为了保证锯片有足够的稳定性，垫圈的直径 D 不小于 $5\sqrt{D_j}$

40——由于原木形状不规则，在垫圈和原木之间必须留出

的后备量

(2) 圆锯片的厚度 t

$$t=R\sqrt{D_j}$$

式中：t——锯片的厚度，mm

R——锯片系数，可按表7-18选用

D_j——圆锯片直径，mm

表7-18 圆锯片系数 R 参考值

圆锯片直径(mm)	150～750	610～1200	1220～2130
R	0.065	0.075	0.1

从上式可以看出，随着锯片直径的增加，锯片的厚度也增大，导致木材损耗增加。在实际工作中，圆锯片的直径不宜超过1200mm，否则锯片锯解稳定性不好，影响到锯材的加工质量。制材常用的圆锯片直径及厚度见表7-19。

(3) 圆锯机的切削速度

切削速度决定于锯片的直径和每分钟锯轴的转数。通常圆锯片的切削速度保持在40～60m/s之间。

(4) 圆锯机的进给速度

进料速度根据原木的材质、尺寸、修锯技术、机械性能而不同，一般单锯片圆锯机可达60～80m/min；多锯片圆锯机可达30～60m/min。

(5) 圆锯机的传动功率 N

$$N=\frac{9.8K\cdot B\cdot H\cdot V\cdot m\cdot x}{60\cdot 102\eta}$$

式中：K——单位切削比功，(N·m/cm²)，根据树种、切削速度和锯口高度而不同

B——锯路宽度，mm

H——锯解的原木直径或方材高度，mm

V——进料速度，m/min

m——锯齿磨钝系数，查表7-20

x——同时在机床上工作的锯片数

η——机床的机械效率，可取0.7～0.8

2. **剖分圆锯机**

主要用于毛方、厚板的剖分，常见的有单圆锯机、双轴多锯片圆锯机。

表7-20 锯钝系数表

锯片连续工作小时数	m 值	锯片连续工作小时数	m 值
0	1.00	2.0	1.70
0.5	1.20	2.5	1.80
1.0	1.40	3.0	1.90
1.5	1.55	4.0	2.20

图7-16是双轴多锯片圆锯机示意图，它与普通圆锯不同之处就是由上、下两组小直径的锯片取代一组大直径的锯片。前后进出料辊以及进出料装置可使木材无级变速进给，上、下主电机分别驱动上、下锯轴回转。

双轴多锯片圆锯机的主要优点是：

(1) 锯片高度由两个锯片分担，因而锯路小；

(2) 锯片直径为大锯片的一半，因而锯材尺寸稳定；

(3) 由于锯片运转稳定，锯材具有较高的材面质量；

(4) 生产率高。

3. **裁边圆锯机**

主锯机及剖分锯出来的毛边板需经过裁边锯进行裁边，以便获得所需的锯材宽度，在大、中型厂，毛边板需连续不断地通过裁边锯，因而必须具有较大的进料速度，通常都设计成双锯片的，其中一个锯片是固定的，而另一个锯片可以移动的，以便裁制不同宽度的板材。

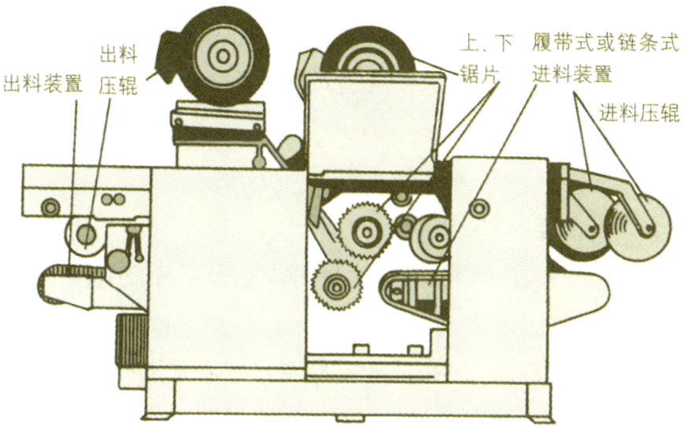

图7-16 双轴多锯片圆锯机

表7-19 圆锯片的直径、厚度和齿数表

锯片直径 (mm)	锯片厚度 (mm)	锯片孔径 (mm)	锯片齿数	
			纵解用	横截用
700～750	1.8 2.0 2.2	40	70～72	80～120
800～850	2.0 2.2 2.4	50	70～72	80～120
900～950	2.2 2.4 2.6	50	72～74	90～100
1000～1050	2.4 2.6 2.8	50	74～76	80～90
1100	2.6 2.8 3.0	50	74～76	
1200	2.6 2.8 2.8 3.0	60	78	

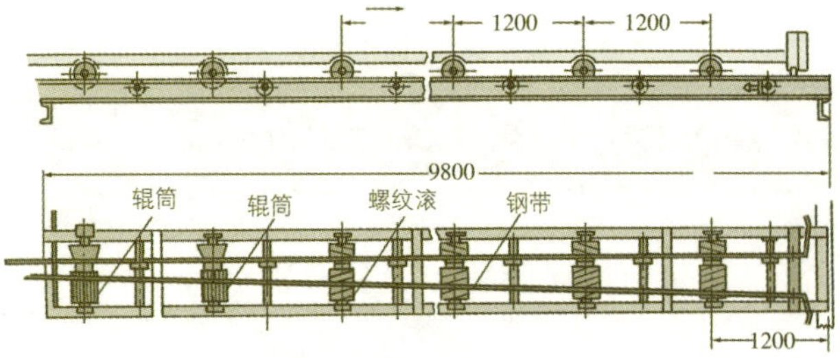

图7-17 裁边锯后的分板

裁边锯的分板器，可采用带有分板器的辊筒运输机，见图7-17。其中一根钢带和固定锯片处在同一个平面内，另一根钢带则和可移动的锯片处在同一平面内，并可随它一起移动。这样就能使各种不同宽度的板材在裁边后自动地把整边板和板条分开。整边板通过辊筒运输机从两钢带之间运走，而钢带外侧的边条在碰到挡板后，借助辊筒螺纹的侧向分力，推入投材口内。分板器的运输速度比裁边机的进料速度大11%左右。

4. **截断(端)圆锯机**

截断圆锯机常用于截断不齐的材头；对一些板材上带有天然的缺陷影响到锯材的质量和出材率，也需截断或截端；为使锯材获得使用单位所指定的长度，也需将原木余量截除或将长锯材截成数块短锯材。

7.2.6 削片制材

7.2.6.1 削片制材的特点

随着原木直径的日益减小和木片生产的日益扩大，为了提高锯材和木片的生产率和经济效益，应简化制材工艺流程，减少锯屑，增加木片产量，提高木材综合利用率，使削片制材得到较快的发展。它的特点是产量高、劳动生产率高、木材利用率高、简化制材工艺流程及减少车间面积。

7.2.6.2 削片制材联合机

1. **由一台机组完成削片、锯解全部工序的削片制材联合机**

图7-18为四面削片、多锯片圆锯联合机外形图，进料机构采用履带链和齿滚，木片的铣削使用筒状铣刀，用液压装置控制铣刀间的距离。加工相近直径的原木可连续进料。锯解部分可采用竖轴和横轴多锯片圆锯机，用锯解锯材厚度确定锯片数量，锯轴是空心的，可通入冷却水冷却锯片。

2. **由削方机和圆锯机组成的联合机**

它的削方是由两台削片机进行串联作业而实现的。这种削片制材联合机的作业图如图7-19。当原木进入第一台削片机后，得到毛方及由圆锯片锯得的边板；毛方经翻转90°定心后送入后削片机，制得方材及几块边板，方材送到圆锯机制成板材。

3. **由双圆盘削方机和双联带锯组成的联合机**

由图7-20可见，两个削片圆盘装在双联带锯前面，首先

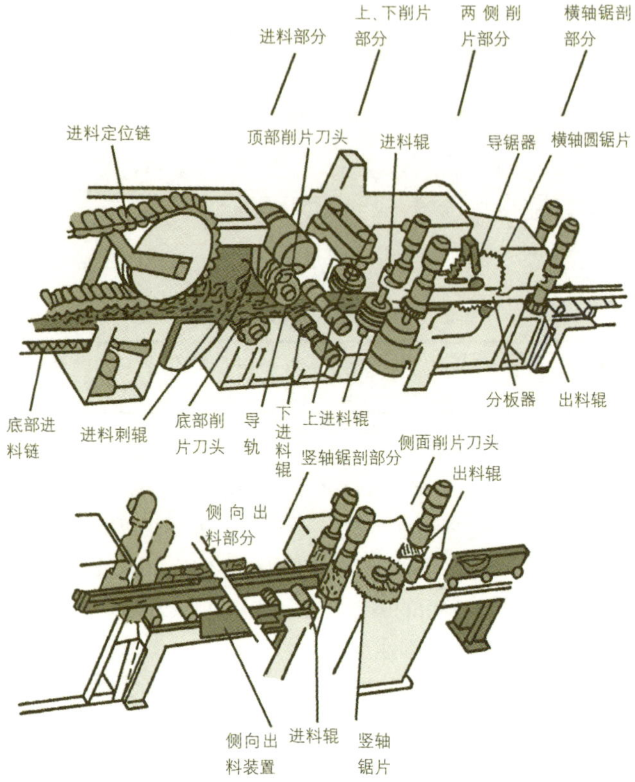

图7-18 四面削片、多锯片圆锯联合机

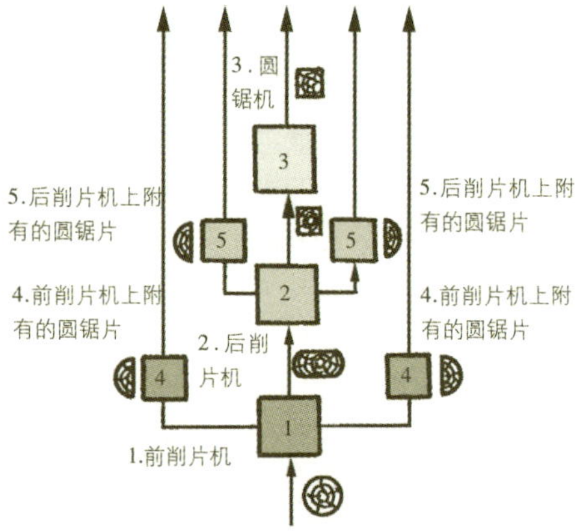

图7-19 由削方机和圆锯机组成的联合机的作业图

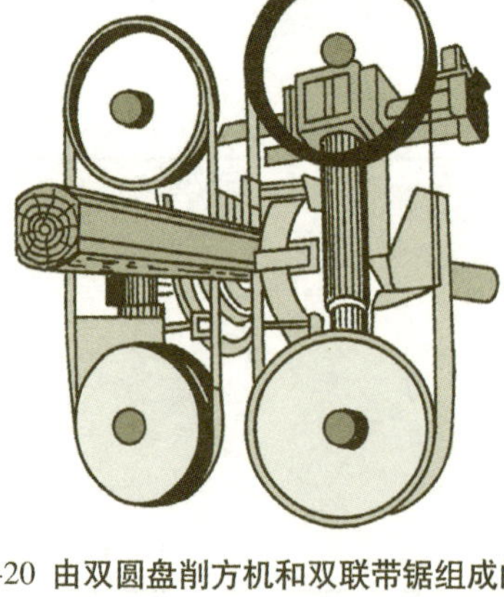

图7-20 由双圆盘削方机和双联带锯组成的联合机

将剥去树皮的原木两边削成平面，然后由双联带锯锯出两块边板。削片圆盘和带锯条之间的距离均可调整。

在中、小型厂，如果采用一台这种设备并在后面配置两台排锯，产量可提高一倍左右。

4. 由单削片圆盘和普通跑车带锯组成的联合机（图7-21）

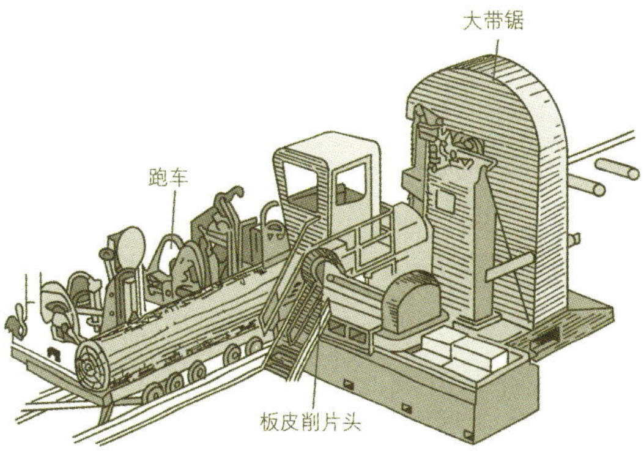

图 7-21 装有削片圆盘的跑车带锯机

它在跑车带锯的前面安装一个削片圆盘，当跑车向大带锯送料时，圆盘先将一侧的板皮削成木片，接着带制一块毛边板，然后向里翻转 180°，将另一侧的板皮削成木片，接着带制一块毛边板，然后向外翻转90°，按次序削片和锯解锯材。这种联合机既保留了大带锯的看材下锯及使用薄锯条，同时能将板皮削成木片，简化了制材工艺并提高了劳动生产率，又能增加木片数量。

7.2.6.3 削方机

它主要由顶部和底部削片头和两侧的削片头组成。在加工小径木时可制成无缺棱的方材；而在加工大径木时，为了提高出材率，可制成带缺棱的方材。

国外用得较多的是瑞典柯肯240型削方机，它有两种类型：240-12 型用于小径木；240-15 用于大径木，其技术特性见表 7-21。

表 7-21 240-12 和 240-15 型削方机技术特性

型　号	240-12 型	240-15 型
重　量(kg)	2800	5800
最大进料速度	–	–
双螺旋线圆盘(m/min)	35	–
三螺旋线圆盘(m/min)	52	50
圆盘最大转速(r/min)	700	700
圆盘最大间距(mm)	400	400
圆盘最小间距	0	0
原木最大直径(mm)	500	600
最大铣削量(mm)	2 × 150	2 × 190
木片尺寸(mm)	5 × 25	5 × 25

7.2.6.4 铣边机

铣边机综合了双锯片裁边锯及削片机的优点，使毛边板的边条直接加工成工艺木片，简化了工艺流程，也缩短了车间长度。

图 7-22 为铣边机的结构示意图。

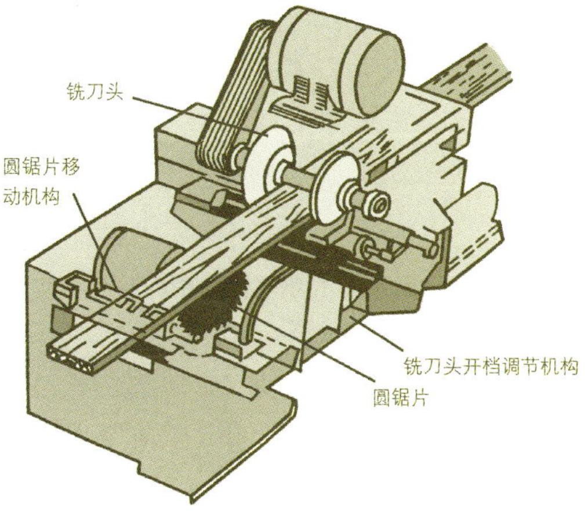

图 7-22 铣边机

7.2.6.5 型削制材

型削制材技术是在削片制材的基础上发展起来的，是一种使原木规格分类简化的常见的现代化制材方法。

型削制材是在木材锯割成板材之前，先由一组铣刀头将原木的板皮部分及毛方的边皮部分削成工艺木片，并将原木削成具有阶梯状端面的型面，再通过锯割设备将其剖分成规格板。

目前，型削制材技术基本可分为两种类型，第一种类型为常规的型削加工，不带优化系统，第二种类型为采用包括边板在内的优化技术，包括配套的检测系统及计算机控制系统。

1. 常规型削制材工艺

原木通过第一台削片机(或削片刀头)削去两侧板皮；通过90° 翻转后，通过第二台削片机削去另两侧板皮，接着毛方通过第一个成型铣刀头，铣去边板的边皮，然后由剖分锯锯出边板；通过90° 翻转后，由第二台成型铣刀头铣去另两边板的边皮，最后通过双轴多锯片锯机或排锯机剖分得到主产和两块边板，见图 7-23。

型削制材比常规制材能在原木的每边多锯出一块边板，共多得4块边板，可提高出材率。同时，由于削片机的一次削片量比普通的削片机少，对材面的质量有利。

2. 带优化系统的型削制材工艺

这种型削制材工艺与常规制材工艺相比是它带有原木侧面边板的优化削边和截断系统，见图 7-24。原木经过削片机削去板皮后，借助于检测系统测定已削片表面的形状及尺寸，由计算机对检测数据运算后得出最佳边板长度和宽

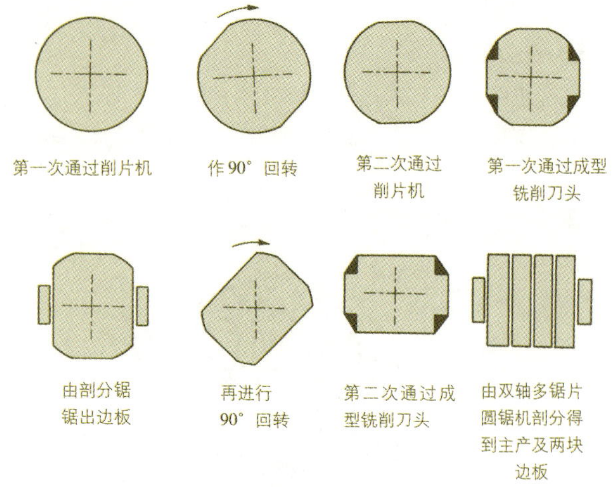

图 7-23 型削制材基本工艺

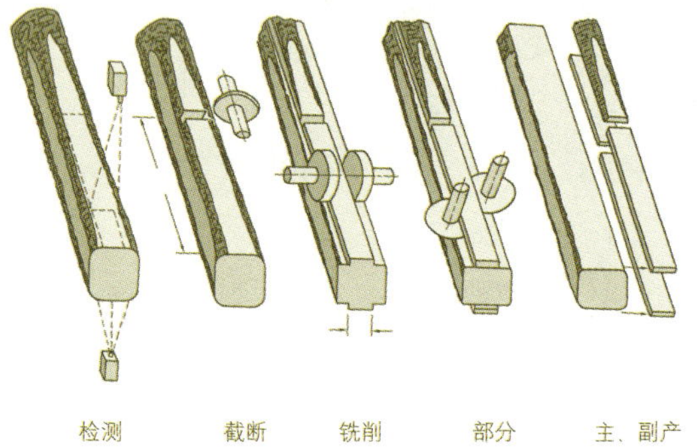

图 7-24 具有优化系统的型削制材工艺

度，然后控制型面铣刀和截断锯的位置，将边板先行截断，然后通过型面刀头。其他过程与常规型削制材加工过程无多大差别。

德国 Linck 公司型削制材设备的技术参数(型削部分)见表 7-22。

7.2.7 提高出材率的工艺措施

1. 小头进锯

(1) 可确切看清小头断面，有利于看材下料和按料下锯，因而有利于提高出材率。

(2) 有利于大带锯后面的其他锯机的看材下料且便于锯解和提高锯材质量。

(3) 可减少材端偏大和跑锯现象。

(4) 给划线下锯创造条件，可按理想的下锯图进行锯解。

小头进锯与大小头混合进锯相比较，可提高综合出材率 1% 以上，一等品率可提高 3%。

2. 划线下锯

可提高主产出材率 5%，综合出材率 1%，一等品率 3%～5%。

表 7-22 德国 Linck 公司型削制材设备的技术参数（型削部分）

型号	V25	V40
能加工的最大原木直径(cm)	40	60
能加工的最小原木直径(cm)	8	10
最大原木长度(m)	6(8)	6(8)
最小原木长度(m)	2,5(2)	2.5
走刀(进料)速度(m/min)	50	50
削片长度(mm)20～28	20～28	
每边切削深度(mm)	125	150
重量约(t)	12	27
承运体积约(m³)	44	45

3. 一边挤偏心下锯法

可充分利用原木削度部分，其出材率比轴心下锯法提高 3% 左右。

4. 弯曲原木合理截断

林区制材厂的弯曲原木通常占 20%～25%，实行合理截断，可提高出材率 2% 以上。原木在截断时要遵循缓弯中间截，急弯截拐点，多面弯曲截其严重部位。对 8、6、4m 原木，从中间截断，经济效益较好。

5. 按主产选配原木，实行按产供料

如锯割普枕时应选配 24、34、40、46、52cm 直径的枕资，在割制岔枕时应选 28、38、44、50cm 直径的原木，其主产出材率比其他径级原木要提高 13.5%，在割制 120mm × 120mm 方材，应选 20、26、34、40cm 直径的原木，其出材率比用其他径级原木提高 8%，用 7m 长原木割制岔枕要比 4、6、8m 原木提高主产出材率 15% 左右。优质根段原木比中、梢段原木平均出材率要提高 2% 左右。

6. 枕资合理截断入锯

5m 材长的枕资截断为 25 入锯，其综合出材率可提高 2%，主产出材率可提高 3.5%，凡截断后不能多出一根枕木的均要以 5m 进锯，即 32、38、44、50cm 原木均应截后进锯，其他径级都要 5m 进锯，在锯成连二普枕后再行截断。

7. 合理留钝棱

各种板、方材在符合国家标准所规定的缺棱限度内可留缺棱，能提高出材率 2%～5%。

8. 合理裁边与截断

一般小径原木为了生产宽一些的板材，可采用毛板下锯；中径原木可采用三面下锯；大径原木可采用四面下锯。要充分利用优质边材部分，生产主产品和优质产品。

大板皮必须剖成毛边板而后裁边，以提高出材率。削度大的毛边板，先按一边挤裁取宽长板，然后把余料裁成短窄板。

毛头板的截断，以截除抛物线高度 1/3 出材率最高。凡不能提高等级的不得裁截。

9. 加强修锯，使用薄锯条

修锯质量好坏，直接影响锯材质量和出材率。在夏季锯解松木可使用薄一号的锯条，可提高出材率1.5%左右。

10. 提高锯机精度，减少改锯材

采用大带锯高精度摇尺机和小带锯高精度摇尺进料装置，可提高出材率3%左右。

11. 梯形板斜拼及用毛边板做特种木箱

梯形板斜拼及用毛边板裁成梯形板用作包装箱生产，比用整边板做原料，可提高木材利用率4%～5%。

7.2.8 提高锯材质量的工艺措施

切实贯彻执行国家木材标准，加强产品质量检验；加强锯机检修，确保修锯质量，提高锯材加工精度；按产供料，确保原木质量；合理下锯，提高锯材质量；精选根段原木，提高优质锯材比率；实行专业生产，按树种分别进锯，对提高锯材质量、劳动生产率、出材率，降低成本，增加经济效益起着重要的作用；改革生产工艺和设备。下面列举锯割缺陷产生的原因及纠正方法，见表7-23。

7.2.9 锯材分选

7.2.9.1 锯材分选方式及条件

确定选材方式，主要是根据制材厂的生产规模、锯材区分的细致程度，在选材时，应按一定的速度连续选材、抽分，有利于实现机械化生产。

不论以哪种选材方式建立的选材场，都必须具备下列条件：

(1) 采用选材装置时，应尽量以减轻工人的体力劳动，提高劳动生产率为标准；

(2) 根据制材生产规模、场地条件，确定选材场的类型；

(3) 选材场的通过能力，应满足制材车间的生产率，锯材在选材台上移动的速度要与选材工评定锯材等级时间相适应；

(4) 光线应充足，保证选材工看清锯材表面的缺陷，提高选材的准确率；

(5) 对不合格的锯材便于返回车间改锯；

(6) 在整个选材工段应注意操作工人的安全。

由于选材场是产品质量把关的一道重要工序，在很大程度上将直接影响锯材的出材率和产值，因此，必须由熟悉国家锯材标准并具有生产实践经验的选材工来承担这项工作。

7.2.9.2 锯材分选设备

1. 锯材横向移动选材装置

这种选材装置是链条式的，板材在链条上横向移动，板材的运行方向与选材装置的长向相一致，选材线的长向与车间的长向相垂直。板材从纵向运输线运出车间变为横向移动，其运行速度可减小到纵向运输的1/10～1/15。因此，当锯材以高速度由制材车间运到选材场时，也能来得及对板材进行选等区分而不破坏车间生产和选材的连续性。

表7-23 锯割缺陷产生原因及纠正方法

缺陷名称	产生原因	纠正方法
端部突出 (鲶鱼头)	1. 锯条邻近齿根处有膨瘤； 2. 锯轮歪斜； 3. 进锯过猛； 4. 锯卡子调整的不好，一面松，一面紧，或螺丝没拧紧，致使进料时锯条左右摆动	1. 在有膨瘤处四周用压锯机碾压或在平台用手锤修整； 2. 需要挂线校正锯轮，进锯方向跑车轨道与锯轮本应90°直角相交，可改为89°54′相交； 3. 开始进锯时，可适当减缓速度，进锯速度以20m/min左右为宜，进锯20cm后再提高速度； 4. 将锯卡子稍拧紧些，约束锯条不使其左右摆动
偏沿子	1. 车盘与车桩或锯比子与锯台平面不成直角； 2. 材面未靠紧车桩即挂勾；小带锯的料子平面与锯比子没有全面接触	1. 要经常检查各接触面是否保持直角，发现误差要及时校正； 2. 精心操作，提高技术熟练程度
水波纹	1. 锯条辊压适张度不当或不足； 2. 锯料不均（一边大，另一边小）； 3. 锯机上轮缘不在一条线上，锯割时串条	1. 提高修锯质量，锯条的适张度应与锯条的线速度相适应，一般线速度高的，锯口宜紧些，锯背挠度宜大些，腰要软，其次挂锯调整锯轮时，应将锯口拉紧些； 2. 调整锯轮，使轮缘在一直线上
凸腹 (材面凸肚)	1. 锯料或锯齿向一面偏倚或锯身向一侧凸起； 2. 锯卡子调整不当； 3. 遇大节子未减缓进料速度	1. 修整偏倚锯料或锯齿；将向一侧凸起的锯身修平； 2. 使锯卡子木块与锯条间隙调整一致； 3. 遇大节时，应提前减缓进料速度
洗衣板纹 (间隔条纹)	1. 个别锯齿凸出、偏斜、脱落或飞齿； 2. 锯料角磨损	1. 提高锉锯质量； 2. 补接脱落齿

表 7-23（续）

缺陷名称	产生原因	纠正方法
板面起毛刺	1. 齿刃过钝，切削不良； 2. 齿端角大，齿喉角小的锯齿也容易起毛刺	1. 勤研磨锯齿，使其经常保持锐利； 2. 采用齿喉角大些的锯齿
入口小或入口大	1. 开始进锯时木料偏于锯条方向，偏斜进锯后才贴紧锯比子； 2. 进锯时用力过猛或锯卡子松动，锯条左右摆动	1. 进锯前就要将料子端正，并贴紧锯比子，以直线方向进料； 2. 进锯时不宜猛力推料； 3. 要校正锯卡子

选材台上安设 4～5 条间距不等且相平行的运输链，越靠近选材工的一边，运输链的间距越小，其最小距离要保证长度最短的板材能搭在两条运输链上运走。选材台的宽度要小于最长板材的长度，以便于选材的抽分。

在选材台上两边设置有高度低于台面 0.75～0.8m 的通廊，通廊两侧设有活动滚子，便于抽分锯材。

横向链式选材装置由三部分组成，即板材接纳部分、选材划等部分和板材抽分部分。

2. 锯材纵向移动选材装置

锯材纵向移动选材装置是沿着生产流水线方向在车间外面盖一选材棚。板材由纵向皮带运输机运出车间。首先由抽分工人按成材树种、规格、材长抽分归堆，然后由选等工人选等划号，再堆成叉车运输的卡垛，最后由叉车运至板院归垛。

这种纵向选材装置，可在运输线两侧抽分堆放板堆，板堆的配置是与运输线纵向平行堆放，成材区分越细，板堆越多，占地面越长，整个选材场也越长。

为便于成材抽分，运输线成材运送速度不宜快，一般为 15～20m/min，故生产率低。这种选材装置适合于成材种数少，场地允许的条件下采用。

3. 自动化成材分选机

自动化成材分选机如图 7-25 所示。

图7-25表示出上行分选运输机、下行输出运输机以及分布其间的料仓 C_1 至 C_{36}。其选材区分过程是：板材从车间加工出来后，经工人视力分等和用规格仪器测定规格，计算机的记忆装置把每块板材的等级和规格与相应的料仓联系起来，并通过仪器给料仓上面的放料点发出指令，当“Γ”形托钩从板材横向输送机上接纳板材后，便沿着料仓 C_1～C_{36} 受料口上方的运输路线运行，当板材到达相应的料仓受料口时，料仓上面的放料机构下降，板材落入料仓的吊架内。

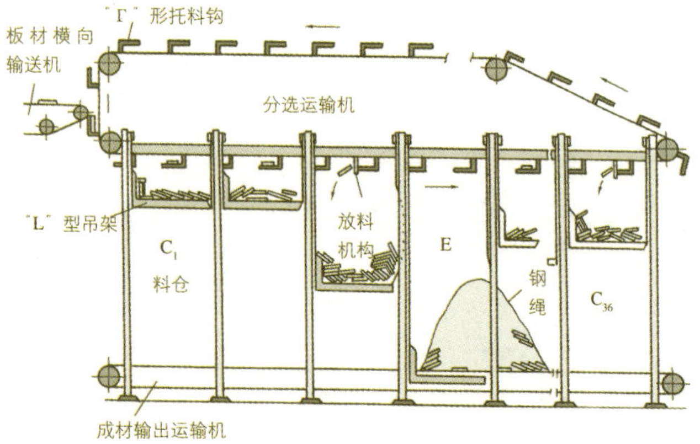

图 7-25 自动化成材分选机

7.2.9.3 锯材合理堆垛

1. 板垛的气流循环

空气在板垛内的流动方向有水平方向和垂直方向。水平方向是由风的流动引起，而垂直方向决定于板垛结构，首先决定于通风口的大小和方向以及基础高。垂直气流对干燥质量有决定性意义。

气流循环见图 7-26。

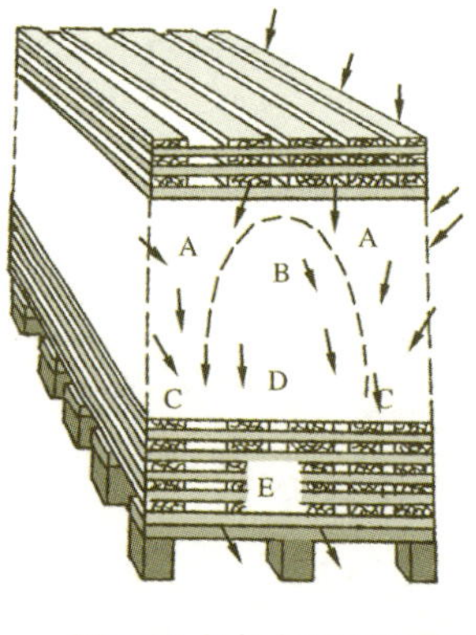

图 7-26 板垛气流循环情况

外界温度较高、湿度较低的热空气首先从板垛顶端以及两侧进入板垛，从板垛的垛隙及垂直通风口吸取成材的水分，从而空气的湿度增高，温度降低，气流就向下流动，一直到垛底流出，在板垛内形成了由上而下继续不断地气流循环。

从气流循环可看出，板垛上层及两侧，因通风好，接触空气气流较多，易干燥，而底部和中央的下部通风不良不易干燥。

由于各个位置成材干燥程度不一，因此在一定的间隔时间，板垛内板材也须捣垛，使干燥均匀。

2. 锯材合理堆垛

(1) 板材垛积法，见表 7-24。

(2) 方材、枕木垛积法，见表 7-25。

3. **锯材堆垛作业**

锯材堆垛的方法有块堆法和垛堆法两种。块堆法可采用连续式锯材运输机，横向链式板材提升机；堆垛法可采用塔式起重机、桥式起重机等，见表 7-26。

4. **锯材装车作业**

堆装法装车作业是实现锯材装车作业机械化的一种方法。板院的锯材装车，是板院作业的最后一道工序。采用堆装法装车效率最高，即预先做好一个板捆，或几个板捆连在一起，使其尺寸符合铁路平车的大小，采用机械手段装进平车，这种装车法速度快，设备费低，如图 7-27。

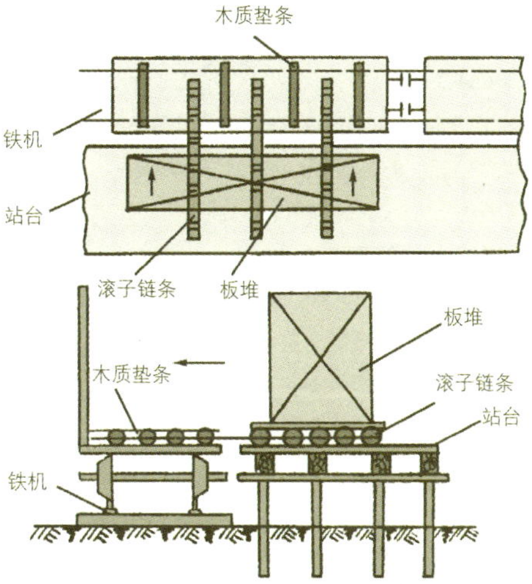

图 7-27 堆装法装车设备

7.2.10 制材剩余物处理

7.2.10.1 制材剩余物的种类

在原木加工成锯材过程中，有大量的树皮、边条、板皮、

表 7-24 板材垛积法

名 称	垛积方法	适用范围
单板纵横垛积法	1. 板材从第一层起按规定横向间隔依次铺放，然后再转 90°，依次铺第二层，如此纵横交叉堆垛到预定高度，如图所示； 2. 俯视板垛为正方形，如 2m × 2m、3m × 3m、4m × 4m 等，可把短的板材、毛边板拼为较长的大板垛 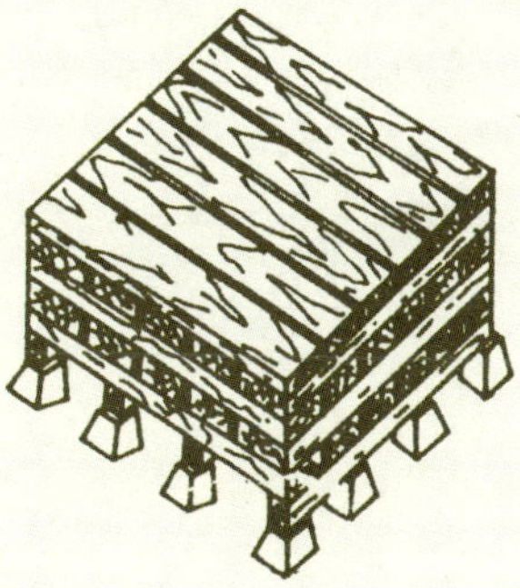	1. 适用于针、阔叶材中、厚板的天然干燥堆垛； 2. 垛积方法简单易行，不用垫木，但需留好横向间隔
两板错综和三板品字形垛积法	1. 两板错综垛积法 ①第一层靠近的两块板摆在一起，从第二块板起两块板则错缝叠放，上下板宽度仅接触一半，第二层与第一层交叉堆放，也错缝叠放，如此反复直至堆到预定高度如图(a)所示； ②板垛为正方形，边部叠放的两块板材，应为较干燥的板材，并要求从上到下四角对齐 2. 三板品字形垛积法 堆积的板材放在下层两板之间，压在下层两板各四分之一处，如图(b)所示 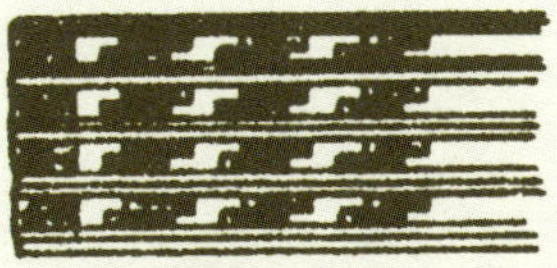 (a)两板错综垛积法 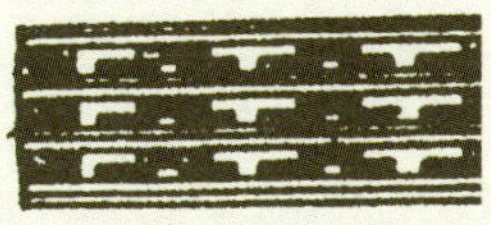 (b)三板品字形垛积法	1. 适用于针、阔叶材中、厚板的自然干燥堆垛； 2. 三板品字形垛积较两板错综垛积法稳定性好； 3. 易发霉的松木薄板慎用

表7-24（续）

名 称	垛积方法	适用范围
叠放纵横垛积法	1. 两板叠放纵横垛积法 ①每两块板材为一摞，纵横交叉垛积，要留好横向间隔，此法能扩大容量，但干燥效果较差，如图(a)所示； ②板垛为正方形，要求每摞板材宽度相同，板垛四角上下垂直对齐 2. 多板叠放纵横垛积法 ①板材每3～8块为一摞，纵横交叉垛积，横向间隔要大，如图(b)所示； ②每摞板材的宽度应相同，此法便于检尺，验收，拨付； ③工作效率高，但干燥速度慢 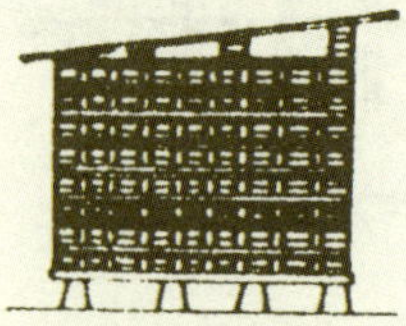 （a）两板叠放纵横垛积法 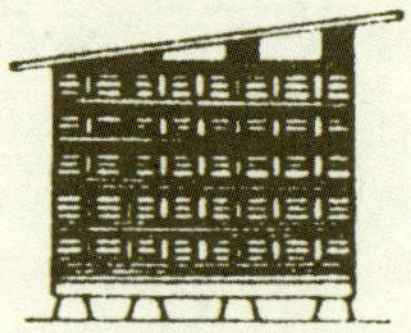 （b）多板叠放纵横垛积法	1. 适于经过天然干燥后，含水率小于22%的板材，也适用于东北林区冬季生产但明春拨出的锯材； 2. 适于阔叶树半干材的缓慢干燥或长期保存
抽匣式及平立垛积法	1. 抽匣式垛积法 ①用两块本垛的板材叠放做隔条，中间铺放一层单块的板材，如此纵横垛积，如图(a)所示。其优点是可随时抽出检查每块平铺的板材，干燥速度快，但费工； ②做隔条的板材，应选较干燥的板 2. 平立垛积法 ①用多板叠放做隔条，中间板材立着摆放如图(b)所示。优点是可随时抽取立放的板材，通风口应大些； ②含水率大的湿板不宜采用 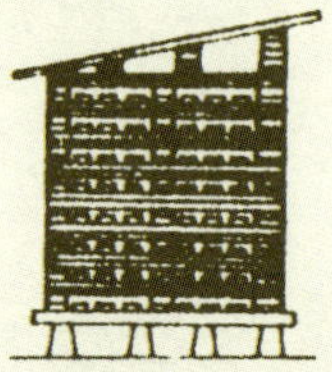 (a)抽匣式垛积法 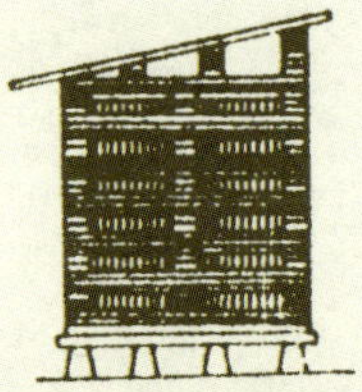 (b)平立垛积法	1. 适用于中、厚板的自然干燥； 2. 通风效果好，适于高级针叶树锯材，不适于阔叶树锯材，因易产生翘弯和顺弯； 3. 适于半干材，可作为长期保存的板垛
垫木垛积法	1. 每铺放一层板材后，交叉地摆一层干燥隔条，铺放的板材相互间留横向间隔，通常为材宽的20%～100%，如图示； 2. 薄板、中板隔条的厚度一般为25mm，需快干的板材，隔条厚度为30～60mm； 3. 隔条间隔：薄板0.6m、中板1～1.5m、厚板最多2m； 4. 垛积成长方形或方形：6m以上长板多采取6m × 4m、8m × 4m、8m × 6m的长方垛 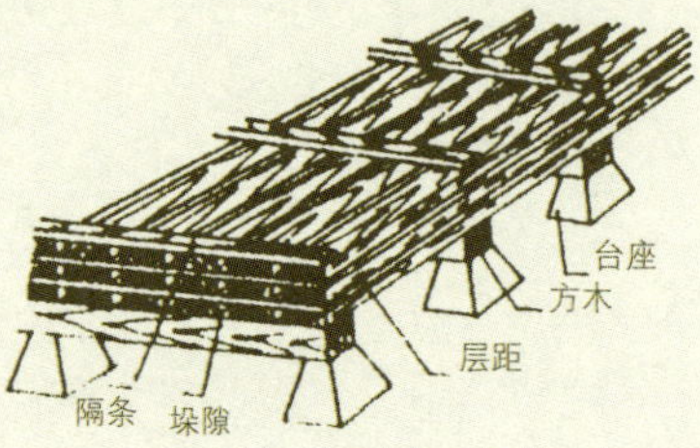 	1. 适于锯材的天然干燥； 2. 干燥，无发霉，霉变，效果好； 3. 需缓慢干燥的硬阔叶板材，其板材的横向间隔可适当减小

名 称	垛积方法	适用范围
倾斜垛积法	1. 采用倾斜式垛基的垛积法，即垛基台座及底楞具有4%～5%的倾斜度，从第一层起按此坡度平铺板材，板与板之间留有横向间隔，第二层交叉铺放隔条，依次垛积到规定的高度如图示； 2. 板垛为长方形或正方形、长方形垛底效果更好； 3. 排水、通风效果好，但容量小、费工、成本高，需熟练的技术 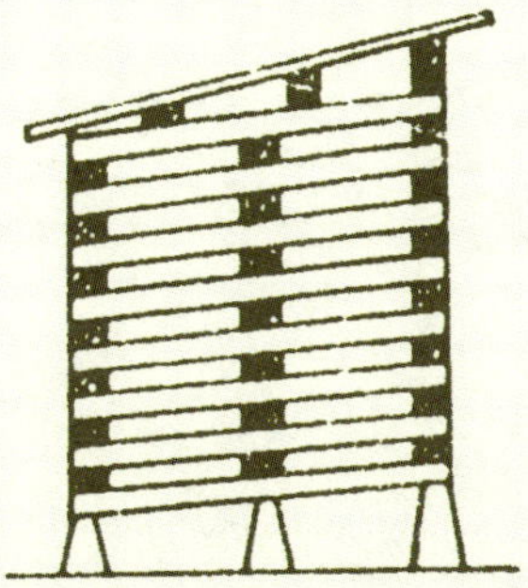	1. 适于高级锯材的干燥堆垛，干燥效果好； 2. 如能采用强制通风，效果更好，适于人工干燥前段的自然干燥
延宽垛积法	1. 每层板材横向不留间隙，依次平铺，使板材的总宽等于固定整数宽，如2、3、4、5、6m等，最好与材长相等。每层板之间用本垛几块板材或隔条交叉摆放，如此堆垛至预定高度，如图示； 2. 垛积时，由于板垛总延宽固定，可从两侧向中间铺放，最后放进一块宽度相当的板材； 3. 板垛的每层板材的材积是固定的，因而对于检尺、验收、拨付等均很方便，可提高效率，且很少出现材积误差； 4. 每层可用隔条捆成一定尺寸的小垛如断面为1.1m × 1m、材长2m～6m的小垛。用叉车或吊车装卸，很方便，可用于天然干燥与人工干燥的连续作业 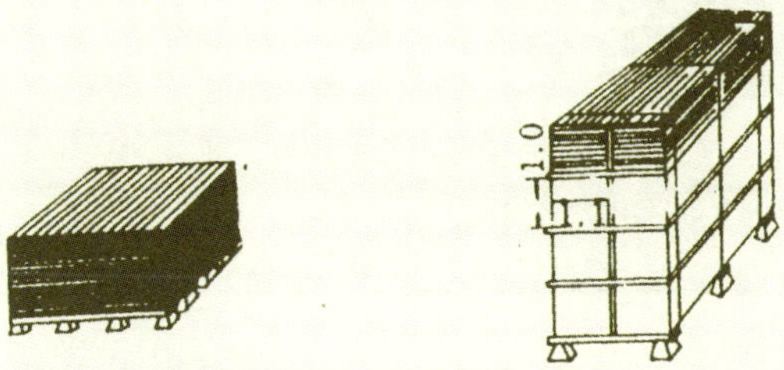 （a）以本垛板为隔条的延宽码垛　（b）以干燥隔条延宽码垛的成捆小垛	1. 适于各树种、厚度的板材堆垛，尤其适于大中城市木材转运站，大量贮存和随时拨付板材使用； 2. 便于拨付，可避免材积误差； 3. 成捆的延宽小垛，适于木材加工的连续作业
双长堆垛垛积法	1. 将两个板垛的材长方向相连的双长垛可减缓干燥速度，提高干燥质量，如图(a)所示； 2. 每层板材放入隔条，并采用隐头垛积法如图(b)所示，防止端头开裂，必要时在端头涂以防裂剂； 3. 堆垛时，易开裂的弦切板放在垛中央，不易开裂的径切板放在垛的外侧； 4. 密度大的板材，要采用矮垛基，较薄的隔条，较窄的通风口，通风口上下可错开，以减缓干燥速度，防止变形开裂，提高质量 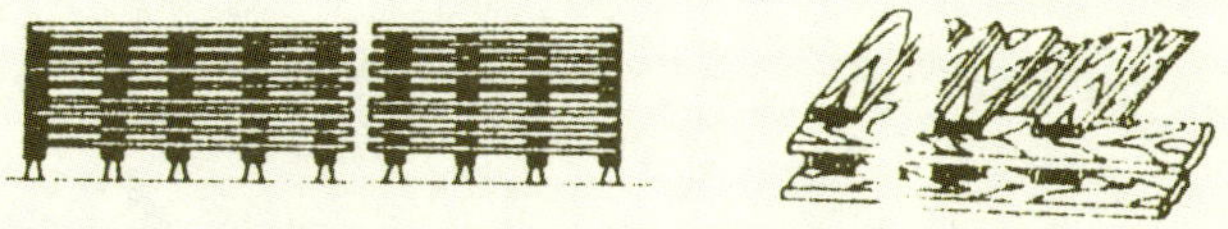 (a)双长垛积法　(b)隐头堆积法	1. 适于珍贵阔叶板材，如核桃楸、黄波罗和难干的麻烁、柞木等密度大的板材； 2. 不适于快速干燥的针叶板材

表 7-24（续）

名　称	垛积方法	适用范围
荫棚垛积法	1. 具有活动遮荫板的简易棚架，如图(a)所示。可调节日照、通风、防止雨淋，其板垛采用垫木垛积法； 2. 密度大的难干燥的珍贵锯材，应减小通风口，以防开裂变形； 3. 针叶树板材及中密度易干燥的阔叶树板材，在荫棚内采用自动往复强制通风机，进行强制通风自然干燥，效果更好，如图(b)所示  (a)活动遮荫棚  (b)自动往复风机强制通风荫棚	1. 适用于高级珍贵板材及特殊难干燥的板材、毛坯等； 2. 可作为人工干燥作业前的准备工序的自然干燥
毛边板材垛积法	1. 堆积同一厚度，不同宽度和长度的阔叶树毛边板材时，垛隙不少于板宽的1/2。在垂直方向按毛边板中心轴线排列或按毛边板一边对齐排列，如图(a)所示； 2. 板垛两侧放置长毛边板，中间用短毛边板接起来，每层要用垫条隔起来，如图(b)所示； 3. 堆放针叶树毛边板时，可用本垛毛边板作垫条 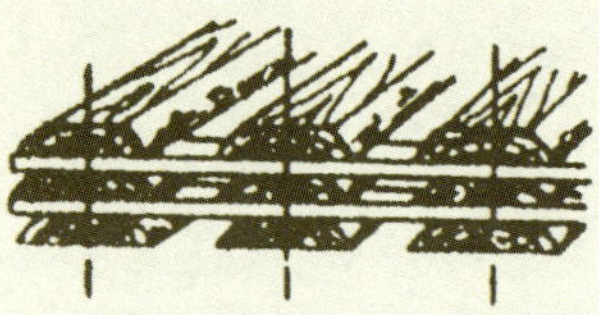 (a)按中心轴线法 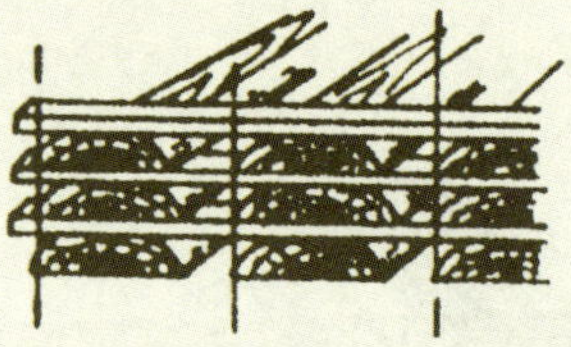 (b)边对齐法	1. 南方生产毛边锯材供各用材部门使用，用途较广，制作木船的工厂常用； 2. 适用于东北、内蒙古地区，箱板车间、家具车间等采用，毛边板应加强保管，合理垛积

表 7-25　方材、枕木垛积法

材　种		垛积方法	适用范围
方材	大、中方材	大方、中方单根纵横垛积法 ①大、中方应采用单根垛积法，如图所示，一般不用特备隔条，使用本垛方材做隔条，纵横垛积； ②垛隙大小，依树种、材种、季节不同，一般为方材宽度的 $\frac{1}{3}\sim\frac{1}{5}$； ③大、中方的垛积可不设垂直通风口及水平通风口 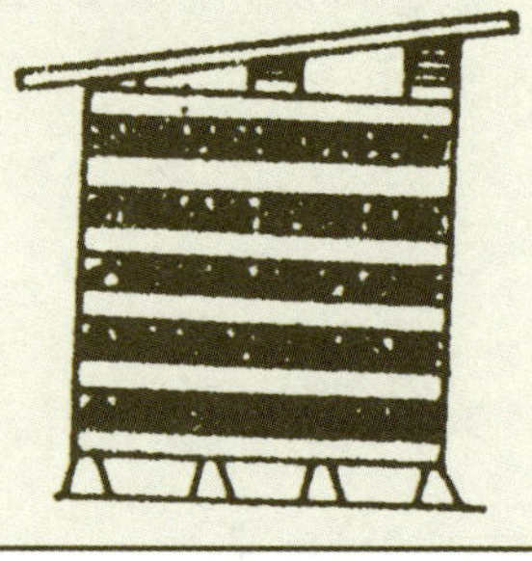	1. 适用于大、中方材的自然干燥通风垛； 2. 针叶材垛积的垛隙要大，而阔叶材垛积的垛隙要小，以防开裂变形

表 7-25（续）

材料		垛积方法	适用范围
方材	小方材	小方材成捆纵横垛积法 ①为防止变形和运输、保管方便，小方材采取按捆垛积法，如图所示。用铁丝捆成方形木捆，每捆为 4、6、9、12、16、25 根等，每捆应同树种、同规格、同根数； ②成捆的小方材采用纵横垛积的方法，每捆垛隙应不小于木捆宽度的 1/3； ③普通锯材规格的中小方，根据规定，可垛在相应中、厚板垛中 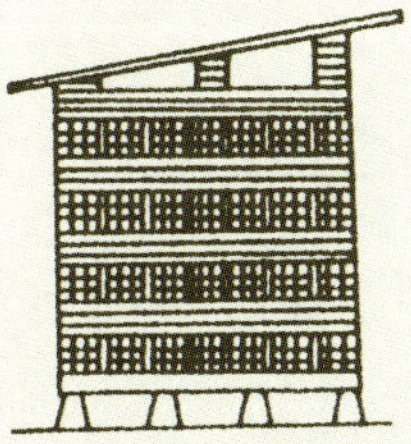	1. 适于小方材的垛积，短小方可拼长为一捆； 2. 在易发霉变质的季节，应减少每捆的根数并加垛隙
枕木		1. 一顺水垛积法(图 a) 垛积在具有二根长条垛基上，以便于装卸，应采用长条混凝土垛基台面，并把钢轨固定其垛基上； 2. 实积垛积法(图 b) 此法为每层各 9 根枕木，纵横排列为无垫木密垛，用于枕木湿存，每日喷水三次，如用锯屑加 25% 食盐铺在垛上，则防裂效果更好； 3. 一横九纵斜垛法(图 c)和二横九纵平垛法(图 d) 这两种方法是枕木自然干燥通风垛的主要垛积法，因其通风口大，可防止虫害和腐朽，加速自然干燥，此两法以二横九纵平垛法的效果最好 (a) (b) (c) (d)  (a)一顺水垛积法 (c)一横九纵斜垛法 (b)实积垛积法 (d)二横九纵平垛法	1. 一顺水垛积法适于生产枕木的制材厂，可边生产、边装运； 2. 实积垛积法适于枕木的湿法保存，多用于易开裂的榆木和硬阔叶树； 3. 一横九纵斜垛法和二横九纵平垛法适用于枕木的自然干燥，枕木防腐前常用这两种方法垛积

表 7-26 锯材堆垛方法

堆垛方法	设备名称	内容
块堆法	锯材垛积运输机	这种运输机可以堆垛也可装卸，装板的高度可以升降，运输速度可调，生产效率比人工高 20 倍，制造简单，操作方便
	横向链式板材提升机	1. 是板方材垛积、装车的机械，主要由送板系统、机架升降系统和行走系统等组成； 2. 可沿轨道运行或无轨运行； 3. 通过电机传动使垂直的两条链条作循环运动，链条上每隔 1.4～1.6m 设有一个托架，顶端有装载装置； 4. 垛积时，板材由工人依次将锯材放到车托架上，在板垛上的工人依次把越过顶端从导板滑下的板材取下，进行垛积。工作效率高，每小时可垛积 4000 块左右
垛堆法	塔式起重机	1. 可把选材场上成捆的锯材直接运到板垛上进行垛积； 2. 可在 6m 宽的轨道上往复运行，通过悬臂上移动的载重小车及小车上垂下的起重钩把成捆的锯材进行垛积或装上火车
	桥式起重机	1. 桥式起重机的跨度比塔式起重机大； 2. 桥式起重机的悬臂不能作回转运动，只能使载重小车在悬臂上作直线运动； 3. 稳定性比塔式起重机好

截头、木屑等加工剩余物，约占原木材积的25%～30%。在林区制材厂除上述剩余物外，还有采伐、造材中的截头，4cm以上的枝桠、树梢和一些不宜锯制的锯材的下脚料或等外原木，若在木材综合加工厂，制材车间下来的小料用作木制构件，在加工过程中尚有不少刨花、碎料、木屑等剩余物，也可充分利用，使企业获得更好的经济效益。

7.2.10.2 制材剩余物的运输

制材车间加工过程中的锯屑、刨花、木片、碎料等必须及时运走以免引起车间内部堵塞，影响流水作业。

(1) 带式运输机：制材部门加工过程中的锯屑、边条、截头、刨花、木片等可通过带式运输机运输和集中。

通用的带式运输机是定型生产的，可根据所运物品、运输距离、计算所需功率等，选用标准的零件进行组装。

(2) 辊筒运输机：在制材车间可用于板皮的运输。一组辊柱由驱动装置集中驱动。驱动方式有圆锥齿轮驱动和链驱动。

(3) 纵向链式运输机：用作传送原木。

(4) 横向链式运输机：用作传送原木、锯材、半成品及板皮。

(5) 刮板运输机：用作传送散状物料，如锯屑、刨花和木片等。

(6) 气力运输机：气力运输机是利用气流和动能在管道中运输散粒状、小块物料的一种装置，如锯屑、刨花等碎料的输送。

(7) 斗式提升机：在年加工几千至1万m^3的小型制材车间或简易制材车间，考虑到降低成本，也有用斗式提升机来将锯屑直接提升至兜袋内，集中处理。

7.2.10.3 制材剩余物的利用

1. 工艺木片的生产

为了提高木材综合利用率，应该最大限度地将采伐剩余物、原木加工中的截头、无用板皮、边条、碎料、各种针、阔叶薪炭材供生产木片。

木片可作纸浆和人造板原料，木片价值比碎燃料高，而纸浆木片又高于刨花板木片，可获良好的经济效益。

2. 简单木制品生产

利用制材剩余物加工成简单木制品，如家具零部件、各种车木工具手柄、装饰用把手、弯曲线条、梯形胶拼包装箱、各种电器和金属材料的底座和垫块、各种雕刻和绘画镜框及装饰底盘、玩具、菜板、卫生筷、牙签、铅笔板等。

3. 锯屑的利用

可制造活性炭，通过炭化和活化制成。锯屑用作制造活性炭，其孔隙度大，反应活性大，且灰分少，活性炭的质量高。

锯屑可制造酒精，在制作前，先用稀酸水解成糖液。工业生产上是稀酸渗滤水解法，除锯屑外，还需用一部分木片。生产酒精的副产品是甲醇和杂醇油。

锯屑也可经干燥、挤压成型，制成燃烧炭棒。

4. 树皮的利用

树皮可利用其天然的粘合能力制作保暖隔板；也可用于花园、音乐咖啡茶室等作为装饰材料；将少量树皮掺合在木片中可用作制造纸浆和刨花板，不会影响强度；也可用作肥料，先将其粉碎，得到适合于沤肥和生长培基的颗粒尺寸，由于树皮缺乏氮，所以应掺入一定数量的氮、磷等。

7.3 制材企业设计

7.3.1 制材企业设计的目的和任务

7.3.1.1 设计的目的

制材企业设计的目的，是在新建或改(扩)建一个企业之前，根据已经批准的设计任务书的内容，研究技术上和经济上的各项问题，正确选择厂址，规划和组织整个企业的生产、生活和福利设施等，并提供建设所需的图纸以及经费和材料的预算，使新建或扩建的企业能顺利地按照计划建成投产，并能获得良好的经济效益。

在设计中，要结合我国国情，使新建或扩建的企业立足于技术先进，要采用科学的管理手段、先进的技术和设备，引进和技术改造相结合，提高机械化和自动化程度，提高原木的出材率、锯材质量、劳动生产率和降低成本。

设计一个制材企业包括的项目很多。如可行性调查研究、工艺、土建、运输、动力、给排水、取暖、通风、卫生、福利设施、经济和总体规划等。各部分设计必须互相配合。对扩建设计，必须充分利用原有设备、建筑物、构筑物和其他有用的设施。工艺设计部分是其他各部分设计的基础。因此其他各部分设计必须满足工艺设计的条件和要求，也要符合本部分设计规范的要求。

本手册制材部分中企业设计内容主要叙述制材车间工艺设计的方法和步骤。

7.3.1.2 设计的任务

设计一个制材企业要解决三项基本任务，即技术任务、组织任务和经济任务。

1. 技术任务

根据设计任务书所指定的生产能力编制生产大纲并确定建设规模、原料供应和锯材销售、其他协作条件、建设地点的建设工期、投资控制数、定员、经济效益及要求达到的技术水平和管理水平等。

制定原料、半成品的锯解工艺过程。根据原木和锯材的技术条件制定合理的工艺流程；选择锯机和运输设备的类型，计算其数量和所需要的动力；拟定照明、取暖、通风、给排水等；确定车间工艺布置及工作位置组织；计算辅助车间设备数量及其面积；制定基本工人和技职人员数并确定工资等级；确定厂房建筑类型、层数及面积；拟定安全技术和防火措施；确定拟建或扩建企业的总体规划布置等。

2. 组织任务

确定企业科、室和车间管理人员的编制；拟定合理的生产劳动组织和工作位置；制定车间各工序规程和技术报表以及有利于改善工人的劳动条件和安全、卫生等方面的措施。

3. 经济任务

选择最合适的建厂地点；确定原料来源和锯材销售市场；拟定企业的生产计划；拟定各类人员工资总额；燃料、水电和动力的来源和预算；确定总投资额、固定资产和必要的流动资金总额；产品成本核算；福利设施的建设以及企业的主要技术经济指标等。

7.3.2 制材车间工艺设计的方法和步骤

制材车间工艺设计，它包括设计任务、设计依据、下锯法、制材工艺生产线的确定、锯机设备和运输设备的选择与计算、修锯间设备的确定、车间平面布置图、总体规划和设计说明书等。

在改建设计或扩建设计过程中，必须结合委托单位的建厂条件，尽量利用原有厂房和部分现有设备，根据年加工原木量、原木和锯材的技术条件、采用的下锯方法等条件，最后确定符合委托单位生产实际的工艺生产线和技术设备，通过计算可明确主锯机的年实际生产能力。按照工艺流程图设计出车间平面布置图。在说明书中要阐述此工艺设计的特点，它必须符合原木和锯材的技术条件；符合生产实际的需要；整个车间布局要合理；要合理解决重体力劳动的机械化问题以及给工人创造良好的工作条件并达到连续化生产。

在生产条件改变的情况下，下锯法也能适应，并能提高生产率和锯材质量。在车间平面图上可留有适当余地（根据厂方规划要求）用作今后扩大生产。

7.3.2.1 设计任务和条件

1. 设计任务

年加工_____万 m^3 原木的制材车间工艺设计。

2. 设计依据

确定原木树种、原木直径、长度、等级和尖削度。

编制原木和锯材规格和数量表，见表 7-27、表 7-28。

3. 已知条件

(1) 建厂地址

(2) 选用主锯机类型

(3) 锯材用途

(4) 采用下锯方法，锯材允许带有缺棱程度，小规格材最小长度

(5) 天然干燥率

(6) 到材方式和保存方法

(7) 年工作日、日工作班、班工作小时

(8) 可行性调查报告

7.3.2.2 原木下锯法的确定及计算

(1) 根据表7-27和表7-28编制原木明细表7-29和锯材明细表 7-30。

(2) 根据原木明细表求原木平均直径 d_p。

$$d_P=\sqrt{\frac{\sum d^2 n}{\sum n}}$$

式中：d_1，d_2，……d_n——单根原木直径，cm

n_1，n_2……n_n——相同直径原木的根数，根

（3）根据锯材明细表计算锯材平均宽度 b_p。

$$b_p=\frac{V}{\sum\frac{V_n}{b_n}}$$

式中：V——锯材总材积，m^3

b_1，b_2……b_n——锯材不同宽度，cm

V_1，V_2……V_n——相同宽度的锯材材积，m^3

(4)根据原木平均直径和锯材平均宽度按下式验算原木

表 7-27 原木规格和数量

原木直径 (cm)	占总材积的百分比 (%)	单根原木材积 (m^3)
	100	

表 7-28 锯材规格和数量

宽度×厚度 (mm × mm)	占总材积的百分比 (%)
	100

表 7-29 原木明细表

原木直径 (cm)	占总材积百分比(%)	该径级原木总材积(m^3)	单根原木材积(m^3)	原木根数(根)
	100			

表 7-30 锯材明细表

宽度 (mm)	厚度 (mm)	占总材积百分比(%)	该规格锯材总材积(m^3)	每块锯材材积(m^3)	锯材块数 (块)
		100			

明细表所列原木是否能完成锯材明细表中锯材的规格。

$$d'_P=b_P(\frac{C}{\alpha'}+\frac{C_1}{\alpha'}+\frac{C_2}{0.95\ \alpha})$$

式中：d'_P——完成锯材明细表中锯材平均宽度为b_P所需要的原木平均直径，cm

b_P——锯材明细表中的锯材平均宽度，mm

C——毛方下锯百分比

C_1——毛板下锯百分比

C_2——三面下锯百分比

α'——毛方下锯法系数

α——毛板下锯法系数

当$\frac{h}{d}$=0.71时，α'=0.64（由企业设计手册查得）；

当d_P=30cm时，α=0.70（由企业设计手册查得）。

三面下锯法系数等于毛板下锯法系数乘以0.95。

当采用100%毛方下锯法时，$d'_P=\frac{b_P}{\alpha'}$；

当采用100%毛板下锯法时，$d'_P=\frac{b_P}{\alpha}$。

假设C=1cm/m，计算结果，若$d_P > d'_P$,说明这批原木能完成这批成材，且可完全采用毛方下锯法(单方下锯)。

若$d_P>>d'_P$,说明在100%毛方下锯法中不能完全采用单方下锯。因为h=(0.6～0.8)d，由于d'_P比较小，所以求得的h值也小，若完全采用单方下锯，则降低了木材的利用率，尤其大径级原木更是如此。在这种情况下，部分原木可采用双方下锯。

反之，若$d_P<<d'_P$,说明这批原木不能完成这批锯材的加工，可根据原木和锯材的特点和用途，将部分原木采用毛板下锯(即减小C值，加大锯材的平均宽度，或在毛方下锯法中增大h/d的比值，但不能超过0.8)。

(5) 若计算所得$d_P>>d'_P$,则知道部分原木需要采用双方下锯，故需确定单方、双方下锯原木分配百分比。

$$b'_P=\alpha'\ \beta\ d_P$$

式中：b'_P——单方、双方下锯锯材平均宽度，mm

α'——毛方厚度对锯材宽度的影响系数，当h/d=0.71d时，α'=0.64

β——原木直径对锯材宽度的影响系数，见表7-31

求单方和双方下锯百分比：

$$b'_P=\frac{1}{\frac{x_1}{b_1}+\frac{1-x_1}{b_2}}$$

式中：b_1——单方下锯锯材平均宽度，mm

b_2——双方下锯锯材平均宽度$b_2=2b_1$，mm

x_1——单方下锯所占百分比

$1-x_1$——双方下锯所占百分比

(6) 单方、双方下锯原木分配表，见表7-32、表7-33。

(7) 单方、双方下锯原木平均直径和出材率的计算。

①求单方、双方下锯原木平均直径d_{p1}和d_{p2}；

②原木尖削度一般C=1cm/m，分别作下锯图。

在设计下锯图时，必需考虑锯路宽度b。髓心板b=0，中心板为b/2，边板为b。主产规格要符合明细表规格。

下锯图与原木直径的关系，见表7-34。

纵向锯口材积计算；

横向锯口材积计算；

$$单方下锯原木出材率，P_1=\frac{V_1}{Q_1}100\%$$

$$双方下锯原木出材率，P_2=\frac{V_2}{Q_2}100\%$$

式中：V——锯材平均材积，m^3

Q——原木平均材积，m^3

综合出材率，$P=P_1+P_2$。

(8) 编制毛方下锯锯材材积表，见表7-35。

7.3.2.3 编制木材平衡表

木材平衡表反映了木材的利用程度，如表7-36，它受各种因子的影响,如原木径级、长度、尖削度、弯曲度、材质、锯材的材种、规格、等级、锯路、下锯法和所采用的设备等。

按锯材明细表中各种规格锯材的比例分配锯制得到的锯材。如表7-37。

$$平均每班锯解原木根数=\frac{年加工原木总根数}{年工作班数}$$

$$平均每班锯解原木材积=\frac{年加工原木量}{年工作班数}$$

7.3.2.4 制材工艺流程

制材企业的生产过程，按照产品的加工性质可分为三个阶段：

原木供应阶段（原木锯解前的准备工作），原木加工阶段（原木锯解到锯材评等区分）；锯材处理阶段（锯材保存和调拨）。

国内绝大多数制材企业或木材综合加工厂的制材车间常用一台跑车带锯配4～6台小带锯组成工艺流程，俗称"一行多带"，简称"长工艺"，由剖料、剖分、裁边和截断(截端)等工序组成。

剖料工序——原木通过跑车带锯锯去外围板皮两块，或顺带两块毛边板。

剖分工序——毛方通过主力小带锯锯解成方材、整边板和毛边板；板皮通过板皮小带锯锯解成毛边板。

表 7-31 原木直径对锯材宽度的影响系数（β）

d_P(cm)	14	16	18	20	22	24	26	28	30
β 值	1.04	1.025	1.01	1.0	0.987	0.975	0.966	0.957	0.943

表 7-32 单方下锯原木分配表

原木直径(cm)	
所占百分比(%)	
百分率换算(%)	100

表 7-33 双方下锯原木分配表

原木直径(cm)	
所占百分比(%)	
百分率换算(%)	100

表 7-34 下锯图与原木直径的关系

原木直径 d(cm)	14	16	22	26	30	40
下锯图宽 A 与 d 之比	0.87	0.92	0.99	1.02	1.04	1.06

表 7-35 毛方下锯锯材积表

原木直径(cm)	锯材厚度(mm)	锯材块数(块)	木材消耗(m^3)	锯材宽度(mm)		锯材长度(m)		一根原木锯出的锯材材积(m^3)		备 注
				计算	标准	计算	标准	计算	标准	
第一次下锯										
第二次下锯										
总计										

注：双方下锯锯解锯材材积表格同上

表 7-36 木材平衡表

名 称	百分比(%)
锯材	
主产	
副产	
小规格材	
边条及碎板皮	
截头	
锯屑	
自然损耗	
总计	100

表 7-37 锯材材积分配表

厚度(mm) / 宽度(mm)							
总计(m^3)							

注：上表所填数字是按锯材材积与锯材明细表中各种规格锯材百分比换算的(不包括小规格材)

裁边工序——将毛边板裁成整边板。

截断工序——将锯材的毛头截齐；有时为了提高等级，将锯材的某些缺陷切除或将长的锯材截成符合国标的长度尺寸。

20世纪70～80年代，黑龙江、吉林等省新建和改建的一些制材企业在“一行多带”长工艺的基础上改革而成了“多行少带”的工艺流程，简称“短工艺”，由剖料和剖板、板皮剖分、裁边和截断(端)等工序组成。

剖料和剖板——原木通过跑车带锯锯去外围两块或三块板皮，同时将毛方锯解成整边板和毛边板。

板皮剖分——板皮通过板皮小带锯锯解成毛边板。

裁边工序——将毛边板裁成整边板。

截断工序——将锯材的毛头截齐，有时为了提高等级，将锯材的某些缺陷切除或将长的锯材截成符合国标的长度尺寸。

1．“长工艺”流程(又称“狭长型”)

这种工艺流程采用四面或三面下锯法锯解不同质量、径级和等级的原木。产品按直线形流水线来移动，机床工作地的排列属于纵向排列，即机床的纵轴平行于主要通道。锯机配比为1∶3、1∶4、1∶5、1∶6。

“长工艺”锯机配比为1∶4的工艺流程，见图7-28。

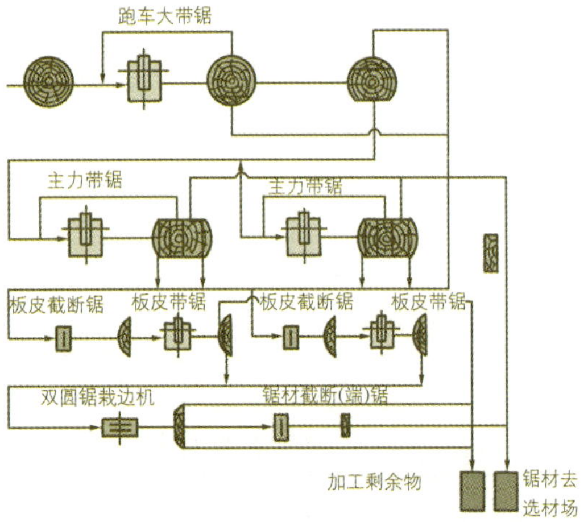

图7-28 “长工艺”流程图

(1) 原木由纵向原木运输链运进二楼车间，经踢木机卸到承木台上，通过上木、台料、翻木和固定，然后进行锯解。在跑车带锯上主要把原木锯解成毛方或带制少量锯材；

(2) 毛方通过二台主力带锯(如辊台式进料装置的主力带锯)锯解成方材、整边板、毛边板和板皮；

(3) 跑车带锯下来的板皮及主力带锯下来的板皮通过二台板皮小带锯剖成毛边板。

(4) 以上锯机下来的毛边板通过裁边锯裁边；所有需要截断的板皮、毛边板和锯材通过截断锯截断。所有锯材经辊筒运输机和皮带动输机运出车间去选材直至板院；

(5) 所有短板皮、边条和截头等送小规格材加工车间加工成小规格材；

(6) 锯屑可用气流运输集中。

工艺流程的优缺点：

优点：在锯解锯材规格较多的旧“板方材标准”时灵活性较大，二组产量较高。

缺点：①跑车带锯只起供应后面小带锯半成品作用，一般大带锯所完成的锯口数只占总锯口数的10%～15%；机床利用系数仅0.25～0.30左右，因此单机效率低。②半成品、锯材流转距离长，纯生产时间少。③产品质量差、合格率低，从而改锯材多。④劳动强度大，劳动生产率低。

2．“长工艺”下锯图（图7-29）

(1) 锯口分配：

48″ 跑车带锯：1、2、3、4

42″ 主力带锯：5、6、7、8、9、10

42″ 板皮带锯：11、12、13、14

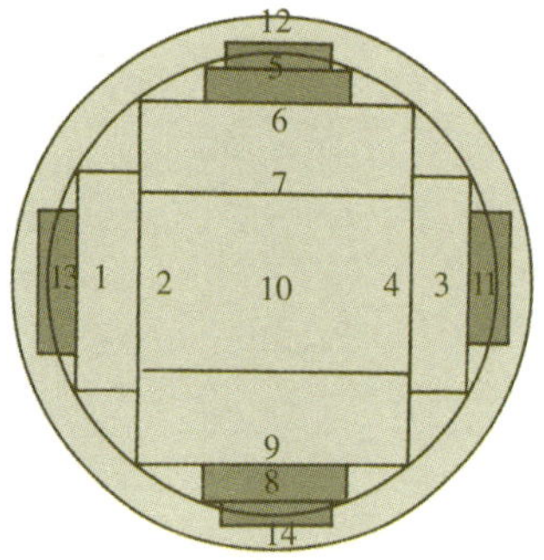

d_p=36cm，L=5m，一等42%，二等52%，三等6%，原木总材积155m^3

图7-29 “长工艺”下锯图

(2) 下锯图式：

$$(2.4)\ \frac{25}{100}-\frac{50}{180}-\frac{220}{1}-\frac{50}{180}-\frac{25}{100}\ (2.4)$$

$$(2.4)\ \frac{12}{100}-\frac{30}{120}-\frac{60}{220}-\frac{160}{220}-\frac{60}{220}-\frac{30}{120}-\frac{12}{100}\ (2.4)$$

上面下锯图式中，第一对板材材长2.4m，其他板材长5m。

3.“短工艺”流程(又称“短宽型”)

“短工艺”流程跑车带锯与小带锯的配比为1∶1、2∶1、3∶1、3∶2、4∶2、4∶4等，采用四面或三面下锯法锯解不同质量、径级和等级的原木或锯解专用材的毛板下锯。产品按直线流水线来移动（图7-30）。

“短工艺”锯机配比为4∶2的工艺流程简述如下。

(1) 原木由纵向原木运输链运进车间，通过上木、台料、翻木和固定，然后进行锯解。跑车带锯除锯解原木外围两块或三块板皮外，也锯解锯材。例如：遇到直径过大的原木，在规格大的跑车带锯锯解下来的连料，也可通过横链送至规

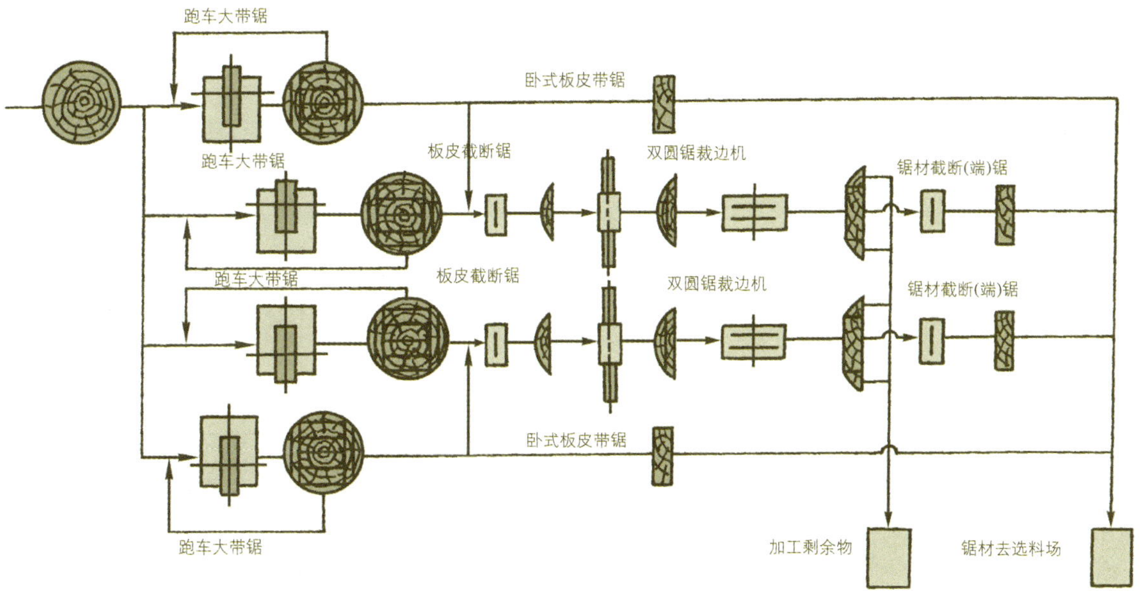

(若此图7、8采用立式板皮带锯，则其锯机配比为4：4，两个小组)

图7-30 “短工艺”流程图

格小的跑车带锯锯解成锯材。

(2) 跑车带锯所下少量板皮，通过板皮小带锯(卧式或立式)锯剖成毛边板。

(3) 以上锯机下来的毛边板通过裁边锯，所有需要截断的锯材通过截断锯截断；所有锯材经辊筒运输机和皮带运输机运出车间去选材场直至板院。

(4) 所有短板皮、边条和截头等送小规格加工车间加工成小规格材。

(5) 锯屑可用气力运输集中。

这种“短工艺”工艺流程，跑车带锯除剖料外还锯解锯材。所下板皮厚度较小，供板皮带锯剖1～2块毛边板。

这种工艺流程的特点：

(1) 充分发挥了机械化程度高、加工质量好的大带锯作用；

(2) 半成品和锯材的转载、运输环节少，从而缩短了工艺流程；

(3) 节省人力，减轻了劳动强度，提高了出材率、劳动生产率、产品质量和合格率，并降低了成本；

(4) 有利于实现连续化生产。

4.“短工艺”下锯图(图7-30)

锯口分配：

48″跑车带锯：1、2、3、4、5、6、7、8、9、10

42″板皮带锯：11、12、13、14

5. 长、短工艺比较分析

在原木和锯材的技术条件基本相同的情况下，通过试验和计算，从下述几方面进行分析比较。

(1) 锯材质量

①平均合格率：“长工艺”为71.6%，“短工艺”为88.5%。“长工艺”由于多次装卸及定位，导致质量下降。“短工艺”70%～80%的锯口用跑车带锯锯解，由于跑车立桩、搁凳和扎钩限制六个自由度，因此加工质量好。

②质量超额系数：“长工艺”为0.294；“短工艺”为0.325。“短工艺”比“长工艺”大0.031，其原因之一是由于“长工艺”比“短工艺”改锯材多。

(2) 生产率

通过计算(成都厂)“长工艺”劳动生产率为28m^3/人·班，锯机生产率为22m^3/台·班；“短工艺”为3.02m^3/人·班和28m^3/台·班；“长工艺”着锯系数为0.35，“短工艺”为0.42。主要是由于“短工艺”锯机纯工作时间长，辅助时间少。

(3) 出材率

按平均下锯图(图7-30)计算，“短工艺”综合出材率为75.9%；“长工艺”为72.8%。“长工艺”出材率低的原因主要是改锯材多。

(4) 能耗

“长工艺”为6.4kW·h/m^3锯材；“短工艺”为5.9kW·h/m^3，“长工艺”由于半成品、锯材在车间内横向转移次数多，流转距离大，重复运输次数多，整个车间动力消耗比“短工艺”多。

(5) 劳动强度

“短工艺”充分发挥了精度高、机械化程度高的跑车带锯，实现了上料、卡木、翻木、摇尺、进锯机械化，运输、转载环节少，因而劳动强度较“长工艺”轻。由于不少厂的长工艺采用辊台式进料主力带锯，摇尺采用手工搬靠尺，劳动强度更大。

(6) 安全性

由于“长工艺”的一些辅助环节人工操作比重大，因而安全性差。

(7) 适应性

①当原木径级较大，产品规格繁杂以及连料生产所占比例大时，“长工艺”具有一定的灵活性；

②当锯解中、小径级原木比例大，以单方下锯为主，尤其在锯解专用材时，“短工艺”能充分发挥其优越性，可提高着锯利用系数、生产率、质量、劳动生产率和减少改锯材，从而提高经济效益。

生产实践和理论分析证明，带锯制材“短工艺”优于“长工艺”。制材企业(车间)的发展方向，应该是工艺从简、工序从少、设备集中单一化。从当今总的趋势来看，原木径级越来越小，外形复杂多变，次等材比例增加，中、薄板比例增加，这样就更能发挥“短工艺”的优势。

(1) 为了弥补“短工艺”在连料生产时的局限性，在占有一定比例的大径原木双方下锯制材车间，可采用轻、重跑车带锯配合的综合性“短工艺”，它既能独立锯剖原木，又能锯剖第一台大带锯下来的毛方。

(2) 用一台大带锯作为剖料锯，最好选用右式带锯，便于操作。若用两台，则采用左、右式各一台，其中一台大的，一台小的，在车间两侧对称布置，以便较好地利用光线。

(3) 小型制材车间可选用42″跑车带锯，既可加工原木，也可剖板。

(4) 剖分毛方、板皮的小带锯，可选用MJK3512型自动进料的带锯。

(5) 大带锯若为右式(或左式)，则下面小带锯应与大带锯相适应。如果采用带跑车的小带锯锯原木或毛方，其左式、右式应与大带锯相反，便于工艺布置、毛方转运和向小带锯上料。

(6) 小径原木剖料，在城市制材厂宜采用MJK3812型双联带锯。

(7) 毛边板厚度小于60mm，可选用轻型裁边锯；超过60mm的，应选用重型裁边锯。

(8) 在流水线上截断板材，宜选用脚踏圆截锯；在车间外面截断板材，可选用吊截锯。要求快速横截原木时，可选用电动链锯。

7.3.2.5 制材车间机床设备的选择与计算

1. 制材机床设备的选用原则

根据国内制材生产和设计经验，对制材机床设备的选用归纳如下几项原则，供制材工艺设计选择机床设备的参考。

(1) 大、中径级原木，材质缺陷较多，要求下锯灵活，既能加工一般用材，又能加工特殊用材时，可选用跑车带锯作为主锯机。

(2) 可按原木平均直径来选择大带锯的锯轮直径，并确定其规格、型号，见表7-38。

(3) 主产锯材为板材，对板材规格要求严，且主产板材宽度一致，原木材质和等级较好，宜选用大带锯和排锯配合，采用四面下锯，或完全选用排锯，采用四面下锯。

表7-38 大带锯的规格和型号

原木平均直径(cm)	大带锯锯轮直径(mm)
28以下	1067
20～40	1219
40～80	1524
80～120	1829

2. 跑车大带锯台数计算

(1) 生产能力计算

以每班锯解原木的材积表示：

$$A=\frac{T\cdot q\cdot K}{t}$$

以每班锯解原木的根数表示：

$$A=\frac{T\cdot K}{t}$$

以每班锯解原木的总长度表示：

$$A=\frac{T\cdot l\cdot K}{t}$$

式中：T——班工作时间，s

q——一根原木材积(一批原木取平均材积)，m^3

K——机床工作时间利用系数，K=0.8～0.9

t——锯解一根原木所须时间，s

l——原木平均长度，m

(2) 锯解一根原木所需时间

$$t=t_1+mt_2+n\,(t_3+t_4+t_5)+t_6$$

式中：t_1——原木装上跑车时间，s

m——根据下锯图确定的原木翻转次数

t_2——原木翻转一次所需时间，s

n——锯口数

t_3——跑车往程时间，s

t_4——锯解时间，s

t_5——跑车返程时间，s

t_6——卸料时间，s

(3) 跑车大带锯安装台数

$$n_a=\frac{1.1a}{A}$$

式中：1.1——生产不平衡系数

a——平均每班锯解原木根数，根/班

A——大带锯生产率，根/班

(4) 大带锯负荷系数

$$\eta=\frac{n_a}{n_b}$$

式中：n_b——采用台数

3. 排锯机台数计算

根据原木的最大直径来选择排锯机的开档，参照排锯机的技术特性来选择排锯机型号。

(1) 排锯机生产能力的计算

$$A=\frac{\triangle\cdot n\cdot t\cdot K}{1000l_p}$$

式中：△——排锯轴每转进料量，mm／行程

n——排锯轴每分钟转数，r/min

t——班工作时间，min

K——排锯机机动时间利用系数，取0.9

l_p——原木平均长度，m

(2) 排锯机安装台数

$$n_a=\frac{1.1a}{A}$$

式中：a——平均每班锯解原木根数，根/班

1.1——生产不平衡系数

(3) 排锯机负荷系数

$$\eta=\frac{n_a}{n_b}$$

式中：n_b——采用台数

4. 主力带锯机台数计算

(1) 主力带锯班生产能力计算

$$A=t\cdot v\cdot K_1\cdot K_2$$

式中：t——每班工作时间，min

v——进料速度，m/min

K_1——机床工作时间利用系数，0.8～0.9

K_2——机床机动时间利用系数，机械进料取0.8；手工进料取0.6

(2) 锯口总长度

$$a=n\cdot n_1\cdot l_P\cdot K$$

式中：n——平均每小时锯解毛方根数

n_1——下锯图中每根毛方锯口数

l_P——平均长度，m

K——生产不平衡系数，取1.1

(3) 主力锯安装台数

$$n_a=\frac{a_0}{A}$$

(4) 主力带锯负荷系数

$$\eta=\frac{n_a}{n_b}$$

式中：n_b——采用台数

5. 双轴多锯片圆锯机台数计算

(1) 生产率计算

$$A=t\cdot v\cdot K_1\cdot K_2$$

式中：t——班工作时间，min

v——进料速度，m/min

K_1——机床工作时间利用系数，0.9

K_2——机床机动时间利用系数，0.9

(2) 锯口总长度

$$A_0=n\cdot n_1\cdot l\cdot K$$

式中：n——每小时锯剖毛方根数

n_1——下锯图中每根毛方锯口数

l——毛方长度，m

K——生产不平衡系数，1.1

(3) 安装台数

$$n_a=\frac{a}{A}$$

(4) 负荷系数

$$\eta=\frac{n_a}{n_b}$$

式中：n_b——采用台数

6. 板皮带锯台数计算

由于板皮的数量约占原木材积的15%～25%，因而板皮带锯的锯解任务是较重的。一般采用1067mm的带锯机。板皮带锯有立式侧向压辊小带锯、人工进料小带锯和卧式带锯。

(1) 生产率计算

$$A=t\cdot v\cdot K_1\cdot K_2$$

式中：t——每班工作时间，min

v——进料速度，m/min

K_1——机床工作时间利用系数，0.9

K_2——机床机动时间利用系数，0.8

(2) 各台锯机下来的锯口总长度

$$a=n\cdot n_1\cdot l_P\cdot K$$

式中：n——平均每班锯解的原木根数

n_1——每根原木从板皮中平均剖分的锯口数

l_P——板皮中每个锯口的平均长度，m

K——板皮进入带锯的不均匀系数，1.1

(3) 板皮带锯安装台数

$$n_a=\frac{a}{A}$$

(4) 负荷系数

$$\eta=\frac{n_a}{n_b}$$

式中：n_b——采用台数

7. 裁边锯台数计算

(1) 生产率计算

$$A=t\cdot v\cdot K_1\cdot K_2$$

式中：t——班工作时间，min

v——进料速度，m/min

K_1——机床工作时间利用系数，0.85

K_2——机床机动时间利用系数，0.90

(2) 每班需裁毛边板总长度

$$L=P_f\cdot A_f\cdot K_1\cdot K_2$$

式中：P_f——下锯图中每根原木毛边板块数

A_f——每班加工原木总长度，m

K_1——生产不平衡系数，1.1

K_2——裁边系数，双片圆锯机取1，单片圆锯机取2

(3) 安装台数

$$n_a=\frac{L}{A}$$

(4) 负荷系数

$$\eta=\frac{n_a}{n_b}$$

式中：n_b——采用台数

8. 截断圆锯台数的计算

(2) 截断锯每分钟截切的任务量

$$M_2=\frac{N\cdot P_f}{480}$$

式中：N——每班原木根数

P_f——每根原木所下锯材的截断锯口数

（3）安装台数

$$n_a=\frac{M_2}{M_1}$$

（4）负荷系数

$$\eta=\frac{n_a}{n_b}$$

式中：n_b——采用台数

7.3.2.6 车间内运输设备的选用

1. 纵向原木运输机

在大、中型制材车间，特别是双层制材车间，它是用作向车间供应原木。原木链的坡度不大于23°，链条运行速度在0.2～0.3m/s，就足以满足主锯机所用原木量。

2. 踢木机

由纵向运输原木转为横向运输原木的踢木机，一次工作循环仅需4s。因此足以保证能及时将原木从运输机上踢下，不需进行计算。

3. 楞台上原木横向运输链

除了向跑车带锯供应原木外，还起贮存、缓冲、备料等作用。链条运行速度一般为0.2～0.3m/s即可满足需要；

4. 锯材和半成品运输设备

一般采用辊筒运输机，其圆周速度为0.5m/s，在不经常卸载的情况下，采用皮带运输机，运行速度可取0.5～0.7m/s。

5. 锯材和半成品横向运输链

传送锯材的横向运输链速度可取0.3m/s，传送板皮、边条的横向运输链速度可取0.2～0.3m/s。

6. 碎料、锯屑运输设备

一般常用刮板运输机输送锯屑，也可用气力运输机；皮带运输机可用作输送碎料和边条；斗式提升机用于小型车间提升集中锯屑用。大型制材车间可用气力管道运输锯屑和木片，它的生产率高，有利于车间卫生。

7.3.2.7 制材车间工艺布置

目前以带锯机为主的制材生产在我国占绝大多数，以排锯和圆锯作为主锯的制材生产仅在南方地区有一定数量。制材生产比较典型的工艺方案基本有三种，即以带锯为主的、以带锯和排锯相配合的和以圆锯为主的。

1. 以跑车大带锯为主锯的工艺布置

该制材工艺方案为我国带锯制材的典型长工艺方案（图7-31）。它由两个工组组成，双班生产，年生产能力为20万m^3原木(双班制)，每一个工组组成独立的流水作业线，中间由一条公用的辊台运输机运送两条流水线生产的成品和半成品，锯机配比为1∶3。

该工艺布置图适用于锯解不同质量与规格的原木，采用三面或四面下锯，灵活性较大，产品按直线型流水线移动，锯机的排列属于纵向排列，即机床的纵轴平行于主要通道。两条流水线作对称布置。

这种工艺流水线适合锯解原木直径18～100cm、长4～8m的不同树种和不同等级的原木，能生产普通锯材，又能加工特种用材。

2. 跑车大带锯和卧式带锯组成的双层制材车间工艺布置

图7-32是年加工15万m^3原木，以跑车带锯自剖自割锯材为主的短工艺。原木以松、杂木为主，等内材占90%，原木平均直径为28cm，平均长4m，主产品为枕木、汽车材、

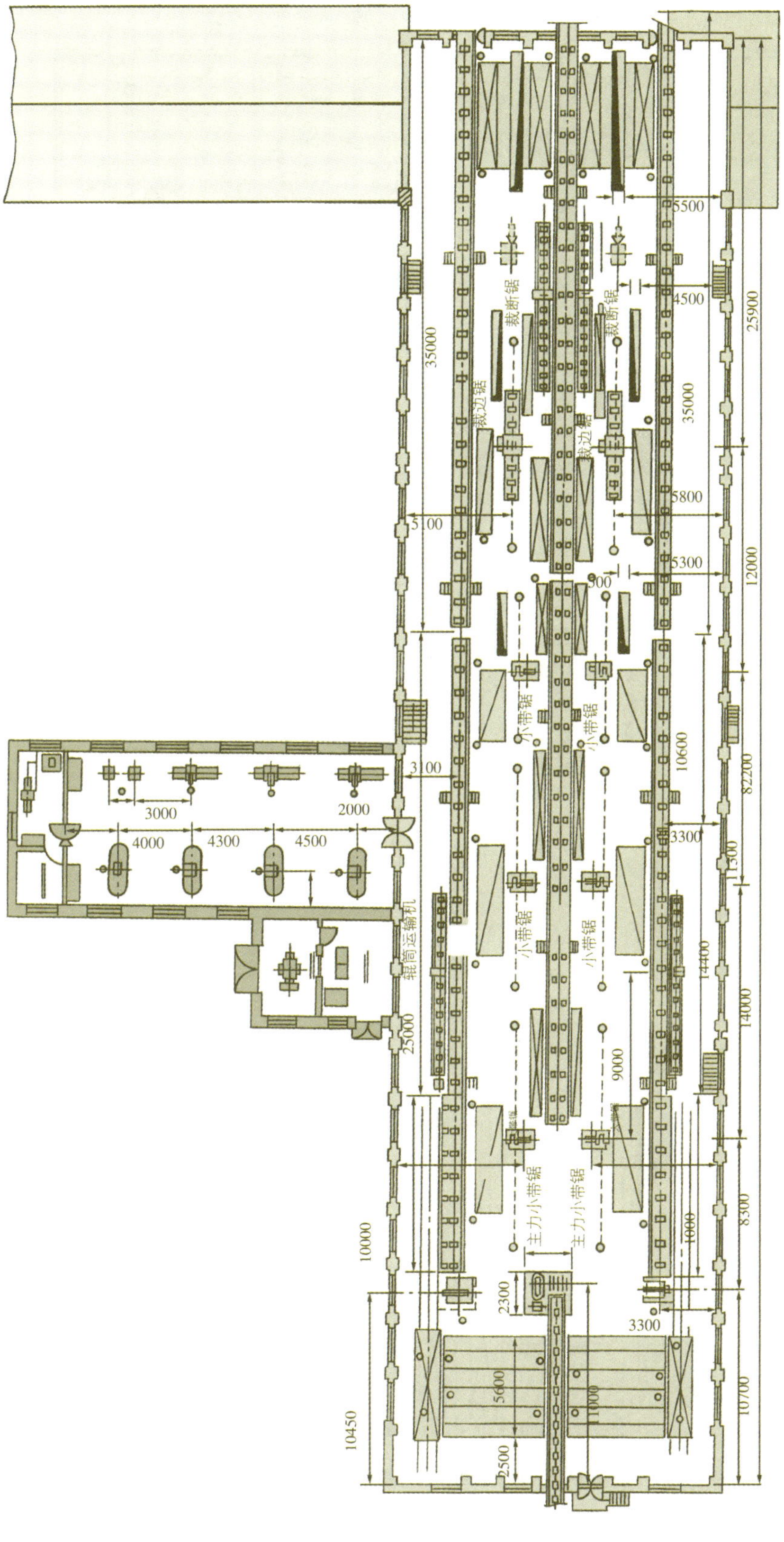

图 7-31 跑车大带锯为主锯机配合主力小带锯、板皮小带锯的双层制材车间工艺布置图

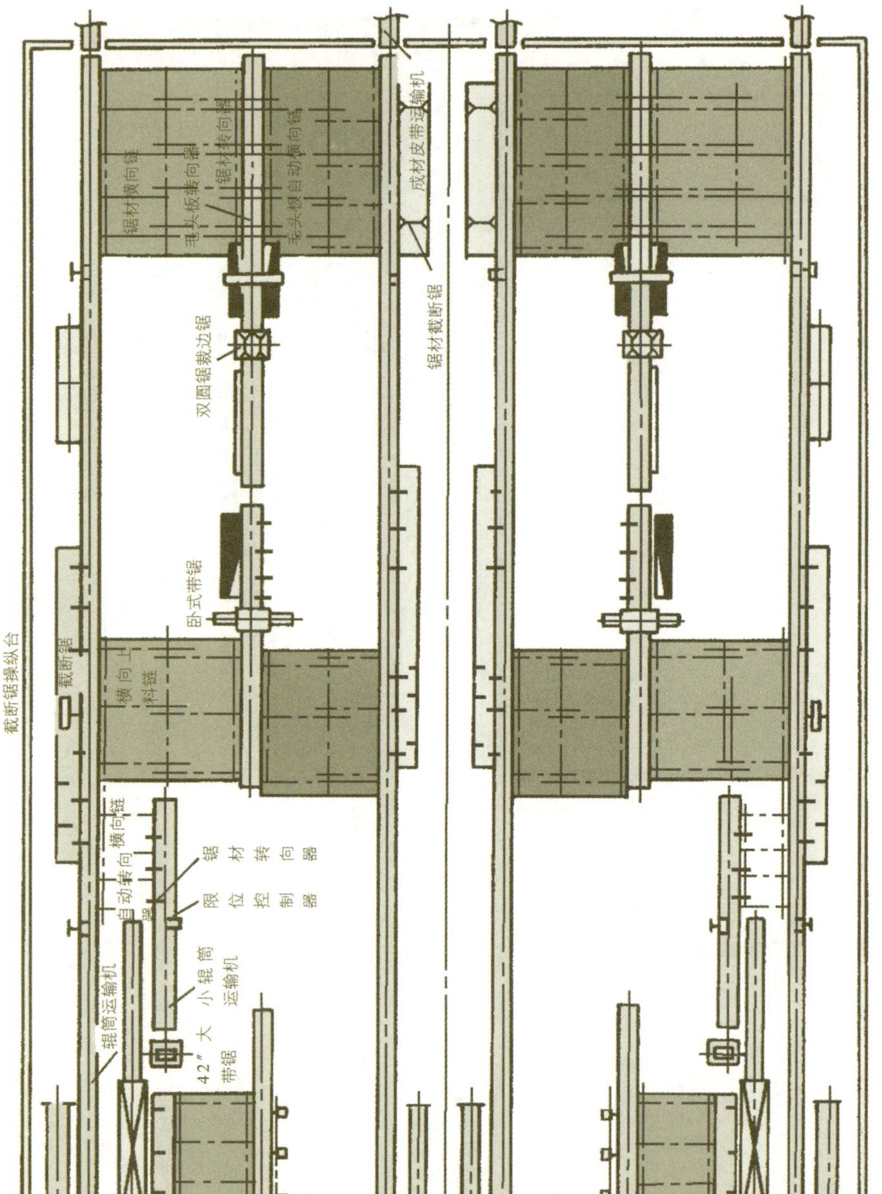

图 7-32 跑车大带锯和卧式带锯组成的双层制材车间工艺布置图

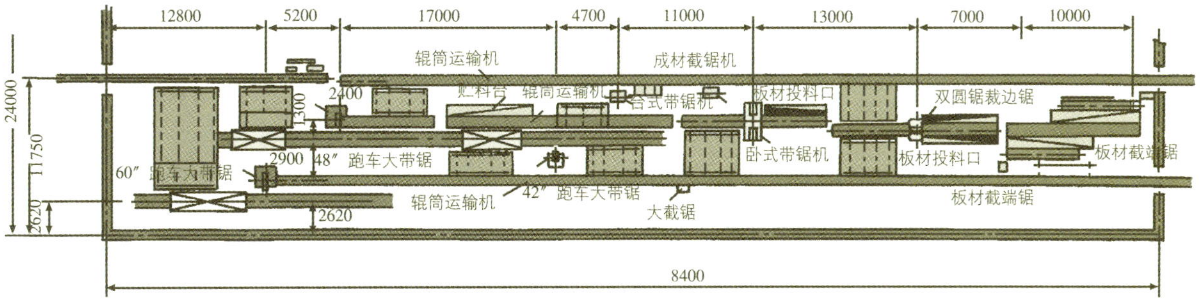

图 7-33 带锯制材长、短工艺结合的制材车间工艺布置图

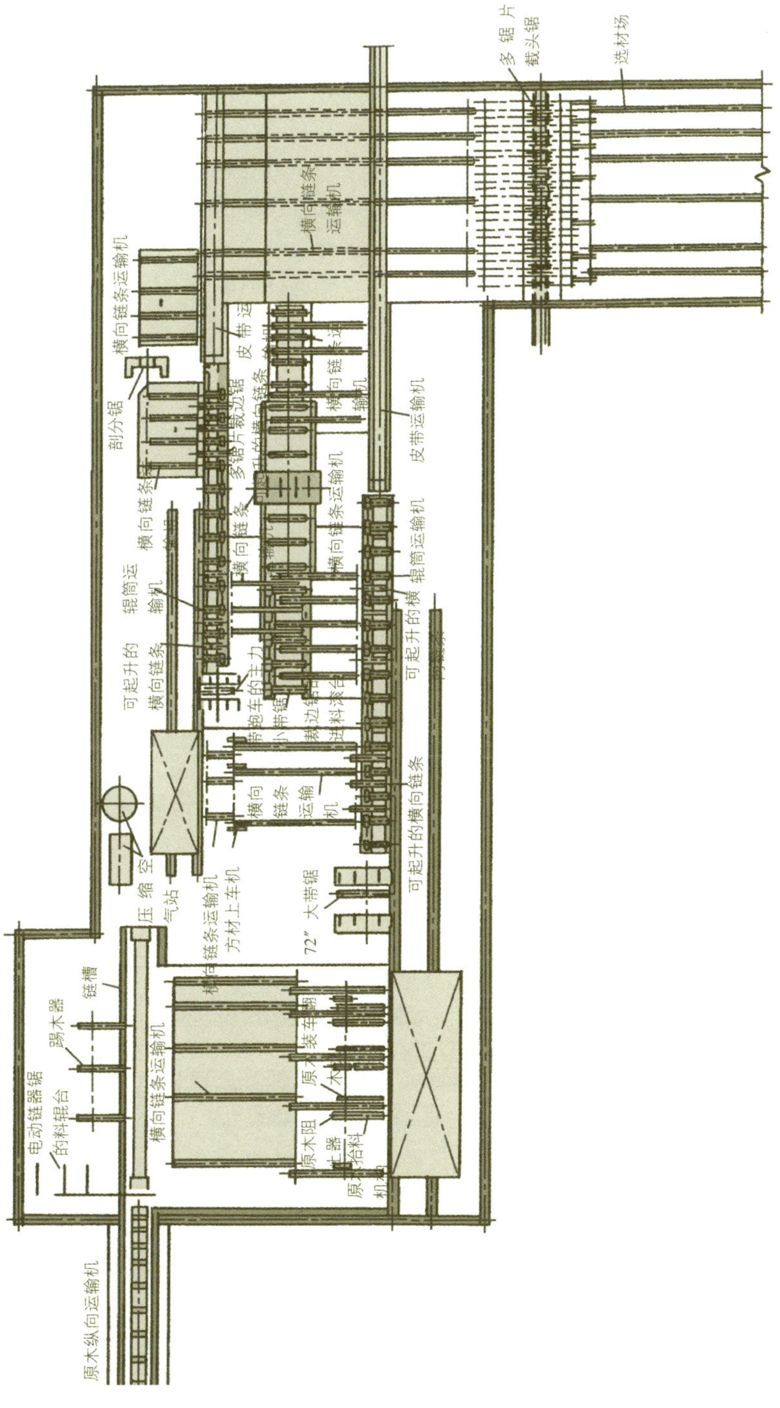

图 7-34 机械化带锯制材车间工艺布置图

火车材及工厂自用毛边板。每3台跑车带锯下设1台卧式带锯。采用四面下锯。原木一锯到底，仅下少量板皮供卧式带锯以及适量的毛边板供裁边锯。

三台跑车带锯下来的成品、半成品和板皮，均由两条纵向运输机运送，板皮和毛边板运送给卧式带锯。卧式带锯起着锯解和运输作用，从而节省了三条横向链(一个卧式带锯出料横向链；两个裁边锯上料横向链)。

3. 其他工艺布置

(1) 带锯制材长、短工艺结合的制材车间工艺布置(图7-33)

其特点是工艺灵活，跑车主锯可以自剖自割，提高了工效；能适应各种树种、径级、质量复杂的情况，发挥各锯机效率，提高经济效益，车间机械化程度较高。

图中设置一台台式带锯有利于加工带弯曲毛方、畸形板皮、心腐、铁眼原木以及跑车带锯无法割净割细的毛料，同时也有利于不合格产品及时改锯。

(2) 机械化带锯制材车间工艺布置(图7-34)

其特点是工艺过程较简单，机械化程度高，下锯法灵活，车间面积紧凑。主锯机若以生产成品为主，可充分发挥主锯机的效能，减少了辅助工作时间的比重。主力小带锯采用跑车进料，板皮部分采用卧式带锯，机构精确能保证产品的规格质量。

(3) 带锯和排锯配合的制材车间工艺布置(图7-35)

其特点是它比完全用两台排锯毛方下锯来得灵活。对形状不规则的原木或带有缺陷的原木可做到看材下锯。

(4) 排锯为主锯机的制材车间工艺布置(图7-36)

排锯制材的特点是采用毛方下锯法，由排锯、截锯、裁边锯组成一个工组；排锯制材规格好、精度高；操作技术要求不高，生产管理方便；对原木质量要求高，应选择好后进锯；锯条较厚，锯路宽，锯屑多，出材率稍低。

(5) 圆锯制材车间工艺布置(图7-37)

该工艺方案是由圆锯锯解小径原木的双片圆锯机、剖分毛方的多锯片圆锯机、裁边锯等组成的一条制材流水线，采用毛方下锯。其特点是锯机少；机械化程度较高；车间前面设一台截锯，对弯曲原木合理截断；车间工人少；劳动生产率高。

(6) 双联带锯一通到底制材车间工艺布置(图7-38)

其特点是采用了原木一通到底的锯解过程，因而使纯锯解时间增加到70%，辅助时间减少到30%。调整一对带锯机仅需3s，机床进料速度为40～60m/min，流水线平均生产率为每分钟锯6根原木；最多可锯9根原木。年产7万m^3锯材仅需4人。由于广泛应用电子技术，从而使制材生产进一步实现自动化。

(7) 大带锯、多联带锯和卧式带锯配合的制材车间工艺布置(图7-39)

其特点是该布置图用三台卧式带锯串联，使板皮连续通过卧式带锯剖成毛边板。这样就不需要返料滚，可大大减少每台卧式带锯所占庞大的面积，并减少了重复劳动和返回运输的辅助装置。

(8) 锯削联合制材车间工艺布置(图7-40)

其特点是该布置图为双层建筑的锯削联合制材车间。二层为主车间，一层为设备基础、半成品锯解、锯材截断和区分归类。

(9) 以铣方机为主锯机的制材车车间工艺布置(图7-41)

它是由铣方机、双锯片圆锯机、铣边机等组成的制材生产线，采用毛方下锯。原木首先通过在带锯机上的两个锥形圆盘铣刀将原木削成毛方或方材，原木周围部分削成工艺木片。然后用多锯片圆锯机再将方料锯成锯材。

(10) 以铣锯机为主锯机的制材车间工艺布置(图7-42)

它是由铣锯和铣边机以及多锯片圆锯机等组成的制材生产线，采用毛方下锯。

原木第一次通过铣锯机得到等边毛方、两块毛边板和工艺木片；毛方通过第2台铣锯机得到两块毛边板、净方和工艺木片；净方通过多锯片圆锯机一次锯成多块板材，直接

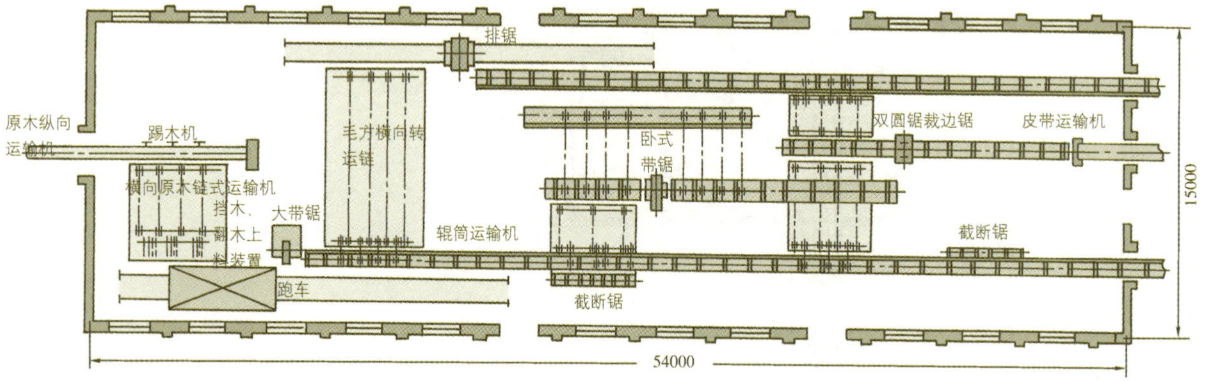

图7-35 带锯和排锯配合的制材车间工艺布置图

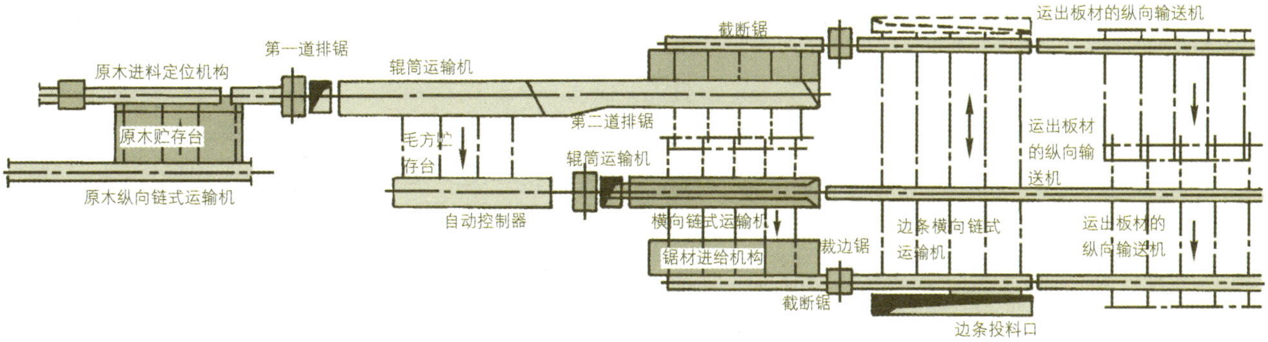

图 7-36 排锯为主锯机的制材车间工艺布置图

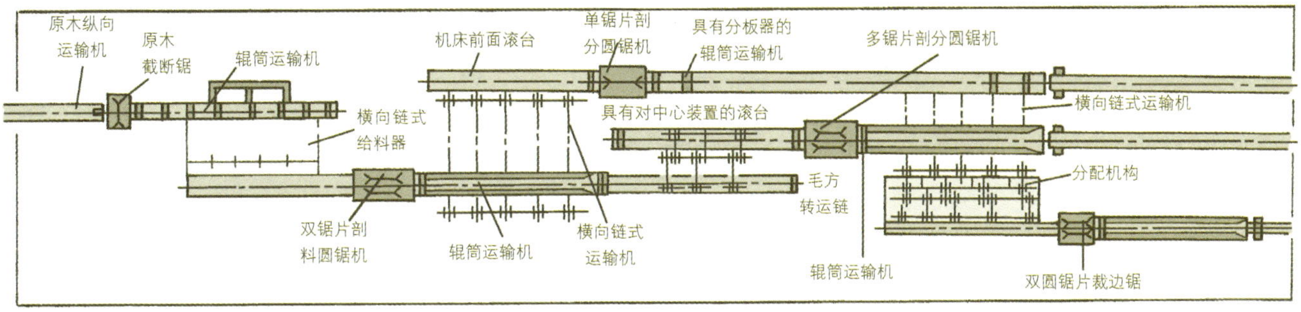

图 7-37 圆锯制材车间工艺布置图

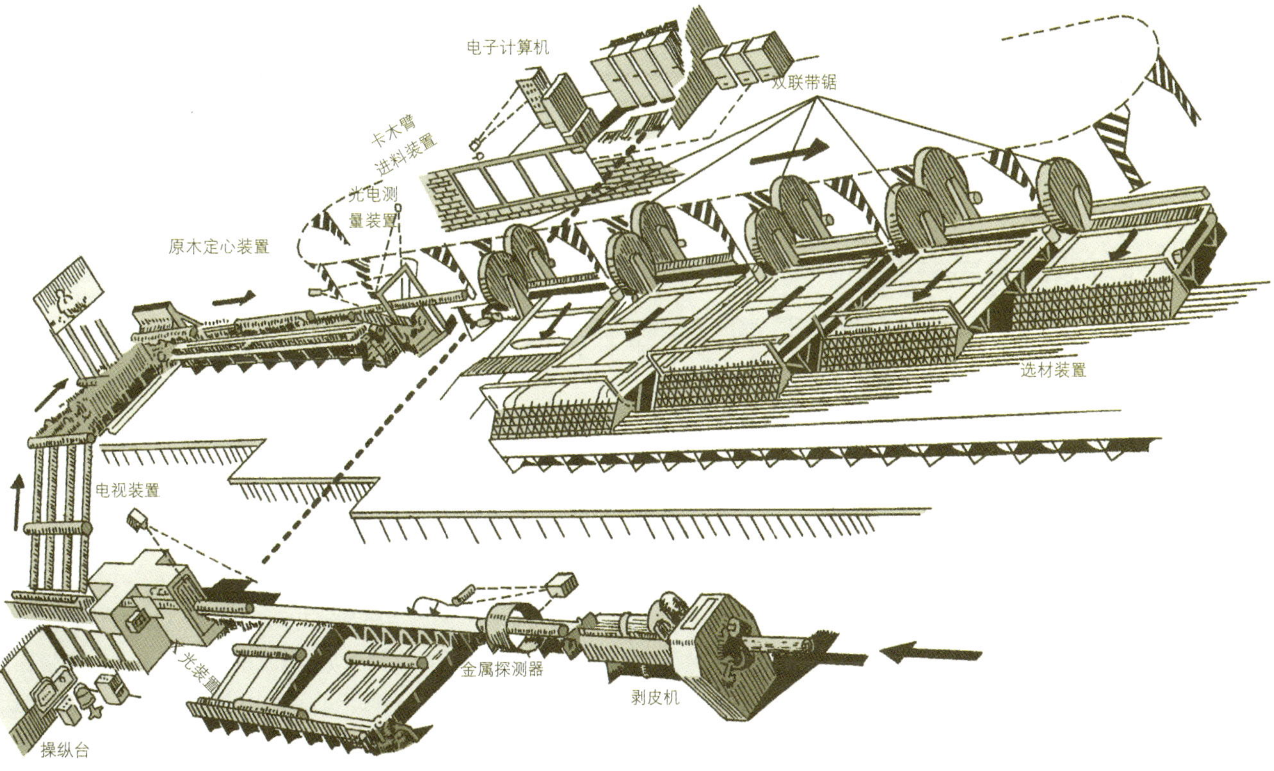

图 7-38 双联带锯一通到底制材车间工艺布置图

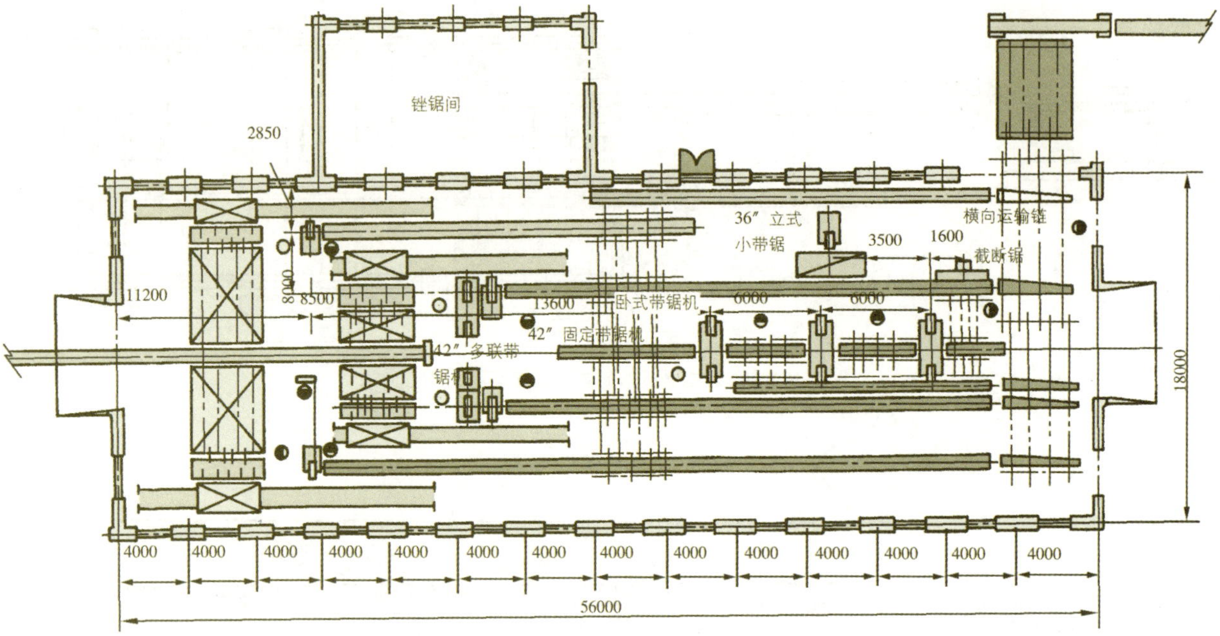

图 7-39 大带锯、多联带锯和卧式带锯配合的制材车间工艺布置图

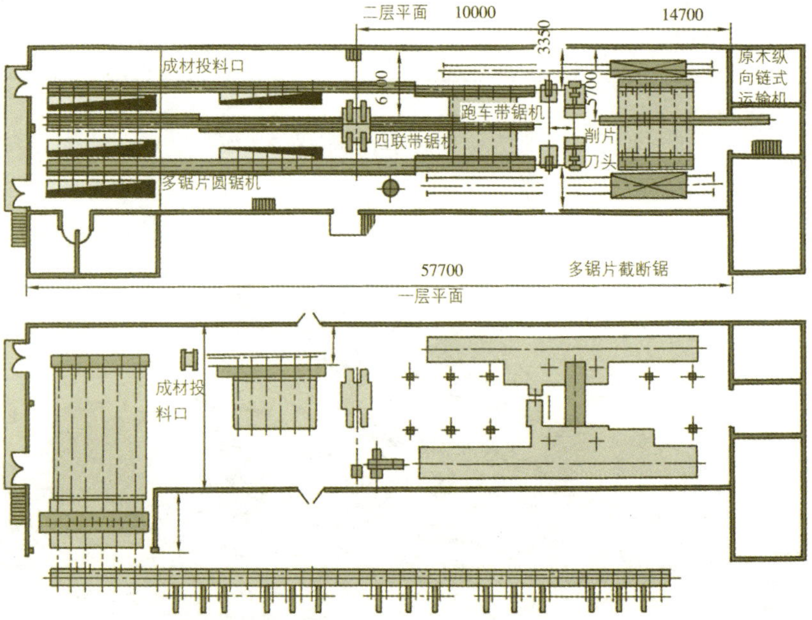

图 7-40 锯削联合制材车间工艺布置图

送往选材场；所有锯机削成的木片，都由气力运输装置送到木片仓贮存。

7.4 制材企业面临的问题及其解决的办法

(1) 目前我国制材企业中，大、中型厂开工率严重不足，尤其一些大城市中的厂处于停、转产和倒闭的状态，经济效益很差，大多亏损。但加工 1 万或几千立方米的集体和个体小厂，虽设备简陋，加工质量差，合格率低，但生产却十分火红。究其原因，主要是缺乏科学的管理。随着大径优质材减少，次材小径木比例增加，而使用的多是大型跑车带锯，劳动生产率低，出材率低。工人平均文化水平较低，技术素质较差。

(2) 特别在这十几年来制材企业过于分散，小型厂占了 80% 以上，从机械化自动化又回到手工操作，加工成本低，

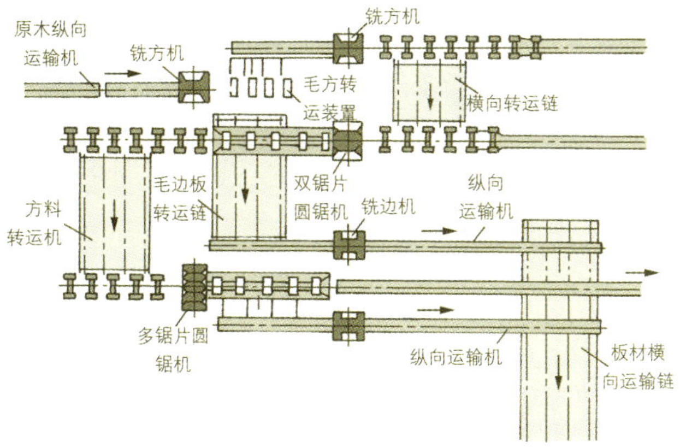

图 7-41 铣方机为主锯机的制材车间工艺布置图

设备陈旧，产品质量差，木材浪费严重。

为了提高木材综合利用率，必须将为数很多的小型厂合并或兼并。欲将25%～30%的加工剩余物得到充分利用，只有大、中型厂才有可能。小型厂由于加工剩余物有限，不可能另设小规格加工车间及人造板及化学加工车间，也没有技术和工艺设备条件。另外小型厂产品结构单纯，设备不定型，剩余物分散无法合理利用，木材资源浪费严重。

(3) 增加深加工比重，才能避免制材生产原料高消费、产品低使用的现状。大、中型厂可将梯形板和短而小的材料进行胶拼和胶接作为木制构件及建筑材料；树皮、边条、截头等废料可用于造纸及人造板原料；除加工普通锯材外，也可生产市场需要的实木地板和复合地板以及装修、装饰用的小木制构件、踢脚板、木线板、各种装饰板、家具零件和各种花面、扶手及拉手等，并对产品的不同要求分别进行干燥、刨光、防火、防腐、防裂、防虫处理。这种组合形式解决了企业布局不合理，产品结构不合理的问题。

(4) 为发展林区经济和集中大量加工剩余物，避免原木和剩余物长途运输，可在林区建设大型木材综合加工企业，对提高技术和开发新产品都是有利的，并可解决林区工人的就业问题。

(5) 锯材平均合格率仅为50%～60%，改锯材量很大造成木材损失严重，合格率大大低于先进国家水平。原因是锯机摇尺进料装置不理想，尤其是台式小带锯，再加上操作水平低而造成锯材合格率和质量下降。

(6) 要将小厂合并在林区建设大、中型企业，一般可建年产5万～10万 m^3 锯材的制材厂或木材综合加工厂，以半成品运往城市或以半成品出口。欲保证加工质量，尽量进行专业化生产，简化锯材规格，提高自动化和机械化水平，加强原料、产品、工艺、设备管理等环节，研制新工艺、新设备，提高锯机加工精度和生产能力。少数厂在可能的条件下全面应用电子技术，向微机群控化方向发展。

(7) 为合理利用小径木，可采用小型跑车带锯和多联带锯；小型跑车带锯和双轴多锯片圆锯；小型跑车带锯和小排锯；削片—制材联合机等组成工艺流水线，其特点是简化了工艺流程。

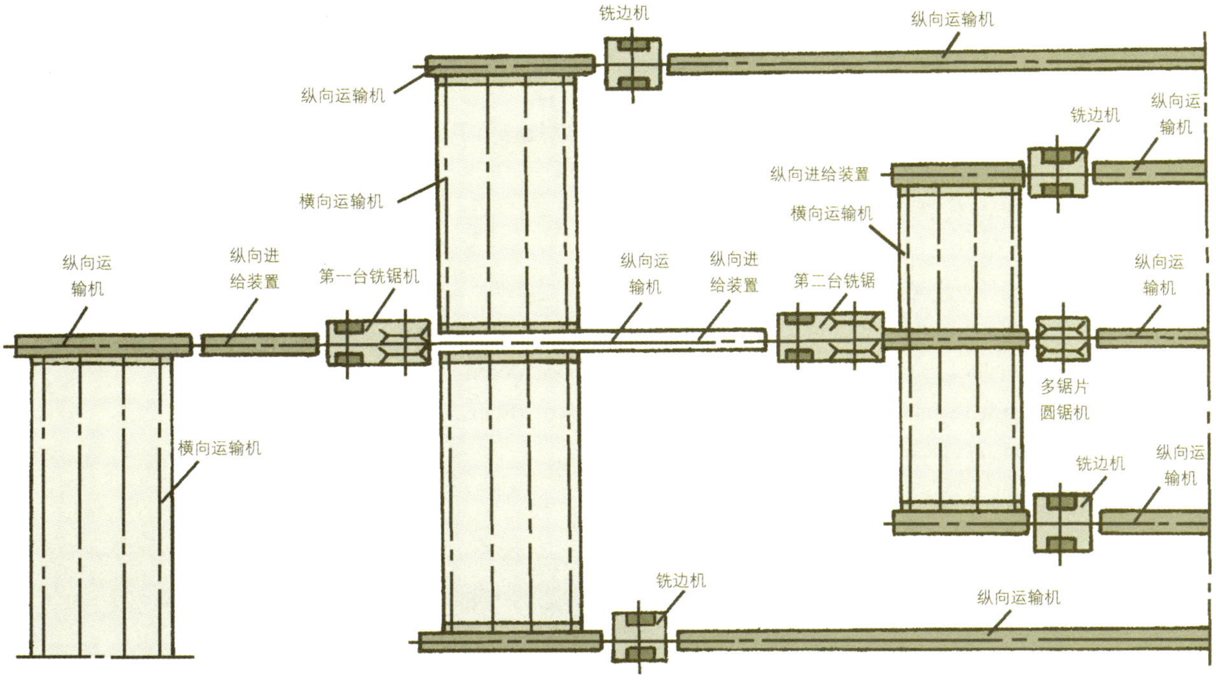

图 7-42 铣锯机为主锯的制材车间工艺布置图

参考文献

[1] 南京林业大学主编. 制材学. 北京：中国林业出版社，1981

[2] 南京林业大学主编. 木材工业气力输送及厂内运输机械. 北京：中国林业出版社，1983

[3] 王凤翥主编. 制材手册. 北京：中国林业出版社，1998

[4] 王恺主编. 木材工业实用大全制材卷. 北京：中国林业出版社，1999

[5] 朱国玺等著. 中国现代制材生产线的研究. 哈尔滨：东北林业大学出版社，1989

[6] 高家织主编. 制材工艺与设计. 哈尔滨：东北林业大学出版社，1993

[7] 王凤翥. 制材改革的探讨. 林产工业，1987，2

[8] 陈宝德等主编. 木材加工工艺学. 哈尔滨: 东北林业大学出版社，1998

[9] 谭守侠编. 德国木材加工机械工业. 北京: 中国林业出版社，1995

[10] 郑雅各. 带锯制材长、短工艺技术经济指标的分析比较. 木材工业 1992；4

[11] 郑雅各. 制材厂(车间)工艺设计. 木材工业，1991，4

[12] 郑雅各. 跑车带锯为主锯机的制材车间工艺布置. 木材工业. 1991，2

[13] 谭守侠. 现代制材技术(一)～(四). 南京：南京林业大学制材教研组，1989

[14] 刘志福等主编. 带锯制材的合理下锯. 哈尔滨：黑龙江科学技术出版社，1984

[15] Hram Hallock, Best Opening Face for second growth timber, Modern Sawmill Techniques, vol 1. 1993; 116. San Francisco: Miller Freeman Publications

8 木质地板

Wood Flooring

木招质地板指以木材或木质材料为主要原料，通过干燥、切削加工、胶合、涂饰等一系列加工制成的各类铺地板块。

木质地板按材料结构分类如下：

- 木质地板
  - 实木地板（单层木地板）
    - 榫接地板(企口地板)
    - 集成地板
    - 镶嵌地板(实木拼花地板，木质马赛克)
    - 竖木地板块(立木地板块)
    - 平接地板
  - 复合地板
    - 三层实木复合地板
    - 单板层压实木复合地板
    - 浸渍纸层压木质地板（强化地板）
    - 其他复合地板------WPC 地板
    - 竹木复合地板，软木贴面地板等

木质地板还可以按使用场所分成室内用和室外用的地板;按其性能分为普通木地板，耐热、隔热、阻燃地板，防音、隔音、吸音地板以及能屏蔽电磁波的地板等。

木地板具有自重轻、保温隔热性好、有弹性和一定耐久性，易于加工，强重比大，强度符合使用要求等优点，而且纹理美观，自然多变，色彩宜人，特别是涂饰以后，更显得雅致宜人。此外，木地板还具有调节室内湿度的功能，易清洁护理，不藏灰尘和螨虫等过敏源，利于人们的健康。

木质地板与其他铺地材料性能比较见表 8-1。

8.1 榫接地板(企口地板)

8.1.1 定义、分类、规格、质量要求

8.1.1.1 定义

侧、端面为榫槽或榫舌的矩形六面体木条称为榫接地板。它以木材纵剖面为耐磨面。

8.1.1.2 分类

榫接地板如图 8-1 所示，可以按树种、尺寸规格和涂饰情况来分。就涂饰而言可分为素板和涂漆板（又称免漆免刨

表 8-1 铺地材料性能比较

铺地材料	硬　度	弹　性	保温性	耐水性	易损度	视觉特性	卫生状况
花岗岩	硬	差	差	好	不易，会碎	纹理美，冷感	易清洁
大理石	硬	差	差	好	不易，会碎	纹理美，冷感	易清洁
地砖	硬	差	差	好	易碎	纹理颜色多样，冷感	易清洁
水磨石	硬	差	差	好	不易碎	一般	一般
水泥地	硬	差	差	好	不易碎	不美观	会起灰
涂漆水泥地	硬	差	差	较差	易损伤	有色彩，一般	较好
木质地板	适中	适中	好	较差	不易	纹理自然，色彩宜人	好
塑料地贴	适中	适中	好	好	会老化，不耐烫	有纹理，色彩	较好
化纤地毯	软	适中	好	好	不耐烫	柔软感，美丽	差，易长螨虫积灰
羊毛地毯	软	好	好	差	易虫蛀，损伤	柔软感，美丽	差，易长螨虫积灰

地板)；透明与不透明；本色与着色透明漆；亮光与哑光等。

8.1.1.3 地板树种

木地板用材树种对木地板的装饰性、耐磨性、硬度、弹性等物理力学性能以及价值、加工性能等均有重要影响，因此，成品出厂销售时，一定要标明树种。常用的木地板树种如下：

(1) 针叶材：杉木、落叶松、云杉、花旗松、红松等。

(2) 阔叶材：

国产材——水曲柳、柞木、西南桦、桦木、楸木、橡胶木、山毛榉、色木、楮树、锥木；

进口材——山毛榉、橡木、枫木、柚木、甘巴豆、印茄木、重蚁木、李叶苏木、番龙眼、绿柄桑、蒜果木、铁线子、龙脑香、木荚豆、樱桃木、厚皮香、白兰等。

8.1.1.4 规格及质量要求

1. 外形尺寸及极限偏差

榫接地板的主要尺寸及极限偏差，见表 8-2，图 8-1。

2. 构造尺寸及极限偏差

榫接地板块构造尺寸及极限偏差，可参考表8-3，图8-1。实木地板的物理力学性能指标见表 8-4。

3. 含水率

各型实木地板块出厂交货时的含水率为 8%～13%。

4. 等级

MJ 型地板块分为优等品、一等品、合格品三个等级。

5. 加工工艺要求和加工缺陷限值（表 8-5）

6. 材质缺陷限值

表面材质缺陷限值见表 8-6，背侧端面材质缺陷限值见表 8-7。

8.1.2 榫接地板块加工工艺

8.1.2.1 工艺流程

榫接地板块加工通常包括干燥、配料、成型加工、涂饰、检验分等、包装等工段，其加工工艺流程见图 8-2。由于原料情况、产品质量要求、产量和设备条件、投资条件等不同，因此，榫接地板可以采用不同加工方案进行。图 8-3 是榫接地板加工工艺举例。

8.1.2.2 木材干燥

木材干燥是保证榫接地板质量的关键之一。实木地板成品的含水率一般在6%～13%之间，但要与使用场所的平衡含水率相应。在全空调星级宾馆内，地板含水率≤8%；南方地区的平衡含水率要高些；兰州以西的西北和西藏地区要低些，≤10%。此外地板的含水率要均匀，加工时要注意含水率变动。

地板生产中木材干燥分板材干燥和地板毛料干燥，因后者窑的容积利用较充分，小尺寸的地板毛料干燥周期较短，生产率较高，所以实际生产中应用较多。

8.1.2.3 配料

1. 毛料加工方案

将板方材加工成一定尺寸和质量要求的地板毛料可由多种方案供选择：

(1) 干燥薄板：(板厚 = 地板坯厚)进行横截、纵解；

(2) 湿厚板经天然干燥后截断、纵解成毛料，再进行人工干燥；

(3) 将湿板材横截、纵解成湿地板毛料后，再进行天然

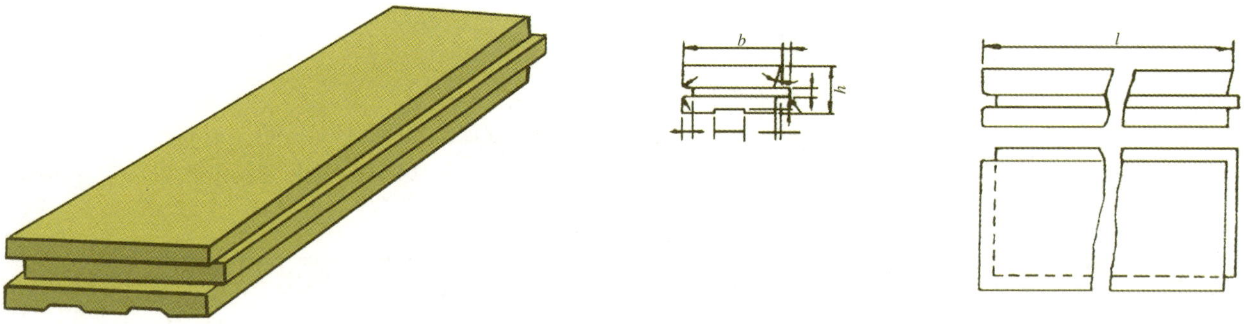

图 8-1 榫接地板块

图 8-2 榫接地板块加工工艺流程

表 8-2 实木地板的主要尺寸及极限偏差

单位：mm

名 称	偏 差
长 度	长度≤ 500 时，公称长度与每个测量值之差绝对值≤ 0.5 长度> 500 时，公称长度与每个测量值之差绝对值≤ 1.0
宽 度	公称宽度与平均宽度之差绝对值≤ 0.3，宽度最大值与最小值之差≤ 0.3
厚 度	公称厚度与平均厚度之差绝对值≤ 0.3 厚度最大值与最小值之差≤ 0.4
说明： 1. 实木地板长度和宽度是指不包括榫舌的长度和宽度； 2. 镶嵌地板只检量方形单元的外形尺寸； 3. 榫接地板的榫舌宽度应≥ 4.0mm，槽最大高度与榫最大厚度之差应为 0~0.4mm	

注：摘自 GB/T15036.1-2001

表 8-3 榫接地板块构造尺寸及极限偏差

单位：mm

类 型	名 称	单 位	符 号	尺 寸					极限偏差
	地板块厚度		h	10~12	13~15	16~18	19~20	21~22	± 0.2
	表层厚度		h_1	5	6	7	85	10	± 0.1
	榫槽高度		h_2	3	4		5		+0.2，0
	榫舌厚度		h_3	3	4		5		0，－0.2
	榫槽深度		B_1			6			+0.3，0
MJ Ⅰ	榫舌宽					5			0,－0.3
	背面狭槽宽					0.25b			± 1
	背面狭槽高		h_6	2			3		± 0.5
	榫及榫槽的圆角半径		r	0.5			1		± 0.2
	榫侧底层凹进尺寸		f			1			± 0.2
	榫侧表层斜角	(°)	a			3			30′

注：1.地板块宽度≥ 50mm，可有两个或两个以上等距排列的狭槽，h_3、h_6 不作为产品主要检评指标

2.r、f、a 等参数值不作为主要产品检评指标

3.摘自 GB/T 15036.3-94

表 8-4 实木地板的物理力学性能指标

名 称	单 位	优 等	一 等	合 格
含水率	%	7	≤含水率	≤我国各地区的平衡含水率
漆板表面耐磨	g/100r	≤ 0.08 且漆膜未磨透	≤ 0.10 且漆膜未磨透	≤ 0.15 且漆膜未磨透
漆膜附着力	–	0~1	2	3
漆膜硬度	–	≥ H		

注：含水率是指地板在未拆封和使用前的含水率，我国各地区的平衡含水率见 GB/T6491-1999 的附录 A

表 8-5 加工工艺要求和加工缺陷限值

名 称		偏 差
翘曲度	横 弯	长度≤ 500mm 时，允许≤ 0.02%；长度> 500mm 时，允许≤ 0.03%
	翘 弯	宽度方向：凸翘曲度≤ 0.2%，凹翘曲度≤ 0.15%
	顺 弯	长度方向：≤ 0.3%
拼装离缝		平均值≤ 0.3mm；最大值≤ 0.4mm
拼装高度差		平均值≤ 0.25mmm；最大值≤ 0.3mm

注：摘自 GB/T15036.1-2001

8 木质地板

表 8-6 实木地板的外观质量要求

名 称	表 面			背 面
	优等品	一等品	合格品	
活 节	直径≤ 5mm 长度≤ 500mm，≤ 2 个 长度> 500mm，≤ 4 个	5mm <直径≤ 15mm 长度< 500mm，≤ 2 个 长度> 500mm，≤ 4 个	直径≤ 20mm，个数不限	尺寸与个数不限
死 节	不许有	直径≤ 2mm 长度≤ 500mm，≤ 1 个 长度> 500mm，≤ 3 个	直径≤ 4mm ≤ 5 个	直径≤ 20mm 个数不限
蛀 孔	不许有	直径≤ 0.5mm ≤ 5 个	直径≤ 2mm ≤ 5 个	直径≤ 15mm 个数不限
树脂囊	不许有		长度≤ 5mm 宽度≤ 1mm ≤ 2 条	不 限
髓 斑	不许有	不 限		不 限
腐 朽	不许有			初腐且面积≤ 20%， 不剥落，也不能捻成粉末
缺 棱	不许有			长度≤板长的 30% 宽度≤板宽的 20%
裂 纹	不许有		宽≤ 0.1mm 长≤ 15mm，≤ 2 条	宽≤ 0.3mm 长≤ 50mm,条数不限
加工波纹	不许有		不明显	不 限
漆膜划痕	不许有	轻 微		–
漆膜鼓泡	不许有			–
漏 漆	不许有			–
漆膜上针孔	不许有	直径≤ 0.5mm，≤ 3 个		–
漆膜皱皮	不许有	<板面积 5%		–
漆膜粒子	长≤ 500mm，≤ 2 个 长> 500mm，≤ 4 个	长≤ 500mm，≤ 4 个 长> 500mm，≤ 8 个		–

说明：

1. 凡在外观质量检验环境条件下，不能清晰地观察到的缺陷即为不明显；

2. 倒角上漆膜粒子不计

注：摘自 GB/T15036-2001

干燥、人工干燥。

其中横截、纵解的加工程序先后和采用的设备亦有多种方案供选择：

(1) 用高速截断圆锯截成板段后再用小带锯进行纵解成毛坯；

(2) 用多锯片机剖分成板条，再用横截圆锯机截成地板毛坯；

(3) 将板材先横截成板段，再用多锯片圆锯机剖分成地板毛坯。

2. 加工余量

地板毛料要留有足够的加工余量，当用干板材配料时，地板宽、厚度的加工余量与地板的树种、长度等有关，一般宽度余量为 3～4mm，长度余量为 10～15mm。

用湿板材配料时，必需同时考虑加工余量和木材的干缩余量。如购入厚板材，则板材的厚度即为地板毛料的宽度，一般可按下式计算：

$$B=(D_k+h_1)/(1-\delta)$$

式中：B——板材厚度，mm

D_k——成品地板条宽度，mm

h_1——地板榫头凸出长度，一般为 5mm

δ——地板木材干燥收缩率，一般取 0.06

如购入地板毛料，则地板毛料的规格可按以下公式确定：

$$B_k=(D_k+h_1)/(1-\delta)$$

$$B_h=(D_h+h_2)/(1-\delta)$$

式中：B_k——地板毛料宽度

B_h——地板毛料厚度

表 8-7 背侧端面材质缺陷限值

项　目		优等品	一等品	合格品
健全边材和内含边材		≤地板块厚的1/3	≤地板块厚的1/2	不限
钝　棱		最大允许限度		
		地板块长度的20%	30%	40%
		地板块宽度的10%	20%	30%
		地板块底层厚度的1/3	1/2	不限
背面缺木		最大允许限度		
		地板块长度的10%	20%	30%
		地板块宽度的5%	10%	20%
		厚度10mm	1.5mm	2mm
材　色		色差不限		
纵　裂		不许有	宽≤05mm，长≤25mm	宽≤01mm，长≤35mm
节子		健全活节直径＜3mm，非脱落、非簇生 死节直径＜2mm的节子不计		
	活节	直径≤5mm	直径≤15mm	直径≤25mm
	死节	直径≤3mm	≤5mm	≤10mm
虫眼		不许有	针孔虫眼直径≤2mm	
腐朽		不许有		

注：1.未注明异常情况及缺陷，凡不影响地板坚固性和耐久性允许有

2.不同长度的地板块，每块允许的节子个数为：0.5m及以内，1个 0.51～0.8m～2个；0.81～1.2mm，3个

3.摘自GB/T 15036.3-94

D_k——成品地板宽度

h_1——地板榫头长度，一般取5mm

h_2——地板刨削量一般为3mm，用硬质合金圆锯片加工的地板毛料，其刨削量可减少到2mm

δ——地板的干燥收缩率，一般取0.06

3. 配料设备

配料中所用的横截锯、纵解圆锯、小带锯和多锯片圆锯机等均为常用木工机械。地板用材以硬阔叶材居多，选用多锯片圆锯机时应保证其足够大的切削功率以及允许锯解的板材最大厚度。某些多锯片圆锯机的技术特性见表8-8。硬质合金圆锯片的规格见表8-9。

8.1.2.4 地板成型

地板成型加工要保证地板成品具有符合标准要求的形状尺寸精度和表面粗糙度。特别是免漆免刨地板要求尺寸偏差≤±0.3mm，故必须选用高精度有足够功率的四面刨和双端铣，并要及时换刀。

成型加工包括地板条四面刨光、长边铣榫槽、两端铣榫槽、底面开平衡槽和表面磨光等。地板成型加工举例如下：

(1)（四面刨刨光四个面）→四面刨加工长边榫槽和底面铣平衡槽→双端铣铣榫槽→宽带砂光和表面磨光。

(2) 用平刨加工地板条基准面、边→用压刨加工相对面边→在立式铣床上长边开榫、槽→在开榫机上加工两端榫、槽。

方案(1)是目前广泛使用的成型加工方法，如果地板毛料尺寸精度较高，可以省去四面刨刨光四个面这道工序。但是若毛料厚、宽加工余量过大时，则需有刨光工序，以保证下道工序的加工质量和防止损伤设备。

方案(2)加工精度差，效率低，不宜采用。

四面刨、双端铣和宽带砂光机的技术特性举例见表8-10，表8-11和表8-12(1)、(2)。

8.1.2.5 涂饰

1. UV 漆涂饰

地板漆膜按装饰效果可分为：半显孔本色亚光清漆，填孔本色亚光(或亮光)清漆，着色填孔(或半显孔)亚光(或亮光)清漆等。涂饰工艺随装饰效果、木材树种及涂饰设备等不同而异，因此涂装工艺是技术含量较高、工艺性强、较复杂的，施工中需根据具体情况进行设计、制定工艺。例如涂装水曲柳、橡木等导管槽（木孔）大的木材时，为获得平整的漆膜，涂装工艺中应安排用腻子填孔的工序；而枫木、印茄木等导管槽较小的木材，就可以不涂腻子，只用中层（砂磨）底漆就可；对于龙脑香、重蚁木等油性重的木材，因它木材中含的某些成分对UV漆有阻聚作用，影响附着力，因此必须用聚氨酯(PU)封闭底漆进行封底，然后再涂装其他涂料。从漆膜的色彩、木质感、层次感等效果考虑，可以采用底着色或底着色和涂层着色相结合进行漆膜着色，采用薄层多次涂饰的工艺。考虑到地板背面和榫槽边线的防潮，就需安排背底涂和喷边工序。当漆膜要求厚实感、耐磨性、光泽平滑性等时，就可在面漆施工方面考虑，采用淋涂或辊涂，或淋、辊涂结合。当前从环境保护，健康安全角度出发，市售油漆木地板大部分采用光固化（UV）涂料涂装。实际生产中涂饰工序较多，有的采用4底3面工艺，甚至6底4面工艺。2底一面，填孔亚光UV漆涂饰工艺流程见图8-4。地板UV漆涂饰流水线技术特性见表8-13。

2. 现场涂饰

安装地板白坯后，必须在施工现场进行磨光和涂饰。常用的涂料是聚氨酯漆。例如本色亮光水晶地板漆涂饰涂料：D1018B透明水晶地板漆，硬化剂D100HB，调配比例主：硬=1：1。该漆特点高亮度，高硬度，韧性、流平性好，耐磨损，耐高温。现场涂饰工艺见表8-14。

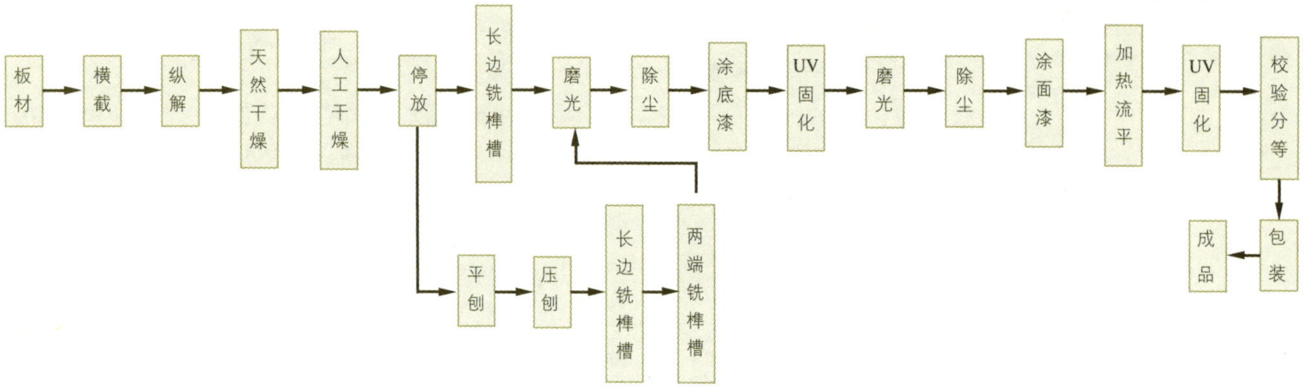

先配料得地板毛料后干燥，板材的厚度＝地板毛料厚度

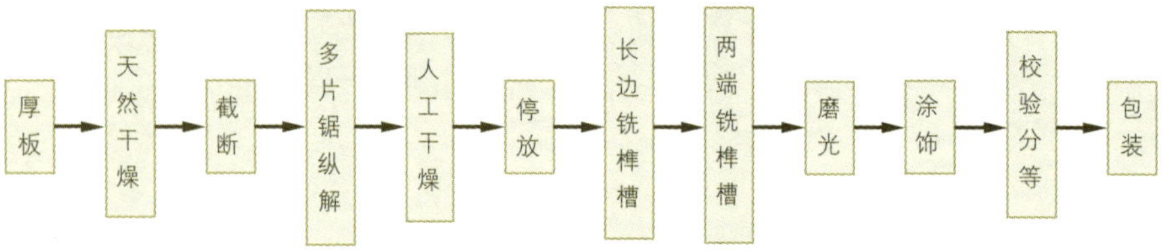

板材厚度＝地板毛料的宽度

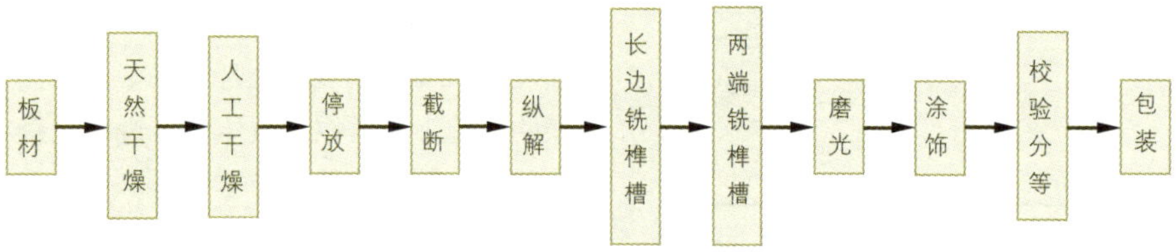

先干燥后配料成地板毛料

图 8-3 榫接地板块加工工艺举例

表 8-8 多锯片圆锯机技术特性

型 式	MJ143	MJ143A	300
最大加工厚度(mm)	60	110	110
最大加工宽度(mm)		300	
最短加工长度(mm)		500	
锯片直锯(mm)	φ 300	φ 350	φ 250～350
主轴直径(mm)		70	
送料速度(m/min)	8,12,16,24	8、12、16、24	7.5～3.0
主轴功率 进给功率	总 24.2kW	总 39.4kW	30.4hP 2hP
机械尺寸(cm)	227 × 137 × 134	232 × 148 × 146	170 × 180 × 160
机床重量(kg)	1858	2011	1700

注：1hP=735W

表 8-9 硬质合金圆锯片规格

直径(mm)	锯齿厚度(mm)	孔径(mm)	齿 数
100	2.5	20	32、24、20、16、10、8
160			48、40、32、24、16、12
200	2.5,3.2	30、60	64、48、40、32、20、16
250	2.5,3.2,3.6	30、60、(85)	80、64、48、40、28、20
315	2.5,3.2,3.6	30、60、(85)	96、72、64、48、32、24
400	2.8,4.0,4.5	30、60、(85)	128、96、80、64、40
500	4.5		128、96、80、48

注：符合 JB3379-83《木工硬质合金圆锯片》标准

表 8-10 地板条四面刨技术特性

型　号	MMD881	MMD911	JL-615	JL-720	P23EC
最大刨削宽度（mm）	65	120	150	200	200
最大加工厚度（mm）	30	80	100	125	120
刀轴数目			6	7	5
最大刨削量(产量)	22.5m²/ 小时	35～4m³/ 班			
进料速度（m/min）	8	6～30	6～25	6～25	5～24
总功率	8.9kW	25.1kW	42hP	61hP	47.2kW
机床外形尺寸（cm）	249 × 86 × 147	398 × 148 × 144	370 × 150 × 165	480 × 165 × 170	
机床总重量（kg）	1100	2650	2800	4200	

注：1hp=735w

表 8-11 双端铣技术特性

型　号	MMD882A	MMD912	RH-46A	RH-66A	NDP-250-A6
最大加工厚度（mm）	30	50			50
最大工件长度（mm）(小)	350	1200	1200 (300)	1800 (300)	1850
最大生产能力		21～96 块 /min			
进料速度(m/min)	5	4～18	1～15	1～15	3～12
总功率	6kW	97kW	15hP	15hP	19hP
机床外形尺寸(cm)	148 × 110 × 114	181 × 265 × 135	220 × 230 × 140	298 × 230 × 140	375 × 240 × 155
机床重量(kg)	610	2400	1100	1230	

表 8-12(1) 修整用宽带砂光机技术特性

型　号	ALFACTV-1350	C-720	CS1100
板件最大(宽×厚)(mm)	1320 × 160	690 × 160	1100 × 160
板件最小厚度(mm)	2	2	18
砂带速度(m/s)	20	20	
进料速度(m/min)	5～20	5～20	4.5～23
砂带(宽×长)(mm)	1350 × 2450	720 × 2450	1115 × 2300
总功率(kW)			15.8
外形尺寸(cm)	218 × 267 × 215	180 × 202 × 215	179 × 174 × 205
重量(kg)	2500	1500	1870

表 8-12(2) 定厚砂光宽带砂光机技术特性

型　号	BSG2613 型	KSD602	CYM-111，2
板件最大(宽×厚)(mm)	1350	610	600
工件最大厚度(mm)	120	100	120
工件最小长度（mm）	800		
砂带尺寸(长×宽)(mm)	2615 × 1400	609 × 1219	635 × 1524
砂带速度(m/min)	1900		
工件进给速度(m/min)	10～40	4～16	
总功率(kW)	164.5	27	28
外形尺寸(cm)	510 × 230 × 300	183 × 122 × 160	213 × 173 × 198
总重量(kg)	13380	600	1000

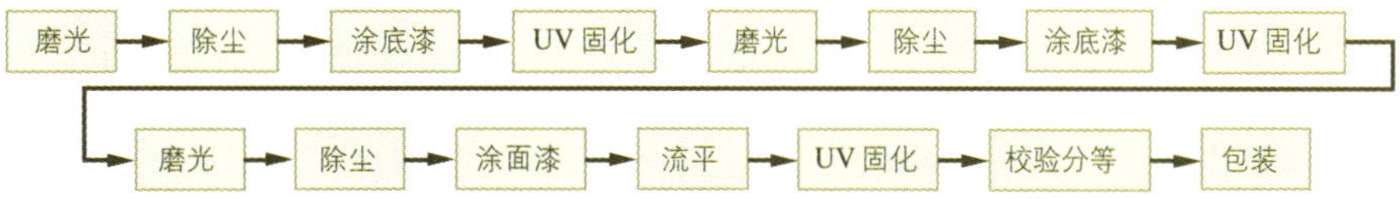

图 8-4 填孔亚光 UV 漆涂饰工艺流程

表 8-13 地板 UV 漆涂饰流水线技术特性

序号	工序	设备及技术特性	工艺要点
1	白坯磨光	JL-600，宽带砂光机 最大加工宽度 600mm 最大加工厚度 150mm 进给速度 47m/min 总功率 11kW	白坯表面出新砂带用 240 号
2	除尘机	JL-60A 除尘机 有效清粉宽度 620mm 工件最大厚度 75mm 工件最小长度 300mm 进给速度 0～32m/min 功率 1.5kW	清除工件表面的木屑，粉尘，刷子与吸尘结合作用
3	涂底漆	JL-60B 辊涂机 有效涂饰宽度 630mm 工件厚度 25～75mm 工件最小长度 450mm 进给速度 0～32m/min 功率 1.5kW 涂料泵气助式隔膜泵 3/8	涂紫外线固化底漆 涂漆厚度可＜10 μm 双辊筒，上位式供漆
4	UV 固化	UV-300 紫外线固化装置 有效照射宽度 600mm 固化速度 0～32m/min 工件最大厚度 75mm 进给速度(无级变速)0～32m/min 总功率 19kW	注意防止紫外线泄漏最好用紫外线照度计调整照距,定期检验高压汞灯的紫外线辐射效率。 底漆用 2 支灯
5	底漆漆膜磨光	JL-600A 底漆平面宽带砂光机 最大工作宽度 600mm 最大工作高度 120mm 进料速度 1～22m/min 砂带尺寸 610mm × 2616mm 总功率 23kW	磨光底漆漆膜 用 320 号砂带
6	除尘	同 2	同 2
7	涂底漆	同 3	同 3
8	UV 固化	同 4	同 4
9	底漆磨光	同 5	同 5
10	输送	JL-60 输送带 有效宽度 600mm 输送速度 0～32m/min 功率 0.4kW 长度 2000mm	

表 8-13（续）

序号	工 序	设备及技术特性	工艺要点
11	除尘	同 2	同 2
12	涂面漆	JL-60C 淋涂机 有效涂饰宽度 600mm 涂料流下宽度 720mm 工件涂饰厚度 200mm 工件最小长度 230mm 进给速度 0～32m/min	UV 面漆内不含体质颜料 漆涂涂层＞30 μm
13	加热流平	JL-60 输送带 有效宽度 600mm 输送速度 0～32m/min 长度 4000mm	使淋涂的涂层流展平整； 输送机运行要非常平稳； 宜用红外线或其他加热器对涂层低温(30～40℃)加热，以利涂料流平
14	UV 固化	UV-300 紫外线固化装置 同 3	用 3 支灯

注：据中国台湾省计利机械工业有限公司资料

表 8-14 木地板现场涂饰工艺

序号	工 序	材 料	施工要点	干燥时间（30℃）
1	涂封闭底漆	D1018B 配比 1：1	涂布量 120～150g/m²，均匀刷涂	6h
2	磨光、除尘	240 号干砂纸	手工砂磨、磨去毛刺、整平地板	
3	涂底漆	D1018B 配比 1：1	涂布量 150g/m²，均匀刷涂	4h
4	涂底漆	D1018B 配比 1：1	涂布量 120～150g/m²，均匀刷涂	隔夜干燥
5	磨光、除尘	280 号～400 号干砂纸	砂磨整平，并吸尘整理干净	
6	涂面漆	D1018B 配比 1：1	涂布量 120～150g/m²，涂料要过滤干净后才可刷涂	48h 后方可使用

注： 1.本表摘自易涂宝(idopa)公司工艺资料①为强化漆膜耐磨及抗撞击性，底面漆全部采用 D1018B 透明底面通用型水晶地板漆、刷涂。②以上涂布量是配漆后平均用量、包括损耗

2.如用其他牌号涂料请按该公司提供的工艺施工。如德国聚酯王地板漆工艺为：涂封闭底→涂腻子→磨光→涂底漆→修色→涂底漆→磨光、除尘→涂面漆

表 8-15 木地面的分类

种类			结构特点	例图	特点及适用场合
架空式	高型	单层 双层	木地板面的标高比基底高出较大，通过地垅墙或砖墩的支撑，再架上龙骨、木搁栅等来达到设计要求的标高。地板条铺在搁栅上，有单层、双层之分	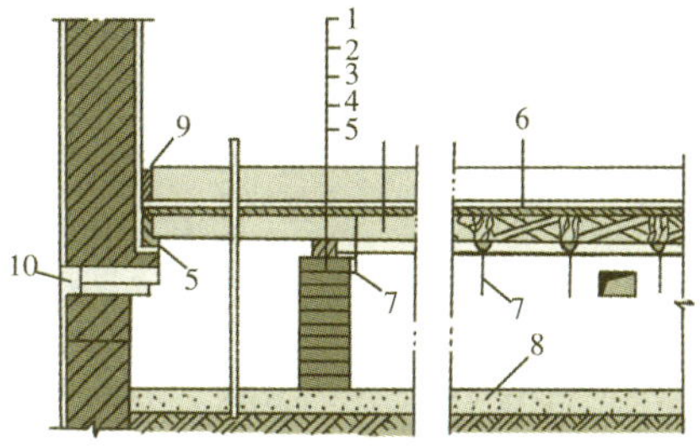 1.地板条 2.木搁 3.垫木 4.干铺毛毡 5.砖地垅墙 6.剪刀撑 7.绑扎铅丝 8.灰土 9.木踢脚板 10.通风洞	适用于体育比赛场地、舞台、地下需铺设管道的场合。结构较复杂，费用较高，现已少用
	低型	单层	木搁栅直接固定在地面基层上在木搁栅上再铺设木地板条	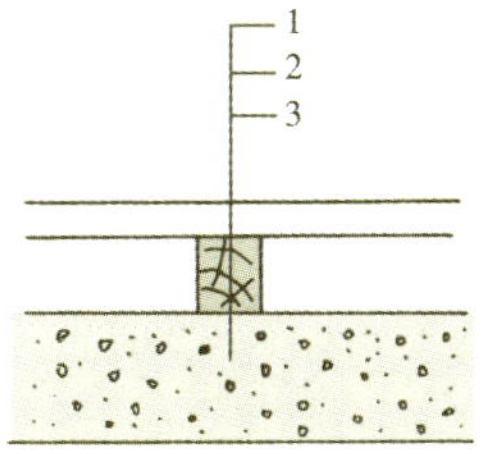 1.地板 2.木搁栅 3.地面	适用于住宅、宾馆、办公室等。单层应用普遍
		双层	搁栅固定于地面，上面则按一定角度铺钉毛地板，然后再与毛地板成一定角度铺钉拼花地板块	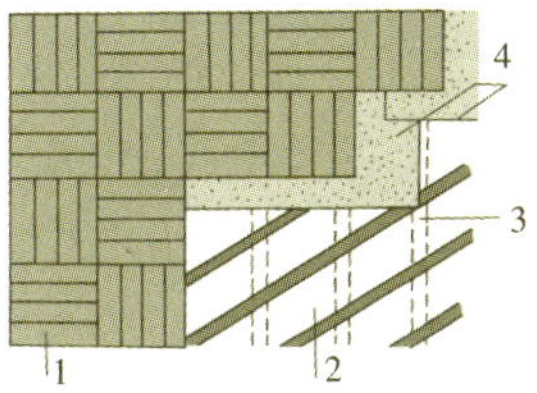 1.地板 2.毛地板 3.搁珊 4.沥青油纸或油毡	
实铺(贴)式		单层	用粘结剂将地板条(块)浮贴或直接粘贴在地面基层上	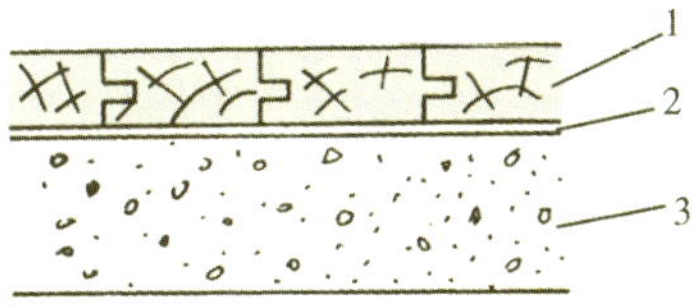 1.地板块 2.弹性衬垫膜 3.混凝土地面	简单易行，省工省料宜用于二楼以上地面。适于住宅、宾馆、办公室
		双层	在地面基层上先粘贴铺设毛地板(多层胶合板或细木工板)，再在毛地板上胶贴木地板块	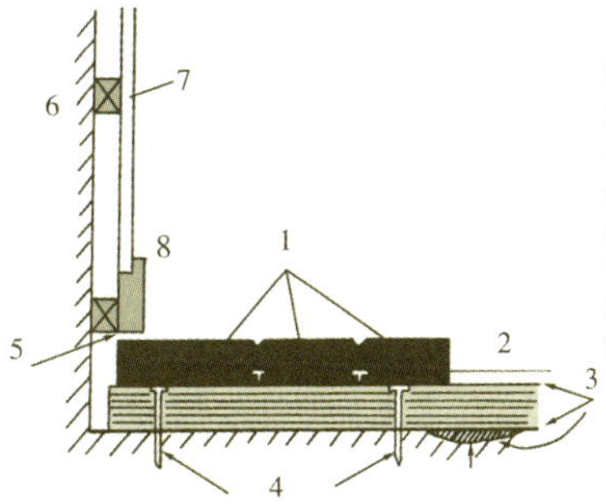 1.地板块 2.容胶槽 3.粘结剂 4.钉子 5.缝隙 6.墙壁 7.壁板 8.踢脚板 9.毛地板	基本同单层，但其弹性、保暖性等优于单层

8.1.3 铺装方法

8.1.3.1 木地面的分类（表 8-15）

8.1.3.2 架空式木地板条的铺装(表 8-16)

8.1.3.3 实铺(贴)式地板块的铺装

1. 粘结剂的种类及调配

实铺式地板块粘贴用粘结剂举例如下：

(1) 425 号水泥加 107 胶

直接用5%～10%的107胶搅拌水泥成浆糊状即可使用。粘结剂随配随用，不能隔日使用。这种粘结剂粘结性好，成本低，工程应用较普遍。

(2) 乙烯—醋酸乙烯共聚乳液胶(EVA胶)与冷固性脲醛胶按6：4(或7：3)调配，再加入适量固化剂氯化铵，调匀即可使用。贴好地板后室温下约干2～3d，即可磨光。

它使用方便，粘贴牢固、耐久，工具等可用水清洗。

(3) 8123 型粘结剂

由氯丁胶乳加入填充料和助剂后制成。

(4) 沥青玛帝脂胶

施工时，先在找平层上刷一道冷底子油，并把木地板浸蘸热沥青，浸入深度达板厚1/4，然后在基层上刷一道热沥

表 8-16 架空式木地板铺装工艺

序号	工 序	施 工 内 容	注 意 事 项
1	地面基层准备	待铺地面用水泥砂浆抄平	要保证待铺地面的平整度； 要保证水泥砂浆的强度
2	划线	按木搁栅铺设要求进行划线，并定出固定搁栅的钉孔位置	用墨线进行。 木搁栅相邻间距 400～500mm，搁栅间有横撑,横撑间距约 1200mm。
3	钻孔	在地面上用手枪电钻钻木楔孔	
4	钉木楔	将木楔钉入地面孔内，并切除凸出地面部分的木楔	
5	铺木搁栅	木搁栅就位，并用圆钉将它钉在木楔上进行找平、固定，同时搁栅间加横撑，用钉固定	木搁栅上表面要在同一水平面上木搁栅为松木等 30mm × 40mm 的小木方
6	铺装木地板条	按房间的长边、自左向右铺设。第一行地板以墨线为基准，凹槽均向墙面铺设，地板边与墙面间卡入木楔，以保持 10～12mm 间距。地板有暗钉固定在木搁栅上，地板凹槽上先预钻斜孔，钉子以 45° 或 60° ，穿过地板上的孔、钉入搁栅中	地板边与墙面间距为伸缩缝，10～12mm 预钻孔孔径取圆钉直径的 0.7～0.8，钉长度为地板厚的 2～2.5 倍 拼缝接头要严密
7	装踢脚板	踢脚板可用钉子或专用挂钩固定在墙面上，前者需事先在墙上钻孔、钉木楔，挂钩可用钢钉直接固定在墙上	相邻钉子在长度方向的间距为 40～50cm； 踢脚板端头接缝要留 2mm 缝隙； 踢脚板底边与地板表面要留约 2mm 间隙
8	磨光	地板白坯铺装好的地面必须进行磨平磨光，消除地板接缝的高差和表面不平。 免漆免刨地板不需要本工序	分别用 180 号、240 号砂带各磨一次。 大面利用专用的电动地板磨光机磨光，边角处可用小型手提式磨光机进行磨光

青，厚度＜2mm，随涂沥青随铺地板块。地板拼缝和接头要严密，干 24h 后才能进行磨光加工。

2. 单层实铺式木地板的铺装工艺

单层实铺式木地板的铺装工艺较架空式的简单，铺装工艺包含地面基层准备、清洁，划线(铺装基准)、涂胶铺地板，要留 8～12mm 的伸缩缝，胶牢后再磨光、安装赐脚板。具体要求可参考表 8-16 有关内容。

8.2 集成地板

8.2.1 定义、分类、规格、质量要求

8.2.1.1 定义

集成地板指将短小木块通过齿榫接长，或接长后侧边平拼集成为一定尺寸的地板坯料，进而成型加工、涂饰制成的实木地板条(块)。

8.2.1.2 分类

集成地板分为齿榫接长两面榫接地板条和四面榫接集成地板条(块)，见图 8-5。

8.2.1.3 规格及质量要求

集成地板规格及质量要求可参照榫接实木地板。

齿接两面榫接长条地板长度可达 6m；四面榫接集成地板的长宽度较大，与三层实木复合地板的尺寸相近；集成地板的规格尺寸也可根据客户需要确定。

8.2.2 集成地板加工工艺

8.2.2.1 工艺流程

集成地板制造工艺因原材料、地板品种、规格以及设备加工条件不同等，可以作多种考虑，制订出不同的加工方案。图 8-6 是齿榫接长两面榫接地板条和四面榫接集成地板条的加工工艺流程举例。

8.2.2.2 齿接

1. 齿榫接合

齿榫接合的优点是可用较小接合长度达到较高的接合强度，木材利用率高，便于机械生产，故广泛用于木地板生产中。

齿榫接合如图 8-7 所示，齿榫接合尺寸主要有齿接斜率 $t/2l$，齿长 l、齿距 t、齿底宽 b 等。木地板广泛采用微形梯形齿，各厂家设计的齿形有所差异，齿榫尺寸举例见表 8-17，通常斜率 $\frac{t}{2l}=\frac{1}{7.5}\sim\frac{1}{10}$，齿长小于 20mm 的为微齿，常用 10mm 左右。

齿榫接长时，需涂胶，可采用脲醛胶，聚醋酸乙烯酯胶和水基聚氨酯胶。生产地板时，要求胶接合耐久，并有较好的耐水性，因此最好用水基聚氨酯胶(俗称集成材胶)。榫

齿接两面榫接地板条　　　　四面榫接集成地板条

图 8-5 集成地板

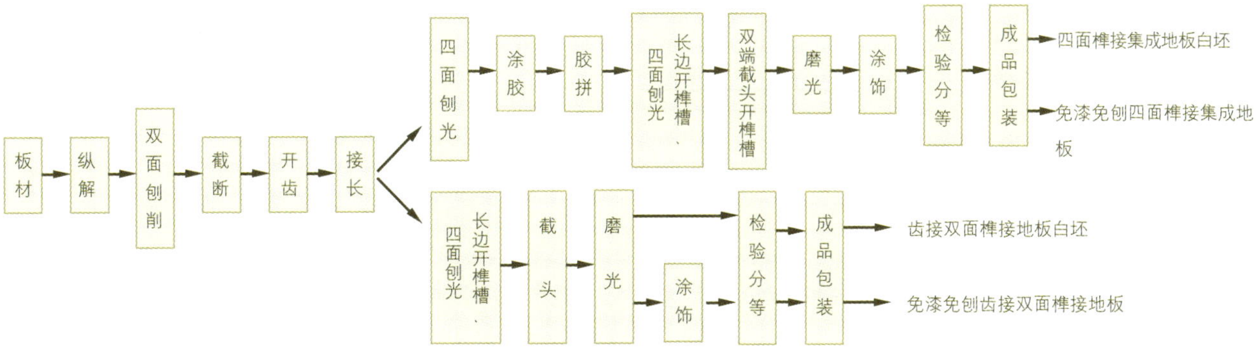

图 8-6 集成地板加工工艺流程

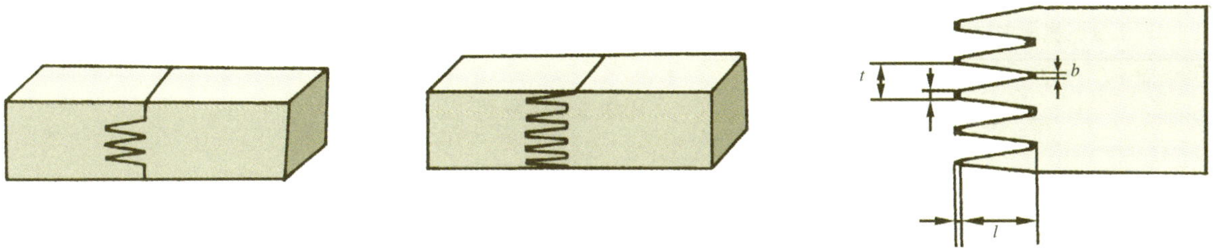

图 8-7 齿榫接合示意图

表 8-17 齿榫接合尺寸

适用	齿长 l(mm)	齿距 t(mm)	齿底宽 b(mm)	减低率 $v=b/t$
结构材和装修材	7.5	2.5	0.2	0.08
	10	3.7	0.6	0.16
	20	6.2	1	0.16
	50	12	2	0.17
	60	15	2.7	0.18
装修材	4	1.6	0.4	0.25
	15	7	1.7	0.24
	30	10	2	0.2

表 8-18 齿榫接长纵向加压限值

齿长（mm）		10	12	15	20	25	30	35	40	45
限值(MPa)	木材气干密度≤0.69	12	11.6	11	10	9	8	7	6	5
	木材气干密度＝0.7～0.75	15	14	13	12	11	10	8	7	6

齿面上涂胶可以手工涂胶或在专用涂胶机上用齿形辊涂胶，涂胶要均匀。齿榫接长时需在顺纤维方向进行加压，纵向加压的压力为2～12MPa。齿长越短所需压力越大，加压时间为10～30s。卸压后工件需放置1～2昼夜，待胶固化。齿榫接长纵向加压限值见表8-18。

2. 开齿机与接长机

开齿机与接长机分手工进给，半自动和自动进给，种类型号很多，加工质量也有差异，表8-19、表8-20介绍几种开齿机、接长机的有关参数。

3. 齿榫接长生产线

木地板和集成材用生产线有多种不同型号、规格，可供我们选用。

8.2.2.3 胶拼

当生产宽幅的集成地板时，例如宽度近190mm的地板，需将已接长的木条进行四面刨光，再涂胶平拼组坯，侧边加压拼宽。拼宽时通常用集成材胶。

表 8-19 开齿机技术特性

型 号	FTN-600T-S	FTN-600T-2S	FJ-800T-C
台面尺寸（mm）	600	600	800
工件长度范围(mm)	150～900	150～900	150～900
工件厚度范围(mm)	15～150	15～150	15～150
工件宽度范围(mm)			25～200
总功率（hP）	27	27.5	27
外形尺寸(m)	2.6 × 1.6 × 1.3	2.9 × 1.6 × 1.3	2.7 × 1.4 × 1.3
总重量（kg）	1600	1750	1700
备注	右式	左式、附涂胶机	程控自动

表 8-20 接长机的技术特性

型 号	TTC-46-T-$^{H}_{P}$	TTC-60-2T-$^{H}_{R}$	HPC-46-T-$^{H}_{R}$
加工尺寸(mm)	4600 × 200 × 80	6000 × 200 × 80	4600 × 160 × 80
功率(hP)	8	8	5.25
生产率(次 /min)	2～3	4～5	
外形尺寸(m)	5.4 × 0.9 × 1.4	6.8 × 0.9 × 1.4	5.4 × 0.7 × 1.4
总重量(kg)	1300	1700	1200
备注	单层式、程控	双层式程控	单层式、非程控

表 8-21 水基聚氨酯木材胶合工艺参数

涂胶量 (g/m^2)	陈放时间 (min)	压力 (MPa)	加压时间 (min)	养护时间 (h)
250～300	< 20	针叶材 0.7～1 阔叶材 1.2～1.5	30～60	24

表 8-22 夹具式扇形木材拼板机技术特性

型 号	CWH(或 CWA)
工作开口尺寸	36″，42″，48″(36″为标准型)
每排夹具数	标准型为 6 只夹具依客户需要选择而定
夹具锁紧方式	1. 用气动板手；2. 用油压马达
机器总排数	12，16，20，30，40，60 排，依客户需要选择

1. 水基聚氨酯胶 (俗称集成材胶)

水基聚氨酯胶是以水基聚合物为主剂，以改性异氰酸酯为交联剂组成的双组份胶黏剂。

水基聚氨酯木材胶的特点：初黏度大、固化快、胶合强度高；耐水、耐热和耐老化性优异；不含苯酚、甲醛等有毒物质；以水为分散介质，使用安全方便；对木材无污染；可常温固化。

使用时，按主剂 : 交联剂=100 : 15～20将两组份混合均匀，呈均一的淡黄色，即可供使用。配好的胶要在0.5～1h内用完。被胶合木材含水率宜在10%左右，将胶涂在胶接面上，胶合工艺参数见表 8-21。

2. 胶拼机

集成材生产用拼板机有夹具式扇形拼板机，液压运转鼓式拼板机和高频拼板机等。

(1) 夹具式扇形木材拼板机：在拼板机履带的每一横梁上装有一组(排)加压支架，上有若干个夹具用于对拼板侧边加压。履带间隙式运转，每转过一排时就可将已胶好的拼板取下，再放上新的胶坯加压。加压机构分气动板手锁紧式和油马达锁紧式两类。拼板机上加压排数多、则拼板机生产率高。夹具式扇形拼板机技术特性见表 8-22。

夹具式扇形拼板机型号表示方式：CW^{H}_{A}—排数—开口长度—总夹具数，H为油马达锁紧。如CWA—20、36—100A，表示气动板手锁紧、20 排，工作开口 36″，共 100 个夹具。

(2) 液压运转鼓式木材拼板机：该机主体呈四面或五面可以回转的鼓形，每一面即是一个胶拼台，上面配有对板材侧边(胶合面)加压的若干个油缸，以及对板面加压的液压装置。鼓间隙性进行运转，每转一个面，即可将已胶好的拼板取下，再放上待胶的板坯，加压胶拼。该机适宜胶拼大幅面的拼板。

液压运转鼓式木材拼板机技术特性见表 8-23。

8.2.2.4 集成地板的成型加工与涂饰工艺

与榫接实木地板相同。

8.2.3 铺装方法

与榫接实木地板相同。

8.3镶嵌地板块(俗称木质马赛克拼花地板，MP 型)

8.3.1 定义、分类、规格、质量要求

8.3.1.1 定义

镶嵌地板块（图 8-8）指由榫接或平接矩形六面体木条组成方形单元，再由一定数量的这些单元纵横拼装为方格图案的地板。

表 8-23 液压运转鼓式木材拼板机技术特性

台面长度(mm) / 型式		2100	2450	3100	4600	5000	6200
工件长度（mm）		2100	2450	3100	4600	5000	6200
工件宽度（mm）		1000			1220		
工件厚度（mm）		120			150		
侧压力（kg/cm^2）		低压：70 中压：140 高压：210					
上压力（kg/cm^2）		低压：70 中压：140 高压：210					
油泵马力（hP）		7.5					
净重	HRC-4(kg)	6000	7000	10500	13500	14500	17500
	HRC-5(kg)	6000	7600	11200	14500	16000	18700

注：HRC—4(或 5)，4 表示鼓的面数；型号，HRC—4—L × W × T—70K—NC(或HC)，表示HRC—旋转面数—工件长×宽×厚—压力70K(低压)—NC，无上压缸；210K(高压)HC，有上压缸

表 8-24 MP Ⅰ型镶嵌地板块外形尺寸及极限偏差

单位：cm

厚度		地板条				方形单元													
		宽度		长度		组成方形单元的条块数	宽度					长度							
							总值	其中两侧开槽		面层净宽		总值	其中				面层净长		对角线差值
													两端榫舌		两端开榫				
值	极限偏差	值	极限偏差	值	极限偏差			加工余量	极限偏差	值	根限偏差		各宽	根限偏差	加工余量	极限偏差	值	极限偏差	
6.0		18.9				8			± 0.4		0,－0.8								
		21.6				7			± 0.35		0,－0.7								
8.0		18.9				8			± 0.4		0,－0.8								
	± 0.2	21.6	0-0.1	157.5	+0.20	7	151.2	1.2	± 0.35	150	0,－0.7	157.5	3	－0.2	1.5	± 0.2	150	+0.2	0 ≤ 0.8
10.0		18.9				8			± 0.4		0,－0.8								
		21.6				7			± 0.35		0,－0.7								
12.0		18.9				8			± 0.4		0,－0.8								
		21.6				7			± 0.35		0,－0.7								

注：1.方形单元长度与地板条长度均与纤维方向平行

2.上表以外的外形尺寸，可由供需双方按协议执行。组合商品单元尺寸应为方形单元的整倍数

3.摘自 GB/T 15036.2-94

4.按 GB/T15036.1-2001 要求执行，镶嵌地板只检量方形单元的外形尺寸，可参见表 8-2

8.3.1.2 分类

镶嵌地板块（MP 型）图 8-8

- 铝丝榫接镶嵌地板块（MP Ⅰ型）
- 胶网平接镶嵌地板块（MP Ⅱ型）
- 胶纸平接镶嵌地板块（MP Ⅲ型）

8.3.1.3 规格

（1）MP Ⅰ型镶嵌地板块外形尺寸及极限偏差见表8-24，MP Ⅰ型镶嵌地板块构造尺寸见表 8-25，图 8-9。

（2）MP Ⅱ、MP Ⅲ镶嵌地板块外形尺寸及偏差见表8-26。

表 8-25 MP Ⅰ型镶嵌地板块构造尺寸

单位：cm

部位名称	符号	尺寸				极限偏差
面层净长	l	150				± 0.2
面层净宽	b	150				± 0.2
厚度	h	6.0	8.0	10.0	12.0	± 0.2
表层槽沿厚	h_1	2.4	3.0	4.0	5.0	± 0.1
槽宽	h_2	2.2	2.8	3.8	4.5	+0.2
槽深	b_1	3.0	3.0	3.0	3.0	+0.3
榫舌厚	h_3	2.2	2.8	3.8	4.5	－ 0.2
榫舌宽	b_2	3.0	3.0	3.0	3.0	－ 0.2

注：摘自 GB/T 15036.2-94

8.3.1.4 质量要求

1. 含水率

各型实木镶嵌地板块出厂时的含水率为 6%～13%。

(a)-MP Ⅰ型　(b)-MP Ⅱ型　(c)-MP Ⅲ型

图 8-8 镶嵌地板块

表 8-26 MPⅡ、MPⅢ镶嵌地板块外形尺寸及偏差 单位：cm

厚度		地板条				方形单元					
		宽度		长度		组成方形单元的条块数	宽度		长度		
值	极限偏差	值	极限偏差	值	极限偏差		总值	极限偏差	值	极限偏差	对角线极限偏差
6.0		20		100			100		100		
		20		100			100		100		
8.0		22.4		112			112		112		
	± 0.2	23	0-0.1	115	+0.30	5	115	0～0.08	115	+0.50	0 ≤ 0.8
		22.4		112			112		112		
10.0		25		125			125		125		
12.0		30		150			150		150		

注： 1.方形单元长度与纤维方向平行
2.上表以外的外形尺寸，可由供需双方按协议执行
3.地板条参数值不作为主要检测指标
4.摘自 GB/T 15036.2-94
5.按 GB/T15036.1-2001 规定执行，见表 8-2

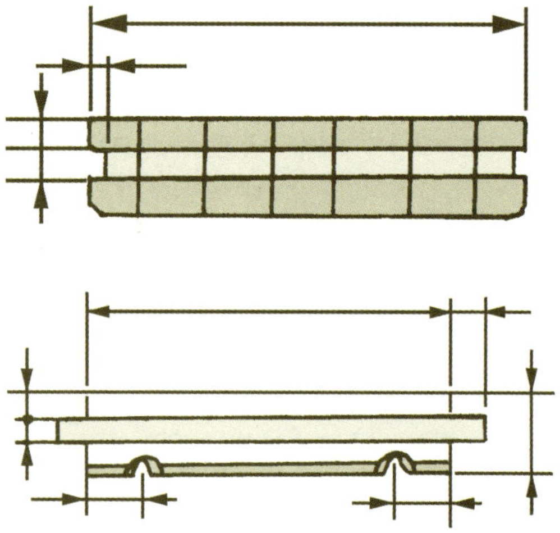

图 8-9 MP Ⅰ型镶嵌地板块构造尺寸

2. 等级

实木镶嵌地板块分为优等品、一等品和合格品三个等级。

3. 加工缺陷限值（表 8-27）。

4. 材质缺陷限值

(1) 表面材质缺陷限值，见表 8-28。

(2) 背侧端面材质缺陷限制，见表 8-29。

5. 主要辅助材料质量要求

(1) MP Ⅰ型地板用铝线

直径 12～15mm，含 10% 硅亚共晶铝合金或相近材质，20℃时剪切强度不小于 20N。

(2) MP Ⅱ型地板用胶网

浸胶双纬单尼龙(聚酰胺)网，网眼 10mm × 10mm 及以下，可选用聚氨酯类胶或聚氯乙烯——乙酸乙烯胶。

(3) MP Ⅲ型地板连接用纸

单面浸胶 80～100g 牛皮纸，可选用热塑性树脂类胶，胶种不限，但要符合环保要求。

8.3.2 镶嵌地板生产工艺

8.3.2.1 工艺流程（图 8-10）

8.3.2.2 生产工艺及设备

镶嵌地板生产与一般木地板生产原理相同，大部分加工可以通用的木工机床进行，但其特点在于镶嵌地板条尺寸规格很小，生产单一，因此在生产线中配用了一些短小尺寸木条加工的专用设备，此外，地板条组成方形单元时，要嵌铝线或贴纸(或贴胶网)。表 8-30 是镶嵌木地板生产线举例。

8.3.3 铺装方法

镶嵌地板铺装采用实铺(贴)式，详见 8.1.3。

8.4 竖木地板(俗称立木地板，VP 型)

8.4.1 定义、分类、规格与质量要求

8.4.1.1 定义

矩形、正方形、正五角形、正六角形、正八角形等多面体或圆柱体铺地用木块称为立木地板。它以横切面为正表面(耐磨面)。

8.4.1.2 分类

按竖木地板块断面形状分有矩形、正方形、正五角形、正六角形、正八角形、圆形等。

按使用场所分为室内使用和室外使用。

8.4.1.3 规格尺寸及极限偏差

VP 型竖木地板块外形尺寸及极限偏差见图 8-11，表 8-31。

8.4.1.4 质量要求

1. 含水率

室内：7%～13%，室外：15%～20%

2. 尺寸极限偏差（表 8-31 与表 8-32）

3. 等级

VP 型竖木地板分为优等品、一等品、合格品三个等级。

4. 加工及材质缺陷限值（表 8-33）

8.4.1.5 竖木地板的特点

竖木地板由垂直纤维方向的横断面构成地板使用面，耐

表 8-27 镶嵌地板块加工缺陷限值

项目		优等品	一等品	合格品
切面		以径切面为主，弦切面≤40%且木纹斜度不大于1/10	各切面均可，但木纹斜度不大于1/10	各切面均可
未刨部分和刨痕	表、侧面	肉眼看不出	局部允许有	
	背面	允许有		
	MP Ⅰ型榫舌	肉眼看不出	任一条块：≤舌宽的20% ≤舌长的10%	任一条块：≤舌宽的25% ≤舌长的15%
	深度限值	0.3mm	0.5mm	
刨光面波纹	表、侧面	肉眼看不出	局部允许有	
	背面	允许有		
MP Ⅰ型榫舌残缺	任一条块榫舌长的	≤1/5	≤1/3	
	残榫宽	≥25mm	≥2mm	
任一条块两相邻面不垂直度		≤0.4%		
方形单元条间缝隙	MP Ⅰ	≤0.1mm		
	MP Ⅱ、Ⅲ型	–	–	–
表面对角线差值		≤0.5mm	≤0.7mm	≤0.9mm

注：1.摘自GB/T 15036.2-94
2.MP Ⅰ型方形单元条间最小缝隙可根据用户要求按协议执行

表 8-28 镶嵌地板块表面材质缺陷限值

项目		优等品	一等品	合格品
髓心（健全心材）		不许有		
健全边材和内含边材		不许有		只允许健全边材
纹理		规则纹理		各种非缺陷纹理均可
材色		允许轻微色差，无变色	允许色差	
裂纹	纵裂	不许有		宽≤0.1mm,长≤15mm
	环裂	不许有		允许非贯通,长≤10mm
节子		健全活节直径<3mm，非脱落、非簇生死节直径<2mm的节子不计		
	活节		直径≤5mm 个数≤3	直径≤10mm 个数≤5
	死节		直径≤3mm 个数≤1	直径≤5mm 个数≤3
虫眼		不许有	针孔虫眼直径≤1mm	
腐朽		不许有		
钝棱		不许有		
弯曲	顺弯	不许有		
	横弯	不许有		

注：1.摘自GB/T 15036.2-94
2.限值以每方形单元计算

表 8-29 镶嵌地板块背侧端面材质缺陷限值

项目		优等品	一等品	合格品
健全边材和内含边材		不许有	≤地板块厚的1/3	≤地板块厚的1/2
钝棱		最大允许限度		
		地板块长度的10%	20%	25%
		地板块宽度的5%	10%	20%
		地板块底层厚度的1/5	1/3	1/2
背面缺木		最大允许限度		
		地板块长度的10%	20%	25%
		地板块宽度的5%	10%	20%
		厚度10mm	15	2mm
材色		色差不限，无化学变色和真菌变色		
纵裂		不许有		宽≤0.2mm，长≤20mm
节子		健全活节直径<3mm，非脱落、非簇生死节直径<2mm的节子不计		
	活节	直径≤5mm	直径≤10mm	直径≤15mm
	死节	直径≤3mm	直径≤5mm	直径≤10mm
虫眼		不许有	针孔虫眼直径≤2mm	
腐朽		不许有		

注：1.摘自GB/T 15036.94
2.MP Ⅰ型方形单元两外侧条块及全部条块的两端不许有钝棱和背面缺木
3.未注明异常情况及缺陷不影响地板块坚固性和耐久性允许有
4.限制以每方形单元计算。每个方形单元的节子允许个数：活节个数不超过7个，死节的个数不超过5个

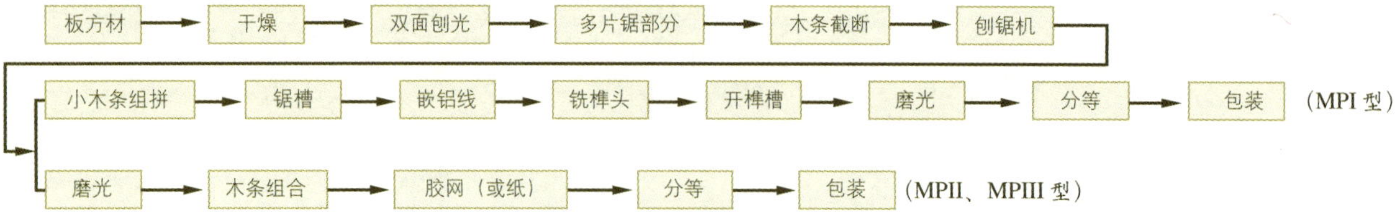

图 8-10 镶嵌地板生产工艺流程

表 8-30 镶嵌地板生产线主要工序一览

序号	工序名称	设备及其技术特性	工艺要点
1	双面定厚刨光	MB-300 型压刨 最大加工宽度（300mm） 最大加工厚度（100mm） 进料速度（12m/min） 功率（3kW）	将板材刨光并加工成定厚
2	纵解	MJ4-250 型多锯片机 加工最大厚度（60mm） 加工最小长度（300mm） 锯片直径（150mm） 进料速度（5～10m/min） 总功率（9kW）	装 3～5 个硬质合金圆锯片，锯片间距即木条厚度或宽度锯片间距大小用垫圈调节尺寸偏差 ± 0.4mm
3	刨锯加工	MBJ-125 型，225 型刨锯两用联合机床 加工工件长度（120～300mm） 加工工件宽度（20～50mm） 加工工件厚度（8～25mm） 总功率（107kW）	用于刨锯不同厚度和宽度小木条的一个正、侧面,是加工超短小木条的专用设备。加工尺寸偏差 ± 0.2mm
4	纵向铣榫槽	MQL-501 型纵向铣榫机 加工工件尺寸范围长(120～300) × 宽(20～50) × 高（8～25）(mm) 铣刀主轴转速（7000r/min） 加工能力（120～150m²/ 班） 总功率（45kW）	用于将地板条加工成统一宽度的凹凸榫槽或平口型拼花地板块。加工尺寸偏差 ± 0.2mm
5	横向铣榫槽	MQL-501 型横向铣榫机 加工工件尺寸范围：长（120～350）× 宽(20～50) × 高(8～25)(mm) 铣刀主轴转速（7000r/min） 加工能力（120～150m²/ 班） 总功率（56kW）	能自动进料，两端锯截两端横向铣削成平口或凹凸榫槽
6	磨光	PHKSG-3 型三带定厚砂光机 粗精三条砂带、磨光上下面进给 速度（7m/min）总功率（125kW） 外形尺寸 3200 × 900 × 1450（mm）	加工尺寸偏差 ± 0.15mm 粗砂带 160 号～180 号细砂带 240 地板正面粗精砂各一道，地板背面粗砂一道，达定厚

注：据江苏溧阳市第二机械厂提供资料

表 8-31 室内用竖木地板尺寸及极限偏差

类 别	直径 d（mm）			边长 b（mm）			高 h（mm）			内角(°)	
	值	级差	极限偏差	值	级差	极限偏差	值	级差	极限偏差	值	极限偏差
VPⅠ型				50～100	5	± 2	60～120	20	± 0.5	90	± 30′
VPⅡ型											
VPⅢ型										108	
VPⅣ型				25～100	5	± 2	50～120	20	± 0.5	120	± 30′
VPⅤ型										135	
VPⅥ型	60～120	10	± 5			60～120	20				

注： 1.摘自 GB/T 15036.5-94
2.上表以外的外形尺寸，可由供需双方按协议执行
3.VP Ⅱ型长边 *a* 的值为 15*b*，其极限偏差为 ± 2
4.VP Ⅲ、VP Ⅳ、VP Ⅴ型限值可有 100mm

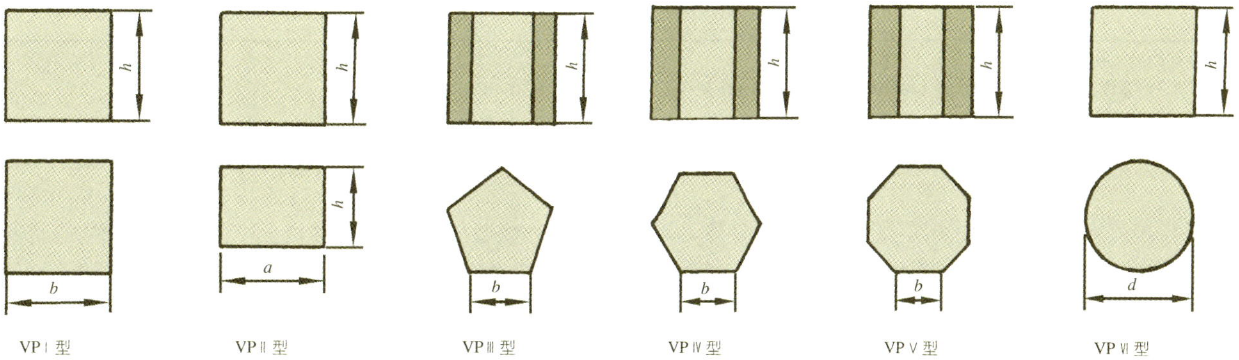

图 8-11 竖木地板块

表 8-32 室外用竖木地板尺寸及极限偏差

类 别	直径 d（mm）			边长 b（mm）			高 h（mm）			内角(°)	
	值	级差	极限偏差	值	级差	极限偏差	值	级差	极限偏差	值	极限偏差
VPⅠ型				60～120	5	± 2	80～120	20	± 1	90	± 30′
VPⅡ型											
VPⅢ型									108		
VPⅣ型				25～100	5	± 2	60～120	± 1	120	± 30′	
VPⅤ型									135		
VPⅥ型	80～160	10	± 5			80～120	20	± 1			

注： 1.摘自 GB/T 15036.5-94
2.上表以外的外形尺寸，可由供需双方按协议执行
3.VPⅡ型长边 a 的值为 15b，其极限偏差为 ± 2

表 8-33 加工及材质缺陷限值

区分	项目		等级		
			优等品	一等品	合格品
加工缺陷	纹理		各种非缺陷纹理均可		
	任意着锯面锯		痕痕深≤ 0.5mm	痕深≤ 1mm	痕深≤ 2mm
	横截面与纵轴不垂直度		≤ 0.2%	≤ 0.3%	≤ 0.5%
材质缺陷	健全边材		允许有，但不超过竖木地板块长、宽、高或直径的 20%		
	健全心材		不许有	允许有	
	材色		允许轻微色差、无变色	允许轻微色差和库存变色	允许色差和非化学、非真菌变色
	裂纹	径裂	不许有	≤ 05mm 且非贯通、非炸裂	≤ 1mm 且非贯通、非炸裂
		环裂	不许有	允许非贯通，长≤ 20mm	允许非贯通，长≤ 30mm
			不许有	≤所在圆周的 1/5	≤所在圆周的 1/3
		纵裂	不许有	宽≤ 05mm，长≤块高 1/5 宽	≤ 1mm,长≤块高 1/3
	节子	活节	允许有，直径≤ 15mm，个数不限，但必须距任一横截面 20mm 及以上		
		死节	不许有	直径≤ 10mm，全长个数不超过 2 个，且距任一横截面 20mm 及以上	
	夹皮		不许有		距横截面 20mm 以下允许有，长< 25mm
	斜纹		不许有	轻微，倾斜高≤水平长的 5%	倾斜高≤水平长的 10%
	虫眼		不许有	距横截面 20mm 以内不许有，每面允许有直径≤ 3mm 虫眼 3 个	
	钝棱		横截面不许有，其余<材宽 10%	横截面不许有，其余<材宽 20%	横截面不许有，其余<材宽的 30%
	腐朽(含闷腐及霉变)		不许有		
	弯曲		不许有		

注： 1.摘自 GB/T 15036.5-94

2.未注明异常情况及缺陷，凡不影响竖木地板块坚固和耐久性的允许有

磨性好，抗压强度大，纵向变形小；能拼嵌出多种图案，美丽高雅，自然质朴；富有弹性、保温、防潮、隔音；可利用小径材、间伐材等。

竖木地板适于住宅、商场、办公室、娱乐场所等地使用。

8.4.2 竖木地板加工工艺

8.4.2.1 工艺流程（图 8-12）

8.4.2.2 加工工艺

(1) 竖木地板原料是硬杂木小径材、枝桠材等，对原料必须按树种和径级分选归类。为保证产品质量，应截去扭曲、腐朽、节疤等缺陷部份，锯截成所需长度的木段。

(2) 木材进行干燥。

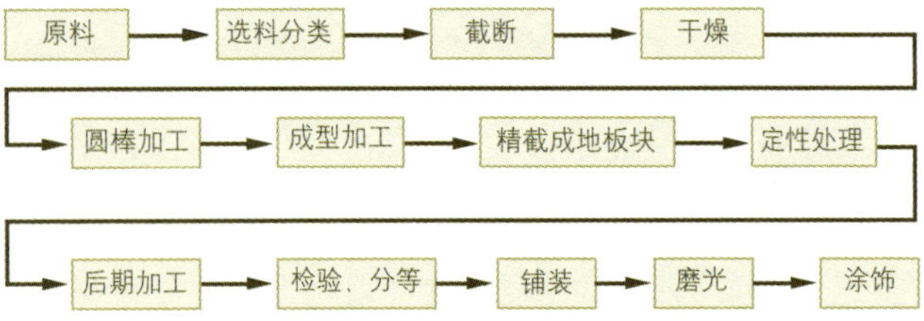

图 8-12 竖木地板加工工艺流程

(3) 成型加工时，用圆棒机、木工铣床(专用的)等将木段加工成一定尺寸的圆柱状、正方形断面方材，六角柱状、八角柱状等。

(4) 按地板块的厚度要求，将成型的木段锯截成片状地板块，即切片加工。

(5) 定性处理：小径材干燥时收缩性大，易裂口，严重影响了产品质量。除了进行干燥处理外，还需对地板块用药剂进行定性处理，以保证地板块的尺寸稳定性，防止开裂。地板块厚度小，处理剂易于从端头渗入。

(6) 后期处理：对已定性处理过的地板块、进行进一步尺寸、形状加工以保证质量。

8.5 三层实木复合地板

以实木拼板或单板为面层、实木条为芯层、单板为底层制 成的企口地板和以单板为面层、胶合板为基材制成的企口地板均称实木复合地板，前者称为三层实木复合地板，后者俗称多层实木复合地板。以面层树种确定地板树种名称。

8.5.1 定义、结构、规格与质量要求

8.5.1.1 定义

三层实木复合地板是以硬木作表层、软材作芯层和旋切

软材作背板，芯层与表背板的木纹相垂直，表背层木材顺纹向为长度方向，经胶压，成型加工和涂饰等而制成的木质复合地板。

8.5.1.2 结构

三层实木复合地板的结构，见图 8-13。

8.5.1.3 规格

三层实木复合地板的规格尺寸为(2100，2200)mm ×(180、189、205)mm ×(14，15)mm。经供需双方协议，可生产其他幅面尺寸的产品。

8.5.1.4 质量指标

(1) 各层材料技术要求（见表 8-34）。

(2) 三层实木复合木地板的尺寸偏差：三层实木复合木地板的尺寸偏差见表 8-35。

(3) 外观质量要求：三层实木复合木地板根据外观质量分为优等品、一等品和合格品三个等级，外观质量要求见表 8-36。

(4) 物理力学性能指标。

实木复合地板的理化性能指标见表 8-37。

8.5.1.5 三层实木复合木地板的特点

(1) 合理利用木材资源：三层结构合理，将珍贵的阔叶材作表层，既耐磨、又美丽，而芯背层用软材速生材。适材适用，有效地利用木材资源。

(2) 理化性能和力学性能优良：复合木地板既保持了实木地板的天然木质感，弹性、硬度、强度也符合使用要求，表面涂光敏涂料，性能良好。

(3) 易于安装：三层实木复合木地板加工精度高，免漆免刨，铺设方便，省时省力，不会污染施工环境。

(4) 易清洁，利健康：木地板易于打扫清洁，不会滋生

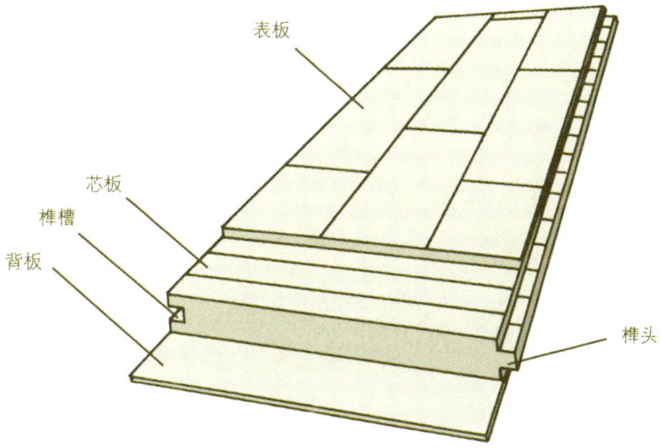

图 8-13 三层实木复合木地板的结构

表 8-34 各层材料技术要求

层次	树 种	技术要求
表层	桦木、山毛榉、柞木枫木、樱桃木、水曲柳、印茄木、李叶苏木等	同一块地板表层树种应一致，表层板条宽 50～76mm，厚 4mm 左右，外观质量见表 8-36
芯层	杨木、松木、杉木等	芯条厚度不小于 7mm，一般 8～9mm，芯条宽度不大于厚度的 6 倍，宽 25～35mm，芯条间缝隙不大于 5mm，芯条不允许有钝棱、严重腐朽等，外观质量见表 8-36
背层	杨木、松木、桦木等	厚度常见规格为 2.0mm 外观质量见表 8-36

表 8-35 实木复合地板的尺寸偏差

项 目	要 求
厚度偏差	公称厚度 t_n 与平均厚度 t_a 之差绝对值≤ 0.5mm； 厚度最大值 t_{max} 与最小值 t_{min} 之差≤ 0.5mm
面层净长偏差	公称长度 l_n ≤ 1500mm 时，l_n 与每个测量值 l_m 之差绝对值≤ 1.0mm 公称长度 l_n ≤ 1500mm 时，l_n 与每个测量值 l_m 之差绝对值≤ 2.0mm
面层净宽偏差	公称宽度 ω_n 与平均宽度 ω_a 之差绝对值≤ 0.1mm 宽度最大值 ω_{max} 与最小值 ω_{min} 之差≤ 0.2mm
直角度	q_{max} ≤ 0.2mm
边缘不直度	S_{max} ≤ 0.3mm/m
翘曲度	宽度方向凸翘曲度 f_w ≤ 0.20%；宽度方向凹翘曲度 f_w ≤ 0.15% 长度方向凸翘曲度 f_l ≤ 1.00%；长度方向凹翘曲度 f_l ≤ 0.50%
拼装离缝	拼装离缝平均值 o_a ≤ 0.15mm 拼装离缝最大值 o_{max} ≤ 0.20mm
拼装高度差	拼装高度差平均值 h_a ≤ 0.10mm 拼装高度差最大值 h_{max} ≤ 0.15mm

表 8-36 实木复合地板的外观质量要求

名 称		项 目	表 面			背 面
			优 等	一 等	合 格	
死 节		最大单个长径，mm	不允许	2	4	50
孔洞（含虫孔）		最大单个长径，mm	不允许		2，需修补	15
浅色夹皮		最大单个长度，mm	不允许	20	30	不限
		最大单个宽度，mm		2	4	
深色夹皮		最大单个长度，mm	不允许		15	不限
		最大单个宽度，mm			2	
树脂囊和树脂道		最大单个长度，mm	不允许		5，且最大单个宽度小于1	不限
腐 朽		–	不允许			①
变 色		不超过板面积，%	不允许	5，板面色泽要协调	20，板面色泽要大致协调	不限
裂 缝		–	不允许			不限
拼接离缝	横 拼	最大单个宽度，mm	0.1	0.2	0.5	不限
		最大单个长度不超过板长，%	5	10	20	
	纵 拼	最大单个宽度，mm	0.1	0.2	0.5	
叠 层		–	不允许			不限
鼓泡、分层		–	不允许			
凹陷、压痕、鼓包		–	不允许	不明显	不明显	不限
补条、补片		–	不允许			不限
毛刺沟痕		–	不允许			不限
透胶、板面污染		不超过板面积，%	不允许		1	不限
砂 透		–	不允许			不限
波 纹		–		不允许	不明显	–
刀痕、划痕		–	不允许			不限
边、角缺损		–	不允许			②
漆膜鼓泡		$\phi \leqslant 0.5$mm	不允许	每块板不超过3个		–
针 孔		$\phi \leqslant 0.5$mm	不允许	每块板不超过3个		–
皱 皮		不超过板面积，%	不允许		5	–
粒 子		–	不允许		不明显	–
漏 漆		–	不允许			–
① 允许有初腐，但不剥落，也不能捻成粉末；						
② 长边缺损不超过板长的30%，且不超过5mm；端边缺损不超过板宽的20%，且宽超不过5mm						
说明：凡在外观质量检验环境条件下，不能清晰地观察到的缺陷即为不明显						

注：摘自 GB/T18130-2000

表 8-37 实木复合地板的理化性能指标

检验项目	单 位	优 等	一 等	合 格
浸渍剥离	–	每一边的任一胶层开胶的累计长度不超过该胶层长度的1/3（3mm以下不计）		
静曲强度	MPa	≥30		
弹性模量	MPa	≥4000		
含水率	%	5~14		
漆膜附着力	–	割痕及割痕交叉处允许有少量断续剥落		
表面耐磨	g/100r	≤0.08，且漆膜未磨透		≤0.15，且漆膜未磨透
表面耐污染	–	无污染痕迹		
甲醛释放量	mg/100g	A类：≤9；B类：>9~40		

注：摘自 GB/T18130-2000

螨虫从而优化了生活环境，利于人们健康。

8.5.2 三层复合木地板制造工艺

8.5.2.1 工艺流程（图 8-14）

组坯胶合可分为三层胶合和五层胶合。后者表板取 2 块以上的厚度，芯板底板对称于表板组坯、胶压，然后将板坯对剖成两块三层的地板毛坯。

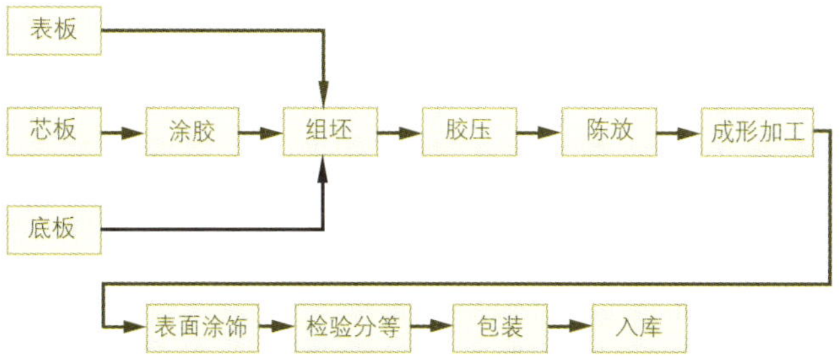

图 8-14 三层复合木地板制造工艺流程

8.5.2.2 木材干燥

表板用湿板材自然干燥至含水率 30%～40%，然后入窑人工干燥达终含水率为 5%～8%。也可在自然干燥后将板材锯截成表板木片的倍数毛料再进行人工干燥。已出窑的材料应放在干料库中备用。

芯板木条用湿板材同样经自然干燥和人工干燥至终含水率 5%～8%。

8.5.2.3 表板加工工艺

1. 工艺流程（图 8-15、图 8-16）

2. 加工工序（表 8-38）

8.5.2.40 芯板加工工艺

1. 工艺流程（图 8-17、图 8-18）

2. 工艺流程（表 8-39）

8.5.2.5 底板加工工艺

三层复合木地板的底板是 2～3mm 厚的单板，要求厚度偏差 ± 0.1mm，树种为针叶树材或软阔叶树材，含水率要求 6%～10%，单板用旋切法制备。

8.5.2.6 板坯胶合工艺

1. 工艺流程

(1) 板坯胶合工艺流程见图 8-19。

(2) 三层实木复合地板胶压生产线见图 8-20。

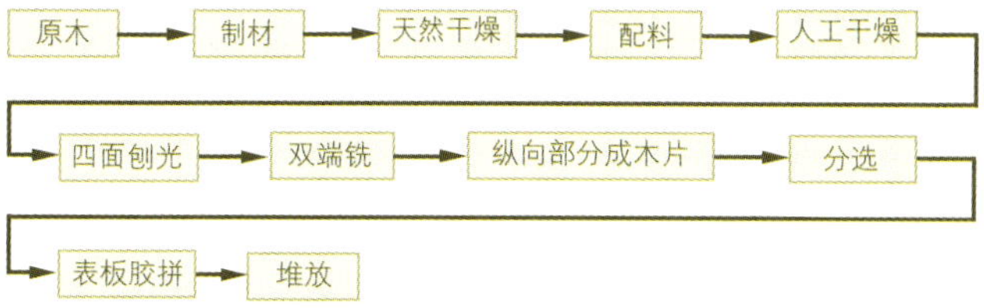

图 8-15 表板加工工艺流程

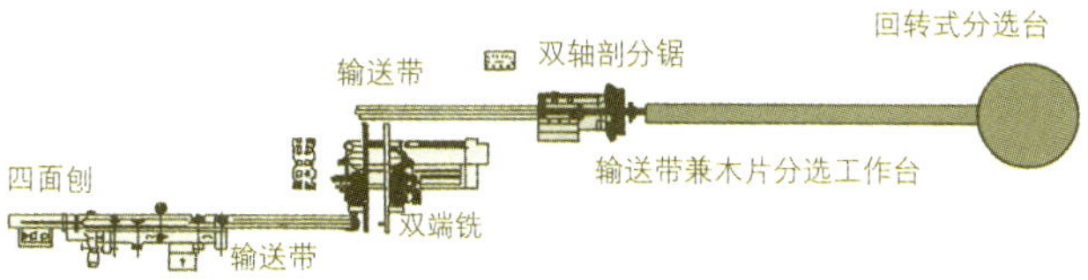

图 8-16 表板加工生产线

表 8-38 表板加工主要工序

序号	工序名称	设备及其技术特性	工艺要点
1	横截	横截圆锯	用于截断板材、除去缺陷板段长度 = 面板木片长度 + 加工余量
2	四面刨光	MTSIRAL/PA-6-C 型 6 轴四面刨工件最大厚度 160mm，加工宽度 5～100mm，最小工件长度 200mm 进给速度 8～24m/min 总功率 34kW	将毛料四面刨光，定厚、定宽加工尺寸偏差 ± 0.1mm
3	双端铣削	ASTRA/PA-4 型双端铣	将木方两端铣削平整，端面与其他面垂直，尺寸偏差 ± 0.1mm
4	剖分	MAR21A/PA-2C 型双轴剖分锯机工件最小长度 200mm 工件宽度 40～100mm 工件厚度 25～80mm 进给速度 15～40m/min 总功率 63hP	将木方剖分成 4mm 厚的表板木片厚度误差 ± 0.1mm，表面光洁，符合胶合要求每一立轴上装 4～5 个锯片，锯片间距为表板片厚度
5	表板胶拼	手工拼板机，回转鼓式(五面)最大拼板尺寸 200mm × 2500mm 气缸加压行程纵向 25mm，横向 10mm 手工放板，边排坯，边控制表板片质量	表板片厚 32～4mm，占地板总厚约 20%～25% 胶拼后表板尺寸 = 地板成品尺寸(长、宽)+15～20mm 加工余量，用 PVAC 胶，板片侧边涂胶，电加热底板，以缩短胶固化时间

注： 1.资料来源：意大利 A · COSTA 公司

2.表板胶拼也可利用自动高频胶拼设备进行，其工作宽度为 800mm，工作速度 5m/min，压缩空气压力 6×10^5Pa

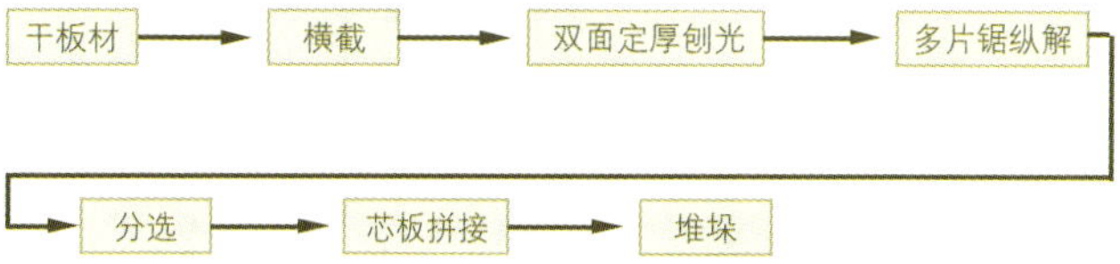

图 8-17 芯板加工工艺流程

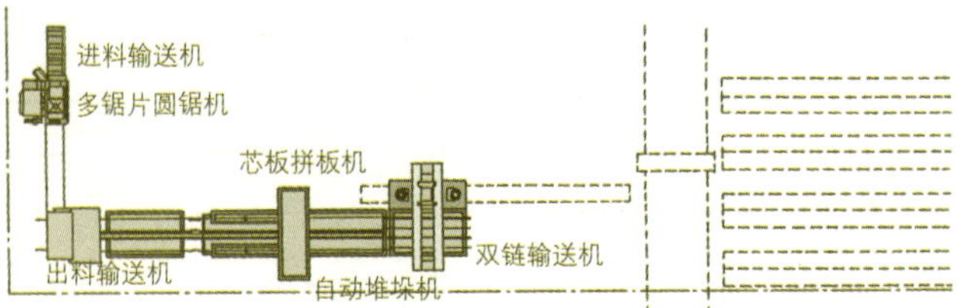

图 8-18 芯板加工生产线

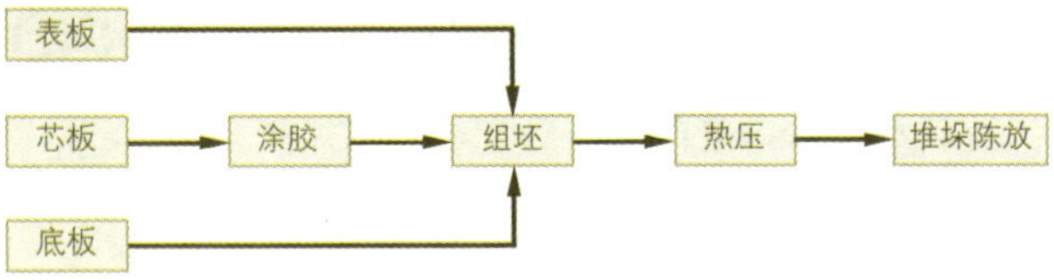

图 8-19 三层实木复合地板胶合工艺流程

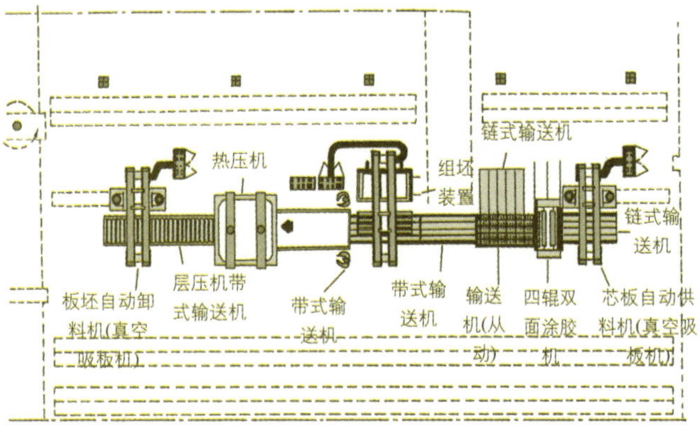

图 8-20 三层实木复合地板胶压生产线

表 8-39 芯板加工主要工序

序号	工序名称	设备及其技术特性	工艺要点
1	横截	高速截断圆锯	将干板材(含水率的 5%～8%)截成板段，板段长度 = 地板胶坯宽度 +15～20mm
2	定厚刨光	平压刨	刨光后的板材厚度偏差为 ± 0.2mm，板段刨光后的厚度是芯条的宽度，芯条宽厚比一般为 2～3 : 1
3	剖分	KS310 型多片锯圆锯机 最小加工长度 700mm 最大加工宽度 310mm 进给速度 8～35m/min	芯板条厚度范围为 7～10mm，常取 9mm 剖分后芯条厚度偏差为 ± 0.2mm 复合地板的压缩率通常为 5%～15%，取 10% 计算，压缩率大部分由芯板产生
4	芯板组拼	芯板拼机由双链式运输机、开槽机、嵌绳机、控制设备等组成， 工件宽度 750mm 进料速度 5～30m/min 压缩空气压力 6×10^5Pa	芯板条侧边不涂胶胶，合芯板条在芯机上排好挤紧后，垂直芯条方向开 2～3 条嵌绳用的槽，嵌绳后就成芯板

表 8-40 地板板坯胶合主要工序

序号	工序	设备及其技术特性	工艺要点
1	芯板涂胶	FIF300 型四辊双面涂胶机在芯板双面涂胶工作宽度 1300mm 工作最大厚度 100mm 进给速度 17m/min	用热固性脲醛胶，以氯化铵为固化剂，双面涂胶量 300～320g/m²
2	组坯	涂胶芯板先与底板组坯，再由真空吸盘将表板覆在芯板上，组坯过程在生产线上进行，组坯装置包括底板纵向输送机、面板输送机、供料机(真空吸盘式)	表板与芯板的相对位置要正确，在移动和装入压机时，表芯板不错动
3	陈放	以间隙式堆放进行闭合陈放	
4	热压	自动进料卸板的多层热压机 LAS230 型总压力 200t 最大单位压力 836kg/cm² 热压板复面尺寸 2300 × 1300 热压层数 10 层总功率 25kW	热压温度 100～110℃；单位压力 0.8～12MPa；热压时间 8～12min(40～69s/mm 板坯厚)压机可用水蒸汽或热油供热
5	陈放	中间贮存室，要保持室温，相对湿度较低，使板坯内含水率进一步均匀，减少内应力和翘曲变形	大尺寸地板毛坯堆垛要整齐，中间贮存室宜保持 20℃，75% 左右相对湿度。至少存放 24h 后才能再加工

注：1. 资料来源，意大利 A · COSTA 公司
2. 热压机可以采用单层压机，其他机型的多层压机，但单位压力宜适当提高。胶压也可采用高频介质加热压机

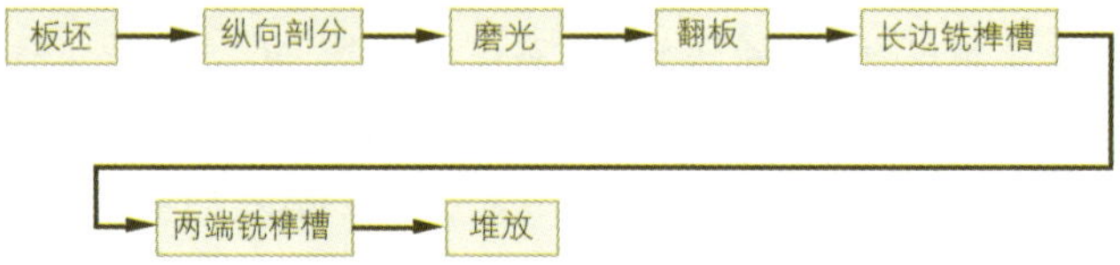

图 8-21 地板成形加工流程

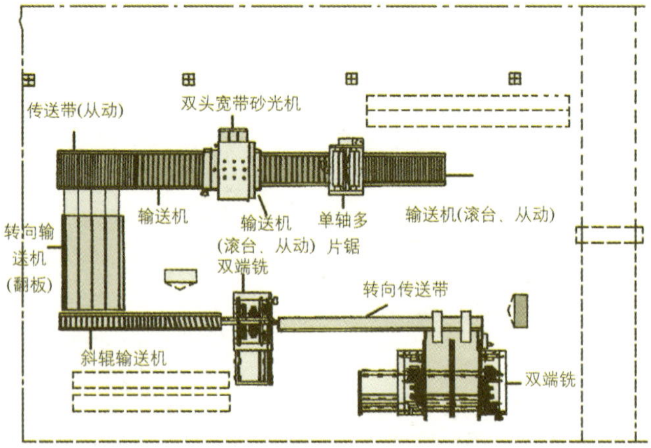

图 8-22 地板成形加工生产线

2. 胶合工序（表 8-40）

8.5.2.7 成形加工工艺

1. 工艺流程

(1) 地板成形加工工艺流程见图 8-21。

(2) 地板成形加工生产线见图 8-22。

2. **加工工序**

三层复合木地板的成形加工与实木企口地板的加工基本相同。主要差别在于要将胶压好的地板坯料进行纵向剖分成地板条毛料，并进行定厚磨光。地板成形加工主要工序情况见表 8-41。

8.5.2.8 涂饰工艺

三层复合木地板的涂饰种类、质量要求和涂饰工艺技术与实木榫槽(企口)地板的相同，涂料也是用UV漆。可以参见 8.1.2.5。因涂饰种类多样，漆膜质量涉及到漆膜的硬度、耐磨性、耐候性等理化性能，以及颜色、光泽、透明度、木材质感等视觉审美要求，影响涂饰工艺的因素较多，包括木材种类，涂料品种，施工条件等。所以涂饰工艺和涂饰生产线应根据具体情况进行设计。

在大批量生产时，若考虑地板着色和半显孔装饰等要求，地板涂饰生产线举例如图 8-23。

8.5.2.9 包装

为保证成品地板在贮存运输过程中不受损伤，以及因含水率变动产生变形，所以必须对成品地板进行包装。地板包装通常用带子捆扎，热收缩薄膜包覆，外加纸箱包装。

8.5.3 铺装方法

三层复合木地板用悬浮法铺装，即在已抄平的地面上先铺厚约2mm的聚乙烯薄膜，在膜上再铺装复合木地板，榫槽上要涂防水性的胶，以保证接缝严密，防止水分渗入。

具体的铺装方法与浸渍纸层压木质地板（强化地板）的相同。

8.6 单板层压实木复合地板（多层实木复合地板）

8.6.1 定义、结构、规格、质量指标

8.6.1.1 定义

以多层胶合板为基材，表面覆贴锯切或刨切的装饰薄木，经切削成形、表面涂饰制成的实木复合地板称为单板层压实木复合地板。

8.6.1.2 结构

(1) 表层：表层为装饰薄木，包括天然薄木、集成薄木、人造薄木等。常用的树种：水曲柳、山毛榉、栎木、核桃木、枫木、印茄木、柚木、绿柄桑以及其他装饰性好的阔叶材。

(2) 基材：多层胶合板。

8.6.1.3 规格

单板层压复合地板的规格尺寸为：长 2200 × 宽(189、225)mm 和 长 1818mm × 宽 (180、225、303)mm，厚度为8、12、15mm。经供需双方协议可生产其他规格的多层实木复合地板。目前大量按榫接地板的规格尺寸生产表板为 2～4mm 锯切珍贵硬木的实木复合地板。

8.6.1.4 质量指标

(1) 单板层压复合地板的尺寸偏差及外观质量要求同三层复合木地板。参见表 8-36。

(2) 物理力学性能指标应符合表 8-37 规定。

基材用多层胶合板质量不低于 GB9846-88 和 GB/T13009-91 中二等品的技术要求。

8.6.1.5 单板层压复合地板的特点

(1) 尺寸稳定性好：基材是多层胶合板，层积复合结构因含水率变动而引起的地板尺寸变化比实木的小得多。

(2) 理化性能，力学性能较好：保持天然木材的质感，弹

表 8-41 地板成形加工主要工序

序号	工序名称	设备及其技术特性	工艺要点
1	纵向剖分	MLS130 型单轴多片锯 最大工作宽度 1300mm 最大加工厚度 50mm 进料速度 2～24m/min 电动机功率 22kW 压缩空气压力	将宽度为地板宽倍数的胶合坯料纵向剖分成地板条毛料地板坯料进给要稳，定向要准。地板条毛料尺寸偏差为 ± 0.2mm
2	定厚磨光	宽带砂光机(双头) 工作宽度 1350mm 最小加工长度 330mm 砂带尺寸 2620mm ×1380mm 进料速度 4～20m/min 砂带速度 20m/s	磨光表板，使其达定厚，同时表板平整、光洁。砂带用 150 号～180 号，磨削量约 0.5mm
3	翻板	将地板条毛料翻转使其表面朝下	以地板条表面作加工基准面
4	长边铣榫槽	K210 型双端铣 加工宽度 180～1200mm 最大加工厚度 170mm 进给速度 3～36m/min 总功率 30kW	一边加工榫头，另一边开榫槽尺寸偏差＜± 0.1mm 采用专用刀具，耐磨性好。
5	两端铣榫槽	K252 型双端铣 加工宽度 180～2700mm 最大加工厚度 170mm 进给速度 3～36m/min 总功率 37kW	一端开槽、一端做榫头，端面与长边要呈直角尺寸偏差 ± 0.1mm

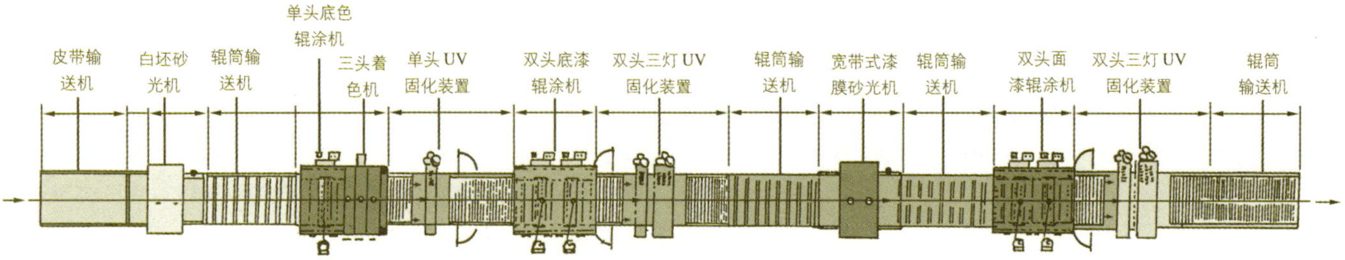

图 8-23　UV 漆涂饰生产线举例

性、硬度，胶合强度等力学性能符合使用要求。

(3) 装饰性好：天然木材纹理优雅多变、色彩丰富宜人，透明涂饰更好地突显木质感。通过薄木拼花，图案变化使地板艺术化。

(4) 易于安装：可采用悬浮法铺装，铺装快捷，不污染室内环境。

(5) 便于清洁，利于健康。

(6) 用料合理、节约珍贵材：表层薄木用优质阔叶材刨切或将木块胶合成集成木方后再刨切制得，无切屑产生，提高了木材利用率。集成薄木使薄木整张化，提高了贴面生产率。

8.6.2 单板层压实木复合地板的制造工艺

8.6.2.1 工艺流程（图 8-24）

8.6.2.2 薄木制备（图 8-25）

单板层压实木复合地板表层用的薄木可以用多种薄木，如天然薄木、集成薄木、人造薄木、染色薄木和拼花薄木等。不同薄木的制造工艺不同，装饰效果也有差别。目前国内外大尺寸地板多用集成薄木作表板，其制造工艺见图 8-24。而小规格实木复合地板多用 2～4mm 厚的锯切薄木做表板。

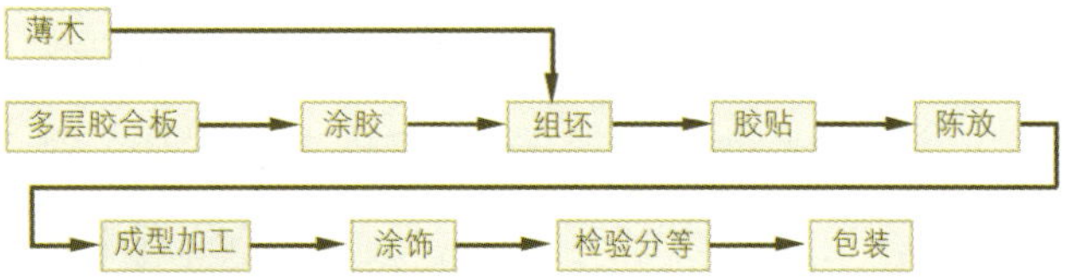

图 8-24 单板层压实木复合地板制造工艺流程

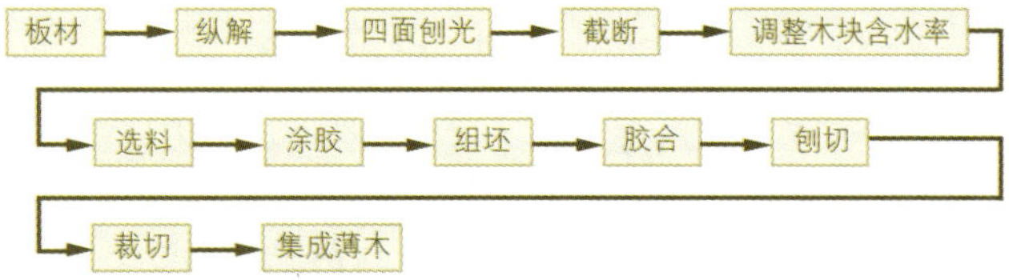

图 8-25 集成薄木制造工艺

(1) 配料：配料时，用同一树种木块或使材性较接近的木块进行搭配组合，易裂树种的木块应配置在集成木方的内部，而不易开裂树种的木材放在外围；要选用纹理平直的木材。

(2) 含水率：集成薄木制造过程中要保持木块含水率在纤维饱和点以上，即 30% 以上，通常为 40% 左右，这样可保证小木方不干缩，不膨胀和不变形。

(3) 涂胶：使用湿固化聚氨基甲酸酯胶，它吸收木方表面的水分而固化。单面涂胶量为 250～300g/m^2，陈化时间因室温、胶种和含水率而异，如 7057 聚氨酯胶，冬季陈化 60min，夏季陈化 40min。

(4) 胶压：按设计的图案组坯，冷压胶合，压力 5～15 × 10^{5}Pa，胶压时间，7057 聚氨酯胶冬季压 16h，夏季压 8h。

(5) 养生卸压后立即将集成木方用热水泡或蒸煮，进行养生，以保持木方含水率在 50% 以上，胶层充分固化、软化。

(6) 刨切集成木方在养生后立即进行刨切，刨切工艺和设备与普通薄木的相同。地板用集成薄木的厚度通常为 1mm 左右。

8.6.2.3 多层胶合板制备

多层胶合基材即普通多层胶合板。

8.6.2.4 胶贴工艺

薄木在多层胶合板上的胶贴工艺请参考第24章的有关内容。

贴面用胶黏剂：国内大部分用脲醛胶，或脲醛胶与聚醋酸乙烯酯胶的混合胶；胶贴 2～4mm 厚锯切薄木时，也可采用集成材胶即水基聚氨酯木材胶。

8.6.2.5 成形加工和涂饰工艺

单板层压实木复合地板的成形加工与涂饰工艺和三层实木复合地板的相同。

8.6.3 铺装方法

单板层压实木复合地板的特点是表层用薄木，厚度小，通常为0.8～4mm厚，因此这类地板适宜于住宅的卧室、书房及人流量少的办公室使用。

这类地板也采用悬浮法铺装，铺装方法与强化地板相同。

8.7 浸渍纸层压木地板（强化地板）

8.7.1 定义、结构、规格与质量指标

8.7.1.1 定义

用浸渍三聚氰胺树脂的耐磨表层纸、装饰纸、底层纸及高密度纤维板(或刨花板)层积热压制成的板材，再经切削加工而成的企口地板称为浸渍纸层压木地板，也称强化地板。

8.7.1.2 结构

强化地板为三层复合结构。

(1) 表层(贴面层)：由装饰层和耐磨层(有的还有衬底层)组成，厚度一般为0.2mm以上；

(2) 芯层(基材层)：高密度纤维板(HDF、HF)、中密度纤维板(MDF)或刨花板；

(3) 底层(平衡层)：由浸渍树脂的平衡纸或低成本的层压板(防火板)或单板组成，前者厚度一般为0.2mm或0.3mm。

8.7.1.3 尺寸规格及偏差

(1) 强化地板常用的尺寸规格见表8-42。厚度为6，7，8(8.1，8.2，8.3)，9mm，另外也可根据供需双方协议，生产其他规格的强化地板。强化地板的榫舌宽度应≥3mm。

(2) 强化地板的尺寸偏差见表8-43。

表8-42 浸渍纸层压木质地板幅面尺寸 单位：mm

宽 度	长 度								
182	–	1200	–	–	–	–	–	–	–
185	1180	–	–	–	–	–	–	–	–
190	–	1200	–	–	–	–	–	–	–
191	–	–	–	1210	–	–	–	–	–
192	–	–	1208	–	–	–	1290	–	–
194	–	–	–	–	–	–	–	1380	–
195	–	–	–	–	1280	1285	–	–	–
200	–	1200	–	–	–	–	–	–	–
225	–	–	–	–	–	–	–	–	1820

8.7.1.4 外观质量与理化、力学性能

(1) 根据产品的外观质量、理化性能分为优等品、一等品和合格品。

(2) 外观质量要求可参考表8-44。

(3) 理化及力学性能要求参考表8-45。

(4) 强化地板的等级划分与应用场合见表8-46。

8.7.1.5 强化地板的特点

(1) 装饰效果多样、良好。强化地板可模拟各种木材纹理、大理石纹或抽象图案，色泽丰富宜人。

(2) 理化性能和力学性能优良。具有较高的耐磨性、硬度、耐划痕、耐冲击、耐香烟灼烧、

耐污染性能。产品内结合强度、表面结合强度较高，冲击韧性较好。

(3) 尺寸稳定性较好。具有三层对称结构，温、湿度变化引起的产品尺寸变化较实木地板小，吸水厚度膨胀率较小，不易变形。

(4) 能高效利用木材，利于生态保护。强化地板的甲醛释放量可达E_1级。

表8-43 浸渍纸层压木质地板尺寸偏差

项 目	要 求
厚度偏差	公称厚度t_n与平均厚度t_a之差绝对值≤0.5mm； 厚度最大值t_{max}与最小值t_{min}之差≤0.5mm
面层净长偏差	公称长度l_n≤1500mm小时，l_n与每个测量值l_m之差绝对值≤1.0mm； 公称长度l_n≤1500mm小时，l_n与每个测量值l_m之差绝对值≤2.0mm
面层净宽偏差	公称宽度ω_n与平均宽度ω_a之差绝对值≤0.1mm； 宽度最大值ω_{max}与最小值ω_{min}之差≤0.2mm
直角度	q_{max}≤0.2mm
边缘不直度	S_{max}≤0.3mm/m
翘曲度	宽度方向凸翘曲度f_w≤0.20%；宽度方向凹翘曲度f_w≤0.15% 长度方向凸翘曲度f_l≤1.00%；长度方向凹翘曲度f_l≤0.50%
拼装离缝	拼装离缝平均值o_a≤0.15mm 拼装离缝最大值o_{max}≤0.20mm
拼装高度差	拼装高度差平均值h_a≤0.10mm 拼装高度差最大值h_{max}≤0.15mm

注：摘自GB/T18102-2000

表 8-44 浸渍纸层压木质地板各种等级外观质量要求

缺陷名称	正面			背面
	优等品	一等品	合格品	
干、湿花	不允许		总面积不超过板面的 3%	允许
表面划痕	不允许			不允许露出基材
表面压痕	不允许			
透 底	不允许			
光泽不均	不允许		总面积不超过板面的 3%	允许
污 斑	不允许	≤ 3mm²，允许 1 个 / 块	≤ 10mm²，允许 1 个 / 块	允许
鼓 泡	不允许			≤ 10mm²，允许 1 个 / 块
鼓 包	不允许			≤ 10mm²，允许 1 个 / 块
纸张撕裂	不允许			≤ 100mm，允许 1 个 / 块
局部缺纸	不允许			≤ 20mm²，允许 1 个 / 块
崩 边	不允许			允许
表面龟裂	不允许			不允许
分层	不允许			不允许
榫舌及边角缺损	不允许			不允许

表 8-45 浸渍纸层压木质地板理化性能表

检验项目	单 位	优等品	一等品	合格品
静曲强度	MPa	≥ 40.0		≥ 30.0
内结合强度	MPa	≥ 1.0		
含水率	%	3.0～10.0		
密 度	g/cm³	≥ 0.80		
吸水厚度膨胀率	%	≤ 2.5	≤ 4.5	≤ 10.0
表面胶合强度	MPa	≥ 1.0		
表面耐冷热循环	–	无龟裂、无鼓泡		
表面耐划痕	–	≥ 3.5N 表面无整圈连续划痕	≥ 3.0N 表面无整圈连续划痕	≥ 2.0N 表面无整圈连续划痕
尺寸稳定性	mm	≤ 0.5		
表面耐磨	转	家庭用：≥ 6000 公共场所用：≥ 9000		
表面耐香烟灼烧	–	无黑斑、裂纹和鼓泡		
表面耐干热	–	无龟裂、无鼓泡		
表面耐污染腐蚀	–	无污染、无腐蚀		
表面耐龟裂	–	0 级	1 级	
表面耐水蒸气	–	无突起、变色和龟裂		
抗冲击	mm	≤ 9	≤ 12	
甲醛释放量	mg/100g	A 类：≤ 9 B 类：> 9～40		

注：摘自 GB/T18102-2000。甲醛释放量应按国家有关强制性标准的要求执行

表 8-46 强化地板应用分等及场合

地板等	级耐磨转数	推荐应用场合	举例
HW1	> 2000	轻度耐磨的家中	卧室
HW2	> 4000	中度耐磨的家中一般使用	起居室、走廊
HW3	> 6000	强耐磨的家中、商用场合、高级写字楼	起居室、走廊、宾馆卧室、会议室、小型办公室
HW4	> 10000	一般或重度使用的商用场合，公共场所	教室、小型办公室、宾馆、走廊、学校公共场合
HW5	> 15000	重度使用商用场合	走廊、开放式办公室、公共场合、商店

注：这里介绍的是某公司的有关指标，仅供参考

(5) 易于安装。安装方便，干法施工，快捷，可自己安装。

(6) 易于清洁。给人们生活提供良好的环境，利于健康。

8.7.2 强化地板制造工艺

8.7.2.1 工艺流程

强化地板制造过程中涉及到基材的选择、装饰纸树脂浸渍工艺、树脂浸渍纸贴面工艺、地板成型加工及检验包装等。其生产工艺流程见图 8-26。

8.7.2.2 基材质量要求

基材质量的好坏直接关系到地板质量，十分重要。欧洲中密度纤维板制造协会技术委员会制订的覆塑地板以及单板饰面地板用高密度纤维板标准 EMB/PS/HDF：1997，对高密度纤维板的性能要求如表 8-47、表 8-48。

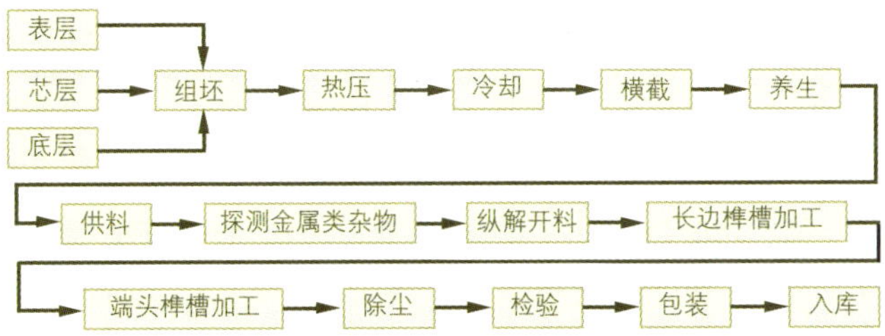

图 8-26 强化地板生产工艺流程

8.7.2.3 树脂浸渍纸生产线

强化地板用的装饰纸、耐磨的表层纸和底层的平衡纸都用三聚氰胺树脂浸渍，地板用浸渍纸为达到要求的树脂含量，应通过二次浸渍来完成。第一次浸渍用三聚氰胺树脂或脲醛树脂改性三聚氰胺树脂，第二次浸渍用三聚氰胺树脂。

低压短周期浸渍纸的要求是：缩聚的高度一致性，极好的均匀性，无皱，极好的和一致的成形性能，3 个月的贮存稳定性以及以 30～40m/min 的速度，宽达 2700mm 的经济化生产等。

浸渍生产线由原纸开卷机、第一次浸渍装置、第一次干燥装置、第二次浸渍装置、第二次干燥装置、冷却辊、重卷设备和在线切割系统等设备组成。

8.7.2.4 树脂浸渍纸贴面生产线

强化地板采用低压短周期法进行树脂浸渍纸贴面复合，将表面耐磨层、饰面层及底层热压贴合在基材两面。其加工工艺与一般的人造板二次加工工艺基本相同。

强化地板要求平整、尺寸形状稳定性好和表面高耐磨，所以热压覆面时有以下特点：

(1) 强化地板结构要对称：每一种型号的耐磨纸加上装饰纸都应配置相应重量和拉伸力的平衡纸。纸张的质量和树脂的调配必须要适合这种生产方法。由于装饰纸的选择余地特别大，只要装饰纸变换，就要调整贴面条件和平衡纸的参数。

表 8-47 对高密度纤维板的性能要求(干状态)

性能	试验方法	单位	公称厚度（mm）					
			≥ 40	≥ 50	≥ 60	≥ 70	≥ 80	90
24h 吸水厚度膨胀率	EN317	%	30	25	17	15	13	12
内结合强度	EN319	N/mm²	120	120	120	120	120	120
静曲强度	EN310	N/mm²	40	40	40	40	40	40

注：在 EN319 的 43 条款中，不推荐使用阔叶材饰面材料，在 EN319 的 55 条款中，不推荐使用聚醋酸乙烯酯(PVAC)胶与阔叶材饰面材料

表 8-48 对高密度纤维板的性能要求(湿状态)

性能	试验方法	单位	公称厚度（mm）					
			≥ 4.0	≥ 5.0	≥ 6.0	≥ 7.0	≥ 8.0	9.0
24h 吸水厚度膨胀率	EN317	%	28	23	15	13	11	10
内结合强度	EN319	N/mm²	1.20	1.20	1.20	1.20	1.20	1.20
静曲强度	EN310	N/mm²	40	40	40	40	40	40
选择 1 循环后厚度膨胀率	EN317 EN321	%	20	17	15	15	15	15
选择 1 循环后内结合强度	EN319 EN321	N/mm²	0.35	0.35	0.35	0.30	0.30	0.30
选择 2 煮沸试验后内结合强度	EN319 EN1087-1	N/mm²	0.20	0.20	0.20	0.15	0.15	0.15

注：EN1087-1 其操作过程见 EMB 工业标准 1995 版第二部分附录 B

在短周期压机上对特殊三聚氰胺浸渍纸进行贴面，热压温度(抛光不锈钢板的温度)为160～180℃，压贴时间为30～50s，压力为30～40N/mm^2。贴面时必须根据具体情况设定热压参数。热压板的温度为190～200℃，加热用油温为200～210℃。

(2) 要及时更换不锈钢垫板：耐磨层中含有三氧化二铝，它对镀铬不锈钢垫板有较强的侵蚀作用，导致生产的强化地板表面光泽不断降低，为保证产品光泽度在一定公差范围内，一般在热压15000～20000次后，垫板就需更换，旧垫板翻新后再供使用。

8.7.2.5 成型加工及包装生产线

成型加工是保证强化地板尺寸形状精度及拼接质量的关键工段，其工艺流程同竖木地板。有关问题择要分述如下：

1. 时效处理(养生)

热压贴面后的强化地板坯处于干燥状态，边缘极易吸湿。若热压后立即开料、加工榫槽，则因吸湿导致产生纵向变形，呈“香蕉形状”而成不合格品。因此，热压后的地板坯需经8天以上时效处理后再进行成型加工。板材较长时，可截短后进行时效处理，以缩短处理时间。

2. 探测金属夹杂物

用金属探测器探测板中是否会有金属夹杂物、并自动将含金属板材从生产线上卸下，以免损伤刀具。

3. 纵解开料

用多片锯将大幅贴面板纵解成长条状地板毛料。利用光学系统根据板材装饰层上的切割线(纹理)调整板材的位置进行纵解。这样可保证地板的纹理和正确锯边。锯片用金刚石锯片，锯片直径ϕ 250～273mm，孔径100mm。锯路宽通常为32mm。

4. 成型加工

强化地板长边的榫槽和两端的榫槽都用双端铣进行加工，加工精度为±0.1mm。榫槽加工时板面朝下，工件以稳定的状态高速进给，同时进行切削榫槽。榫槽成型加工用多把金刚石刀具组合进行，将成型加工分解在多个彼此连接的加工工位上，以延长刀具耐用度，并简化榫槽密封配合调整等。

5. 包装

为防止强化地板在贮存、销售、运输中受潮和碰伤，需用硬纸壳箱或瓦楞纸箱包装，并用聚酯或聚乙烯热收缩膜包装，达到全封闭效果。每箱装7～8块地板，约2m^2。包装箱上或里面应附有铺装和保养说明。

8.7.3 铺装方法

8.7.3.1 铺装前的准备

1. 场地准备

强化地板用悬浮式铺装，铺装地面要平坦。铺地板前应把地面打扫干净，不可洒水扫地。用15m长硬木直尺在整个地面检查高点及低凹点，超过2mm的不平地面需做平整处理，用扁钢凿凿去凸出地面的水泥渣。门底与地面间隙应为12～15mm，门套下部应切除，确保该处地板的伸缩。

2. 室内设施准备

为顺利安装及有效保护安装的地板，必须有安装用220V电源、洗抹布用水源。门窗和空调机预留孔不可侵入雨水，上下水系统不可漏水，地面保持干燥。

8.7.3.2 铺装程序、方法及工艺要求

1. 铺地膜

地膜一般为宽1m、厚2mm的聚乙烯薄膜，铺在地板与地面之间。地膜与地板长度方向相垂直铺设。相邻地膜对接，用单面胶带固定。潮湿场合或底楼，为防潮，地膜可搭接，宽10cm。楼底层为更好防潮，可在地膜与地面间加铺一层塑料膜。

2. 试铺(不涂胶)

按房间长边、自左向右铺设，第一块板的凹槽均向墙面，地板与墙面间垫入木楔，使地板边与墙保持1～1.4cm，榫槽相接，依次铺成第一行板。

第一行的最后一块板画线后锯开(当手工锯切时、地板正面向上；用电锯时地板正面朝下以减小锯齿对面层的剥裂)。A板段转动180度拼完第一行，B板段如长过30cm时，可作下一行的左边第一块。相邻二行板的端头接缝间距应大于30cm。试铺二行后，无意外、拆开相接的榫槽，即可正式铺装。

3. 正式铺装

(1) 正式铺装时，在准备相拼接的榫头与槽上要均匀适量涂胶，在拼接合缝后，必须在面层上有余胶挤出，在板面上形成一条白色均匀胶线，以确保合缝的防水性，余胶用半湿抹布随时擦去，或胶半干时用小刀铲除。选用专门的防水地板胶，用量1kg/30m^{2}地板。

(2) 第一行与第二行地板的纵向拼缝是以后各行地板的平直基础，其直线度不能大于0.5mm，用细直线二端拉紧，校正地板纵向直线度。每块刚拼装的地板，在纵向和横向都应使用小槌和垫块轻敲，每行的末块地板的端头需用专门回力钩轻敲，确保地板接头缝严密。

(3) 从第三行开始，要使用拉紧器在纵横方向拉紧地板，使地板接缝有持续合紧力。拉紧器最大长度为5m。在整幅地板铺完后，当室内温度在20℃以上时，经2h即可拆除拉紧器，若室温较低时，应延长拉紧器处理的时间。地板接缝处缝隙宽度一般不能超过0.2mm，相邻两块地板高差不能大于0.1mm。

(4) 通常最后一行板宽较小，铺设时要把整块地板纵向裁开，如墙面不平时，板锯开的边同样应作与墙面弯曲相适应的修整，以确保安装好的地板与墙保持10～12mm间隙。

(5) 安装地板时如碰到管道、柱子等地面障碍物，地板要作相应的开口。要确保地板边与管道、柱子等有10mm的间隙。

4. 单边收口线安装

在房间各门口、阳台推拉门等处应安装单边收口线以解决地板的收口及提供伸缩空间。先用钢钉将单边收口线底板固定在地面上(并注意离边留有15mm空隙、以便上盖插入)，单边底板内筋与地板间留有10～12mm地板伸缩空间，盖板筋槽内灌玻璃胶用以固定盖板。盖板亦可用螺钉固定在底板上。

5. 双边收口线安装

在不同地面材料(如强化地板与瓷砖、大理石)相接处、不同排列方向的地板交接处或是整块地板面积过大、长与宽过长等，均需使用双边收口线收口，并扩大地板伸缩余地。先用钢钉将底板固定在地面上，地板与内筋间距为10～12mm。在地板铺设完、拆除拉紧器后，在底板筋槽内灌入玻璃胶，以固定斜边盖板。

6. 斜边收口线安装

当地板与其他相邻铺地材料有高度差(如客厅为地砖、房间用强化地板)时，采用斜边收口线收口，作两种不同高度地面的平滑过度，并提供10～12mm的伸缩余地。安装时，先用钢钉将底板固定在地面上，待地板铺完、拆除拉紧器后，在斜边盖板内筋槽内灌入玻璃胶，进行安装，固定斜边盖板。

7. 踢脚线安装

踢脚线(又称踢脚板)在最后安装。安装前，先沿墙摆放备装踢脚线，接点位置要恰当，长短搭配，然后从进户门一侧开始按顺时针(或逆时针)方向逐一连续安装。每个接头处按踢脚线长度不同留1-3mm空隙，以免吸湿膨胀起拱。

踢脚线用专用挂钩固定在墙面上，相邻两挂钩间的间距为500mm，但在接头二侧相邻踢脚线50mm以内必须有挂钩。

在墙面拐弯的阳角或阴角(一般为90°)处安装时，踢脚线均需按墙角度1/2的角度加工踢脚线端头，合缝时不留空隙、并无高低差。直线部分全部遮盖地板的伸缩缝。安装完后用玻璃胶均匀灌封踢脚线与墙面及地板的缝隙。缝隙宽度不能超过2mm。

8.7.3.3 使用和注意事项

(1) 强化地板在安装完后，24小时内避免在地板上行走，以确保地板胶的完全干固。

(2) 强化地板的基材由木纤维热压而成，若地板长时间受潮、甚至泡入水中，则会引起接合缝膨胀而产生破坏。轻微的膨胀在干燥的环境下会慢慢自然收缝。因此应防止洗衣机失控、地漏不畅，夏天空调漏水、门窗未关雨水入室或用湿拖把拖地板等造成水分对地板的损害。

(3) 这种地板表面不需油漆或打蜡，地板密封面层能防止污迹和尘埃的侵入。清扫地板时，可用软质扫把扫地或拧干水的拖把轻轻擦拭即可。一般的污染如墨水、汤汁、饮料渍、油渍等很易擦除，极易保持地板干净清洁。如地板被指甲油、油漆等弄脏地面，仅需倒少许酒精、丙酮或一般清洁剂清除。

(4) 如地板上掉落燃着的烟头，也不会烧焦地板，只要用布抹去烟油，即可恢复地板原有的光泽与花纹。

参考文献

[1] 中国标准出版社第一编辑室编. 木地板 技术标准汇编（第2版）. 北京：中国标准出版社，2004
[2] 刘忠传主编. 木制品生产工艺学（第2版）. 北京：中国林业出版社，1993
[3] 顾炼百主编. 木材加工工艺学. 北京：中国林业出版社，2003
[4] 林梦芝等. 木材工业实用大全. 木制品卷. 北京：中国林业出版社，2003
[5] 徐永吉. 木材学. 北京：中国林业出版社. 2000
[6] 杜国兴等. 木材干燥技术. 北京：中国林业出版社，2004
[7] 高振忠. 木质地板生产与使用. 北京：化学工业出版社，2004
[8] 张运康. 复合地板生产技术. 林产工业，1992，No6
[9] 杨家驹等. 红木家具及实木地板. 北京：中国建材工业出版社，2004
[10] 吴晓金、强化木地板的翘曲变形及其预防. 林产工业，2000, No4

9 木质门窗 Wooden Door and Window

门窗是建筑的重要组成部分，它能集中地表现出建筑的艺术风格，是建筑活的灵魂，也是建筑用以通风、采光和保安等功能必不可缺的。

随着中国古建筑，特别是木架结构的发展，木质门窗作为其重要组成部分，也有着相应的历史演变和发展，其结构形式变得多种多样。如城有城门，里坊有里坊门，宫城有路门、应门、皋门、雉门、库门及外廓门等；而独立门的品种更多，如大门、二门、垂花门、棂星门、牌坊门、砖券门和城阙门等，整座建筑上有屏门、房门、格门和板门等，每种门都有其不同的功用及制度。窗有直棂窗、斜交棂窗、锁纹窗、落地窗及门联窗等。

近年来，人们追求归真反璞、回归自然，豪华的实木门和高档的门窗满足了人们要求安全、自然、豪华的心理。特别是木材具有吸音、保温、调湿、花纹美丽、强重比高和易于加工等独特的优点，深受人们的喜爱。此外，进行必要的阻燃处理和防变形改性，加之现代的生产工艺和油漆技术，为木质门窗的应用开辟了广阔的空间。

9.1 木质门窗的结构与种类

9.1.1 木门的结构与种类

9.1.1.1 木门的结构

木门由门套（亦称门框）、门扇两部分组成，常用木门各部件名称如图9-1所示。门套是围绕门四周的框子，它起固定门的作用。它的外缘与墙壁紧密相连，内侧均需做出裁口，以便门扇关闭时靠严。门套两边垂直于地面的竖木称立边，顶上的横木称为上槛，当门比较高时（超过2100mm），在门的上端设置一根横木，称为腰槛（装置门亮子用）。门的底边着地的横木称为下槛，有的门套没有下槛，没有下槛的称为扫地门。贴脸板（也称门脸子）起遮盖门套周围与砖墙交接处的作用。为了美观，在狭长的木条上可做成不同形状的线条，钉在接缝处。

门套子的立边与上下槛结合，通常是在立边上做榫头，上、下槛打榫眼，并且两端留出走头。如果是塞套子式的（即砌墙后再把套子塞进出），则不留走头，榫头做成燕尾槽形式。立边与腰槛接合是在立边上打榫眼，腰槛两端做榫头（图

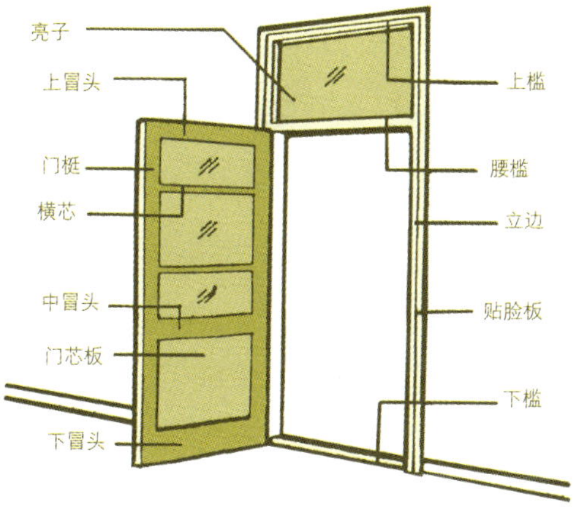

图9-1 常用木门各部名称

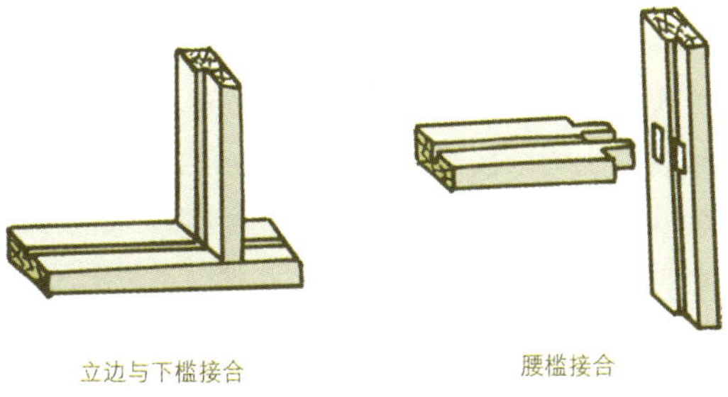

图9-2 门套子接合

9-2)。如果是固定亮子，则在上槛与腰槛上打榫眼，窗棂子两头做榫。

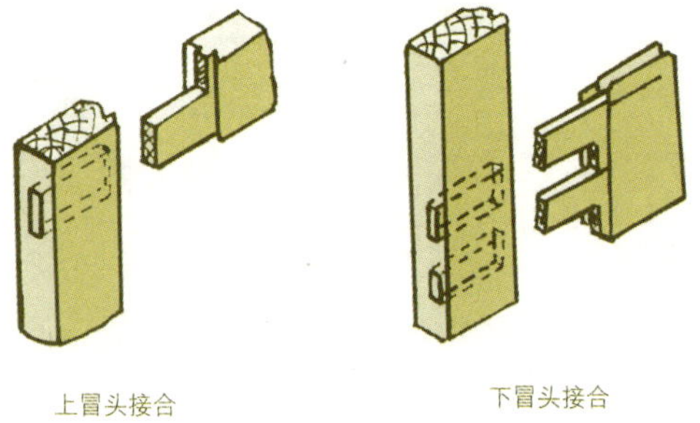

图 9-3 门冒头接合

门扇是由门梃、上冒头、中冒头、下冒头（也称上、中、下马头）和门芯板等组成的。为了采光，有的门扇在上部分安装玻璃，做成半玻璃门。

门扇的组成也是用榫眼接合的，上冒头与门梃的接合，是在上冒头的两端做榫，上半部三分之一做半榫，下半部三分之二做透榫，在门梃上打眼。下冒头与门梃的结合与上冒头方向相反，上半部是透榫，下半部是半榫。如下冒头较宽，一般采用大小榫（图 9-3）。即在下冒头两端各做两个半榫和透榫，在门梃上打两个半眼和透眼，主要是考虑到门扇较重，增加其抗下垂的重力。门芯板镶嵌在门梃和冒头之间的凹槽里，槽宽 10～12mm，槽深 10mm，门芯板镶入槽中，板边离槽底有 2mm 间隙。板边如较厚，需刨成斜棱且与槽宽相同，并可做成各种形状。门芯板可采用薄木板或胶合板、纤维板等。

9.1.1.2 木门的种类

木门的种类繁多，形式各异。现依据其结构形式、开启方法、造型、用途和特殊功用进行分类。

木门按其构造形式不同，可分为镶板门、镶面门、实心门、空心门、拼板门、玻璃门、带窗保温门、实木门和传统门等，如图 9-4 所示。此外，还可依据门的组成分为带亮子、不带亮子和单扇门、双扇门、带固定扇的双扇门、四扇门等。

1. 镶板门

它是门的一种最普通形式。门梃尺寸一般厚为 45mm，宽为 90～120mm，门冒头尺寸与门梃相同，但为了改善下冒头的承重状况，其宽度可增加到 120～240mm。门芯板的厚度用 15ｍｍ以上的木板或五层以上的胶合板，也可用中、高密度纤维板，刨花板及其他材料。当门洞宽度大于 1000mm 时，最好做成三七扇门或双扇门等。此种门适用于民用建筑及工业辅助建筑的内门及外门。

2. 镶面门

又称胶合板门。它是用小规格材做成骨架，在门梃与上、下冒头两面均做成裁口，裁口的深度和胶合板的厚度相同，然后两面镶装胶合板（也可用硬质纤维板）。这种门表面光洁,轻巧灵便，适宜于作民用建筑的内门。如在潮湿环境中，覆面材料应采用防水胶合板。

3. 实心门

它在门的木框架中，加填刨花板、硬质或中密度纤维板、细木工板作为门的芯板，在其两面胶贴优质的胶合板作面板，然后用实木或薄木封边。此种门造价不高，但较为牢固，可用于民用建筑的内、外门。

4. 空心门

它在门的木框架中，采用纸板格、蜂窝格、环状格或空心，两面覆贴胶合板面板于框架上，同样采用实木或薄木封边。此类门自重轻、用料省、造价低。它适用于民用建筑及其他建筑的内门。

5. 拼板门

它是由 100～150mm 宽的木板，采用平口、裁口或企口拼合而成的。木板可以利用边角料拼成多种花纹图案，钉装于门梃和冒头上。如果用于仓库、车间时，则可不用门套，在上下冒头装置铁板铰链与墙体连接。一般拼板门构造简单，坚固耐用，特别是双层拼板门保温隔音性能较好，但门扇自重大，用木材较多。此种门一般用于民用建筑及工业辅助建筑的外门。

6. 玻璃门

它的结构形式基本与镶板门相同,区别是门扇部分或全部镶装玻璃，所用玻璃厚度为 4～6mm，其门梃、冒头的用料尺寸也与镶板门大致相同。此门的特点是外形简洁美观、采光好，但对木材质量及制作要求较高。半截玻璃门适用于民用建筑的内外门及阳台门；大玻璃门适用于公共建筑的入口大门或大型房间的内门。此种门一般装有弹簧铰链，推开后，门扇借铰链中弹簧的作用自动返回，最后关闭，故多用于进出频繁之处。

7. 带窗保温门

此种门多用于楼房建筑中的阳台进出口处，可增加房间的采光效果。其结构与镶板门近似，只是在门的两边用木板钉合，板中间用防寒毡或玻璃棉毡等保温材料填充。在填放保温材料时，靠两面木板里边需各铺一层油纸，以防雨防湿。

8. 实木门

一般用料较好，造型别致，多为铣削、雕刻成形，近年来用于高档建筑和店铺门面的大门装修。此种门结实牢固，给人以高雅豪华的感觉。其式样和风格多以欧美式的为主，如图中的实木门各有名称。此种门的生产和油漆技术要求高，造价也高。

9. 传统门

也称古典式门。它的造型别致，古色古香，具有不同的时代、地域和民族特色及风格，是中国传统文化宝库中的优

镶板门
镶面门
实心门
空心
纸板格
蜂巢格
环状格
空心门
拼板门
玻璃门
带窗保温门
十六世纪意大利式
西班牙式
法国路易式
英国詹姆士一世式
1735 年美国殖民地式
国外实木门

图 9-4 木门的种类

中国传统门

图 9-4 木门的种类

秀遗产。其做工精湛，图案繁多。在古时主要是靠手工制作，现在一些乡镇民居、古典建筑及仿古装饰中仍在应用。如何借鉴古人的造型风格，采用现代化的机械生产，发扬光大传统文化之精华，做到古为今用，仍是值得我们研究的课题。

木门按其开启的形式不同，可分为平开门、推拉门（交叠式、面板式和内藏式）、分段开启门、折叠门、旋转门、上推门、卷帘门和光电感应门等（图 9-5）。

1. **平开门**

它包括单开门、双开门和母子门、带固定扇的双门和四扇门等。此种门安装简单，开启方便，是应用最为广泛的一种普通门。

2. **推拉门**

它包括交叠式、面板式和内藏式三种。此种门占地面积省，开启轻便，可用于室内空间的隔断。交叠式只能开启一半，故用于门面规格较大处；面板式会对室内布置有影响；内藏式相对前两种较合理，但加工和安装稍微复杂。

3. **分段门**

此种门可分为上、下两段，上段可单独开启，以便室内的通风、采光。如用于套房的大门，上半段可开启部分应加防护网，以满足安全需要。

4. **折叠门**

它与平开门相比，可节省开启空间，特别适用于大规格门面，可减少单扇门的尺寸。此种门还可用于商业店铺的外门。开启灵活、方便，但关闭、锁牢时应闩死或用五金插销固定。

5. **旋转门**

可用木框架，内镶玻璃，用于公共建筑的大厅门等。其特点是封闭性好，对室内空调的冷、暖气与室外有较好的隔离作用。其加工制作要求较高，安装相对复杂。

6. **上推门**

此种门不占地面空间，但现代建筑层高有限，故应用较少。

7. **卷帘门**

此种门克服了上推门占用空间的缺点，通过旋转将木条片卷于门的上方。由于木片防护能力差，除用于内部装饰外，大多采用铝合金片制作，广泛应用于商业店铺的防护门。

8. **感应门**

分为两种：一种为电子感应门，需用微波探测传感器，自控探测装置通过微波捕捉物体的移动，传感器固定于门的上方正中，在门前形成半圆形的探测区域；另一种为光电感应门，该系统的安装方式为内嵌式或表面安装，光电管不受外来光线的影响，最大安装距离为6100mm。安全踏板器应安装在平开门的开启方向，安全踏板的长度应超出门板宽度127mm，所有踏板应适合于门框的宽度。

木门依据其造型可分为：普通门、装饰门、传统门（古典门）、西式门等，可分别归类。

木门依据其用途可分为：外门、分户门（如楼道间的）、内门、阁楼门和地下室门等。

除此之外，木门按照其特殊功用还可分为防火门、防护门（纱门、防盗门）、密闭门、隔音门和通风门（如百页门）等。

9.1.2 木窗的结构与种类

9.1.2.1 木窗的结构

木窗的结构是与其形式、开启方式和功用相关的，且各不相同。在此以最普通的玻璃窗为例来描述其结构。如图

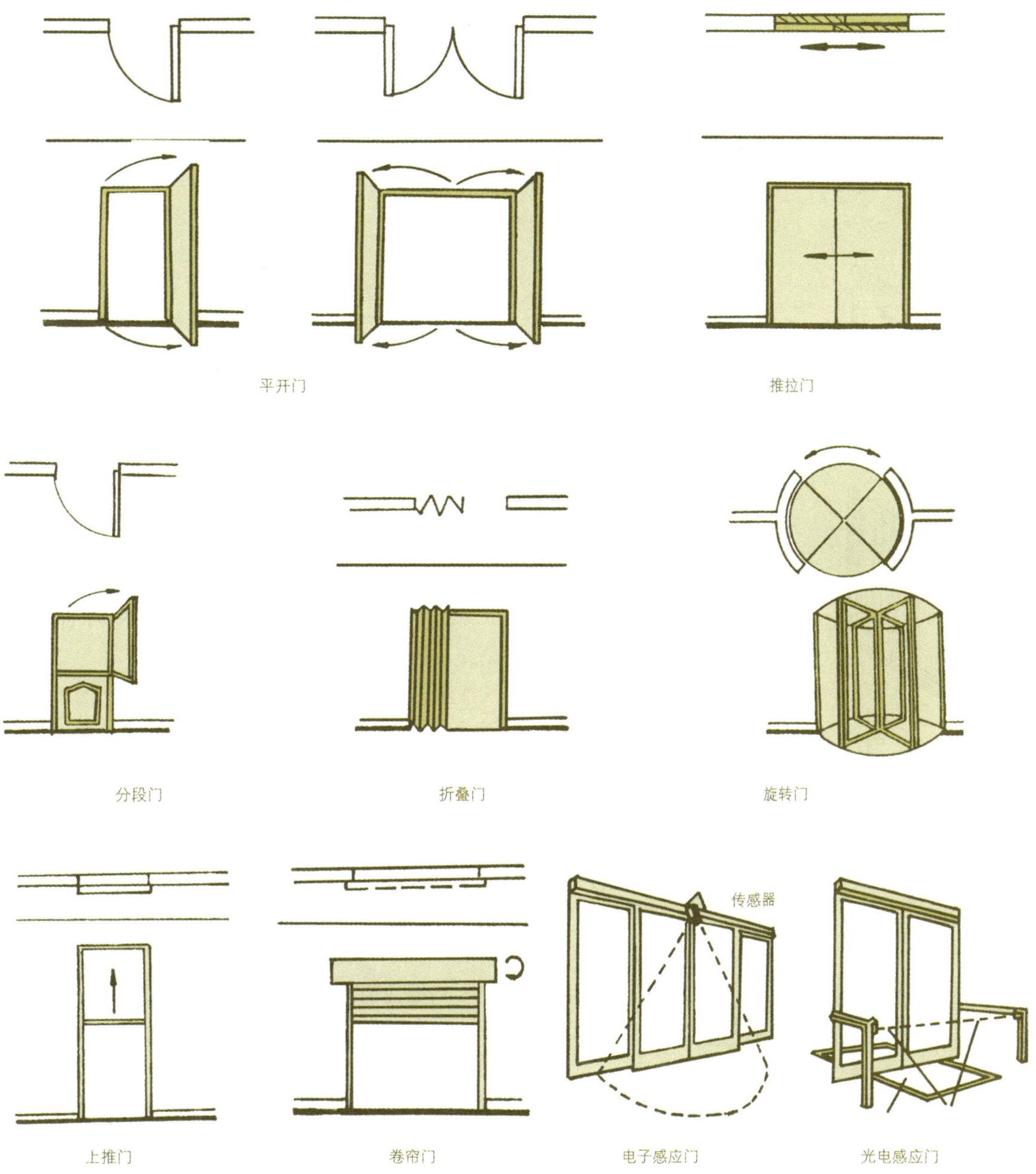

图 9-5 门的开启方式

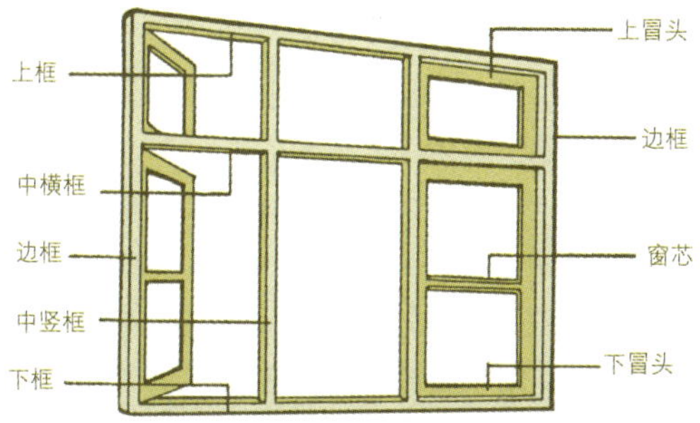

图 9-6 常用木窗各部名称

9-6 所示，此种窗主要由窗框、窗扇、五金件和附件四部分组成。

窗框（又称窗樘）是由上框（上槛）、下框（下槛）、边框（樘子梃）、中横框、中竖框等组成。

窗扇是由上冒头、下冒头、窗棂（窗芯）、边梃以及玻璃（或窗纱、百页）等组成。

窗户常用的五金件有：铰链、风钩、插销、拉手、滑轮、滑道和开关定位器等。

窗户常用的附件有：贴脸板、筒子板和木压条等。

9.1.2.2 木窗的种类

木窗根据其开关形式、构造、造型和功用等可分为：封闭窗、平开窗、上悬窗（下悬窗）、水平推拉窗、立转窗、中国传统窗、外国传统窗、百页窗（固定式、转轴式）、遮篷

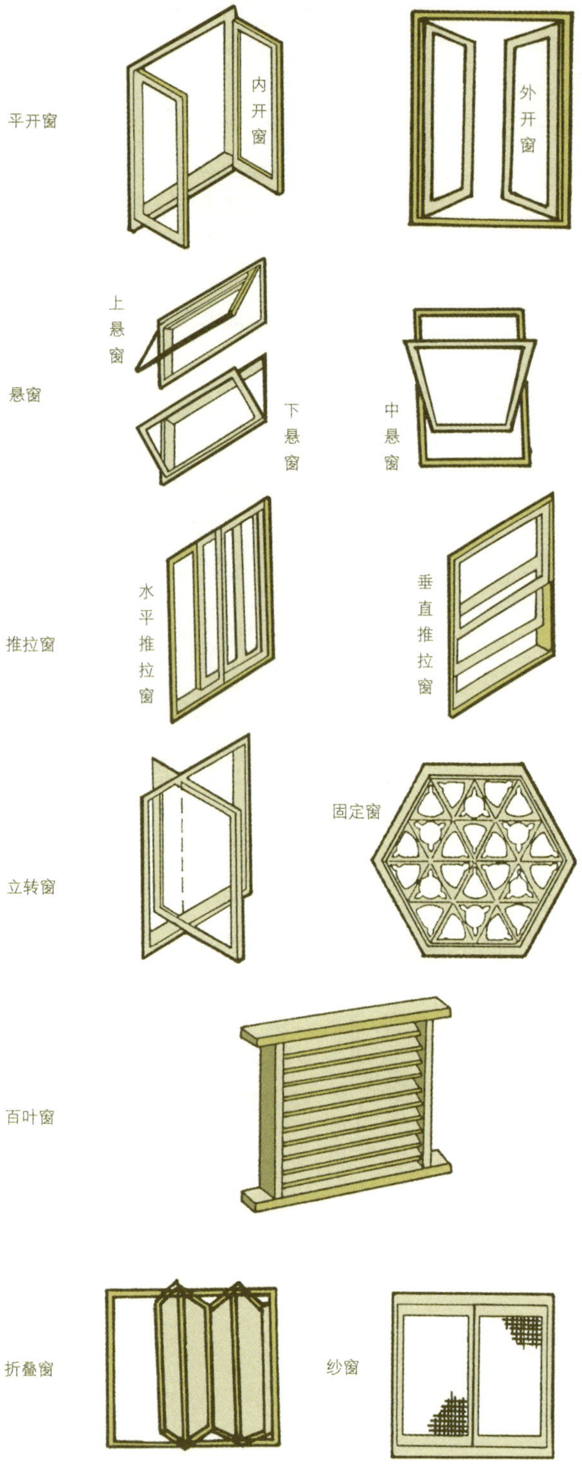

图 9-7 木窗的种类

窗和各式服务窗、天窗(图 9-7)等。

1. **平开窗**

它是在民用建筑中使用最为广泛的一种窗。其构造简单、开关灵活，维修方便。窗扇用铰链与窗框连接，水平开启，故又可分为内平开窗和双层平开窗。

内平开窗的窗扇向内开启，这种窗便于擦洗玻璃，而且有利于窗扇免受风雨的袭击，或因大风损坏玻璃和造成掉扇而引起伤害事故。但在开启状态时要占用室内空间，又不便于安装窗帘，如设计不当，容易造成雨水淌入室内或使窗扇受潮而影响使用。因此，通常在内开窗的下冒头处装钉一块铁皮披水，这样就可以使雨水由披水流到窗台上。

外平开窗的窗扇向外开启，它的排水问题容易解决，开窗时不占用室内空间。但窗扇有被风刮落或损坏的缺点，当窗扇为奇数时，擦外侧玻璃不便。楼层窗的擦窗问题现有新型的擦窗工具可以解决。此种窗相对应用较为普遍。

双层平开窗多用于寒冷地区或有特殊需要的建筑(如采用空调的建筑等)。一般可分为子母窗、内外开扇、大小框式及采用中空玻璃等几种形式。一般平开窗均带有开启式的气窗，打开气窗可供室内通风用。

2. **悬窗**

它有上悬窗、下悬窗、中悬窗等形式。此形式除用于窗扇外，还常用于门亮子与窗亮子。

上悬窗是将铰链装在上冒头上，向外撑开启。此种窗防雨效果较好，但受开启角度限制，其通风效果较差，常用于高窗。下悬窗是将铰链装在下冒头上，向里撑开启。它不能防雨，占室内空间，多用于特殊要求的房间或室内头窗。中悬窗是在窗梃中部安装转轴，开启时，窗扇的上半部向里旋转，下半部向外旋转。其构造简单，通风效果好，故此种窗除用于门、窗亮子外，还多用于楼道采光窗及工业建筑的高侧窗。

3. **推拉窗**

它是沿轨道或滑槽进行推拉而实现开启，故又分为水平和垂直推拉两种。这种窗是互相叠合的，优点是不占空间，窗扇受力状态好，且防风效果好，适合于安装大幅面玻璃，采光效果好，但开启时只能拉开二分之一的面积，使通风受一定的影响，五金及安装较复杂。它是在窗套上下槛或边框上做凹槽，在窗扇上下冒头上做凸榫，凸榫嵌入凹槽内，向左右或上下拉动。

4. **立转窗**

此种窗的窗扇绕竖轴旋转。其引风效果好，开关方便，但防雨及密闭性差，多用于低侧窗。

5. **固定窗**

此种窗也称封闭窗，不设窗扇，一般将玻璃直接安装于窗框上，仅供采光、观赏和装饰用。其构造简单、密闭性好，但不能通风。它多用于橱窗、风景窗和需采光而要求隔音、防尘处的地方，如在窗框中加上窗棂或彩绘各种图案，具有极好的装饰效果。

6. **百页窗**

它由若干个小窗扇或页片组合而成，可分为固定式和转动式两种。固定式百页窗没有窗扇，一般是固定不开的，常用在天窗的两面或房屋的山墙上，起通风、防雨的作用。这种窗的百页板装于窗套中，与水平成45°角，各板之间留一定空隙。转轴式百页窗通过转轴和附件进行同时开启和关闭，其通风效果较好，用于需要通风或遮阳的地方。

7. 折叠窗

它由若干小窗扇组成，可向一边或两边开启，全开启时，其通风效果好，视野开阔，所占空间小，但需要特殊的五金联接件。

8. 纱窗

纱窗由窗边、冒头、窗棂和窗纱组成，中间嵌装的窗纱可用铁丝纱或塑料纱等。纱窗装置在窗套内，用来流通空气，防止蚊蝇进入室内，通常与窗扇配套使用。

9. 中国传统式窗

据史料记载，中国最早窗的形式为西汉的直棂窗，经过长期的改进和发展，现按其功能及式样可分为槛窗、支摘窗、什锦窗和横披、楣子窗等。它们是中国传统式窗的常见装饰棂条的花格形式。

槛窗通常与隔扇门共用，可保持建筑物整个外貌风格的和谐一致。但它有笨重、开关不便、实用性差的缺点，多用于宫殿、坛庙和寺院等。

支摘窗多用于民居、住宅建筑，安装于建筑物前檐金柱或檐柱之间。一般做成内外两层，外层为棂条窗，糊纸或装玻璃，以保持室温，内做纱屉，天热时将外层棂条窗支起，凭纱窗通风。

10. 外国传统窗

不同的国家、地域和宗教等因素，使外国传统窗的形式、风格各不相同，如扇形窗、圆窗、八角窗和帕拉第奥式窗。

11. 天窗和服务窗

天窗主要是用来增加采光面积，多用于民用建筑或有特殊要求的工业建筑的房顶。它是一种古朴的形式，随着现代新型玻璃和五金材料的应用，使其焕发了新的活力。天窗分开启与不开启两种形式，开启的又分不同结构形式而各不相同。天窗设计的关键技术就是要如何提高其防水抗渗能力。

服务窗其主要作用是对外服务的窗口，如车站售票窗、售货窗、咨询窗、医院交费及取药窗和银行隔离窗等。其结构形式依据其用途和要求而定，通常有单向推拉式、双向推拉式、垂直推拉式、旋转式和隔离式等。

由于型钢、铝合金和塑料等材料的应用，使天窗和服务窗的木材用量相应地减少，故在此不详述。

12. 什锦窗、牖窗

什锦窗与牖窗基本相同，只是牖窗是开在公园、庭院的墙上，故有较强的装饰性和很浓的园林气氛。什锦窗还可分为镶嵌什锦窗、单层什锦漏窗和夹樘什锦灯窗三种。

镶嵌什锦窗通常镶在墙壁一面，不具有通风、透光功能，只用于墙面装饰。单层什锦漏窗用作庭院、园林内陷墙上的装饰花窗。通过在墙上设漏窗，使隔墙两侧景观既分隔又联系，在窗框内只居中安装一樘子屉。夹樘什锦灯窗除与单层什锦漏窗具有相同的功能外，在窗框内装两层仔屉，在框内镶玻璃或糊纸，上面可提字或绘画。每逢佳节除夕，各种形状窗内灯火齐明，映照两壁诗画，具有无限意趣。各种牖窗与什锦窗的式样参见图 9-8。

图 9-8 什锦窗与牖窗的形式

9.2 木质门窗的生产技术

木质门窗品种多样，结构各异，其加工方法也千差万别。现以普通门窗的生产过程为例，简述其制作方法、技术要求和生产过程等。

1. 选材

木材是门窗的基础，只有使用好的木材才能制作出好的门窗。因而，木质门窗要求选用的木材应具有容易干燥、材质好、质量轻（而外门则要求质量重的硬质材）、变形小（干燥后应不变形）、易于加工和油漆及胶粘性能良好。有的实木门则要求木材具有较好的天然纹理和材色，有的高档装饰对原木的树龄、年轮疏密程度都有要求。

高档的实木门窗有用花梨木、柚木和楠木等珍贵树种制作，也有用榉木、樱桃木和水曲柳等优质树种制作。普通门窗适用的针、阔叶树种有：罗汉松、黄杉、铁杉、云杉、冷杉、油杉、杉木、柏木、红松、华山松、落叶松、鱼鳞松、白松、辐射松、槭树、桦木、柳桉、柞木、榆木、山核桃、山毛榉和枫杨等。通常用于装饰门窗的几种木材特性，列于表 9-1。

2. 制材

门窗配料的加工余量可参照表9-2。锯解毛料时应考虑到其加工偏差、干缩余量和刨削加工余量等。余量的大小要依据锯解精度、树种性质和含水率高低而定，通常取 3～5mm。锯解方法应尽量采用径向下锯法或毛板下锯法，因径切板纹理通直、美观，且不易变形。对有节子或含有其他缺陷的原木，要采用合理的下锯法，以便后期在配料工序中对其避开或剔除。

3. 干燥及处理

尽管门窗料多用变形小的树种，而规格尺寸较大，还是应进行干燥和其他方面的处理，以防木材变形，而影响门窗的开启及美观。从原木锯解出的规格锯材应先进行自然干燥，使含水率降到40%以下；然后送入干燥窑人工干燥，使含水率达到10%以下即可。对易变形、含树脂或较软的材料，要进行改性、脱脂或硬化处理，使其达到使用要求。

4. 配料

按照门窗详图上的零、部件的规格和数量要求，将锯材锯剖成所需规格、形状的毛料过程，称为配料。配料工作的水平直接影响到产品的质量、材料的利用率和劳动生产率。配料时要做到按产品的质量合理选料、合理确定加工余量，且含水率要符合产品要求。

门窗料的规格多在制材时确定，配料时仅考虑合理套裁其长度，做到先下长料，后下短料；先下套子料后下扇子料，并将木料一次截配齐。下料时还应考虑其允许缺陷应符合标准及规范的规定，防止大材小用、长材短用及优材劣用而造成浪费，对大死节、漏节、斜纹及腐朽的木材不得使用。凡有节子、裂纹和缺棱的锯材，要酌情使用。也就是要在榫头、榫眼的位置上尽可能地避开节子，榫头处可允许有不大的裂纹，带缺棱的边可用于裁口边。总之，要做到看材下料，使木材得到充分的利用。门窗构件长度的加工余量可参照表9-2进行合理留取。配料方案的确定可采用电子扫描或划线设计，以获得最高的出材率和质量。

5. 刨削加工

经配料后的零、部件毛料，要进行刨削加工才能得到其最终尺寸，即净料尺寸。

在刨削加工前，先应选好基准面。对门窗料的加工，通常选取一个大面和侧面作为基准面，即框子料选侧面、扇子料选宽面作基准面。基准面多由平刨加工而得，然后通过压刨或四面刨加工另外的相对面。在机械刨削操作中，宜选纹理清晰的内材面作为正面，将较为平直的大面顺木纹紧贴台面刨削，边刨边用目测，使其达到平直，然后紧贴导尺将相邻的小面刨成直角的基准面。门窗套的立边及槛头只刨三面，不刨靠墙的一面。套子料如稍有弯曲时，应将料的凹面用在裁口面上，料的凸面用在套子的外面，当砌墙时套子用砖挤紧、挡住，这样可纠正翘曲变形。

6. 划线

划线是根据门窗的构造要求，在每根刨好的木料上划出榫眼线和榫头线。

门窗套划线时（应尽可能将节子、钝棱、髓心等缺陷安排在构件的背面或截削处），为了提高划线的效率，最好采用变形小的树种做出 1～2 根样件。样件应四面刨光、平直，厚度取40mm，长宽等于套子料的长和断面宽，将线脚、槽口、榫头、孔眼和看角等部位用顺横线划全。为了防止尺寸混乱，立边的榫头线，槛头的榫眼线可分别划在样件的两个小面上。划线时，将两根木方横在工作台面上，把

表 9-2 门窗配料长度的加工余量表

项　次	项　目	长度加工余量（mm）
1	门框立梃	3～7
2	门窗框冒头	无走头 3～4，有走头放 5～7
3	门窗框中冒头	20～24
4	门窗扇梃	1～1.5
5	门扇冒头和窗芯	2～4
6	门芯板	0.5～1 两个方向各放 4～5

表 9-1 常用装饰门窗的木材特性

树种名称	颜　色	材　质	装饰效果
非洲花梨木	红色	硬性	显示高贵，在古代是皇家贵族的特选用材
加拿大枫木	白色	硬性	木质有放射点，灯光照射有反射线，使面积小的房间有宽阔、明朗的效果
欧洲榉木	红、白色	硬性	木质有放射点，质感好，效果华丽高贵
缅甸柚木	深褐色	硬性	适用于面积大的客厅，配合古典家具效果更佳
樱 桃 木	红色	较硬	质感好，装饰效果强
水 曲 柳	浅色	较硬	纹理清晰，自然美观，用于普通装饰
云　杉	白色	较软	径切面纹理直密，易于配色，经济实用

刨好的木料以迎面与迎面相对合，放置在木方上，平正归方。然后用大方尺紧贴样件，依次将各榫头和榫眼的横线一齐划出。若是双层里开窗套，里套子高度必须大于外套子50mm，宽度大于70mm，这样开启时，外窗不致于碰上里套方木而打不开。

在划门窗扇线时，要量好实际门窗口尺寸，以免口扇发生偏差。当划带气窗扇墨线时，尤其加以注意，防止划错。空档相等的门窗扇料，划出横线后，应当将两根料颠倒并列进行校核，线条空档是否准确无误，如有差别应立即纠正。

榫头如无特殊要求时，划线时可考虑门窗框用平肩平插。框子梃宽超过80mm时划成双夹榫；门扇梃厚超过60mm时划双头榫，若在60mm以内则划单榫即可。上、下冒头料宽大于180mm时，应划上、下双榫。无下冒头的门框梃子，划线时应按设计高度划出下脚标高横线。在净光前锯2～3mm深的锯痕，用作安装记号。榫眼厚度一般为料厚的1/4～1/3，中冒头大面宽度大于10cm者，榫头必须大进小出。门窗芯子厚度一般为料厚的1/3，半榫眼深度一般不大于料断面的1/3，冒头拉肩应和榫相吻合。

大批划门窗料榫眼墨线时，可先做一个划线匣（图9-9），这种划线匣是很容易制作的。用两根刨光的门边或窗边料（断面的宽度比门窗边略大些），正面与背面先划好榫眼线，然后分开归方，两面斜着钉上拉杆。再按各个榫眼的宽度分别将刨好的成对的木条钉在两面榫眼的位置上。把刨好的门窗料成束地放在划线匣内，沿着木条边将榫眼的横线划出后，取出门窗边，用榫勒子逐个划出纵线。

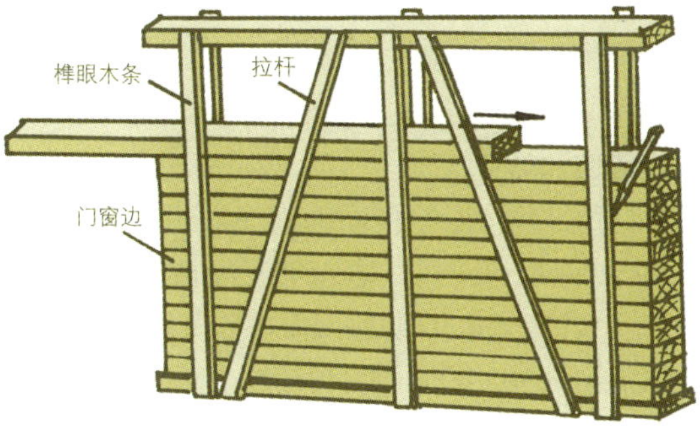

图9-9 划线匣

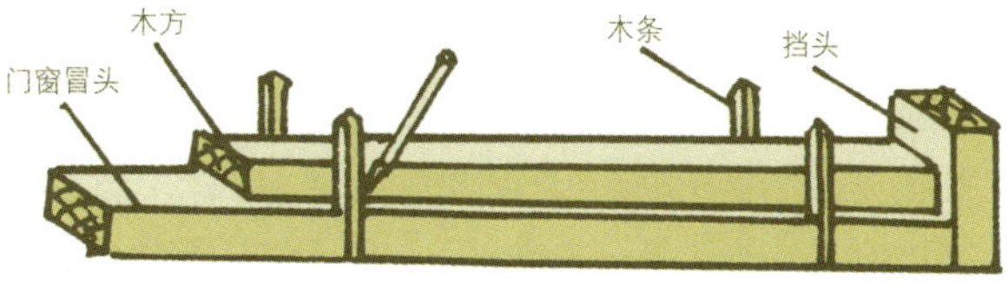

图9-10 划线板

划门窗冒头线时，倒角的门窗须划插肩，起线的门窗必须划硬肩。划线时可钉个划线板，划线板是由木方、木方端头挡板及侧木条所组成。侧木条断面尺寸为9cm × 9cm，嵌在木方里，与木条的边缘成90° 角。划线时，冒头料紧贴侧木条划出墨线。为了把墨线移到相邻的面上去，须将冒头料相应的面转到侧木条上来。这样划冒头线不但提高了划线效率，而且还准确可靠，划线板形式见图9-10。

7. 打眼

门窗扇在使用过程中，经常出现下垂或开关不灵现象，这主要是制作门窗扇时眼大榫小，接合不紧密的原因而造成的。为了使门窗经久耐用，打眼工序一定要使榫眼与榫头配合恰当，定位准确。

打眼是在打眼机上进行，因机床不同又分为单个打眼和并排打眼。打眼时，应先打背面，后打正面；先打两端，后打中间。眼的正面要留出半条墨线，打得比正面略宽，以免拼装时冲击挤裂眼口四周。打半眼要深度一致。

8. 开榫

开榫就是按划好的榫头线开出榫头来。常用的开榫设备有单头或双头开榫机，采用带割刀的铣刀头、切槽铣刀和圆盘铣刀等进行加工，也有采用由圆锯片和铣刀组成的自动开榫机。

加工榫头时应采用基孔制的原则，即先加工出与它相配合的榫眼，然后以榫眼的尺寸为依据来调整开榫刀具，使榫头与榫眼之间具有规定的公差与配合。因为榫眼是用固定尺寸的刀具加工的，同一规格的新刀具和使用后磨损的刀具尺寸之间常有误差，如果不按照榫眼尺寸来调节榫头尺寸，就必然会产生榫头过大或过小，因而出现接合太紧或过松的现象。

榫头的规格必须符合榫眼尺寸，平肩方正，斜肩符合线型。开榫应留出半边墨线，如果开半榫其长度将比榫眼的深度短2～4mm，这样不会因榫头端部加工不精确或由于木材膨胀而触及榫眼底部，而使榫肩与方材间形成缝隙，影响榫结合强度和门窗制品的外观。榫头厚度应接近门窗梃厚度的1/2，同时根据其软、硬材质不同，比榫眼宽度小0.1～0.2mm，以便带胶增加抗拉强度。榫头的宽度应比榫眼长度大0.5～1.0mm，以提高结合强度。榫头端部两边或四边削成30° 的斜棱，以便装配时榫头易于插入榫眼。

开榫头时最好先开出样件进行试装，经试装合格后才能批量生产。

9. 裁口与起线

门窗套的裁口是在其内侧的棱角处裁去一部分，以使门窗扇的四边能够嵌入此裁口内。一般使用四面刨或铣床进行加工。裁口的两个面应平直、光滑，且与门窗扇配合的尺寸应精确。门窗扇裁口是在木料棱角处裁出缺口（有的采用开槽的形式），供装玻璃、人造板及薄木板用。裁口要求裁得平直，深浅宽窄一致，遇有节子的地方，用凿子剔平，阴角处要清根，成90° 角。

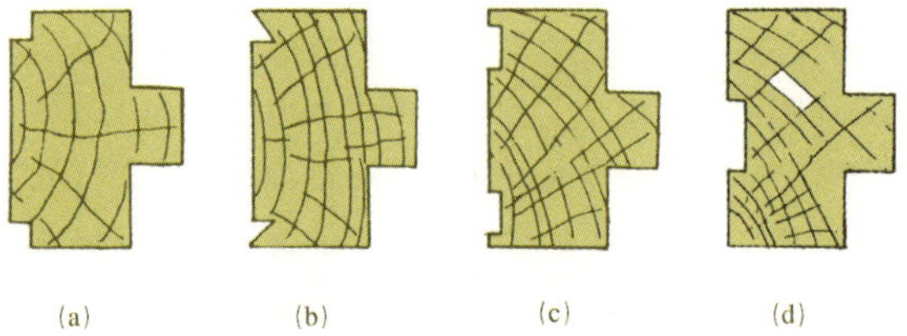

图 9-11 几种不同的门窗灰口形式

起线是在门窗扇的棱角处开出各种形状的线型，以达到美观的目的。起线须平整光滑，不可坎坷不平。起线通常是按照要求的线型，采用相应的成型铣刀或端铣刀在各种铣床上加工。现行铣刀的花型较多，能满足各种不同线型生产的需要。

门窗套裁口开好后，为了使套子与抹灰粘牢，套子背面两边各刨一条宽约 9 mm的灰口。抹灰时，灰浆就可嵌入灰口中，使套子与灰层结合牢固，并可防止木材变形。此道工序，如采用四面刨，可与裁口一次成型。常见灰口形式如图 9-11 所示，其中(a)、(b)两种灰口对墙面抹灰有利。

10. **装配**

木门窗的装配工作大致可分为拼装、加楔子和校正等工序。

拼装应先检验各零、部件是否符合设计要求，选出门窗框扇各组成零件的正面，使拼装后的零、部件正面同在一面，先里后外地进行拼装。

机械化拼装是采用各种不同形式的机械对相接合的零件施以力的作用来实现的。常用的装配机械有：螺杆机构的装配机、杠杆机构装配机、偏心机构装配机、凸轮机构装配机和使用最广泛的气压或液压传动的装配机。机械化装配要求门窗零件要有互换性，否则需人工修整，且费工费事，难以与现代化生产条件相适应。因此，生产中通常采用分选装配法，即将制造精度低的、不符合互换条件的接合零件，预先按尺寸分组，使每组零件的尺寸差异都处在互换性条件允许的范围内。

在规模不大的门窗生产拼装中，也可人工进行拼装。将门窗套扇各组合部件的正面方向一致，榫头对准榫眼，用斧头轻击拼合，敲打处要垫好硬木块，并在下面放置垫木。所有榫头全部拼好后，再行敲实。如果拼合不严，应找出原因，采取有效措施，不可硬击。拼装门套时，应先将腰槛与立边装好，再把上下槛头装上去。拼装门扇时，先把冒头、窗棂装在门窗边上，门扇待冒头装入后再安装门芯板（门芯板边至凹槽底留有 2 mm 左右的间隙为宜），然后将另一根门窗边装上，一面用视力检查扇的平面是否有翘曲及歪扭，边打紧边扳正，直至两边靠严为止。

加楔子能使榫头接合更为结实，门窗的整体性更好。木楔多用硬木制作，其长度稍短于榫头（即楔入深度为榫长的 2/3），宽度比榫眼略窄些，否则敲入时会使榫眼开裂。加木楔时，先用斧头或凿子在榫头上劈一槽口，然后将木楔沾上胶敲入凹槽中。加木楔前用直尺反复比量校正对角线，以保证门窗的几何尺寸正确，如果门窗扇有不归方现象，应在加楔子的同时，加以修正。

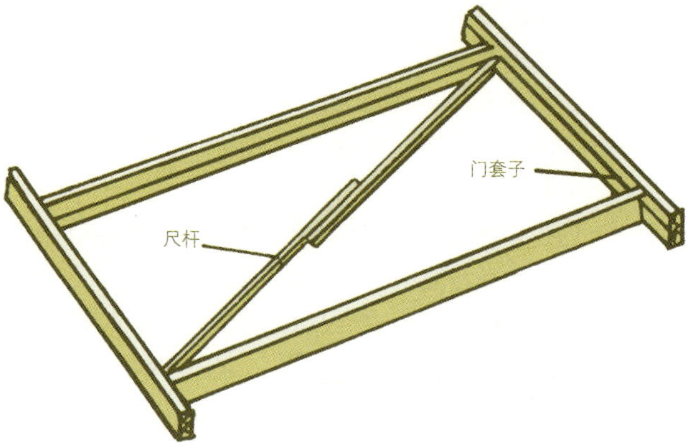

图 9-12 校正归方

在一般情况下，木窗一个榫中加一个楔；门窗套、门扇一个榫加两个楔。门窗套的加楔位置偏外一些，门窗扇上冒头加楔位置偏上边，下冒头加楔位置偏下边，这样木楔加好后，冒头、槛头都会向里挤压紧。

门窗套拼装后如果不够方正，对角线呈一边长一边短的现象，则应进行校正。校正的方法是采用两根短木杆相叠成尺杆，两端做成扁尖状，用手把木杆的两端触到套子的两对角线里，再用这个长度来衡量另外两个对角的距离是否相等，如果相等，这四个角就是直角归方了（图 9-12）。

校正后，需在两个角临时钉两根八字形拉杆，以防止套子变形。此外，对扫地门套子下端应加钉一根直拉杆，直拉杆两端锯有缺口，缺口卡在套子裁口面上，这样可避免套子下部发生变形。拼装完成后门窗的整个框或扇，都应成为一个平整结实的整体。

11. **静面和砂光**

拼装后的门窗套、扇接合处，有时会稍有不平，应用框扇刨光机或手刨进行刨平，称为静面。刨削时应该注意刨削深度不应大于0.5mm，以防刨削面起毛或多刨。静面时，先用粗刨刨削，基本刨平直时再用细刨净光或用砂纸砂光。

经砂光后的成品，应在明显处编写号码，用楞木四角垫起，水平放置，加以覆盖。经检验部门验收合格后，应立即涂刷半中性熟桐油一层或浅色底油（如清漆等）一层，待油干后，用塑料膜包装密封，以防产品受潮变形。入库后，门窗产品应分类堆垛，以待发运调拨。

12. **门窗的涂饰**

此道工序一般在安装完毕后，结合建筑风格和室内装饰效果的需要，选用不同颜色和档次的涂料。目前室内门窗的涂饰多同家具、墙裙等一道进行，涂料大多选用虫胶清漆、硝基漆、聚氨酯或聚酯油漆等；室外门窗仍选用各种颜色的调和漆为多。前者光泽好、漆膜坚硬、装饰效果佳；后者遮盖力强、漆膜耐久，但光泽差，干燥时间长。

涂饰方法目前多为手工涂刷。涂刷前，应用油灰刀清除门窗上的残物，如石灰点、胶迹等，扫净浮尘。涂刷清漆作底层，从框的上部左端开始，顺纹涂刷，不得污染墙边，厚薄要均匀，不可漏刷。漆刷采用鬃厚、毛齐、根硬头软的扁刷或圆刷。底油干后，用刮腻子刀抹腻子，刮平钉眼、裂缝、节疤及虫眼等。刮腻子刀有牛角刀、油灰刀、橡胶刮刀等。腻子有油性与水性之分，可依据涂料的要求选择。腻子要分两遍刮，第二遍比第一遍稍稀些。等腻子干后，用砂纸打磨擦净。将配好颜色的调和漆掺入5%～10%的稀释剂（如松节油、汽油、香蕉水等），搅拌均匀，过滤后先刷门窗外面，再刷里面，注意不要刷到墙边和玻璃上，每个门窗扇要一次连续刷完，待第一遍干后再刷第二遍，其后再刷第三遍，大面上最后要垂直刷一遍。非调和漆的涂刷方法与家具、墙裙相同，且同时进行为宜。

9.3 木质门窗的技术要求

木质门窗的技术要求所包含的项目较多，有关内容的国家标准正在制定之中，待其颁布后可参照执行。在此列出生产中所采用的门窗断面用料尺寸、门窗框扇的接合关系、门窗有关的技术指标和涂料表面的质量要求等主要内容，以供参考。

9.3.1 门窗断面用料尺寸

尽管木门窗种类、规格较多，但其主要零、部件断面的用料尺寸相差不大。断面用料尺寸的确定主要是由其力学强度、各地的使用习惯和结构及特殊需要而定。几种常见门窗的框、扇断面形状和尺寸列于表9-3、表9-4。以镶板门为例，从现行的标准图或通用图取出门框用料尺寸（表9-5），以此说明不同地区在用料习惯上的差异。

9.3.2 门窗框扇的接合关系

门窗框扇的接合关系主要有门框与门扇的接合、窗框与窗扇的接合、窗扇交缝的盖口，以及外窗的防水措施等。

门框与门扇接合的四种基本形式见表9-6。

窗框与窗扇的接合，要求关闭紧密，开启方便，防风雨。通常在窗框上做裁口，深约10～12mm。也有钉小木条，形成裁口，以减少用料或不削弱窗框强度。也可适当加大裁口深度（约15mm）或在窗框口留槽，形成空腔的回风槽，以提高防风雨的能力。窗框与窗扇的接合关系如图9-13所示。图中盖口式和带回风槽两种形式的裁口可减少渗透风速的6%～8%，加大裁口深度至12～15mm，相应可减少渗透风速5%～8%。

对于外开窗的上口和内开窗的下口是防水的薄弱环节，一般须做挡水用的披水条和滴水槽及排水小孔，以利于将渗入的雨水排出，其结构形式参看图9-14。

在两扇窗的接缝处，为了关闭严密，一般要做成高低盖缝口，必要时可加钉盖缝条，其接合形式见图9-15。

9.3.3 门窗基本技术要求

不同形式的门对其隔声性能、保温性能、防水等级、气密性和防盗等技术指标均有不同的要求，特将有关基本技术要求列于表9-7。

为了对不同结构窗户透光率的了解，便于依据不同用途合理选用，特将同面积的钢、木窗和不同结构的木窗的透光率比较，列于表9-8，以供参考。

9.3.4 涂料表面的质量要求

涂料表面的质量要求主要根据装饰要求的等级而异，为了便于施工中的质量检验，特将有关的技术质量指标列于表9-9。

9.4 木质门窗附件及紧固件

门窗的各种附件和紧固件主要有门锁、拉手、门环、铰链、插销、门定位器、自动闭门器以及各种铁钉、木螺钉等。它们与门窗相辅相成，如配合得当，不仅起到点缀的效果，更重要的是起到重要的开关和定位功能，是门窗不可缺少的组成部分。

9.4.1 门锁

在各种五金附件中，门锁最为重要。随着门的造型变化日益增多，门锁在结构和款式上也新颖多变。

门锁的内部构造精密，门把通常与门锁相连，较讲究外观形状，一般有蛋形、圆边平顶形，也有长方形伸出的转扭。除了传统的金属设计外，更有复古的黄铜设计。各类不同形状的门锁，可作为装饰品配合门的风格，较为精致的门锁上雕刻古典花纹，更加美观，一些较古老的欧式门锁，的确具有观赏价值。

除了专用和新型门锁外，普通门锁按安装方式可分为复锁和插锁两种。

复锁即为外装门锁，其特点是安装、拆卸和维修更换都比较方便，价格适宜，是建筑门锁中选用最广的锁型。插锁（插芯门锁）是锁体嵌插安装在门扇边梃内，安装较繁，但美观、坚固、不易损坏。根据锁体外形尺寸将其分为宽型、中型和狭型三种。宽型适用于边梃较宽、较厚的门扇，即扇梃厚度在38～45mm范围；中型最常用于一般门扇；而狭型多用于边梃较窄、较薄的门扇。

门锁安装在门梃表面上拉手的下端，距地面800～1000mm的门边处，不许安在中冒头的榫眼位置。如果将门锁安装在中冒头的位置上，就会使中冒头的榫头破坏，影响了门扇的整体强度。

表 9-3 常见门框、扇断面形状和尺寸

单位：mm

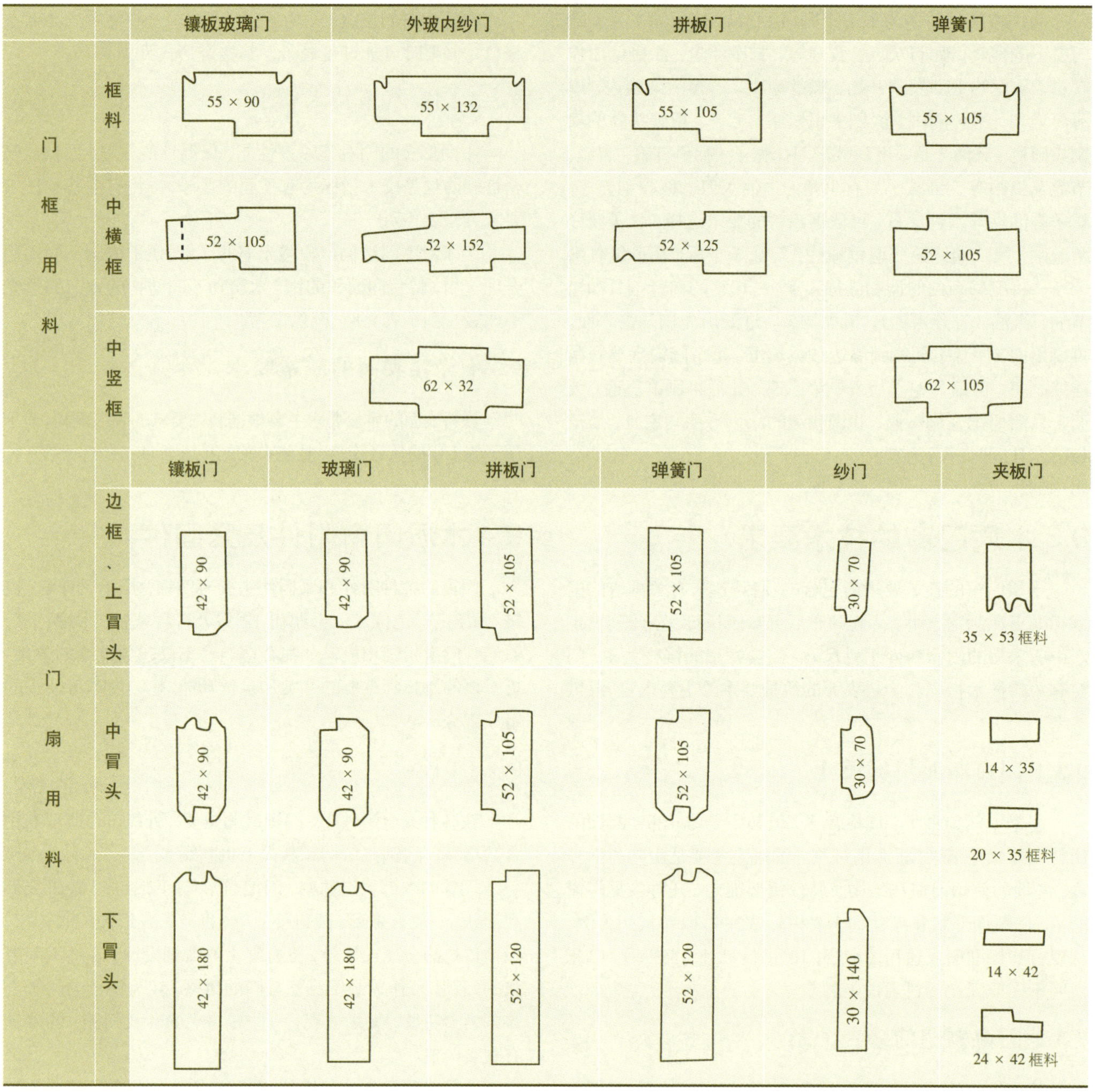

表 9-4 常见木窗断面用料尺寸

单位：mm

窗类型	断面等级	窗框			窗扇				适用范围
		边框	中横框	中竖框	上冒头	下冒头	窗芯	腰窗	
平开窗	Ⅱ	52 × 115	60 × 115 60 × 135	60 × 155	40 × 60	40 × 70	40 × 30	40 × 60	用于高大的窗和有窗
	Ⅲ	52 × 95	60 × 95 60 × 115	60 × 95	40 × 60	40 × 70	40 × 30	40 × 60	用于普通窗
	Ⅳ	52 × 80	60 × 80 60 × 95	60 × 80	40 × 60	40 × 70	40 × 30	40 × 60	用于民宅的窗
纱窗					30 × 60	30 × 70		30 × 60	

表 9-4（续）

窗类型	断面等级	窗框			窗扇				适用范围
		边框	中横框	中竖框	上冒头	下冒头	窗芯	腰窗	
楼道翻窗	Ⅱ	52 × 115	60 × 115 60 × 135	60 × 115	40 × 60	40 × 70	40 × 30	40 × 60	用于较高大的翻窗
工业翻窗	Ⅲ	52 × 95	60 × 95 60 × 115	60 × 95	40 × 60	40 × 70	40 × 30	40 × 60	用于厂房、车间的普通窗

表 9-5 不同地区门框用料尺寸的差异

单位：mm

类型	单裁口					双裁口（带纱窗）		
地区	华北	黑龙江	陕西	西南	湖南	华北	浙江	湖南
上框、边框	55 × 90	57 × 95	55 × 75	42 × 95	55 × 85	55 × 132	52 × 127	55 × 110
中横框	52 × 105	55 × 95	55 × 75	40 × 95	60 × 85	52 × 152	60 × 127	60 × 130
中竖框	–	–	–	–	60 × 85	62 × 132	–	60 × 110

表 9-6 门框与门扇的接合关系

内门	外开外门	内开外门	外玻璃内纱门

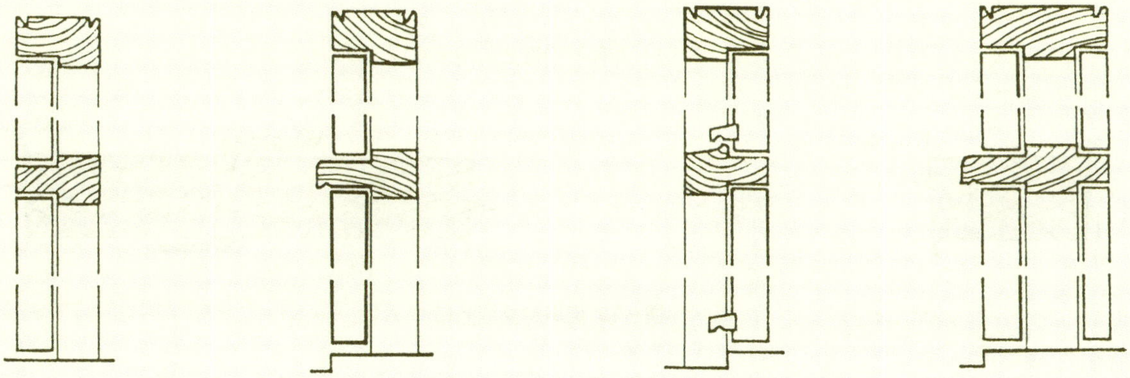

9.4.2 门拉手（执手）

门拉手主要用于协助门的开关，同时起到装饰作用。新型的门拉手，可用木材、不锈钢、黄铜和有机玻璃等制作，造型新颖别致，如在庄重的大门上装配得当，具有画龙点睛之功效。其种类有配锁门拉手、普通门拉手和管子拉手等。

9.4.3 门窗铰链

门窗铰链是用来连接门扇与门框的金属附件，一边固定在门框上，另一边与门一起可转动开合。常用铰链的形式有普通铰链（合页）、折页、摇皮、门顶铰链、关节铰链、铁皮铰链以及各种门转轴等，大多数是180° 的旋转角度，少数只旋转90° 或270° 、360° 。最常用的是各种防锈铁、不锈钢和黄铜制作的普通铰链，其结构形式见图 9-16。

9.4.4 门窗插销

门窗插销的形式有普通型钢插销、封闭型钢插销、蝴蝶型钢插销、管型及暗插销等。一般装在门扇边的上部或下部，对扇门窗安装在最后关闭扇上，单扇门则安装在中冒头上。

9.4.5 门窗定位器

门窗定位器是用来固定开启的门扇，使其暂时停在某个位置不能关闭，方便出入。它的种类有：脚踏门钩、脚踏门制、门轧头和带磁性的门吸等。窗扇的定位器主要是风钩和各种专用定位器等。

9.4.6 自动闭门器

自动闭门器也是门定位器的一种，即门扇被开启后，在

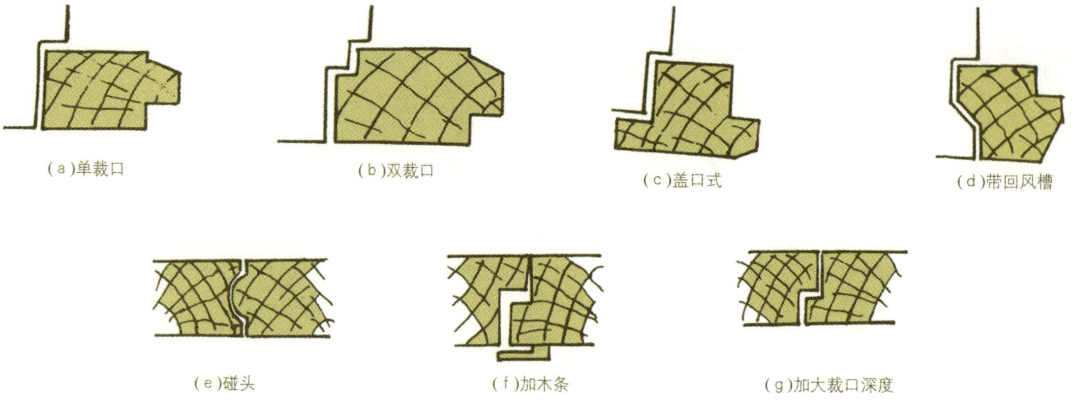

图 9-13 窗框与窗扇的接合关系

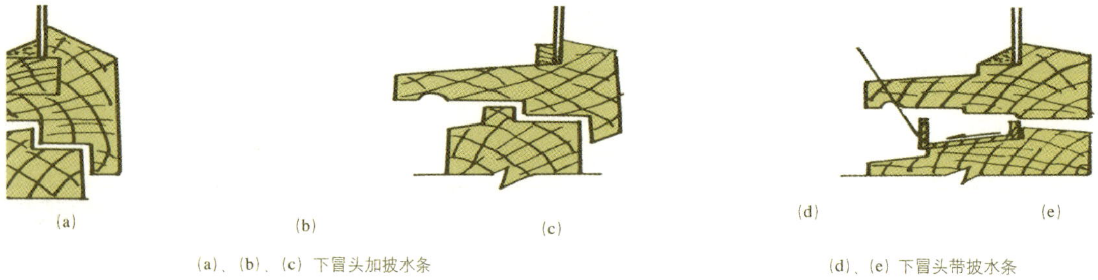

图 9-14 几种不同形式的防水措施

图 9-15 窗扇的交缝盖口

表 9-7 门的基本技术要求

类　别	产品名称	基本技术要求
外门	分户门	隔声性>30dB，保温性能好[严寒地区 K=1.5～2.0W/（m²·k），寒冷地区 K=2.0～2.7W/（m²·k）]，防水等级达到乙级，气密性Ⅱ级，防盗性能好，具有一定的装饰效果，门洞尺寸标准化，密封材料，门框封边（条），五金零件配套
	阳台门	具有采光保温[严寒地区下部门芯板 K≤1.35W/（m²·k），寒冷地区下部门芯板 K≤1.7W/（m²·k）]。隔声（>20dB），抗风压，气密性Ⅱ级，五金件应配套
内门	卧室门	隔声性>20dB，装饰效果好，开启性能好，门框压边材料与五金件应配套
	厨卫门	具有耐油污、耐水、防腐等性能，开启形式各样（平开、上悬挂、推拉、折叠等）

没有外力的作用时，可由自身的作用使门扇自动恢复到关闭位置。此种装置多用于商店、酒店及办公楼等出入人多且有空调的场合。其种类有：地弹簧、门顶弹簧、门底弹簧和鼠尾弹簧等。

1. 地弹簧（也称门地龙或落地闭门器）

用于比较高级建筑物的重型门扇下面的一种自动闭门器，作用是使门扇开启后能自动关闭。当门扇向内或向外开启小于90°时，它能使门扇自动关闭；当开启到90°时，则能开启一段时间，暂时失去关闭功能；当需要关闭时，可将门扇略微推动一下，它又恢复自动关闭的功能。这种闭门器的主要机构埋入地下，门扇上也不需要铰链和定位器等的配合，因此它能保持门扇的美观。

2. 门顶弹簧（也称门顶弹弓）

是安装于门顶上的一种液压式自动闭门器。其特点是内部没有缓冲油泵，只是通过液压油的压缩和恢复而实现功能，主要用于机关、学校、宾馆和写字楼等处的高级内门上。

表 9-8 不同结构窗的透光率比较

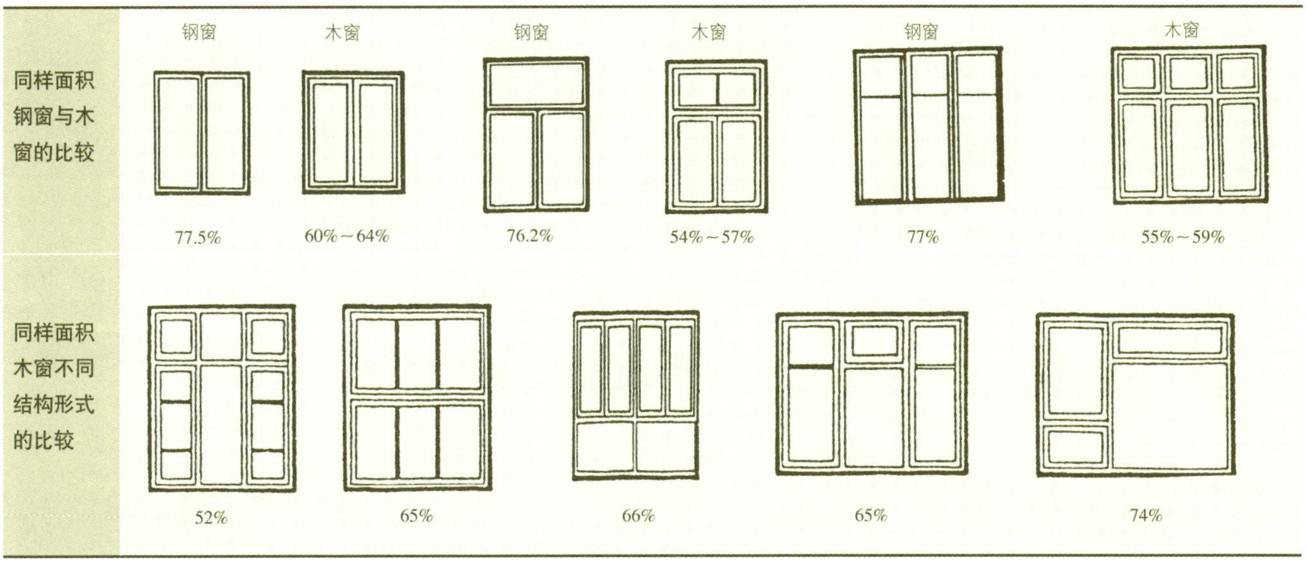

表 9-9 油漆、薄涂料表面的质量要求

项 次	项　目	普通级薄涂料	中级薄涂料	高级薄涂料
1	掉粉、起皮	不允许	不允许	不允许
2	漏刷、透底	不允许	不允许	不允许
3	反碱、咬色	允许少量	允许轻微少量	不允许
4	流坠、疙瘩	允许少量	允许轻微少量	不允许
5	颜色、刷纹	颜色一致	颜色一致，允许有轻微少量砂眼，刷纹通顺	颜色一致，无砂眼，无刷纹
6	装饰线、分色线平直（拉 5m 线检查，不足 5m 拉通线检查）	偏差不大于 3mm	偏差不大于 2mm	偏差不大于 1mm
7	门窗、灯具等	洁　净	洁　净	洁　净

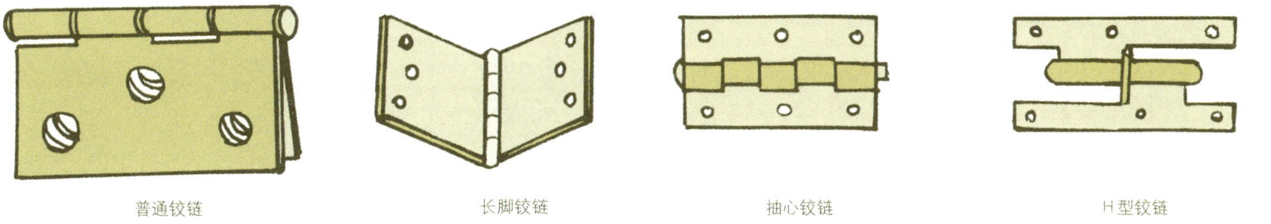

图 9-16 铰链的各种形式

3. 门底弹簧（地下自动门弓）

分横式和竖式两种，原理与双管式弹簧铰链近似，适用于内外开启的门扇，依靠其地轴和顶轴的轴心与门梃连接，无需用铰链。

4. 鼠尾弹簧

此装置安装在门扇的中部，如将臂梗放下，即可失去自由关闭的功能。

9.4.7 其他附件

五金附件的安装，需要用到各类钢钉、木螺钉、膨胀螺栓和铆钉等，这些金属件通常称为紧固件，它是门窗安装必不可少的，具体可根据实际情况合理选用。

除上所述，随着科学技术的进步，很多新型的装置越来越多地应用于门窗的生产之中，如微波探测传感器、踏板式传感器和光电感应传感器等用于门的自动开关。用于窗扇和窗帘自动开关的电动遥控装置，也在研制、应用之中。最近从德国引进的隔音、隔热双层密封窗，无论是造型设计，还是开关形式，特别是其功能，都给人耳目一新之感觉。

参考文献

[1] 建筑艺术工作室绘编. 门窗装饰. 合肥: 安徽科技出版社, 1999
[2] 张绮曼, 郑曙旸主编. 室内设计资料集. 北京: 中国建筑工业出版社, 1991
[3] 丛传书编著. 实用木工. 哈尔滨: 黑龙江科学技术出版社, 1992
[4] 李子朴, 柯烈等编著. 图解居室装璜制作大全. 上海: 上海科技出版社, 1992
[5] 刘忠传主编. 木制品生产工艺学. 北京: 中国林业出版社, 1993
[6] 马炳坚著. 中国古建筑木作营造技术. 北京: 科学出版社, 1991
[7] 姜丽荣, 崔艳秋等主编. 建筑概论. 北京: 中国建筑工业出版社, 1995
[8]徐锦华, 徐培毅著. 室内装潢木工工艺详图. 上海: 上海交通大学出版社, 1993

Plywood 胶合板 10

胶合板是由三层或多层旋切（或刨切）单板，通过胶黏剂胶合而成的平板状材料。通常相邻层单板的木材纹理纵横交互配置，单板层数一般为奇数。胶合板的最外层单板称为表板，其中用作胶合板正面的表板称为面板，用作胶合板背面的表板称为背板，胶合板的内层单板统称为芯板，对顺纹胶合板而言，芯板中木纹方向与表板相同的称为长芯板，而木纹方向与表板木纹相互垂直的称为短芯板或简称为芯板。对横纹胶合板而言，情况正好相反（图 10-1、图 10-2）。

所谓顺纹胶合板是指表板的木纹方向与胶合板的长度方向一致的胶合板；而横纹胶合板是指表板的木纹方向与胶合板宽度方向一致的胶合板。

对复合板而言芯板不完全是单板，它有一部分芯层材料是由木刨花、纤维或碎料构成的，但也称之为芯板。

10.1 胶合板的种类和物理力学性能

10.1.1 胶合板的种类

胶合板的种类很多，通常我们根据胶合板结构和加工方法来对其分类，可简单地分为普通胶合板及特种胶合板两大类。

普通胶合板是由奇数层单板根据对称原则组坯而生产出的胶合板。这类胶合板结构最为典型、产量最多、使用最广泛。按普通胶合板使用胶料的耐水、耐久性能可将它分为室外用胶合板和室内用胶合板两种类型（表 10-1）。

除了普通胶合板以外的胶合板，统称为特种胶合板。根据结构、加工方法和用途，它们又可分以下几种：

1. 细木工板

利用窄木条、空芯格状木框、纸质蜂窝或发泡合成树脂等作芯层材料，在其上、下各组合两张纹理互相垂直的单板或胶合板胶合而成的产品。它具有工艺简单，结构稳定，密度小，隔音、隔热性能好，木材利用率高等优点。广泛应用于家具、建筑等部门。

2. 装饰胶合板

在普通胶合板表面贴装饰纸（制成宝丽板或华丽板）、直接印刷木纹等天然纹理、覆贴刨制薄木、三聚氰胺装饰纸或金属板等制成的产品称装饰胶合板。也可在胶合板表面钻孔、开“V”型槽、模压花纹等达到装饰效果。

3. 塑化胶合板

每一层单板都涂酚醛树脂并在较高的压力（通常为2～

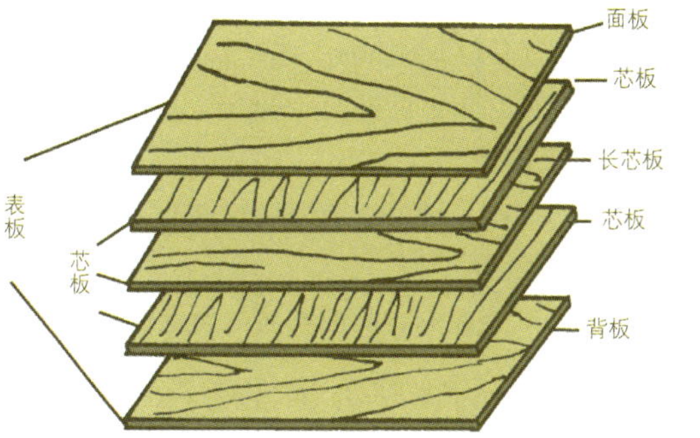

图 10-1 五层顺纹胶合板的结构

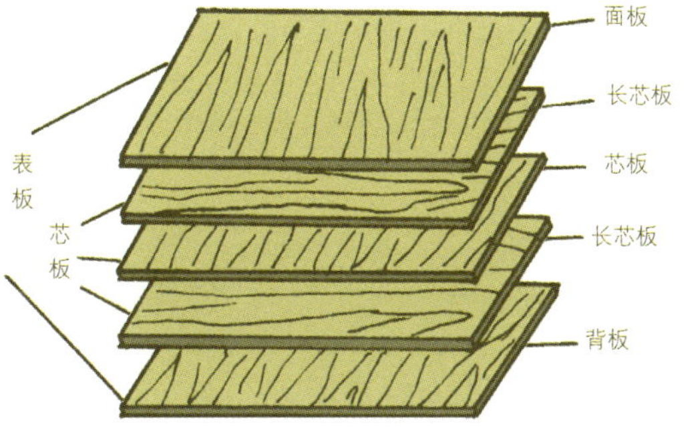

图 10-2 五层横纹胶合板的结构

表 10-1 普通胶合板种类和使用场合

使用场所	胶层类别	相当于国外产品代号	使用胶种及产品性能	用 途
室外	Ⅰ类（NQF）耐气候、耐沸水胶合板	WBP	具有耐久、耐煮沸或蒸汽处理和抗菌性能。用酚醛类树脂胶或其他性能相当的优质合成树脂胶制成	用于航空、船舶、车厢、混凝土模板等要求耐水性、耐气候性好的地方
室内	Ⅱ类（NS）耐水胶合板	WP	能在冷水中浸泡，能经受短时间热水浸泡，用脲醛树脂胶或其他性能相当的胶粘剂制成	用于车厢、船舶、家具及室内装修等场合
	Ⅲ类（NC）耐潮胶合板	MR	能耐短期冷水浸泡，适于室内常态下使用。用低树脂含量的脲醛树脂胶、血胶或其他性能相当的胶粘剂胶合制成	用于家具、包装及一般建筑用途
	Ⅳ类（BNC）不耐潮胶合板	INT	在室内常态下使用，具有一定的胶合强度，用豆胶或其他性能相当的胶粘剂制成	主要用于包装，茶叶等食品包装箱用豆胶胶合板制成

注：1. NQF、NS、NC、BNC 为耐气候、沸水，耐水，耐潮，不耐水等词的汉语拼音首写字母
2.WBP（Weather and boil proof grades）：耐气候、沸水等级；WP（Water proof grades）：耐水等级；
MR（Moisture resistant grades）：耐潮等级；INT（Interior grades）：室内不耐水等级

3MPa）下热压而成的一种胶合板。在产品表面形成一层光滑的固化树脂层，可防止水分进入，有较高的强度。

4. 木材层积塑料

用浸过酚醛树脂胶的单板，在高温、高压下压制成的新产品。该新产品有高尺寸稳定性、高绝缘性和高强度等特点。由于该产品为多层的厚板，所以又称层压板。

5. 异形胶合板

用胶合板板坯在异形压模内直接压制出的曲面形胶合板产品，以供特殊需要。如用作椅背、扶手和椅后腿等。

6. 阻燃胶合板

又称防火（滞燃）胶合板。该产品是经无机或有机化学阻燃剂处理的具有防火性能的胶合板。

7. 防腐胶合板

经化学防腐剂处理的，有防腐性能的胶合板。

8. 防虫胶合板

经化学药剂处理的，具有防虫蛀蚀性能的胶合板。

10.1.2 胶合板的物理力学性能

胶合板的物理性能有：密度、吸水和吸湿性、干缩和湿胀、含水率等等。而其中含水率一项对产品的使用性能影响很大，所以国家产品标准中规定要对胶合板成品的含水率进行检测。对胶合板只检测其绝对含水率。计算公式如下：

$$W=\frac{G_1-G_2}{G_2}\times 100$$

式中：W——试件的绝对含水率，%

G_1——干燥前试件的质量，g

G_2——干燥到恒重（绝干）时的试件重，g

试件裁取和检测方法参照 GB/T9846.7-2004 和 GB/T17657-1999。

胶合板的力学性能有：胶合强度、抗弯强度、抗冲击强度和强重比等。而其中胶合强度与产品使用性能关系密切。所以国家对普通胶合板规定了胶合强度的检测。胶合强度按下式计算：

$$S=\frac{P}{A\times B}$$

式中：S——试件的胶合强度，MPa

P——试件的破坏载荷，N

A、B——试件破坏面的实际长、宽尺寸，mm

试件裁取和检测方法参照 GB/T9846.7-2004 和 GB/T17657-1999。

10.1.3 胶合板生产的出材率

胶合板出材率是指$1m^3$原木能生产出成品胶合板的材积数。通常以百分数表示：

$$A=\frac{1}{Q}\times 100 \quad 或 \quad A=\frac{Q_1}{Q_2}\times 100$$

式中：A——胶合板出材率，%

Q——生产 $1m^3$ 成品胶合板所耗用的原木材积量，m^3

Q_1——工厂一定时间内生产的胶合板成品量，m^3

Q_2——生产 Q_1 数量成品胶合板所耗用的原木量，m^3

胶合板生产出材率与树种、原木等级、工厂生产条件有关。通常为 30%～50%。

10.2 胶合板生产工艺

10.2.1 胶合板生产工艺流程

胶合板的制造方法可分为湿热法、干冷法和干热法。湿

热法是指用湿单板经涂胶、组坯热压成胶合板。干冷法是用干单板经涂胶、组坯，用冷压的方法制造胶合板。干热法是用干单板通过热压生产胶合板。这三种方法中因干热法生产效率高、产品质量好而得到广泛应用。

以上工艺流程不是一成不变的。各生产单位可根据设备、原材料和地区的气候条件而有所增减，有的工序也可前后调换。南方地区，如果原木是软材且是水运材或新伐材则可不必水热处理；水热处理与剥皮也可前后调换；可根据所用单板干燥设备的不同来决定工艺流程是先干后剪还是先剪后干。胶合板三种制造方法的工艺流程见下图。

10.2.2 胶合板用材与原木贮存

10.2.2.1 主要用材树种

我国常用的胶合板树种有：樟子松、落叶松、马尾松、云南松、水曲柳、椴木（糠椴、紫椴）、桦木（枫桦、白桦）、荷木、核桃楸、枫香、拟赤杨、杨木、泡桐等等。这些材料中现在有的树种贮量已很小，如水曲柳、椴木等已不成为主要树种；杨木、泡桐等速生树种的用量日渐增多而成为主要用材树种。枫香、荷木等因木材有扭转纹及涡纹，易造成单板干燥后严重的翘曲变形，影响到涂胶质量和产品质量，生产时应注意。

目前我国的胶合板生产普遍采用芯层单板用国产树种，表层单板用进口材（柳桉等），为了节省表板，胶合板结构普遍采用厚芯板和薄表板，表板厚度仅为0.5mm左右。

进口材主要有：柳桉、阿必东、克伦、桃花心木、门格力斯、奥古曼等。此外尚有一些国内材和进口材因树种珍贵仅用于刨切薄木的生产。如：水曲柳、黄波罗、柞栎、核桃楸、香樟、柚木、桃花心木等。

10.2.2.2 原木的质量要求

胶合板生产用的原木质量直接关系到胶合板生产的出材率和产品质量。因而要求胶合板生产用的原木等级在二等材以上，原木最小径级不小于26cm，检尺直径按2cm进级。航空胶合板用原木为桦木一等材，但小头直径自22cm起。

1. 湿热法

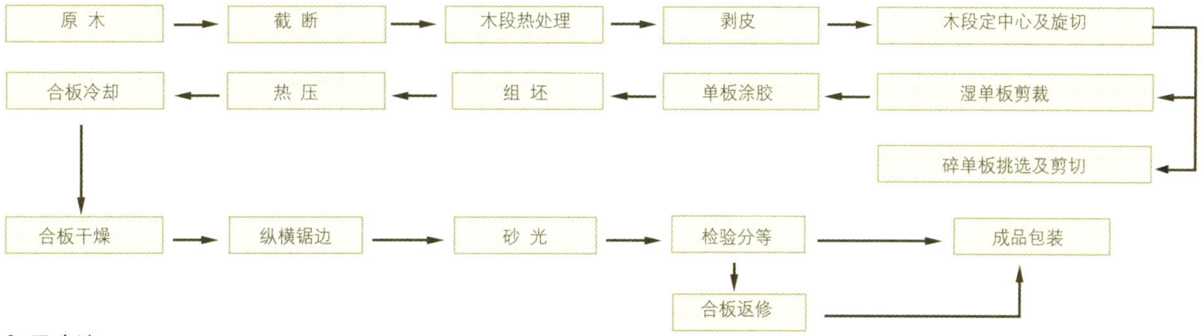

2. 干冷法

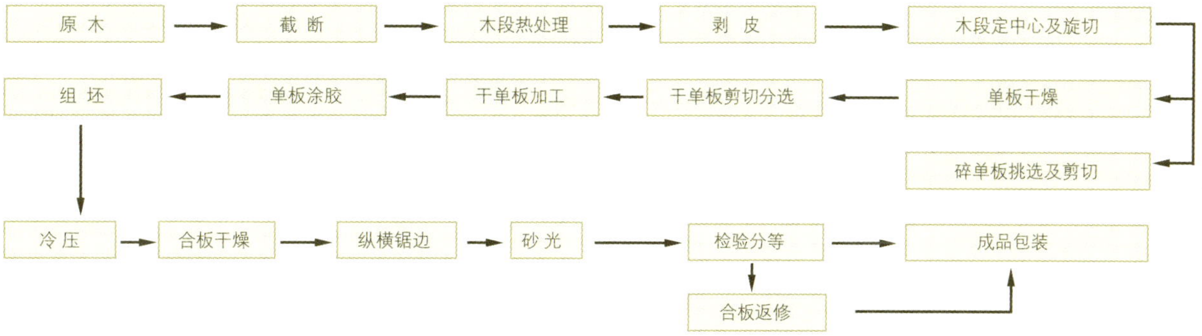

3. 干热法

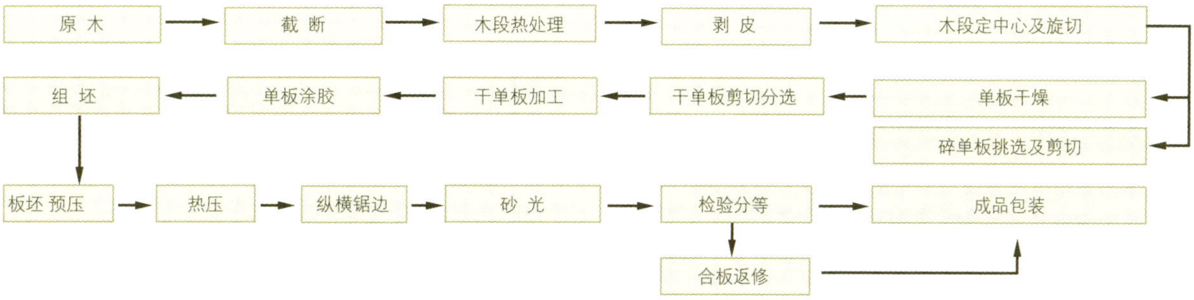

原木长度为2、4、5、6m；长度公差为$^{+6}_{-2}$cm。长度检尺按0.2m进位。原木缺陷解释、检量方法、原木检尺和材积计算按国家标准进行。

10.2.2.3 原木材质结构及缺陷对胶合板生产的影响

原木的材质缺陷对胶合板生产有两方面的影响：一是影响胶合板出材率；二是影响胶合板质量。归纳如表10-2。

10.2.2.4 原木的贮存和保管

为了保证胶合板生产过程的连续进行，需要有一定的原木贮备，并应保管好，不能因贮存而变质。

贮木场的选择，应由工厂地理条件来决定。靠近河流、湖泊的工厂以采用水上贮木场为好。水贮木材可防止原木开裂、腐朽，节省堆垛、倒垛和搬运费用，并能防止楞场火灾。北方地区工厂多缺水源，冬季冰冻期又长，所以多采用陆地贮木。

1. 水贮原木

水上贮木场是利用天然河道、湖泊，或挖水池引入河水贮木。利用天然河流作水上贮木场，应选择流速较缓的地方，并注意水位，防止涨潮和洪水期冲散木材以及枯水期妨碍水上贮木作业。采用挖池引入河水的，要有闸门控制水位。

水贮木材时，水的深度应根据木排厚度来确定，使木材尽量没入水中，露出水面部分宜用低等级木材覆盖，保证优等级木材在水面以下，否则木段端部易产生水渍纹，椴木夏季漂浮在水上水渍纹最为严重，而且半干半湿的木材也易腐烂。贮木池水深以3～4m为宜。

新采伐的或长期浸水的木材，常沉入水底，因此，修建水池时，池底最好铺上片石或混凝土，每年定期清理树皮、污物及打捞零散沉木。利用江河、湖泊贮木应考虑到对水源及环境的污染，首先要着重考虑环境保护问题。

贮木池的容积按照木排数量或散放木材量而定。存放木排时每m^2面积可容纳$1m^3$原木，散放时仅能容纳0.2～$0.3m^3$原木。散放原木露出水面部分易变质，不宜作长时间的贮存。

水贮原木运输较方便，木排由河道引入，原木出水用卷扬机拖曳，或用门式起重机和出河机出河。

采用卷扬机拖曳原木时，出水场所的河岸用水泥砌成30°左右的斜坡。为护坡和减少原木在坡上的滑动阻力可在坡上铺垫薄钢板或几根小铁轨。

采用门式起重机出河时钢丝绳可一次吊起数根或单根原木。每日出水原木数量大的，也可采用链上附有挂钩的链式出河机。

2. 陆贮原木

陆地贮存的原木易腐朽、开裂和遭受虫害。柳桉、水曲柳、枫香等易端裂；泡桐、桦木、拟赤杨等易腐朽。特别贮存过夏天更易产生这些缺陷。贮存红松、马尾松等针叶材，不剥树皮易受天牛、松象鼻虫和蠹虫等侵害，这些都会使原木降等、变质，影响到胶合板的质量和出材率。所以在林区或工厂陆地贮存原木超过一个月时，应根据当地条件，因地制宜地加强科学保管措施。

(1) 端头涂料法：在原木两端涂刷涂料，既能防止端部

表10-2 原木材质结构及缺陷对产品质量的影响

材质结构及缺陷名称	木质状况	影响情况
年轮	早材疏松、晚材紧密 散孔材材质均匀密实	环孔材在单板面上形成大花纹，很美丽。但热压时易透胶；散孔材旋得单板均质光滑
心、边材	边材木质好，心材木质差	由于心、边材的含水率、硬度、干缩湿胀都有差异，因而影响旋切、干燥和热压等工艺
木射线	横向薄壁细胞，强度差	木射线增加单板（或薄木）表面的美观程度，但影响单板（或薄木）的强度
树脂道	木材中含树脂	旋切和干燥时松脂会沾污刀和干燥机，影响旋切加工和污损单板表面，热压时影响胶合质量
尖削度	木质正常	有尖削度的木材旋出的单板纹理美观，但由于割断纤维过多而影响单板强度和出材率
弯曲度	木质健全	旋切外圆的碎片多，整板和出材率降低
腐朽	木质松软，呈棕褐、灰白或淡黄白色，硬度大为降低	边材腐朽，旋切时单板破碎，木屑易堵塞刀门，妨碍旋切，单板出材率低。心腐：易使卡头陷入木段，使旋切无法进行
节子	活结、死结、腐朽结	活节不影响旋切。死节、腐朽节影响单板等级率，增加单板干加工的工作量
变色	木材硬度不变，但颜色改变，呈现红、蓝、棕等色条或色斑	影响单板外观质量，即影响单板等级率,变色范围大的只能作背板和中板
水渍纹	木材物理机械强度未改变，只是呈黄黑色斑或色条	影响单板美观，降低单板等级
扭转纹	木质健全	使单板及合板产生翘曲变形
夹皮	木质不健全	影响单板等级率和出板率，增加单板修补工作量
端裂	木质健全但沿端头径向有开裂	旋切时无法形成连续单板带，木段易劈裂，妨碍旋切且降低了单板的出材率
环裂	原木端头沿圆周开裂	常形成木材整块剥落，使旋切无法正常进行

水分蒸发过快而产生端裂，又能防止雨水从原木端头渗入而发生腐朽。如木材贮存时间较长，需经过夏季或干燥季节，尤应加强保护。这种方法虽会增加原木保管的人工和费用，但对保持原木等级不受损失和节约木材大有好处。

常用涂料可为沥青或焦油与黏土混合物，或为石灰与桐油的灰泥混合物。下面举例为涂抹涂料的配方：

沥青或焦油	约 50%
黏土(细筛)	约 15%～20%
水	约 30%～35%

将上述混合物搅拌均匀后，用刷子或机械进行端部涂刷，形成一层薄膜，涂刷一至二次，待干后再刷上一层石灰液，可防止日晒。

对于易腐树种，可在端头先涂一、二次防腐剂（如3%浓度的氟化钠溶液）作底子，然后再涂保湿层。对于未涂保湿层的截面，仅刷石灰液是不起作用的。

(2) 人工喷水保存法：这种方法是在原木堆垛两边，铺设喷水管，喷洒细雨，以保持原木堆垛中木材的水分，可防止原木端裂。每昼夜喷 6～10 次。这种方法设备费用较高，只有在水源充足的情况下使用。

(3) 搭棚覆盖的方法：这种方法仅适用于量小贮存期又长的贵重木材，如樟木、楠木等。

(4) 防虫害方法：剥皮是防止虫害的有效方法。对于剥皮后不会产生严重干裂的木材，如马尾松等易受虫害的针叶材，在伐倒后即剥去外皮，这样才能防虫蛀。陆贮未剥皮原木，如是易腐朽树种，需长期贮存的均需先喷杀虫剂，然后再喷防腐剂。

10.2.3 原木截断

10.2.3.1 尺寸要求

原木截断是根据胶合板生产所需的木段长度尺寸，结合原木的外部特征和各种缺陷，将原木锯断成所需长度木段。锯断时既要保证单板质量，又要尽量提高木材利用率。锯断时做到缺点集中，好材好用，尽量减少断头，做到材尽其用。根据上述原则，锯断时应做到下列五点：

(1) 截掉腐朽、纵裂、大环裂等不允许的缺陷；

(2) 尽量多出通直或小弧度木段；

(3) 尽量将缺陷集中在一根木段上，而且应尽量集中在用于旋切芯板的短木段上。

(4) 画线时应留出足够的余量，以备后面工序加工所需；

(5) 原木锯断时，先将端头截去一截，因为端头通常有歪斜、斧伤或水渍变色等。

旋切木段锯断长度应为胶合板成品尺寸加上旋刀割刀余量再加上胶合板裁边余量。两余量之和约为100mm。具体长度见表 10-3 至表 10-5。

10.2.3.2 锯截设备

通常用的原木锯截设备有往复式截锯机（又称狐尾锯）、平衡式圆截锯和链锯。

(1) 往复式截锯是由电动机带动曲柄连杆机构工作，生产效率低，目前已极少使用。

(2) 平衡式圆锯的生产率也低，锯断原木直径受到一定的限制，主要用于锯截小径级材。

(3) 链锯机有移动式和固定式两种。切削链由电动机带动，也可由汽油发动机带动。链锯锯断速度快，生产效率高，锯截原木直径大，因此使用很普遍。其技术参数如下：

锯身长度(mm)	1750
锯切木段最大直径(mm)	1400
锯路宽度(mm)	7
生产率(m^3/ 班)	70～80（木段直径为 300～500mm）
	150～200（木段直径为800mm以上）
电动机功率(kW)	5.5
电动机转速(r/min)	1420

10.2.4 木段水热处理和剥皮

10.2.4.1 木段水热处理的目的和方法

木段水热处理的目的是软化木材，增加木材的塑性和水分，以提高旋切单板的质量。因为木段如果温度过低、含水率过低其塑性就差，旋切时单板易破碎。虽然南方地区夏季软阔叶材可不经水热处理，但如木段温度低于15℃就不能旋出质量好的单板。所以通常在旋切前用室温水浸泡。含水率

表 10-3 旋切木段的长度

胶合板规格尺寸(mm)	表板木段(mm)	芯板木段(mm)	表、芯板同旋切时木段长(mm)	备 注
915 × 915 (3' × 3')	1000	980		
915 × 1830 (3' × 6')	1930	980	1990	中间下割刀可出两张 980mm
915 × 2135 (3' × 7')	2230	980	2290	中间下割刀可出一张 970mm 和一张 1270mm 芯板
1220 × 1220 (4' × 4')	1320	1320		
1220 × 1830 (4' × 6')	1930	1320	1990	中间下割刀可出两张 980 mm 芯板
1220 × 2135 (4' × 7')	2230	1320	2290	中间下割刀可出一张 970mm 和一张 1270mm 芯板
1220 × 2440 (4' × 8')	2540	1320	2590	中间下割刀可出二张 1270mm 芯板

表 10-4 旋切木段长度的允许偏差

木段小头直径（cm）	允许偏差（mm）
30 以下	+15 －10
30～50	+25 －10
50～80	+30 －10
80 以上	+40 －10

表 10-5 木段锯截时锯割面歪斜限制

木段小头直径（cm）	歪斜限制（mm）
30 以下	不得超过 15
30～50	不得超过 20
50～80	不得超过 30
80 以上	不得超过 40

高的新鲜非冰冻软材可直接旋切，而不必经水热处理。

硬阔叶材材质较硬，需经水热处理，很好地软化后才适于旋切。

松木等针叶材，树节多且硬，有的还含有丰富的树脂。这种木段经水热处理后节子硬度大幅度下降，旋切时不易损坏旋刀；树脂和细胞液经水热处理后会渗透出来，这样有利于单板的旋切、干燥、胶合和合板油漆。

目前木材水热处理的主要方法有三种：水煮、蒸汽热处理、水与空气同时加热处理。

1. **水煮法**

设备简单，操作方便，是国内胶合板生产中广泛采用的方法，处理时将木段放入钢筋混凝土池中，加入自来水淹没木段，加盖，通蒸汽于水中，使水逐渐升温，通过热水来加热木段。这种方法较为经济，但操作时应注意安全，还应注意环境保护，搞好废水处理。

2. **蒸汽热处理法**

将木段堆积在密闭的蒸煮池中，喷以 0.15～0.20MPa 压力的饱和蒸汽，喷汽时间 40～60min，间歇 3h 再喷一次，直至木段（或木方）内部达到所需的旋切（或刨切）温度。这种方法所需时间长，消耗蒸汽量大，且由于加热猛，易使木段开裂。故这种方法一般不采用，仅在水煮易变色的树种热处理时采用。

3. **水与空气热处理法**

这种方法适宜于木段要求温度较低、生产要求连续性较强的车间，在小径木生产胶合板时可考虑采用此法。有时为了运送木段前进，在池中装有横向运输机械。

10.2.4.2 木段水热处理工艺

因为我国工厂采用的多是水煮方法，所以这里仅介绍水煮法的处理工艺，工艺根据下列原则确定：

(1) 水热处理的程度应使木芯表面达到适宜旋切的温度。温度太低，木材塑性不足，旋切单板易产生背面裂缝和破碎；温度太高则木材塑性太高，旋切时纤维不易被割断，单板表面易起毛。适宜的温度见表 10-6 中。因此，水池中的最高水温比要求的木芯温度高 10～20℃。

(2) 对于易端裂的树种，水煮时应特别注意，水的升温不宜过快，水温也不宜过高，否则端裂会扩大。

(3) 为了使同一蒸煮池中的木段处理质量均匀，因而对木段应分等级和径级进行处理。

胶合板材树种较多，近年来尤其是进口材品种不断增加，因此对新材种应做好热处理工艺的试验工作，才能制定出适用的工艺。

对同一属木材，树种不同时材质结构和软硬差异较大，如常用的枫桦和白桦，同属桦属，枫桦比白桦材质硬，易端裂。所以应根据各地使用的胶合板材树种的特点，制定出适宜的木段水热处理工艺。

表 10-6 中所列蒸煮时间是指木芯表面达到规定温度所需的时间，对同一树种而直径不同时，其保温时间可用下式近似求得。再通过实践来修正：

$$Z_2=Z_1\left(\frac{D_2}{D_1}\right)^2$$

式中：D_1——已知热处理时间的木段直径，cm

D_2——需求出热处理时间的木段直径，cm

Z_1——直径为 D_1 木段的保温时间，h

Z_2——直径为 D_2 木段的保温时间，h

保温终了时木段不能立即从池中取出，否则会因骤然冷却而导致木段开裂。因此，在木段处理停止供热后，再经 1.5～2h 的自然冷却匀温，木段才能出池。

煮木池水每月应更换一次，并清除池中树皮、污泥等杂物，池水不常更换易使木段变色或污染。

10.2.4.3 木段蒸煮池数量计算

我国木段热处理主要是热处理法，采用较高的水温（60～80℃），适用于大径级材，而且常为原木截成木段后处理。因而热处理装置常为煮木池。煮木池尺寸通常为长 6m、宽 3m、深 2.5～3m。每池处理木段量约为 $20m^3$。煮木池的生产率可用下式计算：

$$Q=\frac{T}{(T_1+T_2)}H\cdot L\cdot K\cdot l$$

式中：T——每班工作时间，h

T_1——木段水热处理时间，h

T_2——木段装卸，清洗煮木池时间，h

H——池深，2.5～3m

L——池长，约为 6m

K——池充实系数，约 0.5～0.6

l——木段长，m

10.2.4.4 木段剥皮的方法和注意点

为保证木段的正常旋切和单板质量，木段在旋切前必须先剥去树皮。

1. 剥皮的方法

(1) 手工剥皮：使用的刀具是扁铲，其刃口为外凸圆弧形。此种方法劳动强度大，生产效率低，但剥皮质量好。

(2) 机械剥皮：目前采用的机械型剥皮机主要是切削型的。大致有两种：一种是用旋切机剥皮（去掉压尺），对木段旋圆，以去掉树皮。此法浪费木材，很少采用。另一种是使用专门的剥皮机，其中以简易的刀具切削型剥皮机应用较广。它是利用旋转刀具与木材之间的相对运动，从木段上切下树皮。效率高，但对木材有一定的损伤。

2. 剥皮时应注意的几点

(1) 木段出池后要立即剥皮，要剥净外皮与韧皮，但不能伤及木质部。要全部清除木段上的钉子、泥沙等杂物。

(2) 木段剥皮滚台及剥皮原木的存放地点应经常用水冲洗，保持剥过皮的木段表面干净。

(3) 木段剥皮后，应根据木段的径级大小与水热处理程度，在旋切前停放 1～3h，使木段内部温度均匀，利于旋切。

10.2.5 木段定中心

10.2.5.1 木段定中心的目的和方法

所谓旋切木段定中心就是在旋切木段的两端面上找出旋切时最大内切圆的圆心，确定卡轴的正确夹持位置。该位置定得越正确，旋切单板的整幅出材率越高；对木材的边材利用越充分；旋出的碎单板和窄长单板越少，单板的加工量也随之减少。由于定心偏差造成的整幅单板材积损失见图 10-3 和图 10-4。

定中心的方法有人工法和机械法两种。人工法误差较大，操作不便，生产率较低；机械法操作方便，生产率高，定中心准确，与人工定中心相比，机械定中心可提高出材率约 2%～4%，而若采用计算机扫描定中心可提高出材率 5%～10%，整幅单板比例可增加 7%～15% 左右。

10.2.5.2 人工定中心及注意点

先观察木段弯曲情况。木段小头从中对分在这对分线上找出中心点，然后找出大头中心，将木段小头中心对准旋切机夹紧卡轴，夹持木段大端中心，定心即告完成。定中心的操作工应根据木段弯曲程度来修正中心位置，而不能简单地把木段端面的几何中心作为旋切时木段的回转中心，修正原理和方向可参阅图 10-4。

10.2.5.3 机械定中心

1. 机械式三点定心机

它的设计原理是利用三个相互交叉成 120° 角，并且始终与回转中心 O 保持等距离的点来确定该断面的中心（图 10-5）。

因大部分木段的横断面不是圆形，因此该法尚不能得到满意的结果。但该法定心简便，对小径木很适用。芬兰Raute 公司生产的 PK 型定心机就是利用三点定心。

表 10-7 所列为 PK 型定心上木机的技术数据。

2. 光环投影定中心装置

光环定中心利用光环发生器形成一组同心圆的多圈光环，将光环投射到木段两端面上。调整木段的上下位置，使光环中心与木段最大内接圆柱体中心重合，则定心完成。然后由上木行车的夹木卡头向内卡住木段，将木段送到旋切机卡轴中心，由旋切机卡头卡住木段，上木行车的夹木卡松开，行车退回，定心上木即告完成。

光环的中心是与旋切机卡轴中心在同一水平面上，上木行车的行程一定是预先调整好的，一次定中心操作时间约为 45～50s。

表 10-6 我国胶合板生产所用的部分树种木材的水热处理工艺

类 别	树 种	木段直径(cm)	水热处理工艺		木芯温度 (℃)	备 注
			夏	冬		
软阔叶材	杨木、椴木	40	陆贮材用 20～35℃水浸泡 24h，新鲜材、水运材不需处理	最高水温 60℃，升温速度为 3℃/h，保温 10h，冰冻材用 30～40℃水化冻，不少于 8h	25～35	椴木陆贮材水温超过 60℃端裂扩展
中硬阔材叶	桤木、红桦、荷木	36	最高水温 60℃，升温速度 3℃/h，保温 14h	最高水温 60℃，升温速度为 3℃/h，保温 20h，冰冻材用 30～40℃水浸泡化冻，不少于 8h	36	陆贮材，枫桦的陆贮材，水温超过 65℃，端裂有扩展
硬阔叶材	水曲柳、枫香、色木	40	最高水温 65℃，升温速度陆贮材 2～3℃/h，水贮材 6～8℃/h，水贮材 16h	最高水温 65℃，升温速度陆贮材 2～3℃/h，水贮材 6～8℃/h；陆贮材保温 40h，水贮材 24h。冰冻材用 30～40℃水浸泡化冻	44	水曲柳陆贮材，水温超过65℃，端裂有扩展
	栎木	40	最高水温 80℃，升温速度 6～8℃/h，保温时间 24h。	最高水温 80℃，升温速度 6～8℃/h，保温时间 30h	45	陆贮材

表 10-6（续）

类 别	树 种	木段直径(cm)	水热处理工艺		木芯温度(℃)	备 注
			夏	冬		
针叶材	马尾松、云南松、陆均松、红松	40	最高水温 80℃，升温速度 5～6℃/h，保温时间 24h	最高水温 80℃，升温速度 5～6℃/h，保温时间 30h。冰冻材用 40～50℃水化冻，8h	45	陆贮材红松不易端裂。未剥皮时易遭天牛虫害
	落叶松	36	最高水温 70℃，升温速度 5～6℃/h，保温 24h	最高水温 70℃，升温速度 5～6℃/h，保温 24h，冰冻材用 30～40℃水化冻，不少于 8h	45	剥皮后陆贮材，边材纵裂。树种多，差异大，宜
进口材	柳 桉	60	水贮材不蒸煮，陆贮材用 40℃水浸泡 24h	最高水温 60℃升温速度 6～8℃/小时，保温 20h	36	根据具体材质来确定蒸煮工艺
	白阿必东、桃花心木	60	最高水温 65℃，升温速度 6～8℃/h，保温 30h	保温 36h，其他如夏季工艺	44	
	柚木、伊迪南	60	最高水温 75～80℃，升温速度 6～8℃/h，保温 54h	保温 60h，其他同夏季工艺	45	陆 贮 材
	红阿必东、克伦、山樟	80	最高水温 80～90℃，升温 6～8℃/h，保温 54h	保温 60h，其他同夏季工艺	55	陆 贮 材

注：表中未包括的树种，可根据其材质软硬参照表中的分类处理

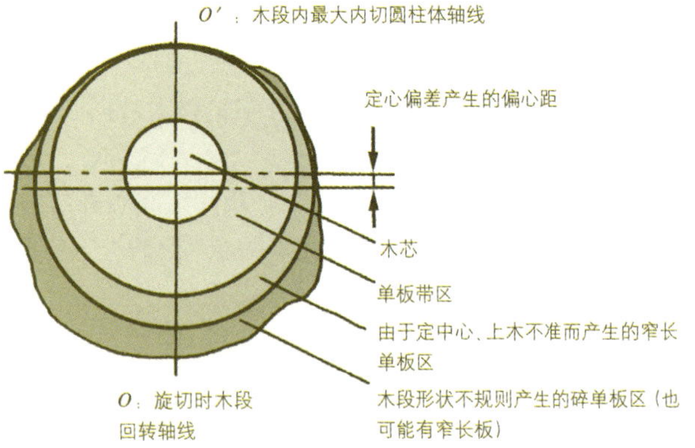

图 10-3 旋切时木段横断面上的分区

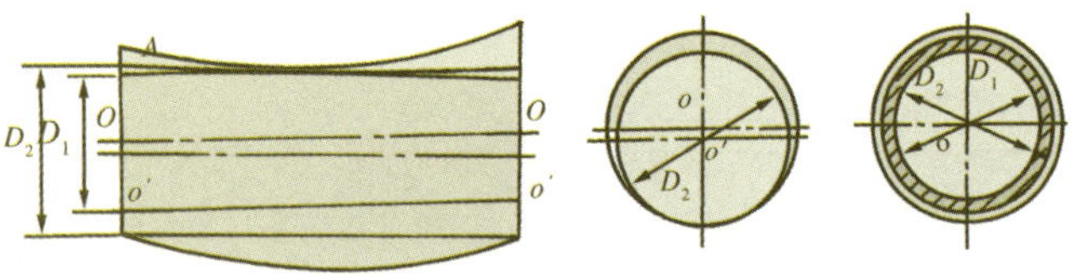

图 10-4 定心偏差引起的整幅单板材积损失
图中阴影部分所示为定心偏差造成的整幅单板损失

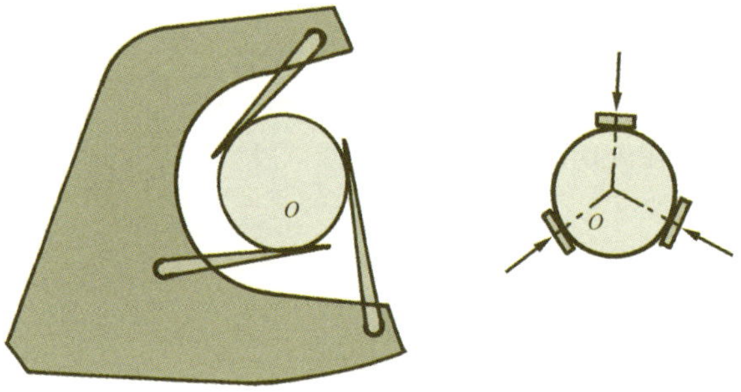

图 10-5 三点定中心原理

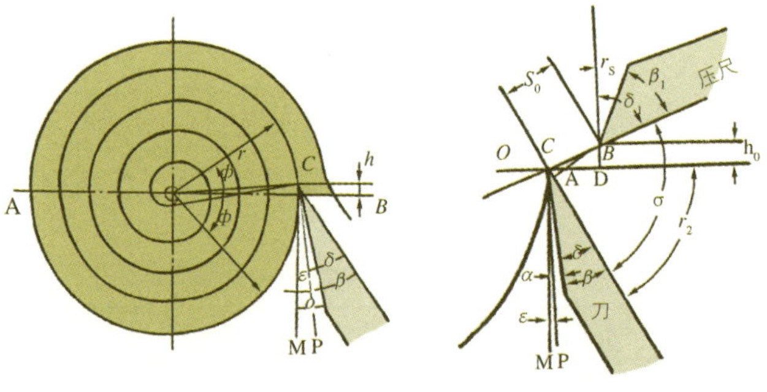

木段旋切（未加压尺）侧视图　　在切削过程中刀和压尺的相互关系

图 10-6 木段的旋切

这种定心装置适于直径大、弯曲度小的木段，对进口的阿必东、柳桉、奥古曼等原木很适用。

10.2.6 单板旋切

为保证得到等厚度的连续单板带，必须保证木段每转过一周的同时，旋刀水平进给距离等于一个单板厚度。两者之间必须保证严格的运动关系。

单板质量的好坏，直接影响到胶合板生产的出材率和成品的质量，因此，把握好单板的旋切，对胶合板生产至关重要。

10.2.6.1 旋切工艺参数

单板旋切工艺参数见图 10-6。

表 10-7 PK 型定心上木机技术参数

技术性能 型　号	木段最大直径(mm)	木段最小直径(mm)	木段最大长度(mm)	木段最小长度(mm)	一根木段所需的压缩空气（工作压力下)(dm^3)	最小工作压力(MPa)	动力装置容量（约）(kW)	净重(Kg)	总重(kg)	装载体积(m^3)
Pk20 × 57500	150	1400	1180	65	0.5		2300	2750	5.5	
Pk20 × 66500	150	1630	1350	65	0.5		2400	2900	6.0	
Pk20 × 78500	150	1930	1500	65	0.5		2500	3150	7.0	
Pk30 × 57750	200	1400	1100			2 × 4	4000	4505	20	
Pk30 × 66750	200	1630	1350			2 × 4	4100	4100	22	
Pk30 × 78/38	750	200	1930	950			2 × 4	5300	5900	18
Pk30 × 108/56	700	200	2690	1430			2 × 4	5700	6300	20
Pk35 × 66900	200	1630	1180			15	9500	10500	35	
Pk35 × 110/68	900	200	2750	1750			15	10500	11500	40

β——是旋刀的研磨角（楔角），它是旋刀前面（单板流经的旋刀表面）与后面（旋刀对着木段的表面）之间的夹角。

α——切削后角，是旋刀后面与CP平面（过旋刀切削刃，与木段表面相切的平面）之间的夹角。当切面CP位于旋刀后面的左侧时，α值为正；当切面CP位于旋刀后面的右侧时，α值为负。

δ——切削角，是旋刀前面与切平面CP之间的夹角，$\delta = \alpha + \beta$。

ε——补充角，是切平面CP与铅垂面CM之间的夹角。当切平面CP位于铅垂面CM右侧时，ε值为正；当切平面CP位于铅垂面CM左侧时ε值为负。

θ——安装角，是旋刀后面与铅垂面CM之间的夹角，$\theta_0 = \varepsilon + \alpha$当铅垂面CM位于旋刀后面左侧时，$\theta$值为正，当铅垂面位于旋刀后面右侧时，$\theta$值为负。

h——旋刀安装高度。是旋刀刃至通过卡轴中心水平面的垂直距离，刀刃在卡轴中心水平面上方时，h值为正；刀刃在卡轴中心水平面以下时，h为负值。

h_0——压尺安装高度，是压尺棱至通过旋刀刃水平面的垂直距离。

10.2.6.2 旋切参数的选择

单板旋切时工艺参数的选用直接影响单板质量，因此正确地选用参数很重要。

首先应确定的是旋刀研磨角（β），研磨角是根据旋切木段的树种来决定的，它既要保证刀的锋利，又要保证刀的强度。表10-8提供的数值可供参考。

为了提高旋刀的耐用程度和单板旋切质量，在旋刀刃口处还应研磨出微研磨角（图10-7）。图中的数据供参考，各工厂可根据加工对象、刀具材料和操作工的经验加以修正。

切削后角（α）对单板的旋切质量有重要影响，α值的大小应适当。

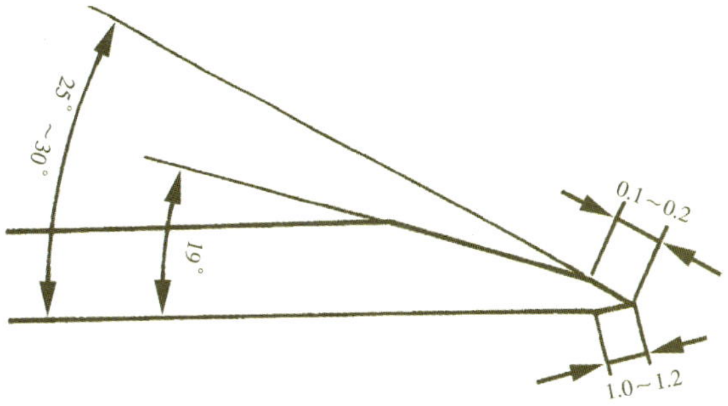

图 10-7 带有微研磨角的旋刀

α值过大，在单板形成的瞬间会产生很大的反向弯曲，单板就会形成很深的背面裂纹,甚至折断；同时刀架发生颤动，旋刀撕下木纤维，产生“啃丝”，单板表面产生节距约10mm的瓦楞。

α值过小,旋刀后面与木段的接触面增大产生较大的压力,导致木段弯曲或劈裂，造成单板厚度变化,并形成节距为30~50mm的波浪形。

为保证旋切质量，旋切过程中要求切削后角（α）随木段直径的减小而变小,一般在旋切过程中后角的变化范围为1°~3°之间；木段直径大时后角可为3°~4°，直径小时可为1°，甚至可为负值。生产中要根据听声音和观察旋刀后面的磨擦亮带来检查后角是否合适。旋硬材时，旋刀后面的磨擦亮带宽2mm左右较适宜；旋软材时亮带宽3mm左右较适宜。

安装角（θ）可用专用量具测得。专用量角器如图10-8、图10-9所示。

使用图示量角器时,将量角器贴在旋刀后面上,然后调整量角器的游标尺（或游动水平仪）。使水泡处于水平位置，这时即可从量角器上读得安装角（θ）的数值。

补充角（ε）可用下式求得：

$$\varepsilon = tg^{-1}\frac{a+h}{\sqrt{r^2-h^2}} \quad a = \frac{S}{2\pi}$$

式中：S——旋切单板的名义厚度，mm

表 10-8 旋转刀研磨角（β）参考值

树种	β值	备 注
软阔叶材	18° 30′ ~19° 30′	旋刀硬度 58~62RC，旋刀质量好的，β值可采用下限
硬阔叶材	19° ~21°	
特硬阔叶材	21° ~23°	
针叶材	20° 30′ ~21°	节子硬的针叶材如马尾松，β值为 22° 左右

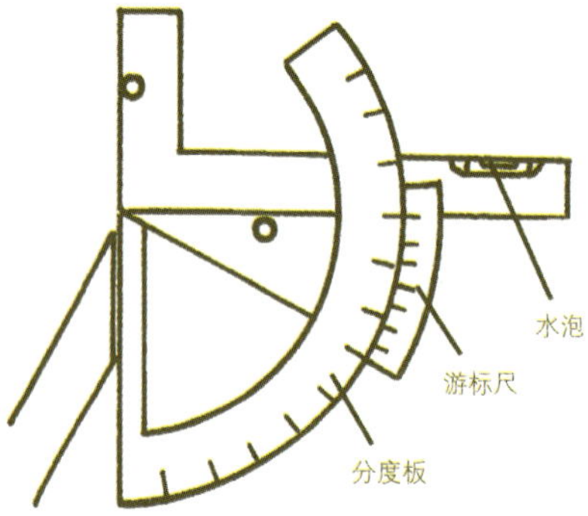

图 10-8 改装的万能测角仪

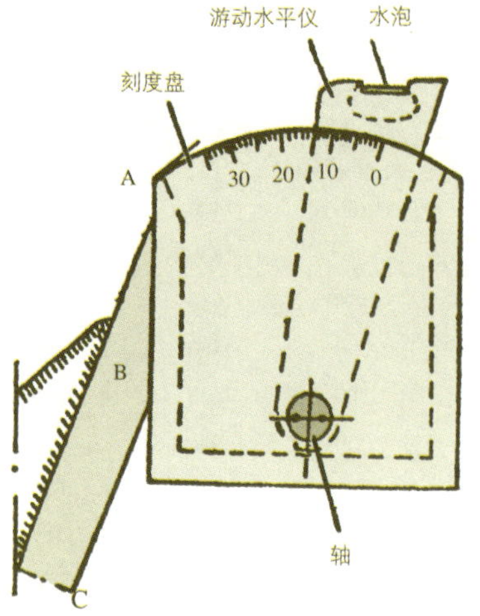

图 10-9 测量旋刀后角的量角器

h——*旋刀安装高度，mm*

r——*旋切过程中木段的瞬时半径，mm*

表 10-9 中列举了在两种常用单板名义厚度时，随装刀高度而变化的补充角 ε 数值。

装刀高度(h)。影响到旋切过程中后角的变化规律，因此它对旋切亦是一个重要的工艺参数。其数值的测量亦有专用量具（图 10-10）。

测量装刀高度时可用等高器或刀高测定器。等高器一般作为旋切机的附件配置的，等高器的臂高H' 等于旋切机卡轴中心线到机座基准面的距离。

使用刀高测定器测装刀高度时，将水平尺一端放于旋切机卡轴表面，然后调整千分尺螺旋，控制千分尺伸缩杆的进退，最终使水准器的水泡处在正中位置，由千分尺读数可知

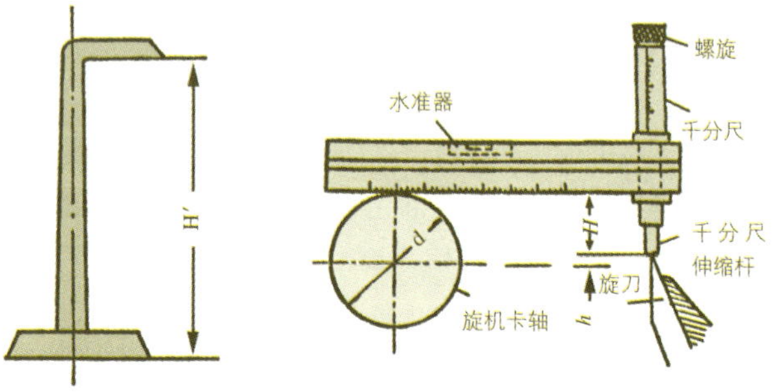

(a)等高器 (b)刀高测定器

图 10-10 两种刀高测定器

H 值，通过 H 和卡轴半径可算出装刀高度 h。

$$h=\frac{d}{2}-H$$

压尺安装高度(h_0)是根据单板厚度(s)、压榨程度（Δ）、切削角（δ）及旋刀与压尺间夹角（σ）所定。图 10-11 所示是压尺对旋刀的相对位置。

切削角一般在25° 以内，σ 由机床结构而定，一般在70° ~ 90° 之间。在不同的Δ、σ、δ时，h_0/s 之比值参见表 10-10。

表 10-9 补充角 ε 值

单位：mm

单板厚度	木段瞬时半径	装刀高度 h 值					
		-1.0	−0.5	0	+0.5	+1.0	+2.0
0.5	50	−0° 63′	−0° 29′	+0° 6′	+0° 40′	+1° 74′	+2° 23′
	100	−0° 32′	−0° 14′	+0° 3′	+0° 20′	+0° 37′	+1° 11′
	150	−0° 21′	−0° 10′	+0° 2′	+0° 13′	+0° 25′	+0° 48′
	200	−0° 16′	−0° 7′	+0° 1′ 22″	+0° 10′	+0° 19′	+0° 36′
	300	−0° 11′	−0° 5′	+0° 1′	+0° 7′	+0° 12′	+0° 24′
1.8	50	−0° 49′	−0° 15′	+0° 20′	+0° 54′	+1° 28′	+2° 37′
	100	−0° 25′	−0° 7′	+0° 10′	+0° 27′	+0° 44′	+1° 18′
	150	−0° 16′	−0° 5′	+0° 7′	+0° 18′	+0° 29′	+0° 52′
	200	−0° 12′	−0° 4′	+0° 5′	+0° 15′	+0° 22′	+0° 39′
	300	−0° 8′	−0° 3′	+0° 3′	+0° 10′	+0° 15′	+0° 26′

注：ε 值为负值时，表示在木段一边；ε 值为正值时，表示在单板一边

例如：旋切1.8mm厚的意杨单板，压榨率取20%。切削角δ =20°，旋切机旋刀前面到压尺前面间的夹角σ =80°，由表中可知h_0/s值为0.14，即h_0=0.14 × 1.8=0.25mm。

图10-11知：压尺倾斜角$\delta_1=\alpha_1+\beta_1$，可用下式近似计算$\delta_1$=180° －（$\delta+\sigma$），如$\sigma$ =70°，δ =25° 则δ_1=85°。旋切时，常用的圆棱固定压尺α_1=15° ~10°，当旋切单板厚度大于2mm时，应采用斜棱压尺、这时压榨角α_1应为5° ~7°。

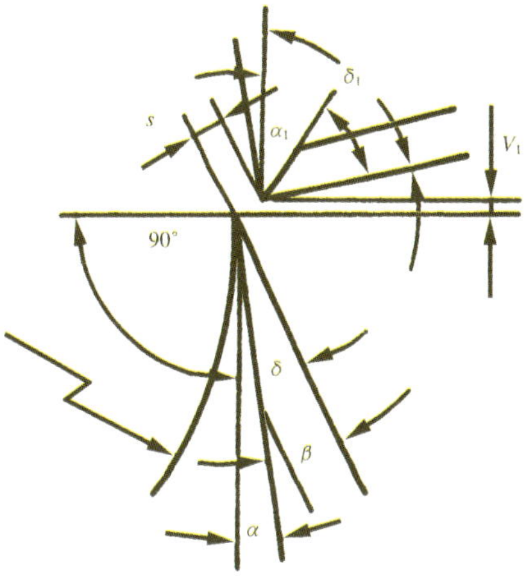

（$h=-\frac{s}{2\pi'}h$ —旋刀安装高度）

图10-11 压尺相对于旋刀的位置

10.2.6.3 两种不同类型的旋切机刀床

目前，旋切机刀床基本上有两类(图10-12)。一类刀床只有水平主滑道，旋切过程中旋刀只作水平移动，旋刀安装角（θ）无法变化。这类刀床称第一类刀床。另一类刀床除了有水平的主滑道外，还有倾斜的辅助滑道，旋刀架端部通过轴等与偏心圆盘相连，偏心圆盘放在辅助滑块上，辅助滑块置于辅助滑道上，由于辅助滑道和滑块的作用，使旋刀在旋切过程中不仅作水平移动，还要绕刀前面的一个定点转动，因此旋切过程中旋刀的安装角（θ）会产生变化。

第二类刀床还有两种不同的形式（图10-13）。A类型第

表10-10 在不同Δ、σ、δ时h_0/s之比值

压榨程度 Δ（%）	切削角 δ	在不同的σ角度值时h_0/s之比值			
		70°	75°	80°	85°
10	20°	0	0.08	0.16	0.23
	25°	0.08	0.16	0.24	0.31
20	20°	0	0.07	0.14	0.21
	25°	0.07	0.14	0.21	0.28
30	20°	0	0.06	0.12	0.18
	25°	0.07	0.13	0.18	0.24

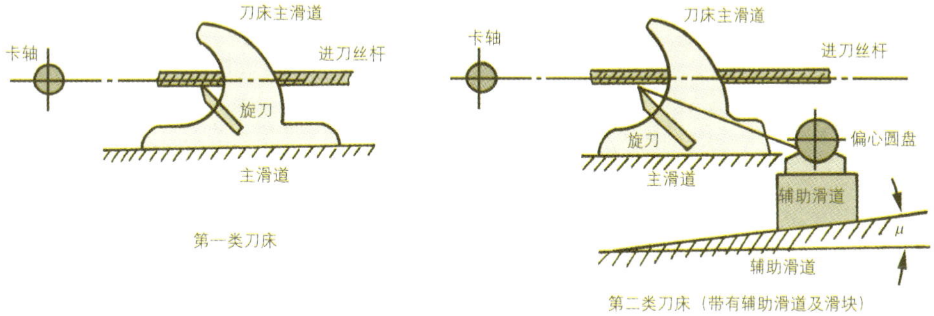

图10-12 两类旋切机刀床

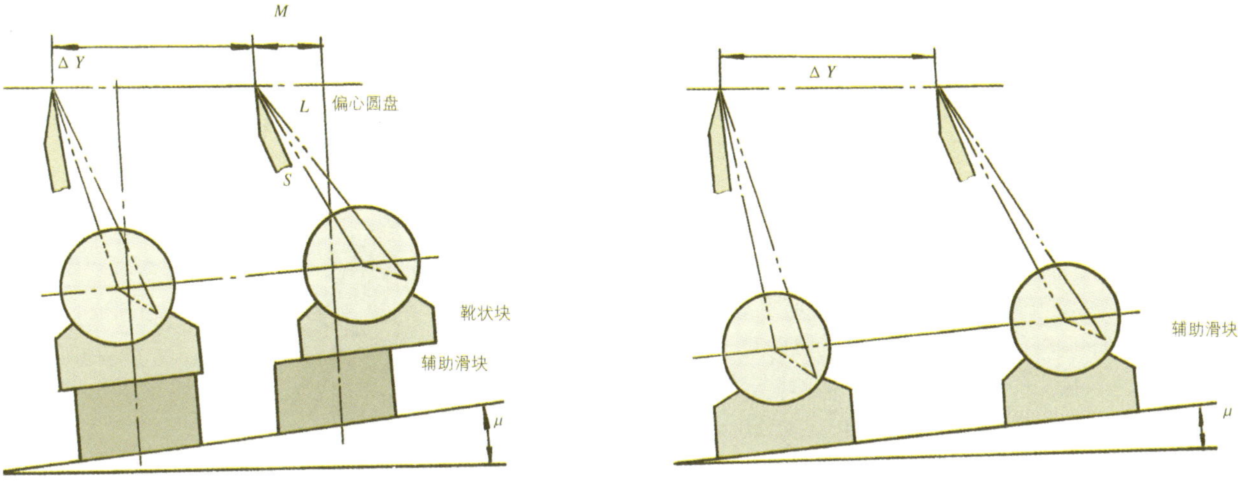

（a）A类型（偏心圆盘通过靴状块与辅助滑块连接）

（b）B类型（偏心圆盘直接与辅助滑块相接）

图10-13 第二类旋切机刀床的工作原理

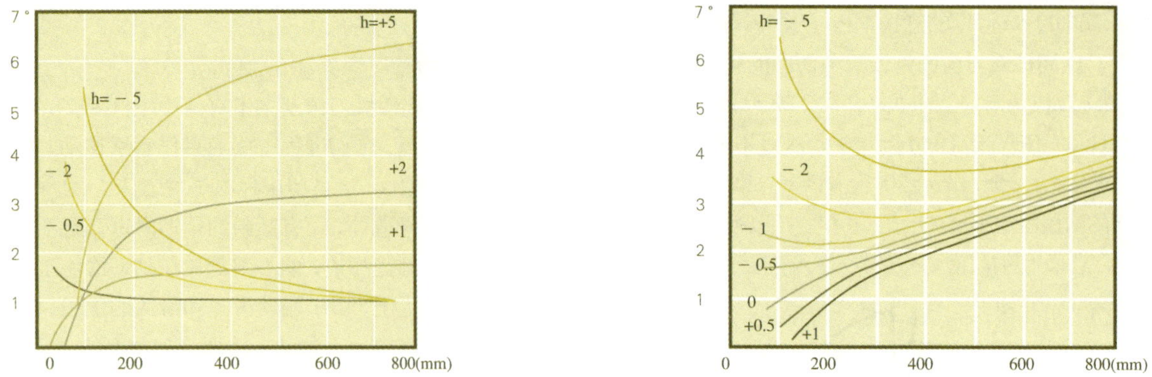

(a)第一类刀床　　(b) 第二类刀床

图 10-14 旋切过程中后角变化与旋切半径及装刀高度间的关系

二类刀床。它的偏心圆盘间接放在辅助滑块内，中间由靴状块连接。旋切过程中由于偏心圆盘的作用迫使旋刀回转。而辅助滑块在沿辅助滑道移动的同时，还沿着滑座上的铅垂轨道滑动。靴状块在辅助滑块的水平面上移动，铅垂轨道至旋刀回转中心的水平距离为定值M。B类型第二类刀床，无靴状块，偏心圆盘直接置于辅助滑块上。

第一类刀床的后角变化规律完全取决于旋刀安装高度(h)，从图10-6可知$\theta = \alpha + \varepsilon$，第一类刀床$\theta$是不变的。因此后角($\alpha$)的变化取决于补充角($\varepsilon$)的变化规律。由公式$\varepsilon = tg^{-1}\frac{a+h}{\sqrt{r^2-h^2}}$可看到$\varepsilon$的变化规律是由装刀高度($h$)决定的。由图10-14(a)中可看到这类刀床的后角变化情况不理想，但是这类刀床的旋切机结构简单，价格便宜，所以常用来旋芯板和短木段，如火柴厂生产所用的都是第一类刀床的旋切机。

第二类刀床的后角变化不仅受装刀高度(h)的影响，还受旋刀回转的影响，因此，这类刀床的后角变化是两者的综合作用。由图10-14（b）中可见，这类刀床的后角变化范围较大且缓和平滑。这类旋切机的结构较复杂，价格高，但能保证旋切单板的质量，所以生产中广泛应用。国产旋切机都为B类型刀床。

10.2.6.4 旋刀与压尺的正确安装

在旋制单板的过程中为了抵消切削劈力，必须使用压尺。它使旋出的单板表面光洁、背面裂缝浅而少。压尺的种类可分为机械式的和喷射式的。机械式的为接触型，喷射式的为非接触型。机械式的又包括固定压尺（木段与压尺间的运动为滑动）和辊柱压尺（木段与压尺间的运动为滚动），这些压尺见图10-15。

国内旋切机常用带圆棱或带斜棱的固定压尺。

固定式压尺是由厚度为12～15mm，宽50～80mm的钢板条制成。圆压棱压尺的压棱半径（ρ）为0.1～0.2mm。其作用是防止压尺因刃口锐利而切入木材。圆压棱压尺的压力集中，适于旋切薄单板和硬质木材，能使单板的表面光滑。若用圆压棱压尺来旋切厚单板或软木材，则易发生纤维压溃与剥落，旋出的单板表面粗糙。

棱尺斜压的压榨角小，对木材的压缩面较大，压力分散。所以适合旋切厚单板和软木材。

在生产中，由于旋切单板的厚度和树种多变，更换压尺费工费时，斜面压棱压尺的研磨又较麻烦，所以生产中多采用单斜棱（圆棱）压尺。斜棱刃部用油石磨圆（圆弧半径0.2mm），斜棱研磨角（β_1）采用60°～65°。

固定压尺的安装必须调整好压尺压棱与旋刀前面之间缝隙的宽度（S_0）和压棱至通过旋刀刃水平面之间的垂直距离h_0（图10-16）。

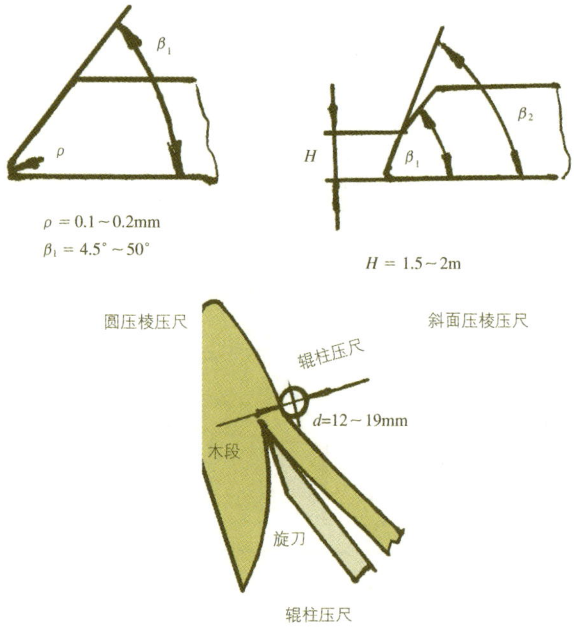

图 10-15 压尺形状

表 10-11 压尺安装位置对单板质量的影响

图注号	压尺安装情况	旋切效果
1	压尺压榨线低于刀尖，压力不作用于切削点	不能防止单板劈裂，单板通过狭小刀门易挤碎
2	压尺压榨线高于刀尖，压力不作用于切削点	不能防止单板劈裂
3	压尺压榨线通过刀尖，位置正确，但刀门大于单板厚度	压尺不起作用，仍有劈裂产生，单板背面裂隙度大 单板松软，表面粗糙，单板厚度大于规定厚度
4	压尺压榨线通过刀尖，刀门大小适当	压尺作用适当，单板紧密，光滑背面裂隙深度小

S_0可根据压榨程度来确定，由下式求得。

$$S_0=S\ \frac{(100-\Delta)}{100}$$

式中：S——旋切单板名义厚度，mm

Δ——压榨程度，%

适宜的压榨程度，可根据单板名义厚度(S)由下式求出。

对桦木、松木：$\Delta=(7S+9)$ %

对椴木、杨木：$\Delta=(7S+14)$ %

固定压尺的安装可能出现的四种情况见图 10-16，安装位置对质量的影响见表 10-11。

生产中常用的压榨率（Δ %）、刀门宽（S_0）和压尺安装高度（h_0）的参考值列于表 10-12 。

压尺安装位置的测量没有专用量具，通常用片状塞尺测量（图 10-17）。

测量S_0时片状塞尺应紧贴旋刀前面插入。测量h_0时因水平面位置无法准确定位，所以用这种方法测得的h_0只是一个近似值。

辊柱压尺的安装见图 10-18。

图中：D——辊柱压尺直径，mm

X——辊柱压尺距刀刃的水平距离，mm

W——刀刃到辊柱压尺的径向距离，mm

T——辊柱压尺到刀前面的垂直距离，mm

h_0——辊柱压尺距刀刃的垂直距离，mm

旋刀的正确安装由装刀高度（h）和初始后角(α_0)两个参数来保证。h的测量用图 10-10 所示的高度测量装置进行。

对第一类刀床的旋切机通常用h=0～1mm的装刀高度，当旋切机用旧后装刀高度取 1mm 或更大些的值。对第二类刀床的旋切机可取h=－0.5～－1mm 的装刀高度，此时从图 10-14 可见后角变化较平缓，对旋切有利。

旋切初始后角(α_0)的值，可通过测量旋切开始时安装角的值（θ_0）。再算出初始补充角ε_0的值，然后求得：$\alpha_0=\theta_0-\varepsilon_0$。如求出的$\alpha_0$值不满足要求，可通过调整第二类刀床的偏心圆盘来调整。表10-13是信阳木工机床厂产的BQ1626/13型旋切机在各种条件下所算出的旋切后角值。以供参考。

装刀时，将刀放入刀槽中，先拧上两端螺母各一个，用测高计测刀高。先定两端刀高，然后再定中间高度，逐渐检查校正，紧固所有旋刀夹紧螺母，装刀完成。

无防弯压辊的旋切机，刀刃中部应比两端顶高 0.1～0.2mm，以适应木段旋细时，由于卡轴夹紧和刀床挤压而造

表 10-12 单板旋切相关参考表

树种	单板旋切厚度 S（mm）	压尺压榨率 Δ（%）	刀门间隙（mm）		备注
			S_0	h_0	
	1.00	5	0.95	0.30	
	1.20	10	1.02	0.30	
	1.50	15	1.27	0.35	
杨木、椴木	2.00	18	1.64	0.40	
	2.20	20	1.76	0.45	
	2.50	22	1.95	0.50	
	3.20	25	2.40	0.60	
	3.75	28	2.60	0.70	
	4.50	30	3.25	0.70	软阔叶树种
	0.40	5	0.38	0.25	
	0.55	5	0.52	0.25	
	0.80	8	0.74	0.28	
	1.00	10	0.90	0.28	
	1.20	15	1.02	0.28	
桦木、荷木	1.50	18	1.23	0.32	
	1.80	20	1.44	0.35	
	2.00	25	1.50	0.40	
	2.50	25	1.87	0.50	
	3.20	28	2.30	0.60	
	3.75	30	2.65	0.70	
	4.50	30	3.15	0.70	
	1.12	10	1.02	0.25	
	1.20	15	1.02	0.28	
	1.50	18	1.23	0.30	
	1.80	20	1.44	0.35	
	2.00	25	1.50	0.40	包括其他硬阔叶树种
水曲柳	2.50	25	1.87	0.50	
	2.80	28	2.02	0.55	
	3.20	30	2.24	0.60	
	3.75	30	2.62	0.70	
	4.50	33	3.00	0.70	
	1.20	15	1.00	0.25	
	1.50	18	1.20	0.30	
	1.80	20	1.45	0.35	
阿必东	2.20	25	1.50	0.40	包括其他特硬阔叶树种
	2.80	28	2.02	0.50	
	3.20	30	2.24	0.55	
	3.75	33	2.51	0.60	
	4.50	33	3.00	0.70	

注：针叶树种可根据其材质软硬参照上表

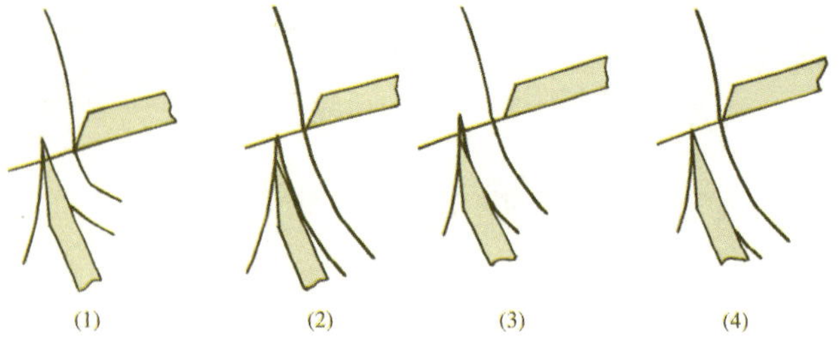

图 10-16 压尺安装位置的四种情况

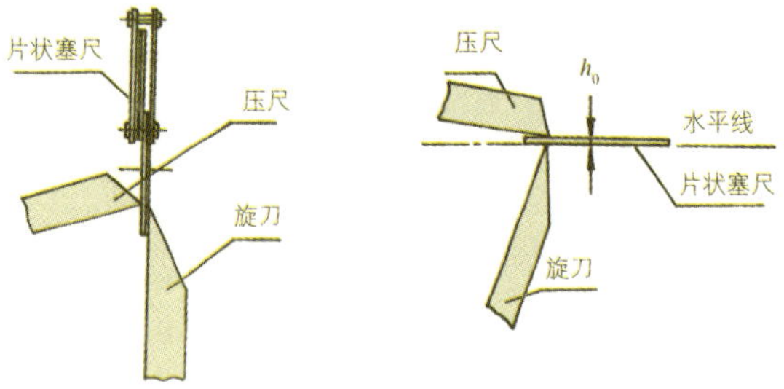

图 10-17 压尺安装位置的测量

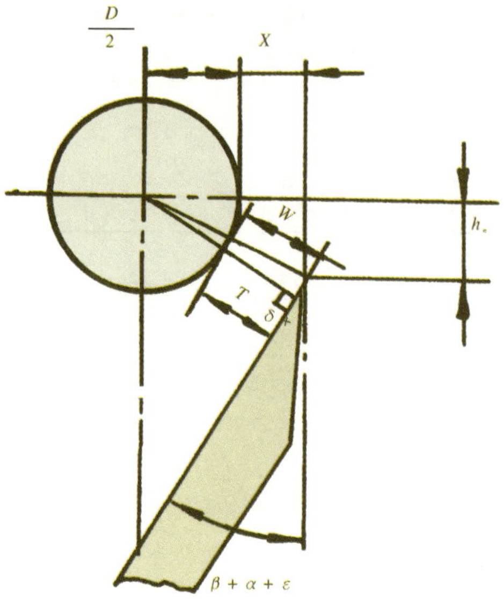

图 10-18 辊柱压尺安装图

表 10-13 取不同的 ϕ、h_{500} 和 s 值的旋切后角值（$\alpha°$）

ϕ	r (mm)	h_{500}(mm)	-3		-1		0		1		3	
		S (mm)	1	3	1	3	1	3	1	3	1	3
180°	500		3.6982	3.6618	3.4690	3.3128	3.3545	3.3180	3.2399	3.0234	3.0107	2.9742
	250		3.1387	3.0658	2.6772	2.6042	2.4464	2.3735	2.2156	2.1427	1.7541	1.6812
	50		5.0616	4.6973	2.7392	2.3744	1.5791	1.2143	0.4190	0.0544	− 1.9028	− 2.2666
45°	500		1.7404	1.7039	1.5112	1.4748	1.3967	1.3602	1.2821	1.2456	1.0529	1.0164
	250		1.0665	0.9936	0.6049	0.5302	0.9678	0.3009	0.1433	0.0704	− 0.3287	− 0.3912
	50		2.8944	2.5300	0.5713	0.2066	0.5891	− 0.9539	− 1.8395	− 2.1141	− 4.0791	− 4.4357
0°	500		− 0.3859	− 0.4224	− 0.6151	− 0.6515	− 0.7296	− 0.7661	− 0.8442	0.8807	− 1.0734	− 1.1099
	250		− 1.0845	− 1.1575	− 1.6189	− 1.6189	− 1.7036	− 1.8459	− 2.0073	− 2.0802	− 2.4686	− 2.5415
	50		0.7192	0.3548	− 1.9661	− 1.9661	− 2.7605	− 3.1253	− 3.9197	− 4.2842	− 6.2396	− 6.6033

注：ϕ——偏心圆盘相对转角，h_{500}——旋切半径为500mm时的装刀高度，S——单板名义厚度，r——旋切半径

成的木段弯曲。

有防弯曲压辊的旋切机，在木段旋细至300 mm以下时，放下压辊。因此，旋刀中部不需顶高。

10.2.6.5 有关单板旋切厚度的计算

随着世界性的木材资源短缺，现在国内采用的表板厚度为0.5～0.6mm。芯板厚度为1.5～2.0mm。

生产中可根据用户对成品胶合板定货要求，确定成品板的厚度，再根据有关工序中的加工余量来算出板坯厚度，由板坯厚度和旋切机所能加工的厚度规格，再定出板坯层数和各层单板的厚度。定单板厚度时可对计算值略加修正。因为算出的单板厚度值不一定正好符合旋切机上的厚度齿轮的搭配。计算方法如下：

$$\sum S_{单} = \frac{S_{成} + \Delta_1}{(100-\Delta)\%}$$

式中：$S_{成}$—— 胶合板成品厚度，mm

Δ ——胶合板板坯厚度热压损耗率，%

Δ_1——胶合板砂光（包括刮光）余量，mm

10.2.6.6 旋切单板封边

胶合板表板改薄是改革胶合板结构的方向，能节约珍贵木材，而芯板加厚可采用材质较差的速生工业用材。相关工作有原木的管理和挑选、旋切机精度的保证、胶黏剂质量及涂胶量等等。首先要做的是单板封边。即在表板旋切出来的同时就在单板带两端各贴上一条胶纸带。其作用是增加单板带的横纹抗拉强度，防止干燥过程中单板带端头开裂，从而减少单板的破裂，提高表板的整板出材率。

封边的方法很多，可用热熔树脂线粘接、或玻纤线缝纫、或胶纸带封边。国内使用最普遍的是再湿性胶纸带封边。

这种封边法是在卷板装置的上方，左右各悬挂一卷再湿性胶纸带，胶纸带宽9mm，卷板开始时就拉下胶纸带贴到单板卷上，靠单板内水分与卷板压力。胶纸带紧贴单板带两端。胶纸带的收缩率应与单板一致，否则影响封边效果。

胶纸带粘贴位置不可离两端太远，否则胶合板锯边时胶纸带会残留在合板胶层内，这样会影响胶合强度。胶纸带离板端10mm为宜。

10.2.6.7 单板质量与评定

评定旋切单板质量的指标有：单板厚度偏差、单板背面裂缝、单板表面粗糙度和单板横纹抗拉强度四个。这些指标中前两个是主要的。

1. 单板厚度偏差

理论上讲旋切出来的单板厚度应该是均匀一致的，而实际上由于切削条件、树木本身结构、机床精度等影响，因此旋出的单板厚度总是有差异的。实际的厚度在名义尺寸两边摆动。我们希望摆动越小越好，也就是厚度偏差小些好。生产中用厚度均方差（σ）来反映尺寸偏差程度。各工厂条件各有差异，因此，制定的生产工艺或企业标准中对单板厚度允许偏差的要求略有不同。各企业可根据自身情况，在正常的条件下加工一批单板，然后求出单板厚度偏差的均方差（σ），再根据$\pm 3\sigma$，制定出单板厚度允许偏差。允许偏差应比$\pm 3\sigma$略宽。允许偏差制定后可依此来检查以后旋出的单板厚度偏差是否在允许的范围内，若$|\pm 3\sigma| \leqslant |$允许偏差$|$，则说明生产满足要求，即现行设备和工艺能满足生产要求。若检查出单板的$\pm 3\sigma$超出了允许偏差范围，则说明现有工艺条件和设备不能满足要求，应采用质量管理方法进行检查，找出问题根源，予以解决。一般工厂规定的各种单板厚度允许偏差范围见表10-14。

检查单板厚度时，检查部位是：

(1) 整幅单板的左右两边和中间。

(2) 对一根木段则检查边材、中部和近木芯部位的单板厚度偏差。

换旋刀后要进行上述两项检查，合格后再大量旋切。

2. 单板背面裂缝

单板旋切时由原始的圆弧状变成平面状，在单板背面出现了很大的横纹拉应力。当这力超过了木材横纹抗拉强度时就在单板背面拉出了很多细小的裂缝，这就是背面裂缝。它降低了单板的质量。

裂缝的密度、深度和形状，在一定程度上反映了旋切工艺的合理性。观察时可在单板带的长度方向与宽度方向上取若干块10cm × 10cm大小的试件，使它气干至含水率接近30%，再在单板背面涂以适量的绘图墨水，干后用锋利刀片沿试件纤维的横向切开，即可在切面上看到染有墨水的裂缝。观察项目有：裂缝最大和最小深度及平均裂隙度；裂缝形状；裂缝与单板旋出方向间的夹角（用中位值表示）。

$$平均裂隙度\ P=\frac{裂缝高度\ (h)\ 总和}{裂缝条数\times 单板厚度(s)}\times 100\%$$

对裂缝深度与夹角只能用眼观察，得到的是粗略数据。

不同的树种，旋切单板背面裂缝的特征也不同。表10-15给出了一些观察例子。

表10-14 一般工厂规定的各种单板厚度允许偏差范围

	单板厚度（mm）					
	0.5	0.6	0.8	1.00～2.00	2.20～3.75	4.00以上
	厚度允许偏差（mm）					
椴木	± 0.02	± 0.03	± 0.04	± 0.05	± 0.10	
柳安	± 0.02	± 0.03	± 0.04	± 0.05	± 0.10	± 0.20
水曲柳				± 0.10	± 0.15	

注：表中单板厚度自0.8mm以下的数据是根据日本产V-27旋切机加工精度制定的

表10-15 不同树种的裂缝特点

树种	试样数	单板名义厚度（mm）	裂缝平均条数（条/cm）	平均裂隙度（%）	最多裂缝形状（中位值）	裂缝夹角（中位值）	备注
水曲柳	174	1.25	7.5	90	斜曲形	45°	未煮
	5	2.20	5.0	90	斜折形		未煮
椴木	48	1.25	8.0	40	斜曲形	30°	未煮
	15	2.20	5.0	80	斜曲形	30°	未煮
柳桉	70	1.25	6.4	50	斜线形	40°	未煮
白阿必东	150	1.25	7.7	80	斜线形	40°	未煮
	2	3.50	5.0		斜曲形	60°	未煮

3. **单板表面粗糙度**

表面粗糙度是指单板表面留下的切削痕迹。由于旋切产生超越裂缝，所以在单板表面留下许多高低不平的凸凹痕迹。这就形成了单板表面粗糙度。除旋切机参数影响粗糙度外，树种对表面粗糙度也有影响。

确定表面粗糙度的参数有：轮廓算术平均偏差R_a，微观不平度十点高度R_z和轮廓最大高度R_y，计算方法如下：

R_a仅用于数值不大于100μm的场合，因而一般不宜用于木材工业；R_y由于计算较粗糙，也不常用；R_z的数值可从0.025μm起直至1600μm，因而国内外木材工业常用R_z方法来确定表面粗糙度。一般试样长可取为0.8、2.5、8、25mm。

$$R_z = \frac{\sum_{i=1}^{5} y_{pi} + \sum_{i=1}^{5} y_{vi}}{5}$$

式中：y_{pi}——第i个最大的轮廓峰高，μm

y_{vi}——第i个最大的轮廓谷深，μm

测定表面粗糙度的仪器有三大类：对照鉴定法（样块）；非接触测定法（用双筒显微镜）；接触测定法（用表面轮廓测定仪）。

样块对照是评定表面粗糙度的最简单方法，按不同树种，做成不同级别的样块，将被加工物与其对照，确定加工表面的粗糙度级别。这种方法完全凭检验工的经验，误差较大。

应用双筒显微镜观察：光线从光源通过缝隙照射到工件上。显微镜与单板和照明管成一定角度。从显微镜中可看到单板表面轮廓的放大光象，然后通过显微镜上的目镜千分尺来测量轮廓的峰谷值，再求出微观不平度的高度值。

表面轮廓仪是一种电测非电量的方法：通过传感器上的金刚石探针在单板表面的滑动，探针随工件表面产生电动势，经放大后进入电流计，将峰谷的高低通过电流大小反应出来。若与电子计算机连接则可直接打印出R_z值。

现在一般工厂生产的单板，其背面的粗糙度如下：

椴木，R_z为70μm以上（未煮）

水曲柳，R_z为100μm以上（未煮）

柳桉，R_z为100μm以上（未煮）

4. **单板横纹抗拉强度**

生产中只要单板不易破损，对此项不作测定。旋切后的单板封边能提高单板横纹抗拉强度。

10.2.6.8 旋切单板常见缺陷及原因分析

影响单板质量的因子很多，因子之间又互相关联，是较为复杂的问题，当单板出现某一缺陷时可能关联到几个原因，往往要从原材料、刀具、设备和工艺各方面来寻找原因。表10-16列出了缺陷、产生原因及改进方法。

10.2.6.9 旋切机的维护和保养

单板旋切机是胶合板生产的主机，它的工作状况影响到单板质量，也影响到胶合板的质量。旋切机维护保养工作的好坏，直接影响到单板的质量和产量。

1. **机床的维护措施**

这些措施包括：清洁机床，按规定上润滑剂，调整部件和定期检修。具体做法是：

(1) 开车前检查机床的润滑情况，检查机床的滑动部分（如主滑道、辅助滑道、进刀丝杆等）有无杂物进入，特别要防止砂粒等硬物进入这些运动部分，始终保持机床清洁。

表10-16 单板旋切常见的缺陷、产生原因及改进的方法

缺陷名称	产生原因	改进方法
单板厚度不均匀（厚度波动大）	1.旋切机精度差： 卡轴径向跳动大；卡轴及刀架的半圆环与滑块间有间隙；滑道不平；进刀丝杆与螺母间有磨损，造成间隙过大。 2.压尺长度方向压榨程度不均匀。 3.木段弯曲	1.检查机床，制订和执行设备维修制度； 2.检查压尺全长的压榨程度并进行调整； 3.控制卡紧木段的轴向压力，旋长木段用带压辊的旋切机
单板厚度偏差大（外圈单板厚，里圈薄）	1.装刀高度不正确（过高）； 2.后角过大，旋刀切入木段； 3. 主滑道摩损呈马鞍形； 4.辅助滑道倾角不合适	1.调整刀高，参考前面10.2.6.4； 2.对第一类刀床旋切机，此时应提高装刀高度； 对第二类刀床旋切机，可调整装刀高度和偏心圆盘； 检查时可观察旋刀后面摩擦亮带的宽度是否合适； 3.进行检修，恢复机床主滑道的平整； 4.减小辅助滑道倾角
单板出现松紧边	1.压尺压棱或旋刀刃口研磨不好，不平直。 2.刀门间隙不一致；刀门间隙中间大、两端小，出现紧边；刀门间隙中间小、两端大，出现松边。 3.旋软材时，卡轴卡得太紧，产生外圈单板有松边，里圈单板有紧边的现象。 4.开始旋切时单板平整，后来出现松边	1.更换压尺或旋刀，并检查磨刀是否合格；检查压尺旋刀安装是否平直。无防弯压辊的旋切机，旋刀刃中部应调高0.1mm。 2.调整压尺与旋刀之间的刀门间隙，使全长上压榨均匀。 3.稍减小卡轴夹紧力。 4.增加两端压榨率

表 10-16（续）

缺陷名称	产生原因	改进方法
单板出现扇形无法正常卷板	1.刀刃与卡轴中心线不平行。 2.进刀丝杆磨损或进刀伞齿轮磨损。 3.刀或压尺位置不正，一头高，一头低。 4.卡轴轴套一头磨损	1.脱开进刀伞形齿轮，调整刀床对卡轴中心线的平行度。 2.检修机床磨损部分。 3.检查刀高，正确装刀。 4.及时检修机床
单板"鼓包"（两头厚，中间薄）成拱形或波浪形	1.后角小，旋到木芯时木芯呈鼓形。 2.压尺压榨率不一致，两端小，中间大。 3.木段轴向压力太大，或压尺压榨力太大，木段出现弯曲。 4.木段旋切温度太高，手摸木段有烫手感觉（超过55℃），使刀刃中间膨胀	1.稍调大后角。 2.检查并调整压尺压榨程度。 3.适当减小卡轴压力和压榨率。 4.控制木段蒸煮温度，出池木段停放一段时间待温度降到50℃以下再旋切
发生"跳刀"，单板板面出现搓衣板似的波浪形（即所谓瓦楞板）	1.刀刃低、后角大，刀在木段压力下循环变形与恢复，产生板面波浪形，节距8～12mm。 2.后角过小，近木芯处，刀挤压木芯，使木段弯曲，板面产生节距为30～50mm的波浪形。 3.硬材软化不好，近木芯处旋切性震动（跳刀）	1.调整装刀高度或调整偏心圆盘转角，使安装角变小，刀刃与木段的摩擦亮带保持为3～4mm的宽度。如偏心到头，在旋近木芯时仍有"跳刀"现调象，则调整辅助滑道倾角（加大），在1°30′～3°范围内。适当升高刀刃，使刀高为0～0.5mm。 2.稍加大后角，观察整个旋切过程是否平稳，里外圈单板厚度是否相等。旋刀后面的摩擦亮带宽度是否合适（3～4mm宽）。调小辅助滑道倾角，调低装刀高度；机床长期使用后，检查主滑道是否磨损。 3.增加木段蒸煮软化时间，提高木芯温度
板面有毛刺沟痕	1.压尺安装不正确，压榨程度不够。 2.木段水热处理不足。 3.旋刀不锋利，油刀不够。 4.刀架与压尺间的连结部分磨损，压尺后退，失去压榨作用。 5.后角过大	1.调整压尺位置。 2.调整木段水热处理工艺。 3. 及时换刀，仔细油刀。 4. 检查机床，进行必要的维修。 5.调整旋切初始后角或提高装刀高度
板面发毛	1.木段热处理过度，木材塑性太高，旋刀不易切断木纤维。 2.刀钝，油刀不够	1.降低木段蒸煮温度，减少处理时间，木段冷却后再旋切。 2.旋切软材时用小研磨角的旋刀，（19°的研磨角），并细致油刀
单板光洁度差，单板松软（背面裂缝深）	1.压尺安装位置不正确，h_0偏高，压尺未起压榨作用。 2.硬材、特硬材的水热处理不足。 3.刀门缝隙S_0过大，压尺作用不明显或压尺不起作用。 4.旋刀不锋利或油刀不够。 5.压尺棱磨损严重	1.降低压尺的h_0，使等于刀门缝隙的1/4～1/3。 2.延长木段水热处理时间，使木芯温度达到45℃以上。 3.调小刀门，使压尺起适当的作用。 4.勤油刀、换刀（水曲柳每班换二把刀，椴木每班换三把刀）。 5.更换压尺，新换上的压尺棱要磨圆
板面有擦伤和划痕或出现凹凸棱	1.木段外圆粘附泥沙。 2.刀刃上有崩口或卷刃。 3.刀门被垃圾堵塞	1.旋切前清扫木段表面。 2.油刀；崩口严重的要更换旋刀。 3.消除刀门碎屑

(2) 开车前检查机床各部分有无不正常现象，起动后观察电动机和指示仪表是否正常，各运转部分有无噪音和振动等异常现象。

(3) 木段的大节疤应先砍除，避免旋切时旋刀局部磨钝和对机床的冲击震动。旋大节疤时应降低车速。

(4) 下班时擦净旋刀、压尺、丝杆、卡轴和滑道等部位的水渍和木屑，用棉纱擦净机床，对应上润滑油处注油润滑。

(5) 定期检修机床。检查机床的回转部分，如有异常音响、发热、震动等现象时应立即检修，不允许机床带病工作；检查机床规定的润滑部分有无漏油、缺油和油道堵塞等毛病；检查刀床主滑道、滑座、进刀丝杆和螺母、卡轴和轴承有无严重磨损；检查电机的发热情况、炭精刷和滑环间的火花以及电机的润滑情况。

(6) 尽量不用大旋切机旋短木段，因为大旋机旋短木段时会造成机床偏载，使一边的卡轴和轴承、旋刀与压尺、进刀丝杆与螺母易磨损，对刀具的使用寿命及机床精度都不利。如一定要使用大旋切机来加工短木段，则一定要装上旋切机中心扶架（随机配的附件）。

2. 旋切机的磨损对单板质量的影响

生产中对旋切机的维护保养影响到机床的精度、使用寿命和旋切单板的质量。如维护保养不好，会造成卡轴和轴承磨损松动、压尺架与刀架磨损松动、进刀丝杆与螺母磨损松动，主滑道呈马鞍形等，这些都严重影响单板质量，使单板出现厚度超差、表面粗糙度增加、背面裂隙度加大、松紧边等不良后果。表10-17列出了旋切机磨损对单板质量的影响及改进措施。

10.2.7 旋切机与后工序的连接

为了保证生产流水线的正常有序运转，旋切机与前后工序的配合很重要。

旋切的前工序为木段运输和上木定心，为了保证足够的木段供旋切机生产，因此旋切机前的剥皮木段，应有1～2h生产所需的贮量。根据这一贮量，考虑在旋切机前留出足够的场地来堆放剥好皮的木段。

旋切的后工序为单板剪切或单板干燥。有的工艺流程是将旋出的有用单板先送到剪板机裁成一定宽度的单板，然后将裁好单板送至单板干燥机去烘干。这种安排工厂称为“先剪后干”工艺流程；另一种是将旋切出的有用单板先送至单板干燥机干燥，而后再将干好的单板按规格剪裁，这种方法称之为“先干后剪”。前者多用于厚芯板和变形较大的单板生产，后者多用于薄表板的生产。

不论哪种工艺流程，由于旋切机的线速度高于干燥机或剪板机，它们的速度不会一致的，所以在旋板机到干燥机之间的连接，总有一个缓冲贮存。连接的方式（包括缓冲贮存）有：带式输送器，单板折叠输送器和卷筒装置。

10.2.7.1 带式输送器

带式输送器或称带式传送装置，它是用皮带运输器将旋切机旋下的单板直接运送到后工序。这种输送装置的贮存架可为一层或多层。单板在贮存和输送过程中保持平展，这有利于保护单板，减少破损，适于多树种和多种单板厚度的生产，尤其适合小径木的旋切。能适应零片单板贮存和输送，使零片单板也能连续化自动生产线。

单板生产连续化中，零片单板的处理是困难的工序之一。旧的方法是用输送带或人工将零片单板送到湿板剪切机前理板、齐边，然后再送到干燥机前进行干燥。这种方法要人工理板、铡板，干燥机进、出板也是人工操作。手工搬运使单板破损率增加，降低了木材利用率和劳动生产率。采用多层贮存架方法为零片单板连续化生产创造了条件。其方法是在旋切机上增加收取零片单板的输送带，使单板出刀门后在输送带夹持下输送，用升降输送带按旋切速度送上贮存架，贮满一层后用手控按钮或自动转换到另一层。位于贮存架后的升降输送带接引零片单板，按干燥机速度的需要，送进干燥机底层网带进行干燥。出干燥机后再送至横拼机进行加工。这样使零片单板生产实现了整张化、连续化和自动化。这种方法的缺点是占用车间的场地较大。

10.2.7.2 单板折叠输送器

带式输送装置需要很长的输送带和占了很大的车间面积，因此，它的应用受到限制。而另一种输送器能使单板在其上面形成波浪形状，贮存于旋切机与干燥机间的输送带上，是一种缓和旋切机速度高于干燥速度这一矛盾的方法，它大大地缩短了输送器运输带的长度。

单板折叠输送器由三段单板输送带组成：

第一段为平皮带组成的接受段。它的作用是接受由旋切机来的单板带。因此线速度与旋切速度相等约为60m/min，此段长度约3m。

第二段是平皮带组成的折叠段。它的作用是贮存单板。该段的速度仅是旋切速度的1/6～1/7。由于接受段速度快，折叠段速度慢，产生一个速度差。结果使单板形成一个个大的波浪状皱折，在折叠段上堆放起来，折叠段起了储存单板作用。但必须使折叠的顶峰倒向旋切机，这样到后面，单板才能顺利展平，否则由于折叠相压，单板容易拉断。

单板折叠段长度可用下式计算：

$$L=\frac{L_{单}}{n} \qquad n=\frac{V_{旋}}{V_{带}}$$

$$L_{单}\cong\frac{\pi(D_{木}-D_{芯})^2}{4S}$$

式中：$L_{单}$——一根木段旋出的单板带长度，m

L——单板折叠段长度，m

n——在1m长的单板折叠段上可存放的折叠单板的长度，一般n=6～7，薄单板n值取大些，厚单板n值取小些

$V_{旋}$——平均旋切速度，m/min

表 10-17 机床磨损对单板质量的影响及改进措施

机床状态	对单板质量的影响	改进措施
压尺架与刀架装配间磨损，有间隙，产生水平滑动，两端滑动距离相等	旋切开始时，木段把压尺顶回，刀门增大，压尺压榨作用减小，单板显得紧松不平	若整个压尺被顶回，则测定顶回距离，关小刀门以补偿此距离。更换或修理磨损部分
压尺架与刀架磨损产生水平滑动，两端滑动距离不均匀，一端大，一端小	单板带一边紧、一边松，成扇形;木段旋成锥形，单板一边薄，一边厚	调小滑动大端的刀门。 滑动太大时，找出原因，进行检修

表 10-17（续）

机床状态	对单板质量的影响	改进措施
压尺滑道磨损，调好的压尺垂直高度下降	使压尺的压力不作用在旋刀刃的切削处，因此不能防止旋切劈裂，旋出的单板表面粗糙，"啃丝"多。旋出的单板厚度波动大，质量差	修理滑道磨损部分，进行研磨找平
进刀丝杆的螺母磨损，旋切时刀床松动,后退		检修，更换新螺母
卡轴轴承磨损	卡轴松动，木段旋转不圆，旋出单板厚薄不匀，质量差	更换轴承，校正卡轴中心在一条直线上
主滑道磨损，成马鞍形	使装刀高度在旋切过程中发生变化，切削后角不按所需规律变化	进行大修，使主滑道恢复水平

$V_{带}$——单板折叠输送器折叠段速度，m/min

$D_{木}$——木段直径，mm

$D_{芯}$——木芯直径，mm

S——单板厚度，mm

单板折叠输送器的贮存方法，适于径级小、单板横纹强度高、厚度薄的单板，如桦木单板的生产。而横纹强度低的树种（如柳桉等），或者单板厚度大时易出现板边裂口。

第三段为单板展平段，这一段的作用是将折叠的单板展平，送入干燥机或单板剪切机。速度比旋切速度略大些。这段长度约为5m。

单板折叠段可为单层，也可为多层，主要依据木段直径、旋出单板带的长度和干燥机前空地的大小来定。

采用二层或多层折叠段时，在接受段后应增加一个摆动的皮带运输段来将单板分配至各层。

10.2.7.3 用卷筒卷单板

对径级大的原木，以上两种单板贮存方法就不合适，应采用单板卷筒方式，将单板卷成卷，贮存于贮存架上，单板卷的直径可达60～80cm。用这种贮存方式，旋切机1～2班的产量即可满足干燥机三班生产的需要。

这种贮存方式，贮存量大，占地面积小，因而目前为国内胶合板生产厂普遍采用。

该方法要求卷筒的转速随旋切过程而变化，即转速由快变慢，卷板的线速度要与旋切速度一致，以免拉断单板带。这可通过卷板机皮带的恒定速度来保证。

卷筒放在开式轴承上，取下、放上很方便。

10.2.7.4 单板出板率

旋切时可把木段分成四个部分：

第一部分是由于木段形状不规则（弯曲、尖削和横断面形状不规则）而形成的长度小于木段长的碎单板部分（也可能由于木段断面椭圆而生成窄长板）。

第二部分是由于定中心或上木的偏差，使旋切机的卡轴中心线与木段最大内切圆柱体的轴线不重合，从而产生出一部分窄长板（单板长度等于木段长，宽度小于木段圆周）。

第三部分是连续单板带部分。这部分是木段"旋圆"以后才能得到的。

第四部分是剩余的木芯部分。一般木芯直径为100～140mm。

由上述四部分可知，要想提高旋切时单板的出材率有以下三个途径：

(1) 充分利用可用的碎单板；

(2) 尽可能将定心和上木偏差产生的窄长单板消除；

(3) 尽量减小木芯直径。

对上述三个方面各有具体的做法来实施。

1. 合理挑选碎单板和窄长单板

用人工运送碎单板和窄长板易使单板破损，而且当产量高、旋切速度快时，无法满足生产需要。改进的方法有两种：一种是把木段旋圆和旋切分开，分别各用一台旋切机进行，这种方法能提高单板质量，但第二次旋切上木时会产生定位误差，使优质的边材多产生一部分尾巴板。因此这种方法只在生产航空胶合板和木材层积塑料时采用。另一种方法是将旋切出的碎单板和窄长板分别用两台皮带运输机运走。到一个地点集中后再进行整理加工。对此需配置剪裁机和截断圆锯。

2. 减少定心、上木偏差

减少这部分偏差的最好方法是使用先进的定心、上木装置。这样能使木段回转中心基本与其最大内切圆柱体轴心一致，使边材部分多出整幅优质单板。

3. 减少木芯直径

当2m(6′规格用)和2.5m（8′规格用）的木段在无压辊的旋切机上加工时，旋切到木段直径小于200mm时，木段就会弯曲，使旋切无法进行，留下较大的木芯。水曲柳等硬材的木芯达140mm，意大利杨木等软材的木芯将达180mm。而这时应该还能旋出一部分芯板，为了充分利用这部分木材，通常对木芯截断后进行再旋，再旋后木芯直径可降至55～60mm。

如果用带防弯压辊的旋切机则可直接将木芯旋至直径为

65～80 mm。这种旋切机一般为液压双卡轴，在木段直径大时用大卡轴（带大卡头）以产生大的驱动力矩，在木段旋至小直径时大卡轴退出，留下小卡轴连续工作。当旋切进行到木段直径为150mm左右时（具体尺寸根据木段树种、长度而定），防弯压辊自动压下，防止木段弯曲，使旋切可连续进行。压辊可为气、液压施加压力或机械施加压力。机械压辊的压力是利用与刀床连在一起的滑道，把力传给压辊，力的大小与滑道曲面形状有关。气、液压压辊的压力能与木段弯曲形状相适应。另外国内产旋切机还有一种靠人力通过杠杆作用施加压力的压辊装置。这种压辊效果差，工人劳动强度大。

10.2.8 单板干燥

旋切单板含水率很高，单板的初含水率与原木的含水率、树种、运输和储存方式以及木段的热处理方法等因素有关（表10-18）。

表10-18 单板初含水率与木材树种和运输方法的关系

运输方法	单板初含水率（%）		
	阔叶树材	针叶树边材	针叶树心材
陆运	60～80	80～120	30～50
水运	80～100	100～150	40～60

注：经水热处理后的阔叶材，一般含水率均超过100%

单板初含水率很高，对当前胶合板的生产工艺不合适，同时也不适合贮存，夏季易发霉，单板边缘易开裂翘曲。因此，对旋出的单板必须进行干燥加工，使其含水率降至适宜的范围，以符合胶合工艺的要求。

10.2.8.1 单板干燥的最终含水率要求及测定方法

单板干燥的终含水率与干燥工艺参数有关。而终含水率直接影响单板干缩率和胶合质量。从生产成本、经济效益看终含水率高些好；但为保证胶合质量则对含水率有一定的范围要求。也不是含水率越低越好。过度的干燥会使单板表面的木材活性基团减少，反而影响胶合强度。而且过干的单板发脆易破损。所以生产中综合考虑各方面因素，定出适宜的终含水率非常重要。

根据当前的生产情况，认为适宜的终含水率如下：

厚度为0.6mm左右的表板，终含水率为12%～15%为宜；厚度在1.5mm以上的芯板，终含水率为6%～8%，不能超过8%，否则会影响胶合质量。具体情况结合各生产企业的经验、单板树种、所用胶种、涂胶量等来确定。

水曲柳单板易破碎，含水率宜高于12%；松木单板热压胶合时透水性差，含水率宜采用下限，否则胶层易鼓泡。

胶合板生产中所用的含水率均为绝对含水率。因此，测定单板含水率也是绝对含水率。

生产中测定单板含水率采用含水率测定仪。这些测量仪器都是通过电量来检测非电量。如：介质常数测湿法、微波测湿法、电阻（或电容）测湿法。最常用的是电阻、电容测量仪（又称木材含水率测定仪）。测定的含水率范围从6%～30%。这种测湿仪结构简单，使用方便。在国内几乎所有胶合板生产厂都用这种仪表来检测单板含水率。测量时把测头钢针插入单板，即可在仪表上读得单板含水率数值。单板才从干燥出来时不要立即测量，待单板温度下降，表面水分蒸发掉，再进行测量。用这种仪器测量约有1%的误差，但这个精度在生产中使用已足够了。

实验室中使用质量法来测定单板含水率。测定方法是：先将被测单板上取下的试件称重，再将试件烘至绝干后称重，通过下式可求得单板的含水率。

$$W=\frac{G-G_0}{G_0}\times 100$$

式中：G——试件初重，g

G_0——试件绝干重，g

这种方法简单可靠，但不能用于流水线的检验。只能作抽样检验用，因为试件干至绝干重的周期长，不能立即反映出流水线上单板的含水率。

在生产中单板含水率的测定最好在干燥机后连续测量，找出大面积单板上局部的高含水率湿斑，以便及时进行再干燥，使胶合板质量得到保证。美国采用的横向倾斜式电极装置就具有这种功能。

10.2.8.2 单板干燥方法、干燥设备及使用注意点

木材中水分可沿着细胞腔纵向通道从纵向端面排出，也可经细胞壁上纹孔贯通从侧面排出。对单板来说，因为厚度小，纵向端面小，而横向幅面大，所以以横向幅面上排出为主。单板干燥时，水分在木材内走的途径比成材短得多，因此，对单板干燥可用高温、高风速低相对湿度进行干燥。

单板干燥的方法有天然干燥和人工干燥两种。天然干燥是将单板置于大气中晾晒，这种方法效率低、质量差，风干的单板变形严重，含水率只能达到平衡含水率。这种方法不宜采用。

人工干燥是利用干燥设备（干燥机或干燥窑）对单板进行干燥。从干燥质量和生产效率考虑，干燥机具有显著的优越性。

按照热传导的方式，干燥方法可分为：对流传热、接触传热、辐射传热和混合传热。

根据这些传热方法制成了各种单板干燥机，最常用的是：空气对流传热、接触传热和接触、对流混合传热的干燥机。

现在生产中普遍采用的是网带传送喷气式单板干燥机和辊筒传送喷气式单板干燥机。

1. 喷气式单板干燥机的结构和原理

喷气式单板干燥机是一种连续式的单板干燥设备。一台喷气式干燥机由加热干燥段和冷却段两部分组成。加热干燥

段由若干分室（可为5～13个分室）组成，作用是加热单板，蒸发单板中的水分。冷却段（1～2个分室）的作用是使单板在夹平的状态下冷却定形，同时利用温度梯度继续蒸发水分。组成喷气式干燥机的每个分室长约2m。

单板的传送可用上下两层镀锌铁丝网带夹住送进。也可用上下成对辊筒，靠辊筒与单板间的磨擦力送进。下辊筒的一端有链轮，另一端有长齿齿轮，由链条带动下辊齿轮转动，再带动上辊转动。上辊筒利用其自重放置在下辊筒上。上下辊转动时驱使单板前进。上辊筒一端轴承放在槽型轴承座内，另一端传动端装有长齿齿轮。因此，上辊筒可在一定范围内上下移动。由于上辊筒的重力作用，无论单板厚度如何变化，上辊筒永远会与单板表面接触。

网带传送的单板干燥机，正确的网带长度很重要。张得过松，传动不平稳，网带下垂程度大，使传送的单板变形；张得过紧则网带被拉伸变形，缩短了网带的使用寿命。合适的张紧度是两相邻传动辊间网带下垂度为10mm。

网带传动另一个重要的问题是网带纠偏。因为网带长度大，精度又有限，所以在运转过程中会出现网带跑偏现象，网带跑偏时，网带边缘会在干燥机机架上刮擦，网带边缘铜焊处会脱开，而使边缘成鱼刺状，影响网带寿命。所以现在的网带传送干燥机都有网带调偏（纠偏）装置。调偏可以用气动，也可用电动。网带跑偏时，网带边缘触及传感器的挡板，使挡板位置发生变化，通过气开关，使气缸的一端进气，气缸运动，带动调偏辊在水平面内绕支点转动，使网带回到正常位置。

干燥机的热量通常是由蒸汽通过散热器提供。加热装置有片状和管状两种。片状散热器散热面积大，结构紧凑，为一般干燥机普遍采用。

热空气的循环现在普遍采用喷气式横向循环。热风由风机吹入喷箱，再由喷嘴将热气流垂直吹向单板表面。旧式的横向气流循环干燥机的热气流是平行流过单板表面，单板表面有一层饱和蒸汽的临界层，它阻碍了热量向单板的传递，也阻碍了单板表面水分向周围空间蒸发，所以干燥效率很低，而喷气式的因为热气流高速垂直冲击单板表面，打破了临界层，加快了单板的干燥速度。因此，干燥效果最好。

喷气式网带干燥机用于干燥连续单板带，因此，干燥机的进口端应设单板卷自动松卷装置，不能靠网带的进给力来拉开单板卷，否则单板带会被拉断，另外还应设置单板卷贮存及空卷回送的贮存架。在干燥机出口端应设置皮带输送机，将干好的单板带送至剪切机剪裁。

辊筒传送的干燥机因层数多（一般为4～5层），而且单板为纵向进料，是零散片，所以在进料端要设机械进料装置，出板端要设卸板台。

喷气式网带干燥机用于“先干后剪”的工艺，多用于干燥表板，这样剪出的表板余量精确，拼板可做到原棵搭配，拼出的单板色泽、纹理一致。

喷气式辊筒干燥机只能使用“先剪后干”工艺，但因为辊筒式干燥机的传热除了对流传热外，还有接触传热，所以干燥效率高。辊筒式干燥机多用于干燥胶合板的芯板，薄木干燥也用喷气或辊筒干燥机。

如果采用喷气式网带干燥要干燥厚单板，通常用“S”型干燥机，以节省车间面积。直进型的喷气网带干燥机用于干燥薄单板。

连续式干燥机的传动装置必须采用无级变速机构，因为单板的树种、厚度、初含水率、要求的终含水率等因素的变化，只有无级变速才能满足工艺要求。

下面列举的是我国现在生产的两种连续式单板干燥机的主要技术特性。

(1) BG183A 型网带传送喷气式单板干燥机

网带宽度	2750mm
工作层数	3 层
网带速度	3.5～35 m/min
热风机电动机功率	13 × 7.5=97.5 kW
冷却风机电动功率	2 × 4.2 ＋ 2 × 2.2=12.8 kW
传动电机功率	3 × 7.5=22.5kW
装机容量	132.8kW
蒸汽压力	0.8MPa
单板厚度	0.85mm
单板初含水率	90%
单板终含水率	8% ± 2%
蒸汽耗量	平均 3800kg/h
干燥能力	4.4 m^3/h
年产量（两班制）	约 20,000 m^3
外形尺寸（长×宽×高）	36300 × 4780 × 4485（mm）

(2) 辊筒传送喷气式单板干燥机

工作宽度	4400mm
工作层数	3 层
散热器型式	椭圆管
单板厚度	1.25mm
单板初含水率	85%
单板终含水率	8% ± 2%
蒸汽耗量	3247kg/h
蒸汽压力	0.8MPa
单位时间产量	4.2m^3/h
蒸发 1kg 水所需耗热	3.85MJ
外形尺寸（长×宽×高）	20915 × 6850 × 3090（mm）

2. 其他类型干燥机

(1)红外——对流混合加热式干燥机

红外线是一种波长为0.76～400 μ m的电磁波，具有光的特性，能辐射、定向、穿透和被吸收转变为热能。对木材的最大穿透深度为1～2mm。

辐射源可采用功率为250～500W的专用红外灯，或燃烧气体加热多孔陶瓷或金属网以产生红外线辐射，用来加热单板，加热迅速。美国将这种红外加热用在喷气式干燥机的进板端，使冷湿的单板迅速升温，提高干燥效率。在我国因这种方法耗电多（蒸发1kg水，耗电1.6～5kW·h），目前使用受到限制。

(2) 微波——对流混合加热式干燥机

微波是一种波长为2～30cm，频率为1000～10000MHz的电磁波。其干燥原理类似高频电介质干燥，利用木材偶极分子在微波电场中急速改变排列方向，分子间摩擦发热而蒸发水分，达到干燥的目的。单板在微波电场中，吸收微波能量的多少与含水率成正比。因此，微波干燥单板的过程中有选择性。含水率高处吸收能量多，升温快，水分蒸发多；含水率低处吸收能量少，升温慢，水分蒸发少。利用这一特性，可将微波加热设计在对流加热的后面，对已干过的单板进行补充加热，以缩短单板干燥时间，并消除单板幅面的含水率偏差。

(3) 单板热压干燥机

在胶合板工业中一般都采用热空气为介质的干燥方法。但这类干燥机在干燥厚单板时速度慢、效率低。尤其现在胶合板采用“厚芯薄表”结构后这矛盾更突出。为了提高干燥机的生产率和干燥质量，国内外都研制了一种热板干燥机，设备的工作原理类似热压机，利用上下两热平板，将单板夹在中间进行干燥，热平板以一定的压力作用在单板上，以保证单板与热平板间的紧密接触，增强传热效果。这种干燥机可为多层，也可为单层，但它是周期式的，热平板“闭合—张开”间歇工作。闭合的作用是向单板传递热量，张开时单板蒸发水分，并自由收缩。否则单板会产生横向的干缩开裂。为了使热板闭合时单板内水分亦能逸出，需在热板与单板间加一块开有沟槽的铝合金垫板。金属垫板的沟槽与单板背面接触。

热平板施加在单板上的压力为0.2～0.35MPa，热平板温度为150～180℃，试验证明：短时间的高温干燥不会造成单板的表面“钝化”，也就不会影响胶合强度。据试验，美国的南方松单板、厚度为3.2mm，温度为180℃可在105s内干燥至含水率为1.5%，这种干燥速度是喷气式干燥机无法与之相比的，从发展来看，这种热压式干燥机将成为干燥厚单板的有效设备。

国内对这方面的研制工作也早就进行了。南京林业大学与常熟林机厂合作研制出了单层热板干燥机，昆山达华机器厂研制出了多层热压干燥机，该机暂定名为BG-MC25脉动触压式干燥机。

技术性能如下：

热压板层数	25层
热压板幅面	900 × 1280（mm）
总功率	14.75kW
饱和蒸汽压力	0.6MPa
饱和蒸汽耗量	1000kg/h
干燥能力（单板厚1.6mm）	10～12m³/班
单板的初含水率	80%
单板的终含水率	6%～8%
干燥温度	150～160℃
总质量	23000kg

类似的热压式干燥机有美国的“旋转木马”式的热压干燥机，苏联的呼吸式干燥机，德国的辊筒式压平干燥机等。热压式干燥机的热源可为饱和蒸汽，也可为导热油，用导热油温度高且可省去庞大的锅炉压力设备。

3. 喷气式网带传送单板干燥机的使用要注意点

(1) 安装干燥机网带时，机架两端支承网带的轴辊要平行，否则会使网带跑偏，造成网带边部磨损。

(2) 干燥机开车前打开直通阀，放掉管路内冷凝水，防止蒸汽冲击，损坏管路与阀门。冷凝水排除后关上阀。

(3) 每周要清除散热器肋片上的锯屑灰尘，可用压缩空气吹除。锯屑灰尘的积聚会影响散热效果和引起锯屑自燃。

(4) 经常清除机内碎块、杂物和喷箱内的锯屑、灰尘。

(5) 经常对传动部分，如变速箱、轴承等部位加油润滑。

(6) 经常检查风机皮带的松紧程度，防止皮带过松打滑而降低风量。

(7) 定期检查机内防锈、防腐蚀漆的状况，如有剥落，应及时重新漆好。

喷气式网带传送单板干燥机的常见故障及排除方法见表10-19。

10.2.8.3 单板干燥的工艺参数及影响单板干燥速度的因子

1. 以热空气为介质的干燥机

喷气式干燥机是以热空气为介质的，它的主要工艺参数是：气流速度、气流温度和气流的相对湿度。

气流速度以15～20m/s为宜，速度低，干燥效果不好；而风速超过这界限，干燥效果改善不明显，但动力消耗却增加很多，不经济。

介质温度通常为140～180℃，热源为饱和蒸汽，饱和蒸汽压为0.4～1.0MPa，也有用直接燃烧煤气、石油、轻质柴油等来加热空气。但采用这种直接燃烧法的干燥机，内部要装防火隔离装置。如果喷气式干燥机用来干燥薄的连续单板，则温度不宜过高，否则干燥速度太快，单板边缘易开裂；后面的剪切速度也跟不上。

介质相对湿度为10%～20%，相对湿度高，介质容纳水分的能力就低，影响单板的干燥速度；相对湿度低，意味着干燥机要经常排湿换气，这样热量损耗大，不经济。

2. 热压式单板干燥机

热压式单板干燥是接触传热，不需热空气作为介质。热压式干燥机的工艺参数是：板面压力，热平板温度和热平板间歇闭合时间。

板面压力以热压板与单板良好接触为宜，压力过大则会造成单板厚度方向的压缩损耗。一般板面压力取0.2～0.35MPa。

表 10-19 网带传送喷气单板干燥机常见故障、原因及排除方法

故 障	产生故障的原因	排除方法
全机介质温度低	1.蒸汽压力降低。 2.蒸汽管中积水多。 3.空气隔绝不严，门未关好。 4.风机或保温层损坏。 5.散热器或蒸汽回水阀故障	1.恢复正常气压，检查蒸汽管道。 2.打开回水管直通排气阀，排除冷凝水，检查送气管的保温层和检查汽水分离器是否有故障。 3.关严加热段各分室的门；排湿结束即关闭排气管阀门。 4. 修理风机或保温层。 5. 检查散热器或蒸汽回水阀，排除故障
从上层往下层介质温度显著下降	1.散热器或回水阀故障。 2.机后检查通道被打开。 3.风量不足	1.检查散热器是否为木屑阻塞，检查回水阀状况。 2.关闭检查通道。 3.检查风机转速和是否有故障
机内空气相对湿度增高	1.机内温度下降。 2.排湿不足，尤其是单板初含水率很高时。 3.机内散热器或蒸汽管接头漏气	1.检查机内各部分状况。 2.打开排气管阀门。 3.修理接头
网带跑偏	1.网带两端的支承轴辊不平行。 2.自制的干燥机上无网带跑偏调整机构。 3.网带用旧，变形严重	1.检查、调整两端轴辊的平行度。 2.增加纠偏装置。 3.更换新网带
单板冷却不够	1.冷却风机风量不足。 2.冷却空气温度高	1.检查风机工作状况。 2.检修冷却系统，使冷风温度不超过25℃

注：介质是指机内热空气，它起了把热量传给单板，又把单板排出的水分带走的媒介作用

表 10-20 不同厚度单板的干燥时间

干燥机类型	单板厚度	加热温度（℃）		单板干燥时间（min）		
	(mm)	进板端	出板端	椴木	水曲柳	柳桉
网带传送喷气式干燥机（风速 15m/s）	1.25	140	110	4.5	3.5～4	2.5
	1.50	140	110	6～7		3
	2	140	110	10	8	
网带式横向气流干燥机（风速 2m/s）	1.25	125	140	8～10[①]	7～8[①]	
	1.25	125	140	10～13[①]	10～12[②]	
	1.50	125	140	20～25	18～20	红柳桉 18
	1.50	125	140			黄柳桉 20～25
	2.50	140	140	40	30	
	3.75	140	140			40

注：1. 单板初含水率 80%～120%，终含水率 8%～12%

2. ①为陆贮材，边材和早材多的单板；②为水贮材、心材和晚材多的单板

热平板温度可为150～190℃，温度高，干燥速度可大为提高，通常取170～180℃。温度低，干燥速度慢，热压干燥的优越性不能充分体现出来。

热平板的间歇闭合时间，通常要压紧30s至1min松开热板一次，接着再压紧，重复这过程，直至单板达到需要的终含水率。

3. **影响单板干燥速度的因子**

单板的干燥速度是指单位时间内单板通过单位表面积所蒸发的水分量。影响单板干燥速度的因子很多，但归纳起来不外乎两个方面。一个是干燥机的工艺参数，一个是单板本身的情况。这些因子列举如下：

(1) 热空气或热压板温度的影响：温度是影响单板干燥速度的重要因素，温度越高，干燥速度越快，但过高的温度会影响单板表面的胶合性能，一般认为温度不超过200℃为好。

(2) 热空气相对湿度的影响：这因素只是指空气对流传热的干燥机。空气的相对湿度只是当单板在高含水率范围内干燥时，它的影响显著。即当木材蒸发自由水时，介质的相对湿度起的作用大，而当单板干至含水率较低时，相对湿度的影响就不那么明显了。干燥机内空气的相对湿度以10%～20%为宜。

(3) 热空气气流速度的影响：气流速度对干燥速度也有很大的影响。气流平行吹过单板表面的，以2m/s为最经济。而喷气式的气流速度应达到15～20m/s，这样才能有效打破临界层，得到满意的干燥速度。

(4) 单板树种的影响：在相同的干燥条件下，不同树种的单板，干燥速度不同。一般情况下，密度大的树种其干燥速度低于密度小的树种。

(5) 单板厚度的影响：单板厚度越大，水分传导和水蒸气扩散的路程越长，阻力也越大，干燥速度越低，表10-20

中列出的一些例子供参考。

10.2.8.4 单板干缩率、单板干燥缺陷及消除方法

1. **干缩率**

木材的干缩弦向最大，径向次之，纵向最小。弦向的干缩比径向高出将近一倍。单板的宽度方向正好是木材的弦向。单板的厚度方向则是木材的径向。因而在加工中就要考虑单板的干缩。单板的干缩变形以干缩率来衡量。定义如下：

$$\Delta_b=\frac{B_m-B_d}{B_m}\times 100 \qquad \Delta_s=\frac{S_m-S_d}{S_m}\times 100$$

式中：Δ_b、Δ_s——分别为单板的宽度与厚度干缩率，%

B_m、S_m——分别为干燥前单板宽度与厚度，mm

B_d、S_d——分别为干燥后单板的宽度与厚度，mm

Δ_b的值一般在6%～12%，Δ_s的值约为3%～6%，具体数值根据树种、终含水率等因素而定。

2. **单板干燥缺陷和消除方法**

单板由于本身木材结构和旋切加工中的问题，因此在干燥过程中会产生一些缺陷，这些缺陷影响单板质量和出材率，必须设法消除。单板干燥过程中的缺陷、原因分析及改进方法见表 10-21。

3. **单板的整平（柔化）**

由于旋切时单板会形成背面裂缝，因此使单板出现一面松、一面紧的现象，即俗称的松紧边。这样单板在干燥时两面的应力不一样，会使单板产生翘曲，厚单板尤其严重；另一方面有些树种的木材在生长过程中就形成了应力木，因此制成单板亦会翘曲。翘曲的单板给生产操作带来不利，同时影响胶合板的成品质量。

解决这问题的方法是人为地在紧面制造一些刻痕，或将单板正面（紧面）的纤维结合放松，以消除正面的应力。常用的整平（柔化）方法原理如下：

(1) 切痕法（图 10-19）：这种方法是在辊筒上安装了一些与轴平行的刻刀，单板在刀辊与工作台间行进时，在紧面被刻出许多刀痕，从而达到柔化紧面的目的。

(2) 大、小辊挤压法（图 10-20）：该柔化装置是由大、小两挤压辊组成。小辊为刚性辊，大辊为外包硬度为40。橡胶的柔性辊。当单板在大、小辊间通过时会产生局部变形，而在紧面上制造出一些裂缝，使该面得到柔化。大辊直径为300mm，小辊直径为18～20mm，小辊可用不锈钢、青铜或硬塑料制成。

(3) 弹性体挤压法（图 10-21）：这种方法是利用弹性体（如橡胶）挤压变形所产生的拉力，在单板表面拉出裂纹。在两个加压辊之间单板横向进入，两块弹性体接触单板，受压部分产生变形，从C部分向D部分移动时单板两点的移动速度有差值（即$V_2>V_1$），在加压位置上单板受到拉力，在前进过程中连续产生小裂缝，达到了单板被柔化的目的。

4. **使喷气式单板干燥机上下均匀干燥的方法**

在喷气式干燥机中，由于经过强制通风加热室的热气流

表 10-21 单板干燥过程中的缺陷、产生原因和改进方法

缺 陷	产生原因	改进方法
板面翘曲不平	1.木材本身为应力木或有涡纹、扭转纹等缺陷。 2.旋切过程中单板出现“鼓包”	1.对单板进行柔化或整平。 2.见表 10-16 中所述
单板带边缘翘曲或出现“荷叶边”	1.旋切时刀门压缩率不一致，压尺和旋刀不平直，刀门两端间隙太大，产生松边。 2.单板薄，干燥速度快	1.调整刀门，增加两端压榨率。 2.改进干燥条件，增加机内湿度
板端裂缝	1.木段有端裂。 2.单板边缘干燥速度快。 3.湿单板堆放时间过长，板边已气干。 4.单板松软，背面裂隙大。 5.水曲柳单板旋切有紧边或鼓泡	1.旋切单板封边。 2.旋切单板封边。 3.存放过久的湿单板，干燥前板端用水湿润一下。 4.增加压尺的压榨作用。 5.提高旋切质量，水曲柳单板旋切应稍带松边
部分单板过或过湿	1.单板初含率相差大。 2.各干燥层的干燥条件不一致	1.不同树种的单板及心、边材应分开 干燥。 2.可在干燥机内设置挡风板，停机检修
单板各部分含水率不匀	1.初含水率不一致。 2.沿喷箱长度方向气流不匀。 3.干燥机故障，局部喷嘴堵塞	1.检查湿单板含水率。 2.将老式的等截面喷箱改换成变截面喷箱，在喷箱上设计合理的喷嘴配置。 3.检修设备
单板带易断裂	1.单板带端裂严重。 2.干燥机上压网未分段或虽分段，但前后速度调整不当。 3.单板背面裂隙大。 4.机内温度高，湿度过小，与单板树种的材质不相适应	1.旋切前去除原木端裂、旋切时封边。 2.干燥机超过 8 节时上网带要分段，以适应单板带的干缩。如上网带速度不正确可调快进板端压网的速度。 3.检查旋切工艺。 4.检查机内温、湿度，找出适合该树种单板的温、湿度

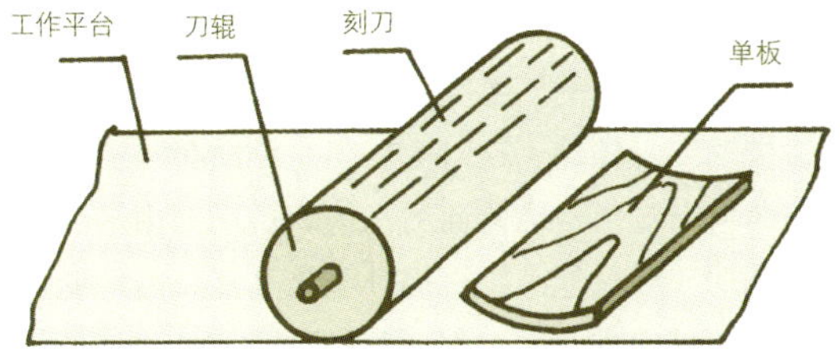

图 10-19 **切痕法单板整平**

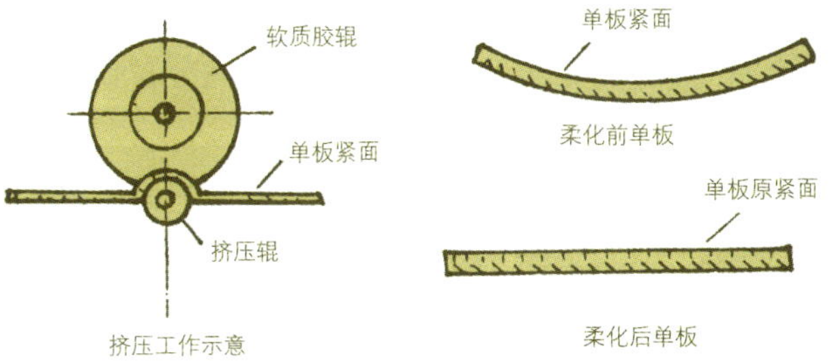

图 10-20 **大、小辊挤压柔化**

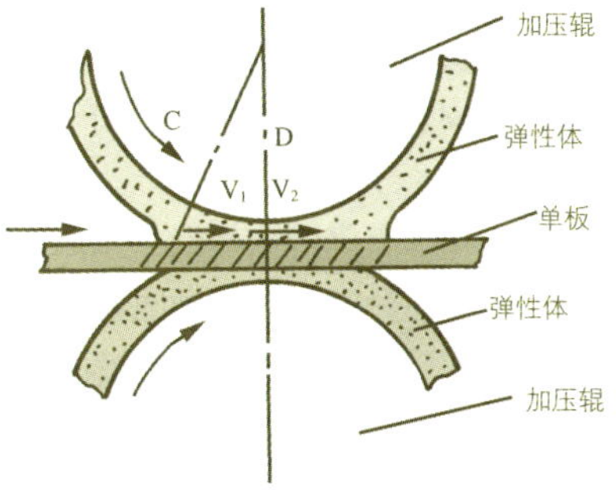

图 10-21 **弹性体挤压法柔化单板**

不能急转弯进入上部喷箱，这样下部喷箱就得到更多的热风喷向单板，因此使干燥机下层烘出的单板比上层烘出的干，造成了干燥机层次上的干燥不均匀。解决这一问题可采用挡流板。

采用挡流板有两种做法：

(1) 急转弯导流板：这种挡流板沿加热室部高度分布在干燥机长度方向。并从干燥机一侧以30° ～45° 向下延伸。它使风机吹来的正常气流破坏，形成更多的涡流，从而使热空气更均匀地进入上下各层喷箱，上下各层干燥更均匀。

(2) 梯形或楔形挡流板：采用梯形或楔形挡流板，挡住下部喷箱口的部分面积，限制了进入下部喷箱的热空气流量，以达到上下均匀干燥的目的。这两种挡流板上都开有很多孔，以便于调节。

10.2.8.5 干燥机生产率的计算

要计算单板干燥机的生产率首先需确定单板所需的干燥时间，生产中可根据经验对不同树种、不同初含水率和不同厚度的单板先估算出一个干燥时间，然后在实践中校正。

干燥时间确定后，干燥机的生产率可由下式求得：

$$Q=Z\cdot K\cdot K_1\cdot N\cdot S\cdot W\cdot\frac{L}{T}$$

式中：Q——干燥机班产量，m^3/班

Z——干燥机每班工作时间，以 8h 计，连续工作时 Z=8h，二班制生产 Z=（8 − T）h，一班制 Z=（8 − 2T）h

K——传送单板的面积利用系数（实际用于传递单板的面积与可传送单板面积之比），一般为 0.7～0.8

K_1——干燥机工作时间利用系数，约为 0.95～1

N——干燥机层数

S——单板厚度，m

W——干燥机的有效工作宽度，m

L——干燥机的长度，m

T——单板通过干燥机所需的时间，h

若干燥连续单板带则 W 改为单板带的宽度，而 K 则约为 1。

10.2.9 单板剪切

单板剪切工序是影响单板等级和出材率的主要工序。操作工应熟悉国家标准中对单板的材质要求，尽量裁取特等和一、二等级的面板，不允许存在的节子、腐朽、变色、夹皮等缺陷应截去。

10.2.9.1 单板剪切尺寸的确定

在单板剪切时首先要确定单板的宽度尺寸，留出最合理的加工余量，以获得最高的出材率。单板宽度尺寸要根据工艺来确定。

(1) 采用先剪后干的工艺，整幅湿单板宽度 B_m 为：

$$B_m=B_p+\Delta_1+b$$

式中：B_p——胶合板的成品尺寸（宽度或长度）mm

Δ_1——胶合板的锯边余量，约为 40～60mm

b——单板的干缩余量，mm

(2) 采用先干后剪的工艺，整幅干单板宽度 B_d 为：

$$B_d=B_p+\Delta_1$$

式中符号意义同上。

如果是先剪后干的窄长板，干燥后需胶拼，所以还应留出 20～25mm 的二次齐边余量。

10.2.9.2 提高单板出板率的对策

随着原木价格的上涨，原木成本在胶合板成本中所占的比例也增加了，而 16%～25% 的木材在单板剪切机上变成了废单板，这损失是相当惊人的，因此千方百计提高单板出板率意义重大。提高单板出板率的影响因素很多，大致可归纳为：

1. 木段准备

原木锯断应去除端裂，控制余量；木段热处理严格按工艺进行，保证热处理质量；采用先进的木段定心设备，提高

定心精确度。

2. **旋切控制**

减少卷板时单板破损、断裂；做好碎单板的挑选工作，能用的小尺寸单板都应挑拣加以使用；采用带液压双卡轴和压辊的较先进的旋切机；加强操作者的责任心，完善经济、质量指标和奖惩制度。

3. **干燥和剪切**

单板干燥时要防止过干现象，因为过干会引起过量的收缩，同时还影响单板的胶合，因此，一批单板经过干燥机后，不可能百分之百地达到规定的终含水率要求，否则如果全部低于或等于要求的终含水率时，其中必定有部分单板过干了，这也造成了干燥能量的浪费。

合理的做法是保证绝大部分单板经干燥后达到所需的含水率，而另一小部分单板含水率偏高，需再干燥，最好的再干率是15%～20%，亦即$1m^3$的湿单板经干燥后，其中0.15～$0.20m^3$需再次干燥，具体数值取决于单板种类、干燥条件和工厂。要控制好单板含水率和再干率，必需在干燥机出板端装置一台优质的连续含水率测定器。

另一个提高单板出板率的关键是单板剪切。必需确定合理的剪切余量，每节约1cm剪切余量对全年的产量来讲就是巨大的经济效益。确定了余量后，剪切时必须提高剪切精度，避免剪出梯形的表板，控制好尺寸误差，应用质量控制图（X-R图）做好工序控制。

单板剪切时不能单独追求整幅高等级单板，因为这样必定会造成一些材料的浪费。合理的做法是根据定货要求，结合生产成本来力争获取足够量的高等级单板。单板剪切时应结合后工序的修补工作来考虑。

10.2.9.3 单板剪切设备

单板剪切设备有机动和手动的两类，手动剪板机精度差，但设备结构简单、价格便宜，所以工厂一般都用于芯板整理。机动剪切设备结构较复杂、效率高、精度高，用于面背板和中板的剪切。机动剪切设备有机械传动和气动两种。

1. **机械传动剪板机**

剪板机的机架由左右机架、刀架和横梁组成。底刀水平地固定在机架上。刀架上有垂直滑杆，装在导管内，能上下滑动。机床两侧有偏心轮，能将转动变为刀架的上下运动。偏心轮与传动轴相连接。传动轴上有离合器和大齿轮。踩下踏板，离合器闭合，离合器摩擦环张开与大齿轮接触，电动机通过齿轮带动传动轴回转，使刀架上下运动。离合器分开时大齿轮在主轴上空转，刀架不动。

底刀用钝后刀口变圆，影响剪切，这时需取下刃磨。重新安装时要调整好剪刀与底刀口之间的间隙。

2. **气动式剪板机**

气动剪板机由机架、机械进出料装置和气动剪切部分组成。不剪板时转动主轴转向一边。曲臂被提升，剪切刀处于最高位置，离开砧辊，单板带经进料辊进入砧辊，需剪切时按动气开关，气管里的压缩空气经气体分配箱进入气缸，推动滑阀，带动主轴转动。这时主轴由一侧向另一侧转动，转动时带动曲臂上端由一边偏向另一边，剪切刀由最高位置沿导管向下运动，经最低点，再提升至最高点。经最低点时剪切刀切断单板带完成一次工作。剪好的单板由出料辊运走，出料辊的速度是进料辊的2倍，砧辊表层包有氯丁橡胶。气动剪板机，剪切刀动作快，适宜于安装在喷气式网带传送干燥机的出料端，气动式剪板机的剪切频率最高达到400次/min，而机械传动的仅120次/min。气动剪板机以砧辊替代了底刀，所以仅需更换砧辊的橡胶层，省却了研磨和安装底刀的麻烦。

10.2.10 单板加工

干燥后的单板上保留有一定的材质缺陷和加工缺陷，等级也混杂，因此，对干燥后剪切好的单板要进行等级和用途的分选。有缺陷的单板及窄幅单板需经修补和胶拼，然后才能入单板仓库备用。

10.2.10.1 单板分选

单板分选应根据国家标准中对面、背板的质量要求来进行，将需修补的整张板拣出，将需胶拼的窄单板选出来，以便进一步加工。

组配先剪后干的窄长板时应做到“原棵搭配”，干燥后需经再齐边后才能胶拼。

分选工作最好在干燥机后的传送带上进行。因为单板干燥后很脆，横纹强度差，多次的翻动和搬运易造成单板破损。

分选后的单板应根据树种、尺寸规格和面背板分别堆放，并留有标签。

10.2.10.2 单板修理和挖补

单板的修补工作包括修理和挖补两种工作。单板修理主要是对单板上的小裂缝用胶纸带贴合，使裂缝弥合，不再扩展。用作中板或芯板的小裂缝（不超过胶合板离缝要求）不进行修理。面板上的裂缝必须修理，修理用湿贴胶纸带，胶带贴在单板的正面，以便以后砂光时除去。若要贴在背面（即所谓内贴）则必需用穿孔胶纸带。尽量减小胶带对胶合强度的影响。

单板上的死节、虫眼、孔洞等超过国家标准允许范围的缺陷必须挖去，再补上一块好的单板片。挖和补的工作可以在自动挖补机上一次完成，也可分为挖孔和补孔两次完成。

用挖补机工作时挖和补都由机械完成。挖补分开进行时，挖孔可用手工或机械；补孔则用手工进行。

手工挖孔用冲头将缺陷冲去或用小刀将缺陷挖去。

机械挖孔多采用回转式刀头将孔挖出。刀头上可装小割刀或盘成圆筒形的细齿锯条，刀头中心有装在弹簧上的压片，挖孔时压片先压住单板，然后刀头下移挖去缺陷。补片也用同一回转刀头挖制。用手工将周边涂上胶后镶入补孔或用胶纸带贴在补孔中。芯板修补时最好用周边涂聚醋酸乙烯酯乳液（俗称乳白胶）的方法，如用胶纸带贴的话，只能用穿孔胶纸带（但结构胶合板不宜使用）。

自动挖补机工作时，用凸轮机构控制的上冲头冲掉单板缺陷，与上冲模形状一致的下冲模冲出补块。工作台下有单板条自动供料系统供下冲模冲制补块。靠补块的正公差将补片嵌入孔内，最大补块尺寸为80mm × 40mm。冲头为菱形或椭圆。补片的尺寸比孔大0.10mm左右。补片的含水率比表板低，约为4%～5%。如果单板上冲的孔非圆形时，应使孔的长轴方向与单板的纤维方向一致。所用补片的厚度、树种、木纹、颜色应与被补单板一致。

10.2.10.3 单板端、侧胶拼

把窄长单板拼接成整幅单板的操作称为胶拼，这种胶拼是在单板的宽度方向进行，即对单板的侧面进行胶拼。

还有一种是在单板端头进行胶拼，将单板接长，也叫端接。

1. 宽度胶拼

按单板的进板方向与纤维方向间的关系，可分为纵拼与横拼两种。按胶拼所用的材料可分为有胶带胶拼与无胶带胶拼。下面分别介绍几种纵向进料和横向进料的胶拼机。

(1)纵向纸带胶拼机：主要用于面板胶拼，在拼缝处单板侧面紧密接触，然后在面上接缝处贴上胶纸带。胶纸带是由涂有动物胶的牛皮纸组成。胶纸带经水湿润再贴到拼缝上，接着由电加热辊紧压加热，使纸带中水分蒸发，紧紧贴到单板上。加热辊温度为70～80℃。温度过低，胶纸带贴不牢；温度过高，胶纸带焦糊、变脆。工作台下方对着加热辊的位置，有一对锥形辊，产生一定的侧向推力，使两片被拼接的单板侧面紧靠。使用时应再调整好锥形辊，否则推力不足，拼缝不严；推力过大，挤破单板。

(2)横向有带胶拼机：横向有带胶拼可用压敏胶粘纸带或热熔性树脂线，如聚乙烯——醋酸乙烯共聚物（简称EVA树脂）等。

将未齐边的板条连续送入横拼机，机床能自动检测厚度、齐边、胶拼、等规格剪裁和堆垛，整个过程只需一人操作。每班生产率约为1200张（915mm × 1830mm芯板）。机床的主要结构为：机座、砧辊、进料输送带和厚度检测装置组成的进给装置，凸轮机构控制胶拼机构和堆板机构。

纸带式横拼机主要用于拼接芯板，使芯板整张化，也可用于拼接背板，这种拼接机拼成的单板形状整齐，无扇形等缺陷。生产中用得较多。另外还有缝纫式的连续横拼机，用于拼接长芯板和背板。

无胶带纵向胶拼机现很少采用，因为随着表板厚度的减薄，已不适合用无带胶拼了。而大部分工厂对长芯板则尽量用整幅的，以修补工作来取代胶拼。

2. 单板的长度拼接

在胶合板生产中对短单板应加以充分的利用，在长度方向将它接长则可用作长芯板或背板。但长度方向的拼接应不影响单板的顺纹强度，所以拼接应采用指接或斜面搭接。接长的单板也可用作LVL的材料，还可在水泥模板、结构胶合板等对表面美观要求不苛刻的产品中用作面板。由南京林业大学与江苏省东台市木工机械厂联合研制出了这类单板纵向接长机组。它由双头单板斜铣锯机、斜接压机、单板剪切和单板堆垛机组成。先将短单板两端铣出斜面，而后首尾胶压成连续的单板带，再按需要剪切成任意长度规格的单板。机组的主要技术规格及参数见表10-22和表10-23。

斜面搭接时斜面角以3°～5°为宜。

10.2.10.4 芯板整张化

所谓芯板整张化有两个方面：一是单板剪切时尽量多剪出整幅的芯板，对单板上的缺陷采用以补代拼；另一做法是将窄单板拼成整幅的芯板，目前工厂中采用的方法可以用手工拼也可以用单板横拼机拼。

芯板实现整张化后可减少组坯时的叠芯离缝缺陷。也是实现芯板涂胶——组坯连续化的必要措施。

但是对变形大的树种（如枫香、速生杨），芯板整张化

表10-22 BJC单板接长机组主要技术规格及参数

BJC1213型双头单板斜铣锯机				BJC2114型斜接压机			
名称		单位	参数	名称		单位	参数
加工单板长度		mm	470～1350	斜接单板最大宽度		mm	1450
加工单板厚度		mm	1～4	温度可调范围		℃	65～200
单板输送速度		m/min	2.5～25	加热方式			电加热
锯轴移动速度		r/min	4800	工作油压		MPa	4
拖板移动速度		m/min	2.5		液压系统		7.5
	刀盘		3 × 2	电机功率	加热	kW	4
电机功率	进料	kW	3				
	调整		0.75	板面压力		MPa	1.5
机床外形尺寸		mm	2910 × 2000 × 1400	机床外形尺寸		mm	2800 × 1800 × 1600
机床质量		kg	4000	机床质量		kg	3000

表 10-23 国外单板接长机的一些技术参数

斜面铣削机							
指标名称		Yc	2Yc	劳特公司斜面铣削机			
				FVs2	2FVs185	2FVs240	2FVs265
最大工作宽度(mm)		–	1870	–	1850	2400	2650
最小工作宽度(mm)		–	470	–	450	450	450
斜接单板厚度(mm)		0.5～6	0.5～6	0.5～6	0.5～6	0.5～6	0.5～6
进料速度(m/min)		12～18	6～24	8～25	8～25	8～25	8～25
铣刀转速(r/min)		6000	5600	5000	5000	5000	5000
电动机功率(kW)	铣刀	4.5	5.5 × 2	6.0	5.5 × 2	5.5 × 2	5.5 × 2
	进料	2.8	3	2.2	2.2	2.2	2.2
	调整	–	–	0.75	0.75	0.75	0.75
外形尺寸(mm)	长度	1630	3190	1150	2000	2000	2000
	宽度	830	1890	850	3000	–	3800
	高度	1130	1415	–	–	–	–
重量(kg)		1100	3580	1150	2125	–	2300

窄板压机					
指标名称		YC П Г	菲勒金格公司（英国）	YP/MI-66（劳特公司）	IP/IS-56
热压板长度(mm)		1700	1700	1700	1700
热压板宽度(mm)		70	70	60	70
单位压力(MP a)		1.8	2.4	1.18	1.18
电加热功率(kW)		4.4	蒸汽加热	6.8	6
液压系统功率(kW)		2.8	3	3.3	3.3
温度调节范围(°C)		100～200	80～150	100～200	65～230
外形尺寸	长(mm)	3900	3658	3000	
	高(mm)	2380	1067	2550	
	宽(mm)	1452	2057	1400	
重量(kg)		1442	3000	2000	1850

仍不能避免叠芯离缝的出现。因此，现在工厂中采用的多数做法是将芯板拼成半幅或三分之一幅来使用。而且采用二次涂胶或预压后修理来解决叠离心问题。

正确的做法是对单板进行整平（柔化）然后才施行芯板整张化工艺。且在芯板胶拼（手工）前应进行齐边。另外重视芯板旋切质量，不使它出现松紧边，也是芯板整张化的必要措施。芯板的挖补都采用手工进行，要注意挖补质量，不使补片与孔间产生较大的空隙。

10.2.11 合板制造

胶合工序是胶合板生产中的一个重要部分。在这阶段，要进行单板施胶、组坯、预压，最后热压成胶合板。胶合质量的好坏直接影响到产品质量。同样锯边和砂光的失误也会使产品报废。

10.2.11.1 表芯板厚度的搭配

胶合板的面、背板及芯板的厚度，可以是等厚板，也可以不等厚。各层单板等厚，生产管理方便,产品纵、横结构均匀，但浪费较好的表板材料。所以现在都不采用等厚结构，而采用“厚芯薄表”结构，对非结构用的普通胶合板各层比不作规定，而对作结构用的水泥模板则规定了纵、横纹单板的厚度比。

胶合板板坯厚度和表芯板厚度的搭配，根据成品厚度要求、胶合过程的厚度压缩率和表面加工余量来定，单板干燥过程中的干缩余量不另作考虑，因为胶合板成品尺寸允许很大的厚度负偏差。

常用的普通胶合板表板厚度为0.5～0.8mm,芯板厚度为1.5～2.0mm。各层单板厚度可在此范围内搭配。

水泥模板的各层单板厚度比有特别要求，考虑到产品结构均匀性，与表板同纤维方向的各层单板厚度之和不得小于板坯总厚度的40%，并且不大于60%。胶合板产品的热压厚度压缩率见表 10-24。

表 10-24 几种胶合板产品的热压厚度压缩率

胶合板品种	板坯热压压缩率（%）
普通胶合板	8～10
混凝土模板用胶合板	8～10
航空胶合板	20～25
船舶胶合板	30～35
木材层积塑料	50

10.2.11.2 芯板施胶

单板施胶的方法有多种，根据胶黏剂的形态分干状施胶和液态施胶。干状施胶有胶膜纸和粉状胶黏剂两种，胶膜纸施胶质量好，但成本高，因此仅用于航空胶合板的生产。粉状施胶尚在试验阶段。液态施胶有淋胶、喷胶、挤胶和辊筒涂胶。

淋胶是从油漆行业借鉴的一种方法。工作原理是使胶液形成均匀的胶膜，淋到单板上。淋到单板上的胶量与胶的黏度、流量、单板行进速度等有关。

挤胶是将高黏度胶经过挤胶器小孔成条状地施加到单板上。

喷胶法是将胶液成雾状地喷到单板表面。这种方法要求胶液清洁，否则喷嘴易堵塞。国内胶合板生产未采用此法，而刨花板和中密度纤维板生产多采用喷胶。

我国的胶合板生产都采用辊筒涂胶的方法。辊筒涂胶法的历史较长，是接触法涂胶，通过辊筒将胶液施到单板的两个面上。

辊筒涂胶机有双辊和四辊两种。

1. 双辊涂胶机

这是一种比较陈旧的设备，工作时上辊靠下辊供胶，由上辊的压力来控制涂胶量，因此胶量不易控制，经常会出现挤破单板，这种设备的胶辊大，转速低，生产率低。下辊浸入胶槽的深度以直径的1/3为宜。这种设备现很少采用，它已被四辊涂胶机取代。

2. 四辊涂胶机

四辊涂胶机由上、下涂胶辊和上、下挤胶辊组成，挤胶辊与涂胶辊相向转动，但线速度比涂胶辊低15%～20%，起刮胶的作用。胶液存放在挤胶辊与涂胶辊之间，通过调节挤胶辊与涂胶辊间的间隙来调整涂胶量。这种涂胶机的涂胶辊直径小，转速高，涂胶速度快，生产率高，涂胶质量好。

四辊涂胶机下方的槽不作贮存胶液用，而是用于涂胶机的清洗、收集和排除污水。为了保护涂胶机的良好性能，应避免胶辊不均匀磨损，当零片单板（随机宽度）涂胶时，应在胶辊的全长上进行，不能始终在某一局部位置进给。涂胶机要定期用温水清洗，如遇局部胶固化，可用3%～5%的氢氧化钠溶液和毛刷除垢。如果用于涂脲醛树脂胶，还需用醋酸中和，然后再用清水洗净。辊筒有磨损应及时修复，外覆的橡胶包层应送至橡胶厂重包新层。

为配合芯板整张化工艺，现辊筒的长度作了加长（达2700mm）；为了均匀涂胶且不压坏单板，采用了软辊筒，在橡胶覆面内加一层软橡胶，涂胶辊的线速度提高到80～100m/min。

3. 施胶量（表10-25）

每平方米单板面积上所施加的胶黏剂量称为施胶量。可

表10-25 不同树种、不同胶种、不同单板厚度时的施胶量

树种	单板厚度	施胶量（双面）(g/m²)			
		血胶（扣水胶）	豆胶	UF胶	PF胶
椴木 杨木 松木 云杉	1.25	480～520	550～600	250～280	220～240
	1.25～1.50	480～520	550～600	250～280	220～240
	1.50～1.75	550～600	600～660	280～300	220～240
	1.75～2.00	550～600	660～730	300～320	240～260
	2.00～3.00	600～650	660～730	320～340	260～280
	3.50～4.00	600～650	660～730	380～400	300～320
	4.50	600～650	660～730	380～400	320～360
水曲柳 柳桉	1.25	500～550	600～660	280～320	260～280
	1.25～1.50	500～550	600～660	280～320	260～280
	1.50～1.75	550～600	600～730	280～320	260～280
	1.75～2.00	550～600	600～730		280～300
	2.00～3.00	660～730	660～730		300～320
	3.00～4.00	660～730	660～730		320～340
	4.50	660～730	660～730		380～400
桦木 荷木	1.25			220～250	200～220
	1.25～1.50			220～250	200～220
	1.50～1.75			220～250	220～240
	1.75～2.00			250～280	220～240
	2.00～3.00			300～320	240～260
	3.50～4.00			340～360	260～280
	4.50			340～360	280～300

注：1.血胶的固体含量13%～15%，豆胶的固体含量30%～35%，UF胶树脂含量60%～65%，PF胶树脂含量45%～48%

2.软阔叶材参照椴木一类的施胶量，环孔材参照水曲柳一类的施胶量，散孔硬阔叶材参照桦木一类施胶量

用下式定义：

$$q=\frac{G}{F}\text{（双面或单面）}$$

式中：F——单板的施胶幅面大小，m^2

G——施加到F面上的胶液重，g

现在指的施胶量（涂胶量）都是指的液态胶质量，科学的做法是根据胶液内干物质的含量折算成固态的。但这样较繁，所以通常都用液态施胶量。

施胶量的大小对胶合板质量有直接影响。施胶量太小，无法形成完整的胶层，影响胶合强度；施胶量太大，胶层厚，固化时内应力大，且相邻单板不能紧密地接触，同样影响胶合强度。决定合适的施胶量要综合考虑下述因素：

(1) 胶种：胶种不同，固含含量不同，胶层的性能不同，因此施胶量不同。

(2) 树种：树种不同，木材的结构疏密不同，所需涂胶量也不同。在相同条件下，水曲柳单板涂胶量比椴木单板要多出30～50g/m²（双面）；而桦木单板则比椴木单板少30～50g/m²（双面）。

(3) 单板厚度：单板厚度不同，对胶液的有为收量不同。厚单板胶液渗入木材多，要在单板表面形成一定的胶层，施胶量就需加大。

(4) 单板表面粗糙度和背面裂缝：表面越粗糙、背面裂缝越深，需要的施胶量越大。

10.2.11.3 组坯及预压

1. 组坯

胶合板组坯时应根据胶合板成品厚度要求来确定板坯的厚度，然后确定组坯方案。板坯厚度的计算见10.2.6.5中所述。

组坯可为机械化组坯或手工组坯。机械化组坯的前提是芯板要整张化，单板要平整，组坯生产线由施胶设备、传送设备和堆垛设备组成。我国胶合板生产以手工组坯为主。

用涂胶机施胶、组坯机械化生产线由以下几部分组成：

(1) 贮放芯板垛的升降台和芯板自动进料系统。

(2) 叠放面板和背板的送板车及面、背板自动进料系统。

(3) 组坯台旁的中板自动供料系统。

(4) 具有自动升降机构的组坯台。

它的操作程序是吸板箱从芯板垛吸起一张芯板，自动送进涂胶机前的进料辊筒，进料辊筒的速度与涂胶机涂胶辊筒速度同步，并使芯板前端平整地进入涂胶辊筒间，避免单板被挤破。

上了胶的芯板，落在预先放好背板的组坯台上，由于挡块的作用，与背板一边靠齐。

在芯板进料的同时，送板车两侧的面、背板自动进料系统工作，将面板传送到送板车下层，背板传送到送板车的上层。送板车的上层结构是可以开合的栅状结构，它的作用是将面、背板重合，送板车由于气缸的推动可以沿轨道往返运行。面、背板叠合后，由送板车运送到组坯台上方，它的位置稍高于涂胶芯板。组坯台一侧的挡块可由电气控制升降，当送板车接近时挡块下降，而低于背板，当面、背板过后，复又上升，因此在送板车抽回时，面、背板即被阻留在涂了胶的芯板上，这样一次组坯操作就完成了。送板车回到原位，碰到限位开关，又进行了第二次涂胶、面背板进料叠合和组坯操作。所有操作都是按程序自动控制的。

以上是三层板的组坯过程，多层板组坯时中板自动供料装置也加入程序操作。

手工组坯时要有一直角的基准边，做到“一头一边齐”。零片芯板间应留出涂胶芯板的湿胀余地，避免叠芯离缝。窄条芯板不放在边缘，否则搬动板坯时，窄条板容易错动。

多层板的长中板在长度方向不允许用短芯板对接，但可用斜接机搭接后的接长单板。

组坯后的板坯可陈放一般时间（约15min），称之为闭口陈化，也可以是涂过胶的单板陈放一段时间（15～20 min）再来组坯，这称之为开口陈化。

陈放的作用是使板坯或芯板蒸发水分，使树脂胶逐渐向B阶段过渡，以增强预压的效果，同时也可减少叠芯离缝。

2. 预压

预压是使胶合板坯中各层单板相互粘合，以达到板坯坚挺、板面平整的效果。这样热压时，用无垫板机械装板，装板容易，特别适应了目前的小间隔的多层热压机。

预压是板坯在冷压机中冷压。采用的板面压力为0.8～1.0MPa，预压时间15～20min。检查预压效果要看各单板层间粘合是否良好。粘合良好的板坯，掀开单板时可见到胶层有些微拉丝的现象（注意涂胶时不能出现“拉丝”）。

为获得良好的预压效果，胶黏剂中加入了豆粉、小麦粉等增粘材料，有的甚至加入少量聚乙烯醇来增粘。通常是加工业用的面粉，面粉除了增粘还起了填充剂的作用。

预压机应采用上压式的，这样可方便地安排板坯垛进出预压机。

一次预压的板坯数量不宜过多，否则预压效果不好，每次预压的板坯总厚度以不超过60cm为宜。

10.2.11.4 胶合板的热压胶合

胶合板的胶合是板坯在一定的温度和压力的作用下，经过一段时间，使胶层完成固化的过程。在这过程中蛋白胶逐渐凝固，树脂胶的分子逐渐缩聚，最后形成立体状结构的大分子。

胶合的方法有：湿单板热压胶合（简称湿热法）、干单板冷压胶合（简称干冷法）和干单板热压胶合（简称干热法）。

1. 湿热法

旋切单板未经干燥（含水率在60%～120%），直接用来涂胶、组坯和热压。做成合板后合板含水率高，需经干燥后使用，因此胶层内应力大，胶合强度受影响。热压后胶合板表面有干缩龟裂现象，合板质量差。这种方法仅用于血胶，现在已很少采用。

2. **干冷法**

这种方法是将单板干燥至含水率为8%～12%，然后涂胶、加压。在室温下使胶固化，或在50～60℃的环境中养护。使用的胶种有：豆胶、干酪素胶、脲醛树脂胶和酚醛树酯胶中的冷压胶。用这种方法生产，胶的固化周期长达4～8h，生产率低，而且合板的含水率往往达不到要求而需进一步干燥，耗胶量也较大。

这种方法生产的胶合板，板坯厚度不受限制，厚度对胶合时间也没有影响。对透气性较差的树种及厚度大的产品，干冷法更为适宜。这种方法多用于家具工厂，细木工门、单板贴面及小规模的胶合板生产。

3. **干热法**

用这种生产法是先将单板干至含水率为6%～12%，在加热、加压的条件下使板坯内胶层固化。使用这种方法生产效率高、产品质量好。使用热压法生产时，板坯厚度应限制在25mm以下。干热法是胶合板生产的主要方法。

干热法生产时板坯内各层单板在一定的压力下互相紧密接触，胶液在压力的作用下也布展得更均匀。在加热的作用下，木材塑性变形增大，单板间接触更紧密；蛋白胶在加热作用下凝固，树脂胶受热缩聚，树脂分子由A阶段的链状，变化到C阶段的立体交叉，是不可逆的过程。树脂固化后成为不溶于水的固体物质，同时形成牢固的胶着力。树脂胶的固化率要求达到80%～90%。

干热法生产时，热压三要素为温度、压力和时间

(1) 温度根据所用的胶种来确定。为了缩短热压周期，一般各胶种都采用高于胶层固化所需的温度，但对排除水蒸汽困难的针叶树材，例如含松脂量多的松木胶合板，则不能采用过高的温度。对于薄胶合板和每个热板间隔压合张数少的可以采用较高的温度，但对于多层胶合板和每间隔压合张数多的往往采用较低的温度，以防卸压时出现“鼓泡”及表层胶层老化。

蛋白胶所用的热压温度为95～120℃，脲醛树脂胶为105～120℃，酚醛树脂胶为130～150℃。

(2) 压力在胶合过程中起的作用是使木材—胶层—木材紧密接触，使胶料部分渗入到木材，为胶合创造条件。这里指的压力是指压机通过压板施加在胶合板板坯面上的单位压力，它的大小是由产品决定的。具体如表10-26所列：

表10-26 各种胶合产品的单位压力

产品种类	单位压力（MPa）
普通胶合板	0.8～1.5
航空胶合板	2.0～2.5
船舶胶合板	3.5～4.0
木材层积塑料	15

生产中看到的压机压力表数值反映的是压机油缸内的压力，即所谓表压力（$P_{表}$），它可用下式求得：

$$P_{表}=\frac{P \cdot F}{\frac{\pi d^2}{4} \cdot n \cdot K}$$

式中：P——根据工艺要求需施加在板坯上的单位压力，MPa

F——板坯幅面大小（长×宽），cm^2

d——压机油缸活塞直径，cm

n——压机油缸数

K——压力损失系数0.9～0.92（板坯重、压板重和摩擦损耗）

预压机的表压力值也可用上式计算。

在热压过程中压力应随时间而变化，以适应工艺要求，压力变化大致分如下三段，见图10-22。

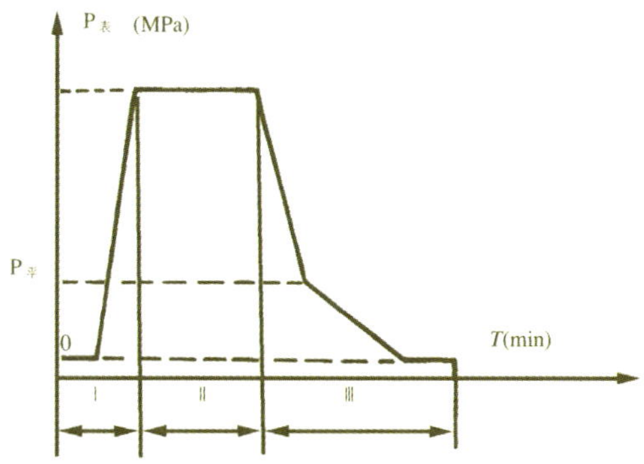

三层板

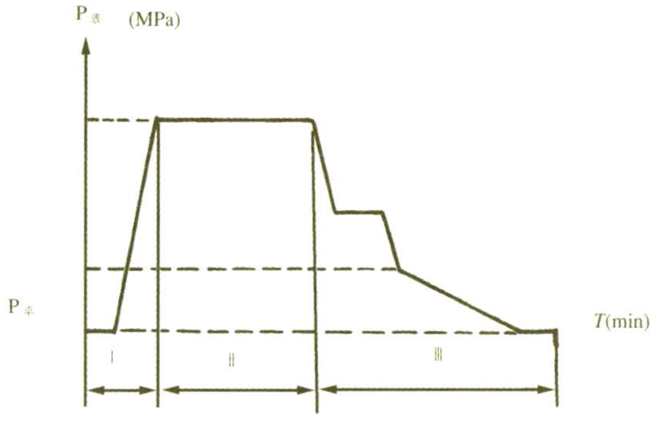

多层板

Ⅰ——装板、压板闭合、升压 Ⅱ——保压 Ⅲ——降压、压板打开

图10-22 普通胶合板热压曲线

第一段压机闭合，升压。压力从零升至规定值。这一阶段从板坯装入压机就开始了，为了防止板坯在自由状态下胶层固化，所以这段时间应越短越好，对手工装卸板坯的10层热压机，从装板开始至压板闭合、完成升压的时间不应超过2min。当压机层数超过15层时应采用机械装卸板。对一台30层的压机，用机械装卸板装置，其装板、闭合和升压总时

间约30s。

第二段是当压力升至规定值后保持一段时间，称为压机保压阶段。

第三段是热压完成，压力下降，称为降压段。为了防止出现“鼓泡”缺陷，降压要分段进行，第一次，把压力从规定压力降至平衡压力($P_{平}$),即此时压机压板施加在板坯表面的单位压力与板坯内的蒸汽压力相平衡。由对应的温度可查到蒸汽压力，也就知道了需施加在板坯上的单位压力，第二次把压力从平衡压力降至零。接着压板全部打开，降压完成 。

(3) 时间的确定与胶层固化速度、板坯厚度及板坯中水分的排出速度等因素有关。

装板与压板闭合时间应尽可能短。因此采用板坯预压和机械装卸板最好。

压力保持时间通常因合板成品的厚度而异。对三层薄板，成品每厚1mm保压40s。五层以上的厚板，成品每厚1mm保压 1min。

降压速度根据板坯厚度和胶种来定，蛋白胶涂胶量大，板坯含水率高，降压速度要慢；板坯厚度大，中心水分向外移动路线长、阻力大，降压亦应慢。第一段降压时，板坯中心的蒸汽和过热水受外界压力控制，因此降压速度可快，约为10s；第二段降压要慎重，多层板的降压时间控制在40～80s内；第三段合板全部打开的速度是由油缸回油速度决定的，这时的速度快慢对胶合板质量已无影响。在合板打开时，板坯内水分以蒸汽形态大量逸出。这时是板坯排除水分的主要时期。在这时期可使板坯含水率下降3%～6%。

整个热压过程中，压力与时间的关系可用直角坐标表示，称之为热压曲线。生产中可根据此曲线来进行操作。

为保证胶合质量、减少胶合板厚度偏差，建议热压时压机的每个间隔压一张板坯，即“一张一压”的工艺。

4. 板坯含水率的计算

为了正确制定热压工艺，事先可根据组坯方案算出板坯含水率，计算方法如下：

(1) 算出单板中和胶液中水的质量（Q_w）

$$\sum_{i=1}^{m} Q_i = \frac{1000 S_i F W_i r_i}{1000+W_i}$$

式中：$\sum_{i=1}^{m} Q_i$——板坯中单板所含的水分重，g

m ——胶合板层数

S_i ——单板厚度，mm

F ——胶合板板坯幅面面积（长×宽），m²

W_i——单板含水率，%

r_i——含水率为W_i时的单板密度,g/cm³

$$Q_j = \frac{qF(m-1)(1-\frac{n}{\Sigma_n})}{2}$$

式中：q——双面涂胶量，g/m²

F——板坯幅面面积（长×宽），m²

m——胶合板层数

n——一张板坯用胶，胶内的干物质质量，g

Σ_n——一张板坯所用的胶液质量，g

一张板坯内所含的水分总质量Q_w为：

$$Q_w = \sum_{i=1}^{m} Q_i + Q_j$$

(2) 算出板坯中干物质的质量

绝干单板质量为：

$$\sum_{i=1}^{m} G_i = \frac{10^5 \cdot S_i \cdot F \cdot r_i}{100+W_i}$$

式中：$\sum_{i=1}^{m} G_i$——板坯中单板的绝干重，g

m——胶合板层数

S_i——单板厚度，mm

F——单板幅面大小（长×宽），m²

r_i——含水率为W_i时的单板密度，g/cm³

W_i——单板含水率，%

胶液中绝干物质质量为：

$$n(n=n_1+n_2)$$

胶液中固体树脂质量n_1

$$n_1=qF(m-1)(1-R)-P/2$$

式中：q——双面施胶量，g/m²

F——芯板幅面大小，m²

m——胶合板层数

R——胶液中增粘剂、填充剂等所占的质量百分比（以小数表示）

P——胶液中树脂的固含量（以小数表示的）

胶液中增粘剂等物质的绝干质量n^2

$$n_2 = \frac{q \cdot F(m-1)R}{2(1+W_R)}$$

式中：W_R——增粘剂、填充剂的绝对含水率（小数表示）

板坯中总的干物质质量G_0

$$G_0 = \sum_{i=1}^{m} G_i + n$$

$$n = n_1 + n_2$$

胶合板板坯含水率W为：

$$W = \frac{Q_W}{G_0} \times 100\ (\%)$$

压制蛋白胶的胶合板时，由于板坯含水率很高，所以卸出压机后要将合板插在架子上，用风机吹风冷却，使板子继续蒸发水分。表10-27、表10-28列出了一些热压工艺条件，供参考。

5. 松木胶合板的热压工艺

马尾松、云南松和红松都是良好的胶合板材。但这些树种的单板在热压过程中水蒸汽排除速度慢，有的树种富有松脂，热压时在高温下气化，容易产生鼓泡，因此应采取相应的热压工艺。

表 10-27 酚醛树脂胶胶合板热压条件

树种	合板层数	合板厚度(mm)	每格板坯数	单位压力(MPa)	温度(℃)	时间(min) 保压	时间(min) 降压
椴木杨木	3	3	1	1.2～1.3	130～140	3	1.0
	3	3	2	1.2～1.3	130～140	6	1.5
	5	5	1	1.2～1.3	130～140	5	1.0
	5	5	2	1.2～1.3	130～140	12	2.0
水曲柳、柳桉、荷木、其他硬阔叶材	3	3	1	1.4～1.5	130～140	3	1.0
	3	3	2	1.4～1.5	130～140	6	1.5
	5	5	1	1.4～1.5	130～140	5	1.0
	5	5	2	1.4～1.5	130～140	14	2.0
	7	9	1	1.4～1.5	130～140	9	2.0
	9	12	1	1.4～1.5	130～140	13	2.5
	9	19	1	1.4～1.5	130～140	20	3.5
	11	13	1	1.4～1.5	130～140	14	3.0
马尾松	3	3	4	1.3～1.4	130～135	14	
	5	6	1	1.3～1.4	130～135	7	
	7	12	1	1.3～1.4	130～135	14	
	9	16	1	1.3～1.4	130～135	18	

注：改性酚醛树脂胶，涂胶芯板经陈放，不经干燥

表 10-28 脲醛树脂胶胶合板热压条件

树种	胶合板层数	胶合板厚度(mm)	每格张数	热压工艺条件 压力(MPa)	温度(℃)	时间(min)
椴木杨木	3	3	1	0.8～1.0	110～120	2
	3	3	2	1.0～1.2	110～120	5
	5	5	1	1.0～1.2	110～120	5
	5	5	2	1.0～1.2	110～120	11
	5	6	1	1.0～1.2	110～120	6
	5	6	2	1.0～1.2	110～120	13
	5	7	1	1.0～1.2	110～120	8
	5	8	1	1.0～1.2	105～110	9
	5	9	1	1.0～1.2	105～110	10
	7	12	1	1.0～1.2	105～110	14
	7	15	1	1.1～1.2	105～110	17
	7	16	1	1.1～1.2	105～110	18
	9	18	1	1.1～1.2	105～110	22
	11	20	1	1.1～1.2	105～110	23
马尾松	3	3	1	1.2	110～120	2
	3	3	2	1.3	110～120	5
	5	6	1	1.4	110～120	5
	5	6	2	1.4	110～120	10
	7	12	1	1.4	110～120	10

(1) 严格控制单板含水率，要求表板为8%～10%，芯板为6%～8%。

(2) 用Ⅱ、Ⅲ、Ⅳ类胶热压时，热压温度应低于120℃，多层厚合板或每格中压合张数超过两张时，热压温度应低于110℃。

(3) 尽量减少胶料带入芯板的水分，血胶应用扣水的配方，或者在胶中加入少量豆粉以吸收水分。

(4) 降压时，注意从平衡压力往下降时（从0.4 MPa降至零）要徐徐降压，不能出现气啸声。

10.2.11.5 常见胶合缺陷及分析

胶合板胶合过程中往往会出现一些缺陷，轻则增加了返工修理的麻烦；重则使合板降等甚至成为废品。造成这些缺陷的原因不外乎原材料（单板和胶黏剂）及热压工艺。表11-29对常见缺陷、产生原因和改进方法作了概述。

10.2.11.6 胶合板的加工和分等检验

热压出的胶合板是毛边板，板面也粗糙，为了使其幅面具有一定的尺寸，板面粗糙度符合质量要求，需对胶压后的板坯进行裁边和砂光（磨光）。然后根据国家标准进行检验和分等。

1. 锯边

胶合板的裁边是用圆锯机进行，裁边即是锯边。锯边首先应保证胶合板的幅面尺寸符合国家标准中的规格要求，锯边余量约20～30mm。锯边的顺序是"先纵向后横向"，即先沿着胶合板的长度方向锯切，再沿着胶合板的宽度方向锯切。锯边要满足下述质量要求：

(1) 锯边光滑、平直，无毛刺、无焦痕；

(2) 锯好的板子应四边平直，四角方正；

(3) 板面尺寸应符合国家标准，不允许超差。

机械进料的双圆锯锯边机，是目前采用最广泛的设备。通常是两台锯边机，成90°配置，组成纵、横锯边机组。前面有自动进板装置，后面有翻板堆垛装置，成为自动化的锯边机组。

江苏省常熟林业机械厂生产的纵向锯边机（LJJ901.2.00）和横向锯边机（LJJ 901.5.00）技术参数如下：

(1) LJJ901.2.00纵向锯边机：锯切尺寸915～1220mm；锯切最大厚度25mm；锯片直径305mm；锯片数2片；锯片转速7000r/min；锯片进料速度25～70m/min；锯片电机功率5.5kW；进料电机功率4kW；升降电机功率0.75kW。

(2) LJJ901.5.00横向锯边机：锯切尺寸1830～2440mm；锯切最大厚度25mm；锯片直径305mm；锯片数2片；锯片转速7000r/min；锯片进料速度25～70m/min；锯片电机功率5.5kW；进料电机功率4kW；升降电机功率0.75kW。

纵横锯边机组的生产率计算如下：

$$Q=\frac{T \cdot V \cdot K_1 \cdot K_2 \cdot n}{L}$$

式中：Q——纵、横锯边机组的生产率，张/班

表10-29 胶合过程中常见缺陷分析

缺陷名称	产生原因	改进方法
大开胶	1.胶黏剂变质。 2. 胶层固化不足。 3. 胶料水分多。 4.单板含水率不合格。 5.热压板温度太低或部分温度不均匀	1.更换胶料。 2.提高热压温度，延长热压时间。 3.选用含水量少的配方或适当添加面粉，豆粉以吸收水分。 4.严格控制单板含水率，延长热压时间。 5.检查热压板蒸汽通路及供汽情况
边角脱胶	1.陈化时间过长，边角胶已干涸。 2.边角缺胶。 3.一格压二张或二张以上合板时，板坯边角未对齐。部分边角受不到力。 4.大幅面压机，压小幅面板时，各层装载位置偏移，造成加压不均。 5.热压板翘曲变形	1.缩短陈化时间。 2.注意涂胶操作。 3.一格压多张合板时一定要使板坯边角对齐；最好用“一张一压”的工艺。 4.大压机不压小板，即使压小板一定使各层的受压位置对齐。 5.胶合板压机不能用来压刨花板等产品；长期偏载亦会造成压板翘曲。翘曲变形小时可通过刨平热压板来修理；变形量大时需更换压板
鼓泡和局部脱胶	1.板坯含水率高。 2.降压时从平衡压力往下降得太快。 3.松木单板透气性差，热压温度过高，松脂气化，造成开胶。 4.热压时间不足或压板局部温度低	1.降低单板含水率；提高胶浓度或减少涂胶量。 2.控制降压第二段的速度。 3.采用低于110℃的热压温度，放慢降压速度。 4.延长热压时间；检查热压板
胶合强度低	1.胶黏剂变质。 2.热压压力低，温度低或时间短。 3.单板含水率高。 4.涂胶量不足或陈化时间长，胶黏剂过多地渗入单板。 5.胶黏度太小，渗入单板过多。 6.单板旋切质量差，表面粗糙度大，背面裂缝深	1.更换胶黏剂。 2.修正热压工艺条件。 3. 检查单板含水率，控制在规定的范围内。 4. 增加涂胶量，控制好陈化时间。 5.检查胶黏剂质量。 6.提高单板旋切质量
芯板叠芯离缝	1.手工排芯，零片单板间膨胀间隙掌握不准确。 2.装板或搬动时芯板错位。 3. 预压效果不好，单板间未能良好粘合。 4. 芯板边缘不平直。 5.芯板边缘有荷叶边和裂口	1.实现芯板整张化，涂胶芯板开口陈化时间适当。 2.板坯实行预压后装机，搬动板坯应平稳。 3.掌握好预压的适当时机。 4.芯板采用整平，先剪后干的芯板干燥后应齐边。 5.提高芯板旋切质量和干燥质量
面板叠层离缝	1.拼缝单板裂口或脱胶开裂。 2.单板鼓泡（紧边）或荷叶边（松边）	1.提高拼缝质量和单板封边质量。 2.检查压尺安装情况，提高单板旋切质量
板面透胶	1.胶液太稀，水分过多。 2. 涂胶量太大。 3. 单板背面裂隙太深。 4.单板含水率太高。 5.板坯陈化时间不足。 6.热压时压力太大。 7.环孔材年轮割断	1.检查胶质量，胶的黏度；提高胶液的树脂含量；选用含水量少的配方。 2.降低涂胶量，更换磨损的涂胶辊。 3.改进单板旋切质量，调整压尺位置，增加旋切压榨率。 4.降低单板含水率。 5.增加陈化时间，使胶挥发一部分水分。 6.减少压力，检查热压机压力表。 7.增加胶粘度
合板厚薄不一，超出公差范围	1.每格中压合张数过多，中间或上下两边的压缩率不一致。 2.单板旋切厚度超差。 3.合板坯厚度计算不准确，选用的热压压力不适当	1.减少每格中压的张数，尽量采用一张一压（一个间格压一张）。 2.检查旋切机精度和旋切质量。 3.调整板坯厚度的配置；选用适宜的压机压力
合板翘曲	1.组坯时不符合对称原则。 2.组坯时面、背板正反方向不对。 3.单板从应力木制得。 4.热压板翘曲变形。 5.合板堆放不平	1.组坯时应使对应层对称。 2.组坯时面、背板均应正面朝外。 3.旋切出的单板应经整平（柔化处理）。 4.修理或更换压板。 5.合板应平整堆放

T—— 班工作时间，480min

V—— 胶合板进料速度，m/min

K_1—— 机床利用率约，0.8～0.85

K_2——工作时间利用率，约 0.9～0.95

L—— 胶合板长度，m

n—— 一次进板张数（自动进料 n=1）

常见的锯边缺陷分析见表 10-30。

表 10-30 胶合板锯边常见缺陷的分析

缺陷	造成的原因	改进方法
板边弧形	1.履带或辊筒的两边压力不一致。	1.调整进料机构压力。
两锯切边不平行	2.胶合板一边夹锯。胶合板翘曲过大。	2.检查、更换锯片。合板压平后再锯边。
夹锯	1.进料速度快。 2.锯齿拨齿量不够；锯齿齿槽太浅。 3.锯片切削速度低（锯片转速低或锯片直径小）。 4.两面锯片不平行。	1.调整进料速度。 2.换锯片，修锯齿。 3.调整切削速度，换锯片或检查皮带是否打滑。 4.调整锯位，检查平度。
板面粗糙不平	1.锯片安装偏心。 2.锯齿高度不在同一圆周上；锯片不平、抖动。 3.个别锯齿拨料不正确。 4.进料速度太快。	1.检查锯片安装情况。 2.检查锯片，修齐锯齿，正确修整锯片。 3.纠正锯齿拨料量。 4.降低进料速度。
锯口歪斜、弯曲	1.挡板安装不正确。 2锯片中部刚性差、抖动。锯片适张度。	1.调整挡板位置。 2.更换锯片，重新修整
板边毛刺或破碎	1.锯齿变钝。 2.胶合板压得太紧。 3.锯片拨料太大。 4.胶合板太干。	1.重新锉锯，更换锯片。 2.调整压紧装置。 3.检查锯片。 4.检查合板含水率，锯水曲柳合板时含水率宜为 14%～15%。

2. **砂光**

胶合板的表面有拼缝的胶纸条、毛刺沟痕和胶料污渍，影响板面美观和油漆装饰，所以在胶合板出厂前都需除去，胶合板的表面加工有刮光和砂光两种方法，刮光生产率低，加工对象受限制，现在多不采用。因为现在用宽带式砂光机，可完成以前需由刮光机和辊筒式砂光机完成的工作。

砂光机有辊筒式砂光机和宽带式砂光机两种。辊筒式砂光机因加工余量小、生产率低、调整困难和更换砂布麻烦等缺点，现已被宽带式砂光机所取代。

宽带式砂光机是新型的砂光设备，加工质量好、效率高，进料速度可高达 90m/min，切削余量可超过 0.5mm，更换砂带容易，机床操纵简单，加工质量好。

宽带砂光机的砂带有1～3条，使用不同结构的机床，对胶合板可只砂光一面，也可两面同时砂光。通常国内市场销售的胶合板只砂正面。

单带式宽带砂光机的进料传送，是由交流电动机通过无级变速传动装置来实现的，进料速度可以在20～90m/min范围内变换。三带式宽带砂光机则采用直流电动机调速，进料速度可在 18～90m/min 范围内调节。

单带式宽带砂光机的技术性能：

最大工作宽度	1450(mm)	
最小加工长度	750(mm)	
最大加工厚度	50(mm)	
最小加工厚度	3(mm)	
砂带速度（计算值）	1550(m/min)	
砂带尺寸（宽度×周长）	1280 × 2660(mm)	
进料速度	20～90(m/min)	
电动机功率(kW)	砂辊	30
	机架升降	0.5
	进料	2.2
	空气压缩机	3
	总功率	35.7(kW)
机床外形尺寸（长×宽×高）	1300 × 2350 × 1700(mm)	

双带式宽带砂光机有上带式和下带式，它是由两条砂带、三块压板、压紧器（磨垫）、工作台、机座和除尘器组成。前砂带用于粗磨、砂带粒度大，对材料压力大，砂带运动速度高，磨削量大。粗砂辊上覆以天然橡胶，并刻有45°的螺纹，使空气流通，冷却砂带。后边的砂带用于精磨。

压板作用是压紧工件，前压板可调，中、后压板是固定的，且在同一高度。前压板与中压板的高度差即为磨削量。调整以后粗砂辊比中压板低 0.05～0.20mm，接触工件后受挤，便与中压板在同一高度。

根据工件厚度，工作台可作垂直调整，工作台上装有宽带进料机构，进料电机可调速，用以改变进料速度。

砂光机砂带宽度 1330mm，长度 2620mm，进料速度 6～40m/min，砂带磨削速度分别为 25m/min 和 18m/min，总功率 50kW。

3. **胶合板检验、分等**

对成品胶合板要进行检验、分等，合格的产品在板背面加盖印章，按规定包装才能出厂。

检验、分等按国家有关标准进行，现在使用的标准是 GB/T9846-2004。首先胶合板应满足含水率和胶合强度的要求，然后根据胶合板的材质缺陷和加工缺陷进行分等。

含水率与胶合强度是破坏性检验，采用抽样检验，外观检验分等则应全数检验。

10.2.12.7 热压机生产率的计算

生产某一规格胶合板时，热压机的生产率 Q 可用下式计算：

$$Q=\frac{T\cdot n\cdot m\cdot S\cdot F}{t_1+t_2}\cdot K$$

式中：T—— 班工作时间，60min

n—— 热压机层数

m—— 每间格中压的板坯数

S—— 胶合板成品厚度，m

F—— 成品胶合板幅面（长×宽），m^2

t_1—— 热压时合板在压机中压制时间，min

t_2—— 辅助操作（装机、压板闭合、升压和卸板）时间，人工装卸板 t_2=2min，机械装卸板、压机快速闭合 t_2=0.5min

K——时间利用系数，约为 0.9～0.95

用上式算出的是针对某一种产品的产量，有时一班中生产的产品不止一种，这时的产量就要用加权平均生产率表示。要计算加权平均生产率，先要编出生产大纲。生产大纲是企业生产各种规格、品种胶合板的计划，可制成表 10-31。

根据此大纲再把各种树种、胶种和规格产品占总产量的百分比算出,见表 10-32。

由此计算热压机的加权平均生产率：

$$Q_p=\frac{100}{\frac{a_1}{Q_1}+\frac{a_2}{Q_2}+\cdots+\frac{a_i}{Q_i}}$$

式中：Q_P——热压机加权平均生产率（热压机在一个工作班次中按生产大纲规定的百分比,生产各种规格产品时的平均生产率）

$Q_1\cdots Q_i$——热压机单独生产该种产品时的生产率

$a_1\cdots a_i$——各种规格胶合板占总产量的百分比

计算设备时应使热压机的负荷系数尽可能接近 1。

表 10-31 生产大纲

产品名称	占总产量的百分比（%）	合计（%）
柳　桉	80	100
马尾松	20	
树脂胶	90	100
蛋白胶	10	
3mm 厚（三层）	80	100
5mm 厚（五层）	10	
7mm 厚（五层）	10	

表 10-32 各种胶合板占总产量的比例

名称	树脂胶占总产量的百分比（%）		蛋白胶占总产量的百分比（%）	
	柳 桉	马尾松	柳 桉	马尾松
3mm（三层）	57.6	14.4	6.4	1.6
5mm（五层）	7.2	1.8	0.8	0.2
7mm（五层）	7.2	1.8	0.8	0.2
合 计	72	18	8	2
总 计	90		10	
共 计	100			

10.3 特种胶合板

习惯上把除了作一般装饰或装修用途外的胶合板都称为特种胶合板。

10.3.1 航空胶合板

航空胶合板是用酚醛树脂胶胶合的室外型胶合板,可使用于受力或不受力结构，供航空工业和其他工业部门使用。

10.3.1.1 航空胶合板使用的原材料

航空胶合板使用的树种有桦木、槭木、山毛榉、椴木和赤杨，可根据产品使用时的强度要求来选择树种，以枫桦和白桦为主。

制造航空胶合板的胶料为热固性酚醛树脂胶胶带纸。它是用特制浸渍纸浸透酚醛树脂胶，经干燥而成胶膜。用时将胶膜夹在单板间代替胶层，施胶质量好。浸渍纸为100%硫酸盐木浆，定量为20～22g/m^2，厚0.03～0.04mm，含水率6%以下。

浸渍用酚醛树脂胶液可为水溶性或醇溶性的酚醛树脂，应符合下列技术指标（表 10-33）。

表 10-33 航空胶合板生产用酚醛树脂胶技术特性(浸渍胶膜纸用)

项　目	浸渍用酚醛树脂	
	醇溶性	水溶性
树脂浓度（%）	28～32	35
溶液粘度（恩格拉度）（20℃）	3～15	45
碱度（%）	不限	不大于 2.5
树脂聚合速度（s）	55～90	

胶膜质量要求如下：

单板厚度在 0.75mm 以下所用胶膜的质量为 60～75g/cm^2

单板厚度在 0.75mm 以上所用胶膜的质量为 75～85g/cm^2

可溶性树脂含量不少于 85%（干树脂量）

胶合后胶合强度，沸水煮 1h 不低于 1.9MPa

10.3.1.2 航空胶合板的生产工艺

航空胶合板的生产工艺基本与普通胶合板相同,只是单板制造要求和施胶要求较高。

1. 木段热处理

生产航空胶合板用的桦木,处理时水温不超过65℃,木芯温度要求达 34～36℃，处理时水温在 40～60℃阶段，升温速度为3～4℃/h，水温在 60～65℃时保温 20～24h，径级 36cm 以上和以下的木段分池处理，采用不同的保温时间。

2. 单板旋切

单板“旋圆”和旋切分别在两台精度不同的旋切机上进行。旋切在高精度的旋切机上进行，“旋圆”在普通旋切机上进行。

旋刀研磨角（β）为18°～19°压尺用圆棱（单斜棱）压尺，单板厚度允差为±0.02mm（单板厚度小于1.0mm）和±0.05mm（单板厚度大于1.2mm）。

3. 单板干燥

单板干燥终含水率要求为8%～12%，干燥设备采用喷气式网带传送单板干燥机。干燥工艺参照桦木单板。表10-34中的干燥温度和时间供参考。

4. 单板整理和分选

单板干燥后逐张进行检验分等，单板的分等和修理按航空用桦木胶合板标准LY/T1417-2001。

5. 热压胶合

单板含水率为6%～12%，多层板的芯板含水率为6%～8%，胶膜按板坯大小裁剪，直接放在单板间进行组坯。热压机为普通胶合板压机。热压条件：温度150～155℃，压力2.0～2.5MPa，时间要保证胶层树脂固化率达到90%以上。表10-35的数值仅供参考：

航空胶合板不需要砂光，只要按规格裁边就行了。产品规格尺寸见表10-36。

10.3.1.3 航空胶合板的性能要求

航空用桦木胶合板的技术条件测试方法等见林业标准LY/T1417-2001。检验的主要项目有含水率、顺纹胶层剪切强度。具体指标如下：

含水率为4%～10%（绝对含水率）

力学性能要求见表10-37。

表10-34 桦木单板干燥时间（初含水率80%～110%，终含水率8%～12%）

单板厚度(mm)	介质温度（℃）	干燥时间(min)
0.4	80	5.5
0.6	90	7.0
0.8	110	8.5
1.1	140	9.0
1.2	140	10.0
1.5	140	11.0

表10-36 航空胶合板规格尺寸 单位：100

长度L	宽度B	厚度S
915，1220，1525，1830，2135	750，915，1220，1525	1.0，1.5，2.0，2.5，3.0，4.0，5.0，6.0，8.0，10.0，12.0

表10-37 桦木航空胶合板强度要求

合板厚度	顺纹抗拉强度$\sigma \geqslant$(MPa)		胶层剪切强度$\sigma \geqslant$(MPa)	
	一级	二级	一级	二级
1.0	78.4	66.2	～	2.0
1.5～4.0			2.2	1.8
5.0	73.5	63.7	2.5	
6.0	68.6	58.8		1.5
8.0～12.0	63.7	49	2.7	

注：湿状胶层剪切强度是试件经沸水煮1h，取出后在室温下冷却10min进行强度测试

10.3.2 船舶胶合板

船舶胶合板是一种具有高耐水性能的塑化胶合板，表板浸渍或涂布醇溶性酚醛树脂胶，芯板涂水溶性酚醛胶，经较高压力热压得到的产品。

10.3.2.1 船舶胶合板使用的原材料

生产船舶胶合板采用的主要树种是桦木、色木等材质均匀的散孔材。

表板浸渍或涂布醇溶性酚醛树脂胶，用作防水层；芯板涂水溶性酚醛树脂胶。单板为厚度不超过1.5mm的旋切单板，毛刺沟痕不大于0.3mm。单板含水率6%～8%，单板顺纹抗拉强度不低于100MPa。单板材质及等级标准按船舶胶

表10-35 桦木航空胶合板的热压时间

合板厚度(mm)	合板层数	单板厚度(mm)	每间隔压制张数	板坯总厚度(mm)	热压时间(min)
1.0	3	0.4	8	9.6	12
1.5	3	0.6	6	10.8	13
2.0	3	0.8	5	12.0	16.5
2.5	5	0.6	4	12.0	17
3.0	3	1.2	2	7.2	9
4.0	3	1.5	2	9.0	12
5.0	3	2.0	2	12.0	16
5.0	5	1.2	2	12.0	16
6.0	3	2.2	2	13.2	18
6.0	5	1.4	1	7	11
9.0	5	2.0	1	10	13
12.0	1	1.1	1	13.2	16

合板标准处理。

10.3.2.2 船舶胶合板的生产工艺

1. 单板制造、涂胶、浸胶及干燥

单板用精度较高的旋切机制造，旋切工艺参照航空胶合板部分。

表板浸或涂胶，芯板涂胶。两种胶料的技术指标及消耗定量见表 10-38、表 10-39。

涂胶单板的干燥可用简易干燥室或简易干燥机进行，温度不应超过 90℃，风速为 2m/s。干燥后的质量要求应为：

(1) 单板表面胶层不起泡；

(2) 水分和挥发物含量为 6%～12%（薄单板为 8%～12%，厚单板和多层板为 6%～8%）；

(3) 树脂固化率不大于 2%。

传送式干燥机将涂了胶的单板落在回转的网篦上，立起夹持传送，在干燥机中通过。机内热风横向循环，干燥区两段，两段的气流方向相反。机内温度进板端为 70℃，出板端为 85℃。风速 2m/s，蒸汽耗量 350～380kg/h。机内介质相对湿度：第一阶段为 30%～35%，第二阶段为 10%～20%，干燥时间为 8～14 min，根据涂胶量多少或浸胶单板的厚度而变化，以达到规定的挥发物含量。

水溶性酚醛树脂干燥条件见表 10-40。

表 10-38 生产船舶板用的酚醛树脂特性

项　目	醇溶性树脂	水溶性树脂
树脂含量（%）	50～55	45～50
比重（15～20℃）	1.03～1.08	1.15～1.17
黏度（恩格粒度）	50.70	100～150

表 10-39 酚醛树脂耗量

树脂特性及单板厚度	树脂消耗量（g/m², 单面）	
	表　板	芯　板
醇溶性树脂		
单板厚 1.15mm	85～90	85～95
单板厚 1.50mm	95～100	95～105
水溶性树脂		
单板厚 1.15mm	90～95	90～100
单板厚 1.50mm	100～105	100～110

表 10-41 船舶板力学性能要求

胶合板厚度 (mm)	极限强度不低于（MPa）		
	顺纹抗拉强度	垂直纤维方向静曲强度	与纤维成 45° 的抗剪强度 **
5～7	80*	65	2
10～12	–	70	2
14～16	–	80	2

注：* 合板接长时，斜形搭接头处的抗拉强度允许不低于 65MPa。** 为沸水煮 1h 后的试验结果

2. 热压

热压工艺条件如下：

热压温度：140～150℃，单位压力：3.5～4.0MPa。

热压时间：每层压一张 7mm 板时，热压时间为 13min，其他厚度参照增减。

加压完毕，关闭蒸汽，通水冷却至 70～80℃，然后缓慢卸除压力。

热压时用不锈钢板或铝板作垫板，并在垫板上涂以油酸作脱模剂，以防板坯在热压时与垫板粘连。

3. 船舶胶合板接长

船舶板需要的规格大，如一次压成需压机幅面很大。没有大幅面压机时可分段压制，然后采用端头斜形搭接来接长。

接长的方法是在需接长的部位，用专用铣床加工成斜面，两搭接斜面应密合，不得有空隙，在搭接面上涂布酚醛树脂胶，干燥后用窄板压机进行热压胶合，搭接热压工艺条件如下：

热压温度：140～150℃，单位压力 2.5～3.0MPa

热压时间：12min，卸压操作采用胶合板工艺

为了防止热压加压时搭口上滑，可在板边两侧锯边余量部位钻孔，加上竹销。钻孔时搭接斜口的尖端要高出板面 0.25～0.40mm。如图 10-23 所示。

也可以采用室温固化钡剂酚醛树脂胶来搭接，待溶剂挥发后用中温（80～100℃）热压。

搭接头强度按胶合板抗拉强度方法测定。

船舶胶合板需要的板面压力大，不能用普通的胶合板热压机来压制。要用专门的大吨位、大幅面和带垫板回送装置的热压机。

船舶胶合板的力学性能要见表 10-41。

船舶板热压后只需接长、锯边，不需表面加工。

表 10-40 水溶性酚醛树脂干燥条件

风量 (m³/h)	空气流速(m/s)	导向遮风板出口处干球温度(℃)	相对湿度（%）	干燥时间(min)	小车回转 180° 时间
20000～25000	2.3～3	60～70	10～15	10	6
18000～20000	1～2	65～75	8～10	20	12
10000～13000	1.2～1.8	61～70	10～15	20	12
10000～13000	1.2～1.8	71～76	8～12	16	9

注：干燥时间系干燥到挥发物含量 10%～12% 的时间，如干燥到挥发物含量 6%～8%，则表中时间增加 1/4

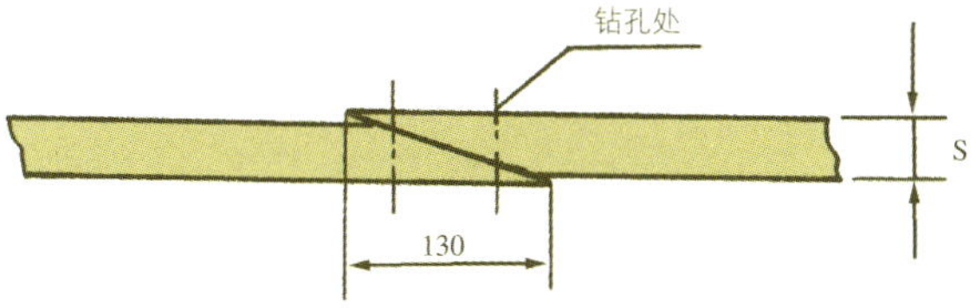

图 10-23 船舶胶合板搭接头

10.3.3 混凝土模板用胶合板

随着国民经济的发展，建筑市场日益兴旺，混凝土模板的需求也不断增加。用胶合板做模板来替代传统的木板，能起到节约木材、便于施工和混凝土浇灌表面质量好等优点。与钢模板相比，胶合板模板有幅面大、质量轻的优点。混凝土模板用的胶合板除了可作混凝土浇注用的模板，还可用作其他建筑方面用的结构板材。

10.3.3.1 混凝土模板用胶合板的原材料

生产用的树种可为针叶材或阔叶材。常用的有马尾松、云南松、落叶松、桦木、荷木、枫香、拟赤杨、阿必东、柳桉、克隆等。

胶种为酚醛树脂或其他性能与之相当的胶黏剂，应符合 I 类胶的条件。因产品是在户外使用，要具有耐水、耐气候性能。

10.3.3.2 混凝土模板用胶合板生产工艺

混凝土模板用胶合板的生产工艺采用普通胶合板中 I 类胶胶合板的生产工艺。只是它用作结构材料，所以对组坯有要求，要考虑产品结构的均匀性。与表板纤维方向相同的各层单板的厚度总和应不小于板坯总厚度的 40%，不大于 60%。

单板拼接允许在长度方向端接，但端接必须用斜面搭接或指接。

10.3.3.3 混凝土模板用胶合板的性能要求

胶合板出厂时的绝对含水率应低于14%。强度指标和力学性能要求见表 10-42、表 10-43。

弹性模量与静曲强度按下面公式计算：

$$E=\frac{L^3}{4bh^2}\times\frac{P'}{y}\ ;\quad \sigma=\frac{3PL}{2bh^2}$$

式中：E——弹性模量，MPa

L——支座距离,mm

b——试件宽度,mm

h——试件厚度,mm

P'/y——压力挠度曲线的斜率，以压力 p' 为纵坐标，对应的挠度为横坐标，取比例极限内三点可绘出斜率线，求出斜率值 P'/y

σ——静曲强度,MPa

P——试件的破坏压力,N

混凝土模板用胶合板按材质和加工要求分为A、B两个等级。具体分级标准可参阅 GB/T17656-1999。

表 10-42 混凝土模板用胶合板胶合强度指标

树 种	胶合强度（单个试件指标值）MPa
桦 木	≥ 1.00
克隆、阿必东、马尾松、云南松、荷木、枫香、	≥ 0.80
柳桉、拟赤杨	≥ 0.70

注：胶合强度测试按 GB/T17657-1999 进行

表 10-43 混凝土模板用胶合板的弹性模量和静曲强度

树 种	柳桉	马尾松、云南松、落叶松	桦木、克隆、阿必东
弹性模量（MPa）	3.5×10^3	4.0×10^3	4.5×10^3
静曲强度(MPa)	25	30	35

注：弹性模量和静曲强度这两个项目的指标值目前仅用于指导生产，不作考核

参考文献

[1] 人造板生产手册（下）中国林业科学院木材工业研究所编著. 北京：中国林业出版社，1981

[2] 胶合板制造学 陆仁书主编. 北京：中国林业出版社，1993

[3] 胶合板国家标准 GB/T9846.1～9846.8-2004-1999

[4] 林产工业国外胶合板生产技术专辑（一、二、三、四）. 林业部林产工业设计院

[5] Richard F.Baldwin Plywood manufacturing practices

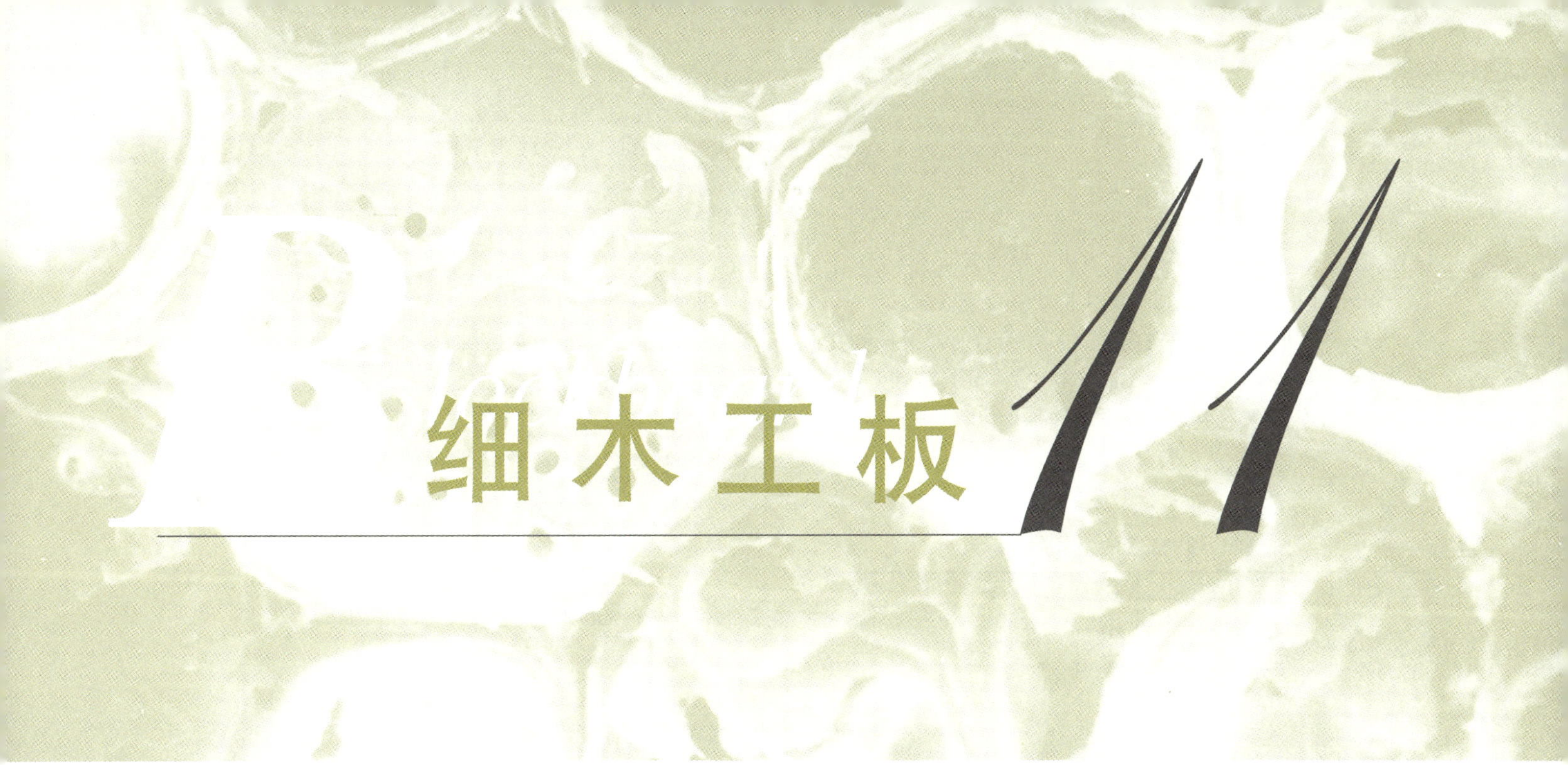

11 细木工板

利用窄木条、空心格状木框、纸质蜂窝或发泡合成树脂等作芯层材料，在其上、下各组合两张纹理互相垂直的单板或胶合板胶合而成的产品称之为细木工板。

根据芯板结构的不同，细木工板又分为实心细木工板及空心细木工板两大类。实心细木工板的芯板可采用等宽等厚的木条胶拼而成，也可采用不胶拼木条制成。前者的力学强度大于后者；而后者的制造工艺则比前者简单。空心细木工板的芯板有木质空芯结构、轻木、软质纤维板、木丝板、泡沫橡胶或泡沫玻璃等。

根据表面加工状况细木工板又分为一面砂光细木工板、两面砂光细木工板、不砂光细木工板。

根据所使用的胶黏剂细木工板还可分为I类胶细木工板和II类胶细木工板。

细木工板是应用很广的一种产品，胶拼木条的实心细木工板可应用于车厢、船舶装修的壁板和高级家具；不胶拼木条的实心细木工板亦可用于家具工业、建筑壁板、门板等方面。空心格条式细木工板常用于门板、壁板、家具侧立板；空心轻木芯材细木工板还可应用于航空工业等部门。

11.1 细木工板的性能

细木工板和木材一样，具有各向异性，因此应测定其各个方向的力学性能。

11.1.1 胶合强度

胶合强度（胶层剪切强度）是细木工板质量的重要标志，所有细木工板产品都必须测定其胶合强度。根据胶黏剂种类的不同，国家标准规定细木工板试件需经如下处理后再测定其胶合强度。

1. I 类胶细木工板

在沸水中煮 4h，然后分开平放在 63 ± 3℃的干燥箱中干燥 20 h，再在沸水中煮 4 h，取出后在室温下放置 10min。

2. II 类胶细木工板

试件放在搁架上，浸于63 ± 3℃的水中，水面高于试件 20mm。使试件既不浮于水面，又不沉入水底，相互之间有一定间隙。浸泡时间为 3h，然后在室温下放置 10min。

11.1.2 横向静曲强度

横向静曲强度也是衡量细木工板质量的主要标志之一，因为大多数细木工板作为受力构件（例如桌面、搁板、支承板）来使用。测定细木工板静曲强度装置如图 11-1 所示。

(1) 图中 L 为支座距离，B 为试件公称厚度，R 为压头半径。

(2) 支座距离为试件公称厚度的10倍，但不得小于150mm。

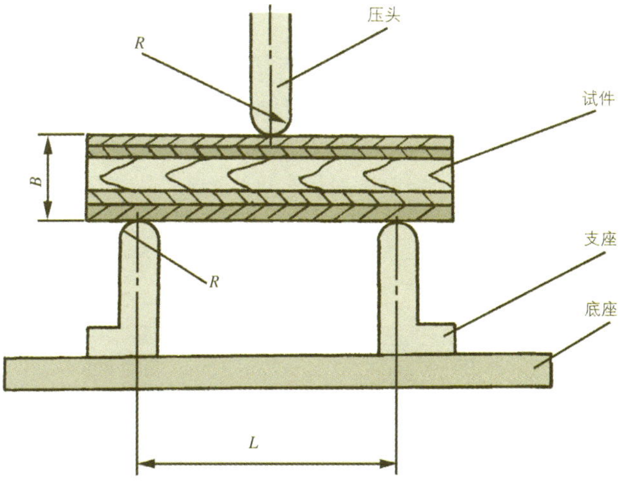

图 11-1 细木工板静曲强度测定装置

试件长度不小于200mm，压头和支座的半圆弧曲面半径R应为15mm，试验时压头必须与试件长度中心线重合。

(3) 测试时加荷载应缓慢均匀，加荷载时间可控制在30～90s之间，从计力盘上读出破坏载荷，并将其精确至1N。

细木工板的胶合强度和横向静曲强度应符合表11-1的规定值。

表 11-1 细木工板的力学性能指标

性能指标名称		规定
横向静曲强度（MPa）	板厚度为16 mm不低于	15
	板厚度>16 mm不低于	12
胶层剪切强度（MPa）	不低于	1
备注：①表面胶贴胶合板或其他装饰材料的细木工板，其力学性能指标应符合本表之规定；②芯板胶拼的细木工板，其横向静曲强度应在本表规定值上各增加10MPa		

11.2 细木工板的生产工艺

细木工板与实木拼板相比，它具有结构稳定、不易变形、节约优质木材、幅面大、板面美观、力学性能好等优点。

细木工板与刨花板、胶合板等其他人造板相比，其生产工艺和设备配置有以下一系列突出的优点：

细木工板生产设备比较简单，投资少，以年产量相同的厂来比较，细木工板厂的设备投资仅为胶合板厂的1/4左右。

生产细木工板所需原料的要求，要比生产胶合板低得多。制造单板要优质原木，而生产细木工板仅需表层单板，它占板材材积的比重很小，大量的是芯条。芯条可利用小径木、圆木芯棒、加工剩余物等。

细木工板生产中耗胶量少，仅为同厚胶合板的50%。

细木工板生产所耗能源较少。

细木工板和刨花板、纤维板相比，具有美丽的天然木纹、质轻且易于加工、握钉力好等性能。

简言之，细木工板将天然木材与胶合板的优良特性综合为一体，是一种很有发展前途的人造板产品之一。

11.2.1 细木工板的芯板类型

细木工板的芯板可用胶拼木条、不胶拼木条、格条空心板、轻木芯材、泡沫玻璃、醋酸纤维素泡沫塑料、聚氨基甲酸酯泡沫塑料、聚苯乙烯泡沫塑料等材料制成。其常用的芯板类型和制造方法如表11-2所示。

11.2.2 细木工板的生产工艺

细木工板表层材料的制造方法与普通胶合板相同，这里主要介绍芯板制造和细木工板的胶合及加工。

11.2.2.1 空心结构细木工板的生产

空心结构细木工板，是用两张薄胶合板作面板和背板，中间夹着一块较厚的轻质芯板。制成的产品具质坚、体轻等特性。它可用于制造装配式房屋、临时建筑、活动车间的屋面板和墙壁板，也可用于家具、车厢、船舶和飞机制造等方面。

抗弯强度高和硬度高等特性，是夹芯结构板的主要特点，大部分负荷应力由面板承担，芯板的厚度与面板厚度的比例决定结构的性能。面板厚，结构物就强固，但质量亦稍增加。

夹芯结构板的表面平整性和抗压强度，是设计这类制品时要着重注意的。首先应确定该类产品所采用的材料，然后正确地选定表板和芯板的厚度比例。

夹芯结构板所需的材料包括面板、芯板和胶黏剂。面板可采用0.8～3.5mm厚的普通胶合板，也可采用层压胶合板或混合结构板。胶黏剂视产品使用环境和芯板材料而定。常用的胶黏剂有脲醛树脂胶、三聚氰胺树脂胶、聚酯树脂胶等，也有的采用环氧树脂胶。

芯板材料有木质空心结构、轻木、软质纤维板、木丝板及空心刨花板、泡沫玻璃或泡沫橡胶等。

下面以单板和板材联合制造的夹芯材料、轻木夹芯材料为例，介绍制造空心板的方法。

1. 单板和板材联合制造夹芯材料

原料是单板和板材，由于制造方法简单，所以应用比较广泛。生产这种产品时，把涂胶的小单板条（厚1.5～1.8mm、宽20～25mm）垂直于板材纤维方向排列，然后在单板上放一层单板条。这些单板条要互相错开，距离为200～300mm，

表 11-2 细木工板常用的芯板类型

类　型	芯板结构	制 造 方 法
实心细木工板	胶拼木条	用等宽等厚木条侧边涂胶，用汽压法或通过拼板机拼成整张芯板后在热压中胶合成最终制品
	不胶拼木条	木条侧边不涂胶，靠上下面中板涂胶借助垫板送入热压机中胶合成最终制品
空心细木工板	格条空心板	用木条组成方格框架作细木工板中心层
	轻木芯材	用密度很轻的木材作芯材

其上再放大单板，直到规定的厚度为止。最后放上板材。这种混合坯子在单位压力0.4～0.8MPa下冷压胶合，然后干燥。经干燥后的板坯，按芯板要求的厚度顺着板材纤维方向锯开。把锯下的芯板拉开，再在两个板条间用横向方材撑住，并在纵横方才接头处钉上金属联结物，这样就制成了芯板材料。

单板和板材联合制造夹芯材料的工艺流程见图11-2。

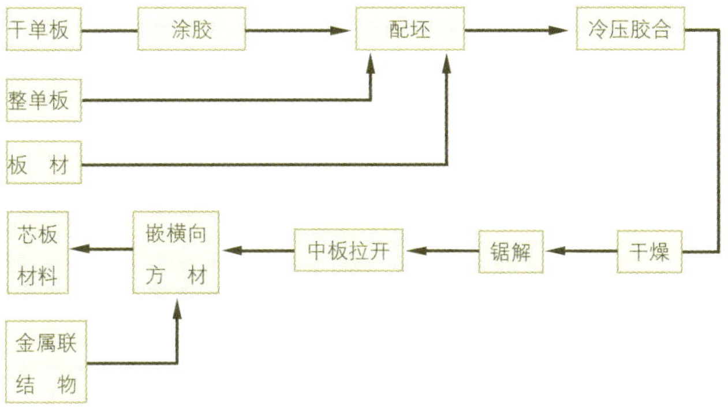

图11-2 单板和板材联合制造夹芯材料工艺流程

2. **轻木夹芯材料**

生产夹芯结构板时，可以用密度很小的木材作为夹芯材料。轻木密度很小，只有0.06～0.4g/cm³，抗拉强度为38.1MPa，抗压强度为13.4MPa，抗弯强度为16.7MPa，抗剪强度为3.1MPa。

轻木是一种散孔材，心边材无区别，淡红色，具有光泽。轻木易干燥，干燥后它具有良好的耐朽性、保存性；还具有良好的隔热、吸音、吸震等性能。所以，它是一种极好的夹芯结构材料。

轻木是一种很好的吸震材料，它受冲击载荷而变形后的恢复变形能力很强。如果用薄铝板作表层材料，用轻木作芯材，制成的特殊夹芯结构板具有特殊的性能，可应用于航空工业方面。

轻木芯材的特点是轻木芯材的纤维方向与表板是垂直的，即轻木的端向和表板胶合，可采用环氧树脂胶黏剂胶合，这样的配制方法可提高成品的抗压强度。

轻木还可以和玻璃纤维制造复合材料，以聚酯树脂作它的胶黏剂。这种夹芯结构板具有较高的刚度，可作绝缘内衬、浮动机具、飞机的骨架及地板等。

夹芯结构板与工字梁相似，表板像工字梁翼缘那样直接承受压缩和拉伸载荷。芯层犹如工字梁腹，承受剪切载荷。利用厚而轻的芯层与薄的表板胶合而成的夹芯板，具有很高的强重比。

由于轻型芯层的有效抗剪弹性模量低，结构方式应当考虑芯层剪切变形。

11.2.2.2 实心拼板细木工板的生产

实心细木工芯板，所用的树种以针叶树材及软阔叶树材为主。常用的有松木、杉木、桦木、椴木、黑杨、泡桐木等。这些均可利用小径木或木材加工厂的加工剩余物。硬性木材加工比较困难，制成细木工板后密度较大，受潮易变形。材质过分松软的杉木、杨木、泡桐木等，强度太低，加工时应采取有别于硬性木材的相应措施。为了节约木材，通常可用废单板、木条、木板条、板皮、短材等废料，经锯割后使用。但所有材料均必须经过干燥，使木材含水率控制在12%以内，最好为6%～8%。

细木工板芯板的厚度应为细木工板总厚度的60%～80%，按这种比例制得的产品，强度最大，尺寸稳定性最好。

实心细木工板生产工艺流程如图11-3（此为常规工艺，高档细木工板则采用两压两砂甚至两压三砂生产工艺）。

实心细木工板的芯板结构稍有不同，其常用的芯板结构如图11-4所示。

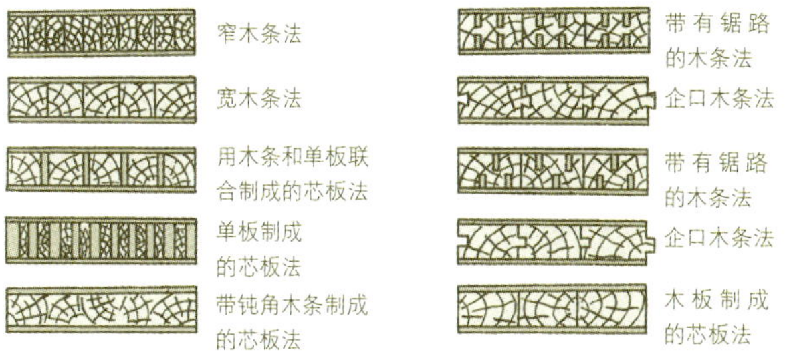

图11-4 实心细木工板的芯板结构

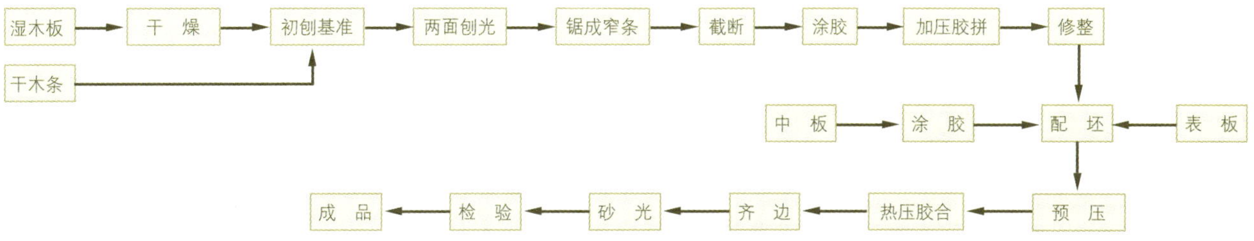

图11-3 实心细木工板生产工艺流程

概括起来，芯板制造方法可分为三类：联合中板法、胶拼木条法和不胶拼芯板制造法。

1. 联合中板法

先用板材胶合成木方，其相邻层板材的年轮分布应对称，木方高度500-600mm，胶合用冷固性胶黏剂，加压压力0.9～1.0MPa，加压后停放6～10h。胶压后，可把它锯割成胶拼的板材，然后在45～50℃的温度下干燥，再横拼成所需要的芯板宽度，其工艺流程如图11-5。

采用这种方法，芯板质量很高，但耗胶多，原料是板材，所以其生产成本较高。此法也可以单板作为原料制成。

2. 胶拼木条法

胶拼木条使用的主要原料为小径木、圆木芯棒、毛边材、整边材以及其他木材加工剩余物。其常用的生产工艺分为“先制条后干燥”和“先干燥后制条”工艺。具体参见图11-6、图11-7。

图11-6所示的工艺流程具有设备投资少、上马快、制作成本低等优点。缺点是木条的质量（尤其是木条的等宽等厚和含水率）较难保证。这是因为采用手工进料直接在锯机中锯剖木条，木条的直线度无法保证。如果第一锯下锯稍有偏差，则接下来锯出的木条仿形误差就很大。该工艺的第二个问题是“先制条后干燥”，干燥木条的生产周期比干燥板材要短，因此干燥费用也较低。然而，由于木材（特别是美洲黑杨这类速生材），其生长应力、含水率应力和干缩应力综合作用的结果将使干燥后的板条发生严重变形，即使采用蒸汽干燥其变形程度也会大大超过板材，这给后续工序的刨条、拼板带来麻烦。目前多数工厂采用将长条截短的办法来解决木条变形问题。但为了保证拼板两面都能刨光，仅仅采用上述方法是不够的，只有加大木条的加工余量才能较好地保证成品芯板木条的等宽等厚。这样一来，势必降低木材的出材率，显然，这在经济上也不是很合算的。

图11-7所示的工艺流程设备投资较大，但能保证制品质量。其主要的工艺特点是“木材先干燥后制条”，制成的木条尺寸稳定性好，不易翘曲变形。由于采用平刨初刨基准面，故可以较好地保证压刨的加工精度，同时木材的加工余量可以留得稍小一点。制条使用多片圆锯机，其定厚盘可根据工艺需要调整。板材通过多片锯同时锯成数根木条，其宽度即为细木工芯板的厚度，因此生产效率较高。

3. 不胶拼芯板制造法

上面的两种方法均需消耗胶料，因此芯板加工就较复杂。不胶拼芯板的制造方法，原料也是用木条，但其间不用胶，而是用镶嵌物或夹具把它们连接起来制造的。

镶纸带的不胶拼芯板制造法用板材作原料时，应先将它两面刨光，再锯解成木条，木条不再进行表面加工，它是使板材的厚度变成木条宽度来使用。挑选好的木条，在缝合机上配芯板。由运输链把木条送入锯切机开槽，在槽内嵌入细绳，即制成芯板，其工艺流程如图11-8。

(1) 框夹法：此法是利用金属框夹把配好的芯板夹紧。芯板两端铣出凹槽，嵌入金属横向拉紧器，利用框夹来夹紧。为了更好地夹紧芯板，用二根弯曲木条放在芯板边上，利用它的弹性，使之紧固在框夹内，其工艺流程如图11-9。框夹法设备简单，操作方便，应用较多。

(2) 散排法：此法最简单。经过刨光的等宽等厚的木条

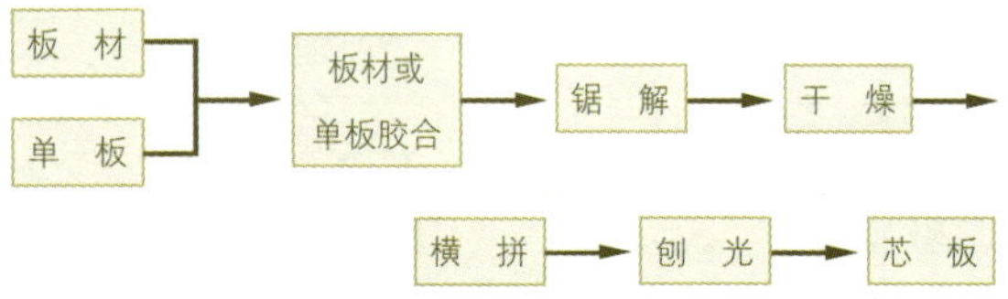

图11-5 联合中板法工艺流程

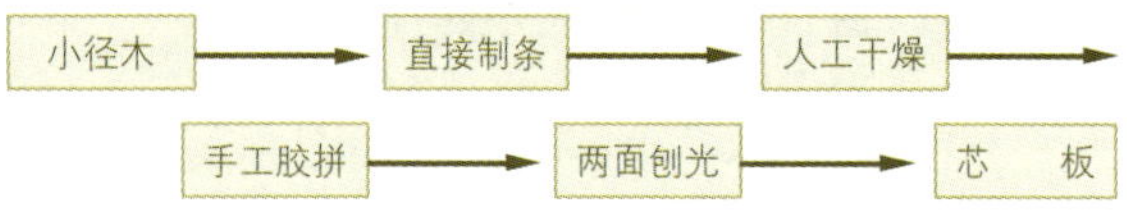

图11-6 胶拼木条“先制条后干燥”生产工艺流程

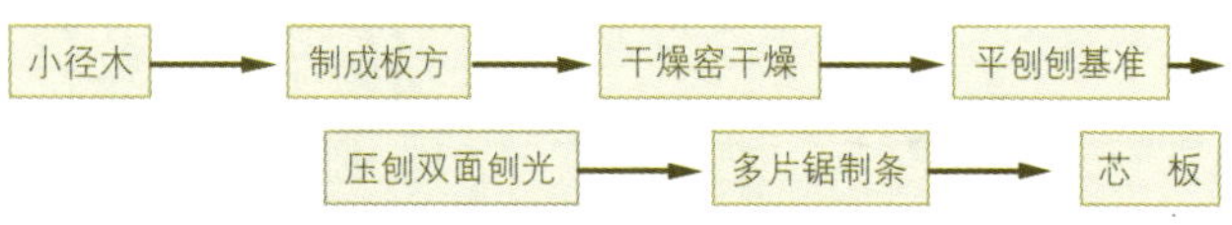

图11-7 胶拼木条“先干燥后制条”生产工艺流程

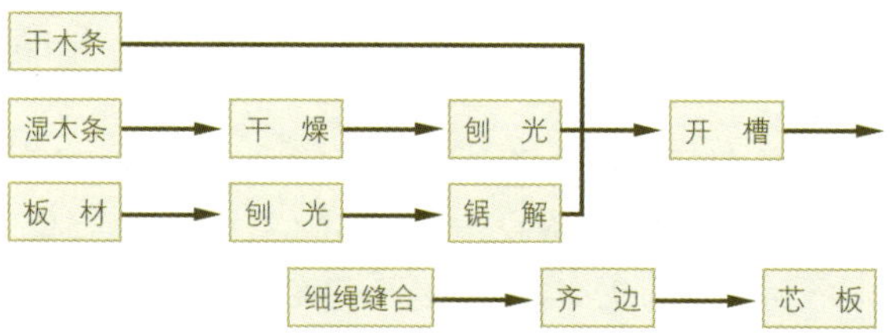

图11-8 镶纸带的不胶拼芯板制造工艺流程

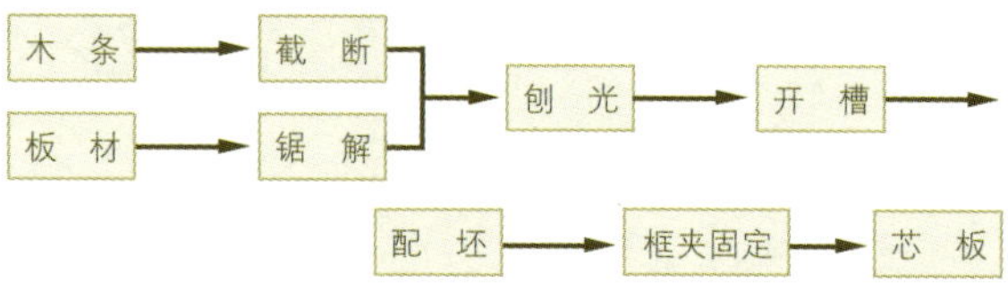

图11-9 框夹法生产工艺流程

直接排放在涂过胶的单板上，然后再在其上覆盖一张涂胶单板，与面、背板组成五层结构，最后连同垫板一起送入热压机中胶合成细木工板。为防止搬运过程中紧密排列的木条分离，进入压机前一般先应进行预压。其生产工艺流程如图 11-10。

4. 细木工板胶合工艺

胶合是制造细木工板的一个重要工序。在胶合前，要对单板（或芯板）涂胶、组坯，后胶压成细木工板。细木工板板坯组合和胶合板生产相同，它一般为五层结构，胶涂在二、四层（中板）上，如果三层结构则涂在芯板上。三层结构产品的质量较低，涂胶也较困难，目前应用不多。然而，对特殊要求的三层结构细木工板，其芯板应经过宽压刨再一次刨削至精确的厚度尺寸(有的甚至在刨削以后再经定厚砂光)，最后再涂胶并与面、背板一起组成三层结构细木工板。这种细木工板在国外经过二次加工以后被广泛应用在高级家具及建筑、装潢等方面。

细木工板胶合的方法也可分为热压及冷压两种，热压法生产效率高，质量容易保证，故通常以热压法为主要生产方法。

热压胶合，压板间隔中，每次压一张细木工板，在其上下可衬铝板（也可不衬铝板）。热压工艺条件见表 11-3。

板坯由压机上卸下后，蛋白质胶制成的细木工板应放在垫条上冷却，上下垫条应成一垂直线。用酚醛胶制成的细木工板可叠在一起，借余热使胶黏剂进一步固化。

冷压胶合的细木工板，卸压后，应进行干燥，一般可用小型周期式干燥室，干燥至含水率12%以内，然后取出紧密堆放 5～6d，使内部水分达到平衡，以免产生翘曲变形。

细木工板可用胶合板齐边设备齐边，锯片可用密齿，单边拨料。锯片速度为40～60m/s。齐边后，用砂光机砂光。为解决“啃头啃尾”问题，亦可先砂光后齐边。

实心细木工板的结构如图 11-11。

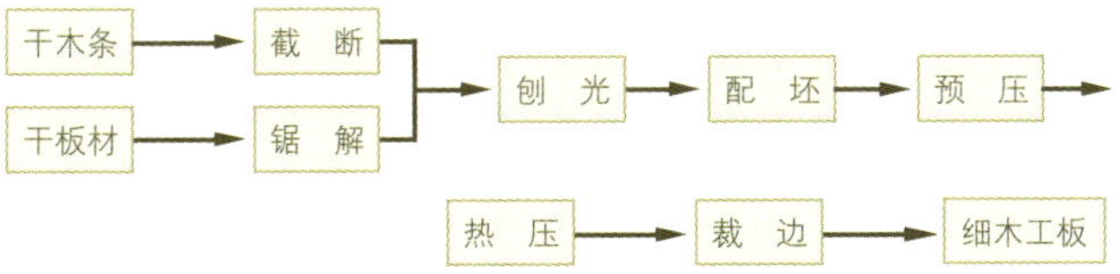

图 11-10 散排法生产工艺流程

表 11-3 细木工板的热压胶合工艺条件

胶种	热压温度（℃）	单位压力（MPa）	热压时间（min）
豆 胶	105～110	1.0～1.2	12～20
脲醛胶	115～120	1.0～1.2	10～12
酚醛胶	135～140	1.2～1.4	10～12

备注：热压时间是以表板厚度 1.25mm，涂胶中板厚 2.0mm 为依据确定的，单板和中板厚度及含水率变化时，可根据实际条件增减

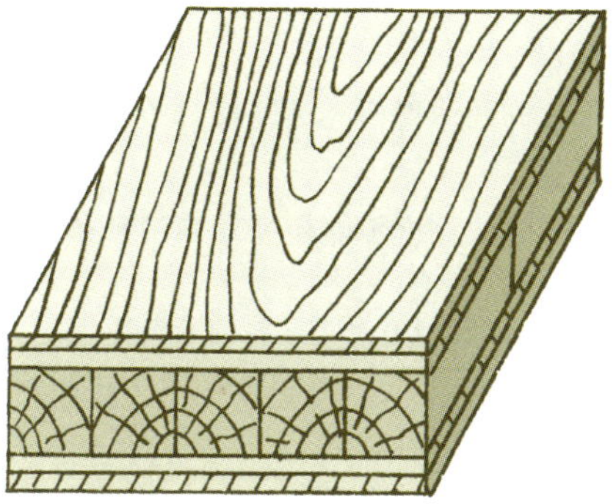

图 11-11 实心细木工板的结构

11.2.3 细木工板的检验分等

细木工板的检验分等执行 GB5850-86 的规定。

11.2.3.1 细木工板的技术要求

1. 分等

细木工板按面板的材质和加工工艺质量分“一、二、三”三个等级。

2. 规格及公差

各类细木工板的厚度尺寸为 16、19、22、25mm。其他厚度的细木工板，经供需双方协商后生产。

各类细木工板厚度尺寸公差执行表11-4的有关规定；实测细木工板每一点的厚度与公称尺寸的误差都不能大于表 11-4 规定的公差值。

各类细木工板的幅面尺寸执行表 11-5 的规定。

执行表11-5的有关规定时还应注意：细木工板的芯条顺纹方向应为细木工板的长度方向；长度和宽度允许公差为 +5mm，不许有负公差；细木工板应锯成方规，四边平直齐整，两对角线误差不得超过0.2%，其四边的不直度不得超过

表 11-4 细木工板厚度尺寸及公差 单位：mm

公称厚度	公差值	
	不 砂 光	砂 光
<16	± 0.8	± 0.6
>16	± 1.0	± 0.8

表 11-5 细木工板幅面尺寸 单位：mm

宽 度	长 度					
	915	1220	1520	1830	2135	2440
915	915	–	–	1830	2135	–
1220	–	1220	–	1830	2135	2440

0.3%；经供需双方协商，亦可生产其他幅面尺寸的细木工板。

3. 翘曲度

细木工板的翘曲度不能超过表 11-6 所规定的数值。

4. 波纹度

细木工板的波纹度不能超过表 11-7 所规定的数值。

表 11-6 细木工板的翘曲度 单位：%

细木工板类别	翘曲度
砂光细木工板	0.2
不砂光细木工板	0.3

表 11-7 细木工板的波纹度 单位：mm

细木工板类别	波纹度
砂光细木工板	0.2
不砂光细木工板	0.5

5. 物理力学性能指标

细木工板的物理力学性能指标应符合前述的表 11-1 所规定的数值，且其含水率应控制在 10 ± 3%，为保证细木工板在使用过程中的尺寸稳定性和受力的均匀性，芯板两面对称层的单板应具有同一厚度，同一或近似树种；与芯板胶贴的两层中板应具有相同的纹理方向，并与芯板的纹理方向相垂直。

6. 材质缺陷

细木工板的面板和背板的材质缺陷不得超过表 11-8 所规定的范围。

7. 加工缺陷

细木工板的面板和背板的加工缺陷不得超过表 11-9 所规定的范围。

8. 表板修补范围

细木工板的面板和背板，可以进行修补，其修补范围参

表 11-8 细木工板的材质缺陷

木材缺陷名称	检量项工		面板 细木工板等级 一	二	三	背板
节子、夹皮、补片	每平方米板面上的总个数不超过		4	5	6	允许
	尺寸(mm)	不健全节	10 5 以下者不计	25	5 以下者不计	允许
		死节	4 2 以下者不计	6 4 以下者不计	12 4 以下者不计	50
		浅色夹色	10	40	允许	允许
		深色夹色	10 浅色夹皮个数不计	20 长度 10 以下者不计	100 长度 10 以下者不计	
		补片	–	40	60	120
	注：①补片与本板的纹理方向应基本一致，二等板上还应木色相近 ②其缝隙，二、三等板分别不得大于 0.1 和 0.4mm ③背板上应小于 1mm					
变色	总面积占板面积，% 不得超过		5	20 浅色	允许	
	注：①桦木允许有伪心材； ②环孔显心材（如水曲柳）的异色边心材，按浅色变色计； ③髓斑按斑条计，但二等板面上不得相互交织密集					
裂缝	长度（mm）		100	200	300	不限
	宽度（mm）		0.5	0.5	1.5	3
	注：①一、二等板不允许有密集的发丝干裂； ②水曲柳、桦木和南方阔叶树材制成的细木工板，其裂缝限度可适当放宽一倍					
虫孔、排钉孔	尺寸，(mm)(量径)		2	4	8	–
	每平方米板面上的个数不超过		4	4 直径 2mm 以下者 不太影响美观时不计	不密集	
腐朽	总面积占板面积(%) 不得超过		不许有		1 不会剥落	30

表 11-9 细木工板的加工缺陷

加工缺陷名称	检量项目	面板 细木工板等级 一	二	三	背板
拼缝	缝隙宽度（mm）	0.1	0.2	0.3	1.5
	拼缝条数不超过	2	3	允许	
	注：①一、二等板的拼板需木色相近，纹理方向一致； ②宽度自1000mm以上的细木工板，拼缝条数可按上述规定增加一条； ③二等板上允许有长度不大于200mm，宽度不大于0.5mm的局部缝隙不密				
变色	总面积占板面积(%)不得超过	1	3	允许	
裂缝	–	深度不大于0.4mm直径不超过4mm，每平方米板面上不超过3处	深度不大于0.4mm面积不超过5cm²，深度不超过0.4mm，每平方米板面不超过5处	面积不超过30cm²	允许
虫孔、排钉孔	总面积占板面积(%)不得超过	1	3	20	允许
腐朽	长度（mm）	不允许		300	允许
	宽度（mm）			5	

表 11-10 细木工板的表板修补范围

检量项目	面板 细木工板等级 一	二	三	背板
补条宽度不得超过（mm）	–	6	12	40
补条与木板的缝隙不得超过（mm）	–	0.2	0.6	1

见表11-10的规定。另外需要注意的是：补条与本板纹理应基本一致；二等板的补条还应与本板木色相近；必要时，细木工板的周边应进行修补处抛光磨平。

9. 其他要求

细木工板的两面胶贴单板的总厚度不得小于3mm。

细木工板的芯板条可为适应胶合的各种树种，但同一张细木工板的芯板条必须是同一树种或物理力学性能相近似的树种，不许软材、硬材混拼。

细木工板的芯板条必须进行干燥，其含水率为6%～12%。

细木工板的芯板条宽度对于一般用途的细木工板来说，不能大于其厚度的3倍；对于高质量要求的细木工板不能大于20mm。

在相邻两排芯板条之间，其沿长度方向上两条端接缝的距离不得小于50mm，芯板条不允许有长度大于200mm的裂缝，不允许有钝棱、严重腐朽和树脂。

芯板条中脱落节的孔洞直径如果大于10mm，必须用同一树种的木材进行补洞或用腻子添平，以保证单板与芯板条的牢固胶合。

芯板条之间的缝隙，在细木工板端面检量不能大于1mm；在侧面检量不能大于3mm。

细木工板生产，只能使用GB738-85《阔叶树材胶合板》中规定的I类胶或II类胶。

细木工板不许有开胶和鼓泡。

细木工板紧贴面板的中板叠离在一等板上其叠离宽度不超过1mm；二等板上不得超过3mm；三等板上不得超过6mm。局部叠离在板面上检量长度不超过100mm时，一等板上允许宽度为2mm；二等板上为4mm。

紧接背板的中板叠离，各等级的细木工板不得超过10mm。

各类细木工板的边角缺损，在公称幅面以内的宽度不得超过5mm，长宽不得大于200mm。

各类细木工板中不得保留有影响使用的夹杂物，其面板上不得留有胶纸带和明显的纸痕。

11.2.3.2 细木工板的检验分等

1. 检验分等规则

细木工板应成批进行检验，检验时应根据标准对质量的要求，标出每批木工板的类别、树种和尺寸等。

检验时为核对每批细木工板的外观质量、外形尺寸、锯制误差、翘曲度、波纹度和标记的准确性，在每批拨交的细木工板中任意抽取5%（不能少于20张）进行检验。如检验结果不合格率仍超过5%，则应对该批细木工板逐张返检。

为核对每批细木工板的物理力学性能指标，抽取0.1（不能少于2张）进行检验。物理力学性能检验必须在卸压24h后进行。所有抽取样板的各项物理力学性能指标的平均结果应符合表11-1的规定。如不符合表11-1的规定，则应加倍取样进行复检。若复检后仍不合格时，则该批产品按不合格产品论处。

验收时，细木工板以立方米来计算，每批细木工板的测算体积要精确到0.001m^3。

2. 检验分等依据

细木工板外形尺寸（含锯制误差、翘曲度、波纹度）的检验分级执行GB5855-86。

细木工板试样尺寸的规定（GB5851-86），规定了检测细工板物理力学性能样板的选择、试件的制作以及试件厚度，长度和宽度的测量方法。

细木工板含水率的测定执行GB5852-86。

细木工板横向静曲强度的测定执行GB5853-86或按（11.1.2）中介绍的方法作为检测依据。

细木工板胶层剪切强度的测定执行GB5854-86的规定或按（11.1.2）中介绍的方法作为检测依据。

3. 检测步聚和方法

外形尺寸的测定用钢卷尺（长3000mm，精度1mm）在板子长度和宽度的中心线外测量，精确至1mm。厚度的确定使用游标卡尺（精度0.02mm）测量四个点，其位置分别在长度和宽度的中心线距板边20 mm处，每点读数精确至0.1 mm，取算术平均值，精确至0.1 mm。确定细木工板对角线锯制误差时，首先将细木工板放平，用钢卷尺测量其两对角线长度，精确至1 mm，再按下式计算（精确至0.01%）：

$$n=\frac{L_{max}-L_{min}}{L}\times 100\%$$

式中：n——对角线的锯切误差，%

L_{max}——较长对角线的长度，mm

L_{min}——较短对角线的长度，mm

L——被测量的细木工板对角线公称长度，mm

测量细木工板板边不直度时，先将长度为500 mm的直边尺（不直度≤0.1%）的平直边紧靠测量边，用塞尺量其板边与直尺边的最大缝隙宽度，精确至0.05 mm。其板边的不直度可用下式计算（精确至0.01%）：

$$U_n=\frac{\delta}{L}\times 100\%$$

式中：U_n——细木工板边的不直度，%

δ——最大缝隙宽度，mm

L——直尺边的长度，mm

将细木工板放在平台上（凸面朝下），用长度为1000mm的直边尺（不直度≤0.01%）沿两对角线放在板面的任意边，其直边紧靠板面，用塞尺测量其最大弦高并按下式计算（精确至0.01%）可得出细木工板的翘曲度为：

$$W=\frac{H}{L}\times 100\%$$

式中：W——细木工板的翘曲度，%

H——对角线弦高，mm

L——对角线公称长度，mm

细木工板波纹度的确定，是将长度为300 mm的直边尺（不直度≤ 0.1%）平直边靠紧细木工板的面板，用塞尺测出直边尺与板面波纹处的最大距离。测量时，直边尺距离板边要大于20mm，选择波纹度大的地方任意测三处，取最大值，并精确至0.05mm。

细木工板含水率的测定先按GB5851-86《细木工板试件尺寸的规定》的规定进行试件的取样和锯断。取样后立即进行称重（如不可能当即称重，应注意避免含水率在取样到称重期间发生变化），称重精确至0.01g。称重后将试件放进干燥箱里，在103 ± 2℃条件下，干燥至恒重（干燥3h后每隔1h试称一次质量，至最后两次质量差不超过0.01g，试件即视为恒重）。烘干后，将试件放进干燥器内，在干燥空气条件下冷却至室温。然后按前述精度尽快对试件进行称量，以防试件含水率增高超过0.1%。试件的含水率W应按下式计算（精确至0.1%）：

$$W=\frac{M_0-M}{M}\times 100\%$$

式中：W——试件的含水率，%

M_0——取样时试件的质量，g

M——试件干燥后的质量，g

4. 标志、包装、运输和贮存

细木工板出厂时，应具有生产厂质量检验部门的质检鉴定证书，并在细木工板的背面距板边30mm处打上清晰不退色的号印，其号印的内容包括细木工板的类别，执行的环保标准，生产日期，生产厂代号和检验员代号等。

细木工板必须按不同类别、树种、规格分别捆包。为了防止板面污损，各类细木工板的面板应朝向包里，每包的边角，应用草织品或其他包装物遮垫。

细木工板在运输过程中，其运输工具要清洁干燥，并能防止雨淋和机械损坏。

细木工板应保存在干燥有盖的场所，堆放时要用垫脚，垫脚应保持水平。

11.2.4 细木工板拼板机

拼板机是把经过刨床、多片锯机制得的规格木条拼成整张芯板的一种设备。常用的细木工板拼板机有两种：一种是半自动拼板机，先将规格木条按要求拼在拼板盒内，一般采用手工操作。然后使用涂胶辊对木条进行涂胶，接着将拼板盒扣在拼板机的进料部位，利用气缸（或油缸）夹紧涂胶木条。在推料油缸冲头的作用下，将最下层的木条送进拼板机，如此反复动作，就可拼出连续的板带。拼接的板带通过加热装置（该装置同时可调整和控制拼板时的压力），使得胶液迅速固化。木条在冲头的作用和加热条件下，侧边紧密接触，连续成带状的胶合芯板。由于拼板机一边为基准，另一侧边过长的板条则通过圆锯机锯成所要求的尺寸，即制得所需尺寸的芯板。这种拼接方式对板条材质要求可适当放宽，长短木条均可拼在拼板盒内，因此原材料利用率高，应用广泛。还有一种拼板机，木条进料可实现连续，自动化程度较高，在进料的同时木条侧边可自动涂胶。这种拼板机生产效率较高，但对木条的规格和材质要求均较严，若木条局部有节疤或腐朽进料时易折断。生产中常用 PPB-25 型拼板机，其主要技术参数见表 11-11。

11.3 蜂窝结构夹芯板（蜂窝板）

蜂窝结构夹芯板是一种优质的空心结构材料，它是用纸或其他材料制成蜂窝方式的芯材，而后两面再覆盖单板或纤维板等制成的空心结构板，如图 11-12 所示。该板有质轻、耐压强度好、节约木材的优点。多应用于家具、壁板、侧立板等方面。有的高级家具和飞机制造也用铝箔或浸胶玻璃纤维布模压制成的蜂窝芯子。

11.3.1 纸质蜂窝芯子的生产方法

纸质蜂窝芯子是具有一定大小的蜂窝状孔格芯板。目前选做蜂窝的纸张有两种：一种是原浆草纸板；另一种是牛皮纸。前者主要用于制造活动房屋的空心结构材料；后者主要用于家具制造空心结构材料。牛皮纸的定量为130～140g/m^2。纸蜂窝由蜂窝纸机及纸芯张拉机等设备制造。

表 11-11 PPB-25 型拼板机的主要规格与参数

序号	主要规格	技术参数
1	加工板条宽度	30～50 mm
2	加工板条厚度	12～40 mm
3	加工板条长度	>200 mm
4	拼板幅面	1220 × 2440(mm)(4′ × 8′)
5	推料油缸往复运动速度	40 次 /min
6	理论生产率	1～4 m^3/h
7	总功率（电机功率）	9.2kW
8	液压系统压力	4MPa
9	气动系统压力	0.6MPa
10	蒸汽系统压力	0.2～0.4MPa
11	工作台标高	920mm
12	外形尺寸（高 × 长 × 宽）	500mm × 3150mm × 2200mm

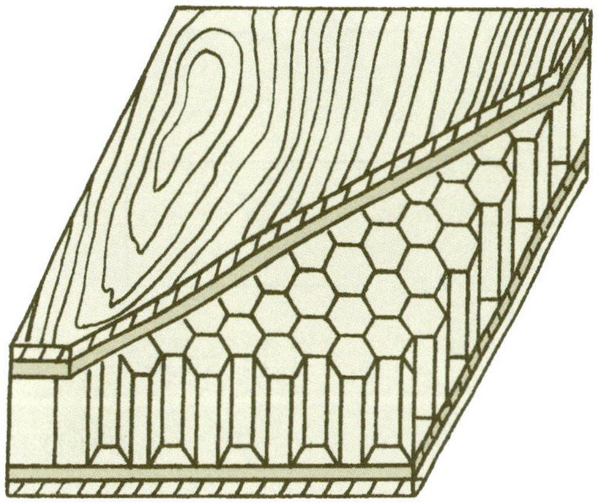

图 11-12 蜂窝结构夹芯板芯子结构

蜂窝纸机主要由一套上胶和卷纸机构所组成，原纸通过涂刷滚两面涂胶与另一原纸相合后，用卷纸机构卷成一定长度和厚度的纸卷，经冷压和切纸就可得到未拉伸的蜂窝纸条。卷纸速度为 36～46m/s。调整涂刷滚的胶合距离和切纸的宽度，就可得到不同大小孔格不同厚度的纸芯。

为了使纸蜂窝拉开和使其定型，纸蜂窝由张拉烘干机将其拉开和干燥。一般张拉速度为 4.6～6m/s，干燥温度 120～130℃，干燥出来的定型纸蜂窝成一定的规格尺寸，以便堆放备用。

制造纸质蜂窝板的主要工艺流程如图 11-13。

11.3.2 纸质蜂窝结构所用的胶料

在纸质蜂窝板的制造中，为了构建蜂窝板的基本结构，应当采用耐久的胶黏剂。国内蜂窝纸的粘接常用聚乙烯醇类合成胶糊，使用时加水稀释，根据生产条件和气候条件来调整加水量。也有工厂使用聚醋酸乙烯酯乳液、室温固化脲醛树脂胶或室温固化酚醛树脂胶作胶黏剂的。纸质蜂窝板覆面材料与纸质蜂窝贴接则采用热固性脲醛树脂，由热压机胶压，其热压工艺条件见表 11-12。

覆面材料可以是胶合板、纤维板或厚单板等材料。胶合后的纸质蜂窝板，要根据需要经过齐边、打孔、涂饰处理等加工，以便制造不同用途的产品。纸质蜂窝板成本较低，其抗压强度能满足一般用途要求，但其抗剪强度较差。这类纸质蜂窝板一般仅用于家具制造、门扇及间壁板等方面。

11.3.3 其他空心结构

随着蜂窝材料和结构的改进，蜂窝板的用途日趋广泛，

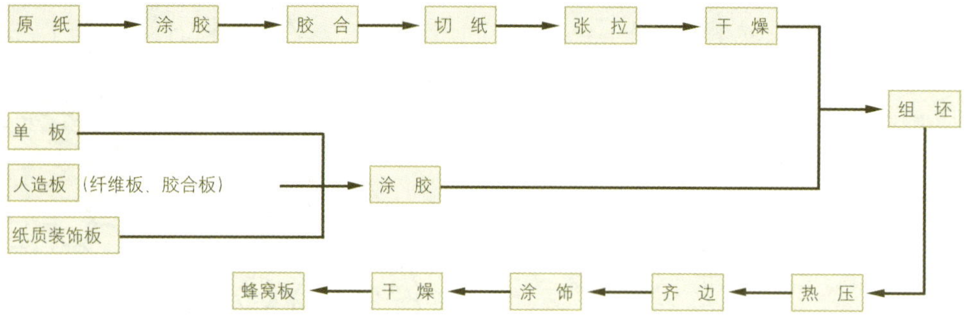

图 11-13 纸质蜂窝板的生产工艺流程

表 11-12 覆面材料与纸质蜂窝贴接的热压工艺参数

热压温度(℃)	105～120
单位压力(MPa)	0.2～0.3
热压时间(min)	5

如铝蜂窝和特种合金蜂窝夹芯，可用于使用要求和温度非常高的地方，这种蜂窝夹芯成本高，主要用于飞机和宇宙飞行器中。

改变蜂窝格子的尺寸、格子的壁厚和所使用的材料，可得到具有不同密度和机械性能的各种蜂窝芯材，如图 11-14 所示。

夹芯材料可以是铝蜂窝、特种合金蜂窝，也可以采用泡沫玻璃、聚苯乙烯泡沫塑料、聚氨基甲酸酯泡沫塑料等材料制成的蜂窝。对上述蜂窝结构的设计，还必须考虑下列非结构性的特性：质量、可成形性、渗透性、导热系数、导电性能、吸湿性能或特殊性能等。最后选择芯层时，和表板一样，还必须考虑到可获得性和生产成本。

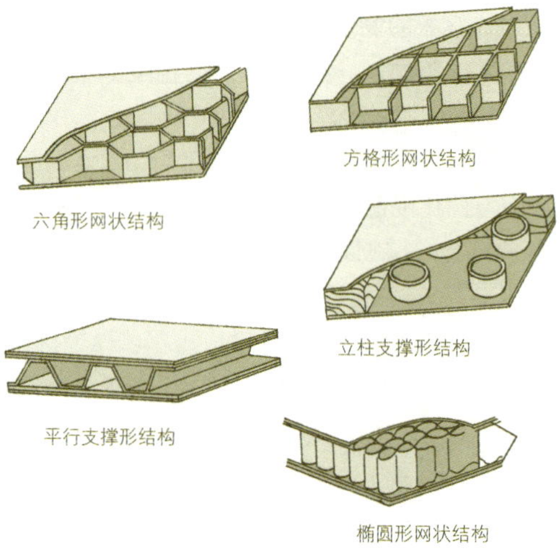

图 11-14 不同空心结构的蜂窝板

芯层的性能诸如刚度和强度，对于任何特种材料，通常都是随着密度的增加而增加。蜂窝状芯层的弹性性能可用芯层密度、带条材料的弹性和芯层蜂窝的形状估算之。与层压面垂直的压缩弹性模量，随着芯层密度对带条材料的密度之比乘带条材料的弹性模量的数值而成比例地变化。“带条”是指弯曲成为六角形或方形蜂窝的条子。对于平行于芯层蜂窝壁方向的有效抗剪弹性模量，计算时可以只考虑按平行于抗剪应力方向的部分蜂窝壁估算之。六角形蜂窝芯层的剪切性能，沿芯层带条方向比垂直于芯层带条方向为大。如果蜂窝为正方形，则剪切性能在两个主要方向上几乎相同。

芯层的非结构性的一种重要特性是对建筑结构设计极有价值的热导率。如果芯层的单个蜂窝的尺寸大于9.5mm时，由于通过蜂窝的直接辐射损失（在垂直于表板方向）和对流循环损失小，其绝热性能不怎么好。具体而言，泡沫芯层的绝热能力与其密度成反比；木料芯层的导热性能大致是一样，但不同的是木料芯层的传导性还取决于木材的纹理方向。

不同空心结构的蜂窝板，为了适应某些专门的要求，例如须在板中安装加热管、燃料管和布置电线等。因此，制造这些类型的板子时，就应该在表板间安放上适当的承载档子或边条，这样有利于施工，免除以后使用时在加工好的板子上再加工。用空心结构蜂窝板的最麻烦的困难是由板子的侧边、嵌片和连接引起的。通常，采用比较简单的结构就能获得满意的效果，几乎不需要加入嵌片和折叠构件。关键是这些板片必须装配得当，以达到良好的胶合和贴接。板子侧边的各种处理形式见图 11-15。

11.3.4 家具用蜂窝结构夹芯板的热压

热压的目的是将表板与蜂窝夹芯胶合在一起，这个工序可以在热压或冷压机中予以解决，此工序与用高压制造层积

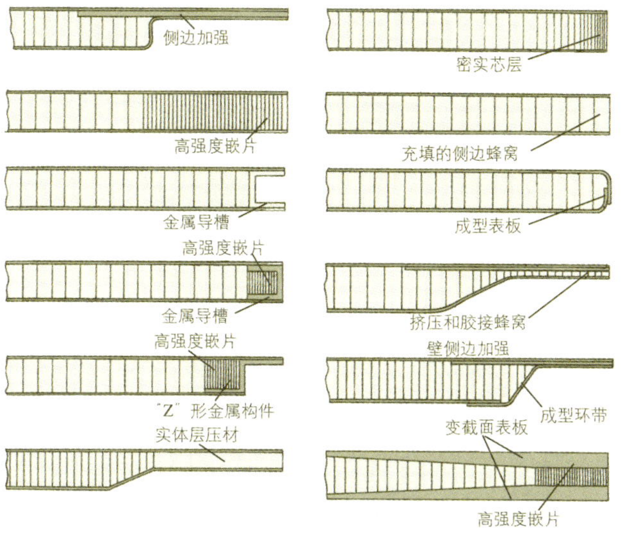

图 11-15 空心结构蜂窝板侧边连接外的各种处理形式

表 11-13 家具用蜂窝结构夹芯板的热压工艺参数

热压温度(℃)	110～120（脲醛树脂胶）
单位压力(MPa)	0.25～0.3
热压时间(min)	5

塑料或胶合板等的其他生产工序大不相同。蜂窝板的加压设备仅需低压，否则芯层可能会压皱。另外，诸层压板必须精确平行，否则甚至是轻轻的施加压力，也会引起整个蜂窝夹芯板芯层皱纹的扩散。如果夹芯板没有封边，则在压机中可使用限厚挡块或限位木框。我国的一些工厂在制造蜂窝夹芯板时通常使用后者。具体操作程序是：在木框中放入芯子，木框的厚度与芯子相同，蜂窝芯子做中板，上下面各覆一层涂胶芯板和一层表板，然后加上垫板，送入热压机中加热和加压胶合。家具用蜂窝结构夹芯板的热压工艺参数见表 11-13。

参考文献

[1] 朱典想，俞敏. 胶合板生产技术. 北京：中国林业出版社，1999

[2] 陆仁书. 胶合板制造学. 北京：中国林业出版社，1993

[3] 朱典想. 浅析实木细木工板芯板制造中存在的问题及解决措施. 建筑人造板，1997，No.4

[4] 中华人民共和国林业部科技司编. 人造板标准汇编. 北京：中国林业出版社，1993

[5] Barney Klameckl, 1978, Optimization of Vereer Lathe Settings-A Nonlinear Programing Approach. Wood Science 10C4

12 集成材

集成材是2层或多层木板或小方材拼板，所用各层的纹理几乎是平行胶合而成的一种木材。木板和小方材的树种、数量、尺寸、形状、结构和厚度等可以变化。结构用集成材单块木板，厚度一般不超过51mm，常为25mm或50mm。

集成材主要用于建筑业，如用于直径为176mm，高52m的圆屋顶建筑；还有的建筑物采用曲线集成材梁，跨距超过60m，除此之外集成材也广泛用于非结构用材及装饰用材（表12-1）。

集成材的种类基本上可以形状、所用胶种、应用场所等来分类，如图12-1所示。

集成材的形状和使用的胶种主要取决于该类产品的最终用途。一般室内装饰的形状常为直线形，胶黏剂为脲醛树脂胶或乳白胶；结构用集成材一般采用酚醛树脂胶，形状可直线形或曲线形(图12-2)。

集成材的优点：

(1) 很容易用商业用木材制成大的结构用部件，开辟了由小径木制得的小板材最经济用途。

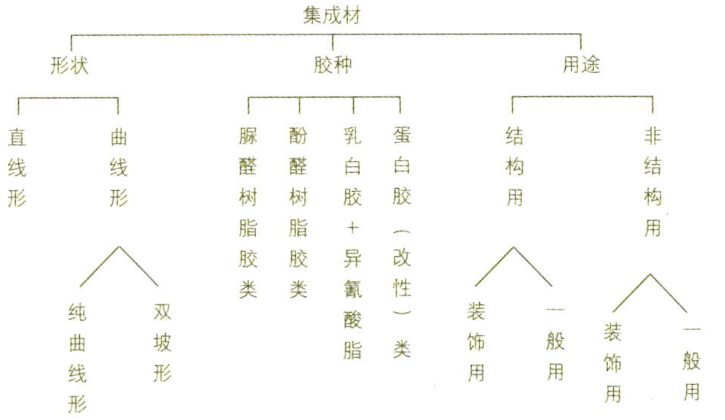

图12-1 集成材的分类

(2) 能获得最佳的建筑艺术效果和独特的装饰风格，如曲线形。

(3) 可使木材生长缺陷的影响降到最小，而得到的集成材变异系数较小。

(4) 依强度要求可设计成变截面的建筑构件。

生产集成材应注意的方面：

(1) 木板的准备和胶合会增加最终产品的成本。

(2) 集成材是用胶黏剂胶合而成的，因此胶黏剂质量特别重要；同时要增加一些专用设备及熟练的技术工人。

12.1 集成材的性能

12.1.1 国内外标准

国外有JAS日本集成材标准；美国国家标准院的ANSI A 190.1结构集成材，ANSI O 5.2用于公共事业建筑用结构集成材，美国试验和材料协会ASTM D 3737评定集成材应力的标准方法等；加拿大标准协会CSA标准O 122结构集成材；欧共体标准EN 386胶合层积木。

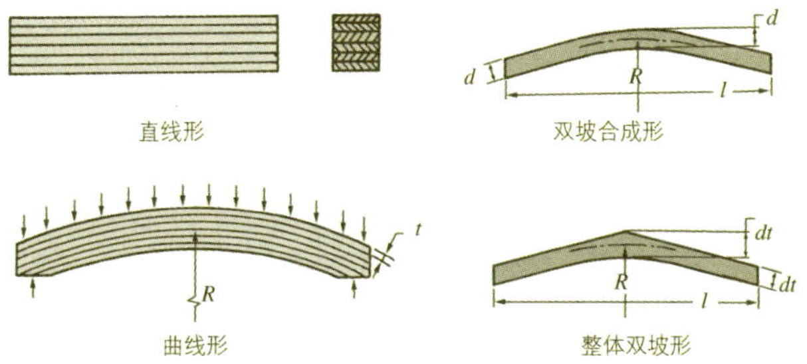

图12-2 集成材外形

国内尚未正式公布标准，不少厂家依日本JAS标准生产。

12.1.2 日本JAS标准简介

1. **主要物理力学性能（表12-2）**

2. **板材材质及表面质量要求（表12-3）**

3. **物理力学性能测试和规定值**

(1) 含水率测定：在集成材中取2个试件称重，在100～105℃的干燥箱中干燥到恒重，可求出其绝对含水率，其平均值应＜15%。

(2) 表面开裂实验：在集成材中抽取长为150mm试件2块，在其端面贴上铝箔，在60±3℃的干燥箱中干燥24h，观察其表面，表面不开裂，或有轻微开裂。

(3) 浸渍剥离试验：在集成材中取顺纹长75mm试件3块，在室温水中浸6h后，放入40±3℃的恒温干燥箱中干燥18h，在试件两端面测定胶层剥离长超过3mm以上的剥离值，同一胶层的剥离总长应小于同一胶层的总长的1/3，总的剥离长应小于总胶长的1/10。

(4) 煮沸剥离试验：把75mm顺纹长试件3块放入沸水中煮5h，再在室温水中浸泡1h，水中取出后放入60±3℃的恒温干燥箱中干燥8h，然后用浸渍剥离试验相同方法测定剥离，其相应值分别为＜1/3和＜1/10。

(5) 剪切试验：用剪切强度和木破损率来评定胶层的质量，其值与树种有关(表12-4)。

(6) 静曲强度：静曲强度和静曲弹性模量值见表12-5；各种应力计算公式见表12-6。

表12-1 集成材的特点及用途

集成材分类	特　点	用　途
一般用集成材	木板或小方材等其纤维方向基本平行，在厚度、宽度及长度方向上集成胶合起来的材料	拼板，用作细木工芯板，家具的部件体等
非结构用装饰集成材	用具美丽纹理的木材(小方材为主)，依一般用集成材加工方法制成的材料；或在一般用集成材表面贴上装饰薄板(或薄木等)，或一般用集成材表面进行装饰加工的材料	建筑内部装饰材料及实木家具的表面材料
结构用集成材	为了达到预定的力学性能，锯材预先经过截去影响强度的缺陷(如死节、大节等)，在其宽度上经拼接，长度方向上进行斜接或指接成长板，再把长板依同一纤维方向层积而成的结构用材料	建筑物受力构件，如梁、托梁、搁梁等
装饰用结构集成材	在结构集成材表面贴上装饰用薄板的集成材	用于建筑物内既要装饰又受力的部分

表12-2 主要物理力学性能

指标＼名称	建筑用集成材	装饰集成材	结构用集成材	装饰结构用集成材
胶合强度				
浸渍后	✓	✓	✓	✓
煮沸后			✓	✓
剪　切			✓	✓
含水率(%)	平均值<15	同左	同左	同左
MOR			✓	✓
尺寸差（mm）				
厚　度	±1.0	±1.0	±1mm	±1mm
宽　度	±1.0	±1.0	±1mm	±1mm
长　度	+不限 0	+不限 0	+不限 0	+不限 0

表 12-3 板材材质及表面质量要求

材质缺陷名	建筑用集成材		贴面建筑用集成材		结构用集成材		装饰结构用集成材	
	一等	二等	一等	二等	一等	二等	一等	二等
节	1.长径 10mm 以下； 2.不允许空心节、腐朽节及易脱落节	同左	不允许	1.长径 30mm 以下； 2.不允许空心节、腐朽节及易脱落节	总节径比① < 1/4	总节径比< 1/3	不允许	1.表径< 30mm； 2.不允许空心节、腐朽节及易脱落节
油脂、夹皮	极轻微	轻微	极轻微	轻微	轻微	轻微	极轻微	轻微
伤痕	极轻微	轻微	不允许	轻微			不允许	轻微
腐朽	不允许	轻微	不允许	轻微	不允许	不允许	不允许	极轻微
变色、污染	极轻微	不显著	极轻微	轻微	轻微	轻微	极轻微	不显著
孔	极轻微	不显著	不允许	轻微			不允许	轻微
接合处缝隙	极轻微	不显著			不允许	不允许		
其他缺陷	极轻微	不显著	极轻微	不显著	极轻微	轻微	极轻微	不显著
纤维倾斜比②					< 1/14	< 1/12	不允许	极轻微
表面开裂					不允许	不允许		
平均年轮宽					≤ 6mm	≤ 6mm		

注：①总节径比，在板长 15cm 板面上所有节的直径之比值 $\left(\frac{\text{所有节径}}{15}\right)$

②纤维倾斜比，在板长度方向上，纤维的倾斜高度之比 $\left(\frac{\text{在某段板长内纤维倾斜高}}{\text{某段板长}}\right)$

表 12-4 剪切强度和木破损率规定值

树种划分	剪切强度(MPa)	木破损率(%)
针叶树 A-1(赤松、黑松、花旗松、包括具有与这些树种同等强度的树种)	7.5	50
针叶树 A-2(落叶松、罗汉柏、柏树、美洲花柏，包括与此有同等强度的树种)	7.0	
针叶树 B-1(铁杉、美国铁杉及与此有同等强度的树种)	6.0	60
针叶树 B-2(枫树、针枞、红松、杉、美杉、云杉及与此有同等强度的树种)	5.5	
阔叶树 A(橡树、桦树、水曲柳、榆木、山毛榉及与此有同等强度的树种)	7.5	40
阔叶树 B(柳桉及与此有同等强度的树种)	6.0	60

表 12-5 集成材的静曲强度和静曲弹性模量值

树种划分	1 级		2 级	
	静曲弹性模量(10^3MPa)	静曲强度(MPa)	静曲弹性模量(10^3MPa)	静曲强度(MPa)
针叶树 A-1	11	43.5	10	36.5
针叶树 A-2	10	40.5	9	33.0
针叶树 B-1	9	37.5	8	31.5
针叶树 B-2	8	34.5	7	28.5
阔叶树 A	7	45.0	8	37.5
阔叶树 B	8	39.0	7	33.0

表 12-6 各种应力计算公式

弯曲应力	曲线集成材的径向应力	剪切应力	变形	倾向稳定性
$F'_b \geqslant \frac{m}{I} \quad n=\frac{m}{S}$ I——惯性矩 M——弯矩 n——梁最外边距中性轴之距 S——断面模数 F'_b——允许工作应力 $F'_b=F_bK_DK_FK_LK_X$ F_b——在正常载荷持久条件 F_D——载荷持久系数 K_F——滞火处理系数 K_L——侧向支持系数 K_X——仅对弯曲部分的弯曲系数 对针叶树材： $\frac{t}{R} \leqslant 1/125$ 对阔叶树材： $\frac{t}{R} \leqslant 1100$ $K_X=1-2000(\frac{t}{R_{min}})^2$ R_{min}——最小半径	$F'_r=\frac{3}{2}\times\frac{M}{bdR}$ b——集成材宽 d——集成材厚 R——曲率半径 $F'_r=F_tK_DK_F=K_S$ F_t——集成材的垂直纤维上的允许拉应力和压应力 K_S——尺寸系数	梁断面 $db \geqslant 640 \cdot L^{0.22}$ $(\frac{w}{nk_1k_dk_fk_bk_v})^{1.22}$ W——总载荷(kN) $n=0.924+1.52d1000L$ L——梁总长 b——断面宽 d——断面厚 K_1——承载条件系数	变形值计算用修正的 E' $E'=EK_F$ E——胶合木弹性模量 K_F——阻燃处理系数	依断面比值 $(\frac{板厚}{板宽})$ 采用相应的修正系数 K_L 来修正弯曲允许单位应力

注：有关具体计算和系数值等请参见 Canada wood construction《*Design Lumber and Glued Laminated Timber*》

12.1.3 结构集成材设计原则

设计基本假定是集成材受外力作用下，应力和应变之间为线性关系，即在比例极限范围内。当集成材受力弯曲变形时将受到弯曲和侧向稳定性、剪力、变形，曲线形集成材的径向应力或承受力的控制。通常认为一般载荷和跨距下受弯曲应力为主；重载短跨距(如胶合梁桥)剪应力为主；轻载长跨距(如地板搁梁)限制变形为主。

12.2 集成材生产工艺

12.2.1 工艺流程

集成材的工艺流程如下：

分 选 → 原木锯割 → 板材干燥 → 板材分级 → 板材纵向接长

→ 板材刨光 → 涂 胶 → 组 坯 → 胶 合 → 特殊处理

12.2.2 主要生产工序

1. 原木锯剖

依生产集成材的基本要求来制订对原木锯剖方案，一般结构用集成材常用普通下锯法，对装饰用集成材一般用径切下锯法。锯得的板材在干燥堆垛之前应以板厚、树种等分别堆放干燥。

2. 板材干燥

为了保证集成材的胶合质量，板材必须干燥到含水率 7%～15%。

3. 板材分级

结构集成材在使用时，在外力作用下它产生内力——压应力、拉应力、剪应力，这些内力将由组成的各层板材所承受，而且距集成材中性层的距离不同其内力大小也不同，为了充分发挥每块板材的作用，在组坯前应把每块板材按力学性能或表面质量进行分级。分级方法有木材机械应力分级和目测分级两大类。

(1) 机械应力分级(MSR)

当板材受外力而发生变形，把板材每隔 150mm 记录下其变形值，求得变形和弯曲弹性模量(f-E)之间相关系数。

加拿大 MSR 木材依“加拿大木材标准分级规则”进行，利用板材应力分级机，分成 14 个级别(f-E 分类)，并直接给出允许值，例 1800f-1.6E 级，允许值：弯曲应力(MOR)12.4MPa，MOE 11000MPa。在正常载荷下的允许应力值见表 12-7，不同树种的顺纹剪切，垂直纤维方向抗压强度见表 12-8。

表 12-7 对板厚 38mm 各种宽度下 MSR 允许应力值（MPa）

级别	MOR	MOE	平行纤维方向抗拉强度		平行纤维抗压强度
			89～184mm	＞184mm	
1200f-1.2E	8.3	8300	4.1	—	6.5
1450f-1.3E	10.0	9000	5.5	—	7.9
1500f-1.4E	10.3	9600	6.2	—	8.3
1650f-1.5E*	11.4	10300	7.0	—	9.1
1800f-1.6E*	12.4	11000	8.1	—	10.0
1950f-1.7E	13.4	11700	9.5	—	10.7
2100f-1.8E*	14.5	12400	10.8	—	11.7
2250f-1.9E	15.5	13100	12.1	—	12.4
2400f-2.0E*	16.5	13800	13.3	—	13.3
2550f-2.1E	17.6	14500	14.1	—	14.1
900f-1.2E	6.2	8300	2.4	2.4	5.0
1200f-1.5E	8.3	10300	4.1	4.1	6.5
1350f-1.8E	9.3	12400	5.2	5.2	7.4
1800f-2.1E	12.4	14500	8.1	8.1	10.0

注：*表示近期引入的数据

下列各表分别提供各种 MSR 木材用途的允许荷载和变形（见表 12-9、12-10）。

(2) 目测分级

分级工根据看到板材上节子性质和大小、斜纹理等缺陷的大小和位置来判断板材的强度并进行分级。现将主要国家分级主要指标列于表 12-11 中。

日本集成材标准中的 1 级及 2 级板材相当于表 12-11 中的 L_2 和 L_3 等级；美国用 L_1、L_2 和 L_3 级用于集成材生产。

日本集成材用的板材许用应力如表 12-12 所示。

4. 板材纵向接长

用作装饰用集成材，必须把板材或小方材中的节子等缺陷锯掉，然后在长度方向上接长；同理，结构用材的板材内缺陷严重影响强度，也应截去而接长。接长时基本要求是接头处强度不低于无节材的90%以上。在纵向接长时不要用对接，而采用指接或斜面接合(图 12-3 和 12-4)。一般在集成材纵向接长时，常采用指形接合(表 12-13)。其齿形尺寸与接合部的力学性能密切相关。

表 12-8 各种树种的顺纹剪切和垂直纹理的抗压强度（MPa）

树种	顺纹剪切强度	垂直纹理的抗压强度
花旗松，西部落叶松	0.62	3.17
西部铁杉	0.50	1.61
沿海树种	0.42	1.61
云杉、火炬松	0.46	1.67
西部冷杉	0.49	1.92
北方树种(上述所有树种)	0.42	1.61
北部杨木	0.43	1.23

表 12-9 对搁栅和椽木的设计荷载和极限变形

建筑构件	动荷载 (kPa)	雪荷载 (kPa)	静载 (kPa)	极限变形	
				石膏板和塑料天花板	其他天花板
天花板搁栅	0.5	–	0.3	L/360	L/240
地板用搁栅（生活房）	1.9	–	0.5	L/360	L/360
地板搁栅（居室）	1.4	–	0.45	L/360	L/240
屋顶搁栅	–	2.5	0.5		
	–	2.0	0.5	L/360	L/240
	–	1.5	0.5		
椽木	–	2.5			
	–	2.0	0.3		L/180
	–	1.5	0.3		无天花板
	–	1.0	0.3		

齿形接合常用胶黏剂见表 12-14。

一般齿形接合常为冷压，时间较长，约 6h 以上。为了加快胶合可采用高频快速胶合，板材断面为 120mm × 30mm，若用频率为 27MHz，功率为 3kW，端压 0.5MPa，场强 0.9kV/cm，胶固化时间仅 20″ 左右，具体见表 12-15。

5. 表面刨光

经分等和配料将锯材按集成材技术要求锯成毛料。干燥后的毛料会有变形、尺寸公差和表面粗糙不平，因而必须进

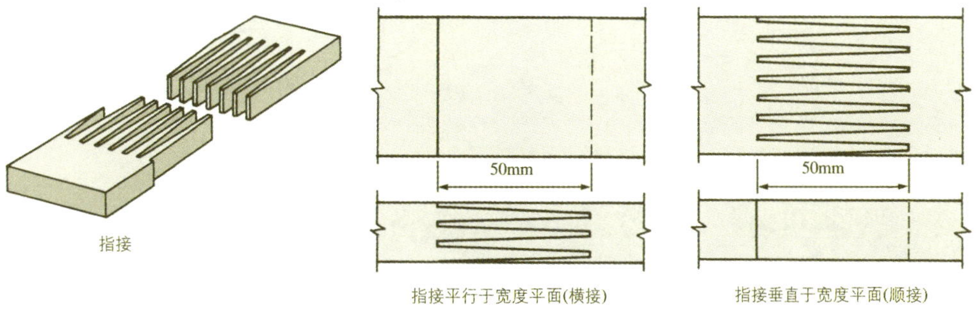

图 12-3 典型指形端接

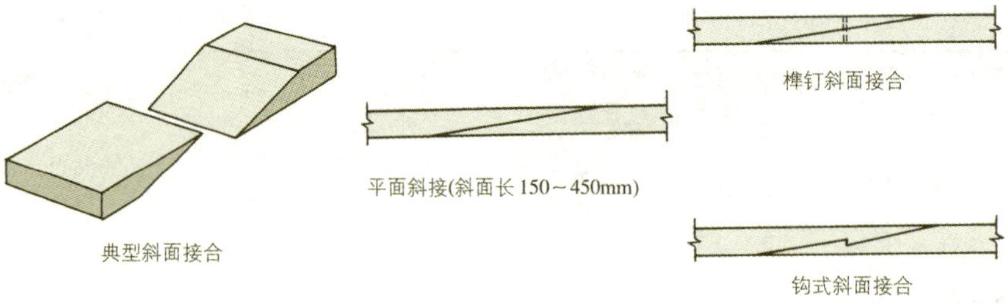

图 12-4 **斜面端接**（接合长 180～450mm）

表 12-10 在活动住宅中动荷载 1.9KPa 时，MSR 木材用地板搁栅

商用设计	级 别	断面尺寸 (mm)	各种天花板		
			搁栅间距		
			300(mm)	(m)	(m)
MSR	1200f-1.2E	38 × 89	1.90	1.73	1.51
		38 × 140	2.99	2.72	2.37
		38 × 184	3.94	3.58	3.13
		38 × 235	5.03	4.57	3.99
		38 × 286	6.12	5.56	4.86
	1450f-1.4E	38 × 89	1.96	1.78	1.55
		38 × 140	3.08	2.80	2.44
		38 × 184	4.06	3.69	3.22
		38 × 235	5.18	4.70	4.11
		38 × 286	6.30	5.72	5.00
	1500f-1.4E	38 × 89	2.00	1.82	1.59
		38 × 140	3.14	2.86	2.50
		38 × 184	4.15	3.77	3.29
		38 × 235	5.29	4.81	4.20
		38 × 286	6.43	5.84	5.11
	1650f-1.5E	38 × 89	2.05	1.86	1.63
		38 × 140	3.22	2.93	2.56
		38 × 184	4.24	3.86	3.37
		38 × 235	5.41	4.92	4.30
		38 × 286	6.59	5.98	5.23
	1800f-1.6E	38 × 89	2.09	1.90	1.66
		38 × 140	3.29	2.99	2.61
		38 × 184	4.34	3.94	3.44
		38 × 235	5.53	5.03	4.39
		38 × 286	6.73	6.12	5.34
	1950f-1.7E	38 × 89	2.14	1.94	1.70
		38 × 140	3.36	3.05	2.67
		38 × 184	4.43	4.02	3.51
		38 × 235	5.65	5.13	4.48
		38 × 286	6.87	6.24	5.45
	2100f-1.8E	38 × 89	2.18	1.98	1.73
		38 × 140	3.42	3.11	2.72
		38 × 184	4.51	4.10	3.58
		38 × 235	5.76	5.23	4.57
		38 × 286	7.01	6.36	5.56
		38 × 89	2.22	2.02	1.76

表 12-10（续）

商用设计	级 别	断面尺寸 (mm)	各种天花板		
			搁栅间距		
			300(mm)	(m)	(m)
MSR	2250f-1.8E	38 × 140	3.49	3.17	2.77
		38 × 184	4.60	4.18	3.65
		38 × 235	5.87	5.33	4.66
		38 × 286	7.13	6.48	5.66
	2400f-2.0E	38 × 89	2.26	2.05	1.79
		38 × 140	3.55	3.22	2.82
		38 × 184	4.68	4.25	3.71
		38 × 235	5.97	5.42	4.74
		38 × 286	7.26	6.60	5.76
	2550f-2.1E	38 × 89	2.30	2.09	1.82
		38 × 140	3.61	3.28	2.86
		38 × 184	4.76	4.32	3.78
		38 × 235	6.07	5.51	4.82
		38 × 286	7.38	6.71	5.86
	900f-1.2E	38 × 89	1.91	1.69	1.38
		38 × 140	3.00	2.65	2.17
		38 × 184	3.95	3.50	2.86
		38 × 235	5.04	4.46	3.64
		38 × 286	6.13	5.43	4.43
	1200f-1.5E	38 × 89	2.05	1.86	1.60
		38 × 140	3.22	3.86	2.51
		38 × 184	4.24	2.93	3.30
		38 × 235	5.41	4.92	4.22
		38 × 286	6.59	5.98	5.13
	1350f-1.8E	38 × 89	2.18	1.98	1.69
		38 × 140	3.42	3.11	2.65
		38 × 184	4.51	4.10	3.50
		38 × 235	5.76	5.23	4.46
		38 × 286	7.01	6.36	5.43
	1800f-2.1E	38 × 89	2.30	2.09	1.82
		38 × 140	3.61	3.28	2.86
		38 × 184	4.76	4.32	3.78
		38 × 235	6.07	5.51	4.82
		38 × 286	7.38	6.71	5.86

表 12-11 按外观特征区分板材强度等级

日 本			美 国			英 国		
等级	集中节径比	纤维斜率	等级	集中节径比	纤维斜率	等级	集中节径比	纤维斜率
L_1	1/10	1/18	–	–	–	L_A	1/10	1/18
L_2	1/5	1/16	L_1	1/4	1/14	L_B	1/4	1/14
L_3	3/10	1/12	L_2	1/3	1/12	–	–	–
L_4	1/2	1/8	L_3	1/2	1/8	L_C	1/2	1/8
L_5(等外)	7/10	1/6	–	–	–	–	–	–

表 12-12 普通结构用板材的许用应力（MPa）

树 种		长期受载时应力值				短期受载时应力值
		压缩	弯曲拉应力	剪切	压缩	
针叶树材	日本赤松、黑松、美松	7.5	9.6	0.8	3.0	为长期受载值的 1 倍
	落叶松、日本罗汉松、日本扁柏、美国扁柏	7.0	9.0	0.7	2.5	
	日本铁杉、异叶铁杉	6.5	8.5	0.7	2.0	
	日本冷杉、鱼鳞松、红松、云杉、日本柳杉	6.0	7.65	0.6	2.0	
阔叶树材	栎木	9.0	13.0	1.4	4.0	
	日本栗、日本山毛榉、光叶榉	7.0	10.0	1.0	3.5	

表 12-13 集成材纵向接长特征

接长型式 / 特 征	平面斜接	指 接	
		非结构用	结构用
优缺点	木材损失多、接合后表面不平 加工精度难保证、很少应用	木材损失较少、接合后表面较好 加工精度较好、广泛采用	
齿形特征 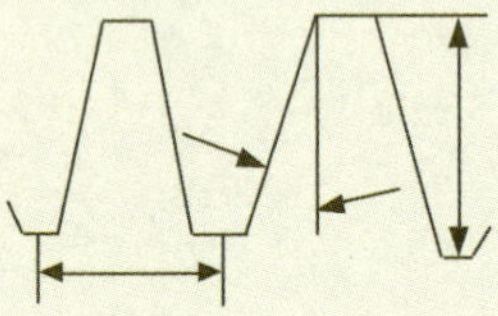	斜接平面倾斜率 $\frac{1}{10} \sim \frac{1}{12}$	短 钝 用于型料、门窗框、侧板 招牌 门梃、槛	长 尖 层积梁 板材厚 5cm 宽 30cm

表 12-14 常用木材胶黏剂的工艺性

性 能	黏合剂								
	聚醋酸乙烯乳液	脲醛类	三聚氰胺甲醛类	酚醛类	间苯二酚甲醛类	合成橡胶类	环氧类	皮、骨胶	酪素胶
外 观	乳白色液体	A	A	褐色液体	褐色液体	琥珀色液体	琥珀色固体	琥珀色液体	蛋黄色粉末
溶 剂	水	水	水	水或醇	水或醇	苯、酮	有机溶剂	水	水
树脂含量（商品）	40%~50%	45%~70%	50%~60%	40%~60%	50%~60%	20%~30%	100%	100%	100%
树脂含量（商品）	40%~50%	45%~70%	50%~60%	40%~60%	50%~60%	20%~30%	100%	33%~40%	30%~40%
配 置	原液或稀释	原液 100 固化剂 10	原液 100 固化剂 5~10	原液 100 固化剂 10	原 液 固化剂	苯、酮溶液	原液 100 固化剂 8	1.5~3 倍 水 60℃溶解	2 倍水加碱 溶解
涂胶量（g/m^2）	120~200	120~200	120~150	100~150	100~150	150~250	150~200	150~250	150~200
活性期（h）	不限	1~2	2~4	2~4	2~4	不限	2~4	不限	3~6
使用难易	易	易	易	稍难	易	易	稍难	稍难	易
污染性	无	无	无	大	大	中	无	中	大
耐水性	可	良	优	优	优	良	优	劣	可
耐热性（℃）	70~80	100	100~120	100~120	100~120	60~70	90~100	70~80	80~90
应用范围	室内	室内	室内外	室内外	室内外	室内外	室内外	室内	室内

注：脲醛类、聚醋酸乙烯乳液有季节别；皮、骨胶加温至 60~70℃使用

表 12-15 高频加热齿形接合规程

齿形状态	空气间隙(mm)	材料断面尺寸(mm)		电极尺寸(mm)				电极上电压(kV)	场强(kV/cm)	胶合时间(min)
				下电极板		上电极板				
		宽	厚	宽	长	宽	长			
脲醛树脂胶										
	10	50	22	22	70	80	80	6	0.67	1.6
顺接	10	100	22	22	70	130	130	7	0.5	2.75
顺接	10	150	22	22	70	180	180	7	0.37	4
顺接	10	100	38	38	70	140	140	7	0.5	2.75
顺接	10	100	48	48	70	150	150	7	0.5	2.75
顺接	10	150	48	48	70	200	180	7	0.37	4
横接	0	100	38	100	70	120	80	5.3	1.4	1
横接	0	100	48	100	70	120	80	5.5	1.15	1.5
横接	0	100	22	150	70	170	80	3.5	1.6	1

注：* 高频频率 10MHz，介电系数为 4

行表面刨平(即基准面加工)。平面基准面加工常用手工或机械进料的平刨机。每次加工量为 1.5～2.5mm，若超过 3mm 将会降低加工质量。其厚度加工误差应小于0.5mm，表面波长小于5mm，端头撕裂小于30mm。通过表面刨平，胶合可节省 25% 的胶黏剂。

6. **涂胶**

集成材胶合用的胶黏剂种类很多。作为结构材使用常为酚醛树脂胶，间苯二酚树脂胶；其他脲醛树脂胶，改性乳白胶常用于室内用材。这些胶黏剂内各组分在使用时应均匀混合，并且保持温度在 18℃以上。

涂胶可采用机械涂胶，常为辊筒涂胶机，结构相似于胶合板涂胶机，但辊筒长度较短，因为板材宽度较小。涂胶量一般在 300～500g/m^2。

7. **组坯**

板材涂胶后，马上按集成材设计组坯方案依次堆放在一起。等级高的板材应放在集成材的表面。

8. **胶合**

由于集成材长度、厚度尺寸较大，形状可是直线和曲线，一般不能用类似热压机进行胶合，而主要采用夹具夹住冷压。依夹具的分布位置可分成立式加压夹具装置和卧式加压夹具装置。大多数夹住的集成材是在不加热状态下保持数小时甚至一夜，让胶黏剂固化达足够胶合强度时，再卸压。

9. **加速胶合过程**

由于冷压受天气变化而不能控制胶合质量，同时冷压时间过长影响生产率。加速胶合方法主要有热空气法、喷蒸气法、辐射法和高频加热法等。

热空气法和喷蒸汽法，其工作原理基本相似，在集成材加压夹具装置外用防水防气帆布罩住并留有对流空间，然后用移动式蒸气管或固定式蒸气管按要求喷出蒸汽，通过对流传热给加压段集成材加热；热空气法是使空气通过固定的加热器加热后，再加热加压的集成材；使其加热升温。

辐射法是利用一系列发热灯管照射被加压集成材侧面胶缝，使其加热升温。虽然辐射波有一定穿透力，但深度仍很小。集成材板坯的内部温度升高，仅借板坯表面和内部温度差产生的热扩散，因而加温时间也很长。

高频加热法是借集成材板坯在高频交变的电场下使板坯内极性分子振荡、相互间产生摩擦热的内部加热法，因而升温较快，可大大缩短胶黏剂固化时间。但必须有一套高频加热装置。

10. **后期加工**

集成材胶压完后，要经过下列工序：表面和四边刨光；端头截去；表面嵌填和修补；表面砂光，刷防水涂料和打印包装入库。这些工序可根据合同规定、等级而调整。

参考文献

[1] Forest Service, Agricuture Handbook 72, Wood Handbook: Wood as an Engingering Material-Chapter 10 Glued Structural Members.1987

[2] Canadian Wood Constiuction,1979

[3] Губенко А. б., Изгстовленые Клееных Деревниных констру кı ийГослебумиздАТ,1957

13 单板层积材 Laminated Veneer Lumber

单板层积材(Laminated Veneer Lumber，简称LVL)是把木材加工成较厚的单板，经干燥、施胶、顺纹组坯，层积胶合而制得的一种结构材料。由于基本为顺纹组坯，故又称平行胶合板。因为近似胶合木的性能，故也称为单板胶合木。其制造方法与胶合板非常相似。

该制品有如下优点：LVL可利用小径木、弯曲木、短原木生产，出材率可达60%～70%；由于单板可纵向接长，因此制品长度不受限制；生产周期短，可实现连续化生产；原木旋切成单板，可分散，错开接头，降低对强度的影响，因此，LVL强度均匀，尺寸稳定性好；可根据制品用途进行单板组坯，亦可很方便地对单板进行处理，使制品具有防腐、防虫、防火等性能。不足之处：制品的成本取决于胶黏剂的种类和用量；制品主要使用厚单板，厚单板的背面裂隙较为严重，会影响材质，造成强度的降低。

LVL具有美丽的木材纹理，强度均匀，尺寸稳定，耐久性好，不需干燥，规格尺寸范围广等性能优势。其用途可分为三类：木建筑中结构材；家具、门窗、内外装修材；工业用材。表13-1系LVL的用途及相应的性能要求。

表13-1 LVL的用途及相应的性能

应用范围	强度①			装饰性	尺寸稳定性	耐久性	耐候性	表面加工性	高档次加工性	材料尺寸②	
	大	中	小							层积厚	板材长(cm)
建材	※	※			○	○			○		长尺寸
地板		※			○						365左右
框架材			※		○						365左右
家具		○		※	※	△		※	※	厚	181左右
门		○		※	△	○		○	○	厚	
窗		○		※	△	○		○	○	厚	365、181
装饰材		○		※	△	△		○	○	厚	271～365
地板		○		※	○	※		○	※	厚	181
窗框		※		※	※		※	△	※	中	181～365
车厢	※				○		※				长尺寸
枕木	※				○		※		△	中	
脚手架	※				○		※		△		长尺寸
托板		※					○		△		
模板		※			○		○		△		

注：※特别重要；○重要；△一般

①大：针叶锯材上等以上；中：容许应力强度范围；小：容许应力强度以下

车厢 σ_b=90MPa } 基准值

脚手架 σ_b=65MPa }

②必要尺寸范围或最小尺寸：厚：30cm以上；中：10～20cm

目前LVL的产量和制品的种类尚少，并无统一分类方法。根据结构形式，LVL有全顺纹结构：由数层至数十层单板，全部按木材顺纹方向平行堆积压制成板，这是LVL的主要结构形式。混合结构：在顺纹单板板坯中，有几层木材纹理相垂直的单板，目的是提高LVL的纵向强度。

根据制造LVL的树种可分为针叶材LVL和阔叶材LVL。针叶材LVL的树种主要有铁杉、花旗松、辐射松、落叶松、柳杉、白松等。阔叶材LVL主要有柳桉、阿必东、椴木、桦木、榆木、水青冈等。

根据是否承重可分为结构用及非结构用LVL。结构用LVL分特级、1级和2级，厚度要求大于25mm，宽度300～1200mm，长度根据需要而定；非结构用LVL厚度为9～50mm，宽度300～1200mm，长度1800～4500mm。

另外，LVL还可根据单板的切削方法分为刨切和旋切；按使用场合分室内用和室外用；按用途可分为室内装修用和作结构材用等。

13.1 单板层积材的性能

单板层积材（LVL）大部分作为方材使用，因此对其质量要求主要是尺寸稳定性、耐久性、强度性能等。

13.1.1 尺寸稳定性与耐久性

1. 尺寸稳定性

与锯材的变形和开裂相比较，LVL的尺寸稳定性非常出色。表13-2为1.5mm厚的旋切单板覆面，由脲醛树脂制成日本椴木LVL，由表中得知：多层层积、涂胶量少的LVL变形较小。

2. 耐久性

为了考证LVL的耐久性，有人对LVL和层积木进行加速老化对比试验，试验结果胶层破坏最小。在老化试验前，LVL的剪切强度比原木低得多，但加速老化试验后，两者差别就不太明显。这可能是旋切单板的暴露表面是弦切面，当胶合时，各层类似于年轮方向，应力相对自由；然而，成材胶合时，年轮方向很可能反向配置，受潮后，膨胀引起的各层间不同运动，造成层积木的严重分裂。为提高LVL的耐久性，可对其涂饰，特别是进行端部处理。

13.1.2 强度性能

LVL作为木质结构材料，强度性能对其应用有很大影响。虽然LVL某些性能不如成材，但其加工过程可使原木本身的缺陷(节子、裂缝、腐朽等)均匀分布于制品中，平均性能优于成材。此外，LVL的强度性能变异小、均一，因而它的许用应力值较高，而成材做木结构时，由于其机械性质变异系数大，设计时必须采用下限值，造成材料浪费，表13-3为红桦木及其LVL的机械力学性能。

1. 静曲强度、弹性模量和抗拉强度

LVL在作桁架中的拉伸桁弦和工字梁翼缘使用时，抗拉强度是个重要的指标，表13-4列出的不同材种、等级、单板厚度制成LVL后的三项强度指标和变异系数。

LVL做结构材时，将受到纵向或横向压缩，如柱材、底材等，而LVL的纵压强度最具特征，不论是心材LVL，边材LVL，还是混合材LVL，它们之间无明显差别，而且比成材高。一般木材的纵压强度比静曲强度、拉伸强度都低，而LVL却不那么显著，说明LVL的压缩强度性能比较均一。但LVL的纵压弹性模量比弯曲弹性模量和纵拉弹性模量均有所降低。

2. 胶合强度和抗剪强度

通常木材抗剪强度较低，这是木材作为结构材料的一大弱点，然而，通过对LVL水平剪切试验(表13-5)发现，边材LVL与芯材LVL结果很接近；层积面的剪切强度略大于胶层面，纤维方向的剪切强度与成材相同，但在垂直纤维方向上要比其他方向的小得多，这是由于单板背面裂隙影响所造成的。

表13-2 LVL的变形

树种		日本椴木						真桦					
层积数		3			5			3			5		
热压压力(MPa)		4	6	8	4	6	8	4	6	8	4	6	8
涂胶量($g/30cm^2$)	19	小	中	大	/	/	小	大	大	大	/	/	小
	24	小	中	大	/	/	小	大	大	中	/	/	小
	20	中	中	大	小	小	小	大	大	大	中	中	中

表13-3 红桦木及其LVL的机械力学性能

项目	单位	红桦木	红桦木LVL	备注
密度	g/cm^3	0.627	0.67	层积材由七层1.6mm厚旋切单板组成，采用酚醛树脂胶膜，压力为1.18MPa,含水率为9%～10%
顺纹抗拉极限强度	MPa	119.27	152.29	
顺纹压力极限强度	MPa	44.0	67.23	
静曲极限强度	MPa	99.37	139.94	
静曲弹性模量	GPa	9.60	15.78	

表 13-4 LVL 强度性能

试件尺寸(mm)	单板接合	树 种	单板厚度(mm)	材料等级	MOR(MPa)				MOE(GPa)		抗拉强度(MPa)	
					平 行		垂 直					
					X	CV	X	CV	平行	垂直	X	CV
37.5 × 87.5	无	花旗松	6.25	无选择	60.7	3.0	71.4	1.1	16.9	17.9	42.2	1.7
				低级	59.5	2.9	59.2	1.2	15.6	15.8	38.7	1.5
				中级	55.2	1.9	66.9	1.3	17.2	17.4	42.7	1.7
				高级	63.7	1.4	73.1	1.2	19.7	19.6	47.1	1.1
37.5 × 57.5	搭接	花旗松	3.13～2.15	C 级 -D 级	80.3	1.1	/	/	16.4	16.2	45.2	1.2
37.5 × 87.5	对接	南方松	6.25	混合	/	/	65.4	2.0	/	13.4	/	/

注：CV 为变异系数(%)；MOE 为弹性模量

表 13-5 LVL 的胶合强度和抗剪强度

树种(切削方法)	柳桉(旋切)	落叶松(旋切)	落叶松(刨切)	柳桉(旋切)	娑罗双(旋切)	落叶松(旋切)	落叶松(刨切)
胶黏剂	酚醛	酚醛	间苯二酚	酚醛	酚醛	酚醛	间苯二酚
含水率(%)	10.0	10.0	8.2	10.0	8.0	10.0	8.0
密度(g/cm³)	0.62	0.50	0.52	0.60	0.53	0.50	0.52
单板厚(mm)	4.2	4.0	6、10、14	5.8	4.2	4.0	6、10、14
层积数(层)	2	2	2	18	9	8	9、5、4
试件厚(mm)	8.2	8.0	12、20、28	104	37	32	54、50、56
条 件	常态 煮沸	常态 煮沸	常态 煮沸	常态 煮沸	常态 常态	常态 煮沸	常态 常态
加力层	胶层	胶层	胶层	胶层	弦面 径面	胶层	弦面 径面
胶合强度或抗剪强度(MPa)	5.1 3.4	5.1 3.6	5.4 3.5	8.8 5.7	9.0 7.0	8.4 4.1	12.5 12.9
范围(MPa)	2.8～5.5 2.7～4.5	3.3～6.8 2.6～4.5	3.1～6.7 2.6～4.0	6.5～11.5 4.4～7.1	5.9～12.4 5.2～8.3	4.8～11.9 2.8～5.6	9.6～15.0 8.1～15.1
试验法	拉伸 剪切 剪切	拉伸 剪切 剪切	拉伸 剪切 剪切	木块剪切	木块剪切	木块剪切	木块剪切

由于受单板背面裂隙等的影响，LVL的胶合和剪切性能比层积木和成材要差。表 13-5 列出了类似胶合板的拉伸型和类似层积木的压缩型的胶合强度试验与剪切强度试验的结果。

由上表可看出：拉伸型胶合强度是压缩型剪切强度的 1/2 左右，煮沸处理后将进一步降低 10%～30%。虽然 LVL 剪切强度较低，但许用设计值超过了原木本身。

表 13-6 为原苏联落叶松制材与 LVL 的静曲强度(MOR)和许用应力的比较。

表 13-6 落叶松制材与 LVL 性能比较

	锯材		LVL	
	MOR (MPa)	许用应力 (MPa)	MOR (MPa)	许用应力 (MPa)
无节材	62.0(11.2)	19.3	52.1(8.7)	16.5
有节材	33.7(12.8)	3.9		
混合材	49.2(18.9)	5.4		

注：()内为标准偏差

从表中可看出：LVL的MOR已接近无节材，而且变异性小，其许用应力远远超过有节材及混合材，而接近无节材。使木材强度得到充分利用。

3. 握钉性能

LVL的握钉性能参见表13-7。由表得知，钉子直径小时，LVL因单板背面裂隙的影响，握钉力小，弦切面的握钉力比径切面的小；但钉子直径大时，几乎不存在和成材握钉力的差别。此外，LVL因钉钉而产生开裂的几率要高得多，即使用小直径的钉子，产生开裂的几率也很高。

13.1.3 阻燃性

LVL 大量用在建筑领域的建材上，有些是明文规定必须具备一定的防火性能。一般结构用LVL制造时都采用酚醛树脂，该胶种有较好阻燃性。以下试验说明 LVL 的阻燃性

表 13-7 LVL 的握钉性能

钉子直径(mm)	钉入长度(mm)	握钉力(N)				开裂*			
		柳桉 LVL		娑罗双成材		柳桉 LVL		娑罗双成材	
		弦切面	径切面	弦切面	径切面	弦切面	径切面	弦切面	径切面
1.8	22	12	17	22	19				
2.2	22	22	20			–	–	–	–
2.4	34	24	24	34	41	+	–	–	–
2.8	34	43	31			+	+	–	–
3.1	34	36	34	36	36	+	+	+	+

注：* 在 5cm × 4.2cm、厚 1.4cm 的板中央钉钉子时，裂两个的表示(+)，不裂的表示(-)

表 13-8 LVL 梁燃烧试验结果

燃烧时间(min)	木材表面温度(℃)	梁的表面状况及变形量(最大挠度)	
		LVL 梁	钢梁
5	538	燃烧剧烈	无明显变化
10	705	继续燃烧	热胀变形
15	760	表面炭化，变形量 25.4mm	变形量达 216mm
20	795	变形量 50.8mm	温度 693℃，开始熔化，变形量 305mm，此后挠度平均按 63.5mm/min 增加，因熔化而塌陷
25	821	仍未塌陷	
30	843		

能。将宽为17.78cm，厚度为53.34cm的LVL梁和等强度工字钢梁，简单支撑于煤气燃烧窑中进行燃烧试验。其上各负重1.915kPa (相当于屋顶的承重负荷)的均布负荷。燃烧时自动记录梁的最大挠度和温度，同时记录燃烧时间，试验结果如表 13-8 所示。

燃烧试验进行 30min 后，LVL 梁表面木炭层厚为 19.1mm，烧去 25%，仍有 75% 的木质保存，由此说明 LVL 梁阻燃抗火性能优于钢材；必要时单板进行阻燃处理，可使 LVL 达到难燃级水平。

13.1.4 LVL 的 JAS 标准

日本于1978年制订了一般用LVL的JAS标准，1986年9月20日进行修订；1988年制订了结构用LVL标准，并于1991年12月27日进行了修订。在两个标准中对LVL的外观均有明确的要求，如活节、死节、脱落节、夹皮、树脂囊、腐朽、裂纹、虫孔等缺陷均有规定，分别参见表13-9、表13-10和对制造结构用LVL的单板要求(表13-11)。

LVL的厚度是指单板层积方向的高度，其宽度是指表板或背板短边的长度，日本JAS标准对LVL规格尺寸及其偏差见表13-12。

JAS标准对LVL的物理力学性能都作了详细的规定。一般用LVL主要对含水率、胶合强度(用浸渍剥离试验)、对温度变化的耐候性(仅限表面装饰加工过的，采用冷热反复试验)等有相应规定。含水率要求＜ 14%。胶合强度测定是将

表 13-9 一般用 LVL 表面质量的 JAS 标准

项目	基准	
	一等	二等
活节或死节	＜ ϕ 10mm	/
脱落节或孔	无，但可以修补	脱落的部分或孔＜ ϕ 10mm，但超过此值时，还可修补
夹皮、树脂囊或裂纹	长径＜ 15mm	不显著
腐朽	无	无
开口裂纹、离缝或破损	无，但可以修补	长度＜ 20% 材长，宽度＜ 1.5mm，且不＞ 2 个
横向开裂	无	无
其他缺陷	极轻微	极轻微

表 13-10 装饰用一般 LVL 表面质量的 JAS 标准

项目	标准
天然木材的美观(只限用于实木装饰)	木材特有纹理美感
涂饰状态(只限于涂饰加工)	良好
节、树瘤痕、夹皮或变色	突出木材材质特有的性状，在赋予其特征时，数量、大小、程度、位置等要调配好，另外，ϕ ＜ 10mm
虫眼	无
腐朽	无
开裂、横向裂缝、逆纹、碎屑或脏污	极轻微
树脂道或树脂囊	轻微
修补	修整得较好
沟槽及其他加工	整齐、良好
其他缺陷	极轻微

试件截成边长75mm的正方形，放在70 ± 3℃的温水中浸泡2h，在60 ± 3℃的恒温箱中干燥至试样含水率小于8%，测定试件胶层的剥离长度，要求同一侧面剥离长度应小于1/3。耐候性测定是边长 150mm 正方形试样块固定在金属框中，在 80 ± 3℃的恒温箱中放置 2h，然后移至 − 20 ± 3℃的恒温箱中放置 2h；以上过程反复 2 次后，试件置于室温，观察试样表面有无产生开裂、鼓泡、皱纹、变色、凹凸及尺寸变化等现象，如若不明显，则为合格。

结构用LVL物理力学性能测试方法及标准见表13-13。

结构LVL胶合强度，采用煮沸剥离法测定，它是将75mm × 75mm的试件放入沸水中煮5h，然后在常温水中浸渍1h，再在63 ± 3℃条件下干燥24h，观测胶层的剥离程度。试件四个侧面剥离率应小于10%，同一胶层的剥离长度应小于该胶层长度1/3(长度小于3mm除外)。胶层的胶合强度还需测定水平剪切强度，试件分两种，一种为载荷方向平行单板层积方向的，试件宽度40mm，长度为试件厚度6倍的长方体；另一种为载荷方向垂直于单板层积方向的，试件宽度与试件厚度相等，试材长度为试件厚度的6倍，但若试件厚度超过40mm时，则通过加工保留中间层，使试件厚度为40mm；按图13-1所示，测定最大载荷，并按下式计算水平剪切强度。

$$水平剪切强度 = \frac{3P_b}{3bh}$$

式中：P_b——最大载荷，N

b——试件的宽度(当载荷⊥层积方向时，为试件的厚度)，m

h——试件的厚度(当载荷方向⊥层积方向时，为试件的宽度)，m

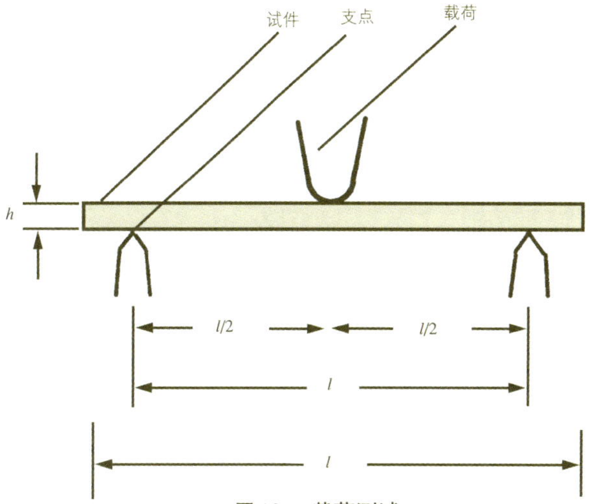

图13-1 载荷测试

表13-11 结构用LVL单板质量的JAS标准

项目	标准
活节、死节、脱落节或孔	宽度方向的 $\phi < 75$mm
修补单板	宽度方向的 $\phi < 100$mm
夹皮、树脂囊、树瘤或破裂	不妨碍应用
腐朽	无
开口裂缝 (包括破损或离缝)	①从板面长度方向的利用线到25mm以内的部分，宽度< 6mm； ②除①以外的部位： (a) 从板面宽度方向的利用线到相距200mm宽度内小于25mm裂缝，并且前端狭窄 (b) 从板面宽度方向的利用线到200mm内的部分，宽度< 75mm裂纹
横向开裂	极轻微
虫眼	不妨碍应用
其他缺陷	不显著

表13-12 LVL规格尺寸及偏差要求

项目			一般用LVL	结构用LVL
规格(mm)		长度	1800~4500	不限
		宽度	300~1200	300~1200
		厚度	9~50	> 25
尺寸偏差(mm)	厚度	≤ 20	± 0.3	厚度× 7%，但不得超过3mm
		> 20，≤ 40	± 0.4	
		> 40	± 0.5	
	宽度	≤ 20	± 0.3	± 1.5mm
		> 20，≤ 40	± 0.4	
		> 40	± 0.5	
长度		A	不允许负偏差，正偏差不限	

表13-13 结构用LVL标准

序号	项目	特等	一等	二等
1	含水率	≤ 14%		
2	胶合强度	煮沸剥离强度试验、减压加压试验或水平剪切试验		
3	弯曲性能	符合特等弯曲试验	符合一等弯曲试验	符合二等弯曲试验
4	单板质量	符合表13-11中单板质量标准		
5	单板层积数(层)(当用⊥相交单板时，最外层单板除外)	≥ 12	≥ 9	≥ 6
6	相邻单板长度方向接合部位的间隔	在相邻层单板中，单板胶接间隔应大于30倍单板厚度(当单板厚度不同时，以最小单板厚度计算，下同)		
7	同一横断面上单板长度方向接合部的间隔	除⊥相交单板外，相隔6层	除⊥相胶单板外，相隔4层	除⊥相交单板外，相隔2层
9	材料	酚醛胶或与其性能相同的胶		
10	翘曲或扭曲	极轻微		
11	尺寸及其偏差	见表13-12		

水平剪切强度和剪切容许应力的要求见表 13-14。

LVL 弯曲性能的测试，试样同样有两种取法：一种是载荷平行于层积方向，试样宽度为90mm，长度为23倍试样厚度的长方体；另一种是载荷垂直于层积方向，试样宽度与试件等厚，长度为 23 倍试样厚度的长方体。

测试方法见图 13-2。

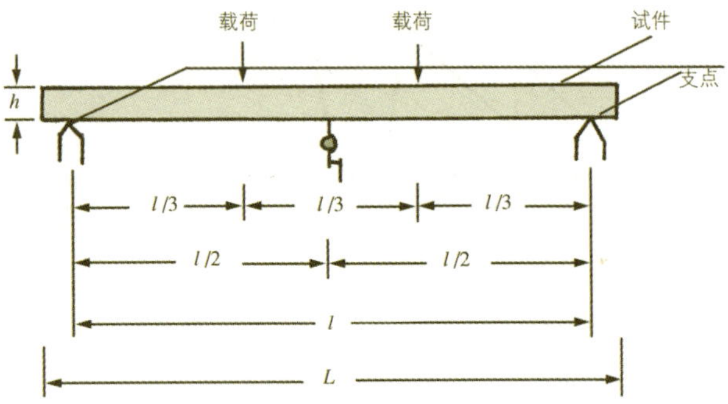

图 13-2 MOR 和 MOE 的测试方法

测定在比例极限内，上限载荷和下限载荷的对应挠度和最大载荷，按下式计算静曲强度(MOR)和弹性模量(MOE)：

$$MOR=\frac{P_b l}{bh^3}$$

$$MOE=\frac{23\triangle Pl^2}{108bh^3\triangle y}$$

式中：P_b——最大载荷，N

l——跨距，m

b——试样宽度(载荷垂直于层积方向时，为试样的厚度)，m

h——试样的厚度(载荷垂直于层积方向时，为试样的宽度)，m

$\triangle P$——比例极限内上、下限载荷差，N

$\triangle y$——上下限载荷对应的挠度差，m

LVL 的 JAS 对弯曲性能的要求见表 13-15。

结构用 LVL 的容许应力见表 13-16。

13.2 单板层积材生产工艺及设备

13.2.1 工艺流程

单板层积材（LVL）的工艺流程与胶合板生产相类似，但每道工序的具体工艺要求与胶合板又有很大的差别。本文介绍几个具有代表性流程。图13-3为单板热板干燥——连续压制工艺流程。首先将原木经蒸煮池浸渍加温，接着由旋切机旋切成较厚的单板，经剪切机剪裁后，单板被送入多层热板干燥机干燥，至含水率 5%~6%，接着放入 100℃左右保温室中贮存待用；再接着在热单板上涂胶，通常为间苯二酚树脂，涂胶单板经拼接、组坯后，直接送入连续压机冷压。加压时间的长短随单板预热温度高低和胶种而异。压制成的LVL毛板再经纵横锯边机将其裁成一定规格的制品，最后由堆板机堆置。本工艺生产线，从单板旋切到加工成制品，总需时间约为20~30min。

表 13-14 水平剪切强度及剪切容许应力(MPa)

水平剪切性能等级	水平剪切强度		容许应力	
	平行胶层受载	垂直胶层受载	长期载荷	短期载荷
65V-55H	6.5	5.5	1.3	相应长期载荷的2倍
60V-51H	6.0	5.1	1.2	
55V-47H	5.5	4.7	1.1	
50V-43H	5.0	4.3	1.0	
45V-38H	4.5	3.8	0.9	
40V-34H	4.0	3.4	0.8	
35V-30H	3.5	3.0	0.7	

表 13-15 MOE 和 MOR 的标准要求

弯曲弹性模量等级	MOE(GPa)			MOR(MPa)	
	平均值	最低值	特级	1 级	2 级
180E	18.0	15.5	67.5	58.0	48.5
160E	16.0	14.0	60.0	51.5	43.0
140E	14.0	12.0	52.5	45.0	37.5
120E	12.0	10.5	45.0	38.5	32.0
100E	10.0	8.5	37.5	32.0	27.0
80E	8.0	7.0	30.0	25.5	21.5

表 13-16 结构用 LVL 承载后的容许应力(MPa)

MOE 等级	分等	长期载荷对 LVL 的容许应力			短期负载容许应力压缩		
		压缩	拉伸	弯曲	压缩	拉伸	弯曲
	特	155	120	195	为相应长期载荷容许应力的2倍		
180E	1	150	100	170			
	2	140	85	140			
160E	特	140	105	175			
	1	135	90	150			
	2	125	75	125			
140E	特	120	90	155			
	1	120	80	130			
	2	110	65	110			
120E	特	105	80	130			
	1	100	65	95			
	2	95	55	95			
100E	特	85	80	110			
	1	80	55	95			
	2	55	45	80			
80E特	70	50	85				
	1	65	45	75			
	2	65	40	65			

上述工艺流程中，若将多层热板干燥机改为连续热板干燥机，则可省去保温室，干燥后的干热单板直接经涂胶机送入连续单板组合机组坯，整个生产线快速、顺畅，干燥温度可适当提高，也不会产生胶料提前固化，而且可缩短酚醛树脂的压制时间。

下面介绍与上述单板胶合不同的一种制备流程，图13-4为利用该法将6张单板层积胶合制备6层LVL的加工过程。首先将两张单板辊压胶合，胶固化后，再在其两面各胶合一张单板，因一次胶合后，板内部已有一定温度，因此胶料固化速度快，接着再胶合外面两张单板，胶合层可充分固化。若厚度为0.9mm六层单板板坯一次压制，热压温度180℃，各层胶料完全固化所需热压时间为20min左右；然而，当采用上述三步压制时，则仅需6min左右。

日本北海道林产试验所的LVL制造流程见图13-5。该系统较为完整，下面基本按此流程分工序讲述。

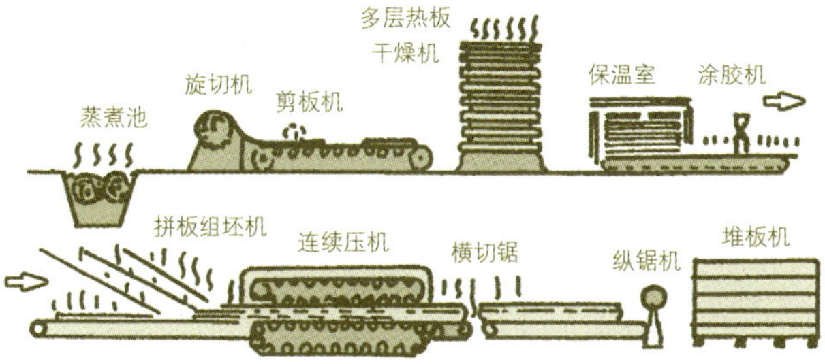

图13-3 热板干燥——连续压制LVL的工艺流程

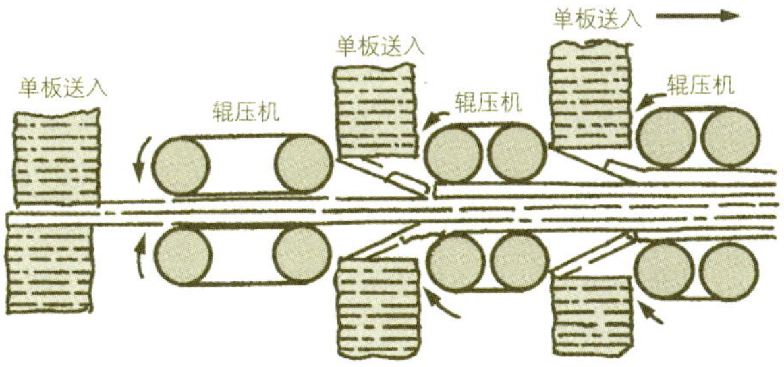

图13-4 LVL分段加热加压法的原理

13.2.2 主要生产工序

1. 备料和预处理

制造LVL原料多以中小径级、低等级的针、阔叶材为主，径级一般为8～24cm。如在日本以落叶松为主，美国主要用俄勒冈松，我国主要研究开发了速生人工林材种有意杨、速生杉木，由上述材种制造的LVL均具有良好的物理性能，与其天然生长的相应树种的成材等级性能接近，甚至还要好一些。

为获得高质量的单板，提高单板的出材率，原木需经锯截、热处理、剥皮和定中心等一系列和胶合板生产相类似的工序。

原木的锯截不仅是满足旋切机所需的木段长度，而且要注意到木材的合理利用。

考虑到单板质量和对刀具的影响，使用针叶材和高容重的阔叶材，如落叶松、速生杉木等材种时，则需要对原木进行蒸煮或浸渍等处理，使木段软化，增加其可塑性。

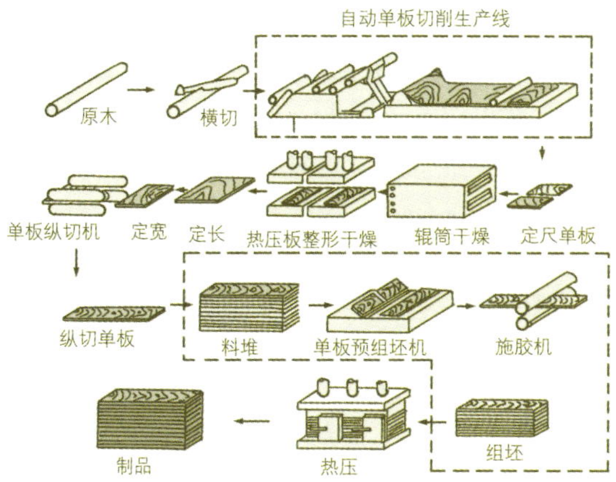

图13-5 LVL生产工艺流程

单板在木段上原为圆弧形，旋切时被拉平，并相继反向弯曲，结果产生压应力，背面产生拉应力。单板厚度越大，木段直径越小，则这种应力越大。当拉应力大于木材横纹抗拉强度时，背面形成裂缝，降低单板强度，造成单板表面粗糙。因此，一般采用控制和降低木材弹性模量的办法，如提高木材的本身的温度和增加含水率，使弹性变形减小，塑性变形增加。另外原木的水热处理，又可使节子硬度下降，旋刀损伤减小，同时还可使部分树脂与浸提物去除，因而有利于单板的干燥和胶合。原木水热处理，同胶合板制造类同。

由于木段并不是标准的圆柱体，所以在正式旋切之前，还必须将木段进行旋圆处理，以保证旋切时获得连续的带状单板。木段旋圆后，应准确选定木段在旋切机上的回转中心，保证单板的最大获得率。圆木定中心，通常有机械、激光以及人工等方法。

2. 单板制造

单板制造是生产LVL的一个重要工序，单板质量直接关系到成品性能。日本有关学者曾研究，通过改变旋切条件，如倾角、切削量等，观察对单板质量的影响，发现在80°倾角切削单板时，背面裂隙要比50°倾角的少，且前者制取单板加工LVL的MOE较大。由于原木有早晚材、心边材之分，在株间又有成熟材和幼龄材之分，同时加工成单板，将其混合使用时，因为其材质不同，不仅单板质量不同，同时会造成制品材性的不均匀、不稳定，影响其强度性能。例如，意杨原木，心材含水率为50%～70%，在干燥、压制时，由压力造成的单板压溃程度较轻；相反，边材含水率高达130%～150%，单板加工时压溃现象则较为严重。对成品板质量带来不利的影响。另外，人工速生材，幼龄材占的比例较大，幼龄材本身材质较差，比如我国南方速生杉木，节子多、材性极脆，单板质量不够理想。有学者做过仅含心材、仅含边材及心边材适当比例混合的三种LVL试验，通过强度性能测定发现，仅含边材的LVL，其弯曲强度和抗拉强度均好于其他两种情况，混合材LVL又优于仅含心材的LVL。下面为一试验实例，由于组成LVL边、心材单板比例不同，产生对LVL强度性能的影响(表13-17)。

由表13-17中看出，因为木材的边材与心材存在着固有的质量差异，所以用边材、心材单板制取LVL的弯曲强度有较大的不同，边材制得LVL的MOR是心材的1.7倍，MOE为1.3倍。因此，在工业生产中应注意合理搭配。

由于边、芯材单板的质量，直接关系到LVL的性能，所以应重视边材单板率，边材的单板率除与原木径级、原木质量有直接关系外，还与平均单板厚度也有显著影响(图13-6)。

由图中可看出边材出板率提高，单板厚度则应减小，呈负相关性。在图示条件下，边材单板的平均厚度应小于3.7mm，并与加工的LVL性能有重大影响。试验结果平均单板厚度与MOR的回归方程为：y=－782x+3287，相关系数(r)=－0.878；平均单板厚度与MOE的回归方程y=－118x+551，相关系数(r)=－0.909，边材单板率大于75%，单板厚小于3.7mm，当边材单板率在25%～75%之间时，单板厚为3.7～3.8mm；若材质差，边材单板率小于25%，单板厚度大于3.8mm。平均单板厚度增加，LVL的MOR、MOE性能出现负相关性，即不断降低，所以应根据对LVL弯曲强度要求考虑单板厚度和出板率。

表13-17 边、心材单板混合比对LVL弯曲强度性能的影响

混合比(边材：心材)	指标	平均值($\bar{x}$)	标准偏差(S)	变异系数(%)
1.0：0	MOR	467	42	8.9
	MOE	123	5.1	4.3
	密度	0.55		
0.7：0.3	MOR	357	21	6.6
	MOE	108	2.3	2.2
	密度	0.53		
0.5：0.5	MOR	334	25	8.3
	MOE	115	2.1	2.1
	密度	0.55		
0.3：0.7	MOR	298	11	4.2
	MOE	92	3.4	3.8
	密度	0.52		
0：1.0	MOR	272	27	10.1
	MOE	96	4.7	5.1
	密度	0.53		

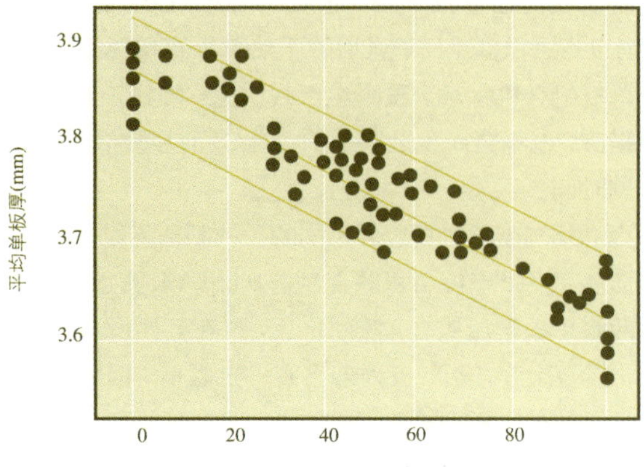

图13-6 边材单板率与平均单板厚度的关系

上述旋切单板厚度的选择，是很重要的，它直接关系到产品的成本和性能。一般以尽可能减少胶合层数，确保单板质量与干燥速率等为原则。鉴于目前对开发LVL制品利用的目的：一是降低成本，考虑主要是利用低等级小径原木，切削出厚单板(厚度在6～12mm)；二是制造高性能材料，将成本问题则放置第二位，因此生产厚度较小(4～6mm)的长尺寸单板。因为单板越薄，层数越多，木材的缺陷及纵向接缝的分散性越好，LVL的强度则高，制品的变异性小；反之单板越厚，层数越小，强度均匀性差，强度随之降低，因此作为结构用LVL，单板厚度应取下限值。由于目前多使用小径木，为提高出材率，又不过分影响单板质量，厚度一般控制在4mm左右。

据有关资料介绍，原木经热处理后旋切的单板，对防止单板背面裂隙和表面粗糙有显著效果。旋切时又以采用辊柱压尺代替普通固定压尺，适当施加压力，可使单板背面裂隙减轻，但应注意防止厚度偏差加剧和表面割裂的产生。如果条件控制适当，甚至可使单板厚度达25mm。此类压缩率通常控制在单板厚度的1/10左右。

原木旋切时，切削速度对单板质量特别是单板背面裂隙有一定的影响。切削速度低，背面裂隙较少，随切削速度的增加，裂隙程度相应增大；因考虑到实际生产时，切削速度又不能太低，所以，一般旋切单板的背面裂隙率在30%～80%。

图13-7为柳杉材与其加工LVL试件的MOE与l/h的关系曲线(l：跨距长，h：试片厚)。由图中可看出，LVL的MOE随l/h变小的降低要比柳杉材显著，这可能就是因为LVL单板的背面裂隙所产生挠曲的增大，造成MOE的减小。

由图13-8中LVL的水平试样(胶合层与载荷方向垂直者)和垂直试样(胶合层与载荷方向平行者)的弯曲(a)和剪切破坏(b)，结合图13-6可看出LVL水平弯曲的MOE较垂直弯曲的MOE要高，在(b)表示的剪切破坏中，水平试样的剪断在中心胶层处，而此胶合层为两张单板背面裂隙相互接触

部，裂缝相连结而成很深的割裂；垂直试样是中间部分的裂隙成横向传递，而发生剪切破坏。所以单板的背面裂隙对LVL的剪切强度影响是很大的。另外，对握钉力影响也很显著，所以在LVL制造中，如何提高单板旋切质量，减轻单板背面裂隙，对保证制品质量是至关重要的。

3. 单板干燥

旋切后的单板含水率较高，不能满足胶合工艺的要求，必须进行干燥。在影响LVL生产能力的因素中，单板干燥是最重要的工序之一，一般对干燥的要求是在不影响单板质量的前提下，有较高的生产能力。

单板干燥的终含水率与干燥时间、干燥方式、胶合质量以及单板质量有关。由于LVL的单板厚度比胶合板的厚得多，如果完全采用胶合板生产中的辊筒干燥或网带干燥，不仅达不到干燥质量的要求，而且周期很长。单板干燥采用喷气式干燥是可以的，但当单板厚度过大时，干燥慢、易开裂，而且干缩大，因此，在美国、日本等国多采用热板式整形干燥，既保证干燥效果，又能减少单板的干缩和损耗，而且提高单板的平整度。表13-18所列是单板厚度相同的情况下，采用两种不同干燥方式，干燥所需时间和最终单板含水率的比较。从表中可看出，采用热板干燥可在较短时间内使单板达到要求的含水率。

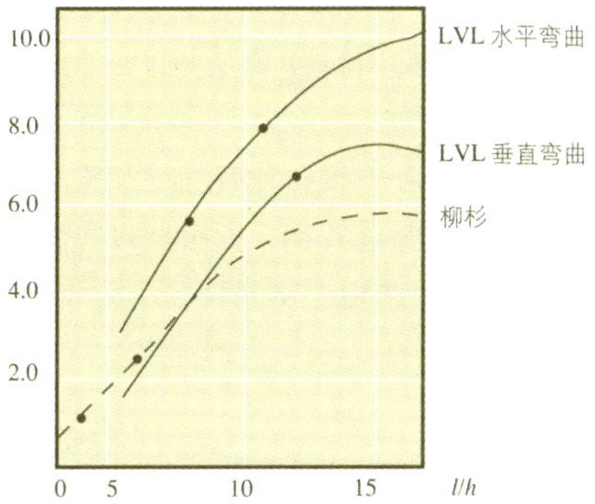

图 13-7 MOE 与 l/h 的关系

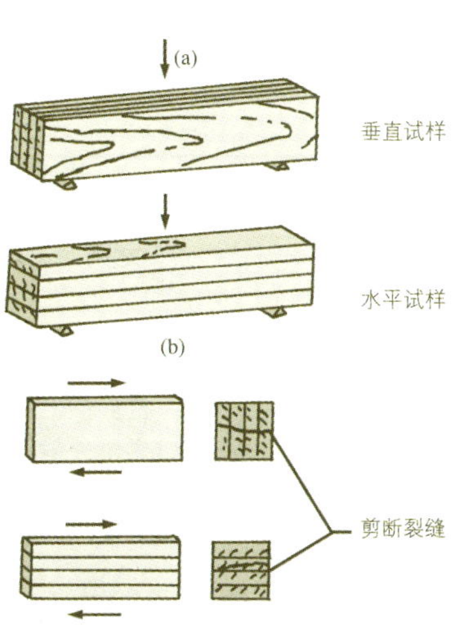

图 13-8 (a)垂直水与平弯曲 (b)剪切破坏

在LVL生产的原料中特别是幼龄材、心材加工所得的单板，干燥时的破裂、弯曲、溃陷等缺陷，对后续工序的自动化操作造成一定障碍，采用热板干燥对防止单板上述缺陷有显著的效果，并可提高单板干燥效率。但整个干燥过程中，都用热板干燥，则会造成设备投资较大，所以仅在易产生弯曲的后半段使用，在前段干燥中，可用辊筒干燥机或网带式干燥机，通常认为较为理想的还是辊筒干燥作为预干燥，将单板含水率降至25%～30%，再由热板干燥，使单板含水率达5%左右。热板干燥时，为使水蒸汽顺利排除，应在干燥期间多次打开压板，或在热板与单板间放置排气垫网，以利水汽排出。

一般热板干燥条件：单位压力不超过350kPa，温度可高达200℃以上，干燥时间视单板初、终含水率和单板厚度而定。如11mm厚单板，在150℃下干燥，单板含水率从105%干燥至3.4%，仅需7min。现推荐美国林产品研究所热压板单板干燥时间的计算公式：

$$t=\frac{M_0(209-116.1M^{0.1238})d^{1.429}}{T-181.8}$$

式中：M_0、M——分别为单板初、终含水率，%

d——单板厚度，in (1in=2.54cm)

T——压板温度°F，(1°F=0.55655℃)

表 13-18 喷气式干燥和热板干燥的比较

干燥方法	单板厚度(mm)			
	4.5		9.0	
	干燥时间(min)	终含水率(%)	干燥时间(min)	终含水率(%)
喷气式干燥	10	21.6	50	20.6
热板干燥	9	2.2	26	5.4

从上式中可看出：干燥时间与单板厚度的1.4次方成正比，因此在干燥同体积材料时，若单板厚度较薄时，干燥效率较高。

热压板干燥时，因单板表面直接与高温金属热板接触，水分能快速被去除，但可能会随材质降低影响胶合性能。

此外，干燥后的单板，在吸湿后还会产生膨胀，辊筒干燥的单板，吸湿后其厚度方向与宽度方向大致相同，但热板干燥的单板，宽度方向会显著减少，说明这种干燥形成永久变形。关于热板干燥压力大小的控制，一般当压力较大时，干燥速度可提高；但压力加大，单板厚度压缩率亦会增加。以南方松为例，压力在0.3～0.4MPa时，对单板厚度减少影响不显著，当压力超过0.5MPa时，则变化显著。

4. 干单板加工

制造LVL通常使用厚单板，因而通常采用辊筒式、网带式和热板式等几种类型干燥机，迫使对湿单板采用先剪切后干燥的工艺流程。干燥后的干单板经纵横齐边处理。

生产LVL的原料多为小径级材，为提高出材率，通常加工成4英尺*长的单板，所以单板必须纵向接长。单板接长目前主要有对接、斜面搭接和指接等几种，不同的接合方式及接头的不同分布，都对产品性能有不同程度的影响。图13-9为单板的几种接合形式。

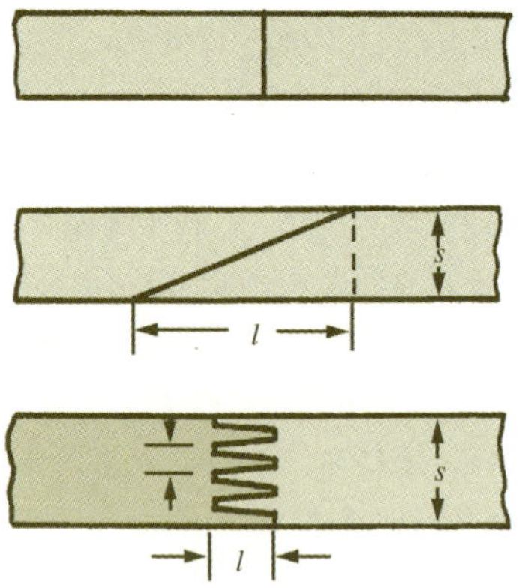

图13-9 单板三种接合形式

对接的接合面是端面，所以又称端接，对接接合时一般不用胶。在单板厚度大于2.5mm时，对接接缝为5mm，各层单板接缝错开对强度影响不大；但单板厚度小于2.5mm时，要求缝隙小于5mm，操作就比较困难。相对而言，对接接合生产操作比较简单。

如图13-9所示，为达到一定胶合强度，斜接的斜面长度与单板厚度，应达到一定倍数关系，通常用斜率表示，斜率：

$$i = \mathrm{tg}\,\alpha = \frac{d}{l}$$

式中：α——单面铣削倾角

d——单板厚度，mm

l——单板斜接的斜面长度，mm

单板的端头锯铣成一定的斜面后，根据LVL用途决定喷涂或淋涂合适的胶种。脲醛树脂或酚醛树脂，涂胶量一般在220～250g/m²范围，最后再由单板斜面压机压制，其热压工艺参数为：

胶种	热压温度(℃)	热压压力(MPa)	热压时间(s)	备注
UF	140～150	1～1.2	5～10	若i=d/l大，则相应延长时间
PF	140～150	1～1.2	40～45	

图13-10所示为单板使用斜接接合，在胶种、胶合工艺不同时，斜率与抗拉强度之间的关系曲线。

在一般使用条件下，单板使用斜接时斜率为1:6至1:12，而在重要使用场合时可高达1：20至1：25，过高斜接斜率加工是比较困难的。

斜接加工可以将单板放在圆锯上，此时锯片须倾斜安装，或者使工作台面倾斜，也可采用楔形垫板，使单板倾斜放置来进行锯切。此外，也可利用压刨或铣床进行加工，但需有专用的样模夹具。图13-11为在压刨上加工斜面的示意图。

指接则是在单板端部开出指形，在另一张单板端部开出指槽。指接可增加胶合面积达到较高的接合强度，也较容易实现机械化生产。指榫接合强度受指距(t)及指长(l)的影响，由图13-12可看出，指接的斜率$t/2l$在1：8至1：6时，抗拉强度和静曲强度达到最大，通常取1：8至1：10。

图13-13表示接合强度与指距的关系。当t=4～10mm时，接合强度达到最大，为了便于加工，一般取6～10mm。

指接必需在专门的指榫开榫机或带推车的铣床上加工，所用的刀具是镶嵌在刀头上的单刃或双刃的铣刀片，刀片需用高速钢制造，为了保证指榫的形状正确和要求的接合强度，刀片的刃必须仔细研磨，并正确安装。图13-14为指榫加工的示意图。

单板接长常用的胶料为脲醛树脂胶和间苯二酚胶，用胶刷或胶辊涂刷，胶压时采用端面加压和接合处上方同时加压的方式如图13-15所示。加压机构可采用气压、液压、螺旋加压等方式。用脲胶进行斜接时，须在压力下保持4～8h。指接胶合时端向压力2.5MPa左右，上方压力0.3～0.5MPa。若采用常温固化的酚醛树脂胶，需在70～80℃温度和加压条件下放置8h。

在接合方式上还有搭接和碳纤维加强的对接，特别是后者对提高制品抗拉强度有利，据报导可提高10%左右。

在LVL制造中选用上述几种接合方式中的一种或两种

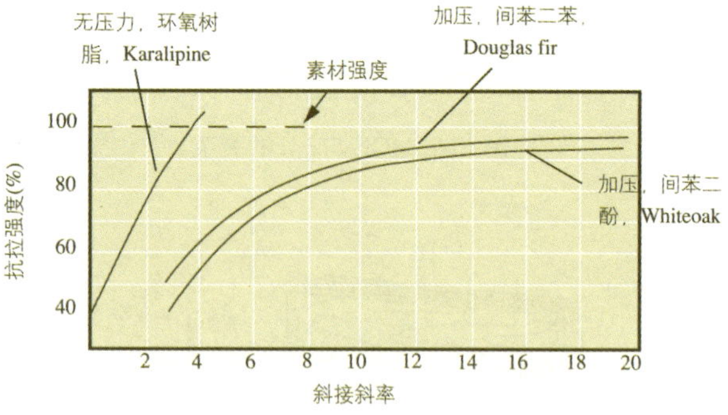

图13-10 斜接斜率与抗拉强度之间的关系

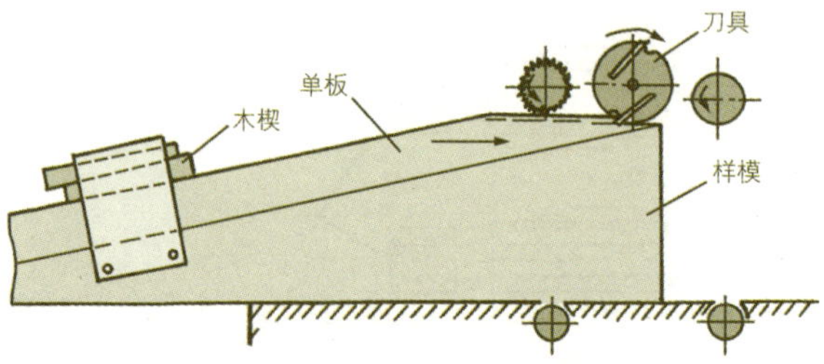

图13-11 压刨上加工斜面

注：1英尺＝0.3048m

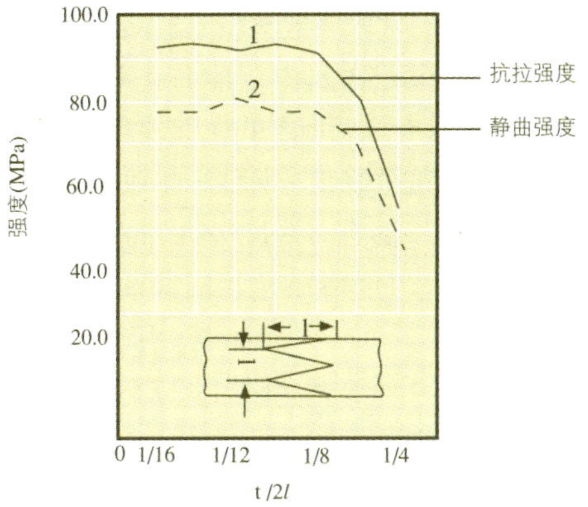

图 13-12 接合强度 $\frac{t}{2l}$ 与的关系

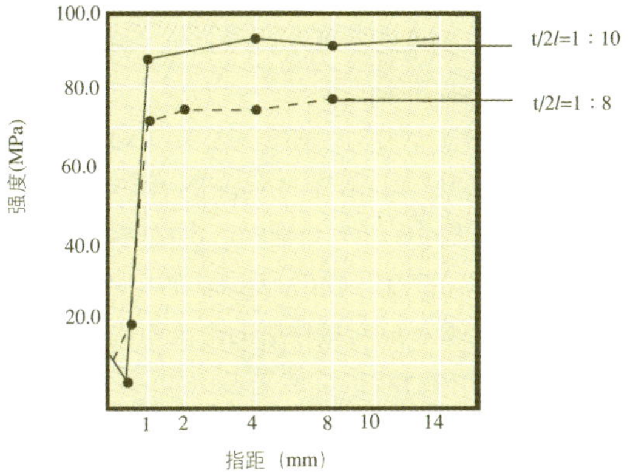

图 13-13 接合强度与指距的关系

组合，分布得合理，对改善和提高制品性能是有利的。

5. 施胶和组坯

施胶是将一定数量的胶黏剂均匀施加到单板上的一道工序。板坯胶合后，要求在相互胶合的单板间形成一个厚度均匀的连续胶层，胶层越薄越好，因此施胶质量也是影响胶合质量的重要因素之一。LVL 施胶工艺技术与普通胶合板生产基本相同，仅是涂胶量要高些，因此目前 LVL 生产中需要开发价格低、固化速度快的胶种，解决 LVL 由于厚度大而带来胶料固化困难的问题。现在常用的胶种有：脲醛树脂胶、酚醛树脂胶、间苯二酚树脂胶或苯酚改性的间苯二酚树脂胶、三聚氰胺脲醛树脂和醋酸乙烯脲醛树脂等。

施胶方法很多，根据不同的工艺安排可采用不同的施胶方法。干状施胶，由于成本较高，不易被接受，目前一般采

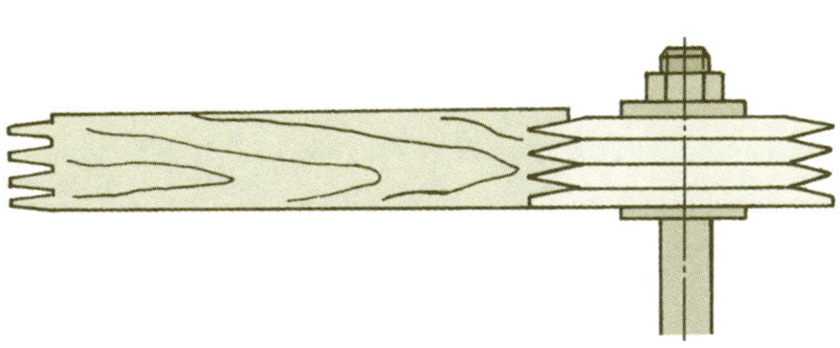

图 13-14 指榫加工

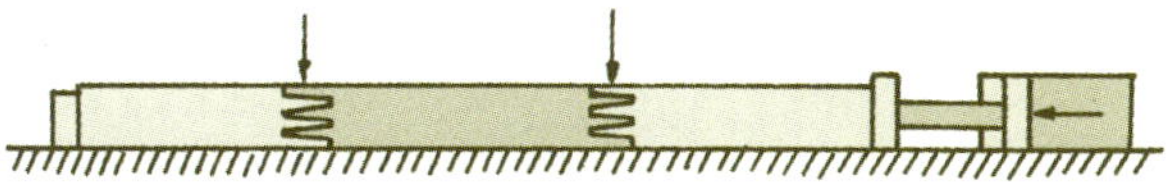

图 13-15 指接加压方式

用的为液体施胶。根据使用设备，施胶方法可分为：辊筒涂胶、淋胶、喷胶和挤胶等。辊筒涂胶有双辊筒和四辊筒涂胶机等多种型式保证施胶均匀和稳定，但此法仍属接触涂胶方法，是目前采用的主要方法。后三种适用于大规模连续化生产，是配合组坯连续化、自动化所采用的新型施胶方法。

施胶量是影响胶合质量的重要因素，涂胶量过多，胶层厚度必然增加，不仅不一定会提高胶合强度，反而会提高成本。然而施胶量过少，单板表面不能被胶液湿润，加之 LVL 旋制单板厚度较大背面裂隙较为严重，不能形成均匀胶层，则会出现缺胶而影响胶合质量，所以应在保证胶合强度的前提下尽量减少施胶量。施胶量与胶种、胶液黏度，单板厚度与质量、胶合工艺以及涂胶后的陈化时间等因素有关，一般 LVL 涂胶量在 200～250g/cm^2(单面)，表 13-19 为部分示例。

表 13-19 不同胶种、树种和单板厚度的施胶量

胶种	树种	单板厚度 (mm)	液胶施胶量 (g/m^2)	备注
酚醛树脂胶	桦木	1.75～2.00	220～240	胶液浓度 45%～48%
		220～240	240～260	
	椴木	1.75～2.00	240～260	
		2.20～3.00	260～280	
	水曲柳	1.75～2.00	280～300	
		2.00～3.00	300～320	
脲醛树脂胶	桦木	2.00～3.00	300～320	胶液浓度 60%～65%
	椴木	2.00～3.00	320～340	

组坯 LVL 在胶合压制前与胶合板一样，对单板进行组坯，所不同的是单板顺纹组坯。大量研究结果表明：LVL 最主要的结构性质之一就是通过控制单板组坯来保证产品质量。

组成板坯的厚度通常根据成品厚度和加压过程中板坯压缩率大小可按下式计算。

$$板坯厚度 = \frac{100(S_h+C)}{100-\triangle}$$

式中：S_h——LVL 厚度，mm

$\triangle$——板坯压缩率，%

C——LVL 表面加工余量，mm

根据材种、材性，特别是对 LVL 性能和用途要求，板坯压缩率一般在 10%～15% 范围。

LVL组坯主要应考虑板坯的对称性，防止制品变形，根据制品的厚度要求，决定单板层数组成板坯。单板组坯除注意表层单板应选择质量较好的边材和心材分散搭配外，同时应将单

板紧边与紧边、松边与松边分别相对，使板坯构成对称结构。

前已述及LVL的单板是顺纹组坯，然而旋切单板的长度一般不会超过2.5m，要想满足一定结构长度要求的LVL，单板接长或组坯时，进行各种纵接。不同接合方式则结合力大小不一样，在组坯中如何正确分布对制品性能的影响很大。

表13-20表示了用意大利速生杨为原料，采用对接、斜接制造LVL的试验结果。从表中看出：对接性能比斜接差；对接接头分布对MOR和MOE影响显著，当分布在内层时对MOR、MOE值影响不显著，而在表层时则数值明显降低。

表13-21、表13-22分别表示单板采用对接，及其在板坯中的分布对抗弯、抗拉、抗压强度的影响。

表13-20 单板接合方式及其分布对强度性能的影响

接a合方式	分布状态	MOR(MPa)	MOE(MPa)
	Ⅰ	36.3	4654
对接	Ⅱ	37.4	5039
	Ⅳ	66.1	5658
	Ⅰ	54.6	5719
斜接1∶9	Ⅱ	63.4	5578
	Ⅳ	67.7	5443
	Ⅰ	57.3	5673
斜接1∶12	Ⅱ	65.1	5485
	Ⅳ	68.3	5375
	Ⅰ	58.1	5684
斜接1∶15	Ⅱ	63.9	5307
	Ⅳ	68.2	5440

注：Ⅰ代表接头在第一层；Ⅱ代表在第二层中部；Ⅳ代表在第四层中部；
胶种：脲醛胶；斜接斜率分别为1∶9、1∶12、1∶15

假如将LVL的抗弯强度与按无缺陷成材的JIS(日本工业标准)标准试验值相比较，两者的弯曲弹性模量差异不大，对接接头引起的强度降低率在10%以内。但是，随着断面尺寸的增加，抗弯强度的降低率增大。在垂直单板层积方向作用载荷时，对每隔2层有对接接头的38mm × 38mm材，其强度降低45%左右，同样每隔2层的38mm × 189mm材，强度降低为47%，112mm × 105mm材，降低为53%左右。另外，在层积面上作用垂直载荷时，受拉侧存在对接接头，强度降低大，而且，其降低率随相邻层对接接头的相互间距不同而不同。图13-16在38～50mm厚，4～9层的LVL上，对接接头相互间距在单板厚度的20倍以内时，强度下降明显，但是大于30倍时，强度变化不大，具有60%以上的强度剩余率(强度剩余率=100－降低率)。此外，由表13-22中所示，对接引起抗拉强度的降低率比垂直抗弯强度的大10%左右，相反，抗压强度的降低率变得相当小。

日本大熊干章曾对两相邻对接接头间的距离(l)与单板厚度(d)之比l/d对LVL强度的影响进行研究，得出如图13-17所示之结果。图中以l/d为横轴，$\sigma_{l/d}/\sigma_0$为纵轴，分别为含有对接的LVL的弯曲强度和无纵接的LVL的弯曲强度，当l/d=0时两邻层单板的对接接头的距离为0。$l/d=\infty$时，表示只在最外层的单板有对接，结果表示如下：

当单板无对接接头时，垂直试件与平行试件的弯曲强度(σ_0)相同，且随层数增加(或单板厚度减小)，σ_0增大。在垂直试件中，当$l/d>10$时，σ_0的降低仅10%左右，即在第二层存在的对接产生强度降低可不考虑，六层、九层也无降低，但四层约降低15%；在平行试件中，当l/d至30时，曲线出现上

表13-21 LVL的抗弯、抗拉强度

树种	单板厚(mm)	层积数(层)	制品尺寸(mm)		对接	MOE②(MPa)		MOR②(MPa)	
			厚	宽	接头数①	垂直	平行	垂直	平行
				16	0	117200(117)	17500(118)	101.6(102)	104.2(105)
婆罗双	4.2	4	16		(1)	17000(115)	16100(108)	83.5(84)	83.3(84)
				1	16500(112)	15100(102)	83.6(84)	49.5(50)	
		9	37	38	0	14100(96)	14600(99)	93.0(93)	92.7(94)
				(2)，3	13700(93)	14700(99)	63.6(64)	78.8(79)	
婆罗双	4.2		(3)，2	14000(95)	14400(97)	67.4(67)	64.3(65)		
		(4)，1	14000(95)	14600(99)	50.4(51)	59.1(59)			
					1	14400(98)	14200(96)	77.4(78)	68.7(69)
					5，1	13400(91)	14100(95)	44.9(45)	39.3(40)
					0	12100(98)	12300(95)	80.8(96)	85.9(102)
婆罗双	4.2	28	112	105	(9)，2	14900(101)	15000(101)	53.2(53)	50.7(51)
					10，2	15200(103)	14800(100)	50.2(51)	48.9(49)
	6.0	9	54	50	0	12400(110)	12200(108)	81.0(84)	76.5(79)
落叶松	10.0	5	50	50	0	11200(99)	11600(103)	67.8(70)	83.9(87)
	14.0	4	56	50	0	11400(100)	11300(100)	75.4(78)	69.9(72)

注：①（）前面数字是在同一断面内对接接头的个数，()内数字是在外侧单板上接头的个数，（）后面数字是夹在对接接头中的无接合单板的层数
②（）内数字是按JIS标准试验的测定值，即抗弯强度的降低率(%)

表 13-22 板坯中对接接合对 LVL 抗拉和抗压强度的影响

树种	含水率(%)	单板厚(mm)	层积数(层)	试件尺寸(mm)		对接接头数①	抗拉强度②(MPa)	抗压强度②(MPa)
				厚	宽			
娑罗双	11.2	4.2	9	36	5	0	95.4(100)	57.6(100)
						(1)	78.0(72)	50.3(97)
						1	66.0(68)	49.5(91)
						(2)，3	64.2(67)	45.8(78)
						(3)，2	55.9(55)	46.8(78)
						(4)，1	43.1(50)	36.9(63)
						5，1	31.9(35)	42.8(71)

注：①、②数字含义同表 13-21

升趋势，但不能排除第二层对接产生的影响，六层与九层的LVL弯曲强度是σ_0的85%，而四层对接的LVL的弯曲强度值为σ_0的65%；九层LVL的垂直试件，当$l/d>10$时，其MOE值与无接长的LVL相同，不会受到对接的影响，而平行试件，当对接接头在压缩侧要比拉伸侧MOE的降低要少。根据上面讨论，要使LVL承受弯曲载荷时，是以垂直试件的使用方法为佳，此种场合仅需$l/d>10$。但当水平方向受载时，即使$l/d>30$，其强度降低仍很大，单板厚度最理想< 6mm。

斜接接头的分布对MOR、MOE的影响小或者无影响。板的MOR取决于外层单板性质，质量好，可提高制品的性能，若斜接头处于内层，MOR下降很少，尤其在中心层时，几乎与无接头材料相同。有人做过以下试验：用6.35mm厚单板采用斜率1∶12斜接纵向接长单板，接头不论放到哪一层，或者各层都用斜接的六层LVL，以及内层采用对接而外层采用斜接的LVL的强度，与一般无对接单板的LVL强度非常接近。如果表层采用薄单板，可使承受垂直于胶层的弯曲载荷

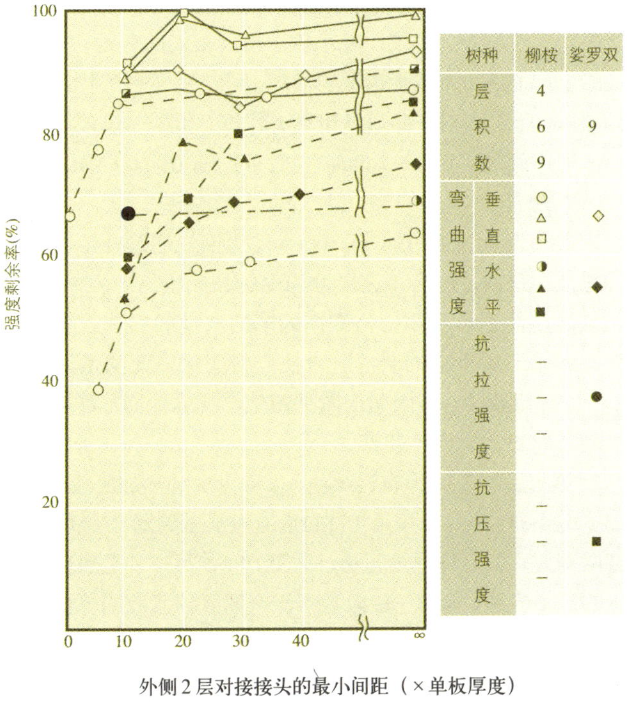

图 13-16 外侧 2 层对接接头 LVL 的强度剩余率

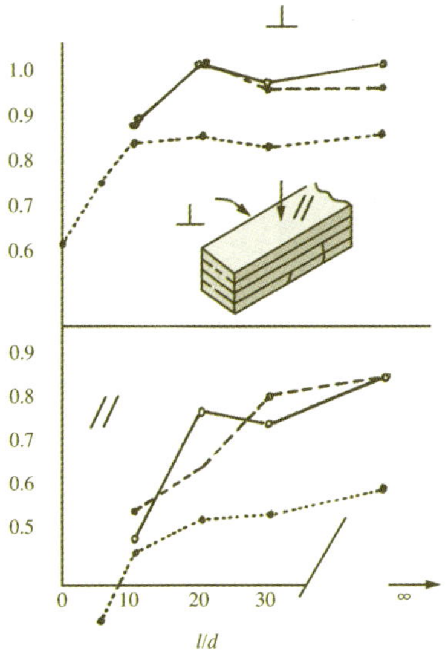

σ_0——无对接 LVL 的弯曲强度

$\sigma_{l/d}$ 对接的间距为 l/d 时的弯曲强度

图 13-17 对接的间隔与弯曲强度

增加35%。同样表层配置质量好、强度高的单板，内层配置质次的单板，也能保证LVL的弯曲强度，并且还有效利用了原料，提高制品的外观质量。如将高刚度的单板组坯在LVL的外层，作梁使用，可使梁的刚度提高1/3，许用弯曲应力增加1/3，因此，在组坯前对单板进行分等是有必要的。目前有三种分级方法：一是目测，通过外观质量，根据有无缺陷及缺陷的程度进行分等；二是弹性模量的机械测试，根据测定值大小分等；三是应力波的测试分等，因为固体材料，其弹性模量E与应力波速度V和材料密度D之间存在以下关系：

$$E=V^2\cdot D\cdot\frac{1}{g}$$

式中：g——重力加速度

通过检测应力波速度来确定弹性模量，在美国已是一种商业化的分级系统，采用单板应力波时间(SWT)分析，将单板按刚度分级，通过这种测试，可预示LVL的弯曲强度的性能。

采用人工方法将纵接的单板，施胶并组坯是难以进行的，图13-18则是将单板组合、涂胶和组坯堆置等工序构成一个自动连续生产工段的示例，过程简述如下：纵向接长的单板堆置在堆板机上，其上设有可横向移动的多个吸盘，被

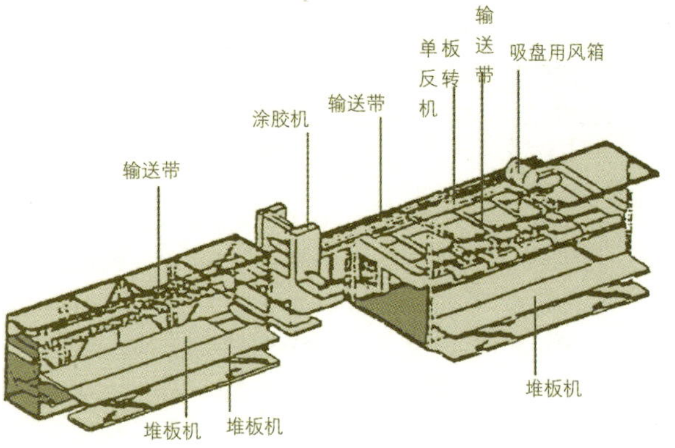

图 13-18 单板组合、施胶、组坯自动工段

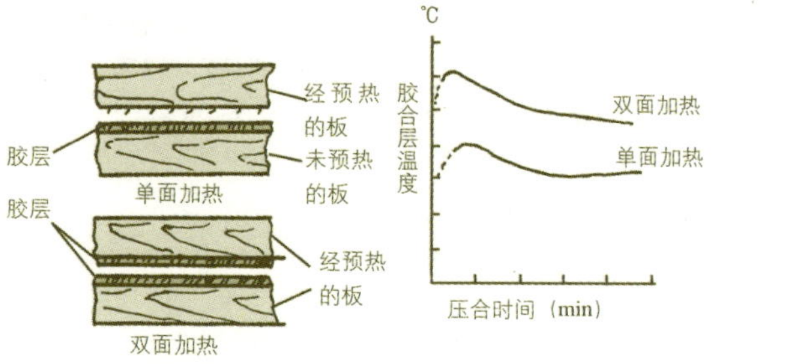

预热时间 5min，热板温度 180℃，板厚 25mm

图 13-19 预热胶合的类型与胶合层的温度

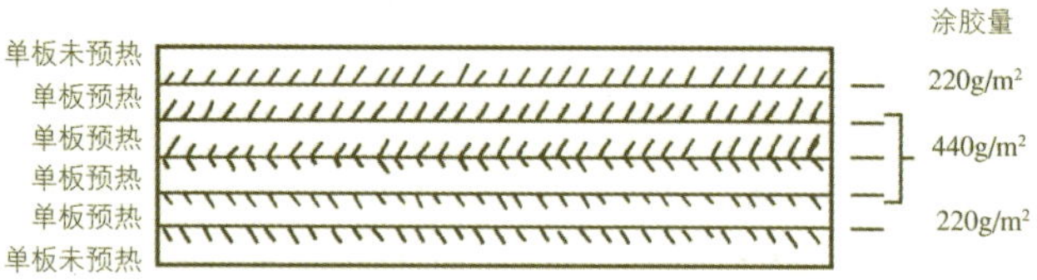

图 13-20 LVL 组坯与施胶量

吸上的单板放置到运输带上，在运输过程中可被单板反转机反转，并移动，其动作是根据涂胶单板的组坯方案，单板是直接从涂胶机方向过来，由与输送带直角相交的输送带送上。涂胶机有两个底架，一个为表面涂胶用的，另一个为无胶单板输送用的，根据组合需要，可左右移动，涂布或未涂胶单板任意组坯，并经单板堆积输送带，送至堆板台上，输送带本身由装载部分和卸载部分构成，板坯在装载部分被水平平移，并一边送入卸载部，同时又从堆板台移至堆板台上，再送往下道胶合工段。

6. **预处理**

在 13.2.1 的 LVL 生产工艺流程中，已述及采用干燥单板保温室、连续热板干燥机将涂胶热单板直接送入连续压机，先将内部数层热压胶合后，再向外部追加单板的分步热压的胶合方法。上述工艺共同点都是考虑压制 LVL，特别是厚规格的 LVL 在热压前先对单板预热或使板坯适当提高温度。如图 13-19 所示，预热胶合有单面加热和双面加热两种基本形式。双面加热效率高，但不同胶黏剂固化温度和时间要求不同，如图所示，双面涂胶加热热压时间 RF 胶为 3min，PF+RF 胶为 6min，但仅使用 PF 胶即使延长时间胶也不能固化，通常要求温度 200℃左右，时间 5min 以上才能固化。

对旋切单板进行预热处理更合适，因为制造 LVL 使用的厚单板，其表面平滑性较差，且厚度偏差较大，借助热与压力，可使其平整，有利胶合。P.R.Steiner 等进行过单板预热温度与板坯闭合时间和热压时间对 LVL 性能影响的研究，采用胶合板 PF 的树脂压制 6 层 32mm 厚的 LVL，单板组坯与施胶见图 13-20。

试验内容：单板预热温度范围为 80～120℃，板坯闭合陈放时间在 10～30min 之间，采用不同热压时间制得 LVL，其剪切强度和木破裂测定结果见表 13-23。

由表中数据可看出，单板预热处理可缩短热压时间，在本试验条件下，单板最优预热温度为 100～110℃，闭合陈放 30min。另外，若板坯不经预热，板坯必须陈放 30min。热压时间缩短一半，仍可获得合格产品。

陈放时间和方式对胶合强度的影响，下面是一个很好例证。25mm 厚的单板，在 180℃下预热 5min，再涂布胶黏剂进行闭合陈放，陈放时间不同,胶合剪切强度也不一样(表 13-24)。

又例：不同的陈放时间(10min 和 30min)与 LVL 最外胶层木破裂的关系(表 13-25)。

由表 13-25 看出陈放时间与单板温度亦有关系，单板温度略低，可适当延长陈放时间；相反，若单板温度偏高，则要缩短陈放时间，由 LVL 最外胶层的木破裂得到了证实。

通常提出的预处理工艺为：预热时间 30s 以内，开式陈放时间 20～40s，闭合陈放时间 10～20s，压制时间 60～120s，制得 LVL 的胶合强度能与素材相同(或接近)。

为了缩短热压周期，减小热压机压板间的开档，提高压机的生产能力；为减少热量的消耗，可对板坯热压胶合前进行预压，此工序对产品质量也更有保证。预压一般采用冷压机，工作间隔高度 1～1.5m，一般单位压力为 0.8MPa。

7. **热压**

LVL 厚度一般可达 50～60mm，因而它的胶合工艺有其特殊性。目前，胶合工艺可分为冷压和热压。

冷压法通常利用价格较高的苯酚改性的间苯二酚树脂胶，利用干燥单板的余热就可使胶料固化。此法虽流程简单、设备投资少，但因所用胶种使生产成本提高；再是冷压压制时间长，生产率较低。

热压法制备 LVL 有连续法（又称一次加热加压法，见图 13-3）和分段加热加压法（目的是缩短热压周期）。分段法又有两种方式，一种纯热压法，见图 13-4；另一种是热压加冷压的制备方法，即第一段以数层涂有酚醛树脂胶的单板组坯热压胶合；第二段再将第一段制得的 LVL(如 18mm 厚)二张通过间苯二酚胶冷压胶合，制得 36mm 厚的 LVL 制品。

因为 LVL 较厚，要想使芯层的胶完全固化需要的热压时间较长，用普通压机制造六层36mm厚的LVL，热压周期长达20min，为了解决这个问题，国内外研究开发分步热压的方法：即先热压芯层两张单板，然后在压好板材的两面各贴一张涂胶单板经热压成四层LVL，如此方法可压出多层的LVL，由于胶层离热压板的距离始终为一张单板厚，传热快，胶合时间缩短，这种工艺是将多台单层热压机串联起来进行连续热压(图13-21)。如每层需2min，若压制六层厚LVL分3次总的热压时间仅为6min。国外有些国家如日本习惯高频加热胶合工艺，用高频热压机，在单位压力1.4MPa下压制100mm厚的LVL时间仅为7min，所以采用高频热压厚规格LVL是很适宜的。

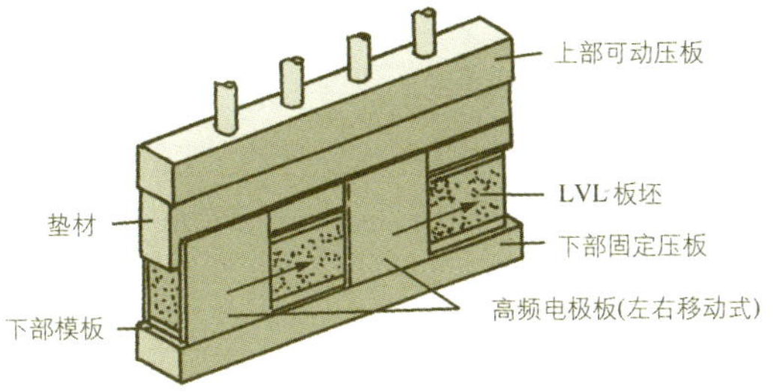

图13-21 高频加热胶合压机

表13-23 LVL中心胶层剪切强度和木破裂

单板温度(℃)	热压时间(min)	闭合时间(min)	剪切强度(MPa)	木破裂(%)
25	10	10	5.57	25
	12	10	6.36	81
	14	10	8.33	81
	14	30	8.39	64
	16	10	7.35	86
	16	30	7.77	85
	18	10	6.29	94
	20	10	8.46	60
	22	10	7.12	92
80	10	10	7.25	92
	12	10	7.29	100
90	10	10	7.65	77
	10	30	6.65	76
	12	10	7.28	99
	12	30	7.87	95
100	10	10	8.92	99
	10	30	9.11	98
	12	10	6.74	97
	12	30	7.18	100
110	10	10	8.88	96
	10	30	7.44	100
120	10	10	8.15	100
	10	30	6.38	91

图13-21所示为高频加热压机，上部为可动压板，下部是固定压板，侧面为左右移动的高频电极板，中部为放置被加热的LVL板坯，在其上下分别设有垫板、模板均为绝缘材料。在下部固定压板上配置有加热板坯进出的输送带，当板坯送入高频压机后，上压板则下降并施加压力至板坯上，高频极板1组或数组在板坯长度方向上可移动定时加热，重复移动几次可使板坯全长温度均匀。极板大小是根据被加热板坯的断面尺寸和高频功率大小，主要保证加热均匀为准则。如图13-21所示的高频压机，上压板为500mm × 390mm，下压板附输送带与上压板尺寸一样。加压方式系液压加压式，最大单位压力1.5MPa，压板最大间隔1350mm，油缸最大位移400mm，高频功率30kW，高频频率13.56MHz，极板尺寸高800mm × 长760mm，使用UF或PF胶，每次仅需5～6min就可得到充分胶合作用。

LVL也有采用称之谓连续压机，日本使用的连续压机实际是由3台4m长的热压机串联而成，第一台用高频加热，使板坯芯层在短时间内达到规定的温度，后两台则用蒸汽或热油加热。板坯在热压机内压制数分钟后打开压机，板坯前进2m，然后再闭合加压，板坯从压机入口至压机出口要开启六次，LVL长度上尺寸不受限制，但生产效率不高，为适应此热压工艺，胶黏剂还需要进行适当改性。

除上述压制工艺外，还可利用普通的胶合板生产技术压制LVL，然后利用指接技术，根据需要将尺寸接长。

预热可缩短压制周期且通过指接提高LVL强度性能。单板厚为6.4mm的六层LVL使用PF树脂胶合。不同压板温度、压制时间和接合方式制得LVL的MOR、MOE性能见表13-26。

表13-24 闭合陈放时间与胶合强度的关系

闭合陈放时间(s)	压制时间(S)	胶合剪切强度(MPa)
8	30	9.8
	60	9.3
16	30	5.7
	60	6.5

表13-25 陈放时间对LVL最外胶层木破裂的关系

单板温度(℃)	热压时间(min)	木破裂(%)	
		陈放时间10(min)	陈放时间30(min)
90	10	94	95
	12	96	100
100	10	81	99
	12	95	100
110	8	100	60
	10	100	56
120	8	100	87
	10	84	42

表 13-26 对接和指接 LVL 的 MOR 与 MOE 性能比较

接头方式	压板温度(℃)	压制时间(min)	MC(%)	密度(g/cm³)	MOR(MPa)	MOE(MPa)
对接	178	35	8.5	0.53	59.6(10.0)	11680(6)
指接	178	8	6.6	0.45	58.1(12.8)	12780(1470)
		10	6.8	0.46	61.7(12.5)	12540(760)
		12	6.4	0.46	63.3(6.5)	12300(1060)
		14	6.2	0.47	61.2(10.8)	13340(1190)
指接	204	8	6.3	0.48	71.5(11.0)	14530(1740)
		10	6.1	0.49	64.2(8.7)	14190(2250)
		12	6.0	0.50	67.3(13.6)	14150(1480)
		14	5.8	0.49	68.9(11.4)	14490(1320)

注：()偏差

由表13-26、图13-22看出：LVL采用指接接长形式优于对接形式。在相同温度条件下压制，延长加压时间也无法改善胶合强度；在一定温度范围内(如表中178～204℃)，LVL采用指接接长，随着压制温度的提高，不仅可缩短加压时间，同时又能改善MOR和MOE的性能，但当温度达到一定水平时(如表中204℃)，应掌握好压制时间，否则会产生对板性的不利影响。图13-23同样说明不同压制温度指接LVL，加压时间与胶层木破率的关系。由此可见，温度和加压时间是确保指接胶合质量的主要因素，由木破率再一次得以证实。JUNG和YOUNGQUIST对指接LVL和对接LVL的强度性能的研究是用6.75mm厚花旗松单板制造6层LVL，通过试验，分散配置对接的LVL拉伸强度平均为30.4MPa(变异系数13.6%)，而指接的(指长27.8mm)强度为41.5MPa(变异系数14.8%)。由此可见：指接LVL的强度性能优于分散配置对接的LVL。这种生产工艺可以降低设备投资。

通过热压获得胶层固化所需的压力和温度 温度取决于胶种、板厚及加热介质种类等因素，一般温度为140～180℃，压板可由热水、蒸汽或热油加热。热压压力同样取决于树种板坯含水率以及对LVL材性要求，而对于一般树种单位压力在1.4～1.8MPa。热压开始时施加较高的压力，随着热压的进行压力逐渐降低，以便水分汽化蒸发，保证胶料充分固化。

热压曲线现都采用微机编程控制，有些还装备监控热压过程中产品厚度的变化，并据此调整热压机的压力，这样可保证产品的最终厚度。

用各种方法制得的LVL都是毛边板，板面较粗糙，为了使其规格尺寸和板面粗糙度满足使用要求，胶压后制得的LVL进行后处理，包括冷却、规格锯裁、砂光等工序。由连续压机出来的LVL板带，首先经横截锯裁切成适当的长度，再由多锯片圆锯机纵向锯解成适当的宽度，用堆板机堆放；由普通压机压制的LVL毛板可直接经裁边，待砂光后作板材使用；或用多锯片圆锯机锯解，然后依据规定的标准进行检验，分等及入库。

13.2.3 主要设备

1. 旋切机

原木旋切单板是LVL生产中的关键工序之一。旋切机是将一定长度和一定直径的木段加工成连续的单板带，经剪切后成为一定规格的单板。旋切机的性能和操作对LVL的产量和质量有着直接的影响。提高旋切机的生产效率，改进旋切质量和提高出板率，是旋切机发展的总趋势。

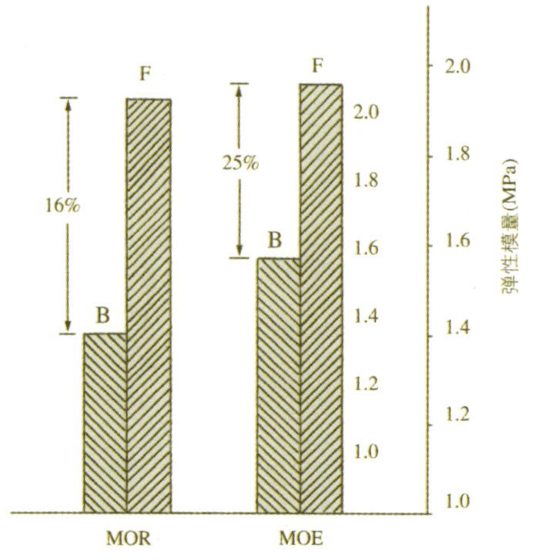

图 13-22 指接(F)和对接(B)LVL的MOR与MOE比较

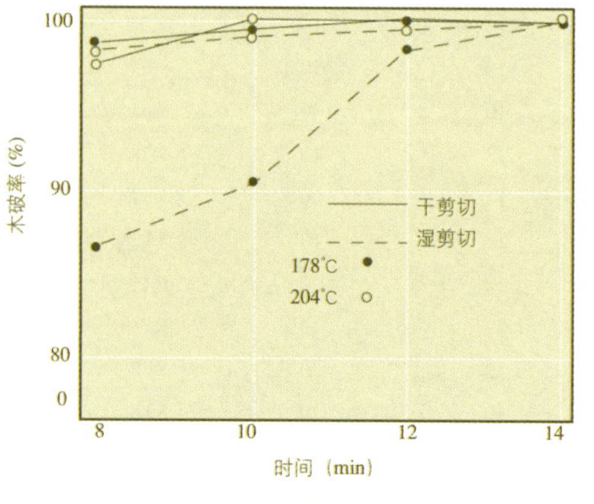

图 13-23 不同压板温度指接LVL，压制时间对胶层木破率的影响

制造LVL所用单板的特点是厚度大于一般胶合板用单板，所以用于旋切厚单板的旋切机通常采用旋转的辊柱压尺代替传统的平面压尺，从而降低旋切功率，防止单板开裂，提高了旋切质量。由于旋切厚单板时阻力矩加大，因而有的旋切机采用了一个或三个附加驱动压辊，这样既可防止木段弯曲，又增加驱动木段的力矩。

提高木段出板率的有效方法是减小旋切后木芯的直径，尤其是LVL制造就是为开发小径材的利用，所以新型旋切机普遍采用防止木芯弯曲的压辊装置，使木芯直径可降至50～60mm。无卡轴旋切机在结构上与传统旋切机有较大的变化，木段的旋转运动靠摩擦辊或齿辊在外周上驱动。由于不存在卡轴，旋切后木芯的直径可减小至40mm左右。

旋切机的主要技术参数，是可加工木段的规格，即木段的长度和直径。根据加工木段的规格，旋切机可分为：重型、中型和小型旋切机，一般用于制造LVL的主要为中、小型旋切机。随着科学技术的发展，尽管旋切机的基本工作原理未有根本性的变化，但结构上却进行了大量的改进，根据夹持木段使之旋转运动的方法不同，旋切机可分为：机械夹紧卡轴、液压夹紧卡轴和无卡轴旋切机。

鉴于制造LVL使用原料的情况和对单板质量和出板率的要求而言，目前认为理想的单板旋切采用无卡轴旋切机。

2. 单板接长机械

在LVL生产中，单板的纵向接长是主要工序之一，它对于LVL的质量、产量和出材率有着相当重要的影响。

单板机械纵向接长的设备按接长的方式分为两种类型：一种是指榫式拼接机，利用冲压的方法，在两张单板的端头加工成指形榫，而后将其拼接起来；一种是斜接式拼接机，先后在单板的端头分别铣削加工出斜面，并在一个斜面上涂覆胶黏剂，然后使之搭接起来，在LVL生产中，使用后者接长方法的较多。

接长后的单板带可根据需要的长度尺寸，剪切为规格单板。

单板纵向接长机组主要由单板斜面锯铣机和单板斜接压机组成。单板纵向接长机组主要由机座、左右斜面锯铣头、单板进料与压紧装置、涂胶装置及传动装置等部分构成。

单板斜接压机的结构主要由送料机构、压机和液压系统等部分构成。送料小车可在送料机架的导轨上移动，小车前部装有两根轴，一根用以对单板的前沿限位；另一根轴用以压紧单板，并可通过手柄推动小车前后移动。压机由型钢焊接成的机架，压力由油缸提供，窄长的热压板，采用电加热，在压机的出料一侧装有推板器，当下压板上升时，推板器的滚轮可将前一张单板向前推送一定的距离，以使两张单板的斜接面在压机的热压板中心位置完成对齐。

剪切刀装在压机的出料侧，用于接长后的单板带进行规格剪切。压机的压力和温度，可根据工艺要求设定，并从仪表盘上读出。

单板斜面锯铣机技术参数：

斜面锯铣头工作距离	0.5～6.0mm
单板进料速度	12.0～18m/min
圆锯直径	210mm
圆锯转速	6000r/min
电机功率	
进料电机	2.8kW
圆锯电机	4.5kW

单板斜接压机主要技术参数：

最大工作压力	1.8MPa
热板尺寸	1700mm × 70 mm
热板间隙	50mm
泵功率	28kW

3. 单板干燥机

前已述及，用于LVL厚单板干燥的设备主要有下列两大类：

(1) 辊筒式单板干燥机：它是利用一系列上、下对置的辊筒输送单板通过干燥机。所有下辊筒是由电动机经变速装置通过一根链条来驱动的，而上辊筒则由下辊筒通过一对长齿齿轮来驱动，因此，上辊筒随着不同的单板厚度可在一定的范围内上、下浮动。辊筒轴心线水平方向的间距通常在135～245mm之间，可根据干燥单板厚度选择辊筒间距。干燥机的层数，即干燥机高度方向的辊筒对数，有2、3、4、5、6层多种规格。干燥机的有效工作长度，即单板加热干燥区域，通常为8～32m。辊筒长度、层数和有效工作长度等工作参数与干燥机的生产能力有关。该种机型的优点是干燥的单板较平整，这是由于单板在上、下辊筒之间运行，上辊筒的质量对单板具有有效的压紧作用，因此可避免因单板的初含水率不同或木材纹理的差异而引起不均匀的收缩。由于单板在上下辊筒夹持下运行，故除了流动的热空气将热能以对流形式传递给单板外，也通过辊筒的接触传热至单板。辊筒干燥机必须纵向传送单板，适于散张单板，采用先剪后干的工艺，这与LVL生产工艺是吻合的。辊筒式干燥机造价较高，材料消耗大，对干燥树脂含量高的单板易于污染辊筒，清洗困难。

辊筒干燥机是由进板段、干燥段、冷却段和出板段四部分组成。但其加热装置的安装位置、循环热空气的流动方向、排湿管的位置以及由电动机至辊筒的传动装置的形式等不完全相同而分为多种形式。

纵向循环气流通常用于辊筒干燥机，这是因为纵向循环气流的流速较低，对流传热效果差。而辊筒式干燥机具有接触传热的特点，对接触传热来说，气流的速度对传热系数没有影响，故采用纵向循环气流。但温度对接触传热的影响较大，因此通常采用较高的温度。纵向循环气流辊筒式干燥机，因为辊筒妨碍热空气从单板表面通过，单板表面气流流速低，因此对一般低温干燥树种才采用横向循环气流式辊筒气流式干燥机。

横向循环气流辊筒式干燥机与纵向循环气流辊筒干燥机的主要差别是加热系统的区别，横向循环气流采用的风机较多，总风量增加几倍、十几倍，气流通过单板的速度较高，所以除了辊筒接触传热外，对流传热效果也很好、不论高温或低温干燥均具有较大的干燥能力，应用较普遍。

图13-24介绍一种结构较简单的横向循环气流式辊筒干燥机。离心式风机和加热器安装在每一分室的顶部，并用隔板构成风道。风机压出的空气沿顶道、经热交换器从右侧压入干燥室，横向流过单板表面至干燥室左侧风道进入风机的吸入口。排湿管安置在顶棚中间。这种干燥机结构简单，加热装置的安装、清理和维修均较方便。

(2) 热板干燥机：前已述及，用于LVL制造的厚单板的干燥，通常是先采用辊筒干燥机，而后使用热板干燥机，此工艺不仅可确保单板质量，而且可提高单板干燥的效率。热板干燥机与普通平面热压机主机结构是基本相同的。为了缩短干燥时间，节约干燥热能，采用热板干燥时，除定时(30～40s)打开热板排除水蒸汽外(故又称呼吸式压机)，还有在热板和湿单板间放置带有沟槽的垫板和60目/寸左右铜网(或不锈钢网)，目的是更好排除水蒸气，带有沟槽垫板起到保护热板表面的作用。现国外通常设计成单板热压干燥机组，即以一台装板机给多台热板干燥机装板，卸板方式是干燥结束后，干燥机倾斜，单板依次滑落到一块光滑的金属接收板上，再进入单板运输带送至下道工序。热板式干燥机组呈同心圆排列，根据生产规模大小，有两种布局，对于规模大的以8至14台干燥机为好，装板机固定，干燥机转动，对规模小的企业，装板机组用旋转式，干燥机1至3台为宜。热板干燥机单位工作压力0.3～0.4MPa，热板温度140～180℃，具体视树种、单板厚度、单板含水率及干燥工艺条件等因素而定。

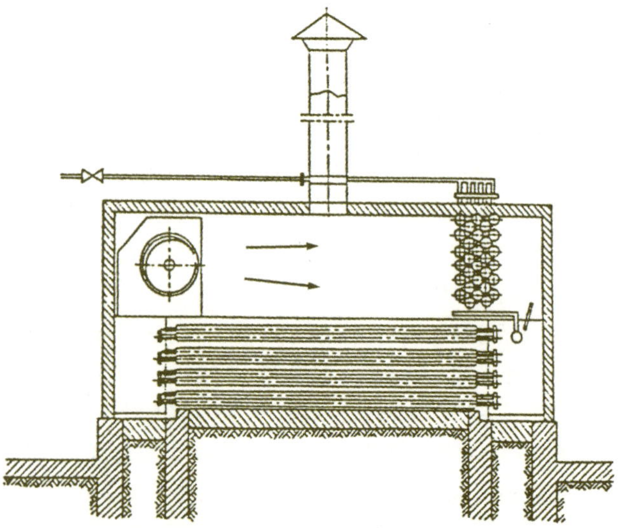

图13-24 横向循环气流辊筒式干燥机横断面

13.3 单板层积材技术定额

13.3.1 出材率

单板层积材（LVL）的成品出材率，主要受原木制得单板的出板率的影响。举例：旋切所得的原木芯直径为15cm，若原木直径30cm可得到68%的单板，如若原木直径为50cm则可得到89%的单板。如果旋切后木芯直径仅为10cm时，则30cm和50cm直径原木，其单板出板率可提高到85%和95%；相反，如木芯直径为20cm，同样上述两种规格原木的单板出板率则降为45%及82%。旋切所得单板还会受原木的形状、原木的品质、单板的质量和厚度等因素的影响。根据美国、加拿大等国对制材和LVL单板利用率的考证见表13-27。

表13-27 LVL和制材原料利用率

项目	制品(%)	木片(%)	锯屑(%)
制材	42	39	19
LVL	62	33	5

从上表原料利用率看来，LVL比制材要高。

在LVL制造过程中，木材损失约占原木量的40%或更少。它分为有形损失(如加工剩余物)和无形损失(干缩和压缩)。这些损失有些是无法避免的，有些则可通过技术工作的改进，可大为减少的。

LVL生产过程中，各主要工序的木材损失大致如下：

(1) 锯断损失(截头、锯屑)：一般为2%～3%。

(2) 旋切损失(木芯、碎单板)：木芯和碎单板所占的比例与材质和原木直径有关，LVL利用的是低等级材和小径材，但因为通常采用单板接长和无卡轴旋切机，所以损失可减少到15%。

(3) 干缩损失：与单板的树种、单板终含水率、单板厚度和干燥厚度等因素有关，因为LVL单板后段干燥通常采用热板干燥机，且单板厚度较大，所以干缩损失较小，约2%～4%。

(4) 热压损失：又称压缩损失(率)，可用下式计算。

$$\frac{\text{热压前板坯总厚度}-\text{热压后 LVL 实际厚度}}{\text{热压前板坯总厚度}}\times 100\%$$

(5) 裁边损失：该项损失与LVL的压制设备、加工余量和幅面大小有关，特别当采用连续压机时，仅存在纵向齐边，裁边的损失一般仅为3%左右。

(6) 砂光损失：该项损失与砂削余量、LVL厚度、LVL板种等因素有关，当LVL用作建筑结构材时可不砂光，但用作制家具时则要砂光处理，砂光损失约为2%～3%。

上述各工序损失率是以该工序加工前的材积为基数的，

表 13-28 LVL 各主要工序损失率

工序	损失率(%)	剩余材积(m^3)
原木		100
锯断	2～3	98～97
旋切	15～20	82.3～77.6
干缩	2～4	81.6～74.5
热压	10	73.5～67.1
裁边	3	71.3～65.1
砂光	2～3	69.8～63.1

若原木 100m^3，其工序损失率见表 13-28。

再考虑技术组织方面的损失，其剩余材积(出板率)还要降低。根据材质、径材、加工技术等不同因素，一般制造 1m^3LVL 需用 1.8～2.0m^3 原木。

13.3.2 制造费用

LVL制造费用首先取决于原木和主要辅料(胶黏剂)的价格，其次是基本制造费用。如对制材、LVL和胶合板三种制品加以比较，制造费用的排列次序为胶合板＞LVL＞制材(按原木的体积计)。但因LVL能将木材的缺陷分散，材质均匀，许用应力得以提高，在使用时材料用量会相应减少，所以大大增进其使用前景。

LVL 与胶合板的基本制造费用的不同在于，首先因为胶黏剂的用量与单板厚度是成反比的。所以LVL用胶量相对低于胶合板，而这二者生产能力大小与单板干燥效率有关，单板厚度愈薄，干燥效率愈高，生产量增大，因此，设备折旧等固定费用会按比例减少。但胶黏剂费用对LVL制品成本的影响是很大的，综合单板的制造，干燥单板的平整性，加工难易，以及制造费用等，LVL单板厚度应以6mm为宜，这就使 LVL 的制造费用大大小于胶合板的制造费用。

表 13-29 为国外某厂 LVL 生产线主要成本构成。

生产原料以小径木为主，原木消耗量 25000m^3/a，LVL 产量 15000m^3/a，成品长度 3.6m，厚度 30～40mm，生产定员 54 人，工作制度 300d/a，24h/d。

表 13-29 LVL 生产线主要成本构成

项目	成本构成比例(%)	UFPF
原料	48.5	41.5
辅料	18.0	25.0
工资	17.0	17.0
企业经营	16.5	16.5

参考文献

[1] Maloney T. M., Laminated veneer lumber view. FAO expert consultation on wood-based panels, Rome: FAO, UN, 1987

[2] Lehtonen M., Laminated veneer lumber-properties and uses. FAO expert consu tatior on wood-based panels Rome: FAO, UN, 1987

[3] Hoover W. L., Material design factors for hardwood laminated veneer lumber, fores Prod. J., 1987,37(9),5-23

[4] 杜国兴. 意杨单板层积材热压工艺研究.南京林业大学学报. 1991

[5] 陆从进. 论小径级速生树材生产单板层积材技术的推广. 木材工业. 1991

[6] 张勤丽. 日本的 LVL 生产，中国木材，1996

[7] Shuichi Kawai., Properties of compressed laminated veneer lumber produoed by steam pressing, Mokozai gakkaishi, 1993, 39(5): 550-554

[8] Michol O. Hunt, Longitudinal shear strength of LVL via the five-point ben lingt Forest Prod. J., 1994, 43(718): 39-44

[9] H. J. Zheng. Compression control and its significance in the manufacture and offects properties of popular LVL. Wood Science and Technology, 1994 (28): 285-200

[10] 傅峰. 人工林杨木材性对单板层积材强度的贡献率. 中国林科院博士后论文

[11] JAS 协会. 结构用单板层积材标准. 日本农林水产省. 1991

[12] 王金林等. 杨木旋切及单板质量与木材性质关系的研究. 木材工业. 1995

[13] Tomoynki Hayashi Probabilistic properties of structural LVL. [日] 木材工业

Wood Laminated Plastic Board

14 木材层积塑料

木材层积塑料，是用浸渍合成树脂(主要是酚醛树脂或甲酚醛树脂)的旋切单板，在高温高压下压制而成的一种层压材料。它具有耐水、耐湿，电绝缘性能好，强度高，形状稳定性好等优点，是一种很好的工程材料，能代替某些有色金属、夹布塑料和特种硬质木材，而成为机械、电气、船舶、航空、纺织工业采用的一种非金属材料。

木材层积塑料的力学强度，取决于木质纤维的排列方向，它是根据产品所要求的性能和用途来确定的。

按照产品规格和性能，木材层积塑料可分为三类。

1. 木材层积塑料

浸过酚醛树脂或甲酚醛树脂的旋切单板，干燥后经高压（15～20 MPa）、高温（140～150℃）压制而成的板材或成型零件。

2. 化学精制层积板

旋切单板先经碱液处理（碱液浓度3%～5%），干燥后浸渍酚醛树脂或甲酚醛树脂，再经干燥，然后经高温高压制成层积板材。由于经过碱液处理的单板，在同样压力下压缩率比未经处理的单板高，所以要达到同样压缩率，可以采用低于前一品种所需的压力，而且经碱液处理过的单板浸渍树脂后，压制的层积塑料强度有明显提高。这种层积板主要用于制造航空工业的结构零件。

3. 增强层积塑料

浸胶后的单板在组坯时，每隔一层或几层夹入一层浸胶棉布、玻璃布或金属网，压制而成的塑料板材，具有形状稳定、耐水、耐磨、耐冲击、强度高等优点，可做为机械、船舶、航空、电气工业的材料。

木材层积塑料的品种、牌号和用途见表14-1。

木材层积塑料中，单板纤维方向排列有四种类型(图14-1)：

1型——各层单板纤维方向平行，或四层平行单板中，有一层纤维方向与之成20°～25°夹角的单板。

表14-1 木材层积塑料的品种、牌号和用途

牌号	用途
MCS-1	船舶制造中用作轴承
MCS-2-h	飞机制造与零件材料
MCS-3	精密量具及计算尺材料
MCS-2	作为机械结构材料、耐磨材料、轧钢机轴承
MCS-4	作为结构材料（如齿轮）和抗磨材料（轴套、轴承和轴瓦）
MCS-2-d	作为制造高压电气设备的结构零件和电气绝缘零件
MCS-3-d	电机、变压器、汞弧整流器等的结构零件
MCS-2-y	自动润滑和含油轴承、耐磨材料
MCS-3-y	排锯机滑道
MCS-4-y	自动润滑传动零件
MCS-2-f	纺织机械零件

注：1.MCS是牌号的代号，M——木材，C——层积材料，S——塑料
2.MCS后面的数字表示各层单板纤维方向的排列类型（图14-1）
3.h——表示航空工业用，d——表示电气工业用，y——表示含油润滑用，f——表示纺织工业用

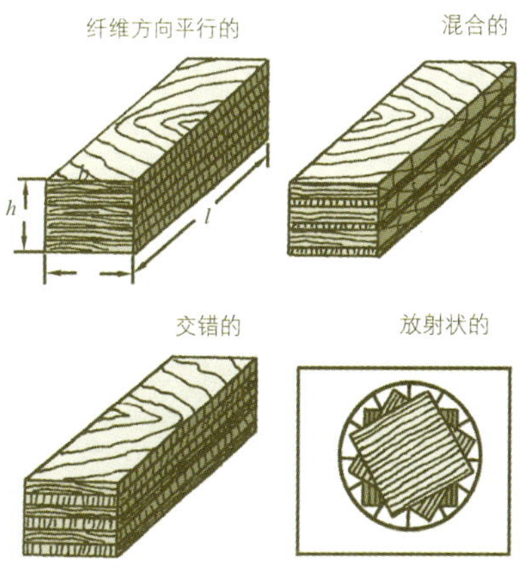

图14-1 木材层积塑料单板纤维排列类型

2 型——每隔 5～20 顺纹方向单板夹一层横纹单板。

3 型——各相邻层单板纤维方向互相垂直。

4 型——相邻层单板纤维方向互成 25°～30° 夹角。

14.1 木材层积塑料的性能

14.1.1 物理性能

1. 密度

木材层积塑料的密度和单板中干树脂的质量和数量、压缩程度和热处理的条件有关。

使用醇溶性酚醛树脂的木材层积塑料，其平均密度为 $1.30g/cm^3$，使用水溶性树脂的为 $1.35～1.40g/cm^3$。

2. 吸湿性

木材吸湿时，其体积膨胀可达 10%～20%，而木材层积塑料的吸湿性要小得多，并且与树种有关，见表 14-2、表 14-3。

3. 热力学性质

用比热、热传导、温度传导的热系数以及在高温及低温作用下的耐热性，可以说明木材层积塑料的热力学性质。

比热（kJ/kg · K）	1.55～2.39
热传导（kcal/m · h · ℃）	0.13～0.26
温度传导（m^2/h）	$0.3 \times 10^{-4}～5.15 \times 10^{-4}$

随着木材层积塑料含水率的增加，其热传导性也提高。例如，含水率提高到 12% 时，热传导系数即增加 8%～10%。

温度在 -50℃～+50℃ 范围内变化时，不致引起木材层积塑料的变形。

4. 耐磨性

木材层积塑料具有很好的耐磨性，通常用摩擦系数来描述。

在往复运动和蒸汽中同其他材料工作时的干摩擦条件下，木材层积塑料的滑动摩擦系数见表 14-4。

木材层积塑料和钢进行干摩擦时，其摩擦系数较高，但当使用润滑剂时摩擦系数会大大降低，并且不超过高级巴比特合金、青铜、夹布胶木的摩擦系数。

当单位负荷很大，并用水润滑时，摩擦系数的最小值接近于轴承的滚动摩擦系数值。木材层积塑料的摩擦系数和润滑条件的关系如下：

无润滑剂时	0.20～0.25
用索里多作为润滑剂时	0.02～0.05
用液体油作为润滑剂时	0.01～0.064
用水作为润滑剂时	0.008～0.004

木材层积塑料轴承的特点是起动转矩和起动摩擦系数较高，相当于正常运动状态下的 4～8 倍。

5. 介电性

由于木材层积塑料具有较高的强度和绝缘性能，因此可在电气工业中作为结构材料或绝缘材料。

例如，MCS-2-d 和 MCS-3-d 牌塑料的介电性为单位表面的电阻（Ω）、单位体积的电阻（Ω · cm）不小于：

在 60 ± 2℃ 下放置 4h，随后在 15～35℃ 下放置 24h 后，相对湿度 45%～75%：10^{11}

在 20 ± 2℃ 蒸馏水中放置 24h 后：10^3

频率 50Hz、3mm 厚度上 1kV 时，介电损耗角正切，不大于：0.1

频率 50Hz 时介电常数，不大于： 8

频率 50Hz 时，在变压器油中 5min 的耐压试验：

20 ± 2℃（和厚度 3mm）时垂直于各层（$kV_{\alpha\Phi}$），不小于：25

0 ± 2℃（和厚度 3mm）时垂直于各层（$V_{\alpha\Phi}$），不小于：10

电极中心距离 15mm 和 20 ± 2℃ 时垂直于各层（$kV_{\alpha\Phi}$），不小于：16

电极中心距离 15mm 和 90 ± 2℃ 时垂直于各层（$kV_{\alpha\Phi}$），不小于：8

环形电极间距离 420 ± 2mm、温度 60 ± 5℃、时间 60min 时，

表 14-2 木材层积塑料与天然木材的吸湿性和膨胀性对比

（观察 20 天）

材 料	吸水性（%）	厚度膨胀（%）
木材层积塑料	6.2	6.7
天然木材	20.0	16.1

表 14-3 树种与吸湿性和膨胀性的关系

材 料	50h 内的吸水性（%）	50h 内的膨胀性	
		厚度上	宽度上
50 层的桦木层积塑料	8.0	1.85	0.18
45 层的山毛榉层积塑料	8.8	1.05	
桦木	43.3	5.18	6.5
山毛榉	38.5	5.8	3.5

表 14-4 干摩擦条件下木材层积塑料和其他材料之间的摩擦系数

材 料	滑动摩擦系数			
	木材层积塑料	表面磨光的木材层积塑料	夹布胶木	结构钢
木材层积塑料	0.41 ± 0.02	0.36 ± 0.08	0.38 ± 0.02	0.22 ± 0.02
表面磨光的木材层积塑料	0.36 ± 0.08	0.35 ± 0.03	–	–
夹布胶木	0.38 ± 0.02	–	–	0.23 ± 0.02
结构钢	0.22 ± 0.02	–	0.23 ± 0.02	0.19 ± 0.01

环形电极间正方形、矩形或者圆形断面试棒的耐压试验，无加热、无飞弧和击穿（$kV_{\alpha\Phi}$），不小于：140

环形电极间距离100mm、温度20±2℃、时间5min时，环形电极间正方形、矩形或者圆形断面试棒的耐压试验，无加热、无飞弧和击穿（$kV_{\alpha\Phi}$），不小于：40

木材层积塑料的介电性和一系列因素有关，如含水率、温度、含胶量、每层厚度、相邻层木材纤维方向的配置等。同时，介电性还与电场强度向量有关。

14.1.3.2 力学性能

木材层积塑料的各项力学性能指标都优于同树种的胶合板材和实木板材，其力学性能指标见表14-5。

14.1.2 国内外标准

1. 国内标准

国产木材层积塑料的牌号和构成见表14-6，我国木材层积塑料产品的物理力学性能指标见表14-7。标准名称及编号为木质层积塑料技术条件(ZZB70003.1-87)。

2. 国外标准

前苏联在木材层积塑料的研制和生产方面都较早，生产规模较大，而且产品牌号和规格齐全。参见表14-8。

14.2 木材层积塑料生产工艺及设备

14.2.1 原材料

1. 木材原料

木材层积塑料生产使用的树种主要为材质均匀的阔叶树种散孔材，如桦木、色木、荷木、杨木等，其中以桦木（枫桦、白桦等）为主。

各种牌号木材层积塑料使用单板要求见表14-9。

几种树种的旋切单板顺纹抗拉强度如表14-10所示。

2. 胶黏剂

木材层积塑料生产中一般使用醇溶性酚醛树脂胶黏剂，

表14-5 木材层积塑料的力学性能

指　标	Ⅰ型塑料	Ⅱ型塑料	Ⅲ型塑料	Ⅳ型塑料
顺纹抗拉强度极限（MPa），不小于	–	260	140	–
顺纹抗压强度极限（MPa），不小于	180	160	125	125
静弯曲强度极限（MPa），不小于	–	280	180	150
冲击强度（$kg\cdot cm/cm^2$）	–	80	30	30
胶层抗剪强度极限（MPa），不小于	15	15	14	14
断面泊氏硬度（kg/mm^2），不小于	25	25	25	–

表14-6 产品牌号及构成

牌　号	构　成
MCS-2	每隔10～15层顺纹单板配置一层横纹单板
MCS-2-1	每隔10～15层顺纹单板配置一层横纹单板，每三层顺纹单板配置一层含油单板

注：本标准适用于桦木旋切单板制成的层积塑料板

表14-7 产品物理力学性能

序号	指标名称	单位符号	标准值	
			MCS-2	MCS-2-1
1	密度，≥	g/cm^3	1.3	1.23
2	含水率，≤	%	7	7
3	冲击韧性，≥	kJ/m^2	78	59
4	顺纹胶层剪切强度，≥	MPa	15	12
5	静曲强度，≥	MPa	274	216
6	顺纹抗拉强度，≥	MPa	255	196
7	顺纹抗压强度，≥	MPa	157	127
8	24h吸水率，≤	%	5	
9	端面硬度（布氏），≥	MPa	196	
10	极限吸水率，≤	%	20	
11	极限体积膨胀率，≤	%	22	

注：1.序号1～9为必测项目

2.序号10、11为生产厂分析质量的不定期测定项目

表 14-8 前苏联木材层积塑料标准

指标名称	MCS-1	MCS-2		MCS-3		MCS-4	MCS-2-d		MCS-3-d		MCS-2-y	MCS-3-y	MCS-4-y	MCS-2-f	
	整体	整体	集成	整体	集成	集成	整体	集成	整体	集成	整体	整体	集成	整体	集成
密度(kg/m³)，≥	1300	1300	1300	1300	1300	1300	1300	1300	1300	1300	1230	1230	1230	1280	1280
含水率(%)，≤	6	7	7	7	7	7	6	6	6	6	7	7	7	10	10
24h 吸水率(%)，≤															
15～20mm 厚	–	3	3	3	3	3	3	3	3	3	–	–	–	–	–
25～50mm 厚	–	2	2	2	2	2	2	2	2	2	–	–	–	–	–
55～60mm 厚	–	1	1	1	1	1	1	1	1	1	–	–	–	–	–
极限吸水率(%)，≤	18	20	–	–	–	–	–	–	–	–	–	–	–	–	–
极限体积膨胀率(%)，≤	20	22	–	–	–	–	–	–	–	–	–	–	–	–	–
顺纹抗拉强度极限(MPa)，≥	–	255	216	137	108	–	255	216	137	108	196	127	–	–	–
顺纹抗压强度极限(MPa)，≥	176	157	152	122	118	122	157	152	122	118	127	98	–	–	–
顺纹静曲强度极限(MPa)，≥	–	274	255	176	147	–	274	255	176	147	216	137	82	–	–
表层顺纹弯曲冲击韧性(kJ/m²)，≥	–	78	69	29	29	29	78	69	29	59	24	16	69	69	88
胶层抗剪强度极限(MPa)，≥	7.8	6.9	6.9	6.9	6.9	7.8	7.8	6.9	6.9	5.9	4.9	4.9	4.9	4.9	3.9
端面硬度(MPa)，≥	–	196	196	–	–	–	–	196	–	–	–	–	–	–	–
空气温度 105 ± 2℃时耐热性(h)	–	–	–	–	–	–	–	24	–	–	–	–	–	–	–
变压器油温度 105 ± 2℃时耐油性(h)	–	–	–	–	–	–	–	6	–	–	–	–	–	–	–

表 14-9 木材层积塑料牌号与单板要求

型　号	单板厚度(mm)	单板含水率(%)	上胶方法
MCS-1	0.5～0.6	4～8	浸胶
MCS-2-h	0.4～0.55	4～8	浸胶
MCS-2-d	0.4～0.6	4～8	浸胶
MCS-3-d	0.4～0.6	4～8	浸胶
MCS-2-y	0.5～0.6	4～8	浸胶
MCS-3-y	0.5～0.6	4～8	浸胶
MCS-4-y	0.5～0.6	4～8	浸胶
MCS-1-f	0.8～1.5	4～8	浸胶
MCS-2-f	0.8～1.5	8～12	涂胶

表 14-10 几种树种的旋切单板顺纹抗拉强度

树　种	单板厚度（mm）	顺纹抗拉强度（MPa）
桦木	0.5	130～210
荷木	0.5	99.6～143.3
杨木	0.5	78～119.3

树脂的物理化学性能如下：

树脂外观色泽	微红到褐色透明液体，无不溶性微粒
树脂液密度	0.965
树脂含量（%）	50～55
游离酚含量不大于（%）	14
树脂聚合度（s）	55～90
树脂中水分含量不大于（%）	7
在乙醇中的溶解度	全溶
20℃时黏度（恩氏度）	
浸渍用	15～40
涂胶用	40～100
成品胶层抗剪强度不低于(MPa)	3.0(沸水煮1h后测试)

14.2.2 木材层积塑料生产工艺流程

木材层积塑料生产工艺流程如图 14-2 所示。其中，单板旋切和单板干燥可参照胶合板部分。

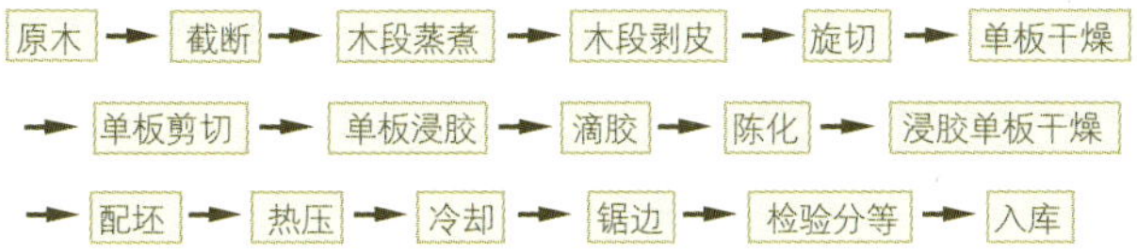

图 14-2 木材层积塑料生产工艺流程

1. 单板浸胶

单板浸胶，就是将一定尺寸的干单板浸入胶槽中，让单板充分吸收酚醛树脂胶。浸胶时，干单板垂直立在浸胶用的吊笼中，浸渍一定时间后提起吊笼，把多余的胶液淋掉。

表 14-11 为酚醛树脂胶与黏度的关系。

醇溶性酚醛树脂浸胶液技术指标：

溶液温度（℃）	15～20
溶剂	工业酒精
20℃时密度	0.93～0.94
溶液中干树脂含量（%）	28～36
溶液黏度（恩氏度）	18～24

单板浸胶的方法有两种：普通胶槽浸渍法和真空－加压浸渍法。

(1) 普通胶槽浸渍法：在室温条件下，要浸胶的单板装在吊笼内，15～20张为一摞。单板厚度为0.75mm时，一摞数量不超过15张；厚度0.55mm时，一摞数量不超过20张。单板与单板之间由金属丝网隔开。金属丝网由直径5～6mm的金属丝编成，网孔尺寸为100mm × 100mm。吊笼中单板的数量，决定于浸胶槽的尺寸，而且吊笼的装料密度，应该保证浸渍胶液在单板之间顺利地渗透。装料后，吊笼同单板浸没于胶槽的浸渍液中。为避免乙醇蒸发，要盖上槽盖。这种方法操作简单，劳动量少，设备投资小，因此应用较广泛。较大工厂的浸胶设备流程，如图 14-3 所示。

树脂向木材内部渗透的速度决定于单板的树种、厚度、含水率和树脂的特性（表 14-12）。

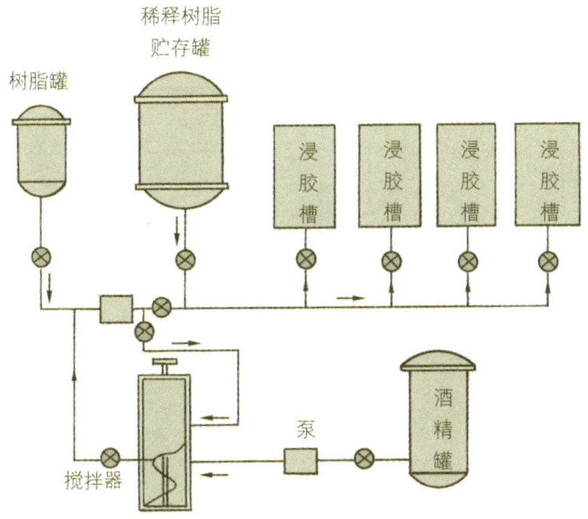

图 14-3 浸胶设备流程

表 14-11 酚醛树脂胶液在不同温度下密度与黏度的关系

（固含量 28%～36%）

温度（℃）	5	10	15	20	30	40	50
密度0.930（20℃） 黏度1.59恩氏度							
密度	0.950	0.940	0.938	0.930	0.928	0.927	0.922
黏度	2.27	1.96	1.80	1.59	1.45	1.33	1.27
密度0.945（20℃） 黏度1.68恩氏度							
密度	0.960	0.956	0.952	0.945	0.940	0.937	0.935
黏度	2.39	2.20	2.06	1.68	1.51	1.35	1.29
密度0.970（20℃） 黏度1.92恩氏度							
密度	0.978	0.977	0.975	0.970	0.965	0.960	0.953
黏度	2.98	2.68	2.33	1.92	1.69	1.43	1.31

表 14-12 单板的树种和含水率对吸胶量的影响

树种	单板含水率（%）	吸收干树脂量（%）
枫桦	2.5	15.2～17.6
	9.6	13
	15.3	8.8
白桦	2.5	22.25
	9.6	19.2
	15.3	14

注：浸胶时间 4h，室温 20℃，胶液挥发物含量 3%～6%

单板越薄，树脂越容易渗透到木材内部，渗透深度也越大，而且单板断面上树脂含量比较均匀，由此制成的制品性能也较好。如果单板厚度太小，由于树脂含量过多，塑料易发脆。单板厚度以 0.35～0.60mm 最为适宜。

单板含水率对制品性能也有影响，单板含水率低时，树脂胶液渗入木材孔隙中的深度就深些，并且分布也较均匀。但是，单板含水率过低，树脂吸入量过多，制得的木材层积塑料会发脆。单板含水率以 6%～8% 为宜。

浸胶程度取决于单板在胶槽内的时间，浸胶时间又依单板厚度而定，一般为 1～3h（表 14-13）。浸胶后，单板必须

表 14-13 树脂密度和浸胶时间对吸收干树脂的影响

树脂密度（20℃）	浸胶时间（h）	吸收干树脂量（%）
0.938	1	18.04
	2	18.73
	4	22.38
	6	22.07
0.943	1	10.36
	2	11.76
	4	12.00
	6	16.69
0.975	1	8.35
	2	9.58
	4	10.02
	6	10.44

注：桦木单板厚度 0.55mm，含水率 6%～8%

滴去表面上多余的胶液，这个过程可在浸胶槽或滴胶槽上进行。滴胶时间约为 30～60min。

(2) 真空—加压浸渍法：将单板放入密封的耐压罐内，先抽真空，真空度达到 500～600mmHg 后，保持 15min，使单板细胞腔空气抽出，以便加速吸收胶液。然后将胶液放入罐内，通过观察孔注视胶液放满，即关闭真空泵和胶槽阀门，再向压力罐中注入空气，使罐内压力达到 4～6 个大气压，保持约 30min，打开压力罐下部阀门，使胶液流出，待流完后，关闭流出胶的阀门和加压阀门，此时单板的细胞腔隙已吸满胶液。再次抽真空，使木材细胞腔隙内过多的胶液排出，以节省胶料，关闭真空泵，放出罐内胶液，取出浸渍好的单板。此法在很短的时间内能使单板大量吸收胶液，而且胶液分布均匀。当压力为 4～6 个大气压时，浸胶时间仅需 30min，而且单板的含水率可放宽到 12%。但此法要求树脂快速压入单板内，需将胶液浓度降低，因此比常压浸渍法增加了酒精的消耗量，且设备较复杂。真空—加压浸胶设备如图 14-4 所示。

真空—加压浸渍法干单板吸收树脂量取决于压力、加压时间以及单板含水率，如表 14-14 所示。

真空—加压浸渍法与普通胶槽浸胶方法相比浸胶效果要好，因而在其他条件相同的状况下，采用真空—加压浸渍法生产的木材层积塑料质量明显优于采用普通胶槽浸胶方法制得的产品（表 14-15）。

浸胶单板内树脂含量的测定：浸胶前，浸胶干燥后均要称量板堆重量，按下式计算单板中干树脂的含量。

$$Q=\left[1-\frac{q_1(100+W_2)}{q_2(100+W_1)}\right]\times 100$$

式中：q_1——浸胶前单板重量，g

q_2——浸胶干燥后单板重量，g

表 14-14 不同压力下加压时间和单板含水率对吸收干树脂量的影响

压力（大气压）	加压时间（min）	吸收干树脂量（%）		
		单板含水率		
		4.6	10.2	14.5
4	30	22.49	20.27	18.48
	60	23.45	21.03	20.87
	90	25.36	22.18	20.79
	120	26.49	22.14	21.30
6	20	24.15	20.26	19.85
	40	24.49	21.45	21.04
	60	25.66	22.80	21.74
	80	28.35	24.38	22.35
8	10	26.63	19.61	16.50
	20	24.51	21.21	17.44

W_1——浸胶前单板含水率，%

W_2——浸胶干燥后单板含水率，%

如果浸胶前和浸胶干燥后的单板含水率之差不大于 2%，干树脂含量允许按下式计算：

$$Q=\frac{q_2-q_1}{q_2}\times 100$$

浸胶单板内干树脂含量应在 16%～24%。

2. 浸胶单板的干燥

制造木材层积塑料，单板浸胶后必须先进行干燥，然后才能组坯热压。因为单板中布满树脂胶，其中大量的溶剂（酒精和水）和一部分挥发物（游离酚和醛）热压时，在高压下不易排出，在卸压时容易产生“鼓泡”或“分层”现象，从而产生废品。为了保证产品质量，在热压之前必须先对浸胶单板进行干燥，降低浸胶单板中的酒精和其他挥

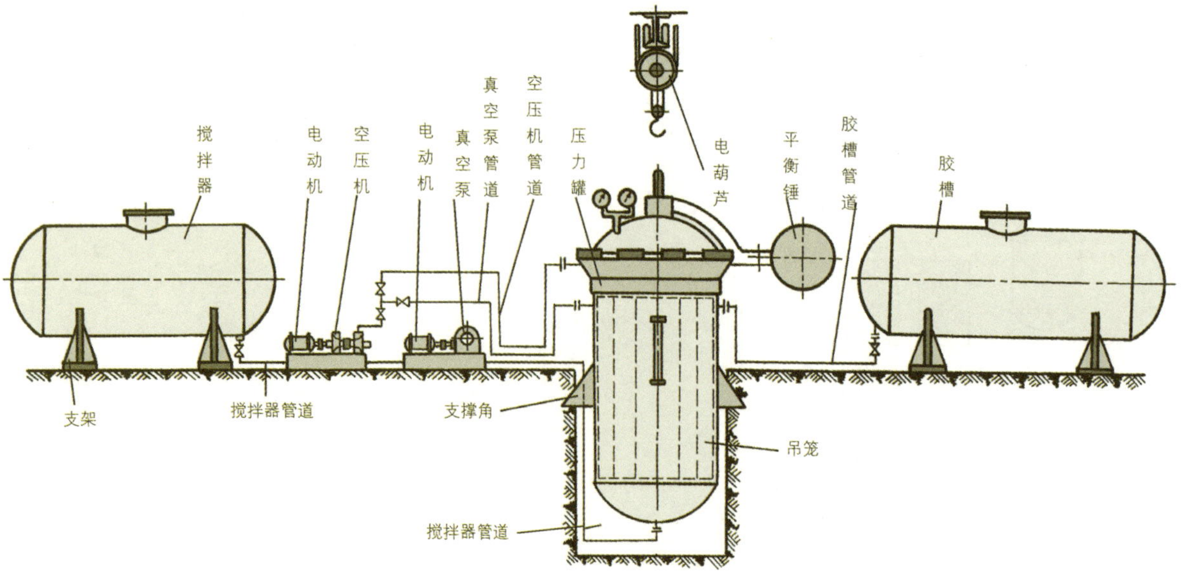

图 14-4 真空—加压浸胶设备

表 14-15 两种浸胶方法对木材层积塑料质量的影响

指 标 名 称	木材层积塑料牌号 MCS-2	
	加压浸渍法	普通浸渍法
密度(g/cm^3)	1.36	1.3
含水率(%)	5.0	7.0
24h 内膨胀率(%)	0.83	3.8
吸水极限(%)	14.4	21.5
膨胀极限(%)	13.3	22.4
24h 内吸水率(%)	1.07	3.5
抗拉强度(MPa)	284.2	254.8
抗压强度(MPa)	205.8	156.8
胶层剪切强度(MPa)	15.68	13.72
静曲强度 (MPa)	323.4	274.4
抗冲击强度(MPa)	12.25	7.84

发物的含量。

干燥后浸胶单板应达到下述要求：

(1) 达到规定的挥发物指标。

(2) 单板表面胶层无气泡，无缺胶。

(3) 树脂固化率不大于 2%（MCS-2-d 许可略大于 2%）。

(4) 单板不发生开裂。

牌号不同的木材层积塑料在生产中对浸胶单板在干燥后的挥发物含量要求不尽相同，如表 14-16 所示。

为了保证浸胶单板干燥质量，应分两个阶段进行干燥：第一阶段，为防止溶剂和挥发物猛烈排出而使浸胶单板表面产生气泡，醇溶性树脂浸渍的单板干燥温度应不大于 75℃（酒精沸点为 78℃），水溶性树脂浸渍的单板不大于 90℃（水沸点 100℃）；在浸胶单板含水率降到 15% 左右后，干燥进入第二阶段。在第二阶段可以提高干燥温度，但应防止树脂固化超过 2%。一般干燥设备设计采用的空气参数见表 14-17。

浸胶单板干燥可采用连续式浸胶单板干燥室。干燥室设计为两个分室，如见图 14-5 所示。

第一分室气流横向循环。室间有转盘，供小车转 180° 用。第二分室轨道上可停放 2～4 台装有单板的小车，气流循环为纵向。

在生产中，浸渍醇溶性树脂单板的干燥条件见表 14-18。

浸胶单板干燥后，含水率（包括挥发物）应在 3%～6% 之间。

浸胶单板干燥后，应在温度 25℃，相对湿度不大于 70% 的场所保存 4～5 天。浸胶单板也应分等，用优质单板作表板，浸胶不完全和凝胶过多的单板不能使用。

3. **配坯**

单板经过浸胶和干燥以后，应按照木材层积塑料的品种牌号规定的单板纹理方向进行配坯。在配坯之前，首先应计算出单板需要多少层，才能满足所制产品的要求厚度。根据单板厚度和木材的压缩系数，按下式计算单板层数：

$$N=\frac{S}{(1-K)S_1}$$

式中：S——成品板厚度，mm

S_1——单板的厚度，mm

K——压缩系数，见表 14-19

根据产品的要求及塑料的结构不同，板坯配制的方法也各不相同。当塑料的尺寸小于单板尺寸时，可以按整体方案配坯。当层积塑料的长度超过单板的尺寸时，应按集成方案配坯，可采用搭接或对接，最好的方法是在木材层积塑料长度方向上采用纵向单板搭接的办法，但必须保证在同一断面上不能有两个搭接缝。横向单板宽度不够时，

表 14-16 木材层积塑料对浸胶干燥后单板的挥发物含量要求

牌 号	单板中干树脂含量（%）	挥发物含量（%）	备 注
MCS-1	16～24	3～6	
MCS-2	16～24	3～6	
MCS-3	16～24	3～6	
MCS-4	16～24	3～6	
MCS-2-h	18～24	3～5.5	
MCS-2-f		8～12	打梭棒
MCS-2-d	20～24	2～5	
MCS-3-d	20～24	2～5	

表 14-17 干燥浸胶单板的最合适的空气参数

参 数	不同阶段参数值	
	第一阶段	第二阶段
空气温度（℃）		
醇溶性酚醛树脂	70～75	90～95
水溶性酚醛树脂	65～75	85～90
风速（m/s）	1.5～1.8	0.8～1.0
相对湿度（%）	10～25	10～25

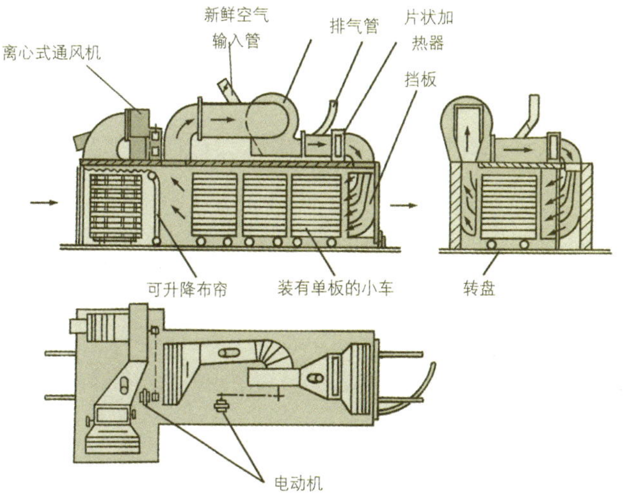

图 14-5 浸胶单板干燥室

表 14-18 浸渍醇溶性树脂单板的干燥条件

干燥分室	空气温度（℃）	空气速度（m/s）	相对湿度（%）	干燥时间（min）	备　注
第一分室	65～72	1.5～1.8	10～25	20～30	10～12min，小车转 180°
第二分室	80～90	1.0	10～25	40～70	

注：小车上单板每张隔开干燥，总时间 60min；如每两张重叠码放在小车上，干燥总时间 100min。隔条为 25mm × 25mm

可用对接的办法，因为单板横纹强度本身就很低，所以无需搭接。

按集成方案组坯时，单板以搭接方式连接。搭接尺寸按照下式计算：

$$a=\frac{L}{(n+1)}$$

式中：n——板坯中的纵向层数

L——单板长度，mm

板坯配好后，在金属垫板上涂以油酸或矿物油，以防止粘板。由于板坯较重，最好用机械装卸。装料时，压板温度为 40～50℃为宜，以防板坯表层的树脂过早固化。

4. 热压工艺

制造木材层积塑料时的温度一般为 145～150℃，单位压力为15MPa左右。单位压力越大，木材压得越密实，传热速度也就越快，这样就促使树脂本身和木材间的物理化学作用快速进行，使木材塑化，降低了产品的吸水性和膨胀性。研究证明，吸水性和膨胀性是单位压力的函数，当单位压力超过15MPa时，函数曲线趋于平缓，即单位压力的增加对产品的物理力学性能的影响不大。所以，制造木材层积塑料的单位压力以 15～16MPa 为宜。

木材层积塑料热压工艺条件：

装板时热压板温度　　40～50℃

热压时热压板温度　　145～150℃

卸板时热压板温度　　40～50℃

装板时板坯中心要对准热压板中心，以免倾斜、偏移和压力分布不均。然后开始升温和闭合压板，从热压板温度上升到 145～150℃起开始计算热压时间。

木材层积塑料热压时间，见表 14-20。

当单位压力及温度达到规定值时开始计算热压时间。

第一阶段终了时，板坯中心温度约达130～132℃，加热到这个温度所需时间可以用实验公式计算：

$$t_1=3.9\,S^2$$

式中：S——压紧后板坯厚度，cm

热压完成以后，为了消除板坯在热压时所产生的内部应力，必须使加热材料在压紧的状态下冷却下来。否则，不但会翘曲变形，甚至会完全破坏。所以在胶压结束前10～20min时，就开始停止供汽，通冷水进行冷却。

当热压板温度冷却至 40～50℃时，继续放置一段时间。一般按 1mm 板厚放置 1min 计算。放置结束后，然后降压张开压板，木材层积塑料由卸板机卸出。

木材层积塑料的生产，根据产品的用途，工艺上应采取不同的措施，以提高产品的质量。

热压时间长，提高了树脂固化率，改善了产品的吸湿膨胀性能，但降低了抗拉、抗压、抗冲击强度。因此用作工程结构材料和要求以力学强度性能为主的产品，可以适当缩短热压时间。

作为工程结构材料的木材层积塑料，为了提高力学强度，年轮割断太多的单板要加以限制。

要求绝缘性能好的电工材料，树脂含量应不低于 20%，热压时间要长，以保证绝缘和耐热性能好，体积稳定性好，加压时间可比规定时间每 mm 增加 1～2min。

耐磨材料要求体积稳定性好，耐压强度高，这就要提高树脂含量，加大单位压力。或浸渍单板涂布石墨，或者用二硫化钼粉末混合于树脂内，也可以单板先浸矿物油，再浸酚醛树脂，使木材层积塑料具含油性质，起自动润滑作用。

表 14-19 单位压力不同时的 *K* 值

产 品 种 类	单位压力（MPa）	*K* 值
木 材 层 积 塑 料	15.0	0.45～0.48
塑化胶合板（水溶性树脂）	3.5～4.0	0.33～0.35
塑化胶合板（醇溶性树脂）	4.0～4.5	0.35～0.45

表 14-20 木材层积塑料板厚度与热压时间的关系

工 艺 操 作	成品板厚度（mm）	时间（min）	备　注
第一阶段升温	小于 25	20～25	应严格控制升温时间
	大于 25	30～40	
第二阶段保温	小于 25	5/mm 板厚	温度和压力达到后计算时间
	大于 25	4/mm 板厚	
第三阶段通冷水	小于 25	不少于 40	第二阶段终了前 10min 关闭蒸汽，
降温和卸压	大于 25	不少于 50	通冷却水使板坯温度下降

15 干法纤维板

Dry-process Fiberboard

纤维板是以木材或其他植物纤维为主要原料，成型压制而成的板状制品的总称。由不同种类、不同规格的原料，解离成纤维，以空气为工作介质铺装成板坯，纤维之间结合借助于胶黏剂，经干状板坯热压而制成的板材，称为干法纤维板。其密度范围很广。为提高制品的强度、耐水性，在制造过程中，通常施加树脂、防水剂；为进一步赋予制品防火性、隔音性、防腐性，有时还添加其他化学药剂；还有对板进行各种浸渍、涂饰、覆贴等加工处理。

1. 按密度分类

(1) 根据GB 12626. 1-90硬质纤维板(Hard Fiberboard，简称HF)，以植物纤维为原料，加工成密度大于0.80g / cm^{3}的纤维板(又称高密度纤维板)。

(2) 根据GB/T1718-1999中密度纤维板(Medium Density Fiberboard，简称MDF)，以木质纤维或其他植物纤维为原料，施加脲醛树脂或其他适用的胶黏剂，制成密度在0.45～0.88g/cm^{3}的纤维板。

2. 按纤维板的结构分类

(1) 两面光(S-2-S)纤维板；一面光滑，一面带网痕(S-1-S)纤维板。

(2) 单层纤维板；三层纤维板；多层纤维板。

(3) 定向纤维板；非定向板。

3. 按原料分类

可分为木质纤维板和非木质纤维板(如棉秆纤维板、甘蔗渣纤维板等)。

15.1 干法纤维板的原料

15.1.1 原料的要求

制造纤维板的主要原料是所谓的纤维质原料，主要是木材。纤维板制造业是以有效地、合理地利用木材加工的废料、低质材、未利用材为目的而开发发展起来的工业，根据板的种类、制造工艺、设备及用途等虽然在使用的树种、原料的形状、树皮含量、含水率等方面有一定要求，但是从生产技术上来说，几乎所有的木材都可以用来做原料。

湿法用原料几乎都能用于干法，但干法与湿法的不同是因为干法完全不用工艺水，所以蒸煮时生成的低分子糖类未经去除，而全部附着在纤维上。这些糖类在热压过程中易产生焦糖化而造成板面污染、鼓泡、粘板等缺陷，因此，希望使用溶解物质，特别是溶于热水的物质比较少的原料。

干法生产使用气流或机械成型，能够生产多层结构制品，表层和中层可用不同种类原料，因此，原料的来源比湿法更为广泛。

干法原料的材种可以单独或搭配使用。混合使用时，要特别注意原料的密度，应尽量选择密度相近的材料。因为干法生产中，纤维输送和成型多数以气流做介质，纤维本身的悬浮速度与原料的密度和混合配比有直接关系。如果原料密度相差太大或混合配比变异较大，纤维在输送过程中会产生分离现象，纤维干燥后含水率偏差会增大，甚至造成铺装板坯的密度不均，厚度不稳定等等问题。

干法制造多层结构板，中层原料可不剥皮，在技术上难以去皮树种或劣质材，可做中层原料。表层原料一般要求树皮含量不超过10%，在此范围内不影响强度。但使用加工废料、采伐剩余物、小径材、枝桠材时，树皮含量往往高达25%左右，如不采取去皮措施，单独使用，不仅影响板的外观，而且会降低制品的物理力学性能。因此，生产质量较高的干法纤维板，树皮含量不宜超过10%～15%。

15.1.2 原料的种类

干法纤维板制造所用原料，其纤维素含量一般要求在30%以上。植物纤维原料种类很多，大体可分为木质纤维和非木质纤维两大类。

1. **木质纤维**

包括采伐剩余物(如小径材、枝桠材、薪炭材)、造材剩余物(截头)、加工剩余物(边皮、木芯、碎单板)，以及回收的废旧木材等。也可直接以林区加工木片为原料。

用作生产的树种很多，北方多为红松、落叶松、云杉、桦木、椴木、水曲柳、杨木、榆木等；南方多为马尾松、杉木、枫香等，以及各种野生的灌木条、藤类等。

2. **非木质纤维**

除木材以外，大多数茎秆作物，也都可以制得质量较好的纤维板。我国已开发利用的非木质原料有：甘蔗渣、竹材、芦苇、棉秆等十多种。但茎秆作物存在质量轻、体积大，不便运输和贮存，收购季节性较强等问题。

15.1.3 原料对干法纤维板的影响

1. **纤维形态与制品性能**

原料中纤维形态与板中的纤维形态虽然不完全相同，但关系密切。

板的强度取决于单个纤维本身的强度和纤维之间的结合强度。板中单个纤维的强度取决于原料中纤维细胞的强度和它在生产过程中所受的破坏程度。纤维细胞的强度，除与纤维素的聚合度、结晶度有关外，还与它的微观形态有直接联系如纤维细胞的长宽比、壁腔比，以及细胞壁次生壁中层内的微纤维丝与纤维轴之间的夹角等。纤维之间的结合强度取决于纤维之间的交织性能和结合时的工艺条件。长宽比大的纤维有好的结合性能；长与短、粗与细的纤维搭配，可以填补纤维之间的空隙，扩大接触面，提高制品的强度。

2. **化学组成对产品质量的影响**

植物纤维细胞的三个主要化学组成及抽提物在构成纤维板的强度中所起的作用各不相同。纤维素是组成纤维细胞的骨架和主体，因此，是决定板强度的根本因素。半纤维素由于它的吸湿、润胀性使纤维的塑性增加，有利于提高纤维之间的结合力。木素在温度高于软化点后，可以发挥很强的粘结作用，此外，木素还能改善制品的耐水性。抽提物对纤维之间的结合有一定的阻碍作用，影响制品的强度。考虑树种的化学组成，适当配合使用，会对制品性能有利。表15-1表明以马尾松、杉木为主，适当搭配枫香和泡桐，对中密度纤维板性能的影响。

15.2 干法纤维板生产工艺

干法生产纤维板工艺过程，一般是由下列工序组成：备料、纤维分离、调胶和施胶、纤维干燥、纤维分级和计量、成型和预压、板坯纵向齐边和横向锯裁、热压，以及毛板冷却、砂光、规格锯裁等后期处理。工艺流程如图15-1、表15-2、表15-3。

图15-1是利用较好的原料，经热磨后再精磨、干燥，供给成型所需的表层纤维。同时，利用较差的原料，在另一条流程上，通过纤维分离、干燥，制备成型所需的中层纤维。

图15-2为MDF多层压机生产流程。该流程采用的是管道施胶、直管管道气流干燥、机械铺装、间歇式多层压机热压制板方式。

图15-3为纤维板连续热压生产流程。

15.2.1 中密度纤维板制造工艺

中密度纤维板主要采用干法生产工艺，具体工艺应根据原料、制品的质量要求、设备条件等来制定。一般由下列工序组成：备料、纤维分离、施胶、干燥、铺装成型、预压、热压、冷却、锯裁、砂光以及产品分等入库等。

1. **备料**

备料工段是把木材或其他原料，按纤维分离工艺和设备的要求，加工成一定规格和质量要求的碎料。

(1) 原料的贮存：为保证生产的正常进行，需要有一定数量的原料贮备。原料贮存量由生产规模、原料供应及运输条件等因素决定。

表15-1 不同树种配比与MDF性能的关系

树种配比 / 性能指标	马尾松 100%	杉木 100%	泡桐30% 马尾松 70%	泡桐30% 杉木 70%	泡桐10% 马尾松 90%	泡桐10% 杉木 90%	枫香30% 马尾松 70%	枫香30% 杉木 70%	枫香10% 马尾松 90%	枫香10% 杉木 90%
密度(g/cm^3)	0.72	0.72	0.74	0.75	0.74	0.70	0.72	0.71	0.69	0.67
MOR（MPa）	21.4	37.1	32.5	37.2	26.3	35.1	30.7	35.6	28.7	35.6
IB（MPa）	0.29	0.46	0.74	0.41	0.44	0.51	0.57	0.68	0.46	0.62
吸水率(%)	53.3	17.4	23.8	20.4	39.7	21.9	43.8	17.7	66.3	14.0
厚度膨胀率(%)	25.6	6.2	12.6	7.6	23.8	7.2	14.9	9.0	22.1	4.2

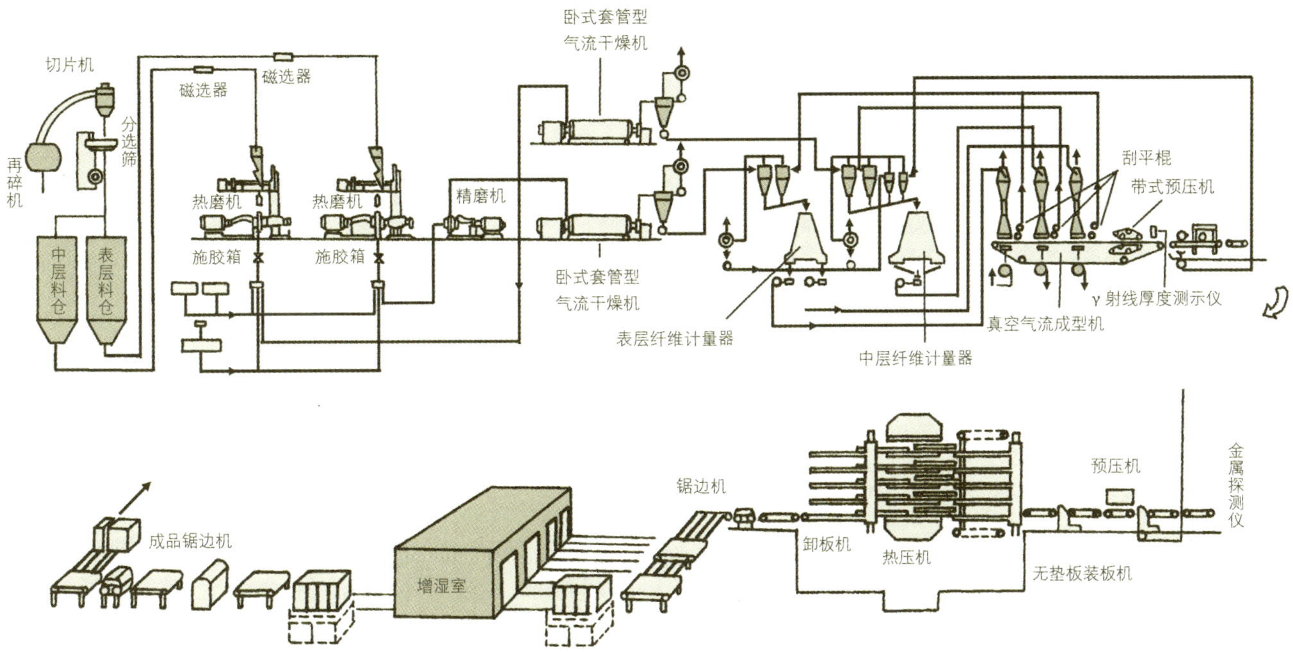

图 15-1 干法纤维板工艺流程

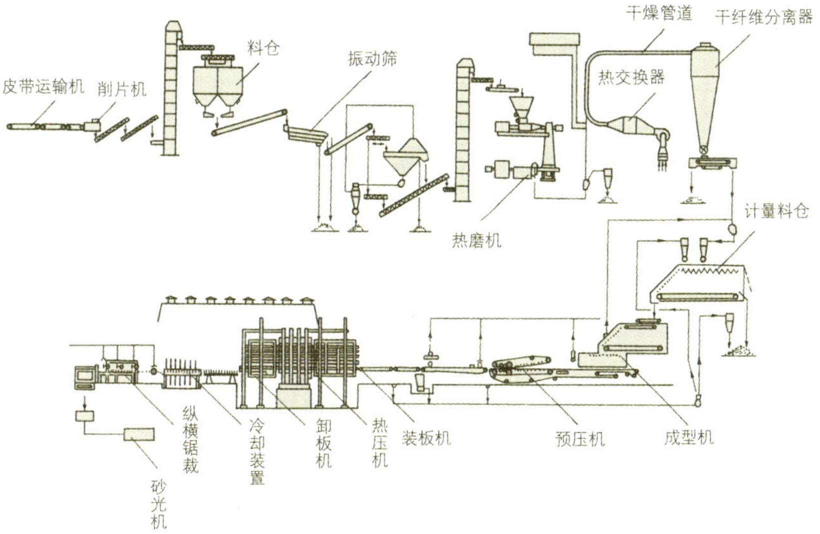

图 15-2 MDF 多层压机生产流程

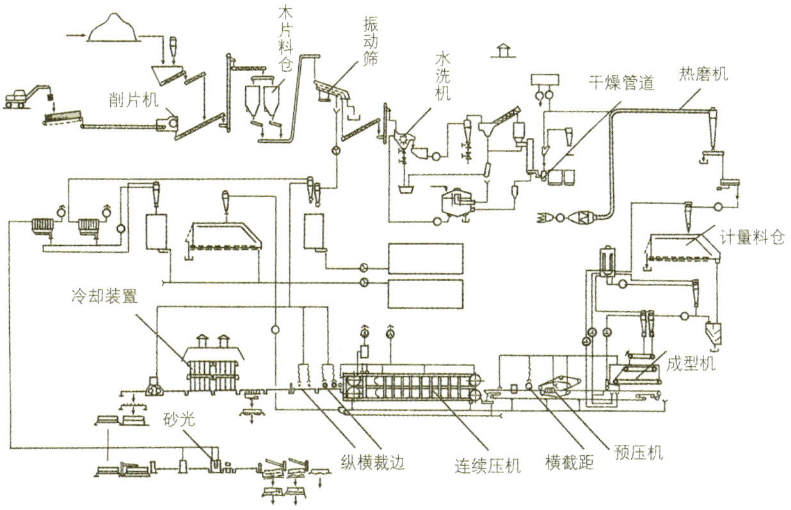

图 15-3 纤维板连续热压生产流程

原料的贮存场地应干燥、平坦，并且要有良好的排水条件。为了保证原料的良好通风与干燥，还要考虑装卸工作的方便，原料堆垛之间必须留出一定的间隙。堆垛的大小，随堆垛方式而定，由人工推垛，一般高度达2.0～2.5m，由机械操作，允许达10m以上。

各种原材料的木楞，按实积立方米计算，可将其容积乘上实积换算系数(表15-2)，就可知道它的实积立方米或质量。

表 15-2 各种原材料的换算系数表

原料种类	实积(m^3)	下脚料换算(m^3)	木片层积(m^3)	换算重量(kg)
制材厂下脚料	1.000	2.000	2.850	400
	0.500	1.000	1.425	200
	0.350	0.700	1.000	140
	2.500	5.000	7.143	1000
间伐材	1.000	2.500	2.667	400
	1.400	1.000	1.067	160
	0.375	0.937	1.000	150
	2.500	6.250	6.667	1000
枝桠材	1.000	3.333	2.848	450
	0.00	1.000	0.854	130
	0.351	1.170	1.000	158
	2.222	7.407	6.329	1000
薪炭材	1.000	1.429	2.667	520
	0.700	1.000	1.867	364
	0.375	0.536	1.000	195
	1.942	2.747	5.128	1000

茎秆作物堆垛，必须保持原料含水率在10%～15%，含水率过高，会引起腐烂发热，甚至导致自燃。

(2) 备料工艺流程：备料是纤维板生产的第一个工段，制备原料的质量和规格直接关系到纤维和纤维板的质量。

不同的原料应有不同的备料工艺流程和相应的设备。以薪炭材、小径材为原料时，较完整的备料工段包括以下工序。

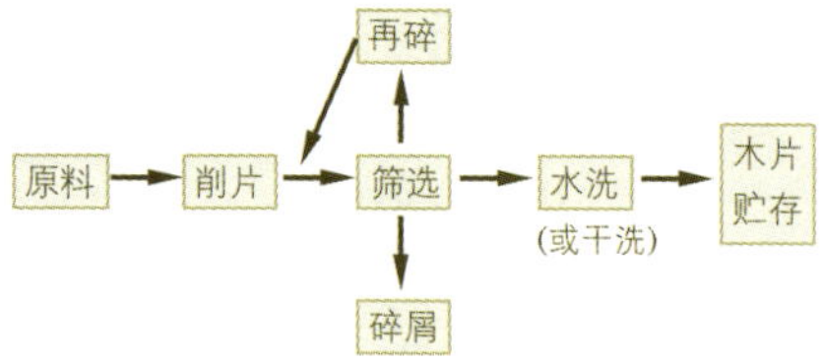

因为生产纤维板多数利用各种剩余物和未剥皮的原料，因此，必须要排除杂物。原料通过水洗，清除金属、泥沙等，以延长磨盘磨片、锯片等使用寿命。木片水洗能有效清除杂物，还能提高、均匀原料含水率，但在水洗过程中，吸收过多的水分，必然增加纤维干燥的负荷。因此，有些生产线用“干洗”替代水洗，这类设备的原理是振荡筛选与重力分离相结合的处理方式(称干洗)。

大中型MDF生产线，一般为多种原料，相应采用多条备料流水线，其工艺流程如图15-4。

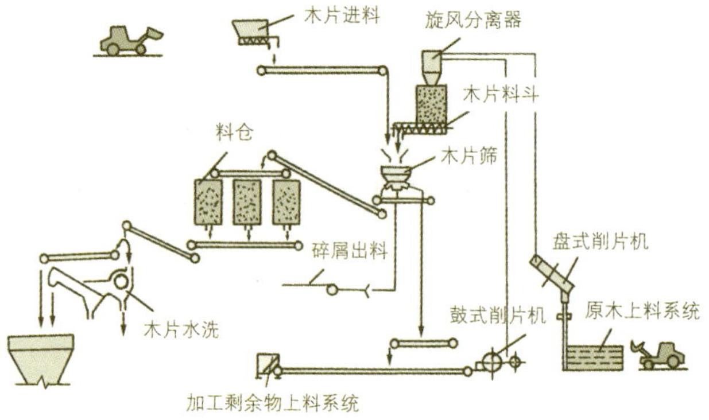

图 15-4 备料工艺流程

若非木质原料时，则选择专用切削机械，强化筛选，并应注意除尘和降低环境噪声，确保文明生产。

(3) 削片：对木片切削要求是大小合格、均匀、切口平整。木片规格通常在16～30mm、宽15～25 mm、厚3～5mm，筛选后的组成要求见表15-3。影响木片质量的因素：

①原料质量：最好外形规整，含水率不低于35%～45%，无腐朽材。这样所生产的木片整齐均匀、合格率高、碎屑少。

②削片机类型：常用的有盘式削片机和鼓式削片机。由于其切削作用力的不同，因此适于加工的原料种类则不一样，切削质量亦不同，应予以考虑。

③刀具的锋利程度：切削刀片有单刃和双刃两种。单刃刀片锋利易产生碎料，双刃适用于切削硬材和冰冻材。刀片的研磨角要根据钢材质量而定，切削硬材，角度应大些，以防刀具损伤。刀片要经常更换和研磨，以保持刃口锋利。在正常的情况下，飞刀每切削4～8h应换一次，底

表 15-3 木片的组成

木片类型	木片长度(mm)	组成(%)	备注
大型木片	大于30	不超过6～8	不得混入金属物质
标准木片	16～30	不少于70～76	木片含水率35%～50%
小型木片	6～15	不多于8～12	经筛选进入再碎机的大型木片，不得超过木片总
碎　料	小于5	不多于3～5	量的10%～20%

刀每10～15天更换一次。

④刀片安装：木片的长度与厚度由刀片的安装位置所决定。普通盘式削片机的飞刀与底刀之间的距离为0.3～0.5mm；国产鼓式削片机飞刀与底刀之间的距离为0.8～1.0mm。

(4) 木片的筛选和水洗（或干洗）

①筛选：切削后木片中的碎屑应该筛除，大木块必须分离再碎，否则影响纤维质量。

木片筛选机有平筛、圆筛和摇筛等。圆筛因效率低、占地大，用得较少。现中小型厂，多采用平筛。摇筛效率高，产量大，适于产量较高的厂使用(图15-5)。木片落到筛帽上，经导板均匀向边缘移动，然后落到多边形筛板上，筛板以低速、大振幅作平面振动，筛底有三个出口，分别出细碎料、合格木片、大块木片。筛板振幅40～50mm，筛板的面积视产量而定。该机结构简单、坚固，操作方便，易于安装，且有较好的机械性能。

②木片水洗（或干洗）：合适的原料含水率使纤维分离时能顺利进料，研磨时吸收磨擦热，降低原料软化的温度。原料中的泥沙影响产品质量，夹杂石块、金属等会损坏磨片，故木片在纤维分离前，应设置木片水洗工序，可替代磁选并减轻筛选负担。

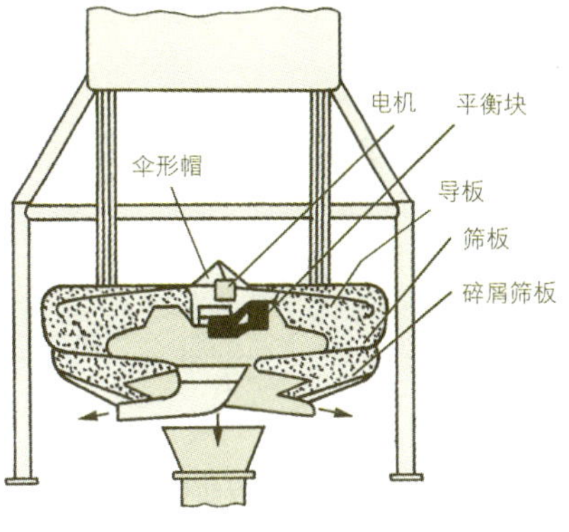

图15-5 木片筛

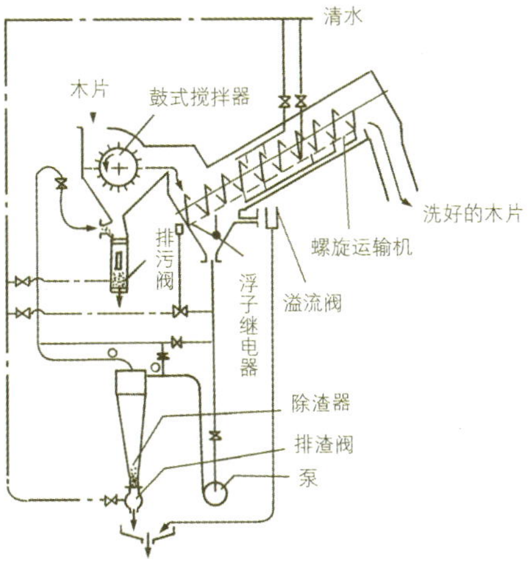

图15-6 木片水洗机

木片水洗现一般采用上冲水流式水洗系统，图15-6为此类水洗机示意图。

木片进入杂物分离器后，在鼓式搅拌叶片的搅拌下被浸入水中，由下部进水口进入的水流搅拌，使木片中的石子、金属碎片以及木片上的泥沙被分离出来，落到搅拌器底部的管道内，下部用两个交替开闭的阀门进行定期排出杂物。洗涤过的木片用倾料螺旋运输机运出，多余的水分由带孔的倾斜螺旋外壳排出。水的循环系统，由给水管道、泵及除渣器、浮子、控制阀组成。从倾斜螺旋运输机底部的水流入水槽，液位由浮子控制，水量不足，清水控制阀开大；水量超过，可关小水阀，或另设溢流口排出。水经泵送到除渣器，除渣器连续排渣，经除渣后的澄清水继续循环使用。

经水洗木片的含水率约56%。鼓式搅拌器下反冲水流速每秒不超过0.8m，从而保证木片与杂物的分离效果。

干洗现采用如图15-7风洗机进行。木片由风洗机分级箱后部进入，由于分级箱与振荡器固定在一起，所以，分级箱和振荡器一起作上下振荡，从鼓风机出口的管道，通过转阀装置，分成两股气流，交替吹出分级箱底部，分级箱作上下、前后振动，分级箱内的木片随着分级箱作上下、前后运动，木片内的细砂、小石块，经分级箱内的网孔，由分级箱前面孔口排出，灰尘、细小杂质被吹浮起，通过吸尘罩进入管道，再进入旋风分离器内，灰尘杂质等被分离出来，由回转出料器排出，干净空气由旋风分离器上出口再进入鼓风机进风口，重新进入下一个循环，分级箱前部还装有一个横向分级箱，用于去除特大尺寸木片，有一部分合格木片通过循环装

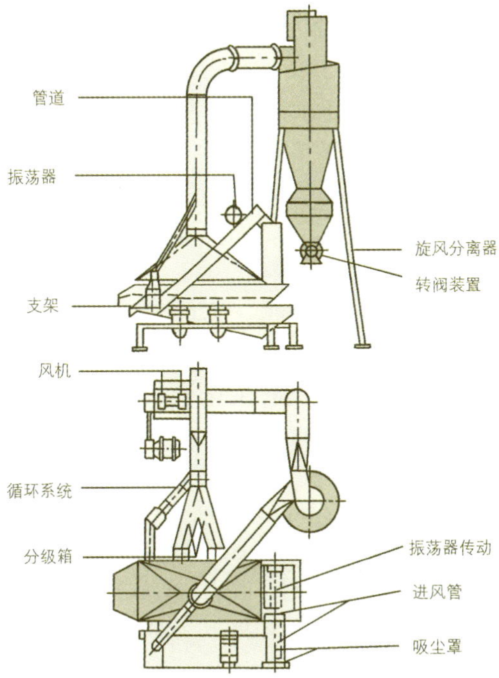

图15-7 木片风洗机

置重新进入分级箱。在吸尘罩头部装有磁性吸铁，用来去除木片中的铁丝、小铁块等杂物，经过以上步骤，木片基本上达到清洗目的。

(5) 剥皮与去皮：树皮中纤维含量极低，在纤维分离后，基本成为粉末，既影响板面美观，又影响产品物理力学性能。当原料内树皮含量超过20%时，一般要求对原料进行剥皮或木片去皮处理。小径木和枝桠材的剥皮比较困难，但国内外已研制出多种适于小径木剥皮机械。

枝桠材、小灌木条及加工剩余物中木片的去皮，除加强筛选、水洗分离已剥落的树皮外，剩下大量附着在木片上的树皮，现介绍以汽蒸压缩木片去皮处理工艺(图15-8)，提高木片去皮效果。

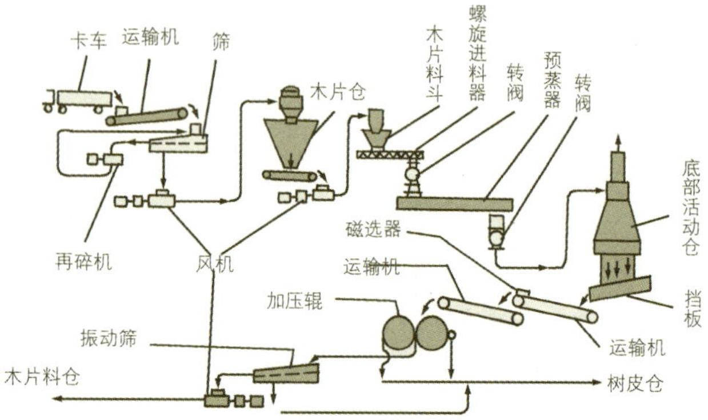

图15-8 汽蒸压缩木片去皮工艺流程

2. 纤维分离

纤维分离是MDF制造的关键工序之一，它关系到产品质量，同时又是能耗最多的工序，接近产品总能耗的50%，所以，本工序工艺制定和设备选型都很重要。

MDF制造对植物纤维来说是一个先分离而后重新结合的变化过程。所谓纤维分离，是指采用一定的方法，将植物纤维分离成细小纤维的工艺过程。

(1) 纤维分离目的、方法与纤维质量

1) 纤维分离的目的与要求

MDF制品的强度和性能，与纤维被分离的状态有直接关系。在MDF制品中，纤维之间结合型式有多种：来自胶黏剂的化学键结合、氢键结合以及木素的胶合。不论何种结合方式，首先必须使纤维表面拥有足够数量的游离羟基，这是纤维之间形成结合的前提和内因。很显然，纤维表面游离羟基数量与纤维比表面积有关。纤维分离越细，比表面积越大，纤维表面上游离羟基数量越多，则为纤维之间结合提供内在条件。因此，纤维分离的基本要求是：在纤维尽量少受损失的前提下，消耗较少动力，将植物纤维分离成单体纤维，使纤维具有一定的比表面积和交织性能，为纤维重新结合创造必要的条件。

2) 纤维分离的方法

纤维分离方法可分为机械法和爆破法两大类。其中，机械法又分为加热机械法、化学机械法和纯机械法三种。不同纤维分离方法，对原料适应性不同，纤维质量也不一样。因此，选择纤维分离方法时，必须根据原料种类、制品质量、生产工艺和设备条件综合考虑后加以选择。根据MDF对纤维质量的要求，现国内外主要采用加热机械法进行纤维分离。该法是将纤维原料通过汽蒸，使纤维胞间层软化或部分溶解，然后在常压或高压的条件下，经机械外力作用分离成纤维。纤维损伤小、得率高，可达95%左右。加热机械法中主要有热磨机法和高速磨浆机法。前者在高压条件下分离纤维，动力消耗低于后者；后者为常压分离，纤维质量优于前者。

3) 纤维质量与要求

纤维比表面积大小与MDF物理力学性能密切相关，亦与加工性能有关，图15-9、图15-10、图15-11分别表示纤维比表面积与纤维滤水性、透气性以及容积之间的关系。

图15-9表明纤维分离度与滤水性呈反比关系。比表面积大，细小纤维多，滤水性差。纤维比表面积与透气性的关系，由图15-10中清楚看出：纤维越粗(28/48目)，空气阻抗越小；

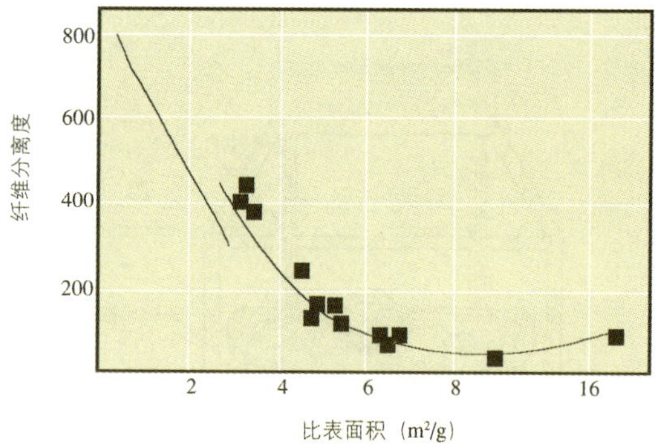

图15-9 纤维比表面积与滤水性关系

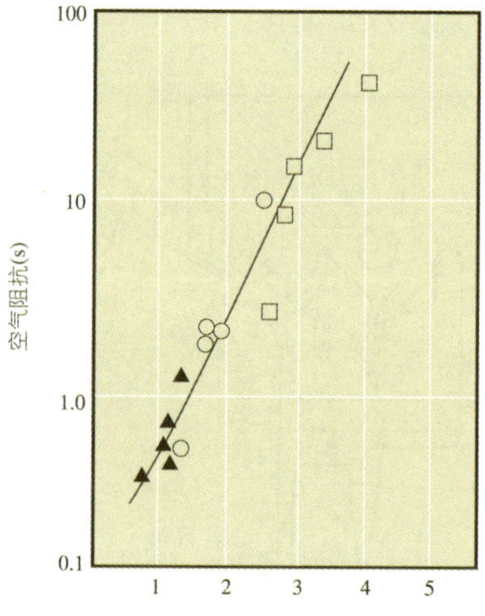

图15-10 纤维比表面积与透气性之间的关系

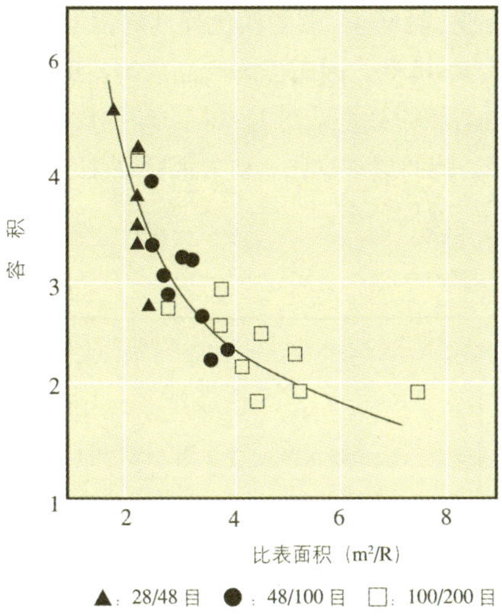

图 15-11 纤维比表面积与容积的关系

纤维分离度越高(100/200 目)，透气性越差，充填性能越好，中等粗细(48/100 目)介于两者之间。由图 15-11 纤维比表面积与容积关系，同样说明上述问题。因此，MDF 对纤维分离的具体要求，通过哪些指标表示，如何快速测定以便及时指导生产，尤为重要。现一般通过纤维分离度、筛分值及纤维松散系数等，借以衡量纤维分离质量。

①纤维分离度：即纤维解离后分离的程度。纤维分离越细，比表面积越大，因此纤维滤水性越差，正如图 15-9 所示。因此，纤维的滤水性在一定程度上可反映纤维的分离程度，即纤维分离度。一般采用滤水度测定仪测定，其结构如图 15-12 所示。

纤维分离度是重要的纤维质量指标。在一定范围内，纤维分离度越高，纤维间接触面越大，板的物理力学性能越好。但在干法 MDF 生产中，纤维分离度过高，不仅降低纤维本身的强度，增大施胶量，而且在板坯加压时，会因排气困难而破坏板坯结构。实践得知，MDF 的纤维分离度以 20～25s 为宜。

②纤维筛分值：反映纤维大小、长短、粗细及配比的纤维质量指标，是通过筛分仪测定的，称为纤维筛分值。所谓纤维筛分值就是纤维中留于或通过各种规格筛网的纤维质量所占的百分比值。

③通过纤维筛分值对纤维板质量影响的研究得知：纤维分离度相同，筛分值不同，板制品的性能不同；纤维的不同筛分，分别制板，制得板性不同，这可能与纤维形态有关。

④纤维的筛分值为：粗纤维(留于 14 目 / 时)含量不宜超过 20%，中长纤维(留于 28 目 / 时和 100 目 / 时之间)含量为 50%～60%，细小纤维(留于和通过 200 目 / 时)含量不宜超过 30%。表 15-4 列出几种不同树种、不同纤维分离情况的纤维与所制 MDF 板性能之间的关系。

⑤结果表明：不同原料在同样的纤维分离工艺条件下，分离质量不同，则所得板性也不一样。

测定纤维筛分值的仪器种类很多，应用比较广泛的是 HS 型筛分仪。HS 型筛分仪如图 15-13 所示。筛分圆筒中装

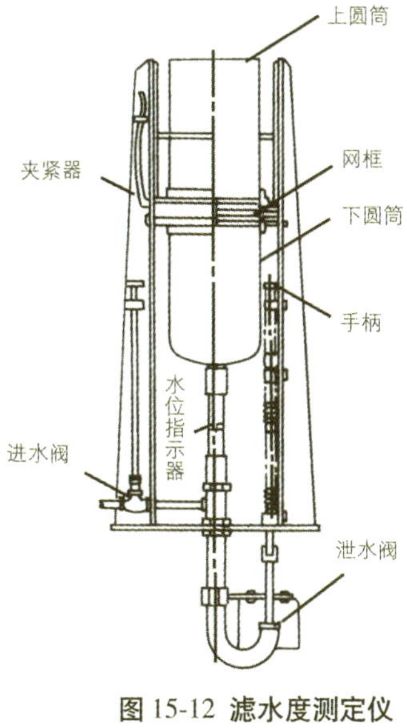

图 15-12 滤水度测定仪

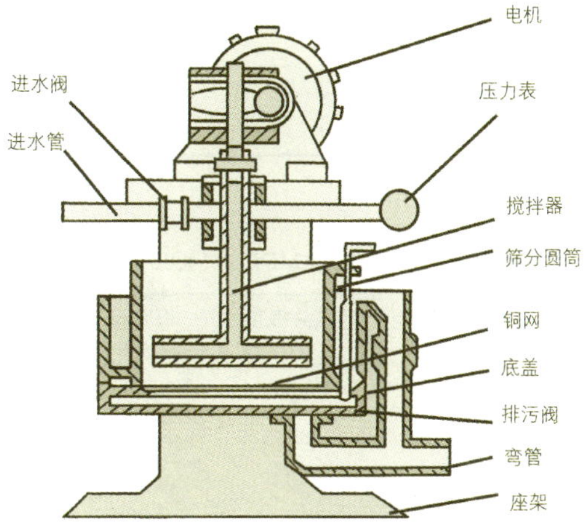

图 15-13 HS 型筛分仪

表 15-4 纤维分离质量与 MDF 性能的关系

树种	纤维分离度(s)	得率(%)	中小筛分累加值(%)	密度(g/cm³)	MOR(MPa)	IB(MPa)	吸水率(%)	厚度膨胀率(%)
马尾松	11.3	88.8	58.7	0.72	21.4	0.30	52.3	25.6
杉木	17.6	89.2	59.0	0.72	27.1	0.46	17.4	6.2
枫香	21.8	89.1	74.5	0.70	29.0	0.61	19.3	8.6
泡桐	24.9	86.4	71.3	0.71	32.5	0.76	18.4	5.8

有搅拌器，搅拌器的下方钻有许多小孔。铜网有多种规格，每次只能测定一种筛网的筛分值。

⑥纤维松散密度(或堆积密度) 指松散物料(如纤维)的堆积效果，未压实物料的密度。测定单位体积纤维质量的方法，即为纤维的松散密度，具体为$1m^3$纤维(未压实)的质量。通过生产实践得知：制备合格MDF制品，纤维松散密度在16～22kg/m^3(纤维含水率8%左右)范围。如纤维松散密度过大，纤维短、细，则会造成板强度低，耐水性能差。

(2) 压力蒸煮的软化处理

1) 压力蒸煮处理的目的

原料在机械研磨前进行预处理，目的提高原料的塑性，确保纤维质量，减少动力消耗，缩短分离时间，称软化处理。植物纤维在原料中以化学键、氢键、范德华引力及机械交织等作用力牢固地结合在一起，因此，原料在纤维分离前，进行蒸煮处理，使原料中某些成分受到一定程度的破坏或溶解，使纤维间的结合力受到削弱，提高原料的可塑性，使纤维易于分离。

2) 压力蒸煮工艺条件的制定

压力蒸煮工艺中，正确选择蒸煮温度和蒸煮时间是很重要的。蒸煮温度的高低和时间长短，直接关系纤维的质量、得率和动力消耗。蒸煮温度越高，木片塑性越好(表15-5)。蒸煮温度与板性能之间的关系见表15-6。

表 15-5 蒸煮温度与木片弹塑性关系

蒸煮温度(℃)	塑性(形变恢复时间 *)(10^{-4}s)
未经蒸煮木片(含水率60%)	1400
135	3660
155	4523
175	3501

注：* 指高频范围内弹性变形恢复时间

表 15-6 蒸煮温度与 MDF 的 MOR 关系

蒸煮温度(℃)	纤维得率(%)	纤维分离度(s)	板密度(g/cm^3)	MOR(MPa)
145	96.2	14.3	0.72	19.3
155	94.1	18.5	0.71	24.5
165	92.7	19.1	0.72	27.6
175	90.3	19.4	0.71	25.2

上表得出：在一定温度范围内，随蒸煮温度提高，纤维间联接削弱，分离时纤维损伤小，纤维形态好，有利于纤维结合，板强度高。但是，当温度过高，纤维受到严重破坏，强度降低，板强度将受到影响。高温(160～180℃)热磨法与相对低温TMP法(110～130℃)相比，前者纤维分离完全在胞间层，后者则在次生壁的外层、中层上，这与蒸煮温度造成木素、半纤维素软化程度密切相关。

蒸煮温度高、时间长，蒸煮软化程度好，但抽提物增加，原料得率降低(表15-6)，因而提高产品成本。蒸煮温度与纤维分离时动力消耗的关系见图15-14。160～180℃时，为木素热可塑区域，胞间层被软化，动力消耗最小。这也是热磨法动力消耗小的原因所在。

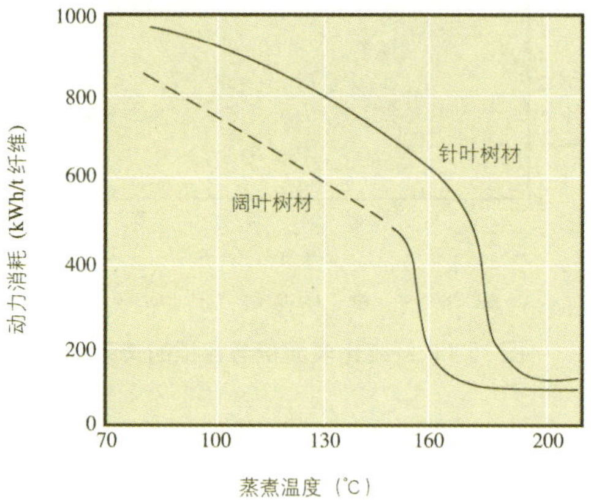

图 15-14 蒸煮温度与动力消耗的关系

因此，制定蒸煮工艺，必须根据生产条件，按树种、纤维质量、得率、动力消耗、板性等因子综合加以考虑。

(3) 纤维分离

1) 纤维分离理论与影响纤维分离的主要因子

①纤维分离理论：热磨机的纤维分离是将软化处理后的木片，送入热磨机的磨盘中，受到压缩、拉伸、剪切、扭转、冲击、磨擦和水化等多次混合的外力作用，导致纤维解离，现较公认的是用松弛理论解释。松弛理论的模型如图15-15。纤维受外力作用时，会产生变形。当作用力小时，纤维产生的纯弹性变形，外力消失后，变形则随之迅速、完全消失，纤维恢复原状。作用力大到超过纯弹性变形极限时，纤维产生高弹性变形，当外力消失后，纤维虽然仍可恢复原状，但周期较长(几秒至几分钟)。当作用力再大到纤维产生塑性变形时，即使外力消失，纤维已不能恢复原状，

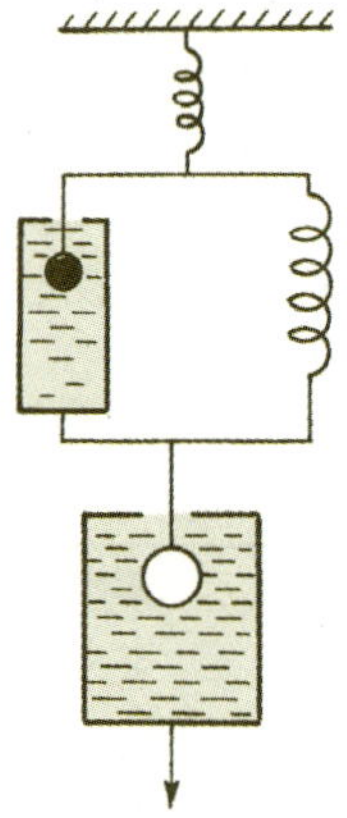

图 15-15 高聚物受力变形示意

显然要使纤维分离必须达到塑性变形的程度。但纤维一次受力即产生塑性变形是困难的。热磨机分离纤维是在对纤维施加较小的压力和剪力，使其产生弹性变形，但在其未完全恢复变形之前，使纤维再一次受外力，多次重复，直到纤维产生“疲劳”，才最终导致分离。

②影响纤维分离的主要因素：在保证纤维质量的前提下，缩短分离时间和降低电耗，以提高设备的生产率和降低产品的成本。

原料受力变形后的恢复速度和两次作用力的时间间隔，是影响纤维分离速度的两个基本因子。即原料的弹塑性和外力作用频率是纤维分离过程的两个主要因子。此外，分离时的单位压力和木片含水率等，也都直接影响纤维质量和产量。

2) 热磨法纤维分离工艺的特点

①热磨法工艺原理：热磨法纤维分离的主要理论基础是：充分利用植物纤维胞间层木素含量高、木素软化点低的特点，用饱和蒸汽将原料加热到160～180℃；所谓木素的热塑性，即木素受热软化，冷却后又硬化，所以，必须在加热软化的同时进行纤维分离。

②热磨纤维的特性：纤维结构基本上是完整的，细胞壁很少损伤，甚至阔叶材纤维导管也很少破坏，纤维的弹性、拉伸强度与天然木材相近。纤维较长，细纤维很少，纤维呈游离状，滤水、透气性能好。由于是在高温条件下纤维分离，纤维颜色较原料深。纤维较粗，有少量纤维束存在。为了改善纤维的分离质量，现通过设备的改进，逐渐向降低蒸煮蒸汽压(0.4～0.6MPa)，适当延长蒸煮时间(5～10min)，以期达到次生壁的表面破裂，因而有利于纤维的细纤化。

3) 纤维分离设备

热机械法纤维分离设备主要有：热磨机、高速磨浆机两大类型。我国基本上使用热磨机进行纤维分离。

①热磨机是MDF生产线上最复杂、最关键的设备之一。

目前，世界上有瑞典Defibrator、美国Spront-Bauer、德国Pallmann和日本等公司的产品。我国也有多种型号的热磨机投入使用，如M101、QM6B、QM9D等。

热磨机的发展趋势是大型化、高速化、自动化和增设热回收系统。比如增大磨盘直径、提高动盘转速、加大功率。先进的热磨机控制已高度自动化，操作全过程实现计算机控制。螺旋进料器转速、磨盘压力、纤维含水率、pH值、纤维分离度等均由计算机控制，并实现了监测报警或自动调整。已做到恒负荷、恒间隙、恒比能耗地进行运转。

热磨机结构见图15-16。木片由备料工序送入贮料斗内，料斗上设有振动出料器，用光电装置控制其开闭，不能连续供料时则打开，以使贮料斗中的料不致震实，木片形成“搭桥”时则震动，使“桥”破坏。下部电磁震荡器是常开的，均匀向进料螺旋供料，其供料量，靠调节转速来改变，由水平螺旋发出讯号，以达到产量的平衡。木片经进料螺旋压

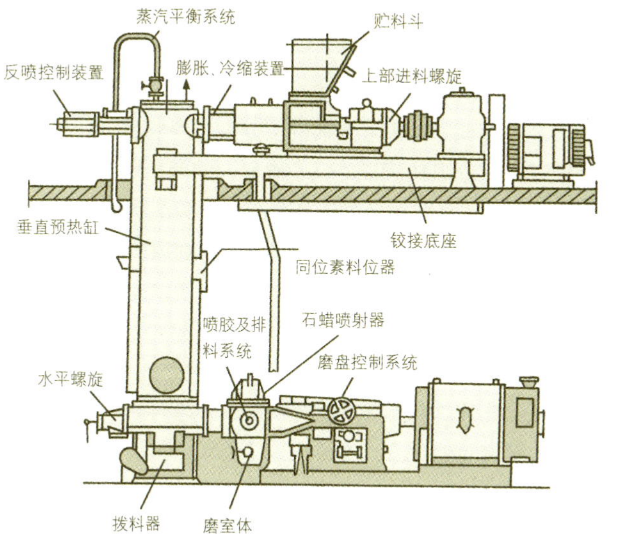

图15-16 热磨机

缩，形成木塞，以防止蒸汽从预热缸向外喷出(俗称“反喷”)。为防止反喷，在垂直预热缸的上部，有一防反喷装置，是一锥形头的活塞缸活动装置，其压力为0.2MPa。当没有形成木塞时，锥形头始终关闭住出口，当形成木塞后，木塞把锥形头顶开，而锥形头把木塞顶碎而落入垂直预热缸中。

垂直预热缸受热时膨胀，冷却时收缩，将上部进料螺旋置于铰接的底座上，同时在木塞管一端装有膨胀、冷缩装置。在预热缸外部装置了可以自动上下移动的γ-射线料位控制器，根据不同的原料需要不同预热时间决定原料在预热缸内的要求堆积高度(即停留时间)。γ-射线料位器由进料螺旋自动控制其上升、下降的位置来达到生产的要求。垂直预热缸底部有拨料器，使木片不断拨入磨室体。木片进入磨室体，经旋转磨盘和固定磨盘的相对运动，而使木片解纤获得所需的纤维。在解纤的同时，在磨室体上安有石蜡液喷嘴，这样的方式能均匀地使石蜡附着于纤维表面上。热磨后纤维的排放，是通过一板式孔阀连续排放，可由手控或气动装置控制阀的开度。这种阀结构简单、维修方便、产量高、耗电少。在阀的出口处设有喷胶嘴(图15-19)。

热磨机使用一定蒸汽压的饱和蒸汽预热木片，故设有一套蒸汽平衡系统，以控制垂直预热缸、磨室及排料阀处的压力差，从而稳定热磨机的产量及质量。

在蒸汽管路上，设一旁通接磨室体的密封装置，压力高于磨室体内的蒸汽压力约0.2MPa。蒸汽密封后面还设有水密封，水密封的压力为0.3MPa，供水量约50l/min，此部分水可排放或循环使用，循环水量的大小，以热磨机主轴温升小于70℃为准。

热磨机主电机一般采用高压电机，以6kV或10kV高压电启动。转动盘安装于主轴上。主轴及其液压缸安装在热磨机机体上。固定盘安装在磨室体上。固定盘与转动盘上用螺栓各安装由6片磨片组成的圆形磨环。两磨盘间隙通过液压

系统与磨盘间隙指示器来自动调节。最大开档达 50mm 左右，当热磨机主轴温升超过允许值时，温升保护装置则使设备停止运行，从而保证设备安全运转。

②高速磨浆机：高速磨浆机主要由进料装置、磨室和调整装置三大部分组成(图15-17)。磨室内的两个磨盘，分别由两个电机带动，互成相反方向旋转。由于两个磨盘以相反方向等速旋转，如果设想原料形态为球形，则原料在磨盘间将处于相对静止状态。因为原料不呈球形，所以在离心力的作用下，原料按螺旋线轨迹从磨盘中心向边缘移动。尽管如此，原料在磨盘间的停留时间和所经路线是比较长的(可达 25～30m)。此外，因两磨盘互为反转，磨齿对原料的作用频率很高，为降低盘面压力提供了条件。

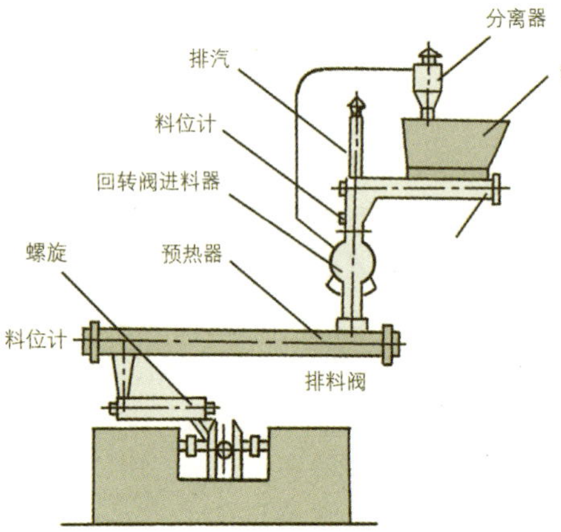

图 15-17 高速磨浆机

高速磨浆机分离纤维均匀、纤维损伤少、分离度较高。这对利用阔叶材或短纤维原料生产中密度纤维板是非常重要的。高速磨浆机纤维一般无需精制即可直接用于制板。

无论是针叶材或阔叶材，还是采伐剩余物或加工剩余物，甚至是提取单宁和松香后的废料、纸浆筛渣、锯屑、刨花等都可用高速磨浆机解纤，即此法对原料的适应性较大。

选择不同的预处理方法，不同处理温度与时间，更换磨片齿型、调整磨盘间隙和压力等，就可将各种原料制出符合制品要求的纤维，在生产上有较大的灵活性。

高速磨浆机在常压下工作，故结构比热磨机简单，操作可靠，维修方便。

高速磨浆机的磨浆温度比热磨机低，纤维得率高、颜色浅；原料适应性强，但惟一不足是耗电量较大。

3. 纤维处理

纤维处理是为满足干法制板工艺的需要，同时也是使MDF制品具有一定强度、耐水性、尺寸稳定性以及使制品获得阻燃、耐腐等特殊性能的主要处理方法，从而扩大 MDF 应用范围、延长其使用寿命，因此纤维处理成为不可缺少的工序。纤维处理工序具体包括：MDF的防水处理、纤维施胶、纤维干燥以及纤维阻燃、防腐等其他处理。

(1) 防水处理

1) 防水处理的目的与措施

植物纤维是一种亲水性材料，由植物纤维制成的未经防水处理的MDF，同样具有很大的吸湿性、吸水性，制品的尺寸稳定性差。板吸水后即发生变形，降低强度，增加传热、导电性，易腐朽，影响使用范围和使用寿命，因此必须对MDF进行提高耐水性的处理，以满足各方面的需要。

根据MDF吸湿、吸水机理分析，板中的水分可分为表面吸附水、微毛细管凝缩水、毛细管水和渗透水。其中表面吸附水是引起板尺寸变化和变形的主要因素。因此，要从根本上解决吸水变形问题，关键在于减少板的吸附水，即降低纤维表面的吸附作用。为此，必须减少存在于纤维表面和纤维素无定型区的游离羟基的数量和降低纤维表面的负电荷。

为了提高MDF的耐水性能，目前生产中采用的主要措施有：施加防水剂、施加合成树脂胶黏剂、产品浸油、贴面等二次加工。

① 施加防水剂：目前纤维板生产中应用最广的一种防水措施。其实质是在纤维上施加石蜡等憎水性物质。当纤维表面吸附憎水物质颗粒后，可产生以下作用：部分堵塞了纤维之间的空隙，截断了水分传递的渠道，增大了水与纤维之间的接触角，缩小了接触面积；部分遮盖了纤维表面的极性官能团(如羟基)，降低了吸附作用。但是憎水物质从胶体化学观点来说为油，因此过多施加会阻碍纤维之间的结合，降低产品强度。需适当施加防水剂提高耐水性。防水剂种类很多，有石蜡、沥青、合成树脂、干性油等，目前国内外采用的主要是石蜡。

②加合成树脂胶黏剂：这种防水方法是将合成树脂施加在纤维表面。使用比较广泛的是热固性树脂。它与施加防水剂不同，分散在纤维表面的热固性树脂的功能团(如羟甲基、羟基)，热压时能与纤维表面的游离羟基形成化学键和氢键，降低纤维表面的吸附能力，也能使部分纤维之间的空隙受堵，水分传递渠道被截，因而也降低了凝结、毛细和渗透作用。

③产品浸油及贴面：油是憎水性物质，且能形成耐水薄膜，以覆盖表面和堵塞毛细管。因为干性油具有不饱和键和极性官能团，故能与纤维产生强的结合键与吸附力，且薄膜本身亦具有一定的强度，所以产品浸油的结果增加产品的耐水性和提高强度。但该项防水措施，必须增添浸油槽及板的干燥设施，不但工艺、设备复杂化，而且大大提高产品的成本，因此，除有特殊需要，尽量不予考虑。

表面喷涂防水涂料或者用塑料薄膜、金属薄膜覆贴，不但可以使产品美观，而且能防止水分从表面渗入板内。

石蜡是一种疏水、易熔、柔软的物质，按其外观分黄色和白色，通常用作纤维板防水剂的石蜡，熔点在 48～58℃，含油量不超过 1.3%，它的主要成分是含有 18～35 碳原子的直链和支链烷烃的混合物。通常分子式为CnH_{2n+2}，化学性能稳定，不能被碱皂化，能溶于多种有机溶剂，在乳化剂的作用下易被乳化成乳液。

石蜡防水性能好，来源丰富，价格便宜。石蜡的施加方式有两种：一种是将石蜡制成粒径小于4 μm小颗粒的石蜡乳液；另一种是将石蜡融熔呈液状蜡液，喷施、涂复到纤维表面。在干法生产中前者已渐被淘汰。

将固体石蜡先融熔成液状石蜡，直接加入热磨机或精磨机的进料螺旋、磨室体，使石蜡在纤维分离过程中，利用高速旋转的磨盘将其分散成极微小的液滴，与分离的纤维均匀地混合并附着在表面上(图15-18)。

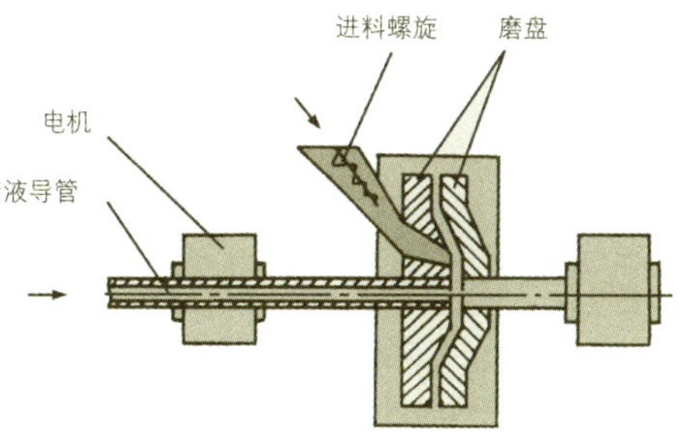

图15-18 液状石蜡施加方式

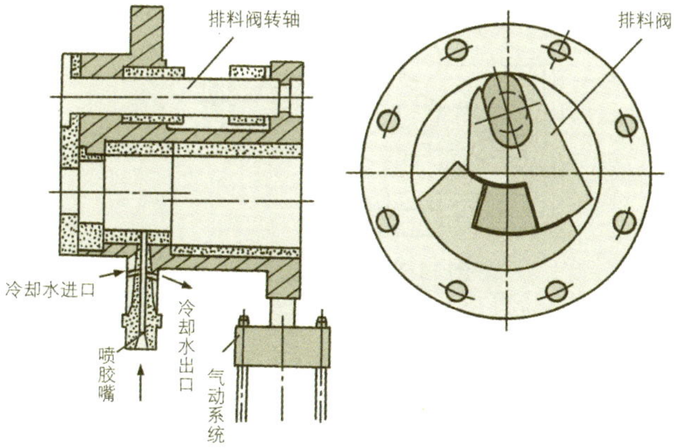

图15-19 排料及喷胶系统

此外，也有采用将融熔石蜡，借助于压缩空气将其雾化，喷入热磨机排料管道中处于悬浮分散状态的热磨纤维上(图15-19)，从而达到石蜡较均匀的分布。

这种施加方法不会增加纤维的含水率，能提高干燥的效率，所以应用比较广泛。

2) 防水剂用量

石蜡用量一般在1%～2.5%范围内(按固体石蜡对绝干纤维质量计)。当施加量在2%以下时，防水效果随石蜡用量的增加而提高；但超过2.5%以后，不但防水效果不显著，有时反而影响纤维之间的胶合性能，同时还会增加生产成本。

(2) 纤维施胶

干法制造MDF，因为纤维含水率低、可塑性差；板密度中等，纤维间空隙大，仅靠一定温度和压力，达到纤维间结合，满足板性的要求是比较困难的。因此，在MDF制造中，施加一定量胶黏剂是必要的。

1) 施胶方式

在干法MDF的生产中，施加胶黏剂有多种方式，各有其特点，且有相应的适应范围或局限性。开始有主磨室体内加入，纤维与胶料能混合得很均匀，但高温会引起部分胶料的提前固化，所以，一般仅限于酚醛树脂。另一种是将纤维分离所得纤维先经干燥，干纤维再由高速搅拌施胶机施加胶黏剂。干纤维体积蓬松、易结团，加之MDF施胶量较大，若胶黏剂浓度高，黏度则高，胶料难以渗透，易结团，从而影响胶的均匀分布，产生一系列板的内在、外观质量问题；反之，若胶黏剂浓度低，黏度小，则纤维含水率过高，会增加热压的负荷，所以，现在主要采用纤维先施胶黏剂，然后再进入纤维干燥的工艺流程。胶黏剂通过输胶泵送入热磨机排料阀(图15-19)或气流管道(干燥机前端)，纤维借助高压蒸汽高速喷出时，处于较好分散状态，从而使胶黏剂与纤维得到均匀混合，称为管道施胶。上述两种施胶方式比较见表15-7。

2) 胶种和对胶料的要求

目前，MDF使用的胶种有：脲醛树脂(UF)、酚醛树脂(PF)、三聚氰胺甲醛树脂(MF)等。胶种的确定，主要根据

表15-7 管道施胶和拌胶机施胶的比较

项 目	管道施胶	拌胶机施胶
同等板强条件下，胶黏剂用量	比后者多1/10	
板面斑点	无	有
施胶纤维黏性	无	有(取决于树脂性能与用量)
气流管道与旋风分离器的状况	清洁	不清洁，需要经常清理
干燥机状况	在管道弯曲处有少量纤维	无纤维
气候变化的影响	轻微	当湿度接近饱和时有影响
回弹	明显，较后者约高20%	
干燥后纤维的含水率	14%	4%～5%
干燥机产量	比后者约高20%	
板面预固化	质硬、粗糙	质硬、光滑
甲醛味	无	有，有时严重

胶合性能、板的性能、用途及成本等综合考虑。目前国内生产的MDF主要为室内型，用作家具、室内装修，家用电器。因UF胶合性能不差，且颜色浅，成本低，能满足上述使用要求，故而现使用最为广泛。部分企业根据需要，通过三聚氰胺进行改性处理，可改善产品耐水性。

若产品做室外用材，可选用耐水性较高的酚醛树脂或三聚氰胺树脂。图15-20为不同树脂的MDF制品，在不同环境条件下，静曲强度的比较。由图表明：不同胶种，适合于不同的使用条件，应该根据制品的用途，正确选择胶种。

3) 对胶料要求

用于MDF的胶黏剂，除满足干法生产工艺、价格合理外，还应满足以下要求：有一定固化速度，如在170℃或更高时，固化时间不超过1 min；胶黏剂酸碱度可随纤维的酸度加以调整；施胶纤维在干燥时，胶料不会产生大量提前固化；胶黏剂与防水剂、防火剂等同时施加时，有好的混溶性。所以，一般要求胶黏剂为低的黏滞性和大的渗透性，黏度低于100cp，固体含量在50%～60%。

4) 施胶工艺

MDF的施胶量是根据胶黏剂种类、原料质量、板材性能要求和用途等来确定的。通常情况下，制品随施胶量增加，板的各项指标提高，但增幅在一定范围后，增量减小(表15-8)。现一般MDF施胶量在8%～12%(按固体树脂对绝干纤维重)为宜。

MDF施胶工艺为，采用管道施加脲醛树脂时，其浓度

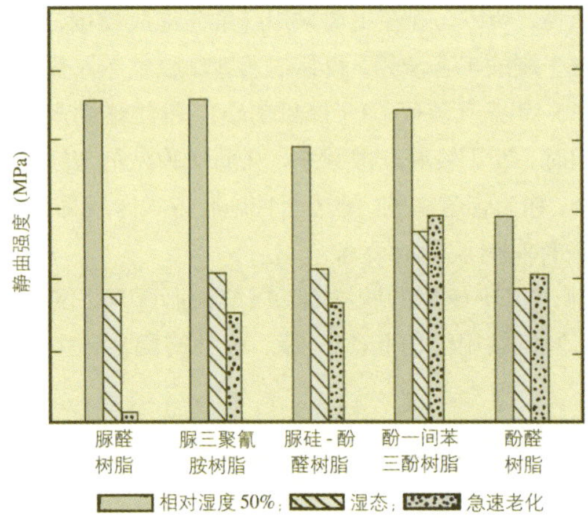

图15-20 在各种环境下MDF的MOR与胶种的关系

表15-8 施胶量对MDF性能的影响

施胶量 指标	6%	8%	10%	12%
密度(g/cm³)	0.73	0.74	0.73	0.74
MOR(MPa)	17.3	25.7	32.5	35.8
IB(MPa)	0.29	0.60	0.75	0.77
吸水率(%)	36.5	18.6	17.7	16.5
厚度膨胀率(%)	20.3	9.3	8.1	7.1

一般控制在40%～45%；而采用拌胶机施加，胶料浓度则为50%～55%。用管道施加酚醛树脂时，浓度取15%～20%。采用先施胶后干燥的工艺流程，因有少量胶料在纤维干燥时的提前固化，所以施胶量较采用先干燥后施胶的工艺高5%～10%。此外，固化剂的用量，在一定的范围内，对纤维板的板性影响不大，常规用量为0.5%～1.0%(按固体树脂计)。

纤维干燥前施胶是在热磨机纤维喷放管道上配置一孔径2.5～3mm的特殊构造的喷嘴，用计量泵将固含量稳定的胶料送入喷嘴，同时输入压缩空气。胶液的压力为0.3～0.4MPa，气体压力为0.5～0.6MPa，喷胶压力应大于热磨机排料管道压力0.2 MPa。喷出的胶液为雾状，与排放出的纤维在管道内均匀混合。胶料是否均质分布和保持最佳配比，

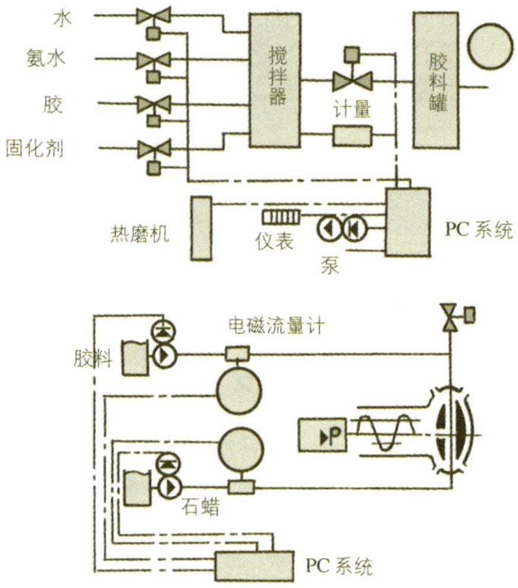

图15-21 施胶系统控型

可通过自动监测、控制和调节系统来完成(图15-21)。

比较粗略的计量和控制施胶量是根据热磨机进料螺旋的转速进行估算纤维量。

(3) 纤维干燥

干法生产MDF，热压时板坯含水率要求在5%～10%，然而，通常纤维分离所得纤维含水率在3%～40%，施胶(液体胶)纤维含水率会更高一些，纤维不经干燥，无法满足干法工艺的要求，也很难保证均匀铺装成型，因此，湿纤维必须进行干燥处理。

植物纤维原料被分离成纤维后，蒸发表面加大，纤维又为热敏性物质，所以，极适宜于用高温气流快速干燥。在干燥过程中，湿纤维在常压的管道中流动，受到了高速热气流的冲击，使结团的纤维分散呈悬浮状态。纤维整个表面暴露在热气流介质中，而气流介质又不断地高速更新，这样就大大地提高了湿纤维与介质的热传导，强化了干燥过程，使干燥可在瞬间完成。

纤维在常压管道中运行，与高温热介质短暂的接触，热量主要用于纤维中水分的蒸发汽化，在水分完全蒸发前，纤

维本身的温度不会急剧上升，故不会出现纤维过热损伤，也不会出现大量胶料的缩聚和提前固化现象。

现MDF生产线广泛使用的一级或二级管道气流干燥系统。这种干燥系统主要由长70～100m，直径1～1.5m管道为主干燥部分，而管道端部与旋风分离器相连接，使干纤维与干燥气体相分离、整个干燥时间为5～10s，由于时间极短，所以又称之谓“闪击式”管道干燥机。

此系统主要由燃烧炉、空气预热器、干燥管道、风送系统、旋风分离器、监测控制装置与防火安全设施等装置构成(图15-22)。

1) 闪击式干燥系统分一级和二级干燥两种形式(图15-23)

一级干燥系统，具有干燥时间短，生产效率高，设备简单、投资省，热损失小等优点。但它存在着由于干燥温度高，着火几率大的危险性，所以，要特别重视火警监测和防护系统。一级干燥系统虽不分级，但前后管径还是有变化的，前段为加速段，后段为干燥段。可实现均匀稳定的干燥效果。

纤维二级干燥介质温度低于一级干燥，干燥管道较长，以保证得到优质纤维，降低热耗，也可避免纤维损伤和胶料提前固化；另外可灵活控制和调整纤维干燥程度，使纤维含水率均匀。但干燥系统较复杂、投资高、占地面积大。

图15-24为新型节能型二级干燥系统流程。湿纤维在此系统内由第二级干燥排出的废热气进行一级预干燥；二级干

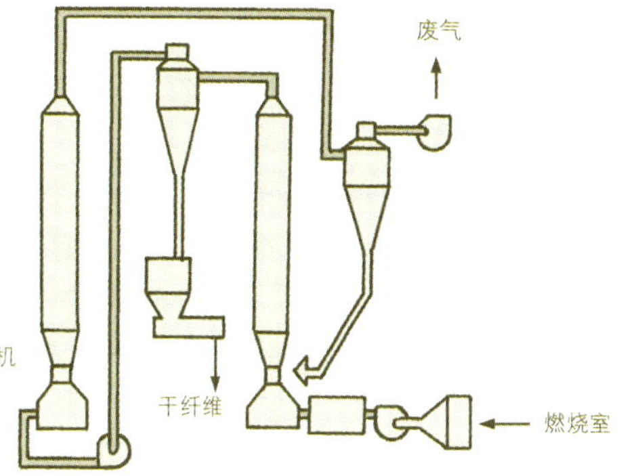

图15-24 节能型二级干燥系统流程

燥才用新鲜热空气。这种干燥机热能需要量小，仅为700～80kcal/kg水。结合废热回收，又可降低废气中的纤维量和甲醛浓度，减轻对环境的污染。

纤维采用干燥管道，按干燥管道的结构，分直管型、脉冲型和套管型三种。直管型是最简单一种，管径一般在1m左右，管道长度根据需要。因其结构简单，易加工，投资省，所以普遍使用。

无论一级或二级干燥系统，根据风机安装在干燥管道前或后的位置，纤维在气流管道中受力不一样，前为正压式(又称压出式)，后为负压式(又称吸入式)，分别见图15-25和图

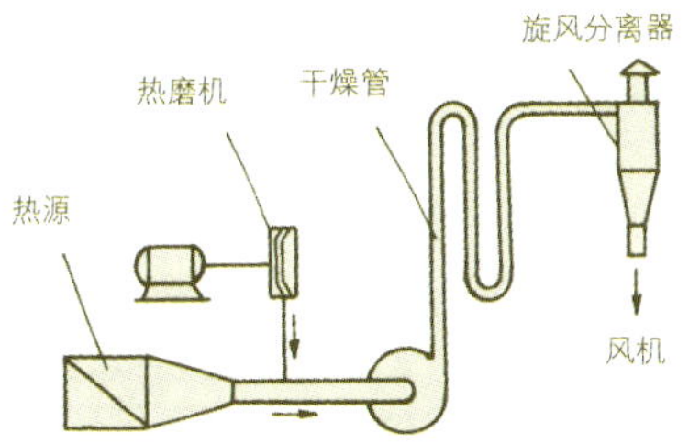

图15-25 一级气流干燥系统（正压式）

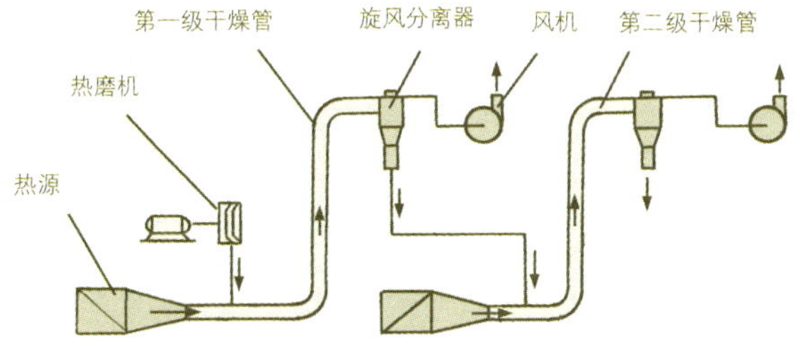

图15-26 二级气流干燥系统（负压式）

15-26。各有利弊，在MDF生产线均有采用。

2) 纤维干燥工艺

纤维干燥质量，主要取决于：干燥介质温度和流速、纤维初含水率、纤维质量和送料浓度等，要获得好的干燥效果，必须对上述因子进行最佳控制。

干燥介质温度主要取决于干燥时间和纤维含水率，采用较高的温度，既能使干燥时间缩短，又能减小干燥管道的长

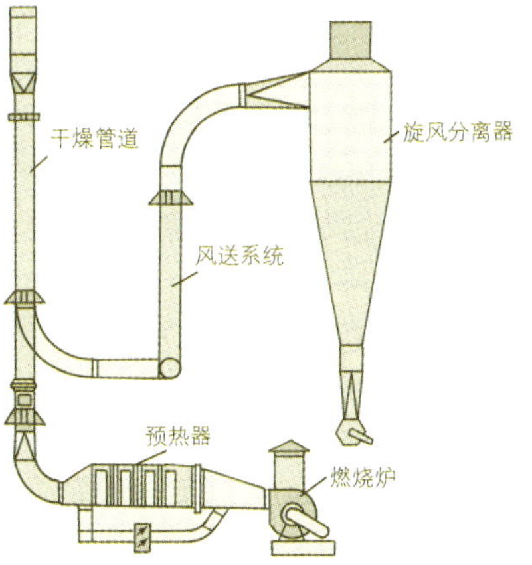

图15-22 纤维气流干燥系统

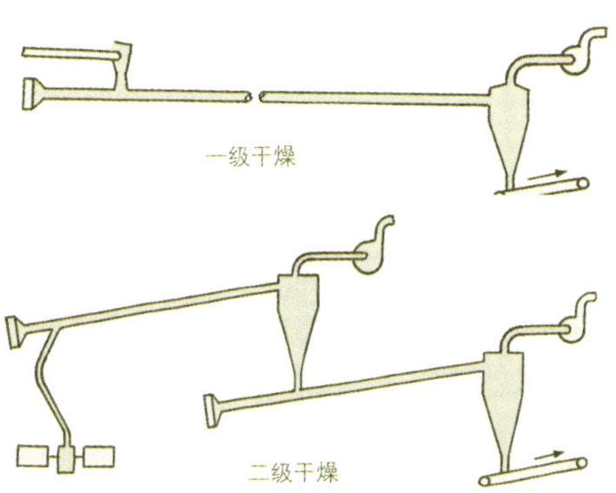

图15-23 纤维一级和二级干燥系统

度和降低动力的消耗。然而，对于纤维干燥前施胶，而且施加脲醛树脂时，一定要防止纤维在高温干燥的条件下，产生树脂的提前固化，从而影响产品的质量。

目前生产中采用的有高温和低温两种。干燥介质温度选择，除与干燥方式有关外，也与所用介质的类型和性质有关。采用高温热油烟气，多取高温，进口介质温度可高达310℃，在旋风分离器出口处温度降为90℃。这可以达到充分利用热能，而且烟气中氧气含量低，高温且不易产生火警等问题。低温干燥热介质进口温度为110～120℃，出口为60℃；目前常采用160℃左右的干燥温度。

干燥终点纤维含水率对板性有着十分重要的影响。试验结果得知：在一定含水率范围内，随纤维含水率增加，产品质量有明显的提高，其强度提高的幅度尤为明显。对于先施胶后干燥工艺，要求干燥后纤维含水率为8%～12%；如若表、芯层分别干燥，则表层纤维含水率为9.5%～11%，芯层8%～9%。对于先干燥后施胶的工艺，则要求干燥后纤维含水率在2%～4%范围内。较先进、完善的纤维含水率自动控制系统，误差可控制在±0.75%范围内。

克服纤维自重，支持其不下沉的最小气流速度称为悬浮速度。据实测当热磨纤维(滤水度15s左右)在含水率50%左右时，平均悬浮速度约8.5～10.0m/s，欲使湿纤维在管道中流动，气流速度必须大于悬浮速度。但是为了延长纤维在管道中的停留时间，提高干燥效率和缩短干燥管道的长度，最好气流速度略大于悬浮速度。因为这两个速度差与干燥时间和管道长度有直接的关系。通常以气流速度为悬浮速度的1.3～1.5倍，即生产中气流速度取20～30m/s。

气力输送装置工作时，管道中是物料和空气的混合物。在气流干燥的过程中，被干燥的纤维和输送空气组成了一混合物。

送料浓度是指输送1kg绝干纤维所需要标准状态下的空气量(用m^3表示)。对某台纤维干燥机来说，其干燥管道的管径、长度和风机都是固定的。在保证达到一定的纤维含水率条件下，应选定合适的干燥温度及送料浓度，否则，就直接影响干燥机的热效率和产量。同时，也影响纤维干燥的质量。

一般热介质与纤维的混合比为12(m^3)∶1(kg)，即1kg(绝干)纤维，需要12m^3的热介质包容。纤维在管道内的停留时间为3.5～4.0s。

为了实现纤维快速干燥，干燥介质采用高温载热体，对空气直接加热，如使用天然气或液体燃料；另一类是利用蒸汽加热空气，由热空气再干燥纤维的间接式干燥。利用生产过程中产生的粉尘、锯末、碎料等为燃料，建立工厂独立的能源供应系统已被越来越多的工厂所采用。在中密度纤维板生产线上，采用生产中的废料、粉尘为燃料，作为干燥机的主热源，而由蒸汽预热空气，仅作为干燥介质的辅助热源，如图15-27为某厂纤维干燥系统图。

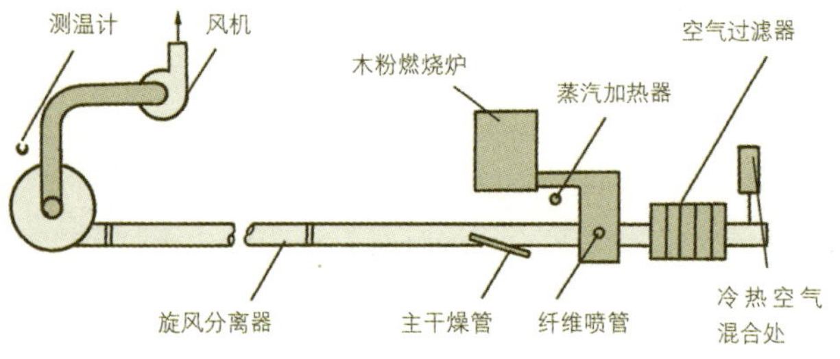

图15-27 纤维干燥系统示例

3) 纤维干燥过程中引起着火的主要因素

纤维干燥过程中的着火是干法生产存在的严重问题。干燥过程中引起着火的主要因素有：气流中含氧量高、干燥温度高、管壁上粘挂纤维的过分干燥，以及金属异物进入风送系统撞击产生火花等原因。

针对上述着火的主要原因，采取相应的防护措施，着火几率是可以减少和消除的。

4) 主要防护措施

①定点防护：在各危险点使用高敏防火探测器来控制。这种探测器一般装有对红外光源的敏感元件或其他光电敏感装置。其灵敏度比任何物料的运输、燃烧和爆炸速度都快，能在0.002～0.003s以内发出火警信号。并通过放大器推动执行机构控制灭火系统喷射灭火剂，以及自动切断风机电源，关闭阀门及其他一系列作业系统，不使火源蔓延。

②控制干燥介质的含氧量：当热空气中含氧量超过17%时，就给燃烧创造了条件，只要含氧量低于17%就不易着火。实际干燥介质中含氧量达到18%～20%，所以必须采取特殊的控制措施，如将危险干燥区与其他系统隔离，在干燥循环系统中安装氧化锆探测仪不断报告系统含氧量，以便及时采取措施，防止火警发生。

③采用烟道气作干燥介质：采用烟道气作为干燥介质，虽可降低干燥介质中的含氧量，但由于采用的是具有明火的热介质源，所以会由于温度高、纤维在管内的沉积、外界金属的混入，以致静电火星等，引起火灾，甚至爆炸事故。为此，首先必须加强粉尘过筛，严格控制大粒径木屑进入燃烧炉木粉仓。正确调整燃烧炉的木粉进量和进风量之配比，既保证木粉燃烧完全彻底，也不会因风量过大，造成动力上的浪费。再有先进的火星探测、监控系统相配合，确保系统正常、安全运行。

4. **成型**

铺装成型是MDF制造中的重要工序，它不仅影响到制品的物理力学性能，而且与制品密度分布、厚度偏差以及翘曲变形等问题有关。显然只有合格的板坯才能获得优质的MDF。

(1) 纤维分级、贮存与计量

1) 纤维分级

为了提高产品外观和生产多层结构板的需要，有时需对干纤维进行分级。目的除去粗大的纤维束、胶团，以便将稍粗的作为多层板的中层原料，较细的作表层原料。

2) 纤维分级有两种基本方法

预分级和自然分选两类。预分级需增加专用设备、料仓等，工艺流程复杂，投资加大，适于表面质量要求高以及规模较大的企业。自然分选是在铺装时同时完成的，这种方式主要利用粗、细纤维不同自重，再借助机械或风压对不同质量的纤维产生的离心力或浮力大小不同，实现自然分级。

3) 纤维贮存的作用

为保证干燥与成型工序间的生产平衡，要有一定贮存量；为纤维质量相对稳定；为齐边、扫平及废板坯等纤维的回收提供贮存的地方。

干纤维的贮存极不方便，贮存1t干纤维要$40m^3$以上的容积，因为纤维的自重、相互挤压而出现结团和“架桥”现象，则会造成出料困难和不均匀，所以料仓不宜过大，备用20～30min的纤维量即可。纤维的贮存在夏季不能超过1h；冬季低温时，不宜超过8h。另外，贮存量的大小，还应根据胶料的特性而定。

料仓有“立式”和“卧式”两种型式，但由于立式料仓易产生出料困难和“架桥”现象，所以干纤维贮存通常采用卧室料仓。卧式料仓构造如图15-28。纤维由水平螺旋从料仓上部正前方送入后，经料仓内运输螺旋水平地推向料仓尾部。而料仓底部装有密闭的焊接刮板链，可使整个料堆平衡向前推进。再通过卸料辊抛松打散，使纤维均匀地离开刮板链，并由运输带或各类辊筒送往成型系统，这样就没有大的结团和“架桥”现象产生。

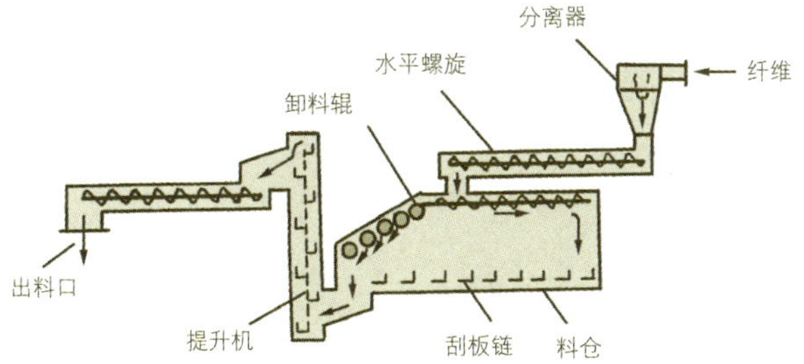

图15-28 卧式料仓构造

为了均匀、稳定地出料，料仓应该随时保持装满到最高点。因此，料仓内设有水平指示器，这是一种插入料仓壁的振动探针，当探针被纤维覆盖时，振动衰减，就发出信号。通常还与干燥机、成型机等前后设备进行电气联锁控制。

料仓还设有防爆通风口，尾部的门可用手动或气动方式开启，当出现火情或其他事故时，可以方便地使底部刮板链反转，把着火的物料卸出。计量为了保证铺装板坯，即板制品的质量和厚度的均一，在成型前、后应设置纤维计量或板坯称量装置。计量装置一般分容积计量和质量计量两种。

①容积计量：容积计量的方法受纤维含水率的影响比较小，铺装成型前纤维一般用容积计量；这种计量方法，比较适用于大规模的连续化生产。容积计量方法的不足在于，纤维本身的均匀程度、气流速度大小，对计量精度会产生影响；另外，计量箱的机械振动，也能带来误差。容积计量装置的结构种类很多，通常认为针带和刮板带计量装置效果较好。

②质量计量：由于含水率与纤维质量有直接的关系，故含水率的均匀程度对质量计量的精度有很大的影响。如果一批纤维含水率相差很大，水分蒸发后，则会造成严重的厚度或密度偏差。质量计量现常安装于成型机上，对板坯带进行连续计量—电子皮带秤。

干法纤维板成型时是干纤维，纤维含水率很小，上述的两种计量方法都可以使用。在现生产线上，往往成型前用容积计量，成型后再用质量计量校正。如板坯超过预定值则由自动系统调整纤维的进给量，三层结构纤维板计量流程如图15-29所示。

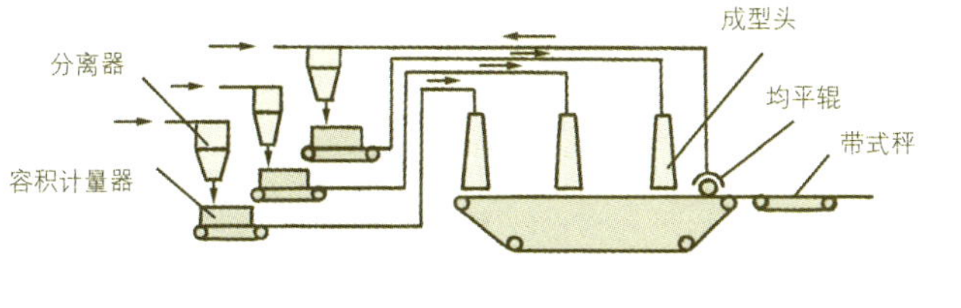

图15-29 计量流程

(2) 成型

干法MDF铺装成型工段，主要包括板坯铺装、预压、纵横锯裁等工序。具体工艺要求是板坯密度均匀稳定、厚薄一致，具有一定的密实度，并保证达到足够的厚度和规格尺寸，以满足产品质量要求。

为此，铺装成型设备包括：铺装头、成型网带、机架、驱动及其他铺助装置组成。其中最主要且最复杂的是铺装头部分，而铺装机一般也就是根据铺装头的成型原理进行分类，现一般分为：机械成型、气流成型、机械—气流成型以及定向成型等几大类。

①机械成型：机械成型机型式较多，它是利用机械作用将经计量后的纤维松散，再均匀铺装成板坯。原理是由各种运输带均匀定量供料，各种辊、刷、针刺将纤维抛松打散，在离心力和纤维重力的作用下沉降到网带上，形成板坯带。

但纯机械成型的板坯蓬松、强度低，板坯难以高速运输；板坯带密度小，预压和热压时，要排除大量空气，所以，会带走不少细小纤维，造成一定原料浪费。控制不好，也会产生空气污染；再有，纤维仅靠自身的重力沉降速度慢，成型速度低，生产率亦小。但是，机械铺装机结构简单，动力消耗小，调整、操作和维修方便，相对于气流铺装，粉尘飞扬扩散对环境影响小，机械铺装方式更适合于薄板生产。下

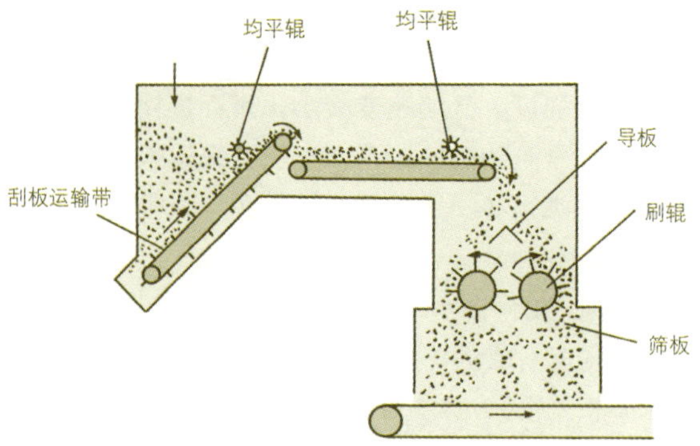

图 15-30 双辊筛网成型机

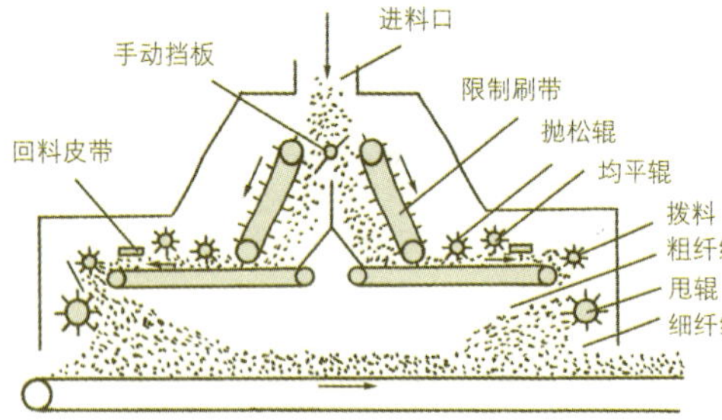

图 15-31 带式多层铺装机

面介绍两种类型机械铺装机：双辊筛网成型机(图15-30)和带式多层铺装机(图 15-31)。

双辊筛网成型机的工作原理如图 15-30，未经分选的纤维通过均平辊定量掉进一对反向旋转的毛刷辊之间，将纤维抛起，细纤维分别从毛刷辊两边穿过筛板，落到运动的成型传送带上，形成上下表层纤维。粗纤维不能穿过筛板，只能通过两块筛板之间的空隙，铺撒在中层。因此，这种装置可以在铺装时同时进行分级，形成多层结构的 MDF。

带式多层铺装机工作原理如图 15-31，从定量器来的未经分选的混合纤维，经相反方向相对铺装。纤维在进入成型传送带之前，经带毛刷的运动带和辊筒多次抛松，打散结团，再利用甩辊的离心力，将粗纤维抛得较远，构成板坯中层，而细纤维惯性小，就近落下，部分细纤维被甩辊转动时所产生的气流带至甩辊的后方，构成板坯的表层。于是，一对方向相反的铺装装置，就形成渐变结构的多层结构板。

②气流成型：纤维借助气流的作用，均匀分散而沉积在成型网带成为板坯的铺装方式称为气流成型。气流成型通常分为普通气流成型和真空气流成型，MDF生产使用多为真空气流成型。所谓真空气流成型是气流铺撒纤维借助真空的负压作用，使纤维沉降而铺装成板坯。其板坯密实，具有一定的支撑强度，有利运输；预压、热压时排除空气量少，不致损害板坯结构。由于纤维沉降又借助于真空负压，所以纤维沉积速度加快，不仅可提高铺装速度，生产效率较高，而且可适应生产较厚的板制品。但其能耗较大，气动特性相对复杂，工艺控制调整难度加大，这是气流铺装不足之处。现介绍图 15-32 和图 15-33 两种真空气流铺装成型机。

图15-32是常见的纤维经预分选过的真空气流铺装成型头型式，它的工作是干纤维与空气均匀混合后，以高速气流通过成型网上部的摆动喷嘴，均匀地铺撒在运动的网带上。网下有负压箱不让纤维由于气流的冲击而飞溅，被真空吸附在网上，逐步形成均一的板坯。在成型室外边有均平辊将多余的纤维吸走，回到计量箱重复再用。

一般安装三至五个同样的铺装头。其中二至三个铺装中层粗纤维(比例占纤维总量的60%)，另外两个分别铺装上下表层的细纤维(比例各 20%)，或者在预压机后再铺一薄层精细纤维，以提高表面光洁度或利用不同原料。成型箱下部进出口高度可调整，以适应不同板厚的要求。同样，它的沿板宽方向的距离也是可调的，以此来适应不同板宽的要求。图 15-33 为真空箱的剖面图。从图中可以看出，真空箱的中间部分是低真空区，两侧是高真空区，两部分的风门及风机的风门均可调整，两层真空壁的角度要适当，以保证纤维不致附着其上。由于两边较高的真空度造成板坯两边的密度较中间部分为高，这样板坯便于运输和锯裁，而且加压后密度比较均匀。

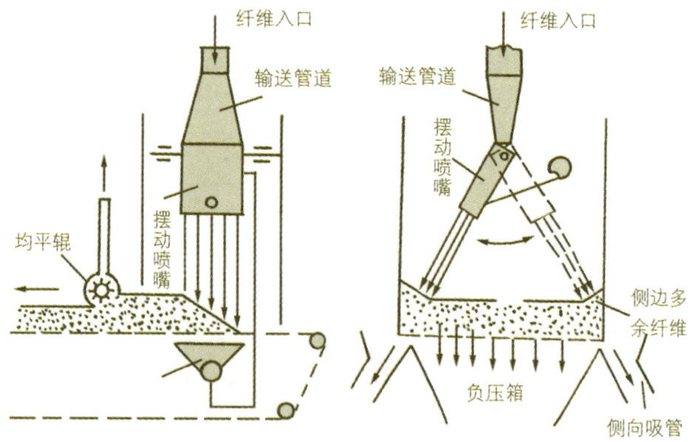

图 15-32 真空成型铺装头

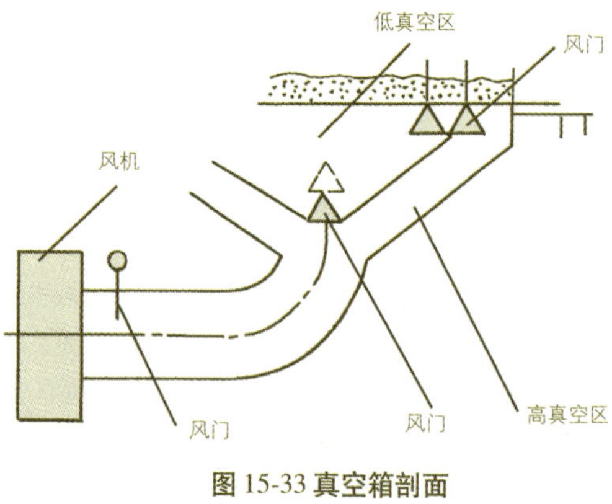

图 15-33 真空箱剖面

图 15-34 为改进型真空气流成型头结构示意图。成型纤维经旋风分离器，降低沉降速度，风机(1)把旋风分离器的排气送至除尘室，克服细小尘埃对空气的污染；而风机(2)使摆嘴通入适量气流以粉碎可能结团的纤维，改善板坯的成型质量。

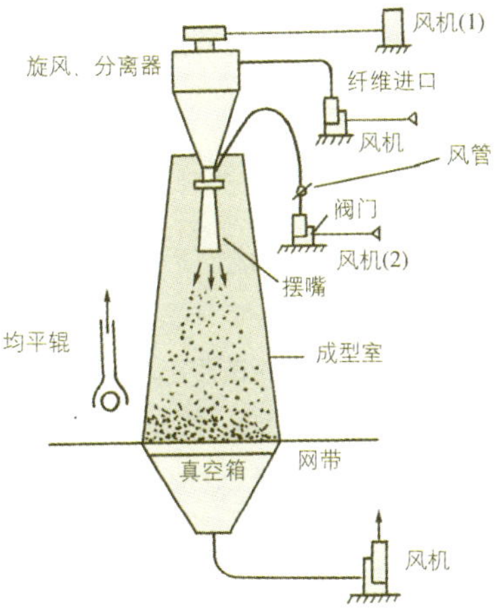

图 15-34 改进型真空流成型头

此类成型机的生产率决定于空气—纤维的混合比和气流速度。混合比过大，则会因空气量过大降低生产率和增加动力消耗；混合比太小，纤维浓度大易结团，一般常取 $3m^3$ 空气 /kg 纤维。若气流速度太小，生产率降低，如气流速度取 20～30m/s，达板坯表面的速度细纤维为：9～12m/s，粗纤维为 12～14m/s；吸风管产生速度为 14～16m/s，但因为板坯的阻力，真空箱入口处的实际速度只有 1.4～1.8m/s。

潘迪斯特(Pendistor)铺装机铺装成型头结构如图 15-35。

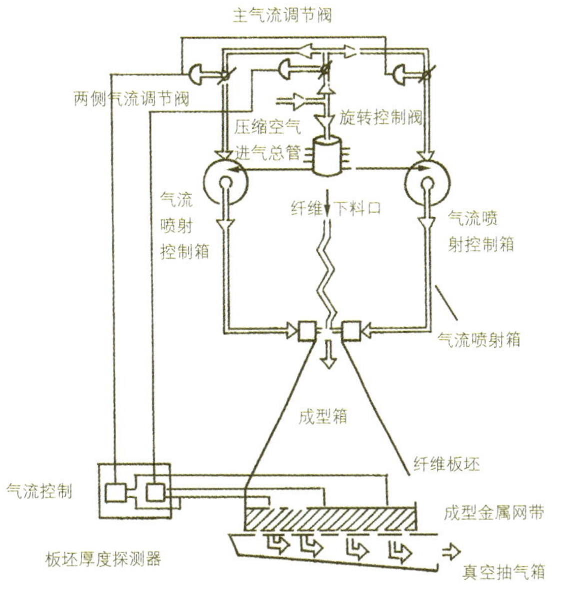

图 15-35 潘迪斯特铺装机铺装成型头结构

由纤维料仓送来的纤维料，无需将气流与纤维分离，直接从成型头上方的“之”字形进料管进料，“之”字形管段是为保持纤维落料均匀而设置的，管中纤维流速从 25m/s 降至 10m/s。即纤维在成型头进口处的流速为 10m/s，气压为 200mm 水柱左右，当纤维经成型头进口处下落时，受到来自两侧喷气箱内脉冲气流的喷射使纤维在成型箱的箱体范围内形成一个振幅逐渐扩大的正弦波形的纤维流，均匀地下落在传送网带上。此时纤维流速为 1m/s 左右。网带下设有真空箱，以便于纤维下落，空气由真空系统排出。这种用脉冲气流使纤维作非定向铺装的方法是“潘迪斯特”成型机的最大特点。真空箱的真空度为 400mm 水柱左右，脉冲喷气箱内的气压为 700～900mm 水柱。喷气量为落纤空气量的 10%。脉冲频率为 5～10 次 /min。气流可由自动与手动调节，控制空气量的压缩空气由进气总管进入。分两路进入系统，一路由二条相同的管道经调整二侧空气量的调节阀进入气流喷射控制箱，其空气喷射量的大小，由板坯厚度探测器发出指令来调节，以解决板坯成型宽度上的厚薄不均。两气流喷射控制箱内的气流由另一路旋转控制阀来的脉冲气流经调节后，进入气流喷射箱向从纤维下料箱来的纤维喷射，使纤维呈正弦波下洒，旋转控制阀是使二侧气流产生脉冲的主要元件，旋转控制阀是一个圆形空筒，一头有进气口，另一头是堵死的，在圆柱面上开有若干个通气口，和气流喷射控制箱的喷射口数量相对应。孔口的排列是按照正弦波效果设的，所以当旋转阀转动时，不是简单的脉冲气流，这主要是阀在旋转时，旋转阀的孔口相对于接通管口的开闭度是变化的，有几个喷射口相对应的就是几个接收的喷射控制箱，而喷射控制箱接各自的喷射箱它是常开式的。当从主气流来的气流，经喷射控制箱，直通喷射箱，喷向落下的纤维，但当旋转阀孔口接通控制气流进入喷射控制箱造成一旋转气流，当产生闭锁时使喷射气流不能进入喷射箱，喷射箱则停止喷气，形成了两侧喷射箱的脉冲气流。

铺装头下面的真空箱，在沿着板宽方向上被分隔成几个格仓。可按照板坯在宽度方向上的不同密度要求把各格仓调节为不同真空度，见图 15-32。一般板坯在宽度方向上的密度偏差小于 2%。出成型箱的板坯经刮平辊，其上设抽气装置把刮去的纤维送回纤维料仓。在抽气装置中还装有静电排除装置，避免纤维静电结团。板坯最终成型厚度是由刮平辊的高度及其后的计量秤控制的。刮平辊下，设有负压装置。在刮平辊的前面板坯的宽度方向上，并列设置了三个接触式的密度探测器，用来控制宽度方向上板坯厚度的均匀性。

③定向成型：常规成型的板，纤维排列的方式是随意的。因此，板面的强度属于各向同性。由于纤维排列杂乱无章，彼此交错重叠，使纤维间的接触面减小，空隙率增大。部分胶黏剂用于填充空隙，未能充分发挥胶合作用。如果要进一步提高产品的力学性能和尺寸稳定性，如前所述，仅靠增加胶黏剂用量的办法是达不到目的的。

为此，如使纤维呈有规律的排列，则情况就发生显著的变化。纤维之间的接触面加大，减少纤维交叠形成的空隙率。不仅胶黏剂能充分发挥作用，而且能很好的利用纤维本身的纵向强度。定向排列的中密度纤维板沿纤维纵向的强度成倍地增加。尺寸稳定性也大为改善。正因为如此，定向铺装已成为当前提高板子质量的有效途径之一。

使纤维定向的主要手段是利用静电电场的作用。静电定向的条件：纤维应粗直，细而扭曲的纤维对定向不利，纤维的细长比，即直径∶长度≥1∶10；纤维含水率在10%～20%范围。含水率过高电极间会产生电弧；含水率过低，纤维不容易极化。纤维应成高度松散状态，才能保证定向效果。

对于纤维物料一般都采用高压电场静电定向。

干燥的细纤维均匀地、高度分散地送入高压静电场的两块定向极板之间。于是，纤维在高压电场的作用下，迅速极化而带上电荷。极板分别对不同的极性加以吸引，使无规则的纤维在两极之间呈有秩序的排列。由于纤维的自重顺着极板下滑到移动的板坯表面。板坯离开电场以后，电荷消失，从而完成表层纤维定向铺装的全过程。

静电发生器一般采用负高压输出，电压在10万～15万V之间。考虑到极板的端部有尖端放电现象，电场强度比较大。为了防止板坯离开极板的瞬间，定向纤维的电荷未完全消失会竖起，可以在负极的下面再加一个负极板产生等电位来克服。

④成型工艺的控制：PC(微机)已在纤维板生产线上应用较广，尤其在铺装成型工段，不论是机械铺装、真空气流以及机械—气流铺装等成型方式都已普遍应用，这不仅使控制调节操作大大简化，而且可以节省原料、降低能耗，同时保证产品的均质，减少生产事故，因此，在成型线的PC系统中，按合适工艺进行设计，再由先进的自动控制、监测和调整系统相配合。

根据成型原理已在设备结构中予以考虑，然而由于成型工艺参数的变化，如何调整与控制确保制品的质量，却是比较复杂的。比如：铺装厚度一般为成品板厚度的15～28倍，而板坯的厚度与原料的种类、纤维质量、含水率、施胶量以及成型方式等因素有关。每一成型头均配有刮平辊，以刮去多余和厚度不均的纤维，刮平量约为板坯厚度的20%～25%。

另外，纤维的风送速度、风压、纤维与空气的混合比、真空度等工艺参数均需合理匹配，选用最佳的工艺参数。

在铺装成型线上，主要用于严格控制纤维含水率和板坯质量。电脑控制中心一头安装于预压机后的质量扫描传感器，另一端安装于铺装头后测定纤维板坯含水率的传感器。质量传感器系采用γ-射线吸收原理，将射线吸收率，通过电压——频率转换器转换为数据输入电脑中心，经运算得出板坯的质量，核对与标准要求的差异。控制中心调整铺装机最后刮平辊的高度，使板坯质量合乎要求。

检测板坯质量可用称重法或β、γ射线探测仪检测。质量法是用电子皮带秤称重。β、γ射线探测仪属非接触性检测，前者是固定式、后者是移动式。β射线探测仪，每隔六秒把板坯质量输入计算机一次，γ射线探测仪是对板坯连续横向扫描，测量单位面积板坯的质量，监测灵敏度极高。

成型线上，有的还安装4C—NI含水率测定仪，可在板坯通过时，不必接触，即可测出其含水率，其测量范围为0～15%。另外，在生产线上，还可通过安装超声波探测板内的鼓泡、分层等缺陷的无损检测手段，及时发现制板中的质量问题，确保产品的质量。

(3) 预压与纵横锯裁

① 板坯预压：干法铺装成型后的板坯比较蓬松、厚度大，一般为成品板厚度的15～28倍，故需压实。因此，预压的目的在于：排除板坯内留存的空气，防止板坯热压时大量空气外逸冲破板坯；通过预压，使板坯具有一定的密实度，提高自身的支撑强度，以保证板坯在输送、切割、装板时不致产生断裂和破损；可适当提高热压速度，特别在连续热压工艺中；由于减小板坯厚度，亦可缩小压机压板间的开档。还可降低压机的压力，减小板厚度方向上的密度误差，并可缩短热压周期。

板坯预压的压缩程度主要决定预压机的压力、纤维含水率、纤维分离程度、树种、施胶量等因素，当然，也与成型工艺与方式有关。

板坯预压后会有回弹，不同原料有差异，对于木材原料，压缩率一般在60%～75%，回弹率则多在15%～30%。对于甘蔗渣原料，压缩率比木材原料要高70%～90%。然而，预压后板坯宽度方向要伸张约5%。

MDF的预压工艺在一定程度上取决于所用预压机的类型。预压机有间歇式平面预压机和连续式带式预压机。后者应用得较普遍(图15-36)。

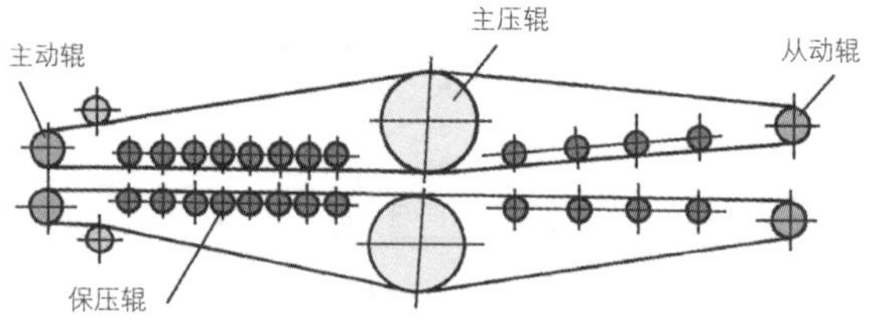

图15-36 连续带式预压机

在连续带式预压机中，板坯在被压缩状态下移动，故需保持预压运行速度与成型网带速度同步。

一般预压机主要可分为三部分：首先为具倾斜度的引导部，它用最小的倾斜角(倾角可调)来缓慢地降低板坯厚度，比如由真空气流铺装板坯所需预压机，其最大开度可在410mm至127 mm范围，引导辊的直径为150mm，由自调密封轴承支承。第二部分是由上、下辊构成的主要加压部，压辊逐渐增压，最大线压力在140～250kg/cm范围。由液压缸提供。第三部分为保压段，由于板坯的纤维含水率低、弹性大，较难压缩，为了减少回弹量，板坯要经一定长度的保压段保压，保压段的线压力，可与加压段相同，亦可低于加压段的线压力。保压时间 6～7s。压辊间隙在 150～250mm 之间，各辊的开度调整与加压，均通过液压系统来实现。预压时间的长短，几乎不影响板坯最终厚度，一般加压和保压时间在 10～30s。

②板坯的纵横锯裁：铺装的板坯，经预压后边部不整齐，甚至呈松散状，而且规格尺寸也不符合压机压板的要求，需裁齐到合适的宽度，称为齐边；对板坯带横向锯截到压板的尺寸，通常采用横截锯。

因为MDF制品一般厚度较大，板坯亦厚而密实，因此，一般采用带齿圆锯片对板坯进行纵横向切割。

预压后的板坯进入截锯运输机，由可调间距的纵向截边锯裁边，裁下的纤维边条送回纤维计量料仓。截边后的板坯经过同位素监测密度、金属探测器检查是否有金属物夹带，不合格的板坯均在此给予剔除，合格的板坯送往加速运输机。

以图 15-37 连续辊压生产线为例，铺装的板坯连续经预压、称重、齐边、金属探测、高频预热、铺放装饰纸(或薄膜)，直接送入连续辊压机，出板后，再进入横向锯截的连续加工

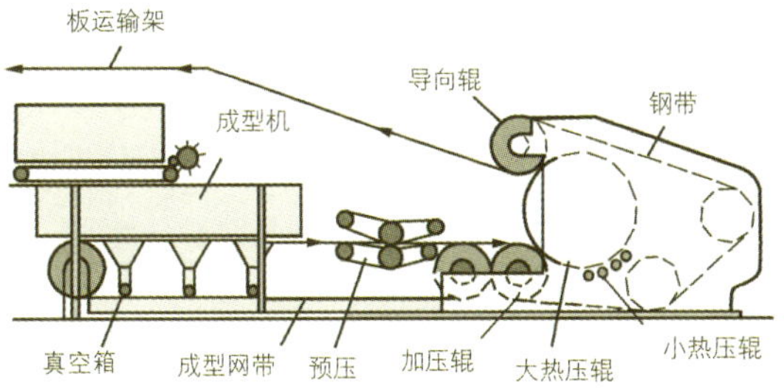

图 15-37 连续辊压生产线

生产线的工艺流程。

5. 热压

热压是中密度纤维板制造的一道重要工序，对产品质量和产量起着决定性的作用。

热压是指在热量和压力的联合作用下，板坯中的水分汽化、蒸发、密度增加、胶黏剂固化、防水剂重新分布，原料中的各组分发生了一系列物理化学变化，从而在纤维间形成各种结合力，制成符合质量要求制品的过程。

在干法 MDF 中，除主要靠纤维表面胶黏剂胶合外，也还存在纤维之间的结合力，即由木素(包括半纤维素)的胶合力、纤维素之间的氢键等作用力。分析所有作用力的目的，是为了寻找提高纤维结合强度的途径。现 MDF 生产中，常用的具体措施有：施加合成树脂、提高纤维的塑性、增加纤维的比表面积、保持板坯一定的含水率、保证木素和半纤维素的塑化温度和时间、提高热压的单位压力等来达到提高制品强度和耐水性。

(1) 热压工艺中几个主要工艺因子对板性的影响

①热压温度：热压温度的选择主要根据板的性能要求、胶黏剂的种类以及压机的类型和工作效率等来确定。

热压过程中，温度提高了纤维的塑性，为各种键的结合创造了条件；热量使板坯中的水分汽化；热固性树脂在短暂受热时间内，由于摩擦力的减小，流动性增加，有利于胶黏剂加速固化。

MDF 制品密度中等，板坯中的纤维含水率不高，板坯厚而膨松，导热性能差，特别采用接触传热的加热方式时，板坯表、芯层温差大。为了确保板坯中胶黏剂的完全固化，必须强化传热，达到缩短热压时间、提高热压机的生产率，因此，在根据不同胶种固化温度的前提下，一般选择较高的热压温度。通常脲醛树脂为160～180℃，个别情况也可采用更高的温度；酚醛树脂为185～195℃。选用温度的高低，还取决于原料、树种、板坯含水率、胶黏剂性能、板坯厚度、加热方式、加热时间以及压力大小等其他因素。

热压温度对 MDF 制品性能的影响见表 15-9。

表 15-9 热压温度与板性的关系

板性能 / 热压温度	密度 (g/cm³)	MOR (MPa)	IB (MPa)	吸水率 (%)	厚度膨胀率 (%)
140℃	0.74	29.2	0.43	29.2	18.0
160℃	0.72	32.3	0.64	18.0	15.3
170℃	0.72	31.8	0.96	17.9	8.2
185℃	0.73	30.0	1.02	22.4	9.3

由表15-9结果表明：MDF板性与热压温度关系密切。制品强度提高和耐水性改善是随着热压温度提高而产生的。

这是因为热压温度升高，板坯的表芯层温度梯度加大，热传导加快，芯层温度快速上升(图15-38)，胶料能较好流动和均匀分布于纤维之间，从而得到充分固化。

此外，温度的升高，增强纤维化学组分的降解，从而提

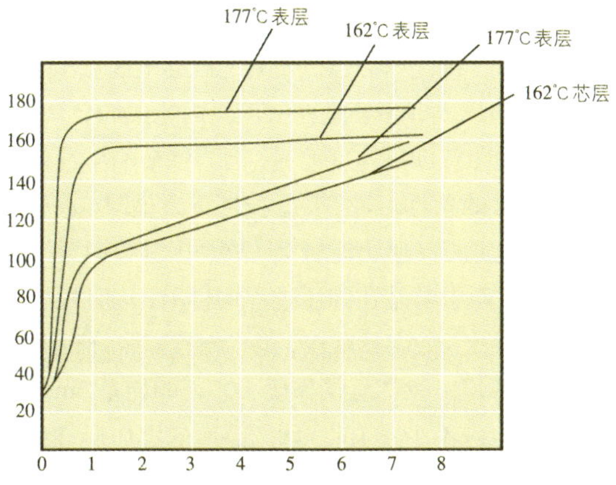

图 15-38 热压时板坯表芯层温度的变化

15 干法纤维板

高了纤维的活性，有利于纤维之间的结合。但若温度过高，则出现板强度和耐水性降低的现象，这可能是树脂降解、脆化所致。板坯温度对MDF制品的质量关系密切，现在特别在加热介质技术方面，又进行了不少新的开发，如在板坯进行接触加热的同时，增加高频加热，采取喷蒸措施等，都对快速提高板坯温度，缩短热压时间，改善制品的性能起到积极的作用。

图15-39为热压时板坯内部温度与时间的关系曲线。在喷蒸加压中，喷射蒸汽的瞬时，板内部温度达到接近喷射温度，而喷射停止时，达到与热压相同的温度。

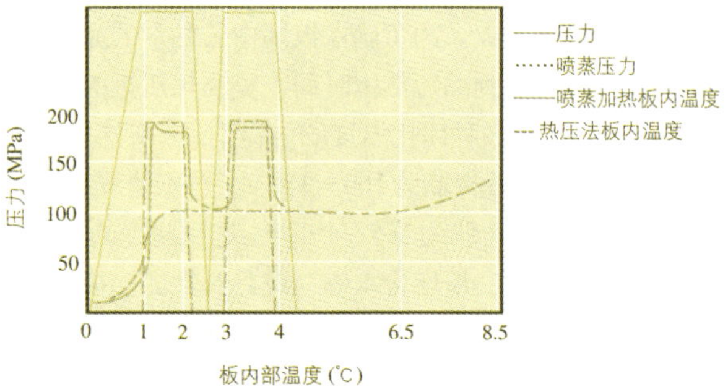

图15-39 板坯内部温度、加压压力与时间的关系曲线

② 热压压力：干法热压过程中压力的作用主要是克服纤维板坯的反弹力，进一步排除板坯中的空气，增大纤维之间的接触与交织，达到制品厚度和密度的要求。板坯反弹力的大小又与制品厚度、原料种类、纤维分离度、纤维含水率、施胶方式与施胶量、热压温度、加压方式及加压速度等因素有关。

为了保证产品的厚度和密度要求，干法MDF的热压压力，一般在2.5～3.5 MPa范围。为适应某种需要，有时也有低于2.5 MPa或高于3.5 MPa。如高强度建筑用MDF的热压压力为5.0～5.5 MPa。

以上所指的压力，均为热压过程中的最高压力。实际热压过程中，由于板坯含水率、产品厚度、幅面不同，所用的压力曲线也不同。例如，板坯含水率在5%以下时，选用一段加压曲线；板坯含水率大于5%时，一般采用二段加压曲线。其中高压段仅使板坯结构紧密和排除空气，故高压段的时间不宜太长。因为水分蒸发汽化、胶黏剂固化、纤维之间各种结合力的形成，主要是在低压段内完成的。

最后，应注意卸压速度要慢。因为整个热压过程都在一定温度和压力的条件下进行的，板坯下无垫网，水蒸汽只能从板坯的周边逸出，阻力比较大，故加压过程中蒸汽的实际排出量很少，而主要是在卸压过程中排出，这时板坯内部饱和水蒸汽量较大。如突然减压，蒸汽剧烈膨胀，轻则板鼓泡、重则破裂、分层。故卸压操作要小心，即使是3mm厚的薄板卸压时间也应不少于10s，如产品厚度增加则只延长热压时间，其余辅助时间基本相同。

③热压时间：MDF板坯在热压时，不论采用多高温度和压力，都需要一定的时间，才能保证热量的传导和压力的传递，以获得胶料的固化，同时制得预定密度和不同密度梯度分布的板制品。在保证最佳质量的同时，热压时间宜短。热压时间确定与胶料性能、纤维质量、板坯含水率、热压的温度、压力、加热方式以及板坯厚度有关。

采用热压板接触加热方式，每mm板厚的热压时间为30s左右；采用高频加热，则热压时间仅为接触式加热的1/3至1/2；喷蒸加热仅为接触式加热时间的1/5到1/10，并且不受制品厚度的影响。

现以MDF二段热压曲线（图15-40）为例，分析二段加压时间 T_1 和 T_2 的分配及制定依据。

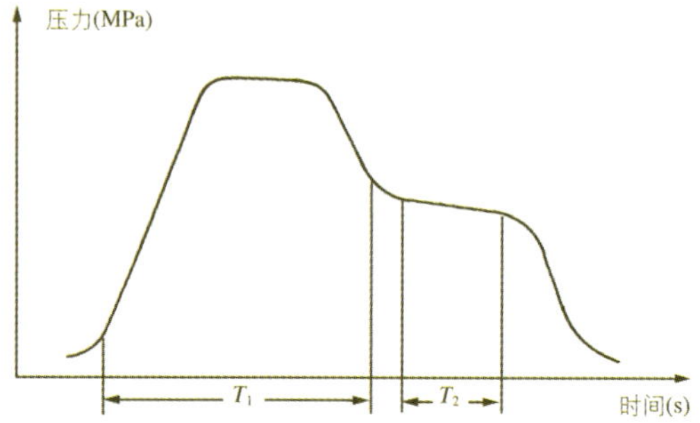

图15-40 典型MDF热压曲线

高压段 T_1 制定：若 T_1 时间太长，由于胶液的固化，板坯表面形成硬壳，不利于导热和汽化，产品往往产生鼓泡；相反若 T_1 太短，由于板坯压缩不足，在 T_2 段时厚度有较大的回升，从而影响产品质量。所以，T_1 要依板坯的压缩状态、板坯厚度和热压温度等因素来决定。

低压段 T_2 的制定：若 T_2 时间太短，干燥不充分，树脂没有完全固化，会引起制品物理力学性能的降低；若时间过长，则树脂过分固化，产品变脆，降低了质量，所以，T_2 要以树脂固化和板坯水分汽化为准。表15-10是以10mm厚MDF为例，分析热压时间长短和时间分配对板性的影响。

从表中结果得出，延长热压时间，对提高产品各项物理学性能均有利。这是因为热压时间延长，使得胶料充分固化。一般认为热压第一阶段(T_1)在板坯芯层温度上升至105～

表15-10 热压时间长短和时间分配对板性的影响

热压时间		板性能				
热压时间(min)	时间分配(min)	密度(g/cm^3)	MOR(MPa)	IB(MPa)	吸水率(%)	厚度膨胀率(%)
6	2～4	0.71	25.1	0.52	27.7	14.0
	3～3	0.72	29.6	0.54	24.9	13.8
	4～6	0.71	27.8	0.49	26.4	13.5
8	2～6	0.73	31.9	0.68	18.4	9.6
	3～5	0.72	34.6	0.68	17.5	6.2
	4～4	0.71	36.2	0.72	14.8	8.6

110℃时，再稍延长1～2min，待胶初步固化，即可结束。第二阶段(T_2)则以保证胶料完全固化为准。

④板坯含水率：在热压过程中，板坯内水分的作用：增加纤维的可塑性和导热性；参与纤维素和半纤维素的水解反应；促使木素树脂化和降低熔点，所以，适当的板坯含水率，对板的质量有保证作用。过多的水分对干法生产工艺带来不利，因为干法热压不使用垫网，大量水蒸汽很难排除，造成纤维的强烈水解，有机酸类分解物增多，引起板面污染和鼓泡等缺陷。生产中，对于连续热压工艺生产线板坯含水率控制在5%左右；而对于多层压机工艺，板坯含水率控制在10%左右。为了强化传热效率和提高板面硬度，可允许表层纤维含水率比芯层高2%左右。

压机的闭合和升压速度：对于间歇式热压还存在必要的辅助时间。这些辅助时间指的是闭合时间、升压时间、卸压时间及压板张开时间等等。这些时间的掌握其实质是速度的控制，对MDF的性质、质量和断面结构有显著影响。

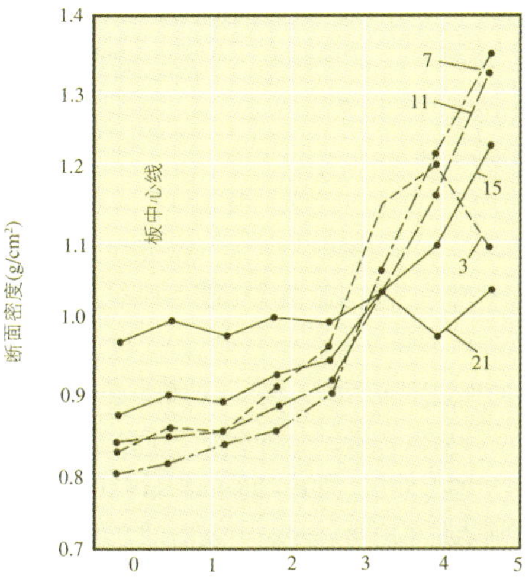

序号	预压压力(MPa)	压力(MPa)	闭合时间(s)
3	0.42	1.7	128
7	0.2	3.4	32
11	0.42	5.8	10
15	0.42	10.5	2
21	未预压	10.5	128

图5-41 压板的闭合时间与板断面密度分布的关系

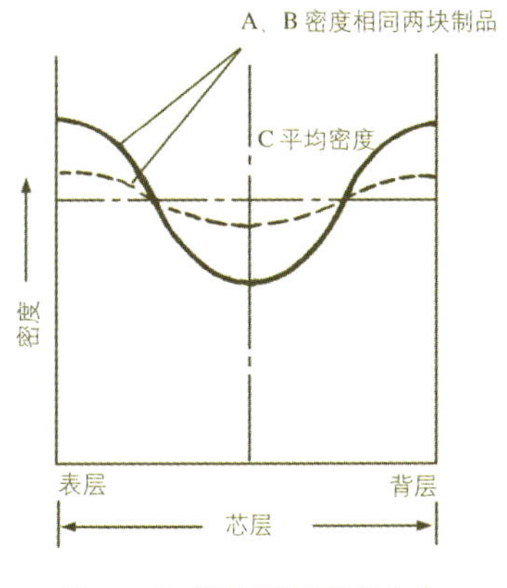

图15-42 板的断面密度分布

表15-11 升压速度与板性的关系

压机闭合时间(s)	压力从"0"到额定压力(s)	板性			板面质量	备注
		密度(g/cm³)	MOR(MPa)	IB(MPa)		
17	13	0.72	26.9	0.82	未起毛	未施
17	35	0.69	22.7	0.99	严重起毛	蜡

压机的闭合速度对板制品断面密度分布影响很显著。图15-41为热压温度在168℃条件下，制备19mm厚的MDF，采用不同的闭合时间，所得到板断面的不同密度分布，相应板强度则有明显的差异。升压速度对板性及板的断面密度分布亦有影响。图15-42为A、B两块名义密度相同的MDF，断面密度分布的情况(C为名义密度)。热压板快速升压，则产生如图中曲线A的密度分布；压板慢速升压，板的断面密度分布差异小，如图中曲线B所示，比较均匀。

升压速度对板性的影响，如表15-11。

结果得出：压机升压速度快，板的静曲强度高，表面松软层厚度小，板面质量好，但板的平面抗拉强度低。反之，压机升压速度慢，板的静曲强度下降，表面松软层加厚，板面质量差，但板平面抗拉强度提高。在上表试验条件下，升压速度快与慢相比，静曲强度提高15.7%，平面抗拉强度降低17.4%。

(2) 制品表面的预固化层

制品表面的疏松层，称为预固化层(或称软层)。它影响板面质量和光洁度，因此，要在后续工序中除去，否则将影响制品装饰加工。预固化层越厚其需要砂去量则越大，对于多层热压工艺显得越突出，一般要除去1～1.5mm，甚至高达2mm，这对原料、辅料、动力、能耗等都受损失，因此，要尽量减少和控制预固化层的厚度。分析产生原因主要可能与下列因素有关：

第一，板坯在热压板中尚未闭合时，已受到热的影响，表层纤维的水分开始蒸发，部分胶黏剂开始缩聚、固化，即表层纤维在较低的压力下，纤维已胶结，所以表层密度低、疏松，产生了预固化层(图15-43)。因此，热压板闭合速度、升压速度越慢，这层厚度也就越大。

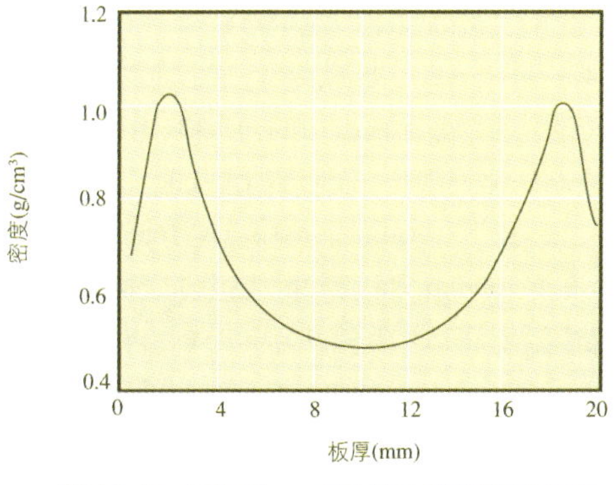

图15-43 未砂20mm厚MDF断面密度分布

第二，热压温度的影响：热压温度越高，和板坯表层直接接触的热压板温度也就越高，对板坯表层纤维影响越大，越易产生预固化层。

第三，板坯含水率的影响：当板坯含水率低时，纤维弹性大，则会增加预固化层的厚度，所以，表层纤维含水率以10%～12%为宜。现有一些成型线上，对板坯上、下表层增设喷雾装置，这是有效的控制措施。

第四，施胶量的影响：当施胶量比较低时，纤维之间的胶结力亦较小，从而也会导致预固化层增厚。

第五，除上述工艺因素外，压机的结构，特别是加压方式亦有密切关系。

根据以上诸多因素分析，若采取相应的措施是可以减轻预固化层的，但要综合考虑生产能力和经济效果。

(3) MDF的热压设备

热压设备是MDF生产中最重要设备之一。目前，在我国的MDF生产中，多层压机仍占主要地位。然而，连续式压机在国外已广泛使用。不论何种压机，板面最宽已达2.5m，多层压机的板面最长达10m，层数6～12层，因为生产MDF压机的压板开档较大，因而层数相应较少。

压机热压板的加热，通常采用饱和蒸汽，也有采用热水、热油和电等加热热源。高频介质加热、喷蒸加热等新技术在MDF热压中的应用，对改善板的断面密度分布，提高板的内部结合强度，缩短热压周期等有显著效果，今后将会逐渐被推广。

间歇式多层压机相对于连续平面压机而言，设备结构简单、工艺成熟、生产板厚范围大。MDF用多层热压机一般采用纵向进出板，应力柱式结构的型式，设有同时闭合机构、线性电位控制器等装置，具有操作方便，使用可靠等优点。

所谓连续压机，就是铺装后的板坯，不经横向锯断，就以连续板坯带的形式，直接进入到压机中，板坯带在压机中，一边受热、受压，一边不断向前移动，从压机的另一端连续不断地制得无端的板带，这样的压机称为连续压机。按连续压机对板坯的加压方式分为：辊压式和双钢带平板式连续压机。

6. MDF的后期处理

(1) 冷却

刚从热压机出来的MDF温度较高，不可直接堆置，需经冷却处理，原因有：板降温至胶黏剂热解温度之下，对于UF的MDF，一般应低于60℃；通风冷却，消除板中的残留的游离醛；利用气流中的水分平衡板中的含水率。图15-44表示未经冷却和经冷却处理MDF内部温度随堆垛时间的变化曲线。规格为1290 × 5918 × 19(mm)，热压温度165℃，热压时间5.5min，堆垛高度760mm，堆放52h。图中Ⅰ为未经强制冷却的板制品，垛中温度从75℃缓慢升高到85℃，再很慢地在52h后降至67℃。发现板面颜色变深，经测试板的平面抗拉强度降低近1/3，翘曲变形严重。图中Ⅱ为经冷却后板内的降温情况。说明由热压机卸出的板制品必须通过冷却处理。

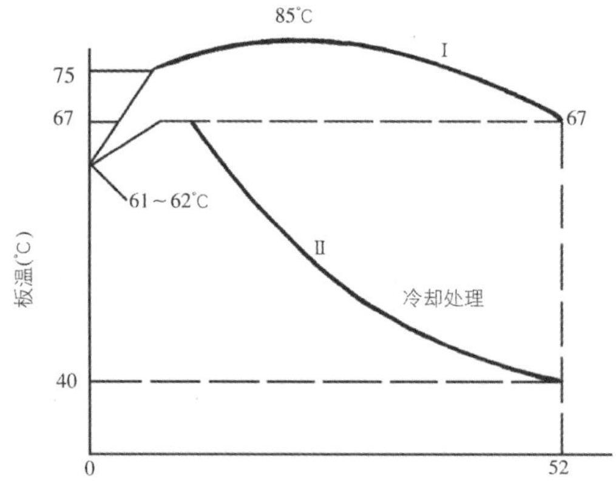

图15-44 堆垛时间与板内温度的变化情况

MDF的冷却，一般是在专用的翻板冷却机中进行的，多为轮式。主轴上装有许多幅条，将整个圆周分为若干间隔。一般考虑能放置1～2车板。板进入间隔后，由一排幅条托起，转动180° 后卸出。在冷却机上方最好装有抽风罩，强制空气流通，亦可改善操作环境。

(2) 调质(湿)处理

冷却后的MDF含水率较低，当它与大气相接触时，会吸收空气中的水分，直到接近并与大气湿度相平衡。然而由于板各部位的不均匀吸湿，极易产生翘曲变形。为了提高板的稳定性，增加板的强度，需要调质(湿)处理。

调质(湿)处理通常有两种方法：一种是自然调湿，特别是UF的MDF，冷却后板表层含水率为2%～3%，芯层为6%～7%，可采用自然调湿处理。即冷却后的板材经自动堆垛机堆置后，用叉车送进热贮存区，堆放一定时间，使板内水分均匀分布并与大气湿度趋于平衡，堆置时间大约为48～72h。另一种是采用调湿处理，主要是为PF的MDF，一般将板存放在70～80℃、相对湿度75%～90%的循环空气处理室中，处理时间根据板的厚度而定，约需5～6h，使板的含水率达到7%～8%。吸入板中的水分，在板内均匀分布也还需2～3d时间。

MDF堆置时应注意平直，四角要整齐，最好在上面压一块平坦的板，防止因堆放不好而发生变形。而热贮存区不能设在日光直射，过分通风或潮湿、漏雨的地方。

(3) 锯裁与砂光

冷却后的MDF板边不齐有时还松软，为了保证产品的规格和板边的强度，必须规格锯裁。一般单边锯裁量在25～40mm，个别也有少至15mm。MDF的纵横锯机，一般均采用圆锯机。锯机设有吸尘罩，锯屑通过负压系统吸走。

锯片经过一段时间工作后，要注意及时更换，否则会由于齿变钝，而使板边拉毛，影响锯裁质量。锯裁的质量不仅跟锯齿锐钝有关，而且与锯片的转速、锯齿形状、锯齿的齿数有关。在一定的条件下，转速越高、锯齿越多、齿形短，锯裁效果就越好。所以，在锯裁工艺中，选择适宜的齿长、齿数及锯片转速，可提高锯裁质量。

热压后的MDF毛板表面不够平整，有预固化层，板面密度低，密度最大值位于表层下1.0～2.0mm处(图15-43)，因此影响板性能和板表面质量，给表面加工带来了困难。为了得到坚实、平滑的板面，控制好成品的厚度，符合厚度公差的要求，故需对板面进行砂光处理。

经冷却后的MDF，一般放置二昼夜后，再进行砂光处理。砂光量视制品预固化层和厚度偏差量而定。对于多层压机通常砂光量在1.5～2.0mm(双面)，一般采用宽带式砂光机，宽带式砂光机按砂架多少，可分为单砂架式和多砂架式。现广泛使用的为三砂架宽带式砂光机(图15-45)。

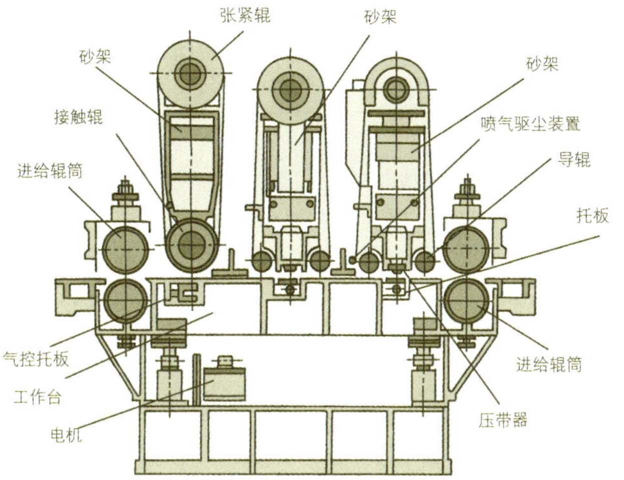

图 15-45 三砂架宽带式砂光机

该机砂带速度可达1100m/min，板的进给速度18～60m/min，使用压力0.07～0.14MPa，相应磨削压力为36～77MPa。通常根据对板的质量要求决定砂削量，可根据需要采用二道或三道砂光流程。一般第一道为粗砂，究其作用称之谓定厚砂削，砂带粒度40～60号，砂削余量(双面，下同)为0.5～0.8mm。第二道细砂，砂带粒度60～80号，砂削余量0.4～0.7 mm。第三道为精砂，砂带粒度100～120号，要求高时可达150～180号，砂削余量0.10～0.13mm。砂光后，19mm厚的制品厚度偏差要求达到±0.10mm。

砂光质量与进给速度、砂带粒度、砂带运行速度等因素有关。表15-12为进料速度、砂带粒度与砂光量之间的关系。

砂光是MDF的最后一道工序，如操作不当，可导致板子报废，因而应精心操作，注意以下几点：

表 15-12 进给速度、砂带粒度与砂光量的关系

进料速度 / 砂带粒径	砂光量(mm)			
	15(m/min)	30(m/min)	46(m/min)	61(m/min)
40号	1.27	0.64	0.51	0.38
50号	1.02	0.51	0.41	0.30
60号	0.64	0.38	0.25	0.23
80号	0.30	0.20	0.13	0.10

① 砂光量应计算准确，保证砂削后板密度的对称分布，厚度偏差达到标准要求；② 要连续进料，一块紧接一块；工作中砂光机不能中途停机，否则会造成板面凹坑；③ 砂带应与砂光机工作面保持平行，防止振动，以免板面产生波纹；④ 砂带应完好无损。

15.2.2 硬质(高密度)纤维板制造工艺特性

干法硬质纤维板(HF)与干法MDF制造流程基本上是相同的。用气流(或机械)做工作介质，不存在废水污染问题，制得结构平衡的两面光产品。但通常必须使用胶黏剂，易产生空气污染和潜在着火的可能性。HF制造同样包括：原料制备、纤维分离、纤维处理、成型和热压等工序组成。

用于制造HF的原料与MDF一样，无特殊要求，木质与非木质的植物原料皆可，因此，备料流程和设备与MDF无多大区别。同样在后续的纤维分离、纤维施胶、纤维干燥，板坯铺装以及热压等工序，流程安排和机械设备也与MDF基本上一致。二者的主要区别在于每道工序的工艺技术参数的差别。本节仅就干法制造HF的主要技术特点及有关参数分述如下：

1. 纤维分离与纤维处理

(1) 纤维分离的要求：HF的纤维分离通常亦采用热磨机法或高速磨浆机法，一级分离纤维。这是因为HF密度高，若纤维分离度过高，纤维比表积较大，不仅增大胶黏剂消耗量，而且影响板坯成型和热压时的排气性能，故干法HF的纤维分离度要求小于MDF，一般要求滤水度在15～20s。

(2) 纤维施胶：干法HF制造，可采用无胶胶合，但一般还是有胶胶合。选用胶黏剂种类和施加方式与MDF制造无多大差别，主要不同是施加量远小于MDF，一般在3%～5%范围。具体取决于对板性的要求、纤维分离度以及热压工艺等多种因素。

(3) 纤维干燥：干法HF的纤维干燥采用管道气流干燥的方式。可选用一级干燥或二级干燥工艺，对干燥后纤维含水率的要求，与纤维处理流程有关，若纤维先施胶后干燥，则干纤维含水率可在8%～12%；若先干燥后施胶；则干燥后纤维含水率应为3%～5%范围。

2. 制板

干法HF的制板，同样由板坯铺装、预压、板坯纵横锯裁、热压及毛板的后处理等工序组成。

板坯的铺装、预压和板坯纵横锯裁与干法MDF制造工艺、设备等也是基本类同。两者的热压工艺参数则是有较大的区别。

(1) 热压温度：因为HF板坯传热阻力大，板坯表、芯层间有较大的温差(图15-46)，为了提高热效率，缩短热压周期，一般采用较高的温度，温度的选择主要取决于胶种的固化温度和纤维间结壳物质的粘合，因此对于软材原料使用180～220℃，硬材原料为220～260℃。

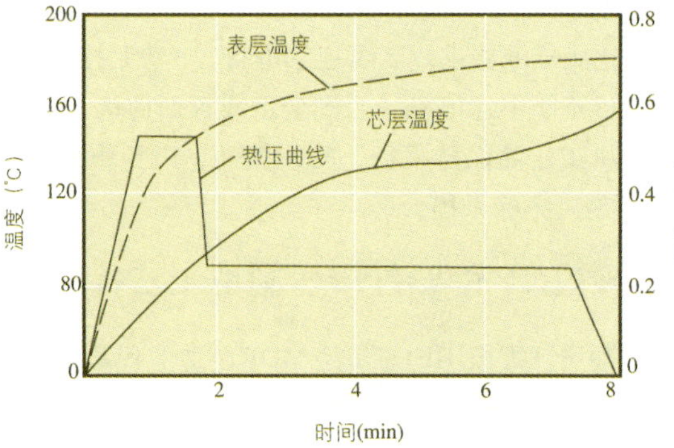

图 15-46 热压时板坯断面温差

(2) 热压压力：干法 HF 板坯弹性大，故采用较大的压力。通常采用高压和低压的二段加压法。高压段除克服板坯反弹、强化板坯热传导外，达到制品的厚度和高密度要求，所以高压一般在7.0～8.0MPa。低压段主要是胶料固化，板坯中水分畅通地汽化、蒸发，压力高低对板性影响不显著，通常为 2.0～2.5 MPa。

(3) 热压时间：是一个复杂的变量，只能根据具体情况来确定(图 15-47)。高压段时间长短，主要与制品厚度有关，即取决于板坯芯层温度；低压段时间与制品质量和压机生产率有关，主要根据胶黏剂固化和水分蒸发的时间为准。制造 2.4～6.0mm 厚的HF，通常高压段在5～30s，低压段为150～360s。热压过程所需辅助时间，见表 15-13。

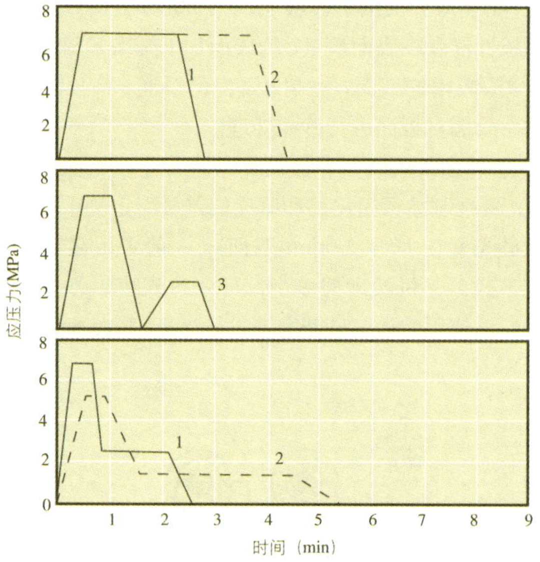

图 15-47 不同厚度干法 HF 的热压曲线

表 15-13 热压过程所需辅助作业时间

项目 编号	热压过程	时间(s)
1	热压板闭合时间	9
2	压力从"0"升至 8.0MPa 的时间	30～40
3	从 8.0MPa 降至 2.0MPa 的时间	12～14
4	从 2.0MPa 降至"0"的时间	15～20
5	热压板张开时间	40～45

15.3 干法纤维板性质

纤维板的性质随原料种类、板的密度不同而不同。但与其他木质制品相比，其共同的特性可概括如下：

(1) 因为纤维在板坯中的排列是各向异性，所以能得到纵横向强度和膨胀收缩率相同的板材，而且使用后不会产生裂缝、变形、开裂等问题。

(2) 热力学、声学性能好。MDF 保温绝热性能优良，因其组织结构均匀，吸音性好，因此在建筑物内的音响和室内温度的调节方面起到很好的作用。HF 作分隔墙有好的隔音效果。

MDF 更以优良性能，促使其形成强劲发展优势。MDF 有如下特点：

(1) 内部结构均匀、密度适中，尺寸稳定性好，变形小。

(2) 有一定的机械力学性能，MOR、MOE、IB、握钉力、表面结合强度等均高于刨花板。

(3) 表面平整光滑，可覆贴各类薄木或薄页纸，以致直接进行油漆或涂饰加工。

(4) 机械加工性能好，锯裁、钻孔、开榫、铣槽、雕刻等加工性能类似木材。经加工成异形边，不需封边即可直接油漆等涂饰处理。

(5) 易于进行防水、防潮、防火、防腐等化学药剂的处理，制取特种功能的 MDF。

15.3.1 物理性质

1. 吸湿性

纤维板密度越高、则在一定温、湿度大气中的平衡含水率越低，在标准状态(20℃，相对湿度 65%)下，MDF 的含水率为 7%～10%，HF 为 6%～8%，通常都比木材小(图 15-48)。

纤维板，特别是 HF，厚度、长度均随湿度的变化而膨胀或收缩，其厚度变化更明显，以绝干时的厚度作基准，其变化率可认为大体接近平衡含水率。

2. 吸水性

通常，纤维板的耐水性随着板密度的增大而提高。HF 是高密度的板材，耐水性较好。但吸水引起的厚度膨胀率与密度成正比地增大。长度膨胀率与密度无关，膨胀率也很小。

3. 传热性

纤维板的导热系数随着密度的增大而增加。与木材密度相同的 MDF，其导热系数要低于木材，这是由于 MDF 结构

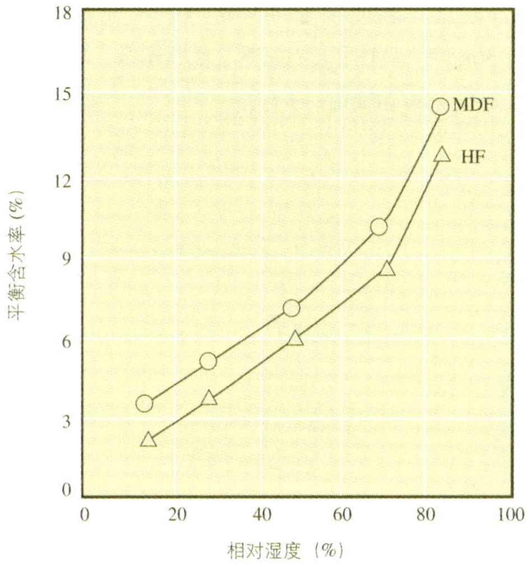

图 15-48 纤维板的含水率和相对湿度的关系

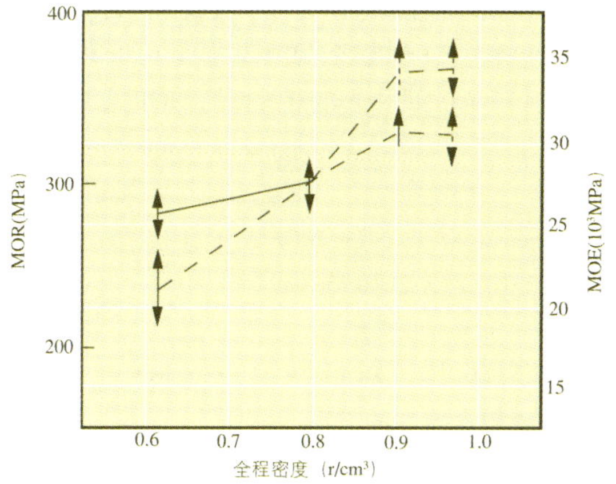

图 15-49 纤维板的密度与 MOR、MOE 的关系

表 15-14 中密度纤维板的密度与板性

密 度 板 性	0.55 (g/cm³)	0.65 (g/cm³)	0.75 (g/cm³)	0.80 (g/cm³)
MOR(MPa)	20.85	32.04	38.70	43.04
IB(MPa)	0.44	0.63	0.85	0.94
吸水率(%)	40.17	27.06	18.59	14.79
厚度膨胀率(%)	11.54	9.60	7.70	6.1 5

均匀。HF因密度较高，绝热性比木材略高。在一般情况下，纤维板的含水率增加，则导热系数也相应增加。

4. 声学性质

通常密度越小，吸音率越高，所以MDF吸音性良好。然而吸音率随频率不同而变化，如因施工方法、背面空气层的厚度、衬里材料等不同而产生不同的效果。进行钻孔加工的吸音纤维板能很好吸收从低频到高频的声音，未加工的HF能较好吸收高频的声音。

5. 耐候性

纤维板用于室内装修时，不易受气候的影响，在长期的使用中可以观察到由日光照射而引起的变色，但作室外用时，应采用酚醛树脂等耐水性胶黏剂或对板进行浸渍或涂饰处理，因其没有导管孔等的伸缩，故涂料的附着稳定性好。

15.3.2 机械性质

1. 强度与密度的关系

纤维板的强度与密度之间存在着密切的关系。在一般情况下，强度随着密度的增大而增加，特别是静曲强度、弯曲弹性模量、内部结合强度大体与密度成比例变化(图 15-49)，但密度大于 1.0g/cm³ 则此趋势逐渐减小。

冲击强度与密度无关，相反，则应注意高密度使板材的脆性增大。

中密度纤维板的密度对产品质量和用途有着极为重要的影响。板的密度增加，产品各项物理力学指标均有显著提高，见表 15-14。

不过板的密度也不宜过高，这是因为板的密度越高，板的变形也就越大，此外，密度高，板质量大，原料消耗量也随之加大。

图15-50为中密度纤维板的密度与板的静曲强度(MOR)、内部结合强度(IB)、弹性模量(MOE)等指标间的关系。

由图 15-55 所示 16mm 和 19mm 厚 MDF 在密度 0.70～0.75g/cm³ 时，MOR 为 25～33 MPa、IB 为 0.5～0.7MPa、MOE 在 2.6～3.2 × 10³ MPa，MOR 与 MOE 间有极好的相关性。

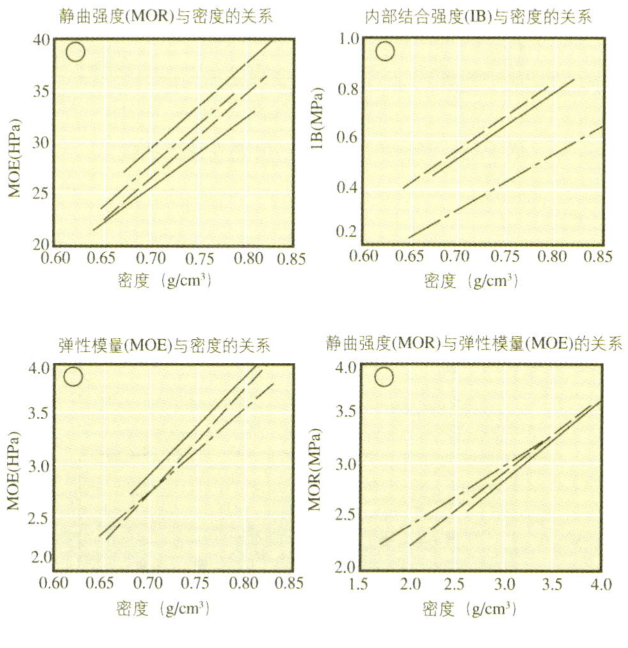

图 15-50 中密度纤维板性能

为了对不同密度的中密度纤维板制品进行对比分析，有如下经验换算关系，供参考。实测某密度下的MOR或IB值，可换算为0.75g/cm³的中密度纤维板的MOR或IB值。

$$X_0 = X\left(\frac{D_0}{D}\right)^n$$

式中：X——试样实测密度时MOR或IB值

D_0——平均密度，0.75g/cm³

D——试样实际密度

n——指数，换算MOR时用2.7，换算IB时用3.0

2. 强度与含水率的关系

水分对纤维板的静曲强度(MOR)和内部结合强度IB影响非常大(图15-51)。

3. 纤维板各强度性能

(1) MOR：除受密度、含水率较大的影响外，也受试件形状，试验条件的影响。厚度相同时，跨距小，MOR增大(图15-52)。

(2) 冲击弯曲强度：冲击弯曲强度与密度无特别的关系。通常冲击强度较高、韧性好的纤维板在弯曲、拉伸加工时效果良好。HF测定冲击弯曲强度，可使用摆锤式试验机，一般为4～8kg · cm/cm²。

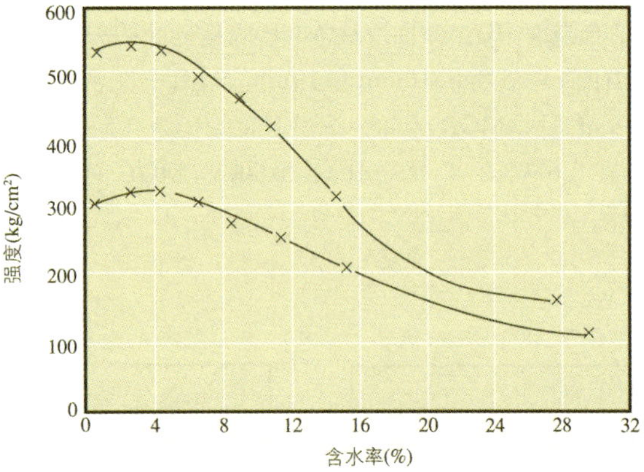

图15-51 纤维板的MOR、IB与含水率的关系

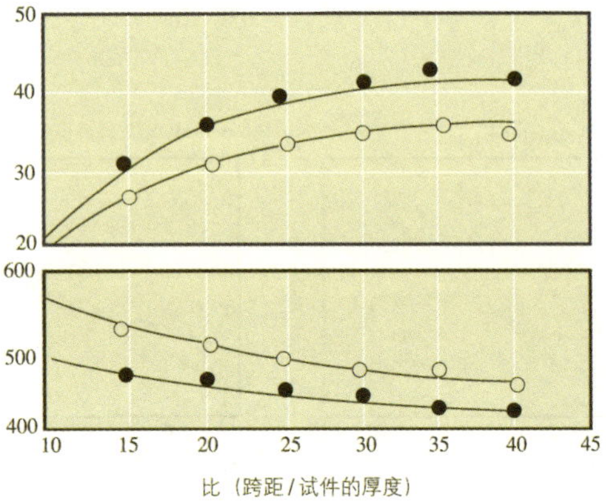

图15-52 MOR、MOE与跨距的关系

(3) 表面硬度：表面硬度因测定方法和装置不同有很大差异，载荷30kg时，HF的布氏硬度约为0.3～0.4kg/mm²(图15-53)。该值受密度的影响很大。

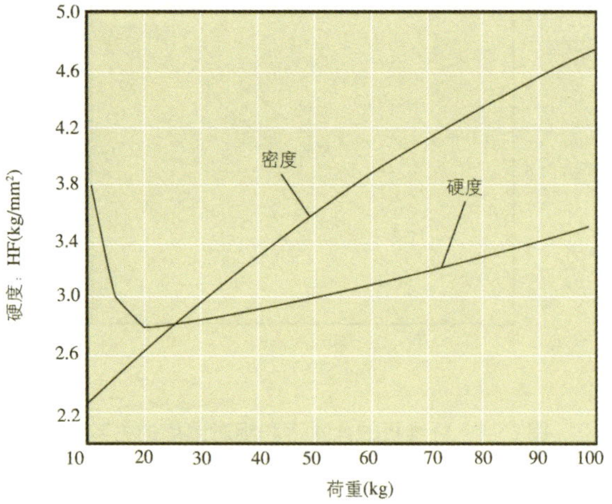

图15-53 纤维板的布氏硬度、密度与载荷的关系

(4) 耐磨性：纤维的耐磨性是当其用作地板、外墙板等时的重要性能。据有关资料记载认为：HF可与水泥砂浆、油毡地砖、水青冈拼花地板相匹敌。纤维板经热处理、浸油处理，耐磨性可提高1～2倍。

15.3.3 干法纤维板标准

1. 我国现行纤维板标准

(1) 中密度纤维板标准：我国现行MDF标准具体技术要求，见表15-15至表15-19，其他内容参见该标准细则。

(2) 硬质纤维板标准：我国现行HF标准(GB12626-90)，表15-20为我国现行HF物理性能要求。

2. 美国MDF标准(ANSIA208.2-1994MDF)(表15-21)

3. 欧洲MDF工业协会MDF标准(EMB/IS-1995)(表15-22～表15-25)

4. 家具用MDF和阻燃MDF性能要求(表15-26、表15-27)

表15-15 厚度尺寸偏差要求 单位：mm

等级	特级	一级	二级
尺寸偏差	± 0.25	± 0.30	0.35
	每张板内各测点的厚度值不超过其算术平均值的± 15%		

表15-16 幅面规格与尺寸偏差 单位：mm

幅面尺寸	长、宽度偏差	备　注
1220 × 1830 1220 × 2135 1220 × 2440	± 3	两对角线长度差<6mm 边缘不直度<1mm / 1000mm

表 5-17 翘曲度要求 单位：mm

检测尺寸	允许范围		
	特级	一级	一级
1000	≤ 5	≤ 10	≤ 15

表 15-18 板面外观质量要求 单位：mm

缺陷名称	具体规定	允许范围		
		特级	一级	二级
局部松软	直径≤ 80	不允许	1 个	3 个
边角缺损	宽度≤ 10	不允许		允许
分层、鼓泡、炭化		不允许		

表 15-20 HF 性能指标

性能	单位	特级	一级	二级	三级
厚度偏差	mm	0.30			
板边不直度	mm/m	<1.5			
对角线长度差	mm/m	<2.5			
对边长度差	mm/m	<2.5			
密度	g/cm³	>0.80			
MOR	MPa	>49.0	>39.0	>29.0	>20.0
吸水率	%	<15.0	<20.0	<30.0	<35.0
含水率	%	3.0～10.0			

表 15-19 物理力学性能指标

项目/单位/等级/类型	静曲强度			弹性模量			平面抗拉强度			正面握钉力			侧面握钉力			物理性能指标
	MPa			MPa			MPa			N			N			
	特级	一级	二级	特级	一级	二级	特级	一级	二级	特级	一级	二级	特级	一级	二级	
80 型	29.4	24.5	19.6	2070	1960	1850	0.62	0.55	0.49	1450	1350	1250	900	820	740	密度偏差<10% 吸水厚度膨胀率<12% 甲醛释放量<70mg/100g 板
70 型	19.6	17.2	14.7	1850	1740	1630	0.49	0.44	0.39	1250	1150	1050	740	660	/	
60 型		14.7			1630		0.39	0.34	0.29	1050	950	850	/	/	/	

表 15-21 尺寸偏差、物理力学性能

制品等级		高密度>800kg/m³	中等密度 640～800kg/m³				低密度<640kg/m³
名义厚度(mm)			≤ 21		>21		
长和宽公差(mm/m)			室内	室外	室内	室外	
		± 1.0	± 0.1	± 1.0	± 0.1	± 1.0	± 1.0
厚度偏差	板内(mm)	± 0.125	± 0.125	± 0.125	± 0.125	± 0.125	± 0.125
	板间(mm)	± 0.25	± 0.125	± 0.125	± 0.125	± 0.125	± 0.125
MOR(MPa)		34.5	24.0	34.5	24.0	31.0	14.0
MOE (MPa)		3450	2400	3450	2400	31.00	1400
IB(MPa)		0.75	0.60	0.90	0.55	0.70	0.30
握钉力	正面(N)	1550	1445	1445	1335	1335	780
	侧面(N)	1335	1110	1110	1000	1000	670
甲醛释放量(ppm)		0.30	0.30	0.30	0.30	0.30	0.30
密度偏差(%)		<± 10					
含水率(%)		4～9					

表 15-22 用于干状承载的板性要求 (MDF·LA)

性能	测试方法	单位	公称厚度范围(mm)								
			1.8～2.5	>2.5～4.0	>4～6	>6～9	>9～12	>12～19	>19～80	>30～45	>45
24hHS	EN317	%	45	35	30	17	15	12	10	8	6
IB	EN319	MPa	0.65	0.65	0.65	0.65	0.60	0.55	0.55	0.50	0.50
MOR	EN310	MPa	23	23	23	23	22	20	18	17	15
MOE	EN310	MPa	/	/	2700	2700	2500	2200	2100	1900	1700

表 15-23 用于湿状条件下板性要求（MDF · H）

性能	测试方法	单位	公称厚度范围								
			1.8～2.5	>2.5～4.0	>4～6	>6～9	>9～12	>12～19	>19～80	>30～45	>45
24hHS	EN317	%	35	30	18	12	10	8	7	7	6
IB	EN319	MPa	0.70	0.70	0.70	0.80	0.80	0.75	0.75	0.70	0.60
MOR	EN310	MPa	27	27	27	27	26	24	22	17	15
MOE	EN310	MPa	2700	2700	2700	2700	2500	2400	2300	2200	2000
方案1循环试验后，HS	EN310 EN321	%	50	40	25	19	16	15	15	15	15
方案1循环试验后，IB	EN319 EN321	MPa	0.35	0.35	0.35	0.30	0.25	0.20	0.15	0.10	0.10
方案2循环试验后，IB	EN319 EN1087-1	MPa	0.20	0.20	0.20	0.15	0.15	0.12	0.12	0.10	0.10

表 15-24 用于室外 MDF 板性要求（MDF · E）

性能	测试方法	单位	公称厚度范围(mm)								
			1.8～2.5	>2.5～4.0	>4～6	>6～9	>9～12	>12～19	>19～80	>30～45	>45
24hHS	EN317	%	35	30	18	12	108	7	7	6	
IB	EN319	MPa	0.70	0.70	0.70	0.80	0.80	0.75	0.75	0.70	0.60
MOR	EN310	MPa	34	34	34	34	32	30	28	21	19
MOE	EN310	MPa	3000	3000	3000	3000	2800	2700	2600	2400	2200
方案1循环试验后，HS	EN317 EN321	%	50	40	25	19	16	15	15	15	15
方案1循环试验后，IB	EN319 EN321	MPa	0.35	0.35	0.35	0.30	0.25	0.20	0.15	0.10	0.10
方案2循环试验后，IB	EN319 EN1087-1	MPa	0.20	0.20	0.20	0.15	0.15	0.12	0.12	0.10	0.10

表 15-25 附加性能要求

性能		测试方法	单位	公称厚度范围(mm)				备注
				≤6	>6～19	>19～30	>30	
握钉力	正面	EN320	N	/	1000	1000	1000	厚度<15mm
	侧面	EN320	N	/	800	750	700	不侧
表面结合强度		EN311	MPa	1.2	1.2	1.2	1.2	仅对用于层积板制上
尺寸稳定性 长度 IC(65%～85%)		EN318	%	+0.32	+0.25	+0.18	+0.15	
DL(65%～35%)		EN318	%	－0.18	－0.15	－0.12	－1.0	
厚度 IT(65%～85%)		EN318	%	+7.5	+4.5	+4.0	+4.0	
DT(65%～35%)		EN318	%	－2.5	－1.5	－1.0	－1.0	
表面吸收		EN382-1	mm	150mm(双面)				
含砂量		ISO3340	%	0.05				

表 15-26 家具用 MDF 性能要求

公称厚度(mm)	相对湿度从35%升至85%时影响				浸泡后的变化				静曲强度(MPa)		弹性模量(MPa)		平面抗拉强度(MPa)		湿循环试验后的变化				甲醛释放量(ppm)	握螺钉力				含砂量(%)	表面吸收(mm)
	长宽增加(%)		厚度增加(%)		吸水率(%)		厚度膨胀(%)								厚度膨胀率(%)		平面抗拉强度(MPa)			侧面		正面			
	平均	最大	平均	最大	平均	最大	平均	最大	平均	最小	平均	最小	平均	最小	平均	最大	平均	最小	最大	平均	最小	平均	最小	最大	最小
t ≤ 6	0.4	0.5	6	7	40	45	15	17	35	30	2800	2500	0.70	0.64	6	8	0.30	0.25	–	N	N	N	N	–	–
6<t ≤ 12	0.4	0.5	6	7	25	30	10	12	30	26	2500	2200	0.65	0.60	6	8	0.30	0.25	–	N	N	N	N	–	–
12<t ≤ 19	0.4	0.5	6	7	18	20	6	8	30	26	2500	2200	0.60	0.35	6	8	0.25	0.20	0.40	850	750	1050	800	0.5	150
19<t ≤ 35	0.35	0.40	5	6	16	18	6	8	28	24	2000	1700	0.60	0.55	5	7	0.20	0.15	–	650	550	950	800	–	(双面)
>35	0.35	0.4	5	6	16	18	6	8	25	20	2000	1700	0.55	0.50	5	7	0.1	5	0.10	–	650	550	950	800	–

注："最大"和"最小"指所测试件中单个试件值。"N"指该项不测

表 15-27 阻燃 MDF 基本性能

指标 \ 板厚 \ 数值		6.0～12.0 mm		14.5～22.0 mm		25.0～30.0 mm		单位
		最小值	平均值	最小值	平均值	最小值	平均值	
平面抗拉强度		0.70	0.95	0.60	0.83	0.60	0.71	MPa
静曲强度		28	46	26	43	24	36	MPa
弹性模量		2500	4100	2500	3800	2000	3200	MPa
握钉力	板面	–	–	1050	1150	950	1220	N
	侧面	–	–	850	900	650	730	N
吸水率		20	18	18	15	16	11	%
厚度膨胀率		8	8	6	3.3	5	3.1	%
尺寸稳定性	线膨胀率	0.40	0.20	0.40	0.20	0.35	0.20	%
	厚度膨胀率	6.0	3.7	6.0	3.3	5.0	3.1	%
含水率		5 ～ 6		6 ～ 7		7 ～ 8		%
密 度		750		750		720		kg/m^3
硬 度		5700		4800		4600		N
厚度偏差		± 0.15		± 0.15		± 0.15		mm

注：1.吸水率和厚度膨胀率测定条件为：20 ± 1℃水中浸泡 24h

2.尺寸稳定性测定条件为：相对湿度从 35% 升至 85% 下线膨胀和厚度膨胀率

15.4 干法纤维板的用途、贮存加工和施工方法

15.4.1 用途

干法纤维板的用途见表 15-28。

15.4.2 堆放与贮存

纤维板不同的制造工艺，厚度不同，含水率不一样，处理不当极易产生变形，下面是几点关于板堆放和贮存的建议。

(1) 纤维板的堆放应尽量平整，使用干燥的承载支撑应厚度相同，在其上放置 15mm 厚的板作隔板，堆积间距不大于 800mm。

(2) 连续层积，铅垂对准，板堆边缘齐平，边部不可伸出或悬挂拐角。

(3) 贮存场地应干燥，避免阳光直射、通风过度的地方，平均相对湿度在 50% 左右。

(4) 在板堆的顶部放置两张废板，短期防止吸湿、退色等的变化是足够的。

15.4.3 可加工性

1. 锯裁

用一般圆锯锯裁 MDF 和 HF 是没有问题的，但大量锯切高密度的HF时，通常应使用锯齿部分镶嵌硬质合金的圆锯片。

锯片锯齿伸出量大小，应根据板厚调整合适，否则会造成板边起毛。板的进给速度不宜过快，增加圆锯的锯轴转速可获得较好的加工质量(见表 15-29)。

表 15-28 干法纤维板的用途

种类	厚度(mm)	密度(g/m³)	主要用途
中密度纤维板(MDF)	6	>0.4	建材(内墙、天花板)
	9	>0.8	门板、工业搁板、工作台、地板
	7 9 12	>0.4	家具(橱柜的顶板，面板，门板，搁板，桌子，桌面板，抽屉面板，乐器，箱盒，缝纫机台板)
	15 18 21	>0.7	运动器具，文具，建具(百页板，条形木地板，横木板条，立筋)
硬质纤维板(HF)	3.5 5 7 9 12	>0.8	建材(墙板，墙壁衬板，天花板，壁橱) 家具(桌子，椅子，抽屉，床，橱柜，小型手推车，门，书橱) 电器(电视机，收音机，音箱，桌面板) 乐器(风琴，钢琴，其他)，汽车，包装，建具 杂货(钟，文具，玩具等)
		>0.9	建材(地板，地板衬板，墙壁衬板，檐的底部，护墙板，水泥模板)
	15	>0.8 >0.8	包装，造船，车辆，广告板，标牌
	5 7	1.0 左右	建材(外墙，内墙，檐的底部，门斗)

表 15-29 圆锯直径与转数的关系

直径(mm)	锯齿数	适当转速(r/min)
365	80 左右	2700～3200
305	70 左右	3100～3700
255	60 左右	3700～4400
203	50 左右	4700～5600

表 15-30 纤维板弯曲加工时可获得的曲率半径（常温）

厚度(mm)	风干状态(mm)		水浸透时(mm)	
	光滑表面	网纹表面	光滑表面	网纹表面
3.5	300	250	200	100
5.0	450	300	300	150
6.5	750	550	450	350

2. 边部加工、开槽和弯曲加工

(1) 边部加工、开槽：纤维板用木工手工刨和倒棱刨可以方便地刨削。做成一定棱宽时，则将倒棱刨的刨刀刃口保持45°左右的倾角。曲线倒棱宜用上轴铣床。MDF、HF的板边开槽可用木工开榫机或上轴铣床。上述机床都可用碳钢、工具钢、高速钢。砂轮采用凹圆形为好，砂带磨料粒度36，洛氏硬度9左右的磨具。

(2) 弯曲加工：在室温下弯曲湿润状态纤维板的方法。

①在常温水中浸泡24h。

②在50℃左右的温水中浸泡30min。

③在弯曲部分涂上溶解有表面活性剂(中性洗涤剂等)的水(0.5%～3%)，堆放10～30min。

用以上方法给予纤维板适当水分后，纤维板贴合被加热(180～230℃)辊筒或成型模具上模压进行弯曲。如果这时在弯曲的外侧包覆薄金属板(0.2～0.4mm厚)或金属网，对防止龟裂有效。

成型时间应根据曲率半径、纤维板厚度和种类等不同而不同(表15-30)，将3.5 mm厚的纤维板弯曲成曲率半径为20～25mm时，用辊筒弯曲在20s内即可完成。

3. 钉接合和胶合

(1) 钉接合：MDF和HF都可以使用螺旋圆钉、平头圆钉等各种圆钉，加工成企口的天花板也可以用钉枪。

钉大幅面纤维板时，钉钉子的顺序应该是从纤维板的一角开始沿边缘纤维板拉伸状地把钉子钉入，一开始先钉四角，然后钉中间的方法不好。圆钉之间的间隔，板端间隙为9mm时，四周为120mm，中间为180mm左右较为合适。

(2) 胶合：MDF、HF胶合加工可与其他木质材料完全相同，适用纤维板的胶黏剂示于表15-31。

把较小的纤维板接长，可进行斜面胶合。这时，斜面的长度宜取厚度的3～4倍，用脲醛胶较为适宜。

15.4.4 施工安装

纤维板的安装对于新建造的构筑物，通常是在门窗等的安装结束以后，湿法施工墙面时，要等墙壁和衬里材料很好干燥以后，再进行纤维板的安装。

1. 调湿处理

必须使纤维板具有使用环境的含水率后再行施工，除了

表 15-31 适用于纤维板的胶黏剂

被胶合物 胶黏剂种类	木质材	金属	混凝土	糊墙纸板	乙烯	纸	织物
醋酸乙烯乳液胶	⊙	△	○	⊙	×	⊙	○
丙烯酸乳液胶	⊙	○	△	○	⊙	○	○
乙烯溶剂型胶	⊙	⊙	⊙	○	⊙	×	×
橡胶类胶	⊙	⊙	⊙	○	⊙	△	△
脲醛，酚醛树脂类	⊙	△	△	⊙	×	⊙	⊙
环氧树脂类	⊙	⊙	⊙	○	△	○	○
沥青类	○	○	⊙	○	×	○	△
天然胶	○	×	×	○	×	○	○

注：⊙优，○良，△可，×不可

外墙用如油处理纤维板那样耐水性良好的纤维板外，在施工前必须调湿处理，可在使用前1～2d，使纤维板充分浸透水，将纤维板堆积起来，堆放24～48h。也可用湿报纸等夹在纤维板之间，水平堆积。需要快速洒水时，可在水中加2%左右的中性洗涤剂。若用不让水分逸散的薄膜覆盖水平堆放的纤维板，则效果更好。

2. **衬里材料**

衬里材料选用充分干燥的材料，中密度纤维板的立档间距取45 cm以下；大幅面硬质纤维板时，立档最大间距为40cm。此外，注意纤维板的板边不要落在无档子的空处。

混凝土墙时，安装图15-54状的木砖，做成基底后再进行施工。

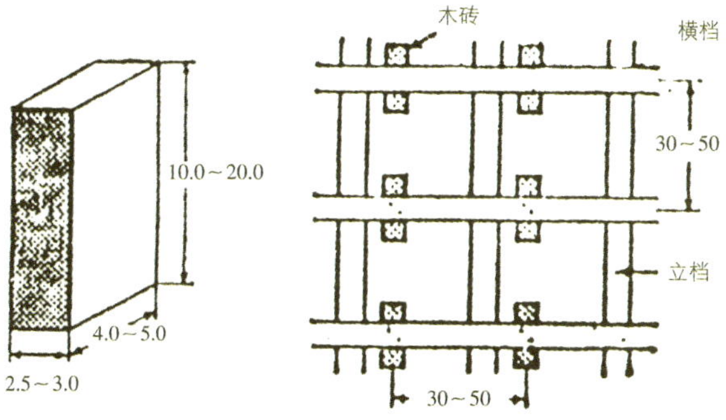

图 15-54 纤维板用木砖及其安装方法

3. **安装**

纤维板的接缝处不应正好拼严，必须留2～3mm的缝隙(宜留纤维板厚度大小的间隙)，或者采用连接件，留出一定的伸缩余量。墙角等的安装方法和一般木材加工大致相同。

安装纤维板可以只用钉子，但最好同时使用醋酸乙烯乳液胶等。在这种情况下不需全面涂胶，只要点状或线状涂胶。

安装有可看见的拼缝沟槽的装饰板时，将垫木贴在拼缝沟槽处，用钉子进行暂时的接合。也有用先钉小钉子，然后修补钉孔的接合方法。

参考文献

[1] F. P. Kollmam, Principles of wood science and technology(Ⅱ)-Wood-based materia, 1997

[2] Otto Suchsland and Georde E Woodson. Woodson, Fiberboard manufacturing practic is in United States, AH-640,1986

[3] 陆仁书主编. 纤维板制造学. 北京：中国林业出版社，1993

[4] Euro MDF Board-MDF Auser′s manual, 1994

[5] 徐咏兰主编. 中密度纤维板制造. 北京：中国林业出版社，1995

16 湿法纤维板

Wet-process Fiberboard

湿法纤维板是以水为介质，以植物为主要原料，经过纤维分离、纤维处理、成型、热压等工序制成的产品。

湿法硬质纤维板产品一般是薄板，通常厚度在5mm以下，由于其强度高、弯曲性能好、表面不开裂，所以在建筑、家具制造、车辆、船舶、飞机、家用电器等方面，均可广泛代替一般板材使用。例如用作墙板、地板、门板、水泥模板、天花板、家具用板等。在车辆、轮船制造业中，硬质板被大量用来作内壁板。近年来，小轿车和轻型汽车的内饰板也广泛采用硬质纤维板。

软质纤维板的特点是重量轻、具有多孔性、良好的隔热、保温、吸音性能。一般多用于建筑内部，做墙板、间壁板、天花板，另外也可用作包装行业的防震衬板。

16.1 湿法纤维板的性能

16.1.1 主要物理力学性能

湿法纤维板的性能因板子种类、原料种类、制造工艺不同差异很大，现将主要物理力学性能分述如下：

1. 静曲强度

纤维板作为一种板材使用，最常遇到的受力形式是静载荷，因此，静曲强度是纤维板的主要力学指标。

湿法纤维板的强度与原料种类、密度、含水率、生产工艺及增强剂种类有着密切关系。

一般说来，纤维板的静曲强度随着板子密度提高而明显增大。在密度和其他条件相同的情况下，纤维板含水率的变化对强度有显著的影响。如含水率在5%以下时，纤维板的静曲强度最高。含水率在5%～20%范围内，每增加1%，板子静曲强度下降3%～5%，当含水率超过30%时，静曲强度要下降60%以上。另外，在纤维板长、宽不同方向上的静曲强度也有差异。

2. 耐水性

纤维板的耐水性，根据国家标准规定，一般由吸水率和吸水厚度膨胀率两个指标来衡量。木材制品在使用时，最大的缺陷是在其含水率变化时产生变形。用植物纤维制成的纤维板同样有湿胀干缩等特点。例如，密度为1.05g/cm^3，厚度为5mm的硬质纤维板，从空气中每吸收1%的水分时，其长宽方向的膨胀率平均为0.031%，而厚度膨胀率达0.73%。纤维板内水分变化时，纤维板收缩和膨胀尺寸变化见表16-1。

3. 导热性

所谓导热性是指纤维板传导热量的能力。纤维板的导热性多用导热系数（千卡/m · h · ℃）表示。导热系数低，

表16-1 纤维板内水分变化与收缩、膨胀尺寸变化关系

板的类型	水分变化1%时，板的尺寸变化(%)		
	纵向	横向	厚度方向
硬质板	0.20 / 0.031	0.19 / 0.030	1.1 / 0.73
中密度板	0.24 / 0.028	0.23 / 0.028	1.7 / 0.65
软质板	0.28 / 0.010	0.26 / 0.010	1.9 / 0.23

注：表中分子系干缩时的数据；分母系湿胀时的数据

说明材料隔热或保温性能好。影响纤维板导热性能的主要因素是密度及含水率。纤维板的导热性能随着板的密度增加而增加。例如，密度为 $0.20g/cm^3$ 的软质纤维板导热系数为0.06；而密度为 $1.0g/cm^3$ 的硬质板导热系数为0.158，也就是说，硬质板的隔热性能仅为软质板的1/3。随着含水率增大，纤维板的隔热性能下降，当含水率由10%增大到40%时，板的导热系数几乎增加一倍。

4. 吸音性和隔音性

吸音性是指材料吸收音量的能力，通常用吸音系数表示。影响纤维板吸音、隔音性能的主要因素是板子的密度。纤维板密度不同，则它的内部空隙率也不同。软质板孔隙率大于60%，而硬质板的体积空隙率仅在30%左右。因此，软质板吸音效果远大于硬质板，而隔音效果则相反，硬质板优于软质板，密度越高隔音性能越好。部分材料的隔音性能指标如表16-2所示。

表16-2 部分材料隔音性能指标

材料名称	材料重量(kg/m^2)	隔音性能(dB)
纤维板	3.5	24
纤维板	8	30
胶合板	2	20
砖　墙	250	52

5. 硬度

纤维板的硬度与其含水率、密度、胶种、热压工艺等因素有关。密度越大、含水率越低其硬度越大。一般超硬质纤维板(密度大于 $1.20g/cm^3$)的布氏硬度为 $15\sim17kg/mm^2$，硬质板为 $10\sim12kg/mm^2$，中密度板 $5\sim7kg/mm^2$。

6. 弹性模量

影响弹性模量的因素主要是板的密度及含水率。

7. 内部胶合强度

影响纤维板内部胶合强度的主要因素有：板子的密度、含水率、胶黏剂的种类等。

8. 握钉力

握钉力反映了纤维板对钉子的握持能力，通常用牛顿(N)表示。从板面拔出钉子需要的外力越大，则纤维板的握钉力越高。

16.1.2 湿法纤维板的生产工艺流程

湿法硬质纤维板的工艺流程通常根据原料、产品种类、质量要求、生产规模等具体条件不同而有所差异。概括起来，其生产工艺流程可分为五个主要工段(图16-1)。

(1) 备料工段：包括原料搭配、削片、筛选、磁选、运输及贮存。

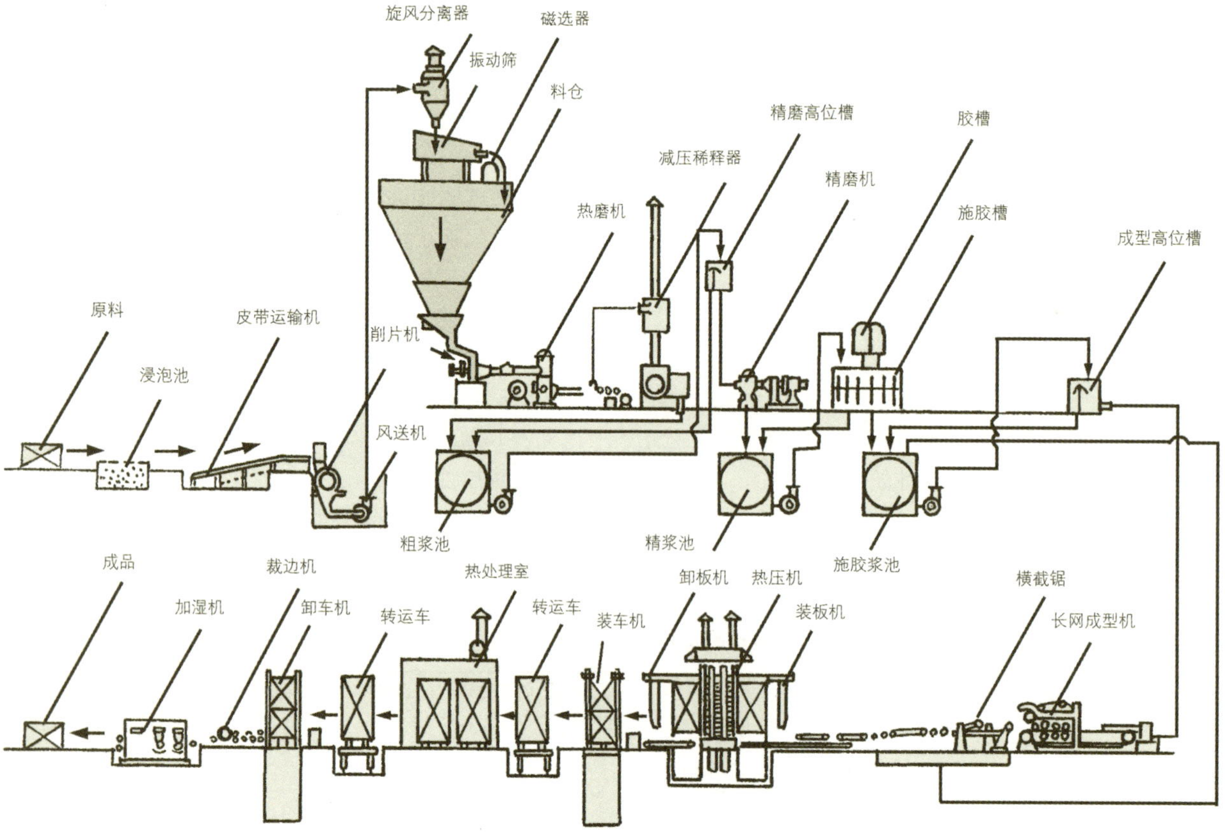

图16-1 湿法硬质纤维板工艺流程

(2) 纤维分离工段：包括软化处理、热磨、精磨、浆料处理。

(3) 成型工段：包括长网(或圆网)成型、板坯纵横锯裁、合板。

(4) 热压工段：包括装板、卸板、热压、分板等。

(5) 后处理工段：包括热处理、湿处理、裁边、二次加工处理等。

16.1.3 湿法软质纤维板生产工艺流程

软质纤维板的生产工艺，除了成型以后工序有所不同外，其他工序与湿法硬质纤维板工艺基本相同，但工艺参数要求有所差异 (图 16-2)。

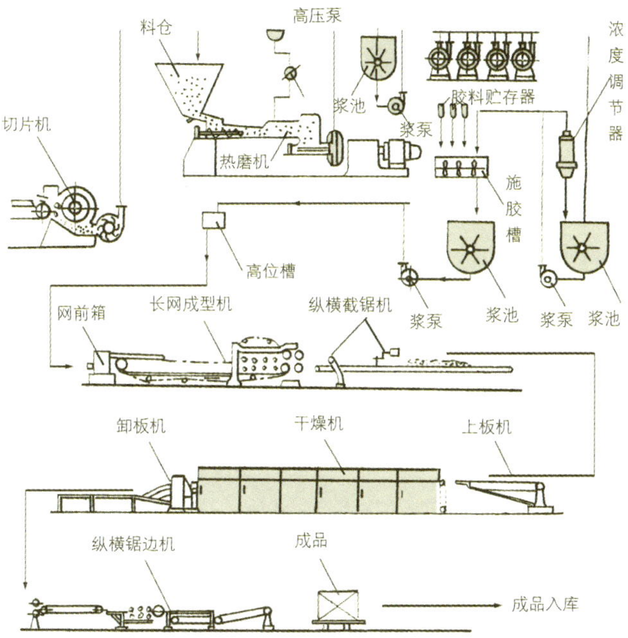

图 16-2 湿法软质纤维板工艺流程

(1) 备料工段：包括原料搭配、削片、筛选、磁选、运输及贮存。

(2) 纤维分离工段：包括软化处理、热磨、多次精磨、浆料处理。

(3) 成型工段：包括长网(圆网)成型、板坯纵横锯裁。

(4) 干燥工段：包括装板、板坯干燥、卸板等。

(5) 后处理工段：包括裁边、砂光、二次加工处理等。

16.2 原料及其选择

16.2.1 原料的种类

生产纤维板的原料来源广泛，但从综合因素考虑，主要利用木材，其次为农作物秸秆或木本科植物的茎秆，因此纤维板生产原料可分为木质纤维原料和非木质纤维原料两大类。

1. 木质纤维原料

木质纤维原料产量大而且集中，受季节影响小，便于运输和价格适宜，是纤维板生产的主要原料。为了提高木材利用率和降低原料成本，木质原料主要以森林采伐和木材加工剩余物为主，枝桠、梢头、小径木、板皮、截头、碎单板、木芯、板边、刨花、锯屑等。

不同地区受地域和环境的制约，生产纤维板所采用的树种不同。我国北方多用红松、落叶松、云杉、桦木、椴木、水曲柳、杨木、榆木、柞木；南方地区多用马尾松、泡桐、柳树、栎木等。随着森林资源的变化，原料种类也逐渐变化，人工林速生木材作为生产原料的越来越多。

2. 非木质纤维原料

某些农作物秸秆及禾本科植物的茎秆可作为纤维板的生产原料，具有价格低廉、节约森林资源的优点，但是收获季节性强，不便运输和贮存。目前用于生产的种类主要有甘蔗渣、竹类、棉秆和芦苇等。

甘蔗渣是良好的纤维板生产原料，产品性能好，与木材纤维制成品基本具有同等的质量。

但甘蔗渣收获季节性强、不易保存；甘蔗渣中含有大量髓细胞，在湿法纤维板生产中需进行脱髓处理。竹材在我国分布广泛，不受收获季节限制，运输容易，纤维长、形态好，能够生产优质产品，缺点是成本较高。棉秆产量大，纤维形态好，能够生产合格产品。目前存在的问题是棉秆除皮困难，在备料时会产生皮纤维粘联现象。若采用全秆制浆，又由于棉秆芯与棉秆皮在构造和性质上的差异，影响生产工艺，有待进一步研究改进。芦苇作为纤维板生产原料，产品具有较高的静曲强度，但是芦苇产量有限，只能在局部地区使用。

16.2.2 纤维形态及其影响

纤维形态主要指纤维细胞的长度、宽度、长宽比、壁腔比、壁厚等指标。

植物是由细胞构成的，不同植物其组成的细胞种类、形态和数量不同。通常把植物细胞分为厚壁细胞和薄壁细胞两大类，在纤维板工业中，将内腔狭窄、两端尖削细长的厚壁细胞称之为纤维。它包括针叶材的管胞、阔叶材的木纤维、非木质原料中的纤维细胞和韧皮纤维等。

针叶材的主要组成成分是管胞，约占针叶材体积的90%以上。根据我国80种针叶材管胞长度的测定，早材管胞平均长3.247mm，晚材平均3.645mm，总平均长度3.451mm。多数树种的管胞长度在3～5mm，宽度在20～50 μm之间，长宽比约为75～200。阔叶材的主要组成是木纤维，约占阔叶材体积的50%左右，木纤维平均长度在1～2mm之间，宽度在10～50 μm之间，长宽比约为40～100。

禾本科植物纤维细胞，属于韧皮纤维类，除竹类、甘蔗渣的纤维比较细长外，其他植物纤维都细而短，平均长度在

1～1.5mm 之间，平均宽度在 10～20μm 之间，含量占细胞总量的 50%～60%(按面积法测定)。

植物中除纤维以外的细胞，通称为杂细胞。杂细胞壁薄、强度低，在湿法生产中易受破坏随工艺废水流失，不仅影响浆料质量而且会造成环境污染。所以，杂细胞含量的多少是衡量原料质量的一个重要指标。

纤维的形态与纤维板的质量密切相关。以强度为例，纤维板的强度决定于纤维本身的强度和纤维之间的结合强度两个方面。纤维本身的强度高低，对软质纤维板，中密度纤维板的影响较小，而对硬质纤维板的强度影响十分显著。硬质纤维板经破坏试验之后，可在断裂面上见到60%左右的单体纤维被破坏。单体纤维强度取决于原料中纤维细胞固有强度和在生产过程中受破坏的程度。

纤维形态与纤维交织性能之间有密切的关系，是影响纤维之间结合强度的重要因素。第一，长度长、长宽比大的纤维具有较好的结合性能；第二，细胞壁较薄，壁腔比小的纤维可塑性好，具有较大的接触面积；第三，长短、粗细纤维的合理搭配，可以填补板坯内纤维之间的空隙，增加接触面积，提高产品密度和强度。

一般认为，针叶材纤维含量高，纤维本身强度高，长度大，长宽比大，比阔叶材和其他植物纤维原料更适于作为纤维板的原料，表 16-3 为部分常用原料的纤维形态。

16.2.3 原料的化学成分

植物原料的主要化学成分是纤维素、半纤维素和木素，次要成分有单宁、树脂、脂肪、果胶、色素、淀粉、蛋白质及灰分等。次要成分又称抽提物，一般可以用冷水、热水或中性有机溶剂如乙醇、苯、丙酮、乙醚等溶剂溶解浸出。表 16-4 为木材化学成分的平均含量值。从表中可以看出，针叶材与阔叶材的纤维素含量相差不大，针叶材的木素含量高于阔叶材，而抽提物的含量低于阔叶材。竹材、棉秆、甘蔗渣的主要化学成分与阔叶材差别不大，草类纤维素含量明显低于木材，而热水抽提物，1%NaOH 抽提物却高于木材。在湿法生产中，使用抽提物含量高的原料除对纤维板质量产生不利影响外，还会导致严重的水污染。

16.2.4 原料的选择

在选择原料时，要考虑以下几个方面：原料的质量、原料的数量及原料的成本。

1. 原料质量

原料的质量是影响纤维板成品质量的关键因素之一。质量的优势从它的化学成分、纤维含量及其形态、加工性能等方面综合评定。原料的化学成分最主要的是纤维素含量。纤维素含量高，意味着纤维的得率高，产品的耐水性好，机械强度高。纤维素含量低于30%的原料则对纤维板生产无实用价值。当采用半纤维素含量和水抽提物高的原料生产时，必须考虑到产品的吸湿性和水污染的严重性。

加工性能是指原料在削片和制浆时的难易程度。硬材比软材难于加工，干材比湿材难于加工。用于生产纤维板的木材，密度为 0.14～0.6g/cm³ 较好，含水率应在 30% 以上，树皮含量应在 20% 以下。

2. 原料数量

原料的来源必须丰富。生产1t湿法硬质纤维板约需要1.2～1.5t 绝干纤维原料，生产 1m³ 的中密度纤维板，约消耗 1t 的绝干原料。因此，年产量 3 万 m³ 的中等规模湿法纤维板厂，每年约需要 4 万～4.5 万 t 左右绝干纤维原料。建厂前，必须考虑到能够有持续、稳定的原料供应。

3. 原料成本

原料的成本包括收购成本和运输成本。在考虑原料收购价格的同时，还要考虑运输距离远近和运输的难易程度。如果原料产地分散，不易集中收购，则会增加运输成本，对生产不利。因此，厂址应力求接近原料产地，或者建立原料基

表 16-3 几种常用原料的纤维形态

原料	纤维长度(mm)	宽度(μm)	长宽比	壁厚(μm)	腔径(μm)	壁腔比
马尾松	3.61	50.0	72	2.8～6.1	–	–
落叶松	3.41	44.4	77	4.0～12.5	–	1.92
云　杉	3.06	51.9	59	5.1～7.6	–	0.82
白　桦	1.27	22.3	56.7	4.3	–	0.62
毛白杨	1.18	21.0	56.2	2.42	–	0.37
毛　竹	2.00	16.2	123	6.6	2.90	4.55
慈　竹	1.99	15.0	133	–	–	–
甘蔗渣	1.73	22.5	77	3.26	17.9	0.36
棉秆芯	0.83	27.7	30	2.7	18.9	0.28
棉秆皮	2.26	20.6	113	5.8	4.3	2.70
玉米秆	0.99	13.2	75	–	–	–
麦　草	1.32	12.9	102	5.2	2.5	4.16

表 16-4 木材的化学成分含量

化学成分	针叶材(%)	阔叶材(%)
纤维素	42 ± 2	45 ± 2
半纤维素	27 ± 2	30 ± 5
木素	28 ± 3	20 ± 4
抽提物	3 ± 2	5 ± 3

地，进行初加工后再运输。

16.2.5 原料和辅料需量计算

1. 原料量计算

若纤维板(裁边板)的产量为D，则所求原料量可用下式计算：

$$Q=\frac{D}{(1+P)(1+W)(1-K)}$$

式中：Q——原料需要量，t

D——纤维板成品产量，t

P——辅助添加剂比例，%

W——成品板含水率，%

K——各工序原料总损失率，%

各工序原料损失率见表 16-5。

表 16-5 各工序原料损失率

名称	数值(%)
原料锯截时锯屑损失	0.5～1
原料剥皮损失	1
备料工段损失	4～5.5
木片风送过程粉尘损失	2～7
木片筛选损失	2～5
木片水洗损失	1.5～3
制浆过程损失	3.5～7
热磨时损失	4～6
成型损失	1～4
热压损失	0.5
裁边损失	4～5.5

2. 辅助材料计算

纤维板生产过程中，需要添加防水剂、增强剂、沉淀剂以及防火防腐剂等辅助材料，其计算通式如下：

$$A=Q\cdot P\cdot K_n$$

式中：A——某种辅助材料年需量，t

Q——绝干纤维年需求量，t

P——某种辅助材料添加率，%

K_n——损失系数，约 1.05

各种辅助材料消耗定额见表 16-6。

16.3 纤维制备

纤维制备是纤维板生产的第一道工段，是将木材或其他含有纤维的原料，分离成单体纤维或纤维束的工艺过程。不同的原料应有不同的制备工艺、较完整的工艺应包括下列工序：锯截、削片、筛选、磁选、水洗或风洗、软化处理和纤维分离等。

16.3.1 削片

纤维板生产对木片规格有一定的要求，木片如果过大，蒸煮时难以软化，或者软化不均匀，纤维分离度小；如果木片过小，纤维被切断变短，导致纤维板强度下降。实践证明，在使用木质原料时，木片长度在 16～30mm，宽度在 15～25mm，厚度在 3～5mm 较适宜，而且要求木片大小基本均匀，切口平整光滑，无毛刺，木片外型呈棱型。经过筛选后木片的规格要求如表 16-7 所示。

木片中纤维的平均长度与木片的长度直接相关，与木片的宽度和厚度几乎无关。木片中的纤维平均长度可按下式计算：

$$m=\frac{M\cdot L}{M+L}$$

式中：m——木片中纤维平均长度，mm

M——原木中纤维的平均长度，mm

L——木片的长度，mm

表 16-7 筛选后木片组成要求

木片类型	木片长度(mm)	组成(%)	备注
大型木片	大于 30	不超过 6～8	①不得混入金属物质； ②经过筛选进入再碎机进行二次粉碎的大型木片，得超过木片总量的 10%～20%； ③木片含水率 35%～50%
标准木片	16～30	不小于 70～76	
小型木片	6～15	不大于 8～12	
碎木片	5	不大于 3～5	

表 16-6 各种辅助材料消耗定额（kg/t）

板种	松香	苛性钠	石蜡	油酸	氨水	胶	硫酸	硫酸铝
软质板	18～19.5	0.2～0.25	10～15	–	–	–	–	40
中密度板	–	–	9.5～10	1.5～2.2	0.8～1.2	20～50	–	30
硬质板	–	–	6～10	1.4～1.5	0.76～0.8	–	–	20
超硬质板	–	0.15～0.7		0.9～1.5	0.48～0.8	15～30	14～28	5～10

显然，当树种一定时，木片愈短，木片纤维的平均长度愈小；当木片长度一定时，较长纤维的原料损伤率较高。

生产木片的设备是削片机，常用的削片机有两种：盘式削片机和鼓式削片机。

16.3.2 原料的软化处理

1. 软化处理的目的

原料里的植物纤维细胞彼此以主价键、副价健和表面交织力牢固地结合在一起。若将这种未经软化处理的原料分离成单体纤维或纤维束，需消耗大量动力，花费很长时间，而且对纤维的机械损伤也较严重，影响浆料质量。因此，不论采用何种方法分离纤维，原料在分离之前均应进行程度不同的软化处理，使纤维中某些成分受到一定程度破坏或溶解，削弱纤维间的结合力，提高原料的塑性。这样可使纤维易于分离，提高浆料质量、减少动力消耗、缩短纤维分离时间。

2. 软化处理的方法

纤维板生产中可采用的软化处理方法很多，基本上分为三种：加压蒸煮、常压热水浸泡和化学药品处理，但最为常用的是加压蒸煮法。

加压蒸煮又可分为蒸汽蒸煮和水蒸煮两种，二者软化原理相同，只是用水量不同。加压蒸煮所加工出的纤维特点是：纤维柔软、纤维强度高，但纤维色泽较深。纤维原料经加压蒸煮后，之所以能被软化，主要原因是原料在水、热作用下，纤维水解的结果。在加压蒸煮过程中，原料会产生以下变化：

(1) 抽提物的溶解：原料接触水、热后，某些抽提物如单糖、单宁、果胶等会首先部分溶解，随着温度的升高，溶解程度越来越大。

(2) 半纤维素水解：随着温度的升高和时间的延长，半纤维素开始水解，生成低聚糖，如木糖、戊糖等。水解的程度与时间成正比关系。但分布在细胞壁内的半纤维素，由于受纤维素的保护，很难水解。

(3) 纤维素水解：由于纤维素聚合度较高，且有结晶区，故不易水解。因此，水、热对纤维素的作用主要表现是聚合度降低，使低聚合度分子链数目增多。

(4) 木素的软化（见表16-8）：木素是抗酸的，在遇水解条件下木素不会溶解，其主要变化是受热软化。木素主要分布在纤维细胞的胞间层，因而软化后的木素有利于纤维之间的分离。水分的存在可大大降低木素的软化温度。

3. 加压蒸煮工艺条件

加压蒸煮时，选择正确的蒸煮温度和蒸煮时间很重要，它们将直接影响浆料质量、纤维得率和纤维分离时的动力消耗。

(1) 蒸煮温度对木片塑性、纤维板强度的影响：蒸煮温度越高，木片塑性越好。当蒸煮温度由135℃升至175℃时，木片的塑性一般可提高近50%。当蒸煮温度低于165℃时，随着蒸煮温度提高，制取的纤维板强度明显提高。但若温度过高，纤维本身破坏严重，机械强度急剧下降，导致纤维板强度也随之下降。

(2) 蒸煮时间对纤维板强度的影响：当蒸煮温度不变时，延长蒸煮时间可使纤维板强度提高。然而时间延长，纤维在长时间高温作用下受到严重破坏，从而使纤维板强度降低。一般蒸煮时间不应长于木片温度升至木素软化点所需要的时间。

(3) 蒸煮温度对纤维分离时动力消耗的影响：蒸煮温度对纤维分离时的动力消耗影响很大（见图16-3）。温度接近100℃时，动力消耗下降明显。当温度达到160～180℃时，即温度达到木素的热可塑温度时，胞间层被软化，动力消耗急剧下降。此时，木片很容易分离成纤维。因此用热磨机分离纤维时的温度通常在165℃左右。

(4) 蒸煮温度、时间对纤维得率的影响：生产中常常用提高蒸煮温度和延长蒸煮时间来改善浆料质量、减少动力消耗和提高生产效率。然而，温度越高，时间越长，纤维得率就越低。这样不仅提高了纤维板成本，而且过多的水溶物会加重水质污染程度。

总之，选择加压蒸煮参数时，必须根据生产条件，树种、纤维质量要求、纤维得率、动力消耗、纤维扳质量及废水处理等因素综合分析，寻求最佳工艺条件。热磨法制浆时，木片蒸煮温度一般在160～190℃，饱和蒸汽压力0.7～1.2MPa，蒸煮时间3min左右，目前国内纤维板企业每生产1t纤维板，热磨机系统消耗蒸汽为0.7～0.9t，电力消耗为180～300kW。

16.3.3 纤维分离

原料经软化处理后，即进入纤维分离阶段，目前多采用机械研磨法分离纤维，即原料在两个磨盘之间的摩擦、挤压、揉搓等作用下，分离成单体纤维和纤维束。该方法又称

表16-8 木素软化温度和其含水率的关系

含水率(%)	0	3.9	12.6	27.1
软化温度(℃)	195	159	115	90

注：表中所示木素是云杉高碘木素

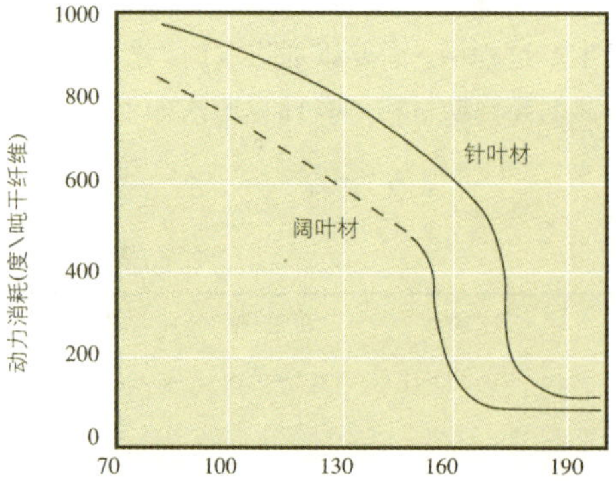

图16-3 蒸煮温度与纤维分离时动力消耗的关系

加热机械法。在磨浆过程中，原料所受到的作用力快速地从零到最大值交替变换着，在这种变动动载荷作用下，原料内纤维胞间层或其他部位“疲劳”松弛，从而达到纤维的分离，这种解释又称为松弛理论。

影响纤维分离的主要因素有以下几方面：

1. 原料的弹塑性

原料的弹塑性决定原料变形后复原所需时间。如果原料富于塑性，其变形后复原所需时间就较长，在外力作用频率相同情况下，就可能来不及恢复原状，原料就很快分离成单体纤维或纤维束。原料的弹塑性与其含水率、温度直接相关。温度越高，含水率越大，原料的塑性就越好。提高原料塑性的主要措施是磨浆前对原料进行软化处理。

2. 外力作用频率

外力作用频率即相邻两次外力作用的时间间隔，是影响磨浆产量和质量的主要因素。外力作用频率小，即相邻两次外力的间隔时间长。原料有可能在受到下一次外力作用以前，就恢复原状，上一次外力所产生的内应力也可能大部分或全部消失。为了使纤维分离，必须重新使原料获得必要的内应力，这样，不仅延长了磨浆时间，而且浆料质量由于纤维横向切断增多而变差。

提高外力作用频率的方法很多，常用的如增加磨盘直径、提高磨盘转速、选择磨盘齿形等。

3. 研磨压力

纤维分离时，原料必须受到一定的研磨压力，即磨盘研磨面上的单位压力。调整磨盘间隙和轴向液压压力就会改变研磨压力。提高研磨压力，可以缩短磨浆时间，但有可能增加纤维的切断量，导致纤维平均长度降低和纤维板强度下降。一般不宜采用提高研磨压力，缩短磨浆时间，而采用增加外力作用频率的方法。磨盘间隙大小应以接近纤维直径的2～4倍为宜，一般调整到0.1～0.2mm，过大或过小，都会影响纤维分离的产量和质量。

热磨机分离的纤维浆料一般较粗，含有较多的粗纤维束、杆状纤维。用于软质纤维板生产时，必须再一次磨浆，即精磨。否则，将严重影响纤维间的结合。生产硬质纤维板时，为了提高制品强度和板面质量，也往往需要精磨。精磨一般是在常压下工作，精磨后纤维的滤水度可提高3～8s，约为20～28s。

16.3.4 纤维质量及测定

原料经软化处理、纤维分离后，所制得的纤维又称浆料，其质量不仅影响后续工序而且最终影响产品质量，必须经常进行检验测定。湿法纤维板生产中通常采用纤维分离度和纤维筛分值衡量纤维质量。

1. 纤维分离度

纤维分离度就是指纤维被分离的程度，纤维分离度越高则纤维越细小，比表面积越大。测定纤维分离度方法有滤水度、叩解度和游离度三种方法，其中在我国主要采用滤水度测定的方法，即以滤水度(s，又称热磨秒)表示纤维分离度。

不同的纤维板生产对纤维分离度要求不同，见表16-9。软质纤维板没有热压工序，纤维板的强度完全依靠纤维之间交织力，因此要求纤维细小，分离度高。硬质纤维板生产时，考虑到热压时板坯排水、排气的需要，纤维分离度要求低一些。

表 16-9 各种纤维板的纤维分离度

纤维板类型	密度 (g/cm³)	纤维分离度	
		滤水度(s)	叩解度(° SR)
软质板	<0.3	60～80	18.6～21.0
软质板	0.3～0.4	40～50	15.5～17.5
半硬质板	0.5～0.7	30～35	13.5～14.5
硬质板	0.8～1.0	20～28	11.5～12.5

2. 筛分值

纤维分离度所反映的是纤维质量的平均值，即纤维粗细的平均值，而不能反映不同粗细纤维的组成比例。因此，虽然纤维分离度相同，但若纤维的组成比例不同，则制成的纤维板强度等性能差距很大。纤维粗细的构成比例是用筛分值来表示的。所谓筛分值，就是纤维浆料通过或者留在各种规格筛网的纤维所占的重量百分比。图16-4反映的是浆料筛分值与硬质纤维板性能的关系。

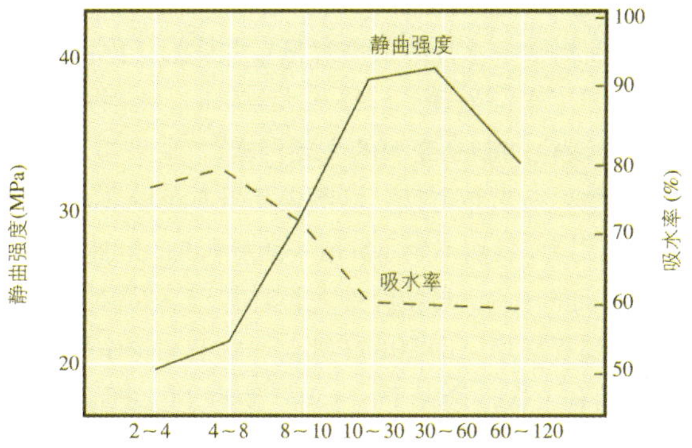

图 16-4 浆料筛分与纤维板性质的关系

16.4 纤维处理

不管采用哪种方法生产纤维板，经分离后的纤维均需进行各种处理。湿法生产纤维板，纤维处理又称浆料处理，处理工艺见图16-5，通常包括纤维的防水、增强、防火、防腐处理等。目前，我国的纤维板企业大多只进行防水、增强处理。

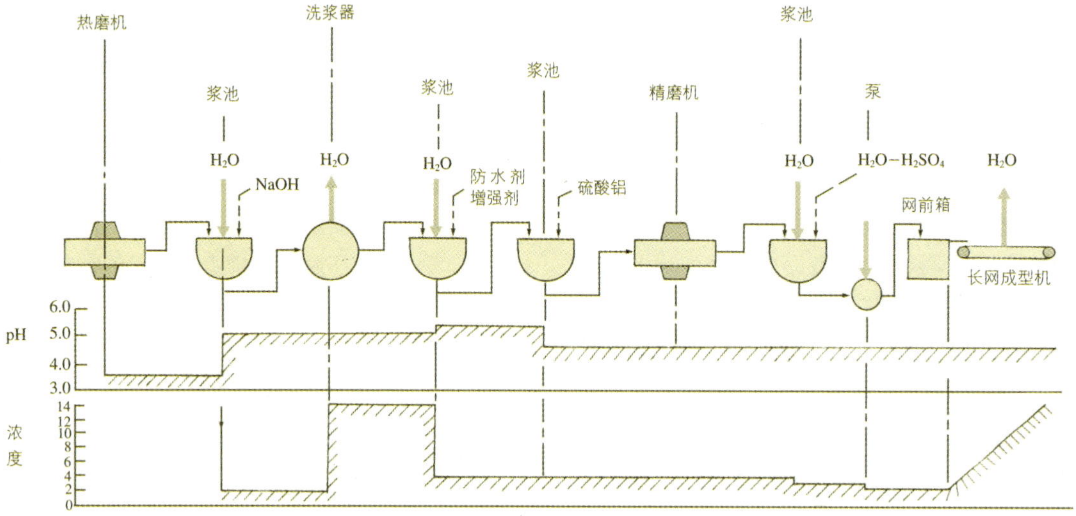

图 16-5 浆料处理工艺

16.4.1 防水处理

植物纤维是一种亲水性材料，由这些纤维制成的纤维板，同样具有很强的吸湿性和吸水性。纤维板吸收水分后会发生变形、强度降低，易腐蚀以及传热、导电能力增强等，从而影响产品的使用范围与使用寿命。因此，作为纤维板生产必不可少的工艺程序之一，就是对纤维进行防水处理，从而提高纤维板的耐水性能。

1. 纤维板吸湿吸水的原因

(1) 纤维表面上游离羟基的存在：纤维表面上游离羟基所吸附的水分又称吸附水。它的吸水特征是，水分仅以汽体的形式进出纤维板。从大气中吸收水蒸气的极限不会超过纤维饱和点(细胞壁中水分的最高容量)。木材的纤维饱和点约为25%～30%，未经处理的纤维板大致相同。吸附水是影响纤维板尺寸变化和制品变形的主要因素。

(2) 纤维表面带负电性：纤维表面带有负电荷，对极性分子具有吸引力，从而产生了纤维表面对水的吸附能力。据报道，纤维表面的电荷，可使纤维表面形成5%～6%的吸附水。

(3) 毛细管作用：中空的纤维会产生毛细管作用，而在纤维板中拥有大量半径大于 5×10^{-7}cm 的毛细管，这些毛细管同样会产生毛细作用。由毛细管作用吸入的水分，虽不影响纤维的体积变化，但吸收水分后，使纤维板变潮，易发生霉变腐朽。

(4) 渗透作用：当纤维板接触液体水时，会发生渗透现象。细胞壁上的纹孔膜，相当于半透膜，原料中的一些水溶物质会形成细胞壁内外的浓度差。这个浓度差所形成的渗透压力是纤维发生渗透现象吸水的原因。

2. 防水剂的种类及防水机理

目前，最常用的防水措施是施加防水剂。防水剂的种类很多，有石蜡、松香、沥青、干性油、合成树脂胶等，其中应用最广泛的是石蜡。对纤维施加防水剂，使其覆盖在纤维表面，能部分堵塞纤维之间的空隙即水分进入的通道；另外使水分不容易润湿纤维表面，从而降低了毛细管吸水作用；再者，防水剂材料可部分遮盖纤维表面的极性功能基(如羟基)及负电荷，降低了纤维表面对水的吸附作用而收到良好的防水效果。这种防水措施存在的主要问题是随着时间的推移，防水剂材料可能脱落、流失，导致纤维板防水性能的下降。

3. 防水剂施加工艺

最常用的防水剂是石蜡。乳液施蜡是湿法纤维板生产的传统方法，另一种是固体石蜡施加法。方法不同，施加工艺也不同。

(1) 浆内破乳：所谓浆内破乳是指石蜡乳液在纤维浆池内破乳，然后附着在纤维表面上。这种工艺，将浓度为1.2%～2%的纤维浆料，用浆泵从浆池送进连续施胶箱，在施胶箱内加入5%或10%浓度的石蜡乳液，搅拌均匀后，再加入沉淀剂硫酸铝调节浆料的pH值为4.5左右，使石蜡乳液破乳沉淀在纤维表面上。硫酸铝施加量约为绝干纤维的4%～7%。这种工艺施加方便，石蜡颗粒分散均匀，被大多数企业所采用。存在的问题是，破乳率与石蜡在纤维上的留着率较低。

(2) 浆外破乳：这种工艺是相对于浆内破乳而言。先将浓度为5%和10%的石蜡乳液在特制的破乳槽中与沉淀剂液混合，使之破乳成为絮状石蜡颗粒，再施入浆料中，让纤维吸附。此工艺具有破乳速度快，石蜡留着率高等特点，可提高产品的防水性能。生产实践证明，这种工艺，设备简单，工人易掌握，可以节省沉淀剂的用量，有利于产品耐水性能的提高，不足之处是石蜡在纤维上的分布不够均匀。

(3) 直接施蜡法：这种工艺是相对于乳液施蜡法而言，是将固体石蜡熔化后直接喷入、淋入纤维上(或木片上)，或者是将固体石蜡切片后直接投入木片料仓。这种方法的特点是：方法简便，不需要繁琐的石蜡乳化过程，可节省乳化剂和乳化水的费用。缺点是：颗粒偏大，施加不很均匀，在纤维板表面容易出现蜡渍缺陷。

(4) 石蜡的施加量：防水剂石蜡的施加量一般在0.5%～2%以内（固体石蜡与绝干纤维的重量比）。纤维板的防水效果随石蜡用量的增加而上升，但同时，由于石蜡会妨碍纤维之间的结合，导致纤维板强度下降。因此，正确的控制石蜡施加量对保证纤维板强度和耐水性能非常重要。

16.4.2 增强处理

湿法纤维板生产可以不加增强剂。但是，如果施加少量增强剂（如合成树脂胶），可以大大提高纤维板的强度，尤其是湿强度，同时又可以降低板的吸水率。这对于原料质量较差，板子密度较低，或未采用热处理工艺的厂家就显得格外重要。常用的增强剂是水溶性酚醛树脂胶，施加量一般是0.5%～2%（固体酚醛胶的重量与绝干纤维重量之比）。

1. 对增强剂(酚醛胶)的要求

(1) 水溶性，以便能直接加入浆料中，且加入后不起泡沫。

(2) 加入浆料后，能被纤维很好的吸附，当浆料pH值为4.5～5h，有最高的留着率。

(3) 能适应纤维板热压工艺的要求。

(4) 相关技术指标：酚醛树脂的固体含量应在40%～50%，黏度400～1400mPa·s，游离甲醛小于0.5%，游离酚含量小于0.5%，含碱量3.0%～5.0%。外观呈红褐色或暗红褐色的透明液体。

2. 酚醛树脂胶的施加工艺

酚醛胶的施加工艺与防水剂石蜡乳液基本相同。施胶前应将胶稀释到5%～10%浓度。

(1) 连续施胶箱施加：这一方法与防水剂在同一工序即都在连续施胶箱中进行。施加顺序是先加防水剂，再加增强剂，最后加沉淀剂。这种方法，增强剂在浆料中分散均匀，但由于是在浆料中施加，胶在纤维上的留着率低，即大部分树脂胶随水流失了，既浪费材料又造成污染。目前这一方法仍被多数企业使用。

(2) 表面喷洒施加：所谓表面喷洒法就是用喷嘴将增强剂均匀喷洒到湿板坯表面。喷胶部位在板坯真空脱水之前，表层喷胶后的湿板坯通过真空脱水箱、预压后使胶液吸入板坯的各部位。这种方法的特点是增强剂在纤维上的留着率高，同连续施胶箱法相比，一般可节省增强剂50%左右。但增强剂在纤维上的分布均匀性稍差。

16.4.3 其他处理

1. 防火处理

纤维的防火处理一般是添加固体或液体的防火剂到浆料里或者在湿板坯表面。防火剂应具备下列条件：耐火性能好，化学稳定性强；不易风化，无腐蚀性，对人畜无害；对纤维板强度和耐水性能影响不大；不影响产品的油漆、胶合及其他加工；货源充足，价格便宜。防火剂的种类很多，目前常用的是铵盐、碱盐和金属化合物。防火剂的作用机理可归纳如下：防火剂在低于木材正常燃烧的温度下融化，覆盖在木材表面，阻止空气接触木材并防止木材热解时的易燃产物扩散；防火剂受热产生大量不燃气体(如氨气、二氧化碳)，冲淡了可燃气体的浓度，使之无法燃烧；防火剂的熔融、受热分解和蒸发消耗大量热量，使木材表面温度达不到燃点。

2. 防腐处理

纤维板在使用和贮存过程中，经常受到微生物的危害而腐朽，特别是软质纤维板，在温、湿度适宜的条件下，更容易被真菌、细菌和昆虫破坏。因此，提高纤维板的耐腐蚀性，也是纤维板生产中必须注意的一个问题。

同防火处理的方法类似，在防腐处理时，将防腐剂施加到浆料里或板坯上。通常防腐剂用量在1%左右，因此，对纤维板的强度、耐水性能和成本影响不大。

纤维板防腐剂的种类很多，大致可分为三类，即水溶性防腐剂、油质防腐剂和有机溶剂防腐剂。目前常使用水溶性防腐剂。水溶性防腐剂是指能溶于水的，对微生物、昆虫有毒杀作用的物质。过去多采用单一的化合物，现在多采用几种化合物组成的复方防腐剂，如砷、铬、铜、锌的化合物。水银、铊、氰化物和硼酸盐类化合物对钢铁腐蚀严重，并且对人、畜毒害较大，已弃之不用。

16.5 板坯成型

成型是利用纤维浆料，形成一定规格的板坯的工艺过程，是保证纤维板质量的一道重要工序。板坯的成型过程实质上是一个脱水的过程，就是将浓度为1%～2%的纤维浆料，加工成含水率为65%左右的湿板坯的过程。

16.5.1 成型的基本要求

1. 湿板坯含水率尽量低

湿板坯含水率的高低对后面各工序，如湿板坯的输送、干燥和热压都有直接影响。因此，要求在保证纤维可塑情况下，湿板坯的含水率要尽可能减到最低的限度。但是，目前由于成型设备的局限性，所制备的湿板坯含水率一般均超过60%。

2. 板坯中的纤维应交织良好

湿法纤维板的强度主要取决于纤维之间的结合强度，而纤维之间的结合强度又决定于纤维的交织情况。要求成型时，纤维在板面的长度方向和宽度方向上纵横交错排列。影响纤维间交织情况的因素主要有原料种类、纤维形态、浆料的流动状态、浆速与网速的配合以及拍浆板的位置与深度等因素。

在成型机上进行板坯成型时，在成型机速度不变的条件下，只有进入成型机的浆料浓度和数量固定，才能获得单位面积上厚度一致和重量相同的板坯，即密度均匀的板坯。

4. 成型速度与后工序匹配

湿板坯的成型速度取决于热压机或干燥机（软质纤维板用）的产量，即取决于热压机的幅面大小、层数、热压周期和干燥机的干燥能力。影响成型速度的其他因素还有浆料的滤水性能和成型机的结构，浆料滤水性能好，成型速度可加快，反之放慢。带有真空脱水装置的成型机，速度可适当加快。目前，随着热压机压板幅面增大，层数变多和热压周期缩短，要求成型速度进一步提高。

根据以上湿法成型的基本要求，目前国内外普遍采用两种成型工艺：一种是长网成型工艺，其特点是成型面积大，成型的板坯质量好，生产灵活性强，特别适宜于生产薄板。另一种是圆网成型工艺，特点是适应性强，不同种类与不同浓度的浆料均可成型，尤其是成型复杂形状的板坯，如瓦楞板的生产就采用圆网成型。两种成型工艺中，以长网成型工艺应用最广泛。

16.5.2 长网成型工艺

长网成型工艺是湿法纤维板生产中应用最广泛的工艺，我国95%以上的湿法纤维板厂采用这一工艺。该工艺的主要设备是长网成型机（见图16-6）。长网成型机将一定浓度的纤维浆料连续均匀脱水、成型、抄造成一定厚度和一定含水率的连续湿板坯，再经过锯边、横截成所要求的规格，送往热压机或干燥机。长网成型机具有产量高、质量稳定的优点，长网成型的速度一般为2～10m/min，最快可达40m/min。

前面提到，湿法纤维板的成型，实质上是一个浆料脱水的过程，长网成型工艺是通过网案、真空箱和机械压榨三个系统来实现这个过程的。

1. 自重脱水

自重脱水是借助长网和网案上的案辊进行的。案辊的作用：一是支承长网，二是帮助脱水。经过自重脱水阶段后，悬浮液状的纤维浆料变成了湿板坯，板坯的含水率达到85%左右。

案辊帮助脱水的原理是，当长网带动案辊转动时，在案辊离开长网的一瞬间，形成了真空抽吸区，从而将板坯中的水分抽出。真空抽吸区抽吸力的大小与案辊的转速平方成正比，即转速越快、抽吸力越大（图16-7）。

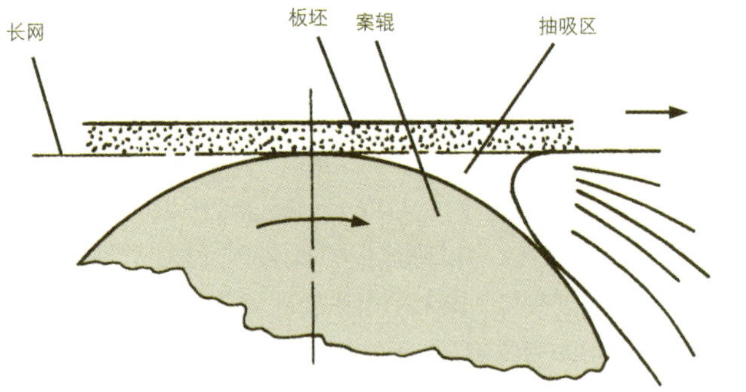

图16-7 案辊脱水情况

加大自重脱水量的措施有：增加案辊的转速；加大案辊直径从而延长抽吸区宽度；案辊表面采用亲水性材料制作，增加对水的吸附力；缩小案辊间距等。

通过自重脱水，浓度为1%～2%的纤维浆料变成了板坯，其后随着板坯内水分的减少，纤维表面对水的吸附作用加强，使脱水缓慢且困难，这就需要借助于其他办法来进一步脱水。一般这时采用真空箱进行强制脱水。

2. 真空脱水

真空脱水后可将板坯的含水率降低到80%左右。真空脱水的工作原理是，利用大气压力和真空箱之间的压力差来克服纤维表面对水的吸附力，克服网孔与水的表面张力，进行强制脱水。真空箱的负压有两个作用：一是在板坯两面产生压力差，使板坯压缩而脱水；二是当空气穿过板坯内部时，将纤维上附着的水分带入真空箱，起到脱水作用。

真空箱最好几个串联，真空度依次递增，逐渐脱水。一

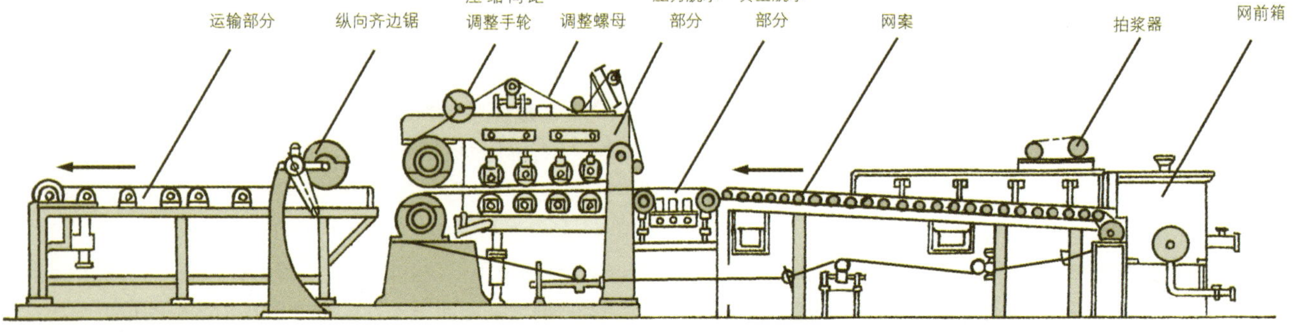

图16-6 长网成型机

般真空脱水初期，由于板坯含水率高，组织松软，此时脱水主要是靠对板坯的压缩作用。后期，板坯水分减少，结构紧密化，这时脱水是以空气流携带作用为主。

真空脱水时常用的真空度是100～500mmHg。并非真空度越高越好，当板坯含水率低时，真空度的增加对板坯脱水量影响很小，相反，对长网的磨损加重、电耗剧增。

3. **压榨脱水**

压榨脱水后，可将板坯的含水率降低到65%左右。经过真空脱水，湿板坯的含水率依然很高。这些水分约50%存在纤维细胞壁内，其余水分一部分位于细胞腔中，一部分附着在纤维表面和纤维之间的空隙中。排除这些水分，必须借助机械力量。

压榨脱水系统是由若干对预压辊和1～2对伏辊组成。为了防止突然施加过高压力使板坯破坏，几对预压辊采取逐渐增压的办法，最后到达伏辊时压力约为7N/mm。另外，所有上下压辊的轴心线互相错开一定距离，以使线压力变为面压力。因为线压力着力点很小，如果作用力在一条直线上，则板坯在脱水的同时也被压溃了。错开压力作用线，在长网存在的条件下，可将压辊的线压力变成面压力，有利于脱水。

降低板坯含水率有效的办法是采用单层平面预压机。这种压机一般是上压式，下垫板有排水孔，使用5～7MPa的压力对湿板坯平面加压，其脱水效果比辊压脱水好很多，可将板坯含水率降至50%左右，这是机械脱水所能达到的最大限度。

16.5.3 圆网成型工艺

圆网成型工艺根据使用的圆辊数量又分为单圆网成型工艺和双圆网成型工艺两种。

单圆网成型工艺（图16-8）过程如下：纤维浆料从网前箱出来进入箱槽内，在箱槽内安装一个可转动的真空圆筒，采用真空脱水方法使浆料里的纤维吸附在圆筒网壁上，形成所需要的湿板坯。圆筒转速按板坯厚度的要求进行调整。纤维脱水需要的真空度，由真空系统完成，并在板坯形成后，真空作用逐渐减弱。这种工艺是在较高压力差下成型板坯的，因此板坯质量较好。单圆网成型工艺的主要设备是单圆网成型机。圆筒直径一般1600～4270mm，长度2835～4725mm，成型速度在1.8～18m/mim之间，真空度在380～610mmHg，成型后的湿板坯含水率在60%～70%之间。

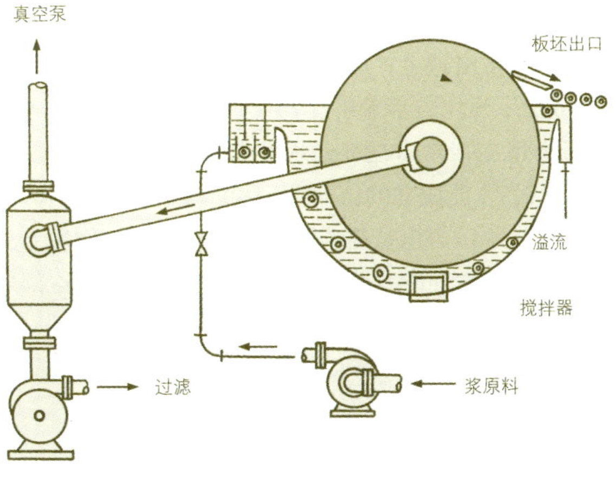

图16-8 **单圆网成型工艺**

双圆网成型工艺（图16-9），该工艺主要通过一台双圆网成型机完成。纤维浆料在重力作用下，自下而上在两个转动的圆网辊筒之间通过，浆料经过网辊的过滤脱水和挤压脱水，排除大部分水分，形成湿板坯，板坯厚度由纤维浓度、圆网辊转速及两圆辊之间的间隙等因素控制。这种圆网成型机一般不用真空脱水装置，设备结构简单。

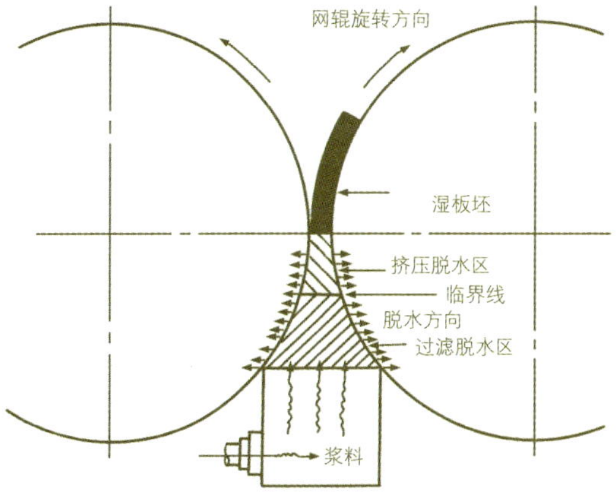

图16-9 **双圆网成型工艺**

国产双圆网成型机的圆辊直径为1500mm，圆辊长度1070mm，两圆辊之间线压力20～75N/mm，两圆辊可调间隙3～20mm，成型速度1.16～2.34m/min。

双圆网成型机主要有五部分组成：

(1) 纤维定量箱：位于网辊前部，箱内有搅拌装置和调整压头的活动隔板。隔板的一侧装有溢流管，将多余纤维浆料排入浆池。出口处装有活动闸门，通过提杆控制纤维浆料流量。

(2) 浆管：定量箱的纤维浆料是通过浆管输送到浆箱中去。浆管两端用铸铁管组成，分别采用法兰盘固定在两箱下方。浆管中段部分也可采用橡胶管或塑料管。

(3) 浆箱：位于两圆网辊下部，纤维浆料由定量箱通过浆管注入浆箱，经喷口喷向两网辊脱水、成型。喷口处装有两块橡胶衬板紧贴网辊，起密封作用。浆箱两侧壁开有放浆孔及杂物清除孔。

(4) 圆网辊：圆网辊表面有沟槽，沟宽4mm，筋宽为6mm，外面包有铜网。每只圆网辊都有一根冲洗网目的喷水管，以便冲洗附在网上的细短纤维。喷水管带有拉杆，用以疏通被杂质堵塞的喷水孔。

(5) 传动部分：电机经齿轮减速箱和蜗轮、蜗杆两级减速后，驱动两个圆网辊运转。

16.6 热压

热压是生产纤椎板的关键工序之一，对产品质量和产量有直接影响。

热压的主要目的是：在热量和压力的联合作用下，使板坯中的水分蒸发，密度增加，防水剂重新分布，胶黏剂固化，原料中的各组分发生一系列物理化学变化，从而使纤维间形成各种结合力，制成具有一定物理力学性能的纤维板。

湿法生产硬质纤维板，热压的方法有两种：一种为湿湿法，即湿成型湿热压；一种为湿干法，即湿成型干热压。前一种方法，从成型机出来的湿板坯直接送到热压机热压，后一种方法，从成型机出来的湿板坯，先经干燥，再送往热压机热压。目前，国内外湿法纤维板生产，广泛采用湿湿法。

16.6.1 纤维结合机理

湿法生产纤维板，一般不加胶黏剂，经过热压后，即可获得较高强度的纤维板，纤维之间的结合主要借助于氢键结合力和木素结合力。

按照氢键结合理论，生产中首先使纤维表面上拥有足够数量的游离羟基，这是形成氢键结合的内因，它主要由纤维分离工序来完成。其次是让纤维表面上的羟基尽可能的相互靠近，这是形成氢键的外因，它主要由热压工序来完成。由此可见，从氢键结合的观点考虑，纤维分离和热压是纤维板生产的两个关键工序。

热磨法分离得到的纤维浆料，由于是在高温条件下进行的，大部分纤维是从胞间层分开的，而胞间层的主要成分是木素和半纤维素，因此纤维的表面被木素含量很高的结壳物质所覆盖。木素是非晶体结构的高分子物质，无固定熔点，一般在160℃开始熔化，温度越高，流展性越好。热压时，在板坯温度达到160℃以上的情况下，纤维表面的木素相互接触后，分子间相互扩散，界面逐渐缩小，加之外力作用，界面最终消失，把相邻纤维粘合起来。冷却后，木素等结壳物质一起形成玻璃状固体，将纤维牢固地粘合起来。纤维板具有平滑而坚硬的表面，就是这种结合的反映。

要充分发挥这种结合力的作用，热压时温度和压力有一定的要求，并且保证足够的时间使板坯中的木素等结壳物质都达到熔化的程度。由于板坯传热阻力大，应该使用比熔点更高的温度。如温度过低、时间不够，结壳物质不能完全熔化。压力不足，相界面也不能很好的融合。

纤维之间的结合力除氢键、木素结合力外，还有纤维间的范德华引力，交织力以及化学键力。正是由于这些力的共同作用，相互补充才使纤维之间形成牢固的结合。当然，起主导作用的仍是氢键和木素结合力。

16.6.2 热压曲线

在热压温度不变的条件下，根据压力和时间的变化关系所绘制的曲线，称谓热压曲线。湿法硬质纤维板热压时，热压温度一般为200℃左右，通常采用三段热压曲线，这三段分别为挤水段、干燥段、塑化段，见图16-10。

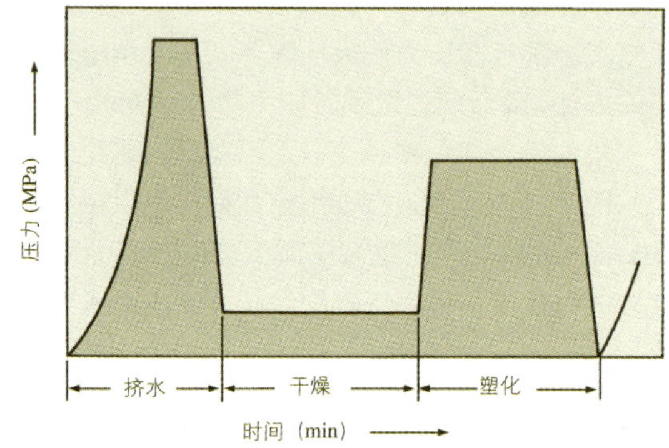

图16-10 热压过程中压力与时间的关系（热压曲线）

1. 挤水段

(1) 作用：从成型机来的湿板坯含水率很高，通常在65%以上，即板坯中的水分和干纤维重量之比2∶1左右。在挤水段，板坯借助于压板机械挤压作用，排出大部分水分，使板坯中的含水率快速降低到50%以下，即水分和干纤维重量之比降低到1∶1左右。这一阶段，水分以液体状态从板坯中排出，所排出的水是板坯中的自由水，而不是纤维的结合水(纤维中结合水的含量为35%左右)。

(2) 要求：压力要高，一般为5～7MPa。因为挤水段的主要任务是在压力作用下排出板坯中大量水分，此段压力越高、水分排出越多，故采用高压排水，挤水段又称为高压段。那么，为什么不采用比7MPa更高的压力呢？其原因是：压力越高，排水越多是板坯含水率在一定范围内(在50%以上时)才能成立的。一旦板坯的含水率降低到50%左右时，更高的压力也是徒劳的。因为机械压榨作用无法挤去附着在纤维表面的水膜和细胞壁中的结合水。这部分水只能借助于热量排出。

当生产3～4mm厚产品时，挤水段时间一般控制在1～1.5min。

2. 干燥段

(1) 作用：湿板坯经挤压脱水后，含水率仍很高，不能满足工艺要求，而这部分水机械压力又不能排除，需加热蒸发排除。因此，干燥段的主要作用仍为排水，和挤水段不同的是水分是以蒸汽状从板坯中排出。干燥段结束时应将板坯的含水率降到10%左右。

(2) 要求：压力要适当，一般控制在0.5～1.0MPa，约为挤水段压力的十分之一左右。若压力过高，板坯中空隙减少，水蒸气从板坯中逸出的阻力增加。同时，板坯内部水分的汽化温度将随压力增加而上升，这样将延长水分蒸发的时间。从理论上讲，这个阶段只需要热量，最好在无压下加热，以加速水分蒸发。但应该指出的是，若此段压力过低，低于板坯内产生的蒸汽压力，会导致板坯膨胀而破裂。

干燥段结束时，板坯的含水率应控制在一定范围。湿法生产工艺的主要特点是以水作媒介，水既是输送纤维的载体，又是纤维之间产生结合力的桥梁，有人称为"水桥"。因此，干燥段必须为下面的塑化段保留一定水分。若板坯内保留水分太少，纤维板实际上是在低压下成板的，影响纤维间的结合力，因此，强度不高，密度也达不到要求。若板坯含水率过高，即干燥不足，压出的板面容易出现水迹和鼓泡等缺陷。

干燥段的时间约占整个热压周期的一半左右。因为在这个阶段，板坯要以蒸发形式排出内部大部分水，含水率从50%降到10%左右，时间太短，达不到要求。一般生产3～4mm厚纤维板时，干燥段时间在4min左右。

3. 塑化段

(1) 作用：这个阶段的主要作用是使板坯结构进一步密实，达到产品密度的要求；借保留的水分"水桥"作用，使纤维之间形成氢键结合；纤维中的结壳物质(木素等)重新熔化产生胶粘作用；防水剂重新分布，并固着在纤维表面，使纤维板具有较高的力学强度和耐水性能。这个阶段完成时，纤维板内的水分几乎全部蒸发，板子的含水率不应超过2%。

(2) 要求：压力要高，要达到上述目的其外加因素就是热量和压力的联合作用，而通常热压温度受蒸汽压力和设备所限制，不易提高。压力参数常采用5～7MPa。

塑化段使用高压力也是建立纤维之间氢键连接的必要条件。因为，纤维板的浆料同纸浆相比很粗，单靠水分子的表面张力无法使纤维之间的距离缩小到产生氢键的程度，再者经过干燥段以后的板坯，含水率降低，弹性增大，必须借助较强外力，使纤维紧密靠拢，再通过热作用使水分蒸发以后，氢键才能形成。

纤维表面的胞间层结壳物质，主要是木素，要求热作用使之熔化，借助压力让纤维间的结壳物质的界面消失而结合起来。从这个角度考虑，压力越高，纤维之间接触面积越大，板子强度也越高。

这里还应指出，塑化段结束时的降压速度不能过快，尤其是在热压周期较短的情况。因为若快速将压力从最高压力降为零，纤维板内水分未蒸发完时，这些残留的水分由于压力降低会全部汽化，体积突然膨胀，来不及排出，轻则使产品鼓泡、分层，重则产生"放炮"现象，使整个纤维板破坏。所以，此段卸压速度一定要严格控制，不能超过蒸汽从板中排出速度。

归纳起来，湿法硬质纤维板所采用的三段热压曲线就是按照上述规律来制定的。正确的热压曲线是提高正品率，提高产量的关键。但在实际生产中，各个工序的生产条件，并不是恒定不变的。因此，即使在同一个生产班次里，也要根据产品质量的要求，根据板坯的含水率、纤维的滤水度、热压板温度、压力以及原料种类等具体情况的变化，来适当修改三段加压时间的分配，以保证产品质量。通常可以根据前一车压出板子的质量，来调整、修改热压参数。

16.6.3 影响热压质量的因素

1. 热压温度

在纤维板热压过程中，热压温度的主要作用是：蒸发板坯中的水分；软化纤维和熔化结壳物质；增加板坯内各种功能团的活性。若热压温度低，不仅要大大增长热压周期而且压出的板子强度很低。因此，生产中一定要避免低温操作。但热压温度也不能过高（高于230℃），当温度过高时，板坯中水分汽化速度高于蒸汽溢出板坯速度会导致板坯破坏。同时，若温度过高，由于纤维本身强度遭到破坏，导致板子强度下降。因此，选择合适的热压温度对产品的产量和质量有着十分重要的影响。

2. 压力

又称单位压力，是指板坯表面承受的单位面积上的作用力。压力的作用可快速降低板坯内的含水量，从而缩短水分蒸发时间。压力的另外一个作用，可缩小纤维间距，增加板坯密度，增加纤维之间的接触面积，使之氢键结合点更多、范德华引力更大、木素胶合面积更大，从而提高纤维板的强度。

3. 加压时间

纤维的热压时间受多种因素影响，其中主要是热压温度和板子厚度。一般来讲，温度越高，干燥段、塑化段时间就越短，反之，应相对延长热压时间，这样才能保证热量的传导和压力的传递，使纤维间的各种结合力得以充分发挥。在热压温度不变条件下，板厚是决定因素，板厚越大，热压周期越长。由于湿法生产，板坯的含水率高，热压周期比干法长得多，因此，这种工艺不易生产厚板。一般3mm厚的硬质纤维板热压周期在8min左右。

4. 板坯含水率

水分在板坯热压过程中有着非常重要的作用。若板坯在塑化段没有水分，同时也没施加任何胶黏剂，想压制成合格的硬质纤维板是不可能的。水分的存在可以降低纤维的弹性，由于纤维塑性增加，在压力作用下，板子的密度增大，强度增加，吸水率下降。因此，严格控制不同热压段板坯的含水率对湿法生产来讲，有十分重要的意义。

纤维板车间各工序用汽参数和消耗蒸汽量如表16-10和表16-11。

16.7 后期处理

16.7.1 后期热处理

纤维板的热处理，是热压后的一个工序，它主要用于湿法硬质纤维板生产，其他种类纤维板如：软质纤维板、中密度纤维板等一般不需要进行热处理。

热处理，实质上是热压过程的继续，只是条件有所改变。将纤维板放置在热空气中，常压下加热，使热压过程中未完成的某些物理化学变化在热处理装置内继续完成。

经过热处理后的纤维板，尺寸稳定性明显增强，静曲强度增加，吸水率下降，从而提高了纤维板的物理力学性能。

1. 热处理过程中的物理化学变化

硬质纤维板的热压周期很短，3.2mm厚板热压时间一般不超过10min。一些化学反应来不及进行，纤维之间的结合力还没达到较高的程度，因此影响产品的质量。热处理工序中发生的主要变化如下：

(1) 氢键结合：由于热压时间较短，在热压结束后，板子内有部分氢键尚未形成。通过热处理使板子内残余水分继续蒸发，在水分蒸发的张力作用下，形成更多的氢键结合点，从而提高产品的强度和耐水性能。

(2) 木素缩合：在热处理条件下，板子内木素所含苯酚基与其他半纤维素分解的醛基缩合产生新的物质，这些新的缩合物形成以后，可以提高产品的耐水性能。

(3) 降解反应：在热处理过程中，纤维素和半纤维素物质会产生一定程度的水解、热解作用，这种降解反应的结果会造成纤维强度的下降，同时提高了纤维间的结合强度。也就是在一定范围内，通过牺牲一些纤维本身的强度，换取纤维之间的结合强度。

(4) 其他变化：在热处理时，木材中原有的天然树脂、生产中添加的防水剂受热软化，在纤维表面重新分布，增加了防水覆盖层的面积。但是，如果处理时间过长，会导致防水剂的大量挥发，树脂成分的过量损失，这就是热处理工艺若选择不当，反而造成板子耐水性能下降的原因。

2. 热处理的温度

热处理温度的选择，是影响处理效果的关键因素之一。生产中采用的热处理温度在160～180℃之间。若温度过高(超过180℃时)，由于纤维素过度降解，不仅不会提高板的强度，反而促使强度下降。若温度过低(低于160℃时)，热处理作用很小，并且需要很长的处理时同。

3. 热处理的时间

当温度一定时，选择合理的热处理时间是决定的因素。实际工作时，一般当热处理温度为160～170℃时，处理时间为2～4h。当然，还应根据原料的差异、生产工艺的区别而随时调整处理时间。例如：针叶材原料制造的纤维板，其热处理时间应长一些。加入酚醛胶的纤维板，就应适当缩短热处理时间，否则胶层易老化而变脆，反而降低产品强度。

4. 热处理设备

纤维板热处理的设备有间歇式和连续式两种。间歇式设备主要采用热处理室；连续式设备有悬挂式、辊筒式和栅栏式等。

16.7.2 后期湿处理

后期湿处理又称增湿处理，即提高纤维板含水率的处理。热压后或热处理后的硬质纤维板接近于绝干状态。若直接放置在大气中，它会吸收空气中水分，使其含水率与大气平衡，达到平衡含水率，一般硬质纤维板的平衡含水率在3%～11%之间。这种自然吸湿过程会导致纤维板产生线膨胀、体积膨胀和翘曲变形。尤其是湿法硬质纤维板，两个表面不同，带网痕的一面表面积比光面大，因此吸收水分的程度不同，所产生的膨胀应力也不同，两面应力失去平衡就造成板子翘曲变形。

如将热压后的硬质纤维板立即堆放，则其四周边缘部分与空气接触而快速吸收水分，边缘部分的含水率与外界平衡，而板中间部分仍然保持干燥状态，形成四边膨胀增厚的现象，所以板堆放在一起时总是呈凹曲形，造成产品变形。另外，这种直接堆放，由于板堆中部的热量不易散失，加之纤维板内的某些放热反应继续进行，而导致大量热量的聚积，产生局部过度热解而炭化，甚至燃烧，生产实践中曾出

表16-10 用汽点与用汽参数

用汽点	热磨机	热压机	热处理	软质板干燥	制备防水剂	采暖
蒸汽压力(MPa)	0.6～1.2	2.0～2.2	1.2～1.5	1.2～1.3	0.1～0.3	0.1～0.2

表16-11 各工序蒸汽消耗量

工序	热磨	热压	热处理	制胶	软质板干燥
耗量 t/t 板	0.7～1.0	3.0～3.5	0.5	0.3	18～19

现过多次这种自燃现象。

因此，热压后或热处理后的硬质纤维板需要采取增湿处理。这样，既可起降温作用，防止高温堆放出现的局部炭化、燃烧现象，又可使纤维板快速地达到与大气平衡的含水率，出厂以后不再大量吸湿，从而增加纤维板尺寸使用稳定性。

一般硬质纤维板经增湿处理后，含水率控制在5%～11%左右。

增湿处理时，应注意高温绝干状的纤维板吸水迅猛，急速膨胀，故应在压力下加湿，防止变形。增湿以后的纤维板需堆放，使纤维板表面的水分向内部渗透，达到全板含水率一致。一般堆放时间至少需要24h。

纤维板的增湿处理设备基本上可分为两大类型：一是加湿处理室，这种加湿室类似纤维板的热处理室，但增加了加湿装置；另一种是强制连续式辊筒加湿机。后一种设备简单，占地面积小，并能达到预期增湿处理的效果，我国一般多采用这种类型。

16.7.3 废水处理

湿法生产纤维板，需要使用大量的水。一般生产$1m^3$硬质纤维板大约需要50～80t水，其中除少部分水循环使用外，其余绝大部分均作为废水排放。在这些废水中含有大量的污染物质，其浓度远远超过国家允许的排放标准，如不作处理就排出，将会给环境带来严重污染。因此，采用湿法工艺生产纤维板时，必须考虑对废水的处理问题。

1. 纤维板废水的水质

纤维板废水中的有机物质、悬浮物含量、pH值、颜色和酸含量等，是表示水质污染情况的重要指标。

(1) pH值：废水的pH值，是指废水呈酸性或碱性的标志。一般水源的pH值均在7～8之间。当水的pH值低于6或者高于9时，水体中有机物污染的生化自净过程将受到抑制，影响水产养殖和生态环境。纤维板废水的pH值一般在3.5～5.5之间。

(2) 悬浮物：悬浮物是水体杂质的一种，通常指水中体积较大的杂质而言。水中所含悬浮物越多，它的浑浊度越大，透明度就越小。悬浮物的计算单位为mg/L，一般江河水的悬浮物均在100mg/L以下。纤维板废水中悬浮物含量很高，一般在550～2000mg/L之间，其中绝大部分是细小纤维。

(3) 化学耗氧量（CODcr）：CODcr是指用氧化剂氧化水中的有机物质时，所消耗的氧气量。该值越高，说明水中的需氧污染物越多，污染程度越严重。一般江河水的CODcr均在10mg/L以下。我国纤维板废水的CODcr一般在2800～6000mg/L之间。

(4) 生化耗氧量（BOD_5）：BOD_5是指用微生物的生化作用，对水中有机物质进行氧化分解，使之无机化或气体化时所消耗水中氧气的总量。此值越高，说明水中有机污染物质越多，污染程度越严重。一般清洁的江河水的BOD_5不超过2mg/L，我国纤维板废水的BOD_5指标一般在700～2500mg/L之间。

(5) 挥发酚：酚类化合物是一种有毒物质，它可使蛋白质凝固。当人畜接触高浓度酚时可引起急性中毒，即使是较低浓度的酚也会对鱼类产生毒害。地面水规定酚的最高允许浓度为0.01mg/L。

为了消除公害和保护环境，我国于1988年颁布了国家标准《污水综合排放标准》(GB8978-88)在该标准中，对湿法纤维板废水排放作出了规定，见表16-12。

2. 废水循环使用系统

废水循环使用是目前纤维板废水治理中，技术要求较简单，投资少，而行之有效的一种方法，国内许多企业采用这种方法降低废水排放量。根据循环系统中有无废水净化设施，循环的形式可分为两类：

(1) 废水直接循环使用：这类循环系统中，废水未经任何净化处理直接回用，可以是全部工艺废水回用的全封闭，也可以是局部封闭。全封闭应用很少，多数企业是回用大部分长网废水，而水质较差的热压水不进入循环系统。这种循环方式特点是：投资少，见效快，可以根据具体条件确定恰当的长网白水回用率。缺点是废水回用后浓度提高、酸性增强、浆温升高，造成设备腐蚀严重，给产品质量带来不利影响。

(2) 废水净化后循环使用：在这种系统中串联有废水净化站，循环水经过净化后全部或部分回用。在净化过程中消除一部分污染物，从而降低循环水的浓度并减少板坯中污染物含量，因此大大降低了废水循环后对产品质量带来的不利影响。这种循环形式显然比废水直接循环形式要好，但需要一套废水净化设施，投资和运行成本提高。

3. 废水处理的方法

(1) 气浮法：气浮法处理废水的工作原理是，在一定压力下，将空气溶解在水中，制成饱和溶气水。当饱和溶气水

表16-12 湿法纤维板工业污水排放量及排放浓度

企业性质	最高允许排放量 m^3水/t板	pH值		污染物最高允许排放浓度(mg/L)									
				BOD_5		CODcr		悬浮物		挥发酚		甲醛	
		一级	二级	一级	二级	一级	二级	一级	二级	一级	二级	一级	二级
新扩改	30.0	6～9		30	90	100	200	70	200	0.5	0.5	1.0	2.0
原有	50.0	6～9		60	150	150	350	100	250	1.0	1.0	2.0	3.0

从浸在废水中的专用释放器排放时，由于突然降压，溶于水中的空气便以极其微小的气泡形式重新释放出来，与废水中经过凝聚反应后的污染物质粘附在一起，并随其一起上浮到上面。刮除水面上的浮渣，废水即得到净化。

(2) 活性污泥法：这是一种好氧生化处理的方法。它利用活性污泥在有氧条件下吸附、吸收、氧化分解废水中不稳定的有机物，使之转化为稳定的无机物，从而净化废水。这一方法主要用于除去废水中溶解的有机物，一般作为二级处理，对初级沉淀后的废水进行处理。

(3) 厌氧处理法：这种方法是在无氧条件下，利用厌氧性细菌将废水中有机物转化为甲烷和二氧化碳等稳定物质，使水质得以净化。

(4) 超过滤法：超过滤又叫超滤，是一种通过超过滤膜对废水进行过滤处理的物理方法。它利用超滤膜的截留作用，将废水中的悬浮物与部分可溶高分子物截留。

16.8 软质纤维板

16.8.1 软质纤维板的工艺特点

软质纤维板的生产工艺过程与湿法硬质纤维板基本相同，其主要区别在于软质纤维板生产时，板坯成型后经干燥成板，而不是经热压成板。另外，某些工艺参数略有差异。

1. 纤维分离度要求较高

由于软质纤维板只有干燥工序而没有热压工序，板坯在无压力作用条件下干燥成板，即主要依靠板坯中水分蒸发时所产生的表面张力，使纤维之间形成氢键结合和分子引力结合。因此，要求软质板的纤维比硬质板的纤维更细，一般软质纤维板的纤维滤水度在60～100s。

为了提高纤维分离度，增加纤维之间氢键的数量级，木片在软化处理时，除施加蒸汽外，还需添加某些化学药品，例如添加一定比例的亚硫酸钠、碳酸钠或氢氧化钠等帮助软化。这些化学药品可以单独使用，也可以混合使用，其用量在10%以下。除此之外，热磨后的纤维还需多次精磨。

2. 浆料浓度较低，成型速度慢

生产软质纤维板的纤维浆料比其他品种纤维板浆料都要细，因此浆料的滤水性能较差，这就要求上网浆料浓度应低一些，一般在1%以下，板坯成型速度应慢些(一般12mm厚板，成型速度为1.3～2.5m/min)。这样既有利于在成型时纤维之间的交织，又可以缩短对干燥机长度的要求。因为干燥周期一定时，成型速度越快，需要的干燥机长度越长。

3. 板坯需经干燥处理

硬质纤维板由湿板坯到成品板，是在热压机内完成的，软质板则是在干燥机内完成的。湿板坯在干燥装置内由65%～75%左右的相对含水率，被降低到最终的2%左右含水率，每生产1t软质纤维板，在干燥机内几乎要蒸发2t左右的水分。

根据软质纤维板的干燥规律，所采用的干燥装置内往往分成几个干燥区段，每个区段内部装备有单独的加热系统和热介质循环系统，从而形成不同温度的干燥区域，图16-11即为这种干燥装置(三段)示意图。图16-12显示，一种四段干燥装置内的理论空气温度和实际温度分布情况。在这个例子中，最高干燥温度在第一段，而且在第一段，热空气的运动方向是与板坯前进方向相反，其作用是防止干燥机内的热空气通过干燥机入口泄漏。在其余几个干燥区段，热空气运行方向是与湿板坯相一致的。

4. 干燥方法

为了缩短干燥装置的长度，通常采用多层(2～8层)连续设备，干燥周期一般需要2～4h。传热形式均采用热空气对流换热。按照气流在板坯表面的流动方向，分为平行流动的普通干燥机和垂直流动的喷气式干燥机。

干燥后的软质纤维板，若直接堆放，因板子内部温度仍

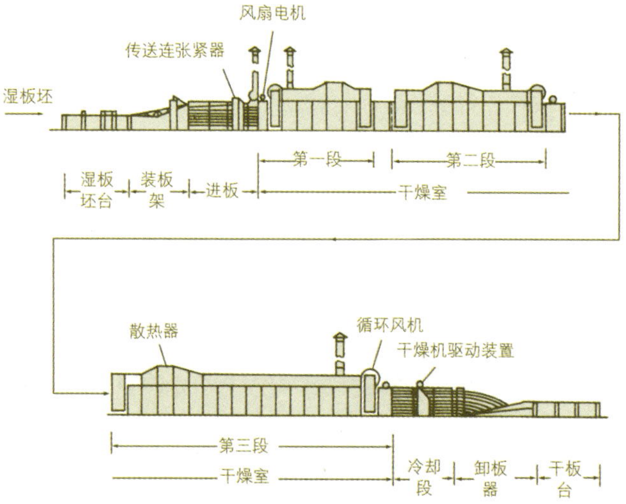

图16-11 干燥装置示意图

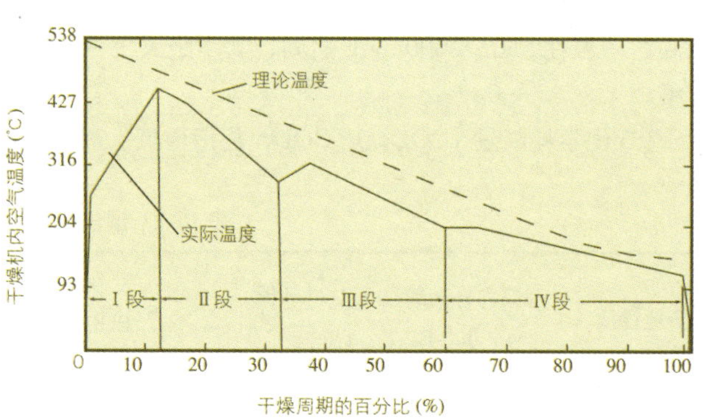

图16-12 干燥机内温度分布

高达100℃以上，会引起纤维炭化，有引起火灾的危险。因此，由干燥机出来的板子需进行冷却。一般多在干燥机的末端加一段冷却区域，用冷空气循环使板面降温。

16.8.2 软质纤维板的性能特点

软质纤维板的特点是重量轻，多孔性（孔隙率占体积的85%左右），具有良好的隔热、保温、吸音等绝缘性能。通常软质纤维板的密度在0.16～0.40g/cm³之间，静曲强度在1～4MPa之间。

为了增强软质纤维板的吸音效果，同时改善其外观，通常进行打孔加工。打孔后增加了对声波的摩擦及阻尼作用，使声能转换成热能消耗掉，特别是对高频段声波吸收效果更为明显。如声频为1000Hz时，厚度为13mm的打孔软质板，吸声系数为0.45；而19mm的未打孔板，吸声系数却只有0.35。

软质纤维板上的孔径多为4、6、8mm三种，打孔深度根据板子厚度确定，一般为厚度的2/3。各孔间距离在15～20mm。打孔密度每m²可达4000个。软质纤维板的吸音性能随其密度的减少、板厚增加以及表面粗糙度增加而提高，其保温隔热性能，相当于普通木材的2.2倍，相当于混凝土的34倍。

参考文献

[1] 陆仁书主编. 纤维板制造学. 北京：中国林业出版社，1993

[2] 许秀霁主编. 纤维板生产工艺与技术. 哈尔滨：东北林业大学出版社，1988

[3] John Haygreen and Jim L. Bowyer, Forest Products and Wood Science

17 刨花板

刨花板利用各种木材或非木质材料加工成一定尺寸的刨花，与一定量的胶黏剂拌合，再以不同的方法压制而成。目前，刨花板分类方法比较多，如按胶种、产品密度、用途、原料性质和加工方式等分类。

按用途分类有普通用、建筑用和专用刨花板。普通用刨花板在防水和防腐方面没有过高的要求，这种板不适于在受水、潮湿、高温和其他不利因素作用条件下使用，适于在设有供暖设备的房间使用。普通刨花板主要用于制造嵌壁式家具、成件家具和室内装饰等。这种板的制造主要采用脲醛树脂，在刨花板中不施加专用添加剂，在我国刨花板标准(GB/T 4897-92)中分为A和B类刨花板，A类刨花板为家具、室内装修等一般用途刨花板，B类刨花板为非结构建筑用刨花板；建筑用刨花板应具有防水、防腐性能，在个别情况下，还具有防水、隔热和隔音性能。制造这种板主要利用酚醛树脂和无机胶黏剂(波特蓝水泥、氢氧化镁等)，有些也用脲醛树脂，并在刨花中施加专用添加剂(防水剂和防腐剂)；专用刨花板应在尺寸、密度、定向强度、防水、防腐、防火等方面具有特殊性能。

按制造方法分类，可分为平压法、挤压法和辊压法三种。平压法刨花板是指刨花板在制造过程中，压力施加方向和板面垂直，刨花排列的位置与板面平行。其结构形式又分为单层、三层、多层和渐变结构的刨花板；挤压法刨花板是指刨花板制造过程中，压力施加方向和板面平行。其结构形式可分为实心板和空心板。空心板的长度方向有圆形和六角形的孔道，这种板的密度较小；辊压法刨花板，板面受压力方向与平压法相同，但是板坯受压力是逐渐加大的线压力，同时生产是连续的，一般板厚2～6mm。

按照产品的密度分类有以下几种：①高密度刨花板为0.8～1.2g/cm^3，主要用于结构用材或制造薄型板(厚度在10mm以下)；②中密度刨花板为0.5～0.8g/cm^3，常用于家具、建筑及造船等室内用材；③低密度刨花板为0.25～0.5g/cm^3，作为隔声、隔温和绝缘材料或复合材料心材等。

17.1 刨花板产品与性能

17.1.1. 普通刨花板生产工艺和方法

普通刨花板一般生产工艺过程如图17-1所示：

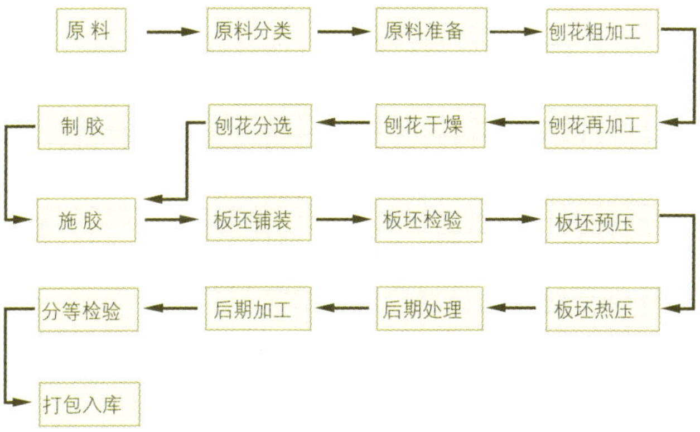

图17-1 普通刨花板一般生产工艺过程框图

一般来说，1m^{3}刨花板需要1.3～1.8m^{3}木材。各个工段原料消耗系数：原木锯断1.01～1.05，刨花制备1.05～1.07，刨花干燥1.02～1.05，运输与热压1.01～1.02，裁边1.0～1.07，砂光1.25～1.35。

17.1.2 刨花板的尺寸

刨花板的最大幅面取决于热压板的幅面。板的幅面习惯用宽度×长度表示，单位为mm。板的宽度为750～2440mm，长度为1500～7000mm。国家刨花板标准推荐尺寸为915×1830，1000×2000和1200×2400（mm）幅面板最为常见。在刨花板销售和生产过程中有时也会用英制，如1220mm × 2440mm称为4英尺 × 8英尺或记为4′ × 8′平压法刨花板的厚度为2～40mm，挤压法刨花板的厚度为13～100mm，实心挤压板达到22mm，多孔挤压板厚度在25mm以上。国家刨花标准推荐公称厚度为4、6、8、10、12、14、16、19、22、25、30mm等。

17.1.3 刨花板的性质

刨花板的性质分一般性质、物理性质、力学性质、工艺性质、抗损坏性质等。一般性质是指板的尺寸与精度；物理性质有密度，含水率，吸湿性，吸水性，吸水厚度膨胀，对水及其他液体、空气和气体的渗透性以及散发性，热膨胀，比热，导热系数，热辐射，电气性质（电阻、电导率、介电常数）及声学性质（隔音和吸音）等；力学性质包含弹性模量和柔性系数，平行和垂直于板子平面的抗拉强度，平行和垂直于板子平面的抗压强度，平行和垂直于板平面的抗弯强度、蠕变、疲劳强度、平行和垂直于板平面的抗剪强度、扭曲性质、冲击性质、硬度等；工艺性质有表面稳定性、机械加工性能、可加工性、弯曲性能、握钉力、可胶合性、可涂料性等；抗损坏性质有耐腐性、耐磨性、抗虫害性、耐腐蚀性、耐火性等。在我国刨花板基本用于家具、室内装修，而建筑业才开始运用。因此，许多板的指标和测试方法还未形成规范，如板的蠕变性能、抗腐性能等。

17.1.3.1 刨花板的外观性质

1. 刨花板的颜色

刨花板的颜色主要取决于胶、树皮含量和热压工艺等。用酚醛树脂生产的刨花板，因为胶本身颜色较深，因此，刨花板呈深褐色。当刨花中树皮含量较高时，刨花板表面发暗，尤其表面细化板；同时,热压时由于热压温度较高与热压时间较长都会对板的表面色泽产生影响。

2. 外观和板面质量

刨花板的外观要求无边缘缺损、开裂和鼓泡、局部松软等缺陷。板面要求光滑平整，不能有明显的杂物及压痕等，这对表面装饰工艺尤为重要。表17-1为普通刨花板的外观质量标准。

17.1.3.2 刨花板的物理性质

1. 刨花板的密度

刨花板的密度一般指平均密度,沿着刨花板的厚度方向板的密度是变化的。这种变化称为断面密度梯度分布。板的表面密度较低，然后密度增加，当密度达到最大值时，随着尺寸向板的中心增加密度变小。表面部分密度较低是由于胶过早固化造成的。在加压初期，即压机开始闭合时，与压板相接触的板坯表层温度已经很高，接近压板温度。这就造成板坯在未被压缩或压缩很小的情况下，表层的胶就固化了(即预固化)，而且越接近表层，胶预固化现象越严重，密度也就越低。影响密度梯度的因素很多，其中主要有压机闭合时间、板坯含水率分布、刨花形态、刨花板的厚度和热压时热板温度等。压机闭合时间越短，板的断面密度越大；表层刨花越薄，其密度梯度越大；板坯表层刨花含水率的变化也对断面密度梯度有影响；热板温度在一定范围内，温度越高，板的表面塑化程度增加，其板的表层密度也增加；但温度的增加，也能导致板表面预固化增加。

板的密度对板的性能影响很大。几乎所有的刨花板性能都与板的密度有关。而了解板的断面密度梯度，就能从加工工艺这一角度，最经济、最有效的改进板的性能。

2. 板的含水率与吸水性质

刨花板的密度是影响膨胀的主要因素之一。密度与膨胀之间的关系比较复杂。一般来讲，中密度刨花板随密度减小而膨胀降低。但是，当密度超过一定限度后，随密度增加而孔隙度减小，这就减少了吸湿途径，吸湿速度也随之减慢。如果吸湿时间较短，则膨胀与密度之间出现相反的关系，密

表17-1 普通刨花板外观质量标准

缺陷名称		A类			B类
		优等品	一等品	二等品	
断痕 透裂		不许有			
金属夹杂物				不许有	
压痕		不许有	轻微	不显著	轻微
胶斑、石蜡、油污斑等污点数	单个面积大于40mm²			不计	
	单个面积10～40mm²之间的个数	不许有		2	不许有
	单个面积小于10mm²			不计	
漏砂		不许有		不计	不许有
边角缺损		在公称尺寸内不许有			
在任意400cm²板面上各种刨花尺寸的允许个数	≥10mm²	不许有	3	不计	
	≥5～10mm²	3	不计	不计	
	<5mm²	不计	不计	不计	

度越大，膨胀越小。但是，吸湿时间长时，膨胀也会随密度增大而增加。板中施胶量同样也会对厚度膨胀有着较大的影响。施胶量越高，板的吸水厚度膨胀越小。在生产上一般不宜采用此方法减少板的吸水厚度膨胀，胶的成本远高于刨花。要达到刨花板标准所规定的吸水厚度膨胀率，可以从防水剂和生产工艺等方面来考虑。

3. **板的游离甲醛**

测定板中的游离甲醛方法较多，常用的是穿孔萃取法。游离甲醛的计算单位为每100g试件含甲醛mg数（表17-2）。

目前控制或减少游离甲醛的方法是：

表17-2 甲醛容许散发值

散发等级	散发值（ppm）	穿孔值（mg/100g绝干刨花板）
E_1	≤0.1	≤10
E_2	>0.1～1.0	>10～30
E_3	>1.0～1.4	>30～60

注：ppm，每百万分之一量。对于脲醛树脂刨花板而言 1ppm=1.2mg/1m³ 刨花板

(1) 改进合成树脂配方与制胶工艺。采用低摩尔比的脲醛树脂，摩尔比1∶1.05～1.2，制胶过程采用多次投料，使甲醛与尿素充分反应，并用计算机控制；

(2) 将适量甲醛捕捉剂掺入胶中，如尿素、氨基盐等；

(3) 适当提高板坯含水率，利用热压时水分蒸发，减少板中游离甲醛；

(4) 加强板的后期处理，如氨水蒸熏、负压抽提、封边处理等；

(5) 改变常压热压条件，采用真空抽提热压方式，改善生产环境。

17.1.3.3 刨花板的力学性质

刨花板的物理力学性能见表17-3。

1. **静曲强度**

当刨花板作为结构材使用时，板的静曲强度就是一个重要的力学指标，它表示板抵抗外力而不被破坏的最大能力。

从静曲强度指标本身特点来讲，板的表层受最大的拉力与压力，板的表层性能是决定静曲强度重要因素之一。因此，板的表层结构、表层密度、表层刨花施胶量、表层刨花形态、板的含水率等都直接影响板的静曲强度。如当表层采用薄片刨花时，板的静曲强度会高于表层细化结构板的静曲强度；板的断面密度梯度较大，其静曲强度也较高，在密度和其他工艺相同条件下，一般厚板的静曲强度往往会高于薄板。值得说明的是，施胶量与板的静曲强度呈抛物线关系，只能在一定范围内，随着胶量增加，板的静曲强度会增加。但过多的施胶量不利于提高板的静曲强度，有时还会适得其反。

2. **弹性模量**

刨花板的弹性模量是衡量板抵抗在外力作用下弯曲变形的能力，它表示刨花板的刚度指标。

实验证明，刨花板的弹性模量与静曲强度成线性关系。故影响静曲强度的因素，对弹性模量也有同样的影响。

3. **内结合强度**

刨花板内结合强度又称平面抗拉强度。它反映了板的内部刨花之间的垂直于刨花表面的胶结强度。

影响板的内结合强度的因素主要有板的密度、施胶量、板的结构、热压工艺、刨花形态、加压方式等。板的密度与板的内结合强度也成正比例，由于板的断面密度梯度存在，正常情况下，在作垂直板面抗拉试验时，破坏发生在芯层部位，因为芯层密度低，刨花之间的胶结力差。由此可见，刨花板密度梯度对抗拉强度影响较大，当平均密度一定时，密度梯度越大，抗拉强度越低。在生产中增加胶量无疑会增加内结合强度，可以加大芯层刨花的尺寸，在同样的施胶量条件下，刨花就可能获得更多的胶量。

4. **蠕变**

当板承重时，尽管板不发生断裂破坏，但随着时间的增加，板的变形也逐渐加大。在荷载作用下，随着时间延续，板的变形增加称为刨花板蠕变。

影响刨花板的蠕变因素，不仅与板本身的性质，如密度、胶种、胶量、板的结构、刨花原料、板的含水率等有关，还与使用环境变化、湿度、温度等有关，是一个复杂的综合关系。影响最大的因素应为板的密度、用胶量和环境温度与湿度。

刨花板的蠕变不仅会产生板的永久性变形，最大可达5～6mm，还会造成板的强度损失。考虑到长期荷载，板的静曲强度应为原先的50%～60%。

17.1.3.4 工艺性质

1. **握螺钉力**

影响握螺钉力的因素很多，其中刨花板的密度影响最大。对钉子的握持能力随板的密度增加几乎成直线或略成曲线关系增加。其次是钉的直径、钉入深度，钉入方向等。握钉力随钉的直径增大而降低，因为粗钉会使刨花板发生微细开裂。钉入深度越深，握钉力越大，但是不能钉透板面，钉间距离越小，强度越低。当用直径为d的钉子时钉间距离应为10～20d，离板边距离最小应为3d。垂直于板平面的握钉力是平行于板平面握钉力的1～1.5倍。当钉子垂直于板面钉入时，纤维被挤压而分开(指平压法刨花板)，这些被分开的纤维和钉之间产生较大的摩擦，这样使握钉力大大增加。当钉平行于板平面钉入，钉与刨花纤维平行，因此握钉力低。当用螺钉做连接件时，为了增加握钉力，可以在拧螺钉之前先打孔，孔的直径一般为螺钉直径的75%左右，然后在孔中加入少量胶黏剂，然后再将螺钉拧入孔中。

除此外影响板的握螺钉力与握钉力的因素还有刨花尺

表 17-3 刨花板物理力学性能

性　质	低密度刨花板	中密度刨花板	高密度刨花板	单位
密　度	0.4～0.59	0.59～0.80	0.80～1.12	g/cm³
24h 吸水率		10～50	15～40	%
24h 吸水厚度膨胀		5～50	15～40	%
线性膨胀（相对湿度 50%～90% 时）	0.30	0.2～0.6	0.2～0.85	%
弹性模量	1000～1700	1700～5000	2500～7000	MPa
静曲强度	6～10	11～45	17～50	MPa
平行于板面的抗拉强度		3.5～28	7～35	MPa
垂直于板面的抗拉强度	0.15～0.2	0.25～1.4	0.8～3.0	MPa
平行板面的抗压强度		10～20	25～35	MPa
板面方向剪切强度		0.7～3.0	1.4～5.5	MPa
垂直板面的剪切强度		1.4～12		MPa

表 17-4 刨花板的握钉力

刨花板/密度（g/cm³）	垂直板面的单位握钉力（N/mm²）	平行板面的单位握钉力（N/mm²）	垂直板面的握螺钉力（N）
中密度刨花板/0.6	0.078	0.06	1000（为木材 0.5～0.58）
中密度刨花板/0.8	0.104	0.08	1333

寸。一般来讲，刨花尺寸大的刨花板其握螺钉力大于刨花尺寸小的刨花板。刨花板的握钉见表 17-4。

2. 机械加工性质

刨花板可以用手工工具或机械进行加工，例如钻、铣、刨、锯、开榫、打眼、拼缝、砂光及表面装饰等。但是，由于刨花板结构中有胶黏剂和各种添加剂，板的密度有差异，树种不同，板的厚度也有差异，因此加工难易程度也不一样。刨花板进行机加工时，刀具磨损程度与板的施胶量关系很大。例如，刨花板施胶量为9%～11%时，对刀具的磨损程度差不多是施胶量为5%～8%时的一倍。刨花板的密度对刀具磨损关系也很大，密度越大，对刀具磨损越大。不同树种对刀具的磨损也不一样，例如松木刨花板比杨木刨花板对刀具的磨损大一些。总之，用硬度大的木材做的刨花板比用硬度小的木材做的刨花板对刀具的磨损大。刨花板进行不同机械加工时的要求如下：

(1) 锯：刨花板可以用各种锯进行锯解。为了增加刀具的使用寿命，一般采用钨碳钢齿尖的圆锯，钨碳钢齿尖较厚，刚度较大，加工时不易震动，因此可以提高切削质量。

(2) 刨：在大多数情况下，刨花板板面不用刨切加工，板边可以在普通刨床上进行刨切加工。

(3) 铣：刨花板铣削(开榫)与通常的木材加工相似，用高速钢刀具可以得到满意的加工效果。也可以用钨碳钢刀具。主轴的适当速度为 6000～7200r/min，镂铣为 24000r/min。

(4) 砂光

(5) 打眼：当用螺钉、螺栓、销钉或横档等组装刨花板构件时，常有手工或机器打眼或钻孔的加工工序，可以用高速钢或硬质合金钢钻头。

锯解刨花板锯片寿命见表 17-5。

钻削刨花板条件见表 17-6。

3. 拼缝

刨花板一般比木材强度低，所以，刨花板拼缝时大都不用榫簧接合或燕尾榫接合，而是用插条接合。其方法是在板边上开槽，再用涂胶的木条(大都用胶合板条)将板拼接起来。木条要求卡在板槽中直到胶固化。通用的胶种为脲醛树脂，其胶接强度高，而且在长期载荷作用下不易发生蠕变而破坏。为了缩短胶合时间，胶拼时可用高频加热器进行加热，以加速胶的固化。

4. 表面装饰性

刨花板与木材或其他人造板一样，都可以进行表面装饰。例如油漆、贴单板、薄木、塑料薄膜、装饰纸或其他覆面材料

表 17-5 锯解刨花板锯片寿命

锯片类型	使用寿命（m/每次使用）
硬质合金镶齿锯片	4560
高速钢锯片	915

表 17-6 钻削刨花板条件

钻头直径（mm）	转速（r/min）	切削速度（m/s）
8	18000	7.5
25	3600	4.8

表 17-7 刨花板的表面要求

项　目	指标值	单　位
密度	0.65～0.8	g/cm^3
表层密度	0.8～0.9	g/cm^3
厚度误差	≤ 0.15	mm
表层厚度	≥ 1.5～2.0	mm
静曲强度	≥ 17.0	MPa
平面抗拉强度	≥ 0.35	MPa
含水率	6～8	%
吸水厚度膨胀率	≤ 20	%
厚度压缩率	≤ 6	%
表层 pH 值	5.0～5.5	
表面粗糙度	30～60	mm

表 17-8 刨花板的耐磨性

密度（g/cm^3）	厚度磨损量（μm）	参考标准
0.6～0.7	100～140	漆膜测试
0.7～0.8	80～120	同上
0.8～0.9	60～100	同上

表 17-9 刨花板的防腐性能

胶黏剂类型	霉菌类型	平均重量损失（%）
酚醛树脂	地窖粉孢革菌	22
	锦腐卧孔菌	12
脲醛树脂	地窖粉孢革菌	54
	锦腐卧孔菌	7

以及直接印刷木纹纸等。刨花板作为装饰基材要求见表17- 7 。

17.1.3.5 抗损坏性质

1. 耐磨性

当刨花板用于地板、工作台等台面时，耐磨性是一个重要的指标。磨损是由各种各样无规律的可变因素引起的，如滑动、振动、冲击等变化。

影响刨花板耐磨性因素主要有板的密度以及板的表面密度（表 17-8）。通常板的密度与耐磨性成正比。为了提高刨花板的耐磨性能，可以在板的表面涂油、油漆或耐磨材料。

2. 抗生物侵蚀能力

抗生物侵蚀能力应包括抗真菌侵蚀和防虫蛀。实验证明：尽管真菌对脲醛树脂和酚醛树脂的反应不同，仅靠胶黏剂来防止真菌的侵蚀是不可行的，一般情况胶黏剂本身不起防护作用，刨花板的强度由于质量的损失而下降的比例与木材近似。抗虫蛀最主要能够抵抗白蚁的侵害，这方面，胶黏剂没有显著的作用。

刨花板防腐处理大多依靠化学防腐剂。如：硫酸铜、氟化钠、五氯酚钠等。没有防腐剂的刨花板质量损失达 48%，有防腐剂的刨花板质量损失仅为 1%。

刨花板的防腐性能见表 17-9。

3. 耐火性质

一般对刨花板耐火评价采用难燃材料标准，其要求：

(1) 试件没有完全被燃烧；

(2) 没有燃烧的表面平均长度至少应占 15%；

(3) 烟气的平均温度应当低于 250℃；

(4) 试件不应有不良情况，如火焰蔓延的形式等。

阻燃剂通常有无机材料、有机材料、无机材料与有机材料混合三种形式。一般来讲，无机材料价格较低，但流失性较大，如硼酸类；有机材料流失性小，但价格较高，如聚合磷酸铵和聚氯乙烯树脂；为了降低成本，减少流失性，较多采用无机与有机材料混合。

17.2 刨花制备

17.2.1 刨花板使用的 原料

17.2.1.1 木质原料

制造木质刨花板的原料为三大类（表 17-10）：①原木类；②加工剩余物；③非木质纤维原料。

17.2.1.2 原料的选择

许多木质材料都能生产刨花板，然而从生产、工艺、质量和经济性方面考虑，材料应满足如下要求：

1. 有足够的供应量，价格低廉

生产 $1m^3$ 刨花板，需要 1.3～$1.8m^3$ 木质原料。在组织生产时，不仅要满足且大于这一比例，而且还要考虑到原料的运输和原料的成本。

2. 选用密度低、强度高的材料

尽可能选用密度低、静曲强度高的树种。在同样制板工艺条件下，低密度的木材制得的刨花板要比密度大的木材制得的刨花板强度高。因为低密度木材，其抗压强度较低，木材压缩率大，热压时，刨花之间接触面积大，如果仅从材料本身的选择性方面考虑，应该选择针叶材或者软阔叶材做刨花板的生产原料。

3. 注意树种的相互搭配

对于针叶材和阔叶材混合时，注意相互搭配使用。如：针叶材：阔叶材>3∶7；同时选择相近混合树种作为刨花板生产原料，能够保证刨花板变形小。

4. 树种 pH 值及缓冲容量、抽提物与胶黏剂相适应

普通刨花板厂大多用脲醛树脂作为胶黏剂。因此原料的pH值和对酸的缓冲容量、对胶黏剂的固化速度影响较大。选用 pH 值高于 6.0 的木材时，测其对酸的缓冲容量以及凝胶时间，并与 pH 值为 5.0 左右木材进行标定。原料中的抽提物对刨花板生产及产品性能也有影响。在热压过程中，抽

表 17-10 制造刨花板原料

原料			特性	用途	价格与竞争
原木类	无皮木材	间伐材、制材厂针叶材板皮	含水率较高，纤维长，有很高的物理力学性能	高质量的大片刨花和扁平刨花	高，造纸和中密度纤维板稍低，造纸用之限制，中密度纤维板
		针叶幼龄材、小径级速生材、胶合板木芯	含水率较高，纤维长度稍短，纹理斜，有较高的物理力学性能	大片刨花和扁平刨花	
	带皮木材	有皮木材或枝桠材、薪炭材	含水率较高，纤维长度稍短，纹理斜，树皮含量较高，皮与木质部相比占13%～15%，有较高的物理力学性能	扁平刨花或杆状刨花	较低，造纸基本限制，中密度纤维板
加工剩余物	工厂刨花	家具与木工厂的刨铣剩余物	含水率在10%～20%范围，厚度变化大，力学性能差	不宜完全用来制刨花板，可以掺和使用	价格低，燃烧获取能量
	锯屑	家具、木工厂和制材厂等锯切剩余物	颗粒状，含水率在10%～15%范围，力学性能差	不宜完全用来制刨花板，可以少量掺和使用或做渐变板的表面料	价格低，燃烧获取能量
	碎单板	胶合板厂的下脚料	干湿单板含水率变化大，刨花厚度大	宜做芯料	较低，中密度纤维板
	阔叶材板皮	制材厂	含水率较高，纤维长，有很高的物理力学性能，材料密度较大	大片刨花和扁平刨花或杆状刨花	稍低，造纸用之限制
	短料	细木工下脚料、制材厂截头	材料规整性差，多为阔叶材，但树种不一，含水率在10%～20%范围	制板时应注意材料合理搭配	较低
非木质纤维类原料	一年生植物	经济类作物：亚麻秆，黄麻秆，豆秸，棉秆，席草，玉米秸，芦苇和甘蔗渣等	一定的物理力学性能，密度低，较多的薄壁细胞。材料有季节性，有的髓心多，有的糖分较高，贮存难度较大	杆状刨花	低，中密度纤维板，其他手工业，一定量的造纸
		壳类：花生，葵花籽，椰子等	纤维长度小，密度较大，材料有季节性，脂肪较高	杆，粒状刨花 中，低质量刨花板	低，饲料、填料
		农作物：麦草，稻草等	密度低，较多的薄壁细胞，材料有季节性，淀粉量较高，贮存难度较大	杆状或丝状	低，饲料 一定量的造纸
	竹类	小直径的竹段，枝，胶合板的下脚料	纤维长，有很高的物理力学性能，密度大	片状，杆状等	较高，造纸、中密度纤维板，建筑 手工艺制品
	藤类	棕榈，藤	纤维长，有很高的物理力学性能，密度大	杆状或丝状	略高，手工艺编织制品

提物因受高压、高温和水分的影响而挥发，严重的引起刨花板分层和鼓泡，选用这类木材时，应充分引起注意，并且在生产工艺中进行改进。这类抽提物含量过高的木材不宜用做刨花板原料。

5. 注意各种形状和不同来源原料的搭配

在选用各种形状和不同来源原料时，必须注意搭配。

(1) 原料含水率应均匀，以便掌握刨花干燥的工艺基准；

(2) 过多的树皮含量会导致普通刨花板的平面抗拉强度和静曲强度降低，同时也增加了板子的吸水厚度膨胀能力。在制造过程中，加强其他无皮木质材料的混合，这样使树皮含量控制在10%以下（普通碎料板）。

(3) 废料的搭配使用过程还必须注意控制碎料（细刨花、锯屑）和工厂废刨花施加量，锯屑含量不宜过多，应低于15%；工厂废刨花使用量可以适当增加，不宜超过30%。

17.2.2 原料贮存和准备

17.2.2.1 原料贮存

原料贮存应按品种分类贮存，以便于原料管理，有利于生产线上的质量控制与调整，保证原料的合理配比。有条件时要按软硬材分开贮存。如果不能分开贮存，则混堆原料中不同密度的原料要保证有均匀的比例。

原料应码成垛分类放在楞场中。码垛时可分成规整条状原料(如小径木、间伐材、薪炭材、原木芯等)；不规整条状原料(如枝丫材、原木截头、板条及废单板等)；块状原料(如工艺木片、工厂刨花、锯屑等)。条状原料应码成垛；块状原料可以用专用料仓贮存；板皮、板条、废单板等原料最好扎成捆，以便于运输和堆垛。

贮料场的总体积设计和垛堆尺寸，一般取决于当地条件，可以根据常规经验和特殊需要来确定。一般垛长为30～

60m，垛高为3～6m。为了减少堆垛的劳动费用，也可以用散堆的方式贮存。料场的大小根据原料贮存量确定。贮木场每平方米面积上约可堆放1.5～2m³木材。料场中应留通道，主通道宽一般不小于4m。此外，还应有防水、防火设施。表17-11为木材原料楞垛充实系数。

表 17-11 各种木材原料楞垛充实系数

原料种类	充实系数
直径＜30cm的木段	0.6～0.7
直径≥30cm的木段	0.78～0.91
枝桠材	0.3
板皮、板条	0.4～0.6
工厂刨花	0.18～0.25
废单板	0.45～0.55
锯屑	0.32～0.38
木片	0.25～0.35

非木材原料大都受季节限制，贮存量大，不仅需要大量场地，而且需要更多的管理费用，其中蔗渣是最不容易处理的原料。蔗渣贮存时要进行必要的防腐处理。蔗渣贮存一般是打成捆，然后堆成锥形垛，雨季还要将垛用防水层覆盖。垛与垛之间应留有充分空间，垛底要有排水通道。甘蔗去糖以后，立即进行除髓，将除去髓和细粒的蔗渣再打成捆。打捆后再堆垛通风。将除髓的蔗渣进行人工干燥，更利于贮存，不仅可防止腐朽，而且可以防止剩余糖分受菌类侵蚀。

原料贮存量一般不少于30天。但贮存量也不宜过大，一般木材因贮存每周损失在0.75%～3%。

17.2.2.2 原料准备

1. 原料水分要求

从木材切削方面来看，原料含水率不应低于35%。含水率在35%以下时。随着含水率的减少，单位切削功迅速增加，同时细碎刨花的百分比明显增加。因此，为了有利于刨花制备以及刨花干燥，原料的含水率应尽可能控制在40%～60%之间。对密度较大的树种（$D>0.60$）可在温水中浸泡24h适当增加含水率到70%。

2. 剥皮

对剥皮设备的要求是，生产率高，木质损失少，去皮率高，成本低。表17-12为原木剥皮定额。

3. 原木截断

原木截断和劈裂根据工艺和设备性能的要求，在制造刨花之前，需要把原木按一定尺寸截断。截断可用普通木工圆锯或带锯机。

4. 去除金属

为了在原料中发现金属杂物，可采用金属探测器。金属探测器的传感器安装在带式输送机支架断开处的特制金属底座上。输送带的工作面应通过传感器口，但不得与其壁相接触。金属探测器的灵敏度和抗干扰性能，在很大程度上取决于传感器在带式输送机上的安装是否正确。靠近传感器的活动和振动金属零件会造成金属探测器误动作。因此，金属探测器的安装位置，距输送机的传动装置或张紧轴不得小于2m。

17.2.3 刨花类型与形态

17.2.3.1 刨花类型与特征

生产刨花板可采用表17-13中各种木质刨花原料。刨花的尺寸、形态、刨花长度与纤维方向夹角不同均能影响板的性质。通常将刨花分为特制刨花和废料刨花（表17-13）。

17.2.3.2 刨花形态

刨花板的用途非常广泛，根据用途不同，对质量的要求也就不同。刨花的几何形状在很大程度上影响板的质量。刨花的长、宽、厚对其表面积都有影响，但是其中影响最大的是厚度。一般刨花越薄，板的强度越高，但是过薄的刨花容易碎裂，很难保证刨花板的表面质量和强度要求。可用下式衡量刨花形态：

$$\lambda=\frac{l}{t},\quad \lambda_b=\frac{b}{t}$$

式中：λ——刨花的长细比，无量纲

l——刨花的长度，mm

t——刨花的厚度，mm

λ_b——刨花的宽细比，无量纲

b——刨花的宽度，mm

值与刨花的抗拉强度和刨花之间的胶合强度等有关。

表 17-12 原木剥皮定额

剥皮形式	原木直径 (mm)	功率消耗 (kW)	人工数	生产能力 (m³/h)	水耗 (l/min)	木材损耗 (%)
普通人工	10～25	～	1	0.2～0.5		0.3～0.5
铣削型	7～30	1.5～5	1～2	4～20		8～15
木材摩擦	5～30	6～22	1～2	1.5～15	50～150	0.5～0.8
刀具与木材摩擦	5～30	12～22	1	36～100		1～2
水力	5～30	310	8	54～60	2300～3000	<0.5

表 17-13　刨花板生产用木质刨花的种类和尺寸

木质刨花种类	厚度 (mm)	宽度 (mm)	长度 (mm)	刨花来源		刨花特点	用　途	功率消耗
				剩余物	特　制			
扁平刨花	0.15～0.45	<12	25～100	薄单板或废薄木经长度和宽度加工	利用刨片机加工	薄而平整，厚度比较均匀，保持木材纤维完整	表层材料	中
扁窄刨花	0.3～0.5	0.8～1.5	8～15		利用削片机和刨片机加工	较薄，厚度较均匀，保持木材纤维完整	表层材料	高
棒状刨花	0.8～1.5	0.8～1.5	8～15		木片、碎单板等原料再碎而得	能保持木材纤维长度，具有一定的刨花强度，但厚度较厚	芯层刨花，挤压法刨花板原料	高
细小刨花	0.1～0.25	< 2	<8		木片、碎单板等原料	基本保持木材纤维长度，具有一定的刨花强度	表层材料或表面材料	高
微型刨花	0.01～0.2	< 1	<5		木片或大刨花用研磨机加工而成	基本保持木材纤维长度	表面材料	高
纤维刨花	0.01～0.25	<0.25	<6		木片经热磨机磨成纤维刨花	保持木材纤维长度	表层材料或表面材料	最高
工厂刨花	0.01～1.45	<35	<12	刨、铣等旋切刀头进行加工时产生的废料		纤维大部分被切断，强度低，大都呈卷曲状，厚度不均	与上述其他材料混合使用	无
锯屑	0.1～2.05	<2.3	<2.3	锯机加工木材时产生的		纤维割断，不具增强作用	同上或表面材料	无
工艺木粉	0.01～0.5	<1	<1			纤维割断，不具增强作用	同上	中到较低
砂光粉尘	0.01～0.5	<1	<1	木粉即砂光粉尘	锯屑用研磨机加工而成	纤维割断，不具增强作用，含其他成分如胶、砂等	同上	无

$$\lambda = 2k\frac{\sigma_{fu}}{\tau},\quad \lambda_b = (1/30 - 40)\,\sigma_{fu}$$

式中：k——板子的结构形式系数。k 与刨花排列方向等有关，k=(0.5～1.0)，当板子内刨花排列方向与刨花纹理方向一致时，k=1.0

σ_{fu}——刨花的顺纹抗拉强度，MPa

τ——刨花之间的胶合强度，MPa

为获得高强度的刨花板，应采用厚度一致的薄型刨花，宽度比厚度大数倍的刨花，用平压法进行生产。如欲获得板面平整，花纹悦目的刨花板，可采用厚度一致的薄型刨花，而且长度与宽度相接近的刨花形态，一般说来，薄刨花比厚刨花生产的刨花板静曲强度大，长刨花比短刨花生产的刨花板强度大，刨花宽度对刨花板强度的影响见表 17-14。刨花的厚度也是刨花形态中的一个重要因素。刨花厚度对刨花板静曲强度的影响见表 17-15。

选定刨花的尺寸时，需要考虑形状系数，形状系数包含长细比、宽细比和长宽比。选定形状系数的值应大于理想值。经验认为理想长细比 100～200，宽细比大于 10，而长宽比可根据板的种类与性质而定，这样制得的板子，用胶量少、密度较低、强度较高。形状系数小，加压时边部容易溃散，裁边尺寸要大，否则板的边部强度很低。形状系数大时，

表 17-14 刨花的长度和宽度对刨花板的静曲强度关系

刨花长度（mm）	静曲强度（MPa）	刨花宽度（mm）	静曲强度（MPa）
20	23.2	5	26.0
40	26.4	10	24.8
60	28.2	15	21.8
80	29.0	20	21.0

注：板的用胶量 8%

表 17-15 刨花厚度与刨花板静曲强度的关系

刨花板的密度（g/cm³）	刨花厚度（mm）			
	0.1	0.3	0.5	1.0
	刨花板的静曲强度（MPa）			
0.45	20	17	15	11
0.50	24	20.5	18	12
0.60	35	30	23	19
0.70	44	38	30	23
0.80	53	47	38	30
0.90	61	52	46	37

注：原料为针叶材，用胶量 8%

给施胶和成型带来一定困难。刨花之间的间隙较大，不容易制得高强度刨花板。此外，生产不同的产品对刨花形态也有不同的要求，刨花加工的难易程度也决定了刨花的尺寸。各种普通刨花板的刨花尺寸如表 17-16。

17.2.4 刨花制造工艺过程

制刨花的工艺过程主要有两种形式：一种是直接刨片法，即用刨片机直接将原料加工成薄片状刨花，这种刨花可直接作多层结构刨花板芯层原料或作单层结构刨花板原料。这种刨花也可通过再碎机（如打磨机或研磨机）粉碎成细刨花作表层原料使用。这种工艺的特点，刨花质量好，表面平整，尺寸均匀一致，适用于原木、原木芯、小径级木等大体积规整木材，但由于对原料有一定的要求，生产中有时不得不采用先削后刨的工艺配合使用。制刨花的另一种工艺是先削片后刨片法，即用削片机将原料加工成削片，然后再用双鼓轮刨片机加工成窄长刨花。其中粗的可作芯层料，细的可作表层料。必要时可通过打磨机加工增加表层料的比例。该工艺的特点是，生产效率高，劳动强度低，对原料的适应性强，可用原木、小径级材、枝桠材以及板皮、板条和碎单板等不规整原料，但是刨花质量稍差，刨花厚度不均匀，刨花形态不易控制。图 17-2 是两种典型的制刨花的工艺过程。

表 17-16 普通刨花板刨花尺寸

刨花尺寸（mm）	三层结构板、表层高质量的单层板或渐变结构板	三层结构板、芯层低质量的单层板	挤压法刨花板精碎	挤压法刨花板粗碎
长度	10～15	20～40	5～15	8～15
宽度	2～3	3～10	1～3	2～8
厚度	0.15～0.3	0.3～0.8	0.5～1	1～3.2

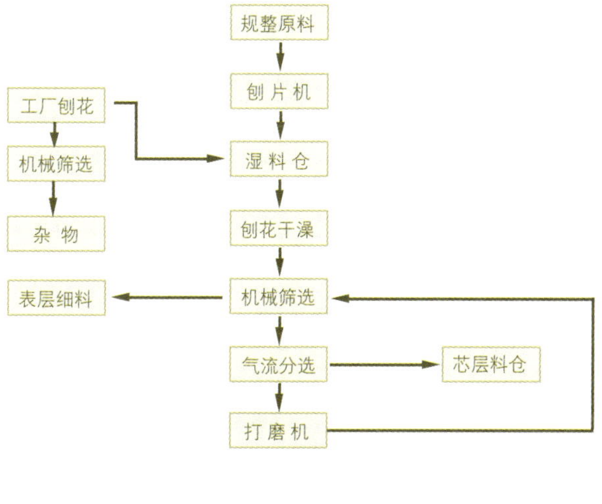

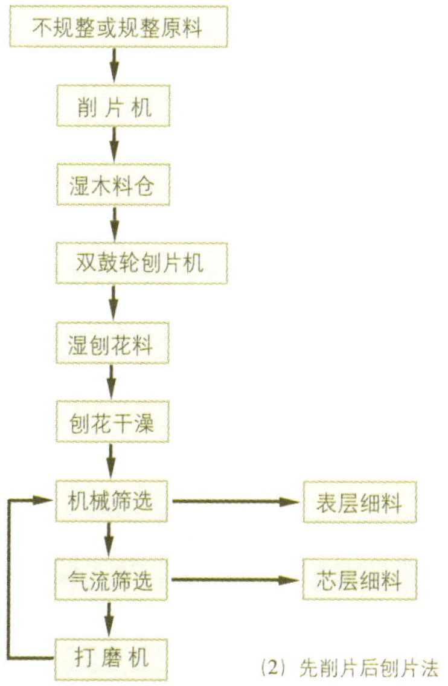

图 17-2 刨花加工流程图

17.2.5 制造刨花的设备

按加工原料的大小分为初（粗）碎型机床、再碎型机床和研磨型机床。初碎型机床指把原料加工成一个方向或二个方向尺寸的机床。如：削片机、刨片机；再碎型机床把初碎的产品作为原料，最终加工成三个方向尺寸刨花的机床。如：双鼓轮刨片机、锤式再碎机等；研磨型机床将原料进行挤压、剪切和摩擦共同作用使原料分裂成细小的刨花。如：纤维刨花，其设备有研磨机等。表 17-17 为各种刨花加工设备，表 17-18 到表 17-23 为各种设备性能参数。

17.2.6 料仓

为了保证自动化作业线能不间断地进行工作，工序之间必须有足够数量的备用材料。刨花堆积时容易出现起拱和架桥现象，其原因是由于刨花的流动难度较大。而且刨花含水率越高，树脂含量越多，刨花越大，料堆体积越大、贮存时间越长，则越容易起拱或架桥。因此，保证刨花在料仓中畅通无阻是对料仓的最基本要求：

表 17-17 刨花制备设备

加工类型	设备		原料形态	产品及尺寸保证	尺寸调整	特点	产量计算
初碎	削片机	盘式	原木、小径级材、枝桠材以及板皮、板条和碎单板等不规整原料	工艺木片，保证长度、宽度，且相互无关，厚度较大	木片长度由刀伸出量决定，飞刀与底刀之间的间隙原则上要求在 0.8～1 mm 之间	厚度较辊式均匀	$Q=60LZnFK_1K_2K_3/Sin\alpha$ Q，产量，m^3/h；L，木片长度，m，一般 0.015～0.020m；Z，刀盘上的切削刀数，把；n，刀盘转速，r/min；F，进料槽通过口断面面积，m^2；K_1，进料口充实系数，加工薪材时，$K_1=0.2 \sim 0.4$；加工大块废材时，$K_1=0.1 \sim 0.2$；K_2，被加工原料的木材实积系数，加工薪材时，$K_2=1.0$；加工大块废材时，$K_2=0.4 \sim 0.5$；加工小径原木时，$K_2=0.5 \sim 0.7$；K_2，设备和工作利用系数(平均为 0.8)；α，进料槽倾斜角(一般 $\alpha=45° \sim 52°$)
		辊式				厚度难以保证	$Q=60vFK_1K_2K_3$ Q，产量，m^3/h；v，进料速度，m/min；F，进料槽通过口断面面积，m^2；K_1，K_2，K_2，同盘式削片机
	刨片机	盘式	原木、原木芯、小径级木等大体积规整木材	薄型，片状刨花，保证厚度和长度，但宽度不保证	刨花厚度由刀伸出量确定，长度取决于刀长或两割刀口距离	宽，平整	
		鼓式			同上	宽度方向有一定卷曲，工艺要求：刨花的边部厚度 / 中心厚度 ≥ 0.71	$Q=60tLD\,pZnK$ Q，产量，kg/h；t，刨花的厚度，mm；L，木段长度，m；Z，刀鼓上的有效切削刀数，把；n，刀鼓转速，r/min；D，加工木段最大直径，m；ρ，在加工当时含水率条件下的原料密度 g/cm^3；K，综合设备利用系数（$K=0.2 \sim 0.3$） 长材刨片机： $Q=60tLBHpZn/m$ Q，产量，kg/h；t，刨花的厚度，mm；L，刀轮长度，m；Z，刀鼓上的有效切削刀数，把；n，刀鼓转速，r/min；D，加工木段最大直径，m；ρ，在加工当时含水率条件下的原料密度 g/cm^3；B，H 分别为加工木捆的宽度和高度，m；m，每小时刀轮进刀切削周期数（约 60）

表 17-17（续）

加工类型	设备	原料形态	产品及尺寸保证	尺寸调整	特点	产量计算
再碎	双鼓轮式	木片	扁窄，杆状	厚度主要取决于刨刀刀刃在刀轮内表面上的伸出量	宽度是随机的	$Q=3600ltvz\rho K$ Q，产量，kg/h；l，刀长，m；t，刨花的平均厚度，mm；v，相对切削速度，m/s，对于双鼓轮切削速度为叶轮和刀轮速度绝对值之和；z，刀轮内刀数，把；ρ，原料的平均密度，g/cm^3；K，综合设备利用系数（K=0.005～0.007）
	冲击（锤式）	碎单板，木片，以及扁平刨花等	杆状，颗粒	长宽尺寸取决于网眼的尺寸和形状，以及原料的含水率	刨花粒度不均，粗	
研磨	打磨	木片、工厂废料、颗粒以及扁平刨花等	细小，微型，工艺木粉	磨盘之间的间隙、研磨速度、原料形状以及磨片的类型	刨花细，均齐	产量取决于网眼的尺寸以及原料的含水率，粉碎湿原料（MC ≥ 80%）时，产量是干原料（MC ≤ 4%～5%）的 1/3～1/2
	热磨机等磨盘设备	木片，杆状	纤维		主要改变原料的直径	

表 17-18 盘式削片机主要参数

主要指标	国产 LX	(前苏联)MP Γ	(日本)CKS 型				(芬兰)Payma
	1200	20H	300	500	700	1000	3000
刀盘直径(mm)	950	1270	1400	3000	1700	2300	3500
进料槽直径(mm)	205 × 190	220 × 420	300	750 × 750	500	700	1000
切削刀数(个)	6	12	20 或 8	28 或 10	22 或 8	31 或 12	
需要功率(kW)	75～110	90	37～55	55～110	75～220	150～220	1000
刀盘转速（r/min）	985	740					300
产量，实积木片（m^3/h）	5.5～8	< 20					< 600
重量(t)	2.8	5.2	4	8	12	22	25
外形尺寸长×宽×高（mm）	2545 × 1700 × 1126	2660 × 1630 × 1370					

表 17-19 辊式削片机主要参数

型号		国产 BX		(德国)"迈耶"公司		(芬兰)"劳特"
		216	218	600HB800	1200HB800	VIH-10/4
生产能力（实积）(m^3/h)		8	15～20	35～45	60～80	24～40
刀辊直径(mm)		650	800	600	1200	1000
刀辊转速(r/min)		450	650			500～700
飞刀数量(把)		2	2			4
喂料方式		强制	强制	强制	强制	强制
喂料口尺寸(mm)		180 × 500	220 × 680	200 × 800	300 × 800	
喂料速度(m/min)		25	39			50
木片长度(mm)		28	30	30	30	16～25
电机功率(kW)		55+6	115+8	90	200	100+11
主机外型尺寸(mm)	长	4338		5200	6100	
	宽	1760	–	1510	1750	–
	高	1208		1600		
主机重量(t)		约 3.7		5.5	9.7	8.9

表 17-20 鼓式削片机主要参数

参数名称	国产 BX 456	(前苏联)	(德国)帕尔曼 PMW		(德国)霍姆巴克
		ДС-6	568-3/10	750-3/10	Z-130~55
生产率(kg/h)	约 1000	3000~4000	3000~4000	7000~10000	12000~16000
刀鼓直径(mm)	600	565	680	750	750
刀鼓转速(r/min)	970	985	980	980	980
刨刀数量（把）	12	12（24）	10(30)	10(36)	10~18（40~72）
加工木段的最大直径(mm)	200~220	400	400	550	550
加工木段的最大长度(mm)	600	1000	1090	1090	1300
电动机功率(kW)	75	200	160~200	250~310	250~400

表 17-21 长材刨片机主要参数

参数名称	国产 BX 445	(德国)霍姆巴克 U 系列			
		64-8	64-16	74-18	115-26
生产率(kg/h)	1500	2000~2500	3500~4500	4500~6000	7500~10000
刀轴直径×长度 (mm)	ϕ 548 × 320	ϕ 620 × 640	ϕ 620 × 640	ϕ 750 × 740	ϕ 1000 × 1120
刀轴转速(r/min)	1300	1150	1150	1000	750
刨刀数量（把）	12	16	32	36	52
加工木段的最大直径(mm)	350	500	500	600	50~800
加工木段长度范围（m）	1.5~6	4.5~10	4.5~10	4.5~10	8~16
电动机功率(kW)	90	90	160~200	250~400	400~800
外形尺寸(m)	7 × 5.9 × 1.9	8 × 4.2 × 3.6	8 × 4.2 × 3.6	9.6 × 6.6 × 4.1	15.2 × 8.6 × 4.9

表 17-22 盘式刨片机主要参数

参数名称	国产盘式刨片机 1	国产盘式刨片机 2
产量（m^3/h）	2~3	3.5~5
刨花板产量（m^3/年）	3000~5000	7000~16000
刀盘直径（mm）	1200	1520
刀盘转速(r/min)	120~1200	560
刨刀数量（把）	6	10
加工木段最大长度(mm)	300	360
木段直径范围（mm）	130~200	250
电动机总功率(kW)	22.72	47
外型尺寸（mm）	3600 × 2420 × 1450	

表 17-23 鼓式再碎机主要参数

参　数	国产 BX			(德国)帕尔曼			
				PZ		PZK-R	
	326	466	468	12P	16	12-375	16-600
刀轮直径(mm)	600	600	800	1240	1240	1200	1600
刀轮刀数（把）	26	21	28	42	42	42	42
刀轮转速(r/min)	1200	50	50	50	50		
刀轮电机功率(kW)	22	7.5	10	10	30	18.5	30
叶轮外径(mm)	597						
叶轮转速(r/min)	1200	1960	1450				
叶轮电机功率(kW)	22	75	135	150	270	200	315~400
生产率(kg/h)	300	1000~1500	1500~2000				

(1) 料仓内不能有死角和原料积存，必须符合先进先出的原则；

(2) 为了防止对空气产生污染，要求料仓特别是贮存木粉的料仓密封性要好；

(3) 不管选用哪种形式的料仓（表 17-24），贮存的原料都必须具有一定的缓冲能力。湿刨花料仓贮存量一般以3～5h用量为宜。干刨花料仓贮量以2～3h用量为宜。拌胶以后的刨花料仓以贮存 30min 用量为宜；

(4) 对干刨花和木粉料仓必须有防火与防爆措施。

17.3 刨花干燥与分选

在刨花板制造过程中，刨花的干燥是一个非常重要的工序，会影响到热压工序。如果含水率过高，容易产生鼓泡、分层等缺陷。所以不断提高刨花板质量的重要因素之一，就是使刨花的终含水率不超过某一个限值。

17.3.1 刨花干燥

17.3.1.1 刨花干燥要求

(1) 保证所有刨花的含水率趋于均匀一致；

(2) 保证刨花的终含水率不超过某一个限值，对于常用合成树脂胶黏剂，表层和中间层 3%～6%，芯层 2%～4%；

(3) 干燥速率快；

(4) 刨花形态不被破坏；

(5) 对刨花表面不产生污染；

(6) 干燥成本低。

17.3.1.2 刨花含水率对成品及生产工艺的影响(表 17-25)

17.3.2 刨花干燥设备

17.3.2.1 刨花干燥机应具备的条件

(1) 全部刨花快速而均匀地干燥到要求的含水率；

(2) 不损伤刨花，需要的热量少；

(3) 可以除去粉尘；

(4) 设防火防爆装置；

(5) 干燥过程连续操作。

为了保证流水线的连续化作业，干燥机的生产能力需与压机的生产能力相配套。常用的燃料有燃油、天然气、煤炭、废木材。前两种燃料发热量大，但成本较高，后两种比较适合我国国情。对于木材加工厂而言，常常是直接利用本厂的加工剩余物和废料等作为干燥设备的燃料。干燥介质和载热体是将热量传递给被干物料，并把被干物料的水分带走的物质，所不同的是载热体不直接与被干物料接触，而干燥介质则可与被干物料接触。常用的载热体有蒸汽、热水、热油，干燥介质有热空气、烟气等。过去干燥设备大部分是热水或蒸汽加热的旋转式干燥机，现在正在发展用烧油或炉气和木粉产生的混合气体加热的连续式干燥机。同时气流式干燥机也在使用。干燥机还应具备防火、防爆装置。防爆装置有防爆窗，当干燥机内的气体压力超过一定界限时，窗口自动打开，让能量在短时间内释放，以保持内外界压力平衡。防火装置有温度报警器、火花探测仪、烟报警器等。其中，火花探测仪最为常用，该装置采用红外敏感元件，在火花识别装

表 17-24 刨花料仓的形式与贮存

料仓形式		形　状	刨花运动方向	自然堵塞，架桥现象	占地面积	适宜贮存量
水平料仓	卧式	长度大于宽度和高度	水平输送	少	大	<100m³
立式料仓	矩形料仓	高度大于长度和宽度	重力从顶部落入	有死角，易堵塞		5～10m³
	圆形料仓	高度大于直径	重力从顶部落入	无死角，堵塞少于方料仓		50～3000m³

注：料仓需求量计算：$n=qt/(V\rho k)$。

n，料仓需求数，个；q，在该工序每小时刨花需求量，kg/h；t，保证料仓贮存时间，h；V，料仓容积，m³；ρ，刨花的堆积密度，原料密度/充实系数（参考表 2-2），g/cm³；K，料仓填充系数（0.9～0.95）

表 17-25 刨花含水率与产品性能

刨花含水率	对成品及生产工艺的影响
刨花含水率分布不均匀	1.刨花的含水率分布不均匀，则其收缩变形不一致，从而使刨花板的尺寸稳定性下降； 2.刨花的含水率不均匀，致使每片刨花的弹性模量不一致，也即每片刨花热压后的被压缩程度不一致，而导致刨花板各处应力分布不均等，易产生翘曲变形
刨花含水率过高	1.导致胶合强度下降，刨花板容易产生分层，鼓泡等缺陷； 2.热量消耗有所增加，热压时间延长，热压机效率降低
刨花含水率过低	1.刨花容易吸收胶料，使刨花表面含胶量减少，浪费胶料，降低胶合强度； 2.刨花塑性较差，压缩比较困难，刨花板内部容易形成空隙，降低板的强度； 3.刨花在干燥机中和气流输送中有着火的危险，刨花较轻，在热压工序中当压机闭合时容易将刨花吹离板坯表面

置中能快速扑灭移动的火花。其优点是检测精度高，能在刨花高速输送下探测。另一种是在干燥机出口处的管道中放一根特制的尼龙线，尼龙线的一端固定在固定架上，另一端固定在电器控制器上。干燥后的刨花到达着火状态时，升高的温度使尼龙线断开，电器控制器接通，使干燥运输螺旋反转，排出这部分碎料。

17.3.2.2 几种典型刨花干燥机（表 17-26）

17.3.3 刨花分选

刨花干燥后要进行分选。在分选上应用最广泛的是摆动式机械分选设备和气流分选设备。机械分选可按刨花的长度和宽度进行分选；气流分选系从厚度上分选。气流分选的优点是分选质量高，空气污染小，气流分选的缺点是电能消耗多。因此，可以用两步分选法，先用机械分选，然后用气流分选。

17.3.3.1 刨花分选工序的位置设计

根据不同的生产流程，刨花分选工序的位置设计有以下三种形式：

1. 设置于干燥工序之前

分选工序设置在干燥工序以前，由于除去了一定数量的不合格刨花，干燥工序的负荷必然被减轻。其次分选后将尺寸差异较大的刨花分开再进行干燥，干燥工艺参数较易控制，干燥质量必将会有所提高，刨花终含水率的均匀性也能得到保证。这种位置设计的缺点是刨花干燥后总会有部分刨花再度破碎，尺寸形态发生变化，这有可能会给下道工序-施胶带来困难。此外对潮湿的刨花进行分选，工艺控制也会有一定难度，尤其是垂直式气流分选机的气流速度难以控制。因此目前的生产流水线已不再采用这种工序设置。

2. 设置在干燥工序之后

这是目前刨花板生产最常用的工序设计方案。其优点在于：能最大限度地控制刨花的尺寸和形态，使之符合规格要求，并保证施胶的均匀性和足够的着胶量，从而确保刨花板的质量。然而，这种设置方式使干燥工序的负荷大，干燥工艺难以控制，操作难度也大。

3. 干燥分选同步进行

如上节所述的悬浮式气流干燥机就是一种典型的融分选与干燥于一体的设备。从理论而言，采用这种设置比较合理，尤其是采用二级悬浮式气流干燥机，不仅能保证分选的良好效果，还能很好地控制刨花干燥质量。但这样的设备其工艺参数的控制有一定的难度。其中最重要的就是气流速度，既要保证小刨花能上浮，大刨花能沉降，又要能控制刨花在干燥室内停留的时间，而且刨花质量不断发生变化，若控制不当，不但起不到分选作用，还会影响刨花的干燥质量。

17.3.3.2 刨花分选的分类（表 17-27）

17.3.3.3 几种典型的分选设备（表 17-28，表 17-29）

17.4 胶黏剂配制和刨花拌胶

17.4.1 胶黏剂的种类

生产刨花板用的胶黏剂应符合下列要求：

(1) 胶黏剂不仅要有一定的胶合强度和耐水性能，还要有充足货源和适宜的价格。因为胶黏剂是构成刨花板生产成本的主要因素。

(2) 满足产品的用途和要求。

(3) 对于热固性胶黏剂，在室温下，胶黏剂的活性期要长。加热到其要求的固化温度时能迅速固化。

刨花板工业现用各种胶的特点及使用情况见表 17-30。

目前生产用刨花板的合成树脂为脲醛树脂胶和酚醛树脂胶，从工艺与外观来看，前者颜色较浅，热压时间较短。后者颜色较深，热压温度要求高，时间长。

17.4.2 刨花板用脲醛树脂物理化学性能

胶黏剂的性能直接影响着胶合效果和板材的性能，所以施胶以前必须严格测定胶黏剂的各项性能指标，包括：固含量、固化时间、pH 值、黏度、活性期等。

17.4.2.1 固含量

一般在胶液的配方中含有纯碱、填充剂及水分等物质。纯胶量（已扣除纯胶中含的水分）与各物质合计量的百分比称为树脂总含量，也即固含量。树脂固含量太高则成本高，树脂固含量太低则胶合强度差。制造刨花板用的脲醛树脂胶要求具有较高的固含量，通常以 60%～70% 为宜。

17.4.2.2 黏度

脲醛树脂胶的黏度一般控制在 70～350mPa·s，便于胶液均匀地喷涂在刨花表面。胶的黏度过低时，胶液容易被刨花吸收而渗入内部，易造成表面缺胶，热压后得不到良好的胶合强度。若胶的黏度过高，则胶成本高，而且不利于喷胶操作。

17.4.2.3 酸碱度（pH 值）

胶需在一定的酸碱度下才能快速固化。对于脲醛树脂胶一般 pH 值控制在 4.5～5.5 之间。pH 值低时，胶液的活性期较短，但可缩短热压时间。胶的 pH 值高则活性期较长，但热压时间长。胶的酸碱度可用固化剂的添加量来调整。

表 17-26 几种典型刨花干燥机

设备名称	技术性能	特 点	应用范围	备 注
辊筒式干燥机	圆筒直径 5～18m 直径与长度之比为 1∶4～1∶6 圆筒的调速范围为 3.5～25r/min 圆筒内干燥介子流速为 1.5～2.5m/s 入口温度 140～550℃ 排湿口废气温度 80～120℃ 单位电能消耗：20～30kW/h 干刨花 单位煤燃料能消耗：80～100kg/t 干刨花	最早的刨花干燥设备之一。干燥机内装有加热管，刨花系与加热管道接触进行热交换，并靠机械的力量产生运动。结构简单，载热体常为蒸汽、油和热水，刨花易破碎和生成粉尘，维修困难	碎料干燥，适合大、中、小型企业	国产设备（BG）为 5000m³/ 年以下。 国外 H167-66（前苏联）
转子式干燥机	转子直径：2.3～3.0m 转子速度：1～12r/min 干燥介质流速：1.5～2.5m/s 入口温度：140～200℃ 单位电能消耗：20～30kW/h 干刨花 干燥热耗能：3.8～6.2GJ/h 干刨花产量：1500～2500kg/h 消耗 190℃的热水，27t	刨花系与热空气接触进行热交换，并靠机械的力量产生运动，维护方便	碎料干燥，适合大中型企业	国产设备（BG）为 5000m³/ 年以上
圆筒炉气加热干燥机（喷气式）	蒸发水份能力：1200～1600kg/h 圆筒长度：12m 直径：3.2m 产量：6400kg/h 干刨花 蒸发的水分：6200kg/h 循环干燥介质量（烟道气）：60Km³/h 重油需要量：600kg/h 电动机装机容量：181kW 炉气进口温度：300～350℃ 出口温度：120～140℃	刨花系与热空气接触进行热交换，靠干燥介质热空气运动的力量使刨花产生运动。燃料来源丰富，具有辅助的热风送入，热损失小。能耗低，但刨花表面易污染以及易着火	碎料与薄片刨花	国内尚未生产 国外如德 BUTTNER 干燥机
单通道炉气加热	圆筒长度：>20m 直径：3m 炉气进口温度：250～450℃ 出口温度：120～140℃ 气流速度：4～8m/s 干刨花产量：1500～1400kg/h	刨花系与热空气接触进行热交换，靠干燥介质热空气运动的力量使刨花产生运动。燃料来源丰富，干燥效率高。但刨花表面易污染以及易着火。占地面积大	薄片大、长刨花与碎料	国内设备刨花板生产能力小于 15000 m³/ 年
三通道气流干燥机	入口最高温度：650～760℃ 三通道气流速度依次为：20,8,4m/s 出口温度：120～130℃ 干燥时间：8～20min 干燥能力：2000～12000kg/h 干刨花	刨花系与热空气接触进行热交换，靠干燥介质热空气运动的力量使刨花产生运动。燃料来源丰富，但刨花表面易污染以及易着火。干燥效率高，占地面积小	薄片刨花与碎料	国内设备刨花板生产能力小于 15000 m³/ 年
悬浮式气流干燥机	生产率：5000～12000kg/h 蒸发水分：5000～7000kg/h 入口温度：350～480℃ 出口温度：110～170℃ 耗热能：20～34GJ/h	刨花系与热空气接触进行热交换，靠干燥介质热空气运动的力量使刨花产生运动。干燥均匀，具有干燥分选多功能，刨花表面污染少，破碎率低	薄片刨花与碎料	国内尚未见产品 国外德国 KELLER 和 BUTTNER 公司等
管道式气流干燥机	入口温度：400～500℃ 出口温度：100℃ 管道长：60m 管道直径：>1..30m	刨花系与热空气接触进行热交换，靠干燥介质热空气运动的力量使刨花产生运动。多采用多级气流干燥，干燥时间短，约 25s 左右，刨花破损率低，维护方便，热气体回收。但管道长，投资高	薄片刨花与碎料	国内尚未见产品 国外德国 SCHLDE 公司等

表 17-27 刨花分选方式与特点

分选方式		特　性	适用范围
机械分选	振动筛	可以装单层筛网或两层筛网。单层筛网可筛去在干燥过程中形成的木尘，湿刨花可用单层筛网的筛分机筛去过大的刨花。 结构简单，噪音大，投资小，扁平刨花易破碎，使用时必须经常清理筛孔中堵塞的刨花。 产量<1000kg/h	碎料，干、湿刨花
	辊筒筛	结构简单，投资小，刨花破碎率低，保持刨花形态，分选效率低，使用时必须经常清理筛孔中堵塞的刨花。 产量<2000kg/h	长薄片刨花
	三维运动筛分机	这种筛能做三维运动，筒内装有大网眼、中网眼、小网眼三层筛网。分别筛出大片刨花、中等刨花及细刨花，木尘和细小刨花通过小网眼后排出。 刨 花分选质量高，噪音较低，产量较高（10000kg/h），但设备复杂	薄片刨花，碎料
气流分选	单级气流分选机	由垂直的机体和倾斜的过渡管、进料管和分散管组成。未分选的刨花，经过密封料阀和进料管进入圆筒气流分选机，落在分选器上，将刨花抛向机体的壁上，从分选机底部进入的空气往上吹，气流的速度小于刨花的悬浮速度，而大于锯屑和木尘的悬浮速度。锯屑和木尘随着气流流动，刨花沉落在底部。可以根据对刨花和木尘的不同尺寸，改变空气的速度。分选后的刨花中还能有1%的木尘。结构上和单层悬浮式干燥机十分相似，除了没有热源和不能进行干燥外，其分选作用基本上与干燥机一样，单级气流分选机将刨花分为合格刨花和大刨花两种	薄片刨花，碎料
	双程气流分选机	能将刨花分为三种组分。第一次在上室内，可将表层细料分选出来；第二次在下室内，可将芯层及过大料分开。这种类型的分选机，空气可循环使用，工作时每次使用的空气量约95%，排出量少。优点是减少车间内空气尘埃的污染，保持已干物料含水率稳定	薄片刨花，碎料
	Z形气流分选机	国外使用较多。由机体、卧式螺旋输送机、松料小轴和Z形道组成。能分选片状刨花、纤维及颗粒状碎料。分级不按刨花长度而按厚度进行，主要用于分选芯层或表层刨花中过大尺寸的刨花。空气循环使用	薄片刨花，碎料
机械—气流分选		刨花从顶部进入，在出口处有鼓风机，使分选机内形成负压气流，刨花中的木尘和微粒随着气流从一室吹到二室，最后从出口处排出，其他刨花从粗料排出口排出。这种筛选机体积庞大，高约11m	薄片刨花，碎料

表 17-28 机械摆动式分选机技术性能

参　数	国产		(德国)		(前苏联)
	BG2323	BG232	米阿格公司	阿尔加伊尔 Gr900/2d	дрс -2 ARSM-332
产量(kg/h)	1800	3000	5000	10000	8000
功率(kW)	3	4	2.2	6	16.4
筛网尺寸（目）					
上网	5	5	5	5	5
下网	16	16	25	25	25
外形尺寸(长×宽×高)(mm)	ϕ 1880 × 1760	ϕ 2650 × 2110	2850 × 2050 × 1100	4800 × 2650 × 2600	5400 × 2670 × 3095
重量(t)	1.15	1.3	4.1	3	4.3

表 17-29 气流分选机的技术性能

参数	国产		(德国)		(前苏联)
	BF212A	BF213	"凯列尔" V 型一级分选机(2.0～10.0)	"凯列尔" V 型二级分选机(2.0/1.5～6.0/5.0)	дпс -1 两级分选机
产量 (kg/h)	2000	3000	2000～30000	3000～15000	8000
功率(kW)	20	45	60（产量为 8000kg/h）	–	110
分选室内气流速度(m/s)	–	–	0～3	1.5	1.5
上部	–	–	–	3.0	3.0
下部				–	
外形尺寸(长×宽×高)(mm)	ϕ 1880 × 1760	ϕ 2650 × 2110	3840 × 2400 × 6050		5400 × 2670 × 3095
重量(t)	1.15	1.3	3.5（产量为 8000kg/h）	–	4.3

表 17-30 普通刨花合板用胶黏剂

种类		特点	工业用胶黏剂	使用状况
蛋白胶		来源方便，价格低廉，没有毒性，但耐水性、耐腐性及耐久性较差	血胶、干酪素胶、骨胶、豆胶等	现已基本被淘汰，仅仅在少数用于食品包装箱的刨花板中采用
合成树脂胶黏剂	室内	具有较高的黏结性，但对环境造成一定的污染	脲醛树脂、三聚氰胺、尿素甲醛树脂	制成的刨花板广泛地应用于家具、室内装修等行业
	室外	具有很强的黏结性，但成本高	酚醛树脂，间苯二酚、甲醛树脂、三聚氰胺树脂、异氰酸脂树脂等	室外或结构刨花板
无机胶黏剂		刨花板防火、防虫、防腐，尺寸稳定性好，但生产周期长	水泥、矿渣、石膏	建筑行业，如建筑物的外墙、内墙、屋顶等
木材内胶粘物质		耐水性胶黏剂，具有一定的黏结性，但稳定性随木材特性变化	单宁、木素等	处于研究与推广阶段

17.4.2.4 活性期

调胶的各种物质及固化剂混合均匀后至胶液固化为止所需时间，称为活性期。活性期的长短与固化剂的用量有关，也与车间的环境温度有很大的关系。相同配方的胶液，于低温时活性期较长，高温时则较短。活性期的长短应根据现场操作所需的时间而定（自喷胶、铺装到热压完成所需时间），通常活性期不可低于操作时间的两倍。活性期太短，胶液容易早期固化，热压胶合强度不良，甚至会出现断层现象。对于脲醛树脂胶要求活性期应在 6～8h 以上。

17.4.2.5 固化时间

胶的固化时间直接决定了板坯的热压时间。对于脲醛树脂胶要求在100℃条件下应具有0.5～1.0min的固化时间（表17-31）。固化时间过短会影响胶合质量，过长会降低压机的生产能力。

17.4.3 刨花板用酚醛树脂物理化学性能(表17-32)

17.4.4 胶黏剂消耗定额

胶黏剂消耗定额(R_c)指胶用量与绝干刨花的百分比，与树种、层别和板的结构类型有关。

$$R_c=G/P_0 \times 100\%$$

式中：G——指干胶用量

P_0——绝干刨花

17.4.4.1 单树种胶黏剂消耗定额（表 17-33）

17.4.4.2 混合树种胶黏剂消耗定额

使用混合树种时，胶黏剂的消耗定额作为平均称量(%)可按下式计算：

$$R_{cp}=R_{c1} \times i_1+R_{c2} \times i_2+...+R_{cn} \times i_n$$

式中：R_{c1}，R_{c2}，R_{cn}——各树种的胶黏剂消耗定额

i_1，i_2，… i_n——各树种刨花占整个刨花的比例

刨花板中干胶平均含量（%）按下式计算：

$$R_{cp}=R_{cs} \times i_s+R_{cc} \times i_c+R_{ci} \times i_i$$

式中：R_{cs}，R_{cc}，和 R_{ci}——分别为表层，芯层，内层的胶黏剂平均消耗定额

表 17-31 刨花板用脲醛树脂胶黏剂参数

参数	三层刨花板		五层刨花板		
	表层	芯层	表层	中间层	芯层
固体含量(%)	49～50	55～56	50～52	54～58	58～60
折光指数	1.433～1.434	1.448～1.449	1.426～1.431	1.436～1.446	1.446～1.451
固化时间(100℃)(s)	110～130	35～55	120～150	70～100	55～70
黏度(B3-4 黏度计)(s)	13～20	13～20	18～23	20～25	25～35
胶黏剂活性期(20℃)(h)	大于 10	大于 8	大于 10	大于 10	大于 10

表 17-32 刨花板用酚醛树脂胶物理化学性能

参数	指标
固体含量（%）	48～50
凝胶时间（100℃)(min)	28
固化时间（130℃)(s)	45
黏度（涂－4 号黏度杯)(s)	20～25
胶黏剂活性期（20℃）周	>2

表 17-33 单树种胶黏剂消耗定额

结构	树种	各层刨花的胶黏剂消耗定额（%）		
		表层	中层	芯层
单层	云杉，松木		9～12	
	桦木		11～13	
	山毛榉		12～14	
三层板	云杉，松木	13.0	－	8.5
	桦木	14.0	－	9.5
	赤杨，山毛榉	14.0	－	11.0
五层板	云杉，松木	14.0	13.0	10.0
	桦木	14.0	14.0	11.0
	赤杨，山杨，山毛榉	14.0	15.0	12.0
渐变（平均用胶量）	云杉，松木		10～12	
	桦木		11～13	
	赤杨，山杨，山毛榉		12～14	
挤压法	云杉，松木		7～9	
	桦木		9～11	
	山毛榉		11～12	

i_s，i_c，i_i——分别为芯，中间，表层质量占板重的比例

17.4.5 刨花用量及施胶后刨花的含水率计量

17.4.5.1 刨花用量

生产中一般以板的密度来确定刨花的用量，计算公式如下：

$$G_0 = \frac{\gamma_0 V}{(1+W_e)(1+p+p_1+pp_2)}(1+K_v W_1)$$

式中：G_0——用于 Vm^3 刨花板耗用含水率 W_1 的刨花质量，kg

γ_0——刨花板要求密度，kg/cm^3

V——刨花板体积，m^3

W_e——刨花板的含水率

K_V——木材的干缩系数

P——刨花板的施胶量

P_1——防水剂消耗率

17.4.5.2 刨花的含水率计量

施胶后刨花含水率可简化按下式计算：

$$W = \frac{W_1 + (\frac{100}{K} - 1)P_R}{100 + P_R} \cdot 100(\%)$$

式中：P_R——施胶量，%

W_1——拌胶前刨花含水率，%

K——胶黏剂固含量

用上式计算所得施胶后刨花的含水率比实际生产中高 1%～3%，因为在刨花施胶过程中有部分水分蒸发。

在同样的热压条件下，施胶后刨花的含水率与成品刨花板含水率有以下关系（表 17-34）：

表 17-34 板坯与成品板的含水率

施胶后刨花含水率（%）	成品刨花板含水率（%）
6	3
7	4
8	4.5
10	6
12	7
13	8
14	8.5
16	10

根据国家标准，成品刨花板的含水率应为5%～11%，所以施胶后刨花的含水率应控制在8%～16%之间，由上式可推算出刨花干燥后应达到的终含水率，由此可控制干燥工艺。

17.4.6 添加剂

合成树脂胶黏剂内除了合成树脂（纯胶）和溶剂（水）之外，所有其他的成分总称为添加剂。归结为两类：一类是为满足刨花板生产工艺要求而施加的，如固化剂、缓冲剂

等；另一类是为满足刨花板使用需要而施加的，如防火剂、防腐剂、防水剂等。

17.4.6.1 固化剂、缓冲剂

脲醛树脂胶具有较长的贮存期，通常制备好的胶液的酸碱度保持在中性或弱碱性（pH = 7～8），以使脲醛树脂的分子长期处于初期阶段（树脂的可溶可熔阶段）。而在这种酸碱度下不利于脲醛树脂胶的固化。所以需添加固化剂，调节胶液的pH值，以提高固化速度。

脲醛树脂胶常配用强酸弱碱盐类作为固化剂，固化时间可通过调节固化剂用量加以控制，常用固化剂为强酸弱碱盐，如氯化铵、硫酸铵等。其中以氯化铵最为普遍，固体氯化铵用量通常是脲醛树脂质量的0.1%～0.2%。

刨花板坯的各层刨花在热压过程中受热条件不同，各层刨花所用胶黏剂的固化时间和固化剂氯化铵溶液浓度也不一样（表17-35）。

为了减缓胶黏剂在高温下的固化速度，常采用往氯化铵溶液中加少量氨水。质量组成见表17-36。调制成的固化剂工作液各参数见表17-37。

表17-35 各层刨花所用固化剂

	芯层刨花	中间层刨花	表层刨花
固化时间（s）	30～60	70～100	110～130
氯化铵溶液浓度(%)	20	3～7	3～7

表17-36 缓冲固化剂（%）

氯化铵	氨水	水
20	20～30	50～55

表17-37 固化剂性质

	用于表，中层	用于芯层
折光指数	1.413～1.414	1.371～1.372
pH值	9.0～9.5	5.5～6.0
密度（20℃）(kg/m³)	1040～1045	1040～1045

17.4.6.2 各种添加剂（表17-38）

17.4.6.3 刨花与胶黏剂计量方法

在生产中刨花和胶黏剂的计量，可按体积计，也可按质量计。胶料的质量比较稳定，溶液均匀，目前多用体积计量，通过调节流量计来实现。刨花的质量计量是通过连续式带秤或周期式斗秤实现的；有时可将两种计量方法配合使用，采用二级计量法，即先按体积计量进行初步控制，再按质量计量以达到精确计量。

17.4.7 施胶方法

目前生产中最常用施胶方法是喷胶法。此外也有注胶法和甩胶法等（表17-39、表17-40和表17-41）。

17.4.8 施胶设备（表17-42、表17-43）

17.4.8.1 对施胶设备的要求

(1) 对所有刨花表面都能均匀涂敷最小厚度的胶液薄层。

表17-38 各种添加剂

功 能	种 类	添加方式	用 量
防水剂	固体石蜡、石蜡乳液、液体石蜡和融熔石蜡。最常用的是石蜡乳液和融熔石蜡	1.固体石蜡是将固体石蜡磨成粉末，用喷管喷散在施过胶的刨花表面即可。操作简单，吸附量小，流失量较大，效率不高； 2.融熔石蜡是将固体石蜡和液体石蜡按比例放入混合器中，由混合器内蒸汽管加热熔解，然后用泵压至喷嘴处。工艺简单，不影响热压时间，效率较高。喷头易被堵塞； 3.石蜡乳液可以直接调配在树脂溶液内，也可以先对刨花喷石蜡乳液，然后再喷胶。石蜡在刨花板内分布均匀，防水效果好，工艺较为复杂，热压周期变长	0.3%～1%（占绝干刨花的重量）
阻燃剂	含有磷、氮元素等的混合物，如磷酸铵、硫酸铵、碳酸铵、盐酸铵等	1.将防火剂与胶黏剂混合后喷于刨花表面。防火剂在刨花板内均匀分布，效果较好，损失少。胶液的流动性变差，易堵塞喷嘴； 2.先对刨花喷胶，再喷散粉状防火剂。这种方法防火剂耗量大，吸附量小，且均匀性较差； 3.先用防火剂溶液处理刨花，后干燥、施胶。工艺复杂，成本也高，防火效果很好； 4.在刨花板表面涂刷防火材料。工艺简单，效果不十分理想	3%～10%（占绝干刨花的重量）
防腐剂	硫酸铜、氟化钠、铬化砷铜、铬化氯化锌、铵化砷酸铜等	1.将粉状防腐剂加到施胶刨花或未施胶的刨花中； 2. 在施胶时或施胶后，单独喷洒水溶性或油溶性防腐剂，或与胶黏剂混合后一起喷洒； 3.用防腐剂处理刨花或利用经过防腐处理的木材制成刨花； 4.在成品上刷、喷防腐剂，或将成品放于防腐剂中浸泡	2%～10%（占绝干刨花的重量）

表 17-39 施胶方法与特点

施胶方法		特点及应用
喷胶法	空气喷胶法（负压法）	目前刨花板生产中主要采用空气喷胶法，利用压缩空气将胶液吸入喷嘴，在空气压力的作用下通过喷嘴口雾化。优点是胶液雾化粒度小，分散均匀；缺点是工作环境较差
	无空气喷胶法（正压法）	利用胶泵将胶液直接打入喷嘴进行雾化。其优点是可将粘度较高的胶料喷成雾状。缺点是需要使用小容量的喷嘴，而喷嘴小孔容易堵塞因而有时会出现喷雾不均匀的现象
注胶法	自重注入 胶泵注入	优点是刨花之间处于强烈摩擦状态时，能使胶液得到均匀分布；缺点是生产效率较低，且刨花破碎率较高
甩胶法	中心轴甩胶法 离心盘甩胶法	利用离心作用力将胶甩出并得到一定程度的雾化。其胶滴大小介于喷胶法和注胶法之间。雾化程度不十分高，还需依靠刨花间的摩擦使胶液得到分散

表 17-40 施胶方法与着胶率

刨花表面被胶液	施胶方法	
覆盖面积百分率(%)	注胶法	喷胶法
100	41.6	66.7
50	16.7	25.8
20	37.5	4.2
0	4.2	3.3
	100.0	100.0

表 17-41 施胶方法对胶合强度的影响

施胶方法	松木刨花		桦木刨花	
	静曲强度 (MPa)	吸水率 (%)	静曲强度 (MPa)	吸水率 (%)
喷胶法	12.5	18.5	11.6	23.1
注胶法	9.8	20.0	8.6	39.0

表 17-42 几种典型拌胶机特性

拌胶机类型	特　性
喷雾式连续拌胶机	喷雾式连续拌胶机是目前生产中应用较多的一种拌胶机。由搅拌器、搅拌槽、喷嘴等组成。这种拌胶机属于抛料式拌胶机。刨花被抛出后靠自重下落，在拌胶槽内呈悬浮状态。刨花间的摩擦强度比较低，但因搅拌作用，刨花形态仍会被破坏
快速拌胶机	由拌胶室和调节仓两部分组成。属于环式拌胶机，刨花间的摩擦很大，刨花容易升温，会引起胶的预固化。产量很高，但刨花破碎率也很高。若用螺旋进料器进料，可改善刨花破碎率高这一缺陷
重力式拌胶机	由拌胶槽、喷胶系统、凸轮等组成。刨花破碎率小，刨花间相互摩擦较小，能最大限度地保持刨花原有的形态和尺寸。对胶黏剂的雾化程度要求很高，以保证施胶的均匀性。一般应采用无空气喷胶。但生产能力不太高。比较适合于大片刨花（如定向刨花、华夫刨花）的施胶
直立式拌胶机	刨花由料仓落入筒状的喷胶室。快速搅拌器使刨花进入轴向旋转运动状态。这种施胶均匀性较高。
管道式施胶系统	用气流输送刨花通过管道，管道壁上开有均匀的喷胶孔。系统结构简单，省去了拌胶机，且刨花破碎率较小。但施胶均匀性难以得到保证，胶的耗量较大

表 17-43 国产 BS 系列环式拌胶机主要技术性能

名　称	内筒直径(mm)	生产能力(kg/h)	配套规模(m^3/a)	电机功率(kW)	主轴转速(r/min)
BS1205-28	280	500	<3000	11	1000
BS16-A	320	1000	5000～7000	11	1000
BS18-A	360	1600	10000～15000	18.5	850
BS122-50	500	2000	15000～20000	18.5	1000
BS25	400	2500	20000～30000	22	850
BS28	480	4500	30000～50000	30	735

表 17-44 铺装方式与特点

方式分类	铺装方法	应用及特点
铺装的工作方式	周期式	个别小厂用周期式铺装方法
	连续式铺装	一般工厂现在都用连续式铺装方法
铺装机械化程度	手工称量和铺装	手工称量和铺装，因质量差和生产效率低,只在个体作坊中才可见到。产量 $<500m^3/a$
	手工称量,机械铺装	产量 500～1000 m^3/a
	机械称量和铺装	产量 2000～5000 m^3/a
	称量、铺装完全机械化、自动化	铺装均匀，生产效率高，易调整铺装层厚度，是重点发展的方向。产量 $>5000\ m^3/a$
铺装的装置	机械式铺装	机械式铺装和气流式铺装是最常采用的二类
	气流式铺装	
	机械气流混合式铺装	

(2) 生产能力应与其他设备相配套。如果生产渐变结构刨花板，为了保证施胶均匀性，应将表、芯层刨花分开施胶。为了保证生产的连续性，至少需配置两台拌胶机。

(3) 胶液损耗量小。

(4) 刨花破碎率小。

17.5 板坯铺装及输送

板坯铺装及输送是刨花板生产中极为重要的工序之一。根据原料的特性、种类及生产规模不同,可采用多种铺装板坯工艺及输送方式。

17.5.1 铺装的原理和方法（表 17-44）

板坯铺装的方法，因板坯结构的不同而定,但铺装的原理是大同小异的,也即施胶刨花必须经一定的刨花定量系统的严格定量后再进入铺装系统进行机械方式或气流方式的铺装,以达到工艺规定要求的铺装板坯。

一般板坯的厚度是刨花板厚度的3～4倍,板坯厚度与刨花板厚度的比例关系见表 17-45。

铺装机生产能力：

$$Q=\frac{60\cdot\rho\cdot L\cdot B\cdot t_i\cdot(100+W_i)}{10^3\cdot(100+W)\cdot r\cdot n_i}\ (\mathrm{kg/min})$$

式中：ρ——刨花板规定密度，kg/m^3

L——板坯长度加上相邻挡板间距离，即运输带长度，m

B——板坯宽度，m

t_i——在刨花板中外层总厚度或芯层厚度，mm

W_i——刨花板的含水率，%

r——主运输机运转时间，s

n_i——铺装 t_i 层时铺装机数量，台

表 17-45 板坯厚度与刨花板厚度的比例关系

刨花尺寸（mm）	胶量（%）	不同密度 (g/cm^3) 的刨花板，每厚 1mm 时板坯的厚度（mm）						
		0.4	0.5	0.6	0.7	0.8	0.9	1.0
5～30	15	6.6.1	7.6	9.3	10.6	11.6	13.6	15.3
	10	6.5	8.1	9.9	11.3	12.6	14.4	16.2
	7.5	6.7	8.3	10.2	11.3	13.0	14.8	16.6
	5.0	6.8	8.5	10.4	11.9	13.3	15.2	17.0
2.6～5	15	3.1	3.8	4.6	5.4	6.1	6.8	7.6
	10	3.3	4.0	4.8	5.8	6.5	7.2	8.1
	7.5	3.4	4.2	5.0	5.9	6.6	7.4	8.3
	5.0	3.5	4.3	5.1	6.1	6.8	7.6	8.5
1.5～2.5	15	2.2	2.8	3.4	3.9	4.5	5.1	5.6
	10	2.3	3.0	3.6	4.2	4.8	5.4	5.9
	7.5	2.4	3.1	3.7	4.3	4.9	5.6	6.1
	5.0	2.5	3.2	3.8	4.4	5.0	5.7	6.3

表 17-46 铺装缺陷分析

缺陷种类	标准要求	原因分析
铺装刨花板坯的均匀度超差	GB5052-85 规定铺装板坯横向均匀度公差为 ± 5%,纵向均匀度公差 ± 4%	1.原材料过于混杂; 2.拌胶机拌胶不均匀,部分刨花着胶量多;重量大;部分刨花着胶量少;重量轻; 3.铺装机进料分料不均匀; 4.计量仓均料效果不好; 5.风栅风场不均,未按说明书要求调好
铺装板坯表面平整度超差	GB5052-85 规定铺装板坯表面平整度公差为 ± 10%	1.原材料过于混杂; 2.拌胶机拌胶不均匀; 3.计量仓计量带打滑; 4.来料不均; 5.铺装机移动速度不均; 6.板坯输送机未按说明书要求调好
铺装宽度不足	一般应保证板坯宽大于等于 1270mm	1.设备宽度不足; 2.计量仓及输送机旁边未调平直
板坯在纵向出现凹槽或凸槽		1.下扫平辊的针缠有软质物; 2.下扫平辊的针被折断; 3.铺装辊上方的挡板凹凸不平; 4.风栅气流速度未调一致; 5.风栅制造质量问题
板坯纵向出现规则的波纹	要求平整	1.铺装机移动时有爬行现象; 2.板坯输送机有爬行现象; 3.铺装辊转速周期变化,速度不稳定; 4.铺装辊偏向与侧面间隙中卡有刨花,铺装辊转动时有阻力
板坯表面会出现大刨花	不允许	1.铺装辊上方的小挡板角度不对; 2.缓冲料仓与出料带的密封不好; 3.风场风力不足; 4.二侧的振动筛网漏或人为的被拆除

17.5.2 铺装缺陷及原因分析（表 17-46）

铺装是否存在缺陷,需看其是否满足刨花板的铺装工艺要求。最常见的铺装缺陷有以下几类。

17.5.3 铺装设备

17.5.3.1 铺装装置的分类及特点（表 17-47）

铺装装置一般分机械式、气流式、机械和气流混合式三种,目前最常用的是机械式或气流式铺装装置。

17.5.3.2 机械铺装机的技术性能（表 17-48）

机械铺装机的类型较多,性能各异。这里只简要介绍一些国内外机械铺装机的主要技术参数。

其中分级式机械铺装机是国外目前最新型的机械刨花铺装机。刨花落下的高度一般仅为气流铺装机的1/10,因此,刨花下落的过程中宽度方向的位置变化不大,从而保证了铺装的高精度。另外，由于采用了旋转的"钻石辊",表层在一定的板厚范围内是均匀的,不同的砂光厚度都不会影响板子的外观。较大的刨花将在"钻石辊"床末端辊子间隙较大处落下,从而在均匀的表层刨花之后形成一层较大的刨花。但只有合格的刨花才能通过这些较大的间隙落下,形成板坯。所有过大的刨花,将通过辊床尾部的废料辊排出。因此,无论硬的或软的过大颗粒都将在最后被分离出来。在运输过程中或计量料仓壁上产生的胶团或掉入刨花内的胶团最终象粉尘球一样被分离出去。

17.5.3.3 气流式铺装机

气流式铺装机是在铺装过程中借助风力作用,对刨花进行分选和铺装,细料落点远,位于表面;粗料落点近,位于中间,板坯断面为渐变结构。一般生产厚度16～19mm板时,细料用量占40%,粗料占60%。生产厚度为8～10mm板时,细料用量占60%,粗料用量占40%。几种典型的国产BP气流铺装机主

表 17-47 铺装装置的特点

类 型		特 点
机械式铺装装置	单辊铺装头	单辊铺装头有很强的分选能力将粗刨花和细刨花分开。用这种铺装头铺装板坯芯层,会产生两种缺陷。一是造成芯层都是粗刨花,缺少必要的细刨花,使芯层过分疏松,强度低。二是木粉和木屑全部抛到芯层的表面,热压时容易出现鼓泡现象
	双辊铺装头	铺装头的铺装长度较长,铺装角度平稳。因为它铺装对称,可用来铺装单层刨花板坯,或作为铺装三层刨花板芯层板坯的单机使用
	三辊铺装头	铺装长度更长,生产效率很高,有轻度分选作用,不会使大刨花露在刨花板表面,特别适用于铺装单种规格的刨花
	纤维状刨花铺装头	纤维状刨花铺装头是专门用来铺装纤维状刨花和热磨后的纤维。梳状辊能防止纤维结球。铺装时有轻微的分选作用
气流式铺装装置		水平气流铺装装置适合于制造渐变结构刨花板
机械和气流混和式铺装装置		一般为两个气流铺装装置和两个机械铺装装置左右对称布置，对于表层和芯层可以分别控制铺装规格不同、施胶量和含水率不同的刨花

表 17-48 机械铺装机的技术参数

参数	国产			(芬兰)			(前苏联)		
	BP3213	BP3113	BP3600 分级铺装	LSKV-1-130	LSKV-1-189	LSKV-1-259	ДФ -1	ДФ -2M	ДФ -6
铺装宽度(mm)	1270	1270	1270	1300	1890	2560	1800	1780～1800	1780～1900
板坯结构	三层	渐变	三层	渐变	多层	多层	多层	三层多层	三层
产量(m^3/年)	1.5～3	0.5～1.5	1.5	0.5～1.5	0.8～2.4	1.0～3.0	0.5～2.0	0.8～3.0	1.0～4.5
重量(t)		18.47	9	14.74	4.0	4.5	5.0	5.0	5.7 5.6
耗汽量(m^3/h)	–	–	5000	–	–	–	–	–	–
总容量(kW)	21.85	10.45	25	13.5	15.3	15.3	5.3	9.4	9.4
外形尺寸(mm) 高度	4353	4350	4935	2200	2220	2220	4140	2230	3450
外形尺寸(mm) 长度	11216	6412	14300	3100	3700	3700	4400	2790	3500
外形尺寸(mm) 宽度	2336	2336	2635	2800	2800	2800	2250	3070	3100

表 17-49 国产 BP 气流铺装机主要参数

基本参数	BP3313/30	BP3713/25	BP3713/50	BP3713/55	BP3713/160	BP3725
铺装能力(m^3/d)	5～15	18～30	18～50	55	160	110
铺装宽度(mm)	1330	1270	1270	1270	1270	2490
铺装厚度(mm)	24～100	–	–	30～160	15-110	13～130
铺装有效长度(mm)	–	–	–	7380	5229	–
铺装机行程(mm)	–	–	6270～8900	8000	–	–
铺装速度(m/min)	–	0.42～8.4	–	0.5～3	1～82	1～8.0
风机总风量(m^3/h)	4000～6000	–	10000	10000	–	40340
铺装机整机总功率(kW)	27	15	29.9	约 29	48	68.37
铺装机总重(kg)	–	13000	14000	约 14000	–	19000
外形尺寸(mm)	–	9460 × 3250 × 4910	11200 × 3240 × 4455	11645 × 3434 × 5950	11270 × 4000 × 5830	14050 × 5200 × 6325

要参数及技术性能见表 17-49。

气流铺装机的形式也多种多样,这里也仅对几种典型的结构作一介绍。

17.5.4 板坯输送（表 17−50）

17.5.4.1 各类输送装置的特点分析

目前在工厂中应用有五类板坯输送装置,配置上各有优异。现列表介绍如下:

在垫板上铺装板坯和压制刨花板的各种主输送装置的技术性能:主输送装置的铺装周期35～160s,电动机功率40～60kW;无垫板压制刨花板的各种主输送装置的技术性能:主输送装置的铺装周期15～60s,铺装输送机的速度3.9～13.8m/min,电动机功率(除铺装机)40～60kW。

17.6 板坯预压和刨花板热压

板坯预压及刨花板的热压,是继板坯铺装后对板坯进一步处理的两个工序。其中热压工序是刨花板生产中极为重要且必不可少的,而预压工序则应根据板坯的输送方式及热压机的配备情况而定(表 17-51)。

表 17-50 板坯输送装置的特点

输送类型 / 特点	在硬质垫板上铺装板坯和压制刨花板的输送装置	在连续带上铺装板坯和压制刨花板的输送装置	在分段钢带上铺装板坯和压制刨花板的输送装置	无垫板压制刨花板的输送装置	在挠性网垫板上铺装板坯带和压制刨花板输送装置
铺装机工作方式	固定式或移动式	移动式	固定式	一般为固定式	固定式
垫板种类	硬质铝合金板	1.连续钢带; 2.分段钢带互连; 3.分段高温尼龙带互连; 4.分段金属编织网带互连;	1. 分段钢带; 2. 分段金属编织带	无	挠性金属网带
压机形式	一般为多层压机	单层压机	单层压机	一般为多层压机	一般为多层压机
特 点	输送装置庞大，由于垫板厚度的影响,压制刨花板的厚度偏差较大.垫板、的预热和冷却增加了能耗,目前已不太采用	输送装置结构简单,占地面积小，但输送带损坏后更换比较困难，尤其是整条连续钢带有一处损坏，会造成整条带的报废，损耗大	输送装置结构比第二种略复杂.但输送带分段后,使之更换简单,并且有一处损坏,只需更换一块	输送装置结构复杂,并需配备预压机，但没有垫板回送线,故占地面积小,热压时无垫板影响,刨花板厚度偏差相应较小,热压周期可适当缩短	输送装置结构比较复杂，但对必须采用有垫板输送及热压的刨花板而言,其克服了第一、四种的某些不足

表 17-51 板坯预压工艺参数

板坯厚度的压缩率	压缩 1/2～1/3 左右
单位压力	1.5～1.8MPa
预压时间	10～30s
板坯压缩率与回弹率	回弹率应控制在 12%～25%

17.6.1 板坯预压

一般而言,无垫板输送铺装板坯及采用多层压机压制刨花板时,板坯预压是不可缺少的。

预压机的技术性能见表 17-52，表 17-53 和表 17-54。

17.6.1.1 预压的工艺要求

压缩率与回弹率的计算公式分别如下:

$$压缩率(\%)=\frac{d_1-d_2}{d_1}\times100\%$$

$$回弹率(\%)=\frac{d_2-d_3}{d_1}\times100\%$$

式中：d_1——板坯铺装厚度，mm

d_2——板坯回增后实际厚度，mm

d_3——板坯压缩到最小厚度，mm

17.6.1.2 预压方式

预压一般可分为以下二种方法:即周期式平压法和连续式压法。

17.6.2 刨花板热压

热压是刨花板生产中关键工序之一,直接影响整个生产线的生产效率和产品质量。热压是将板坯在压机中通过压板的热力和压力的作用,制成一定密度和一定强度的板。

17.6.2.1 热压条件及方式

1. 热压条件

刨花板热压时,有一系列的因素都对刨花板的质量起作用。如树脂胶类型、树脂胶固化剂、加压温度、木材树种、刨花几何形状、含水率及其分布和热交换、压机闭合时间、

表 17-52 板坯预压设备性能

预压方法	特 性	生产能力
周期式预压	采用单层上压式，将板坯带连续不断的送入由上下带传动的预压装置，使之预压密实。预压周期比主运输机速度短 2～3s，一般为 27～28s	$Q=3600LWTK/t$ (m³/h) L、W 和 T 分别为齐边未砂光板的长度、宽度和后度，m； K，主运输带的利用系数 0.75～0.85； T，压机工作周期，s
连续式预压	可分为连续式辊式预压机和连续式带式预压机，国产多层压机刨花板生产线上,多采用连续式辊式预压机	$Q=60UWTK$ (m³/h) W 和 T 分别为齐边未砂光板的长度、宽度和后度，m； K，主运输带的利用系数 0.75～0.85； U，铺装机运输带运行速度 m/min

表 17-53 周期式板坯预压机的技术性能

参数	国产 BY814 × 18/2	(德国)4270 型预压机 迪芬巴赫	(前苏联) ⅡP-5 型预压机	(前苏联) ⅡP-5 型预压机	(前苏联) Ⅱro 型双层预压机
额定总压力(10^4N)	1500	4263	980	1760	4100
压板尺寸长度(mm)	5800	5700	3700	3700	5900
压板尺寸宽度(mm)	1320	2010	2000	2000	2690
预压板坯长度(mm)	–	5650	3550	3700	5550
预压板坯宽度(mm)	1300	1850	1880	1850	2490
压机工作间隔(mm)	–	300	400	400	230
加压时间(s)	–	小于 12	4～5	3～4	–
板坯承受的最大单位压力(MPa)	–	4	1.5	2.45	3
压机最短工作周期(s)	–	–	28	24	–
工作油缸(用于板坯加压)数量	2	10	6	6	6 × 2
辅助油缸(用于压板提升)数量	–	4	–	–	
工作油缸直径(mm)	230	460	400	460	480
辅助油缸直径(mm)	–	100	–	–	–
工作油缸的工作压力(MPa)	–	25	10	17	20.4
辅助油缸的工作压力(MPa)	–	15	–	–	–
油泵电机总功率(kW)	11	–	86	267	–
外形尺寸(长 × 宽 × 高)(mm)	5800 × 2030 × 2930	–	3830 × 2760 × 3425	3830 × 2760 × 5080	–
压机重量(t)	23	537	60	–	–

表 17-54 德梅兹公司连续式履带压机的技术性能

压机总压力(10^4N)	1000
板坯带预压段尺寸(长 × 宽)(mm)	4800 × 1850
履带的最大运动速度(m/min)	18
板坯带承受的最大单位压力(MPa)	2.5
最大工作间隙(mm)	200
压辊油缸的最大工作压力(MPa)	280
进料传动电动机装机容量(kW)	40 × 4

压力、刨花板密度分布、加压时刨花板内的蒸汽压力、树脂胶的固化和预固化等。在热压过程中,所有因素相互影响,很难用一个公式来说明。但在生产中往往用压力、温度、时间三者组成的热压条件来说明使板坯压成刨花板的条件。

一个好的或合理的热压条件,往往需满足下列要求,最大限度地强化热压过程。刨花板在热压机内的允许热压时间最短,在预定的密度、施胶量和刨花类型的条件下,保证刨花板的物理力学性能符合标准要求,使刨花板的含水率尽可能地接近平衡含水率,即 8 ± 2%。

2. 热压方式 (表 17-55)

17.6.2.2 热压过程

热压过程是指刨花板坯从送入压机到成板出压机的整个工作过程，一般以热压曲线来表示。分为下列几个阶段：

T_1: 板坯送入压机时间, T_1结束时,整个压机都装上了板坯。

T_2: 从热压机平台升高时起,到压力开始上升时止的时间。

T_3：上、下压板全部压紧板坯。使压力升至最大额定压力 P_{max}。

T_4：压力保持阶段,板坯被压紧,树脂胶固化,这段时间占整个热压过程的大部分时间。

T_5：压力下降至零,这段时间与 T_3 不一样,根据需要可分段降压,时间长短亦根据具体情况而定。

T_6：压力从零到热压板完全张开的时间。

T_7：压好的刨花板卸出压机的时间。如采用装卸板机,装板与卸板同时进行时,此段时间与 T_1 重合。

17.6.2.3 热压温度

现代刨花板车间采用的热压温度一般如下:多层压机为

表 17-55 热压方式与特点

分类方式		特 性
按压力作用于板坯上的方向分	平压法	施加于板坯的压力方向与板坯平面垂直的称为平压法。多层压机和单层压机属于此类。这种方法应用较为普遍
	挤压法	施加于板坯的压力方向与板坯表面平行
按加热板坯的方法分	接触加热	热压板直接与板坯相接触
	高频加热	置于高频电场的板坯,靠本身内部的介质加热。这种方法很少单独使用
	接触与高频混合加热	这种方法是上述两种方法的综合,目前已有应用
按加热、加压时板坯在热压设备中运动方式分	连续式热压	板坯在运动中受热、受压的方式
	周期式热压	板坯在固定状态受热、受压

150～180℃左右,单层压机及连续压机可达180～220℃,并要求同一块压板的各点温度差不应超过±5℃。

热压温度的确定与胶黏剂的种类、原料的因素、板坯含水率的差异及加热时间及压力有密切的关系。

17.6.2.4 热压时间

热压时间直接影响热压机生产能力,缩短热压时间对提高压机生产能力有较大的意义。

1. 缩短加压时间的措施

下列措施可缩短加压时间：①提高热压温度；②采用汽击法；③进行板坯预热；④采用快速固化胶；⑤采用高频接触联合加热。

以上各种措施中,最经济实用的是提高压板温度和采用蒸汽冲击法。

2. 热压时间的确定

确定热压时间时,首先应根据预压的压板温度、板的密度和板的结构查出板的单位热压时间,而后再用这个单位热压时间乘以板的厚度(要考虑砂光余量 1.5mm)。表 17-56 为刨花板单位热压时间的参考值。

表 17-56 刨花板的单位热压时间

压板温度(℃)	不同密度(g/m^3)刨花板的单位加压时间(min/mm)					
	0.55	0.60	0.65	0.70	0.75	0.80
三层结构刨花板						
160	0.31	0.33	0.35	0.38	0.42	0.45
170	0.25	0.27	0.28	0.32	0.34	0.37
180	0.22	0.24	0.26	0.28	0.30	0.32
190	0.20	0.22	0.24	0.26	0.28	0.30
200	–	0.20	0.22	0.24	0.26	0.28
210	–	–	0.20	0.22	0.24	0.26
220	–	–	–	0.20	0.22	0.24
五层结构刨花板						
160	–	–	0.39	0.42	0.47	0.52
170	–	–	0.33	0.35	0.39	0.42
180	–	–	0.29	0.31	0.33	0.37
190	–	–	0.27	0.29	0.31	0.35
200	–	–	0.25	0.27	0.29	0.31
210	–	–	0.23	0.25	0.27	0.29
220	–	–	0.21	0.23	0.25	0.27

17.6.2.5 热压压力

热压时,热压板的板面压力大小,与所压制的刨花板的物理力学性能有着极为密切的关系,刨花板生产使用的压力范围为 1.2～4MPa。

下列因素与热压压力有关：

①刨花板的密度；②刨花板所用原料及刨花质量；③热压机的闭合时间；④板坯含水率及含胶量；⑤热压板温度；⑥刨花板的厚度。

生产厚度为 17.5～20.5mm 的刨花板时,可参照表 17-57 选择热压时的最高单位压力值。根据板坯含水率及厚度作适当修正。

表 17-57 刨花板热压时的最高单位压力

刨花板的单位热压时间(min/mm)	不同密度(g/m^3)刨花板热压时的单位压力(10^5Pa)					
	0.55	0.60	0.65	0.70	0.75	0.80
大于 0.4	–	–	–	20～22	22～24	24～26
0.4～0.3	–	–	22～24	24～27	27～29	29～31
小于 0.3	20～22	22～24	24～27	27～29	29～32	33～35

热压期间,要分段或者平稳减压。分段减压时,各段时间约占30%。平稳减压工艺较好,因为这种减压方式,能为厚度规格的控制和热压终了时板坯内剩余水分的排除创造更有利的条件。热压机张开之前,刨花板要在压板闭合状态下无压保持 30～40s,这样可大大减少刨花板分层和断裂缺陷。

17.6.3 热压缺陷及热压工艺过程的优选

17.6.3.1 热压缺陷种类及原因分析

热压缺陷分析见表 17-58。

17.6.3.2 热压工艺过程的优选

热压工艺过程的优选时推荐使用以下工艺措施：

(1) 各层刨花的含水率都应干燥到 13%；

(2) 芯层和表层刨花都应施加高浓度(60%～65%)胶黏剂。具体作法是在树脂供应槽里或者通过连续式加热器将树脂的温度加热至30～35℃，并且在快速拌胶机里进行无气流喷胶

(3) 作为前两项措施的结果使用含水率比较低的施胶刨花(芯层施胶刨花的含水率为68%,中间层和表层施胶刨花的含水率为 10%～12%),使进入热压机之前的板坯含水率控制在 8%～10% 范围内；

(4) 采用高温有机载热体,将压板温度先提高到180～200℃，继而再提高 220℃；

(5) 芯层刨花要采用快速固化胶黏剂；

(6) 为了避免表层胶黏剂在压板温度高的条件下提前固化,表层刨花不要施加固化剂；

(7) 采用汽击技术,特别在温度比较低(160℃或更低温度)的条件下压制厚板(19mm 或者更厚的刨花板)时,必须采用汽击技术。

17.6.4 热压机

17.6.4.1 热压机的分类（表 17-59）

17.6.4.2 国产热压压机主要技术性能指标

1. 多层热压机的主要技术性能指标(表 17-60)
2. 单层热压机主要技术性能参数(表 17-61)
3. 辊式连续压机参数及特点（表 17-62）

表 17-58 热压缺陷分析

热压缺陷种类	原因分析
刨花板厚度不均	1. 铺装机铺装出的板坯不均匀； 2. 热压机热压板变形； 3. 热压机厚度规上有异物或刨花； 4. 热压曲线掌握不当,高压时间过长，压力过大
刨花板表面缺陷：表面出现压痕、污点及大刨花等缺陷	1. 板坯在输送、装压机的过程受损，尤其是采用无垫板工艺时,更易造成断痕透裂等； 2. 热压机热压板有刻伤、滑碰痕迹,垫板打皱或有缺陷易造成刨花板出现压痕现象； 3. 铺装质量差及细刨花过少，使板坯在输送过程因振动从而使刨花拥向芯层,易造成刨花板表面出现粗大刨花
刨花板表面缺陷：表层鼓泡	1. 表层刨花太细； 2. 表层施胶量过大
刨花板表面缺陷：表面起灰,碳化	1. 表层胶量过少； 2. 压机闭合时间过长； 3. 压机温度过高
刨花板芯层分层	1. 热压温度过低； 2. 热压时间过长； 3. 芯层刨花施胶量不足； 4. 胶黏剂固化不良
刨花板芯层鼓泡	1. 芯层刨花板含水率过高； 2. 芯层施胶量不足； 3. 胶黏剂固化不良； 4. 热压时间不足； 5. 热压工艺不准确,卸压过快； 6. 芯层刨花太粗大
刨花板翘曲变形	1. 铺装上下不对称； 2. 热压板上下压板温度不均或不等； 3. 使用原材料的材料差异； 4. 施胶不均匀； 5. 刨花板堆放不当
刨花板密度不均匀或未达标	1. 原料差异大； 2. 铺装不均匀； 3. 施胶不均匀； 4. 热压压力过高或过低
吸水厚度膨胀率超标	1. 木材的材性因素； 2. 未加防水剂或防水剂用量不足； 3. 热压后刨花板含水率过高

表 17-59 热压机类型与特点

分类		特点	生产能力(m^3/h)	备注
多层热压机		平压机的一种。生产效率高,产品幅面大,厚度范围广,设备易于控制和调整。但其结构复杂而庞大,必须配备装卸板系统,一般情况下还需配备预压机,投资高且板厚公差大,热压周期长	$Q=60nlbdk/(t_1+t_2)$ 式中: n, 压机间隔数; l, 锯边后刨花板的长度, m; b, 锯边后刨花板的宽度, m; d, 刨花板的厚度, m; k, 利用系数(0.85～0.9); t_1, 热压时间, min; t_2, 装卸板, 闭合时间, 可取1.5～2min	目前在刨花板工业中,尤其是在中小型企业中使用较为广泛
单层热压机		平压法热压的一种。结构简单,无装卸板装置,可省去预压机,便于连续化和自动化控制,投资小,见效快;可采用高温加压,缩短热压时间,提高单位时间的产量;压机可制成大幅面,减少齐边损失,提高了木材利用率;刨花板厚度误差小,有利于进行表面装饰处理		在生产中已越来越受到广泛的使用
连续式压机	履带式	采用通过式的加压方式,不存在加压周期内压机的装卸、闭合和开启等所用时间	$Q=60bdkv$ 式中: v, 加压速度, m/min	在国内外刨花板薄板生产中受到重视
	辊 式			
	挤 压	一般生产空心刨花板,具有原料不限、胶料用量少、设备费用低等优点		由于板的使用局限性,已越来越少生产

表 17-60 国产多层热压机的主要技术性能指标

技术性能指标	国产			国外		
	VBY	BY144 × 8/11	BY144 × 16/25	(德国)迪芬巴赫的 HPUg-3580	(芬兰)列波特的 R-R2600KP-16	(前苏联) п р -6А
热压板尺寸(长×宽×厚)(mm)	2600 × 1480 × 90	2600 × 1480 × 90	5150 × 1650 × 125	5700 × 2100 × 1400	5700 × 2100 × 140	3700 × 2000 × 140
热压机层数 层	7	5	4	16	16	15
热压板间距(mm)	200	200	200	170	200	90
公称压力(MN)	12.5	11	25	35.74	25.32	19.6
闭合速度(s)	< 18	< 8	< 10	200	200	125
加热介质	饱和蒸汽	饱和蒸汽	饱和蒸汽或热油	热油	热油	热油
油缸数(个)	6	6	12	19	8	6
油缸直径(mm)	ϕ 320	ϕ 320	ϕ 320	300	440	480
液压系统预定工作压力(MPa)	26	~24	26	250	294	196
主机外形尺寸(长×宽×高)(mm)	2900 × 5000 × 5931	2980 × 4000 × 5550	5280 × 3460 × 5300	–	–	–
装机容量(kW)	–	–	–	511	–	295
主机净重(t)	70	62	125	540	468	260

17.7 后期处理

从压机上卸下的刨花板需经过一系列后期处理才可包装入库。后期处理可分为两个阶段:初步处理和表面装饰处理。刨花板的初步后期处理包括:冷却、裁边、砂光等。

17.7.1 冷却

从热压机卸下的刨花板的温度、含水率和胶黏剂的缩聚程度都很不均匀:刨花板的表层温度160～180℃,芯层温度105～130℃;表层含水率2%～4%,芯层含水率10%～13%;表层胶黏剂的缩聚程度比芯层大得多,这些不均匀性会使刨花板产生内应力,而这种内应力正是导致刨花板翘曲变形的最主要原因。因此,从热压机卸下的刨花板必须经过冷却处理,然后送往机械加工生产线。刨花板的冷却处理有三种方法,见表17-63。表17-64为部分冷却装置的技术性能。

表 17-61 单层热压机主要技术性能参数

主要技术性能	BY614X16/22	45Y	BY618 × 24	BY614 × 24/25
压机公称压力(MN)	22.3	19.1	64.5	33
压板规格(mm)	5000 × 1400 × 90	5100 × 1400 × 70	7935 × 2490 × 90	7502 × 1400 × 90
板面压力(MPa)	3.5		3.5	3.5
上下热压板间距(mm)	250	375	220	250
压力油缸直径(mm)	320	360		
压力油缸数量(个)	10	8		
热压板面温度(℃)	180～200	170～190	200	>180
长(mm)	5300	5500	7445	10300
宽(mm)	3320	3230	5020	3600
高(mm)	4420	3930	7072	5820
机器重量(t)	65	62	278	130
生产厂家	镇江林机厂	西北板机厂	信阳	昆明

表 17-62 辊式连续压机参数及特点

主要技术参数	"西德门"AUMA30	"西德门"AUMA40	特 点
热压辊直径(mm)	3000	4000V	适合于生产薄型刨花板,设备结构不复杂,投资少,维修费低,板子偏差小,质量好,能量利用好,可在热压时直接完成二次加工。其他生产公司如德国的 Siempel Kamp、Contipress、Truss-Joit 和瑞典 Dieffen Bacher 等
加热介质	热油或蒸汽	热油或蒸汽	
板厚(mm)	2.5～6.4	3～12	
密度(kg/m³)	750	800	

表 17-63 刨花板的冷却处理方法

方 法	工 序	特 点	备 注
热堆放	直接将热压后的刨花板进行堆放	最大限度缩短热压时间，但需要较大堆放面积；有时刨花板板垛中会发生变色现象	不适宜脲醛树脂胶的刨花板；适宜热压温度低于 180℃ 的酚醛树脂胶刨花板
冷却后堆放	使刨花板表面冷却到 40～80℃，然后密堆放或加垫条堆放。刨花板的局部冷却可在卸板机上进行，也可在专用的星形旋转冷却装置上进行	缩短热压时间，利用板中的余热产生进一步缩聚反应。使板中热压应力释放，以及含水率均匀，板的物理力学性能得到提高	适宜脲醛树脂胶的刨花板
强制冷却	使热的刨花板通过专用冷却系统的完全冷却后再堆放	能最大限度减少刨花板的翘曲变形	适宜含水率较高的刨花板

表 17-64 部分冷却装置的技术性能

型 式 性 能	BFJ1312/50	BFJ1313/74	BFJ1325
冷却刨花板尺寸（长×宽）(mm)	4950 × 1270	7400 × 1270	7400 × 2490
旋转一圈的最短时间(min)	4	4	4
格数(个)	6	6	6
装机容量(kW)	4	4	37.5
外形尺寸（长×宽×厚)(mm)	6495 × 3670 × 3670	9260 × 3670 × 3670	9260 × 5200 × 5200
重量(t)	6.9	8.2	10.5

17.7.2 裁边

冷却后的刨花板需要裁边，以使其具有确定的宽度、长度和矩形侧边。在刨花板生产过程中裁边工艺流水线一般有两种设置方式：一种是在热压出板、分板和冷却流水线上进行纵横裁边，然后堆放一定时间再进行砂光；另一种方式是刨花板经热压出板、分板和冷却后堆放一段时间，而后再进行裁边和砂光。按照要求刨花板从热压机卸下以后，需先经冷却使板温达到65℃左右，堆放12～24h后再进行裁边和砂光。但由于毛边板堆放会给生产带来一定困难，因此实际生

表 17-65 衡量纵横截锯的指标

衡量纵横截锯的指标	测量方法
长度和宽度测量	用钢卷尺检量，长度在板宽中部检量，宽度在板长中部检量，精确至 1mm。根据国家标准规定的板材幅面尺寸的误差范围判断刨花板的等级
边缘不直度测量	用金属直尺对准板材同侧的两个角，用钢尺测板边与尺边最大偏离值，精确至 0.5mm。板的四个边都要测量
直角偏差测量	用 1m × 1m 金属直角尺进行测量，精确至 0.5mm
两对角线偏差测量	用钢卷尺测量刨花板两对角线的长度，精确至 1mm,然后计算出两对角线长度的差值，以衡量板材两侧边是否相互垂直

表 17-66 切削速度和锯片直径、锯片转速的关系

切削速度(m/s) 锯片直径(mm)	锯片转速（r/min）							
	1500	2000	2500	3000	4000	4500	5000	6000
225	18	24	30	36	48	53	60	72
250	20	26	33	40	52	59	66	80
300	24	31.5	40	48	63	61	80	96

产中常采用后一种方式，即先裁边后堆放。

17.7.2.1 裁边工艺要求

裁边的目的是为了生产的板子具有确定的宽度、长度和矩形侧面。衡量纵横截锯的指标为刨花板长度、宽度、边缘不直度、直角偏差和两对角线差。表 17-65 是衡量纵横截锯的指标。

17.7.2.2 裁边设备要求

裁边在圆锯机上进行。在现代生产线上多采用机械进给锯边机。在多层压机生产线上，一般使用双圆锯片纵横锯边机，可一次完成四条边的锯截。生产中通常将纵横裁边锯呈直角布置。板材首先沿长度方向截成规格要求的尺寸，然后板材转90°，横向裁成要求的尺寸。锯截刨花板的圆锯片应该用高耐磨的合金钢制成，或采用硬质合金圆锯片。

锯边机的进料速度一般为4～12m/min，切削速度为50～80m/s。表 17-66 列出了锯片直径、转速和切削速度的关系。相同直径的圆锯，转速越高切削面越光滑，但锯齿容易变钝；转速越低切削面不光滑，但锯齿不易变钝。当转速一定时，锯片直径越大，切削速度越高，切削面质量越好。故大直径的锯片比小直径的锯片的锯割面质量好，但又不能任意选择，应根据刨花板的厚度和机床的状态来考虑。如厚度在 20mm 以上的刨花，可用直径300mm以上的锯片。锯截时锯齿应超过被加工板面，最小高度 3～5mm，一般以 10mm 为佳。

纵横锯边机成套设备通常由前输送台、纵截锯、中输送台、横截锯和后输送台五部分连接而成。热压成型的刨花板从装卸机上卸下，由垫板回送机输送至分板器滚台，由分板器将刨花板与垫板分开，再经前输送台把刨花板运至纵截锯，锯片将刨花板宽度上多余的板边锯去，而后经中输送台，锯下的板边自然落地，刨花板继续前进至中输送台的横向输送台，与行程开关挡块接触，由行程开关触发，使横向输送台上链条钩子传动，把刨花板横向推入横截锯，横截锯上两边的锯片将刨花板长度上多余的板边锯掉后经后输送台送至下道工序处。

17.7.2.3 纵横裁边设备及技术性能（表 17-67）

17.7.3 砂光

刨花板在铺装与热压过程中，常由于刨花树种的分配和密度分布不均匀、垫板缺陷的影响及刨花板的弹性恢复等因素而产生刨花板厚度不一致及板面不平整光滑等缺陷。因此必须对刨花板表面进行砂光，以提高刨花板表面平整度，去除预固化层，不仅改善了刨花板的外观质量，同时又为板材的二次加工作初期准备。

用于刨花板表面精加工的砂光机有两大类：即辊式砂光机和宽带式砂光机。辊式砂光机一般采用2～4个辊的砂光机，常见的是三辊式砂光机。砂光机的砂辊上顺序覆盖以粗、中、细三种砂纸。宽带式砂光机有单砂架与多砂架之分、单面与双面之分。在刨花板生产线常采用多砂架双面砂光机，使刨花板在一次通过砂光机的过程中完成两个表面的砂削。

17.7.3.1 砂光机的分类及特点（表 17-68）

17.7.3.2 砂光机砂带的建议粒度号与速度（表 17-69）

在生产线上的刨花板的最大进料速度决定于两面砂光层的总厚度；砂光层的总厚度为0.6，1.0，1.5，2.0，2.4mm时，最大进料速度：24，18～21，13.5～15，105～12.5，7.5～8.5m/min。

17.7.3.3 国产 BSC 型砂光机性能参数（表 17-70）

表 17-67 纵横裁边设备技术性能

参数		国产 BC3212/49	国产 BC3212/73	国产 BQB3325	贝特赫尔和盖斯奈尔公司 485 型(德国)
加工刨花板尺寸(mm)	长度	4885	7330	7330	3500
	宽度	1220	1220	2440	<1950
	高度	4～30	4～30	4～30	<50
锯片数(片)		4	4	4	4
锯片直径(mm)		320	320	320	350
锯片转速(r/min)		–	–	–	3000
电动机功率(kW)		37.5	43	54.7	23.3
机床外形尺寸(mm)	长度	8245	10695	10340	4320
	宽度	4183	3700	5400	4330
	高度	2018	2018	2273	1900
重量(t)		12	13.5	16	5.8

表 17-68 砂光机的类型及特点

分类	特点及应用
辊式砂光机	将砂布缠卷在辊筒圆柱表面，从而对板材进行磨削加工的。机床可分为单辊筒和多辊筒砂光机、手工进给和机械进给砂光机、单面砂削和双面砂削砂光机。大规模生产中通常采用多辊筒砂光机
宽带式砂光机	冷却、除尘效果好，砂带的磨粒间隙不易被木粉堵塞，生产效率高，能保证大幅面的人造板的表面加工质量与较小的厚度公差，砂带的使用寿命长，更换迅速简便，被广泛地用于人造板工业

表 17-69 砂光机砂带的建议粒度号

加工	特点砂带粒度号		备注
	四砂架双面砂	六砂架双面砂	
定厚粗砂	40～60	40～60	六砂架第一对砂光量为砂光总量的 45%～50%，四砂架为 60%～70%
中砂	–	60～90	六砂架第二对砂光量为砂光总量的 30%～40%
净砂	80～100	100～120	六砂架第三对砂光量为砂光总量的 15%～20%，四砂架第二对砂光量为砂光总 30%～40%

表 17-70 国产 BSC 型砂光机性能参数

技术参数	2813	2713	2713QY	2913	2613GA	2213A
砂架数量	6	4	4	3	2	2
最大加工宽度(mm)	1300	1300	1300	1300	1300	1300
工件厚度范围(mm)	3～200	3～200	3～200	3～200	2～200	2～120
一次砂削量（双面）(mm)	≤1.5	≤1.5	≤1.5	≤1.2	≤1.5	–
加工精度(mm)	±0.08	±0.08	±0.08	±0.08	±0.08	±0.08
进料速度(m/min)	4～30	4～24	4～24	10～30	4～24	4～20
砂带尺寸（长×宽）(mm)	2800×1350	3810×1350	2800×1350	2800×1350	2800×1350	2600×1350
电机总功率(kW)	355.2	351	280.2	172.2	166.2	79.5
吸尘风量(m^3/h)	45000	38000	33000	27000	22000	11000
压缩空气压力(MPa)	0.6	0.6	0.6	0.6	0.6	0.6
压缩空气耗量(Nm^3/h)	～12	～9	～6	～5	～4	～2
外型尺寸(长×宽×高)(mm)	4780×3400×2819	5610×3300×2786	3627×3400×2891	3627×3400×2891	2310×3700×2891	2687×2310×2420
重量(t)	29.5	39	22.5	20.5	13.5	8
适用生产能力（10^4m^4/a）	3～6	3～5	3～5	-	5	1

木材工业手册

参考文献

[1] (美) и .A.奥特列夫等. 刨花板手册 诸葛俊鸿等译. 北京：中国林业出版社，1988

[2] 林业部林产工业设计院. 碎料板生产工艺计算, 林产工业, 1983

[3] 谭守侠. 德国木材加工机械工业. 北京：中国林业出版社, 1995

[4] (美) H.A. 米勒. 刨花板制造. 北京：轻工业出版社, 1984 年

[5] 中国林业科学研究院木材工业研究所. 人造板生产手册. 北京：中国林业出版社, 1981

[6] (日本) 农林水产省林业实验场编. 木材工业手册. 高家枳等译. 北京：中国林业出版社, 1991

[7] Franz F.P. Kollmann etc. Principle of Wood Sciece and Technology II Wood based Materials Springer-Verlag Berlin Heideberg New York 1975

18 定向刨花板

Oriented Particleboard

定向刨花板是以直径为8～10cm的小径级原木为原料，用专门的刨片机加工成薄长片刨花，经干燥、分选和拌胶后借助特殊的装置实现定向铺装，再进行热压制成的一种结构板材。

与普通渐变结构刨花板相比，定向刨花板刨花定向方向的静曲强度和弹性模量通常是其垂直方向的2～3倍，并且可以人为地进行调节。

从不同的角度出发，可以对定向刨花板作如下分类：

1. 按结构分类

单层定向刨花板——从板子的厚度剖面看，只有一种刨花排列层次的板材，即刨花的长度方向几乎为相同走势。这类产品通常为薄板，大多作为复合胶合板的芯板。单层定向刨花板在制造时仅需要一组同类型定向铺装头。

三层定向刨花板——从板子的厚度剖面看，有三个刨花排列层次的板材，即两个表层按刨花长度方向纵向排列，芯层按刨花长度方向横向排列。市场上出售的定向刨花板大多为三层定向刨花板。三层定向刨花板需通过三个定向铺装头来实施刨花定向铺装，即两个表层纵向定向铺装头和一个芯层横向定向铺装头。三层定向刨花板一般不需进行贴面处理可直接使用，也可以视用途要求先进行贴面再应用。

五层定向刨花板——从板子的厚度剖面看，有五个刨花排列层次的板材，即两个表层为随机铺装的细料，两个中层沿刨花长度方向纵向排列，芯层沿刨花长度方向横向排列。这种产品又称为表面细化的定向刨花板。在三层定向刨花板铺装生产线上，头尾各配备一个气流式或机械式细料铺装头，便可以生产表面细化的定向刨花板。

2. 按用途分类

应用于干燥场所的定向刨花板——这类板子主要用脲醛树脂胶生产，仅具有一般的抗水性，通常用于室内干燥场所，比如，用作内墙板、天花板和家具制造等。用脲醛树脂制造的这类板材存在着游离甲醛释放问题。定向刨花板标准中将这一类板材分成非承重型和承重型两种。

应用于潮湿场所的定向刨花板——这类板子主要用酚醛树脂或异氰酸酯生产，有较好的抗水性。通常用于室内潮湿环境或室外，比如地板、外墙板等。定向刨花板标准中将这一类板材分成非承重型和承重型两种。

18.1 定向刨花板生产工艺

由于所用的原料、机械设备，以及产品的结构有特殊之处，故定向刨花板工艺与设备比普通刨花板复杂，建厂费用相对有所增加。国外生产的定向刨花板几乎都是粗表面（即大刨花直接裸露在外面），国内生产的定向刨花板往往为细表面（即表面细化）。

图18-1为国产化定向刨花板生产流程模式。

定向刨花板的生产过程包括定向刨花制备、定向刨花干燥和分选、定向刨花拌胶、定向刨花铺装和定向板坯热压以及后期处理等工序。

18.1.1 定向刨花制备

18.1.1.1 原料

从理论上讲，制造定向刨花板的原料以针叶材和软阔叶材为宜，如果在工艺上通过改进，也可以用密度较高的阔叶材制造。在选择原料时，应当注意以下因素：

1. 需要量

原料的需要量取决于生产规模及原料消耗率，与原料本身性能、所采取的工艺和设备条件也有密切关系。以速生杨树为例，若制成后的定向刨花板密度为0.7～0.75g/cm^3，生产1m^{3}定向刨花板约消耗1.8～2.0m^{3}木材，以一条年生产

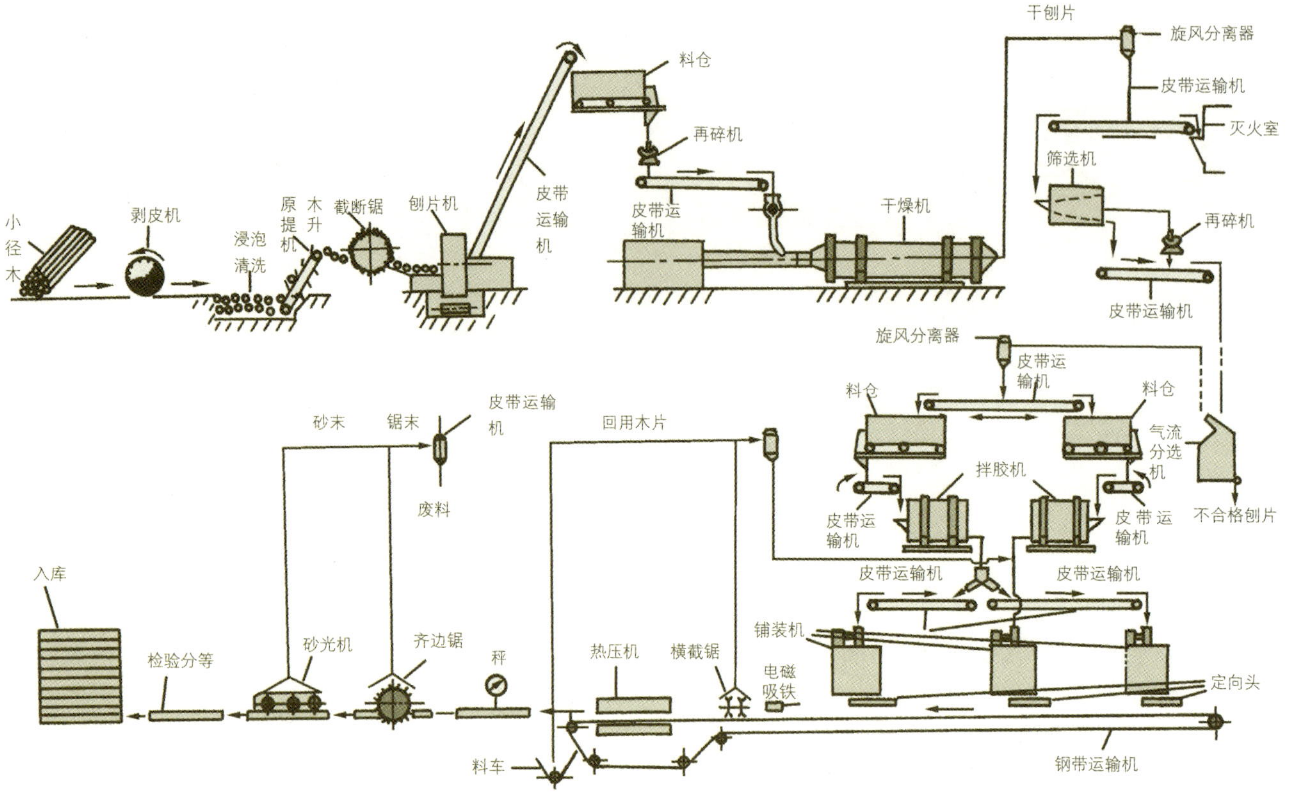

图 18-1 国产化定向刨花板生产流程模式

3 万 m^3 规模的生产线为例，则全年消耗原料 5.4 万～6.0 万 m^3。在选择建厂地点时，应保证在 50km 半径范围内，能正常维持该需要量的供应。

2. 径级

为了获得尽可能高的定向刨花得率，原木应当达到一定径级。对同一种树种来说，原料径级越大，产生的碎料率越低（图 18-2）。生产上所用的原木直径通常在 10～20cm。

3. 含水率

为了防止刨片时产生过多碎料，同时考虑到减轻刨花干燥机的负担和节省能源，刨片前原木含水率控制在某一合理的范围内是必要的，一般以 50%～60% 为宜。在原料贮放时需采取必要的措施，通常要搭防雨棚，垛堆要通风，夏天对过干材要洒水，冬天在寒冷地区要防止木段内部结冰，需配

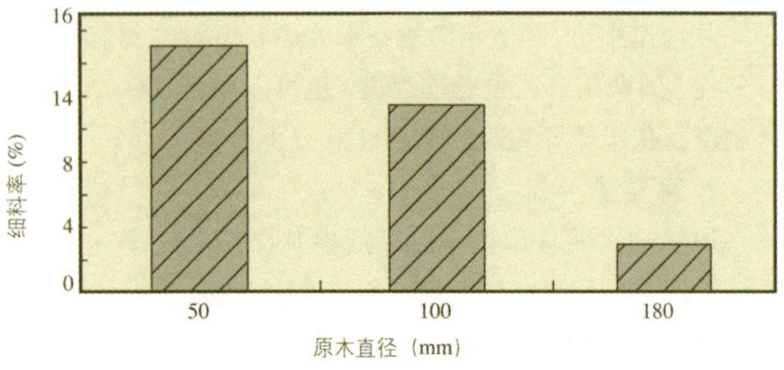

图 18-2 原木直径对定向刨花得率的影响

置融冰池。

4. 木材质量

(1) 密度：原料的密度是影响定向刨花形状参数的重要因素。一般以中低密度树种为佳。图 18-3 给出了三种不同树种的刨片效果。结果表明，白杨密度低，其刨花形状破坏系数也较小。从资源、材性和价格等因素综合考虑，目前我国适于制造定向刨花板的树种及其密度如表 18-1 所示。

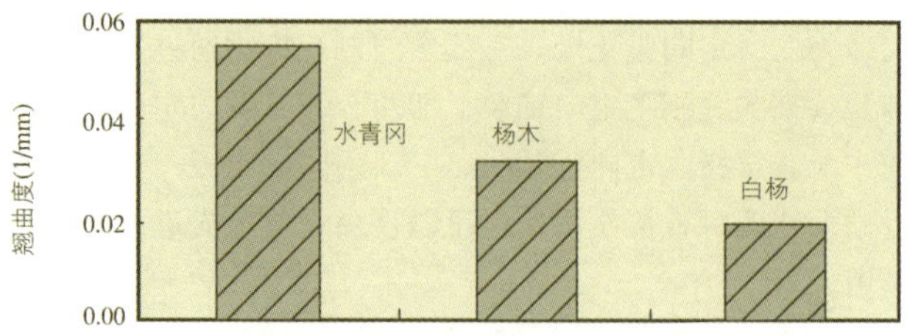

图 18-3 原料密度对定向刨花形状系数的影响

表 18-1 我国适于制造定向刨花板的原料材种

序号	材种	密度 (kg/m³)
1	马尾松	0.54
2	毛白杨	0.53
3	落叶松	0.64
4	意大利杨	0.41
5	桉树	0.68

(2) 腐朽和节疤：原木的腐朽和节疤是影响定向刨花得率的重要因素。如果腐朽严重，则将产生大量碎料，如无腐朽和节子，则将获得较高的定向刨花得率（图 18-4）。

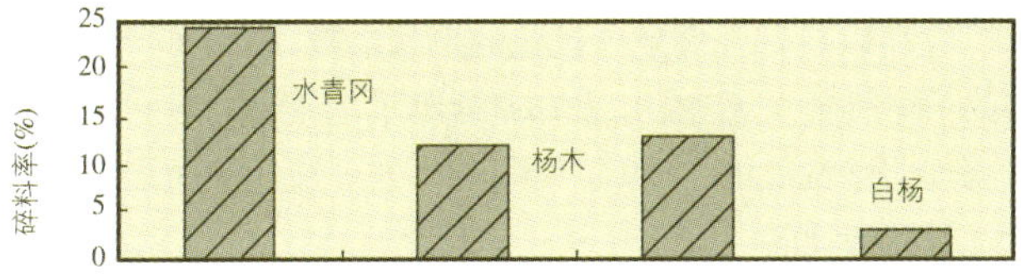

图 18-4 腐朽和节疤对定向刨花得率的影响

(3) 树皮：带树皮原木不宜直接用于刨片。在规模较大的定向刨花板生产线上，通常备有剥皮机。在国外许多生产线上，常配有辊筒剥皮机，其结构见图 18-5，主要技术参数见表 18-2。

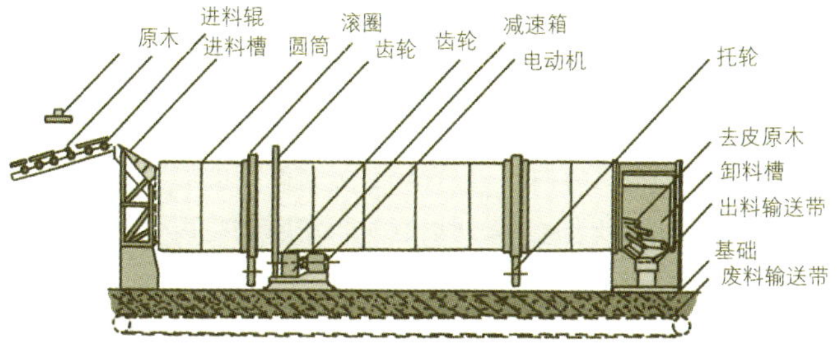

图 18-5 辊筒剥皮机结构图

辊筒剥皮机的工作原理如下：木段从入口端进入辊筒，辊筒为一长圆筒，内壁装有带锯齿形的条状或环状剥皮机构。辊筒呈一定倾斜角度安装在托轮上，在电机的驱动下，按一定的速度旋转，木段在辊筒旋转的作用下，被升举到一定高度后落下，掉落在剥皮机构上，并反复进行碰撞，依靠这种机械力的作用，使树皮脱落。木段从入口传送到出口端。需持续一定时间，可以完成剥皮作业。剥皮后的木段由出口端排出，树皮从废料口处被送往指定地点处理。辊筒式剥皮机适合于干状树皮的剥脱，而对新砍伐的原木剥皮效果不理想。

近年来，加拿大 CAE 公司向市场推出了一种特大型剥皮机，该机包括三种剥皮机构，即剥皮辊、剥皮板和剥皮齿。这种新型剥皮机与辊筒式剥皮机相比具有生产能力大，剥皮效果好，对原木破坏小和对原木直径适应范围广可小至（3.8～7.6cm）等优点。

18.1.1.2 定向刨花形状

1. 定向刨花形状参数

为了有利于刨花定向，必须确保刨花长、宽、厚三个参量符合一定的工艺要求，定向刨花的形状定义如图 18-6 所示。

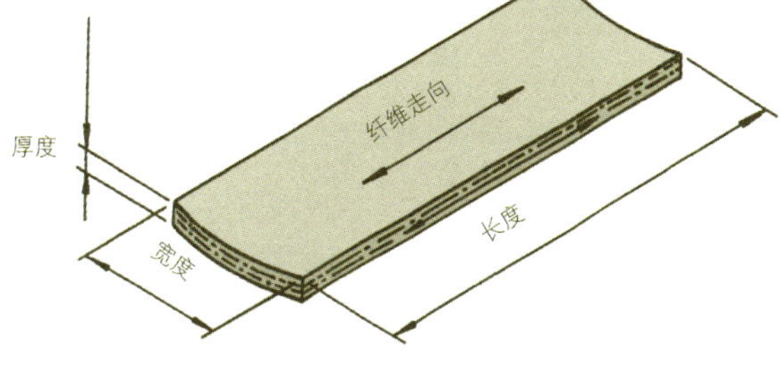

图 18-6 定向刨花形状特征

根据大量的研究试验表明，为了获得理想的刨花定向效果和板材的物理力学强度，考虑到原料材种、工艺要求、设备功能和经济成本等方面的因素，一般定向刨花的形状参数为：

长度　　$L = 50 \sim 100$ mm

宽度　　$W = 5 \sim 20$ mm

厚度　　$T = 0.45 \sim 0.60$ mm

表 18-2 辊筒剥皮机的结构主要技术参数

技术参数型号	圆筒直径(mm)	圆筒长度(mm)	筒壁厚度(mm)	圆筒转速(r/min)	生产率(m^3/班)	总功率(kW)	备注
B	3000	4700		5	54～72	22	周期式
H	2800	9000		7.2	162～216	45	连续式
DB-608	1800	2400	8		608～10	5	周期式
DB-610	1800	3000	9		9.5～13	7.5	周期式
GO-8200	2400	6000	14		40～68	30	连续式
GO-9200	2700	6000	14		67～100	45	连续式
GO-9300	2700	9000	14		95～140	55	连续式
GO-9400	2700	12000	14		130～184	75	连续式
GO-9500	2700	15000	14		160～230	75	连续式
GO-15000	3000	15000	16		184～280	110	连续式
GO-20000	3600	9000	22		150～230	110	连续式
LB	2350	6000	14	15		45	
BNG-1	2000	4500	9	12		40	

在定向刨花板生产过程中，刨花的形状参数是变化的，原因在于加工过程中，机械碰撞损伤往往会引起刨花破碎。图18-7给出了同一种树种的刨花在不同的工序中刨花形状的变化。结果表明，木段刨片后，进入湿料仓，经过干燥机，落在干刨花输送带上，在这一过程中，大刨花的得率逐步下降，碎料的比率逐步上升。

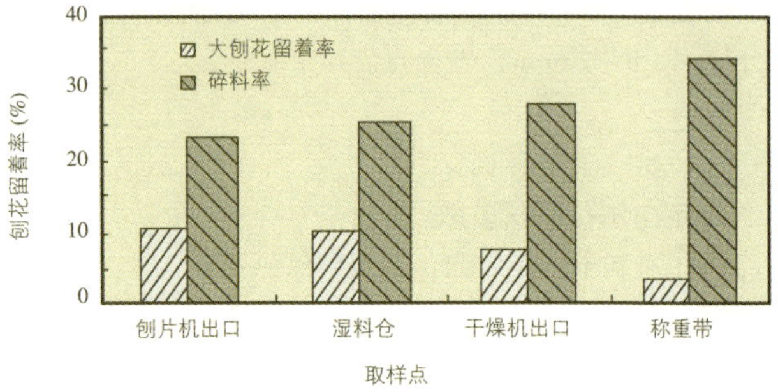

图 18-7 在生产过程中定向刨花形状的变化

2. **长细比（I）**

又称形状系数，表示刨花的长度与厚度之比。一般说来，I值在120～200范围内。I用下式计算：

$$I = \frac{L}{T}$$

式中：L——刨花长度，mm

T——刨花厚度，mm

3. **单位质量刨花的表面积（A）**

该值与刨花拌胶效果、胶合特性以及产品力学强度有密切关系，主要取决于木材密度和刨花厚度。一般说来，产品力学强度随着A值增加而提高。A值用下公式计算：

$$A \approx \frac{2}{\rho \cdot T}$$

式中：A——单位质量刨花表面积，cm^2/g

ρ——木材密度，g/cm^3

T——刨花厚度，mm

以速生杨树为例，生产定向刨花板的A值一般为5～10 cm^2/g。

之所以特别强调定向刨花的形状参数，原因在于其对产品的力学性能关系密切。表18-3给出了刨花尺寸对定向刨花板物理力学性能的影响（包括耐老化处理前后静曲强度和弹性模量的对比）。

18.1.1.3 定向刨花制备

目前，定向刨花板生产中采用的定向刨花制备设备主要有三类，即鼓式刨片机、盘式刨片机和环式刨片机。

1. **鼓式刨片机**

鼓式刨片机按照进料机构可分鼓式长材刨片机和鼓式短材刨片机。目前定向刨花板生产线上一般用鼓式长材刨片机。

长材进料鼓式刨片机与目前普通刨花板生产线上所用的鼓式刨片工作原理与机械结构基本相同，区别在于：

① 制备定向刨花需用小径原木，而制备普通刨花也可用枝桠材和加工剩余物；② 制备定向刨花，梳形刀片的槽宽决定定向刨花的长度。图18-8为国产定向刨花板生产线上配套的由镇江林机厂生产的BX445鼓式定向刨片机外形图。

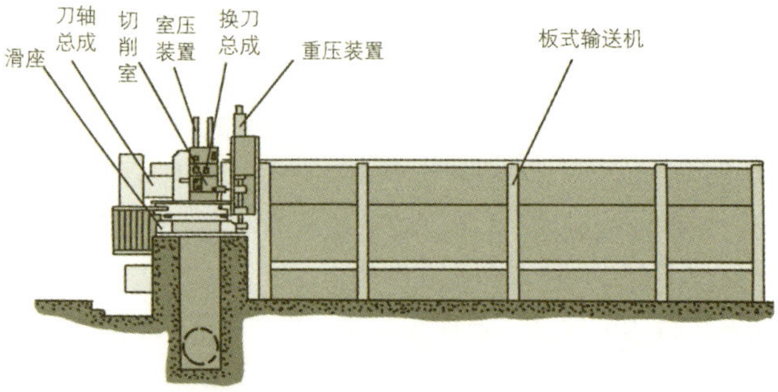

图 18-8 BX445 鼓式定向刨片机

表 18-3 刨花尺寸对定向刨花板物理力学性能的影响

试验号	刨花尺寸（长×宽×厚）(mm)	密度 (kg/cm^3)	含水率 (%)	静曲强度 ∣ (MPa)	静曲强度 ⊥ (MPa)	弹性模量 ∣ (MPa)	弹性模量 ⊥ (MPa)	耐老化后静曲强度 ∣ (MPa)	耐老化后静曲强度 ⊥ (MPa)	耐老化后弹性模量 ∣ (MPa)	耐老化后弹性模量 ⊥ (MPa)	平面抗拉强度 (MPa)	握螺钉力 (N)	24h 吸水厚度膨胀率 (%)
1	50 × 0.45 × 10	0.69	3.5	70.81	25.52	6146	2266	35.59	18.14	2209	0.43	0.63	1375	12.3
2	50 × 0.60 × 15	0.65	3.6	64.11	24.82	6686	2346	34.61	21.88	2362	1522	1.02	1457	13.2
3	50 × 0.75 × 20	0.64	3.5	60.78	24.64	5793	1848	37.68	20.68	2395	1128	1.05	1535	14.7
4	70 × 0.45 × 15	0.67	4.4	105.57	19.26	7265	1381	53.54	13.69	3293	702	1.35	1488	13.5
5	70 × 0.60 × 20	0.74	3.5	87.07	21.22	7193	1691	53.42	13.36	3470	881	1.03	1212	14.4
6	70 × 0.75 × 10	0.72	4.2	95.72	23.13	7712	1613	46.34	22.49	2962	798	1.37	1373	15.7
7	90 × 0.45 × 20	0.74	3.8	104.69	19.85	8354	1588	58.68	8.53	4099	484	0.83	1228	16.2
8	90 × 0.60 × 10	0.72	3.8	111.48	13.18	8081	1159	58.90	10.50	4157	628	1.30	1541	18.6
9	90 × 0.75 × 15	0.69	3.6	104.53	15.19	7674	1128	42.21	10.08	2870	463	1.17	1753	19.6

主要参数

生产能力（kg/h）	1500
原料要求长度（m）	1.5 ⩽ *L* ⩽ 6
直径（mm）	<400mm
含水率（%）	60～150
刨片厚度（mm）	由刀片伸出量决定
轴尺寸（mm）	ϕ 548 × 320
刀片数　（片）	12
刀轴转速（r/min）	1300
主电机功率（kW）	90
切削台尺寸（kW）	420 × 320 × 1200
液压泵站功率（km）	18.5～22
外形尺寸（mm）	6940 × 5930 × 1970
总质量（kg）	7500
输送机重（kg）	6100

刨花厚度的调节取决于刀刃伸出量和进料速度（表18-4、表18-5）。

表18-4 刨花厚度与飞刀伸出量参数的关系

刨花厚度（mm）	飞刀伸出量（mm）	底刀与刀轴体间间隙（mm）
0.25	0.7	1.2
0.3	0.8	1.3
0.4	1.0	1.5
0.5	1.2	1.7
0.6	1.4	1.9

表18-5 刨花厚度与进料速度

刨花厚度(mm)	每进给500mm所需时间（s）
0.3	18～30
0.4	12～24
0.5	10～20
0.6	8～18

2. 盘式刨片机

盘式刨片机是定向刨花板生产中常见的刨花制备机械。加拿大CAE公司生产的盘式刨片机在定向刨花板生产中应用非常普遍。

与鼓式刨片机相比，盘式刨片机属于纵端向切削，由其制成的刨片厚度均匀性好，碎料少，但生产率稍低。盘式刨片机制备刨花的工作原理见图18-9。

盘式刨片机的功能在于将小径级原木或制材厂加工剩余圆木切削成大片刨花，用于定向刨花板生产。按进料方式可分为长材纵向进料和短材横向进料。加拿大CAE公司生产的纵向进料和横向进料盘式刨片机主要性能如表18-6所示。

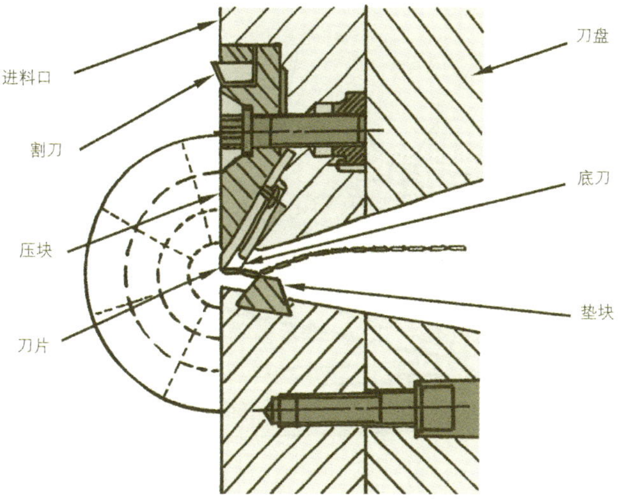

图18-9 盘式刨片机切削原理图

表18-6 加拿大CAE公司纵向进料和横向进料盘式刨片机主要性能

型　号	CAE37/118盘式长材刨片机	CAE34/118盘式短材进料刨片机
进料方式	长材纵向进料	短材横向进料
进料口尺寸(mm)		
长　度	940	
高　度	1727	635
宽　度	889	785～895
圆盘转速(r/min)	400	380
主电机功率(kW)	550	450
圆盘直径(mm)	2997	2997
刀把数（片）	24	24
刀尺寸(mm)	470 × 70 × 5	470 × 70 × 5
刀研磨角(°)	32	32
槽口尺寸	取决于刨花长度，配备制备以下刨花长度的刀片	取决于刨花长度，配备制备以下刨花长度的刀片
	67.1 mm	67.1 mm
	78.3 mm	78.3 mm
	85.4 mm	85.4 mm
	94.0 mm	94.0 mm
	104.4 mm	104.4 mm
	117.5 mm	117.5 mm
	134.3 mm	134.3 mm
	156.6 mm	156.6 mm
刀轴直径(mm)	210	210
进料方向		右侧
生产能力	见图18-11	见图18-12

3. 环式刨片机

环式刨片机是近年来研制成功的新一代刨片设备，它集中体现鼓式刨片机和盘式刨片机的优点。环式刨片机外形结构和切削原理见图18-10。

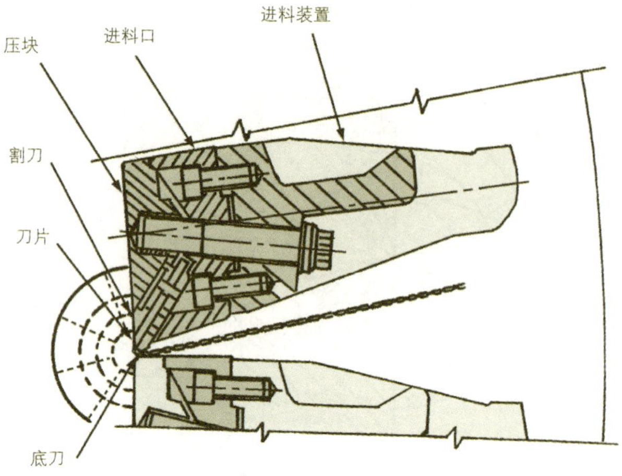

图 18-10 环式刨片机切削工作原理

表 18-7 两种刨片机制备的刨花尺寸和定向板性能对比

形态和性能	指标	盘式刨片机	环式刨片机
刨花厚度（mm）	平均值	0.683	0.676
	标准差	0.069	0.069
	变异系数	10%	10%
刨花宽度（mm）	平均值	14.0	14.5
	标准差	8.9	10.7
	变异系数	64%	74%
内结合强度（MPa）	平均值	0.628	0.629
	标准差	0.064	0.065
	变异系数	10%	10%
静曲强度(24h 煮沸)（MPa）	平均值	35	32
	标准差	4.0	3.2
	变异系数	12%	10%

CAE28/81 环式刨片机主要性能参数

进料口尺寸（mm）	711 × 1143 × 1550
刀环转速（r/min）	370
主电机功率（kW）	900
刀环直径（mm）	2057
刀把数（片）	44
刀尺寸（mm）	725 × 82.6 × 6.4
刀研磨角（°）	33
刀轴直径（mm）	355.6

4. 影响定向刨花质量的因素

(1) 刨花尺寸分布：对同一种条件加工出来的刨花尺寸分别用William筛和Gisson筛进行分析，可以发现在原料总量中，大刨花得率占主要部分。

(2) 设备因素：取白杨为原料，用CAE6/36盘式实验刨片机和CAE12/48环式实验刨片机进行试验，结果表明：两种设备的质量效果相似。

同一种类型但参数不同的盘式刨片机产生的刨花厚度不一致。

(3) 刀片参数：刨花长度取决于刀片槽宽，因此，在工厂往往根据产品的工艺要求，配备若干种槽宽的刀片。

刀片的后角和刀片速度，对刨花的宽度有重要的影响。

(4) 刨花厚度：定向刨花厚度主要受进料速度的影响，进料速度按下式计算：

$$v = \frac{t \cdot n \cdot w}{60}$$

式中：t——刨花名义厚度，mm

n——刀片数量，把

w——刀轴转速，r/min

根据上式，可以由刨花的厚度要求推导出进刀速度，为了防止在切削过程中，木段反弹而使进料速度发生变化，故在刨片设备进料系统中装有防止反弹的装置。

以白杨为原料，分别用CAE6/36盘式刨片机和12/48环式刨片机将其加工成长度为140mm的刨花，并在相同的条件下制板，二者的刨花形态和板子性能对比见表18-7。

表18-8根据大量试验，给出了影响定向刨花质量的因素。

定向刨花制备后，一般采用皮带或螺旋运输机输送至卧式料仓贮存，所需设备与普通刨花所用设备基本相同。

表 18-8 影响定向刨花质量因素一览表

指 标	决定因素	变化因素
长度	刀片槽宽	木材质量（损伤、腐朽、节疤、冰冻等），斜纹，割刀刻痕深度不够等
宽度	刀片后角和垫块角度	木材密度、纤维形态、刀片速度、工序影响（运输、料仓、干燥机、筛选、拌胶机和铺装机）、树种、含水率、温度和原木直径
厚度	进料速度，刀伸出量	刀片调节不均匀，原木进给不连续，切削速度不稳定
产量		木材质量，原木的纹理和部位，刀片的锋利和调节
卷曲	材种	刀片的调节
表面光洁度	刀片的锐利和材种	

18.1.2 定向刨花干燥

为了保证拌胶后的刨花含水率控制在12%～15%以下，湿刨花应当进行干燥。与传统的碎料干燥相比，定向刨花干燥时必须确保刨花形态不被破坏，在干燥工艺和干燥设备上呈现出独特性，一般干燥后所要求的含水率视所用的胶黏剂类型而异。若用液态胶黏剂，刨花含水率为3%～5%；若用粉状胶黏剂，则刨花含水率为8%～10%。

18.1.2.1 热介质

与普通碎料干燥类似，定向刨花干燥常以热空气作为介质，也可用经过净化处理的热烟气作为介质。热空气可以由燃料（煤、天然气、燃油、木废料等）通过燃烧后得到高温烟气再与冷空气换热而得到，也可以采用中密度纤维板纤维干燥系统的方案，用蒸汽或热油经换热而得到。图 18-11 为国产定向刨花板生产线上所有的干燥介质发生系统。主要技术参数如下，见表 18-9。

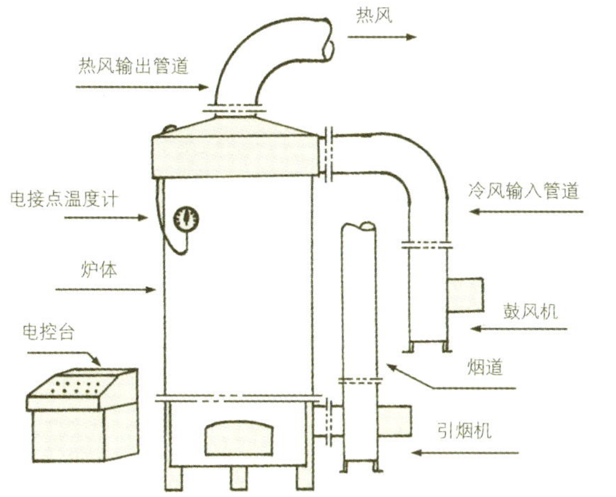

图 18-11 定向刨花干燥介质发生装置

在定向刨花板工厂中，也有采用以经过净化的高温烟气作为干燥介质的，德国比松公司提供的这类烟气发生装置结构见图 18-12。

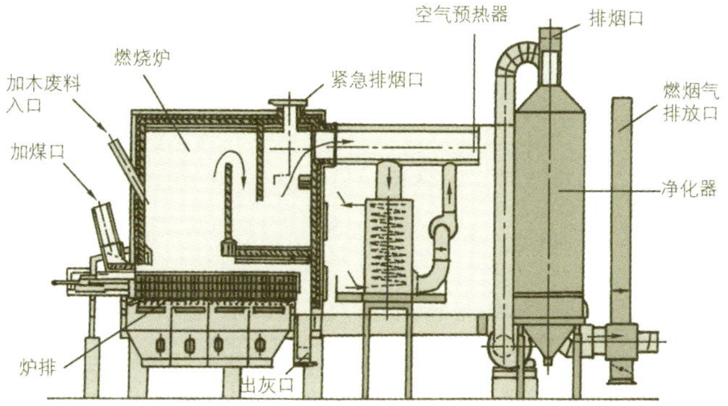

图 18-12 烟气发生装置结构

主要技术参数

烟气入口温度	300～500℃
烟气出口温度	120℃

18.1.2.2 干燥装置

定向刨花干燥在工艺上除了要满足普通刨花干燥所需达到的要求外，还必须保证在生产过程中，刨花形态尽可能地不被破坏。带有强烈搅拌和碰撞行为的各种干燥机不适合定向刨花干燥，工业生产中常用的干燥机有单通道干燥机和三通道干燥机两大类。

1. 单通道干燥机

国产 BG20 单通道干燥机是配备年产 15000m³ 定向刨花板生产线的专用设备，可以将湿刨花干燥到含水率 2%～3%。BG 单通道干燥机结构见图 18-13。

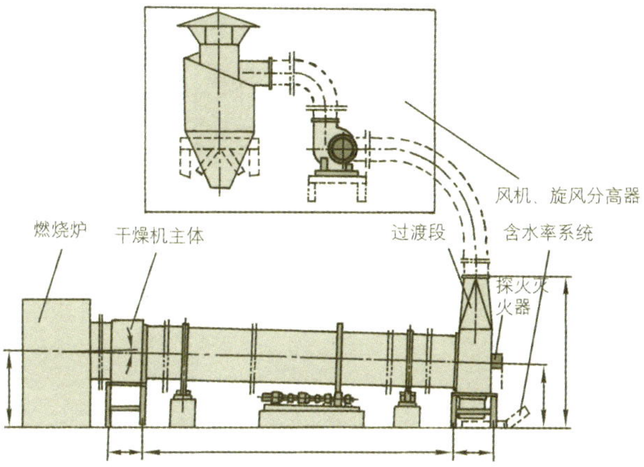

图 18-13 BG 单通道定向刨花干燥机

主要技术参数

生产能力	15000m³/a
刨花初含水率	<80%
刨花终含水率	2%～3%
干燥机进口温度	250～350℃
干燥机出口温度	100～130℃
干燥筒内气流速度	2～3m/s
辊筒直径	2000mm
辊筒长度	20 m
辊筒安装倾角	1.5°
辊筒转速	5～15r/min

表 18-9 干燥介质发生装置性能参数表

参数型号	输出热量（J）	输出风量（m³/h）	输出温度（℃）	耗煤量（Kg/h）	烟气引风型号
JRF5-80	33.4 × 10⁸	56000～9500	60～350	240～250	GY2-1 7.5kW
JRF5-160	66.9 × 10⁸	111500～19000	60～350	480～490	GY4-1 18.5kW
JRF5-200	83.6 × 10⁸	232000～23000	60～350	600～620	GY4-1 18.5kW

主电机功率	7.5kW
耗热量	200×10^4kcal/h
装机总容量	55kW
外形尺寸	22100 × 2600 × 5860（mm）

2. 三通道干燥机

三通道干燥机与单通道干燥机相比具有占地面积小，生产效率高等优点。比松三通道干燥机是在定向刨花板厂用得比较多的干燥设备。其结构外形如图 18-14。

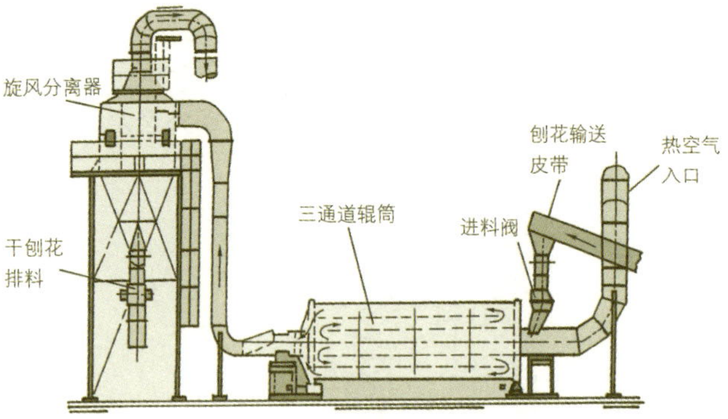

图 18-14 比松三通道干燥机系统

主要参数

生产能力	2900kg/h（绝干）
水分蒸发量	2840kg/h
热消耗量	2.89kcal/h
刨花初含水率	100%
刨花终含水率	2%

18.1.2.3 定向刨花分选

为了获得理想的拌胶效率和定向效果，工艺上要求对干燥后的刨花进行分选。在有些定向刨花板工厂，有时也采用普通刨花板生产线常用的气流分选机和振动圆筛进行分选，但需对有关参数（筛网孔眼尺寸，振动强度等）进行修正。从工艺上讲，定向干刨花分选以采用辊筒式分选机为宜，其结构见图 18-15。

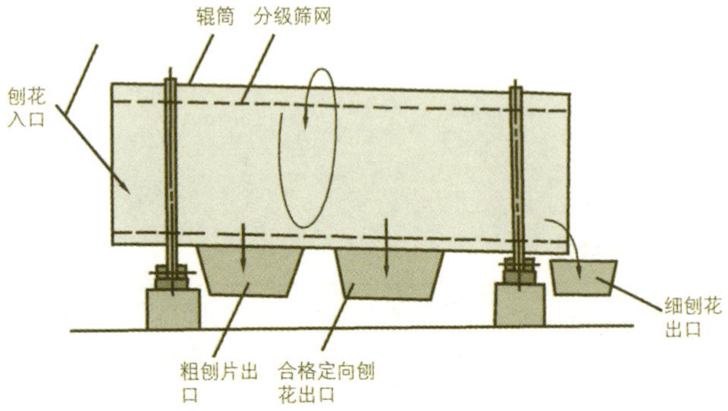

图 18-15 辊筒式分选机结构示意图

18.1.3 定向刨花拌胶

18.1.3.1 胶黏剂与添加剂

制造定向刨花板所用的胶黏剂有脲醛树脂和酚醛树脂两大类，每一类又分为液态胶和粉状胶两种形式。所用的防水剂主要为石蜡乳化剂，此外往往还需要添加阻燃剂、防腐剂、甲醛捕捉剂等。这些胶黏剂和防水剂的制备所需设备并无特殊之处，仅化学配方有所不同。

下面列出定向刨花板厂所用胶黏剂和防水剂主要质量指标（实测）：

(1) 脲醛树脂胶性能

固体含量：60%～65%

pH 值：7.0～8.0

固化时间：<80s

黏度：17～45s（20℃，4 号涂料杯）

游离甲醛含量：<0.5%

(2) 定向刨花板专用酚醛树脂胶性能

固体含量：46%

碱度：4.62%

凝胶时间：9.40min

黏度（cp.25℃）：360

游离酚含量：0.242%

可被溴化物：6.34%

游离醛：0.04%

(3) 石蜡防水剂性能

pH 值：7～7.5

浓度：30%～60%

稳定性：20～30d

粒径：2～3 μm

黏度（cp）：100～350

固化时间（与 UF 胶混合）：40～60s

定向刨花拌胶工艺条件一览表见表 18-10。

表 18-10 定向刨花拌胶工艺条件一览表

添加物	表面非细化	表面细化定向刨花板	
	定向刨花板	表层细料	芯层定向刨花
脲醛树脂胶	9%～10%	10%～12%	8%～10%
酚醛树脂胶	6%～7%	6%～8%	5%～6%
防水剂	1.5 %	2.0%	1.0%

由于定向刨花板主要用于建筑，对板子的甲醛散发量要求严格，故在制板过程中和板子生产后应采取相应措施，以便降低产品的甲醛释放量，具体方法见表 18-11。

表 18-11 降低定向刨花板甲醛散发量方法

方 法	工艺措施
采用低摩尔比胶黏剂	改变脲醛树脂胶的摩尔比
	调节脲醛胶制备的投料方案
	用三聚氰胺对脲醛树脂胶进行改性
添加甲醛捕捉剂	在调胶时加入甲醛捕捉剂
	在制胶时加入甲醛捕捉剂，使之参与反应
选用低甲醛或无甲醛的胶黏剂	选用酚醛树脂胶
	选用异氰酸脂胶黏剂
改进制板工艺条件	降低拌胶后刨花含水率
	使热压三要素处于最佳配合状态
制板后进行化学处理	氨处理
封闭处理	贴面封闭处理
	涂饰封闭处理

18.1.3.2 定向刨花拌胶机

拌胶机是用来混合胶黏剂和刨花的专用设备。为保护定向刨花在拌胶过程中形态不被破坏，一般采用温和型拌胶机，主要有辊筒式拌胶机（图 18-16）。

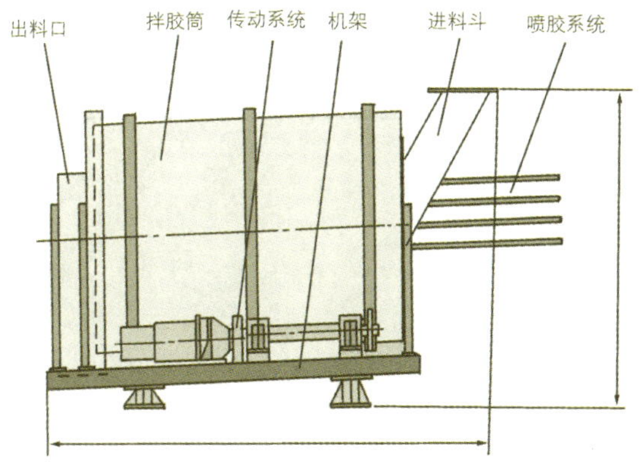

图 18-16 辊筒式拌胶机外形

辊筒式拌胶机拌胶时，首先通过压力泵和喷头将胶液雾化，形成微细胶滴，借助辊筒转动使刨花飘洒，使胶滴洒落在刨花表面，达到施胶的目的。如果采用粉状树脂胶，则应采用喷粉装置，在拌胶时，必须通过计算机控制，使胶黏剂用量与被拌胶刨花总用量的比值恒定。

在国产化定向刨花板生产线上配置的BXL404辊筒拌胶机主要性能参数见表 18-12。

加拿大 CAE 辊筒式拌胶机主要性能参数见表 18-13。

除了工业生产中采用卧式拌胶机外，在实验室还可以采用立式拌胶机进行定向刨花拌胶。立式拌胶机拌胶时一般不损害刨花形态，立式拌胶机结构见图 18-17。

18.1.4 定向刨花铺装

定向刨花板刨花的排列方向称为板子的定向方向，与定向方向呈 90° 夹角的方向称为板子的垂直方向。

表 18-12 BXL404 辊筒式拌胶机技术参数

指 标	参 数
生产能力	2500 kg/h
辊筒长度	4000 mm
辊筒直径	1500 mm
安装倾角	3° ~ 5°
辊筒转速	5 ~ 16 r/min
喷嘴数	4
喷嘴压力	6.0 × 106 Pa
电机功率	5.5 kW
外形尺寸(mm)	5070 × 2936 × 2155

表 18-13 CAE10 × 30 辊筒式拌胶机参数

指 标	参 数
生产能力	204 kg/min
内径	3050 mm
长度	9144 mm
安装倾角	2° ~ 6°
功率	22 kW
转速	0 ~ 25 r/min
抄板高度	102 mm
抄板厚度	4.76 mm

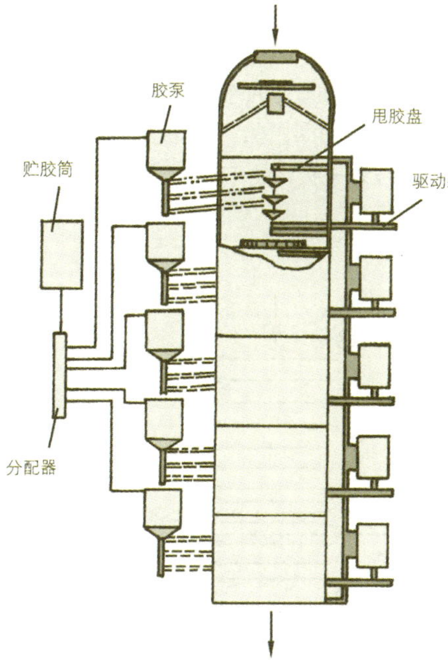

图 18-17 立式拌胶机结构示意图

任意一片刨花的长度方向与定向刨花板定向方向之间的夹角 θ （θ<90°）称为该片刨花的定向角，刨花定向角大小是表示定向效果的重要标志。

定向铺装是定向刨花板生产中的关键工序。到目前为止，已经公布于世的刨花定向方法已有十余种之多（表 18-14）。但在定向刨花板生产中常用的主要为机械方法类中的圆盘定向头、插片定向头和星形辊定向头等。

表 18-14 刨花定向方法一览

类　别	方　法	特点及用途
静电方法	静电方法	适于纤维定向和小刨花定向
机械方法	流料板定向器	横向定向
	滑辊定向	纵横定向
	转筒定向	横向定向
	振动栅板	纵横向定向
	履带定向	横向定向
	星形辊定向	横向定向
	圆盘定向	纵向定向
	插片定向	纵横定向

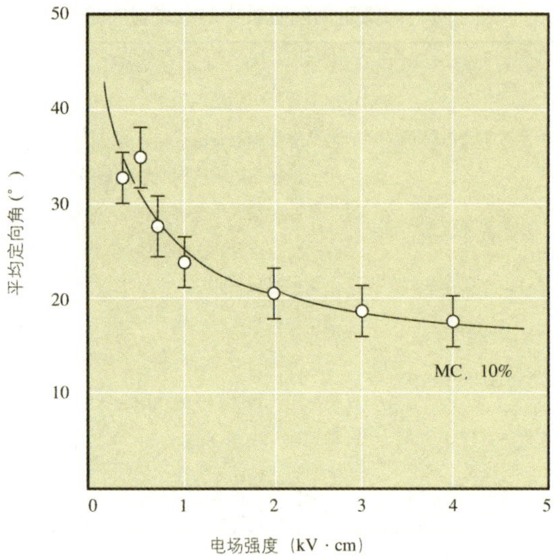

图 18-19 电场强度与平均定向角之间的关系

18.1.4.1 静电定向铺装

电介质处于高压静电场中时，电介质中的极性基团将产生位移，电介质被极化。极化了的电介质带正电荷的一端将受到负电极板的吸引，而电介质中带负电荷的一端将受到正电极板的吸引，从而使极化了的电介质受到一个回转力矩的作用，在电场中取向。木质刨花是一种电介质，若自由落入静电场中，刨花被极化，长轴即顺电力线排列，从而完成定向的过程。

静电定向所使用的装置，目前有三种型式，如图 18-18 所示：a. 电极板置于板坯的上方；b. 电极板同时设置在板坯的上下方；c. 电极板置于板坯的下方。

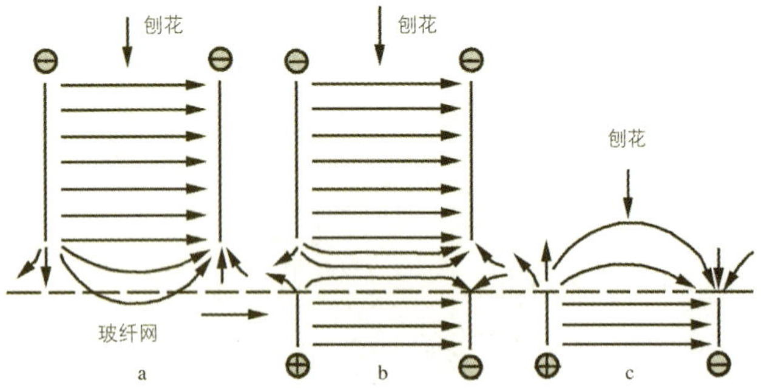

图 18-18 三种静电定向的型式

1. 影响静电定向效果的若干因素

(1) 电场强度对静电定向效果的影响：图 18-19 表示电场强度与刨花平均定向角之间的关系，结果表明：电场强度在 0～4kV · cm 之间，定向效果随着电场强度的增加而改善。电场强度为 4kV · cm 时，定向效果最好，平均定向角可达 17° 左右。

(2) 刨花含水率对静电定向效果的影响：图 18-20 表示刨花含水率对定向效果的影响。结果表明：木质刨花在静电场中的定向效果随含水率的提高而改善，研究表明刨花含水率为 10%～15% 时，定向效果最好。如果刨花含水率过高，则反而影响定向效果。

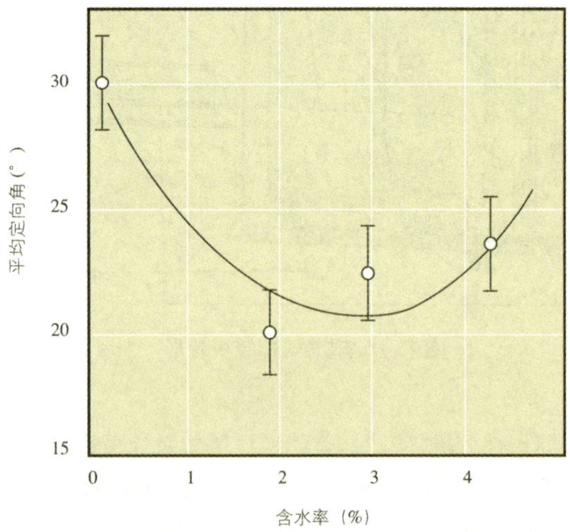

图 18-20 刨花含水率与平均定向角的关系

刨花拌胶后，只要总的含水率保持在 10%～15% 范围内，对静电定向效果没有明显的影响。图 18-21 所示为涂胶刨花平均定向角与未涂胶刨花平均定向角的比较，两条曲线基本一致。

(3) 极板高度对静电定向效果的影响：当刨花呈自由落体状进入静电场后，即开始产生极化和转向的动作。用高速摄影观察刨花在静电场定向状态，发现刨花在静电场中呈"Z"字形的轨迹进行移动和下落，同时考虑到刨花实现完全定向需要持续一定的时间，因此保持一定的极板高度是必要

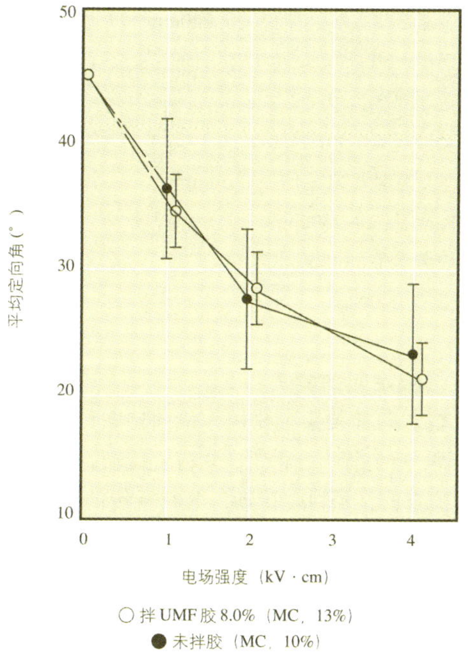

图 18-21 电场强度对涂胶刨花平均定向角的影响

的。通常控制在45cm以内，但是，应当尽可能的缩短极板下端至板坯表面的距离，因为，该距离将严重影响刨花的定向效果。

18.1.4.2 机械式定向铺装头

1. 圆盘定向铺装头

圆盘定向铺装头结构示意图见图 18-22。

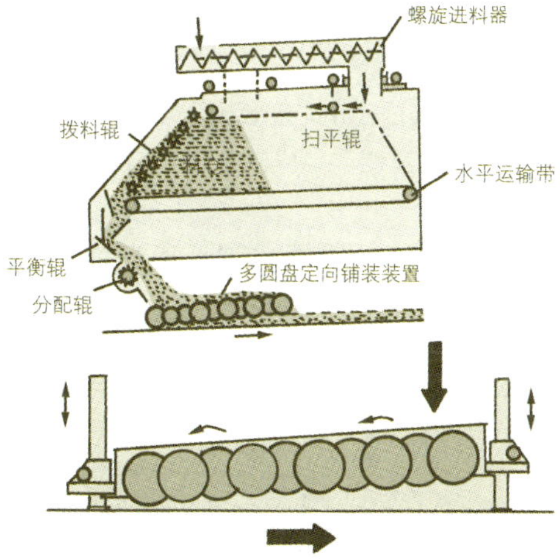

图 18-22 圆盘定向铺装头结构示意图

圆盘铺装头工作原理如下：圆盘定向装置由一系列转轴组成，它们平行安装在同一框架中，框架两端由带升降机构的立柱支承，可以上下运动。每根转轴上排列有若干片彼此保持一定间隔的圆盘。各转轴的圆盘相互局部重叠，形成圆盘筛网。各轴圆盘间距不同，由密到疏，分成数级。所有转轴向一个方向转动，但最后一个转轴反向转动，将少量大刨花抛回重新定向铺装。刨花进入圆盘筛网后，一方面，根据圆盘筛网的疏密进行分选，另一方面，在圆盘间隙的作用下被强制定向，形成从表层到芯层刨花逐渐变小的定向板坯结构。由于铺装过程中存在铺装角，故圆盘的底面要按板坯铺装角的大小倾斜安装。

影响圆盘铺装头定向效果的因素有：圆盘间隔(A)、圆盘转速(B)和刨花下落高度(C)，试验研究结果见图 18-23。

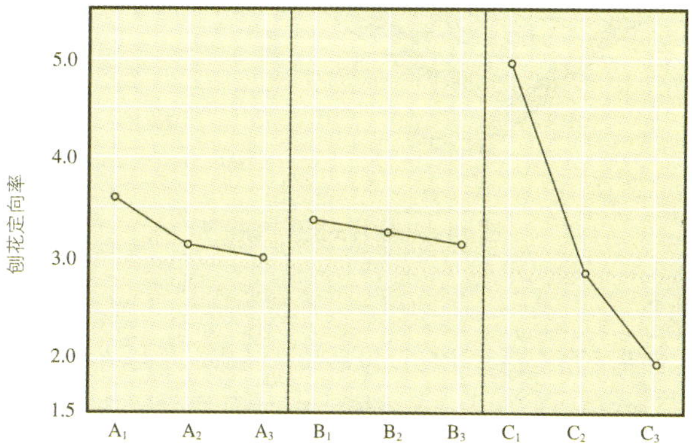

图 18-23 影响圆盘定向效果的因素

国产定向刨花板生产线配置了 BP3813 圆盘定向铺装机，其主要性能参数如下：

生产能力：$36m^3/d$

铺装板坯宽：1340mm

铺装最大坯高：300mm

螺旋进料装置转速：12～58r/min

料耙链线速度：0.4～0.6m/s

抛辊外径×个数：ϕ 230 × 4

料仓输送带线速度：1～11.8m/s

运输带驱动辊直径×带宽：ϕ 240mm × 1490mm

定向圆盘辊轴转速：60～300r/min

圆盘外径：ϕ 172mm

定向星形辊轴转速：3.7～17r/min

星形辊外径：ϕ 230mm

总机安装容量：53.1kW

总质量：9233kg

2. 插片式定向铺装头

插片式定向铺装头是工业生产中较常见的定向铺装装置，其结构如图 18-24 所示。插片式定向铺装头工作原理如下：完成拌胶后的薄长条刨花均匀下落在插片铺装头上。插片分固定插片和运动插片两组。所谓插片乃是带有等边三角形锯齿的特殊锯条。两组插片本身的间隙可以调节，固定插片与运动插片相邻间隔大约相当于薄长条刨花长度的一半。运动插片由安装在机架上的调速电机通过变速装置作往复运

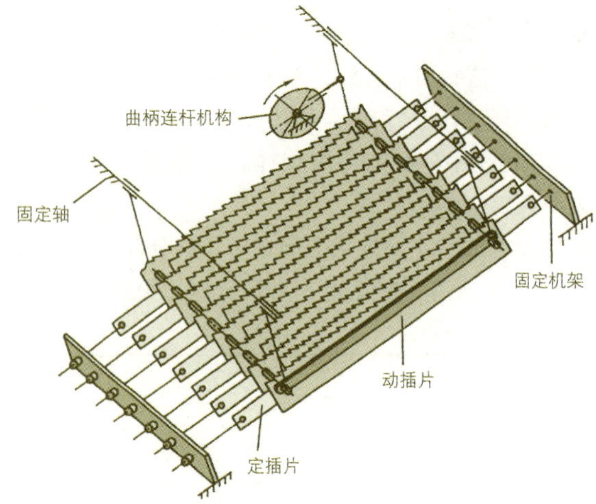

图 18-24 插片式定向铺装头

动。刨花下落至插片定向区以后被强制从定片与动片的间隙中落到垫板上，形成定向板坯。刨花自下落至插片定向区到从间隙中排出所持续的时间取决于刨花的长度、间隙的大小、插片运动的行程与频率等因素（图 18-25）。

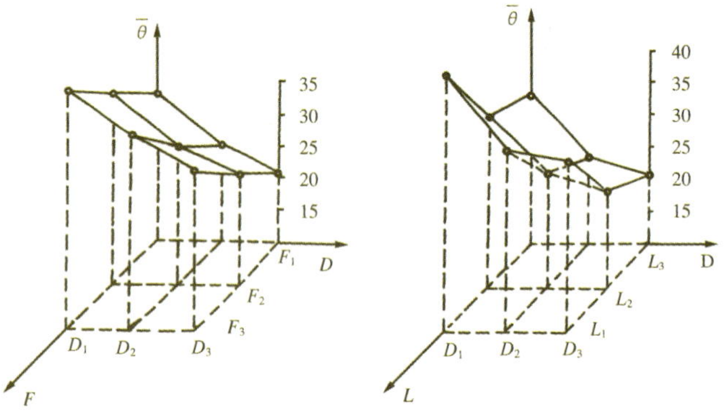

插片间隙 *D* 和插片运动频率 *F* 对刨花平均定向角的影响　　插片间隙 *D* 和插片运动距离 *L* 对刨花平均定向角的影响

图 18-25 影响插片式定向铺装头效果的因素

我国自行设计制造的国产化BP3815插片式定向铺装机主要技术参数如下：

生产能力：50m³/ α

铺装板坯宽：1340mm

铺装最大坯高：450mm

螺旋进料装置转速：12～58r/min

料耙链线速度：0.4～0.6m/s

抛辊外径×个数：ϕ 230mm × 4

料仓输送带线速度：1～11.8m/s

运输带驱动辊直径×带宽：ϕ 240mm × 1490mm

插片间隔：30～50mm（可调）

插片运动频率：50～60 次 /min

插片运动行程：30～50mm

定向星形辊轴转速：3.7～17r/min

星形辊外径：ϕ 230mm

总机安装容量：60kW

总质量：10000kg

3. 星形辊定向铺装头

星形辊定向铺装头主要用作横向定向，其结构由起落架、导向阀、反射板、分料辊、分料辊传动、滑辊、落料辊、松料辊、检查窗、松料辊传动、落料辊传动等部件组成。

4. 履带式定向铺装头

履带式定向铺装头主要用于横向定向。其结构见图18-26。

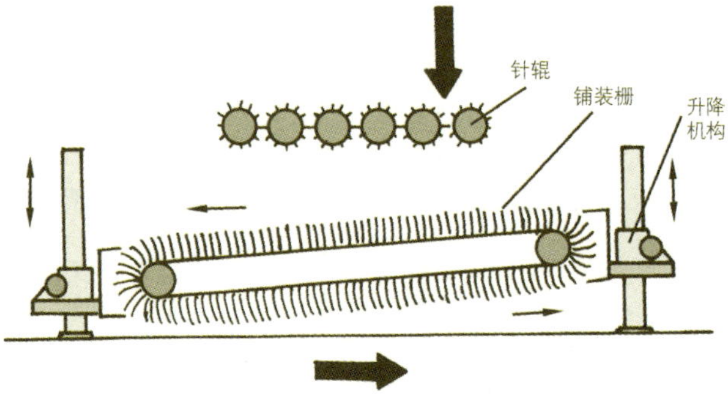

图 18-26 履带式定向铺装头结构示意图

18.1.4.3 定向板坯铺装角

定向刨花在铺装过程中，会形成一定的铺装角，铺装角的大小取决于板坯的厚度和完成刨花定向铺装所持续的距离（图 18-27）。

在刨花定向过程中，板坯的厚度是逐步增加的，在整个

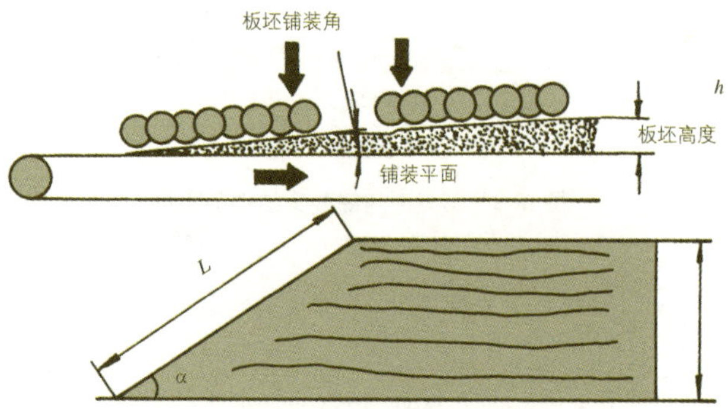

图 18-27 定向板坯铺装角示意图

铺装距离内，板坯的表面为斜面，根据大量的研究表明，刨花离开定向装置的高度明显影响定向效果。因此，纵向定向装置应该按铺装角大小倾斜安装，保持定向头底部到板坯表面的距离处处相等。

18.1.4.4 定向铺装头的组合

1. 三层定向刨花板铺装系统的组合

在国外，生产的定向刨花板大多为表面不细化的三层结构板，其定向铺装系统可以按下列方式进行组合：

(1) 圆盘纵向定向＋履带式横向定向＋圆盘式纵向定向（Siempelkamp 定向铺装系统，见图 18-28）。

(2) 插片式纵向定向＋星形辊横向定向＋插片式纵向定向（原 Bison 定向铺装系统，见图 18-29）。

2. 五层定向刨花板铺装系统的组合

在我国，表面细化的五层定向刨花板更容易找到市场，因此，国产的定向刨花板生产线都采用气流铺装头和定向铺装头相组合的方式，生产表面细化的五层定向刨花板，也可以用分级式铺装头替代气流铺装头铺装表面细料。南京林业大学（南林）经过长期研究，发明了把纵向铺装头和横向铺装头融为一体的组合式定向铺装头，获得了圆盘加星形器组合定向铺装头和插片加星形器组合定向铺装头两项专利。分别形成了两种五层定向刨花板铺装系统。

(1) 气流铺装头/分级铺装头+圆盘与星形辊组合定向铺装头＋圆盘与星形辊组合定向铺装头＋气流铺装头/分级铺装头（南林－上海板机定向铺装系统，见图 18-30）。

(2) 气流铺装头/分级铺装头+插片与星形辊组合定向铺装头＋插片与星形辊组合定向铺装头＋气流铺装头/分级铺装头（南林－镇江林机定向铺装系统，见图 18-31）。

在刨花定向铺装过程中，必须注意下列两个问题：

(1) 铺装表面细化的定向刨花板坯时，铺装底面时，细料直接落在金属垫板上；而铺装表层时，细料落在大片刨花板坯上，因为振动，会有相当一部分细料落到大刨花的空隙中，导致两表面结构不均匀，影响板子尺寸稳定，因此，在铺装上表面前，往往增加一个均平辊，先把大刨花表面压实。

(2) 由于定向刨花在铺装过程中，层面交叉叠放，加之大刨花易翘曲，同样的最终板厚，定向板坯厚度大约是普通板坯厚度的3～5倍。如果热压采用多层压机或单层压机，压板间隙不够大时，则板坯要进行预压，一般可采用周期式预压机或连续式预压机。

18.1.4.5 定向刨花板热压

定向刨花板热压与普通刨花板热压相比，可以概括为以下不同点：

(1) 压机可采用单层压机，多层压机或连续式压机，多层压机要有快速闭合装置和同时闭合装置。

(2) 加热方式可采用蒸汽、热水或热油加热，以热油加热为多。

(3)由于定向刨花板坯热量传递与水蒸气排放比普通刨花板困难，故同等条件下，定向刨花板的热压时间要比普通刨花板热压时间稍长。

(4) 由于定向刨花板坯的刨花形态特殊且板坯厚度超常，故要达到相同的闭合速度，所需初压力有所增加。

(5) 定向刨花板坯在热压时，水分移动和胶黏剂固化机理无异，故所采用的热压曲线与普通刨花板基本相同。

在热压过程中，定向刨花板坯内部形成的水蒸气难以畅

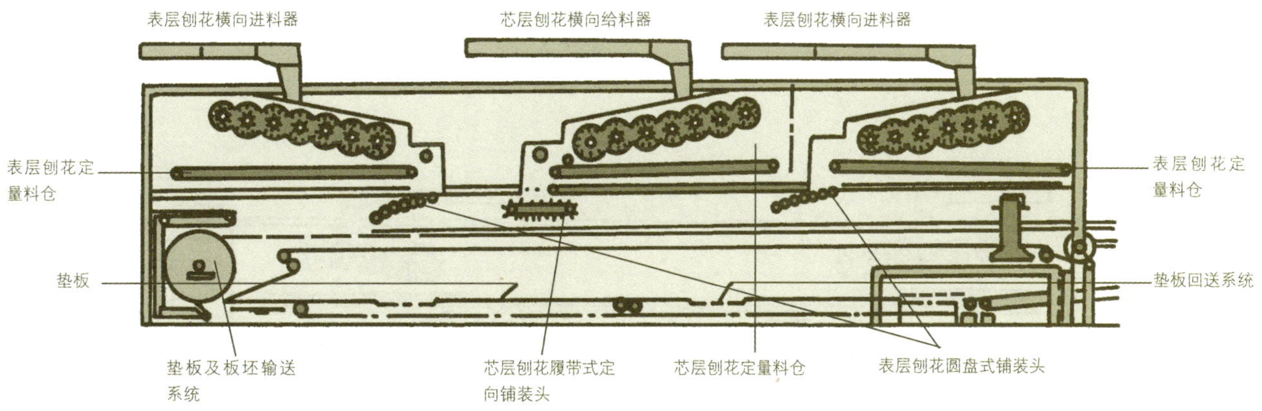

图 18-28 德国 Siempelkamp 公司的定向铺装系统

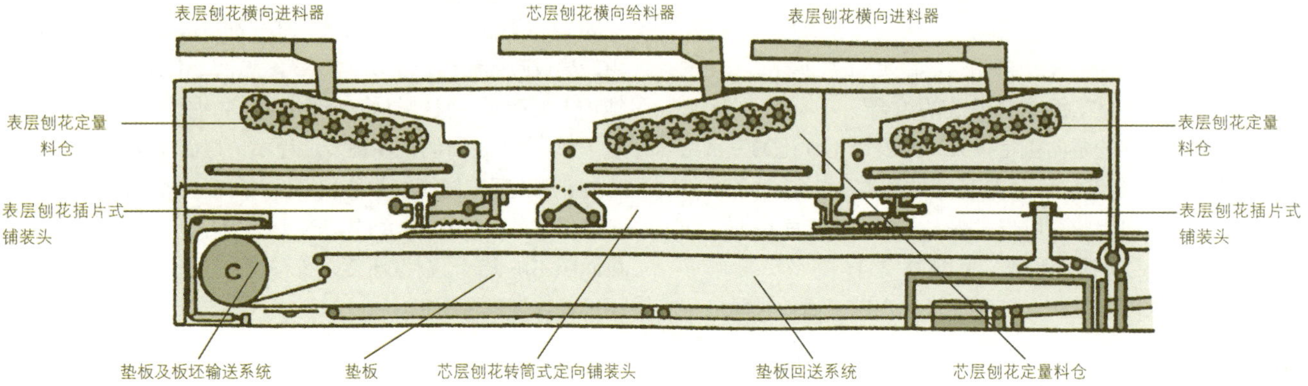

图 18-29 德国 Bison 公司的定向铺装系统

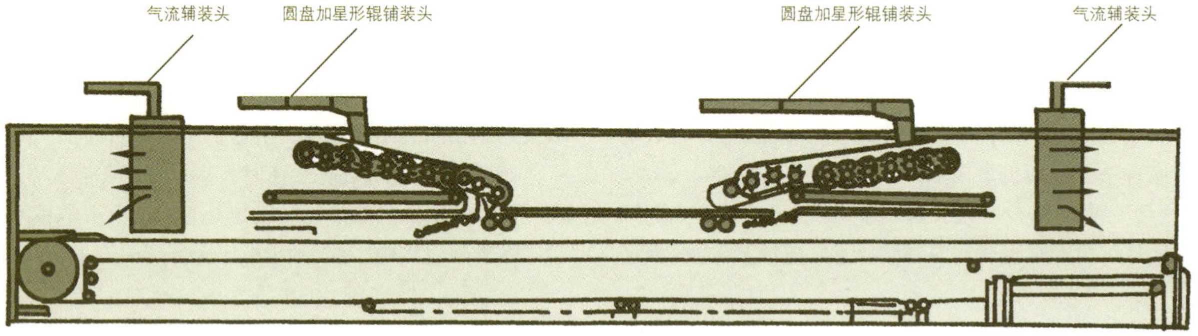

图 18-30 南林—上海板机定向铺装系统

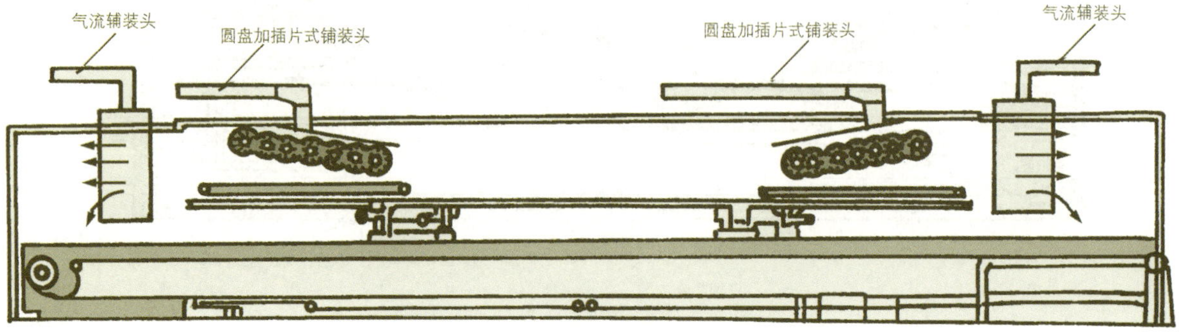

图 18-31 南林—镇江林机定向铺装系统

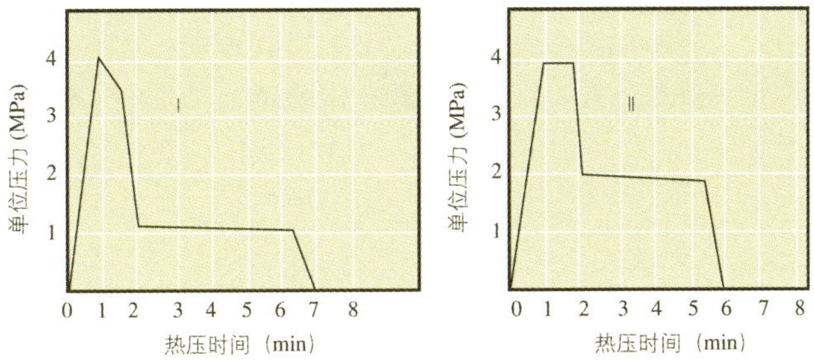

Ⅰ脲醛胶，温度 160 ± 5℃，板厚 10mm，密度 650kg/m³
Ⅱ酚醛胶，温度 170 ± 5℃，板厚 10mm，密度 650kg/m³

图 18-32 定向刨花板热压曲线

通地排放，如果降压时速度过快，容易产生鼓泡和分层。

表 18-15 给出了定向刨花板热压参数。

定向刨花板热压曲线如图 18-32 所示。

18.1.2.6 定向刨花板后期处理

定向刨花板的后期处理包括裁边、冷却和砂光，与普通刨花板的工艺基本相同。

定向刨花板定向效果的评价方法尽管多种多样，最常用的有两种：即平均定向角表示法和方向特性表示法。

18.2 定向刨花板性能检测

18.2.1 定向效果评价

定向刨花板定向效果的评价方法尽管多种多样，最常用的有两种，即平均定向角表示法和方向特性表示性。

1. 平均定向角表示法

平均定向角 θ 按下式进行计算（参见图 18-33）：

$$\overline{\theta}=\sum_{i=1}^{n}\theta_i/n$$

式中：$\overline{\theta}$——刨花的平均定向角

θ_i——第 i 个刨花的定向角

n——被测刨花的总个数

如果计算得到的定向角 θ 越小，表示定向效果越好；反之越差。若 $\theta\approx45°$，则表示此板与刨花任意排列的刨花板相似。

定向系数 f 按下式计算：

$$f=\frac{45°-\theta}{45°}$$

f 值越大（即接近于 1），定向效果越好；

$f\rightarrow0$，定向效果最差，与普通刨花板相似。

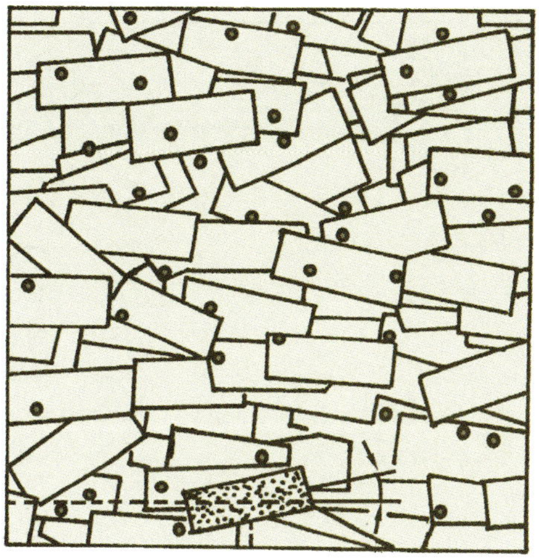

图 18-33 刨花平均定向角示意图

表 18-15 定向刨花板热压参数

指　标	脲醛树脂胶	酚醛树脂胶
温度	160～180℃	180～220℃
压力	0.25～0.30MPa	0.30～0.35MPa
时间	0.3～0.5min/mm	0.5～0.7min/mm

注：1. 热压时应视板子密度、含水率、厚度等影响有所变化
　　2. 热压系统应视所用材种和板子密度而有所变化

2. 方向特性表示法

用下式计算出定向刨花板纵横向静曲强度（或弹性模量）的比值 C，以此可以评价定向效果的好坏。

$$C=\frac{MOE_{\parallel}}{MOE_{\perp}}$$

$$C=\frac{MOE_{\parallel}}{MOE_{\perp}}$$

式中：$MOR_{\parallel}$（或 $MOR_{\perp}$）——纵向静曲强度（或弹性模量），MPa

MOE（或 MOE）——纵向静曲强度（或弹性模量），MPa

C 值越大，说明定向效果越好，如果 $C=1$，则意味着为随机结构板，C 值和 $\overline{\theta}$ 之间存在着换算关系。

18.2.2 定向刨花板标准

目前，国际上现有的定向刨花板标准主要有欧共体标准和加拿大标准，我国最近也颁布了定向刨花板行业标准，在该标准中，规定的物理力学性能见表 18-16。

定向刨花板需要进行耐老化测试，用 V_{313} 法和 ASTM 方法对定向刨花板进行老化测试，结果见表 18-17 和表 18-18。

在国产化定向刨花板生产线用意杨生产的定向刨花板物理力学性能测试结果如表 18-19 所示。

表 18-16 定向刨花板标准（物理力学性能）

指标		单位	名义厚度											
			6～10				>10～18				>18～25			
			OSB/1	OSB/2	OSB/3	OSB/4	OSB/1	OSB/2	OSB/3	OSB/4	OSB/1	OSB/2	OSB/3	OSB/4
必测	静曲强度													
	平行	N/mm^2	20	22	22	30	18	20	20	28	16	18	18	26
	垂直	N/mm^2	10	11	11	16	9	10	10	15	8	9	9	14
	弯曲弹性模量													
	平行	N/mm^2	2500	3500	3500	4800	2500	3500	3500	4800	2500	3500	3500	4800
	垂直	N/mm^2	1200	1400	1400	1900	1200	1400	1400	1900	1200	1400	1400	1900
	内结合强度	N/mm^2	0.3	0.34	0.34	0.50	0.28	0.32	0.32	0.45	0.26	0.30	0.30	0.40
	24h 吸水厚度膨胀率	%	25	20	15	12	25	20	15	12	25	20	15	12
	板内密度偏差	%	± 10%				± 10%				± 10%			
	含水率	%	2%～12%		5%～12%		2%～12%		5%～12%		2%～12%		5%～12%	
	游离甲醛													
	1 级	mg/100g	< 8				< 8				< 8			
	2 级	mg/100g	8～30				8～30				8～30			
抽测	循环实验后的静曲强度 - 平行	N/mm^2	/	/	9	15	/	/	8	14	/	/	7	13
	选择：													
	1.循环实验后的内结合强度	N/mm^2	/	/	0.18	0.21	/	/	0.15	0.17	/	/	0.13	0.15
	2.煮后内结合强度	N/mm^2	/	/	0.15	0.17	/	/	0.13	0.18	/	/	0.18	0.13

注：其他性能要求，供需双方可另行商定

表 18-17 V_{313} 快速老化试验对板性能的影响

周期 \ 施胶量 \ 性能	MOR‖(10^5Pa)				MOR⊥(10^5Pa)				MOE‖(10^7Pa)				MOE⊥(10^6Pa)			
	U8	U10	P5	P7	U8	U10	P5	P7	U8	U10	P5	P7	U8	U10	P5	P7
0	336	390	347	475	155	244	192	220	431	469	322	466	167	216	195	230
1	275	294	294	691	119	155	155	161	152	192	223	295	106	121	130	175
2	218	195	272	361	99	144	149	161	125	138	189	248	71	103	108	145
3	169	156	173	292	97	128	102	151	124	110	129	202	59	103	81	121

注:U、P 分别代表使用脲醛胶和酚醛胶

表 18-18 ASTM 快速老化试验对板性能的影响

周期 \ 施胶量 \ 性能	MOR‖(10^5Pa)		MOR⊥(10^5Pa)		MOE‖(10^7Pa)		MOE⊥(10^6Pa)	
	P5	P7	P5	P7	P5	P7	P5	P7
0	373	511	208	237	366	468	218	246
1	279	442	158	184	133	276	115	160
2	250	307	138	188	142	192	114	139
3	231	276	151	139	120	185	92	117
4	182	267	86	117	120	215	67	125
5	159	233	69	127	122	199	58	107
6	133	212	78	107	119	192	55	105

表 18-19 国产定向刨花板性能测试结果

序号	性能	单位	厚度（mm）		
			6	10	25
1	密度	g/cm	0.83	0.81	0.64
2	含水率	%	7.73	7.56	8.73
3	静曲强度 ∥	MPa	48.37	48.10	29.19
	⊥		23.82	23.82	12.59
4	弹性模量 ∥	MPa	6040	7600	5750
	⊥		1870	2640	1870
5	平面抗拉强度	MPa	0.94	0.83	0.315
6	吸水厚度膨胀率				
	≤ 13mm	%	14	13	–
	>13mm		–	–	12
7	握钉力 ∥	N	1740	1880	1390
	⊥		2350	2400	1700
8	线性膨胀率 ∥	%	0.027	0.033	0.037
	⊥		0.129	0.146	0.146
9	耐老化 ∥	MPa	29.4	36.2	14.0
	（煮沸 2h，MOR）⊥		11.4	14.1	7.8
10	游离甲醛	mg/100g 板	14.2	13.9	11.7
11	抗冲击强度 ∥	kJ/m²	22.39	25.26	19.7
	⊥		12.25	9.11	
12	导热系数	kCal/m.h.k	0.048	0.047	0.044
13	比热	Cal/g.℃	0.481		
14	动态弹性模量	kgf/cm²（× 10^6）	6.11	3.45	27.0

注：1.板种：定向刨花板（厚度分别为 6mm,10mm,25mm）
2.胶种：酚醛树脂胶（PF）

参考文献

[1] 周定国. 定向刨花板物理力学性能的研究. 南林学报，1983, No：1

[2] 华毓坤等. 定向刨花板的快速老化试验. 南林学报，1989, No：2

[3] S.kawai.等. Praduction of Oriented board with an electrostaticfield. 木材学会志，1982, vol 28, No：5

[4] Brinkmann K., OSB-platten, ihre Eigenshaften,Verwendung und Herstellungstechnologie, 1979, Holz als R-W, vol 37, No：4

[5] H-J. Deppe 等. Tashenbuh der Spanplattentehnik, 2000, DRW

19 石膏刨花板

Gypsum Particleboard

半干法石膏刨花板生产工艺是20世纪80年代初德国弗劳霍夫（Fraumhofer）木材工业研究所所长柯沙茨（Kossatz）教授发明的。因此该工艺又称为Kossatz工艺。

石膏刨花板是一种以无机物石膏为胶黏剂，以刨花为增强筋经搅拌、成型、加压而制成的人造板。石膏刨花板生产时由于采用无机物石膏为胶黏剂。因此无游离甲醛释放的公害，生产中无污水，也不会构成有害的排放物。石膏价格低，因此生产成本低。

石膏刨花板具有较高的机械强度，优良的隔热、隔音、防火性。可进行各种机械加工如锯切、铣切、砂光、钉钉等。还可以进行表面二次加工如贴薄木、贴三聚氰胺浸渍纸和直接涂饰。可以用作框架建筑工程中的内外墙体材料，如天花板、活动房、家具制造和包装、音响材料等。是一种较为理想的新型建筑材料。

19.1 石膏板的种类和特性

19.1.1 石膏板种类

石膏板具有质轻、绝热、不燃、加工方便等性能。石膏板制作的墙面平整，可黏贴各种壁纸，石膏板安装方便，施工速度快。

石膏中掺加轻质填充料如锯屑、膨胀珍珠岩、陶粒等，能减轻石膏板的容重并降低导热性。

在石膏中掺加纤维增强材料，如纸筋、麻、石棉、玻璃纤维、木纤维、木刨花。非木质纤维和刨花能提高石膏板的抗弯强度，减少其脆性。

在石膏中掺加适量水泥、粉煤灰、粒化高炉矿渣粉、或在石膏表面黏贴塑料壁纸、铝箔等，能提高石膏板的耐水性。调节石膏板板厚、孔眼大小、孔距等，能制成吸音性良好的石膏吸音板，因此，根据制造时所采用的原料，石膏板可分为多种类型，见表19-1。

19.1.2 石膏刨花板

19.1.2.1 主要特性

石膏刨花板具有较为优良的物理力学性能。它克服了石膏本身过于脆的缺点，在纵横两个方向均具有较高的抗弯强度，所以在运输搬运时废品率很低，并具有优良的耐火性、不燃性、吸声性和隔声性。耐烧性可达A_2级(DIN 4102I标准)和B级(中国标准)。吸声性能为30～65dB。对于12mm厚的板材其隔声性能为28dB，若形成复合墙其隔声性能可达45dB，若在复合空腹中填充玻璃棉其隔声性能可达51dB。

19.1.2.2 与几种用途相近的板材比较

将石膏刨花板与几种用途相近的板材作一比较，很容易发现它有许多显著的优点。

1. 与合成树脂胶刨花板相比

由于在石膏刨花板生产中，刨花是水的载体，刨花不需要干燥。制板采用冷压，因此可节省大量能源。

石膏价格比合成树脂胶低廉。因此生产成本低。

无游离甲醛释放公害，无污水，也不构成有害的排放物。

尺寸稳定性和阻燃性能好，比合成树脂刨花板更容易砂光和锯截。

2. 与水泥刨花板相比

石膏的凝固速度比水泥快，甚至可以形成连续性生产，生产效率高，成本低。

不同的树种对石膏刨花板凝固的干扰比水泥刨花板小，而且可用添加剂加以调整和控制，不必进行刨花预处理，因

表 19-1 石膏板种类

种类	生产方法和用途
纸面石膏板	以建筑石膏为主要原料，掺入少量外加材料，如填充料、发泡剂、缓凝剂等，加水搅拌、浇注、辊压，用石膏作芯材，两面用纸护面，即制成纸面石膏板。纸面石膏板的生产工艺简单，生产效率高，主要用于内墙、天花板等处
石膏空心板	以建筑石膏为主要原料，掺加适量轻质填充料或少量纤维材料，加水搅拌、振捣成型、抽芯、脱模、烘干而成。这种石膏板不用纸、不用胶，强度高，工艺简单，生产效率高。石膏空心板可用作住宅和公共建筑的内墙和隔墙等，安装时不要龙骨
石膏装饰板	以建筑石膏为主要原料，加少量纤维增强材料和胶料，加水搅拌制成。装饰板有平板、多孔板、花纹板、浮雕板等多种。主要用于公共建筑，作为墙面和天花板等用
石膏纤维板	以建筑石膏作为无机胶黏剂，加适量纸纤维增强材料而制成的一种石膏板，这种板的抗弯强度高，可用于建筑上的室内装修如内墙和隔墙、天花板等，也可用来代替木材制造防火家具
石膏蜂窝板	以建筑石膏为主要原料，制成蜂窝状材料。可用作绝热板、吸音板内墙和隔墙板、天花板等
防潮石膏板	以建筑石膏为主要原料，添加适量防潮原料制成的防潮石膏板。可用作绝热板和地面基层板等
石膏矿棉复合板	以建筑石膏和矿棉为主要原料生产的石膏矿棉复合板，可用作墙板、天花板等
石膏刨花板	以建筑石膏作为胶黏剂，刨花为增强筋而制成的一种石膏板。可用于建筑上的室内装修，如隔墙板、天花板等，是一种较为理想的新型建筑材料

表 19-2 几种板材的主要性能

板种 / 性能	石膏刨花板	纸面石膏板	石膏纤维板	水泥刨花板	合成树脂胶刨花板
密度(kg/m^3)	1100～1300	800～900	1100～1200	1100～1300	650～750
MOR(MPa)	6～10	3～8	5～7	9～15	12～24
MOE(MPa)	2000～3500	2000～4000	2500～3500	3000～6000	2000～3500
IB(MPa)	0.3～0.5	0.2～0.3	0.3～0.5	0.4～0.7	0.5～1.0
平行板面抗拉强度(MPa)	2.5～4	1.5～3	1.5～3	4～5	7～10
吸水厚度膨胀率(%)	3	3	3	1	8
尺寸稳定性(%)(温度20℃，相对湿度30%；20℃，85%)	0.05～0.10	0.03～0.04	0.03～0.05	0.16～0.30	0.3～0.5
阻燃性	好	好	好	好	不好

此原料来源广泛，此外，非木质原料如棉秆等也可用于石膏刨花板生产，板的尺寸稳定性好。

3. 与纸面石膏板相比

石膏不需要形成浆料，用水量大大降低，使干燥过剩水分的能源至少降低50%。

混合物的可分散性使得石膏刨花板在其横截面上可以任意调整其结构和密度分布，从而可以系统地控制板材的性能。

静曲强度和冲击强度有了很大提高，静曲强度比纸面石膏板高2～3倍。改善了石膏板在安装和运输过程中的易碎性。

改善了板材的加工性能，可锯、铣、开槽、打孔、拧螺钉、安装连结方便。板面内各向同性。

4. 与石膏纤维板相比

用水量小，能量消耗低。在石膏纤维板生产中大量喷水使得板材的剖面密度不对称，容易翘曲；而石膏刨花板则可任意改变其密度分布及其结构，从而可以系统地控制其性能。

石膏刨花板的生产成本比石膏纤维板的生产成本低30%左右。板材的表面质量高。几种板材的主要性能见表 19-2。

19.2 原料制造、贮存和运输

用于石膏刨花板生产的原料主要为石膏和刨花。

19.2.1 刨花

刨花在石膏刨花板中的作用是作为水分的载体及加强筋，作为混入的加固物质。石膏刨花板生产所用的刨花原料来源与普通刨花板基本相同，即等外材、小径级材及各种木材加工剩余物和非木质材料。

刨花的形态及树种等因素直接影响到石膏刨花板的性能，因此在生产中要合理选择和使用原料。

19.2.1.1 树种

刨花是石膏刨花板中的增强材料，因此树种的选择是很主要的。通常密度大的树种所制的石膏刨花板的静曲强度小，见图19-1。因此应选择低密度的树种。因为在板密度和木膏比相同的条件下，木材密度越大意味着刨花体积越小，作为增强材料，刨花体积的减小将导致板结构松散而强度下降。在板密度相同的情况下，低密度的木材比高密度的木材刨花量多，木材压缩率大，刨花之间的接触面积大，制成的石膏刨花板强度比较高。除此之外，树种本身的强度对石膏刨花板强度也有影响。树种强度高，相对地石膏刨花板的强度也高。所以制造石膏刨花板最好选用密度低而强度高的树种。

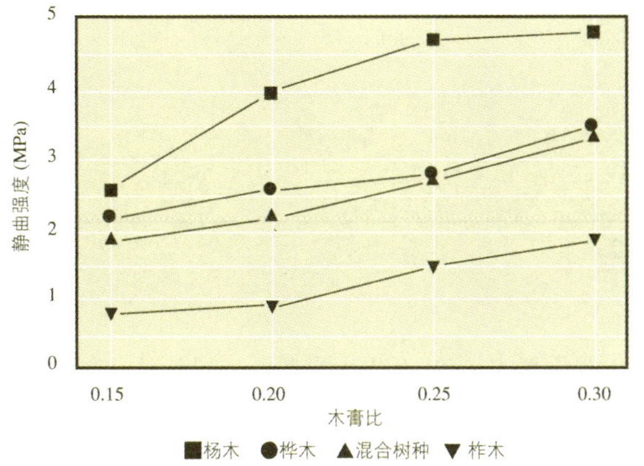

图19-1 树种对石膏刨花板静曲强度的影响

混合树种，尤其是性能差异大的树种的混合会导致石膏刨花板质量不稳定，从而使板的强度受到影响。因此在石膏刨花板生产中最好选用单一树种。

19.2.1.2 树皮含量

石膏刨花板的静曲强度随刨花中树皮含量的增加而下降，见图19-2。这是因为树皮本身的强度低，又在刨花制备过程中被打磨成小块或粉末，从而降低了刨花的增强作用。除此之外，树皮中的抽提物对石膏凝固和强度的影响也极不稳定，因此刨花中的树皮含量应越少越好。树皮含量一般不要超过绝干刨花重的20%。

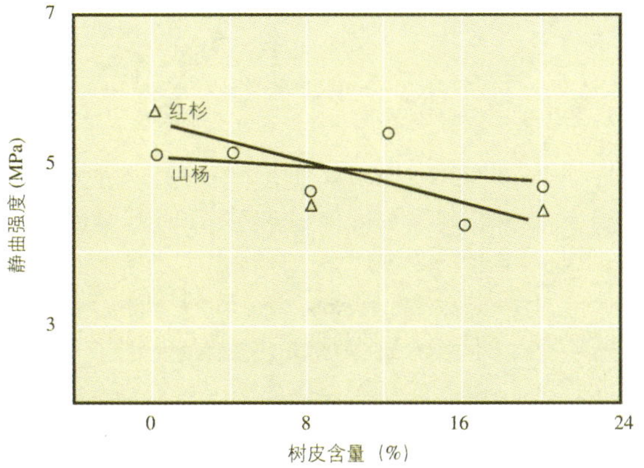

图19-2 树皮含量和静曲强度的关系

19.2.1.3 木材水抽提物

虽然不同树种的水抽提物对石膏浆料的缓凝和抗折强度有不同的影响，但与水泥的缓凝作用相比是微不足道的。水抽提物对石膏刨花板的生产和板的强度没有明显影响。因此只要能制成高质量刨花的树种都能生产石膏刨花板。

19.2.1.4 刨花形态

刨花的不同形态对板的性能影响很大，采用削片→再碎→打磨工艺制成的刨花呈细棒状或颗粒状，用这种形态的刨花制得的石膏刨花板抗弯强度较低。用刨片机制得名义厚度为0.2～0.4mm，名义长度为5～30mm的刨花经锤式粉碎机制成宽度为4～8mm的窄长刨花制造的石膏刨花板，抗弯强度比细棒状或颗粒状刨花制成的石膏刨花板约高20%，见表19-3。刨花的种类见图19-3和表19-4，工艺流程见图19-4。

19.2.1.5 刨花制备的工艺

石膏刨花板的刨花制备与普通刨花板的刨花制备工艺相似，刨花的厚度最好为0.2mm左右。根据目前备料设备情况，以刨片机作为刨花制备的第一道工序为最佳。它们所制出的刨花厚度薄而均匀。用刨片机制成的刨花都要经锤式粉碎机粉碎。用此设备粉碎能保持刨花较高的细长比。粉碎后的刨花经分选，不合格的粗刨花再经双鼓轮打磨机或筛环式打磨机打磨。

木刨花也可以用小径材或废料经削片机和双鼓轮刨片机制备，但用此工艺制得的刨花不但厚度大，厚度差亦大。

表19-3 刨花形态对石膏刨花板性能的影响

刨花形态	木膏比(x)	板材厚度(mm)	静曲强度(MPa)
细长刨花	0.25	12	6.14
颗粒刨花	0.25	12	5.18

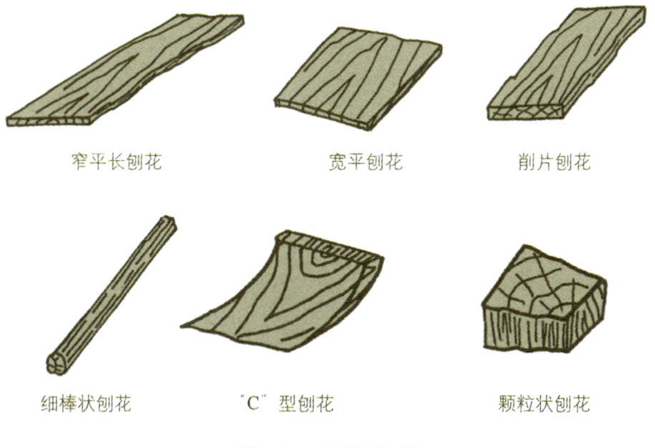

图19-3 刨花种类

表 19-4 刨花的种类

刨花种类		制造设备	特点
特制刨花	窄长平刨花	刨片机	刨花纤维完整，用它生产的石膏刨花板强度大，刚性最大，板的线性稳定性好，刨花尺寸 $l=25\sim100$mm，$t=0.2\sim0.4$mm，$w=6$mm；需再碎后方可用于石膏刨花板生产。图 19-3
	宽平刨花	刨片机	刨花的长度和宽度基本一致，厚度较小，刨花均匀呈明显的片状，需再碎后使用，图 19-3
	削片刨花	削片机	刨花的宽度和长度接近，长度为 13～40mm，厚度较大，且不均匀，需用双鼓轮刨片机再碎后使用。不是理想的石膏刨花板用料。图 19-3
	细棒状刨花	削片机＋锤式粉碎机	刨花的宽度与厚度比较近似，大约 6mm，长度是厚度的 4～5 倍。也称碎料，石膏刨花板生产避免使用。图 19-3
	微型刨花	削片或刨片机＋打磨机	刨花长＝8mm，宽度≈0.2mm，作石膏刨花板的表层材料
	纤维或纤维素	削片机＋热磨机	可作为石膏刨花板的表层用料
废料刨花	“C”型刨花	木工机床铣削加工时的废料	刨花一边厚、一边薄，刨花大部分纤维被切断，刨花强度低，不宜单独使用。图 19-3
	颗粒状刨花	锯机加工木材时产生的锯屑	刨花长、宽、厚基本一致。图 19-3

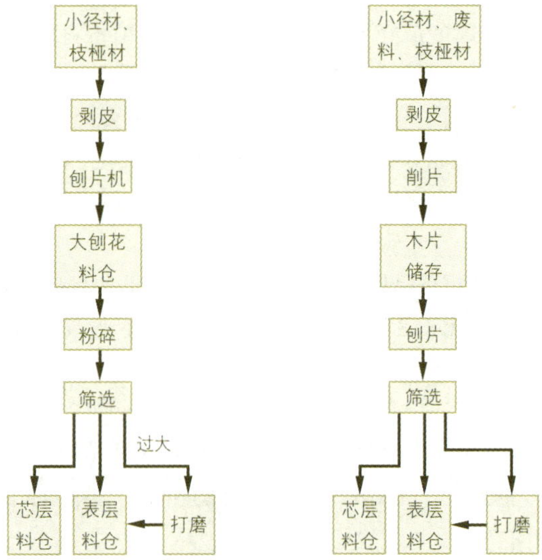

图 19-4 几种制刨花的工艺流程图

1. 剥皮

为了减少刨花中的树皮含量，在刨花制备时的第一道工序为小径材的剥皮。

剥皮时应把树皮全部剥掉，包括韧皮部，损伤木质部越小越好。要求设备应该效率高，动力消耗少，结构简单，不受树种、直径、长度、外形等影响，同时还要节省人力。剥皮方法见表 19-5。

2. 制造刨花的设备

在石膏刨花板生产过程中，刨花的制造是一道重要的工序，刨花质量的优劣，在很大程度上与制造刨花的设备有着直接的关系。

刨花的制造设备较多，根据刀具的工作原理将制刨花设备分为二类：切削型机床、打磨型机床，见表 19-6。

19.2.2 石膏

用于制造石膏刨花板的石膏主要采用天然石膏或化学石膏。天然石膏也称生石膏，它来自自然界的石膏石。化学石膏一般是指各种工业生产中的副产品，是工业废渣，其中含有相当数量的二水石膏，还含有较多杂质。化学石膏的形式很多，如磷石膏、氟石膏、芒硝石膏、脱硫石膏等。国际上应用得越来越多的是以磷石膏形式出现的化学石膏。磷石膏是生产磷铵、磷肥、磷酸、磷酸二铵时的副产品，或者说是生产这些原料过程中排放的废料。

表 19-5 剥皮方法

方法	特 点
人工剥皮	劳动强度大，生产率低，对枝桠材、小径材不适应，适用于大直径原木
摩擦型剥皮	利用木材与木材相互摩擦产生的力或木材与机械间相对运动的摩擦力，或者两者结合剥去树皮的一种机器，适用于小径材或弯曲度较大的木材
冲击型剥皮	利用高压水流(8～12MPa)或其他物质来冲击木段表面进行剥皮，冲击型剥皮机动力消耗大，耗水量大
切削型剥皮	利用切削刀具有旋转运动和原木定轴转动或直线进给运动之间的相对运动，从原木上切下或扒下树皮，这种剥皮方法不适应小径材、枝桠材剥皮

表 19-6 刨花制造设备

设备类型			特　点	适用范围和特点
切削型机床	削片机	辊式削片机 盘式削片机	刀刃垂直于纤维，并在垂直于纤维的平面内进行切削，即端向切削。刨花长度一定，厚度、宽度不定	小径材、枝桠材、采伐剩余物、板皮、碎单板的加工。刨花初碎设备
	刨片机	辊式刨片机 盘式刨片机 环式刨片机	刀刃平行或接近平行于木材的纤维，并在垂直于纤维的方向上进行切削，即横向或接近横向的切削。切削的刨花厚度不变，可以直接使用，也可再碎后使用	小径材、枝桠材、等外材等长原料不经截断或削片而直接可以用来加工刨花。切削特点为木材纵向进给。当一次纵向进给的木料切完后，再进行二次、三次等纵向进给，切削时进料是间断式的
	离心式刨片机	双鼓轮刨片机 锥形轮刨片机	刨花再碎时，靠刀轮和叶轮旋转时所形成的离心力，使木片通过刀刃完创刨花切削	将削片机切削出来的木片、碎单板刨成一定厚度的刨花。切削出的刨花宽度尺寸差异大，最宽的接近木片厚度，窄的为针状刨花，刨花的厚度也不均匀
打磨型机床	锤式打磨机	单转子锤式打磨机 双转子锤式打磨机	木片或刨花的再碎，其再碎是靠冲击作用完成的，再碎后的刨花尺寸主要取决于筛板网眼的尺寸，因此刨花的粉碎程度、形状不易控制	适用于削片刨花、刨片刨花、废料刨花的再碎
		十字型打磨机	再碎原理与锤式打磨机基本相同，但它的打击机构为叶片状，并固定在十字形转子上。此外，在壳体的内壁配有齿纹环，以利于打碎刨花	适用于各种刨花的再碎
		筛环式打磨机	由叶轮和筛网二个主要部分组成。叶轮和筛网可在同一方面或相反方向旋转；也可将筛网固定，只有叶轮旋转。前者工作时不易被堵塞，特别对较湿的物料打磨时，并具有产量高，打磨质量好等优点	适用于刨片刨花等的再碎
		磨盘式打磨机	主要由上下磨盘组成，上、下磨盘带有齿，齿的宽度和高度从盘中心向边缘逐渐减小。刨花或木片是在回转的下磨盘和固定的上磨盘之间被研磨的。上下磨盘间隙，可根据原料情况和对产品的要求调节	适用于刨花的再碎

另外还有一类废石膏是天然二水石膏经加工使用后废弃的石膏，如废模具石膏，这些废石膏经过适当方法处理后，可以代替天然石膏使用。

19.2.2.1 生石膏

天然石膏俗称生石膏，通常是含有两个结晶水的硫酸钙($CaSO_4 \cdot 2H_2O$)为主要成分的矿石，因此又称二水石膏。也有以无水硫酸钙($CaSO_4$)为主要成分所组成的矿石即硬石膏。$CaSO_4 \cdot 2H_2O$ 其理论化学成分为 CaO − 32.56%，SO_3 − 46.51%，H_2O − 20.93%。生石膏多与石灰岩的贝岩等合在一起，呈叶片块状，细粒状或纤维状等。白色或无色，有玻璃光泽。有时因含氧化铁等杂质而呈红、黄、灰、黑、褐、青等色。硬度(莫氏)1.2～2，比重约为2.32。在水中溶解度小，而在酸和某些盐类中溶解度大。中国石膏矿藏丰富。诸如云南、湖南、湖北、四川等处，均为石膏主要产地。

生石膏种类较多，可根据其结构状态，结晶水含量、石膏的颜色进行分类，见表19-7；也可根据二水硫酸钙含量分级，见表19-8。

19.2.2.2 熟石膏

生石膏经煅烧制成的石膏为熟石膏，生石膏在<190℃的温度下的煅烧时，约失去3/4水分，即成为半水石膏($CaSO_4 \cdot 1/2H_2O$)。如温度>190℃煅烧时，可失去全部水分而变成无水石膏($CaSO_4$)。半水石膏及无水石膏统称为熟石膏。熟石膏品种很多，建筑上常用的石膏见表19-9。由于石膏的吸湿性，尚能调节室内温度。建筑石膏的价格较石灰高。

生石膏在加热时随温度和压力条件的不同，所得产物的结构和性能均不相同。因此半水石膏又分为α型半水石膏和β型半水石膏。

表 19-7 生石膏的分类

按结构状态分类		按结晶水含量分类		按石膏颜色分类	
品名	结构状态	品名	结晶水含量及结构状态	品名	颜色
纤维石膏	纤维状结晶，有绢丝光泽。一般为白色，含少量杂质者呈黄、灰、红等色	硬石膏	指结晶水含量<5%者，多埋于深部。色灰黑、灰白或乳白。结构为块状、粒状或大理石状。性较硬。局部见黑色板状晶体并常含泥膏岩料块	白石膏	白色
普通石膏	白色者成致密粒状，淡黄者多成片状，黑者多成板状。此外也有针状、雪花状等。晶体大小不一	普通石膏	指结晶水含量>13.6%者。均埋于浅部。是一种颜色、结构均复杂的膏型。其他同左栏"普通石膏"结构状态说明	青石膏	青灰色或深灰色
雪花石膏	细粒块状，白色半透明	混合石膏	指结晶水5%～13.6%者。介于前两者之间过渡带深度内。此类石膏颇似普通石膏，仅其中灰白色致密块状、粒状硬石膏成分较多，结晶程度不及普通石膏。硬度介于前二者之间	黑石膏	黑灰色
透明石膏	片状结晶，无色透明似玻璃				
土石膏	土状，不凝结或稍凝结，不纯净				

表 19-8 石膏的分级和用途

等级	矿物成分(%)		结晶水含量(%)	主要用途
	A 型	B 型		
	$CaSO_4 2H_2O$	$CaSO_4 2H_2O+CaSO_4$	H_2O	
1	≥ 95		≥ 19.88	艺术品、医用、造纸、油漆的填充料、硅酸盐水泥附加剂等
2	≥ 85		≥ 17.79	建筑制品、模型石膏、硅酸盐水泥附加剂等
3	≥ 75		≥ 15.70	水泥附加剂、农业肥料、建筑制品
		≥ 75	≥ 13.35	
4	≥ 65		≥ 13.60	水泥附加剂、农业肥料、建筑制品
		≥ 65	≥ 11.96	
5	≥ 55		≥ 11.51	水泥附加剂、农业含磷肥料
		≥ 55	≥ 10.56	

表 19-9 建筑用熟石膏的分类

品 名	说 明	主要用途
建筑石膏 (熳料石膏)	系以生石膏在 150～170℃下煅烧至完全变为半水石膏而成。这种石膏与水调合后，凝固很快，并在空气中硬化	调制石膏砂浆，制造建筑艺术配件及建筑装饰、彩色石膏制品、石膏墙板、石膏砖、石膏空心砖、石膏混凝土、建筑构件等，并可作石膏粉刷之用
地板石膏	系以生石膏在温度 400～500℃或高于 800℃下煅烧而成。磨细及用水调和后，凝固及硬化缓慢，7 天的抗压强度约为 10MPa，28 天约为 15MPa	1.石膏地面：铺熳 12h 后以木槌捣实，并将表面压平抹光，坚硬耐久。但须保持干燥； 2.石膏灰浆：抹灰及砌墙用； 3.石膏混凝土
模型石膏 (塑像石膏)	系以生石膏在温度 190℃下煅烧而成。凝结较快，调制成浆后于数分钟至 10 余分钟内即可凝固	用于作模型塑像、美术雕塑、室内建筑装饰、人造石及粉刷之用
高强度石膏 (硬结石膏)	系以生石膏在温度 750～800℃下煅烧并与硫酸钾或硫酸铝(明矾)共同磨细而成。这种石膏凝固很慢，但硬化后抗压强度高达 25～30MPa，色白能磨光。质地坚硬且不透水	用于制造人造大理石、石膏板、石膏砖、人造石及粉刷涂料用(石膏砖、人造石、石膏板等可用于浴室墙壁及地面等处)

α 型半水石膏：二水石膏在0.13MPa压力(相当于1.3大气压，124℃)蒸压锅内蒸炼，制成晶粒粗短，需水量较小，强度较高的α 型半水石膏，称为高强石膏。反应式为：

$$CaSO_4 \cdot 2H_2O \xrightarrow[0.13MPa]{124℃} CaSO_4 \cdot \frac{1}{2}H_2O + 1\frac{1}{2}H_2O$$

α 型半水石膏硬化后强度可达10～40MPa，因此称之为高强石膏。

β 型半水石膏：二水石膏在温度达60～70℃时，开始脱水，但脱水过程非常缓慢。当温度升高到107～170℃时，脱水激烈，水分迅速蒸发，二水石膏转变为β 型半水石膏。反应式为：

$$CaSO_4 \cdot 2H_2O \xrightarrow{107～170℃} CaSO_4 \cdot \frac{1}{2}H_2O + 1\frac{1}{2}H_2O$$

β 型半水石膏硬化后强度只有2～5MPa，称为建筑石膏。在石膏刨花板生产中主要采用建筑石膏。

建筑石膏的性能：

建筑石膏为白色粉末，比重2.5～2.8，松散密度为800～1000kg/m^3，紧密密度为1250～1450kg/m^3。

建筑石膏是一种凝结、硬化快的凝胶材料，数分钟至30min左右凝结，在室内自然干燥条件下，一周左右可完全硬化。加入缓凝剂可降低石膏的凝结速度。加入促凝剂，加速石膏的凝固。

建筑石膏凝固时体积有所膨胀(膨胀率为0.5%～1.0%)，且不会开裂。

半水石膏水化反应的理论用水量为18.6%。仅为使用时用水量的$\frac{1}{3}$～$1\frac{1}{5}$。但在实际应用时，为了保证可塑性，实际加水量通常为60%～80%。多余的水在硬化后蒸发并在石膏体中留下很多气孔。因此其容重小，强度低，导热性小。

建筑石膏耐水性、耐冰性都较差。在潮湿条件下，制品易变形翘曲，其强度显著下降。若吸水后受冻，制品易遭破坏。石膏粉受潮后不但颜色变黄，而且其强度会大大降低。

石膏及其制品硬化后变形较大，抗弯能力差，因此一般不能用作承重构件。

石膏制品阻燃性好，因石膏中含有大量结晶水，当制品遇火时，首先是结晶水脱水，水分蒸发而阻止火焰蔓延，使温度上升缓慢，起阻燃作用。

建筑石膏技术指标：

用于石膏刨花板的建筑石膏，其质量应符合建筑石膏标准。石膏中半水石膏($CaSO_4 \cdot 1/2H_2O$)的比例应在75%以上。无水相石膏Ⅲ和无水相石膏Ⅱ以及未脱水的二水石膏($CaSO_4 \cdot 2H_2O$)的比例应尽可能少。表19-10为建筑石膏技术指标。

某石膏刨花板厂石膏粉技术指标：

$CaSO_4 \cdot 1/2H_2O \geqslant 75\%$	杂质≤15%
$CaSO_4 \cdot 2H_2O \leqslant 1\%$	细度90～110目
$CaSO_4$ Ⅲ ≤3%	初凝空白≥7min
$CaSO_4$ Ⅱ ≤2%	加缓凝剂≥45min

表19-10 建筑石膏技术指标

技术指标		建筑石膏		
项目	指标	一等	二等	三等
凝结时间(min)	初凝，不早于	5	4	3
	终凝，不早于	7	6	6
	终凝，不迟于	30	30	30
细度(筛余量%)	64目/cm^{2}的筛子	2	8	12
	900目/cm^{2}的筛子	25	35	40
抗拉强度(MPa)	养护1天后，≮	0.8	0.6	0.5
	养护7天后，≮	1.5	1.2	1.0
抗压强度(MPa)	养护1天后	5.0～8.0	3.5～4.5	1.5～3.0
	养护7天后	8.0～12.0	6.0～7.5	2.5～5.0

19.2.2.3 生石膏的煅烧

煅烧：在低于熔点的适当温度下，加热物料，使其分解，并除去所含结晶水、二氧化碳或三氧化硫等挥发性物质的过程。

煅烧二水石膏可选择多种煅烧方法。按原粒的粒度可分为粉料煅烧和块料煅烧；按加热介质与物料接触情况可分为直接和间接煅烧；按生产方式可分为间歇式煅烧和连续煅烧；按物料与加热介质的走向可分为顺流煅烧和逆流煅烧等。

生石膏煅烧时可分为粉料煅烧和块料煅烧。粉料煅烧时生石膏通常首先经破碎(鄂式破碎机、锤式打磨机、辊式压碎机)，把直径300～400mm的生石膏打碎成25mm以下颗粒。颗粒状的生石膏经计量输送到烘干磨(球磨机、辊轮磨等)，在粉碎的同时，生石膏粉被烘干。烘干可利用煅烧炉的废气以及控制好的补充热气，对经烘干磨的生石膏粉进行分选后即可得到符合要求的生石膏粉。含水率1%～20%的生石膏粉经煅烧制成熟石膏。在石膏粉制备中最关键的是石膏粉煅烧设备。此设备是将原石膏粉脱水成半水石膏。煅烧时温度要适宜，过高使石膏过烧而变成无水石膏，过低或时间不够，则石膏脱水不足。石膏粉的煅烧质量对石膏的凝固过程有很大的影响，煅烧温度一般为150～170℃。对煅烧设备的主要要求是生产出稳定的熟料，其三相组成波动范围小，即产品中的可溶性无水石膏、β 型半水石膏和残余二水石膏的比例应是稳定的，这对成型工艺、产品质量都有重要意义。

块状煅烧时，生石膏被制成一定尺寸的块状石膏，这些块状石膏煅烧后被研磨成熟石膏粉。

图19-5为回转窑－蒸汽间接煅烧石膏流程图。该工艺为

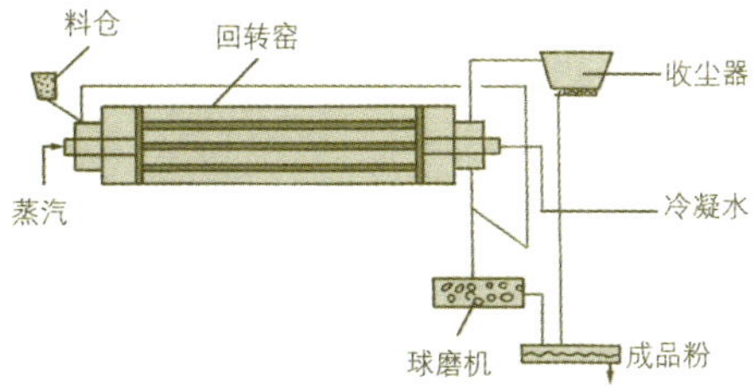

图19-5 回转窑－蒸汽间接煅烧石膏流程

块料煅烧，粒度≤6mm的生料由生料仓，向回转窑连续供料，完成煅烧的石膏在球磨机中研磨，蒸汽压力1.5MPa，该工艺制得的石膏粉料比表面积大，反应活性好，制品强度高。由于采用蒸汽作为热源，温度控制容易，物料过烧现象少。

图19-6为回转窑－热烟气直接煅烧工艺。粒度≤6mm的生石膏由料仓进入回转窑，油燃烧后的热烟气对生石膏进行直接煅烧。块状熟料进入高速磨进行粉碎，粉碎后的粉料由振动筛进行分级，合格粉进入熟料储仓，不合格粉粒返回高速磨。由于热介质对物料直接煅烧，热效率高。高速磨体积小，但产量高。高速磨的电机功率37kW，主轴转速24.5r/min。

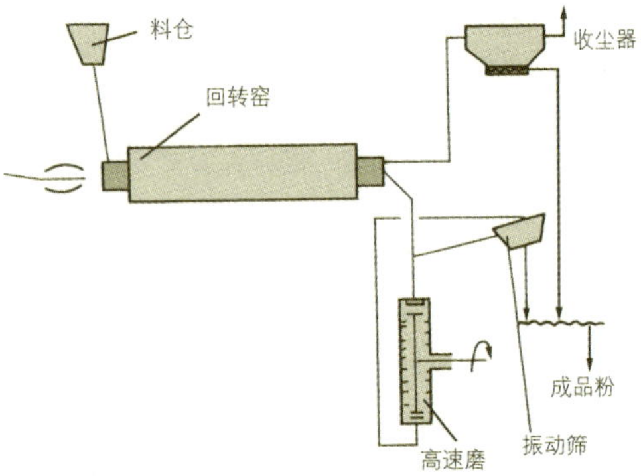

图19-6 回转窑－热烟气直接煅烧工艺流程

图19-7为比得磨直接煅烧系统。块状生石膏(粒度≤60mm)由料仓进入比得磨，在比得磨中进行干燥、研磨和煅烧。热源由燃烧器提供。磨体是空心铸钢球，球体进行慢速公转和自转，对生石膏进行研磨。风机把约600℃的热风送入磨体内腔，对二水石膏进行干燥和煅烧。煅烧过程只有几秒钟。被煅烧后的合格细粉被送到除尘器，成品粉的细度由磨体上部的分级调节器控制。由于从吸尘器出来的熟石膏温度较高约145℃，所以用冷却器对熟料进行冷却。风机吹自然风降温，从冷却器出料的料温大致为70℃。风机将熟石膏送往料仓。这种工艺的特点是占地少，设备授资省，能耗低。

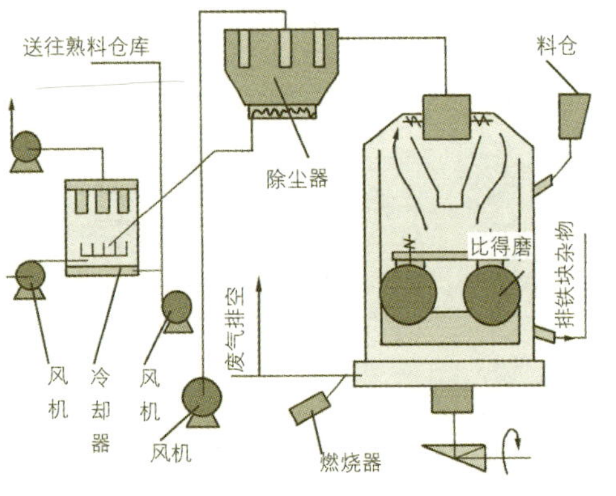

图19-7 比得磨直接煅烧简图

石膏煅烧设备种类较多，目前国内主要的石膏煅烧设备有连续式炒锅、间歇式炒锅，回转煅烧室、流床式煅烧炉、沸腾炉、闪蒸式煅烧炉、篦子炉，其中以连续式炒锅为好。炒锅生产的建筑石膏粉，凝固时间相对较长，而且无水相石膏Ⅱ和无水相石膏Ⅲ的含量较少。还有一类设备把二水石膏的干燥、磨粉和煅烧融为一体，如风扫式磨机和滚子式离心磨、比得磨。

石膏粉的性能取决于矿石质量和制备工艺，石膏粉由半水石膏、二水石膏、无水相石膏Ⅲ和Ⅱ组成。在石膏刨花板生产中，主要利用半水石膏，因为它在较短的时间内水化成二水石膏符合工艺要求。无水相石膏Ⅲ由于在遇水时会突然起水化反应成水石膏，生产时就可能在搅拌机中发生水化而失去胶结作用，因此不能增加产品的强度。无水相石膏Ⅱ通过水化成二水石膏的过程过于缓慢，制成的板经干燥后，没有水供它进一步水化，因此也不能增加板的强度。二水石膏是石膏胶结剂的促凝剂，采用堆积式压机生产石膏刨花板时，石膏不宜快速固化，所以二水石膏含量不宜过高。熟石膏中结晶水的含量影响石膏的成分。当结晶水含量≤5%时，石膏中含有大量的无水相石膏Ⅲ；当结晶水含量>6%时，过多的二水石膏不宜用于生产石膏刨花板。

用于石膏刨花板的熟石膏粉的成分为：

半水石膏含量	≥75%
二水石膏含量	≤1%
结晶水含量	5%～6%
pH值	6～8
无水相石膏Ⅲ	≤3%
无水相石膏Ⅱ	≤2%
石膏粉的细度	≥0.2mm，≤12%
杂质	≤15%
初凝	≥5min

石膏粉制备主要工艺流程：

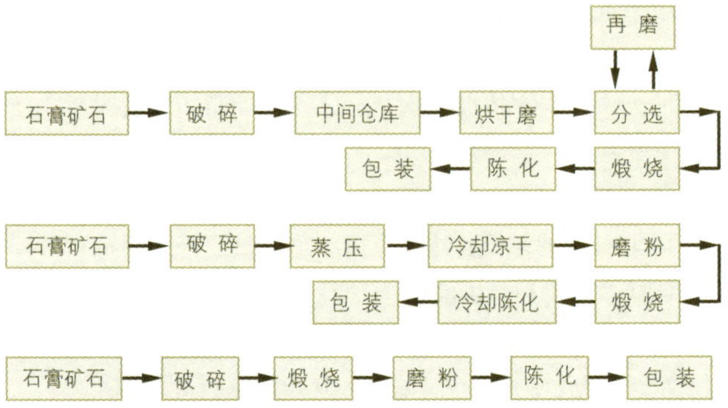

石膏粉煅烧流程图见图19-8。

19.2.2.4 磷石膏

磷石膏是磷酸、磷铵、磷肥生产时产生的副产品，每生产1t 100%的磷酸约排放3t磷石膏。

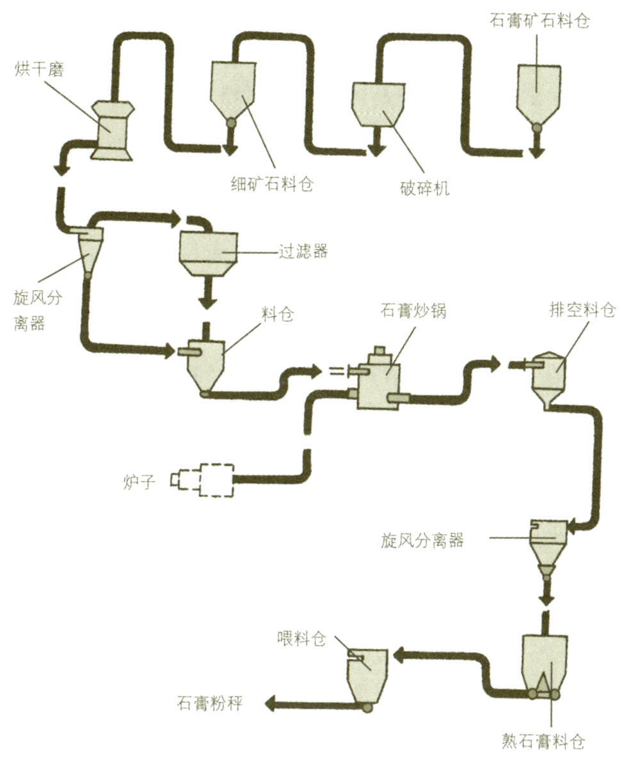

图 19-8 石膏煅烧流程图

原磷石膏含水率20%～30%，外观呈灰白色粉末，略带一点酸臭味，pH值2～3，比重2～2.5。密度800～850kg / m³。磷石膏的化学成分主要为二水硫酸钙。含量85%～90%，其他成分为CaO，SO_3及不洁物质SrO、MgO、K_2O、Na_2O、Fe_2O_3、Al_2O_3、SiO_2、P_2O_5、F以及自由水，对含量的最低要求为CaO：31%，SO_3：45%。如果它们的含量过低，则在焙烧工序中使水化物的强度降低。对于水溶性的不洁物质如P_2O_5、F、MgO、K_2O及Na_2O等必须在石膏焙烧前经过清洗工序使之减少到允许的数量。$P_2O_5 \leqslant 1.5\%$，$F \leqslant 1.0\%$，$(MgO+K_2O+Na_2O) \leqslant 0.25\%$。这些不洁物的含量如果过高，会导致石膏在加工时呈粉末状态，这种石膏刨花板在涂饰时呈脱离状态，如贴壁纸则会脱落。非水溶性不洁物氧化锶(SrO)，水洗工序不能使之排除，其允许的临界值为SrO = 0.5%，这种物质的比例过高会阻碍石膏的凝固。

石膏中自由水的含量也应适当控制，过量的水分不仅在运输中产生问题，运输费增加，而且还意味着在磷石膏浆中增加了水溶性的不洁物质，尽管它们已经清洗出来了，但又重新结晶起来。因而自由水含量应≤25%。

原料中的不洁物质，包括能溶解的盐、酸以及不溶解的黏结物，它们或是来自原磷或在制造反应中形成，磷酸是由于次级化学反应形成的，这些物质在焙烧工序以前，必须给予排除或导入非活性的化合中。

19.2.2.5 磷石膏的焙烧

焙烧：在物料熔点以下加热的一种过程，其目的在于改变物料的化学组成和物理性质，以便下一步处理，按其作用分为氧化焙烧、还原焙烧、硫酸化焙烧、氯化焙烧等。按设备和方法，又分为不动层焙烧和沸腾焙烧等。

由运输机将磷原石膏送到一台辊式压碎机，将大块的磷原石膏压碎，压碎后的石膏被贮存在料仓中，经计量输送装置将石膏送到清洗工序，该工序首先将磷石膏与水搅拌成悬浮液并吸入真空过滤器脱水。在该工序可溶解的不洁物质随热水洗出来。

经过上述工序后，将已清洗并脱水的磷原石膏运到干燥工段，在该工段首先将剩余的自由水干燥。使石膏的含水率降到1%～20%，然后将石膏进行焙烧。

原料的干燥及焙烧是以气力输送方法用盐晶工艺完成的。热气体与石膏的混合物沿切线方向进入螺旋形的焙烧炉，由于离心力的作用在该处石膏碎料与热气分开并在炉壁上由悬浮的微粒形成一旋转状(螺旋状)的石膏粉末圈。焙烧段入口的开启大小应满足使热气在其出口处的温度为160℃左右。热气流既承担运输任务，又起传递热量到原料上，实现半水物所需要的化学反应。经过这专门的设备配置，可满足按原料颗粒大小作不同的停留时间，以便获得十分均匀的终产品。

为了获得优质的石膏粉，焙烧时的温度为140～160℃，温度高容易使磷原石膏中的细粒产生被过分焙烧的危险，影响磷石膏质量。例如使半水物成为无水相石膏Ⅲ的可能性很大。

经过焙烧的石膏再送到一台高效旋风分离器中分选，经分选后的石膏粉被送入冷却炉，在冷却炉内进行时效处理。石膏粉在冷却炉中被冷却后直接由气力输送机输送到贮料仓。

磷石膏生产工艺：

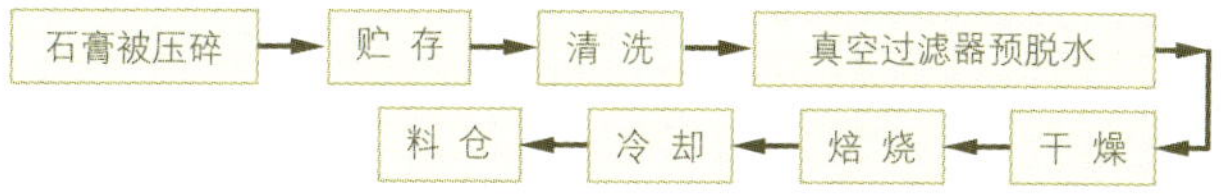

从焙烧装置中出来的废气，通常可用于磷原石膏的干燥，而干燥机中排出的废气则可用于真空过滤器的清洗水的加热。

用于生产石膏刨花板的化学石膏的质量要求：

硫酸钙半水物含量	≥ 90%
二水化物含量	≤ 1%
无水硫酸钙 AⅢ 的含量	≤ 10%
无水硫酸钙 AⅡ 可溶物	＜ 1%
无水硫酸钙 AⅢ 不溶物	≤ 1%
有机不溶性不洁物	≤ 0.05%
有机可溶性不洁物	≤ 0.1%

结晶水含量 5%～6.5%

pH 值 6～8

大约1.3t干原磷石膏，焙烧后可得到1t用于石膏刨花板的磷石膏。

19.2.3 刨花、石膏的贮存和输送

石膏刨花板生产通常为连续化、自动化作业，为了保证自动化工艺作业线能不间断地进行工作，工序之间必须有足够数量的备用材料。因此，工艺作业线上需设有料仓，以贮存一定数量的刨花、石膏粉，保证在生产中连续和定量供应。

19.2.3.1 刨花及石膏贮存

刨花和石膏的贮存量，视生产规模和生产具体情况而定，一般为8h的生产量。对料仓的基本要求是：要有一定的容积。不起拱架挢，先进先出，仓内没有触动不着的刨花和石膏死角。刨花堆集时容易出现起拱或架桥现象，其原因是由于刨花的流动难度较大。刨花含水率越高，刨花越大，料堆体积越大，贮存时间越长则起拱或架桥现象就越容易出现，当刨花堆料出现起拱或架桥时，造成卸料困难，刨花不能正常输送，使供料不匀或间断，影响正常生产。保证刨花在料仓中畅通无阻是对料仓的一个最基本的要求。

料仓按其材料的流向分为水平料仓和垂直料仓，见表19-11。

石膏是石膏刨花板的胶黏剂，除了木材，石膏的性能在很大程度上影响着板子基本性能。因此在生产中除使用相同型号和相同质量的石膏外，还应注意石膏的防潮。天然石膏应该贮存在密封的防潮料仓中，以便保持石膏水化功效。如石膏敞开贮存，它将吸收空气中的水分结成团状，使石膏的水化功效受到影响，导致在生产过程中失去水化作用。石膏贮存多采用垂直料仓。

19.2.3.2 刨花及石膏输送

在石膏刨花板生产中，不同的工序使用各种不同形式的输送装置。这些设备的投资费、加工费、检修费以及备件的费用，对产品的成本具有显著的影响，因此应该非常仔细选用合适的输送装置。

表 19-11 贮存料仓的分类

料仓类型		优点	缺点	出料方式和适用范围
	水平料仓	堆积高度低，刨花堆积密度均匀，料仓内不会发生由于刨花的过大长细比而形成“架桥”或“起拱”，并可控制从料仓运出的原料量	占地面积大，动力消耗大	适用平刨花的贮存
垂直料仓	圆形料仓	圆形料仓的筒体上小下大，锥度一般为6°～10°，可适当防止堵塞现象。垂直料仓占地面积小，动力消耗少	垂直料仓刨花、石膏从仓顶装入，从仓底卸出，料仓的高度大于宽度和长度，由于刨花堆积高度大，容易“起拱”和“架桥”。料仓中的刨花有时高，有时低，使料堆密度不同，卸料不均匀，易产生堵塞现象。应有卸料装置。	防拱卸料圆形料仓见图19-9，旋转桨卸料圆形料仓见图19-10。适用于贮存刨花和石膏粉。

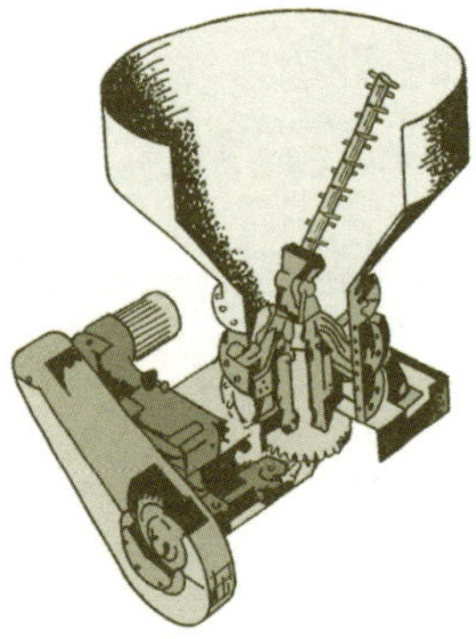

图 19-9 防拱卸料圆形料仓

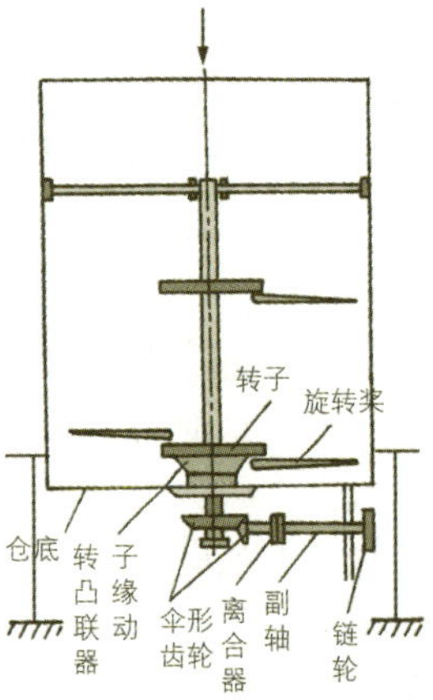

图 19-10 旋转桨卸料圆形料仓

刨花、石膏输送中除了应考虑核算有关的费用外，一个重要的问题就是要考虑在输送中如何防止刨花破碎及石膏在输送中产生的粉尘。刨花、石膏的输送可选用气流输送装置和机械输送装置。表19-12为刨花和石膏的输送设备。

19.3 刨花和石膏分选

经过刨片或削片、再碎后的刨花，由于刨花原料不同，刀具磨损程度不同及操作者熟练程度不一，加工出来的刨花厚薄尺寸和粗细规格不同，总有一部分木粉和一些超过规格要求的大刨花。过量的细木粉混入刨花中会使石膏刨花板性能下降，过大的刨花会降低石膏刨花板质量，特别是对板的平面抗拉强度影响很大。如在石膏刨花板表面出现大刨花，不仅影响石膏刨花板表面质量，影响外观平整度，不利于表面装饰，而且对板的结构强度也有影响，特别是生产细表层石膏刨花板，因此经再碎后的刨花应进行分选。

石膏进入煅烧工序之前，应使生石膏粉有一定的细度，因此也应对生石膏粉进行分选，对细度达不到要求的石膏粉经分选后应重新再碎，方能进入煅烧工序。

因此在石膏刨花板生产中，刨花和石膏的分选是很重要的工序。

分选可分为机械分选和气流分选。这两种分选均可用于刨花的分选，而石膏粉主要用机械分选。

“机械分选设备种类较多，一般都是用筛网筛选，因此只能按筛孔尺寸对石膏粉的颗粒大小进行分选。对刨花的平面尺寸进行分选，不能按刨花厚度进行分选。机械分选是将一个或几个筛相互重叠，筛目尺寸渐变的振动筛选机。刨花或石膏粉通过网目大小一定的筛网时，即有一部分刨花或石膏粉由网目筛出，达到分选的目的。机械分选

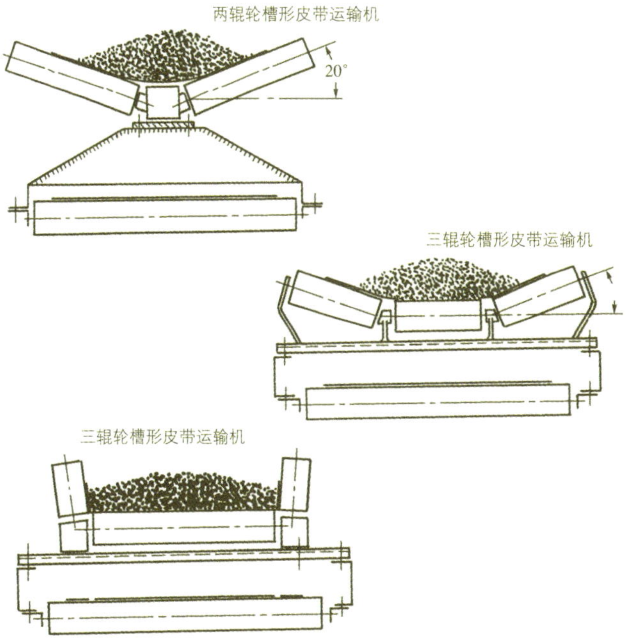

图 19-11 皮带运输机

表 19-12 刨花和石膏的输送设备

运输方式		结构和特点
机械运输	皮带运输机	两辊轮槽形皮带运输机；三辊轮槽形皮带运输机见图 19-11。适用于短距离水平运输，其运输量，根据皮带宽度和输送速度来决定。 优点：结构简单、安装方便、功率消耗比较小，运输平稳无噪音； 缺点：不适用于远距离，倾斜度较大的输送，仅运用于坡度在 20°～30° 以下的运输，占地面积大，输送过程中易产生粉尘污染
	刮板运输机	由平行的两条装在木槽或金属槽中心的循环轴套链和轴套滚柱链构成。链条上装有木制或金属制刮板。刮板间距为 2～4 个链节。这种运输机结构简单，可以在任何场合装卸料，适用于距离较长和倾斜度较大(45° 之内)的场合。其缺点是速度慢、生产率低，而且刨花在运输过程中容易被挤碎
	螺旋运输机	适用于短距离运输，运输过程是在密封状态下进行的，螺旋运输机可作为料仓进料和出料装置，能量消耗较大
	气流运输	气流运输装置是由输送管道、风机和旋风分离器三部分组成。 气流输送的特点是适应性强，可以输送各种湿料和干料，此外这种输送方式占地面积小，机器装置简单，投资成本低，可装在室内或室外(如屋顶)。刨花或石膏可以垂直、水平或倾斜越过一定距离，可以降落或上升，甚至在弯曲部件中输送，特别适用于石膏粉的输送。缺点是须驱动大量的高速气流，因此能量消耗大，管道磨损快，当刨花的含水率高、尺寸大时易在窄的弯道处以及风机中产生阻塞，干刨花在运输过程中由于摩擦的作用易破碎。拌过石膏的刨花不宜用气流运输

有振动筛、旋转振动筛、辊筒筛，见图 19-12；图 19-13；图 19-14。

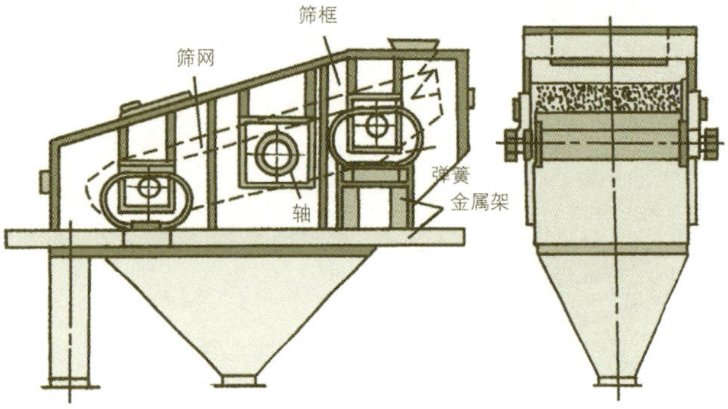

图 19-12 **振动筛**

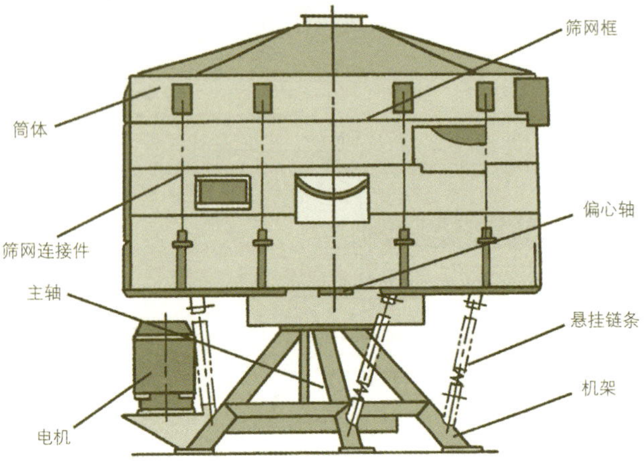

图 19-13 **旋转振动筛选机**

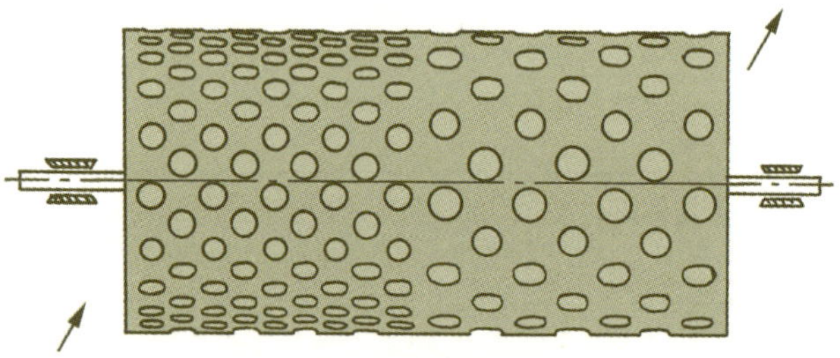

图 19-14 **辊筒筛示意图**

机械分选只能按筛孔尺寸分出刨花的大小，而气流分选主要按刨花的轻重。如刨花长宽方向尺寸基本一致，可以最大限度地获得规格和厚度较均匀的粗、细刨花。用气流分选出来的微型刨花生产石膏刨花板，其表面均匀而平滑。

气流分选原理是以刨花形态，厚薄、大小、质量的差异和采用不同的悬浮速度，使刨花在一定风速作用下悬浮而进行分选的，见图 19-15。

悬浮速度的计算方法：

$$V_S = 0.14\sqrt{\frac{P_s}{(0.02+\frac{a}{h})P_a}}\ (\mathrm{m/s})$$

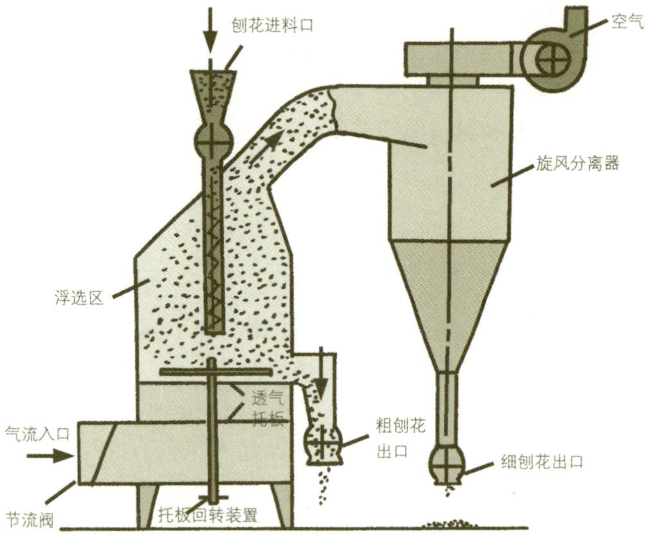

图 19-15 **单级气流分选机**

式中：V_s——刨花的悬浮速度，m/s

P_s——刨花的密度，kg/m³

P_a——空气的密度，kg/m³

h——刨花的厚度，mm

α——根据刨花的形状而取的系数，对于片状刨花，可取 α =0.9；对于厚度 h 与宽度 b 近于相等的刨花，可取 α =1.1

刨花厚度和刨花悬浮速度的关系：

刨花厚度(mm)	0.1	0.15	0.2	0.25	0.3	0.35
刨花悬浮度(m/s)	1.37	1.5	1.63	1.7	1.8	1.87

19.4 拌石膏

19.4.1 添加剂

在石膏刨花板生产中，石膏凝固时间的控制是一个重要的环节，控制石膏凝固时间的方法有缓凝和促凝。

缓凝：根据石膏刨花板生产工艺要求，铺装成型后的板坯有一定的存放时间，防止板坯在无压下凝固，从而影响板的强度，为此应加缓凝剂。

促凝：经成型后的板坯在进入压机后要求很快凝固，因此可加促凝剂。

19.4.1.1 缓凝剂

缓凝剂的作用：是使石膏凝固开始的时间按照生产工艺要求进行，通常缓凝时间为 50～60min。

缓凝剂的用量取决于石膏的用量，一般按石膏量的百分比计算。

在石膏刨花板制备中作为缓凝剂的有：

有机酸类、柠檬酸、柠檬酸三钠、柠檬酸钠、葡萄酸、盐酸、碳酸钠、酒石酸等。

硼砂。

角质：鱼角胶、骨胶、动物角胶。

Retardan.P是氮－多氧亚醛－氨基酸的钙盐物质（德国Grüenan公司生产）。

蛋白质。

硫化物及其盐类、亚硫酸盐液。

亚硫酸盐液或盐类虽可作为缓凝剂，但在石膏刨花板生产中不用，因为它们会使得二水石膏的强度下降。

石灰（氧化钙）：虽可作为缓凝剂，但在石膏刨花板生产中很少用来作为缓凝剂。因为它有水化作用，尤其是对终凝时间的影响大，用石灰作缓凝剂时，石膏刨花板容易黏垫板。

在缓凝剂中，柠檬酸三钠及柠檬酸的缓凝效果很强，只要添加少量的柠檬酸三钠或柠檬酸，其缓凝效果十分显著，并随着添加量的增大其缓凝效果加强，碳酸钠和硼砂其缓凝效果与柠檬酸三钠相同之处在于随着添加量的增加，缓凝效果增强，但缓凝效果不及柠檬酸三钠或柠檬酸。

缓凝机理：缓凝剂缓凝机理十分复杂，使用不同的缓凝剂，其缓凝机理也是不同的，其缓凝机理有四种：放慢无水石膏相的溶解速度；降低无水石膏相的溶解度；把离子吸附于正在成长的二水石膏晶体的表面上，并把离子结合至晶格内；形成络合物，限制离子往二水石膏晶体附近扩散。

对于柠檬酸三钠的缓凝来讲，主要是在柠檬酸三钠溶液中，石膏是持续呈过饱和状态，因而妨碍了二水石膏的析出，从而达到缓凝的效果。

缓凝剂可以呈粉末状或颗粒状，在水中溶解后应用，为了保证精确地计量这些极少的缓凝剂，可采用低浓度的溶液或用水稀释后的液态缓凝剂，缓凝剂用量在一定的范围内，随着缓凝剂用量的增加，缓凝效果越好。但随着缓凝剂用量的增加，石膏的强度下降，导致石膏刨花板强度下降。不同的缓凝剂使板强度下降的程度不同，在生产中应加以注意。

19.4.1.2 促凝剂

作用：促使石膏快速凝固。NaCl（氯化钠）、K_2SO_4（硫酸钾）、NaF（氟化钠）、$CaSO_4 \cdot 2H_2O$、矿渣硅酸盐水泥等均可作为促凝剂。

促凝剂作用的机理大体可分为三种：提高半水石膏的溶解度；加快半水石膏的溶解速度；增加二水石膏晶芽的数量。

几种促凝剂对凝结时间的影响见表19-13。

19.4.2 刨花和石膏的用量

建筑石膏是脆性材料，抗弯、抗拉强度低，在石膏中掺入适当的木刨花能改善石膏的脆性，并大大提高抗弯强度。绝干刨花与石膏的用量之比称为木膏比。在石膏刨花板生产中采用适当的木膏比是很重要的，因为木膏比对石膏刨花板的物理力学性能有较大的影响。

19.4.2.1 木膏比与石膏刨花板物理力学性能

木刨花的掺量对石膏刨花板物理力学性能有较大的影响，木膏比应控制在0.15～0.35范围内。木膏比的选择与树种有关，通常密度大的树种木膏比可选择大一些；密度低的树种木膏比小一些，因为木材密度高的树种单位质量刨花的体积比密度低的树种小。作为增强材料，刨花的减少导致板结构松散而使强度下降。

当木膏比低于0.15或高于0.35时，对石膏刨花板的物理力学性能都有不利的影响。过低的木膏比意味着木刨花掺量过低。刨花的增强效果减小，板的抗弯强度低；木膏比过高时，由于石膏用量不足以包裹刨花表面而形成连续的胶合界面，反而会使强度降低，特别是耐火性能由于木刨花含量的增加而下降。

木膏比影响板的吸水厚度膨胀率，吸水厚度膨胀率随木膏比的增加而增加。木膏比的增加意味着石膏刨花板单位体积内的刨花数量增加，所以吸水厚度膨胀率增加。

19.4.2.2 木膏比与水化时间

木膏比对水化时间的影响较为显著，石膏刨花板的水化时间随着木膏比的增大而延长。这是因为木膏比的增大，意味着木刨花含量的相应增加，从而增加了木材水抽提物对石膏的缓凝作用。

19.4.2.3 石膏和刨花用量

石膏和刨花的用量决定了石膏刨花板的密度，而板的密度又直接影响板的强度，通常在木膏比一定的情况下密度越大板的强度越高。板的密度应根据其产品的用途、生产成本等综合因素来考虑。在保证强度的前提下，应越小越好，石膏刨花板的密度通常在1100～1300kg/m³。

在生产中一般可根据石膏刨花板的密度来确定石膏的用量。计算公式如下：

$$G = \frac{D \cdot V}{1+x(1+\alpha)+0.186} \times \sigma$$

表19-13 促凝剂对凝结时间的影响

促凝剂/石膏 促凝时间	NaF			K_2SO_4		$CaSO_4 \cdot 2H_2O$		
	0.50%	1.00%	1.50%	0.50%	1.00%	1.00%	2.00%	3.00%
初凝	8′40″	9′30	9′40″	8′25″	7′50″	5′20″	7′20″	8′40″
水化终点	16′00″	18′00″	19′00″	16′00″	16′06″	6′ 00″	12′ 00″	14′ 00″

式中：G——石膏需要量，g

α——在温度为20℃，相对湿度为65%时木刨花的平衡含水率

0.186——1g石膏在水化时需要的结晶水为0.186g

D——板的密度，g/cm

V——板的体积，cm^3

σ——损失系数取1.1

x——木膏比

木刨花需要量计算如下：

$$P = G \cdot x(1+M)$$

式中：P——木刨花需要量，g

M——木刨花称量时的含水率

19.4.3 用水量

用于生产石膏刨花板的胶黏剂$CaSO_4 \cdot 1/2H_2O$由$CaSO_4 \cdot 2H_2O$在160～180℃温度条件下煅烧脱水而得，其反应式为：

$$CaSO_4 \cdot 2H_2O \underset{\text{加水}}{\overset{\text{煅烧}}{\rightleftharpoons}} CaSO_4 \cdot \frac{1}{2}H_2O + 1.5H_2O$$

石膏在结晶水重新结合时凝固，使$CaSO_4 \cdot 1/2H_2O$重新变成$CaSO_4 \cdot 2H_2O$。当$CaSO_4 \cdot 1/2H_2O$加水后，半水硫酸钙和无水硫酸钙在补充水中溶解，形成过饱和溶液，然后硫酸钙就会以细纤维结晶的形式从溶液中结晶出来，重新形成$CaSO_4 \cdot 2H_2O$。

补充的水与石膏粉质量之比称为水膏比，在理论上用于水化的水膏比取决于石膏的纯度，一般为0.14～0.20，半干法生产石膏刨花板的水膏比为：0.3～0.45。工艺要求是经过混料后的原料应是均匀而湿润的，根据这个比例刨花的含水率大约在70%左右。

19.4.3.1 水膏比与板性能

水膏比对板性能有一定的影响，一方面要使石膏能获得足够的水分而充分水化，另一方面使混合物具有良好的分散性。很明显，如果水膏比太小，石膏将不能充分水化，石膏化学反应不完全，使木刨花得不到充分的胶合，卸压后，板的厚度大幅度增加，性能降低，如果水膏比太高，混合物在搅拌中会形成团状或稠状，致使铺装不均匀，甚至无法铺装成板。除此之外，水膏比高，说明用水量多，留在凝固石膏孔隙中的多余的水分经干燥蒸发后，在石膏内部产生孔隙，出现多孔板，致使石膏刨花板的强度下降。在一定范围内，用水量越少，石膏制品就越密实，强度就越高。当水膏比在0.30～0.45范围内时既使混合物具有良好的分散性，又使石膏板的密度和强度达到要求。

19.4.3.2 用水量计算

在石膏刨花板生产中，拌石膏的用水量直接影响到板的性能及生产工艺过程是否能顺利进行，因此应根据工艺要求加入适量的水分，从而保证正常生产和使板的强度达到要求。用水量计算公式如下：

$$W = G(\omega - x \cdot M)$$

式中 W——用水量，g

G——石膏用量，g

ω——水膏比，%

x——木膏比，%

M——刨花称量时的含水率，%

19.4.4 拌石膏和原材料计量

刨花和石膏的拌合是石膏刨花板生产中重要的工艺过程之一，它对石膏刨花板的成品质量及生产成本有着很重要的影响。

石膏、刨花、缓凝剂、水的用量在进入搅拌机之前应进行计量，以保证石膏刨花板各组分的比例正确，使刨花、石膏均匀地拌合在一起，如果刨花和石膏的比例不适当，没有达到预期的木膏比，则对石膏刨花板质量产生严重的影响。刨花和石膏的正确配置可以按容积计量，也可按质量计量，间歇式搅拌机不论是石膏还是刨花均可采用质量计量，连续式搅拌机石膏、刨花可采用容积计量、质量计量。刨花也可采用容积和质量结合起来计量。缓凝剂，水则可采用计量泵和体积计量。

经过计量后的石膏、刨花、缓凝剂、水进入搅拌机中搅拌，搅拌方式可为间歇式或连续式，连续式搅拌机即拌石膏时各组分连续不断地进入搅拌机，经搅拌后不间断地从搅拌机中排出。间歇式又称周期式搅拌机，拌石膏时各组分按一定时间间隔进入搅拌机搅拌，并按一定的时间间隔将拌好的料排出，目前生产石膏刨花板多采用间歇式搅拌机。

石膏、刨花、缓凝剂的搅拌是在一台填料式搅拌机内进行的，见图19-16。在每次搅拌程序开始前，搅拌机应先用部分拌料用水（或水和缓凝剂的混合溶液）将内部清洗一下，然后加入原料。原料的精确计量通过搅拌计量系统和设备中心控制系统监控，这种方法的优点在于原料的配方可按要求很快地进行变更，在很短的时间内改变配方计量。

经分选后的合格刨花被送到定量器中，定量器内装有测

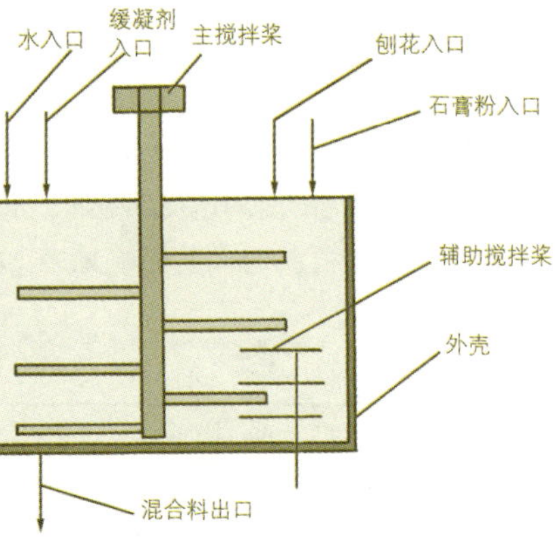

图19-16 搅拌机示意图

含水率的装置和称量带，在称量带上通过连续测定定量刨花的含水率和质量，并自动确定定量绝干刨花的质量，同时确定刨花实际含水率和与定量石膏相反应所需刨花含水率的值，然后在刨花中加入所需的水。

间歇式搅拌机每一次搅拌的绝干刨花量保持不变，因此缓凝剂水溶液和石膏粉的量也保持不变，通过测定刨花含水率由计算机计算出每次搅拌需要的湿刨花量和应加入的水量。加入搅拌机的组分先后次序应是：

(1) 加入水和缓凝剂水溶液，并均匀混合；

(2) 加入湿刨花并进行搅拌；

(3) 加入石膏粉。

自加入石膏开始计时，搅拌时间3～5min。

由于在生产中缓凝剂的量很少，所以首先应制成缓凝剂水溶液，以便缓凝剂能均匀地分布在刨花上。

间歇式搅拌机转速一般在60～80r/min，容量一般为2～4m³，搅拌机搅拌速度虽然较高，但由于刨花含水率较高，搅拌机快速转动时温度升高较小，故搅拌机不需要专门冷却装置。

在石膏刨花板生产中，原材料的定量设备可用皮带秤、斗秤、定量泵等，各种成分在搅拌机中通过强烈搅拌得到充分混合，加入最后一种成分——石膏后，在搅拌机中停留时间应不超过5min，因为湿刨花和熟石膏一经混合，石膏即开始水化，同时应注意混合物在运输设备上的停留时间应受限制，因此运输距离应尽量地短。刨花和熟石膏粉定量料仓的大小要与搅拌机的容积相匹配，搅拌结束后，混合料应从搅拌机中立即排出，然后重新进行下一次的搅拌。

连续式搅拌机经称量的刨花和石膏连续不断地从各自进料口进入搅拌机，装在搅拌机顶盖上的喷嘴向搅拌机内分别喷缓凝剂和水或喷经计算机计算出的水和缓凝剂混合溶液，使刨花与石膏均匀混合，搅拌机有一定倾斜度，使拌好的刨花和石膏往出料口运动，在出料口由皮带运输机将拌好石膏的刨花输送到铺装机料仓。

19.5 铺装

与合成树脂刨花板相同，石膏、刨花经搅拌后，必须铺装成一定厚度和一定尺寸的石膏刨花板板坯，方可压制成所需的石膏刨花板。板坯的铺装质量直接影响到石膏刨花板的物理力学性能，因此在石膏刨花板生产中板坯铺装是很重要的工序之一，设计和选用铺装设备时，必须以原料特性、石膏刨花板的质量要求和生产规模为依据。

19.5.1 铺装工艺要求

板坯的铺装是指加压之前，将拌石膏的刨花用一定的铺装方法，按规定质量铺成一定幅面和厚度均匀的板坯的过程，铺装的工艺要求见表19-14。

19.5.2 铺装方法和铺装机

板坯的铺装方法很多，见表19-15。

表19-14 铺装工艺要求

分 类	特 点
均匀铺装	铺装均匀的板坯密度一致，石膏刨花板内部各部分膨胀和收缩趋于一致。板很少发生翘曲变形
对称层刨花规格相同	对称层刨花规格相同，有利于板内应力相符和板面平整，以免因板的内应力引起翘曲变形
铺装角和铺装长度	铺装角的大小与铺装的板坯厚度和铺装长度有关，见图19-16。在保证被铺的刨花在板坯内基本上呈平行排列条件下，确定铺装角。在铺装厚度相同的条件下，铺装长度越大，则铺装角越小。铺装12mm板的铺装角大约为15°，不超过20°
铺装厚度	铺装板坯的厚度应符合石膏刨花板密度的要求，铺装厚度与成品板的比例为4：1～6：1

表19-15 铺装方法

分 类	特 点
周期式铺装	将计量好的石膏刨花铺装成一块板坯后，再重新铺装第二块板坯
连续式铺装	从铺装机出来的板坯是连续的板坯带
手工铺装	将经过称量的石膏刨花倒在垫板上的木柜里，用于推平。 优点：不需铺装设备，生产成本低。 缺点：板坯厚薄、疏密程度不均匀，造成板密度不均匀，对称层两边刨花尺寸不同，靠近垫板面多为细刨花，相对面则为大刨花。板易翘曲变形。效率低，不适于高速生产，适用于小型工厂和实验室
机械铺装	由机械动作完成铺装过程，可铺装单层、多层、渐变结构的石膏刨花板
气流铺装	利用气流作用，使细刨花落点远，粗刨花落点近来完成铺装过程，该铺装方法适合于铺装渐变结构的石膏刨花板。铺装时风量一般为10000～14000m³/h，入口处的风速为3～5m/s。中间风速0.5～1m/s
定向铺装	刨花按一定的纤维方向排列的铺装，定向铺装可分为机械定向和静电定向铺装

表 19-16 各种结构的石膏刨花板

板坯结构	特 点
单层结构	从石膏刨花板的厚度方向看，刨花形状、尺寸大小基本相同，或者说分不出层次来。这种结构的板坯是将石膏刨花随机均匀地铺装而成。见图 19-17(a)
三层结构	石膏刨花板的厚度方向有明显的三个层次，两个表层和一个芯层如图 19-17(b)。两表层是较细小的刨花或纤维，芯层为较大的刨花。这种结构的石膏刨花板静曲强度较高，板面平滑。
五层结构	石膏刨花板的厚度方向有明显的五个层次，刨花的尺寸从芯层到表层逐渐减小。芯层的两面是对称结构，见图 19-17(c)。这种结构的板有三层芯层。铺装时采用五个铺装头，这种结构的板稳定性和强度、均匀性都较三层结构好。铺装头多，投资较大，设备管理费增加。
渐变结构	从石膏刨花板的厚度方向分不出明显的层次，但从板的表面到中心，刨花由细逐渐变粗，见图 19-17(d)。这种结构的板采用两个铺装头，或一个铺装头两次铺装而成。其板面很平滑。
定向结构	刨花按一定的纤维方向，沿板坯的长度或宽度方向排列。这种结构的板其纵向强度和横向强度有一定的差异。

石膏刨花板板坯在铺装时可根据要求铺装成不同的结构，见表 19-16。

有各种各样的铺装机可用于石膏刨花板生产，在确定铺装机时，要考虑流水线中其他部分的相互关系，如原料的类型，石膏刨花板的性能、结构、工人的操作水平。必须在了解板坯铺装中的各种因素和了解铺装机不同的特性以后，再选择合适的铺装机。

铺装机的种类较多，分类方法也较多，可根据产品结构分类，见表 19-17；根据铺装头形式分类，如表 19-18；也可根据铺装机组结构，如分类表 19-19。

不论是机械铺装机，还是气流铺装机，铺装机一般是由小型料仓、计量装置、铺装头组成的综合体。

表 19-17 根据产品结构分类的铺装机

铺装机类型	产品结构
单层结构铺装机	采用这种铺装机铺装出的产品为单层结构的石膏刨花板
三层结构铺装机	通常由三个铺装头组成的铺装机，铺装出来的产品为三层结构的石膏刨花板
多层结构铺装机	由三个以上的铺装头组成的铺装机，可铺装五层、七层等结构的石膏刨花板
渐变结构铺装机	铺装头以两个相反方向进行铺装，可铺装渐变结构的石膏刨花板
定向结构铺装机	铺装机使刨花纤维按某一方向排列。可铺装单层、三层定向石膏刨花板等

小型料仓起贮存原料和调节作用，它往往和计量部分结合在一起。

计量装置的任务是将拌了石膏的刨花均匀地送往铺装系统，保证被铺装的板坯密度均匀。

铺装头的作用是打散刨花，将石膏刨花铺装成一定厚

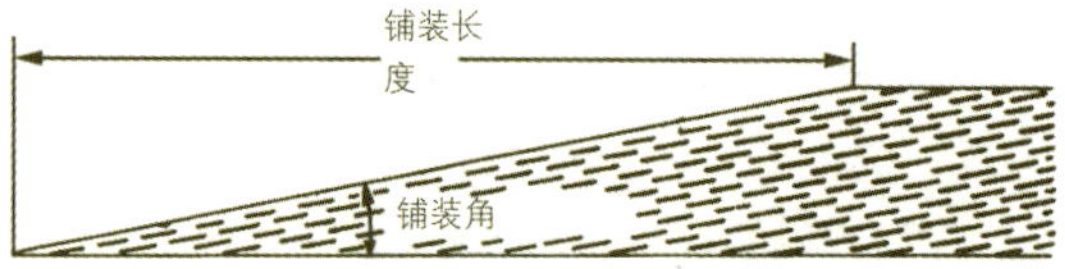

图 19-17 铺装长度和铺装角的关系简图

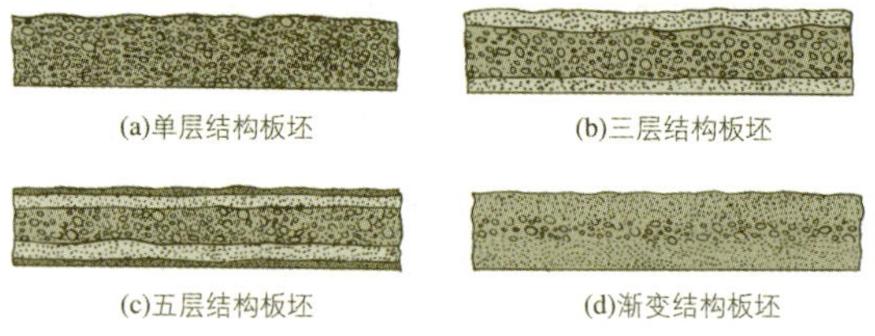

图 19-18 板坯结构

表 19-19 根据铺装机组结构分类的铺装机

铺装机类型	特 点
固定式机组铺装机	铺装时铺装带按照一定的速度向前移动，而铺装机固定
移动式机组铺装机	铺装时铺装机按一定速度往复运动，铺装带固定不动，铺装机的运行速度，可根据加压周期和石膏刨花板板坯的长度进行调整

表 19-18 根据铺装头形式分类的铺装机

铺装机类型	铺装特点
机械式铺装机	利用机械所产生的动力，将大刨花抛得较远，细刨花抛得较近的原理，使石膏刨花均匀地铺装成板坯。机械铺装时多使刷辊、刺辊或光滑辊作回转运动。使落在上面的刨花抛散在运行的铺装带上
气流式铺装机	铺装过程中借助于风力作用，将经计量的刨花向左右两个方向吹送。由于粗细刨花的重量不同，因此在气流中的悬浮速度也不同，从而细刨花落点远，粗刨花落点近。使石膏刨花均匀地铺装成板坯
气流机械式铺装机	适用于大规模生产。这种铺装机是利用气流铺装石膏刨花板板坯的表层，机械铺装板坯的芯层，从而克服了气流铺装机出现的板坯表层都是细刨花，芯层全是粗刨花，使芯层过于疏松的缺点，采用气流机械铺装机铺装的板坯，表面细腻平整，密度均匀，压制成板后，石膏刨花板质地优良。

度、宽度，密度均匀的各种结构的板坯。

铺装机的计量装置可采用质量计量和容积计量，质量计量装置通常采用周期式料斗秤和连续式自动秤，见图 19-20 至图 19-22。容积计量装置是根据一定体积的石膏刨花向铺装头供料。容积计量的结构种类繁多，见图 19-21。单纯采用容积计量很难保证每一块板的密度相同，因此可采用质量和容积综合计量，见图 19-19。或在铺装机后侧设置板坯控制秤，如图 19-20 用以检验板坯密度，当板坯密度符合规定时，铺装机即根据控制秤发出的信号进行铺装。如板坯密度不符合规定，则通过调节铺装机运行速度，或调整定量料仓出料体积等办法，对板坯密度进行控制。

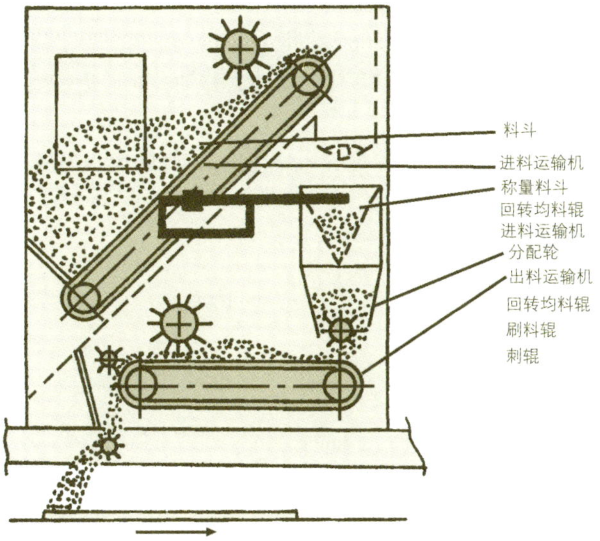

图 19-19 质量和容量综合定量示意图

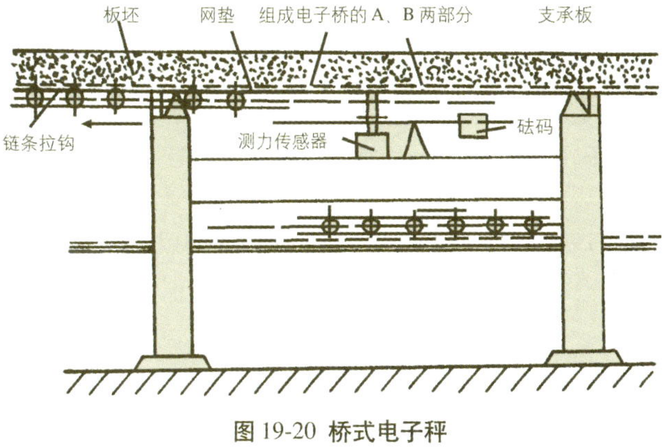

图 19-20 桥式电子秤

石膏刨花板板坯铺装的基本原理与普通刨花板相同，只是由于石膏刨花板的混合料容积较大，含水率较高，因此其设备参数、工艺参数（如风量、风速、或甩料辊转速）应适当调整。

19.5.3 铺装中存在的问题

板坯的铺装质量直接影响板的性能，对铺装过程中存在

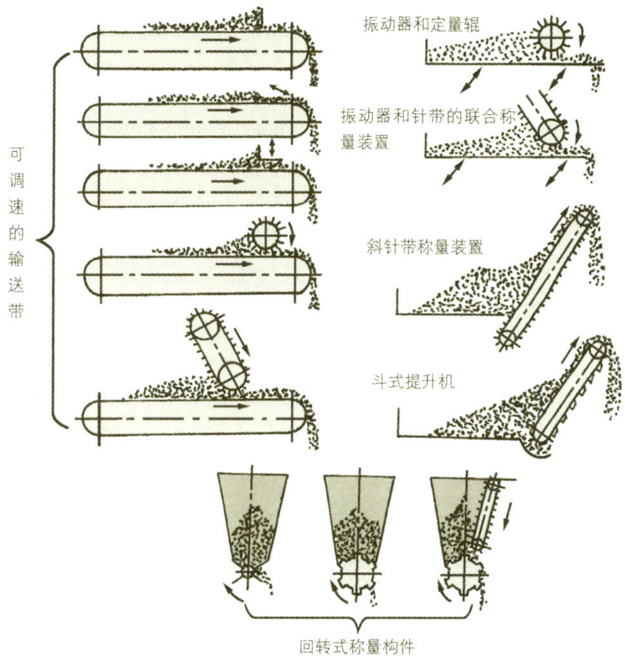

图 19-21 容量计量装置结构图

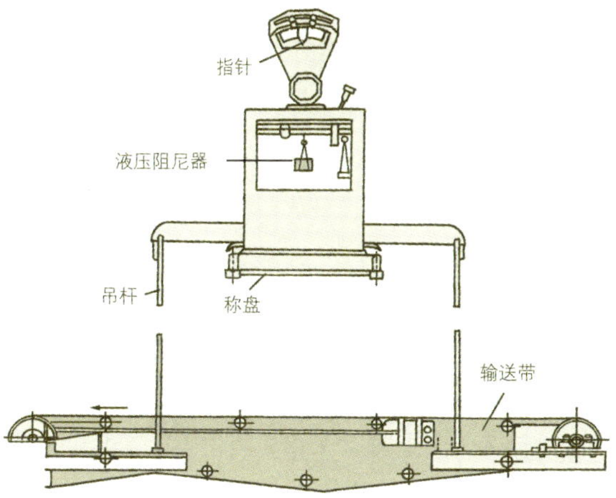

图 19-22 带式自动秤

的问题可通过（表 19-20）有所了解，以便保证铺装质量。

19.5.4 板坯的质量计算

为了得到高质量的石膏刨花板，板坯铺装时，应保证铺装的板坯厚度均匀，密度相同，因此铺装时应对板坯的质量进行计算，从而达到均匀铺装的目的。石膏刨花板铺装时板坯的质量计算公式如下：

$$板坯质量=\frac{L\times B\times 0.1D\times R}{1020}+\frac{L\times B\times 0.1D\times R}{1020}\times\frac{100+KW}{100+KW+HG}\times\frac{WG-KW}{100}$$

式中：L——板坯的长度，cm

B——板坯的铺装宽度，cm

表 19-20 铺装过程中存在的问题

问题	产生原因和解决的方法
板坯内存在一定的内应力	铺装过程中，刨花实际上并非完全平铺在垫板上而像图 19-23(a)所示，板坯内的刨花和垫板成一定角度，当铺装角越大时，这种现象越明显。因此铺装时应采用两个方向两次铺装［图 19-23(b)］和较小的铺装角
刨花的厚度	如采用较厚的刨花生产石膏刨花板，只要几层这样的刨花就能铺成板坯所需的厚度。这种板坯结构中刨花是相互层迭胶合的，所以板的强度低，当层数增加时，相互层迭的机率在板坯结构中便减少，所以最好选用薄片刨花生产石膏刨花板
铺装波动	铺装过程中，由于原料等某些因素的变化和计量的误差，在板的内部以及板与板之间会产生密度偏差。板坯密度波动的测定可采用对板材的连续扫描。或将板材沿宽度方面锯成 100 × 10(mm)或 50 × 50（mm)的样品，用重量法测定其每一样品密度，确定其板的密度波动

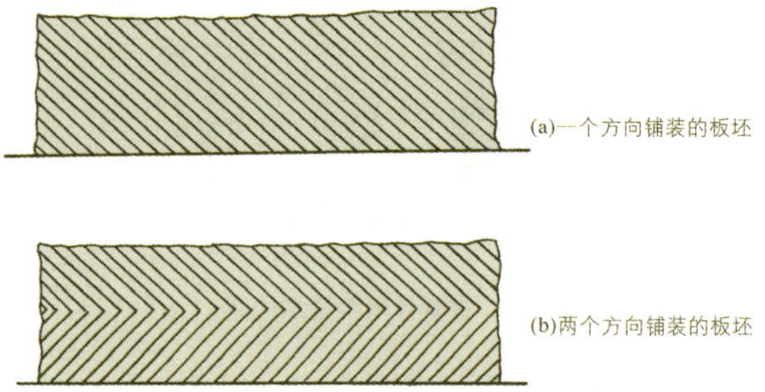

图 19-23 一次和两次铺装时板坯内刨花排列的位置

D——板坯的厚度，mm

R——板的密度，g/cm^3

KW——结晶水，%

WG——水膏比，%

HG——木膏比，%

19.5.5 板坯运输

石膏刨花板生产，通常采用垫板作为运输板坯的工具，垫板的运输可采用垫板间相互搭接。作为运输机，板坯铺装在这带状的垫板上，在进入压机之前，利用速度差将各垫板分开。另一种运输方式，是利用垫板回送装置，将垫板送入铺装机进行板坯的铺装，不论采用哪种运输方式，垫板在进入铺装机之前，必须经过清扫和喷洒脱模剂以及称量。板坯的称量由毛板秤控制，板坯与垫板一起称量，不合格板坯在运输线上自动清除，合格的板坯由运输机送入堆垛机堆垛，板垛堆到一定厚度后将板垛送入压机锁紧，运输机将板垛运走。当板坯凝固结束后，凝固的板垛再送到压机中拆垛，拆垛后的板垛由分板机将垫板和石膏刨花板分开，石膏刨花板被送去继续加工，垫板送到回送运输机上，送入铺装机进行铺装。

19.6 预压

在石膏刨花板生产中，为了防止板坯在运输过程中松塌和便于堆垛可采用预压工艺，预压是指在室温下，将松散的板坯压到一定的密实程度。

预压的目的：

使板坯密实，输送过程中刨花不会移动，并可避免边部松塌。

预压卸压后，板坯厚度有回弹现象，回弹的大小与刨花的种类、压力大小等有关。

压缩率与回弹率的计算方法：

$$压缩率=\frac{d_1-d_2}{d_1}\times 100\%$$

$$回弹率=\frac{d_2-d_3}{d_1}\times 100\%$$

式中：d_1——板坯铺装厚度，mm

d_2——板坯回弹后实际厚度，mm

d_3——板坯压缩到最小厚度，mm

在石膏刨花板生产中可采用周期式或连续式预压机。当采用有垫板铺装时，可采用周期式预压机。当板坯是连续带状时，可采用连续式预压机。在连续式预压机中，板坯是在被压缩状态下移动的。板坯直接在铺装带上铺装、预压。因此要求铺装带的速度根据铺装和预压的需要确定后固定不变。预压好的板坯切成一定长度，迅速向前与垫板配合送入压机。

图 19-24 是一种辊筒式连续预压机。预压机由五对小辊

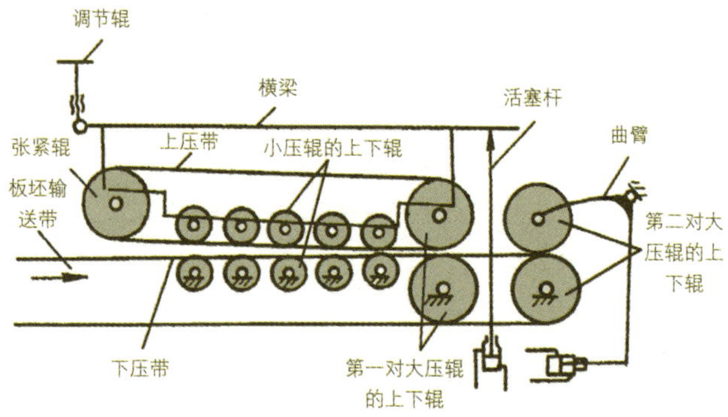

图 19-24 辊筒式连续预压机

筒和两对大辊筒组成。铺装好的板坯带由输送带运入预压机加压区。板坯带两面被上、下压带夹着运行。通过小压辊时，压紧板坯。由于几对压辊的间距从前往后逐渐减小。对板坯的压力逐渐加大。板坯压缩量加大。通过第二对大压辊时，压辊间距最小，受的压力最大，使板坯达到压缩要求。压辊线压力20～60kg/cm。

履带式预压机见图19-25，压机主要工作部件是上下履带，履带由金属板铰接而成。上下履带分别用塑料覆面，可防止刨花和石膏黏在履带表面；同时板坯预压后不会留有压痕。

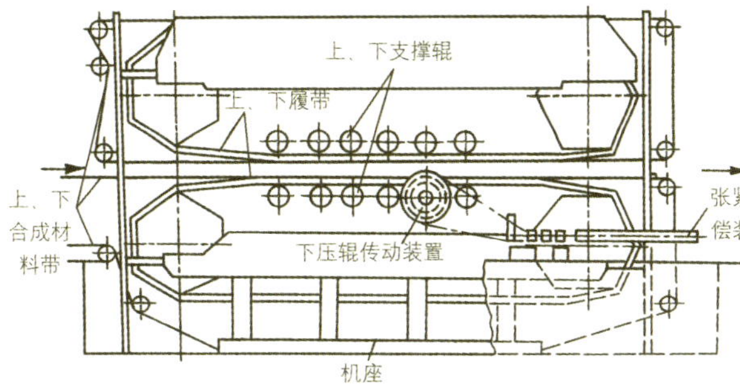

图19-25 连续式履带预压机

19.7 加压

石膏刨花板的生产方法可分为半干法、湿法。半干法是将石膏凝固所需要的水化用水，通过木质材料作为载体均匀地加入并分散到石膏中，形成具有分散性的混合物进行铺装成型。湿法是把石膏做成水浆，然后与刨花拌合而制成一定厚度的板材。湿法生产石膏刨花板凝固时由于自由水蒸发，在板中有孔洞影响板的强度，并且成型困难。因此常采用半干法生产石膏刨花板。

19.7.1 石膏凝固的基础原理

石膏凝固反应是放热反应，放出的热量为126kJ/kg，故石膏刨花板生产时采用的压机是不加热的，压机施加给板坯的压力为2.5～3.5MPa。加压的持续时间取决于石膏的凝固条件，从加水到石膏凝固开始需要一定的时间，而水化作用时间则为2.5倍的加水到石膏凝固时间，如加水后2.4min开始凝固，水化时间则需要6min。由于石膏凝固的开始与板的厚度无关，因此对于任何厚度的板，加压持续时间完全一样。加压结束后，板坯的含水率平均为15%～20%。因此从压机出来的板应送入干燥机内干燥，干燥后板的最终含水率为2%～3%。

石膏之所以成为一种有用的工业原料而得到广泛应用，在于它具有脱水和再水化的性能。煅烧石膏($CaSO_4 \cdot 2H_2O$)时，它就能全部或部分脱水成为硫酸盐胶结料，这种胶结料主要是由半个结晶水的硫酸钙组成。($CaSO_4 \cdot 1/2H_2O$)称为半水石膏，当半水石膏与水相混合，它就溶解形成饱和溶液，与此同时，半水物与水发生了相互作用，再次水化形成二水硫酸钙。而二水硫酸钙会很快形成过饱和溶液，结晶沉淀。随着半水硫酸钙不断转化成二水物，结晶体也随着增长，最后原始的半水物和水的混合物凝固和硬化。所以用半水石膏可制成高强度的石膏刨花板。

半干法工艺生产石膏刨花板以崭新的面貌出现在石膏建材工业中，它完全打破了人们认为制造石膏产品只有在可流动的稠度下才能控制的观念。引入一种新的原理将石膏凝固所需要的水化水，通过木刨花作为载体，均匀地加入和分散到石膏中去，形成具有分散性的混合物，进行铺装成型，然后压制成具有一定厚度的板材，这样可减少过剩水分的70%，干燥能耗至少可降低50%。

19.7.1.1 水化时间

水化时间是指石膏粉与水混合到浆料达到温度顶峰的时间。

水化初期0-B点如图19-26。石膏水化速度很快，基本呈直线变化。到某一时刻，温度时间曲线出现一拐点B，并以B点所对应的时间为水化初期终点。水化进行到B点时，石膏水化已完成大部分。从B点到水化完成终点则进行缓慢。

水一石膏凝固速度取决于石膏的煅烧质量，加入水的数量和水的温度，如石膏中二水石膏含量高，加入水温为40℃左右时，则使凝固速度加快。为了防止板坯在无压下凝固，因此一定要在石膏凝固前，或水和石膏物质凝固开始时进行加压，所以必须限制加压前半成品和混合物的持续时间。通常刨花和石膏混合，即从搅拌—成型—压机的距离不宜太长。混合物在该阶段存放的时间也不宜太长。防止板坯无压条件凝固。因此半干法生产中要加缓凝剂防止混合物无压凝固。缓凝剂的添加量与混合物在该阶段的停留时间及使用缓

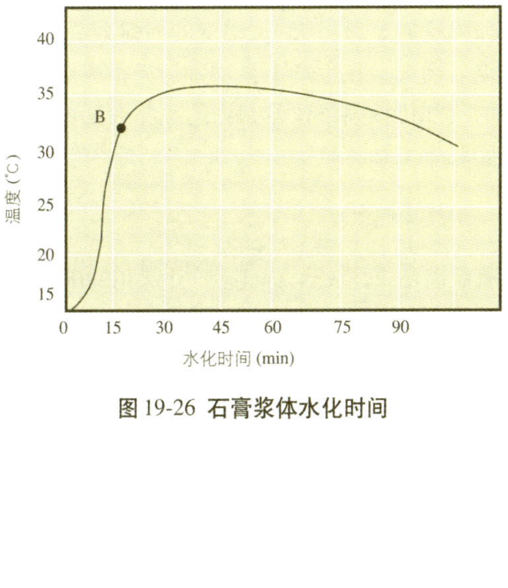

图19-26 石膏浆体水化时间

凝剂的种类有关。时间长加缓凝剂多，反之则少加。使用不同的缓凝剂其添加量也不相同。

19.7.1.2 加压时间

加压时间：板坯被压到最大压力到拆垛的时间。

板坯加压时，其压力必须保持到石膏水化终点为止。加压时间短，由于石膏没有完全凝固，压后刨花会产生回弹作用，致使板的结构受到损害而影响板的性能。半水石膏在常温下达到完全水化时间不到30min，但由于生产时需要加入添加剂—缓凝剂，以及木质刨花中存在阻凝物质使得石膏水化终止时间延长。一般加压时间为2～3h。为了提高压机的生产率，在工艺上当板垛被压到一定厚度后，用特殊的锁紧装置将板垛锁紧。使板垛在一定的压力条件下存放2～3h，石膏水化终止后拆垛，压机加压时必须保证在石膏产生初凝之前，否则会出现无压下凝固现象，从而影响板的强度。

19.7.2 板密度与板物理力学性能

石膏刨花板的静曲强度、弹性模量、内结合强度、握螺钉力、吸水厚度膨胀率，在一定的密度范围内(1.00～1.30g / cm^3)，会随着板密度的增加而增加。石膏刨花板按照复合理论应该是一种纤维增强型复合材料，增强材料的强度主要取决于纤维的强度、纤维与基体的黏接强度和基体的剪切强度，石膏刨花板的强度主要取决于刨花和石膏间的黏结强度及石膏、刨花本身的强度。随着板密度的增加，板坯的压缩率增加，一方面刨花和石膏的接触更为紧密，界面性能得到改善，有利于石膏体向刨花传递载荷，使得石膏刨花板的内结合强度增加，另一方面石膏体的密度增加，意味着石膏和刨花混合体的体积随之增加，使板的压缩比增加，从而使板的静曲强度和弹性模量得到提高，在一定的密度范围内硬化石膏体的强度与板密度成四次方正比例提高，这样石膏体的强度必然大幅度提高，使板的握螺钉力提高。当然密度的无限提高也是不经济的，不仅使板子的成本提高，也使运输费用增加，作为室内装修材料则会增加建筑物自重，从而使地基处理费上升，抗震性能下降。此外板密度的增加导致板厚度偏差增大和板回弹率的显著增大，大幅度的回弹会造成石膏刨花板厚度偏差增大，在生产中会增加砂光损失而降低效益。板密度的增加使板中单位体积内的刨花数量增加，导致吸水厚度膨胀率增加。

19.7.3 加压设备

石膏凝固反应是放热，因此生产中采用的压机是不加热的冷压机，半干法生产石膏刨花板采用堆积式加压，故压机为大开档的单层压机。

压机的作用是将板垛按规定压实到一定厚度，然后使板垛以精确的尺寸在夹紧装置中锁紧。板坯凝固结束后，凝固的板垛再送到压机中拆垛。

石膏刨花板加压的压机通常为周期式大开档的单层压机，压机的加压方式可采用上压式压机或下压式压机。上压式压机的上压板作往复运动，下压板固定不动。下压式压机的下压板作往复运动，而上压板固定不动。上压式压机，板垛进板方便，可由辊筒运输机或链条运输机直接将板垛送入压机。上压式压机油缸装在上压板的上方，因此对油缸的密封要求高，密封不好易漏油。下压式压机，板垛进板不方便，但其油缸装在压机的下方，故油缸的密封方便。

图19-27为上压式压机在加压板垛之前将夹紧架上部固定在上压板上，辊筒运输机将夹紧架下部和板垛送入压机，压机加压使之达到规定的尺寸，上下夹紧架将板垛锁紧，压机张开由辊筒运输机将板垛运送到堆放场地，使石膏在加压状态下继续水化。板垛在夹紧装置中保持2～3h后，再送回压机中拆垛。堆积式加压，板垛内的板坯所受的压力从上到下逐渐增加，因此板垛内的石膏刨花板出现密度偏差和厚度偏差。最上层的石膏刨花板密度最小，厚度最大。而最下层板的密度最大，厚度最小。生产中通常采用每一张板均放厚度规，使加压后的石膏刨花板密度、厚度均匀。

压机的幅面可根据生产情况来确定可为4′ × 8′，也可为4′ × 10′，压机的单位压力为2.5～3MPa。

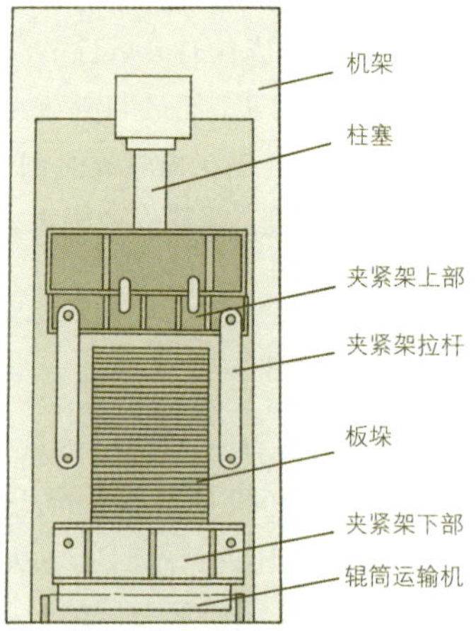

图19-27 压机示意图

19.7.4 板坯凝固和拆垛

为了使板坯在加压的条件下完成水化过程，使板坯既有充分的时间凝固又不影响生产率。因此经压机加压后的板垛被夹紧在特殊的夹紧装置中固定，使之达到所需的加压时间。被特殊夹紧装置固定的板垛运到硬化(凝固)处理场地，经 2～3h 后方可拆垛。

拆垛在压机中进行，将在夹紧装置中保持了约2～3h的板垛送到压机中，压机加压将夹紧装置松开，凝固后的石膏刨花板具有较高的强度，采用吸盘分板器将板和垫板分开。被分开的石膏刨花和垫板分别由运输机将板和垫板分别送到干燥机中干燥和垫板清扫器中清扫。垫板经钢刷和乳化剂清洗后，再涂以脱模剂，由垫板回送装置送至铺装机再进行板坯铺装。

在石膏刨花板生产中采用的是堆积式压机，堆积式压机应防止板坯松塌和板坯间相互黏结，因而需要垫板起支撑板坯和分开各板坯的作用，使板面平整，光洁度好，便于清扫。

石膏刨花板板坯在进入压机前，应根据板的厚度和夹紧框架的尺寸确定其板坯的堆积数量，当板坯的数量加上垫板的厚度达不到夹紧框架的尺寸时，可用垫板补偿。当夹紧框架的距离960mm，生产不同厚度的板时，板坯的堆积数量和应补偿的垫板厚度见表 19-21。

表 19-21 板坯堆积数量与补偿的垫板厚度

板厚 (mm)	板坯堆积数量 (张)	板垛高度 (mm)	补偿垫板厚度 (mm)
8	80	960	0
10	68	952	8
12	60	960	0
15	50	950	10
18	43	946	14
22	37	960	0
28	30	960	0

注：垫板厚度为 4mm

19.8 干燥和加工

拆垛之后的石膏刨花板其含水率大约15%～20%左右，且湿板强度低，使用过程中会产生收缩变形使板翘曲，因此必须对石膏刨花板进行干燥，使其含水率为2%～3%。所以石膏刨花板干燥的目的是除去板中的残余水分，增加板的强度，消除内应力，减少翘曲变形。

19.8.1 石膏刨花板干燥

19.8.1.1 干燥温度对板性能的影响

干燥温度对板的性能有一定影响，板干燥时其温度不宜太高，以板坯芯层温度达 70℃为宜。干燥温度高时，石膏刨花板的静曲强度及内结合强度有所下降，板的吸水厚度膨胀率有所增加，见图 19-28。石膏在 180℃已进入脱水过程，会造成已形成强度的二水石膏转变成半水石膏，干燥温度高水分蒸发过快过多造成吸湿的刨花迅速蒸发水分和体积膨胀，降低了石膏与刨花表面黏结度。高温使板中水化生成物的结

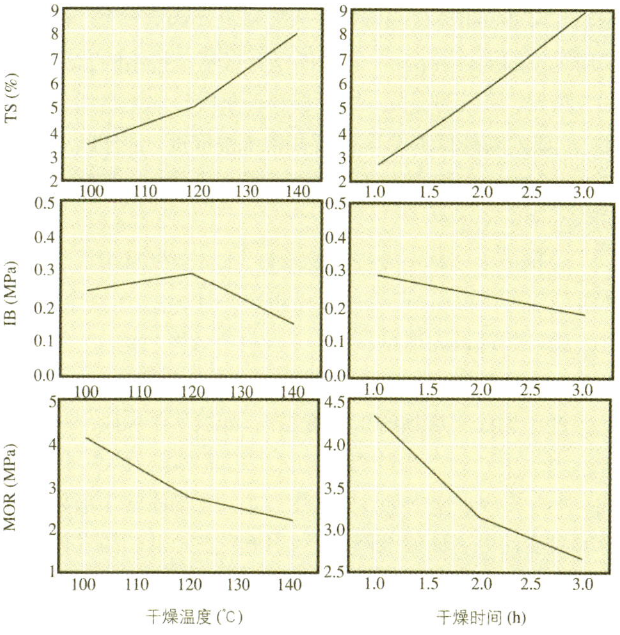

图 19-28 干燥温度、时间与板物理力学性能

晶水分解，对板的性能产生不利的影响。

19.8.1.2 干燥时间对板性能的影响

干燥主要目的是除去压制后板中残余水分，当大部分水分被蒸发掉后，在较高温度条件下干燥时间延长会使板中水化生成物的结晶水分解，而对板的性能产生不良影响，见图 19-27。从图中可看出，随着干燥时间的延长，石膏刨花板的内结合强度、静曲强度都有所下降，而板的吸水厚度膨胀率则有所增加。这是因为板中水化生成物的结晶水分解，形成的大晶体多、空隙率大的原因。因此，板的干燥时间不宜太长，板的干燥时间以达到板的最终含水率 2%～3% 为宜。

19.8.1.3 干燥方法及设备

石膏刨花板干燥可采用干燥室和干燥机等各种方法。干燥室可用于生产规模小的工厂；一般工厂可采用各种类型的干燥机。

石膏刨花板干燥可采用空气对流干燥机，由循环流动的热空气把热量传给板。也可用接触式干燥机，由热钢板或热辊筒与板接触直接把热量传给板。或采用联合式干燥机，干燥机的加热源可用对流－接触式、红外线－对流混合式、微波－对流混合式等多种形式。

石膏刨花板干燥机采用类似于胶合板生产的单板干燥机，主要有多层网带式干燥机和辊筒干燥机。也可用梳状式干燥机。由于石膏刨花板的湿强度低，干燥机的辊筒或网带下支撑距离应较小，以防止板翘曲变形。

通常石膏刨花板干燥机是一种连续式干燥板的设备，它主要由预热段、加热段和冷却段组成。预热段是把板预先加热，在对板加热时，为了使板中的温度梯度和含水率梯度很

快相互一致，即温度梯度和含水率梯度均内高外低，预热段采用较高的温度和湿度。其目的是暂时不让板中的水分向空气中蒸发，使板的温度，从中心到表面均匀地提高到一定程度，形成内高外低的温度梯度和含水率梯度，预热段温度为110～130℃，在该阶段高温对板的性能无影响，温度主要使板的温度迅速上升。

干燥段主要是蒸发板中的水分，水分蒸发时带走大量的热量使温度下降。该段温度可采用100～120℃。干燥段越长，则干燥机传送板的速度越快，干燥机的效率也越高，但干燥机长，占地面积大，设备投资高，设备维修费高。

经干燥段干燥后的板温度较高，如板从干燥段出来直接进入大气中，由于板的温度与大气温度相差太大，板易吸湿，使板的含水率增加，板产生变形。冷却段的作用采用较低的温度使板表面温度降低，利用板内高外低的温度梯度蒸发一部分水，减少板与大气温度之差。该阶段石膏刨花板的含水率低，高温会使石膏中的结晶水分解出来，使板的性能受到影响，冷却段温度70～100℃。

干燥机内部要求空气流动合理，温度均匀，排湿装置可根据干燥机内所要求的温度进行调节。干燥机的热介质可以是蒸汽、热油、热水等。

19.8.2 裁边和砂光

石膏刨花板裁边时对锯片的磨损要比合成树脂刨花板小。锯切的板应四角方正，其长宽尺寸误差应满足标准规定的要求，锯切时，锯齿应锋利，防止产生崩边、缺角现象。

从石膏刨花板上锯下的毛边处理方式有两种：一种是将边条收集起来；另一种是在锯边的过程中由铣刀头直接打碎。锯截机的进料速度一般为4～12m/min，切削速度为50～80m/s。

相同直径的圆锯，转速越高切削面越光滑，但锯齿容易变钝，转速低切削面不光滑而锯片不易变钝。当转速一定时，锯片直径越大、切削速度越高，切削面越好。故大直径的锯片比小直径的锯割面好。但又不能任意选择，应根据石膏刨花板的厚度和机床的状态来考虑。如锯截厚度大于20mm的石膏刨花板，可用直径300mm以上的圆锯片。锯截时锯齿应超过被加工板面，最小高度为3～5mm，一般为10mm为佳。

石膏刨花板在铺装与加压过程中，常由于刨花的铺装和板密度分布不均匀，以及垫板缺陷的影响和石膏刨花板的弹性恢复等因素而产生石膏刨花板厚度不一致以及板面不平整光滑等缺陷，因此经过锯边后的石膏刨花板应进行表面砂光，提高板的表面光洁度，以利于使用和饰面加工。

用于石膏刨花板表面精加工的砂光机为宽带砂光机。

宽带砂光机的砂带结构由于用途不同而不同。

根据被加工的对象及产品的用途不同，可将不同或相同的砂架进行组合使用从而构成多种形式的砂光机或砂光机组。

19.9 石膏刨花板生产工艺

半干法石膏刨花板的生产工艺主要为：

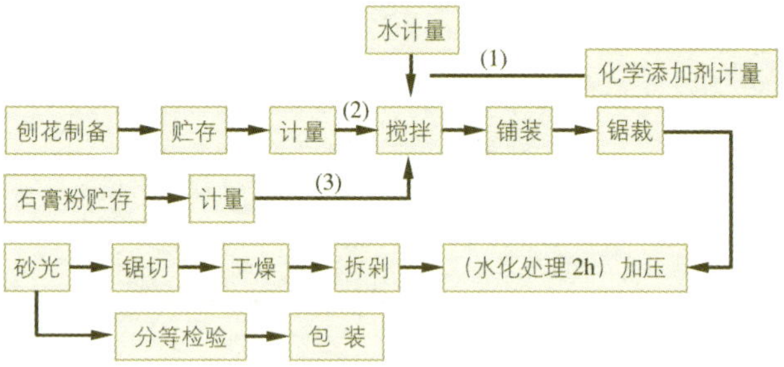

石膏刨花板生产流程见图19-29。

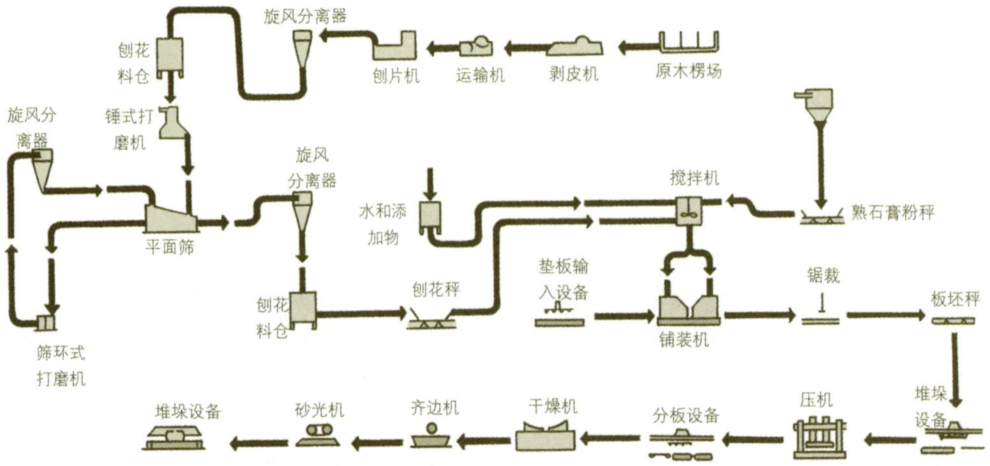

图19-29 石膏刨花板生产流程图

19.10 石膏纤维板

石膏纤维板或称纤维石膏板，该产品除具有纸面石膏板的优点外，还具有很高的抗冲击能力，内部黏结牢固，抗压痕能力强，在防火、防潮方面具有更好的性能，在保温、隔音方面也优于纸面石膏板。

石膏纤维板是一种以建筑石膏粉为主要原料，以各种纤维(主要是纸纤维)为增强材料的一种新型建筑板材，在其中心层加入保温隔热材料(如膨胀珍珠岩)，可作成三层或多层板材见图19-30。在应用方面，可作墙板、墙衬、隔墙板、瓦片及砖的背板、天花板、地板、防火门及车船的内墙。

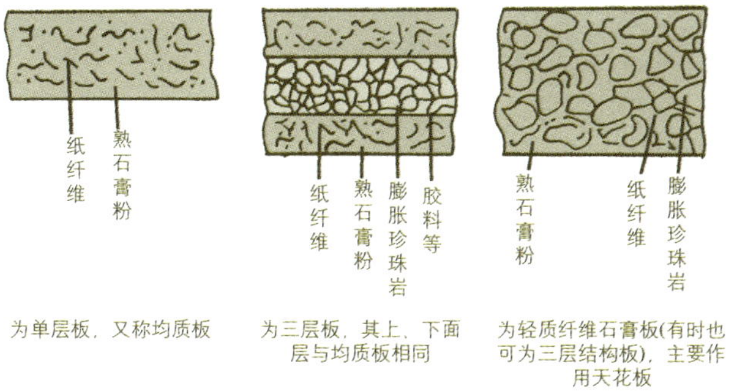

图 19-30 石膏纤维板种类

石膏纤维板密度：三层墙板为800～1000kg/m^3，均质板和结构板为1100～1200kg/m^3，轻质板为450～700kg/m^3。其防火性能可达到DIN：A级；BS：O级 ASTM：X级。

原料为建筑石膏、电厂的排烟脱硫石膏及磷石膏。纯度为80%～85%。纸原料为废报纸、废杂志经收集清理后使用。

石膏纤维板生产工艺流程见图19-31。

19.11 质量控制和质量检验

在石膏刨花板生产中，石膏的初凝、石膏的pH值、刨花的几何尺寸、刨花的内含物以及混合原料的pH值等因素，都会影响到石膏刨花板的性能。

为了保证产品质量，在厂内建立一个质量保障体系十分重要，因此要设置专业检验机构，对检验人员要进行岗位培训，检验人员要不间断地进行下面几个方面检验。

原材料进厂检验：包括目测和按标准分析、判断，由此得到的测试值作为质量控制的基础资料。据此分析产生废品原因和优化生产工艺，从而达到质量控制的目的。

中间产品的质量控制和生产监督：在生产过程中，中间产品是下道工序的原材料，因此也要进行质量检验，此外通过对材料性能的分析，不断地以实验数据对生产过程进行监督。用生产线上的原材料，模拟生产条件制成小试件，测定产品的性能。

成品检验：为了避免产生大量废品，必须对成品不断地实行质量检验。

19.11.1 石膏的检测

19.11.1.1 细度测定

石膏的细度是以试样经规定孔径的筛子筛分后，残留在筛子上的余量衡量的。

称取预先在105～110℃的温度下烘干1h的石膏试样50g。用900目/cm^{2}的筛子筛分，筛分应进行至1min内通过量不超过0.1g时为止(为了易于观察，在筛分接近完毕时，可在黑纸上进行筛分)。称出留在筛上之试样质量。石膏的细度按下式计算(精确至0.1%)。

$$W = \frac{G}{50} \times 100\%$$

式中：W——石膏细度，%

G——遗留在筛上的试样质量，g

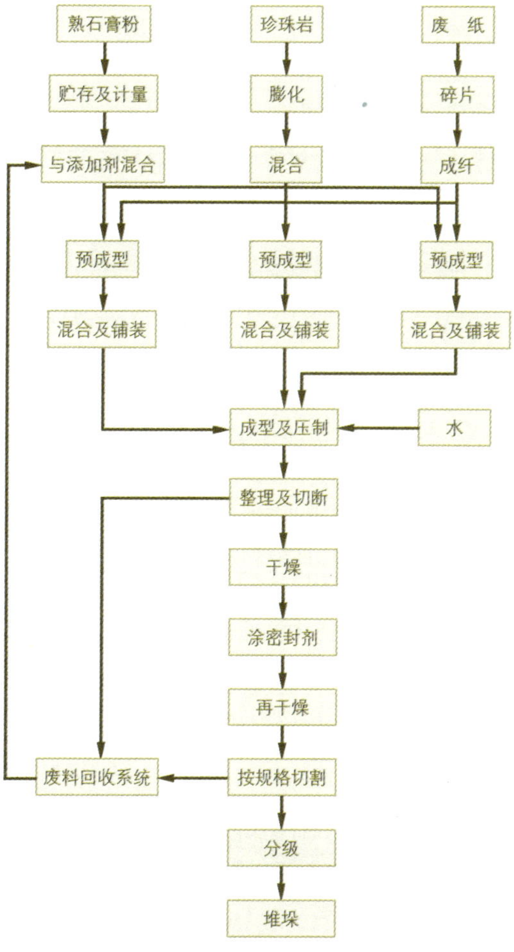

图 19-31 石膏纤维板生产工艺流程图

19.11.1.2 凝结时间测定

1. 德国 DIN1165 标准的石膏初凝的检测

实验仪器：250mt的烧杯；搅拌钢刀，刀刃约16mm宽，刀背厚1.5mm；一台精密天平；一块150mm × 150mm的玻璃板；100ml量筒一只。

检测方法：将80ml自来水注入烧杯，在1min内将100g石膏加入水中，当石膏开始加入时按秒表，将该稠状物静置30s，然后由搅拌棒充分搅动，在不停的搅拌下将糕状物倒到玻璃板上。制成最大厚度约5mm的石膏糕块状体，必要时用搅拌钢刀予以抹平。

余下的石膏糊用搅拌棒继续在量杯中搅拌以测定量杯中的石膏糊是否开始稠化，当可以辨别其凝固时立即用干净的刀刃将其玻璃板上的石膏块状物切开。每切一刀将刀刃浸一下水，如果前一次切口不再凝结闭合，说明凝固已完全开始，凝固开始的时间按DIN165标准规定指从水注入石膏起到最后一次切割止的时间。当石膏初凝很快，初凝时间仅为2～3min，则上述检验方法不太保险，这时应加缓凝剂来检测初凝起始时间。

石膏缓凝性：在石膏刨花板生产中，添加物缓凝剂使石膏起到缓凝的作用。从而保证石膏刨花板垛在加压和夹紧装置夹紧之前不产生凝结。在对石膏的缓凝能力的检测时，首先应对石膏的pH值进行测定。

2. 石膏 pH 值的测定

检测仪器：250ml的量杯；精密天平；玻璃搅拌棒；pH值测定液，pH为5～7。

检测方法：按初凝检验的方法制作一石膏糕（不加缓凝剂），当石膏糕凝固后切出10g石膏放入量杯中，加入自来水10g，用玻璃搅拌棒彻府搅拌后测量pH值。石膏的pH值应为6.0～6.5范围内，当石膏的pH值<6.0时，应对混合原料的pH值进行检测。

石膏及木材混合物的pH值的测定：为了保证缓凝剂充分发挥作用，必须使混合原料的组合成分的pH值在6～7之间。pH在检测石膏性能时已确定其值小于6.0时，则对混合物的pH值检验应在没有缓凝剂的情况下进行。混合物的pH值检验方法与石膏的pH值测定方法相同，用10g混合原料(可从搅拌机排料口取料)加入自来水100g，检验其pH值。如经检验的混合料pH值超出要求的范围（pH=6～7），则应立即增加缓凝剂量。

19.11.2 刨花的检验

石膏刨花板生产中原料刨花的质量直接影响到石膏刨花板的性能，因为刨花在石膏刨花板中起加强筋的作用。

1. 刨花厚度的检验

测量仪器：千分尺

检验方法：任意取100片精确至0.01mm，并按0.1mm的间隔分别记录，格式见表19-22。每一厚度组的刨花数乘以该厚度，然后将这些数值相加除以100即是刨花的平均厚度，见下式：

$$T=\frac{t_1N_1+t_2N_2\cdots\cdots t_iN_n}{100}$$

式中：T——刨花的平均厚度

t——测得的刨花厚度

N——每一厚度组刨花数量

石膏刨花板所用的刨花厚度应小于0.3mm，因此厚度大于0.3mm的刨花其比例应越小越好。

表 19-22 刨花厚度检验表

刨花厚度(mm)	统计数	数量(N)	tN
0.10	正正一	11	1.1
0.20	正 下	8	1.6
0.30	正	4	1.2
0.40	–	–	–
0.50	–	–	–
0.60	–	–	–
0.70	–	–	–
0.80	–	–	–
0.90	–	–	–
1.00	–	–	–
1.10	–	–	–
1.20	–	–	–
1.30	–	–	–
1.40	–	–	–
1.50	–	–	–

2. 刨花筛分值的检验

筛分值可反映出刨花中不同尺寸的刨花所占的比例，从而提供其加工设备的刀具磨损情况。例如对刨片机创出的刨花进行检验，如出现大量的细刨花则说明刀具已纯，应另换刀具。对再碎机出来的刨花进行检验，则可反映出刨花被再碎的程度。

检验仪器：摆动筛或振动筛，筛孔大小为3.15mm，2.0mm，1.0mm，0.595mm，0.297mm。

天平：精度0.01g。

检验方法：取大约100g刨花放入筛分机的最上层，振动时间约15min，筛选后分别对各层刨花进行称量，精确至0.1g。并算出各层刨花占总量的百分比，刨花筛分值的检验应每班进行一次。筛分值检验时应注意筛分机的振动频率和振幅应保持不变。

3. 刨花内含物的测定

石膏对刨花内含物质的反应敏感程度比水泥要小，然而木材中的单宁对石膏的凝固性有一定的影响。

4. **单宁含量的测定**

测试仪：250ml烧杯一个；200ml量筒一个；玻璃漏斗一个；过滤纸；可调式电炉一只；100℃温度计一只；20ml滴管一只；乙酸铅分析纯$(CH_3COO)_2Pb \cdot 3H_2O$。

测定方法：取相当于5g绝干重的湿刨花，将该刨花放入250ml的烧杯中，加200ml蒸馏水于烧杯中，将其加热到100℃，并保持30min后，进行热过滤。将萃取液自然冷却到20℃。然后在该萃取液中加蒸馏水使之达到200ml。从中取20ml液体放入量杯中(量杯直径16mm)，在杯中加入0.7g乙酸铅分析纯$(CH_3COO)_2Pb \cdot 3H_2O$后静置，单宁分解出来后可按图19-32查得其含量。

5. **刨花pH值和缓冲能力测定**

测量用具：4个400ml的烧杯，磁力搅拌器，pH计，2个电炉，2套过滤装置，2个带刻度的200ml烧瓶，2根连着贮液罐的快速滴定管和自动调零装置或2根50ml的滴定管。

化学制品：0.1n盐酸(0.1n HCl)

0.1n氢氧化钠(0.1n NaOH)

操作步骤：取15g刨花装入400ml的量杯中，将200ml蒸馏水倒入量杯中，然后将它们放在电热板上沸腾30min(±3min)，趁热过滤，经过滤的萃取液冷却到20℃(±2℃)后将萃取液倒入200ml的烧瓶中，再加蒸馏水使之达到200ml，然后将该溶液倒入烧杯中，把它放在磁力搅拌器上，测定并记录pH值。

当pH值确定后，立即对同一过滤液进行缓冲能力的测定，由精度为0.1ml的滴定管逐步滴入0.5ml的0.1n盐酸(HCl)，充分摇晃后记下pH值，再滴入0.5ml的0.1n盐酸，再记下pH值，直到pH值达到3.0止。0.1n的盐酸用量即为缓冲能力。

例如：用桦木刨花试验，pH值为5.05，第一次滴入0.5ml的0.1n盐酸后，pH值为4.30；第二次滴入后pH值为3.90；第三次滴入后pH值为3.50；第四次滴入后pH值为3.20；第五次滴入后pH值为3.00；则总的输入0.1n的盐酸量为2.5ml，即为其缓冲能力。这个值表示缓冲能力已在酸性范围之内。

若要知道缓冲能力在碱性范围之内，试验过程则完全相同。测定碱性值用的是0.1n的氢氧化钠(NaOH)溶液。第一次滴入0.5ml的0.1n氢氧化钠，摇晃后测定其pH值，再滴入0.5ml的0.1n氢氧化钠用量即为缓冲能力。

测定的数据可用曲线图来表示，见图19-33。

19.11.3 成品石膏刨花板的检验

在生产过程中时刻注意石膏刨花板的质量是非常重要的，对于石膏刨花板质量的检验应根据LY/T1598-2002行业标准进行。LY/T1598-2002的具体技术要求见表19-23至表19-27，其他内容参见该标准细则。

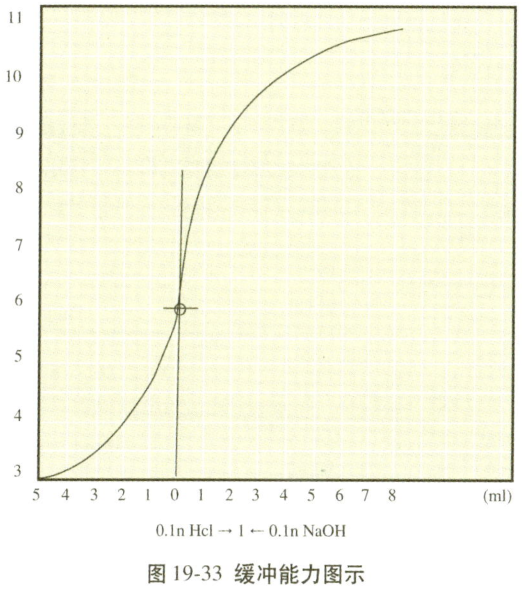

图19-33 缓冲能力图示

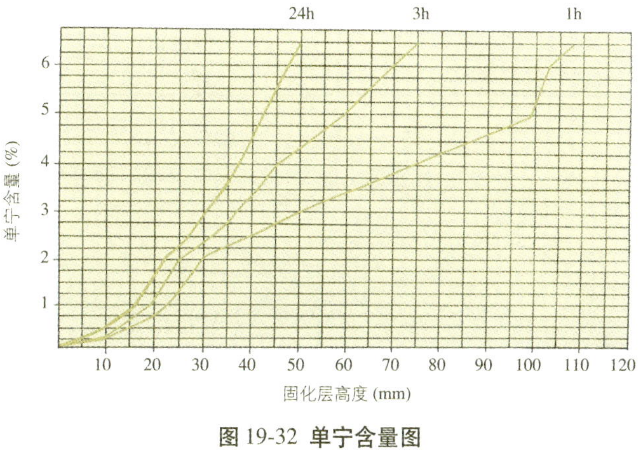

图19-32 单宁含量图

表19-23 石膏刨花板外观质量要求

缺陷名称	缺陷规定	产品等级	
		优等品	合格品
断裂透痕	断痕≥10mm	不允许	1处
局部松软	宽度≥5mm，或长度≥1/10板长	不允许	1处
边角缺损	宽度≥10mm	不允许	3处

表 19-24 幅面尺寸

宽度	长度					
600	600	1500				
1220			2500	2750	3000	3050

注：经供需双方协议后，可生产其他幅面尺寸石膏刨花板

表 19-25 厚度偏差

项目	优等品		合格品	
	厚度		厚度	
	≤ 12	> 12	≤ 12	> 12
单面砂光	± 0.5	± 0.6	± 0.6	± 0.7
两面砂光	± 0.3			

注：如未砂光板厚度偏差符合砂光板厚度偏差规定，可不砂光

表 19-26 石膏刨花板优等品物理力学性能指标

厚度范围 mm	密度 g/cm^3	板内平均密度偏差 %	静曲强度 MPa	弹性模量 MPa	内结合强度 MPa	吸水厚度膨胀率 %	垂直板面握螺钉力 N	含水率 %
≤ 12	≤ 1.30	± 10	≥ 7.5	≥ 3000	≥ 0.35	≤ 3	≥ 800	≤ 3
> 12，≤ 18			≥ 7.0	≥ 2900	≥ 0.32		≥ 740	
> 18			≥ 6.5	≥ 2800	≥ 0.28		≥ 680	

表 19-27 石膏刨花板合格品物理力学性能指标

厚度范围 mm	密度 g/cm^3	板内平均密度偏差 %	静曲强度 MPa	弹性模量 MPa	内结合强度 MPa	吸水厚度膨胀率 %	垂直板面握螺钉力 N	含水率 %
≤ 12	≤ 1.35	± 10	≥ 6.5	≥ 2000	≥ 0.30	≤ 3	≥ 680	≤ 3
> 12，≤ 18			≥ 6.0	≥ 1800	≥ 0.28		≥ 620	
> 18			≥ 5.5	≥ 1600	≥ 0.25		≥ 560	

参考文献

[1] 东北林学院主编. 刨花板制造学. 北京：中国林业出版社，1981
[2] 杨秉国译. 木材学与木材工艺学原理. 北京：中国林业出版社，1984
[3] 祝君等.《碎料板生产技术问答》. 林业部林产工业设计研究院
[4]《刨花板生产设备》. 南京林业大学
[5] Wood Preparation Techniques，Pallman
[6] Gypsum Board Plant，Bison
[7] 张奕. 刨花形态、树皮含量及石膏质量与石膏刨花板性能的关系. 木材工业. 1991(5)1
[8] 张奕. 木材水抽提物对石膏刨花板的凝固及其性能的影响. 木材工业. 1990(4)1
[9] 关晶译. 石膏刨花板. 国外林业. 1989(4)
[10] 王恺等. 石膏刨花板生产的新工艺. 林产工业. 1987. 2
[11] 蒋延华译. 生石膏的煅烧及石膏刨花板厂的试生产和操作经验. 建筑人造板. 1991. 1
[12] 张奕. 几种树种木材制造石膏刨花板的适应性木材工业. 1990(4)4
[13] 陕西省建筑设计院编.《建筑材料手册》(第4版).北京：中国建筑工业出版社，2005
[14] 何宜业. SS 型高效节能石膏煅烧窑. 新型建筑材料. 1990. 4
[15] 李晓明等. 石膏刨花板耐水性能的初步研究. 木材工业. 1989(3)4
[16] L. Mehhorn 等. 石膏刨花板生产的工艺设计. 木材工业. 1990(4)2
[17] 陈士英. 石膏刨花板生产的工艺和设备特点
[18] 张奕. 石膏刨花板的密度、木膏比和水膏比与其性能关系的初步研究. 木林工业 1989(3)2
[19] 宋孝金等. 木质石膏刨花板的研制. 福建林学院学报. 1990. 10(3)
[20] 张宜行等. 提高石膏刨花板耐老化性能的进一步研究. 木材工业. 1992(6)3

[21] 蒋延华译. 石膏煅烧设备和石膏刨花板生产设备的试运转及操作经验. 建筑人造板. 1994. 2
[22] 唐永裕. 石膏刨花板生产技术. 人造板通讯. 1995. 8
[23] 涂平涛. 浅析石膏刨花板及其生产技术中的有关问题. 建筑人造板. 1992. 1
[24] 陈仝. 我国熟石膏工业状况. 新型建筑材料. 1997. 5
[25] 陈士英等. 非木质植物生产石膏刨花板的适应性
[26] 周贤康等. 石膏刨花板工业性生产工艺参数的研究. 建筑人造板. 1992. 2
[27] 魏超年. 石膏刨花板工业性生产工艺参数的研究. 新型建筑材料. 1997. 2
[28] 许汉锐等. β-半水石膏煅烧及凝结. 新型建筑材料. 1997. 6
[29] 丛钢. 脱硫石膏性能研究. 新型建筑材料. 1997. 12
[30] 凌晓晖. 纤维石膏板. 新型建筑材料. 1998. 2
[31] 年产15000，30000立方米石膏刨花板生产线成套设备. 镇江林业机械厂
[32] A. B 伏尔任斯基著. 吕昌高译. 石膏胶结料剂制品. 北京：中国建筑工业出版社，1980
[33] 何文津. 石膏纤维板. 林产工业. 1988. 2
[34] 胶凝材料学编写组. 胶凝材料学. 北京：中国建筑工业出版社，1980
[35] George T. Venta Gypsum fiberboard, a high porfirmance specialty board
[36] Kazuo Takahashi Study on fibrous waste paperpulp gypsum board
[37] 镇江林业机械厂. 新型墙体材料—石膏刨花板
[38] Friedrich Bahner et al Low-cost retrofitting of existing gypsum board eines to produce valueadded gypsum-fiber products

Cement Bonded Particleboard

20 水泥刨花板

水泥刨花板是以水泥为胶凝材料，刨花（由木材、竹材、麦秸、稻草等制成）为增强原料，与适量的水和化学助剂混合均匀后，经铺装、加压、养护、干燥和裁边等工序制成的人造板材。它兼有木材和水泥的优点，与木材相比，它具有良好的耐水、阻燃和耐菌虫侵蚀性能；与水泥制品相比，它有质量轻、机加工性能和表面装饰性能好等优点，并且板内不释放有害物质，不污染环境，是一种较优良的建筑材料。

20.1 水泥刨花板的分类、性能和应用

20.1.1 分类

水泥刨花板按密度高低分为普通水泥刨花板和硬质水泥刨花板两大类。普通水泥刨花板密度较低，约为500～800kg/m^3，作为保温、隔热材料；硬质水泥刨花板密度较大，主要用作结构材料，目前生产的基本为硬质水泥刨花板。水泥刨花板的分类见表20-1。

表20-1 水泥刨花板的分类

分类方法	类 别
密度	低密度水泥刨花板：密度为500～700kg/m^3
	中密度水泥刨花板：密度为750～900kg/m^3
	硬质水泥刨花板：密度为1000～1300kg/m^3
板材结构	渐变结构
	三层结构
	定向结构
表面形状	平面型水泥刨花板
	浮雕型水泥刨花板（模压）
原料	木材水泥刨花板
	非木材水泥刨花板（如麦秸、棉秆等加工的刨花为增强材料的水泥板）
加强与否	增强水泥刨花板：用钢筋增强的密度为500～800 kg/m^{3}的加强刨花板
	涂饰增强水泥刨花板：一面涂饰有砂浆的增强水泥刨花板

20.1.2 性能

水泥刨花板的性能，取决于木材和水泥两种基本原材料。水泥是一种良好的胶凝材料，与水混合后能由可塑性体变成坚硬的石状体。水泥具有耐候性好、防火、防腐、防霉等特点，而木材具有相对质量轻、弹性好、加工容易等特点。这两种基本原材料赋予水泥刨花板既有木质材料的良好可加工性，又有耐火、防腐、防虫、防霉、耐候等优良性能。

20.1.2.1 一般性能

(1) 颜色：由于经过高压和干燥，水泥刨花板素板表面通常呈浅灰色。

(2) 外观和板面质量：板材表面木质刨花应均匀分布，没有弯曲、变形、裂隙及影响使用的表面缺陷，表面应光滑而坚硬。

(3) 规格：视设备性能及客户要求而定。

20.1.2.2 理化性能

国内外生产的水泥刨花板理化性能见表20-2。

20.1.2.3 工艺性质

工艺性质对水泥刨花板的应用非常重要，它关系到如何经济合理并且高质量地将产品加工成所要求的各种制品。

(1) 机械加工性质：因添加了木质或非木质刨花，克服了水泥制品机加工难的缺点，可以采用与木质人造板同样方法和设备进行加工，如锯切、钻孔、铣削、成型和砂光。

(2) 表面装饰性能：可进行各种表面装饰，如喷灰浆、涂

表 20-2 国内外水泥刨花板的理化性能

产地 指标	中国	德国	日本	法国
幅面,mm	900 × 2850	1250 × 2600~3200	910 × 1820~2730	1250 × 3200
厚度, mm	12 ± 1	8~40 ± 1	12 ± 1~18 ± 2	10~32
密度, kg/m³	1100~1200	约 1200	900 以上	1250 ± 5%
含水率, %	10~12	12~15	15 以下	6~12
抗折强度,MPa	9.0~12.0	10.0~13.0	10.0	–
抗拉强度,MPa	3.5~5.0	5.0	3.6 左右	–
抗压强度,MPa	10.0~15.0	10.0~15.0	10.0 左右	15.0
内结合力,MPa	0.4~0.6	0.4~0.6	–	>0.4
弹性模量,MPa	–	4000~5000	3000	>4500
抗冲击性,kg · m	2	–	3	–
吸水率,%	气干~浸水 24h:< 20; 绝干~浸水饱和:约 35	绝干~浸水饱和：40	干~浸水 24h：约 12	–
吸水（湿）线膨胀率,%	气干~浸水 24h：0.10~0.15； 绝干~浸水 24h：0.3~0.4	20℃、相对湿度 20%~90%：吸湿 0.3~0.4	气干~浸水 24h：0.12	–
透水性	24h 不透水	–	24h 不透水	–
抗冻性	50 次冻融循环（± 20℃）强度不变	150 次冻融循环 强度不变(± 20℃)	100 次冻融，强度几乎不变	–
导热系数,W/m · K	0.129~0.138	0.133	0.112	0.22
隔声，dB	12mm 厚：31； 复合板（12-- 中空 90--12）： ＞ 50（在 1000 赫时）	12mm 厚：32	12mm 厚：34（1000 赫时）； 复合板（12-- 中空 --12）： 49（1000 赫时）	12mm：31 37mm：37
阻燃性能	复合板（12-90-12）耐火极限 30min	类似不燃性材料	准不燃材料	–

饰、贴纸或装饰布、瓷砖、塑料贴面或粘贴薄木。

20.1.2.4 建筑功能

(1) 形状与尺寸稳定性：水泥刨花板存在胀缩与变形的问题，但通过正确的生产工艺处理，其变形值可控制在国家对墙体材料允许的范围内。

(2) 耐久、耐候性：具有良好的耐久、耐候性及抗老化性。据瑞士的有关报道，利用水泥刨花板制作的建筑构件可长期使用，保持完整，并可拆卸用于新的建筑。

(3) 阻燃性能：为难燃材料，耐火极限大于 30min，或类似不燃性材料或准不燃性材料。

(4) 隔热、保温性能：水泥及木材均是热的不良导体，因而水泥刨花板具有优良的隔热保温性能，其导热系数，与木材相近，而仅为混凝土的 1/10。

(5) 健康性：不存在合成树脂人造板甲醛散发的问题；也不存在塑料装饰材料由于老化、降解以及层析导致的有害气体散发问题，不存在化学污染因素；隔声性好，可以避免噪声污染；绝缘材料，不吸收静电组合物，故而水泥刨花板是一种健康型的建筑材料。

(6) 耐腐、耐虫蚁性能：白蚁及其他害虫很难完全破坏涂有无机胶黏剂的纤维素材料，此外，一些化学助剂具有矿化作用，使纤维素原料变得具有抗生物、化学和风化等能力。水泥刨花板耐真菌和细菌、虫蚁等侵蚀，其耐腐性可与混凝土相媲美。

(7) 承载能力：水泥刨花板在建筑中用作不承重的内、外墙板与屋面板，其承受的载荷主要为风压、冲击和弯曲载荷。研究表明，当采用 12mm 厚的水泥刨花板与轻钢龙骨支撑组成双面复合的 80mm 厚墙板，抗风压强度为 55kg/m²，相当于风速为 140km/h 的热带风暴。同样当采用 12mm 厚的水泥刨花板组成 120mm 厚的复合屋面板，能承受 1m 厚积雪的载荷；在抗冲击强度方面，对厚 12mm 的水泥刨花板构成的 150mm 复合墙板进行了试验，以 10kg 的砂袋，取 1m 的落差，连续撞击 10 次，均未能发现破坏现象；一般水泥刨花板的抗弯强度在 7~12MPa 范围内，均能达到《建筑隔墙用轻型条板（JG/T169-2005)》标准中规定的板材抗弯破坏载荷值不应小于板自重 1.5 倍的要求。

总之，水泥刨花板与其他建材相比，具有较多优点（表 20-3），是一种不可忽视的新型建筑材料。

20.1.3 应用

由于水泥刨花板具有的优良性能，在建筑上得到了广泛的应用。

表 20-3 几种建筑材料性能比较

	密度（kg/m³）	防 火	耐 候	耐 水	防白蚁	耐 久	加工性	耐霉性	保温性
黏土砖	1700	+	+	+	+	+	−	0	−
刨花板	600	0	−	−	+	−	0	−	−
木板	700	−	0	−	+	0	+	−	+
水泥预制板	2300	+	+	+	+	+	−	0	−
水泥刨花板	1200	+	+	+	+	+	+	+	+

注："+"为好，"0"为一般，"−"为差，密度为常用材料密度

20.1.3.1 从建筑类型上看，其主要用于

(1) 不承重的多层及高层建筑；

(2) 低层别墅式住宅；

(3) 学校、医院、商店、旅馆、工业厂房和仓库等建筑；

(4) 防火、防潮湿建筑；

(5) 牲口棚、谷物贮存室等农业建筑。

20.1.3.2 从建筑结构上看，其主要用于

(1) 非承重的内外墙：水泥刨花板可与木龙骨、轻钢龙骨或用水泥刨花板制成的龙骨做成10～14cm厚的复合墙板。既可预制，也可在现场制作；

(2) 屋面板和天花板；

(3) 地板；

(4) 封檐板、壁橱、间壁（移动或固定）；

(5) 模板；

(6) 防火门；

(7) 活动房构件；

(8) 通风管道：特别是厨房和厕所的通风管道，可在工厂预制，现场安装；

(9) 挡风和隔音用保护墙板。

20.2 生产工艺

20.2.1 水泥刨花板主要生产工艺

水泥刨花板主要生产工艺有冷压法和CO_2注入法，冷压法工艺较为成熟，产品性能稳定，应用广泛。

20.2.1.1 CO_2注入法生产工艺

常规冷压工艺中，由于木材中糖分对水泥的"阻凝"作用，水泥凝结硬化时间很长，生产中必须配有专用的锁紧装置和加温养护设施，增加设备和厂房的投资，降低生产效率，从而增加成本，并影响到生产规模的扩大。因此，水泥刨花板问世以来，进行了大量缩短水泥固化时间的研究，而CO_2注入法是其中较为成功的一种。它不但缩短了水泥固化时间，有利于水泥刨花板的大规模和快速生产，而且扩大了可利用的树种范围。

1. 快速固化原理

在一定条件下，二氧化碳气体与氢氧化钙发生反应，生成碳酸钙和水，并放出大量的热：

$$Ca(OH)_2 + CO_2 + H_2O = CaCO_3 + 2H_2O$$

快速固化工艺即利用这一原理，在加压时向板坯喷射CO_2，使CO_2与板坯中硅酸盐水泥水化生成的$Ca(OH)_2$（或向水泥、木质刨花的混合料中加入相当于水泥质量约10%的消石灰）产生放热反应，其温度可达120 ℃，同时生成具有强度和硬度的$CaCO_3$，卸压后板材的强度可达到脱模的要求。

2. 工艺特点

(1) 该法简化了生产流程，缩短加压时间，无需保压夹紧的模具，不要设置硬化养护窑，大大精简了垫板数量和垫板回送及处理装置，无需卸压和脱模设备，缩小了生产场地；

(2) 该工艺可以使大多数树种能被直接用于生产水泥刨花板。由于水泥快速固化，木材中的糖分来不及扩散出来阻碍水泥固化，因而冷压法不能用含糖量较高的原料都有可能用来生产；

(3) 该方法生产的水泥刨花板其性能无异于传统冷压法生产工艺的产品质量，如密度为1250kg/m³的水泥刨花板，其静曲强度不小于9MPa，弹性模量为3000MPa，2h浸水的厚度膨胀率为1%；

(4) 必须具备生产CO_2的相关设备和压力喷射的相关装备，技术较为复杂；CO_2注入法增加板材的生产成本，对产品的推广利用不利；CO_2注入法以CO_2为促媒，同时也能形成碳酸，久之对设备会有腐蚀，同时也增强了板材的碳化度，对水泥刨花板后期强度的形成不利。

20.2.1.2 冷压法（半干法）

冷压法是目前荷兰、德国、法国、芬兰、俄罗斯、日本、瑞士普遍采用的水泥刨花板生产方法，其基本过程如下：水泥、木质材料在混合搅拌中加入除保证水泥水化所要求的水量外，另加入尽可能少的水使水泥和刨花的混合料形成半干性状态料，然后通过铺装机铺装在垫板上，通过堆板机将垫板和坯料堆叠成一定高度的堆垛后整摞送入压机中加压，压到所要求的厚度后用锁紧装置固紧，维持在受压状态下完成水泥与木质材料的固结，也称堆叠式压制。为了缩短硬化时

间，锁紧的板坯要置于温度为60～80℃强化养护窑中硬化，一般需要8h左右(养护温度与时间的乘积为540～640℃·h)，然后卸模，再在保湿状态下自然养护5～7d后进行板材的干燥，干燥温度为70～110℃，使板材的含水率控制在9±4%，以提高尺寸稳定性，减少水泥刨花板使用时的收缩性。然后进行裁切整形和砂光处理以确保板材的尺寸和厚度要求。

冷压法的技术工艺路线成熟可靠，发展至今在生产设备的机电一体化、生产程序控制、准确的计量和厚度控制以及铺装成型质量方面都有很大的提高。但是冷压法生产周期长，即使在60～80℃下加热养护也要5～8h，才能形成脱模初始强度，对木质材料的存放期也有较严格的要求，而且增加了生产辅助设施。冷压法虽然存在不足，但此法目前有较系统的生产设备，能生产质量可靠的产品，是世界各国推行的主要生产方法。

本章中以冷压法为主进行水泥刨花板生产工艺的介绍。其生产工艺流程见图20-1。图20-2是冷压法水泥刨花板生产线示意图，为Kvaerner公司推出的“垂直铺装（Top Laying System）”生产线，可生产模压浮雕形水泥刨花板。

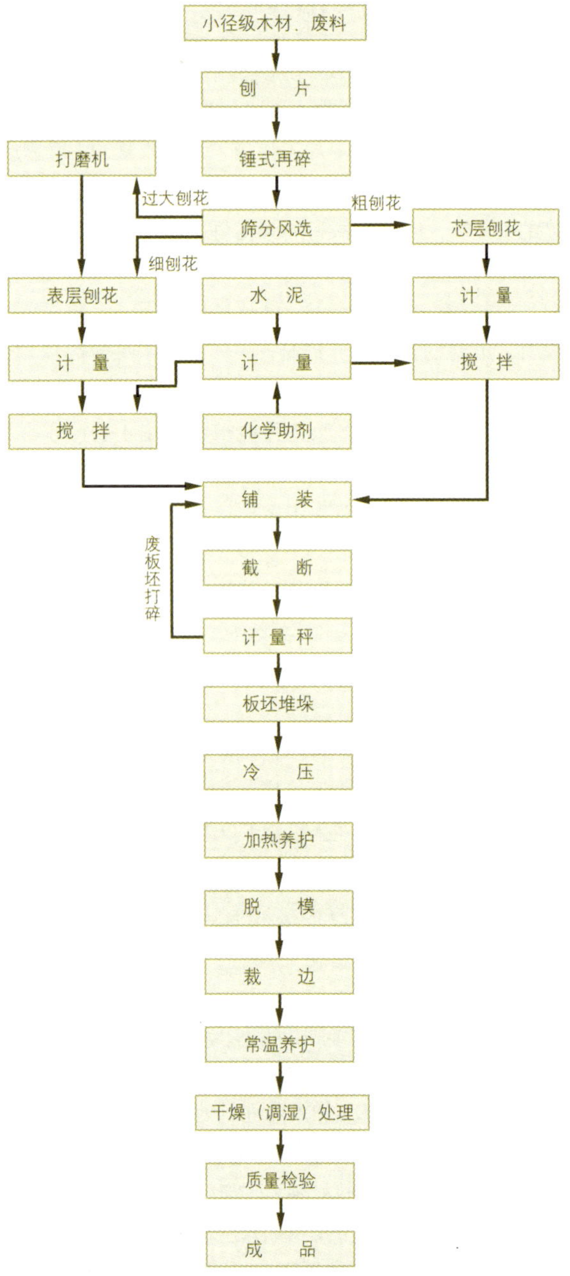

图20-1 冷压法水泥刨花板生产工艺流程图

20.3 原辅材料

20.3.1 水泥

20.3.1.1 定义

凡能在物理、化学作用下，从浆体变成坚固的石状体，并能胶结其他物料而具有一定机械强度的物质，统称为胶凝材料，又称胶结料。可分为无机和有机两大类别，沥青和各种树脂属于有机胶凝材料。

广义而言，水泥泛指一切能够硬化的无机胶凝材料。凡细磨成粉末状，加入适量水后成为塑性浆体，既能在空气中硬化，又能在水中硬化，并能将砂石等散粒或纤维牢固地胶黏在一起的水硬性胶凝材料，通称为水泥。而狭义的水泥则专指现代水泥，即具有水硬性的材料。

20.3.1.2 种类

水泥的种类很多，按其用途和性能，可分为通用水泥、专用水泥以及特性水泥三大类。通用水泥为一般土木建筑工程通常采用的水泥，如硅酸盐水泥、普通硅酸盐水泥、矿渣硅酸盐水泥、火山灰质硅酸盐水泥和粉煤灰硅酸盐水泥等。专用水泥则指有专门用途的水泥，如油井水泥、砌筑水泥等。而特性水泥是某种性能比较突出的一类水泥，如快硬硅酸盐水泥、低热矿渣硅酸盐水泥、抗硫酸盐硅酸水泥、膨胀硫铝酸盐水泥、自应力铝酸盐水泥等。也可按其组成分为硅酸盐水泥、铝酸盐水泥、硫酸盐水泥、氟铝酸盐水泥、铁铝酸盐水泥以及少熟料或无熟料水泥等几种。目前水泥品种已达100余种。

生产水泥刨花板常用的是硅酸盐水泥和普通硅酸盐水泥。

20.3.1.3 硅酸盐水泥和普通硅酸盐水泥

1. 定义

凡由硅酸盐水泥熟料、0%～5%石灰石或粒化高炉渣土，加适量石膏磨细制成的水硬性胶凝材料，称为硅酸盐水泥（国外通称波特兰水泥，Portland cement）。凡由硅酸盐水泥熟料、6%～15%混合材料、适量石膏磨细制成的水硬性胶凝材料，称为普通硅酸盐水泥（简称普通水泥）。

2. 矿物组成

硅酸盐水泥熟料主要由CaO、SiO_2、Al_2O_3和Fe_2O_3四种

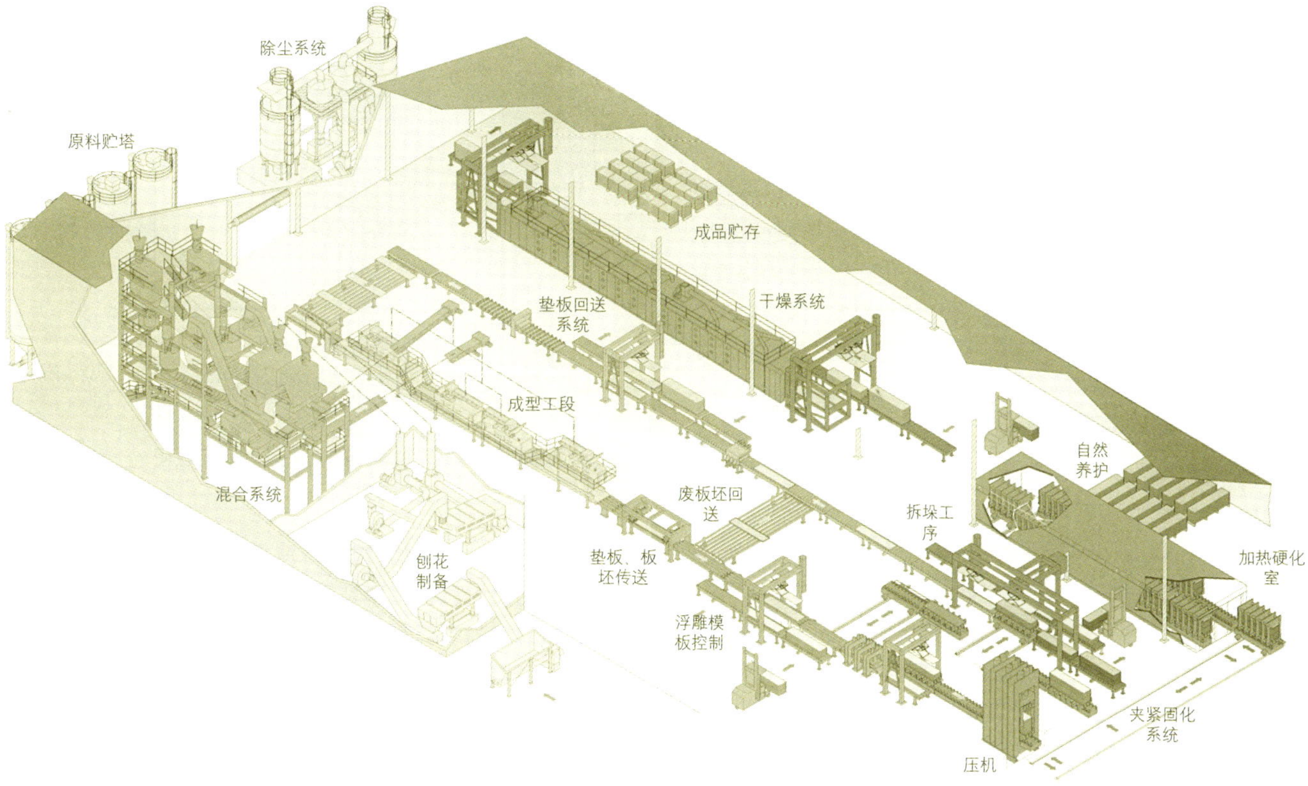

图 20-2 Kvaerner 公司 “Top Laying System” 水泥刨花板生产线示意图

氧化物组成，通常在熟料中占 95% 左右。同时，含有约 5% 的少量其他氧化物。

在水泥熟料中，CaO、SiO_2、Al_2O_3 和 Fe_2O_3 不是以单独的氧化物存在，而是经高温煅烧后，以两种或两种以上的氧化物反应生成的多种矿物集合体形式存在，其结晶细小，通常为 30～60μm。因此，水泥熟料是一种多矿物组成的结晶细小的人造岩石。

在硅酸盐水泥熟料中主要形成四种矿物：

硅酸三钙：$3CaO \cdot SiO_2$，简写为 C_3S，含量 37%～67%。

硅酸二钙：$2CaO \cdot SiO_2$，简写为 C_2S，含量 15%～37%。

铝酸三钙：$3CaO \cdot Al_2O_3$，简写为 C_3A，含量 7%～15%。

铁相固溶体：铁铝酸四钙 $4CaO \cdot Al_2O_3 \cdot Fe_2O_3$ 为代表，简写为 C_4AF；含量 10%～18%。

各种熟料矿物单独与水作用时表现出的特性见表20-4。

改变矿物成分间的比例，可以改变水泥的特性，例如提高硅酸三钙的含量，可以制得高强度水泥。

3. **水化**

一种物质从无水状态变成含水状态叫做水化作用。

水泥颗粒与水接触，在其表面的熟料矿物立即与水发生水解或水化作用（简称水化），形成水化物并放出一定热量。水化速度常以单位时间内的水化程度或水化深度来表示。前者是指一定时间内发生水化作用的量和完全水化的比值，而后者是指水泥颗粒外表水化层的厚度。水泥水化速度是影响强度发展的重要因素。

表 20-4 各种熟料矿物单独与水作用时表现出的特性

特　性	$3CaO \cdot SiO_2$	$2CaO \cdot SiO_2$	$3CaO \cdot Al_2O_3$	C_4AF
凝结硬化速度	快	慢	最快	快
28d 水化放热量	多	少	最多	中
强度	高	早期低，后期高	低	低

水化的主要反应如下：

$2(3CaO \cdot SiO_2) + 6H_2O = 3CaO \cdot 2SiO_2 \cdot 3H_2O + 3Ca(OH)_2$

$2(2CaO \cdot SiO_2) + 6H_2O = 3CaO \cdot 2SiO_2 \cdot 3H_2O + Ca(OH)_2$

$3CaO \cdot Al_2O_3 + 4H_2O = 3CaO \cdot Al_2O_3 \cdot 6H_2O$

$4CaO \cdot Al_2O_3 \cdot Fe_2O_3 + 7H_2O = 3CaO \cdot Al_2O_3 \cdot 6H_2O + CaO \cdot Fe_2O_3 \cdot H_2O$

随着水化反应的不断进行，水泥浆体逐渐失去流动能力，转变为具有一定强度的固体，即为水泥的凝结和硬化。水化是水泥产生凝结硬化的前提，而凝结硬化则是水泥水化的结果。水化作用使水泥凝结硬化成坚固的人造石——水泥石。

4. **技术特性**

硅酸盐水泥最重要的性质是强度和体积变化以及与环境相互作用的耐久性。此外，水泥拌水后的凝结时间、水泥的粉磨细度和水化热也是水泥的重要性能。

(1) 水泥强度：是决定制品强度的主要性能，它决定于熟料的矿物组成、含量和细度。根据国家标准GB/T 175-1999

《硅酸盐、普通硅酸盐水泥》和GB/17671-1999《水泥胶砂强度检验方法（ISO法）》的规定，水泥、标准砂和水按1:3:0.5比例混合后，按规定方法制成试件，养护后，测定其各龄期的强度。

由于水泥在硬化过程中强度是逐渐增长的，常以各龄期的抗压强度和抗折强度，来表示水泥的强度及其增长速率。一般3d、7d以前的强度称为早期强度，28d及其后的强度称为后期强度，也有将3个月以后强度称为长期强度。由于水泥到28d时强度已大部分形成，以后强度增长相当缓慢，所以通常用28d的强度作为水泥质量的分级。

GB/T 175-1999中水泥强度等级按规定龄期的抗压强度和抗折强度来划分，各强度等级水泥的各龄期强度不得低于表20-5中的数值。同一强度等级中，快硬型（R型）对3d强度有较高要求，而28d的强度指标完全相同。28d龄期的抗压强度值作为该水泥的强度等级，等级越高，质量越好。

(2) 体积安定性：水泥浆体硬化后体积变化的稳定性。如果水泥硬化后，产生不均匀的体积变化，会使构件产生膨胀性裂缝。国家标准规定，用试饼法（GB/T 1346-2001）检验水泥的体积安定性：水泥净浆试样经养护及沸煮一定时间后，肉眼观察未发现裂纹，用直尺检查没有弯曲，则称为体积安定合格。反之，为不合格证。

(3) 凝结时间：水泥从加水拌合开始到失去流动性，即从可塑状态发展到固体状态所需时间。水泥与水拌合后，熟料矿物进行水化，产生水化物溶胶并析出 $Ca(OH)_2$，水泥浆逐渐减小流动性，但仍具有可塑性，结构还没有固定。随着水化作用的继续进行，水化物增多，游离水减少，水化物溶胶逐渐凝聚，浆体逐渐失去可塑性，形成凝胶，这一过程称为凝结过程。凝结分为初凝和终凝。初凝表示水泥浆开始失去可塑性并凝结成块，此时不具有机械强度；终凝则表示胶体进一步紧密并失去其可塑性，产生了机械强度，并能抵抗外来的压力。初凝时的特征是温度升高，达到终凝时温度升至最高。从水泥用水拌和到水泥初凝（水泥浆开始失去可塑性）所经历的时间为初凝时间，到终凝（水泥浆完全失去可塑性并开始产生强度）所经历的时间为终凝时间。水泥的初、终凝时间示意见图20-3。

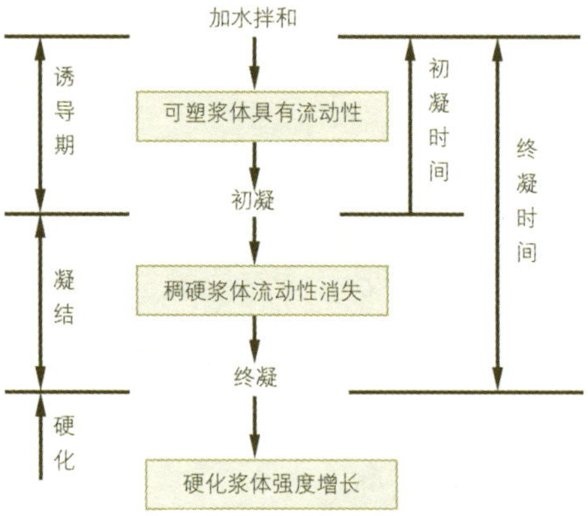

图20-3 水泥的初、终凝时间示意图

水泥应有合理的初、终凝时间，以便完成与刨花原料的搅拌、运输、铺装及压制等操作。

(4) 粉磨细度：水泥颗粒粗细与凝结时间、强度、干缩以及水化放热速率等有密切关系。水泥颗粒粒径一般在7～200μm（0.007～0.20mm）之间。颗粒越细，与水起反应的表面积就越大，因而水化反应易于进行，水化较快且较安全，早期强度和后期强度都高。硅酸盐水泥的比表面积通常为2500～3500cm²/g。

(5) 水化热：水泥在水化过程中放出的热量称水泥的水化热。水化放热量和放热速度决定于水泥的矿物成分、水泥细度、水泥中所掺的混合材料和外加剂的品种、数量。水泥细度越细，水化反应较易进行，水化放热量越大，放热速度也越快。

42.5级[原525号]普通硅酸盐水泥各项特性指标见表20-6。

表20-5 硅酸盐水泥、普通水泥强度等级

品 种	强度等级	抗压强度(MPa)		抗折强度(MPa)	
		3d	28d	3d	28d
硅酸盐水泥	42.5	17.0	42.5	3.5	6.5
	42.5R	22.0	42.5	4.0	6.5
	52.5	23.0	52.5	4.0	7.0
	52.5R	27.0	52.5	5.0	7.0
	62.5	28.0	62.5	5.0	8.0
	62.5R	32.0	62.5	5.5	8.0
普通水泥	32.5	11.0	32.5	2.5	5.5
	32.5R	16.0	32.5	3.5	5.5
	42.5	16.0	42.5	3.5	6.5
	42.5R	21.0	42.5	4.0	6.5
	52.5	22.0	52.5	4.0	7.0
	52.5R	26.0	52.5	5.0	7.0

20.3.1.4 水泥刨花板用水泥的要求

水泥类型和品种不同表示其组成元素的数量不同，因此水泥品种就揭示了不同的水化特性和不同产品的性能，选用合适的水泥在水泥刨花板生产中十分重要。

表20-6 普通硅酸盐水泥特性指标

序号	化合物	数量(%)	序号	指标名称	指标值
1	硅酸三钙($3CaOSiO_2$)	48	7	细度	3.4%
2	硅酸二钙($2CaOSiO_2$)	27	8	初凝时间	2.25hr
3	铝酸三钙($3CaOAl_2O_3$)	12	9	终凝时间	3.55hr
4	铝铁酸盐四钙($4CaOAl_2O_3Fe_2O_3$)	8	10	3天抗压强度	30.8MPa
5	MgO	<5	11	7天抗压强度	40.8MPa
6	SO_3	1.8			

水泥刨花板用水泥除了对体积稳定性、强度、耐冻、耐腐蚀和耐水性等一般要求外，还尚有如下要求：①凝结时间短；②水化热大；③早期强度高。

采用高强度等级水泥或快凝快硬硅酸盐水泥生产水泥刨花板，可获得较高的力学强度，也可缩短生产周期，但水泥价格较高。从生产成本考虑，根据水泥刨花板性能的要求，生产水泥刨花板一般选用普通硅酸盐水泥和硅酸盐水泥，我国制作水泥刨花板常采用水泥强度等级32.5级以上水泥，其性能指标如下：

细度：比表面积 3000～5000cm^2/g

初凝时间：＞45min

终凝时间：＜12h

强度：2d 抗压强度＞20～25MPa，28d 抗压强度＞42.5MPa

由于生产过程的不稳定性，即使同一等级的同种水泥，其成分也会有较大出入。对每次供货的水泥都必须检验，以保证其性能的稳定性。

20.3.2 木材原料

20.3.2.1 木材原料的影响

木材原料对水泥刨花板的生产工艺和产品性能有非常重要的影响，并非所有的树种都能生产优质的水泥刨花板。因此，正确选用木材树种和处理方法是冷压法水泥刨花板生产的关键。

(1) 木材化学成分的影响：在水泥刨花板中，作为胶凝材料的水泥与木材刨花混合，在压力、温度的作用下凝结硬化而使刨花紧密地黏结在一起。然而水泥本身并无黏合作用，只有发生水化反应凝结硬化后才具有了所谓的黏结力和整体强度，因此结晶凝固的好坏直接关系到使用性能。

木材中的某些成分是水泥凝固的主要阻凝物质。单宁，特别是水解型单宁对水泥凝固有明显的阻凝作用。木材中可溶性碳水化合物对水泥固化也有影响，水泥的终凝时间随木材热水浸提物含量的增加而延长。用525号（现42.5级）普通硅酸盐水泥、蒸馏水和6个树种木材的热水浸提液，按国家标准GB/T 1346-1989 测定标准稠度为30%，400g 水泥用水量为120ml，浸提液加量为20g，用维卡仪测凝结时间。落叶松木材的热水浸提液使水泥终凝时间延长，几乎是水泥净浆终凝时间的7.5倍（表20-7），这也说明了用常规方法不能生产出落叶松水泥刨花板的原因。同时，木材中可溶性碳水化合物对水泥水化热也有影响，与纯水泥的水化过程比较，水泥－木屑混合物的水化过程减慢，即水化时所达到的最高温度值降低，以及达到最高温度所需的时间延长。不同树种木材对水泥水化热的影响各不相同，而且差别很大。

在木材成分中，糖类及其含量是主要影响因素。葡萄糖对水泥的凝固特别不利；腐朽针叶材中的纤维二糖同样具有强烈的抑制作用；落叶松属木材中阿拉伯半乳聚糖影响水泥凝结和固化，若含糖量较高，则对水泥的结晶过程产生严重不良影响（表20-8）。

表 20-7　6 种树种木材热水浸提液对水泥终凝时间的影响

树种	落叶松	红 松	杉松冷杉	杨木	柳木	椴木	水泥净浆
终凝时间（h）	46	26～28	11～13	16～30	9～16	8～9	6～7
热水浸提物含量（%）	10～14	5～6	–	3～5	2～2.5	3～3.5	0

表 20-8　阿拉伯半乳聚糖对水泥 7d 龄期强度的影响

糖含量占水泥质量（%）	0.5	0.25	0.125	0.0625	0.0312	0.0
水泥强度下降幅度（%）	– 31	– 27	– 9	0	+14	–

由于木材中的糖分严重阻碍水泥凝结硬化，因此，在相同条件下，高含糖量木材树种生产的水泥刨花板其物理力学性能要比低含糖量的木材树种生产的水泥刨花板差。影响含糖量的因素有：

①树种：含糖量低的树种有云杉、冷杉、圆柏、杨木等，是最适于做原料的树种；含糖量较低的树种有南洋杉、柳、红松、椴木、桦木等，是适于做原料的树种；含糖量高的树种有落叶松、槭木等，未经处理不适于做原料。

②树干部位：心材含糖量高于边材，枝桠材含糖量高于树干。

③采伐季节：春伐材含糖量高于冬伐材。

④运输和贮存方式：水运和水存木材含糖量低于陆运和陆存的木材。

⑤贮存时间：贮存时间长的木材含糖量低于贮存时间短的木材。

因此，原则上只能选用健康的木材，而且需要在秋季或冬季砍伐的，经验证明在该季节采伐的木材中内含物含量较少。如果必须采用非上述季节采伐的木材，则至少需经3个月的露天贮存，并经前期检验才能生产。

(2) 密度影响：与合成树脂刨花板一样，在相同的工艺条件下，低密度木材制造的水泥刨花板其力学强度优于高密度木材制造的板材。在相同的工艺条件下，采用密度较低、纤维强度较高的木材制成水泥刨花板，其力学强度较好。

20.3.2.2 木材与水泥相适性的检验

由于木材内含物对水泥有阻凝作用，无论取用何种木材，生产者都应测定木材与水泥的相适应性，确定所用材种对水泥的阻凝程度，以选择适宜的化学助剂种类及其添加量。评估木材与水泥相适性的主要依据是木材与水泥混合物的水化温度、水化热、达到最高水化温度的时间和板材的强度性能等。

1. 水化热的测定和评估

(1) 试验方法

①将干刨花粉碎成木粉（细度 200 目）。

②取 15g 左右的木粉，按水泥与木粉比例 200∶15 称取水泥。

③按每 g 水泥加 0.25ml、每 g 木粉加 2.7ml 蒸馏水，计算水的用量，然后使三者混合均匀。

④将混合物置于塑料袋内，再将塑料杯（袋）置于保温瓶内，在瓶内四周填充保温材料绝热（如泡沫塑料、锯屑等），插入温度计或测温元件于水泥—木粉混合物中，见图 20-4。

⑤观察和记录温度变化，达到最高温度为止。记下达到的最高温度值和所需时间。

⑥以同样的方法测定纯水泥和水混合物（不加木粉）的水化热，记下最高水化温度值和所需时间。

（2）评估方法

①韦氏抑制系数 I_w（由 Weatherwax 和 Tarcow 所提出）

$$I_w = 100 \times \frac{t' - t}{t}$$

式中：t——水泥与水混合物（即未被抑制的水泥）达到最高水化温度所需时间，h

t'——水泥、木粉与水混合（被抑制的水泥）达到最高水化温度所需时间，h

一般说来，达到最高温度的时间越快，水泥的凝固也就越快。韦氏抑制系数越小，则该树种木材对水泥的水化和阻凝越小，也即说明该树种木材与水泥的相容性越好，适于做水泥刨花板原料，图 20-5 说明了两个例子，一个是未被抑制的水泥，另一个是被抑制的水泥其水化温度及热量变化图。

②莫氏抑制系数 I_m（水化特征系数 I_m）

$$I_m = 100 \times \frac{t' - t}{t} \times \frac{T - T'}{T} \times \frac{S - S'}{S}$$

式中：T、T'——分别为水泥 - 水、水泥 - 木材 - 水泥合后所达到的最高水化温度，℃

t、t'——分别为水泥 - 水、水泥 - 木材 - 水泥合后达到的最高水化温度所需的时间，h

S，S'——分别为水泥 - 水、水泥 - 木材 - 水泥合后反应曲线的最大斜率（℃/h）

$$S = \frac{t - T_0}{t} \qquad S' = \frac{T' - T_0'}{t'}$$

式中：T_0，T_0'——分别为水泥 - 水、水泥 - 木材 - 水泥合时的初期温度

同样，I_m 值越小，说明该树种与水泥的相容性越好，越适于做水泥刨花板的原料。

(3) 水化温度评估法

德国 Sandermann 等提出，按一定比例的木材与水泥混合物的最高水化温度 T 为评定相适性指标。此法可简单而有效地判断树种对生产水泥刨花板的适用程度，通常划分为三类：在木材原料未预处理或不添加化学助剂的条件下，T>50℃者为优质适用材；30℃<T<50℃，如经水热处理或适当的化学改性后可显著提高水化温度则为适用材；T<30℃，经改性处理后仍提高不大者属不适用树种。

值得指出的是，测试时应分别测定水泥的水化热和加入选定的化学助剂的水泥—木材混合物的水化热，以及不加化学助剂的水泥—木材混合物的水化热，以比较确定所用的树种。换言之，水泥—木材混合物的水化热与单纯水泥的水化热在相同时间内愈接近，说明这种木材与水泥的相容性越好。

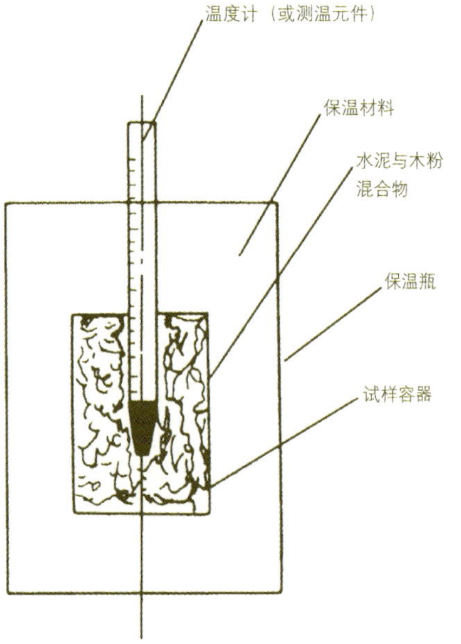

图 20-4 水化热测定示意图

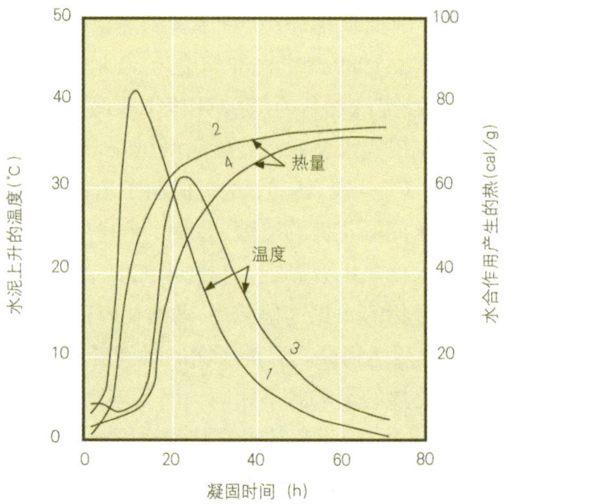

未被抑制的（曲线 1、2）和被抑制的（加有葡萄糖的水泥，曲线 3、4）硅酸盐水泥

图 20-5 水泥水化温度及热量变化

2. **板材性能评估相容性**

制造试验板并测定板材的性能来评估相容性。由于测定水化热的方法中，水泥占的比例很大，与实际生产的工艺仍有较大差别。因此，还有必要制造试验板并测定其物理力学性能来验证，同时以制板试验工艺为依据，制订生产工艺。

20.3.2.3 提高木材与水泥相容性的措施

(1) 露天堆放法：木材经一段时间的贮存，特别是露天贮存，经阳光和空气氧化作用，一部分萃取物就会氧化，水溶性糖在细菌作用下发酵和部分氧化，转变成不溶性糖，这样就相应减轻了阻凝作用。因此，水泥刨花板厂要求原料必须贮存两个月，但要特别指出，不能使用腐朽木材，因为它会分解出纤维二糖，具有强烈的阻凝作用。春、秋季采伐的木材应贮存三个月以上，以降低木材中阻止水泥固化的成分，平衡含水率，或在化学及生物分解作用下改变原性质。

(2) 水贮存或浸提法：为了减少木材对水泥凝固的抑制作用，通常采用热水浸提或化学药剂浸提。热水能够浸提木材中糖类和可溶性物质，从而使木材对水泥水化凝结的影响大为减小。木材刨花可以在热水中浸泡一段时间，浸泡时间取决于水温和木材中抑制性萃取物的含量；化学浸提常用浓度10%左右的$CaCl_2$溶液放入水中，将一定量的刨花放入溶液中浸泡一段时间，然后再水洗、干燥。有些树种，如椴木，只要稍加处理，就能制得相当好的水泥刨花板。

(3) 蒸煮法：使阻凝成分溶于热水，此法增加费用，并需处理污水。

(4) 混合法：在与水泥相容性差的原料中添加一些相容性好的树种木材，如栎木等难相容树种材中，添40%松木后，可不经预处理直接加工产品。

20.3.3 化学助剂

20.3.3.1 作用

添加化学助剂可克服木材中某些成分对水泥的阻凝作用，能显著提高木材—水泥混合物的水化温度，缩短水化时间，促进水泥早强快凝，以及提高脱模强度，因此在生产中得到广泛的应用。

20.3.3.2 分类

1. **单一型化学助剂**

(1) 早强剂：早强剂就是能明显提高水泥的早期强度，有利于提高水泥刨花板的脱模强度。品种有NaCl、$CaCl_2$、$Al_3(SO_4)_3$及三乙醇胺等。但国内对水泥刨花板单一化学助剂的选择中，采用较多的早强剂为$CaC1_2$。

掺入$CaC1_2$可提高水泥中氧化钙的溶解度，促进水泥矿物成分的水解、水化作用，促使水泥凝结。此外，$CaC1_2$可与水泥中的矿物成分化合成氯铝酸钙和氯硅酸钙，加快水泥的硬化。因此，加入$CaC1_2$对水泥有促凝、早强的作用。但是$CaC1_2$掺入水泥刨花板中，其促凝和早强的效果与用于纯水泥比较尚有差距，说明木材中的阻凝成分仍有溶出，影响水泥的水化。此外，采用$CaC1_2$有锈蚀钢垫板，以及使板材的收缩增大的弊端。

(2) 阻溶剂：阻止木材中阻凝成分溶出的阻溶剂有硅酸钠、磷酸酯等。适宜的阻溶剂除了能阻止或减少木材的阻凝成分溶出外，还具有使木质刨花矿质化，进而增强水泥与木质材料的结合力。但是单独使用阻溶剂时，存在着水泥刨花板的凝固与脱模时间较长的缺陷，因而降低生产率与垫板的周转率。

2. **复合型化学助剂**

由于单一使用早强剂或阻溶剂存在各自的弊端，均不能满足生产的要求，为了取长补短，并满足生产与产品质量的要求，以选用早强剂与阻溶剂的复合型化学助剂为佳。在实际生产中，国内外对水泥刨花板化学助剂的选择，以采用两种或两种以上的复合型化学助剂居多。

20.3.3.3 选择

1. **用于阻凝型木材的化学助剂**

适用于较适宜的树种。一般采用复合型化学助剂，常用的品种与掺量（以水泥质量计）为：氯化钙1%～3%，水玻璃2%～8%；硫酸铝2%～6%，水玻璃2%～8%；硫酸铝2%～6%，水玻璃2%～8%，石灰2%～4%。

2. **用于严重阻凝型材的化学助剂**

适用于不适宜树种。宜选用的化学助剂与掺量（以水泥质量计）为：氯化铝（或硝酸铝）2%～6%，醋酸钙（或醋酸钡、醋酸铵、醋酸镁）1%～5%；磷酸酯5%（以木材质量计），氯化镁3%～5%。

3. **早强剂化学助剂**

适用于要求早期与后期强度均高的板材。选用硫酸盐、醋酸盐与水玻璃并用。适用的硫酸盐有硫酸镁、硫酸钙、硫酸铝、硫酸锌等；醋酸盐有醋酸钙、醋酸钡、醋酸铵、醋酸镁等。其掺量为硫酸盐：2%～6%；醋酸盐：1%～4%；水玻璃：1%～4%。

20.3.3.4 常用种类及技术要求

国产水泥刨花板生产线多采用水玻璃、硫酸铝复合型的添加剂。技术要求如下：

1. **硫酸铝** 〔$Al_3(SO_4)_3 \cdot 18H_2O$〕

技术要求：密度约为1060kg/m³左右

$Al_2O_3$17%，相当于57% $Al_2(SO_4)_3$

Fe：$\ngtr 0.8 \times 10^{-3}$

Na_2O：0.1%～0.2%

H_2SO_4：$\ngtr$ 0.1%

不溶物：$\ngtr$ 0.1%

结晶水：约为43%

硫酸铝应为粒状或细晶粉状，应使用纸袋包装，贮存在干燥通风处。在购买时要注意选用相同质量的产品，因其溶液具有腐蚀性，使用中应小心。

2. 硅酸钠〔$Na_2(SiO_3)$，水玻璃〕

提高早期强度及促进水泥固化，它可以对木材质量波动起到均衡和安全作用。

技术要求：品种有灰黄色或蓝黄色，

密度：1340kg/m³ 左右

浓度：40%

Na_2O：8.2%～8.6%

SiO_2：25.7%～27.0%

克分子比：3.25～3.35

黏度（25℃）：60～120cps

形态：清晰、透明、无色

Fe_2O_3：≯ 0.1%

pH 值：11～12

硅酸钠应贮存在密闭的容器中，否则液态水玻璃在规定的浓度状态下，在空气中会产生结晶。在进货时应注意保证相同的质量及浓度。

水玻璃在商业上也有以粉状固态物质供应的，必须在低温下贮存，因其粉末在 40℃即呈液态。

20.3.4 水

水是制造水泥刨花板不可缺少的原料，水泥水化过程中必须有水。所需要的水量与刨花的含水率有关。

性能要求：pH 值 6～7；水温 8～20℃；无有机物的污染，质量接近于饮用水。

20.4 备料

此工序包括生产水泥刨花板所需的各种原辅材料的准备及加工。

20.4.1 刨花制备及加工

20.4.1.1 木材原料贮存与准备

(1) 原料贮存：贮存过程中经常对木材原料进行检验，除了进行必要的测定分析外，对腐朽菌虫害也需检查，按照是否符合应用条件进行，对于不符合要求的要予以清除。

在原料堆放场所需将原料按树种分类，并剔除含糖量高的不适用树种。木材应贮存在通风良好的地方，不能直接堆放在地面上，原木与地面间需有 50cm 左右的距离。材堆顶部最好有遮盖，防止风吹、雨淋，避免木材产生腐朽及霉变。原木贮存的时间不能过长，通常以一年为限，而且对原木的检验一般应离使用时间较近，最多不超过 3～5d。

(2) 准备：水泥刨花板生产中使用原料有小径材原木、加工剩余物、废料等。树皮约占原木总体积的10%～15%，径级越小，则树皮含量越多，小径材须剥皮后使用，因树皮影响板材的物理力学性能。残留的韧皮和树皮允许不超过原木表面积的 3%。此外还需注意对完全剥皮的原木与少量残存树皮的原木混合使用，在原料堆场上，锯掉原木中无用的部分，去掉腐朽，剥去树皮，并注意剔除腐朽的木材。

20.4.1.2 刨花制造

刨花制造目的是加工出满足水泥刨花板生产要求的刨花。刨花的尺寸与形状是非常重要的工艺参数，与水泥刨花板的性能密切相关。刨花不宜采用大、厚尺寸，尤其是刨花的厚度。生产中刨花的规格要求一致，一般长 18～25 mm，宽 4～6 mm，厚 0.2～0.4mm。

刨花制造包括原料粗加工、削片、刨片、筛选等工序，其制造工艺和设备与普通刨花板生产相同。

(1) 粗加工：利用圆锯、截锯、劈木机在上料前把过长的截短，过大的锯开或劈开，去掉腐朽等不适用部分。

(2) 刨花制备工艺：视原料的类型不同，刨花制造的工艺各不相同。为获得较好的刨花形态，对于小径材应采用直接刨片再打磨工艺；若是枝桠材或加工剩余物，采用先削片再刨片工艺；若是工艺刨花，采用锤式再碎工艺。

所用刨片、再碎及削片设备与普通刨花板相同。

20.4.1.3 刨花贮存和分选

(1) 贮存：为了保证工序之间相互联接和配合，保证生产的连续性，水泥刨花板工艺线上设有若干中间料仓，以贮存一定数量的刨花，使刨花能均匀地供应到下道工序，并当工序发生停歇时起缓冲作用。原料在料仓中的贮存量应至少能满足刨片机一次换刀周期。过多贮存会造成不良的影响，温度过高加上刨花的湿度会造成刨花变质。

(2) 分选：利用振动筛将刨花进行筛选，分离出不同规格的合格刨花，去除部分粉尘，过大刨花重新再碎后输送到相应的合格刨花料仓。分选设备同普通刨花板。

水泥刨花板所用木质刨花一般不需干燥，如含水率过高，则需干燥。

20.4.2 水泥贮存

水泥必须贮存在水泥贮仓中，在贮存期间要防止受潮，水泥要避免用敞开的容器贮存，防止空气中的水分及CO_2与水泥接触，以免使水泥结块，致使性能降低。

生产中水泥贮存时间不应超过一个月，否则其强度可能降低。

20.5 混合搅拌

备料工序完成后，即进入搅拌工序。按照工艺要求，湿刨花进入刨花计量料仓计量，水泥从其储存料仓送入水泥计量料仓称量；根据湿刨花含水率的高低由水计量装置对所需水进行计量；而化学助剂则按工艺要求调配成一定浓度后，经计量泵输入计量装置。完成各种成分的定量准备后，按工艺要求将计量后的各成分分别加入搅拌机中混合搅拌均匀。搅拌加料的顺序如下：刨花、$Al_3(SO_4)_3$、$Na_2(SiO_3)$、水、水泥。

因成分配比多少直接影响水泥刨花板的性能，故而搅拌时合理确定各成分间的配比十分重要。

20.5.1 各成分间配比

水泥刨花板主要组分配比有水泥和木材、水泥和水的配合比例。这些配比对板材的密度和其他材性及制造工艺有关。在确定配比时，除了考虑板材的特性、工艺条件和产品用途外，尚需考虑原料消耗和成本问题 。

20.5.1.1 灰木比

即水泥和刨花的质量比例。刨花和水泥是水泥刨花板的两种最主要的原料，它们之间要有适当的配比。据研究，水泥与刨花比例在1.6～5：1之间均可成板，而2.5～4.1：1之间板材性能较好。增大灰木比，即增加水泥的用量，可以提高水泥刨花板的耐候性、阻燃性和减小板材的吸水厚度和线性膨胀率。

在同样板材密度和工艺条件下，板材的静曲强度随灰木比的降低而有所提高（表20-9）。在一定范围内，密度不变时，静曲强度随灰木比的增加而下降。当然，在这当中水泥的量必须足够以保证刨花与刨花之间有良好的胶合。当灰木比一定时，静曲强度随密度增加而增加。

若在增加灰木比的同时提高板材密度，会得到各项性能都较为理想的水泥刨花板（表20-9）。当然，灰木比和板材密度增加是有限度的，过大(>3.5)和过高（>1400kg/m³）会使板材成本增加，而且影响铺装和搅拌的均匀性。

因此，可根据原料和使用情况来确定灰木比和板材的密度，如室外用板材，其灰木比可取2.3～3.0：1，板材密度可取1200～1300kg/m³；室内用板材，灰木比可取1.5～2.0：1，板材密度可取1000～1100 kg/m³。

20.5.1.2 水灰比

即水和水泥的比例，是水泥和刨花配比确定后的第二重要配比。

在水泥刨花板中，水泥是作为粘合剂的，但只有加入水后，发生水化反应形成结晶（凝结和硬化后）才具有了所谓的黏结力和整体强度。因此水泥结晶的好坏，直接关系到水泥刨花板性能。由于水在水泥水化和水泥浆料结构形成过程中起着重要的作用，要保证水泥水化的正常进行，水灰比须大于临界值。增大水灰比也就增大了水和未水化颗粒的接触，减小反应物层的阻滞影响，使水化速度增加。

在不同的灰木比（水泥与刨花配比）下，相应有不同水与水泥的最佳比值，见表20-10。水与水泥比的选择一定要慎重，水量一定要合适，以保证水泥的水化作用，并在搅拌过程中使水泥与刨花充分混合。如果水与水泥比值过大，刨花易成团，成型时不易打散而导致铺装不均，并且在水泥硬化时，由于水泥空隙度增大，引起基体强度下降，对板的强度带来不利影响；若水与水泥比值太小，即水量不足，又会造成水泥与刨花粘合不好，铺装时水泥容易飞散，水泥水化不完全，板材强度降低，因此确定水灰比既要考虑水泥能否较好地水化，同时也必须考虑刨花板板坯的铺装难易性和加压时不要挤压出过多的水。水泥水化所需要的水，一般约为水泥质量的25%，在实际生产中，常加入较多的水，以获得必要的流动性，使水泥和刨花能充分搅拌均匀并防止水泥结团。当然，由于过大的水量存在负面影响，生产中常用的水灰比为0.4～0.6。

20.5.1.3 化学助剂的配比

化学助剂用量过小，不能完全起到减弱木材中某些成分对水泥的阻凝作用，达不到加速水泥凝结硬化的目的，难于生产出合格板材。化学助剂用量过大，虽加速水泥固化提高水泥刨花板的早期强度，但却会使板材后期强度增加很少，

表20-9 水泥刨花板密度、灰木比与板材静曲强度的关系

28天龄期MOR（MPa） 灰木比 / 密度（kg/m³）	1.0	1.5	1.8	2.0	2.3	2.5
900	5.5	5.3	4.9	4.4	4.0	–
1000	–	8.6	6.6	5.9	6.3	–
1100	11.8	11.2	9.3	8.7	8.9	–
1200	–	–	–	11.1	–	10.2

注：试验条件：树种：桦木；水泥：525号（现42.5级）普通硅酸盐水泥；板厚：12mm，水灰比：0.55，养护条件：75℃，13h

表20-10 水泥与刨花的比值及相应的水与水泥比值

灰木比	1.5：1	2.5：1	3.0：1	4.0：1	5.0：1
水灰比	1：1.5	1：1.6	1：1.7	1：2.0	1：2.25

即板材的最终强度较低，同样难于达到质量要求。选择合适的化学助剂品种和用量，不仅可以加速水泥固化，缩短加热养护时间，而且可以用较低的生产费用生产出合格的产品。

常用化学助剂及其用量如下：

(1) 硫酸铝溶液：用量为水泥质量的2%～5%；

(2) 水玻璃（硅酸钠）：用量为水泥质量的2%～6%；

(3) 氢氧化钙：用量为水泥质量的1%～4%；

(4) 氯化钙：用量为水泥质量的1%～5%。

根据木材与水泥相容性的程度，可参考20.3.3节选择具有针对性的化学助剂。

20.5.1.4 填料

常使用与刨花性质相同的一类材料，使得水泥和刨花间更紧密地结合。可以是振动筛筛出的细料，生产中常用适量的锯屑作为填料，其用量一般不超过合格刨花的三分之一。我国曾进行了用锯屑代替刨花的试验，锯屑掺入量从10%～60%对密度没有明显的影响，但超过70%，密度有所提高，锯屑掺入量增加，吸水率有所降低，静曲强度稍有提高。这说明用部分锯屑代替刨花可以扩大原料来源，充分利用木材，对水泥刨花板的质量并无多大影响。

20.5.2 计量

按工艺配比要求将各种原辅材料计量，其中：填料的比例是按填料的质量比刨花的质量，化学助剂是以水泥的质量为基数。值得指出的是，在这些换算过程中，按绝干刨花质量计算。因混合原料中，总的水分包括刨花自身的水分、混合时的附加水及添加剂液体中的水分，所以在计算水灰比时，还应该考虑刨花中的水分。在刨花含水率较高时，为了保证混合原料中的含水率一定，则加入混合原料中的水就要减少。

原料计算如下：

$$水泥需要量(C)=\frac{D\times V}{0.001(A+1+0.2)}\times K(\mathrm{kg})$$

式中：A——木灰比

D——水泥刨花板的密度，g/cm³

V——板的体积，cm³

K——各种损失系数

0.2——水泥凝固后，结晶水与水泥之比为0.2

刨花需要量（P）：

$$P=C\times A\times（1+M）（\mathrm{kg}）$$

式中：M——刨花含水率

水的需要量（W）：

$$W=B\times C-P\times（\frac{M}{1+M}）=C\times（B-A\times M）$$

式中：B——水灰比

20.5.3 混合搅拌

将刨花、附加水以及添加剂[若为 $Al_3(SO_4)_3$ 和水玻璃，则先加液体硫酸铝、液体硅酸钠]、水泥，分别准确计量，按其各自的比例、质量，定时向搅拌机中进料。

常用搅拌机为周期式，生产周期约为9次/h（Bison），其结构示意如图20-6。

该搅拌机转速约40～45r/min，这样一方面不会破坏刨花，二来不会因过热而致水泥产生初凝现象。

在每一次原料混合终止时，将搅拌机的阀门打开，经混合的原料就落在计量料仓中，计量料仓的出料装置将混合原料送入计量给料器，并且通过运输装置及铺装机上部的分配阀和运输装置，将混合原料送入铺装机上部的相应芯、表层料仓。

经搅拌后的物料其含水率须控制在一定的范围，如用Bison气流铺装机铺装时，要求含水率在40%～43%，如果含水率大于43%时，混合原料在铺装时，会有一部分被甩到已成型的板坯表面上，使铺成的板坯被沾污，影响表面质量；如果混合原料的含水率小于40%时，则板坯在固化时，由于水分不足，使板子开裂，强度下降，严重时可造成生产的中断。

20.6 成型

板坯成型是指在加压前，经搅拌混合后的水泥、刨花按一定数量（如搅拌好的表层料和芯层料可以按3:7～4:6的比例）和一定的铺装方法，按规定的质量铺成一定厚度、幅面的均匀板坯的过程。铺装工序的重要性在于板坯的质量对水泥刨花板性能起着十分重要的影响。在选用铺装设备及设备参数时，除注意设备本身性能外，还必须充分考虑原材料特性、水泥刨花板的质量要求和生产规模。

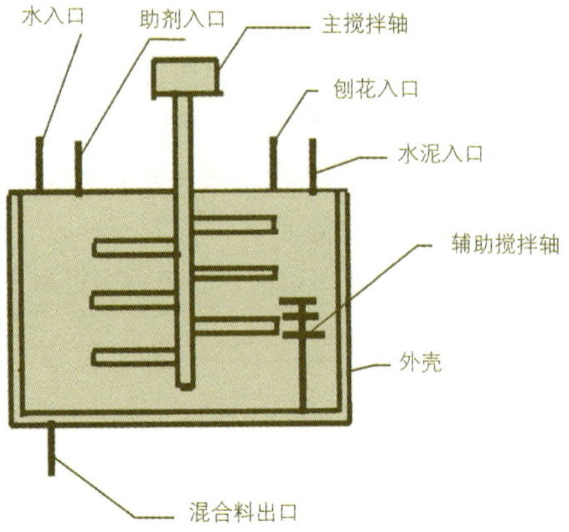

图20-6 搅拌机结构示意图

20.6.1 工艺要求

20.6.1.1 板坯均匀

工艺上要求铺出的板坯长度、宽度、厚度方向均匀。水泥刨花板的成品质量直接取决于铺装板坯的均匀性,铺装均匀的板坯压出的水泥刨花板密度一致,板子各部分膨胀和收缩也较一致，板子很少翘曲变形，稳定性较好。铺装不匀导致板子各处密度的不同，其物理力学性能也不一样，从而造成使用过程中的隐患。

在铺装板坯时，要求铺装机准确定量、均衡供料，以达到均匀铺装的目的。铺装的均匀性也决定于原料合理配比与均匀的混合，尤其是在采用混合树种（如针、阔叶材混合）为原料时应引起注意，同时也应重视水泥与刨花搅拌混合均匀。

20.6.1.2 结构对称

要求铺装后的板坯以板厚中心层为对称平面,对称平面两侧各对称层刨花规格及用量相同,以保证水泥刨花板结构平衡，避免板子翘曲变形。

20.6.2 设备与工艺

常用铺装设备与普通刨花板铺装机基本相同,有气流式和机械式，小型厂可用2个铺装头的铺装机，大、中型厂用3个铺装头，即两个气流式铺装头铺表层，一个机械式铺装头铺芯层。气流铺装机的结构基本上与生产树脂胶刨花板的一样，利用气流分选原理成型。铺装机常为固定式，下面是铺有不锈钢垫板的一条环形钢带,根据生产水泥刨花板的长度，垫板可相互搭接或不搭接。搅拌后的物料通过铺装机均匀地铺在垫板上，形成板坯。为避免粘板，垫板进入铺装机前要进行清洗和表面涂脱模剂处理。板坯从铺装机出来后，板面进行表面处理，使板面更均匀细致和不粘垫板。根据需要将板坯截断成一定的长度,并经计量秤称量或用同位素密度自动控制装置进行检测，可保证密度高度精确。检验合格的板坯连同垫板一起送往加压工序。如不合要求，可将板坯打碎送回铺装机继续使用，垫板则送往清洗机。一般从搅拌到成型时间不宜超过90min。板坯与成品板的厚度比一般为3：1，但准确的值必须依据配方与单位质量进行校定。

机械铺装时，要使抛料辊转速合适，如果过高，则水泥和刨花分离，使水泥集中在表层，虽然外观看来表面平整光滑，而且抗弯强度尚好，但是芯层内结合强度很差。

通过定向铺装可获得定向水泥刨花板。日本梅竹公司和美国ERJ公司所推出的定向水泥刨花板，在特定的定向铺装机上实现定向排列，其板坯的表层木质材料呈纵向排列结构，芯层则为统一的横向排列，这样构成的板材尺寸稳定性和强度较非定向的板材好。该类型的板材所要求的木质材料应是片状，其木片的长度通常为50～70mm，宽度为5～20mm，厚度为0.45～0.6mm。

20.7 板坯堆垛

水泥刨花板采用成摞冷压，因此，在加压之前，需用堆板机将板坯和垫板一起逐张整齐地堆放在夹紧架（模具车）上。Bison系统中，采用装板装置把带有板坯的垫板送入位于辊筒运输机上的夹紧架上并堆成垛。

一般夹紧架的高度是固定的，所装的板子数量应按板子厚度计算，堆垛高度取决于每块成品板的厚度，表20-11举例说明了使用Bison公司高度为960 mm夹紧架时不同板子厚度的各种情况，如板子的厚度和垫板之和不等于960 mm时，则余下的间隙必须通过备用的垫板放置于下夹紧架上的方法加以补偿。

20.8 加压

铺装后的水泥刨花板板坯需要在一定的压力和时间作用下密实成板子。为了防止板坯中水泥在无压下凝固，因此加压须在水泥凝结前，或开始凝结时进行。通常，从刨花、水泥搅拌→成型→压机加压所经历的时间不宜过长（<1h），否则会导致混合原料因水泥凝固过干而使水泥的粘结能力降低，因此，加压时机和水泥凝结之间必须配合得当。

20.8.1 加压时间

板坯加压时，其压力必须持续一定时间，以确保水泥在有压状态下凝结，较好地发挥其粘结作用。实际上水泥从初凝到终凝硬化需要一段较长时间，生产中为了提高压机的生产率，在工艺上采用“压机加压→夹紧架保压”的方法，即当板坯在压机中加压10～15min后，再由夹紧装置夹紧板垛，在一定温度和压力下存放一段时间，使水泥凝结硬化终

表20-11 夹紧架参数计算（夹紧装置的夹紧尺寸：960mm ± 0.5mm）

净板厚度(mm)	板坯堆积数(张)	板垛高度(mm)	需补偿垫板厚(mm)
8	80	960	0
10	68	952	8
12	60	960	0
13	56	952	8
15	50	950	10
16	48	960	0
18	43	946	14
19	41	943	17
20	40	960	0
22	36	936	24
24	34	952	8
28	30	960	0

注：垫板厚为4mm

了。生产中加压时间应根据板子情况如板材的密度、厚度及灰木比而定，加压时间亦与压力大小有关。

20.8.2 压力

压力的作用是将板坯压实到一定厚度，然后使板子以精确的尺寸在夹紧装置中锁紧。压力大小与板子的密度及灰木比有关，一般视工艺情况取 2.5～3.5MPa 左右。

20.8.3 设备

水泥刨花板用压机通常为周期式大开档的单层压机，压机的加压方式可分为上压式和下压式。图 20-7 为 Bison 公司的上压式压机外形图。

夹紧架在装完板坯后，通过辊筒运输机进入压机，在加压板垛之前将夹紧架上部固定在压机的上压板上，辊筒运输机将夹紧架下部和板垛送入压机，夹紧架正确地定位且压机闭合加压，待板堆压缩到规定尺寸时夹紧架锁紧。压机开启后，锁定的夹紧架通过辊筒运输机运出压机，并送入干热养护室。

20.9 干热养护

为使板坯中水泥在加压的条件下完成凝结，起到黏结刨花的作用，经压机加压后的板垛被夹紧在夹紧架中固定，板坯处于锁紧状态下进入养护室养护。通过养护，水泥硬化，板材具有一定强度，才可卸开锁紧装置，否则板材强度将会大幅度下降。干热养护室不供给新鲜空气，以防板垛含水率的流失以及板子边部过干，否则因水分的减小影响板子养护及成品板的强度。通过加热养护必须保证板材形状稳定，达到最终强度的 50% 以上。

20.9.1 温度、时间

养护条件取决于木材树种、灰木比、水泥品种以及化学助剂类型和用量，主要工艺因子是温度和时间。

图 20-7 Bison 公司的上压式压机外形图

高温养护可以提高板材早期强度，缩短养护时间，但不利于后期强度增长，导致板材终强度降低，这是由于水泥刨花板在高温养护时产生结构粗大的硬化颗粒所致。低温养护对提高板材终强度有利，但需较长时间，增加费用。干热养护的温度约为 70～90℃，8～10h，同时水泥固化时产生的水化热，对干热养护室中的热量也给以补偿。生产中采用温度 60～80℃时，固化约需 8h，它与预定的条件诸如配方及水泥质量有关。

20.10 脱模（拆垛）、卸板

干热养护结束后，夹紧架被送回压机加压拆垛（打开锁紧装置），压力为 2.5～3.0 MPa。在加压的情况下，将夹紧装置的销钉拔掉，缓慢卸压，打开压机压板，卸出板垛，夹紧架上部停留在压机内用作续装有新铺板坯垛的夹紧架上部。

卸板时，可用真空吸盘运输机将毛边板与钢垫板分开。卸板装置交替卸下毛边板及垫板，毛边板的板垛被送往后续辊筒运输机上，由叉车将板垛运到自然养护区；垫板则由垫板回送系统经清理后转移到垫板运输装置，通过一台脱模剂供应装置在其两面涂上脱模剂。

20.11 自然养护

20.11.1 目的

水泥在达到终凝以后，水化作用在继续进行，水泥凝聚体的强度在继续增加。自然养护之目的是为让水泥进一步硬化，使板材强度继续提高，达到终强度 80% 以上。

20.11.2 工艺

自然养护前，板垛上表面应覆盖薄膜，以防上部板材干燥及由此产生的变形。

板子自然养护阶段直接与水泥凝固阶段相关。按照德国标准 DIN 1164 水泥的终强度在 28d 后形成，但是其绝对的极限强度往往在几个月以后才能达到，只是强度在 28d 后增加甚微，因此，可以忽略。水泥刨花板养护阶段时间确定为 7～14d，一般 10d 后即可，因为此时水泥刨花板的强度已达到安全的要求。

养护在室温下进行。

20.12 干燥（调湿）处理

20.12.1 目的

水泥刨花板在经过自然养护后，含水率在 20%～30% 范围内，而且含水率分布不均。如果这样的板材直接使用，当气候条件发生变化时，板材容易发生变形和开裂。为使板子含水率降低到与使用地区气候相平衡的平衡含水率（12%～15%），因此，需对水泥刨花板进行干燥（调湿）处理。通过该处理，可使板材强度继续提高，消除板内应力，提高板材的尺寸稳定性，减轻或避免开裂和翘曲变形。

20.12.2 工艺

一般使用窑干法。气干法（自然排湿）一是时间长，一般需要40～60d，二是未加制约，难以均匀排湿，难免会产生翘曲变形，只能作为配合窑干的预处理。

干燥（窑）通道内温度大约70～100℃，具体取决于板子的厚度和初含水率，根据板材厚度不同，干燥时间为4～24h。

20.13 锯边

用纵横裁边锯将水泥刨花板毛板锯成一定规格，并将裁下的边条经过打碎送回料仓，与合格刨花混合后继续使用。该工序也可在调湿（干燥）前进行，因经养护后的水泥刨花板已具有一定的强度，锯成一定规格的板后进入干燥室（调湿机）处理。设备与普通刨花板的生产用相同。

20.14 砂光

作为墙体材料的水泥刨花板，其表面的平整度和厚度都有较严格的要求，否则会影响墙面的二次加工装饰性，因此要求板材的厚度偏差小，如果需要，板材也可砂光。表20-12比较了作为墙体要求的建筑轻质板其厚度偏差要求和ISO8335-1987水泥刨花板的标准中其厚度公差要求。

由表20-12可知，ISO8335的规定未砂光板厚度精度值显然不符合某些场所的要求，必要时应进行砂光处理。此外，铺装成型也会造成厚度偏差，再者，由于水泥刨花板冷压法生产工艺中采用的是堆叠式压制，这就造成底部的板材厚度要小于上部的板材，因此应考虑砂光措施以减小厚度偏差。作为砂光设备应选择双面宽带砂光机，并对砂光机的最大加工宽度、砂削板厚范围和砂光后板材厚度精确偏差范围等指标进行选择，以满足生产的需要。

表 20-12 厚度偏差比较

单位：mm

墙体对建筑轻质板的要求	ISO8335 规定
± 0.5(8)*	± 1.0(6～12)
± 0.6(12)	± 1.5(12～20)
± 0.6(15)	± 2.0(720)
–	± 0.3(砂光板)

注*：括号内数值为板厚

20.15 检验、分等、入库

锯边处理后，水泥刨花板运往辊台，进行质量检查和分等。板材也可经过电子厚度测定仪，测定厚度偏差。检验、分等按产品标准进行。

我国于1991年正式批准颁布实施行业标准JC411-1991《水泥木屑板》，该标准参照引用国际标准ISO8335-1987，适用于以普通硅酸盐水泥和矿渣硅酸盐水泥为胶凝材料，木屑为主要填料，木丝或木刨花为添加材料，加入水和外加剂，经平压成型、保压养护、调湿处理等制成的板材。表20-13简要介绍了ISO8335-1987和JC411-1991两个标准对产品的要求。

表 20-13 水泥刨花板技术要求

指 标		单位	ISO8335-1987	JC411-1991	试验方法
出厂检验项目	1.外观缺陷		–	JC411-5.1.表1规定	JC411-6.2.1
	2.平直度	mm/m	1	± 1	JC411-6.2..3
	3.方正度	mm/m	2	± 2	JC411-6.2.4
	4.不平整度	mm/m	–	± 6	JC411-6.2.5
	5.长宽方向尺寸偏差	mm	± 5	± 5	JC411-6.2.2.1
	6.厚度偏差 8mm	mm	见表20-13	± 0.7	JC411-6.2.2.2
	6.厚度偏差 10～20mm	mm		± 1.0	
	6.厚度偏差 24～40mm	mm		± 1.5	
	7.密度（含水率9%）	kg/m³	1000	≤ 1300	
	8.含水率	%	6～12	≤ 12	JC411-6.3.1
	9. 浸水24h厚度膨胀	%	≤ 2	≤ 2	JC411-6.3.2
	10.自然含湿状态抗折强度	MPa	≥ 9	≥ 8	JC411-6.3.3
型式检验项目	1.内结合强度	MPa	–	≥ 0.3	JC411-6.3.6
	2.抗冻性（抗冻处理后的强度损失）		–	≤ 20%	JC411-6.3.7
	3.浸水24h抗折强度	MPa	≥ 5.5	≥ 5	JC411-6.3.4
	4.抗折弹性模量	MPa	≥ 3000	≥ 3000	JC411-6.3.6
	5.防火性能		–	符合国家规定的防火难燃材料要求	GB8625
	6.抗冲击性能		–	–	JC411 附录 A
	7.板面握螺钉力		–	–	JC411 附录 B

检验、分等后的水泥刨花板入库，成品板垛最好也用塑料薄膜覆盖，尽可能不使成品板受到损伤。成品仓库应为有屋顶的干燥建筑物。

以上介绍的以木材为原料冷压法平压水泥刨花板的生产工艺，其常规生产工艺条件见表20-14。

表 20-14 冷压法水泥刨花板生产工艺条件

项　目	工艺条件	备 注
木材树种	对水泥凝结阻凝少：云杉、冷杉、杨木、桦木、红松、椴木等，均需剥皮	新伐材宜贮存 2～4 个月再用
水泥	32.5 级以上硅酸盐水泥、42.5 级普通水泥或早强水泥	水泥贮存期小于 1 个月
化学助剂	常用复合型化学助剂（占水泥质量）：水玻璃 3%～6%；硫酸铝 2%～5%；氢氧化钙 1%～3%	用早强水泥作原料时,宜减少用量
刨花理想尺寸	长 18～25 mm，宽 4～6 mm，厚 0.2～0.4mm	刨花中树皮含量应小于 2%
板材密度	室内用：900～1100kg/m³；室外用：1100～1300 kg/m³	
水泥:木材（灰木比）	室内用：(1.5～2.0):1 室外用：(2.3～3.2):1	为质量比
水:水泥（水灰比）	0.4～0.6	
加压压力、时间	2.0～3.5 MPa，10～15min，视板材密度、树种和水泥与木材的比例确定	
加热养护（干热）	温度：70～90℃　时间：8～14h　取决于板厚及水泥质量	早强水泥适当缩短时间
自然养护	室温下：7～14d	室温较低时适当延长
干燥（调湿）处理	干燥：温度：70～100℃ 时间：4～24h	视板厚和初含水率选择

20.16 其他水泥制品

20.16.1 其他木材水泥制品

20.16.1.1 模压水泥刨花板

以水泥作黏结剂的人造板制作房屋的构件，使得该产品在市场开发方面取得突破性进展。虽然平面状的水泥刨花板性能良好，但市场的需要促进了水泥模压制品的发展。由于用这种构件建房可以大大缩短建房时间和降低成本，因此很受欢迎。采用各种仿形、浮雕，或在表面粘贴其他材料的办法，可使这些构件具有漂亮的外观，以满足人们美化建筑物的要求。图 20-8 为模压水泥刨花制品的压制方法示意图。该产品主要用于生产墙面材料用水泥刨花板和屋顶板。生产时需要在铺装机后面安装模压模具，然后用常规的方法进行压制。

20.16.1.2 水泥木屑板

水泥木屑板属于水泥刨花板范畴，与水泥刨花板不同之处在于水泥木屑板利用了木屑。水泥木屑板对木屑有一定的要求，即大于0.6mm的颗粒应在60%以上，且其掺量在木质材料中占50%以上。这样，水泥木屑板不但充分利用了木材加工中的锯屑废料，而且使板材表面细致平整、致密度高。水泥木屑板的各项物理力学性能见表 20-15，均达到了水泥刨花板的指标。

水泥木屑板采用冷压法工艺，其生产过程与冷压法水泥刨花板相似。

20.16.1.3 水泥木丝板

水泥木丝板是无机胶合人造板中最早投入生产和使用的板材，该产品具有多孔性，有良好的声学性质（吸音性）和热学性质。木丝板可作建筑材料，尤其是天花板，该用途的水泥木丝板密度约为 576kg/m³。

水泥木丝板的生产过程与冷压法水泥刨花板类似，所不同的是，其增强材料为长而细的木丝（长约250mm以上），而不是窄平的薄片刨花。生产中选用的树种通常为密度低的木材，如杨树、各种南方松，特别是火炬松、湿地松和长叶松均可采用。

加工用木丝机为立式或卧式，均可利用木段或木块。原木的长度不等，首先把原木的树皮剥去，然后按需要长度截短。在有些情况下，把整段长的原木运到车间，进行剥皮截短。大径级原木在截成木段前需先劈开。木材原料的含水率对木丝机的加工质量有直接影响，而适度的含水率取决于树种，如南方松的含水率为32%～35%，北方的阔叶材如杨木为20%～22%。伐倒木在造材以后，应根据不同地区情况气干一段时间。南方松需要8-10周，在北方的气候条件下，轻质阔叶材需要 6～12 个月。

在水泥木丝板的基础上，日本发明了不燃性水泥木丝板，它的难燃级可达到日本工业标准的 1 级。用 15～150 份质量的可溶性氨基磺酸金属盐浸渍处理100份质量的绝干木丝，以100份质量的绝干木丝计，与100～250份质量的水泥

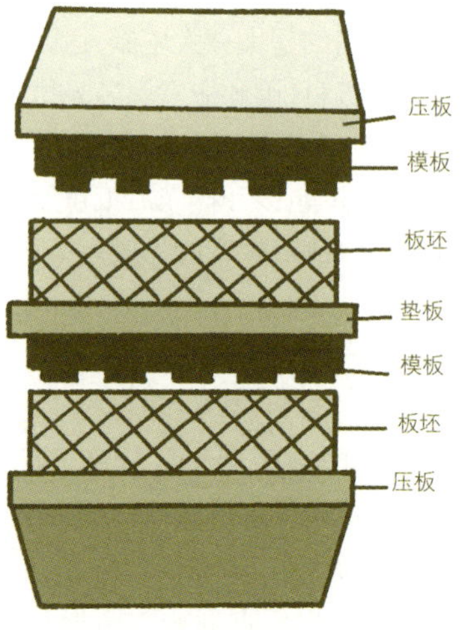

图 20-8 模压水泥制品的压制方法示意图

表 20-15 水泥木屑板的物理力学性能

项 目	指标
密度	1100～1300kg/m³
含水率	9%～12%
静曲强度	9～12.0MPa
抗拉强度	3～4MPa
抗压强度	10～15MPa
内结合强度	0.4～0.6MPa
吸水厚度膨胀率	1.0%～1.5%
导热系数	0.17～0.23W/M.K

浆混合，加压下成型、养护、干燥。该发明所用木丝可用生产水泥木丝板常用的木丝，其厚度0.1mm，宽4～5mm，长约200～300mm，含水通常为10%左右。

20.16.1.4 水泥纤维板

广州埃特尼特公司、福建三明新型建材厂、江苏爱富新型建材厂利用木纤维、水泥和其他添加材料，采用流浆法生产水泥纤维板和硅酸钙纤维板。哈尔滨林业机械厂已开发利用非木材植物纤维，采用半干法生产水泥纤维板的成套设备，正在积极推广。

20.16.2 其他生物质水泥制品

指用非木材纤维如各竹材、农作物剩余物资源作为纤维原料生产的水泥刨花板，例如竹子、亚麻、玉米秆等，也逐渐得到开发和应用。

20.17 技术进展

水泥刨花板是一种优良的建筑材料，生产 该产品是水泥的深加工和木材、农用物植物纤维综合利用的良好途径。水泥刨花板的生产、应用和技术研发得到了重视和关注。近期国内外水泥刨花板的技术研发主要集中在以下几个方面:

20.17.1 扩大利用的原料品种

(1) 研究提高木材与水泥相容性的新技术

由于木材中的某些组分对水泥的凝结固化有不良影响，因此并非所有的木材都能与水泥很好地结合。为此，瑞士的建筑家 Hansrued Walter 等人发明了一种称为“K-X”处理的专利技术。其过程分为两步：第一步是按照所用木质材料的树种、采伐的季节和所需要的最终产品而选用不同的酸性矿物质水溶液对刨花进行处理，使其含水率达到25%～30%，通过充分搅拌使处理材料散布开来，并在刨花表面形成防护层；第二步，采用稳定的乳化液进行处理。经处理后的刨花需加水，并搅拌大约2min，使其含水率达到3%～40%，其性能不会蜕变，对贮存没有特殊要求。处理后的刨花存放一般2d后再投入生产线。使用K-X处理的刨花生产水泥刨花板或其他类似的产品，其车间的温度不应低于10℃，相对湿度不应低于60%，生产出的产品要在密闭的房间里停放24h。

K-X处理技术实际上是使木材矿化的过程，通过K-X处理，可以使各种木材不受树种和采伐季节的限制，均能用于生产水泥为粘接剂的人造板，这大大地拓宽了可使用材料的范围。

(2) 非木材纤维得到广泛应用

农作物秸秆以前常被烧掉，这不仅不能使其得到利用，而且污染环境。农作物秸秆，如亚麻秆、油菜秆含有丰富的纤维素，可用于生产水泥刨花板。农作物剩余资源的应用，一方面缓解木材资源供应紧张，另一方面充分利用这一生物质资源。

20.17.2 缩短生产周期

如前所述，传统的冷压法水泥刨花板生产工艺，不仅极大地限制了产量，从而影响生产效率和效益，而且也影响产品的质量。从20世纪70年代开始，国外已进行了热压法制造水泥刨花板的研究，以求缩短生产周期，用喷蒸加压及添加异氰酸酯树脂胶，或注入气体CO_2、超临界流体CO_2或添加压制过程中CO_2释放化学物质，以期快速制造水泥刨花板。

20.17.3 采用廉价的无机胶合材料

粉煤灰替代部分水泥被添加用于制造水泥刨花板。粉煤灰加入到水泥中，成为水泥早期固化的一个良好的惰性骨料，在水分存在的状态下，其中的硅石和氧化铝与硅酸盐水泥水化形成的氢化钙逐渐反应。加入粉煤灰有助于木材刨花与水泥充分地拌合和被覆。对尺寸稳定性没有不良影响，替代30%的水泥不会影响到制品强度。

炉渣被用于生产刨花板。将1500℃的熔融炉渣用水瞬时降温至100℃，这样使炉渣形成细小的玻璃状微粒，然后将其研磨成细粉。炉渣粉末远比波特兰水泥便宜，因此经济效益明显。如果能在炉渣粉末中CO_2加入少量水泥，则可生产出性能好而成本低的产品。

20.17.4 降低产品密度

水泥刨花板的密度较大，几乎是普通树脂刨花板密度的两倍，这给用户带来不便，而且增加运输费用。研究用木质纤维填加硅砂和半膨胀的聚苯乙烯泡沫塑料成功地生产出密度较轻的产品。

20.17.5 改善产品性能

各国研究者致力于改善水泥刨花板的尺寸稳定性。如通过添加含硅材料和增加压蒸工序。或是对刨花板进行预处理，用聚乙二醇或沥青都有助于改善尺寸稳定性。

参考文献

[1] 王恺主编. 木材工业大全 · 刨花板卷. 北京：中国林业出版社，1998

[2] 涂平涛主编. 建筑轻质板材. 北京：中国建材工业出版社，2005

[3] 中国标准出版社第二编辑室编写. 建筑材料标准汇编－水泥(2003). 北京：中国标准出版社，2003

[4] 王戈等. 日本水泥刨花板的生产及对我国的借鉴. 林业科技，98, 23（2）：41～45

[5] 张久荣. 无机胶合人造板的发展历史及最新技术进展. 世界林业研究，95（6）：29～35

[6] 刘义海，陈士英. 水泥刨花板快速固化工艺的研究. 木材工业，97, 11（4）：3～7，20

[7] 唐永裕.水泥刨花板生产技术. 林业科技通讯，94（10）. 12～13

[8] 沈威等.水泥工业学. 武汉：武汉理工大学出版社，2002

[9] A.A.Moselemi 著. 申宗析等译. 碎料板. 北京：中国林业出版社，1981

[10] 徐鹿鹿. 两种落叶松木材中阿拉伯半乳糖的含量、分子性质及对水泥固化作用的影响. 林业科学，1984，1

[11] 周贤康. 木材与水泥相容性试验方法与评定指标. 建筑人造板，98（2）：9～16

[12] 韦益化等. 水泥刨花板生产中原辅料适应性的评估方法与装置. 木材工业，95，19（1）：5～9

[13] 王玉琳. 比松公司的水泥刨花板. 建筑人造板，93（4）：30～34

[14] 陈冀宇编译.不燃性水泥木丝板. 建筑人造板，92（2）：44～45

[15] 苏福马股份有限公司.水泥刨花板生产线成套设备

[16] 中国福马机械集团有限公司镇江林业机械厂 . 水泥刨花板生产线成套设备

[17] Kvaerner Panel Sysytem. Cement Board Plants.

[18] 国家行业标准. 水泥木屑板 (JC411-1991). 中国建筑材料工业局

[19] Bison System. Cement-board Plants

[20] F. C. Jorge, C. Pereira and J. M. F. Ferreira. Wood-cement composites:a review. Holz als Roh-und Werkstoff, 2004, Volume 62, Number 5：370～377

H AN DB OO
OF
W OO D
ND US TR